Fisiologia
Vegetal

gen
Grupo
Editorial
Nacional

Gilberto B. Kerbauy

Biólogo. Mestre e Doutor em Botânica pelo Instituto de Biociências da Universidade de São Paulo (IB-USP). Pós-Doutorado pela Universidade de Nijmegen (Holanda). Livre-Docência pela USP. Professor Titular de Fisiologia Vegetal do Programa de Pós-graduação do IB-USP. Professor sênior (voluntário) do Departamento de Botânica do IB-USP. No Brasil, foi precursor da introdução da técnica de cultura de células e tecidos vegetais *in vitro* e do estabelecimento do primeiro laboratório comercial de micropropagação de orquídeas.

3ª edição

EDITORA GUANABARA KOOGAN LTDA.
Selo integrante do GEN | Grupo Editorial Nacional
Travessa do Ouvidor, 11 – Rio de Janeiro – RJ – CEP 20040-040
Tels.: (21) 3543-0770/(11) 5080-0770 | Fax: (21) 3543-0896
www.grupogen.com.br | faleconosco@grupogen.com.br

- Capa: Bruno Sales

- Editoração eletrônica: Anthares

- Ficha catalográfica

K47f
3. ed.

Kerbauy, Gilberto Barbante
Fisiologia vegetal / Gilberto Barbante Kerbauy. - 3. ed. - Rio de Janeiro : Guanabara Koogan, 2019.
430 p. : il. ; 28 cm.
Inclui índice

ISBN 978-85-277-3533-9

1. Fisiologia vegetal. I. Título.

19-56146 CDD: 571.2
CDU: 581.1

Meri Gleice Rodrigues de Souza - Bibliotecária CRB-7/6439

Às netinhas, Gabriele, Valentina, Ariele e Sofia, e ao netinho, Gabriel,
que em bom momento vieram até nós brindar a continuação
da vida e nos impregnar de encantamento e esperança.

Colaboradores

Adaucto B. Pereira-Netto
Biólogo. Mestre em Biologia Vegetal pela Universidade Estadual de Campinas (Unicamp). Doutor em Horticultura e Botânica pela Universidade de Wisconsin-Madison (EUA). Pós-Doutorado em Ciências Biológicas pela Universidade de Melbourne (Austrália) e pela Universidade Estadual da Carolina do Norte (EUA). Professor Titular de Fisiologia Vegetal, do Departamento de Botânica da Universidade Federal do Paraná (UFPR).

Adriana Grandis
Bióloga. Mestre em Fisiologia e Bioquímica de Plantas pelo Instituto de Biociências da Universidade de São Paulo (IB-USP). Doutora em Biologia de Sistemas pelo IB-USP. Pós-Doutorado em Ciências Biológicas pelo IB-USP.

Alfredo Gui Ferreira
Biólogo. Mestre em Botânica pela Universidade Federal do Rio Grande do Sul (UFRGS). Doutor em Botânica pela Universidade de São Paulo (USP). Pós-Doutorado em Botânica pela Universidade William Paterson (EUA). Professor Titular (aposentado) do Departamento de Botânica da UFRGS.

Aline Andréia Cavalari
Biológa. Mestre e Doutora em Biologia Vegetal pela Universidade Estadual de Campinas (Unicamp). Professor Adjunto de Fisiologia Vegetal, do Departamento de Ecologia e Biologia Evolutiva da Universidade Federal de São Paulo (Unifesp, *campus* Diadema).

Ana Paula Artimonte Vaz
Bióloga. Mestre e Doutora em Botânica pelo Instituto de Biociências da Universidade de São Paulo (IB-USP). Pesquisadora da Secretaria de Inovação e Negócios da Empresa Brasileira de Pesquisa Agropecuária (Embrapa).

Arnoldo Rocha Façanha
Biólogo. Mestre e Doutor em Química Biológica pela Universidade Federal do Rio de Janeiro (UFRJ). Professor Associado da Universidade Estadual do Norte Fluminense Darcy Ribeiro (UENF).

Arthur G. Fett-Neto
Biólogo. Mestre em Fisiologia Vegetal pela Universidade Federal de Viçosa (UFV). Doutor em Botânica pela Universidade de Toronto (Canadá). Pós-Doutorado pela Faculdade de Darthmouth (EUA). Professor Titular de Botânica, do Departamento de Botânica da Universidade Federal do Rio Grande do Sul (UFRGS).

Cassia Pereira Coelho Bucher
Agrônoma. Mestre e Doutora em Agronomia pela Universidade Federal Rural do Rio de Janeiro (UFRRJ). Pós-Doutoranda pelo Departamento de Solos da UFRRJ.

Edison Paulo Chu
Biólogo. Doutor em Fisiologia Vegetal pelo Instituto de Biociências da Universidade de São Paulo (IB-USP). Pesquisador Científico do Núcleo de Fisiologia e Bioquímica do Instituto de Botânica (IBt).

Eduardo Purgatto
Farmacêutico bioquímico. Doutor em Ciência dos Alimentos pela Universidade de São Paulo (USP). Professor Associado das disciplinas Bromatologia e Produção de Composição de Alimentos da Faculdade de Ciências Farmacêuticas da Universidade de São Paulo (FCF-USP).

Eliane Stacciarini-Seraphin
Bióloga. Mestre em Biologia Vegetal pela Universidade Estadual de Campinas (Unicamp). Doutora em Plant Physiology pela University of Edinburgh (Escócia). Professora Adjunta IV (aposentada) do Instituto de Ciências Biológicas da Universidade Federal de Goiás (ICB-UFG).

Giovanna Bezerra da Silva
Bióloga. Mestre e Doutora em Biodiversidade e Meio Ambiente pelo Instituto de Botânica (IBt).

Halley Caixeta Oliveira
Biólogo. Doutor em Biologia Funcional e Molecular pela Universidade Estadual de Campinas (Unicamp). Professor Adjunto de Fisiologia Vegetal da Universidade Estadual de Londrina (UEL).

Helenice Mercier
Bióloga. Mestre e Doutora em Botânica pela Universidade de São Paulo (USP). Professora Titular do Departamento de Botânica da USP.

Henrique Pessoa dos Santos
Engenheiro agrônomo. Mestre em Fitotecnia pela Universidade Federal do Rio Grande do Sul (UFRGS). Doutor em Biologia Vegetal pela Universidade Estadual de Campinas (Unicamp). Pesquisador em Fisiologia de Produção e Supervisor do Laboratório de Fisiologia Vegetal, Embrapa Uva e Vinho.

José Antonio Pimenta
Biólogo. Mestre em Fisiologia Vegetal pela Universidade Federal de Viçosa (UFV). Doutor em Biologia Vegetal pela Universidade Estadual de Campinas (Unicamp). Professor Associado de Fisiologia Vegetal da Universidade Estadual de Londrina (UEL).

Ladaslav Sodek
Bioquímico. Doutor em Bioquímica Vegetal pela Universidade de Londres. Professor Titular (aposentado) do Departamento de Biologia Vegetal do Instituto de Biologia da Universidade Estadual de Campinas (IB-Unicamp).

Lázaro E. P. Peres
Agrônomo. Doutor em Botânica pela Universidade de São Paulo (USP). Professor Titular de Fisiologia Vegetal da Escola Superior de Agricultura "Luiz de Queiroz" (ESALQ) da USP.

Leandro Azevedo Santos
Agrônomo. Mestre e Doutor em Agronomia pela Universidade Federal Rural do Rio de Janeiro (UFRRJ). Professor Associado de Nutrição Mineral de Plantas da UFRRJ.

Leonardo Barros Dobbss
Engenheiro agrônomo. Mestre e Doutor em Produção Vegetal pela Universidade Estadual do Norte Fluminense Darcy Ribeiro (UENF). Professor Adjunto de Ecologia e Gestão Ambiental e Biologia dos Solos da Universidade Federal dos Vales do Jequitinhonha e Mucuri (UFVJM).

Lilian Beatriz Penteado Zaidan
Bióloga. Especialista em Efeitos do Fotoperiodismo em Plantas pela Universidade de Londres. Mestre em Biologia Molecular pela Universidade Federal de São Paulo (Unifesp). Doutora em Ciências pelo Instituto de Biologia da Universidade Estadual de Campinas (IB-Unicamp). Pesquisadora Científica VI do Centro de Fisiologia e Bioquímica de Plantas, do Instituto de Botânica (IBt). Professora do curso de Pós-Graduação em Biodiversidade Vegetal e Meio Ambiente da Secretaria de Meio Ambiente do Estado de São Paulo.

Luciano Freschi
Biólogo. Doutor em Ciências pela Universidade de São Paulo (USP). Professor Doutor do Departamento de Botânica, do Instituto de Biociências da USP.

Luciano Pasqualoto Canellas
Engenheiro agrônomo. Mestre e Doutor em Ciência do Solo pela Universidade Federal Rural do Rio de Janeiro (UFRRJ). Professor Associado de Química do Solo da Universidade Estadual do Norte Fluminense Darcy Ribeiro (UENF).

Manlio Silvestre Fernandes
Agrônomo. Mestre e Doutor em Soil Science pela Michigan State University (EUA). Professor Emérito de Nutrição Mineral de Plantas, do Departamento de Solos da Universidade Federal Rural do Rio de Janeiro (UFRRJ).

Marco Aurélio Silva Tiné
Biólogo. Doutor em Biologia Celular e Estrutural pela Universidade Estadual de Campinas (Unicamp). Pesquisador no Núcleo de Fisiologia e Bioquímica do Instituto de Botânica (IBt).

Marcos S. Buckeridge
Biólogo. Mestre em Biologia Molecular pela Escola Paulista de Medicina da Universidade Federal de São Paulo (EPM-Unifesp). Doutor em Plant Biochemistry pela University of Stirling (Escócia). Professor Titular do Departamento de Botânica do Instituto de Biociências da Universidade de São Paulo (IB-USP).

Maria Aurineide Rodrigues
Bióloga. Doutora em Botânica pelo Instituto de Biociências da Universidade de São Paulo (IB-USP). Pós-Doutorado em Genética Molecular de Plantas e em Fisiologia do Desenvolvimento Vegetal, pelo IB-USP, e em Genômica e Biotecnologia de Frutos pela École Nationale Supérieure Agronomique de Toulouse (ENSAT, França). Professora Convidada dos Programas de Graduação e Pós-Graduação em Ciências Biológicas do IB-USP.

Marília Gaspar
Bióloga. Mestre em Genética Vegetal pela Universidade Estadual de Campinas (Unicamp). Doutora em Fisiologia Celular e Molecular de Plantas pela Université de Paris XI (França). Pesquisadora Científica VI do Núcleo de Pesquisa em Fisiologia e Bioquímica do Instituto de Botânica (IBt).

Miguel José Minhoto
Biólogo. Mestre em Biologia Celular e Estrutural pela Universidade Estadual de Campinas (Unicamp). Professor Assistente da Faculdade de Ciências da Saúde de São Paulo (FACIS).

Miguel Pedro Guerra
Engenheiro agrônomo. Mestre em Fitotecnia pela Universidade Federal do Rio Grande do Sul (UFRGS). Doutor em Botânica pela Universidade de São Paulo (USP). Professor Titular de Biotecnologia de Plantas da Universidade Federal de Santa Catarina (UFSC).

Nidia Majerowicz
Bióloga. Mestre em Biologia Vegetal pela Universidade Estadual de Campinas (Unicamp). Doutora em Ciências pela Universidade de São Paulo (USP). Professora Associada IV de Fisiologia Vegetal da Universidade Federal Rural do Rio de Janeiro (UFRRJ).

Rita de Cássia Leone Figueiredo-Ribeiro
Bióloga. Mestre e Doutora em Botânica pela Universidade de São Paulo (USP). Pesquisadora Científica VI do Núcleo de Pesquisa em Fisiologia e Bioquímica, do Instituto de Botânica (IBt).

Rogério Falleiros Carvalho
Biólogo. Especialista em Fisiologia Vegetal pela Universidade Estadual Paulista (Unesp, *campus* Jaboticabal). Mestre e Doutor em Ciências pela Escola Superior de Agricultura "Luiz de Queiroz" da Universidade de São Paulo (ESALQ-USP). Professor Adjunto de Fisiologia Vegetal, do Departamento de Biologia da Unesp (*campus* Jaboticabal).

Sandra Colli
Bióloga. Mestre em Botânica e Doutora em Ciências pelo Instituto de Botânica da Universidade de São Paulo (USP). Professora Associada (aposentada) da Universidade Estadual de Londrina (UEL).

Sonia Regina de Souza
Agrônoma. Mestre e Doutora em Agronomia pela Universidade Federal Rural do Rio de Janeiro (UFRRJ). Professora Titular de Bioquímica da UFRRJ.

Victor José Mendes Cardoso
Biólogo. Mestre em Biologia Vegetal pelo Instituto de Biologia da Universidade Estadual de Campinas (IB-Unicamp). Doutor em Ciências pelo IB-Unicamp. Professor Adjunto III (aposentado) do Instituto de Biociências da Universidade Estadual Paulista (Unesp, *campus* Rio Claro).

Agradecimentos

Agradeço às gerações de pesquisadores que, ao longo de suas vidas, no silêncio inquieto dos laboratórios, labutaram para desvendar os segredos recônditos das plantas.

Gilberto B. Kerbauy

Prefácio

Para nós, autores, não poderia ser outro senão o sentimento de satisfação pelo fato de este livro ter chegado a uma honrosa terceira edição. Na realidade, uma sensação não muito diferente daquela vivida quando de seu lançamento em 2004. Pesou na decisão para a nova edição a boa acolhida que a obra vem experimentando junto a estudantes das áreas de pesquisa básica, aplicada e pedagógica interessados na compreensão do funcionamento das plantas vasculares. Nesta terceira edição, uma vez mais, envidaram-se esforços no sentido de difundir os avanços de conhecimento mais significativos sobre a fisiologia vegetal, em formato e linguagem mais compatíveis com as expectativas dos estudantes brasileiros. Como é comum na ciência, algumas áreas da fisiologia avançaram mais que outras, o que, de certa maneira, acabou se refletindo nos diferentes capítulos desta edição. Por esse motivo, cinco novos autores vieram acrescentar seus conhecimentos nesta nova empreitada, e dois capítulos foram integralmente reescritos, sendo os demais atualizados em diferentes graus.

A percepção contemporânea e correta dos docentes de fisiologia vegetal acerca dos desafios crescentes na ministração da disciplina tem a ver com o acúmulo rápido e intenso de novos conhecimentos, como é o caso da bioquímica, da biologia molecular e da biofísica, para citar apenas três. Se antes eram consideradas e lecionadas separadamente, agora estão mescladas de modo irreversível.

Para as plantas, nada disso é novo, muito pelo contrário. É característico delas a complexidade; são organismos sésseis e heterotérmicos, obrigados a estabelecer relações vitais e sutis com elementos físicos e químicos da natureza circundante para sobreviver. Tal situação difere da condição dos animais superiores. Durante a evolução vegetal, o processo de seleção deve ter atuado a favor da aquisição de um grau mais proeminente de flexibilização gênica-metabólica-fisiológica. As plantas tornaram-se organismos suficientemente flexíveis, aptas não apenas a tolerar, mas também a utilizar em benefício próprio desde variações drásticas e prolongadas das estações do ano até aquelas diuturnas protagonizadas pela luz, por exemplo.

A ativação e/ou desativação coordenada e harmoniosa de miríades de mecanismos bioquímicos, genéticos e físicos garantem que a fisiologia das plantas mantenha-se finamente ajustada às mudanças do ambiente em que vivem, por mais extravagantes ou sutis que sejam. Desse modo, seria plausível depreender (mesmo que a contragosto, mas sem desânimo) que de fato continuam a existir dificuldades de se entender completamente um mecanismo fisiológico, ainda que bem-estabelecido e amplamente aceito. Parafraseando o Dr. Folke Karl Skoog, o mundialmente consagrado fisiologista da Universidade de Wisconsin, descobridor das citocininas e propositor das bases do controle hormonal do desenvolvimento, "tudo muda e tudo influi" na fisiologia das plantas.

Gilberto B. Kerbauy

Sumário

1 Relações Hídricas

José Antonio Pimenta

Introdução

A água é uma das mais importantes substâncias do planeta e o solvente ideal para a ocorrência dos processos bioquímicos. Foi em um sistema aquoso que a vida evoluiu. Entre os primeiros organismos de que se tem registro fóssil, estão as plantas vasculares, aproximadamente 450 milhões de anos atrás, o que corresponde a apenas 10% da idade do planeta Terra. Provavelmente, a demora na conquista do ambiente terrestre se deu pela dificuldade na obtenção de água em um ambiente inerentemente seco. O desenvolvimento de raízes e um sistema vascular avançado foram necessários para absorver e transportar água, e epiderme e os estômatos para conservá-la.

Em tecidos metabolicamente ativos de plantas em crescimento, a água constitui 80 a 95% da massa, enquanto em tecidos lenhosos, alcança de 35 a 75%. Embora certas plantas tolerantes à dessecação contenham somente 20% de água e sementes secas possam ter de 5 a 15%, ambas, nessas condições, estão metabolicamente inativas e reassumem atividade apenas após a absorção de uma considerável quantidade de água.

A água é absorvida do solo, movimenta-se pela planta e boa parte se perde para a atmosfera na forma de vapor, processo este conhecido como transpiração. Aproximadamente 40% da precipitação que cai sobre a superfície da Terra retorna para a atmosfera via transpiração (Berry *et al.*, 2010). Sob o calor de 1 dia ensolarado, a folha pode trocar 100% de seu conteúdo de água em apenas 1 h. Para cada 2 g de matéria orgânica produzida pela planta, aproximadamente 1 ℓ de água é absorvido pelas raízes, transportado pelo corpo da planta e perdido para a atmosfera. Em plantas mesófilas (plantas adaptadas a ambientes com relativa disponibilidade de água) em um solo úmido e atmosfera com baixa umidade relativa (UR), cerca de 82% da água absorvida é transpirada e 18% armazenada. Já em plantas xerófilas (plantas adaptadas a ambientes secos) suculentas, apenas 50% da água absorvida é transpirada. A água nas células é armazenada nos vacúolos e no protoplasma (90 a 95%) e nas paredes (5 a 10%).

A importância do estudo das relações hídricas em plantas resulta da diversidade de funções fisiológicas e ecológicas da água. Entre os recursos de que a planta necessita para crescer e funcionar, a água é o mais abundante e, também, o mais limitante. Logo, tanto a distribuição da vegetação sobre a superfície terrestre quanto a produtividade agrícola são controladas principalmente pela disponibilidade de água.

A absorção de água pelas células gera, no interior destas, uma força conhecida como turgor, a facilidade de apresentar grandes pressões hidrostáticas internas em razão das paredes celulares. Na ausência de qualquer tecido de sustentação, as plantas, para permanecerem eretas, necessitam manter a turgidez. A pressão de turgor é essencial também para muitos processos fisiológicos, como o alongamento celular, as trocas gasosas nas folhas e o transporte no floema. A perda do turgor em decorrência do estresse hídrico provoca o fechamento estomático, a redução da fotossíntese e da respiração e a interferência em muitos processos metabólicos básicos.

A água é imprescindível como reagente ou substrato de importantes processos como a fotossíntese (ver Capítulo 5) e a hidrólise do amido em açúcar (ver Capítulo 7) em sementes germinando. A água foi essencial para o surgimento e a evolução dos organismos aeróbios, os mais evoluídos sobre a Terra. A partir do surgimento da fotossíntese há cerca de 2,5 bilhões de anos em organismos semelhantes às atuais cianobactérias, teve início a concentração de oxigênio na atmosfera, antes inexistente e que foi aumentando até os 21% com os quais se convive hoje, resultantes da quebra da molécula de água (doadora de elétrons) em H^+ e O_2, possibilitando uma enorme diversificação de formas de vida no planeta.

Outras importantes funções da água estão associadas ao movimento de nutrientes minerais tanto no solo quanto nas plantas, ao movimento de produtos orgânicos da fotossíntese, à locomoção de gametas no tubo polínico para a fecundação e ao transporte na disseminação de esporos, frutos e sementes para muitas espécies.

Nas últimas décadas, os estudos de relações hídricas têm progredido rapidamente em virtude da utilização dos conceitos da termodinâmica, que permitiram um melhor entendimento do movimento da água nas plantas e em outros sistemas biológicos. Como consequência, esses estudos originaram conceitos e análises na relação água–planta intimamente relacionados com as leis da termodinâmica, sendo necessários alguns conhecimentos básicos dessa disciplina para entender os princípios do movimento da água.

Toda a importância da água no sistema solo–planta–atmosfera está diretamente ligada às características químicas da molécula, que lhe conferem propriedades físico-químicas singulares. Neste capítulo, serão abordados a estrutura química e as propriedades físico-químicas da água, os princípios do seu movimento, o potencial químico e o conceito de potencial da água. Esses conhecimentos são básicos para o entendimento da abordagem posterior sobre o movimento da água nas plantas e entre as plantas e o ambiente.

Estrutura e propriedades físico-químicas da água

A água apresenta várias propriedades físicas e químicas diferenciadas em comparação a outras moléculas de tamanhos similares. Essas propriedades capacitam a água a agir como "solvente universal" e ser prontamente transportada pela planta. Nenhuma outra substância conhecida tem mais propriedades incomuns que a água.

Estrutura da molécula de água

As propriedades físico-químicas da água estão intimamente relacionadas com a sua estrutura eletrônica, ou seja, derivam primariamente da estrutura polar da molécula de água. Para ilustrar, na Tabela 1.1 são apresentados os elevados pontos de fusão e ebulição da água, quando comparados com os de substâncias de estruturas similares, o que indica a sua alta força intermolecular. O aumento da temperatura não rompe facilmente as ligações água–água.

As fortes ligações entre as moléculas de água resultam das formações de pontes de hidrogênio como consequência da estrutura da molécula (Figura 1.1 A). Na água, o oxigênio se une covalentemente a dois átomos de hidrogênio com distâncias de 0,099 nm e um ângulo de 105°. O átomo de oxigênio é mais eletronegativo que o hidrogênio, fazendo com que na ligação covalente o oxigênio tenda a atrair os elétrons, os quais ficam mais afastados dos átomos de hidrogênio. Como resultado, o átomo de oxigênio na molécula de água apresenta cargas parciais negativas (δ^-), enquanto cada hidrogênio tem carga parcial positiva (δ^+). As cargas parciais são correspondentes, de modo que a molécula de água não apresenta nenhuma carga líquida (eletricamente neutra). Entretanto, essa distribuição assimétrica de elétrons faz da água uma molécula polar, um dipolo. A separação de cargas positivas e negativas gera uma atração elétrica mútua entre moléculas polares, que possibilita a formação de pontes de hidrogênio (Figura 1.1 B).

Os hidrogênios positivamente carregados da molécula de água são eletrostaticamente atraídos pelo oxigênio negativamente carregado de duas outras moléculas vizinhas. Isso leva à formação de pontes de hidrogênio entre as moléculas, com uma energia de cerca de 20 kJ mol^{-1}. Cada molécula de água pode estabelecer pontes de hidrogênio com outras quatro. As pontes de hidrogênio são bem mais fracas que as ligações covalentes ou iônicas, que normalmente têm uma energia de 400 kJ mol^{-1}, mas mais fortes que as atrações momentâneas conhecidas como força de van der Waals, que apresentam cerca de 4 kJ mol^{-1}.

As ligações covalentes são fortes, mas podem ser rompidas durante as reações químicas. As forças intermoleculares de van der Waals ou de London e as pontes de hidrogênio possibilitam interações entre moléculas adjacentes e afetam o comportamento de gases e líquidos. Por exemplo, o que caracteriza a grande diferença nas propriedades físicas entre o metano e a água (Tabela 1.1) reside no fato de que o primeiro não apresenta efeito de dipolo permanente, porque sua molécula não apresenta distribuição assimétrica de elétrons, e, consequentemente, nenhuma carga parcial que possibilite a formação de pontes de hidrogênio. No entanto, mesmo as moléculas neutras podem apresentar, momentaneamente, características dipolares, causando as interações chamadas força de van der Waals.

As forças produzidas pela distribuição assimétrica de cargas da molécula de água são responsáveis pela estrutura simétrica cristalina do gelo. Quando a água no estado sólido derrete a 0°C, com a absorção de energia na faixa de 6 kJ mol^{-1}, aproximadamente 15% das pontes de hidrogênio são quebradas. No estado líquido a 25°C, aproximadamente 80% das pontes de hidrogênio são mantidas intactas (estrutura semicristalina). Uma considerável quantidade de energia, cerca de 32 kJ mol^{-1} (igual a 73% do calor latente de vaporização), é requerida para romper essas pontes durante a evaporação (Figura 1.2). Assim, a fórmula química da água poderia ser expressa como $(H_2O)_n$, em que o n diminui com o aumento da temperatura.

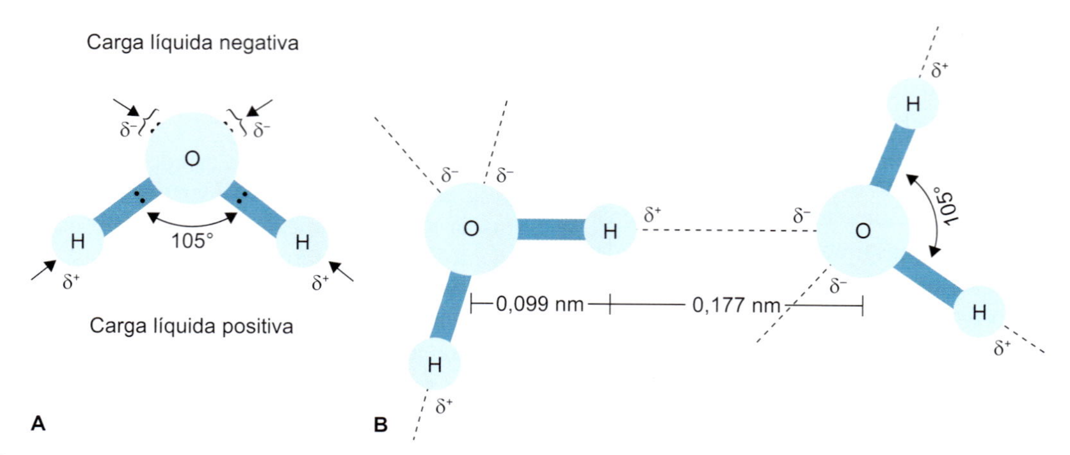

Figura 1.1 A. Representação esquemática da molécula de água. As duas ligações intramoleculares dos hidrogênios com o oxigênio formam um ângulo de 105°. As cargas parciais opostas (δ^- e δ^+) resultam na formação de pontes de hidrogênio com outras moléculas de água; as setas indicam a posição dessas pontes. **B.** Esquema mostrando as distâncias das ligações de átomos de hidrogênio e oxigênio intra e intermoleculares. As ligações covalentes (intramoleculares) são representadas em azul, e as pontes de hidrogênio (intermoleculares) por linhas pontilhadas.

Tabela 1.1 Comparação entre as propriedades físicas da água e as de outros compostos com estruturas similares.

Substância	Fórmula química	Quantidade de H	Ponto de fusão (°C)	Calor de fusão (J g^{-1})	Ponto de ebulição (°C)	Calor de vaporização (J g^{-1})
Metano	CH_4	4	−184	58	−161	556
Amônia	NH_3	3	−78	452	−33	1.234
Água	H_2O	2	0	335	100	2.452
Fluoreto de H	HF	1	−92	–	19	–
Neônio	Ne	0	−249	–	−246	–

Além das interações entre as moléculas de água, as ligações de hidrogênio são importantes para atrações entre a água e outras moléculas ou superfícies com átomos eletronegativos (O ou N). Por exemplo, as ligações de hidrogênio são a base das capas de hidratação que se formam na superfície de moléculas biologicamente importantes, como proteínas, ácidos nucleicos e carboidratos. Tem-se estimado que a capa de hidratação pode corresponder a 30% da massa hidratada de uma proteína, sendo muito importante para a estabilidade da molécula.

Propriedades físicas e químicas da água

A polaridade da molécula de água e a extensiva quantidade de pontes de hidrogênio apresentada no estado líquido contribuem para as propriedades raras ou singulares e biologicamente importantes da água.

Propriedade de solvente

Por ser um solvente de largo espectro ("solvente universal"), a água dissolve a maior quantidade e variedade de substâncias que qualquer outro solvente conhecido. Essa excelente *propriedade de solvente* da água se deve à sua natureza polar e ao seu pequeno tamanho, possibilitando que compreenda um bom solvente para substâncias iônicas e para moléculas que contenham resíduos polares, como –OH ou $-NH_2$, comumente encontradas em açúcares e proteínas. Como solvente, a água é quimicamente inerte, atuando como um meio ideal para a difusão e as interações químicas de outras substâncias.

A água tem a capacidade de neutralizar cargas de íons ou macromoléculas, circundando-as de forma orientada com uma ou mais camadas, formando a chamada *capa de moléculas de água* ou *camada de solvatação*. Essa capa de hidratação reduz as probabilidades de recombinações entre os íons e as interações entre as macromoléculas, funcionando como um isolante elétrico (Figura 1.3). A efetividade da água como isolante elétrico diminui com a concentração do soluto.

A água tende também a se ligar fortemente à superfície de partículas do solo, como argila, silte e areia, bem como à celulose e a muitas outras substâncias. Essa característica de adsorção tem grande importância na relação solo–planta.

A polaridade da molécula de água pode ser medida por uma grandeza conhecida como *constante dielétrica*. A água apresenta uma das maiores constantes dielétricas de que se tem conhecimento entre os solventes (Tabela 1.2). Em razão dessa característica, a água se apresenta como um excelente solvente para íons e moléculas carregadas, diferentemente do benzeno e do hexano.

Propriedades térmicas

Em função da considerável quantidade de energia requerida para romper a forte atração intermolecular causada pelas pontes de hidrogênio, a água apresenta propriedades térmicas atípicas e biologicamente muito importantes, como elevados valores de *ponto de fusão* e de *ebulição*, de *calor latente de fusão* e de *vaporização* e de *calor específico*. Essas propriedades são extremamente importantes, possibilitando que a água se

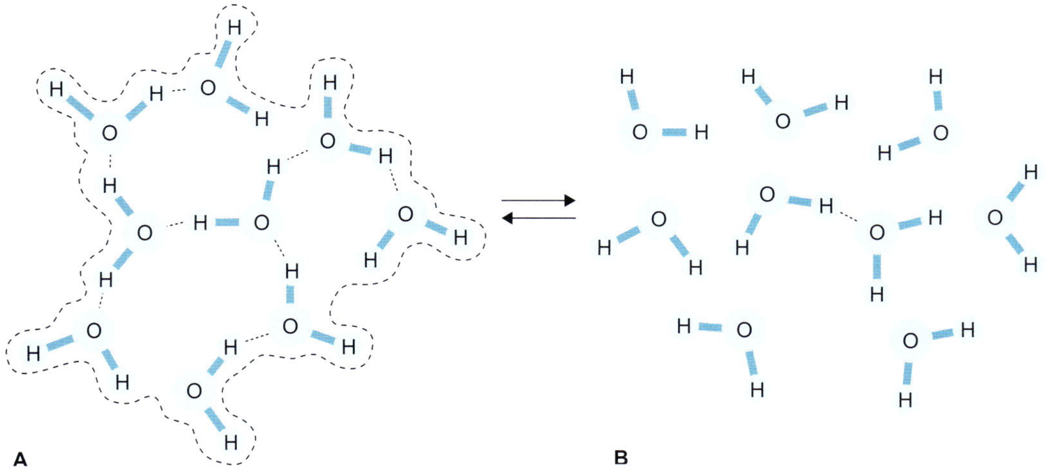

Figura 1.2 A. Diagrama esquemático da agregação das moléculas em uma forma semicristalina. **B.** Desagregação das moléculas de água decorrente da contínua agitação térmica, mostrando uma configuração ao acaso (fase gasosa).

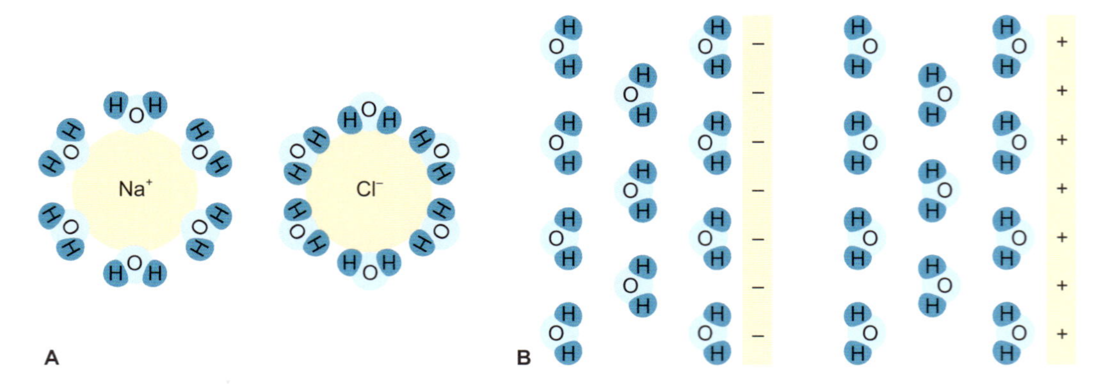

Figura 1.3 A. Orientação das moléculas de água na superfície de um íon. **B.** Orientação das moléculas de água em superfícies de macromoléculas carregadas.

mantenha no estado líquido a temperaturas compatíveis com a vida.

De modo geral, quanto menor uma molécula, menores serão seus pontos de fusão e ebulição. Desse ponto de vista, em temperaturas terrestres, a água estaria na forma de vapor. Entretanto, isso não ocorre em razão de sua grande capacidade de formar pontes de hidrogênio, por ser dipolar, apresentando pontos de fusão e ebulição bem superiores aos de outras moléculas similares (ver Tabela 1.1).

A energia requerida para separar moléculas de um líquido e mover para uma fase de vapor adjacente, sem uma mudança de temperatura, é chamada de calor latente de vaporização. Já a energia exigida para converter uma substância do estado sólido para o líquido é conhecida como calor latente de fusão. As pontes de hidrogênio aumentam a quantidade de energia requerida para a água evaporar, necessitando de 2.452 J de energia para converter 1 g de água líquida em vapor (44 kJ mol^{-1}). Trata-se do maior valor de calor latente de vaporização conhecido entre os líquidos. Assim como as pontes de hidrogênio aumentam a energia requerida para a evaporação, também aumentam a energia necessária para o gelo derreter, fazendo com que a água tenha um calor latente de fusão menor somente que o da amônia (ver Tabela 1.1). A água necessita de 335 J de energia para converter 1 g de gelo em 1 g de líquido a 0°C (6 kJ mol^{-1}).

A importância dessas propriedades para a vida das plantas reside no fato de que, uma vez bem hidratadas, as plantas, para sofrerem com a queda da temperatura, precisam perder grande quantidade de calor. Contudo, pela necessidade de absorver grande quantidade de energia calórica de regiões vizinhas, o alto calor de vaporização da água leva a um resfriamento associado à evaporação.

Tabela 1.2 Constantes dielétricas de alguns solventes a 25°C.

Substância	Constante dielétrica
Água	78,4
Metanol	33,6
Etanol	24,3
Benzeno	2,3
Hexano	1,9

O calor específico refere-se à quantidade de energia calórica requerida por uma substância para que ocorra um dado aumento de temperatura. O calor específico da água é de 1 *caloria* por grama por grau centígrado, correspondente a 4,184 J g^{-1}°C^{-1}, maior que qualquer outra substância, com exceção da amônia líquida, que é cerca de 13% maior. Uma caloria é definida pela quantidade de calor necessária para aquecer em 1°C 1 mℓ de água, nas condições normais de temperatura e pressão. Quando a temperatura da água é aumentada, as moléculas vibram rapidamente, e grande quantidade de energia é requerida pelo sistema para quebrar as pontes de hidrogênio. Esse alto calor específico possibilita que a água funcione como um tampão de temperatura para os organismos. Assim, as células das plantas podem trocar grande quantidade de calor com o ambiente sem que ocorram variações consideráveis na temperatura interna da célula.

O alto calor específico da água tende a estabilizar a temperatura e é refletido, sob condições naturais, na temperatura relativamente uniforme encontrada em ilhas de terras próximas a grandes corpos de água. Isso é importante tanto para a agricultura quanto para a vegetação natural. A água é também extremamente boa condutora de calor, comparada com outros líquidos e sólidos não metálicos, embora pobre em comparação aos metais. Essa alta *condutividade térmica da água líquida* também resulta de sua estrutura altamente ordenada. A combinação do alto calor específico com a alta condutividade térmica capacita a água a absorver e redistribuir muita energia calórica sem haver um correspondente aumento da temperatura.

Outra propriedade importante para as plantas é o fato de a água líquida ser quase *incolor*. A boa transmissão de luz visível possibilita que as plantas aquáticas fotossintetizem a profundidades consideráveis.

Propriedades de coesão e adesão

As propriedades de *coesão* e *adesão* da água estão também relacionadas com a forte atração entre suas moléculas e entre estas e superfícies carregadas, respectivamente.

A atração intermolecular que ocorre com as moléculas de água resultando na formação das pontes de hidrogênio dá origem à propriedade conhecida como coesão. Como consequência dessa alta força coesiva interna entre as moléculas, a água apresenta também considerável tensão superficial. Isso fica evidente na comparação entre a água e o ar, porque as moléculas de água são mais fortemente atraídas pelas moléculas vizinhas que pela fase gasosa do outro lado da superfície. O termo *tensão superficial* refere-se à condição que existe na interface. Entretanto, a melhor maneira de definir tensão superficial é considerá-la a quantidade de energia requerida para expandir a superfície por unidade de área ($J\ m^{-2}$). A água tem uma tensão superficial maior que qualquer outro líquido, com exceção do mercúrio.

Como resultado dessa alta tensão superficial, a água apresenta dificuldades de se espalhar e penetrar nos espaços de uma superfície. Isso fica evidente na formação de gotículas nas folhas e no fato de a água não entrar nos espaços intercelulares das folhas pelos estômatos abertos. A alta tensão superficial é a razão também de a água suportar o peso de pequenos insetos.

Certos solutos, como sacarose e KCl, não se concentram preferencialmente na interface ar–líquido e, consequentemente, têm pouco efeito sobre a tensão superficial de uma solução aquosa. Contudo, ácidos graxos e certos lipídios podem concentrar-se na superfície (interface) e reduzir muito a tensão superficial. São moléculas denominadas surfactantes, com regiões polares (hidrofílicas) e apolares (hidrofóbicas), conhecidas como moléculas anfipáticas ou anfifílicas, e frequentemente adicionadas aos fungicidas e herbicidas nas pulverizações, visando, com a quebra da tensão superficial, a uma distribuição mais uniforme destes nas superfícies foliares.

A coesão das moléculas de água é também responsável pela alta *força tênsil* (força de tensão), definida como a capacidade de resistir a uma força de arraste, ou, ainda, como a tensão máxima que uma coluna ininterrupta de qualquer material pode suportar sem quebrar. Não é comum pensar em líquidos dotados de força tênsil, por esta ser uma propriedade típica dos metais; no entanto, uma coluna de água também consegue suportar tensões bastante altas, na ordem de 30 megapascal (MPa) (1 MPa = 10 bar = 9,87 atm). Isso facilita o arraste de uma coluna de água em um tubo capilar sem que esta se rompa. No xilema, o rompimento da coluna contínua de água tem efeito devastador sobre o transporte da seiva bruta, principalmente em árvores.

As mesmas forças que atraem as moléculas de água (coesão) são aquelas que atraem as moléculas de água às superfícies sólidas, uma propriedade conhecida como *adesão*. Essas interações atrativas são importantes para a subida da água em tubos de pequenos diâmetros.

As propriedades de coesão, tensão superficial, força tênsil e adesão, juntas, ajudam a explicar o fenômeno conhecido como capilaridade, o movimento ascendente da água em tubos de pequenos diâmetros tanto de vidro (a água sobe, em um tubo de vidro de 0,03 mm de diâmetro, até uma altura de aproximadamente 120 cm) quanto no próprio xilema. Essas propriedades são importantes para explicar também a teoria da coesão e tensão ou teoria de Dixon a respeito do movimento ascendente de água no xilema, que será abordado posteriormente.

Processos do movimento da água

Nas plantas, a água e os solutos estão em constante movimento dentro das células, de célula para célula, de tecido para tecido, do solo para as raízes, dessas para as folhas, das folhas para a atmosfera. Logo, quando se estudam as relações hídricas, é importante conhecer o que governa o movimento da água.

Tanto nos sistemas vivos quanto no mundo abiótico, os movimentos das moléculas são governados por dois processos: o *fluxo em massa* e a *difusão*. No caso da água, deve também ser considerado um tipo especial de movimento conhecido como osmose. Esses movimentos obedecem a leis físicas. O gradiente de potencial de pressão (ou pressão hidrostática) geralmente constitui a força que dirige o movimento de fluxo em massa; e, desde que nenhuma outra força esteja agindo sobre as moléculas, outro tipo de gradiente, o de concentração, está relacionado com o movimento por difusão.

Fluxo em massa

O movimento de grupos de moléculas por fluxo em massa ocorre quando forças externas são aplicadas, como pressão produzida por alguma compressão mecânica ou a própria gravidade; assim, todas as moléculas tendem a se mover na mesma direção em massa, enquanto a difusão resulta do movimento ao acaso de moléculas individuais. Pode-se então definir fluxo em massa como o movimento conjunto de partículas de um fluido em resposta a um gradiente de pressão; trata-se da forma mais simples de movimento fluido. Exemplos comuns de fluxo em massa são o movimento da água em um rio e a chuva – ambos são respostas à pressão hidrostática estabelecida pela gravidade.

Água e solutos movem-se por meio do xilema por fluxo em massa. Esse movimento é causado pela tensão ou pressão negativa desenvolvida nas superfícies transpirantes, a qual é transmitida à seiva do xilema da parte aérea para as raízes, conforme será visto adiante. No interior das plantas, pode haver também o fluxo em massa pelas paredes das células, e a própria ciclose (movimento do hialoplasma ou citosol nas células) pode ser considerada um fluxo em massa. Pode ainda ocorrer fluxo em massa de água e outras substâncias no solo, e deste para as plantas.

Difusão

Conforme mencionado anteriormente, ao contrário do fluxo em massa, a difusão envolve movimento espontâneo de partículas individuais. Define-se o fenômeno de difusão como o movimento, ao acaso, de partículas (moléculas e íons), causado por sua própria energia cinética, de uma região para outra adjacente, em que a mesma substância está em menor concentração ou menor potencial químico. Assim, a difusão é um processo pelo qual as partículas se misturam como resultado de sua agitação ao acaso. Por exemplo, as partículas que constituem um sistema estão em contínua movimentação (movimento termocaótico) em todas as direções, colidindo umas com as outras e trocando energia cinética. Se houver inicialmente uma distribuição desuniforme de moléculas ou íons de determinada substância, o movimento contínuo destes tende a distribuí-los uniformemente por todo o espaço disponível –

ou seja, como existe um maior número de partículas na região mais concentrada, e, portanto, com maior *potencial químico*, haverá também forte tendência de as partículas se moverem em direção à região de menor concentração, isto é, com menor *potencial químico* da substância (Figura 1.4).

Quando um soluto (açúcar, sal etc.) é colocado em um recipiente com água (solvente), à medida que se dissocia, suas partículas se difundirão em direção ao solvente, enquanto as moléculas deste o farão em direção oposta. Isso ocorre até que a solução se misture uniformemente. Vale insistir que tanto a difusão do soluto quanto a do solvente se deram, exclusivamente, em razão da própria energia cinética de suas partículas, sem a participação de quaisquer outras forças. Uma vez alcançada a distribuição uniforme das moléculas ou íons, é estabelecido um equilíbrio na solução, refletido pela cessação dos movimentos de difusão das partículas do sistema.

A difusão faz parte da rotina diária das pessoas, talvez até mesmo sem que a percebam, como o açúcar adicionado ao copo de água, a fragrância emanada de um frasco de perfume ou de flores encontradas a distância, o corante colocado em um tanque com água etc. Para as plantas, a difusão tem um enorme significado funcional, seja no solo atuando no movimento de água e nutrientes até as raízes, seja na atmosfera influenciando, extensamente, as taxas de transpiração e a captação de CO_2 na fotossíntese.

A difusão de solutos a longas distâncias é muito lenta. Estimou-se um período de 8 anos para que uma pequena molécula com coeficiente de difusão de 10^{-5} cm^2 s^{-1} se difundisse 1 m na água, mas somente 0,6 s para difundir 5 μm, uma distância típica de células da folha (Nobel, 2009). Isso sugere que o movimento a longas distâncias nas plantas, como no xilema, não ocorre por difusão. As substâncias que se movem no fluxo transpiratório da planta (longa distância) o fazem principalmente por fluxo em massa.

Osmose

Imagine um recipiente separado em duas partes por uma membrana com permeabilidade seletiva (semipermeável), tendo de um lado água pura e, do outro, uma solução de açúcar. Sob tais condições, ocorrerá um maior movimento de água do local onde ela se encontra pura para o lado contendo a solução de sacarose. Esse maior movimento da água pela membrana semipermeável é chamado de *osmose*. As membranas celulares de todos os organismos são semipermeáveis, ou seja, permitem que a água e outras pequenas partículas sem carga as atravessem mais prontamente que solutos grandes ou carregados eletricamente.

Durante muito tempo, acreditou-se que a osmose, difusão das moléculas de água pela bicamada lipídica das membranas, fosse a única forma de entrada de água nas células vegetais e animais. Entretanto, há algum tempo tem sido observado que nesse movimento está envolvido também um fluxo em massa por microcanais de proteínas, conhecidas como aquaporinas, presentes de forma abundante nas membranas vegetais e comuns em microrganismos e animais. As aquaporinas são proteínas transmembranas ou proteínas intrínsecas da membrana (MIP), com massa molecular de 26 a 34 quilodaltons, pertencentes à principal família de proteínas constituintes das membranas celulares, que conectam ambas as superfícies.

Com a identificação das aquaporinas, ficou claro que a entrada de água nas células resulta da combinação da difusão de moléculas de água por meio da bicamada lipídica e do fluxo em massa por meio das aquaporinas, que fazem parte da membrana plasmática (Figura 1.5). Seja como for, a força motriz de ambos os processos é o gradiente de potencial químico da água (no próximo item, será abordado o conceito de potencial químico).

A variação entre o estado aberto e fechado das aquaporinas, que ditará a capacidade das células das plantas em modificar a permeabilidade à água, é regulada por gradiente de pressão, heteromerização, fosforilação de resíduos de serina, mudanças de pH que levam a protonação de resíduos de histidina

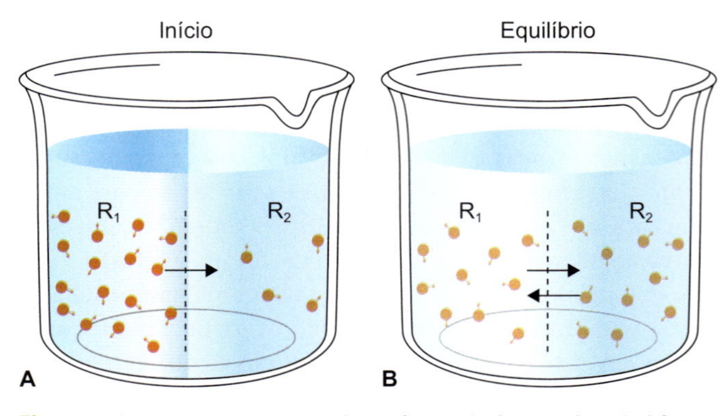

Figura 1.4 Movimento termocaótico de partículas que leva à difusão, podendo ocorrer com líquidos, sólidos ou gases. **A.** Compartimento com diferentes concentrações. **B.** Compartimento após o equilíbrio dinâmico. Entropia de R2 > R1 no início, tendência de R2 se desorganizar até R1 = R2.

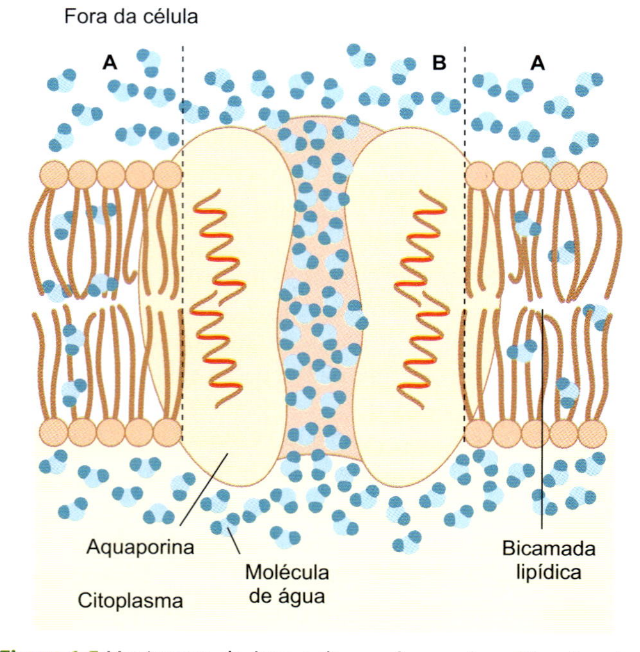

Figura 1.5 Movimento da água pela membrana plasmática das plantas. **A.** Individualmente, por difusão pela bicamada lipídica. **B.** Por fluxo em massa, pelos microcanais de proteínas integrais da membrana, denominadas aquaporinas.

e concentração de cálcio. No entanto, o total entendimento dessa regulação carece de evidências experimentais, porque ainda não está claro o papel desses mecanismos na estrutura do poro. Embora não mude a direção do movimento nem a força que o dirige, toda essa regulação pode alterar a taxa de movimento de água em resposta a estresse hídrico, salinidade, ritmo circadiano e resfriamento.

A primeira vez em que se demonstrou a função das aquaporinas em vegetais foi com o isolamento de uma proteína de *Arapdopsis thaliana* (L.) Heynh. (Maurel *et al.*, 1993). Hoje se sabe que as diversas aquaporinas de plantas não transportam somente água, mas também outras moléculas não carregadas eletricamente de pequena massa, como glicerol, ácido salicílico, ácido bórico, dióxido de carbono, óxido nítrico, peróxido de hidrogênio, ureia, arsenito e amônia (Gaspar, 2011). No entanto, estudos indicam que todas as aquaporinas são permeáveis aos gases dióxido de carbono e óxido nítrico, porém moléculas maiores são transportadas somente por isoformas específicas. Assim como a entrada de água ocorre a favor de um gradiente de potencial químico da água, a de outras moléculas obedece ao gradiente de concentração; logo, são transportes considerados passivos. Além de facilitarem o transporte de água e solutos, presume-se que as aquaporinas poderiam atuar como sensores de potencial osmótico e de pressão de turgor.

A osmose pode ser demonstrada por um dispositivo conhecido como osmômetro, que compreende o fechamento de uma das extremidades de um tubo contendo uma solução de sacarose com uma membrana semipermeável (Figura 1.6 A). Quando o conjunto é colocado dentro da água pura, há um aumento do volume de solução no tubo em decorrência da maior passagem de água do recipiente para o tubo, que é a osmose. Isso ocorre porque o potencial químico da água na solução é menor que o da água pura. O movimento de água pela membrana diminui gradualmente, em parte, pela diluição da solução no tubo e, em parte, pela pressão hidrostática exercida pelo aumento do volume de água no interior do osmômetro. Tanto a diluição quanto a pressão hidrostática contribuem para o aumento do potencial químico da água no tubo, diminuindo em consequência o gradiente. O equilíbrio é estabelecido quando a pressão hidrostática neutraliza o efeito da presença da sacarose, fazendo com que o gradiente de potencial químico da água desapareça.

No osmômetro, demonstra-se que a osmose não é dirigida somente pela concentração de soluto dissolvido, mas também por pressões que se estabelecem no seu interior. Assim, a solução do tubo pode ser pressionada, possibilitando medir a força necessária para impedir qualquer aumento no volume do tubo (Figura 1.6 B). Essa força, medida em unidades de pressão (força por unidade de área), é igual à pressão osmótica exercida pela solução de açúcar.

Não sendo colocada em um osmômetro, uma solução, isoladamente, não apresenta pressão osmótica (p), mas tão somente o potencial para manifestar essa pressão. Por isso, diz-se que as soluções têm potencial osmótico, uma de suas propriedades, cujo valor é o mesmo da pressão osmótica, mas com sinal negativo, pois apresentam forças iguais, porém opostas. Ainda neste capítulo, será abordado mais detalhadamente o potencial osmótico.

Análogo ao osmômetro é o comportamento das células das plantas. Quando células flácidas, ou seja, com baixa pressão de turgor, são colocadas em água pura, no início a absorção é rápida (Figura 1.6 A e C), diminuindo lentamente até chegar ao equilíbrio dinâmico, cessando a absorção líquida de água (Figura 1.6 B e D). Nesse ponto, a energia livre da água fora e dentro da célula é a mesma. Embora haja uma maior concentração de água livre do lado de fora da célula, o aumento da pressão de turgor no interior da célula balanceará essa diferença, possibilitando o equilíbrio da célula vegetal com a água pura. O estado de energia livre da água representa o

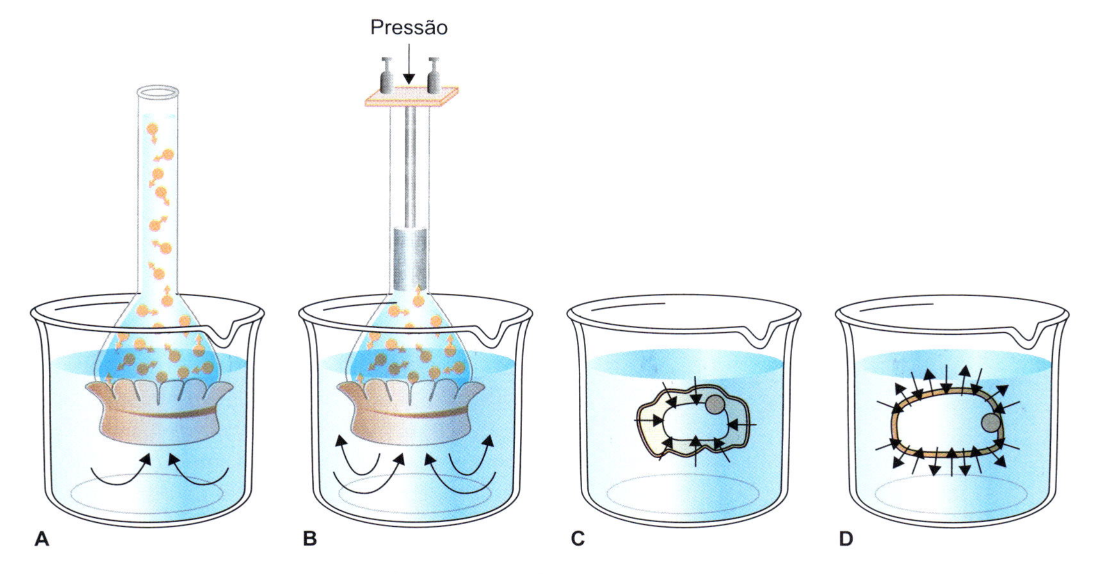

Figura 1.6 Representação do osmômetro e de uma célula vegetal, utilizados para demonstrar a osmose. Movimento da água pela membrana semipermeável do osmômetro e da célula em resposta ao gradiente de potencial químico da água. Início da osmose após imersão do osmômetro (**A**) e de uma célula vegetal flácida (**C**) em um recipiente com água pura. Pressão aplicada acelerando o equilíbrio dinâmico entre o osmômetro e a água pura (**B**) e equilíbrio natural entre a célula e a água pura em decorrência da pressão de turgor desenvolvida no interior da célula pela absorção de água (**D**) (movimentos pela membrana em ambas as direções se igualam).

seu potencial químico, que é, na verdade, a força que dirige o movimento da água nas plantas. Essa força é composta, pois, como visto, a osmose é dirigida por gradiente de concentração, como a difusão, e por gradiente de pressão, como o fluxo em massa. Por isso, na prática, essa força é expressa como gradiente de potencial químico ou, mais comumente, pelos fisiologistas de plantas, como gradiente de potencial de água.

Potencial químico

Para melhor conhecer o potencial químico, já mencionado nos itens sobre difusão e osmose, são importantes algumas considerações a respeito de energia livre. Afinal, *potencial químico* é definido como a quantidade de energia livre por mol de qualquer substância.

Energia livre é a energia de um sistema qualquer que está disponível para realizar trabalho a temperatura e pressão constantes. Esse conceito, criado por Josiah Willard Gibbs e colaboradores entre 1876 e 1878, é muito importante para aplicação dos conhecimentos de termodinâmica nos estudos de relação água–planta e para as reações metabólicas. As células e, consequentemente, as plantas usam "energia livre" no seu funcionamento. Essa energia, conhecida como energia livre de Gibbs (G), define-se pela seguinte equação:

$$G = E + PV - TS \quad (1.1)$$

Em que:

- E: energia interna, correspondendo à energia potencial associada à capacidade de um sistema realizar trabalho, também conhecida como entalpia, uma importante parte da energia livre
- PV: o produto da pressão (P) multiplicada pelo volume (V)
- TS: produto da temperatura absoluta (T) multiplicada pela entropia (S). Entropia diz respeito à desorganização do sistema, que sempre aumenta para o universo como um todo, sendo influenciada pela temperatura.

Na equação básica de G (equação 1.2), a energia interna total (E), a temperatura e pressão constantes, é subtraída pelo fator de entropia (TS). No entanto, exceto para um sistema no zero absoluto (0 K ou –273°C), condição em que a entropia é considerada zero (sistema totalmente organizado), não existem maneiras de calcular valores absolutos para a entropia (S) e para a energia interna (E). Contudo, pode-se calcular a variação da entropia (ΔS) e da energia interna (ΔH) que ocorre em um sistema em relação aos seus circunvizinhos, em razão de vários processos químicos e físicos. Desse modo, a equação 1.2 pode ser simplificada para:

$$\Delta G = \Delta H - T\Delta S \quad (1.2)$$

Em que ΔG, ΔH e ΔS são, respectivamente, as variações da energia livre, da energia interna ou entalpia e da entropia. T é temperatura absoluta.

Para estudar a quantidade de energia livre que um sistema qualquer tem para realizar trabalho, é conveniente considerar a energia livre da substância que constitui o sistema, em relação a alguma unidade quantitativa da substância, pois um grande volume de água tem mais energia livre que um pequeno, sob condições idênticas. Assim, Gibbs desenvolveu um conceito que combina energia livre com a quantidade da substância, chamado de potencial químico, simbolizado pela letra grega mi (μ). A quantidade definida é o mol, peso molecular em gramas. Logo, o potencial químico de uma substância é a energia livre parcial molal de Gibbs, o mesmo que energia mol^{-1}, dessa substância dentro da solução. Esse potencial é considerado a força motriz para a realização de trabalho.

Pode-se definir potencial químico da água (μ_w) como a sua energia livre para realizar trabalho em um sistema aquoso, por mol de água. Como qualquer outra substância, a água move-se de uma região de maior para uma de menor potencial químico.

Não se tem como calcular um valor absoluto para o potencial químico, visto que é definido a partir da energia livre de Gibbs, que tem no seu conceito as também incalculáveis energia interna (entalpia) e entropia, como descrito anteriormente. Mas, também nesse caso, pode-se calcular a variação do potencial químico de um sistema em relação a outro, tornando-se esse potencial uma grandeza relativa.

Potencial de água

Mais facilmente quantificável como uma medida relativa, o potencial químico é expresso como a diferença entre o potencial químico de uma substância em um dado estado e o potencial químico da mesma substância em um estado-padrão; no caso da água, fica sendo a diferença entre o potencial químico da água em determinada condição (μ_w) e o potencial químico da água pura (μ^*_w), ou seja, $\mu_w - \mu^*_w$. Ainda que o valor de $\mu_w - \mu^*_w$ seja mais facilmente medido, os fisiologistas de plantas simplificaram ainda mais, introduzindo o conceito de potencial de água, simbolizado pela letra grega psi em maiúsculo, ψ.

O potencial de água (ψ) define-se como a diferença do potencial químico da água em uma condição qualquer (μ_w) daquele da água líquida pura em estado-padrão, sob pressão atmosférica e mesma temperatura (μ^*_w), dividido pelo volume molal parcial (V_w), que é 18 cm^3 ou 1 mol de água (18 cm^3 mol^{-1} ou 18×10^{-6} m^3 mol^{-1}), considerado uma constante em faixas biológicas de temperatura e concentração, ou seja:

$$\psi = \frac{(\mu_w - \mu^*_w)}{V_w} \quad (1.3)$$

Considerando que o potencial químico é definido a partir da energia livre de Gibbs, também se pode considerar o potencial de água como a energia livre em 18 cm^3 de água em um sistema qualquer menos a energia livre em 18 cm^3 da água pura, em estado-padrão. Desse modo, o potencial de água, sendo uma grandeza relativa, expressará a capacidade de um sistema aquoso (p. ex., uma solução aquosa) realizar trabalho em comparação à capacidade de um mesmo volume de água pura, em estado-padrão.

A unidade de potencial químico, energia livre por mol, é inconveniente em discussões de relação água-célula e água-planta. É mais conveniente usar unidades de energia por unidades de volume. Essas medidas são compatíveis com unidades de pressão (muito convenientes) e foram obtidas a partir da definição do potencial de água quando se dividiu $\mu_w - \mu^*_w$ (erg mol^{-1}) por V_w (cm^3 mol^{-1}), pois 10^6 erg cm^{-3} = 1 bar = 10^5 Pa = 0987 atm. Bar, pascal e atmosfera são unidades de pressão. A unidade mais usada para expressar o potencial de água é megapascal (como definido anteriormente, 1 MPa = 10 bar = 9,87 atm). Na prática, é bem mais fácil medir mudanças de pressão que medir a energia requerida para movimentar a água.

Por definição, o ψ da água pura é zero, uma vez que o numerador da equação 1.3 $\mu_w - \mu^*_w$ é igual a zero. As medidas do potencial de água são sempre comparadas a esse ψ igual a zero, que é o da água líquida e livre, à pressão atmosférica, à mesma temperatura do sistema sendo medido e a um nível zero para o componente gravitacional. Isso não quer dizer que a atividade química da água nessas condições seja também zero; diferentemente, ela é bastante alta, pois, quando pura, a água tem grande capacidade de reação. Tendo a água livre um $\psi = 0$, usado como referência, na maioria dos casos o ψ dentro das células das plantas é negativo, assim como em qualquer outra solução aquosa.

O ψ indica o quanto a energia livre de um sistema difere daquela do estado de referência. Essa diferença é a soma das forças do soluto ($-\pi = \psi_\pi$), pressão ($P = \psi_p$) e gravidade (ψ_g) agindo sobre a água, ou seja, os principais fatores que interferem no ψ das plantas são a concentração, a pressão e a gravidade, conhecidos, respectivamente, como potencial de soluto (ψ_s) ou potencial osmótico (ψ_π), potencial de pressão (ψ_p) e potencial gravitacional (ψ_g), denominados conjuntamente de componentes do potencial de água:

$$\psi = \psi_\pi + \psi_p + \psi_g \qquad (1.4)$$

Por consequência, a água caminha em qualquer sistema, inclusive no sistema solo–planta–atmosfera, a favor de um gradiente de potencial de água, ou seja, do maior para o menor ψ (Figura 1.7). Esse processo é marcado pela diminuição da energia livre, logo, é espontâneo.

Componentes do potencial de água

No item anterior, foi definido o potencial de água e mencionados três dos seus componentes: o potencial de pressão (ψ_p), o potencial osmótico (ψ_π) e o potencial gravitacional (ψ_g). Esses componentes indicam os efeitos de pressão, solutos e gravidade, respectivamente, sobre a energia livre da água.

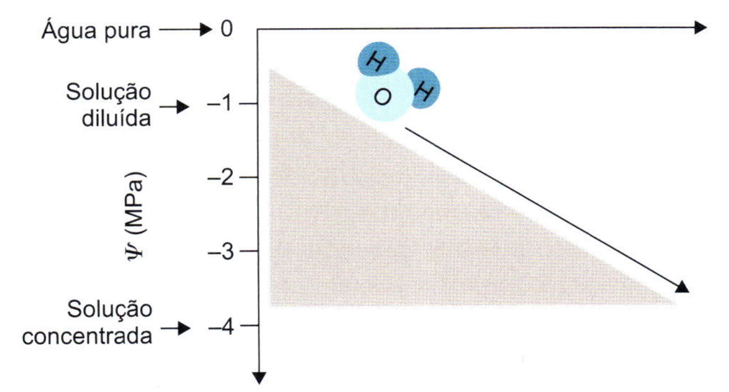

Figura 1.7 Movimento (indicado pela seta diagonal) de moléculas de água obedecendo a um gradiente de potencial de água (ψ). De –0,7 MPa para –3,7 MPa, aproximadamente.

Potencial de pressão

O potencial de pressão (ψ_p) representa a pressão hidrostática que difere da pressão atmosférica do ambiente, ou seja, uma vez que o ψ de referência (água pura) é considerado em pressão atmosférica, por definição, nessas condições, o ψ_p é igual a zero. A pressão positiva aumenta o ψ e a negativa o reduz. No que se refere à pressão hidrostática dentro das células, o ψ_p é em geral chamado de pressão de turgor e tem valor positivo. A pressão de turgor resulta da água que chega ao protoplasto, pressionando-o contra a parede celular, que resiste à expansão, e pode assumir valores semelhantes aos da pressão utilizada na calibragem dos pneus de um carro (aprox. 0,2 MPa) e também em encanamentos domésticos (0,2 a 0,3 MPa). Células com pressão de turgor são ditas túrgidas, e sem turgor, flácidas. A pressão de turgor é muito importante para a expansão celular, pois em órgãos com crescimento determinado, como folha, flor e fruto, é sabido que o tamanho das células pode ser dezenas ou centenas de vezes superior ao tamanho inicial. Além disso, o aumento da pressão de turgor provoca abertura floral e estomática e o seu decréscimo causa murchamento foliar e floral. Em plantas herbáceas, a pressão de turgor tem grande importância na manutenção do hábito ereto. Essa pressão é importante também no movimento das seivas tanto do xilema, como será visto ainda neste capítulo, quanto do floema (ver Capítulo 6).

O ψ_p pode assumir valores negativos (conhecidos como tensão) quando a pressão está abaixo da atmosférica. Isso ocorre com frequência em elementos de vaso do xilema de plantas transpirando. Essas pressões negativas são muito importantes no movimento da água a longas distâncias pela planta, o que será visto mais adiante.

Potencial osmótico

Como já mencionado, o potencial osmótico é uma propriedade das soluções; portanto, prefere-se seu uso em comparação ao termo *pressão osmótica*. O potencial osmótico (ψ_π) diz respeito ao efeito do soluto dissolvido sobre o ψ; quando diluídos em água, os solutos reduzem a energia livre do sistema, ou seja, aumenta a desordem ou entropia do sistema. Em qualquer condição que não haja soluto, como água pura, o ψ_π é máximo e igual a zero; isso significa que a presença de solutos reduzirá o ψ_π, que assumirá valores negativos.

Sendo o componente produzido pelas substâncias dissolvidas nas células, o ψ_π é uma resposta principalmente ao conteúdo dos vacúolos, característicos da maioria das células vegetais e que geralmente apresentam valores na faixa de –0,1 a –0,3 MPa. Para soluções "ideais" ou diluídas de substâncias não dissociáveis, o ψ_π pode ser estimado pela equação de Van't Hoff:

$$\psi_\pi = -RTc_s \qquad (1.5)$$

Em que R é a constante dos gases (8,314 J mol^{-1} K^{-1}), T é a temperatura absoluta (em K) e c_s a concentração do soluto na solução, expressa como osmolaridade (mols totais de soluto dissolvido por litro de água, mol L^{-1}). O sinal negativo indica que os solutos reduzem o ψ da solução. Como exemplo, utilizando-se dessa equação, para uma solução de sacarose de 0,1 M a 20°C, o ψ_π = –0,244 MPa. Para solutos iônicos que se dissociam em duas ou mais partículas, a c_s deve ser multiplicada pelo número de partículas dissociadas. Geralmente em estudos envolvendo células vegetais, considera-se que estas se comportam como soluções ideais.

Potencial gravitacional

Para o ψ, a contribuição do campo gravitacional é dada pelo ψ_g, que depende de $\rho_w gh$, em que ρ_w = densidade da água, g = aceleração pela gravidade e h = altura. Não havendo força que a oponha, a gravidade possibilita que a água se mova para baixo.

O ψ_g tem sido quase sempre desprezado. A sua importância é insignificante dentro das raízes ou folhas, mas ele se torna significativo para movimentos de água em árvores altas. O movimento ascendente em um tronco de árvore deve vencer uma força gravitacional de aproximadamente 0,01 MPa m^{-1}.

Potencial mátrico ou matricial

Sólidos ou substâncias insolúveis em contato com água pura ou solução aquosa atraem moléculas de água e diminuem o ψ. Esse componente é denominado *potencial mátrico*, que pode ser zero ou apresentar valores negativos, uma vez que diminui a energia livre da água. Em discussões de solos secos, sementes e paredes celulares, frequentemente se encontram referências a mais esse componente do ψ. O potencial mátrico (ψ_m) é particularmente importante em estágios iniciais de absorção de água pelas sementes secas (embebição) e quando se considera a água retida no solo. Existe também o componente matricial nas células (moléculas higrófilas; p. ex., proteínas), embora sua contribuição para o potencial de água seja relativamente pequena comparada à do ψ_π.

Não obstante as considerações feitas, a equação completa incluindo todos os componentes que podem influenciar na quantidade de energia livre da água, ou seja, no ψ, é:

$$\psi = \psi_\pi + \psi_p + \psi_m + \psi_g \qquad (1.6)$$

Movimento da água entre células e tecidos

Os espaços dentro das células (citoplasma e vacúolos) são chamados de simplasto, enquanto os externos à membrana plasmática, de apoplasto. Quando a célula se encontra em equilíbrio, o ψ é o mesmo no vacúolo, no citoplasma e na parede celular. Entretanto, os componentes do ψ podem diferir marcadamente entre essas partes. Para a água no vacúolo e citoplasma (água no simplasto), os componentes dominantes são em geral o ψ_p e ψ_π, com o ψ_p tendo quase sempre valor positivo. No apoplasto que inclui a água nas paredes e no lume das células mortas, como elementos de vaso, traqueídes e fibras, o componente dominante é o ψ_p, com ψ_π e ψ_m contribuindo para o ψ, sobretudo na região imediatamente adjacente à superfície carregada das paredes. Portanto, quando se estuda o transporte de água nas células vegetais, a equação 1.10 é em geral simplificada para:

$$\psi = \psi_\pi + \psi_p \qquad (1.7)$$

Sendo o componente gravitacional (ψ_g) ignorado para distâncias verticais menores que 5 m.

Semelhante ao demonstrado com o osmômetro, os movimentos de entrada e de saída de água das células ocorrem por osmose. O comportamento osmótico das células pode ser facilmente visualizado com a imersão de uma célula vegetal em soluções com diferentes potenciais da água. Em um recipiente com água pura ou com solução aberta para a atmosfera, a pressão hidrostática da água é a mesma da pressão atmosférica (ψ_p = 0 MPa). No caso da água pura, o ψ_π = 0 MPa, logo o ψ = 0 MPa ($\psi = \psi_\pi + \psi_p$) (Figura 1.8 B).

Quando uma célula vegetal é colocada em água pura, a água se moverá para dentro da célula até o ψ da célula se igualar a zero (Figura 1.8 A e B). Nessa condição de equilíbrio, a célula atinge o turgor total. Se uma célula com ψ = –0,8 MPa for imersa em uma solução de sacarose a 0,1 M com ψ = –0,2 MPa, ocorrerá também absorção de água até o ψ da célula atingir –0,2 MPa, ou seja, se igualar ao da solução (Figura 1.8 C). No entanto, nesse ponto a célula não atingirá o turgor total. Nessas condições de equilíbrio, o ψ_p (0,5 MPa) da célula será menor "em módulo" que o seu ψ_π (–0,7 MPa). Logo, o ψ da célula, assim como o da solução, será negativo, ambos com valor igual a –0,2 MPa. Diferente disso é o que ocorre com a célula em equilíbrio com a água pura, em que o ψ_π (–0,7 MPa) se iguala ao ψ_p (0,7 MPa) "em módulo" e o ψ da célula atinge o valor zero (Figura 1.8 B e C).

Mesmo um ligeiro aumento no volume causa uma considerável elevação da pressão hidrostática dentro das células vegetais, em virtude das paredes celulares relativamente rígidas. Na Figura 1.8 B e C, o ψ_p (0,7 e 0,5 MPa, respectivamente) da célula em equilíbrio com o meio é sempre maior que aquele da célula (0 MPa) antes da imersão (Figura 1.8 A). A parede celular resiste ao aumento da pressão interna exercendo uma pressão contrária sobre a célula. Assim, a entrada de água na célula provoca um aumento da pressão hidrostática ou pressão de turgor (ψ_p), aumentando consequentemente o ψ. Considerando que as células vegetais apresentam paredes celulares bastante rígidas, conclui-se que pouca água deve entrar. Pode-se então supor que o ψ_π da célula varia pouco durante o processo até o equilíbrio. As relações entre ψ_p, ψ_π e ψ de uma célula isolada imersa em água pura são ilustradas na Figura 1.9.

O formato exato das curvas da Figura 1.9 depende da rigidez da parede celular. Se a parede for muito rígida, uma pequena mudança no volume causa uma grande mudança na pressão de turgor (ψ_p). A rigidez da parede pode ser medida pelo coeficiente de elasticidade, simbolizado por ε (letra grega epsilon). A propriedade de elasticidade da parede é dada pela mudança na pressão hidrostática ($\Delta\psi_p$) dividida pela mudança relativa no volume ($\Delta v/v$):

$$\varepsilon = \frac{\Delta\psi_p}{\Delta v/v} \qquad (1.8)$$

O coeficiente de elasticidade, ε, é a inclinação da curva do ψ_p na Figura 1.9, logo expresso em unidades de pressão, com valor típico na ordem de 10 MPa. Valores altos de ε indicam paredes rígidas relativamente pouco elásticas, enquanto pequenos valores apontam paredes mais elásticas.

Retirando-se a célula em equilíbrio com a solução de sacarose 0,1 M (Figura 1.8 C) e imergindo-a em uma solução de sacarose 0,3 M, portanto com um valor de ψ_π menor (mais negativo), a água se moverá para fora da célula em resposta ao gradiente de ψ. No equilíbrio, a célula se tornará flácida, e o ψ_p será zero, diminuindo assim o volume e o ψ da célula (Figura 1.8 D). O ponto em que o protoplasto deixa de pressionar a parede celular, ($\psi_p = 0$ e $\psi_\pi = \psi$) é chamado de plasmólise incipiente. Plasmólise refere-se à condição em que o protoplasto se desprende da parede celular, essencialmente um fenômeno de laboratório, com possíveis exceções em condições extremas de estresse salino ou de água, raras na natureza. Independentemente da situação apresentada na Figura 1.8, no equilíbrio o movimento de água para dentro e para fora é igual, e o fluxo líquido é zero.

O ponto comum de todos os exemplos apresentados na Figura 1.8 reside no fato de que o movimento da água é passivo. A água move-se, em resposta a forças físicas, de uma região de maior para outra de menor potencial de água ou energia livre. Assim também é o movimento por simples difusão que ocorre

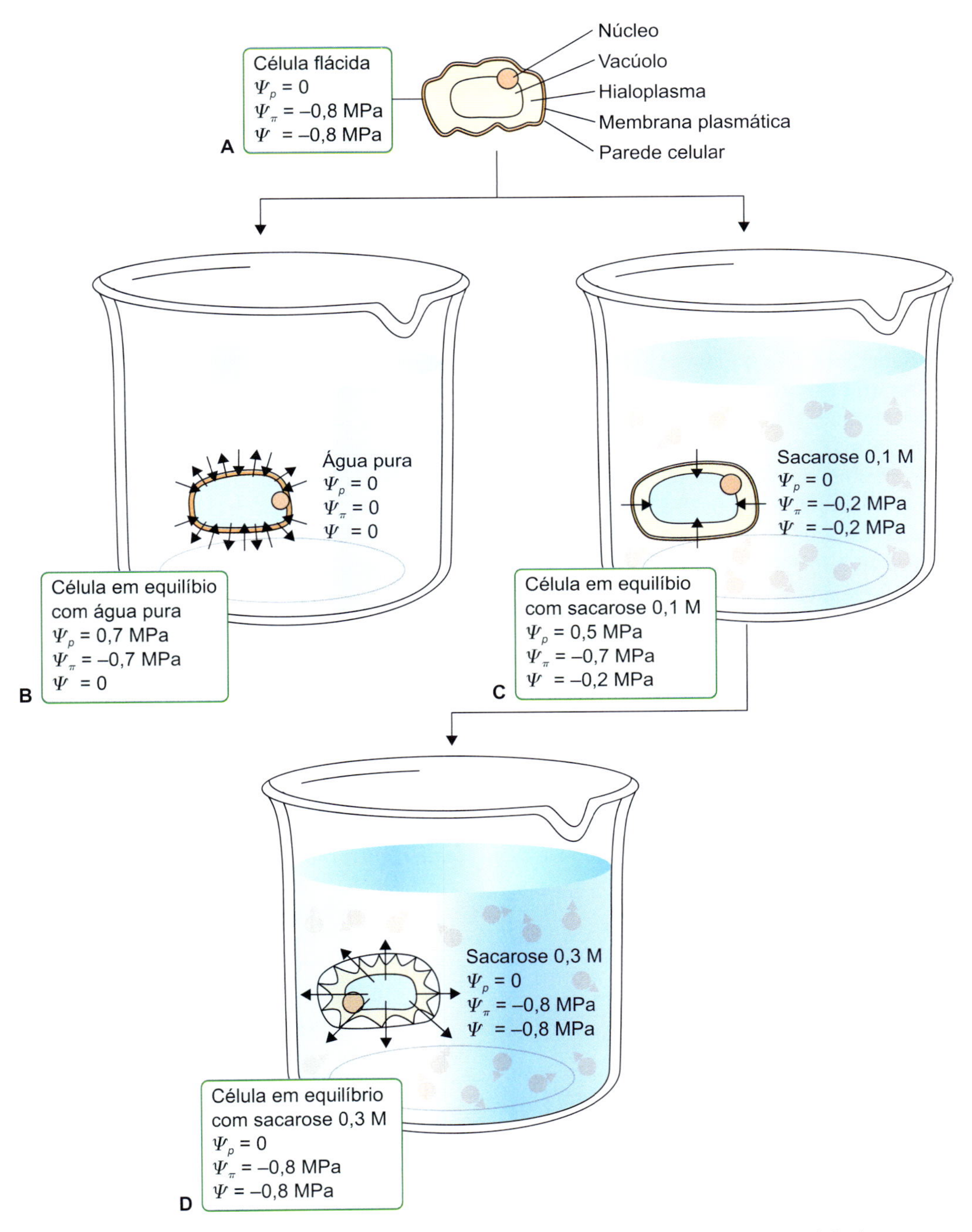

Figura 1.8 Movimentos da água de célula imersa em diferentes meios para ilustrar os conceitos de potencial de água e seus componentes. **A.** Célula vegetal flácida antes da imersão com $\psi_p = 0$. **B.** Célula imersa em água pura absorverá água, visto que seu potencial de água é menor. Após certo período, ocorrerá o equilíbrio dinâmico, em que os movimentos de água em ambas as direções se igualam (aumento do ψ_p, turgor total) e a célula atingirá $\psi = 0$ ($\psi_\pi = \psi_p$ em módulo). **C.** Após imersão e equilíbrio com solução de sacarose 0,1 M, a célula apresentará menor ψ_p e ψ que em B ($\psi_p < \psi_\pi$ em módulo), sem atingir o turgor total. **D.** Em equilíbrio com solução de sacarose 0,3 M, a célula voltará a ter $\psi_p = 0$ e diminuirá ainda mais o ψ (célula flácida). No equilíbrio, o potencial de água fora (ψ_f) sempre é igual ao de dentro da célula (ψ_d) ($\Delta\psi = \psi_f - \psi_d = 0$).

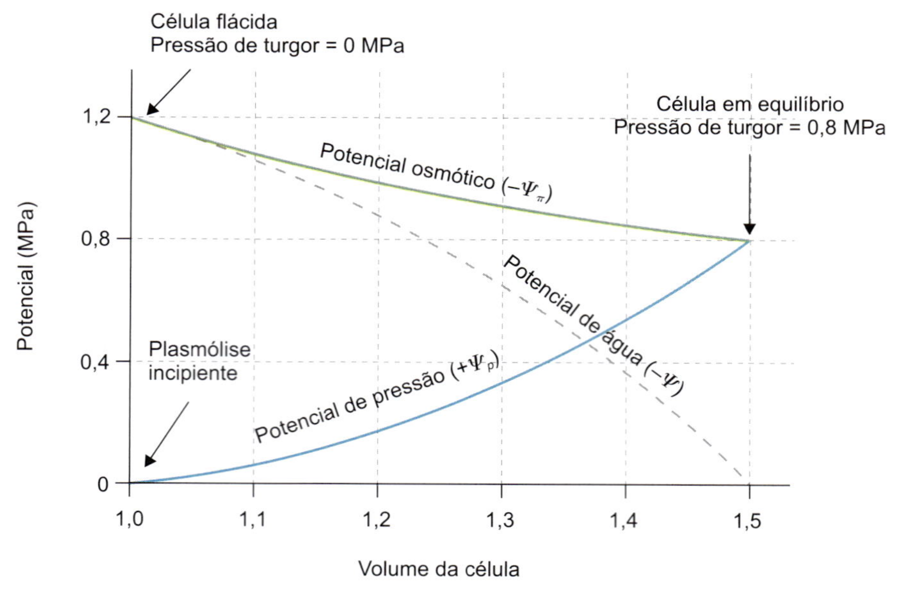

Figura 1.9 Aumento no potencial de água em uma célula flácida até o equilíbrio, após ser colocada em água pura. Notar que, para o potencial osmótico e o de água, os valores são negativos, e, para o potencial de pressão, positivos. Adaptada de Höfler (1920).

entre células conectadas por plasmodesmos. Consequentemente, dentro de um grupo estruturalmente homogêneo de células, como o parênquima, células individuais podem ter diferentes valores de ψ_π, mas, quando o tecido está em equilíbrio, o valor de ψ é o mesmo para todas as células.

Como visto, a força que dirige o movimento da água é o gradiente de potencial de água ($\Delta\psi$), mas o que determina a taxa em que a água se move depende, além do $\Delta\psi$ entre a célula e o ambiente que a envolve, da permeabilidade da membrana à água, uma propriedade conhecida como condutividade hidráulica (*Lp*) da membrana. A força que dirige o movimento ($\Delta\psi$), a permeabilidade da membrana (*Lp*) e a taxa em que o fluxo ocorre (*Jv*) estão relacionadas pela seguinte equação:

$$Jv = Lp\,(\Delta\psi) \quad (1.9)$$

A condutividade hidráulica expressa a capacidade da água de mover-se pela membrana, envolvendo unidades de volume, de área da membrana, de tempo e de gradiente de potencial de água (p. ex., $m^3\ m^{-2}\ s^{-1}\ MPa^{-1}$ ou $m\ s^{-1}\ MPa^{-1}$). Quanto maior a condutividade hidráulica, maior será a taxa do fluxo. O fluxo *(Jv)* é o volume de água atravessando a membrana por unidade de área de membrana por unidade de tempo ($m^3\ m^{-2}\ s^{-1}$ ou $m\ s^{-1}$). Quando o movimento de água for de célula para célula pelos plasmodesmos, a orientação é dada apenas pelo $\Delta\psi$.

Além da essencialidade do conceito de potencial de água como fator que governa o transporte da água no sistema solo-planta-atmosfera, é importante como medida do estado de hidratação das plantas. Esse estado pode variar tanto entre espécies de diferentes extratos em uma formação vegetal quanto para as mesmas espécies em diferentes estações (Figura 1.10). Uma deficiência de água no solo e, em consequência, na planta inibe o crescimento por afetar processos de fotossíntese, abertura estomática, síntese proteica, síntese de parede, expansão celular, entre outros.

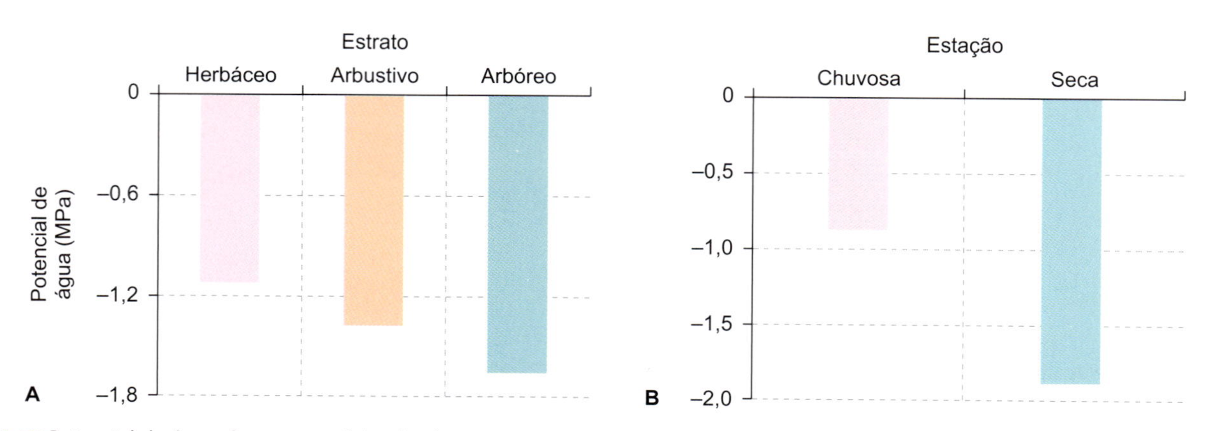

Figura 1.10 Potencial de água de nove espécies de plantas pertencentes a um cerradão do município de São Carlos (Brasil). **A.** Valores médios obtidos para espécies pertencentes a diferentes estratos. **B.** Valores médios obtidos para as nove espécies nas estações seca e chuvosa. Adaptada de Perez e Moraes (1991).

Água no solo

Tanto a água utilizada pelas plantas nas suas funções vitais quanto aquela perdida para a atmosfera por transpiração provêm do solo. As plantas absorvem água do solo pelas raízes e translocam até as folhas, onde é perdida para a atmosfera, estabelecendo uma coluna contínua de água no sistema solo–planta–atmosfera, obedecendo a um gradiente decrescente de ψ (Figura 1.11). É importante para o entendimento de todo esse movimento da água uma abordagem sucinta a respeito da natureza dos solos, uma vez que o conteúdo de água e a taxa do movimento da água no solo dependem do tipo de solo e de sua estrutura.

O solo é um sistema complexo constituído de três fases: sólida, líquida e gasosa. A fase sólida (matriz) compõe-se pelas frações mineral e orgânica. A fração mineral resulta da ação degradadora (intemperismo) de natureza física, química e biológica sobre as rochas, originando partículas de diferentes tamanhos (Tabela 1.3) que constituirão a estrutura do solo. A fração orgânica, mais conhecida como matéria orgânica do solo ou húmus, resulta da decomposição biológica de animais, microrganismos e principalmente vegetais. Em equilíbrio com a fase sólida, encontra-se a fase líquida do solo, formada por uma solução aquosa diluída. A fase gasosa geralmente está em equilíbrio com a atmosfera.

A estrutura do solo afeta a porosidade, que está ligada diretamente à retenção da água e à aeração. Solos arenosos têm relativamente baixa área superficial por grama de solo, com espaços relativamente grandes, ou canais entre as partículas, exatamente o oposto de um solo argiloso. Portanto, solos argilosos que apresentam microporos ou poros capilares reterão mais água que solos arenosos, que apresentam poros de maior diâmetro.

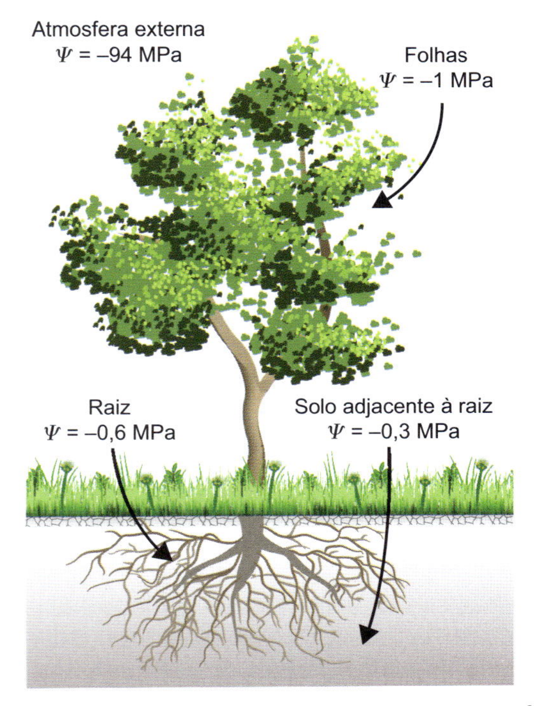

Figura 1.11 Variação dos valores de ψ entre o solo, as raízes, as folhas e a atmosfera. A água se move espontaneamente do solo para a atmosfera, passando pela planta a favor de um gradiente de ψ.

Tabela 1.3 Características físicas de diferentes solos.

Solo	Diâmetro da partícula (mm)	Área superficial por grama (m^2)
Areia fina	0,2 a 0,05	< 1 a 10
Silte	0,05 a 0,002	10 a 100
Argila	< 0,002	100 a 1.000

Quando um solo recebe grande quantidade de água, por chuva ou irrigação artificial, os poros ficam saturados, diminuindo parcial ou totalmente os espaços aéreos. O excesso de água é drenado livremente por gravidade, e o restante permanecerá retido nas camadas superficiais do solo. O conteúdo de água do solo que permanece retido por capilaridade após o excesso de água ter sido drenado livremente é denominado *capacidade de campo* (CC), expressa em gramas de água por 100 mℓ de solo. Sob condições naturais, podem ser necessários 2 a 3 dias para um solo argiloso retornar à CC após um período de muita chuva.

Pelo fato de o solo argiloso apresentar maior quantidade de poros menores, ele tem maior capacidade de estocar água, ou seja, maior CC que o solo arenoso. Assim, o solo arenoso apresenta baixa capacidade de campo e é bem aerado, enquanto o argiloso tem alta CC, embora menos aerado. O ideal para o desenvolvimento das plantas é uma estrutura de solo que represente um balanceamento entre retenção de água e aeração.

Assim como nas células, pode-se considerar o potencial de água (ψ) da solução do solo tendo dois componentes, o potencial osmótico (ψ_π) e o potencial de pressão (ψ_p). Quanto mais seco estiver o solo, menor será o seu ψ. Na maioria dos solos, em razão de a fase líquida ser bastante diluída, o ψ_π da solução é geralmente desprezível, aproximando-se de zero, algo em torno de –0,02 MPa. Portanto, exceto em solos salinos, nos quais o ψ_π pode atingir valores até mesmo menores que –0,2 MPa, o ψ do solo é determinado principalmente pelo potencial de pressão negativo ($-\psi_p$).

Para solos úmidos, o ψ_p encontra-se próximo a zero; no entanto, à medida que água é evaporada e não reposta, o ψ_p diminui, reduzindo consequentemente o ψ. Alguns textos atribuem essa diminuição do ψ ao potencial mátrico (ψ_m), e não ao ψ_p negativo. Mas o ψ_m do solo deriva primariamente da pressão local, causada pela capilaridade e pela interação da água com as superfícies sólidas do solo. Neste capítulo, será considerado o ψ_p o componente principal responsável pela diminuição do ψ do solo.

A ocorrência do potencial de pressão negativo ($-\psi_p$) no solo está ligada ao fato de a água apresentar alta tensão superficial. A água adsorvida pelo solo na CC ou abaixo desse ponto é encontrada em canais capilares ou espaços intersticiais entre partículas de solo. À medida que o solo vai secando, a água é inicialmente removida dos espaços maiores entre as partículas. Nessas condições, a água forma uma fina camada (filme) envolvendo a superfície das partículas. Conforme a água evapora desse filme, ou é absorvida pelas raízes, a interface ar-água retrai para os pequenos espaços entre as partículas do solo. Isso cria meniscos microscópicos com superfícies muito pequenas e curvas. O raio dos meniscos diminui progressivamente, e a tensão superficial na interface ar–água promove uma crescente pressão negativa ($-\psi_p$). Consequentemente, o conteúdo de água no solo, na ou abaixo da CC, estará sob tensão ($-\psi_p$), e o potencial de água será negativo. O potencial de pressão negativo desenvolvido nas pequenas superfícies curvas pode ser estimado pela fórmula:

$$\psi_p = \frac{-2T}{r} \quad (1.10)$$

em que T é a tensão superficial da água ($7{,}28 \times 10^{-8}$ MPa m^{-1}) e r é o raio de curvatura do menisco. Quando esse raio for bem pequeno, como ocorre nos solos secos, o valor do ψ_p será muito negativo. Logo, a força com a qual a água do solo é retida aumenta consideravelmente à medida que, durante a secagem, os poros de maior diâmetro são esvaziados e a água permanece apenas nos poros mais finos.

Quando a água é removida pelas raízes do solo próximo a elas, na rizosfera, pode ocorrer uma tensão ($-\psi_p$) diminuindo o ψ dessa região, o que facilita o movimento da água em direção às raízes. A taxa desse movimento de água no solo dependerá da magnitude do gradiente de pressão e da condutividade hidráulica do solo. Essa condutividade é uma medida da facilidade com que a água se move pelo solo. Solo argiloso apresenta baixa condutividade hidráulica em razão dos seus pequenos espaços; o contrário é válido para o solo arenoso.

A absorção de água pelas plantas só ocorre se houver um gradiente favorável de ψ entre o solo e as raízes (ver Figura 1.11). Em um solo perdendo água permanentemente por evapotranspiração durante o dia, as plantas terão dificuldades crescentes de retirar água para balancear a perdida por transpiração, levando a uma perda de pressão de turgor ou murchamento. No entanto, com a quase total interrupção da transpiração à noite, o turgor das plantas poderá ser recuperado.

Eventualmente, o potencial de água no solo pode chegar a um nível tão baixo (ψ do solo se torna inferior ou igual ao ψ das raízes), que, mesmo impedindo totalmente a perda de água, a planta não consegue recuperar a pressão de turgor. Esse nível é chamado de *ponto de murchamento permanente* (PMP). No PMP, as plantas permanecem murchas, com pressão de turgor nula mesmo à noite, e o turgor só poderá ser recuperado se mais água for adicionada ao solo.

O valor real do PMP é relativamente baixo para solo arenoso (1 a 2%) e alto para solo argiloso (20 a 30%). Entretanto, independentemente do tipo de solo, o ψ no PMP apresenta certa uniformidade. Na agricultura e na ciência dos solos, um ψ do solo de –1,5 MPa é considerado norma para o PMP. Para outras espécies de interesse ecológico, o ψ do solo no PMP pode variar entre –4 e –1 MPa. Desse modo, lembrando que o ψ_π das células varia entre as espécies de plantas, diferentemente da CC, o PMP não deve ser considerado uma propriedade exclusiva do solo.

De maneira aproximada, estabeleceu-se que a disponibilidade de água do solo para as plantas está compreendida entre a CC e o PMP. Mas nem toda água nessa faixa está uniformemente disponível, pois a retirada de água se torna progressivamente mais difícil à medida que o ψ do solo diminui em direção ao PMP. Isso é facilmente observado em plantas submetidas à deficiência hídrica, que apresentarão sinais de estresse hídrico e redução no crescimento antes de o ψ do solo chegar ao PMP. Assim como a retenção, a faixa de disponibilidade de água para as plantas é maior nos solos argilosos (com maior superfície) que nos arenosos.

Absorção e movimento radial de água nas raízes

Nas plantas, o sistema de raízes é tão complexo quanto a parte aérea em sua diversidade, apresentando muitas interações com a matriz do solo e com a grande quantidade de organismos que o circundam. O sistema de raízes exerce várias funções importantes, como sustentação da planta, armazenamento de reservas, síntese de substâncias importantes e absorção de nutrientes. Além disso, a maior parte da água que as plantas adquirem é absorvida pelas raízes. Toda absorção da água ocorre em virtude de um gradiente decrescente de ψ entre o meio em que as raízes se encontram e o xilema destas. O gradiente pode ser menor ou maior, dependendo da taxa de transpiração da planta. As principais forças envolvidas na absorção de água pelas raízes podem ser descritas como:

$$\text{Absorção} = \frac{(\psi_p + \psi_\pi)_{solo} - (\psi_p + \psi_\pi)_{raiz}}{r_{solo} + r_{raiz}} \quad (1.11)$$

Em que ψ_p e ψ_π são os potenciais de pressão e osmótico e r a resistência ao fluxo (segundos cm^{-1}), respectivamente.

A água é principalmente absorvida pelas raízes mais finas, que se encontram em íntimo contato com um maior volume de solo por unidade de volume de raiz. Nessas raízes finas, a zona de maior absorção de água está situada na porção subapical, entre o meristema e a região de cutinização e suberização; são regiões que podem distar 0,5 cm da ponta das raízes e se estender até 10 cm. Essa zona geralmente corresponde à região de maturação celular, isto é, onde os tecidos vasculares, em particular o xilema, têm iniciado a diferenciação.

A zona de mais rápida e maior absorção de água coincide com a região de maior incidência de pelos absorventes nas raízes (Figura 1.12). Os pelos são extensões microscópicas das células epidérmicas, que aumentam muito a área superficial das raízes em contato íntimo com os filmes de água que

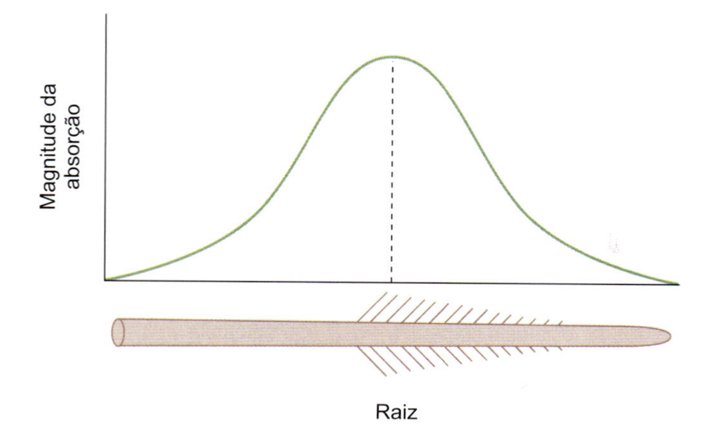

Figura 1.12 Variação da quantidade de água absorvida nas diferentes regiões das raízes.

circundam as partículas do solo (Figura 1.13). Isso aumenta muito a capacidade de absorção de água e nutrientes do solo, pois os pelos absorventes podem constituir mais de 60% da área superficial das regiões apicais das raízes. Com o crescimento, ocorre progressivamente a substituição dos pelos absorventes que funcionam por apenas alguns dias, de modo que, permanentemente, a zona pilosa das raízes está em contato com novas regiões do solo.

As regiões mais maduras das raízes podem dispor de camadas externas de tecidos com paredes celulares contendo materiais hidrofóbicos que dificultam a absorção de água. No entanto, para espécies arbóreas, especialmente durante os períodos de dormência, as regiões mais velhas das raízes conseguem absorver quantidade significativa de água.

Após a água ter sido absorvida nos pelos ou nas células da epiderme da raiz, ela precisa se movimentar radialmente atravessando o córtex para chegar aos elementos do xilema localizados no centro do órgão (Figura 1.13). Existem três caminhos possíveis para o movimento da água da epiderme até a endoderme das raízes: a via do apoplasto, a da transmembrana e a do simplasto (Figura 1.13). A via *apoplasto* verifica-se por um caminho contínuo representado pelas paredes celulares e os espaços intercelulares; nela, portanto, a água não atravessa nenhuma membrana.

Tanto na via *transmembrana* quanto pelo *simplasto*, a água necessita atravessar membranas. No caso do caminho transmembrana, há passagem de água por meio de várias membranas, entrando em uma célula de um lado e saindo do outro para entrar em outra célula. A água atravessa pelo menos duas membranas de cada célula, isso quando o tonoplasto não está envolvido.

O simplasto consiste no espaço ocupado por citoplasmas de células interconectadas por plasmodesmas (microporos), pelos quais a água caminha de uma célula para outra. A importância relativa das vias apoplasto, transmembrana e simplasto ainda não está claramente estabelecida. Esses caminhos não são, necessariamente, mutuamente excludentes, existindo apreciável transferência de água de um para o outro quando esta cruza o córtex da raiz. Na realidade, a água do apoplasto está em constante equilíbrio com a água do simplasto e do vacúolo.

Nas regiões mais jovens próximas ao ápice das raízes, a água fluirá diretamente do córtex para dentro do xilema em desenvolvimento, encontrando relativamente pouca resistência ao longo do caminho. Os vasos do xilema localizam-se no centro das raízes, em uma região conhecida como estelo. Nas regiões mais maduras, circundando o estelo encontra-se uma camada de células conhecida como endoderme (Figura 1.13).

Na raízes, a parede das células da endoderme apresenta um espessamento característico, chamado de *estrias de Caspary*. Essas estrias são principalmente compostas de suberina, uma mistura complexa de substâncias hidrofóbicas, ácidos graxos de cadeia longa e alcoóis, que ocupam os espaços entre as microfibrilas de celulose e os espaços intercelulares. Com isso, na endoderme, as estrias de Caspary apresentam-se como uma barreira física efetiva ao movimento radial de água pelo apoplasto. O resultado é que a água se move para dentro e para fora do estelo somente passando pelas membranas das células da endoderme, ou seja, a endoderme é que oferece a maior resistência ao movimento de água pela raiz.

Nas raízes com crescimento secundário, geralmente a endoderme é eliminada com o córtex. Naquelas regiões mais velhas que permanecem com crescimento primário, frequentemente se desenvolvem paredes secundárias espessas. A formação dessas paredes pode não ocorrer em algumas células da endoderme opostas aos polos do xilema, que retêm as estrias de Caspary e não sofrem espessamentos adicionais. Essas células denominam-se *células de passagem* e, nesses casos, são importantes para a passagem de água, bem como de minerais, pela endoderme em direção ao xilema.

Após atravessar a endoderme, já dentro do estelo, a água encontra resistências semelhantes àquelas do córtex, podendo voltar a se mover nas paredes celulares (apoplasto) e, a partir de então, chegar ao lume dos elementos de vaso e traqueídes.

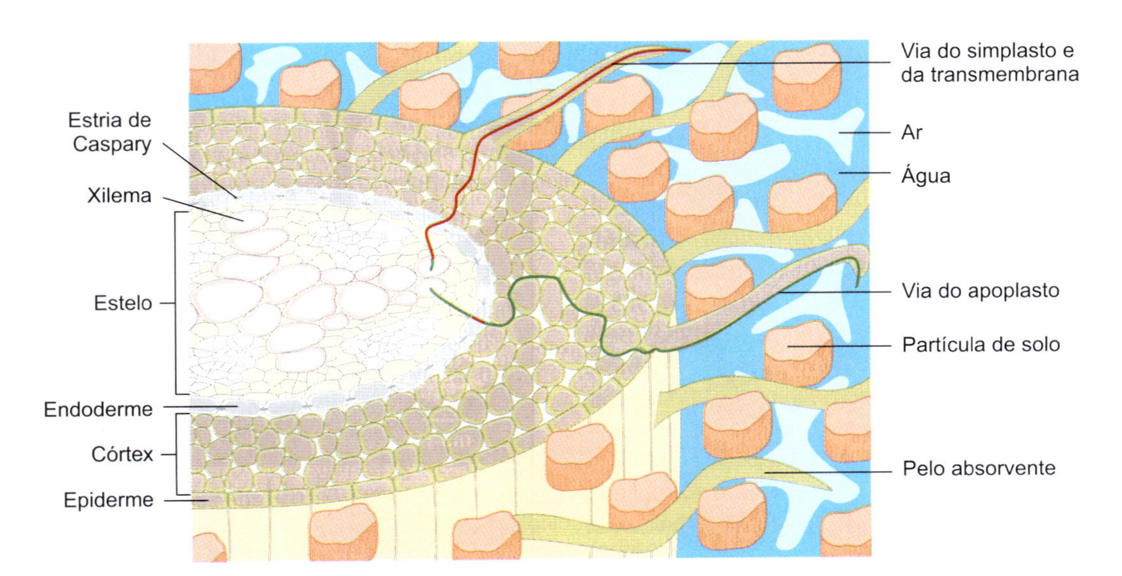

Figura 1.13 Seção transversal de uma raiz com diferentes tecidos, que vão desde a epiderme (mais externamente) até o xilema (mais internamente); os pelos absorventes estão em íntimo contato com filmes de água que circundam as partículas de solo.

Assim como na absorção, independentemente do caminho do movimento radial, o fluxo de água dependerá do gradiente decrescente de potencial de água entre o xilema e a solução do solo em contato com a superfície das raízes. Esse gradiente aumenta com o estabelecimento de uma pressão negativa (tensão) dentro do xilema, em decorrência da evaporação de água nas folhas (transpiração).

Movimento ascendente de água no xilema

O principal tecido condutor de água nas plantas é o xilema, responsável também pela condução de minerais, de algumas pequenas moléculas orgânicas e por sua sustentação. Comparado com a complexidade do movimento radial, no xilema o caminho da água é mais simples, apresentando baixa resistência. Com o floema, o xilema se constitui de um sistema contínuo de tecido vascular que se estende pelo corpo da planta (Figura 1.14 A). As células condutoras no xilema têm anatomia especializada que as capacita a transportar grandes quantidades de água com muita eficiência.

Existem dois tipos básicos de células condutoras no xilema, os *traqueídes* e os *elementos de vaso*, ambos mortos. Constituem-se de células alongadas com paredes secundárias nas quais ocorrem as pontoações (Figura 1.14 B). As pontoações dos traqueídes pontiagudos concentram-se nas extremidades, conectando-os com o traqueíde vizinho. Os elementos de vaso, além das pontoações, apresentam perfurações áreas destituídas de paredes primária e secundária. As perfurações podem ocorrer lateralmente, mas geralmente surgem nas paredes terminais (placa de perfuração), de modo que os elementos de vaso são unidos por placas de perfuração constituindo colunas contínuas e longas, chamadas de vasos.

O traqueíde, considerado evolutivamente mais primitivo que o elemento de vaso, é o único tipo de célula condutora de água nas gimnospermas. O xilema da grande maioria das angiospermas é formado predominantemente por elementos de vaso. Acredita-se que os elementos de vaso são condutores de água mais eficientes que os traqueídes; no entanto, as bolhas de ar que podem ser formadas no interior dos vasos causam, em geral, maior obstrução ao fluxo de água nos primeiros que nos últimos.

Diferentemente do movimento radial na raiz, a resistência ao fluxo de água no xilema é relativamente menor, dada a ausência de citoplasma. Além disso, as placas de perfuração dos elementos de vaso permitem que a água se mova livremente. O movimento de água no xilema é um fluxo em massa gerado por um gradiente de potencial de pressão ($\Delta\psi_p$) entre as extremidades do sistema condutor.

Quando soluções marcadas com corantes, solutos radioativos ou água contendo ^3H ou ^{18}O são administrados à planta, os pulsos radioativos são rapidamente detectados nos vasos e traqueídes, de modo a possibilitar o acompanhamento do movimento da seiva. A velocidade do movimento pode variar de 1 m h^{-1} (0,3 mm s^{-1}) até, em casos extremos, 45 m h^{-1} (13 mm s^{-1}). Tem-se estimado que, para o movimento de água em um vaso do xilema de 80 μm de diâmetro a uma velocidade de 4 mm s^{-1}, seja necessário um $\Delta\psi_p = 0{,}02$ MPa m^{-1}. Esse valor é extremamente inferior ao gradiente de potencial de água ($\Delta\psi_w$) exigido para a água se movimentar radialmente nas raízes, que é estimado em 2×10^8 MPa m^{-1}.

Considera-se que o $\Delta\psi_p = 0{,}02$ MPa m^{-1} é necessário para vencer as resistências do movimento de água inerentes à estrutura dos tecidos condutores, como superfícies irregulares nas paredes, perfurações etc. No entanto, somada a essas resistências existe a força da gravidade, que é de 0,01 MPa m^{-1}. Se forem consideradas árvores de grande porte como a sequoia (*Sequoia sempervirens*), cujo movimento de água das raízes até as folhas pode envolver distâncias de cerca de 100 m, estima-se a necessidade de um $\Delta\psi_p = 3$ MPa ($0{,}02 + 0{,}01 = 0{,}03$ MPa $m^{-1} \times 100$ m $= 3$ MPa), ou seja, 29,6 atm para vencer o somatório de todas as resistências.

Nesse contexto, o que sempre interessou muito aos fisiologistas de plantas foi entender como o $\Delta\psi_p$ é gerado.

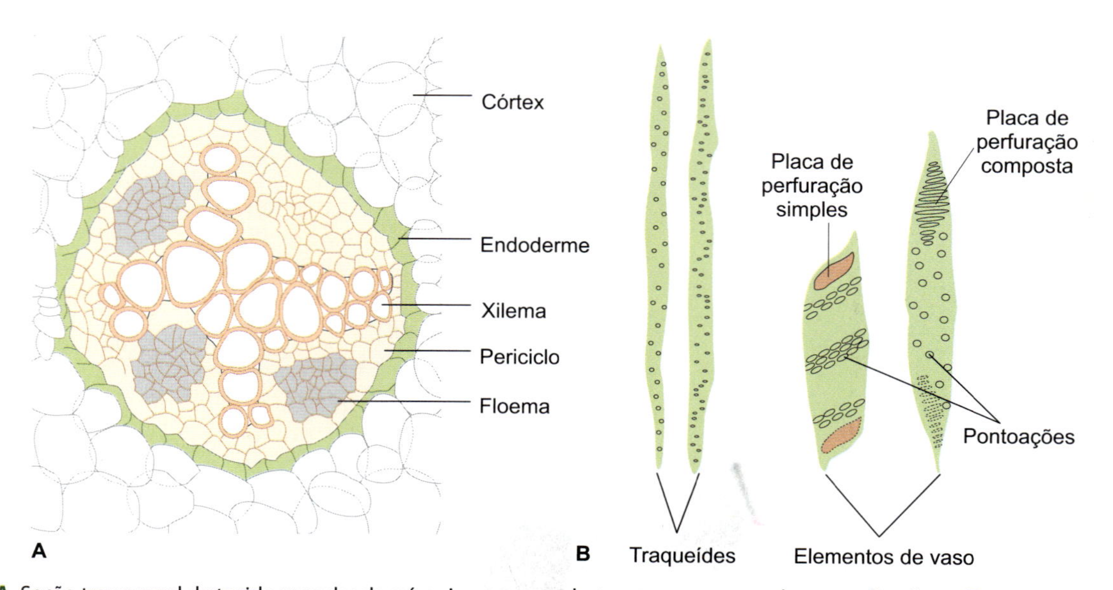

Figura 1.14 A. Seção transversal de tecido vascular de raízes jovens, com destaque para os grandes vasos do xilema. **B.** Estrutura de traqueídes e elementos de vaso envolvidos no transporte de água pelo xilema.

Claramente, sabe-se que diferentes forças podem provocar movimento de água no xilema, como a pressão positiva da raiz e a capilaridade. Entretanto, a teoria considerada mais completa para explicar os movimentos a maiores distâncias é a teoria da coesão e tensão, que combina a transpiração com a alta força de coesão entre as moléculas de água para explicar a formação do $\Delta\psi_p$.

Pressão positiva da raiz

Como já mencionado, a força motriz que dirige o movimento da água pela raiz é representada pela diferença de potencial de água entre a solução do solo na superfície da raiz e a seiva do xilema. O potencial osmótico (ψ_π) contribui relativamente pouco para o potencial de água no xilema em plantas com alta taxa transpiratória, mas é importante a baixas velocidades de transpiração, levando ao desenvolvimento de um fenômeno conhecido como pressão positiva da raiz. O ψ_π, nessa situação, atinge os seus níveis mais baixos em plantas desfolhadas em que a transpiração é zero.

A pressão positiva da raiz é facilmente visualizada quando o caule de uma planta herbácea é cortado acima da linha do solo; nessa condição, a seiva do xilema exsudará na superfície cortada por várias horas. Essa pressão pode ser medida a partir do acoplamento de um manômetro à extremidade cortada (Figura 1.15). A pressão da raiz pode ser interpretada como uma pressão hidrostática no xilema, entretanto ela leva esse nome porque a força que causa o movimento da seiva que exsuda se origina na raiz.

Como se desenvolve a pressão positiva da raiz? Da solução diluída do solo, as raízes absorvem íons, que são transportados para o estelo e depositados ativamente no xilema. O acúmulo de íons diminui o potencial osmótico e, consequentemente, o potencial de água (ψ) da seiva do xilema. Essa redução do ψ gera um movimento de água passando das células corticais para o estelo atravessando as membranas das células da endoderme (ver abordagem anterior sobre absorção e movimento radial de água nas raízes), originando então uma pressão hidrostática positiva no xilema. Nesse caso, as raízes podem ser comparadas a um simples osmômetro em que a endoderme constitui a membrana semipermeável, os íons acumulados no xilema representam o soluto dissolvido e os vasos do xilema compreendem o tubo vertical (ver Figura 1.6).

A pressão positiva da raiz é maior em plantas bem hidratadas, sob condições de alta umidade relativa do ar, acarretando, nessa situação, pouca transpiração, e de solos com boas condições de umidade. Em plantas com alta taxa transpiratória, a absorção, o transporte e a perda de água para a atmosfera são tão rápidos que a pressão positiva no xilema nunca se desenvolve. Nesses casos, ocorre na realidade o estabelecimento de uma pressão negativa. Por causa das variações das condições ambientais, a pressão positiva da raiz varia continuamente durante o dia e entre as estações do ano. Existem também grandes diferenças entre espécies, variando de 0,05 a 0,5 MPa.

Considerando que a pressão positiva da raiz não é um fenômeno observado em todas as espécies, que no xilema de plantas sob elevada taxa transpiratória ocorre tensão (pressão negativa) e que a pressão medida é muito menor que aquela necessária para vencer o somatório das resistências para chegar ao topo de uma árvore de 100 m, por exemplo (3 MPa), fica claro que esse fenômeno não é o responsável pela ascensão da seiva em todos os casos.

A mais óbvia evidência da existência de uma pressão positiva nas raízes é a ocorrência de um fenômeno conhecido como *gutação* (Figura 1.16), que consiste na eliminação de líquido

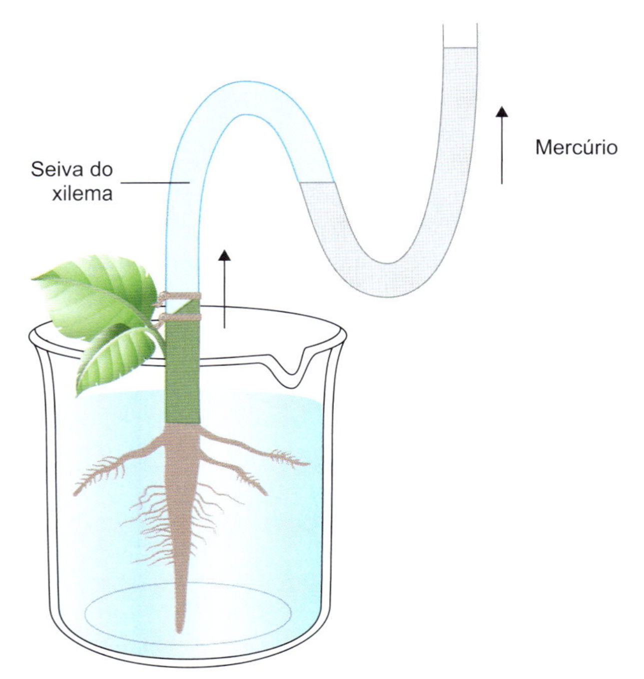

Figura 1.15 Representação de um tipo de manômetro, dispositivo utilizado para medir a pressão positiva na raiz. A pressão pode ser obtida pela medição do deslocamento que a absorção de água pelas raízes causa na coluna de mercúrio.

Figura 1.16 Folhas de *Cissus verticillata* apresentando gutação pela manhã. Observar secreção de gotículas de água pelos hidatódios, que estão localizados nas margens dos limbos das folhas. Imagem de V. F. Kinupp.

pelas folhas pelos *hidatódios*. Os hidatódios são poros semelhantes aos estômatos, localizados sobre espaços intercelulares da epiderme das folhas. Abaixo desses poros, existe um tecido frouxo adjacente e em contato direto com as terminações do xilema, chamado *epitema*. A gutação é mais perceptível quando a transpiração é suprimida e a umidade relativa do ar e do solo é alta, o que geralmente ocorre durante a noite. Trata-se de um fenômeno muito frequente em plantas de florestas pluviais tropicais, como a floresta amazônica. No entanto, exemplos corriqueiros são as gotas de água sobre a lâmina foliar de gramíneas e ao longo da margem de folhas de algumas espécies de plantas herbáceas, pela manhã.

Capilaridade

Se um tubo capilar de vidro aberto nas extremidades for inserido verticalmente em um volume de água, o líquido subirá pelo tubo acima da superfície da água. Esse fenômeno é chamado de capilaridade e se dá pela interação de forças como *adesão*, *coesão* e *tensão superficial* da água com a *força da gravidade* agindo sobre a coluna de água. A força de adesão é gerada pela atração entre as moléculas de água (dipolo) e a superfície interna do tubo, quer seja o tubo de vidro, quer sejam elementos traqueais do xilema. À medida que ocorre o fluxo de água ao longo da parede do tubo, as forças de coesão entre as moléculas de água agem "puxando" o volume de água no interior do tubo. Essa subida da água continua até essas forças serem balanceadas pela força da gravidade.

Quanto mais estreito o tubo, mais alto a água subirá, em virtude das forças atrativas da superfície, que são maiores em relação à da gravidade, ou seja, a subida da água em um tubo capilar é inversamente proporcional ao raio do tubo. Em elementos traqueais de 50 μm de diâmetro, a água sobe a uma altura de cerca de 0,6 m; já em elementos de vaso com diâmetro de 400 μm, subirá apenas 0,08 m. Com base nesses números, o movimento ascendente da água por capilaridade no xilema pode ser considerado importante somente para plantas vasculares de pequeno porte. Logo, a capilaridade é insuficiente para explicar o mecanismo geral de ascensão da seiva no xilema.

Teoria da coesão e tensão

Nas plantas vasculares, a água chega até as folhas por meio do xilema, que apresenta muitas ramificações, formando uma intrincada rede de vasos no limbo foliar. Em virtude da transpiração que as plantas geralmente apresentam, é muito importante que a água perdida seja rapidamente reposta. Para explicar a ascensão da seiva no xilema, a teoria mais amplamente aceita é a da coesão e tensão, detalhada inicialmente por H. H. Dixon, em 1914.

A reposição da água nas folhas resulta de uma diminuição no potencial de água causada pela evaporação nesses órgãos, que provocará o carreamento de água dos terminais do xilema. Do xilema, a água é "puxada" junto às paredes celulares para dentro das células da folha. Como resultado da remoção de água do xilema, a seiva fica sob tensão (pressão negativa), transmitida para as regiões inferiores da planta até as raízes, pelas colunas contínuas de água existentes nos traqueídes ou nos elementos de vaso. Nas raízes, o menor potencial de água (mais negativo) da seiva do xilema fará a água se mover em direção aos elementos condutores, vinda da solução do solo, atravessando o córtex e a endoderme. A teoria da coesão e tensão fundamenta-se na existência de uma coluna contínua de água indo da ponta das raízes, passando pelo caule, até as células do mesofilo das folhas.

É na superfície das paredes celulares das folhas que se desenvolve a pressão negativa que causa o movimento ascendente da seiva no xilema. A água nos espaços intercelulares do mesofilo está sujeita às mesmas forças de tensão superficial encontradas nos poros capilares do solo (ver item *Água no solo*). A água envolve a superfície das células do mesofilo como uma fina película, aderida às microfibrilas de celulose e outras superfícies hidrofílicas. As células do mesofilo estão em contato direto com a atmosfera por um extenso sistema de espaços intercelulares. Inicialmente, evapora-se a água do delgado filme que reveste esses espaços. Como a água é perdida para a atmosfera, a interface ar–líquido retrai-se nos interstícios da parede celular (Figura 1.17). Isso cria meniscos microscópicos curvos na superfície ar–água.

À medida que aumenta a evaporação da água da parede, a interface ar–água desenvolve meniscos de raios cada vez menores, e a tensão superficial nessa interface promove progressivamente uma pressão cada vez mais negativa (ver equação 1.10), a qual tende a deslocar mais líquido em direção a essa superfície. Em razão de a coluna de água ser contínua, esse potencial de pressão negativo, ou tensão, é transmitido por toda a coluna até o solo adjacente à raiz. Como resultado, a água é literalmente "arrastada" pela planta, das raízes até a superfície das células do mesofilo nas folhas. Assim, segundo essa hipótese, a força motriz que dirige o transporte no xilema é gerada na interface ar–água dentro das folhas, provocando queda do ψ_p e, consequentemente, do ψ.

Evidências indiretas têm corroborado a teoria da coesão e tensão, por indicarem que a água no xilema de plantas transpirando apresenta significativa tensão. Por exemplo, com o rompimento da coluna contínua (cavitação), a água recua rapidamente, produzindo vibrações que podem ser ouvidas a partir de amplificações ultrassônicas. Além disso, se o rompimento da coluna for feito a partir do corte do caule abaixo de uma superfície com solução colorida, facilmente é visualizada a rápida absorção da solução para dentro dos elementos traqueais. A coloração artificial de flores baseia-se exatamente nesse princípio.

Outras evidências envolvem medidas da espessura do caule e avaliação direta da tensão nos vasos do xilema. Por intermédio de medidas sensíveis com dendrógrafos, usados para medir pequenas mudanças no diâmetro de caules, tem sido observado decréscimo na espessura dos caules durante períodos de transpiração ativa e retorno quando a transpiração declina. Além disso, foi possível fazer medidas diretas da tensão nos vasos do xilema com a bomba de pressão, técnica desenvolvida por P. F. Scholander (Scholander *et al.*, 1965). Cortando-se uma folha ou um ramo da planta durante a transpiração, as colunas de água recuam abruptamente para o interior do tecido, abaixo da superfície cortada, por causa da tensão. A coluna de água pode ser forçada para o caminho contrário até a

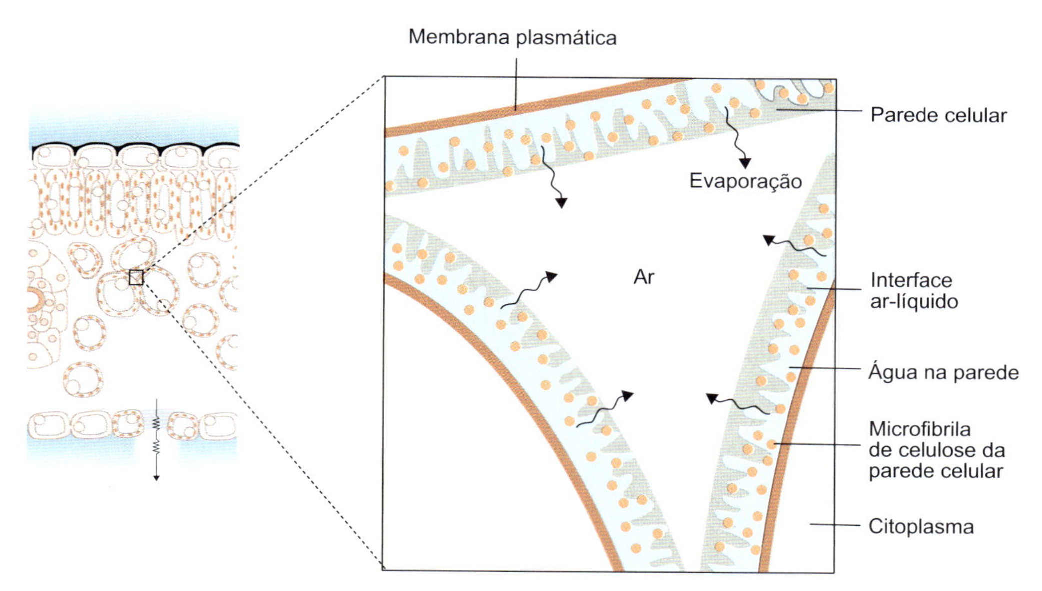

Figura 1.17 Retração da interface ar–líquido nos interstícios da parede celular originando tensões ou pressões negativas nas folhas. A evaporação ocorre na interface ar–água do filme de água que cobre a parede celular das células do mesofilo. Com o aumento da evaporação, desenvolvem-se meniscos de raios microscópicos cada vez menores. A tensão superficial causa pressão negativa na fase líquida.

superfície cortada, por um aumento de pressão induzido em uma câmara onde a parte da planta está inserida (Figura 1.18). A magnitude da pressão necessária para o retorno da água à superfície cortada é aproximadamente igual à tensão que existia no xilema. Com esse dispositivo, têm-se medido tensões no xilema da ordem de –0,5 a –2,5 MPa em plantas sob alta taxa transpiratória.

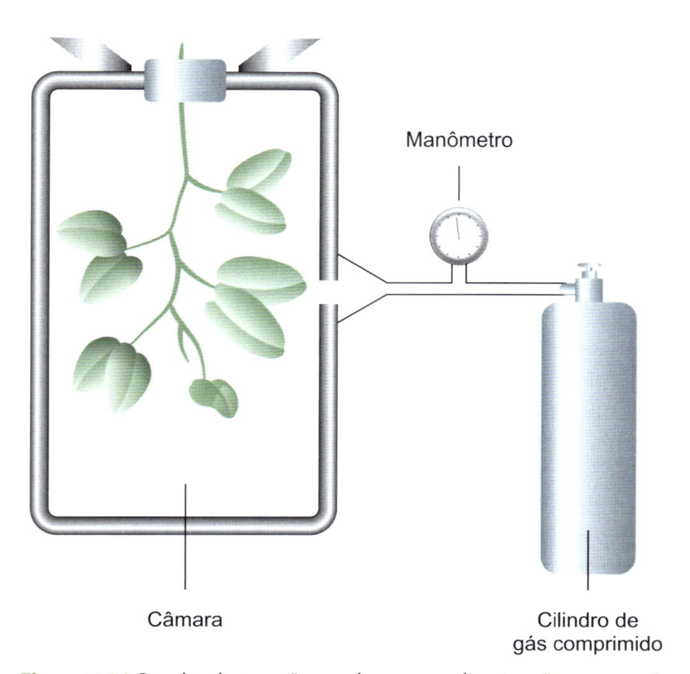

Figura 1.18 Bomba de pressão usada para medir a tensão ou pressão negativa da água no xilema. Cortando-se um ramo de uma planta que esteja transpirando, a coluna líquida no interior do xilema recua para o interior do vaso, em decorrência da tensão a que ela estava submetida. A pressão necessária para que a seiva possa emergir na extremidade cortada do ramo é equivalente à tensão que existia na água presente no xilema. A quantificação dessa pressão pode ser feita a partir da medição da pressão injetada na câmara da bomba.

Finalmente, também é importante como evidência o fato de o potencial de água (ψ) na base de uma planta ser menos negativo que o ψ no topo, principalmente em razão de diferenças do componente potencial de pressão. As evidências indicam com clareza que a coluna de água do xilema é literalmente puxada para a parte superior de uma planta vascular em resposta à transpiração.

A teoria é chamada de *coesão e tensão* porque requer que as propriedades coesivas da água consigam suportar tensão da coluna de água do xilema, ou seja, é muito importante que a coluna contínua de água seja mantida. É necessário lembrar, também, que a adesão das moléculas de água às paredes dos traqueídes e vasos do xilema e às paredes das células das folhas e raízes é tão importante para a ascensão da seiva quanto a tensão e a coesão.

A manutenção da integridade da coluna de água ou a resistência à ruptura devem-se à força tênsil da água, que é alta em virtude das forças coesivas entre as moléculas de água. Essa força tênsil depende do diâmetro e das características da parede do conduto, no caso o xilema, e também dos gases e solutos dissolvidos. A força tênsil é uma medida da tensão máxima que determinado material pode suportar sem se quebrar, tipicamente uma propriedade de sólidos.

Tem-se demonstrado que geralmente a água pura, livre de gases dissolvidos, é capaz de resistir a uma tensão da ordem de –25 a –30 MPa a 20°C. Isso é aproximadamente 10% da força tênsil do cobre e 10 vezes maior que a pressão (subatmosférica) negativa ou tensão de –3 MPa ($\Delta\psi_p$ = 3 MPa, definido anteriormente) requerida para deslocar uma coluna de água até o topo de uma árvore de 100 m, sem que seja interrompida. Desse modo, considera-se que a força tênsil da água é suficiente para evitar a separação das moléculas sob tensão, necessária para a ascensão da água no xilema de grandes árvores.

Apesar disso, a grande tensão que se desenvolve no xilema das árvores e em outras plantas pode criar problemas.

Com o aumento da tensão da água, existe uma tendência de ar ser puxado pelos microporos das paredes celulares do xilema. Além disso, a água no xilema contém diversos gases dissolvidos, como dióxido de carbono, oxigênio e nitrogênio, e, quando a coluna de água está sob tensão, os gases ficam propensos a se separar da solução. Como consequência, formam-se inicialmente bolhas microscópicas na interface água–parede dos elementos traqueais. Essas pequenas bolhas podem coalescer e expandir-se rapidamente ocupando todo o conduto do xilema. O processo de rápida formação de bolhas no xilema é chamado *cavitação*, resultando na formação de bolhas de ar que provocam obstrução do conduto, chamada *embolia*. A embolia no xilema quebra a continuidade da coluna de água, interrompendo o transporte de água. O rompimento nas colunas de água do xilema não é muito frequente; entretanto, quando ocorre, se não for reparado, pode ser prejudicial às plantas.

A expansão da cavitação no xilema pode ser impedida porque os gases não atravessam facilmente os pequenos poros das pontoações dos elementos de vaso e traqueídes, um efeito também causado pela alta tensão superficial da água. Considerando que os capilares do xilema são interconectados, a bolha de ar não para completamente o fluxo de água, uma vez que esta pode desviar do ponto bloqueado para o conduto vizinho (Figura 1.19). Desse modo, as pontoações nas paredes do xilema auxiliam no isolamento da bolha de ar em um único traqueíde ou elemento de vaso, restringindo a cavitação. Além disso, muitas plantas têm crescimento secundário, em que um novo xilema é formado a cada ano. Além da embolia, a água sob tensão desenvolve uma força interna dentro dos elementos traqueais do xilema, provocando uma tendência ao colapso. No entanto, esses elementos somente colapsariam se as paredes fossem fracas. Tem-se observado que plantas que apresentam grandes tensões no xilema tendem a apresentar as paredes dos elementos traqueais mais espessadas.

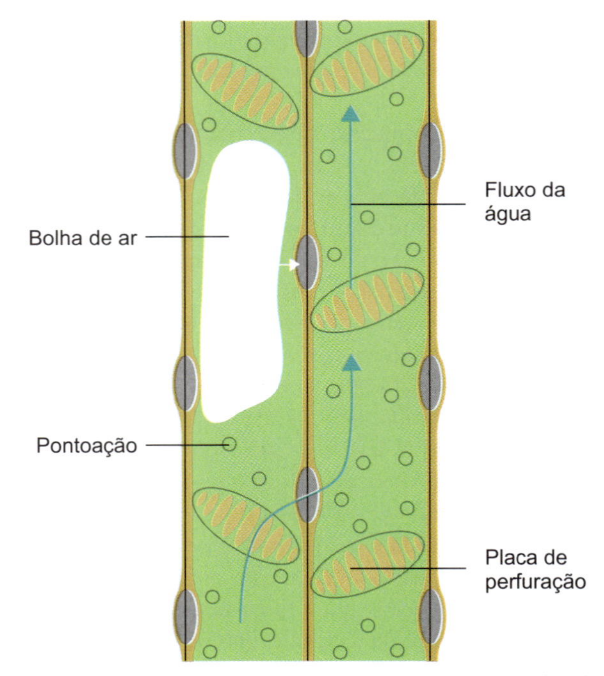

Figura 1.19 Formação de grandes bolhas de ar no interior do xilema, chamada embolia, como resultado da cavitação. Desvio do fluxo de água para vasos adjacentes em razão da embolia.

Como visto, são bem estabelecidos os mecanismos que explicam a absorção de água do solo pelas raízes das plantas e seu movimento ascendente no xilema. No entanto, determinadas espécies têm a capacidade de absorver água pelas folhas, transportá-la via xilema até as raízes onde são exsudadas, umedecendo o solo. Para esse transporte, é necessário maior ψ nas folhas que no solo, o que ocorre com frequência em ambientes ricos em neblina, onde a atmosfera é muito úmida. A água da névoa se difunde por meio das cutículas das folhas, que em ambiente úmido sofrem rearranjos e se tornam mais permeáveis, e pode contribuir com até 42% do teor de água foliar (Eller *et al.*, 2013). Como consequência, ocorre inversão no fluxo da água, no sentido atmosfera–planta–solo.

A inversão no curso da água já foi observada em várias espécies de plantas na Costa Rica. Sugeriu-se que a captação de água da neblina pelas árvores pode contribuir com até 30% do volume dos rios de uma região (Goldsmith *et al.*, 2013). Em florestas de sequoias localizadas em regiões com baixa precipitação, árvores com até 115 metros de altura param de transpirar e absorvem água pelas folhas da neblina vinda do mar. O baixo ψ no interior do tronco cria uma força capaz de puxar água da atmosfera para baixo, até a árvore se reidratar (Burgess e Dawson, 2004). No Brasil, essa inversão no movimento da água também tem sido observada em espécies como *Drimys brasiliensis*, *Myrsine umbellata* e *Eremanthus erythropappus*, abundantes em floresta tropical montana nebular da Serra da Mantiqueira (Eller *et al.*, 2013; Eller *et al.*, 2016).

Transpiração

A perda de água pelas plantas na forma de vapor é conhecida como *transpiração*. Esse processo pode ser considerado dominante na relação água–planta. A evaporação da água produz o gradiente de ψ, a causa principal do movimento da água pelo xilema, controlando a taxa de absorção e ascensão da seiva.

Cerca de 95% de toda água absorvida pelas plantas é perdida pela transpiração, sendo o restante (ou menos) usado no metabolismo e crescimento. As plantas de maior interesse do ponto de vista de produção agrícola são as que apresentam maiores taxas de transpiração. Frequentemente, muitas centenas de litros de água são requeridas para produzir cada quilograma de massa seca; transpiração excessiva pode levar a significativa redução na produtividade. Um ponto de discussão ainda é se a transpiração apresenta alguma vantagem às plantas, uma vez que a perda intensa de água tem profundas implicações para o crescimento. Sem a transpiração, uma única chuva ou irrigação poderia prover água suficiente para o crescimento de algumas espécies de plantas, considerando que a cobertura vegetal tenha impedido a evaporação do solo.

A transpiração pode ocorrer em qualquer parte do organismo vegetal acima do solo; no entanto, apesar de uma pequena quantidade de água ser perdida por meio de pequenas aberturas da casca de caules e ramos jovens (lenticelas), a maior proporção ocorre nas folhas (mais de 90%). Isso torna a transpiração intimamente ligada à anatomia da folha (Figura 1.20). A multicamada de ceras conhecida como cutícula, que cobre a epiderme das folhas, funciona como uma barreira bastante efetiva à saída de água, tanto líquida quanto na forma de vapor, protegendo as células de uma eventual dessecação letal. Essa proteção é variável entre as espécies dependendo da espessura da cutícula (Figura 1.21 B). No entanto, a continuidade da epiderme imposta pela cutícula é interrompida por pequenos poros que fazem parte do complexo estomático. Cada poro é circundado por duas células especializadas, as *células-guardas*, que funcionam como válvulas, operadas pela turgescência, que controlam o tamanho da abertura do poro (Figura 1.21).

O interior da folha é composto por células do mesofilo fotossintético apresentando um sistema interconectado de espaços intercelulares, que pode atingir até 70% do volume das folhas, em alguns casos ocupados por superfícies úmidas, de onde a água evapora, e por ar. Geralmente, os estômatos são mais abundantes na superfície inferior das folhas, localizando-se de modo que, quando abertos, a rota para as trocas gasosas (principalmente dióxido de carbono, oxigênio e vapor de água) entre os espaços internos das folhas e a atmosfera circundante seja facilitada. Por causa dessa relação, esse espaço é referido como *espaço subestomático*.

Na transpiração estão envolvidas a evaporação de água das paredes úmidas das células para o ar circundante dos espaços intercelulares e a passagem dos espaços subestomáticos para a atmosfera externa da folha. Acredita-se que grande parte da água evapore da superfície interna das células do mesofilo que rodeiam os espaços de ar subestomáticos.

O caminho pelo qual o vapor de água escapa após a evaporação (espaço subestomático) é relativamente simples. Ele se difunde por meio dos espaços intercelulares e para fora, pelos estômatos. Essa difusão é conhecida como *transpiração estomática*, responsável por 90 a 95% da água perdida pelas folhas, ou seja, existe uma alta correlação entre a condutância estomática e a transpiração. Para *Dalbergia miscolobium*, observou-se um coeficiente de correlação de 0,91 entre esses dois parâmetros (Sassaki *et al.*, 1997). A difusão de vapor de água pode ocorrer também pelas células da epiderme e da cutícula (*transpiração cuticular*), um caminho com resistência alta e variável entre as espécies, dependendo da espessura da cutícula. Além disso, em ambientes muito úmidos, a cutícula pode sofrer rearranjos e se tornar mais permeável, como mencionado anteriormente. É necessário destacar a importância da difusão como processo que controla a transpiração, visto que o movimento é dirigido pelo gradiente de concentração de vapor de água ou gradiente de pressão de vapor entre as superfícies onde a água está evaporando e a atmosfera.

Força que dirige a transpiração

A difusão é muito mais rápida em um gás que em um líquido, o que torna esse processo adequado para mover vapor de água pela fase gasosa da folha. Embora tenha sido estabelecido que o movimento de água no sistema solo–planta–atmosfera é determinado por um gradiente de potencial de água, para a transpiração, em que ocorre difusão na forma de vapor, é

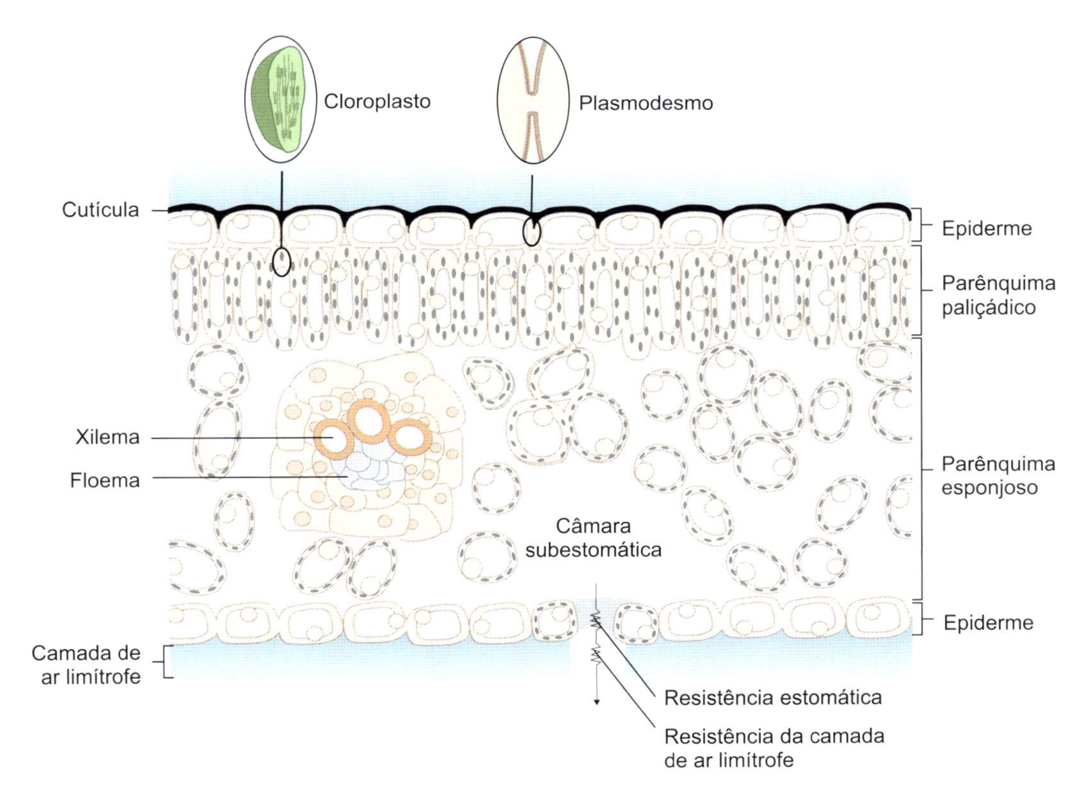

Figura 1.20 Representação do limbo foliar em seção transversal. Notar a cutícula cobrindo as superfícies externas, as resistências à saída da água (resistência estomática e da camada de ar limítrofe) e o extenso espaço intercelular com acesso ao ar do ambiente pelos estômatos. Observar também as conexões plasmodesmáticas entre as células da epiderme e as células dos parênquimas (aquelas dispostas entre as partes superior e inferior da epiderme) e a ausência de cloroplastos nas células da epiderme.

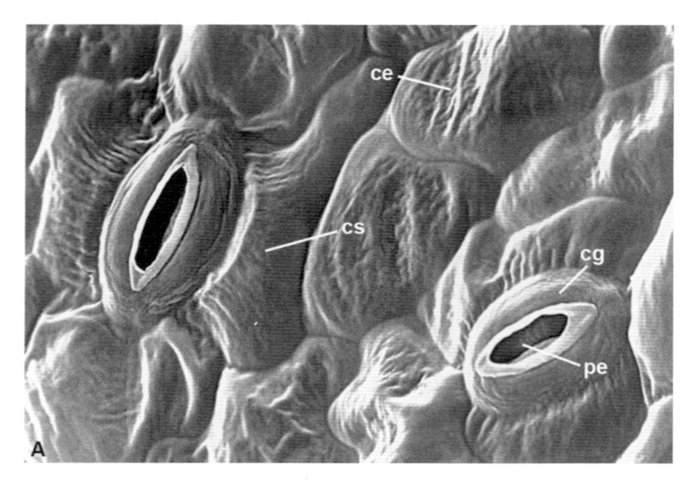

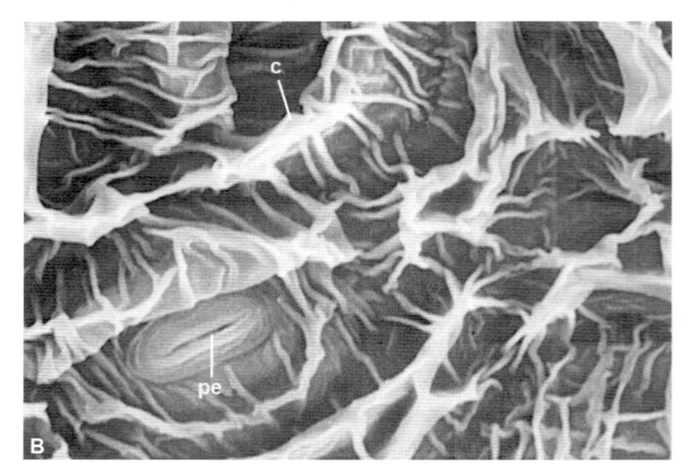

Figura 1.21 Vista frontal da epiderme da face inferior de folhas de *Heliocarpus americanus* (**A**) e *Hevea brasiliensis* (**B**). ce: célula da epiderme; c: cutícula; cs: célula subsidiária; cg: célula-guarda; pe: poro estomático. Imagens cedidas por C. M. Pisicchio e M. E. Medri.

melhor pensar em *gradiente de concentração de vapor de água* (ΔCva) ou *gradiente de pressão de vapor* (Δe), que são equivalentes. A pressão de vapor da água (e) é medida em quilopascal (KPa) e é proporcional à concentração de vapor de água (Cva), que pode ser expressa em mol m^{-3}.

A pressão de vapor da água é aquela exercida pelas moléculas de água na forma de vapor contra a superfície do fluido que está evaporando e sobre a parede da câmara onde a evaporação está ocorrendo. O vapor de água difundirá de uma região de maior pressão de vapor ou de maior concentração para outra de menor.

A transpiração nas folhas dependerá do gradiente de pressão de vapor ou de concentração de vapor de água entre os espaços de ar da folha e o ar externo, bem como das resistências (r) à difusão durante o percurso. Esse conceito de transpiração é análogo ao fluxo de elétrons em um circuito elétrico, ou seja, análogo à lei de Ohm, em que as resistências estão associadas a cada parte do caminho (ver Figura 1.20).

Já na evaporação, o escape do vapor de água é controlado simplesmente por uma resistência chamada de *resistência da camada de ar adjacente* ou *camada de ar limítrofe* à superfície evaporante (*ra*); no caso da transpiração, somam-se a esta as *resistências da própria folha* (*rf*). Entre as *rf*, a principal é a *resistência dos poros estomáticos* (*rs*), que é variável, uma vez que o estômato pode estar totalmente aberto, parcialmente aberto ou fechado. Assim, transpiração (T) expressa em mol m^{-2} s^{-1} pode ser relacionada com as resistências (r) expressas em s m^{-1} pela seguinte equação, considerando nesse caso o ΔCva expresso em mol m^{-3}:

$$T = \frac{Cva_{(folha)} - Cva_{(ar)}}{rf + ra} \quad (1.12)$$

Em que $Cva_{(folha)}$ é a concentração de vapor de água dentro da folha e $Cva_{(ar)}$ a concentração de vapor de água no ar fora da folha.

Em princípio, supõe-se que, na transpiração, o espaço de ar subestomático da folha seja normalmente saturado ou muito próximo da saturação de vapor de água. Isso porque as células do mesofilo que circundam os espaços de ar apresentam uma grande área de superfície de exposição para a evaporação da água. Contudo, a atmosfera que circunda a folha dificilmente está saturada de água; ao contrário, frequentemente tem um conteúdo de água muito baixo. Logo, essa diferença na concentração de vapor de água entre os espaços de ar internos da folha e o ar que a circunda é a força que dirige a transpiração.

Tanto a pressão de vapor de água quanto a concentração de vapor são fortemente dependentes da *umidade relativa (UR)* e da *temperatura*. A umidade relativa pode ser definida como a concentração de vapor de água (*Cva*) expressa como uma fração da concentração máxima de vapor de água (saturação, $Cva_{(sat)}$). A porcentagem, comumente usada para expressar a umidade relativa, quando atinge 50%, por definição tem a metade da concentração de vapor de água que teria se estivesse saturada de vapor.

A umidade relativa pode ser definida também como a razão entre a quantidade máxima de vapor de água que pode ser retido pelo ar a uma dada temperatura. Segundo essa definição, a umidade relativa é influenciada pela temperatura, e, em consequência, a pressão de vapor e a concentração de vapor da água também. Isso porque a capacidade de retenção de água aumenta bastante com a temperatura – por exemplo, a 10°C a concentração de vapor de água em ar saturado é 0,522 mol m^{-1}, a 20°C é 0,961 mol m^{-1} e a 30°C é 1,28 mol m^{-1}. A umidade e a temperatura podem, então, modificar a magnitude do gradiente de concentração de vapor de água entre a folha e a atmosfera, influenciando a taxa de transpiração.

Além da umidade relativa e da temperatura, um terceiro fator importante que interfere na taxa de transpiração é o *vento*, que está diretamente relacionado com a resistência da camada de ar limítrofe (*ra*). Essa resistência ocorre em razão da camada irrestrita de ar úmido adjacente à superfície da folha, que, com o aumento de sua espessura, modifica a extensão efetiva do caminho da difusão do vapor de água para a atmosfera. A maior extensão do caminho da difusão diminuirá a taxa de difusão e, nesse caso, a transpiração.

A espessura da camada de ar limítrofe é determinada primariamente pela velocidade do vento. Quando o ar que circunda a folha está parado, a espessura da camada de ar limítrofe pode aumentar, elevando a resistência e diminuindo a transpiração. Nessa condição, mesmo se os estômatos estiverem com boa abertura, a transpiração será prejudicada. Com o aumento da velocidade do vento, a espessa camada é retirada, favorecendo assim a transpiração, em virtude do decréscimo da resistência, ou seja, do caminho a ser percorrido na difusão.

Por que a transpiração?

Argumenta-se que a transpiração é benéfica às plantas porque causa o resfriamento das folhas, a ascensão da seiva e o aumento na absorção de nutrientes. Embora o resfriamento seja benéfico, folhas sob sol pleno raramente são lesadas por temperatura elevada quando a transpiração é reduzida, situação que pode ocorrer por murchamento temporário, provocando o fechamento dos estômatos.

A transpiração aumenta a velocidade do movimento da seiva no xilema, mas experimentos têm mostrado que é improvável que isso seja essencial. A transpiração meramente aumenta a velocidade e a quantidade de água em movimento até o alto de uma planta, mas não existem evidências de que essa maior taxa seja benéfica.

Absorção e translocação de nutrientes são provavelmente aumentadas por taxa de transpiração elevada; todavia, muitas plantas se desenvolvem bem na sombra e em *habitats* úmidos, onde a transpiração é baixa. Além disso, em experimentos utilizando-se elementos marcados com radioatividade, tem-se mostrado que os nutrientes continuam circulando na planta, mesmo na ausência da transpiração.

Somando-se a impossibilidade de entender claramente os benefícios da transpiração, com frequência esse processo resulta em estresse de água e lesões por dessecação. Isso ocorre especialmente sob condições de elevada temperatura e baixa umidade do ar e do solo. Aparentemente, a evolução da estrutura das folhas parece ter favorecido o processamento interno da fotossíntese, possibilitando a entrada e a difusão rápida de dióxido de carbono pelos estômatos abertos, em detrimento de uma diminuição da taxa transpiratória. Exceção deve ser lembrada para plantas de *habitat* muito seco. Assim, a alta taxa de transpiração é o resultado inevitável da evolução dos estômatos e, consequentemente, das folhas, para absorção de dióxido de carbono para a fotossíntese. Os estômatos permitem que dióxido de carbono da atmosfera se difunda para dentro dos espaços intercelulares dos tecidos fotossintéticos, onde se dissolve na fase aquosa, possibilitando que ocorra a redução fotossintética.

Nesse sentido, as plantas terrestres estão adaptadas a absorver o máximo possível de dióxido de carbono da atmosfera e limitar também ao máximo a perda de água. Não há como as plantas excluírem a perda de água sem, simultaneamente, dificultarem a entrada de dióxido de carbono na folha. A solução desse dilema para as plantas é a regulação temporal da abertura estomática, fechando-a à noite quando não fotossintetizam, evitando perda desnecessária de água. Pela manhã, desde que não haja limitações de água para a planta, é vantajoso para ela abrir os estômatos e permitir a entrada de dióxido de carbono, mesmo que isso envolva perda de água por transpiração estomática.

Em situação de estresse hídrico moderado, a abertura estomática será a máxima possível, sem que haja uma desidratação letal da planta, mas ainda capaz de fixar dióxido de carbono. Se o estresse persistir, a planta manterá os estômatos fechados. Com o fechamento estomático, as plantas podem manter certo turgor (maior potencial de água), o que é uma importante característica de tolerância à seca. Isso foi observado em estudos com *Vigna unguiculata* (feijão-caupi), espécie cultivada em regiões secas do Brasil (Pimentel e Hébert, 1999).

A capacidade da planta de limitar a perda de água e, ao mesmo tempo, permitir suficiente absorção de dióxido de carbono pode ser expressa pela *eficiência no uso da água*. Esse parâmetro é definido como a quantidade de dióxido de carbono (CO_2) assimilado pela fotossíntese, dividido pela quantidade de água transpirada pela planta (mols de CO_2 fixado/mols de água transpirada).

Considerando os três tipos de plantas quanto ao metabolismo fotossintético (ver Capítulo 5), as plantas C_3 têm uma eficiência no uso da água em torno de 0,002, as C_4 de 0,004 e as plantas MAC (também denominadas de CAM, *crassulacean acid metabolism*) de 0,02. Neste último grupo, encontram-se as plantas mais adaptadas à condição de seca, fixando CO_2 predominantemente à noite.

Fisiologia dos estômatos

Na equação 1.12, o numerador ($Cva_{(folha)} - Cva_{(ar)}$) e a resistência da camada de ar limítrofe (*ra*) são parâmetros controlados fisicamente, sem nenhum envolvimento biológico, enquanto a resistência da folha (*rf*), decorrente principalmente do movimento de abertura e fechamento dos poros estomáticos, é controlada biologicamente. A *rf* regula a saída de água e a entrada de CO_2 para a fotossíntese, dependendo da resposta do movimento estomático a diferentes fatores bióticos e abióticos. Logo, a taxa fotossintética e, como consequência, o crescimento e desenvolvimento vegetativo e reprodutivo das plantas são dependentes dos movimentos de abertura e fechamento dos estômatos. É importante, então, um conhecimento mais detalhado das características dos estômatos e dos mecanismos de controle da abertura e fechamento a partir dos movimentos das células-guardas.

Caracterização geral dos estômatos

Os estômatos são encontrados em angiospermas, gimnospermas, pteridófitas e briófitas. Nas angiospermas e gimnospermas, podem ser observados em caules verdes, flores e frutos. A maioria dos estômatos encontra-se nas folhas, com alta funcionalidade. A frequência e a distribuição dos estômatos dependem principalmente da espécie, posição da folha e condições de crescimento. Normalmente, as folhas apresentam de 30 a 400 estômatos por mm^2 de superfície, mas existem espécies com até mais de 1.000 mm^{-2}. *Nicotiana tabacum* (fumo), por exemplo, pode apresentar até 1.200 mm^{-2}.

Com exceção principalmente das monocotiledôneas herbáceas, que apresentam aproximadamente a mesma quantidade de estômatos na face abaxial (inferior) e adaxial (superior) da folha, na maioria das espécies os estômatos encontram-se em maior quantidade na face abaxial (dicotiledôneas herbáceas) ou mesmo exclusivamente localizada nessa face (dicotiledôneas lenhosas). Em plantas aquáticas com folhas flutuantes, os estômatos encontram-se apenas na face adaxial.

A abertura dos estômatos é exercida por mudanças na forma de um par de células, as células-guardas, que margeiam os *poros*. Em muitas plantas, as células-guardas são circundadas por células diferenciadas das células da epiderme da folha; as *células subsidiárias*, que auxiliam as células-guardas no controle do poro estomático (ver Figura 1.21 A). As células-guardas, células subsidiárias e o poro são coletivamente chamados de *complexo estomático* ou *aparelho estomático*.

A principal característica que distingue o complexo estomático é o par de células-guardas que funciona como uma válvula operada hidraulicamente. A mudança de forma das células-guardas como consequência da absorção e perda de água leva a alterações no tamanho do poro. Quando as células-guardas estão túrgidas, os estômatos encontram-se abertos, e, quando flácidas, os estômatos estão fechados.

O maior interesse no movimento estomático deve-se à regulação das trocas gasosas e ao consequente efeito sobre a fotossíntese e produtividade. Mais de 90% do CO_2 e do vapor de água trocados entre a planta e o ambiente ocorrem por meio dos estômatos.

Existem dois tipos básicos de células-guardas. O mais comum é o *tipo elíptico*, reniforme, e o outro é do *tipo gramináceo*, restrito a espécies de gramíneas e outras monocotiledôneas, como as palmeiras. Nesse segundo grupo, o par de células-guardas tem formato de haltere (Figura 1.22). Uma das características mais preponderantes da organização dessas células está na estrutura da parede celular. A porção da parede que circunda o poro (parede ventral) é espessada, podendo atingir até 5 μm de espessura, diferentemente das células típicas da epiderme, que apresentam paredes de 1 a 2 μm. A parede dorsal, que está em contato com as células subsidiárias, é mais fina (Figura 1.22). Associado ao espessamento parcial da parede, encontra-se o alinhamento de suas microfibrilas de celulose, estas dispostas radialmente aos poros no caso dos estômatos elípticos, ou obliquamente ao eixo da parede espessada nas extremidades das células-guardas, no caso do tipo gramináceo (Figura 1.22). Essas características resultam em uma curvatura das células-guardas quando túrgidas, levando à abertura estomática.

O poro de um estômato típico totalmente aberto mede cerca de 5 a 15 μm de largura por cerca de 20 μm de comprimento. O somatório das áreas dos poros quando abertos perfaz cerca de 0,5 a 2% da área total da folha.

Quando as células-guardas se desenvolvem, *câmaras subestomáticas* ou *cavidades subestomáticas* formam-se no mesofilo foliar adjacente ao complexo estomático. Essas câmaras agem como reservatórios de gases que se estendem no interior do mesofilo (ver Figura 1.20), maximizando assim a difusão de CO_2 para tecidos fotossintéticos, aumentando ao mesmo tempo o caminho de difusão do vapor de água do mesofilo para o poro estomático. Desse modo, a câmara subestomática reduz a perda de água dos tecidos fotossintéticos.

Outra característica interessante do complexo estomático é que nele não se observam plasmodesmas entre as células-guardas e as células da epiderme e do mesofilo (ver Figura 1.20). Plasmodesmas são ligações (pontes) citoplasmáticas microscópicas, interconectando células adjacentes, funcionando como um caminho para transportes entre as células. Essas estruturas são comuns entre o mesofilo e o tecido epidérmico. A ausência dessas estruturas indica fortemente que a passagem de metabólitos das células-guardas para as células do mesofilo ou da epiderme pode não ser direta, e vice-versa.

Análises das células-guardas evidenciam também que elas diferem das outras células da epiderme na abundância de organelas. A diferença mais evidente em uma angiosperma típica é que, enquanto as células da epiderme são desprovidas ou têm poucos cloroplastos, as células-guardas são dotadas dessa organela em maior quantidade (ver Figura 1.20), embora seja inferior à encontrada nas células do mesofilo. Os plastídios das células-guardas são ricos em grãos de amido; entretanto, se uma comparação for feita entre inclusões de amido das

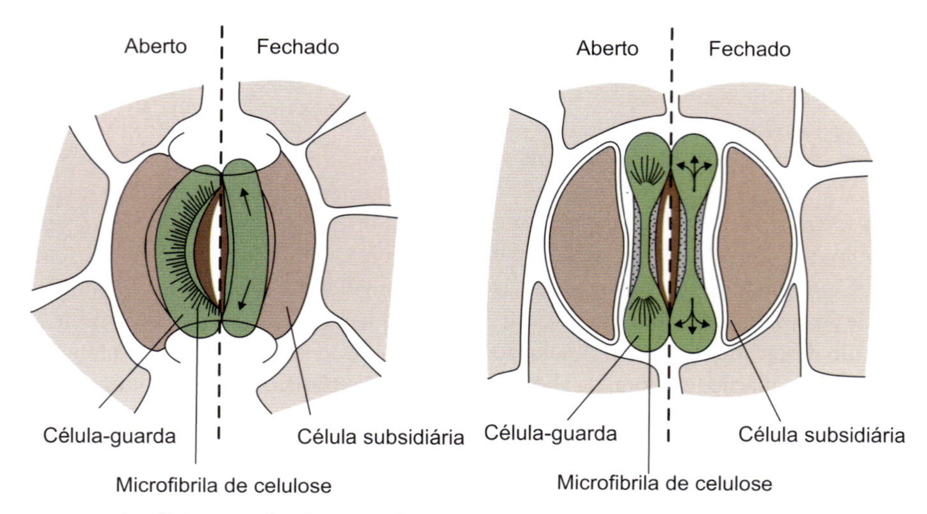

Figura 1.22 Estômatos apresentando células-guardas dos tipos elíptico (à esquerda) e gramináceo (à direita). Observa-se, nas células-guardas dos estômatos abertos, a orientação das microfibrilas de celulose, importantes para o movimento de abertura. As setas em cada estômato indicam a direção da expansão/extensão das células-guardas, durante a abertura estomática.

células-guardas em estômatos mantidos no claro (abertos) e no escuro (fechados), será observado que o amido se acumula no escuro e diminui na luz – o contrário do que ocorre em tecidos fotossintéticos pertencentes ao mesofilo, como parênquima paliçádico e esponjoso (ver Figura 1.20).

Nas células-guardas, as mitocôndrias são bem desenvolvidas e em maior número que nas células do mesofilo. Quando os estômatos se acham abertos, as células-guardas apresentam intensa ciclose, indicando intensa atividade respiratória. Em relação às células epidérmicas, outras diferenças características das células-guardas são a presença de inclusões de óleo e a ausência de cristais e de pigmentos, como antocianina, abundantes nas células epidérmicas de algumas espécies.

O conhecimento das características do complexo estomático e, particularmente, das células-guardas é essencial para o entendimento do funcionamento dos estômatos. Muitas das hipóteses para explicar o comportamento estomático têm sido baseadas na observação estrutural das células-guardas. As células-guardas podem ser consideradas "ilhas metabólicas" sem conexão direta (*i. e., plasmodesmas*) com os tecidos adjacentes. Desse modo, qualquer resposta estomática rápida deve originar-se do próprio metabolismo das células-guardas em resposta ao ambiente próximo a elas, causando alterações de turgescência e movimentos de abertura ou fechamento.

Mecanismos reguladores do movimento estomático

A abertura dos estômatos se dá em decorrência da absorção osmótica de água pelas células-guardas, trazendo como consequência um aumento da pressão de turgor (potencial de pressão, ψ_p). Em vista das propriedades elásticas de suas paredes, as células-guardas podem, de modo reversível, aumentar seu volume de 40 a 100%, dependendo da espécie. A deformação da parede das células-guardas imposta pelo aumento de volume representa o aspecto central do movimento estomático. O fechamento estomático ocorre em resposta à saída de água das células-guardas, com diminuição da pressão de turgor e o consequente relaxamento de suas paredes.

Para entender melhor o que controla a abertura e o fechamento dos estômatos, é necessário conhecer o que regula as propriedades osmóticas das células-guardas. Ao longo dos anos, vários mecanismos têm sido propostos para explicar as mudanças no potencial osmótico (ψ_π) das células-guardas. No século 20, esses mecanismos foram relativamente bem estudados, indicando que várias áreas da ciência de plantas estão envolvidas, como a fotobiologia, relações iônicas das células e mecanismos hormonais.

Já em 1856, o botânico H. von Mohl propôs que a mudança de turgor das células-guardas seria responsável pelos movimentos dos estômatos. Em 1908, E. Lloyd sugeriu que a mudança de turgor dessas células seria dependente da interconversão de amido em açúcares solúveis, conhecida como a hipótese amido–açúcar do movimento estomático.

Conforme já descrito, os cloroplastos das células-guardas dispõem de grãos de amido que diminuem sua quantidade durante a abertura e a aumentam durante o fechamento estomático. O amido é um polímero de glicose, insolúvel em água, de alta massa molecular, que não contribui para o ψ_π das células. Segundo a hipótese do amido–açúcar, a hidrólise do amido em açúcares solúveis faz com que o ψ_π das células-guardas se torne mais negativo, diminuindo o potencial de água (ψ); com isso, essas células absorvem água por osmose, tornam-se túrgidas e os estômatos se abrem.

A hipótese do amido–açúcar foi amplamente aceita até 1943, quando S. Iamamura verificou a existência de um fluxo de potássio nas células-guardas, o que foi posteriormente confirmado em estudos envolvendo técnicas mais refinadas de quantificação desse cátion. A partir de então, tem sido consistentemente mais aceito que os íons seriam os principais responsáveis pela osmorregulação das células-guardas, sobretudo o potássio, diminuindo a importância anteriormente creditada à hipótese amido–açúcar.

Segundo essa teoria, a osmorregulação das células-guardas se originaria da entrada de íons potássio (K^+) e cloreto (Cl^-) e da síntese de malato^{2-} dentro dessas células, considerados importantes solutos osmoticamente ativos nas células-guardas (Figuras 1.23 e 1.24). O conteúdo de K^+ é elevado nas células-guardas, quando os estômatos estão abertos, e diminui quando fechados; a magnitude da elevação varia entre as espécies (Figura 1.25). Durante a abertura, quantidades de K^+ movem-se das células subsidiárias e epidérmicas para dentro das células-guardas.

O fluxo de K^+ para o interior das células-guardas é possibilitado pela ativação, com gasto de ATP, de uma bomba de prótons H^+-ATPase localizada na membrana plasmática (Figura 1.24). Essa afirmação tem sido evidenciada pelo uso de fusicocina (uma toxina produzida por um fungo parasita), conhecida por estimular a extrusão de prótons pela bomba, que estimula a abertura estomática. As plantas infectadas morrem por desidratação. Além disso, vanadato, que inibe a bomba de prótons, inibe a abertura estomática.

A extrusão de prótons que ocorre pela atividade da H^+-ATPase leva a uma diferença de potencial elétrico por meio da membrana plasmática das células-guardas; essa diferença pode atingir até 64 mV. Com a saída de prótons, há também um gradiente de pH de cerca de 0,5 a 1 unidade. Acredita-se que a hiperpolarização da membrana plasmática das células-guardas gerada pela bomba de prótons é o que possibilita a absorção de íons potássio, por causar a abertura de canais de entrada desse íon regulados por voltagem (Figura 1.24).

Além do K^+, o Cl^- e o malato^{2-} aumentam nas células-guardas iluminadas, contribuindo para a abertura dos estômatos, e diminuem com os estômatos fechados (Figuras 1.24 e 1.26). Esses ânions contribuem para a neutralidade elétrica das células-guardas, visto o acúmulo de K^+ (carga positiva) nessas células. O balanceamento é estabelecido parcialmente tanto pela entrada de íons Cl^- quanto pela produção, no citosol das células-guardas, de ânions orgânicos como o malato^{2-} com dois grupos COO^-. A contribuição relativa do Cl^- e do malato^{2-} para o balanceamento de cargas é variável entre as espécies.

De modo semelhante ao que ocorre com o K^+, o Cl^- é absorvido pelas células-guardas durante a abertura estomática e expelido durante o fechamento. O malato^{2-} é sintetizado no citoplasma das células-guardas, em uma via metabólica que usa esqueletos de carbono gerados na hidrólise do amido

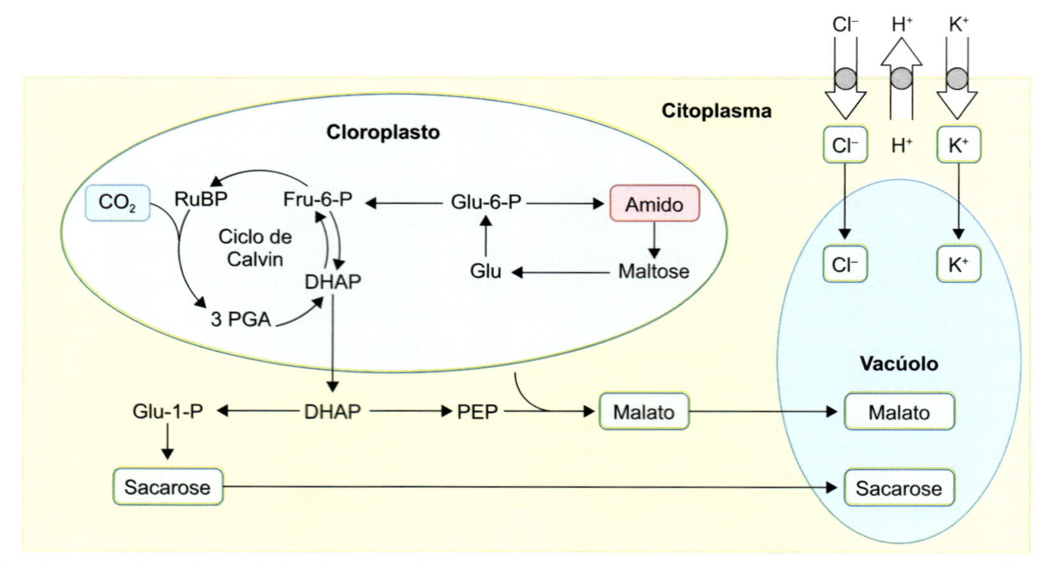

Figura 1.23 Acúmulo, no vacúolo, de potássio, cloreto, malato e sacarose, moléculas que provocam queda no potencial osmótico das células-guardas, causando absorção de água por essas células e, consequentemente, abertura estomática (osmorregulação). Existem três caminhos osmorregulatórios distintos nas células-guardas: 1) absorção de potássio e cloreto dependente da ativação de uma bomba de prótons (ATPase) da membrana e síntese de malato a partir da quebra do amido; 2) síntese de sacarose a partir da quebra do amido; 3) síntese de sacarose a partir da fixação do CO_2 pela fotossíntese. RuBP: ribulose-1-5-bifosfato; Fru-6-P: frutose-6-fosfato; DHAP: di-hidroxiacetona-3-fosfato; 3-PGA: 3-fosfoglicerato; Glu: glicose; Glu-6-P: glicose-6-fosfato; Glu-1-P: glicose-1-fosfato; PEP: fosfoenol-piruvato. Adaptada de Talbott e Zeiger (1998).

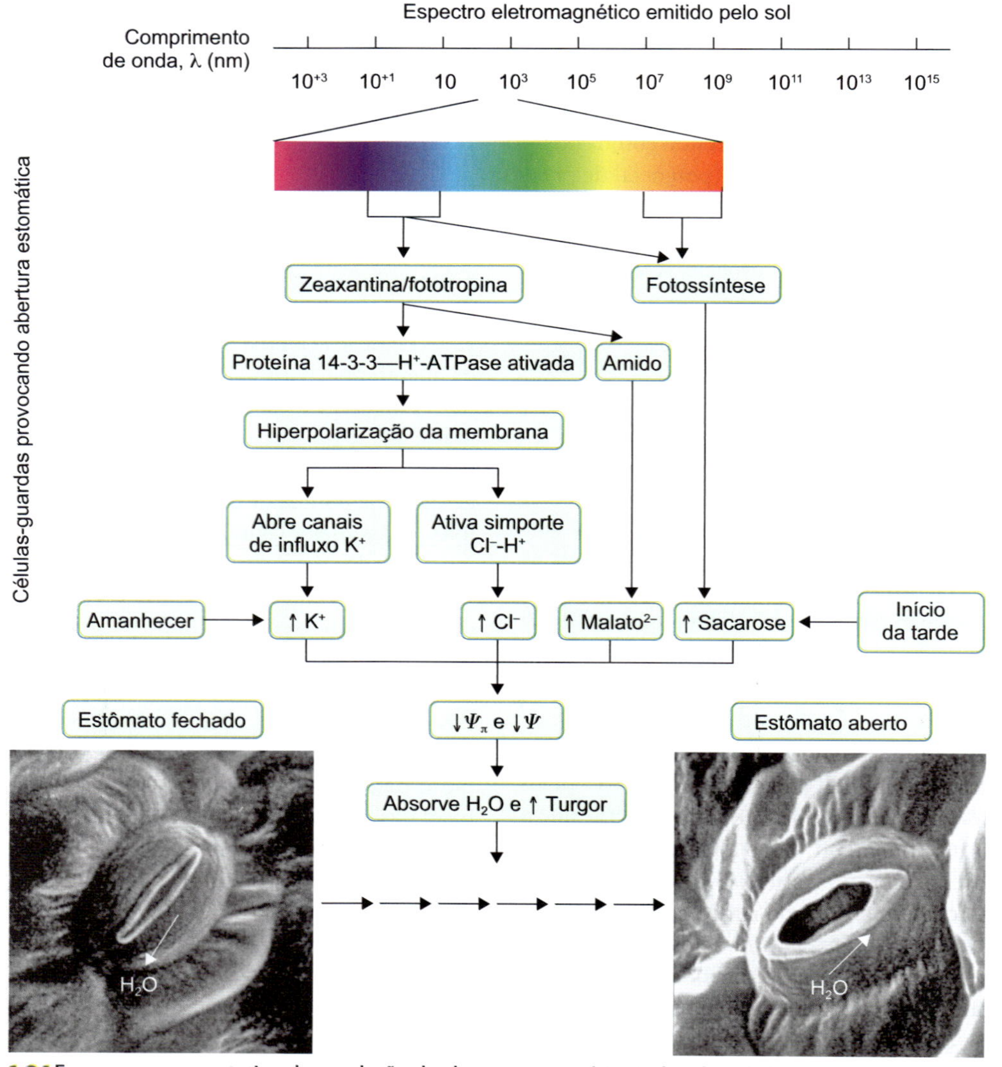

Figura 1.24 Esquema representativo da regulação da abertura estomática induzida pela luz. Imagens de C. M. Pisicchio.

(ver Figuras 1.23 e 1.24). Tem sido observado, em estômatos abertos, que os níveis de malato^{2-} nas células-guardas podem aumentar até seis vezes. A diminuição do conteúdo de malato^{2-} dessas células durante o fechamento estomático possivelmente se deve à sua conversão em amido, à utilização desse ânion orgânico como substrato para a respiração e/ou à liberação para o apoplasto.

Assim como o K^+, o fluxo de Cl^- depende indiretamente da bomba de prótons H^+-ATPase. Para esse ânion, acredita-se que a bomba de prótons facilite sua absorção pela entrada compartilhada dos íons Cl^-H^+, em virtude da ativação na membrana plasmática de transportadores simporte (ver Capítulo 2), e não por abertura de canais (ver Figura 1.24).

Em resumo, o acúmulo de K^+, Cl^- e malato^{2-} nos vacúolos das células-guardas torna o ψ_π mais negativo, diminuindo o ψ. A consequente absorção de água aumenta o turgor (ψ_p) dessas células e ocorre a abertura dos estômatos (ver Figuras 1.23 e 1.24).

Considerando as hipóteses apresentadas, nota-se que a abertura estomática representa um processo que demanda gasto de energia. As presenças de cloroplastos, mitocôndrias, enzimas respiratórias e proteínas-cinase nas células-guardas

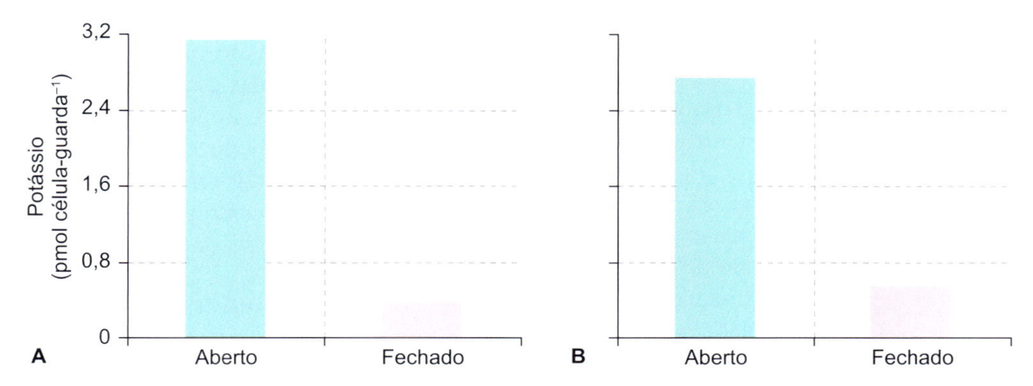

Figura 1.25 Conteúdo de potássio em células-guardas de estômatos abertos e fechados de *Commelina comunis* (**A**) e *Vicia faba* (**B**). Adaptada de MacRobbie (1987).

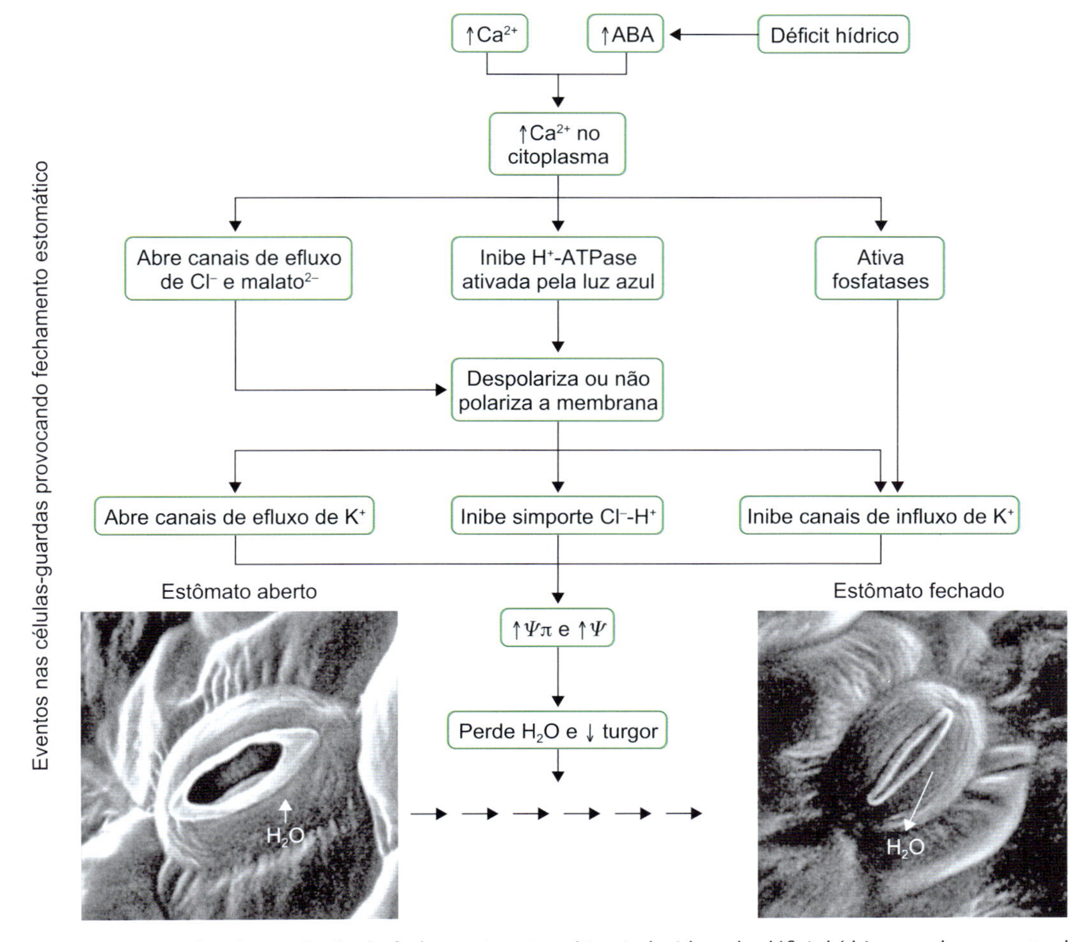

Figura 1.26 Esquema representativo da regulação do fechamento estomático induzido pelo déficit hídrico e pelo aumento do ABA e do CO_2. Imagens de C. M. Pisicchio.

indicam a necessidade de produção de ATP nessas células. Análises sobre a geração de energia pelas células-guardas evidenciam que estas são dotadas de total capacidade de produzir, principalmente pela respiração, mas também pela fotossíntese, toda energia necessária para a abertura estomática (Assmann e Zeiger, 1987).

Apesar de, nas últimas décadas, ter havido grande ênfase para o papel do K^+, Cl^- e malato^{2-} na osmorregulação das células-guardas, mais recentemente vêm sendo retomados os estudos sobre o papel da sacarose. Estudos de acompanhamento diário do movimento estomático em folhas intactas de *Vicia faba* têm mostrado que o conteúdo de K^+ nas células-guardas aumenta em paralelo com a abertura no amanhecer, mas decresce no início da tarde, quando a abertura continua a ocorrer. O conteúdo de sacarose das células-guardas aumenta lentamente durante a manhã, tornando-se, no início da tarde, um soluto osmoticamente ativo importante para a manutenção da abertura (ver Figura 1.24), bem como importante fonte de energia para a produção de ATP na respiração. Além disso, o fechamento estomático no fim do dia ocorre simultaneamente com um decréscimo no conteúdo de sacarose das células-guardas (Talbott e Zeiger, 1998). A sacarose pode vir também de fora das células-guardas e contribuir para a queda do potencial osmótico. A importância da existência de fases osmorregulatórias distintas, uma dominada pelo K^+ (abertura pela manhã) e outra pela sacarose (abertura à tarde), não é ainda bem compreendida.

Também existem evidências de que acúmulo de sacarose no espaço apoplástico, em torno das células-guardas, desempenha um papel importante durante o fechamento dos estômatos (Kang *et al.*, 2007). No entanto, de modo geral, o fechamento estomático não tem despertado a mesma atenção que o movimento de abertura, embora geralmente se considere que os estômatos são levados ao fechamento por um processo inverso ao da abertura. Ocorre perda de solutos pelas células-guardas, resultando em um aumento do ψ_π (menos negativo), fazendo com que saia água dessas células e diminua a pressão de turgor. Em razão de a velocidade do fechamento estomático ser alta, sugeriu-se que outras bombas metabólicas específicas seriam responsáveis pela extrusão ativa de íons durante o fechamento (MacRobbie, 1987), o que tem sido corroborado pelas observações do envolvimento de proteínas-cinase na regulação do trânsito de íons na membrana plasmática, assim como na abertura estomática.

Há cerca de 30 anos, tem-se reconhecido que íons de cálcio (Ca^{2+}) podem controlar a abertura do poro estomático. A adição de Ca^{2+} a soluções em que se encontram incubados fragmentos de epiderme isolados de folhas pode estimular o fechamento ou inibir sua abertura (Mansfield *et al.*, 1990). A presença do Ca^{2+} inibe a turgescência induzida pelo K^+, Cl^- e malato^{2-} em protoplastos de células-guardas (células cujas paredes foram removidas). Evidências experimentais têm indicado que certos sinais para o fechamento estomático, como o hormônio vegetal ácido abscísico (ABA) (ver Capítulo 12), estimulam a absorção de Ca^{2+} para dentro do citoplasma das células-guardas (ver Figura 1.26).

Postula-se que, estimulada pelo ABA, a entrada de Ca^{2+} nas células-guardas provocaria uma cadeia de eventos na qual se inclui a abertura de canais de ânions que permitiria a saída de Cl^- e malato^{2-}. Essa perda de ânions favoreceria a despolarização da membrana, abrindo canais de saída de K^+ das células-guardas. A perda desses solutos pelas células-guardas levaria ao aumento do ψ_π e, consequentemente, do ψ, fazendo com que ela perca água, diminuindo o turgor e fechando os estômatos (ver Figura 1.26).

A fosforilação de proteínas desempenha um importante papel na modulação da atividade dos canais de entrada de K^+ nas células-guardas. O Ca^{2+} pode interferir na atividade desses canais, indiretamente, como ativador de proteínas fosfatases que inibem a atividade dos canais. Tratamento com inibidores de uma proteína fosfatase dependente de Ca^{2+} manteve a atividade de canais de potássio, mesmo com elevado nível de Ca^{2+} no citoplasma de células-guardas de *Vicia faba* (Luan *et al.*, 1993). Assim, os íons Ca^{2+} podem provocar o fechamento estomático ou inibir a abertura, tanto pela inibição da abertura de canais de efluxo de Cl^- e malato^{2-} e inativação da bomba de prótons H^+-ATPase quanto pela inibição indireta dos canais de entrada de K^+, via ativação de fosfatases (ver Figura 1.26).

Controle do movimento estomático

Fatores ambientais, como nível de água, temperatura, qualidade e intensidade de luz e concentração intracelular de dióxido de carbono, controlam o movimento de abertura e fechamento dos estômatos. Esses fatores funcionam como sinais que são percebidos pelas células-guardas e integrados dentro de uma resposta estomática bem definida. Se folhas mantidas no escuro são iluminadas, a luz percebida pelas células-guardas desencadeia uma série de respostas, resultando na abertura do poro estomático tornando possível a entrada do CO_2 e a realização da fotossíntese. Quando o nível de dióxido de carbono no interior da folha for alto, os estômatos se fecham parcialmente, preservando assim o nível de água e permitindo a realização da fotossíntese. Um dos principais fatores limitantes para o emprego da chamada "adubação com CO_2" deve-se justamente ao fechamento estomático induzido pelo aumento da concentração desse gás imposto artificialmente ao ambiente.

Água e temperatura

Visto que a abertura estomática só acontece quando as células-guardas se encontram túrgidas, qualquer alteração na hidratação das plantas afetará o movimento dos estômatos. Quando acontece de as células-guardas perderem mais água para a atmosfera do que sua capacidade de absorver das células vizinhas, há um decréscimo na turgidez dessas células, provocando o fechamento estomático; é o chamado *fechamento hidropassivo*.

Além disso, as células-guardas podem perceber certa deficiência de água do mesofilo, antes mesmo de ocorrer alguma diminuição de sua turgidez, e fechar os estômatos, mecanismo esse mediado pelo ABA. Essa resposta ao estresse hídrico é chamada de *fechamento hidroativo*. O estresse moderado de água nas folhas leva à síntese de ABA, o qual, chegando às células-guardas, sinaliza a ocorrência de um estresse hídrico nas proximidades, induzindo o fechamento dos estômatos.

Alguns minutos após o início do fechamento, a síntese de ABA também aumenta nas células-guardas. Tal sinalização pelo ABA pode originar-se nas próprias raízes, "informando" sobre a existência de um estresse hídrico no solo.

O início da resposta do fechamento hidroativo, aparentemente, é mediado por ABA, oriundo do mesofilo ou de outras partes da planta, como as raízes, adiantando assim uma redução na perda de água. Entretanto, o fechamento prolongado poderá ser sustentado pela manutenção da síntese desse hormônio nas células-guardas em resposta ao estresse de água (ver Figura 1.26).

A temperatura influencia indiretamente o movimento estomático. Isso ocorre porque tal movimento se encontra acoplado ao metabolismo das células-guardas; qualquer fator que afete o metabolismo afetará também o movimento dos estômatos. Sabe-se que a elevação da temperatura aumenta a atividade de qualquer célula até um ponto ótimo, após o qual ocorre um declínio. O aumento da temperatura resulta em aumento da respiração em maior grau que a fotossíntese. Essa resposta pode levar a um aumento concomitante da concentração intracelular de CO_2, e este desencadear o fechamento estomático. O papel do CO_2 no movimento estomático será discutido a seguir.

Dióxido de carbono e luz

A luz é o sinal ambiental mais proeminente no controle dos movimentos estomáticos. Os efeitos da luz e do CO_2 estão intimamente ligados, porque a concentração de CO_2 se altera como uma função da taxa fotossintética. O real mecanismo pelo qual o CO_2 regula o movimento estomático não é totalmente entendido. Evidências experimentais têm indicado que os estímulos do fechamento estomático provocados pelo CO_2 resultam do aumento da sensibilidade dos mecanismos de fechamento estomático ao Ca^{2+} intracelular. O fechamento estomático induzido por CO_2 é fortemente inibido em condições que previnem elevações na concentração de Ca^{2+} nas células-guardas (Hubbard *et al.*, 2012) – comportamento semelhante ao papel do ABA nesse processo (ver Figura 1.26).

A importância de estudos envolvendo o CO_2 pode ser visualizada, por exemplo, na necessidade de uma avaliação do impacto do aumento global da concentração desse gás na atmosfera, sobre as plantas na Terra. Mansfield *et al.* (1990) propuseram que as células-guardas respondem ao CO_2 de duas maneiras diretamente opostas:

- As células-guardas podem ficar mais túrgidas com o aumento da concentração de CO_2, porque esse gás favorece a formação de malato
- As células-guardas podem diminuir o turgor com o aumento da concentração de CO_2. Isso pode envolver a modulação da fotofosforilação e/ou fosforilação oxidativa nas células-guardas pelo CO_2, conhecida como hipótese de Zeiger (Zeiger *et al.*, 1987).

O que se tem notado é que as respostas ao CO_2 são variáveis e parecem relacionar-se com a história da planta e, também, as condições do ambiente. No escuro, o fechamento das células-guardas pode ser atribuído ao acúmulo de CO_2 respiratório dentro da folha.

Estudos desenvolvidos com estômatos em epidermes destacadas, mantidas em ambientes com concentração de CO_2 constante, têm mostrado uma resposta específica dos estômatos à luz. Com base em análises fotobióticas e metabólicas, tem-se observado que a resposta à luz é a expressão integrada de dois sistemas de fotorreceptores distintos, um dependendo da fotossíntese nas células-guardas e o outro dirigido por uma resposta específica à luz azul (ver Figura 1.24).

A resposta da abertura estomática à luz branca é parcialmente inibida por DCMU (diclorofenildimetilureia), um inibidor do transporte de elétrons da fotossíntese. Esses resultados indicam que a fotossíntese nas células-guardas é um caminho osmorregulador importante por produzir sacarose (ver Figura 1.24). No entanto, a observação de que a inibição é parcial sugere um componente não fotossintético envolvido com a resposta estomática à luz.

Uma evidência suficientemente consistente de que a luz tem um efeito direto e independente da fotossíntese sobre o movimento estomático foi obtida com experimentos em que se utilizou luz vermelha até a saturação da resposta fotossintética. Após essa saturação, baixos fluxos de luz azul foram adicionados quando se observou substancial incremento na abertura dos estômatos. Além disso, estudos com protoplastos isolados de células-guardas têm mostrado que estes se tornam túrgidos em resposta à luz azul, indicando que esse tipo de luz é percebido dentro das próprias células-guardas. A importância da luz azul na estimulação da abertura estomática foi evidenciada em plantas de orquídea do gênero *Paphiopedilum*, cujas células-guardas são destituídas de cloroplastos, portanto não respondem à abertura dependente da fotossíntese.

A resposta dos estômatos à luz vermelha é provavelmente indireta, mediada pelos não muitos cloroplastos das células-guardas, onde ocorre a fotossíntese. A resposta ao espectro de ação da luz azul é direta. Em plantas, têm sido identificados três tipos de fotorreceptores de luz azul: as proteínas criptocromos e fototropinas e o pigmento carotenoide zeaxantina. Os criptocromos e as fototropinas estão envolvidos na inibição do alongamento caulinar e no fototropismo, respectivamente. Já a *zeaxantina* é que funciona como pigmento receptor da luz azul nas células-guardas, provocando abertura estomática. Evidências importantes sobre isso são: o espectro de ação da luz azul para abertura estomática é muito semelhante ao espectro de absorção de luz da zeaxantina; a inibição por ditiotreitol (DTT), bloqueador da síntese de zeaxantina, inibe a abertura estomática estimulada pela luz azul. Além da zeaxantina, tem sido observado que as *fototropinas* funcionam como receptor de luz azul nas células-guardas e estão envolvidas na abertura estomática (ver Figura 1.24; Stoelzle *et al.*, 2003; Marten *et al.*, 2007).

A luz azul controla a atividade da bomba de prótons H^+-ATPase, por um caminho envolvendo a zeaxantina ou as fototropinas. Essas moléculas absorvem luz azul, provocando, possivelmente, uma cadeia de eventos que leva à ligação de proteínas 14-3-3 (família de proteínas que se liga às proteínas sinalizadoras, p. ex., H^+-ATPase; o nome 14-3-3 diz respeito ao padrão de migração dessas proteínas em gel de eletroforese) diretamente à bomba de prótons H^+-ATPase, ativando-a, levando à abertura dos estômatos (ver Figura 1.24; Kinoshita e Shimazaki, 1999).

Diversos estudos têm registrado que a luz azul, além de ativar a bomba de prótons H^+-ATPase da membrana plasmática das células-guardas, estimula a biossíntese de malato. Quando irradiadas com luz vermelha, ocorre acúmulo de sacarose sintetizada na fotossíntese das células-guardas (Talbott e Zeiger, 1998), e, se baixos fluxos de luz azul são adicionados à luz vermelha, as células-guardas passam a acumular K^+, Cl^- e malato^{2-} (ver Figuras 1.23 e 1.24).

A resposta à luz azul em condições naturais é importante para a abertura dos estômatos antes do amanhecer. Frequentemente se observa abertura estomática antes do nascer do sol, quando a radiação é bem menor que a requerida pela fotossíntese. De um ponto de vista ecofisiológico, a resposta à luz azul anteciparia a necessidade de CO_2 atmosférico, favorecendo a abertura estomática, preparando-se para uma fotossíntese ativa.

Existem evidências de que a inibição da abertura estomática induzida pelo aumento de Ca^{2+} no citoplasma, provocado pelo ABA, é maior em estômatos irradiados com luz azul, não apresentando nenhum efeito sobre a abertura estimulada pela luz vermelha (Parvathi e Raghavendra, 1997). Tal constatação está de acordo com as observações de que, além das aberturas de canais de saída de Cl^-, malato^{2-} e K^+ das membranas das células-guardas, mencionadas anteriormente, o ABA, por meio do aumento nas concentrações de Ca^{2+} citosólico, interfere na atividade das bombas de prótons H^+-ATPase, que é uma resposta ligada ao papel da luz azul (ver Figura 1.26 e Capítulo 12).

Desse modo, o ABA pode tanto inibir a abertura quanto provocar o fechamento estomático. Quando, indiretamente, esse hormônio provoca a inibição da bomba de prótons H^+-ATPase e dificulta a hiperpolarização da membrana, isso faz com que não haja aberturas de canais de influxo de K^+ e inibe a abertura estomática. Quando, indiretamente, promove a ativação de canais de saída de Cl^- e malato^{2-}, que leva à despolarização da membrana e à ativação de canais de efluxo de K^+, provoca o fechamento estomático (ver Figura 1.26).

Em síntese, pautando-se nos resultados e sugestões mencionados pode-se inferir, com relativa segurança, que K^+, Cl^-, malato^{2-} e sacarose estão envolvidos na redução do ψ das células-guardas, favorecendo, por conseguinte, a turgescência destas. O K^+, o Cl^- e o malato^{2-} acumulam-se nas células-guardas estimulados pela luz azul. No entanto, o acúmulo dessas substâncias pode deixar de ocorrer se houver um aumento no nível de ABA, que se dá em situação de estresse de água. Contudo, a sacarose aumenta seus níveis nas células-guardas estimulada pela luz vermelha, a partir da fixação do CO_2 fotossintético e importada do apoplasto, não apresentando sensibilidade ao ABA. Mas caso ocorra um estresse hídrico, os estômatos deverão fechar-se parcialmente, dificultando a entrada de CO_2. O bloqueio à entrada de CO_2 limitará a taxa fotossintética, prejudicando o crescimento e o desenvolvimento vegetativo e reprodutivo das plantas e, consequentemente, a produção agrícola e a manutenção da qualidade de muitos ecossistemas naturais.

Referências bibliográficas

Assmann SM, Zeiger E. Guard cell bioenergetics. In: Zeiger E, Farquhar GD, Cowas IR, editors. Stomatal function. Stanford: Stanford University Press; 1987. p. 163-93.

Berry JA, Beerling DJ, Franks PJ. Stomata: key players in the earth system, past and present. Current Opinion in Plant Biology. 2010;13:232-9.

Burgess SSO, Dawson TE. The contribution of fog to the water relations of Sequoia sempervirens (D. Don): foliar uptake and prevention of dehydration. Plant, Cell & Environment. 2004;27:1023-34.

Eller CB, Lima AL, Oliveira RS. Cloud forest trees with higher foliar water uptake capacity and anisohydric behavior are more vulnerable to drought and climate change. New Phytologist. 2016;211:489-501.

Eller CB, Lima AL, Oliveira RS. Foliar uptake of fog wate rand transport below ground alleviates drought effects in the cloud forest tre especies, Drimys brasiliensis (Winteraceae). New Phytologist. 2013;199:151-62.

Gaspar M. Aquaporinas: de canais de água a transportadores multifuncionais em plantas. Revista Brasileira de Botânica. 2011;34:481-91.

Goldsmith GR, Matzke NJ, Dawson TE. The incidence and implications of clouds for cloud forest plant water relations. Ecology Letters. 2013;16:307-14.

Höfler K. Ein Schema für die osmotische Leistung der Pflanzenzelle. Ibid. 1920;38:288-98.

Hubbard KE, Siegel RS, Valério G, Brandt B, Schroeder JI. Abscisic acid and CO_2 signalling via calcium sensitivity priming in guard cells, new CDPK mutant phenotypes and a method for improved resolution of stomatal stimulus-response analyses. Annals of Botany. 2012;109:5-17.

Kang Y, Outlaw WH Jr, Andersen PC, Fiore GB. Guard-cell apoplastic sucrose concentration – a link between leaf photosynthesis and stomatal aperture size in the apoplastic phloem loader Vicia faba L. Plant, Cell & Environment. 2007;30:551-8.

Kinoshita T, Shimazaki K-I. Blue light activates the plasma membrane H^+-ATPase by phosphorylation of the C terminus in stomatal guard cells. EMBO Journal. 1999;18:5548-58.

Luan S, Li W, Rusnak F, Assmann SM, Schreiber SL. Immunosuppressants implicate protein phosphatase regulation of K^+ channels in guard cells. Proceedings of the National Academy of Sciences. 1993;90:2202-6.

MacRobbie EAC. Ionic relations of guard cells. In: Zeiger E, Farquhar GD, Cowas IR, editors. Stomatal function. Stanford: Stanford University Press; 1987. p. 125-62.

Mansfield TA, Hetherington AM, Atkinson CJ. Some current aspects of stomatal physiology. Annual Review of Plant Physiology and Plant Molecular Biology. 1990;41:55-75.

Marten H, Hedrich R, Roelfsema MRG. Blue light inhibits guard cell plasma membrane anion channels in a phototropin-dependent manner. The Plant Journal. 2007;50:29-39.

Maurel C, Reizer J, Schroeder JI, Chrispeels MJ. The vacuolar membrane protein γ-TIP creates water specifc channels in Xenopus oocytes. EMBO Journal. 1993;12:2241-7.

Nobel PS. Physicochemical and environmental plant physiology. 4. ed. New York: Academic Press; 2009.

Parvathi K, Raghavendra AS. Blue light-promoted stomatal pening in abaxial epidermis of Commelina benghalensis in maximal at low calcium. Physiologia Plantarum. 1997;101:861-4.

Perez SCJG, Moraes JAPV. Determinações de potencial hídrico, condutância estomática e potencial osmótico em espécies dos estratos arbóreo, arbustivo e herbáceo de um cerradão. Revista Brasileira de Fisiologia Vegetal. 1991;3:27-37.

Pimentel C, Hébert G. Potencial fotossintético e condutância estomática em espécies de feijão caupi sob deficiência hídrica. Revista Brasileira de Fisiologia Vegetal. 1999;11:7-11.
Sassaki RM, Machado EC, Lagôa AMMA, Felippe GM. Effect of water deficiency on photosynthesis of Dalbergia miscolobium Benth: a cerrado tree species. Revista Brasileira de Fisiologia Vegetal. 1997;9:83-7.
Scholander PF, Hammel HT, Bradstreet ED, Hemminsen EA. Sap pressure in vascular plants. Science. 1965;146:339-46.
Stoelzle S, Kagawa T, Wada M, Hendrich R, Dietrich P. Blue light activates calcium-permeable channels in Arabidopsis mesophyll cells via the phototropin signaling pathway. Plant Biology. 2003;3:1456-61.
Talbott LD, Zeiger E. The role of sucrose in guard cell osmoregulation. Journal Experimental of Botany. 1998;49:329-37.
Zeiger E, Farquhar GD, Cowan IR. Stomatal function. Stanford: Stanford University Press; 1987.

Bibliografia

Buchanan BB, Gruissen W, Jones RL. Biochemistry and molecular biology of plants. Maryland: American Society of Plant Physiologists; 2000.
Hopkins WG, Huner NPA. Introduction to plant physiology. 4. ed. New York: John Wiley & Sons; 2009.
Kramer PJ, Boyer JS. Water relations of plants and soils. San Diego: Academic Press; 1995.
Milburn JA. Water flow in plants. London: Longman; 1979.
Nobel PS. Physicochemical and environmental plant physiology. 4. ed. New York: Academic Press; 2009.
Salisbury FB, Ross CW. Fisiologia das plantas. 4. ed. São Paulo: Cengage Learning; 2013.
Taiz L, Zeiger E, Moller IM, Murphy A. Fisiologia e desenvolvimento vegetal. 6. ed. Porto Alegre: Artmed; 2017.

2 Nutrição Mineral

Arnoldo Rocha Façanha • Luciano Pasqualoto Canellas • Leonardo Barros Dobbss

Introdução

A nutrição de plantas ou, primariamente, questões sobre qual seria o alimento das plantas e como elas o adquirem têm permeado toda a história da humanidade, remontando ao abandono do nomadismo e ao estabelecimento das primeiras civilizações. Conhecimentos acumulados após milhares de anos de observação culminaram na seleção e no cultivo de certas espécies vegetais que passaram a prover um sistema estável e controlado para a subsistência humana, desencadeando a primeira revolução tecnológica da história. O desenvolvimento da agricultura permitiu o aparecimento de novas ordens socioculturais fundadas, em sua origem, na escolha de áreas mais férteis, levando, entre o 4º e o 3º milênio antes de Cristo, ao aparecimento quase simultâneo das primeiras civilizações às margens dos grandes rios: rio Amarelo na China, rio Indo na Índia, rio Nilo no Egito, rio Jordão na Palestina e rios Tigre e Eufrates na Mesopotâmia (atual Iraque). Esses povos logo aprenderam a associar a fertilidade dessas terras ao húmus, produto da matéria orgânica em decomposição depositada no solo, datando de 4000 a.C. os primeiros indícios da adubação com o uso de estercos e outros resíduos orgânicos.

Como as plantas constituíram a base da alimentação, dos remédios, do vestuário e da moradia, o entendimento de suas necessidades para uma crescente produtividade atraiu o interesse de eminentes pensadores da humanidade, desde os antigos filósofos chineses e gregos pré-socráticos do século 5 a.C. até laureados do Prêmio Nobel atualmente. Demócrito de Abdera (460 a 360 a.C.), filósofo grego que cunhou a palavra "átomo" para descrever a menor parte da matéria, enunciou: "A terra mãe quando fertilizada pela chuva dá vida às plantas que alimentam homens e bestas. Mas aquilo que veio da terra a ela deve retornar, assim como o que veio do ar ao ar voltará. Pois a morte não destrói a matéria, mas somente quebra a união de seus elementos, os quais voltam a se recombinar em outras formas". Esse conceito primordial de ciclagem da matéria orgânica foi consolidado somente 1.800 anos depois, por estudos empíricos de Bernard Palissy (1510-1589), o qual concluiu que a fertilidade de solos suplementados com cinzas de vegetais incinerados decorria da reposição da matéria que do solo havia sido removida pelas plantas (Browne, 1943). Mas a primeira teoria amplamente difundida sobre a nutrição de plantas não tratava da matéria, e sim da existência de uma força vital presente no húmus a qual seria transferida à planta. O Humismo, como ficou conhecida essa teoria vitalista, previa também uma conexão espiritual entre os benefícios do húmus ao solo, às plantas e ao próprio ser humano. Curiosamente, o termo "húmus" na antiga Grécia era usado para designar a terra fértil, mas também significava homem. Esse vínculo místico da antiguidade perdurou durante todo o período medieval, por ser filosoficamente alinhado à doutrina vitalista que fundamentava a estrutura hegemônica de poder do clero e da aristocracia feudal. De fato, até a época dos últimos defensores do princípio vital geral denominado "flogístico" (ver *phlogiston*; Georg Stahl, 1660-1734), imperou uma ideia bastante confusa e mística sobre a nutrição das plantas.

O experimento de Jan Baptist van Helmont (1580-1644), realizado na década de 1650, representou um marco de transição entre o mundo espiritual medieval e o mundo mecanicista da Renascença. Durante 5 anos, o estudioso acompanhou o crescimento de um salgueiro plantado em um grande vaso, e, havendo medido o peso do vaso, da terra e da muda, imputou o incremento de massa da planta à água da irrigação. No entanto, como seus contemporâneos, van Helmont também era defensor convicto do princípio vital, o que de certa forma explica os problemas de seu desenho experimental que não previa a necessidade de anotações ou mesmo estimativas do peso da água adicionada. Décadas depois, John Woodward (1665-1728) verificou que a água contendo partículas de solo ou detritos orgânicos era mais eficiente na promoção do crescimento vegetal que a água da chuva, concluindo que a água teria a função de carrear elementos do solo para a planta. Mas foi somente no século 18, após a institucionalização da Ciência e a ampla difusão do Método Científico Cartesiano, que os cientistas renascentistas passaram a desenvolver experimentos criteriosamente controlados e, mesmo contando somente com a precária base tecnológica da época, elucidaram o papel central dos minerais, da água, dos gases e da luz no crescimento vegetal.

O processo fotossintético começou a ser desvendado a partir dos trabalhos independentes de Joseph Priestly (1733-1804), Jan Ingen-Housz (1730-1799) e Jean Senebier (1742-1809), os quais em conjunto demonstraram que, na dependência de luz, os tecidos verdes das plantas incorporam o gás carbônico (CO_2) e produzem outro gás, o oxigênio (O_2). Nicolas-Theodore de Saussure (1767-1845) incluiu a água no processo fazendo uso brilhante da Lei de Conservação das Massas, que havia sido publicada pela primeira vez em 1760, em um ensaio de Mikhail Lomonosov (1711-1765), mas que somente 14 anos depois se tornou mundialmente reconhecida com os trabalhos de Antoine Lavoisier (1743-1794). Saussure calculou que a soma da massa de CO_2 incorporada só se correlacionava com o aumento da biomassa da planta, considerando o O_2 liberado, se a massa da água fosse incluída na equação da fotossíntese. Mais tarde, Julius Mayer (1814-1878) aplicou princípios termodinâmicos ao processo, prevendo que não somente a massa era conservada, mas a energia também, postulando que a energia da luz seria convertida em energia química contida na biomassa vegetal. O tratado de Saussure sobre a química do desenvolvimento das plantas (de Saussure, 1804), além de aspectos relacionados com a fixação de carbono, preconizava que determinados minerais encontrados nas cinzas das plantas seriam elementos essenciais, e não ingredientes acidentais absorvidos da solução do solo, ainda que detectados em quantidades diminutas.

Evidências experimentais que permitiram a comprovação e a ampliação das descobertas de Saussure foram obtidas posteriormente por uma série de pesquisadores, com destaque para as obras de Jean-Baptiste Boussingault (1802-1887), sobre as bases da fertilização orgânica, Carl Sprengel (1787-1859), idealizador da teoria que gerou a famosa Lei do Mínimo, e Justus von Liebig (1840-1855), o eminente químico alemão que compilou os principais dados existentes até então para forjar as bases da teoria moderna da Nutrição Mineral de Plantas, teoria esta que obtivera grande parte de seu suporte experimental pelas mãos de outro eminente pesquisador alemão, Julius von Sachs (1832-1897), o qual aprimorou o método de cultura de plantas proposto inicialmente por Woodward, desenvolvendo a primeira solução nutricional composta que permitiu as primeiras comprovações de essencialidade de certos nutrientes (Sachs e Knop, 1860; 1865). Sobre essas fundações, ergueu-se a nova Ciência do Solo que se concretiza com Vassili Dokutchaev (1843-1903), mentor da filosofia que finalmente conectou cientificamente o solo às inúmeras e dinâmicas relações existentes entre rochas, águas, clima, flora e fauna, e especialmente ao homem.

Discípulos desses eminentes pesquisadores desenvolveram a tecnologia dos fertilizantes, e a geração seguinte aprimorou a técnica de hibridização produzindo variedades aptas a produzir mais e em regiões antes inexploradas pela agricultura, sustentando a explosão demográfica e demolindo os limites previstos por Thomas Malthus (1766-1834). Em 1970, o Prêmio Nobel da Paz fora concedido a Norman Borlaug (nascido em 1914; em 2007, aos 93, permanece um ativo e requisitado conferencista) por sua contribuição no combate à fome, ao fornecer as bases científicas do desenvolvimento de novos cultivares com alta resistência e produtividade, fundando a chamada "Revolução Verde". A partir dessa época, surgiu um novo paradigma na nutrição de plantas, segundo o qual, para além das suplementações do solo, passou-se a perseguir a transformação da própria planta em um organismo mais apto a explorar os recursos disponíveis sob as diferentes condições ambientais. Tal revolução, apoiada nos conhecimentos acumulados sobre as bases químicas e biológicas dos componentes relacionados com a nutrição vegetal, possibilitou uma descomunal expansão das áreas cultivadas e do potencial produtivo das culturas, por meio de técnicas de hibridização, intensa mecanização e aplicação de pesticidas e fertilizantes químicos.

Porém, os efeitos deletérios dessa agricultura industrial sobre o ambiente e a saúde humana têm levado ao resgate de práticas ancestrais, como a fertilização orgânica, que em pleno século 21 renasce como uma prática mais adequada aos princípios emergentes de produção sustentável e conservação ambiental. A atual pesquisa científica nessa linha tem revelado as bases estruturais e funcionais da ação das substâncias húmicas sobre as plantas, que parece mais relacionada com reguladores de crescimento presentes em sua macroestrutura que com o seu conteúdo nutricional (Canellas *et al.*, 2006). Em outra corrente, seguem os arautos da nova era da biotecnologia que, paradoxalmente, também buscam a libertação dos insumos químicos, mas por outros meios, pela transformação genética das espécies, visando adequá-las especificamente a cada desafio imposto pelo ambiente e às exigências de produtividade e qualidade crescentes.

Atualmente, a pesquisa e o desenvolvimento no campo da Nutrição Mineral de Plantas constituem uma área de domínio essencialmente interdisciplinar em contínua expansão, transcendendo os limites da fisiologia vegetal e da química do solo, tornando-se atualmente um ponto de convergência para estudos científicos e biotecnológicos que têm suscitado importantes discussões sobre bioética, segurança alimentar e equilíbrio ecológico que fogem ao escopo deste capítulo.

Critérios de essencialidade

A poderosa teoria da força vital do húmus perdurou ainda por três décadas após a publicação do tratado de Saussure, sendo abandonada somente após a compilação científica feita por von Liebig. A partir de então, o processo de transformação dos elementos presentes nos minerais e na matéria orgânica do solo para a forma de íons inorgânicos passou a ser amplamente reconhecido como a principal fonte dos nutrientes essenciais às plantas. Essa noção também ajudou a pôr fim à acirrada discussão vigente na época sobre a natureza dos elementos essenciais, se orgânica (como teorizado por Boussingault) ou inorgânica (como defendido por von Liebig). O estabelecimento dos procedimentos básicos da experimentação em nutrição mineral proveu evidências contundentes sobre a natureza inorgânica dos elementos essenciais e possibilitou a identificação da composição básica dos fertilizantes "NPK". Esses primeiros elementos foram identificados como nutrientes essenciais em ensaios em que sais solúveis de cada elemento eram fornecidos às plantas em concentrações crescentes, seguindo-se medidas de crescimento e produtividade; ou, ainda, quando se excluía um desses sais de um meio de cultivo composto e observavam-se os sintomas dessa carência. Tais experimentos seminais fundamentaram a Lei do Mínimo, a qual, na sua versão original enunciada por Sprengel, prevê que o crescimento de uma planta cessa se um dos elementos essenciais estiver abaixo da quantidade exigida pela natureza da espécie; ou na versão mais agronômica desenvolvida por Liebig: "O limite de produtividade é estabelecido pelo nível do elemento cuja carência é manifestada primeiro". Atualmente, a Lei do Mínimo é, por mérito, creditada a ambos, Sprengel e Liebig.

Tal princípio impulsionou o desenvolvimento das primeiras soluções nutritivas consideradas completas, dada sua efetividade no cultivo controlado de plantas (Arnon e Stout, 1939; Hoagland e Arnon, 1950). A formulação cada vez mais precisa dessas soluções decorreu do aperfeiçoamento das técnicas de remoção de contaminantes das soluções nutritivas e tornou possível a classificação de cada nutriente de acordo com os critérios de essencialidade estabelecidos. Desde então, são considerados elementos essenciais aqueles:

- Cuja deficiência impede que a planta complete o seu ciclo de vida
- Que não podem ser substituídos por outro com características químicas similares
- Que participam diretamente do metabolismo da planta.

Hoje, existe uma ampla concordância sobre quais são os nutrientes essenciais (Tabela 2.1), mas ainda perdura a controvérsia sobre a inclusão ou não de elementos adicionais nesse seleto rol.

Tal controvérsia levou a uma nova classificação para abrigar elementos que parecem ser essenciais apenas para um número limitado de espécies, como o sódio (Na) para plantas halófitas (espécies com adaptação evolutiva a ambientes salinos) e o silício (Si) para gramíneas (p. ex., arroz e cana-de-açúcar). Para diferenciá-los dos nutrientes considerados essenciais a todas as espécies, foram classificados como benéficos. Dada a similaridade de raio atômico e/ou carga iônica, alguns elementos benéficos podem substituir um elemento essencial em situações específicas. Isso ocorre, por exemplo, com os íons Na^+, que podem ser transportados por alguns canais e transportadores de K^+ e se ligar em enzimas com sítios ligantes desse cátion monovalente. Todavia, a substituição de um elemento essencial por outro similar sempre leva a danos metabólicos, os quais, no caso da substituição do K^+ pelo Na^+, constituem a base do estresse salino. Existe ainda o caso de alguns metais tradicionalmente considerados tóxicos, mas para os quais também se têm acumulado evidências de essencialidade ou benefício às plantas. O Ni, por exemplo, foi o elemento mais recentemente incorporado ao rol dos nutrientes essenciais (Brown *et al.*, 1987), com a elucidação, na década de 1970, da participação desse elemento na enzima urease, responsável pela hidrólise da ureia, gerando NH_4^+ e CO_2. Essa metaloenzima dependente de Ni é fundamental para a planta poder usar a ureia (endógena ou exógena) como fonte de nitrogênio. E como desprezar a importância do Al para as plantas evolutivamente adaptadas aos solos ácidos, como algumas espécies nativas do cerrado brasileiro que acumulam concentrações extremamente elevadas desse metal em seus tecidos? Dados demonstram que mesmo para plantas cultivadas, em geral consideradas suscetíveis ao estresse por Al, verifica-se estímulo do crescimento vegetal em concentrações subtóxicas desse metal, o terceiro elemento mais abundante da crosta terrestre (Malkanthi *et al.*, 1995). Assim, é possível que as bases do benefício ou essencialidade de outros elementos surjam com as novas tecnologias cada vez mais sensíveis no estudo do desenvolvimento vegetal e com a descrição de novas enzimas e rotas metabólicas que se escondem no conjunto de genes ainda de função desconhecida, recém-descobertos nos genomas de plantas já sequenciados.

Classicamente, os nutrientes têm sido classificados de acordo com a quantidade exigida pelas plantas. Os macronutrientes são aqueles exigidos em grandes quantidades (N, P, K, Ca, Mg e S), e os micronutrientes (B, Cl, Cu, Fe, Mn, Zn,

Tabela 2.1 Elementos essenciais às plantas.

Elemento	Classificação	Demonstração da essencialidade	Concentração média ($g\ kg^{-1}$)	Absorção
Carbono (C)	Macronutrientes	de Saussure (1804)	450	CO_2
Oxigênio (O)		de Saussure (1804)	450	O_2
Hidrogênio (H)		de Saussure (1804)	60	HCO_3^-, H_2O
Nitrogênio (N)		de Saussure (1804)	15	NO_3^-, NH_4^+, N_2
Potássio (K)		Sachs e Knop (1860; 1865)	10	K^+
Cálcio (Ca)		Sachs e Knop (1860; 1865)	5	Ca^{+2}
Fósforo (P)		Ville (1860)	2	Fosfatos (H_3PO_4, $H_2PO_4^-$, HPO_4^{2-}, PO_4^{3-})
Magnésio (Mg)		Sachs e Knop (1860; 1865)	2	Mg^{+2}
Enxofre (S)		Sachs e Knop (1860; 1865)	1	SO_4^{2-}, SO_2
Cloro (Cl)	Micronutrientes	Broyer *et al.* (1954)	100	Cl^-
Manganês (Mn)		Mazé (1915)	50	Íons ou quelatos
Boro (B)		Warington (1923)	20	Ácido bórico ou boratos
Zinco (Zn)		Sommer e Lipman (1926)	20	Íons ou quelatos
Ferro (Fe)		Sachs e Knop (1860; 1865)	10	Íons ou quelatos
Níquel (Ni)		Brown *et al.* (1987)	3	Íons ou quelatos
Cobre (Cu)		Lipman e McKinney (1931)	6	Íons ou quelatos
Molibdênio (Mo)		Arnon e Stout (1939b)	0,1	Íons ou quelatos

Adaptada de Dechem e Nachtigall (2006).

Mo e Ni) em quantidades diminutas. Por sua concentração no solo, os nutrientes podem ainda ser classificados como macroelementos, cuja concentração é maior que 10^{-6} mol L^{-1}, e microelementos, menor que 10^{-6} mol L^{-1}. Dessa forma, o P é considerado um macronutriente por ser requerido em grande quantidade pela planta e um microelemento por sua baixa concentração na solução do solo, enquanto o Fe é um micronutriente e um microelemento.

Do ponto de vista fisiológico, outra classificação tem sido proposta por Mengel e Kirkby (2001), os quais agruparam os nutrientes em quatro grupos. O primeiro grupo seria formado por C, O, H, N e S, os maiores constituintes dos compostos orgânicos. O segundo, formado por P e B, que podem esterificar grupamentos OH e participar do metabolismo energético da planta. O terceiro grupo seria formado pelos cátions K^+, Mg^{2+}, Ca^{2+} e Mn^{2+} e pelo ânion Cl^-, os quais exercem papel importante na regulação osmótica, na sinalização celular, no balanceamento de cargas e na manutenção do potencial elétrico das membranas. Já o quarto grupo seria constituído pelos metais Fe, Cu, Zn, Mo e Ni, absorvidos, principalmente, na forma de quelatos e incorporados em grupos prostéticos de enzimas e/ou em núcleos tetrapirrólicos de citocromos, onde participam do transporte de elétrons pela troca de valência. Uma discussão mais específica sobre o papel dos nutrientes na planta é retomada mais adiante. Segue-se a apresentação de alguns elementos da relação solo–planta, necessária para a compreensão do comportamento dos íons em solução, seu equilíbrio dinâmico com as partículas do solo e sua eventual absorção pelas plantas.

Elementos da relação solo–planta

Em ambientes naturais, as plantas retiram a maior parte dos íons necessários para o seu crescimento da solução do solo. As reações geológicas de decomposição das rochas, chamadas genericamente de intemperismo, têm como produto o próprio solo e a liberação de íons que se difundem na água intersticial. Os minerais primários, os que resultam diretamente do material originário da ação do intemperismo, continuam a se decompor quimicamente e dão origem aos minerais secundários e às formas iônicas, que podem ser absorvidas e utilizadas pelas plantas e por outros organismos. Os minerais mais comuns nos solos e o resumo das principais transformações na mineralogia da fração argila do solo são apresentados na Tabela 2.2.

Tais transformações são conhecidas como estágios de intemperismo de Jackson e Sherman (1953), classificados em três níveis: inicial, intermediário e avançado. O estágio inicial é reconhecido pela importância de sulfatos, carbonatos e silicatos primários (exceto quartzo e muscovita) na fração argila do solo. Esses minerais persistem no solo somente em condições extremas de secura, umidade ou de baixas temperaturas, isto é, quando são bloqueados os intercâmbios de água, energia térmica e ar, que caracterizam os sistemas abertos na

Tabela 2.2 Minerais mais comuns no solo.

Nome	Classificação	Fórmula química	Importância
Calcita	Minerais primários	$CaCO_3$	Carbonato mais abundante
Gesso		$CaSO_4 \cdot 2\ H_2O$	Abundante em regiões áridas
Olivina		$(Mg,Fe)_2SiO_4$	Facilmente intemperizável
Mica		$K_2Al_2O_5[Si_2O_5]_3Al_4(OH)_4$	Fonte de K na maioria dos solos temperados
		$K_2Al_2O_5[Si_2O_5]_3(Mg,Fe)_6(OH)_4$	
Feldspato		$(Na,K)AlO_2[SiO_2]_3$	Abundante em solos, se não lixiviado
		$CaAl_2O_4[SiO_2]_2$	
Zircão		$ZrSiO_4$	Altamente resistentes ao intemperismo; usados como "minerais índice" em estudos pedológicos
Rutilo		TiO_2	
Epidoto		$Ca_2(Al,Fe)_3(OH)Si_3O_{12}$	
Turmalina		$NaMg_3Al_6B_3Si_6O_{27}(OH,F)_4$	
Birnessita		$(Na,Ca)Mn_7O_{14} \cdot 2{,}8H_2O$	Óxido de Mn mais abundante
Esmectita	Minerais secundários (argilas silicatadas)	$M_x(Si,Al)_8(Al,Fe,Mg)_4O_{20}(OH)_4$, em que M = cátion na intercamada	Fontes de cátions trocáveis no solo
Vermiculita			
Clorita			
Caolinita		$Si_4Al_4O_{10}(OH)_8$	Abundante em argilas como produtos do intemperismo
Alofana	Minerais secundários ("óxidos")	$Si_3Al_4O_{12} \cdot nH_2O$	Abundantes em solos derivados de cinzas vulcânicas
Imogolita		$Si_2Al_4O_{10} \cdot 5H_2O$	
Gibbsita		$Al(OH)_3$	Abundante em solos lixiviados
Goethita		$FeO(OH)$	Óxido de Fe mais abundante
Hematita		Fe_2O_3	Abundante em regiões quentes
Ferridrita		$Fe_{10}O_{15} \cdot 9H_2O$	Abundante em horizontes orgânicos

natureza. O estágio intermediário de intemperismo apresenta o quartzo, a muscovita e aluminossilicatos secundários como minerais proeminentes na fração argila. Tais minerais persistem em condições amoderadas de lixiviação (fluxo hídrico de arrasto da solução do solo), que não exaurem a sílica e os macroelementos e que não resultam na oxidação completa do ferro ferroso [Fe^{2+}], incorporado nas ilitas e esmectitas. O estágio avançado de intemperismo, por sua vez, encontra-se associado a lixiviação intensa e fortes condições de oxidação, de modo que somente oxi-hidróxidos de alumínio, de ferro-férrico [Fe(III)] e titânio persistem.

Os nutrientes minerais são íons resultantes da progressiva hidrólise desses minerais compostos, que, se não são rapidamente absorvidos pelas plantas e microrganismos do solo, podem sofrer lixiviação, sendo removidos do solo pela percolação da água da chuva. Entretanto, porções significativas desses íons ficam retidas na superfície das partículas das argilas, um processo amplamente reconhecido como de importância fundamental para sustentação da vida no planeta. Solos em estágio inicial de intemperismo apresentam uma grande quantidade de nutrientes ainda retidos nos minerais primários e na solução do solo, enquanto no estágio avançado a concentração de nutrientes é pequena em solução, estando estes mais associados às cargas das superfícies dos minerais da fração argila.

As argilas do tipo 2:1 apresentam dois planos de tetraedros de silício e um plano de octaedros de alumínio entre as camadas tetraédricas. Na formação das argilas tipo 2:1, é comum a substituição de um íon de raio semelhante por outro de menor valência (Figura 2.1). Esse fenômeno gera uma carga estrutural negativa no mineral e é conhecido como substituição isomórfica. Essa carga líquida negativa é responsável pela retenção dos íons positivos (cátions) na superfície do mineral e, portanto, previne as perdas de íons por lixiviação. Nos minerais de argila do tipo 1:1, ocorre desgaste, pelo intemperismo, de uma lâmina de tetraedros, ficando o mineral formado por uma lâmina de tetraedros de silício e uma lâmina de octaedros de alumínio (Figura 2.1). Nesses minerais e nos óxidos, hidróxidos e oxi-hidróxidos (reunidos com a denominação genérica de "óxidos") de ferro e alumínio, o fenômeno da substituição isomórfica é desprezível e a carga desses minerais deriva da presença de grupos oxidrilas nos bordos dos minerais expostos à solução do solo. De acordo com a reação do solo, esses grupamentos funcionais de superfície projetados à solução do solo podem ser protonados ou desprotonados, assumindo carga positiva ou negativa, respectivamente, em função do pH da solução. Essas cargas são, portanto, dependentes do pH da solução do solo, o qual varia drasticamente na rizosfera, a área de solo mais adjacente à raiz e que está sob forte influência da planta, como detalhado posteriormente. Os nutrientes catiônicos retidos nos coloides do solo podem ser substituídos por outros cátions em solução. As partículas do solo, em geral, têm carga líquida negativa, sendo capazes de reter íons positivos e permutá-los por quantidades estequiométricas equivalentes de outros cátions (Figura 2.2).

Em meio fortemente ácido, os grupamentos funcionais inorgânicos assumem carga positiva, ficando a superfície com capacidade de reter ânions; e, em meio moderadamente ácido ou alcalino, a superfície adquire carga líquida negativa, dotando-a de capacidade de retenção de cátions. A capacidade de troca catiônica (CTC) pode ser definida então como a quantidade de mols de carga positiva capaz de ser retida por unidade de massa das argilas. As argilas do tipo 2:1, por apresentarem carga estrutural permanente mais as cargas de superfície dependentes de pH, apresentam CTC maior que as argilas do tipo 1:1 e óxidos, que, ao se encontrarem no final da série de intemperismo, têm CTC muito baixa. Nesses solos, a maior parte das cargas em suas partículas é gerada pela dissociação dos grupamentos funcionais presentes na matéria orgânica.

A matéria orgânica do solo é o produto do conjunto dos resíduos de plantas, animais e microrganismos que se acumulam na camada superficial do solo, passando por vários estágios de decomposição. Nos solos bem intemperizados e sem

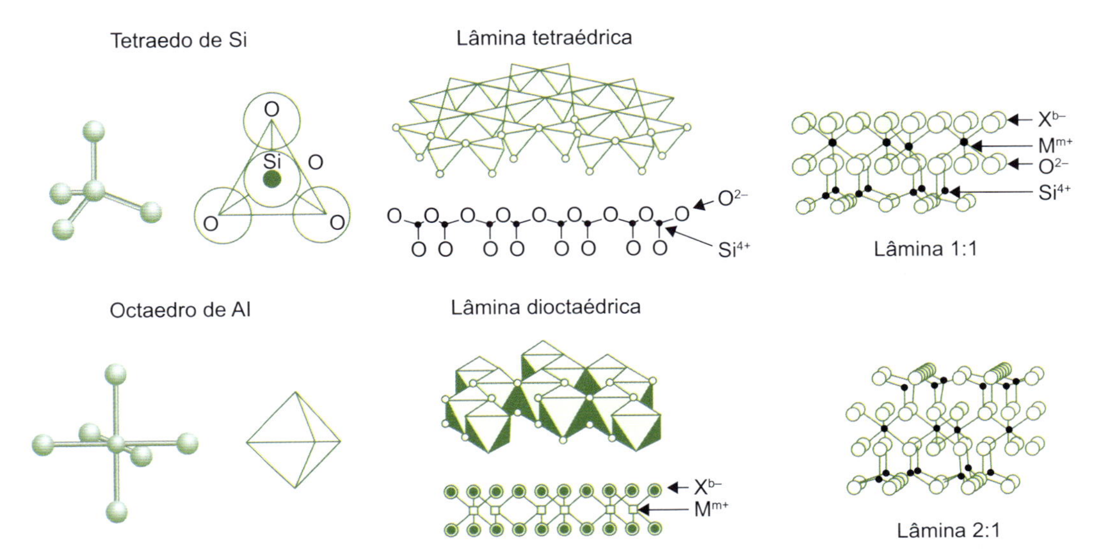

Figura 2.1 Representação esquemática dos tetraedros de silício e octaedros de alumínio e as respectivas organizações em lâminas tetraédricas e octaédricas. Os minerais de argila do tipo 1:1 são constituídos de uma lâmina de tetraedros de Si e uma lâmina de octaedros de Al. Os minerais do tipo 2:1 compõem-se por duas lâminas tetraédricas de Si intercaladas por uma lâmina de octaedros de Al.

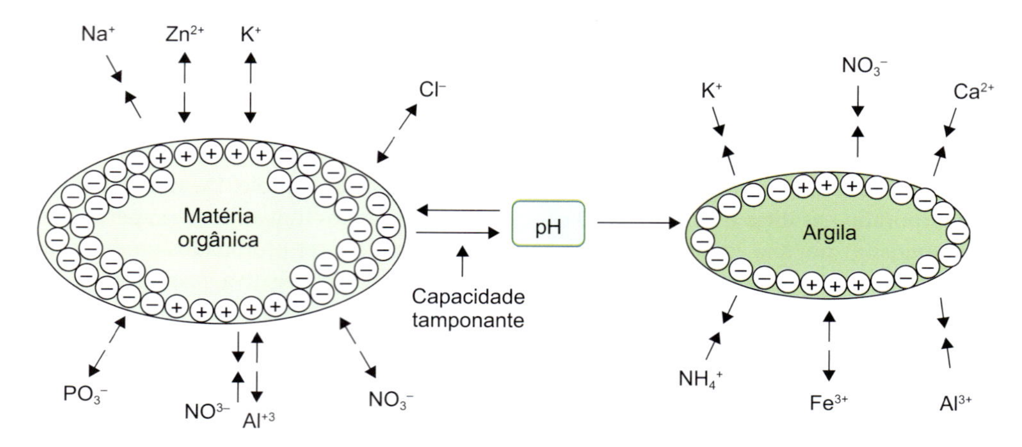

Figura 2.2 Distribuição esquemática de cargas nas partículas do solo. Tanto a fração orgânica quanto a fração mineral apresentam mais cargas negativas que positivas. Entretanto, a fração orgânica tem carga líquida mais negativa que a fração mineral, e a primeira também apresenta capacidade tamponante, importante para o controle do pH da solução do solo. Íons com carga semelhante à carga presente em uma dada região da partícula são repelidos, enquanto íons com cargas opostas são atraídos, ficando adsorvidos na partícula. Esse balanço de cargas, assim como a associação e dissociação dos íons, depende do pH do solo.

problemas de drenagem, os resíduos orgânicos são transformados pela ação da microbiota até a matéria orgânica coloidal e amorfa que compreende as substâncias húmicas, nome que define genericamente os produtos da transformação do material orgânico no solo. A matéria orgânica apresenta de 100 a 1.000 vezes mais carga negativa que a parte mineral, mas sua carga líquida é influenciada pelo pH do solo, o qual, por sua vez, é influenciado pela força tamponante exercida pela matéria orgânica (ver Figura 2.2). Para os solos mais intemperizados, as substâncias húmicas representam a maior fonte de cargas negativas, pois, em razão do grau elevado de decomposição dos minerais, os metais alcalinos terrosos são lixiviados, ficando como remanescentes óxidos de ferro e de alumínio quase sem cargas. Nessa condição, a matéria orgânica é que condiciona a CTC pela dissociação dos grupos COOH e OH, determinando a carga líquida da interface entre os meios sólido e aquoso do solo. Se a fase aquosa se tornar muito ácida, a carga líquida da interface se tornará positiva. Porém, na matéria orgânica existem grupos ácidos suficientes para garantir a CTC, mesmo em pH entre 4 e 5, comuns aos solos ácidos.

Substâncias húmicas constituem ainda a principal fonte de íons oriunda da oxidação enzimática de compostos orgânicos que gera produtos, como os íons NO_3^-, SO_4^{2-}, $H_2PO_4^-$. A biodiversidade e a exuberância da vegetação da Mata Atlântica e da floresta amazônica são sustentadas pela eficiência no processo de decomposição dos resíduos orgânicos e assimilação desses produtos, uma vez que essas formações, em sua maior parte, encontram-se sob solos altamente intemperizados com predominância de argilas do tipo 1:1 e óxidos na sua composição mineralógica e, portanto, apresentam baixa CTC. A simplificação dos sistemas naturais para adoção de monoculturas quebra o equilíbrio dos processos de transformação da matéria orgânica, resultando, em geral, na queda de conteúdo e qualidade da matéria orgânica e necessidade de intervenção constante e crescente para manutenção dos níveis de produtividade.

O crescimento das plantas em função da quantidade de nutrientes aplicados ao solo apresenta geralmente um padrão bastante comum. A curva preta da Figura 2.3 mostra um comportamento típico de quantidade de adubo inorgânico aplicado *versus* sua resposta em termos de crescimento. Nota-se um aumento crescente na produção com o incremento da dose aplicada até determinado ponto, a partir do qual é observado declínio da produção. Com a aplicação de matéria orgânica (curva vermelha, Figura 2.3), o crescimento é estimulado e geralmente não se observa declínio da produção, mesmo em quantidades elevadas. Um comportamento intermediário se verifica com a aplicação de fertilizantes orgânicos solúveis (curva verde, Figura 2.3). Os efeitos adicionais observados pela matéria orgânica são geralmente descritos como decorrentes do aumento da solubilidade de complexos orgânicos formados principalmente com micronutrientes. Porém, tal desempenho também deve resultar da capacidade de as substâncias húmicas exercerem atividades semelhantes às de alguns fitormônios, estimulando processos bioquímicos e

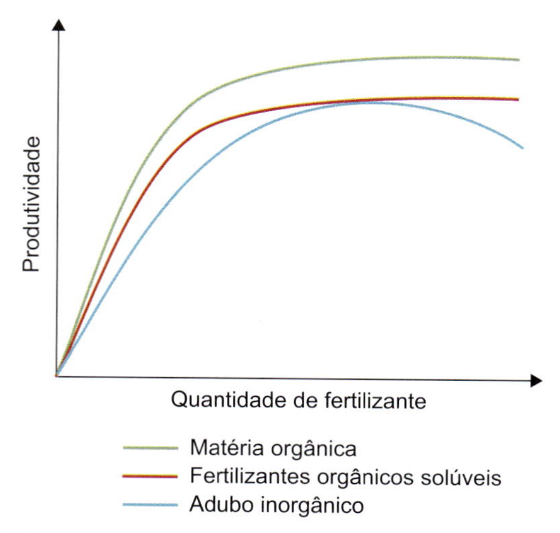

Figura 2.3 Curva genérica de eficiência da utilização de nutrientes durante a fertilização orgânica ou inorgânica.

metabólicos essenciais à absorção de nutrientes e ao controle do crescimento da planta (Canellas *et al.*, 2006). O efeito de estabilização da curva dose–resposta é geralmente atribuído à elevada capacidade-tampão da matéria orgânica, uma de suas principais características, a qual define a resistência que o sistema apresenta à variação do pH.

Nos solos das regiões áridas, com precipitações pluviométricas anuais inferiores a 350 mm, a quantidade de bases trocáveis é geralmente alta em virtude da pouca lixiviação do solo. Nessas circunstâncias, gesso, carbonatos e sulfatos se formam. Todavia, com o aumento da precipitação, atinge-se um ponto no qual a velocidade de remoção das bases excede a velocidade de liberação de formas não trocáveis. Assim, os solos das regiões úmidas dos trópicos apresentam-se, em geral, bastante ácidos em toda a extensão do perfil e com baixos teores de Ca^{2+}, Mg^{2+}, K^+ e Na^+ trocáveis. Essa acidez está associada à presença de alumínio e hidrogênio trocáveis. Portanto, a distribuição de solos ácidos, salinos e alcalinos está intimamente relacionada com o clima, mas também depende dos tipos de rochas originais e dos demais elementos de formação dos solos. A concentração de prótons em um sistema (acidez) aumenta quando determinado processo libera ânions sem uma compensação equivalente de cátions ou, então, remove mais cátions que ânions. O balanço de carga deverá ser mantido e, no caso do déficit de carga positiva, compensado por prótons. O desenvolvimento da acidez é, portanto, um processo natural e está intimamente associado à solubilidade e à concentração dos elementos nutritivos na solução do solo. Nos solos nos quais existe uma ciclagem elevada de matéria orgânica, como aqueles sob florestas, as reações ácido–base da fração húmica apresentam importância capital na dinâmica do pH da solução do solo. O processo pode ser traduzido pela equação:

$$2SH_{(s)} + Cat_{(aq)} = S_2Cat_{(s)} + 2H^+_{(aq)}$$

Em que SH designa a concentração de substâncias húmicas; Cat, o cátion proveniente da dissolução de minerais; H^+, o próton resultante da dissociação de grupamentos funcionais acídicos das substâncias húmicas.

Essa inter-relação que envolve um efeito-tampão de associação e dissociação de H^+ representa um equilíbrio dinâmico que pode ser interrompido com a oxidação da matéria orgânica pelo cultivo intensivo, alterando a capacidade de tamponamento do sistema. Por exemplo, a aplicação de fosfatos solúveis produz soluções altamente concentradas de P em torno do grânulo de fertilizante. Dependendo da natureza do fertilizante, essa concentração de P pode variar desde 1,5 mol L^{-1} (KH_2PO_4) até 6 mol L^{-1} (K_2HPO_4), ao passo que a concentração do cátion acompanhante pode chegar a valores de 10 a 12 mol L^{-1}. Os valores de pH dessas soluções podem variar de 1 a 10. No caso de superfosfatos, os seguintes eventos acontecem:

$$Ca(H_2PO_4)_2\ H_2O_{(s)} + H_2O = CaHPO_4\ 2\ H_2O_{(s)} + H_3PO_{4(l)}$$

A reação de protólise é bastante complexa e pode continuar até a formação de fosfato dicálcico anidro ($CaHPO_4$). A solução emergindo do grânulo apresenta pH entre 1 e 1,5 e concentração de cálcio em torno de 1,5 mol L^{-1}. Esse novo ambiente químico provoca, consequentemente, a dissolução de constituintes do solo, colocando em solução quantidades apreciáveis de cátions, principalmente ferro e alumínio (em solos ácidos), resultantes de troca iônica, de dissolução de oxi-hidróxidos e/ou argilas silicatadas. A concentração iônica dessa solução vai aumentando com o movimento desta, pelo solo, até um ponto no qual os limites do produto de solubilidade de uma variedade de compostos de P são ultrapassados, causando sua consequente precipitação. Essas reações acontecem em uma faixa de poucos milímetros do lugar de aplicação do grânulo, decrescendo de intensidade com o aumento da distância deste. Em algum ponto desse sistema, as reações de dissolução e de precipitação decrescem de intensidade e a adsorção passa a assumir maior importância. As reações de adsorção envolvem ligações químicas (troca de ligantes) de P com a superfície dos minerais do solo, principalmente os oxi-hidróxidos de ferro e alumínio. Tais reações de adsorção desempenham papel importante na retenção de P, mesmo naquelas regiões concentradas, onde ocorrem precipitação/dissolução. A fixação ou retenção de P é, geralmente, entendida como a transformação de formas solúveis de P para formas de solubilidade reduzida e, portanto, de menor disponibilidade para as plantas. Os solos ácidos, particularmente os situados nas regiões de clima tropical e subtropical, onde predominam Latossolos e Argissolos, ambos com teores elevados de oxi-hidróxidos de ferro e alumínio e, também, de caulinita, fixam elevadas quantidades de P (300 a 700 mg P kg^{-1}). A matéria orgânica exerce poder atenuante nas flutuações de pH e na diminuição da energia de ligação do P nas superfícies minerais.

A maior parte do nitrogênio (N) encontrado no solo está em moléculas orgânicas, uma vez que há poucos minerais contendo N. As formas orgânicas de N constituem um grupo complexo de compostos que precisam ser mineralizados até NO_3^- ou NH_4^- por microrganismos para que sejam assimilados pelas plantas. A principal entrada de N no sistema-solo é pela decomposição dos resíduos orgânicos, por isso sua dinâmica acompanha a dinâmica da matéria orgânica no solo. Outro importante processo consiste na fixação do N_2 atmosférico por bactérias diazotróficas. Por fim, o potássio (K) é o elemento de ciclo mais simples nos sistemas naturais, que resumidamente compreende sua liberação dos minerais primários e secundários sobretudo pelas reações de hidrólise. Em solução, o íon K^+ pode ser absorvido, retido pelas cargas negativas das argilas ou, ainda, ser lixiviado com a água de percolação.

As plantas desenvolveram um intrincado mecanismo para se adaptar às dramáticas flutuações de composição da solução do solo que ocorrem naturalmente pelo movimento das águas, reações de intemperismo, decomposição da matéria orgânica e atividade biológica. O volume do solo afetado pela presença das raízes, a rizosfera, tem sua composição determinada pela exsudação de substâncias cuja identidade bioquímica depende tanto de fatores endógenos inerentes à espécie/cultivar ou à idade da planta quanto das condições ambientais. A composição da solução da rizosfera, portanto, difere da solução do solo, e os sistemas de transporte de membranas das células radiculares exercem um papel fundamental nessa dinâmica.

Sistemas de transporte de nutrientes das células de plantas

O transporte de nutrientes pelas membranas celulares é um processo extremamente dinâmico e multifatorial cuja compreensão depende primariamente do conhecimento das propriedades físico-químicas e bioquímicas das moléculas transportadas, da própria membrana e de suas proteínas transportadoras. Uma vez fixado esse conhecimento, serão consideradas as várias relações de estrutura e função existentes entre os componentes do sistema de transporte transmembranar e os vários fatores endógenos e exógenos que influenciam a expressão e o funcionamento desses componentes.

A polaridade, o tamanho da molécula e a presença de cargas constituem fatores importantes para entender os seus mecanismos de transporte, translocação e acumulação nas plantas. Moléculas de pequeno diâmetro apolares, como O_2, ou polares, como CO_2 e H_2O, podem atravessar as membranas celulares por difusão simples (Figura 2.4). Entretanto, a maioria dos nutrientes essenciais derivados do solo fica disponível na solução intersticial sob a forma iônica. Para essas moléculas polares, eletricamente carregadas, a dupla camada de ácidos graxos apolares que compõe o interior da matriz lipídica das membranas impõe uma forte barreira termodinâmica à difusão simples. Por isso, o transporte desses íons e de outras moléculas polares maiores (como açúcares, aminoácidos, ácidos orgânicos e até mesmo alguns fitormônios) é mediado por proteínas integrais com um canal interno hidrofílico, o qual atravessa a barreira hidrofóbica da membrana (Figura 2.4). Tais proteínas transportadoras, em geral, apresentam especificidade e afinidade definidas, ou seja, são seletivas para determinado íon ou molécula, cujo transporte depende não só da concentração em que estes se encontram no meio, mas também do seu diâmetro molecular, de sua densidade de carga e de sua camada de solvatação.

Esses sistemas de transporte conferem às membranas sua permeabilidade seletiva, propriedade funcional que permite a regulação quantitativa, qualitativa e direcional do transporte de nutrientes e outras substâncias pela membrana plasmática (plasmalema), da membrana vacuolar (tonoplasto) e das demais endomembranas que delimitam as organelas intracelulares. Existem transportadores específicos até mesmo para o transporte da água, a qual é requerida em quantidades que superam em muito a sua difusibilidade na membrana, sendo transportada por proteínas canais denominadas aquaporinas (Figura 2.4; ver também o Capítulo 1), que aumentam em milhares de vezes o fluxo transmembranar da molécula H_2O.

As proteínas transportadoras das membranas biológicas são agrupadas em três classes principais: *canais*, *carreadores* e *bombas*. Os canais são proteínas com sítios de reconhecimento e translocação para íons específicos, os quais funcionam como poros de abertura controlada que atravessam as membranas. Em geral, as proteínas canais funcionam oscilando basicamente entre dois estados conformacionais, um aberto e outro fechado. Quando aberta, uma proteína canal possibilita o transporte passivo de um grande número de moléculas, consistindo no sistema de transporte mais veloz das membranas (~10^8 íons/s). As proteínas canais mais importantes para a nutrição mineral são os canais iônicos específicos que transportam nutrientes catiônicos ou aniônicos. Tal velocidade só é possível porque os canais realizam transporte passivo, a favor de um gradiente de concentração, sendo o fluxo de massa a força motriz que impele as moléculas através do canal, sem que haja comprometimento de mudanças conformacionais complexas. Como a maioria dos nutrientes se encontra em concentrações muito inferiores nos solos em relação à sua concentração citoplasmática, espera-se que canais não sejam os sistemas preponderantes na captação desses nutrientes. De fato, grande parte dos sistemas de transporte das membranas das células epidérmicas radiculares compreende carreadores que realizam transporte ativo, ou seja, envolvendo gasto de energia. Todavia, vários canais estão presentes nas endomembranas dessas células e nas membranas de células que compõem os tecidos internos da planta, onde os nutrientes já se encontram em concentrações que possibilitam o transporte passivo. Porém, mesmo nas células epidérmicas, principalmente nos pelos radiculares (células epidérmicas absortivas, que sofrem crescimento polarizado), há canais específicos que utilizam o potencial elétrico da membrana para transportar cátions importantes,

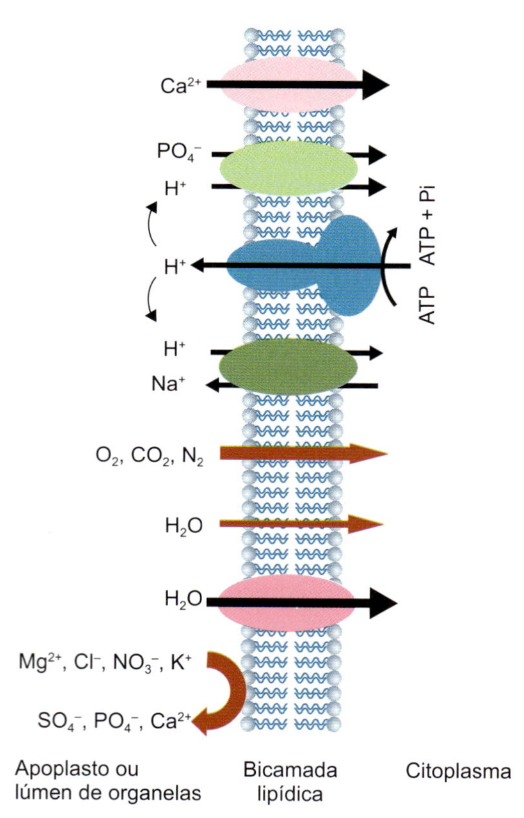

Figura 2.4 Transporte de nutrientes por meio da bicamada lipídica de membranas celulares. As estruturas cor-de-rosa representam canais (um canal de cálcio acima e uma aquaporina abaixo). As estruturas verdes são carreadores do tipo simporte e antiporte. Em azul, está representada a bomba de prótons da membrana plasmática. As setas vermelhas indicam a capacidade de difusão simples pela bicamada lipídica dos gases O_2, CO_2 e N_2, e da água, bem como a impossibilidade de ocorrer o mesmo com os nutrientes iônicos, os quais dependem de proteínas de transporte específicas.

como o Ca^{2+} e o K^+. A membrana plasmática das células vegetais sempre se mantém polarizada, com a face interna negativa e a externa positiva, o que favorece termodinamicamente a difusão facilitada de cátions por proteínas canais. É importante salientar que, no transporte de substâncias carregadas eletricamente, o equilíbrio termodinâmico é atingido não quando as concentrações do elemento se equiparam em ambos os lados da membrana, mas quando há o equilíbrio entre os potenciais químico (efeito da concentração do íon) e elétrico (efeito da carga específica do íon).

As proteínas carreadoras são transportadores que podem mediar tanto o transporte ativo quanto o passivo pelas membranas. Os carreadores reconhecem e ligam um soluto (molécula ou íon) em um lado da membrana e sofrem uma série de modificações conformacionais, liberando-o no outro lado da membrana, aumentando a sua permeabilidade na matriz lipídica em um fator de 10^2 a 10^6 vezes. Porém, tais mudanças conformacionais comprometem a velocidade do transporte, que é da ordem de 10^5 íons por segundo, ou seja, cerca de 1.000 vezes inferior à de um canal. Entretanto, diferentemente dos canais, os carreadores podem utilizar a energia acumulada no gradiente eletroquímico estabelecido na membrana para realizar o transporte ativo de nutrientes em concentrações diminutas no solo. Por isso, esses são os principais sistemas diretamente responsáveis pela absorção de nutrientes das células epidérmicas absortivas da raiz.

As bombas iônicas, assim como os canais e carreadores, também são proteínas integrais transmembrana, mas se diferenciam desses por serem ativadas por energia química na forma de substratos fosfatados: adenosina 5' trifosfato (ATP) ou pirofosfato inorgânico (PP_i), ou seja, além do sítio de ligação do íon a ser transportado, essas proteínas apresentam um sítio catalítico que liga especificamente um desses substratos fosfatados, os quais sofrem hidrólise enzimática liberando energia para o transporte ativo desse íon. Isso implica que o transporte iônico mediado por essas enzimas envolve mudanças conformacionais mais complexas que as experimentadas por outros transportadores, e assim a velocidade de transporte em geral é muito inferior à executada por canais e carreadores. Porém, em razão da capacidade de gerar, de forma independente de outros sistemas, a energia necessária à sua atividade de transporte, essas bombas constituem os principais sistemas primários de transporte de íons da célula vegetal. Os carreadores que dependem dos gradientes eletroquímicos gerados por essas bombas eletrogênicas são classificados como sistemas secundários de transporte. Assim, termodinamicamente, as bombas são enzimas transportadoras responsáveis pela energização e pelo controle do transporte de nutrientes por todas as membranas da célula vegetal. Estudos eletrofisiológicos (principalmente análises de *patch clamp*) têm demonstrado que a importância dessas bombas não se limita à energização dos sistemas secundários de transporte, mas também ao controle da abertura e fechamento de canais sensíveis às variações do potencial de membrana.

Nas membranas plasmáticas das células de plantas, encontram-se principalmente H^+-ATPases do tipo P, assim classificadas por assumirem uma conformação intermediária fosforilada (E_p, estado conformacional em que a enzima sofre uma fosforilação reversível). Essas bombas de prótons utilizam a energia da hidrólise do ATP para transportar íons H^+ para o apoplasto, acidificando o espaço intercelular. Nas raízes, o funcionamento contínuo das H^+-ATPases das membranas plasmáticas das células epidérmicas gera um gradiente eletroquímico de íons H^+ na membrana, dissipado pelos carreadores do sistema de transporte secundário, os quais utilizam a entrada termodinamicamente favorável de H^+ para transportar outro íon contra um gradiente de concentração (Figuras 2.4 e 2.5). As H^+-ATPases tipo P são

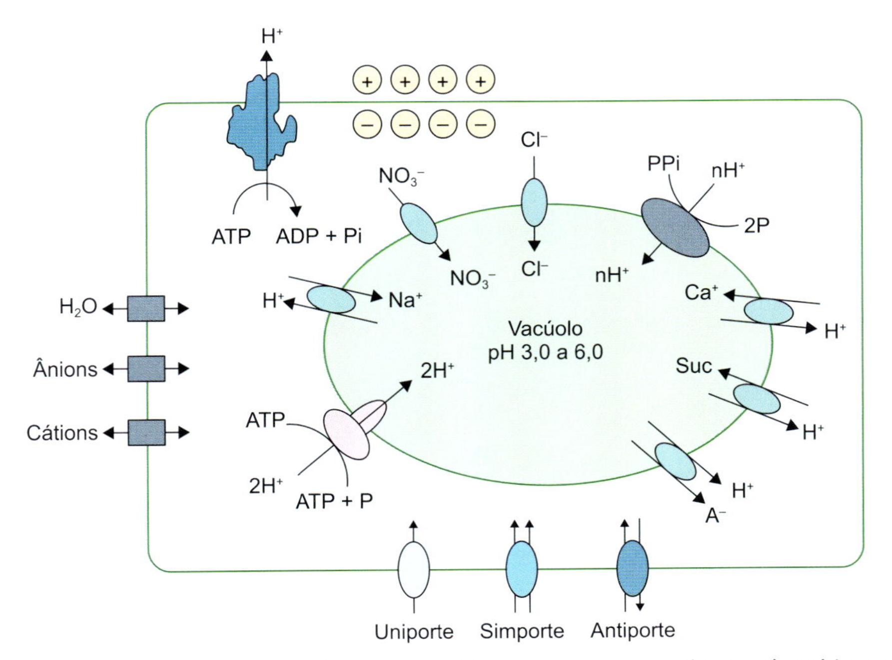

Figura 2.5 Principais tipos de sistemas de transporte primários e secundários presentes nas membranas plasmáticas e vacuolares de células de plantas, envolvidos no processo de absorção de nutrientes e no controle de suas concentrações intracelulares. Em destaque na membrana plasmática, a H^+-ATPase do tipo P. A estrutura em rosa na membrana vacuolar representa a H^+-ATPase do tipo V; e, em verde-escuro, a H^+-pirofosfatase vacuolar.

as proteínas mais abundantes da membrana plasmática de células da epiderme radicular, onde se verifica também uma maior atividade dessas bombas (Figura 2.6), as quais, além de atuarem na absorção de nutrientes, influenciam o pH do citoplasma, da parede celular e da rizosfera. Como discutido anteriormente, a modulação do pH da rizosfera exerce forte influência na dinâmica dos íons adsorvidos nas partículas das argilas e na liberação de nutrientes e outros fatores de crescimento presentes nas substâncias húmicas.

Outras bombas eletrogênicas extremamente importantes para o processo da nutrição da célula vegetal são as H^+-ATPases do tipo V e as H^+-PPiases presentes no tonoplasto que bombeiam H^+ do citoplasma para dentro dos vacúolos (ver Figura 2.5). A compartimentação de muitos solutos e o controle fino da concentração de nutrientes no citoplasma encontram-se primariamente acoplados à existência do gradiente de H^+ mantido no tonoplasto por essas enzimas transportadoras.

Controle de fluxo dos nutrientes

Quanto ao fluxo de nutrientes, os sistemas de transporte podem ser classificados em *uniporte*, *simporte* e *antiporte*. O sistema uniporte refere-se ao transporte de um único elemento em determinado sentido, com ou sem gasto de energia. As bombas de prótons descritas anteriormente são sistemas de transporte ativo do tipo uniporte, assim como os canais iônicos que realizam o transporte de um íon sem gasto de energia, pois ambos os sistemas operam promovendo um fluxo unidirecional de um único elemento através das membranas.

Os dois outros sistemas referem-se ao cotransporte simultâneo de duas moléculas distintas, em que os simportes transportam dois tipos de moléculas em um mesmo sentido e os antiportes transportam duas moléculas em sentidos contrários. Nas células de plantas, encontra-se uma miríade de carreadores que realizam o transporte dos principais nutrientes minerais acoplados à dissipação do gradiente eletroquímico gerado pelas bombas de H^+. Muitos dos principais carreadores responsáveis pela captação de nutrientes são sistemas simporte H^+/ânion, localizados na membrana plasmática, e que transportam prótons conjuntamente a ânions para o interior da célula. Carreadores antiporte H^+/cátion localizados na membrana plasmática transportam prótons para o citoplasma ao mesmo tempo que ocorre a saída de cátions para o exterior da célula. Este último processo é particularmente importante para a exclusão de íons tóxicos.

Fisiologicamente, o cotransporte de espécies iônicas é parte integrante do mecanismo de controle do potencial transmembrana, funcionando de forma acoplada ao gradiente eletroquímico gerado pelas bombas, no sentido da manutenção de um equilíbrio de cargas nos dois lados das membranas. A entrada de uma carga positiva deve ser acompanhada da saída de uma carga também positiva mantendo assim o potencial transmembrana, via antiporte H^+/cátion. No caso de se considerar um ânion, este pode entrar com uma carga positiva (próton) sem comprometer o equilíbrio de cargas na membrana, via simporte H^+/ânion. Pode ocorrer também um simporte H^+/substância não carregada eletricamente, como a sacarose (entre outros metabólitos importantes). Nesses casos, há um simultâneo bombeamento de prótons para fora da célula, conservando o potencial constante. Vale ressaltar que os diferentes tipos de sistemas de transporte e seus mecanismos de ação mencionados anteriormente ocorrem simultaneamente em nível celular, interagindo entre si de forma coordenada para a absorção e translocação das diversas substâncias, e não isoladamente, conforme apresentado aqui somente para fins didáticos.

O transporte ativo de íons e moléculas orgânicas também está sob a regulação de fatores ambientais e endógenos. Como exemplo, pode-se comentar a regulação do transporte de K^+, o cátion mais abundante nas plantas, tendo um papel importante nos processos de alongamento celular, movimento

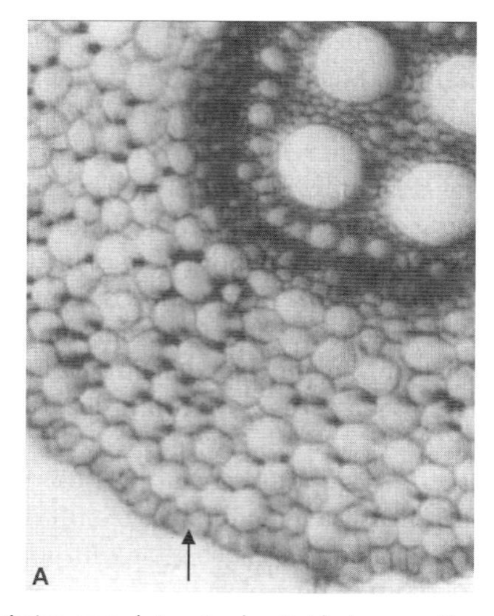

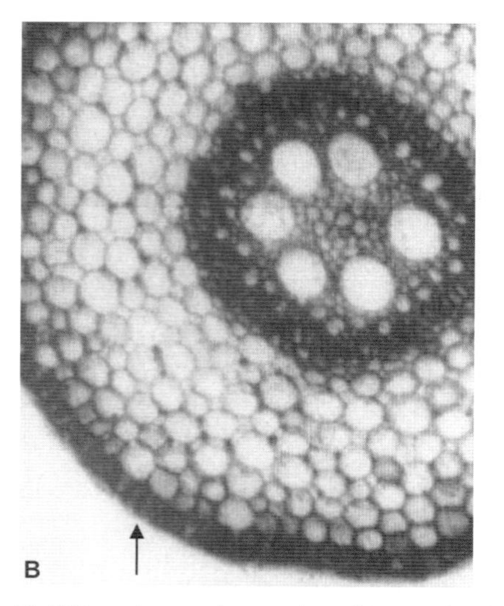

Figura 2.6 Ensaio histoquímico para detecção de atividade específica da H^+-ATPase da membrana plasmática, realizada em secções transversais de raiz de milho (*Zea mays* L.). **A.** A reação foi realizada na presença de 0,1 mM de ortovanadato, um inibidor clássico das ATPases do tipo P. **B.** Na ausência do inibidor, verifica-se o forte acúmulo de precipitado de fosfato de chumbo, que indica a preponderância da ativação da H^+-ATPase da membrana plasmática nas células epidérmicas da raiz (indicadas pelas setas). Experimento realizado no Laboratório de Biologia Celular & Tecidual da UENF.

foliar, tropismos, homeostase metabólica, germinação, osmorregulação, estresses salino e hídrico e controle do movimento estomático. Nas células estomáticas, os canais de K^+ são controlados diretamente pela luz, pelo ácido abscísico (estresse hídrico) e por concentrações do CO_2 atmosférico. A luz e o balanço hormonal também controlam o funcionamento da isoforma da H^+-ATPase presente nessas células. Em última instância, a ativação coordenada desses sistemas aumenta o fluxo de K^+ para o interior do vacúolo, induzindo a captação de água via aquaporinas, promovendo a turgescência dessas células e a abertura do estômato. Tal controle coordenado de sistemas primários e secundários de transporte iônico determina o grau de abertura dos estômatos em cada situação fisiológica ou de estresse e exerce um papel fundamental no fluxo de CO_2 para a fotossíntese, no fluxo de água na transpiração e na translocação de nutrientes pelos feixes vasculares (ver Capítulo 1).

Em termos de regulação da expressão da proteína transportadora, os sistemas de absorção de íons podem ser constitutivos ou indutivos. Fazem parte do sistema de transporte constitutivo aqueles transportadores cuja expressão é contínua ao longo do ciclo de vida da planta, predeterminada pelo programa de desenvolvimento de cada espécie vegetal. O sistema de transporte indutivo compreende transportadores cuja expressão é induzida seguindo sinalizações específicas, como as desencadeadas por diversas interações bióticas ou abióticas da planta com o seu ecossistema.

Os sistemas de transporte de nutrientes são geralmente modulados pela disponibilidade do íon na solução do solo, enquanto outros são sensíveis à concentração do íon no citoplasma. Esses transportadores podem ser classificados, quanto à sensibilidade ao íon a ser transportado, como de alta ou baixa afinidade. Os transportadores de alta afinidade, em geral, podem transportar íons que se encontram em concentrações mínimas, na faixa do nanomolar ao micromolar. Grande parte dos transportadores de alta afinidade está localizada nas células epidérmicas das raízes, especialmente nos pelos radiculares. Os genes que codificam os transportadores de alta afinidade para a absorção de íons fosfato e sulfato são induzidos em resposta à deficiência de fósforo e enxofre, respectivamente. Isso consiste em uma adaptação evolutiva que capacitou as plantas a aumentar seu potencial de absorção em função da baixa disponibilidade desses nutrientes no ambiente. Por sua vez, a expressão dos genes que codificam o transporte do íon NO_3^- é induzida pela presença de nitratos. Isso exemplifica outro tipo de adaptação que também tem na nutrição as bases da pressão evolutiva que a forjou. A nutrição mineral nitrogenada depende da disponibilidade de íons NO_3^- ou NH_4^-, e o balanço desses íons oscila com o pH do solo, ou seja, espécies que desenvolveram a capacidade de indução dos transportadores específicos para cada um desses íons em resposta à sua disponibilidade sobreviveram à seleção natural.

Transportadores de baixa afinidade se expressam principalmente nas membranas plasmáticas de células dos tecidos internos e nas endomembranas, onde a concentração dos íons pode atingir a faixa micromolar/submilimolar. Como esperado, os principais transportadores de baixa afinidade caracterizados até o momento transportam macronutrientes, os quais se acumulam em altas concentrações nas plantas. A indução desses transportadores também tem sido relacionada com a nutrição de plantas sob influência de interações simbióticas. Por exemplo, plantas micorrizadas apresentam indução de alguns transportadores de fosfato de baixa afinidade nos tecidos internos e reprimem outros de alta afinidade nas células epidérmicas da raiz (Jovot *et al.*, 2007). Esse dado é consistente com o fato de a absorção de P do solo ser realizada pelas hifas do fungo micorrízico, o qual apresenta seus próprios transportadores de altíssima afinidade para fosfato. Por sua vez, a maior captação de P pelas micorrizas provoca um aumento de demanda no sistema de translocação interna da planta, suprida pela indução dos transportadores de baixa afinidade. É importante ressaltar que são vários os transportadores de fosfato de alta e baixa afinidade já identificados nos diferentes genomas de plantas sequenciados, alguns dos quais constitutivos, outros induzidos e outros que somente se expressarão especificamente em certas condições, como durante a micorrização (Jovot *et al.*, 2007).

Dinâmica da absorção de nutrientes pelas plantas

A capacidade de absorção de cada nutriente varia de acordo com o ambiente e o estágio de desenvolvimento do vegetal, e, como descrito anteriormente, sua disponibilidade é um dos principais fatores que regulam as taxas de absorção e atividade dos diferentes sistemas de transporte. Verificou-se que a absorção de íons segue o mesmo comportamento estabelecido por Michaelis e Menten para a cinética enzimática (Epstein, 1972), ou seja, a cinética de transporte tem duas fases: uma inicial, na qual em baixas concentrações a velocidade do transporte aumenta rapidamente a cada incremento na quantidade da molécula a ser transportada; e outra relacionada com as altas concentrações, quando o transporte tende a uma velocidade máxima ($V_{máx}$), sinalizando a saturação dos sítios transportadores. Tal qual na catálise enzimática, também se pode determinar a constante de Michaelis (K_m), definida pela concentração na qual se atinge a metade da velocidade máxima de transporte, e considerada uma característica específica de cada transportador. Assim, o valor de $V_{máx}$ oferece uma estimativa da quantidade de proteínas transportadoras de um íon em funcionamento na membrana, enquanto K_m define qual a afinidade do sistema de transporte observado.

A absorção de nutrientes em baixas concentrações, pouco maiores que a concentração mínima requerida para o transporte (C_{min}), requer um sistema com pequeno K_m, característica de transportadores de alta afinidade, enquanto íons disponíveis em altas concentrações em geral são alvos de transportadores de elevado K_m (de baixa afinidade). Um exemplo já discutido anteriormente é o do íon K^+, cujo sistema de alta afinidade é atribuído ao transporte ativo via simporte, enquanto o sistema de baixa afinidade é atribuído a canais. Entretanto, é importante destacar que um mesmo transportador pode sofrer regulação por fatores endógenos ou exógenos e aumentar ou diminuir sua afinidade pelo íon específico. Isso implica que as diferenças na taxa de absorção de um nutriente podem ocorrer não só em nível transcricional (regulação dos níveis de expressão da proteína), mas também no nível pós-transcricional, quando a modulação se dá diretamente sobre a atividade do transportador.

Entre os principais fatores exógenos que influenciam a absorção de nutrientes pelas plantas, estão a temperatura, a umidade, a aeração, o pH, as interações iônicas e as interações simbióticas com outros organismos do solo.

Temperatura

As variações de temperatura podem afetar a permeabilidade do solo e das células, a velocidade dos processos de transferência e a ocorrência de reações específicas. A alteração da permeabilidade do solo está associada basicamente a alterações das características do fluido permeante. O valor do peso específico da água pode ser considerado constante com a temperatura, enquanto a viscosidade decresce com o aumento da temperatura. O decréscimo da viscosidade implica o aumento da permeabilidade e, consequentemente, da velocidade de percolação dos íons, resultando em um maior fluxo da solução do solo em temperaturas elevadas.

Nos processos físicos do solo, a troca de cátions adsorvidos no espaço livre é muito pouco afetada pela temperatura. Entretanto, reações químicas e bioquímicas são muito mais dependentes da temperatura. A influência térmica sobre a permeabilidade das células pode derivar das transições do estado da bicamada lipídica das membranas, que podem variar de um estado de grande fluidez até o de gel-cristalino, sob extremos de temperatura, ou das mudanças provocadas nas enzimas e proteínas transportadoras.

Experimentalmente, em baixas temperaturas, tanto a absorção de íons quanto o processo de respiração celular decaem rapidamente em plantas sensíveis ao resfriamento. Nessas condições, a restrição da absorção de íons pode estar relacionada tanto com a redução da fluidez da membrana quanto com a inativação da H^+-ATPase da membrana plasmática, a qual depende de um aporte contínuo de ATP oriundo da respiração. Contudo, em temperaturas supraótimas, a respiração aumenta e a absorção diminui, indicando uma possível desestabilização dos lipídios da membrana plasmática, além da consequente perda da permeabilidade seletiva. O aumento da fluidez da fase lipídica da membrana ocorre bem antes da temperatura necessária à desnaturação proteica, quando, além dos transportadores, todo o metabolismo celular passa a se deteriorar.

Umidade

A água representa o veículo principal que faz os íons serem absorvidos pelas plantas. Um baixo conteúdo de água no solo induz inexoravelmente à deficiência mineral. Um exemplo clássico é a deficiência de cálcio na planta, caracterizada pela morte apical (podridão apical), distúrbio típico da deficiência de água, quando o deslocamento do cálcio é prejudicado, causando problemas nas membranas e na parede de células em divisão – ou seja, não basta que os elementos estejam na proporção adequada à nutrição da planta, como também é fundamental que o fluxo de água no solo seja suficiente para a solubilização e o transporte desses nutrientes (ver Capítulo 1).

Aeração

A assimilação ativa de elementos pelas plantas é dependente de energia metabólica, em especial sob a forma de ATP sintetizada principalmente pela respiração celular aeróbica. Quando a aeração começar a diminuir, a assimilação dos íons requeridos em maior proporção pela planta, como o potássio e o fosfato, também diminui, sendo a redução proporcional ao decréscimo na tensão do O_2 nos tecidos.

As condições ótimas de aeração do solo são atingidas quando as trocas de gases entre o ar do solo e a atmosfera são suficientemente rápidas para evitar a deficiência de oxigênio consumido e a toxicidade do CO_2 produzido pela atividade biológica do solo, mantendo os níveis requeridos para o desenvolvimento normal das raízes e dos microrganismos aeróbicos. Assim, a aeração também exerce um efeito indireto sobre a absorção, uma vez que aumenta a disponibilidade dos nutrientes no solo em virtude da transformação da matéria orgânica (mineralização). Um agravante decorre do fato de a decomposição anaeróbica da matéria orgânica ser incompleta, formando produtos intermediários, como ácidos orgânicos, que, em situações extremas, podem acumular-se em concentrações tóxicas.

Quando a disponibilidade de O_2 é ideal, observa-se um efeito indireto sobre a assimilação de nutrientes, como a oxidação de elementos como do íon NH^{4+} a NO^{3-} (por bactérias *Nitrosomonas* e *Nitrobacter*) e do S_2 a SO_4^{2-} (forma de enxofre absorvida pelas raízes). Entretanto, a aeração pode, em alguns casos, reduzir a disponibilidade de Fe e Mn por causa da insolubilidade de suas formas oxidadas, sob condições alcalinas. Portanto, um balanço equilibrado entre o pH do solo e a aeração é importante para determinar as condições de excesso ou carência desses elementos.

pH

Oscilações no pH do solo e principalmente da rizosfera exercem influência sobre a disponibilidade de vários nutrientes essenciais, assim como a de alguns elementos que podem exercer fitotoxicidade. Os danos advindos de variações bruscas no pH do solo afetam as plantas, quer diretamente, em decorrência da ação da concentração dos íons hidrogênio, quer indiretamente, por deficiência de nutrientes ou por toxicidade química. Nesse contexto, é importante relembrar que a matéria orgânica tem poder tamponante e promove a estabilização do pH do solo.

O efeito primário do pH refere-se à competição entre os íons H^+ e os outros cátions (pH baixo/ácidos), e do OH^- com os outros ânions (pH alto/alcalinos). Como a acidez predomina na maioria dos solos, o efeito do H^+ tem maior relevância. Quando a concentração de H^+ aumenta (redução do pH), a absorção de K^+ diminui drasticamente, principalmente na ausência de Ca^{2+}, quando ocorre inclusive o efluxo de K^+. A adição de Ca^{2+} reduz o efluxo de K^+, induzido pelo excesso de H^+, um reflexo do efeito protetor e regulatório que o Ca^{2+} exerce sobre a estrutura e a função da membrana plasmática. Todavia, o excesso de íons H^+ também afeta adversamente o mecanismo de transporte de íons por diminuir a eficiência da H^+-ATPase, reduzindo o efluxo de H^+ para o exterior celular e, consequentemente, o potencial eletroquímico que energiza o sistema secundário de transporte iônico.

A acidez do solo aumenta gradualmente, na medida em que cálcio e magnésio são perdidos por lixiviação. Em solos de regiões úmidas, há correlação perfeitamente clara entre o pH e as quantidades desses dois componentes, presentes sob a forma trocável. Prevalecem as mesmas correlações gerais quanto às regiões áridas, exceto nos casos em que é adsorvida apreciável quantidade de sódio.

Em solos ácidos, quantidades apreciáveis de Al e micronutrientes como Fe, Mn, Bo e Mo estão sob a forma de espécies solúveis, e podem tornar-se extremamente tóxicos para a maioria da plantas cultivadas. Entretanto, ao aumentar o pH, esses elementos adquirem formas insolúveis e precipitam, tornando-se cada vez menores as proporções desses íons na solução, até que, em solo neutro ou alcalino, certos vegetais poderão sofrer falta de Mn e Fe assimiláveis. Todavia, em geral, a disponibilidade dos macronutrientes é máxima na faixa de pH entre 6 e 7, na qual não se observam grandes limitações para os micronutrientes.

Interações iônicas

Na solução do solo, tanto os cátions quanto os ânions estão presentes em concentrações e formas diferentes, podendo interagir durante sua absorção por sinergismo ou inibição. O sinergismo ocorre quando a absorção de um elemento é estimulada pela presença de outro. Um exemplo de sinergismo é o estímulo à absorção de cátions e ânions na presença de baixas concentrações de cálcio. O magnésio pode aumentar a absorção do fósforo, enquanto baixas concentrações de zinco também podem induzir o mesmo efeito.

A inibição ocorre quando há redução na taxa de absorção de determinado elemento em virtude da presença de outro. A inibição pode ser competitiva ou não competitiva. A primeira ocorre quando os elementos competem pelo mesmo sítio ativo do transportador. Esse é o caso, por exemplo, da inibição da absorção de K^+, verificada durante o estresse salino, quando os íons Na^+ competem pelos mesmos sítios de vários transportadores de K^+. Nesse tipo de competição, a inibição imposta pelo íon inibidor pode ser anulada pelo aumento na concentração do elemento. Na inibição não competitiva, o íon inibidor afeta o transporte ao se ligar não no sítio ativo, mas em outra região qualquer da proteína transportadora capaz de induzir uma conformação que diminua a afinidade ou prejudique de alguma forma o transporte de seu íon específico. Nesse caso, o efeito do inibidor não pode ser revertido com o aumento na concentração do íon.

Micorrização

Um importante fenômeno ecológico que remonta aos primórdios da primeira invasão das terras continentais pelas plantas consiste na interação simbiótica entre plantas e fungos micorrízicos. Mais de 80% das espécies de plantas podem estabelecer esse tipo de interação e, de fato, na natureza, a maior parte das raízes encontra-se colonizada por fungos micorrízicos, sendo chamadas micorrizas. A absorção de nutrientes pelas micorrizas segue os mesmos princípios básicos de transporte descritos anteriormente, porém a maior parte dos processos de absorção de nutrientes do solo passa a depender dos sistemas de transporte das hifas fúngicas. O incremento da nutrição fosfatada é o principal benefício que a planta obtém dessa interação. O fungo, por sua vez, absorve os fotoassimilados da planta, induzindo um dreno bastante elevado de sacarose da parte aérea para as raízes.

A colonização das raízes pelos fungos micorrízicos é estimulada pela liberação de substâncias orgânicas pelas raízes e por microrganismos do solo. Recentemente, estringolactonas exsudadas pelas raízes foram identificadas como principais moléculas sinalizadoras do processo de reconhecimento para o estabelecimento da colonização micorrízica. Dependendo da espécie de fungo micorrízico, este pode drenar de 10 a 45% dos fotoassimilados transferidos para as raízes. Assim, os benefícios para a planta dependem de um balanço positivo entre a perda de açúcar para o fungo e a capacidade deste de promover modificações que favorecem o crescimento da planta. Além do aumento na área superficial e da eficiência dos mecanismos de absorção de água e sais minerais, o fungo pode secretar fosfatases e outras enzimas hidrolíticas que aumentam a disponibilidade de certos nutrientes no solo. O aumento na eficiência dos mecanismos de absorção de P do sistema simbiótico se traduz em aumento de $V_{máx}$ e diminuição de K_m e de $C_{mín}$. As raízes micorrizadas apresentam maiores valores de $V_{máx}$ e muito mais baixos valores de K_m e de $C_{mín}$, indicando uma maior eficiência na absorção de P do que as não micorrizadas.

Função dos íons e sintomas de excesso e de carência

Os nutrientes essenciais são exigidos pelos vegetais em quantidades determinadas, que variam de acordo com a espécie, o estágio de desenvolvimento e a exposição a estresses ambientais ou interações ecológicas. Com exceção do carbono, hidrogênio e oxigênio atmosféricos, os principais elementos essenciais encontram-se nos solos em combinações químicas diferentes, sendo absorvidos somente quando sob algumas formas específicas. Esses elementos são imprescindíveis para que a planta possa realizar várias e importantes funções (Tabela 2.3). A carência e o excesso estão relacionados com sintomas visíveis ligados à sua *função* e à sua *mobilidade*. Plantas deficientes em nutrientes móveis, como N, P, K, Mg, S e Cl, apresentam os respectivos sintomas de deficiências em órgãos mais maduros, como nas folhas basais. Já plantas deficientes em nutrientes com mobilidade intermediária (Fe, Zn, Cu, B e Mo) e mobilidade baixa (Ca e Mn) são afetadas inicialmente nos tecidos mais jovens. Na Figura 2.7, são apresentados alguns dos principais sintomas de deficiência para os macronutrientes e alguns micronutrientes em folhas de cafeeiro (*Coffea arabica*).

De maneira geral, os sintomas de deficiências nutricionais somente se tornam visíveis claramente quando a deficiência já está em um estágio avançado e os níveis de produção das culturas foram grandemente afetados. Sintomas de deficiência nutricional manifestam-se principalmente nas folhas, sendo a clorose (amarelecimento) e a necrose critérios para a diagnose visual. Comumente, os sintomas de deficiência se expressam

Tabela 2.3 Funções principais dos macro e microelementos em vegetais.

Elemento	Função
N	Elemento estrutural de proteínas, nucleotídios, lipídios e de alguns sacarídios; elemento regulatório, em que os íons nitrato e amônio regulam várias reações metabólicas
P	Elemento estrutural (p. ex., nucleotídios, fosfolipídios), transferência de energia (ATP, PPi, NADPH etc.), elemento regulador via fosforilação e defosforilação de enzimas
K	Regulação osmótica, homeostase iônica, relações hídricas, movimento estomático, alongamento celular, ativação de enzimas, síntese de proteínas, fotossíntese, transporte de açúcares no floema, movimentos nas plantas
Ca	Estrutura da parede celular, homeostase iônica, integridade celular, segundo mensageiro fundamental à sinalização celular
Mg	Constituinte estrutural da clorofila, conformação de proteínas, ativação de enzimas (rubisco e PEP carboxilase), transferência de energia ao compor os substratos ATP-Mg e PPi-Mg
S	Constituinte do grupo funcional de várias enzimas e de agentes redutores, desintoxicação de metais pesados, componente estrutural (aminoácidos, polissacarídios sulfatados)
B	Estrutura da parede celular, metabolismo de fenóis, regulação do transporte de auxina, ativador da enzima fosforilase do amido
Cl	Fotólise da água, regulação do movimento dos estômatos, modulação do potencial de membrana
Cu	Estrutura de citocromos e enzimas que reagem com oxigênio; controle de espécies reativas de oxigênio Cu/Zn-SOD (superóxido dismutase)
Fe	Estrutura de citocromos, atuante nas reações de transferência de elétrons durante a fotossíntese; controle de espécies reativas de oxigênio via Fe-SOD (superóxido dismutase)
Mn	Controle de espécies reativas de oxigênio via Mn-SOD (superóxido dismutase); constituinte do complexo polinuclear do fotossistema II; ativador de metaloenzimas
Mo	Transferência de elétrons (nitrato redutase); atua no processo de fixação biológica de nitrogênio (nitrogenase bacteriana)
Ni	Mobilização de nitrogênio a partir da ureia via urease (metaloenzima dependente de Ni); controle de espécies reativas de oxigênio via Ni-SOD (superóxido dismutase)
Zn	Domínios *zinc finger* para ligação de proteínas ao DNA; ativação de metaloenzimas; sinalização via auxinas; controle de espécies reativas de oxigênio Cu/Zn-SOD (superóxido dismutase)

mais especificamente que os de toxicidade, a não ser quando a toxicidade gerada por determinado elemento induz a deficiência de outro.

A partir de agora, será apresentado um resumo das principais características típicas de deficiências nutricionais. Entretanto, é importante informar que essas características foram derivadas de experimentos agronômicos com espécies cultivadas. Um espectro muito mais amplo e complexo de sintomas deve existir na diversidade de espécies vegetais silvestres. Além disso, muitos dos sintomas foliares de deficiência são similares e facilmente confundidos com sintomas causados por estresses físicos, pragas ou doenças.

Deficiência de nitrogênio

A principal forma em que o nitrogênio se encontra na atmosfera (N_2) não pode ser diretamente utilizada pela célula vegetal (ver Capítulo 3). Assim, para a absorção dos íons nitrato (NO_3^-) e amônio (NH_4^+), as duas formas principais de nitrogênio presentes no solo, as plantas dispõem de transportadores específicos nas células das raízes. Todavia, nem sempre ambas as formas estão presentes nos solos em concentrações em que podem ser captados por esses transportadores. Quando isso ocorre, os sintomas mais comuns de deficiência de N incluem, além da perda acentuada de vigor, visualizada pela diminuição sensível do crescimento da parte aérea e pela formação de folhas e flores, o amarelecimento generalizado dos tecidos clorofilados e a formação de áreas púrpuras em decorrência do acúmulo de antocianinas. Nas folhas, o sintoma típico de deficiência de nitrogênio é a clorose (amarelecimento), acompanhada da senescência precoce das folhas velhas. Contudo, algumas plantas, como as leguminosas, podem suprir a demanda por N pela difusão simples do N_2 nas células, por meio do processo de fixação biológica do nitrogênio (ver Capítulo 3). Em alguns casos, a presença não detectada de bactérias endofíticas é um fator que confunde a correta interpretação em experimentos de privação de N.

Deficiência de fósforo

O fósforo é absorvido principalmente na forma de íons fosfato ($H_2PO_4^-$ ou HPO_4^-), mas internamente na planta também se move na forma de fosforilcolina, distribuindo-se facilmente pelo floema.

```
              CH3                        O
              |                          |
fosforilcolina: CH3–N–CH3–CH2–CH2–O–P=O
              |                          |
              CH3                        R
```

Dessa forma, este se acumula em folhas mais novas, flores e sementes em desenvolvimento. Em geral, os sintomas de sua deficiência aparecem em folhas mais velhas, com manchas de coloração tipicamente arroxeadas, causadas pelo acúmulo de antocianinas. A expansão foliar é comprometida, há decréscimo no número de flores e atraso na iniciação floral, culminando em uma baixa produção e, em casos de privação contínua, na morte da planta.

Deficiência de potássio

O K^+ é um íon de alta mobilidade, sendo rapidamente translocado das folhas mais velhas para folhas mais novas e regiões

Figura 2.7 Alguns dos principais sintomas de deficiência mineral em folhas de café (*Coffea arabica*). Imagens gentilmente cedidas pelo International Plant Nutrition Institute (IPNI – Brasil).

meristemáticas, com o consequente surgimento de sintomas de deficiência nas primeiras. De modo geral, sob deficiência potássica, a síntese de parede celular e a turgescência celular são prejudicadas, predispondo as plantas ao tombamento por vento ou chuva. Nas folhas mais velhas, os sintomas visuais de deficiência grave caracterizam-se por necrose e clorose. A absorção de água pela parte aérea, via transpiração e pressão radicular, é reduzida, acarretando murchamento das plantas com relativa facilidade. A formação e o crescimento de gemas podem ser inibidos pela privação prolongada desse nutriente.

Deficiência de enxofre

Absorvido principalmente na forma de SO_4^{2-}, o enxofre pode ser metabolizado nas raízes em uma pequena extensão, conforme as necessidades desses órgãos; assim, a maior parte do SO_4^{2-} absorvida é translocada para a parte aérea. Os sintomas de deficiência de enxofre consistem em clorose generalizada em toda a superfície foliar, causada pela deficiência de clorofila. Em muitas espécies, o enxofre não é facilmente redistribuído a partir dos tecidos maduros; consequentemente, esses sintomas são em geral observados em folhas mais jovens.

Contudo, em certas espécies, a clorose aparece simultaneamente tanto em folhas velhas quanto nas mais novas.

Deficiência de magnésio

A absorção do Mg pelas plantas é fortemente modulada pela concentração de outros elementos essenciais, podendo atuar de forma sinérgica ou antagônica sobre o sistema de transporte de Mg. Por exemplo, elevadas concentrações de NH_4^+ e K^+ conseguem inibir a absorção do Mg^{2+}, enquanto a disponibilidade de concentrações adequadas de P potencializa a absorção do Mg^{2+}, e vice-versa. O magnésio é altamente móvel no floema e, portanto, na sua ausência, sintomas de deficiência manifestam-se, sobretudo nas folhas mais velhas, formando áreas cloróticas tipicamente internervais.

Deficiência de cálcio

A absorção do Ca^{2+} depende tanto de seu suprimento na solução do solo quanto das taxas de transpiração, posto que esse íon é transportado passivamente na corrente transpiratória. O cálcio não é carregado nos elementos de tubo crivado e, como consequência, sintomas de sua deficiência aparecem mais fortemente em folhas mais jovens, com deterioração nas pontas e nas margens. Zonas meristemáticas, apicais ou laterais, em processo ativo de divisão celular, são altamente suscetíveis, na medida em que o cálcio é requerido para a formação das estruturas pécticas da nova parede celular que surge entre as células recém-formadas. Dado o papel importante desse cátion como mensageiro secundário dos sinais primários reguladores de vários aspectos do desenvolvimento das plantas, sua concentração é mantida bastante estável no interior das células, em geral, variando entre 100 e 200 nM.

Deficiência de boro

O boro é absorvido na forma de ácido bórico não dissociado e, em pH fisiológico, encontra-se sob a mesma forma na planta. Deficiência de boro provoca uma redução na síntese de citocininas e no transporte de algumas auxinas, que passam a acumular-se, nessa condição, nos meristemas onde são sintetizadas. Dada a baixa mobilidade, os sintomas de deficiência se manifestam mais expressivamente nas regiões jovens em crescimento. O acúmulo de fenóis também é frequente e pode estar associado a necroses foliares. A incorporação de resíduos de glicose em polissacarídios, assim como o conteúdo total de celulose da parede celular, é intensamente reduzida. Nas raízes, deficiência de B induz incrementos na atividade de oxidases do ácido indolacético (AIA), a auxina mais abundante na plantas. Como consequência, deficiência de B reduz a resistência mecânica de caules e pecíolos, acarreta uma deterioração nas bases das folhas novas, reduz o crescimento radicular e pode levar inclusive à morte de raízes, especialmente nos ápices meristemáticos.

Deficiência de ferro

As atividades químicas desse elemento, tanto na forma ferrosa (Fe-II) quanto na férrica (Fe-III), são muito baixas na solução do solo, independentemente do seu conteúdo total no solo, sobretudo quando de um pH maior que 5,0. Nessa condição, Fe reage com grupos OH^-, precipitando-se na forma de óxidos metálicos hidratados. Diferentes espécies de plantas desenvolveram diferentes estratégias para solubilizar e absorver Fe. Gramíneas, por exemplo, exsudam fitossideróforos (p. ex., ácido avênico, ácido mugênico), que são ácidos iminocarboxílicos que complexam o Fe-III, por meio de seus átomos de O e N; o complexo como um todo é absorvido, o Fe é liberado e utilizado pela planta, enquanto o fitossideróforo deve ser metabolizado ou liberado para o solo, onde novamente atuaria. Outra estratégia, presente em dicotiledôneas e em algumas monocotiledôneas, envolve um transportador do tipo ABC (*ATP-binding cassette*), uma redutase induzível e a liberação de agentes quelantes, normalmente compostos fenólicos, que se ligam ao Fe-III na rizosfera e movem-se à membrana, onde o Fe é reduzido antes de ser absorvido.

Uma vez que é relativamente imóvel no floema, a clorose internerval típica da deficiência de Fe manifesta-se, inicialmente, nas folhas mais jovens. Subsequentemente, a clorose pode atingir também as nervuras, até a folha ficar, como um todo, amarelada. Em vários casos, a folha pode tornar-se branca com áreas necróticas, em razão da inibição da síntese de clorofilas.

Deficiência de manganês

No solo, o Mn ocorre sob três estados de oxidação (Mn^{2+}, Mn^{3+} e Mn^{4+}), como óxidos insolúveis ou quelatos. É largamente absorvido na forma Mn^{2+} após liberação de uma molécula quelante ou após a redução de óxidos de valências superiores. A deficiência de Mn é incomum em ambientes naturais, mas, nos experimentos de privação de Mn, observa-se uma desorganização das membranas dos tilacoides e clorose internerval nas folhas mais jovens.

Deficiência de cobre

O cobre está fortemente ligado à matéria orgânica ou a compostos solúveis na solução do solo. Em solos bem arejados, é absorvido principalmente como Cu^{2+} e, em solos úmidos e encharcados, como Cu^+. Esse elemento move-se com relativa facilidade na forma de complexos aniônicos, das folhas mais velhas para as mais novas. Sob deficiência, a mobilidade do cobre é muito baixa. De modo geral, apesar de a deficiência de cobre ser rara, quando ocorre, resulta em fechamento estomático, murchamento pela lignificação reduzida das paredes celulares e formação de grãos de pólen não viáveis. Tais sintomas estão associados parcialmente ao estresse energético decorrente da depleção do ATP citoplasmático, posto que o cobre participa de grupos prostéticos dos citocromos da cadeia de transporte de elétrons mitocondrial.

Deficiência de zinco

O zinco é absorvido na forma divalente e não sofre oxidação ou redução, como ocorre com outros metais de transição. Sob deficiência de zinco, normalmente há uma redução na taxa de alongamento do caule, o que se explica por uma possível exigência de Zn para a síntese de auxinas. Outros sintomas manifestam-se nas partes mais novas da planta, com o encurtamento dos entrenós, clorose branda das folhas, redução do tamanho e deformação das folhas. Excesso de calagem, elevado índice de lixiviação e alta concentração de fósforo no solo favorecem a deficiência de Zn.

Deficiência de molibdênio

O molibdênio faz parte das enzimas nitrato redutase e da nitrogenase (esta última não é uma enzima de plantas, mas de microrganismos fixadores de N associados a elas). Os sintomas de deficiência de molibdênio expressam-se em condições de carência de nitrogênio, apresentando um amarelecimento das folhas mais velhas e possíveis necroses marginais com acúmulo de nitrato. Solos com pH abaixo de 5,0 predispõem à deficiência desse nutriente. A correção se faz com a calagem e a aplicação de molibdato de amônio no solo, ou por pulverização foliar. Não se deve fazer mais de uma aplicação de molibdato no solo, já que os níveis tóxicos são facilmente atingidos.

Deficiência de cloro

O cloro, com o Mn, participa da fotólise da água e, assim, sua carência afeta a fotossíntese e a turgescência celular, por também ser utilizado para manter a neutralidade de cargas e como agente osmótico. A deficiência de cloro é raríssima, mas, quando ocorre, pode induzir forte redução do crescimento, clorose generalizada e necrose, bem como o atrofiamento das raízes. Inicialmente, os sintomas acentuam-se nas zonas mais velhas das plantas.

Deficiência de níquel

O níquel participa da urease, enzima importante para a mobilização de compostos nitrogenados na germinação de sementes, podendo levar à inviabilidade das sementes. Na deficiência de níquel, pode haver acumulação de ureídos nas folhas, moléculas transportadoras de N, eventualmente causando problemas na fixação biológica de N em leguminosas associadas ao rizóbio.

Referências bibliográficas

Arnon DI, Stout PR. Molybdenum as an essential element for higher plants. Plant Physiology. 1939b;14:599-602.

Arnon DI, Stout PR. The essentiality of certain elements in minute quantity for plants with special reference to copper. Plant Physiology. 1939a;14:371-5.

Bortels H. Molybdän als Katalysator bei der biologischen Stickstoffbindung. Archiv für Mikrobiologie. 1930;1:333-42.

Brown PH, Welch RM, Cary EE. Nickel: a micronutrient essential for higher plants. Plant Physiology. 1987;85:801-3.

Browne CA. A source book of agricultural chemistry. Chronica Botanica. 1943;8(1):1-290.

Broyer TC, Carton AB, Johnson CM, Stout PR. Chlorine: a micronutrient element for higher plants. Plant Physiology. 1954; 29(6):526-32.

Canellas LP, Zandonadi DB, Olivares FL, Façanha AR. Efeitos fisiológicos de substâncias húmicas o estímulo às H[1]-ATPases. In: Fernandes MS, editor. Nutrição mineral de plantas. Viçosa: Sociedade Brasileira de Ciência do Solo; 2006. p. 175-200.

de Saussure N-T. Recherches chimiques sur la végétation. Paris: Nyon Widow; 1804. (Chemical Researches about the Vegetation).

Dechem AR, Nachtigall GR. Elementos essenciais e benéficos às plantas. In: Fernandes MS, editor. Nutrição mineral de plantas. Viçosa: Sociedade Brasileira de Ciência do Solo; 2006. p. 1-6.

Epstein E. Mineral metabolism. In: Bonner J, Vagner JE, editors. Plants biochemistry. London: Academic Press; 1972. p. 438-46.

Hoagland DR, Arnon DL. The water culture methods for growing plants without soil. Berkeley: California Agriculture Experimentation Station; 1950. 32 p. (Bulletin, 347).

Jackson ML, Sherman GD. Chemical weathering of minerals in soil. Adv Agron. 1953;5:219-318.

Jovot H, Pumplin N, Harrison MJ. Phosphate in the arbuscular mycorrhizal symbiosis: transport properties and regulatory roles. Plant Cell Environ. 2007;30:310-22.

Lipman CB, MacKinney G. Proof of the essential nature of copper for higher green plants. Plant Physiology. 1931;6:593-9.

Malkanthi DRR, Yokoyama K, Yoshida T, Moritsugu M, Matsushita K. Effects of low pH and Al on growth and nutrient-uptake of several plants. Soil Sci Plant Nutr. 1995;41:161-5.

Mazé P. Determination des elements mineraux rares necessaires au developpement du maïs. Compt Rend Acad Sci France. 1915; 160:211-4.

Mengel K, Kirkby EA. Principles of plant nutrition. 5. ed. Dordrecht: Kluwer Academic; 2001. 849 p.

Sachs J, Knop W. Künstlischer Boden zu Vegetationsversuchen. Landw Versuchs-stat Dresden. 1865;341-4.

Sachs J, Knop W. Über die Ernährung der Pflanzen durch wäßerige Lösungen bei Ausschluss des Bodens. Landw Versuchs-stat Dresden. 1860;65-99, 270-293.

Sommer AL, Lipman CB. Evidence on the indispensable nature of zinc and boron for higher green plants. Plant Physiology. 1926;1:231-49.

Ville G. Les Engrais Chimiques. Entretiens Agricoles. Paris: Librairie Agricole; 1867. (Chemical Fertilizers. Agricultural Discussions).

Warington K. The effect of boric acid and borax on the broad bean and certain other plants. Ann Botany. 1923;37:629-72.

3 Fixação do Nitrogênio

Halley Caixeta Oliveira

Ciclo do nitrogênio

O nitrogênio (N) é o nutriente obtido do solo necessário em maiores quantidades para as plantas, participando da composição de biomoléculas como proteínas, clorofilas e nucleotídios. O nitrogênio tem sido reconhecido como um importante recurso que influencia o desempenho e a distribuição de espécies vegetais em ecossistemas naturais. Além disso, geralmente é um dos nutrientes que mais limitam o crescimento e a produtividade de plantas cultivadas em sistemas agrícolas.

O nitrogênio está presente nos diversos compartimentos da biosfera, podendo ocorrer em formas como nitrogênio molecular (N_2), nitrato (NO_3^-), nitrito (NO_2^-), amônia (NH_3), óxidos de nitrogênio (NOx: NO, NO_2 e N_2O) e compostos orgânicos nitrogenados (aminoácidos, bases nitrogenadas etc.). O conjunto de interconversões dessas formas nitrogenadas por meio de processos físico-químicos e biológicos compõe o ciclo biogeoquímico do nitrogênio (Figura 3.1).

A atmosfera constitui um importante reservatório de nitrogênio, e cerca de 78% do seu volume corresponde ao N_2. Apesar dessa elevada abundância, o N_2 não está disponível para as plantas, em virtude da alta estabilidade da ligação tripla covalente entre os dois átomos de nitrogênio. Assim, para que os nitrogênios do N_2 possam ser utilizados no metabolismo vegetal, essa ligação precisa ser quebrada. A transformação do N_2 em compostos nitrogenados mais reativos (NO_3^- ou NH_3) é conhecida como fixação do nitrogênio, que pode ocorrer por processos naturais e industriais (Figura 3.2).

A fixação industrial do nitrogênio se dá pelo processo de Haber-Bosch, no qual altas temperaturas (acima de 400°C), elevadas pressões (acima de 200 atm) e um catalisador metálico (geralmente a base de ferro) são necessários para a síntese de NH_3 a partir de N_2 e hidrogênio molecular (H_2) (Figura 3.2). Esse processo, que é a base para a produção de fertilizantes agrícolas nitrogenados, implica elevado gasto de energia, além dos custos ambientais associados à emissão de CO_2.

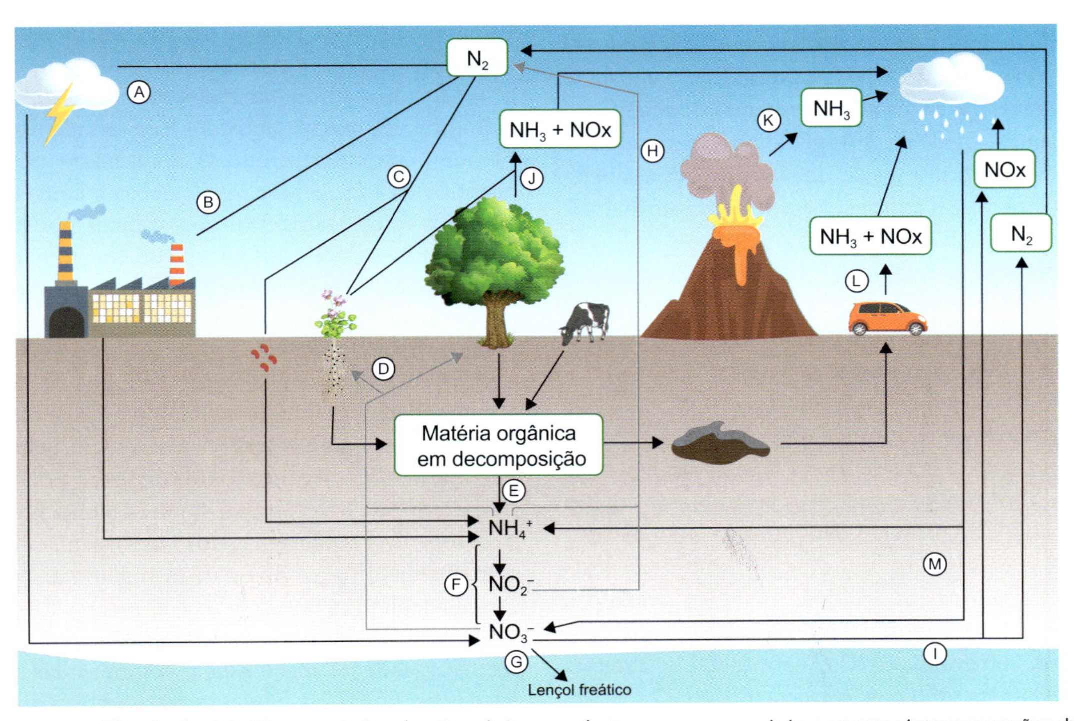

Figura 3.1 Esquema simplificado do ciclo biogeoquímico do nitrogênio, com destaque para as mais importantes interconversões do nitrogênio no solo e na atmosfera. **A.** Fixação atmosférica do nitrogênio. **B.** Fixação industrial do nitrogênio. **C.** Fixação biológica do nitrogênio, por microrganismos simbióticos e de vida livre. **D.** Absorção de íons nitrato e amônio pelas raízes. **E.** Amonificação. **F.** Nitrificação. **G.** Lixiviação. **H.** Oxidação anaeróbia do amônio e do nitrito (anamox). **I.** Desnitrificação. **J.** Volatilização de amônia e óxidos de nitrogênio pelas plantas. **K.** Liberação de amônia pela atividade vulcânica. **L.** Liberação de amônia e óxidos de nitrogênio pela queima de combustíveis fósseis. **M.** Precipitação de nitrato e amônio pela chuva.

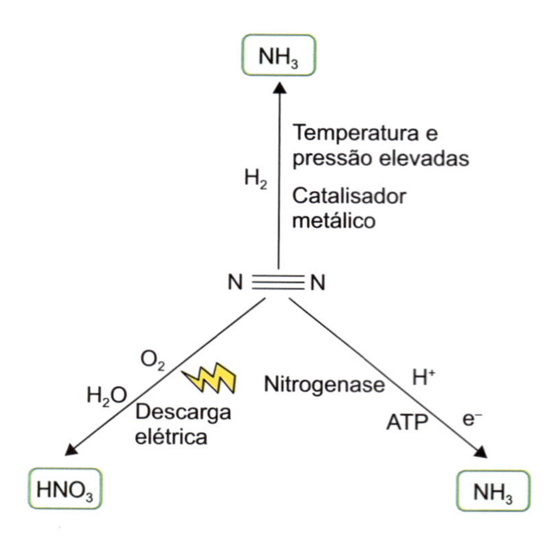

Figura 3.2 Processos de fixação atmosférica (à esquerda), biológica (à direita) e industrial (acima) do nitrogênio.

O nitrogênio pode ser fixado naturalmente na atmosfera pela ação de relâmpagos. Nesse caso, a energia das descargas elétricas permite a conversão de N_2, oxigênio molecular (O_2) e vapor de água a ácido nítrico (HNO_3), que é a forma protonada do NO_3^- (ver Figura 3.2). O nitrogênio também pode ser fixado a HNO_3 na atmosfera pelas reações fotoquímicas entre o óxido nítrico (NO) e o ozônio (O_3). Em ambos os processos, o HNO_3 produzido na atmosfera precipita-se sobre a Terra com a chuva.

No entanto, a maior parte do nitrogênio fixado naturalmente resulta da ação de certos microrganismos procariotos que apresentam o complexo enzimático da nitrogenase. A nitrogenase catalisa a conversão de N_2 e íons hidrogênio (H^+) a NH_3, em uma reação que demanda elevado aporte de ATP e fonte de elétrons (ver Figura 3.2). A NH_3 é um gás que, em meio aquoso e pH intracelular, se protona formando o íon amônio (NH_4^+). A fixação biológica do nitrogênio pode ser realizada por microrganismos procariotos de vida livre ou que estabelecem interações simbióticas com outros seres vivos, principalmente com algumas espécies de plantas.

Todos os processos de fixação do nitrogênio permitem a entrada de nitrogênio reativo (NO_3^- e NH_4^+) no solo. Esses íons podem então ser absorvidos pelas raízes das plantas e utilizados para a síntese de compostos orgânicos nitrogenados, os quais são transferidos aos animais ao longo da cadeia alimentar. Por sua vez, os compostos orgânicos nitrogenados presentes em resíduos ou matéria morta de animais e plantas são decompostos por fungos e bactérias, levando à formação de água, CO_2 e NH_4^+, no processo denominado amonificação (ver Figura 3.1).

Na maioria dos solos bem aerados, o NH_4^+ é oxidado a NO_3^- por bactérias nitrificadoras (ver Figura 3.1). Nesse processo, chamado de nitrificação, o NH_4^+ é oxidado inicialmente a NO_2^- por *Nitrosomas* spp., e posteriormente o NO_2^- é oxidado a NO_3^- por *Nitrobacter* spp. A nitrificação é inibida em solos pobres em O_2, ácidos ou frios, promovendo o acúmulo de NH_4^+ nessas condições. Enquanto o NH_4^+ encontra-se adsorvido nas partículas do solo, o NO_3^- tende a permanecer dissolvido na solução do solo, sendo facilmente carreado por lixiviação para o lençol freático.

Diversos processos resultam na transferência de nitrogênio do solo para a atmosfera (ver Figura 3.1). O NH_4^+ e o NO_2^- podem ser oxidados anaerobiamente por bactérias, levando à formação de N_2, no processo conhecido como anamox. O NO_3^- do solo também pode ser perdido para a atmosfera por desnitrificação, na qual bactérias anaeróbias reduzem o NO_3^- a N_2 e NOx, e o nitrogênio retorna à atmosfera. As plantas também podem perder NH_3 e NOx para a atmosfera por volatilização, especialmente após o solo ter sido fertilizado com altos níveis de nitrogênio. Além disso, a atividade vulcânica resulta na liberação de NH_3 na atmosfera, assim como a queima de combustíveis fósseis libera NH_3 e NOx. Os NOx (convertidos em HNO_3) e a NH_3 na atmosfera retornam ao solo pela chuva.

Nas últimas décadas, a agricultura intensiva, a queima de combustíveis fósseis e outras atividades antropogênicas têm levado a alterações no ciclo biogeoquímico do nitrogênio. Em particular, tem-se observado um grande aumento da disponibilidade de nitrogênio reativo na biosfera, o que pode provocar sérios impactos ambientais (Fowler *et al.*, 2013). Além das poluições atmosférica e aquática e suas consequências para a saúde humana, a deposição de nitrogênio reativo em ecossistemas terrestres está relacionada com uma acidificação dos solos e uma redução da biodiversidade vegetal, especialmente em razão da perda de espécies adaptadas a ambientes pobres em nitrogênio.

Fixação biológica do nitrogênio

Grande parte do nitrogênio reativo introduzido nos ecossistemas resulta da ação de microrganismos procariotos dos domínios Bacteria e Archaea. Estima-se que 90% do nitrogênio fixado naturalmente decorra do processo de fixação biológica. Os microrganismos capazes de fixar nitrogênio (denominados diazotróficos) apresentam o complexo enzimático da nitrogenase, que catalisa a conversão de N_2 em NH_3. Os microrganismos diazotróficos podem ser de vida livre, sendo encontrados no solo ou em ambientes aquáticos, sem se associarem diretamente com outros organismos. Outros estabelecem associações simbióticas com outros seres vivos, principalmente com algumas espécies vegetais. Nesse caso, os microrganismos fornecem o nitrogênio fixado diretamente para a planta hospedeira em troca de fotoassimilados. A associação normalmente não é obrigatória, de modo que muitos microrganismos simbióticos podem ser encontrados em vida livre. Similarmente, a planta hospedeira pode se desenvolver na ausência dos microrganismos simbióticos, principalmente se os níveis de nitrogênio disponível no solo forem adequados.

Há uma variedade de associações simbióticas entre plantas e microrganismos diazotróficos, algumas das quais exemplificadas na Tabela 3.1. Pode ocorrer também a simbiose entre microrganismos diazotróficos e outros tipos de organismos além de plantas, como as que acontecem entre cianobactérias e diatomáceas em ecossistemas marinhos e entre cianobactérias e fungos em líquens.

Tabela 3.1 Exemplos de associações simbióticas entre plantas e microrganismos diazotróficos.

Grupo taxonômico	Planta hospedeira	Microrganismo	Localização
Angiospermas	Leguminosas	Rizóbios (*Azorhizobium*, *Bradyrhizobium*, *Mesorhizobium*, *Rhizobium* e *Sinorhizobium*, entre outros gêneros)	Nódulos em raízes (mais frequente) ou caules
	Parasponia spp.	Rizóbios (*Bradyrhizobium*, *Mesorhizobium*, *Rhizobium* e *Sinorhizobium*)	Nódulos em raízes
	Espécies actinorrízicas (gêneros *Alnus*, *Myrica*, *Casuarina*, *Rubus* etc.)	Actinobactérias (*Frankia*)	
	Gunnera spp.	Cianobactérias (*Nostoc*)	Glândulas no caule
Gimnospermas	Cicadáceas		Raízes coraloides
Pteridófitas	*Azolla* spp.		Cavidades nas folhas
Briófitas	Anthocerophyta		Cavidades no talo do gametófito

A simbiose mais comum consiste na associação entre espécies da família Fabaceae (leguminosas) e proteobactérias conhecidas como rizóbios (incluindo os gêneros *Azorhizobium*, *Bradyrhizobium*, *Mesorhizobium*, *Rhizobium* e *Sinorhizobium*, entre outros; ver Tabela 3.1). Nesse caso, a infecção com os rizóbios leva ao desenvolvimento de estruturas especializadas denominadas nódulos, os quais abrigam o tecido infectado pelos microrganismos (Figura 3.3). Os nódulos fornecem um ambiente que favorece os processos de fixação do nitrogênio e troca de nutrientes entre os rizóbios e a planta. Quase sempre os nódulos são formados nas raízes. No entanto, existem exceções em que se formam nódulos caulinares, como ocorre na associação entre *Azorhizobium caulinodans* e *Sesbania rostrata*, leguminosa típica de ambientes alagados. São conhecidas mais de 3 mil espécies de leguminosas (principalmente das subfamílias Faboideae e Mimosoideae) que apresentam simbiose com rizóbios.

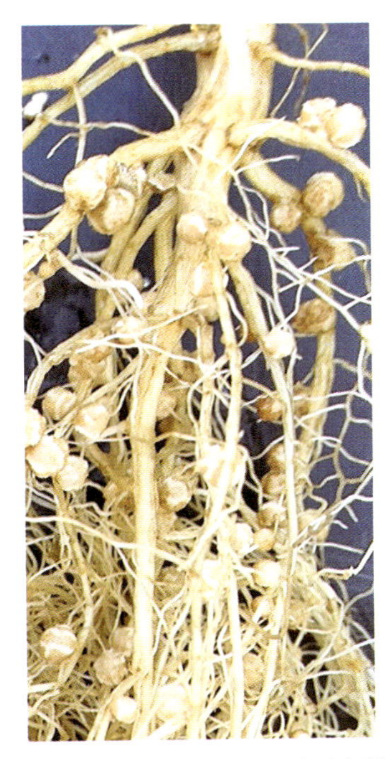

Figura 3.3 Raízes noduladas de *Glycine max* (soja). Observar o formato esférico característico dos nódulos determinados. Imagem gentilmente cedida pelo Prof. Dr. Luciano do Amarante (Universidade Federal de Pelotas).

Alguns rizóbios também podem estabelecer simbiose com as árvores não leguminosas do gênero *Parasponia* (família Cannabaceae). Além disso, actinobactérias (também conhecidas como actinomicetos) do gênero *Frankia* podem se associar simbioticamente com espécies arbóreas ou arbustivas não leguminosas, como *Alnus rubra* (amieiro) e *Myrica gale* (murta; ver Tabela 3.1). Em ambos os casos, a associação com rizóbios ou *Frankia* induz a formação de nódulos nas raízes. São conhecidas mais de 200 espécies de plantas (chamadas de actinorrízicas), de oito famílias de angiospermas, que interagem com *Frankia*, ao passo que todas as cinco espécies do gênero *Parasponia* podem estabelecer simbiose com rizóbios.

Cianobactérias diazotróficas, em especial as pertencentes ao gênero *Nostoc*, podem estabelecer interações simbióticas com espécies vegetais de diferentes grupos taxonômicos (ver Tabela 3.1). Em contraste com as associações entre plantas e rizóbios ou actinobactérias, nas interações planta-cianobactéria não se formam nódulos, e a estrutura vegetal colonizada pelos microrganismos se desenvolve independentemente da infecção. Destaca-se a associação obrigatória entre a pequena pteridófita aquática *Azolla* spp. e a cianobactéria *Nostoc azollae* (também denominada *Anabaena azollae*), que se acomoda em cavidades especializadas das folhas da planta hospedeira. Entre as gimnospermas, as cicadáceas interagem com cianobactérias, localizadas no interior de raízes coraloides da planta hospedeira.* Já entre as briófitas, a maioria das Anthocerophyta e poucas hepáticas abrigam cianobactérias simbióticas em cavidades no talo do gametófito, enquanto em alguns musgos se observam cianobactérias epifíticas. Outro exemplo é a simbiose entre angiospermas do gênero *Gunnera* e cianobactérias que entram por glândulas especializadas do caule e se alojam no interior de células corticais. As glândulas são formadas em condições de baixa disponibilidade de nitrogênio no solo, mesmo na ausência de cianobactérias.

Além das interações simbióticas anteriormente descritas, têm sido relatadas associações de bactérias diazotróficas com outras angiospermas, principalmente gramíneas. Essas bactérias podem ser endofíticas, alojando-se no apoplasto de tecidos vegetais, ou associativas, colonizando a rizosfera ou o

* Raízes coraloides de cicadáceas são raízes adventícias que crescem para cima e se ramificam próximo à superfície do solo, apresentando forma semelhante à de um coral.

rizoplano.* Bactérias diazotróficas, como *Gluconacetobacter diazotrophicus* e *Herbaspirillum seropedicae*, foram identificadas no apoplasto de tecidos do caule de *Saccharum officinarum* (cana-de-açúcar), atuando como endofíticas nessa espécie vegetal. Estudos sugerem que essas bactérias possam contribuir com uma porcentagem considerável do nitrogênio demandado pela cana-de-açúcar (Oliveira *et al.*, 2002). Além disso, a associação de plantas de milho (*Zea mays*), trigo (*Triticum aestivum*) e arroz (*Oryza sativa*) com bactérias diazotróficas, como *Azospirillum brasilense*, geralmente resulta em uma promoção do crescimento vegetal (Santi *et al.*, 2013). Todavia, não está claro até que ponto esse efeito deriva de uma transferência direta do nitrogênio fixado para a planta ou de outros mecanismos, como a alteração do balanço hormonal, a solubilização de fosfato e a produção de vitaminas pelas bactérias.

Formação do nódulo em leguminosas

Sem dúvida, a associação entre rizóbios e leguminosas é a mais estudada das simbioses entre plantas e microrganismos diazotróficos. Inicialmente, acreditava-se que os nódulos de leguminosas decorriam de uma doença. Apenas no fim do século 19, a função dos nódulos na fixação de nitrogênio foi sugerida por Hellriegel e Wilfarth, que observaram que plantas de feijão com raízes noduladas poderiam crescer na ausência de fertilizantes nitrogenados. Desde então, vários pesquisadores têm investigado o mecanismo de formação de nódulos em leguminosas.

Os rizóbios podem viver livres no solo e crescer heterotroficamente na presença de compostos orgânicos. Da mesma forma, as leguminosas podem se desenvolver sem se associar com os rizóbios. Para que a simbiose se estabeleça, é necessário haver uma troca de sinais e um mútuo reconhecimento entre o rizóbio e a planta hospedeira, o que garante especificidade à interação. Essa troca de sinais normalmente é favorecida em solos com baixa disponibilidade de nitrogênio, possibilitando maior formação de nódulos e fixação simbiótica do nitrogênio nessa condição. Os processos de reconhecimento planta-rizóbio, infecção da raiz e desenvolvimento do nódulo envolvem um grupo de genes específicos do rizóbio (genes *nod*) e da planta hospedeira (genes que codificam nodulinas).

Primeiro, o rizóbio necessita multiplicar-se próximo à superfície da raiz antes de se aderir a esse órgão. Substâncias exsudadas pelas raízes podem estimular a multiplicação do rizóbio e sua migração em direção à rizosfera da planta hospedeira (Figura 3.4). Entre as principais moléculas sinalizadoras liberadas pelas raízes das leguminosas, encontram-se alguns flavonoides, que são compostos fenólicos provenientes do metabolismo secundário vegetal. Flavonoides específicos são reconhecidos pela proteína NodD, expressa constitutivamente pelo rizóbio. Após a ligação com os flavonoides, a proteína NodD é ativada e atua como um fator de transcrição, ligando-se a regiões conservadas do DNA conhecidas como *nodbox* e induzindo a expressão de outros genes *nod* do rizóbio.

A transcrição dos genes *nod* leva à produção de enzimas associadas à biossíntese dos fatores Nod, que são oligossacarídios de lipoquitina com função sinalizadora (Figura 3.4). Cada fator Nod apresenta um esqueleto de 3 a 6 unidades de *N*-acetil-D-glicosamina com ligações beta-(1⟶4), característico da quitina, em cuja extremidade não redutora se encontra ligado um ácido graxo. Os genes *nod* comuns (*nodA*, *nodB* e *nodC*), encontrados em todos os rizóbios, codificam enzimas associadas à síntese da estrutura básica dos oligossacarídios de lipoquitina. Já os genes *nod* hospedeiro-específicos (*nodE*, *nodF*, *nodG* etc.), cuja presença varia entre as espécies de rizóbio, codificam enzimas envolvidas na modificação do ácido graxo e na adição de grupos laterais aos fatores Nod, como sulfato ou açúcares. A estrutura química dos fatores Nod é crucial para o reconhecimento entre o rizóbio e a planta hospedeira, adicionando especificidade à interação simbiótica, além da composição dos exsudatos das raízes.

Os fatores Nod produzidos pelos rizóbios se ligam a proteínas receptoras da leguminosa, muitas vezes encontradas nos pelos das raízes. Cada espécie de leguminosa hospedeira responde a um fator Nod específico. Assim, espécies de rizóbios com uma faixa ampla de plantas hospedeiras produzem diferentes tipos de fatores Nod, em contraposição àquelas que apresentam maior especificidade. Além dos fatores Nod, a especificidade da associação simbiótica envolve a interação entre lectinas do pelo radicial com polissacarídios da superfície da bactéria, como lipopolissacarídios e polissacarídios extracelulares.**

Os fatores Nod induzem várias respostas na raiz da planta hospedeira (Figura 3.4), as quais podem ser mediadas pela expressão de genes de nodulinas precoces da planta. Dois processos coordenados ocorrem simultaneamente: a infecção do pelo pela bactéria e a organogênese do nódulo. Após a adesão do rizóbio, fatores Nod induzem uma reorganização do citoesqueleto e um pronunciado enrolamento do pelo, envolvendo os microrganismos (Figura 3.5). Nessa região, ocorre uma degradação localizada da parede celular do pelo, de modo que os rizóbios entram em contato com a membrana plasmática vegetal.

Em seguida, forma-se o canal ou cordão de infecção, uma estrutura tubular composta pela invaginação da membrana plasmática e da parede celular do pelo da raiz, em cujo interior se localizam os rizóbios em proliferação (Figuras 3.5 e 3.6). O canal de infecção cresce em direção à base da célula pela fusão de vesículas secretoras derivadas do complexo de Golgi, envolvendo a incorporação de membranas e a formação de uma parede semelhante à parede celular do pelo. Após atingir a base do pelo, o canal de infecção pode se ramificar pelas células corticais (Figura 3.5). Dessa forma, o canal de infecção permite a condução dos rizóbios até o córtex da raiz, onde está sendo formado o primórdio nodular.

* A rizosfera é a região do solo que sofre influência da raiz, enquanto o rizoplano compreende a superfície da raiz e as partículas do solo e matéria orgânica aderidas a ela.

** As lectinas são glicoproteínas de origem vegetal capazes de se ligar a carboidratos específicos.

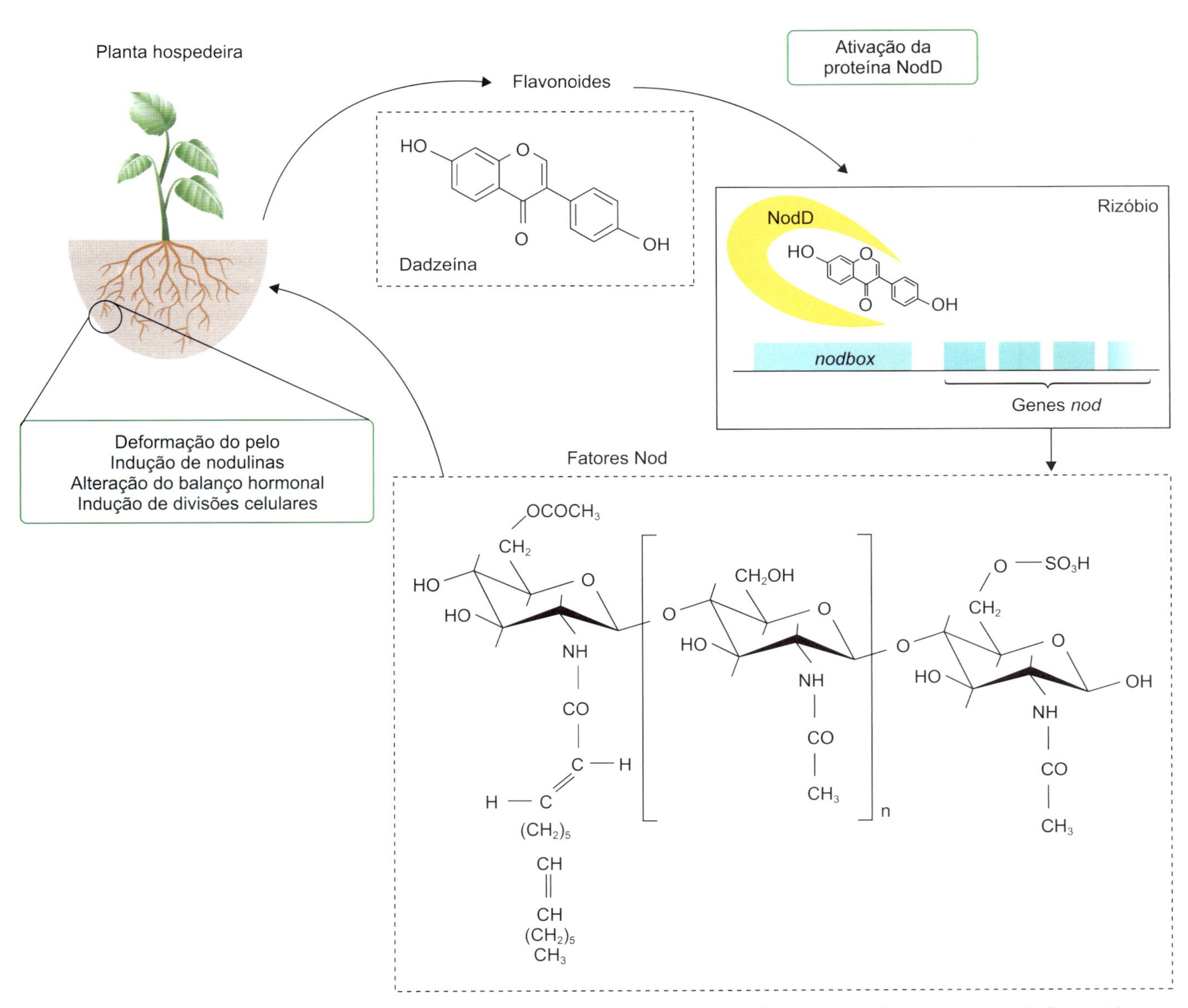

Figura 3.4 Troca de sinais durante o estabelecimento da simbiose entre leguminosas e rizóbios. A raiz da leguminosa exsuda flavonoides, que podem ser reconhecidos pela proteína NodD do rizóbio. Essa proteína, após sua ativação pelo flavonoide, se liga à região promotora dos *operons nod*, que apresentam sequências conservadas conhecidas como *nodbox*. Com isso, há a expressão de outros genes *nod*, os quais estão envolvidos na síntese dos fatores Nod pelo rizóbio. Essas moléculas sinalizadoras são oligossacarídios de lipoquitina capazes de induzir diversas respostas na raiz da leguminosa, levando aos processos de infecção e desenvolvimento do nódulo.

Em ao menos 25% dos gêneros de leguminosas, a infecção dos rizóbios se dá pela invasão intercelular, não ocorrendo infecção via pelo das raízes ou formação do canal de infecção (Ibanez *et al.*, 2017). Nesse caso, as bactérias podem penetrar por entre as células epidérmicas, como observado em *Mimosa scabrella* (bracatinga). A penetração pode se dar também por rupturas da epiderme e do córtex provocadas pela emergência das raízes laterais ou ferimentos, como ocorre em *Arachis hypogaea* (amendoim).

Em paralelo à infecção, ocorre a formação do primórdio nodular na região cortical da raiz (Figura 3.5). Em resposta aos fatores Nod, há uma alteração do balanço hormonal nas células da raiz, o que inclui um aumento da produção e da sensibilidade às citocininas. Essas moléculas, por sua vez, geram uma inibição localizada do transporte polar de auxina e um subsequente acúmulo desse hormônio em células corticais específicas. Auxinas e citocininas estimulam os processos de desdiferenciação e divisão de células, levando à organogênese do nódulo. Contudo, a produção localizada de etileno bloqueia a divisão de células próximas ao floema da raiz, de modo que o primórdio nodular é formado em posição oposta à dos polos do protoxilema.

Os rizóbios são liberados no citosol das células do primórdio nodular, permanecendo no interior de vesículas derivadas da membrana plasmática da célula hospedeira (Figura 3.5). As bactérias podem se multiplicar antes e após sua liberação do canal de infecção. A partir de um sinal da planta, as bactérias param de se dividir e sofrem transformações morfológicas (aumento de tamanho e modificação da forma) e fisiológicas (indução dos genes relacionados com a fixação do nitrogênio),

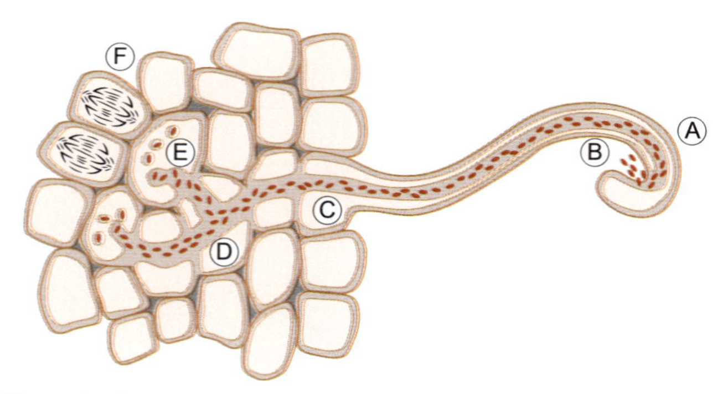

Figura 3.5 Principais etapas da infecção da raiz de uma leguminosa por rizóbios. **A.** Hipertrofia e enrolamento do pelo. **B.** Envolvimento dos rizóbios pelo pelo e degradação localizada da parede celular do pelo. **C.** Formação e crescimento do canal de infecção em direção à base do pelo. **D.** Ramificação do canal de infecção pelas células corticais. **E.** Liberação dos rizóbios no citosol de células corticais, envolvidos por uma membrana derivada da membrana plasmática de célula da planta hospedeira. **F.** Concomitantemente à infecção, há a desdiferenciação e divisão de células corticais, levando à formação do primórdio nodular.

passando a ser denominadas bacteroides (Figura 3.7). Os bacteroides são envolvidos pela membrana peribacteroide, constituindo o simbiossomo. A região do simbiossomo entre os bacteroides e a membrana peribacteroide é chamada de espaço peribacteroide. Dessa forma, os simbiossomos são organelas endossimbiontes, no interior das quais os bacteroides realizam a fixação do nitrogênio. Um simbiossomo pode conter apenas um ou vários bacteroides, dependendo da espécie de leguminosa. Já uma célula infectada pode apresentar em seu interior de centenas a milhares de simbiossomos (Figura 3.7).

Com a formação dos simbiossomos, há a indução da expressão de genes da planta que codificam nodulinas tardias, associadas ao funcionamento do nódulo. As nodulinas tardias incluem enzimas associadas ao metabolismo de carbono no nódulo e à assimilação da NH_3 produzida na fixação, além de proteínas de transporte localizadas na membrana peribacteroide, que permitem a troca de metabólitos entre os bacteroides e o citosol da célula infectada. A nodulina tardia mais abundante é a leg-hemoglobina (pode corresponder a mais de 20% das proteínas do nódulo), que apresenta cor avermelhada e tem a função de carrear o O_2 para a respiração dos bacteroides. Portanto, o nódulo funcional apresenta o tecido infectado com coloração rosada ou avermelhada contrastando com a ausência dessa coloração dos tecidos restantes, visíveis a olho nu (Figura 3.8). O nódulo não funcional é facilmente reconhecível pelo fato de seu interior apresentar coloração esbranquiçada em virtude dos baixos níveis da leg-hemoglobina (Figura 3.8).

Tipos de nódulos de leguminosas

Há dois tipos principais de nódulos que podem ser encontrados em leguminosas: determinados ou indeterminados. Os primeiros caracterizam-se por apresentar um tecido meristemático que permanece ativo mesmo no nódulo maduro, o que permite seu constante crescimento (Figura 3.9). Algumas células (chamadas intersticiais) não são infectadas, e os nódulos resultantes apresentam forma alongada e cilíndrica (Figuras 3.9 e 3.10). Além disso, distintas zonas de células podem ser observadas em nódulos indeterminados, incluindo células meristemáticas em rápida divisão no ápice do nódulo, células maduras contendo bacteroides ativos (mais avermelhadas) e células senescentes (menos avermelhadas) na base, próximo à inserção na raiz (Figura 3.10).

Os nódulos determinados são normalmente esféricos, sem apresentar uma região meristemática típica quando maduros (Figuras 3.3, 3.8 e 3.9). Dessa forma, eles se desenvolvem até certo tamanho e, depois, não crescem mais. Os rizóbios são liberados em células do córtex externo, as quais se dividem e formam o tecido infectado, observando-se um grupo homogêneo de células. Por sua vez, nos nódulos indeterminados, as divisões celulares se iniciam no córtex interno. Em ambos

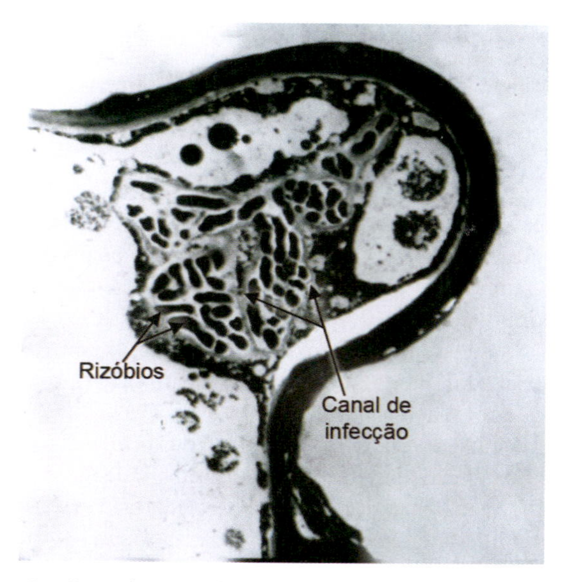

Figura 3.6 Corte de um pelo de raiz de *Dimorphandra jorgei* sendo infectado por rizóbios. Os rizóbios são as células mais densas e estão localizadas dentro do canal de infecção. Imagem gentilmente cedida pelo Dr. Sérgio Miana de Faria (Embrapa Agrobiologia).

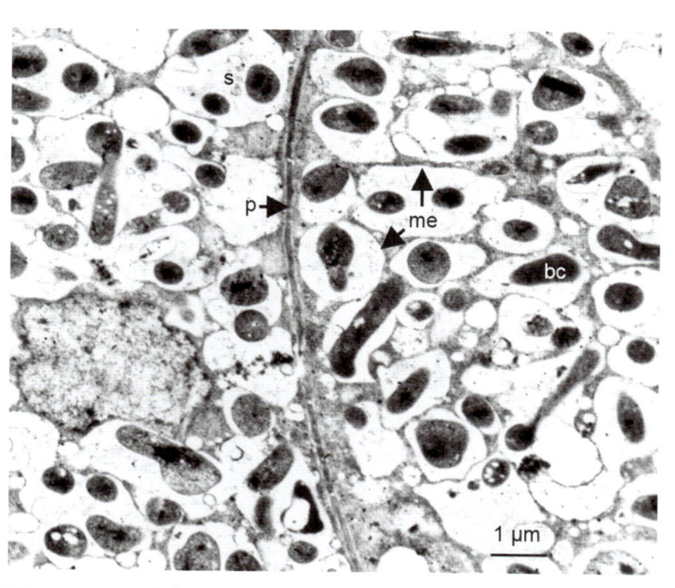

Figura 3.7 Células infectadas de *Tipuana tipu*. bc: bacteroide; me: membrana peribacteroide; p: parede da célula vegetal infectada; s: simbiossomo. Imagem cedida pela Profa. Dra. Lázara Cordeiro (Universidade Estadual Paulista/Rio Claro).

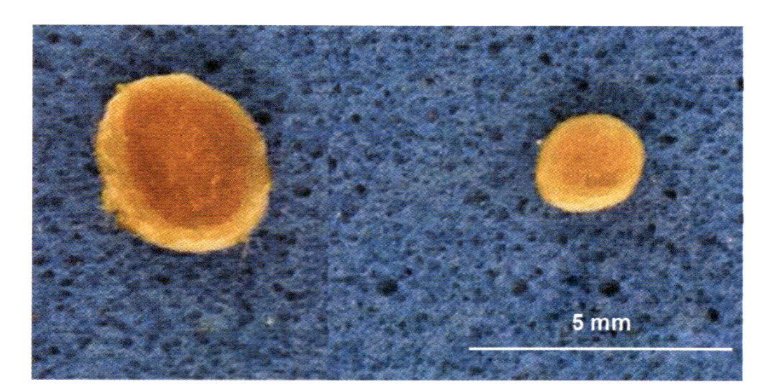

Figura 3.8 Corte de nódulos de plantas de soja cultivadas com diferentes níveis de nitrogênio. O nódulo à esquerda foi coletado da raiz de uma planta cultivada na ausência de nitrogênio disponível (nitrato ou amônio). Observar a coloração avermelhada de seu interior, indicativa de altos níveis de leg-hemoglobina e da elevada atividade do nódulo. O nódulo à direita foi coletado da raiz de uma planta cultivada na presença de altos níveis de nitrato. Verificar nesse caso que a coloração interna é bem mais clara, indicando baixos níveis de leg-hemoglobina e reduzida atividade do nódulo. Notar também o menor tamanho do nódulo à direita. Imagem de Msc. Mariana Fernandes Hertel (Universidade Estadual de Londrina).

os tipos de nódulos, a presença de tecidos vasculares bem desenvolvidos é de suma importância para a exportação dos compostos nitrogenados para outras partes da planta e para a provisão de fotoassimilados para os bacteroides.

O tipo de nódulo é uma característica de cada espécie de leguminosa. *Mimosa bimucronata* (espinho-de-maricá), *Lonchocarpus muehlbergianus* (embira-de-sapo) e *Pisum sativum* (ervilha) são exemplos de espécies com nódulos indeterminados. Por sua vez, nódulos determinados estão presentes em *Dalbergia nigra* (jacarandá-da-baía), *Phaseolus vulgaris* (feijão) e *Glycine max* (soja).

Bioquímica da fixação do nitrogênio

Em todos os microrganismos diazotróficos, a fixação de N_2 é catalisada pelo complexo da enzima nitrogenase, conforme a reação a seguir:

$$N_2 + 8\,H^+ + 8\,e^- + 16\,ATP \longrightarrow 2\,NH_3 + H_2 + 16\,ADP + 16\,P_i$$

No processo de fixação, a ligação tripla do N_2 é rompida. Cada átomo de nitrogênio se liga a três íons H^+ e recebe três elétrons, formando no total duas moléculas de NH_3. Adicionalmente, dois íons H^+ são reduzidos, formando uma molécula de H_2. Além de fontes de elétrons, todo o processo demanda a energia proveniente da hidrólise de 16 moléculas de ATP a cada duas moléculas de NH_3 formadas.

O complexo da enzima nitrogenase é formado por duas proteínas (Figura 3.11), codificadas por genes *nif* do microrganismo. A Fe-proteína é composta por duas subunidades idênticas (homodímero), codificadas pelo gene *nifH*, apresentando grupos ferro-enxofre. Já a Mo-Fe-proteína apresenta quatro subunidades codificadas por dois genes *nif* distintos (*nifD* e *nifK*). O heterotetrâmero dispõe de dois centros catalíticos, os quais apresentam grupos ferro-enxofre e o cofator ferro-molibdênio. Ambas as proteínas só apresentam atividade catalítica quando se associam, formando o complexo da enzima nitrogenase. Uma característica importante da nitrogenase é que tanto a Fe-proteína quanto a Mo-Fe-proteína são rápida e irreversivelmente inativadas pelo O_2. Dessa forma, a atividade nitrogenase é inibida pelo O_2, dependendo de condições anaeróbias ou microaeróbias para que ocorra a fixação do nitrogênio.

Nos nódulos de leguminosas, o ATP e os elétrons necessários para a fixação do nitrogênio são provenientes da oxidação da sacarose fornecida pelo floema da planta hospedeira

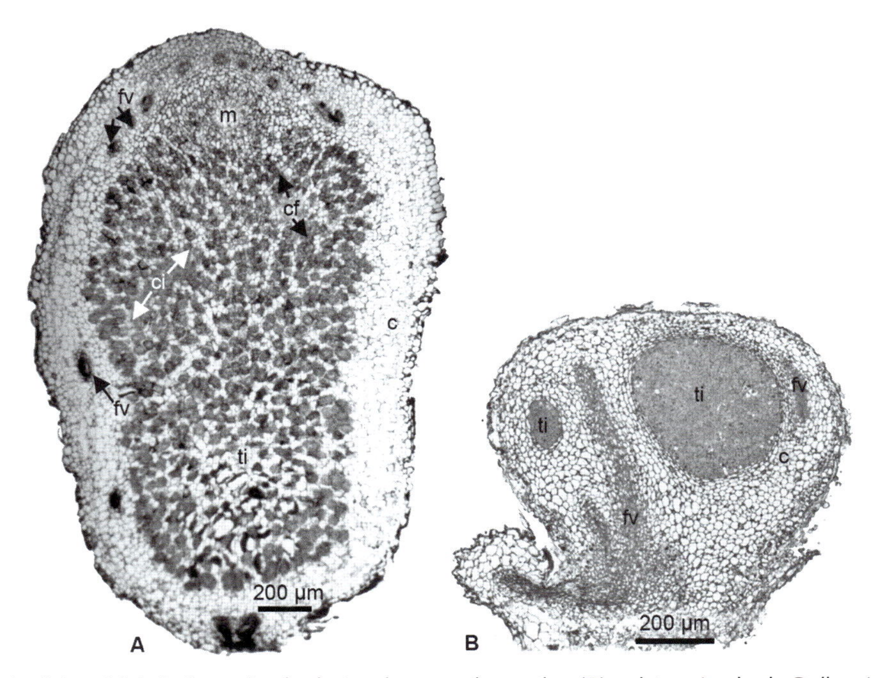

Figura 3.9 Corte longitudinal do nódulo indeterminado de *Lonchocarpus leucanthus* (**A**) e determinado de *Dalbergia nigra* (**B**). Observe o formato alongado do nódulo indeterminado, no qual há células intersticiais (mais claras) em meio às células infectadas (mais escuras). O nódulo determinado tem formato esférico, apresentando uma massa homogênea de tecido infectado, sem células intersticiais. Outra diferença notável é a presença de meristema apical apenas no nódulo indeterminado. c: córtex; cf: células infectadas; ci: células intersticiais; fv: feixe vascular; m: meristema apical; ti: tecido infectado. Imagem da Profa. Dra. Lázara Cordeiro (Universidade Estadual Paulista/Rio Claro).

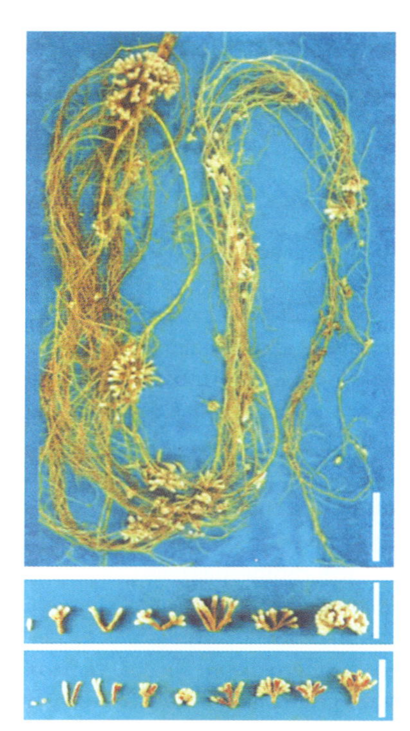

Figura 3.10 Raízes de *Mimosa bimucronata* apresentando nódulos indeterminados, caracterizados pelo seu formato alongado. Na imagem superior, observa-se a distribuição dos nódulos no sistema radicial da leguminosa, enquanto a imagem do meio apresenta nódulos em diferentes estágios de desenvolvimento. Na imagem de baixo, notam-se os nódulos seccionados longitudinalmente, evidenciando-se a coloração interna avermelhada decorrente da presença da leg-hemoglobina. Vale observar que a coloração interna apresenta a zonação característica de nódulos indeterminados, em que a porção apical (células infectadas mais jovens e ativas) tem um vermelho mais intenso que a porção basal (células senescentes e menos ativas). Escala: 2 cm. Imagens cedidas pela Profa. Dra. Camila Maistro Patreze (Universidade Federal do Estado do Rio de Janeiro).

(Figura 3.11). Ainda nas células da raiz da planta hospedeira, a sacarose é metabolizada a ácidos dicarboxílicos, principalmente malato, os quais são os principais substratos transferidos para os bacteroides. Em seguida, esses compostos são oxidados no ciclo dos ácidos tricarboxílicos (ciclo de Krebs) do bacteroide, levando à liberação de CO_2 e à redução de transportadores de elétrons, como o NADH. Por sua vez, os transportadores de elétrons podem reduzir a ferredoxina, a qual fornece os elétrons para a reação catalisada pela nitrogenase.*

Além disso, os transportadores de elétrons podem ser oxidados pela cadeia respiratória do bacteroide, em um processo no qual se forma a maior parte do ATP utilizada na fixação do nitrogênio (Figura 3.11). Como os rizóbios são microrganismos aeróbios, o aceptor final de elétrons da cadeia respiratória é o O_2, fornecido pela leg-hemoglobina. A leg-hemoglobina consegue assim prover o O_2 para a respiração do bacteroide, ao mesmo tempo que mantém baixíssimos níveis desse gás livre no nódulo, prevenindo a inativação da nitrogenase. Mais detalhes sobre os papéis da leg-hemoglobina na fixação do nitrogênio serão discutidos na próxima seção.

* A ferredoxina é uma proteína ferro-enxofre que intermedeia transferências de elétrons em várias reações metabólicas (ver Capítulo 5).

A ferredoxina atua como o principal doador de elétrons para a nitrogenase nos nódulos (Figura 3.11). A Fe-proteína recebe os elétrons da ferredoxina reduzida, ligando-se em seguida ao ATP, o que a torna um redutor forte. A Fe-proteína transfere então os elétrons para a Mo-Fe-proteína, com subsequente hidrólise do ATP a ADP e P_i. Já a Mo-Fe-proteína completa a transferência de elétrons reduzindo o N_2 e íons H^+ com a produção de NH_3 e H_2. A Mo-Fe-proteína pode reduzir outros substratos, apesar de a redução de N_2 e H^+ ser a única a ocorrer naturalmente. Por exemplo, a redução do acetileno (provido exogenamente) a etileno pode ser utilizada para estimar a atividade da nitrogenase. A atividade da nitrogenase pode ser também determinada pela dosagem do H_2 liberado, um método que fornece dados quantitativos mais confiáveis que a redução do acetileno.

A NH_3 formada por ação da nitrogenase é rapidamente protonada em meio aquoso sob o pH intracelular, formando NH_4^+ (Figura 3.11). Esse cátion é transportado para o citosol da célula vegetal infectada, pelos canais presentes na membrana peribacteroide. Em razão de sua toxicidade, o NH_4^+ é logo incorporado à molécula de glutamato na célula vegetal, formando glutamina, em uma reação catalisada pela enzima glutamina sintetase do nódulo. Após a formação de glutamina, o destino do nitrogênio fixado depende dos compostos utilizados para o transporte de nitrogênio na seiva do xilema da planta hospedeira. Em algumas leguminosas, principalmente espécies de clima temperado, o nitrogênio é exportado via xilema para outras partes da planta na forma de amidas (glutamina e asparagina). Por sua vez, leguminosas tropicais geralmente exportam o nitrogênio na forma de ureídos (p. ex., alantoína e ácido alantoico), compostos que apresentam uma razão C:N muito baixa. No caso dessas espécies, a dosagem de ureídos na seiva do xilema pode ser utilizada como um bom indicativo do grau de fixação de nitrogênio no nódulo. As reações de assimilação do NH_4^+ e o transporte de nitrogênio na seiva do xilema serão apresentados com mais detalhes no Capítulo 4.

Além da NH_3, outro produto da nitrogenase é o H_2, formado a partir da redução de dois íons H^+. A formação de H_2 compete com o próprio N_2 pelo recebimento de elétrons provenientes da Mo-Fe-proteína, diminuindo assim a eficiência do processo de fixação de nitrogênio. Entretanto, alguns rizóbios e outros microrganismos diazotróficos apresentam a hidrogenase (Figura 3.11). Essa enzima cliva o H_2 antes que ele se difunda para fora do simbiossomo, regenerando elétrons que podem ser utilizados na produção de ATP pela cadeia respiratória do bacteroide. Dessa forma, a expressão da hidrogenase em rizóbios está associada a uma maior eficiência da fixação de nitrogênio e, por conseguinte, a níveis aumentados de nitrogênio nos tecidos da planta hospedeira (Baginsky *et al.*, 2005).

Fatores que afetam a fixação do nitrogênio

Oxigênio

O O_2 tem um efeito paradoxal sobre a fixação de nitrogênio. Apesar de o O_2 e a respiração estarem geralmente envolvidos no suprimento dos altos níveis de ATP requeridos para

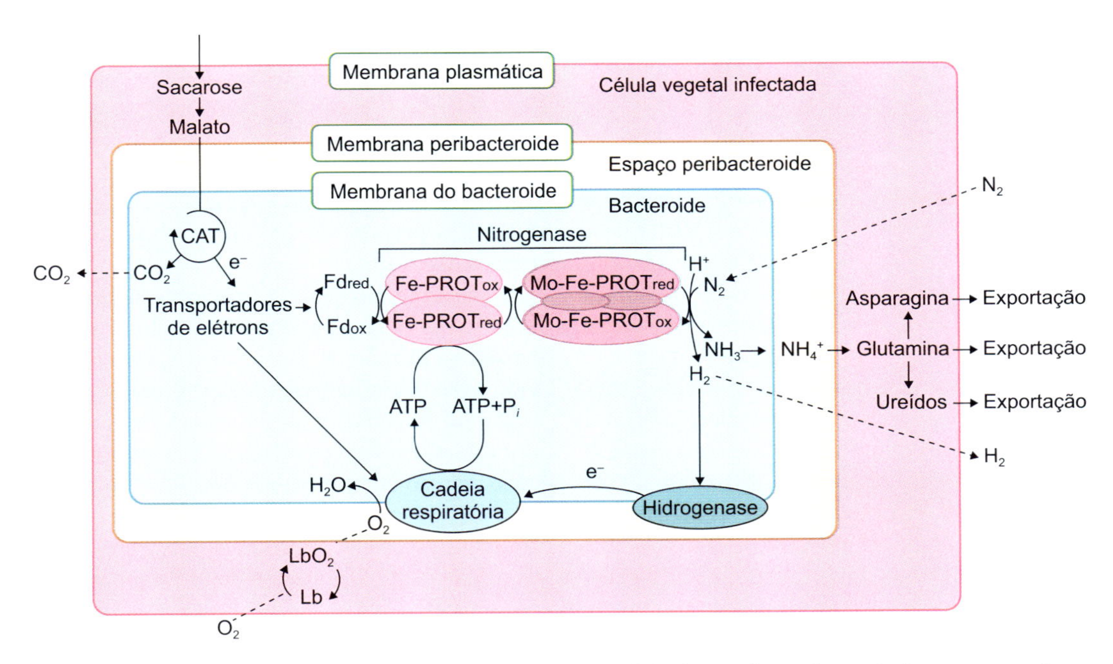

Figura 3.11 Processos bioquímicos envolvidos na fixação do nitrogênio no nódulo de uma leguminosa. A nitrogenase está representada pelas duas proteínas – ferro-proteína (Fe-PROT) e molibdênio-ferro-proteína (Mo-Fe-PROT) –, nas formas oxidada (ox) e reduzida (red). CAT: ciclo dos ácidos tricarboxílicos; e⁻: elétrons; Lb: leg-hemoglobina; Fd_{red}: ferredoxina reduzida; Fd_{ox}: ferredoxina oxidada.

a fixação do nitrogênio, a nitrogenase é rápida e irreversivelmente inativada pelo O_2. Que estratégias foram desenvolvidas pelos microrganismos diazotróficos simbióticos ou de vida livre que lhes permitem manter a nitrogenase funcional em um planeta coberto por 21% de O_2 sem comprometer o aporte de energia necessário para a fixação do nitrogênio?

A estratégia mais óbvia é a apresentada por microrganismos diazotróficos anaeróbios de vida livre, como *Rhodospirillum* e *Clostridium*, já que eles não dependem do O_2 para produzir ATP. Eles são encontrados somente em ambientes anaeróbios, sem haver o contato da nitrogenase com o O_2. Outras bactérias são anaeróbias facultativas, normalmente fixando o nitrogênio apenas quando se encontram em ambientes sem O_2.

Por sua vez, microrganismos aeróbios necessariamente dependem do O_2 para obter energia, apresentando estratégias que reduzem os níveis desse gás no microambiente da nitrogenase. Membros da família Azotobacteriaceae apresentam um sistema de membranas intracelulares que formam nichos nos quais a nitrogenase fica localizada, protegida do O_2. Outro mecanismo apresentado, em particular por *Azotobacter*, é a proteção respiratória, que consiste na manutenção de baixas tensões de O_2 por meio de uma elevada taxa respiratória. Além disso, espécies de *Azotobacter* podem produzir grandes quantidades de polissacarídios extracelulares, que limitam a difusão do O_2 para dentro da célula (Figura 3.12).

Já as cianobactérias, além de serem aeróbias, liberam O_2 durante a fotossíntese. Em alguns desses microrganismos, como os do gênero *Cyanothece*, esse problema é resolvido pela separação temporal entre a fixação de nitrogênio e a fotossíntese. Em outras cianobactérias, como *Nostoc* spp., a nitrogenase se

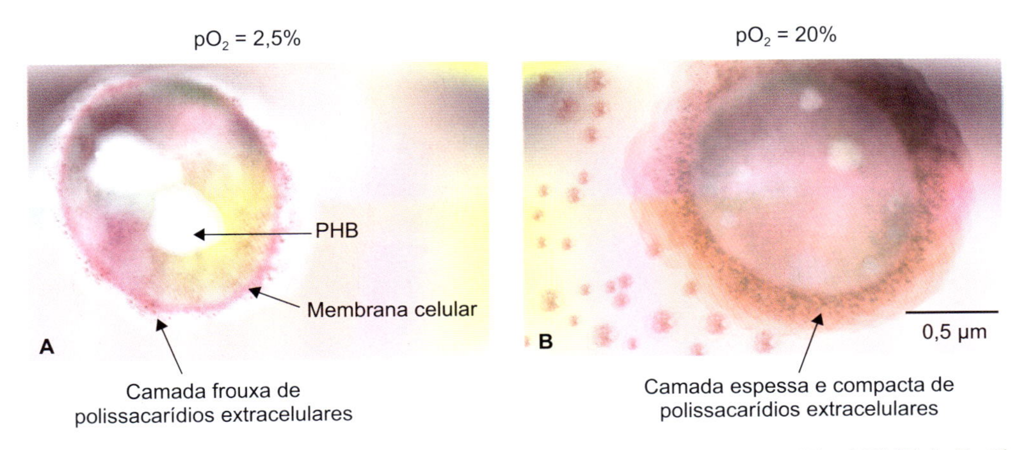

Figura 3.12 Micrografia eletrônica de células de *Azotobacter vinelandii* cultivadas em meio com 2,5% (**A**) e 20% (**B**) de O_2. Observe que sob 20% de O_2 as células apresentam uma camada espessa e compacta de polissacarídios extracelulares, que limita a difusão de O_2 para dentro da célula. Sob baixos níveis de O_2, a camada de polissacarídios é mais frouxa. Poli-beta-hidroxibutirato (PHB) é acumulado em condições de limitação de O_2 como forma de armazenamento de carbono e energia. Adaptada de Sabra *et al.* (2000).

localiza em células especializadas chamadas de heterocistos, que apresentam uma parede celular espessada, restringindo a difusão do O_2 (Figura 3.13). Além disso, os heterocistos têm apenas o fotossistema I, que produz ATP por reações luminosas sem a liberação de O_2 (ver Capítulo 5).

Em associações simbióticas, o ambiente microaeróbio é gerado pela interação entre o microrganismo e a planta hospedeira. Considerando os nódulos de leguminosas, três mecanismos permitem, em conjunto, a manutenção de baixos níveis de O_2 (abaixo de 40 nM, cerca de 10 mil vezes menor que a concentração de equilíbrio na água; Figura 3.14).

Primeiro, características estruturais do nódulo, especialmente ligadas ao córtex, como células escleroides com parede espessada e inclusões de glicoproteínas nos espaços intercelulares, atuam como uma barreira à difusão de gases (Figura 3.14). No entanto, a permeabilidade do córtex ao O_2 pode ser regulada em resposta a diversos fatores, como o suprimento de NO_3^- e O_2 no solo. Por exemplo, baixas concentrações exógenas de O_2 promovem um aumento da permeabilidade do nódulo à difusão de gases, a fim de evitar uma diminuição na tensão de O_2 nas células infectadas que inibiria a respiração do bacteroide e, por conseguinte, a fixação de nitrogênio. A regulação da permeabilidade da barreira à difusão de O_2 envolve o fluxo de potássio entre a região central e o córtex do nódulo, o que altera a quantidade de água ou ar que ocupa os espaços entre as células corticais (Wei e Layzell, 2006).

Um segundo mecanismo consiste na presença da leg-hemoglobina no citosol das células infectadas (Figura 3.14), intimamente associada aos simbiossomos. Conforme discutido anteriormente, essa proteína confere a cor rosada ou avermelhada dos nódulos ativos. A leg-hemoglobina se liga ao O_2 com elevada afinidade (K_m de cerca de 10 nM), mantendo níveis muito baixos de O_2 livre no tecido infectado e assim protegendo a nitrogenase contra a inativação. Ao mesmo tempo, a leg-hemoglobina apresenta uma taxa relativamente rápida de dissociação do O_2, o que lhe permite entregar com eficiência o O_2 para a citocromo *c* oxidase da cadeia respiratória do bacteroide.

O terceiro mecanismo é justamente a respiração do bacteroide, que constitui um importante dreno para o O_2 (Figura 3.14). A citocromo *c* oxidase do bacteroide apresenta uma afinidade extremamente alta ao O_2 (K_m de aproximadamente 7 nM), permitindo seu funcionamento mesmo sob baixas tensões desse gás.

Semelhantemente às leguminosas, nódulos de plantas actinorrízicas podem apresentar hemoglobinas simbióticas e uma barreira à difusão de gases. Além disso, em *Frankia*, tanto em vida livre quanto em algumas simbioses, a nitrogenase é encontrada no interior de vesículas especializadas envolvidas por um espesso envelope lipídico, o que limita a difusão do O_2 até o sítio do complexo enzimático.

Nitrato

A fixação simbiótica de nitrogênio é um processo que demanda alto gasto de energia pela planta hospedeira. Além dos fotoassimilados destinados para a produção de ATP e redução da ferredoxina diretamente utilizados pela nitrogenase, há um investimento de energia e esqueletos carbônicos para o processo de infecção e desenvolvimento do nódulo. Estima-se que os custos para a fixação do nitrogênio possam chegar a 25% do total de carboidratos produzidos pela fotossíntese da planta hospedeira por dia (Ryle *et al.*, 1985). Comparada à fixação de nitrogênio, a redução do NO_3^- a NH_4^+ pela planta é mais barata energeticamente (ver Capítulo 4). Dessa forma, em solos com alta disponibilidade de NO_3^-, é mais vantajoso para a planta reduzir esse ânion que manter a simbiose com microrganismos diazotróficos.

De fato, formas combinadas de nitrogênio (principalmente o NO_3^-) conseguem inibir a fixação do nitrogênio em leguminosas, apesar de exceções já terem sido descritas em algumas

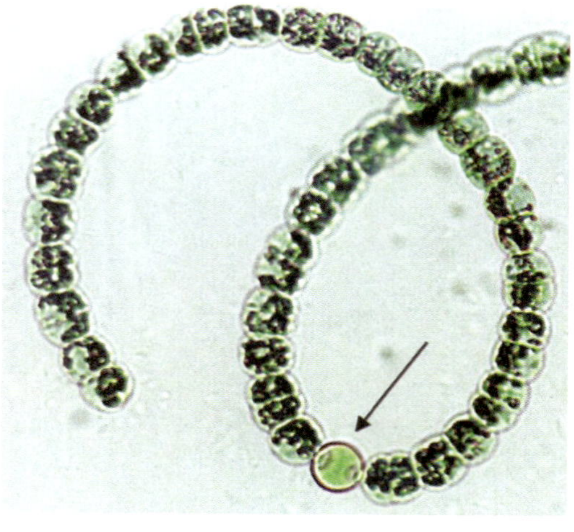

Figura 3.13 Filamento da cianobactéria *Dolichospermum circinalis*, apresentando heterocisto (indicado pela seta) e células vegetativas. O heterocisto apresenta a parede celular espessada, o que possibilita a existência de um ambiente interno com baixos níveis de O_2, necessário para prevenir a inativação da nitrogenase. Imagem cedida pela Profa. Dra. Ina de Souza Nogueira (Universidade Federal de Goiás).

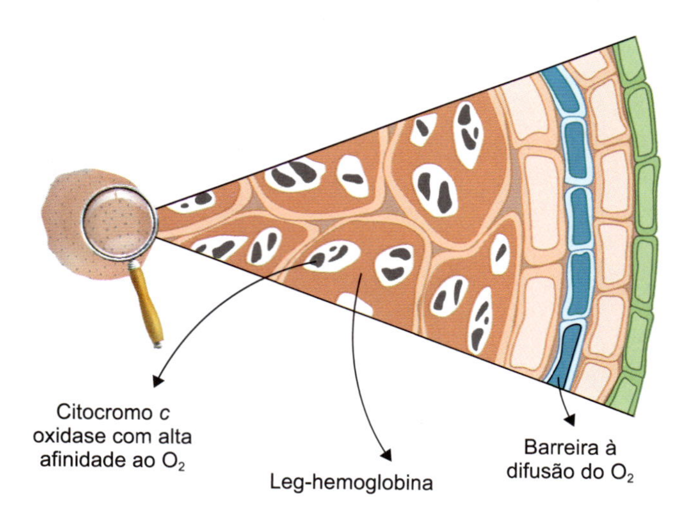

Figura 3.14 Representação de mecanismos dos nódulos de leguminosas, que permitem a existência de um microambiente com baixos níveis de O_2 para proteger a nitrogenase contra a inativação sem comprometer a produção aeróbia de ATP pelo bacteroide. No córtex, há a barreira à difusão de gases, que controla a permeabilidade do nódulo ao O_2. No citosol das células infectadas, a leg-hemoglobina se liga ao O_2 e o libera para a respiração do bacteroide. No bacteroide, a citocromo *c* oxidase com elevada afinidade ao O_2 auxilia na manutenção de baixos níveis desse gás no sítio da nitrogenase.

espécies (Camargos e Sodek, 2010). O efeito negativo do NO_3^- ocorre em diferentes etapas do processo, como na infecção, no desenvolvimento do nódulo e na fixação de nitrogênio em si. Assim, quando há NO_3^- no solo, o número, a massa e a atividade dos nódulos são reduzidos (ver Figura 3.8).

Diversos mecanismos têm sido propostos para explicar o efeito do NO_3^- sobre a fixação de nitrogênio em leguminosas. O NO_3^- pode reprimir a expressão de genes relacionados com a biossíntese de flavonoides, suprimindo a liberação dessas moléculas sinalizadoras pelas raízes e, por conseguinte, a infecção pelos rizóbios (Coronado *et al.*, 1995). Além disso, o NO_3^- modula a barreira à difusão de gases do nódulo, limitando a permeabilidade ao O_2 e a produção aeróbia de ATP (Kaiser *et al.*, 1997). A nitrogenase e a leg-hemoglobina também podem ser inibidas por moléculas derivadas do NO_3^-, como NO_2^- e NO. Outros mecanismos propostos envolvem a competição por carboidratos entre a fixação do nitrogênio e a redução do NO_3^- (ver Capítulo 4) e a inibição do metabolismo do nódulo por compostos nitrogenados que se acumulam por causa da assimilação do nitrogênio do NO_3^-.

Fatores de estresse abióticos

Fatores ambientais que provocam estresse podem afetar negativamente a fixação de nitrogênio por microrganismos simbióticos e de vida livre, uma vez que conseguem prejudicar a sobrevivência de microrganismos diazotróficos no solo, a formação e o funcionamento dos nódulos e o metabolismo da planta hospedeira. Por exemplo, a exsudação de compostos pelas raízes é menos efetiva em solos ácidos, afetando o reconhecimento e a infecção de leguminosas por rizóbios. Ambos os processos também podem ser comprometidos por altas temperaturas, bem como a fixação do nitrogênio e a assimilação de NH_4^+ nos nódulos. Já o alagamento do solo resulta em um rápido decréscimo da atividade da nitrogenase, decorrente da insuficiência de O_2 para manter o metabolismo aeróbio do rizóbio e da planta hospedeira (Justino e Sodek, 2013). No caso da seca, a fixação do nitrogênio em nódulos de leguminosas pode ser comprometida por mudanças na barreira à difusão de O_2 (como observado na inibição da fixação pelo NO_3^-). Além disso, a seca e qualquer outro fator de estresse que prejudique a fotossíntese, como o sombreamento, reduzem o fornecimento de carboidratos ao nódulo pela planta hospedeira, prejudicando a fixação do nitrogênio.

O desenvolvimento de linhagens de rizóbios e cultivares de leguminosas mais tolerantes a fatores de estresse abióticos tem contribuído para otimizar a fixação de nitrogênio e a produção agrícola em ambientes desfavoráveis. O manejo adequado do solo também pode beneficiar a fixação do nitrogênio, como é o caso da calagem de solos ácidos e o plantio direto, técnica na qual a manutenção de restos vegetais de outras culturas aumenta a umidade e reduz a temperatura do solo (Hungria e Vargas, 2000).

Autorregulação pela planta hospedeira

A simbiose entre rizóbios e leguminosas tem o potencial de se tornar desvantajosa para a planta, uma vez que o nódulo é um dreno considerável de fotoassimilados. Quando um número excessivo de nódulos é formado na raiz, pode haver um efeito negativo no crescimento vegetativo e na produtividade da planta hospedeira. As leguminosas apresentam um mecanismo conhecido como autorregulação da nodulação, que lhes permite controlar o número de nódulos pela supressão do desenvolvimento de novos nódulos. Esse mecanismo envolve a troca de moléculas sinalizadoras entre a raiz e a parte aérea da leguminosa, como peptídios sinalizadores e citocininas (Nelson e Sadowsky, 2015). Alterações na exsudação de flavonoides pela raiz (como observado na inibição da nodulação pelo NO_3^-) e na sinalização dos fatores Nod (como a degradação desses fatores por quitinases) parecem estar envolvidas na supressão da nodulação.

Importância ecológica e agronômica da fixação biológica do nitrogênio

A fixação biológica do nitrogênio é o principal processo que permite a entrada de nitrogênio reativo (NH_4^+ e NO_3^-) na biosfera. Ainda, boa parte do nitrogênio fixado biologicamente é encontrada em simbioses entre microrganismos diazotróficos e plantas, entre as quais se destaca a associação entre rizóbios e leguminosas. Apesar dos custos envolvidos na manutenção do simbionte e do próprio processo de fixação do nitrogênio, a simbiose com microrganismos diazotróficos pode ser bastante vantajosa para a planta hospedeira, uma vez que permite o seu crescimento e desenvolvimento sem depender do nitrogênio disponível (p. ex., NO_3^- e NH_4^+) no ambiente (Figura 3.15). Dessa forma, a planta hospedeira pode ocupar ambientes onde a disponibilidade de nitrogênio é baixa, apresentando grande vantagem competitiva nessas condições. Um bom exemplo é o caso das espécies actinorrízicas, plantas pioneiras geralmente encontradas em solos deficientes em nitrogênio.

Figura 3.15 Plantas de soja cultivadas em substrato sem fontes de nitrogênio disponível (NO_3^- ou NH_4^+). A planta à esquerda foi inoculada com *Bradyrhizobium diazoefficiens*, enquanto a da direita foi cultivada na ausência de rizóbios. Observe que a planta não nodulada apresentou claros sintomas de deficiência de nitrogênio, como clorose foliar e redução do crescimento. Esses sintomas não são observados na planta nodulada, uma vez que a fixação do nitrogênio pelo rizóbio foi capaz de suprir a demanda da planta por esse nutriente. Imagem cedida pela Dra. Mariangela Hungria (Embrapa Soja).

A capacidade de *Parasponia* spp. e algumas leguminosas pioneiras estabelecerem simbiose com rizóbios também é considerada uma característica importante para que essas espécies arbóreas ocupem áreas de início de sucessão ecológica onde a disponibilidade de nitrogênio é baixa.

O nitrogênio fixado simbioticamente também pode contribuir para o nitrogênio reativo acumulado no solo e na comunidade vegetal, afetando a ciclagem desse nutriente no ecossistema. A decomposição de órgãos da planta hospedeira (folhas, galhos, raízes e nódulos senescentes) fornece nitrogênio orgânico ao solo, o qual pode ser mineralizado a NH_4^+ e NO_3^- pela ação de microrganismos e, então, absorvido por plantas vizinhas. Há fortes evidências de que o nitrogênio fixado em plantas simbióticas pode ser transferido para outras espécies vegetais (Thilakarathna *et al.*, 2016). Além de ser liberado pela decomposição de tecidos, o nitrogênio fixado pode ser transferido para plantas vizinhas por intermédio de micorrizas ou pela exsudação de compostos nitrogenados pelas raízes da planta hospedeira. Dessa forma, o plantio de mudas de leguminosas arbóreas simbióticas em reflorestamentos pode favorecer o enriquecimento de nitrogênio reativo no solo e o estabelecimento de novas espécies vegetais, acelerando a recuperação de áreas degradadas com baixa disponibilidade de nitrogênio.

A fixação biológica de nitrogênio também apresenta grande relevância em ecossistemas aquáticos. Alguns autores estimam que 140 trilhões de gramas de nitrogênio sejam fixados por ano nos oceanos, uma quantidade que pode exceder o total de nitrogênio fixado biologicamente nos solos (Fowler *et al.*, 2017). Cianobactérias, como as do gênero *Trichodesmium*, estão entre os principais microrganismos envolvidos na fixação de nitrogênio em ambientes aquáticos (Zehr, 2011). As cianobactérias diazotróficas de vida livre também contribuem para o suprimento de nitrogênio reativo em solos alagados, uma vez que liberam o nitrogênio fixado no solo quando morrem. Isso é particularmente importante para a manutenção do cultivo de arroz em países asiáticos. A associação entre a pteridófita aquática *Azolla* spp. e cianobactérias do gênero *Nostoc* constitui outra importante fonte de nitrogênio para o cultivo de arroz em campos alagados.

O cultivo de leguminosas que estabelecem interações com rizóbios, como soja e feijão, também se beneficia da fixação biológica do nitrogênio. No caso da soja, quase todo o nitrogênio demandado pela planta pode ser fornecido pela fixação biológica, não sendo necessária a aplicação de fertilizantes nitrogenados. Estudos em diferentes regiões do Brasil indicam que a complementação com fertilizantes nitrogenados diminui a nodulação da soja e a contribuição da fixação para o conteúdo de nitrogênio da planta (em decorrência do efeito inibitório do NO_3^- discutido anteriormente), não havendo ganho de produtividade. Contudo, a inoculação das sementes de soja com espécies de *Bradyrhizobium* potencializa a nodulação das plantas e o rendimento dos grãos (Hungria e Mendes, 2015). Assim, a fixação biológica de nitrogênio permite a economia de bilhões de reais com a aplicação de fertilizantes nitrogenados em cultivos de soja no Brasil.

No sistema de rotação de culturas, o nitrogênio residual proveniente de leguminosas simbióticas pode favorecer culturas subsequentes. Outra estratégia consiste na chamada adubação verde, em que leguminosas simbióticas são cultivadas em consórcio ou em rotação com a cultura de interesse econômico, aumentando a disponibilidade de nitrogênio e a reciclagem de nutrientes no solo. *Crotalaria juncea* (crotalária), *Cajanus cajan* (guandu) e *Canavalia ensiformis* (feijão-de-porco) são exemplos de leguminosas utilizadas para a adubação verde (Espindola *et al.*, 2005).

Dessa forma, a fixação biológica de nitrogênio tem crucial importância em ecossistemas agrícolas, permitindo uma menor aplicação de fertilizantes nitrogenados. Além da redução de custos, esse fato tem grande relevância ambiental. O uso indiscriminado de fertilizantes está associado à contaminação do lençol freático e de rios, lagos e oceanos com compostos nitrogenados (principalmente NO_3^-), podendo atingir níveis tóxicos à fauna aquática e à saúde humana. Adicionalmente, a produção de fertilizantes promove uma grande quantidade de gases relacionados com o aquecimento global. Assim, tecnologias que permitam maximizar a contribuição da fixação biológica do nitrogênio em ecossistemas agrícolas são essenciais para o desenvolvimento de uma agricultura sustentável.

Referências bibliográficas

Baginsky C, Brito B, Imperial J, Ruiz-Arrgueso T, Palacios JM. Symbiotic hydrogenase activity in Bradyrhizobium sp. (Vigna) increases nitrogen content in Vigna unguiculata plants. Appl Environ Microbiol. 2005;71:7536-8.

Camargos LS, Sodek L. Nodule growth and nitrogen fixation of Calopogonium mucunoides L. show low sensitivity to nitrate. Symbiosis. 2010;51:167-74.

Coronado C, Zuanazzi J, Sallaud C, Quirion JC, Esnault R, Husson HP, et al. Alfafa root flavonoid production is nitrogen regulated. Plant Physiol. 1995;108:533-42.

Espíndola JAA, Guerra JGM, De-Polli H, Almeida DL, Abboud ACS. Adubação verde com leguminosas. Brasília: Embrapa Informação Tecnológica; 2005.

Fowler D, Coyle M, Skiba U, Sutton MA, Cape JN, Reis S, et al. The global nitrogen cycle in the twenty-first century. Philos Trans R Soc Lond B Biol Sci. 2013;368(1621):20130164.

Hungria M, Mendes IC. Nitrogen fixation with soybean: the perfect symbiosis? In: De Brujin F, editor. New Jersey: John Wiley & Sons; 2015. p. 1005-19. (Biological Nitrogen Fixation, 2).

Hungria M, Vargas MAT. Environmental factors affecting N_2 fixation in grain legumes in the tropics, with an emphasis on Brazil. Field Crop Res. 2000;65:151-64.

Ibanez F, Wall L, Fabra A. Starting ponts in plant-bacteria nitrogen-fixing symbioses: intercellular invasion of the roots. J Exp Bot. 2017;68:1905-18.

Justino GC, Sodek L. Recovery of nitrogen fixation after short-term flooding of the nodulated root system of soybean. J Plant Physiology. 2013;170:235-41.

Kaiser BN, Layzell DB, Shelp BJ. Role of oxygen limitation and nitrate metabolism in the nitrate inhibition of nitrogen fixation in peas. Physiol Plant. 1997;101:45-50.

Nelson MS, Sadowsky MJ. Secretion systems and signal exchange between nitrogen-fixing rhizobia and legumes. Front Plant Sci. 2015;6:491.

Oliveira ALM, Urquiaga S, Dobereiner J, Baldani JI. The effect of inoculating endophytic N_2-fixing bacteria on micropropagated sugarcane plants. Plant Soil. 2002;242:203-15.

Ryle GJA, Powell CE, Gordon AJ. Short-term changes in CO_2-evolution associated with nitrogenase activity in white clover in response to defoliation and photosynthesis. J Exp Bot. 1985;36:634-43.
Sabra W, Zeng AP, Lunsdorf H, Deckwer WD. Effect of oxygen on formation and structure of Azotobacter vinelandii alginate and its role in protecting nitrogenase. Appl Environ Microbiol. 2000;66:4037-44.
Santi C, Bogusz D, Franche C. Biological nitrogen fixation in non-legume plants. Ann Bot. 2013;111:743-67.
Thilakarathna MS, McElroy MS, Chapagain T, Papadopoulos YA, Raizada MN. Belowground nitrogen transfer from legume to non-legumes under managed herbaceous cropping systems. A review. Agron Sustain Dev. 2016;36:58.
Wei H, Layzell DB. Adenylate-coupled ion movement. A mechanism for the control of nodule permeability to O_2 diffusion. Plant Physiol. 2006;141:280-7.
Zehr JP. Nitrogen fixation by marine cyanobacteria. Trends Microbiol. 2011;19:162-73.

Bibliografia

Buchanan BB, Gruissem W, Jones RL. Biochemistry and molecular biology of plants. Rockville: American Society of Plant Physiologists; 2000.
Heldt WH. Plant biochemistry. 3. ed. San Diego: Elsevier; 2005.
Hopkins WG, Huner NPA. Introduction to plant physiology. 4. ed. Hoboken: Wiley; 2009.
Hungria M, Campo RJ, Mendes IC. A importância do processo de fixação biológica do nitrogênio para a cultura da soja: componente essencial para a competitividade do produto brasileiro. Londrina: Embrapa Soja; 2007. (Documentos, 283).
Lambers H, Chapin III FS, Pons TL. Plant physiological ecology. 2. ed. New York: Springer; 2008.
Lea PJ, Morot-Graudry JF. Plant nitrogen. Berlin: Springer; 2001.
Salisbury FB, Ross CW. Fisiologia das plantas. São Paulo: Cengage; 2012.
Taiz L, Zeiger E, Moller IM, Murphy A. Fisiologia e desenvolvimento vegetal. 6. ed. Porto Alegre: Artmed; 2017.

Metabolismo do Nitrogênio

Ladaslav Sodek

Introdução

O nitrogênio (N) figura entre os elementos minerais mais abundantes nas plantas e é, frequentemente, um dos principais fatores limitantes para seu crescimento. É encontrado em moléculas importantes, como proteínas e ácidos nucleicos, RNA e DNA. Plantas, ao contrário de animais, têm a capacidade de assimilar o N inorgânico do ambiente e sintetizar todos os 20 aminoácidos encontrados em proteínas, bem como todos os outros compostos orgânicos nitrogenados utilizados por elas.

O N inorgânico disponível no meio ambiente inclui o N do ar e o N mineral, este último representado pelo nitrato e pela amônia presentes no solo. O N do ar não é aproveitado diretamente pela planta, mas incorporado com ajuda de microrganismos, por meio de um processo simbiótico (ver Capítulo 3).

Tanto o nitrato (NO_3^-) quanto a amônia (presente em solução na forma do íon amônio, NH_4^+) são prontamente utilizados pela planta, embora, na maioria dos solos, o NH_4^+ seja rapidamente oxidado a NO_3^- por bactérias nitrificadoras. O NH_4^+ prevalece em solos ácidos ou em áreas com vegetação cujas raízes exsudam inibidores do processo de nitrificação, como planícies de gramíneas e florestas de coníferas. A nitrificação também é prejudicada em solos compactados ou alagados, pela baixa disponibilidade de oxigênio. A Figura 4.1 resume a inter-relação entre as principais fontes de N para as plantas. São duas as fontes de NH_4^+ no solo: a fixação (não simbiótica) do N atmosférico e a degradação da matéria orgânica, resultante principalmente da incorporação da vegetação morta. Ambas envolvem a ação de microrganismos do solo, porém são processos lentos, principalmente a primeira. A incorporação de matéria orgânica no solo é uma prática comum na agricultura. A chamada adubação verde refere-se à prática pela qual uma leguminosa é cultivada para realizar a incorporação de grandes quantidades de N atmosférico pelo processo de fixação simbiótica de N e, em vez de ser colhida, é incorporada ao solo para que a matéria orgânica seja degradada e o N transformado em NH_4^+. Como a maior parte do N presente na leguminosa foi tirada da atmosfera, e não do solo, o ganho em N no solo adubado dessa maneira é maior.

Entretanto, para o crescimento de culturas melhoradas para alta produtividade, o agricultor comumente usa a adubação mineral, com a aplicação de altas doses de sais de NH_4^+ ou mesmo NO_3^-. O NH_4^+ (p. ex., na forma de sulfato de amônio) tem a vantagem sobre o NO_3^- por ser pouco lixiviado e, portanto, ter pequena perda e, consequentemente, não poluir o lençol freático. A capacidade de troca catiônica do solo faz com que o NH_4^+ tenha pouca mobilidade no perfil do solo, ao contrário do NO_3^-. De qualquer forma, no solo o NH_4^+ é transformado em NO_3^- pelo processo de nitrificação. Tais características tornam o NO_3^- a forma predominante de N para muitas plantas.

Após sua absorção pela planta, o N inorgânico precisa ser incorporado, ou "assimilado", na forma orgânica. Depois dessa assimilação, o N é utilizado principalmente nos chamados *sítios de consumo* da planta, ou seja, nos tecidos em rápido crescimento (folhas em expansão, meristemas, pontas de raiz) e armazenamento de reservas (sementes). A assimilação de N inorgânico em forma orgânica, sua subsequente distribuição pela planta e a utilização nos sítios de consumo constituem processos integrados. Uma visão global desses processos é mostrada na Figura 4.2.

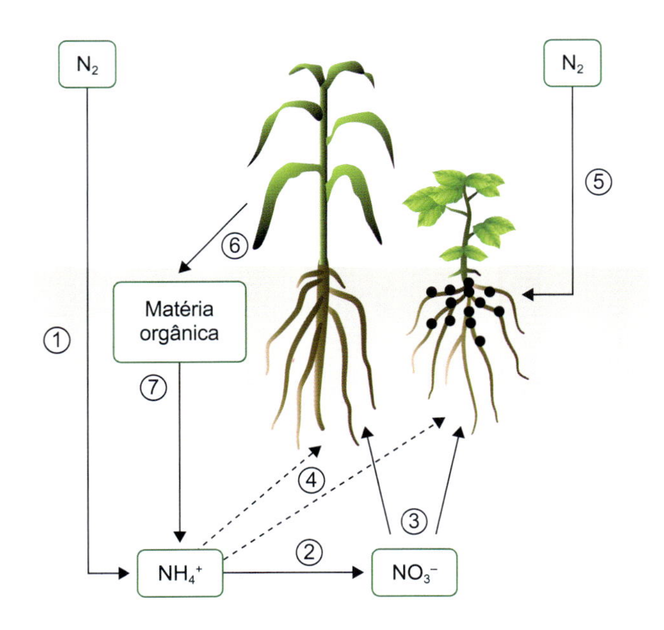

Figura 4.1 Inter-relação das principais fontes de N para plantas, representadas por uma gramínea e uma leguminosa nodulada. **1.** Fixação não simbiótica do N atmosférico (bactérias do solo). **2.** Nitrificação (bactérias do solo). **3.** Absorção do NO_3^- pela planta (normalmente a predominante). **4.** Absorção de NH_4^+ pela planta (predomina apenas em condições específicas). **5.** Fixação simbiótica do N atmosférico (bactérias presentes em nódulos). **6.** Incorporação de matéria orgânica ao solo. **7.** Degradação de compostos nitrogenados (microrganismos).

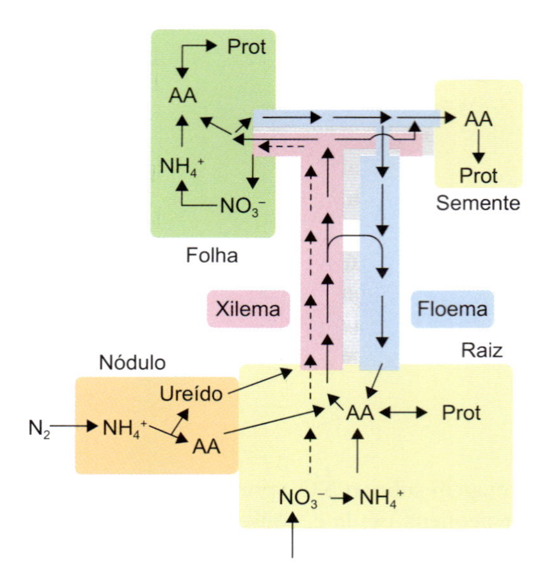

Figura 4.2 Inter-relação dos processos de assimilação e transporte de N na planta. Observe a transferência de aminoácidos do xilema para o floema e a consequente reciclagem de aminoácidos entre e raiz e a parte aérea.

Absorção do N inorgânico do solo

O NH_4^+ é absorvido pelas raízes por processo ativo, quando a concentração externa é baixa, e por processo passivo, em altas concentrações. O processo ativo é mediado por proteínas transportadoras específicas localizadas na membrana externa (plasmalema). Como a planta dificilmente encontra concentrações elevadas de NH_4^+ na natureza, o processo ativo figura como o mais importante. Após a absorção, o íon é rapidamente assimilado na forma orgânica, que não deixa de ser um processo de destoxificação, tendo em vista que o acúmulo de NH_4^+ pode prejudicar a planta. De fato, o cultivo com alta concentração de NH_4^+ pode levar à morte da planta, porém as concentrações toleradas variam de espécie para espécie.

O NO_3^-, ao contrário do NH_4^+, é absorvido pelas raízes apenas por processo ativo. A cinética de absorção do NO_3^- apresenta uma curva de saturação do tipo Michaelis e Menten, descrita para enzimas, já que o processo é mediado por uma proteína transportadora localizada na membrana. Essa proteína liga-se ao NO_3^- do meio externo formando um complexo, da mesma forma que uma enzima se liga ao substrato, e, em seguida, lança o íon para o lado interno da membrana, um processo análogo ao da formação do produto da reação enzimática. Portanto, existe um Km para o processo de absorção do íon com o mesmo significado do Km de um substrato de uma reação enzimática, ou seja, quanto mais alto o Km, maior a concentração de íons (ou substrato) necessária para saturar o sistema.

A cinética de absorção do NO_3^- em cevada sugere a existência de três sistemas distintos, cada um com seu Km. Um sistema, aparentemente constitutivo, é de baixa afinidade (Km alto), também conhecido como LATS (*low-affinity transport system*), o qual funciona apenas em concentrações elevadas de NO_3^-. Os outros dois são de alta afinidade (ou HATS – *high-affinity transport system*) e operam com eficiência quando a concentração externa de NO_3^- é baixa. Um destes dois últimos sistemas (Km para NO_3^- = 7 μM) é constitutivo, enquanto o outro (Km para NO_3^- = 15 a 34 μM) é induzido pelo NO_3^-. A indução pode ser demonstrada experimentalmente, bastando simplesmente medir a absorção em baixas concentrações de NO_3^- após prévia exposição das raízes por tempo e concentrações crescentes do íon. As raízes induzidas dessa maneira passam a absorver baixas concentrações de NO_3^- com maior velocidade em comparação às plantas não induzidas. O significado desses três mecanismos distintos de absorção refere-se à adaptação da planta para ambientes pobres e ricos em NO_3^-, pois cada sistema entrará em ação conforme a concentração de NO_3^- encontrada no solo. É comum na natureza encontrar uma variação grande de concentração de NO_3^- até mesmo com a formação de pequenos bolsões de NO_3^- ao redor do mesmo sistema radicular. Quanto ao mecanismo de absorção do NO_3^-, além de ser ativo, sabe-se que a entrada do íon NO_3^- dentro da célula é acompanhada por dois (ou mais) prótons, fornecidos por uma ATPase bomba de prótons localizada na membrana (Figura 4.3).

O destino do NO_3^-, após sua absorção pela raiz, está esquematizado na Figura 4.3.

Redução do NO_3^-

Os principais locais na planta para a redução do NO_3^- são folhas e raízes. Todas as espécies já estudadas apresentam atividade da enzima *redutase do nitrato* (RN) nas folhas. Entretanto, a importância relativa da raiz e folha na assimilação do NO_3^- depende de dois fatores: a atividade da RN na raiz e a disponibilidade de NO_3^- no meio. Espécies com capacidade muito baixa em assimilar o NO_3^- nas raízes (p. ex., espécies de *Gossypium*, *Xanthium* e *Cucumis*) enviam todo o íon absorvido (via xilema) para assimilação nas folhas. Espécies com alta capacidade em assimilar o NO_3^- nas raízes (p. ex., *Lupinus* spp.) dificilmente têm essa capacidade superada pelo NO_3^- absorvido, e, consequentemente, a importância da folha é pequena. Contudo, a maioria das espécies é intermediária em termos de capacidade de assimilar o NO_3^- nas raízes. Nesses casos, a folha torna-se importante apenas quando o NO_3^- no meio estiver em concentração suficiente para superar a capacidade de redução da raiz. No entanto, há exceções a essa

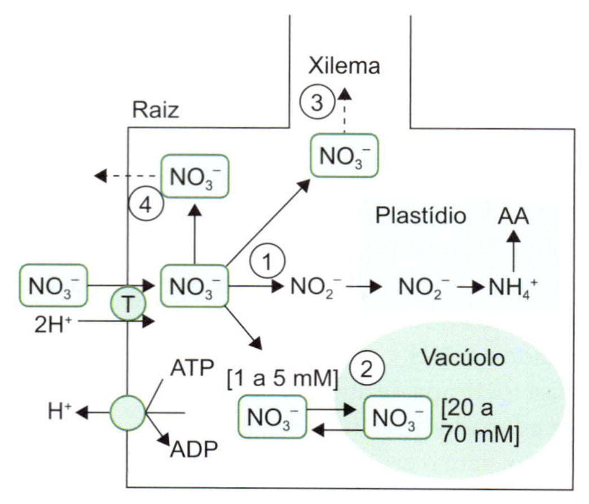

Figura 4.3 Destino do NO_3^- absorvido pela raiz. **1.** Redução e subsequente assimilação. **2.** Transferência e armazenamento no vacúolo. **3.** Transporte via xilema. **4.** Efluxo. T = proteína transportadora de NO_3^-.

regra. Apesar de uma capacidade razoável para a assimilação do NO_3^- na raiz, algumas leguminosas transportam parte significativa do NO_3^- para a folha, mesmo quando a capacidade da raiz não é superada.

A redução completa do NO_3^- até NH_4^+ requer oito elétrons:

$$(H^+)NO_3^- + 8\ e^- + 8\ H^+ \rightarrow NH_4^+ + OH^- + 2H_2O$$

Na célula, a redução ocorre em duas etapas, cada uma envolvendo doadores de elétrons específicos:

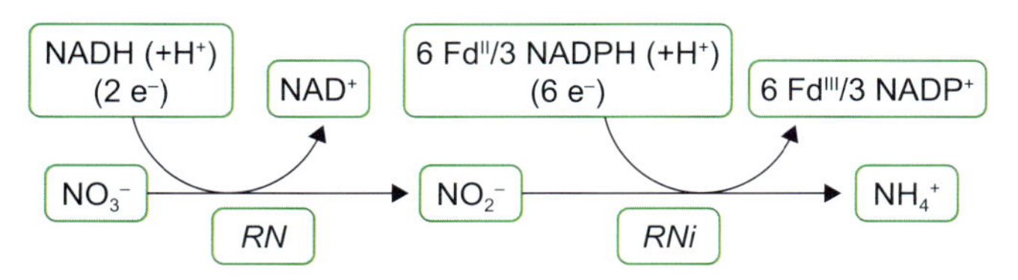

O primeiro passo é catalisado pela enzima RN, localizada no citoplasma, enquanto a *redutase do nitrito* (RNi), situada no cloroplasto (tecidos verdes) ou nos plastídios (tecidos não verdes), catalisa o segundo.

Na maioria das espécies estudadas, a enzima RN tem NADH como doador específico de elétrons. Entretanto, em algumas espécies a enzima utiliza tanto NADH quanto NADPH. Essa enzima biespecífica pode ocorrer isoladamente ou junto à enzima monoespecífica. Na soja, são conhecidas três isoformas, uma induzida pelo NO_3^- e específica para NADH e duas formas constitutivas, uma específica para NADH e outra biespecífica. A estrutura molecular da RN é bastante complexa, sendo a enzima constituída de duas subunidades idênticas de 110 a 115 kDa. Cada subunidade é composta por regiões distintas, envolvidas na transferência de elétrons do NADH até o NO_3^- (Figura 4.4).

A presença de molibdênio na proteína como cofator é interessante pelo fato de a RN ser uma das poucas proteínas conhecidas em plantas que contêm esse íon. Na deficiência de molibdênio, a atividade de RN fica bastante reduzida.

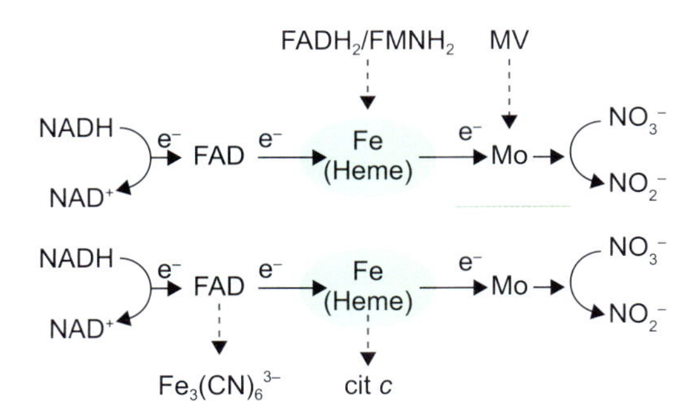

Figura 4.4 Modelo esquematizado da enzima redutase do nitrato, mostrando as duas subunidades, cada uma composta por três entidades com cofatores distintos: uma flavoproteína (FAD), um citocromo b_{557} (Heme) e um complexo proteína–molibdênio. O fluxo de elétrons de NADH até o NO_3^- via FAD, grupo Heme e molibdênio representa a atividade fisiológica da enzima. Outras reações catalisadas, não fisiológicas (pois *não* ocorrem na célula), envolvem apenas parte da molécula: passagem de elétrons de NADH até ferricianeto via FAD, e até citocromo *c* via FAD e grupo Heme; passagem de elétrons de metil viologênio (MV – um doador de elétrons artificial) até o NO_3^- via molibdênio. Essas reações parciais são frequentemente usadas em pesquisas para determinar quais regiões da enzima são comprometidas na presença de inibidores da enzima.

Além do NO_3^-, a RN pode transformar o clorato em cloreto, bastante tóxico para as plantas. Essa característica é explorada em herbicidas à base de clorato.

Regulação da enzima

Em razão da importância estratégica da RN no metabolismo de N em plantas (pois constitui a principal porta de entrada do N no metabolismo da planta), é natural que existam vários mecanismos de controle da sua atividade. Os dois principais pontos de regulação se dão no nível da transcrição (indução) e da pós-tradução. A primeira é mais lenta (leva algumas horas) e é responsável por algumas das mudanças diárias de atividade – por exemplo, o aumento na atividade durante as primeiras horas de luz do dia, quando o fluxo transpiratório leva o NO_3^- até a folha, resultando na indução (síntese *de novo*) da enzima. O termo *indução* tem sido usado indiscriminadamente na literatura para qualquer aumento de atividade da enzima, mas nem sempre a *indução* da enzima foi comprovada por meio da demonstração da sua síntese *de novo* ou de um aumento do RNAm específico.

Outro importante mecanismo de controle ocorre em nível de pós-tradução. Esse processo de ativação/desativação é bem mais rápido (leva alguns minutos) e pode ser importante, por exemplo, para "desligar" a enzima quando a planta passa da luz para o escuro, pois, havendo falta de ferredoxina reduzida, evita-se o acúmulo de nitrito, que é tóxico às plantas.

O processo de ativação/desativação envolve a transformação da enzima de uma forma inativa para ativa (e vice-versa) por mecanismo de fosforilação e desfosforilação (Figura 4.5).

A luz influi indiretamente na atividade da RN na folha, provocando mudanças em uma série de íons e metabólitos envolvidos nesse mecanismo de regulação. Com a fotossíntese,

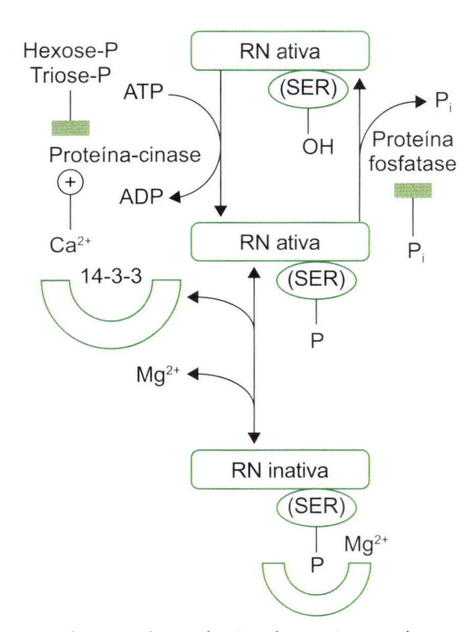

Figura 4.5 Regulação pós-tradução da enzima redutase do nitrato. Proteína-cinase: estimulada por Ca^{2+}; inibida por açúcares fosforilados (obs.: teores aumentados pela luz via fotossíntese). Proteína fosfatase: inibida por fosfato inorgânico. A proteína 14-3-3 e o Mg^{2+} ligam-se à forma fosforilada da RN, resultando na inativação (obs.: ao contrário de outras enzimas que sofrem ativação e desativação pelo mecanismo de fosforilação/desfosforilação, as duas formas de RN, fosforilada e desfosforilada, são ativas). Adaptada de Kaiser e Huber (2001).

ocorrem aumento no teor de açúcares fosforilados (como triose-P) e queda em fosfato inorgânico [p. ex., em função do aumento em adenosina trifosfato (ATP)], proporcionando condições favoráveis para a ativação da RN (ver Figura 4.5).

A luz também está envolvida na regulação da RN no que se refere à transcrição (via fitocromo). A oscilação diária de atividade entre os períodos de luz e escuro continua quando a planta é transferida para luz contínua, comprovando que a enzima obedece a um ritmo circadiano. Outros fatores que influem na síntese da enzima são o gás carbônico, a sacarose e alguns metabólitos nitrogenados, estando o NO_3^- entre os mais importantes. O NO_3^- tem uma forte influência sobre todos os componentes da assimilação de NO_3^-. Além da própria RN, ele regula as proteínas de transporte (absorção de NO_3^-; ver Figura 4.3), e as enzimas RNi, GS e GOGAT(Fd) (ver adiante). No caso da folha, é importante frisar que não é o teor de NO_3^- aí presente que importa na indução da enzima, mas a quantidade trazida pelo fluxo transpiratório.

A segunda enzima do processo de assimilação do NO_3^-, a redutase do nitrito (RNi), é localizada nos cloroplastos, nas folhas e em plastídios, na raiz. A enzima do cloroplasto foi mais estudada e suas propriedades são mais conhecidas. Ela tem a ferredoxina como cofator e, portanto, os elétrons são fornecidos pelas reações fotoquímicas. Sua estrutura é constituída por um único polipeptídio de 60 a 70 kDa, que contém um grupo Siro-Heme (tetra-hidroporfirina contendo ferro) e um agrupamento 4Fe-4S no centro ativo, responsáveis pela transferência de seis elétrons da ferredoxina ao nitrito, até a sua redução em NH_4^+. Nessa redução, não há formação de intermediários livres. Apesar de localizada no cloroplasto, há evidências de que a codificação genética da RNi seja nuclear e, portanto, a sua biossíntese ocorra no citoplasma. Um peptídio em trânsito na região N-terminal da enzima determina o transporte para dentro do cloroplasto, onde é posteriormente removido. A enzima da raiz é menos conhecida. Aparentemente, recebe elétrons de uma proteína semelhante à ferredoxina, que, por sua vez, é reduzida por NADPH gerado na via das pentoses-fosfato.

Embora as vias de absorção, assimilação e transporte de N em plantas tenham sido elucidadas em estudos com plantas cultivadas, os poucos trabalhos realizados com espécies selvagens, naturais de ambientes diversos, sugerem a inexistência de grandes diferenças entre espécies. Variações podem ocorrer em virtude da disponibilidade de nutrientes, quando a importância relativa dos processos pode mudar bastante. Embora todas as espécies estudadas apresentem alguma capacidade de reduzir o NO_3^-, muitas, talvez a maioria, vivem em ambientes onde a disponibilidade do NO_3^- é muito baixa. Essas podem fazer uso de fontes atmosféricas trazidas pelas chuvas (amônia, principalmente), ou mesmo do N da matéria orgânica em decomposição.

Fotossíntese e a assimilação de NO_3^-

A eficiência do processo de assimilação do NO_3^- é maior na folha. Na raiz ou em outros tecidos não verdes, a redução do NO_3^- e a assimilação de NH_4^+ dependem da energia química do metabolismo de fotoassimilados fornecidos pelas folhas. Dessa forma, consomem energia fotoquímica utilizada na fixação do gás carbônico. No cloroplasto, isso nem sempre acontece, pois os seis elétrons utilizados na redução do nitrito podem ser fornecidos diretamente pelas reações fotoquímicas, sem que haja competição com a fixação do gás carbônico. Pelo menos isso é possível sob alta intensidade luminosa, quando há excesso de energia fotoquímica e a assimilação do carbono satura facilmente. Em algumas plantas C_4, nas quais a saturação da fotossíntese pela luz é mais difícil, a competição entre a assimilação do NO_3^- e do gás carbônico pela energia fotoquímica é evitada de outra maneira. As enzimas da assimilação do NO_3^- estão localizadas nas células do mesofilo, principal local das reações fotoquímicas, enquanto o ciclo de Calvin está restrito às células da bainha vascular, onde a reduzida atividade do fotossistema II limita o fluxo de elétrons não cíclico e, consequentemente, prejudica o fornecimento de ferredoxina reduzida. O mesmo argumento é válido para a redução do NO_3^- em nitrito, que utiliza NADH gerado pelo metabolismo respiratório. Na folha, os metabólitos envolvidos estão diretamente associados às reações fotoquímicas via um mecanismo de lançadeiras, que não dependem da assimilação do carbono e, portanto, não competem com ela (Figura 4.6).

Assimilação de NH_4^+ e o ciclo da sintase do glutamato

A natureza prejudicial do NH_4^+ exige a sua rápida assimilação, evitando seu acúmulo nos tecidos. Para esse fim, os tecidos dispõem de um eficiente sistema de assimilação que funciona em baixas concentrações de NH_4^+. A enzima responsável é a *sintetase da glutamina* (GS), que catalisa a união do NH_4^+ com o ácido glutâmico para formar glutamina:

$$\underset{(NH_4^+)}{NH_3} + \underset{\text{Glu}}{\begin{matrix} COOH \\ | \\ CH_2 \\ | \\ CH_2 \\ | \\ CHNH_2 \\ | \\ COOH \end{matrix}} \xrightarrow[\text{GS}]{\text{ATP} \rightarrow \text{ADP}} \underset{\text{Gln}}{\begin{matrix} CONH_2 \\ | \\ CH_2 \\ | \\ CH_2 \\ | \\ CHNH_2 \\ | \\ COOH \end{matrix}} + H_2O$$

Reação catalisada pela enzima sintetase da glutamina (GS), encontrada na maioria dos tecidos das plantas, embora com grande variação de atividade. Em nível subcelular, ocorre tanto no citosol quanto em plastídios. Constituída de oito subunidades, tem massa molecular de 300 a 370 kDa, dependendo da espécie. São encontradas duas isoformas: a GS_1, localizada no citosol e a forma predominante nas raízes; e GS_2, situada no cloroplasto e a forma predominante nas folhas. As subunidades de GS_1 e GS_2 são sintetizadas a partir de genes distintos. Nas folhas, a GS_2 é a maior responsável pela assimilação de NH_4^+, tanto proveniente da redução de NO_3^- quanto da fotorrespiração.

A eficiência desse processo é muito superior à taxa de produção de NH_4^+ formada principalmente pela redução de NO_3^- e, nas folhas de plantas C_3, pela fotorrespiração, cuja taxa de produção pode superar a redução do NO_3^- em 10 vezes. Dessa forma, em condições normais, o NH_4^+ é mantido em concentrações baixas nos tecidos vegetais.

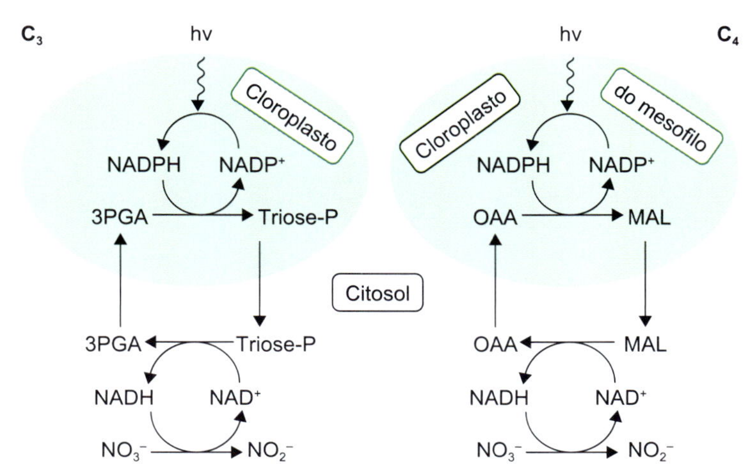

Figura 4.6 Fonte de poder redutor para a redutase do nitrato em folhas. Em plantas C_3, elétrons gerados nas reações fotoquímicas são transferidos do cloroplasto para o citosol, principalmente via 3-fosfoglicerato/triose-P. Em plantas C_4, em que a redução do nitrato é restrita às células do mesofilo, o oxaloacetato/malato desempenha o mesmo papel, embora o sistema 3-fosfoglicerato/triose-P também possa funcionar em paralelo.

Embora o papel de assimilar NH_4^+ tenha sido atribuído à GS, ela não é a única enzima capaz de catalisar a incorporação de NH_4^+ em forma orgânica. A *desidrogenase do glutamato* (GDH) catalisa uma reação (reversível) entre 2-oxoglutarato, NH_4^+ e NADH, formando assim o aminoácido ácido glutâmico:

$$\mathbf{NH_3}\ (NH_4^+) + \underset{\text{2-OG}}{COOH\text{–}CH_2\text{–}CH_2\text{–}C{=}O\text{–}COOH} \xrightarrow[\text{GDH}]{NADH \rightarrow NAD^+} \underset{\text{Glu}}{COOH\text{–}CH_2\text{–}CH_2\text{–}CH\mathbf{NH_2}\text{–}COOH} + H_2O$$

Reação catalisada pela enzima desidrogenase do glutamato (GDH). A enzima é encontrada em diversos tecidos das plantas, mas principalmente em mitocôndrias de folhas, sugerindo que possa ter algum papel na assimilação do NH_4^+ produzido na fotorrespiração. O assunto é, porém, bastante controverso. A GDH é ativada por Ca^{2+} e induzida por NH_4^+. A estrutura molecular da enzima é constituída de seis subunidades com M_r de 42,5 kDa e 43 kDa.

Entretanto, a GDH não é muito eficiente na direção de assimilação, pois o Km para NH_4^+ é alto, o que significa que a reação nessa direção só é eficiente quando de concentrações elevadas desse íon. Apesar disso, durante muito tempo se pensou que a GDH, e não a GS, desempenhava a função de assimilar NH_4^+ nas plantas, simplesmente porque não era conhecida nenhuma reação que pudesse dar prosseguimento à assimilação do N via glutamina. O ácido glutâmico produzido na reação é, por sua vez, prontamente utilizado na formação de todos os outros aminoácidos.

Esse dogma mudou quando dois pesquisadores britânicos, Peter Lea e Benjamin Miflin, descobriram, em plantas, uma enzima capaz de transferir o N de glutamina para 2-oxoglutarato, formando o ácido glutâmico. Essa nova enzima foi denominada *aminotransferase de glutamina:2-oxoglutarato* ou GOGAT (conhecida também como *sintase do glutamato*). A reação catalisada por essa enzima necessita de dois elétrons, fornecidos pela ferredoxina (isoforma localizada no cloroplasto) ou NADH (isoforma de tecidos não verdes):

$$\underset{\text{2-OG}}{COOH\text{–}CH_2\text{–}CH_2\text{–}C{=}O\text{–}COOH} + \underset{\text{Gln}}{CO\mathbf{NH_2}\text{–}CH_2\text{–}CH_2\text{–}CHNH_2\text{–}COOH} \xrightarrow[\text{GOGAT}]{2e^-\ (Fd/NADH)} \underset{\text{Glu}}{COOH\text{–}CH_2\text{–}CH_2\text{–}CHNH_2\text{–}COOH} + \underset{\text{Glu}}{CO\mathbf{NH_2}\text{–}CH_2\text{–}CH_2\text{–}COOH}$$

Reação catalisada pela enzima amidatransferase de glutamina: 2-oxoglutarato (GOGAT). São conhecidas duas isoenzimas de GOGAT com diferentes especificidades pelo doador de elétrons: a enzima do cloroplasto utiliza a ferredoxina (Fd), enquanto a enzima encontrada em tecidos não verdes é específica para NADH. As duas são flavoproteínas com um centro Fe-S; a dependente de NADH é composta por uma subunidade em torno de 230 kDa.

É importante observar que são formadas duas moléculas de ácido glutâmico. Uma das moléculas de ácido glutâmico pode ser consumida na formação de outros aminoácidos, via transaminação, e a outra retornar para assegurar a continuação da atividade da GS. Essa inter-relação entre a GS, a GOGAT e a aminotransferase (conhecida como o *ciclo da sintase do glutamato*) está representada no esquema a seguir e mostra o fluxo de N a partir do NH_4^+ até a formação de aminoácidos:

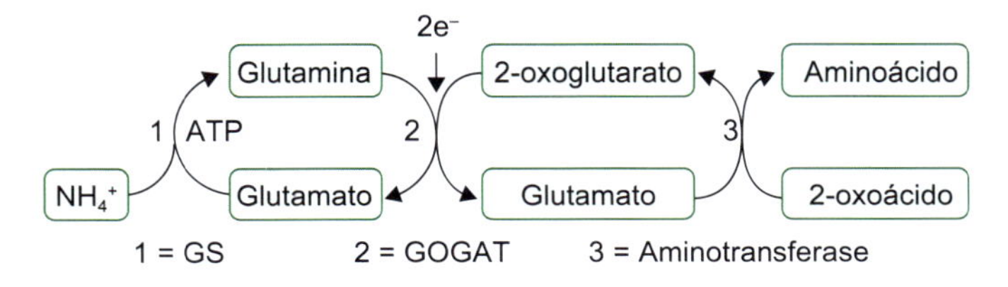

Nas folhas, esse processo ocorre dentro do cloroplasto, onde a enzima GOGAT é específica para ferredoxina como doador de elétrons. Embora atividade de GS seja também encontrada fora do cloroplasto (GS_1), ela é muito baixa em comparação à enzima do cloroplasto (GS_2). A síntese de muitos aminoácidos se completa no cloroplasto, embora a interconversão e a síntese de aminoácidos também aconteçam fora dessa organela.

Estabelecida a importância do sistema GS/GOGAT na assimilação do NH_4^+, fica a pergunta: qual, então, a função da GDH? Embora não descartada a possibilidade de uma função assimilatória em condições muito especiais, nas quais a sua baixa afinidade pelo NH_4^+ possa ser superada, a GDH certamente desempenha uma função na degradação de aminoácidos. Dois motivos apontam para isso: em primeiro lugar, a reação catalisada por essa enzima é plenamente reversível; em segundo, a sua atividade costuma ser mais alta em tecidos senescentes, em que a mobilização de proteínas ocorre por meio da degradação de aminoácidos. Dessa forma, o N dos aminoácidos liberados das proteínas atacadas por enzimas proteolíticas e, depois, transferido para o glutamato, via aminotransferases, é finalmente liberado como NH_4^+ pela GDH. Esse NH_4^+ fica disponível para transformação em compostos de transporte de N, como glutamina e asparagina, que completam o processo de mobilização de N de tecidos senescentes para tecidos em desenvolvimento.

Entretanto, não são apenas os tecidos senescentes que exportam o N para outras partes da planta na forma de glutamina e asparagina. Os principais locais de redução e assimilação de NO_3^-, as raízes e as folhas, também o fazem e em grande quantidade. Nessa situação, nem toda a glutamina formada via GS segue pela GOGAT, podendo ser exportada como composto de transporte ou ser primeiro transformada em asparagina para depois ser transportada nessa forma. Essa assimilação de N direcionada ao transporte funciona paralelamente ao sistema GS/GOGAT já descrito. É evidente que a simples assimilação do NH_4^+ em glutamina para fins de transporte acabaria em pouco tempo com o ácido glutâmico endógeno. Entretanto, para cada NH_4^+ assimilado para transporte na forma de glutamina, há outro assimilado pelo sistema GS/GOGAT para repor o ácido glutâmico usado na geração de glutamina para transporte:

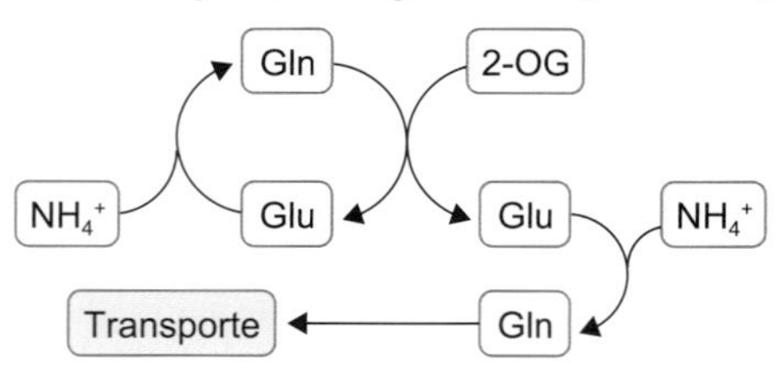

Nessa situação, os dois sistemas devem funcionar simultaneamente. Quando há formação de asparagina, a reação envolve a glutamina e o ácido aspártico, catalisada pela *sintetase da asparagina* (AS):

$$\underset{\text{Gln}}{CONH_2{-}CH_2{-}CH_2{-}CHNH_2{-}COOH} + \underset{\text{Asp}}{COOH{-}CH_2{-}CHNH_2{-}COOH} \xrightarrow[AS]{ATP \rightarrow AMP + PPi} \underset{\text{Glu}}{COOH{-}CH_2{-}CH_2{-}CHNH_2{-}COOH} + \underset{\text{Asn}}{CONH_2{-}CH_2{-}CHNH_2{-}COOH}$$

Nesse caso, mais uma vez o funcionamento em paralelo do sistema GS/GOGAT assegura a produção de ácido aspártico consumido nessa reação:

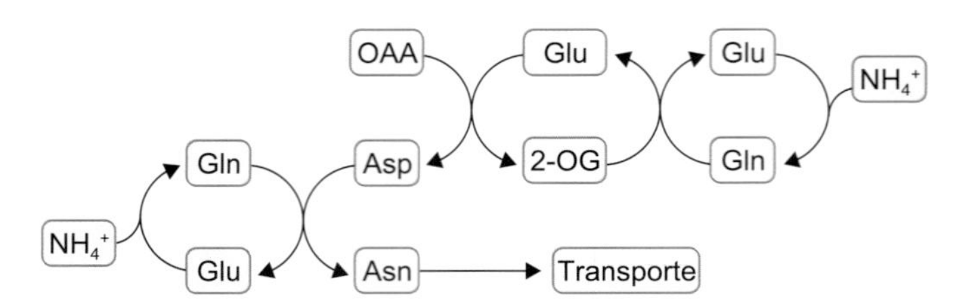

Portanto, o sistema GS/GOGAT tem duas finalidades principais nos tecidos de assimilação primária: fornecer o N para a formação de todos os aminoácidos necessários para a síntese de proteína no próprio tecido, suprindo assim a demanda local, e produzir glutamato e aspartato para a formação das amidas necessárias para o transporte de N até outros tecidos (drenos).

Transporte do N

O transporte do N pela planta é um importante elo entre os sítios de assimilação e os drenos. Esse transporte a longa distância envolve tanto o xilema quanto o floema. O transporte pelo xilema basicamente faz a ligação entre a raiz e a folha, pois depende da transpiração, sendo assim responsável pelo escoamento dos produtos da assimilação na raiz (incluindo os nódulos, no caso de leguminosas noduladas), bem como pelo transporte do excesso de NO_3^- absorvido pelas raízes até as folhas, outro sítio importante de assimilação do NO_3^-.

O transporte de N na planta envolve compostos específicos e característicos da espécie. No geral, predominam os principais produtos da assimilação do N, como glutamina e asparagina. É característica das leguminosas a predominância de asparagina, com a glutamina frequentemente em segundo lugar. Ambos são produtos primários dos processos de assimilação, tanto do NO_3^- quanto da fixação simbiótica do N. Nas gramíneas, predomina a glutamina, enquanto a asparagina está presente em quantidades mínimas. No entanto, o número de espécies estudadas é relativamente pequeno para generalizar, quadro que pode mudar no futuro.

São conhecidos alguns casos especiais, ou seja, espécies que fogem a essa regra. O mais bem documentado é o caso das leguminosas da tribo Phaseoleae (p. ex., soja, feijão, feijão-de-corda), nas quais predominam os ureídos, sendo responsáveis por 60 a 90% do N transportado no xilema. Os ureídos alantoína e ácido alantoico são produtos quase específicos da fixação simbiótica de N nessas espécies, de modo que a sua presença é mínima no sistema de transporte de plantas não noduladas, cultivadas com NO_3^-. Em razão dessa especificidade, o transporte de ureídos no xilema pode ser usado como indicador do grau de fixação do N nessas espécies.

Alantoína | Ácido alantoico

Os ureídos alantoína e ácido alantoico são formados no nódulo via catabolismo de purinas. O teor de N (4N:4C) na molécula é mais alto que em outros compostos de transporte, como a asparagina (2N:4C) e a glutamina (2N:5C).

Mesmo nas leguminosas que apresentam o metabolismo de N baseado em ureídos, o aminoácido asparagina geralmente aparece em segundo lugar e predomina no xilema nas plantas não noduladas.

São conhecidas outras formas características de transporte de N na planta – por exemplo, a citrulina (inclusive produto da fixação de N_2) em *Alnus* e *Casuarina* e a arginina em muitas árvores. Esses dois aminoácidos se caracterizam pela alta relação N:C (citrulina, 3:6, e arginina, 4:6).

Uma parte bastante significativa do N transportado via xilema não alcança a folha, uma vez que, durante o percurso, é constante a transferência de aminoácidos para o floema. Ocorre um processo seletivo nessa transferência, pois os aminoácidos básicos (arginina, lisina etc.) são transferidos com maior facilidade, os neutros (asparagina, glutamina etc.) com facilidade menor, enquanto os aminoácidos ácidos são mais difíceis de transferir. O NO_3^-, aniônico como os aminoácidos ácidos, é totalmente excluído da transferência e, por essa razão, serve para diferenciar a seiva do xilema da seiva do floema.

Apesar da seletividade na transferência de aminoácidos do xilema para o floema, o conteúdo do floema não apresenta uma abundância de aminoácidos básicos. Pelo contrário, os mesmos aminoácidos abundantes no xilema (geralmente asparagina e/ou glutamina) são os principais aminoácidos encontrados no floema. A explicação está na maior concentração no xilema, que compensa as restrições de transferência. Por sua vez, os aminoácidos básicos normalmente estão em baixíssima concentração no xilema (exceto arginina em algumas árvores).

Como o transporte no floema se dá nos dois sentidos, parte do N transferido é devolvida para a raiz, onde pode ser metabolizada ou retornada para o xilema. Essa reciclagem de N pode ter um importante papel regulatório nos processos de assimilação, servindo como indicador do estado nutricional da planta em termos de N. Além da transferência de N do xilema para o floema, aminoácidos produzidos na assimilação do NO_3^- nas folhas são carregados no floema para transporte. No final do ciclo da planta, na fase reprodutiva, há mobilização de grande quantidade de N, na forma de aminoácidos, das folhas e do caule para os frutos em desenvolvimento, que representam os drenos mais fortes nessa fase. O transporte de N para os frutos envolve principalmente o floema, pois os frutos e, em particular, as sementes têm poucas ligações com o xilema ou nenhuma. Contudo, pelo menos em algumas espécies, existe uma concentração de tecidos especializados na transferência do N do xilema para o floema na região do pedúnculo. No fruto de uma leguminosa, as ramificações do floema permeiam os tegumentos (casca da semente). É nesse ponto que as substâncias transportadas pelo floema, compostos nitrogenados inclusive, são descarregadas do floema por mecanismo ativo (dependente do ATP), entrando nos tecidos do tegumento e atravessando-os, inicialmente por via simplástica e, depois, pelo apoplasto. Finalmente, acabam sendo secretadas entre o tegumento e os cotilédones, quando são absorvidos por esses tecidos, provavelmente por meio de mecanismo ativo. Durante todo esse percurso entre o floema e os cotilédones, as substâncias de transporte estão sujeitas a serem metabolizadas, dependendo do complemento de enzimas presentes nos respectivos tecidos. Por exemplo, no fruto da soja, os ureídos são totalmente metabolizados após o descarregamento do floema no tegumento, sendo a glutamina o principal produto desse metabolismo e, portanto, responsável por transportar o N até o cotilédone. Compatível com esse processo, um cotilédone isolado e colocado em meio de cultura, tendo glutamina como única fonte de N, cresce e produz todos os aminoácidos necessários para a síntese de proteínas de reserva. Por sua vez, o cotilédone tem baixa capacidade para metabolizar os ureídos. Outros compostos de transporte, como a asparagina, podem ser parcialmente metabolizados durante esse percurso pelo tegumento. O caminho metabólico dos compostos de transporte, usando como exemplo a soja, segue essencialmente a via GS/GOGAT, embora partes desse conjunto de reações possam estar separadas entre o tegumento e o cotilédone, conforme as atividades enzimáticas dos tecidos:

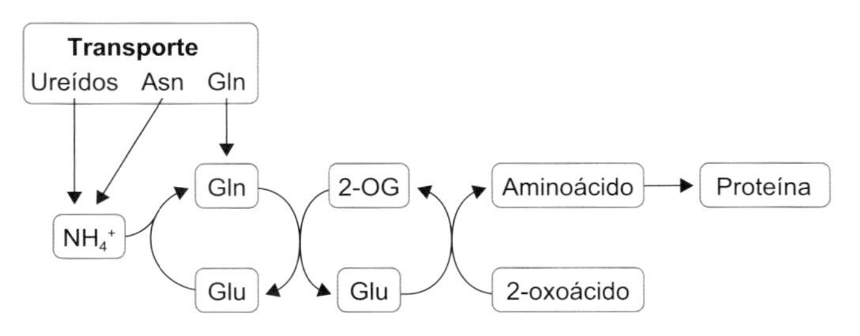

O transporte de N para os frutos é importante para fornecer os aminoácidos necessários para a síntese de proteínas de reserva armazenadas na semente, para uso como fonte de N durante a germinação. Muitas espécies cultivadas para a produção de grãos contêm quantidades elevadas de proteínas na semente, podendo-se destacar a soja, cujo teor de proteína no grão pode atingir cerca de 50% do peso. O transporte de N evidentemente é intenso para o fruto, mas não é fornecida uma mistura de aminoácidos na proporção certa para a síntese das proteínas, e sim algumas substâncias específicas. Consequentemente, ocorre intenso metabolismo dessas substâncias nos frutos, para assegurar a síntese de todos os aminoácidos necessários para a formação das proteínas.

Utilização do N transportado nos sítios de consumo

A distribuição das substâncias do transporte do N via floema e xilema para os sítios de consumo (drenos) implica o seu pronto metabolismo. O metabolismo de N nos sítios de consumo envolve, principalmente, a transformação do N descarregado das vias de transporte em outros aminoácidos e a sua incorporação em proteínas. São abordadas aqui as três formas do transporte de N orgânico destacadas neste capítulo (glutamina, asparagina e ureídos).

O metabolismo da glutamina nos sítios de consumo segue um caminho muito próximo àquele encontrado nos sítios de assimilação. A glutamina é primeiro metabolizada via GOGAT, com a formação de duas moléculas de glutamato. Ao contrário do processo de assimilação, ambas as moléculas de glutamato participam na transaminação, na qual o N é usado na formação de outros aminoácidos.

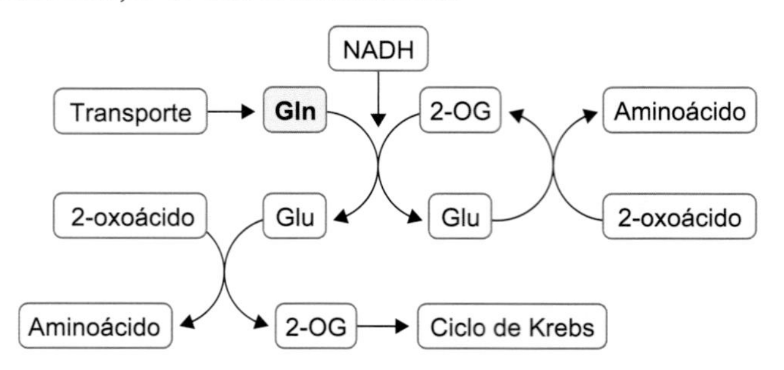

Dessa forma, uma molécula de glutamina assegura a reciclagem de uma molécula de oxoglutarato necessário para a reação da GOGAT, e o outro oxoglutarato, produto da transaminação do segundo glutamato, sobra para contribuir com o metabolismo de carbono. Nesse caso, a enzima GOGAT envolvida é a forma dependente de NADH como doador de elétrons, tendo em vista a sua distribuição em tecidos não verdes.

No caso de asparagina, a forma inicial do seu metabolismo varia de acordo com o tecido. Duas vias são conhecidas, uma envolvendo a enzima *asparaginase* e outra a enzima *aminotransferase da asparagina*. A primeira é encontrada em sementes imaturas e folhas na fase inicial de expansão. A reação catalisada leva à hidrólise do grupo amida, liberando NH_4^+:

$$\underset{\text{Asn}}{\begin{array}{l}CONH_2\\ |\\ CH_2\\ |\\ CHNH_2\\ |\\ COOH\end{array}} + H_2O \xrightarrow{\textit{ASNase}} \underset{\text{Asp}}{\begin{array}{l}COOH\\ |\\ CH_2\\ |\\ CHNH_2\\ |\\ COOH\end{array}} + NH_3\ (NH_4^+)$$

A segunda via, envolvendo a aminotransferase da asparagina, é encontrada principalmente em folhas e tecidos verdes. Essa enzima é também conhecida como aminotransferase de serina:glioxilato, envolvida na formação de glicina durante o processo de fotorrespiração. Essa confusão na nomenclatura decorre do fato de que a enzima tem baixa especificidade pelo substrato, utilizando tanto serina quanto alanina ou asparagina como doadores do grupo amino. Com a asparagina como substrato, o produto é o ácido 2-oxossuccinâmico, o qual sofre, em seguida, a desaminação e a redução, não necessariamente nessa ordem (vias I e II):

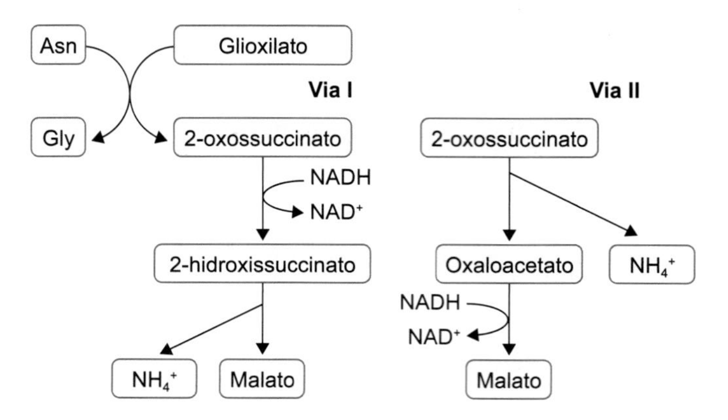

Independentemente da forma inicial do metabolismo de asparagina, o N do grupo amida acaba sendo liberado na forma de NH_4^+. A partir desse ponto, o metabolismo segue a via GS/GOGAT:

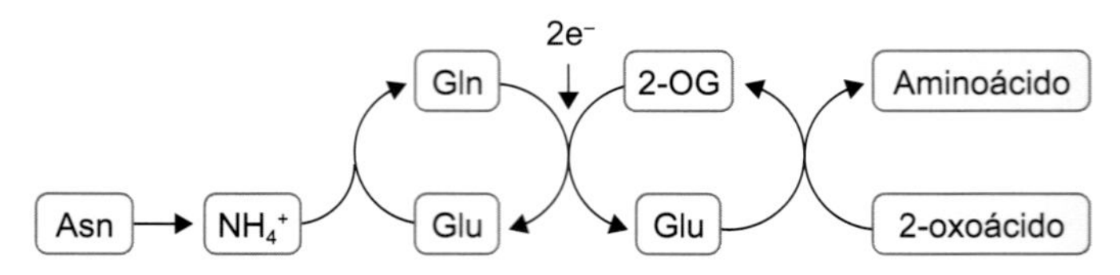

No caso dos ureídos, os quatro átomos de N contidos na molécula são liberados um por um na forma de NH_4^+:

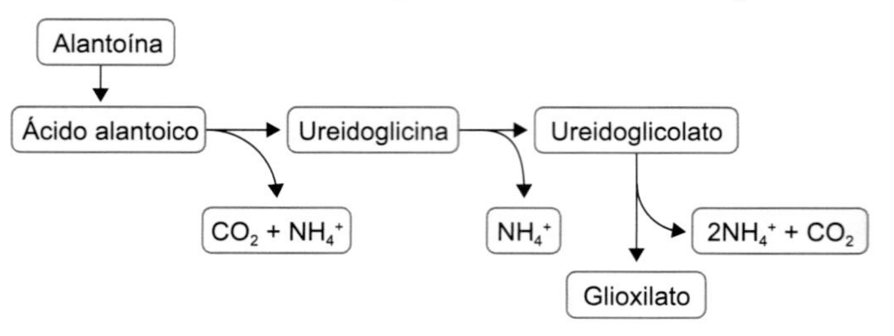

O destino metabólico do NH_4^+ assim formado segue o mesmo caminho da assimilação de NH_4^+ descrito para o metabolismo de asparagina.

Aminotransferases

Após passar pelo sistema GS/GOGAT, o N segue o seu caminho na formação de outros aminoácidos, via reações de transaminação. As enzimas envolvidas, as aminotransferases (ou transaminases), catalisam a reação geral entre um aminoácido e um 2-oxoácido, sendo normalmente reversível:

$$\underset{\text{AA-I}}{\begin{array}{l}R^{I}\\ |\\ CHNH_2\\ |\\ COOH\end{array}} + \underset{\text{2-OA-II}}{\begin{array}{l}R^{II}\\ |\\ C{=}O\\ |\\ COOH\end{array}} \longleftrightarrow \underset{\text{AA-II}}{\begin{array}{l}R^{II}\\ |\\ CHNH_2\\ |\\ COOH\end{array}} + \underset{\text{2-OA-I}}{\begin{array}{l}R^{I}\\ |\\ C{=}O\\ |\\ COOH\end{array}}$$

As duas aminotransferases mais bem estudadas em plantas são a *aminotransferase do aspartato* (AspAT) e a *aminotransferase da alanina* (AlaAT). Justamente pela reversibilidade dessas reações, as duas enzimas também são conhecidas, respectivamente, como transaminase de glutamato:oxaloacetato (GOT) e transaminase de glutamato:piruvato (GPT). A maioria dos tecidos vegetais apresenta alta atividade dessas enzimas. As aminotransferases teriam o papel de dar sequência ao sistema GS/GOGAT, tendo em vista que o glutamato é substrato de AspAT e AlaAT. Também desempenham um papel importante nas folhas de plantas com alguns dos tipos de mecanismo C_4.

Apesar de essas duas aminotransferases apresentarem baixa especificidade pelo substrato, são enzimas distintas. Não é conhecida nenhuma aminotransferase para a interconversão direta de aspartato e alanina, apenas aspartato e glutamato ou alanina e glutamato. Dessa forma, para o N de aspartato ser transferido para alanina (ou vice-versa), é necessário passar pelo glutamato. Na maioria dos casos, os demais aminoácidos recebem seu N via transaminação ou diretamente do glutamato ou de alanina e aspartato.

Outras aminotransferases caracterizadas são as duas envolvidas no processo de fotorrespiração (folhas de plantas C_3). Uma delas, a aminotransferase de serina:glioxilato, catalisa reação irreversível:

$$\underset{\text{Serina}}{\begin{array}{c} CH_2OH \\ | \\ CHNH_2 \\ | \\ COOH \end{array}} + \underset{\text{Glioxilato}}{\begin{array}{c} CHO \\ | \\ COOH \end{array}} \longrightarrow \underset{\text{Glicina}}{\begin{array}{c} CHNH_2 \\ | \\ COOH \end{array}} + \underset{\text{Hidroxipiruvato}}{\begin{array}{c} CH_2OH \\ | \\ C{=}O \\ | \\ COOH \end{array}}$$

E a outra, a aminotransferase de glutamato:glioxilato, reação reversível:

$$\underset{\text{Glutamato}}{\begin{array}{c} COOH \\ | \\ (CH_2)_2 \\ | \\ CHNH_2 \\ | \\ COOH \end{array}} + \underset{\text{Glioxilato}}{\begin{array}{c} CHO \\ | \\ COOH \end{array}} \longleftrightarrow \underset{\text{Glicina}}{\begin{array}{c} CHNH_2 \\ | \\ COOH \end{array}} + \underset{\text{2-OG}}{\begin{array}{c} COOH \\ | \\ (CH_2)_2 \\ | \\ C{=}O \\ | \\ COOH \end{array}}$$

A aminotransferase de serina:glioxilato é a mesma enzima que catalisa a transaminação entre asparagina e glioxilato, já mencionada. Assim como AspAT e AlaAT, essas outras aminotransferases não apresentam alta especificidade pelos substratos, parecendo ser esta uma característica desse tipo de enzima. Por exemplo, a aminotransferase da serina:glioxilato pode usar ainda serina e piruvato como substratos.

Biossíntese de aminoácidos

Direta ou indiretamente, a transaminação é responsável pela formação do grupo 2-amino de todos os aminoácidos. O esqueleto de carbono é formado a partir de precursores encontrados na glicólise, na via das pentoses-fosfato e no ciclo de Krebs. Uma visão global da origem do esqueleto de carbono dos 20 aminoácidos proteicos é dada no esquema da Figura 4.7.

É conveniente dividir a biossíntese dos 20 aminoácidos proteicos em grupos ou "famílias" de acordo com os caminhos metabólicos que se iniciam com determinados precursores comuns. Essa associação pode ser facilmente verificada na Figura 4.7. Os precursores em comum são aspartato, piruvato, eritrose-4-fosfato, glutamato e fosfoglicerato. A regulação dessas vias envolve mecanismos de retroinibição de enzimas alostéricas em pontos-chave da via biossintética, geralmente no primeiro passo e nos pontos de bifurcação.

Família do aspartato | Treonina, lisina, metionina, isoleucina e asparagina

A formação da asparagina e do aspartato é intimamente relacionada com o metabolismo de carbono, detalhado na Figura 4.7. O caminho biossintético dos demais aminoácidos dessa família, treonina, lisina, metionina e isoleucina, está representado na Figura 4.8. Detalhes dos passos entre treonina e isoleucina são apresentados adiante, junto à família do piruvato.

Em folhas, essa via biossintética está situada no cloroplasto, e a localização subcelular em outros tecidos é desconhecida.

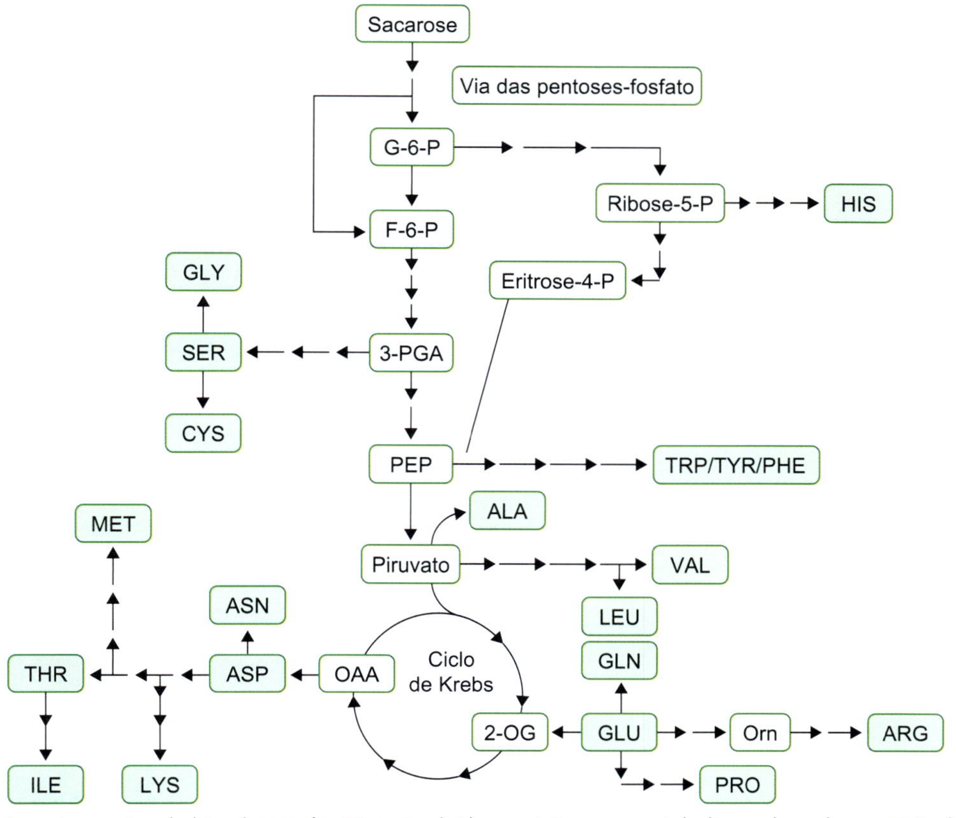

Figura 4.7 Inter-relação entre as vias de biossíntese dos 20 aminoácidos proteicos e o metabolismo do carbono. ALA: alanina; ARG: arginina; ASP: aspartato; ASN: asparagina; CYS: cisteína; PHE: fenilalanina; GLU: glutamato; GLN: glutamina; GLY: glicina; HIS: histidina; ILE: isoleucina; LEU: leucina; LYS: lisina; MET: metionina; ORN: ornitina (aminoácido não proteico); PRO: prolina; SER: serina; THR: treonina; TYR: tirosina; TRP: triptofano; VAL: valina.

A regulação dessa via é complexa em virtude do número de aminoácidos produzidos; cada aminoácido regula a sua própria biossíntese por retroinibição, e o primeiro passo catalisado pela *cinase do aspartato* é também um ponto de controle (Figura 4.9).

Dessa forma, cada aminoácido inibe a primeira enzima da ramificação específica da sua produção. A isoleucina inibe a *desidratase da treonina*, a metionina (ou seu derivado imediato, a S-adenosil-metionina) age como repressor da *cistationina-gama-sintase* e a treonina inibe uma das duas isoenzimas da *desidrogenase da homosserina*. A outra isoenzima da desidrogenase da homosserina (insensível à treonina) assegura que a treonina não prejudique a síntese de metionina. A lisina inibe a *sintase do di-hidropicolinato*, a primeira enzima da ramificação que leva à sua síntese. O primeiro passo comum para todos esses aminoácidos, mediado pela cinase do aspartato, é regulado pela lisina e pela treonina. São conhecidas três isoenzimas, duas inibidas pela lisina e a outra pela treonina. Embora esse mecanismo de controle pela aspartato cinase evite que nem a lisina nem a treonina prejudiquem a síntese da outra, é evidente que as duas juntas prejudicam a síntese de metionina. Isso é bem conhecido em plantas, pois o

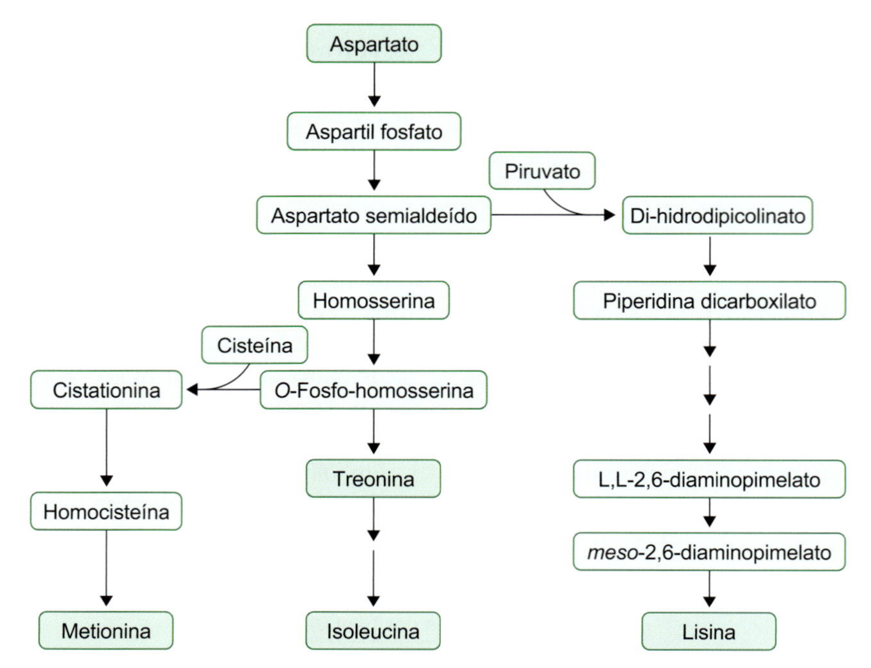

Figura 4.8 Biossíntese de lisina, treonina, isoleucina e metionina.

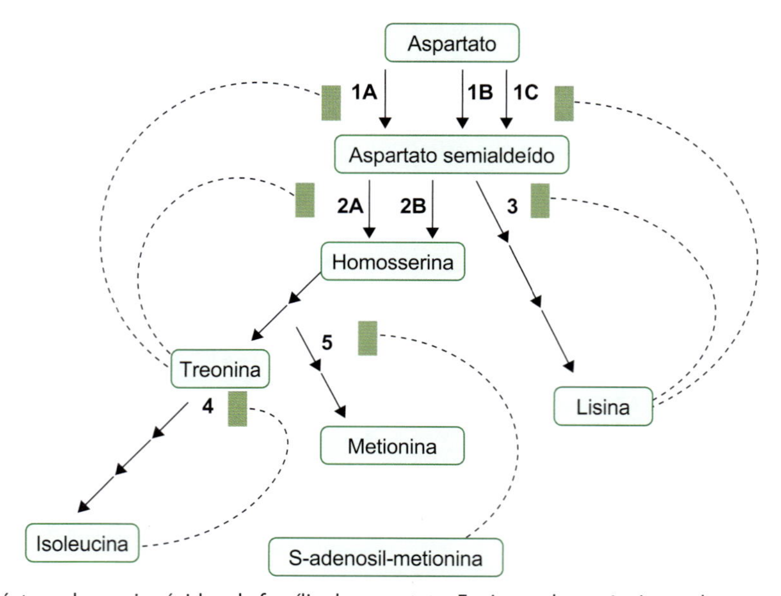

Figura 4.9 Regulação da biossíntese dos aminoácidos da família do aspartato. Enzimas-chave: 1: cinase do aspartato (3 isoenzimas: A – sensível à treonina; B e C – sensíveis à lisina); 2: desidrogenase da homosserina (2 isoenzimas: A – sensível à treonina, B – resistente à treonina); 3: sintase do di-hidropicolinato; 4: desidratase da treonina; 5: cistationina-gama-sintase. Obs.: as isoenzimas cinase do aspartato-A (1A) e desidrogenase da homosserina-A (2A) são um só polipeptídio bifuncional, ou seja, com dois domínios, um para atividade de cinase do aspartato e outro com atividade de desidrogenase da homosserina, sendo ambas as atividades inibidas por treonina.

cultivo de calos de arroz ou plântulas de cevada *in vitro* com lisina e treonina juntas no meio de cultivo leva à forte inibição do crescimento. A inclusão de metionina no meio elimina completamente essa inibição.

A biossíntese de isoleucina será tratada junto à leucina, tendo em vista que seus passos metabólicos são idênticos.

Família dos aminoácidos aromáticos | Fenilalanina, tirosina e triptofano

Os aminoácidos "aromáticos" fenilalanina, tirosina e triptofano são sintetizados a partir de fosfoenolpiruvato (PEP) e eritrose-4-fosfato, intermediários, respectivamente, da glicólise e do ciclo de Calvin e da via das pentoses-fosfato. O caminho é bastante longo e apenas alguns intermediários-chave estão incluídos no esquema (Figura 4.10).

A regulação da via biossintética em plantas não é bem conhecida. A primeira enzima, a *sintase do 3-desoxi-arabino-heptulosonato* (sintase do DHAP), aparentemente tem duas isoformas, uma inibida pelo prefenato e outra pelo arogenato, os precursores da fenilalanina e da tirosina. Apesar de haver duas rotas metabólicas para a formação de fenilalanina e tirosina a partir do prefenato, o caminho via arogenato parece ser o mais importante para várias plantas na formação de tirosina e fenilalanina, onde inclusive esses dois aminoácidos regulam sua própria biossíntese. Dessa forma, a regulação no início da via pelos dois aminoácidos ocorre de forma indireta, via arogenato. A ação do triptofano nesse mecanismo é menos conhecida. Sabe-se que atua como inibidor da enzima *sintase do antranilato*, a primeira enzima da ramificação que leva à sua síntese. A primeira enzima da via, sintase do DHAP (além de outras da via), é induzida por diversos estresses, como lesão e infecções por patógenos, em razão da importância desse caminho metabólico na produção de metabólitos secundários (a partir de fenilalanina, principalmente), os quais se acumulam nos tecidos das plantas nessas condições.

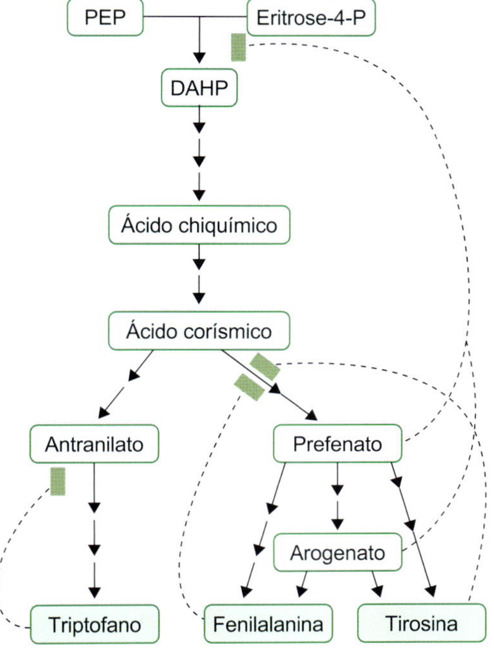

Figura 4.10 Biossíntese do triptofano, da fenilalanina e da tirosina (aminoácidos aromáticos).

Família do glutamato | Prolina, arginina e glutamina

A formação de glutamina a partir do glutamato faz parte do processo de assimilação de NH_4^+, já detalhado.

A prolina pode ser sintetizada a partir de glutamato por duas vias paralelas, uma direta e a outra via ornitina (Figura 4.11). A principal diferença entre as duas vias está na acetilação dos intermediários de uma delas. Pela via direta, após a formação de glutamato semialdeído, a molécula se transforma em uma estrutura cíclica (Δ'-pirolina-5'-carboxilato), precursora da prolina. A estrutura cíclica é formada pela reação intramolecular (não enzimática) dos grupos amino e aldeído do glutamato semialdeído. Na via dos derivados acetilados, a presença do grupo acetil ligado ao grupo 2-amino impede essa reação interna, e uma estrutura aberta, a ornitina, é formada. A ornitina pode ainda levar à formação da estrutura cíclica da prolina após a perda do grupo amino por transaminação. A ornitina também é precursora da arginina, formada após a introdução de mais dois grupos amino, um a partir de carbamil fosfato e o outro do aspartato.

A regulação da síntese dos aminoácidos dessa família foi pouco estudada. Sabe-se que a primeira enzima da via da síntese da prolina, a *sintetase de pirrolina-5-carboxilato*, uma enzima bifuncional com atividade de *cinase de gama-glutamil* e *desidrogenase do glutamato semialdeído*, é inibida pela prolina. A arginina inibe fortemente a primeira enzima da sua síntese, a cinase do N-*acetil-glutamato*.

A síntese de prolina tem uma importância especial em plantas, pois está estreitamente relacionada com o potencial hídrico dos tecidos. Plantas em condições de estresse hídrico ou salino apresentam elevados teores de prolina em comparação àquelas em condições normais. Esse fenômeno parece estar relacionado com um mecanismo de proteção contra a falta de água, pois a prolina ajuda a diminuir o potencial hídrico dos tecidos e, assim, reter a água. Não é por acaso que a solubilidade da prolina é muito superior (162 g/100 mℓ) à dos outros aminoácidos proteicos (na faixa de < 1 a 25 g/100 mℓ). Embora as duas vias de síntese de prolina sejam igualmente importantes em condições normais, as evidências favorecem a via direta do glutamato (sem acetilação) em condições de estresse hídrico.

Há outras formas de estresse associadas a mudanças no metabolismo de aminoácidos dessa família. No caso da hipoxia, é comum o acúmulo de ácido gama-aminobutírico (Gaba), resultado da descarboxilação de glutamato. Isso ocorre, por exemplo, em campos alagados, onde o sistema radicular ou até a planta inteira fica encharcada ou submersa, o que diminui a disponibilidade de oxigênio. Como o pH da célula diminui nessas condições, a transformação de glutamato (ácido) em Gaba (neutro) pode ter algum papel na regulação do pH.

$$\begin{matrix} COOH \\ | \\ (CH_2)_2 \\ | \\ CHNH_2 \\ | \\ COOH \end{matrix} \xrightarrow{\;\;\searrow CO_2\;\;} \begin{matrix} COOH \\ | \\ (CH_2)_2 \\ | \\ CH_2NH_2 \end{matrix}$$

Glu → Gaba

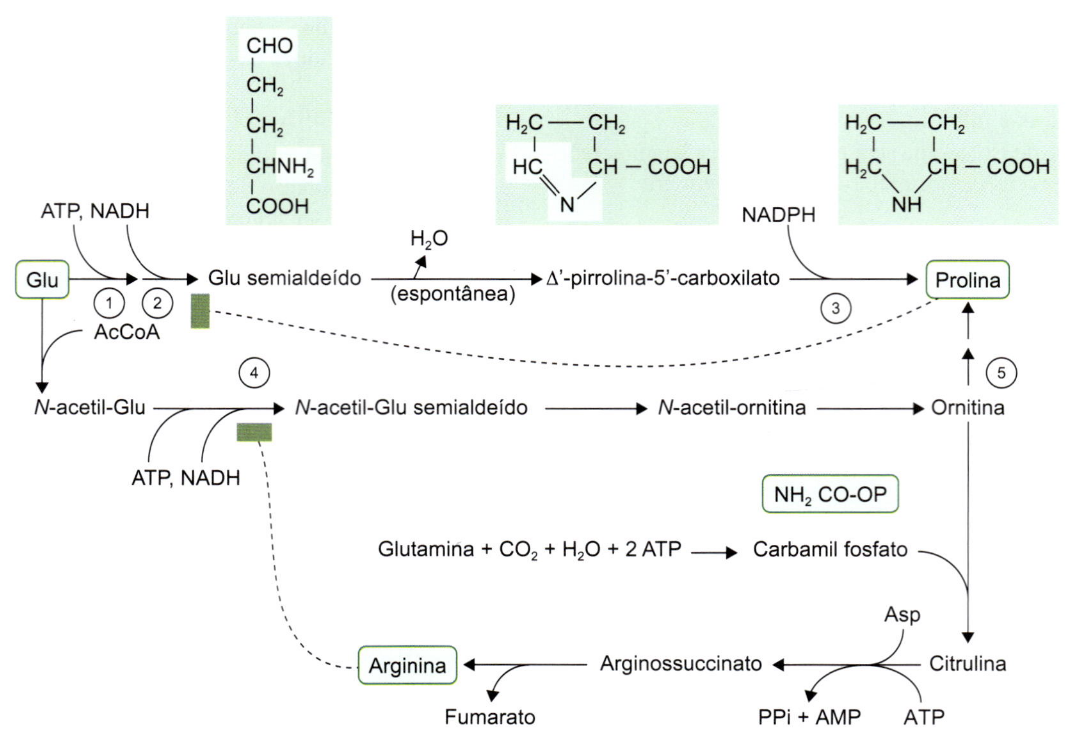

Figura 4.11 Biossíntese de prolina e arginina. **1.** Cinase de gama-glutamil. **2.** Desidrogenase do glutamato semialdeído. **3.** Redutase do P5C. **4.** Cinase do *N*-acetil-glutamato. **5.** Aminotransferase da ornitina.

Um fenômeno semelhante ocorre na deficiência de K^+. Nesse caso, os aminoácidos ornitina e arginina são descarboxilados, levando à formação de grande quantidade de putrescina e agmatina. Essas duas diaminas, por sua natureza básica, ajudam a combater a acidificação do citosol provocada pela falta de K^+, para equilibrar as cargas dos ácidos orgânicos. Embora a putrescina e a agmatina derivem da ornitina e da arginina, a putrescina pode também ser formada a partir da descarboxilação da citrulina ou, ainda, via agmatina:

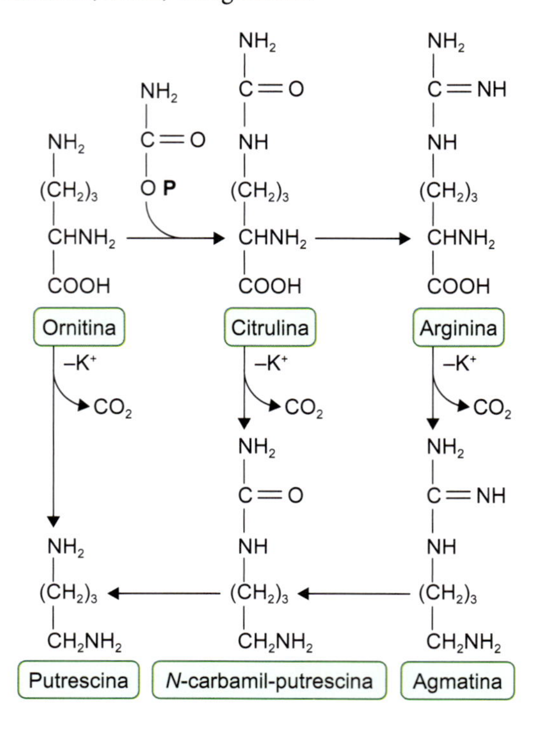

Família do piruvato | Leucina, valina e alanina

A formação de alanina a partir de piruvato ocorre diretamente pela transaminação, já abordada. Assim como o Gaba, a alanina é produzida em quantidades elevadas em condições de hipoxia.

A biossíntese de leucina e valina inicia-se com piruvato e segue alguns passos em comum antes da bifurcação que leva à formação dos dois aminoácidos (Figura 4.12). Na Figura 4.12, também está representado o caminho biossintético da isoleucina, que, embora pertença à família do aspartato, é tratada aqui porque os passos metabólicos, a partir do 2-oxogutarato, não são apenas idênticos aos da valina, mas catalisados pelas mesmas enzimas. A regulação dessa via metabólica é complexa e não foi totalmente elucidada. A desidratase da treonina é inibida pela isoleucina. A leucina inibe a primeira enzima envolvida na sua biossíntese, a *sintase do 2-isopropilmalato*. Tanto a leucina quanto a valina inibem a primeira enzima da sequência de reações em comum, *sintase do acetolactato* (Figura 4.12 A); porém, na presença dos dois aminoácidos, ocorre um efeito sinergístico, no qual a inibição é maior que a soma de cada um isoladamente.

Família do 3-fosfoglicerato | Serina, glicina e cisteína

O agrupamento de serina, glicina e cisteína é fácil de justificar em razão da proximidade metabólica desses aminoácidos, porém a definição do precursor é difícil, pois conforme o tecido da planta, o esqueleto de carbono pode ser derivado de 3-fosfoglicerato (3 PGA) ou ribulose bisfosfato (RuBP) (Figura 4.13).

Família da ribose-5-fosfato | Histidina

A histidina é um caso à parte pelo fato de seu metabolismo ser isolado dos demais aminoácidos e não pertencer a nenhuma "família". A histidina é o aminoácido que menos chamou a atenção dos pesquisadores e, portanto, são poucos os trabalhos a respeito da biossíntese desse aminoácido em plantas. De qualquer forma, já é conhecido que a biossíntese da histidina se inicia a partir de ribose-5-P, conforme indicado na Figura 4.7, e segue uma sequência longa envolvendo nove enzimas. O primeiro passo, catalisado pela *ribose-fosfato difosfo-cinase*, é o ponto de controle da via, pois é inibida pela histidina.

Assimilação do enxofre

O metabolismo do enxofre em plantas tem os aminoácidos cisteína e metionina como peças fundamentais, o que justifica a abordagem da sua assimilação neste capítulo. Além disso, a assimilação do enxofre segue um caminho muito parecido ao daquele do NO_3^-.

A planta retira o enxofre do ambiente na forma de sulfato (SO_4^{2-}). Esse íon é absorvido pela raiz por transporte ativo mediado por uma proteína transportadora, e o processo envolve o cotransporte de três prótons para cada molécula de SO_4^{2-}. Sua redução e assimilação ocorrem nos plastídios da raiz e nos cloroplastos da folha, após transporte via xilema até a parte aérea. Dentro da organela, o SO_4^{2-} é reduzido para sulfeto (S^{2-}) em uma sequência de reações envolvendo ATP, glutationa (GSH) e ferredoxina (Fd) (Figura 4.14). A sequência se inicia com a "ativação" do SO_4^{2-} por ATP, formando

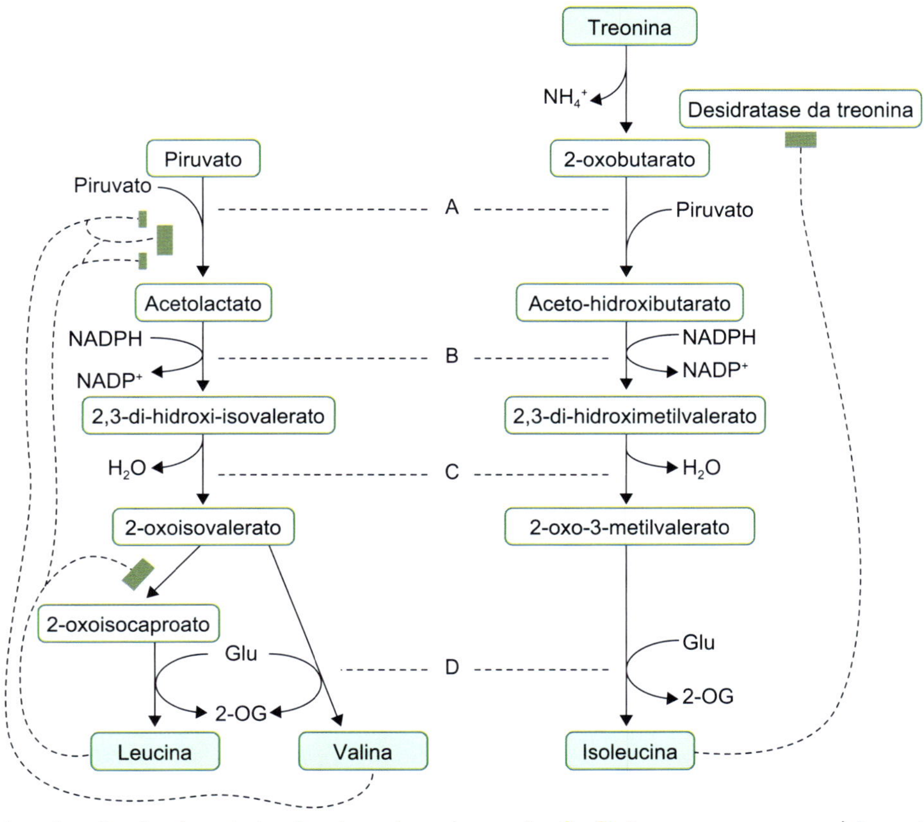

Figura 4.12 Biossíntese de valina, leucina e isoleucina. As enzimas das reações **A** a **D** são as mesmas para os dois caminhos biossintéticos.

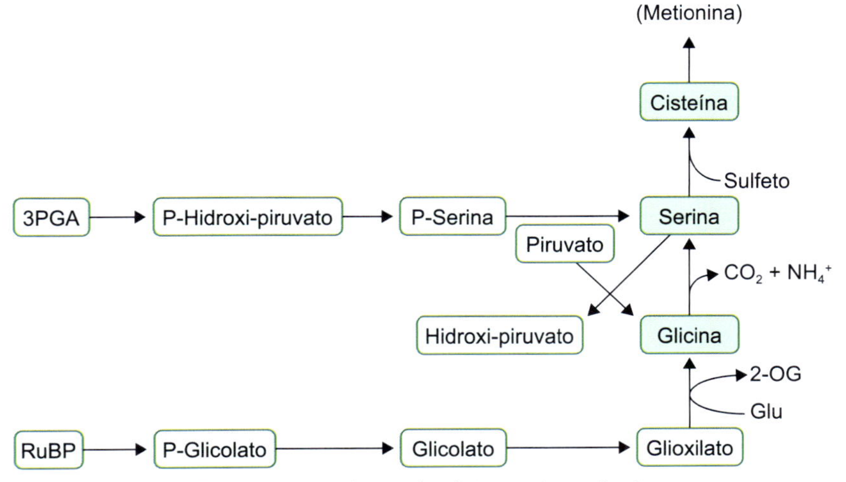

Figura 4.13 Biossíntese de glicina, serina e cisteína.

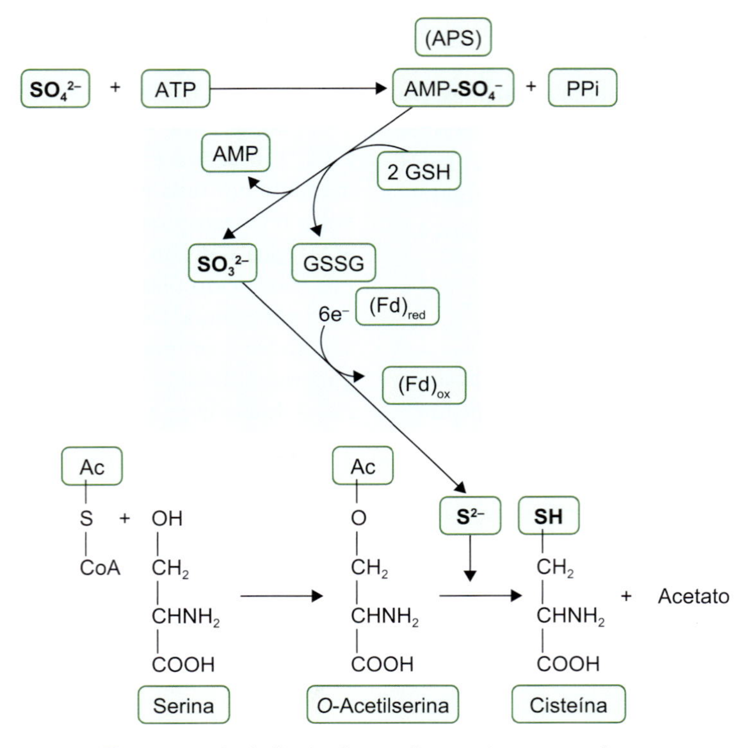

Figura 4.14 Assimilação do enxofre em plantas vasculares.

APS (adenosina 5'-fosfosulfato). Em seguida, o SO_4^{2-} de APS é reduzido por elétrons retirados da glutationa e liberado como sulfito (SO_3^{2-}). O SO_3^{2-} livre é reduzido a S^{2-} pela enzima *redutase do sulfito* com a participação de ferredoxina como doador de elétrons.

Finalmente, o S^{2-} junta-se com uma molécula de serina (via *o*-acetilserina) para formar cisteína. Normalmente, não há acúmulo de cisteína, pois ela é rapidamente utilizada na biossíntese de metionina ou transformada em glutationa (um tripeptídio composto por glutamato + cisteína + glicina).

Bibliografia

Buchanan BB, Grissen W, Jones RL, editors. Biochemistry and molecular biology of plants. Rockville, Maryland: American Society of Plant Physiologists; 2000.

Galili G, Amir R, Fernie AR. The regulation of essential amino acid synthesis and accumulation in plants. Annual Review of Plant Biology. 2016;67:153-78.

Ireland R, Lea PJ. The enzymes of glutamine, glutamate, asparagine, and aspartate metabolism. In: Singh BK, editor. Plant amino acids biochemistry and biotechnology. New York: Marcel Dekker; 1999. p. 49-109.

Ireland R. Amino acid and ureide biosynthesis. In: Dennis DT, Turpin DH, editors. Plant physiology biochemistry and molecular biology. London: Longman; 1990. p. 407-21.

Kaiser WM, Huber SC. Post-translational regulation of nitrate reductase: mechanism, physiological relevance and environmental triggers. J Exp Botany. 2001;52:1981-9.

Krapp A. Plant nitrogen assimilation and its regulation: a complex puzzle with missing pieces. Current Opinions in Plant Biology. 2015; 25:115-22.

Lea PJ, Ireland R. Nitrogen metabolism in higher plants. In: Singh BK, editor. Plant amino acids biochemistry and biotechnology. New York: Marcel Dekker; 1999. p. 1-47.

Lea PJ. Nitrogen metabolism. In: Lea PJ, Leegood RC, editors. Plant biochemistry and molecular biology. Chichester: Wiley; 1993. p. 155-80.

Lea PJ. Primary nitrogen metabolism. In: Plant biochemistry. San Diego: Academic Press, 1997. p. 273-313.

Schubert KR. Products of biological nitrogen fixation in higher plants: synthesis, transport, and metabolism. Annual Review of Plant Physiology. 1986;37:539-74.

Smirnoff N, Stewart GR. Nitrate assimilation and translocation by higher plants: comparative physiology and ecological consequences. Plant Physiology. 1985;64:133-40.

Takahashi H, Kopriva S, Giordano M, Saito K, Hell R. Sulfur assimilation in photosynthetic organisms: molecular functions and regulations of transporters and assimilatory enzymes. Annual Review of Plant Biology. 2011;62:157-84.

5 Fotossíntese

Nidia Majerowicz

O que move a vida?

A fonte universal de energia da biosfera é o sol. Com exceção das bactérias quimioautotróficas, toda a vida no planeta Terra depende direta ou indiretamente da fotossíntese dos organismos clorofilados. Até mesmo as fontes de energia que movimentam as máquinas do cotidiano, como o petróleo, o gás natural e o carvão mineral, são produtos da fotossíntese realizada por organismos que viveram milhões de anos atrás.

Os organismos vivos são sistemas organizados, em permanente estado de não equilíbrio termodinâmico. A manutenção dessa condição, ou seja, da vida, exige a entrada de um fluxo contínuo de energia livre. Em geral, os processos naturais são espontâneos. De acordo com a segunda lei da Termodinâmica, os processos espontâneos tendem a ir de uma condição de alta energia para uma condição de baixa energia, dissipando energia térmica durante o processo, até alcançar uma condição de equilíbrio. Assim, todos os sistemas tendem a se desorganizar, a se tornar cada vez mais caóticos. Isso significa que a degradação e a desorganização são processos espontâneos nas células, nos ecossistemas, no Universo, e que a organização dos sistemas biológicos se encontra permanentemente ameaçada. A manutenção da organização, o crescimento e a construção de estruturas complexas só podem ocorrer à custa de um influxo constante de energia a partir do meio ambiente.

Os organismos não fotossintetizantes (heterotróficos), como animais, fungos e bactérias, são dependentes de moléculas orgânicas pré-formadas, obtidas por meio da alimentação ou absorção, para o suprimento de suas demandas permanentes de energia e de matérias-primas. A degradação de moléculas orgânicas ricas em energia, por meio da fermentação ou respiração aeróbia, é responsável pela liberação da energia utilizada por esses organismos (Figura 5.1).

A atividade fotossintética das plantas, das algas e de algumas bactérias promove a conversão e o armazenamento da energia solar em moléculas orgânicas ricas em energia, a partir de moléculas inorgânicas simples, como o CO_2 e a H_2O. Somente esses organismos conseguem transformar energia luminosa em energia química, aumentando, assim, a energia livre disponível para os seres vivos como um todo. A reação global da fotossíntese (excetuando-se as bactérias fotossintetizantes anaeróbias) pode ser representada da seguinte maneira:

$$CO_2 + H_2O \xrightarrow[\text{Clorofila}]{\text{Luz}} [CH_2O]_n + O_2 \qquad [1]$$

Por meio do fluxo de energia solar, canalizado pela fotossíntese, compostos com baixo nível de energia são convertidos em compostos orgânicos ricos em energia, como os carboidratos. A energia é armazenada nas ligações químicas das moléculas dos carboidratos.

Nos cloroplastos, presentes em todas as células fotossintetizantes eucarióticas, a energia radiante absorvida pelos pigmentos fotossintéticos é utilizada para converter CO_2 e água em carboidratos e outras moléculas orgânicas. A fotossíntese transforma moléculas oxidadas, com baixo conteúdo de energia, em moléculas com elevado poder redutor e conteúdo de energia. Nesse processo, a luz impulsiona elétrons para níveis mais elevados de energia, o que caracteriza um processo termodinâmico não espontâneo. O oxigênio liberado para a atmosfera nada mais é que um subproduto das reações fotossintéticas. As mitocôndrias, presentes em todas as células eucarióticas, degradam os carboidratos, transferindo a energia anteriormente armazenada nas ligações de carbono para moléculas de adenosina trifosfato (ATP). O processo de respiração celular consome oxigênio e, ao produzir CO_2 e água, completa o ciclo. Compostos ricos em energia dão origem a moléculas com baixo conteúdo de energia. A respiração é, assim, um processo termodinamicamente espontâneo. Em cada transformação, parte da energia é dissipada para o ambiente na forma de calor. Assim, o fluxo de energia biológica tem um sentido único, só podendo ter continuidade se houver influxo permanente de energia solar (Figura 5.1).

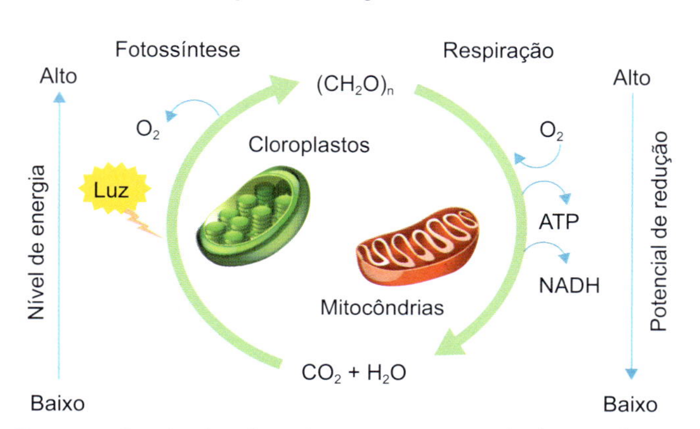

Figura 5.1 Respiração e fotossíntese são processos biológicos de conversão de energia com vetores termodinamicamente opostos.

Fotossíntese | Um processo de oxidação-redução

A simplicidade da equação global da fotossíntese [1] não reflete a grande complexidade do processo fotossintético que envolve numerosas reações de conversão de energia e bioquímicas. Tanto a fotossíntese quanto a respiração celular são constituídas por um conjunto de reações de redução e oxidação sequenciais – reações *redox*. A redução é a transferência de um elétron (e^-) ou de um elétron junto a um próton (H^+) de uma molécula doadora (D) para uma molécula receptora (R). Diz-se que a molécula doadora foi *oxidada* e que a molécula receptora foi *reduzida*, o que pode ser representado por:

$$D + R \longrightarrow D^+ + R^- \quad [2]$$

$$R + H+ + e^- \longrightarrow RH \quad [3]$$

As reações de oxidação e redução são de fundamental importância para compreender os mecanismos fotossintéticos. A reação primária da fotossíntese, por exemplo, é uma reação de transferência de elétrons entre uma forma especial de clorofila e uma molécula receptora específica (Figura 5.2). Ao receberem luz, os elétrons das moléculas de clorofila são excitados. De modo específico, as moléculas especiais de clorofila, localizadas no coração do processo fotossintético (*centros de reação* – CR), ejetam elétrons ao serem excitadas pela luz. Tornam-se, assim, oxidadas, e as moléculas receptoras ficam reduzidas. Na sequência, os elétrons são transferidos para os carreadores do processo fotoquímico, gerando energia química. É importante destacar que as moléculas de clorofila dos CR oxidadas pela luz são imediatamente reduzidas, tendo a sua neutralidade restaurada e permitindo que o processo se repita de modo cíclico. Na maioria dos organismos fotossintetizantes (cianobactérias, algas e plantas), a molécula doadora de elétrons para a clorofila especial do CR é a água, por meio de um processo de fotoxidação. Entretanto, as bactérias fotossintetizantes primitivas, anaeróbias utilizam vários outros compostos como fontes de elétrons (H_2, H_2S, moléculas orgânicas etc.) para a restauração da neutralidade da clorofila especial dos CR, e não a água, conforme exemplificado na Figura 5.2 e na seguinte equação:

$$H_2S \xrightarrow[\text{Bacterioclorofila}]{\text{Luz}} ½S + 2\,H^+ + 2e^- \quad [4]$$

As bactérias que utilizam o H_2S como fonte redutora produzem o enxofre elementar como produto da fotossíntese. Já os organismos que utilizam a água como fonte redutora geram o O_2, que é liberado para a atmosfera:

$$2\,H_2O \xrightarrow[\text{Clorofila}]{\text{Luz}} O_2 + 4\,H^+ + 4e^- \quad [5]$$

Com a oxidação da água, promovida pela luz, além da liberação de O_2 e de elétrons, há um acúmulo da H^+ no interior dos cloroplastos. Conforme será visto adiante, o gradiente de concentração de H^+ formado no interior de cloroplastos constitui a força motriz para a síntese das ligações de alta energia do ATP.

Fotossíntese | Um processo em duas etapas

Já no início do século 20, mais precisamente em 1905, um pesquisador inglês chamado Blackman, interpretando os seus resultados experimentais, concluiu que a fotossíntese é um processo que se dá em duas etapas interdependentes. As reações responsáveis pela transformação da energia solar em energia química integram a *etapa fotoquímica* da fotossíntese, também conhecida como *reações dependentes de luz*. Durante a etapa fotoquímica, a energia luminosa absorvida pelos pigmentos fotossintéticos é convertida em ATP e NADPH (*poder*

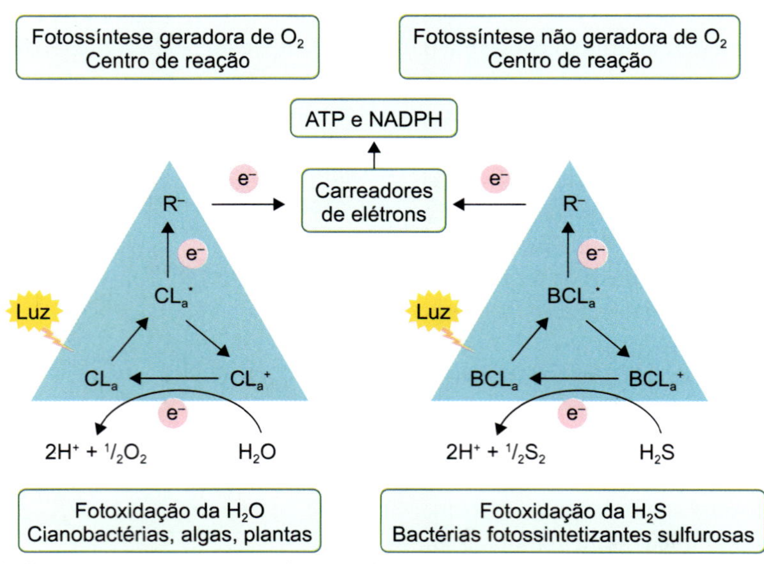

Figura 5.2 A reação primária da fotossíntese é uma reação de oxirredução entre moléculas especiais de clorofila *a* (CL_a) ou bacterioclorofila *a* (BCL_a) e moléculas receptoras de elétrons (R) que, na sequência, transferem os elétrons excitados para outros carreadores. Nos organismos fotossintetizantes geradores de O_2 (cianobactérias, algas e plantas), a molécula doadora de elétrons para a restauração da neutralidade das clorofilas especiais é a água. Contudo, nas bactérias fotossintetizantes anaeróbias, os doadores de elétrons podem ser diferentes moléculas orgânicas ou inorgânicas, como o H_2S.

redutor). A etapa seguinte compreende as reações enzimáticas de fixação do CO_2 e síntese de carboidratos (*etapa bioquímica*). A etapa bioquímica da fotossíntese é movida pelo ATP e pelo poder redutor gerados durante o processo fotoquímico (Figura 5.3).

Os diferentes carboidratos gerados na fotossíntese, com NO_3^-, NH_4^+ e outros sais inorgânicos absorvidos do solo, são matérias-primas para a biossíntese de uma gama enorme de moléculas orgânicas essenciais (aminoácidos, lipídios, pigmentos, celulose, proteínas, ácidos nucleicos, hormônios etc.), que comporão a estrutura e o metabolismo, resultando no crescimento e no desenvolvimento dos organismos fotossintetizantes (Figura 5.4).

Convém destacar que as denominações "reações não dependentes de luz" ou "reações no escuro" para a etapa bioquímica da fotossíntese, frequentemente encontradas em muitos textos, são muito mais uma decorrência do tratamento experimental dado à fotossíntese que uma realidade biológica. Em condições naturais, não há etapa bioquímica da fotossíntese, ou seja, assimilação de CO_2, sem luz. Além da necessidade de ATP e NADPH para a realização das reações enzimáticas, a luz é fundamental para a ativação de enzimas centrais do ciclo de redução do CO_2.

A fotossíntese se processa simultaneamente em inúmeros níveis de organização, abrangendo desde a planta como um todo (p. ex., área total de interceptação da luz solar) a eventos que ocorrem em uma escala de nanômetros (10^{-9} m; p. ex., membranas dos cloroplastos); de eventos que surgem em uma escala de tempo compreensível para os sentidos humanos (p. ex., acúmulo de biomassa) a processos que ocorrem em bilionésimos de segundo (fluxo fotossintético de elétrons). A compreensão do processo fotossintético depende, portanto, de pesquisas que focalizam diferentes níveis de organização das plantas, do molecular ao organismo como um todo e da integração entre pesquisadores de diferentes áreas da Biologia, Física, Química, Matemática e da Engenharia.

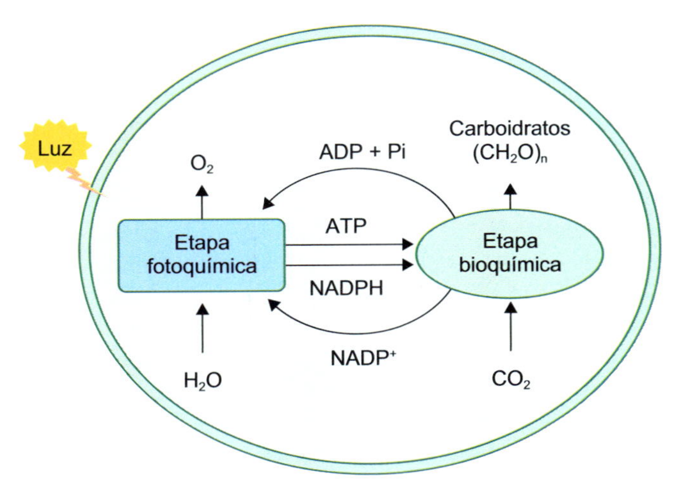

Figura 5.3 A fotossíntese é um processo complexo que ocorre em duas etapas interdependentes. Na etapa fotoquímica, a energia dos fótons de luz é transformada em ATP e NADPH nas membranas dos tilacoides. Essas moléculas ricas em energia são necessárias para colocar em movimento as reações bioquímicas que transformam o CO_2 em carboidratos no estroma dos cloroplastos.

A fotossíntese, um processo essencial para a vida no planeta, para a sobrevivência e qualidade de vida humana, tem desafiado a ciência e originado milhares de trabalhos científicos. O volume de informações e a compreensão do processo fotossintético vêm crescendo velozmente. O caminho trilhado pela ciência para compreender a fotossíntese, em todas as suas dimensões, tem sido pontuado por incertezas, polêmicas, problemas técnicos, hipóteses e teorias equivocadas, como ocorre em todas as áreas do conhecimento humano. Mas também vem produzindo fabulosos saltos no conhecimento. É preciso, portanto, ressaltar que os conceitos e modelos sobre a fotossíntese serão apresentados neste texto de uma maneira objetiva, didática, sem destaque para as contradições, os esforços e as dificuldades encontrados ao longo do caminho.

Este capítulo está subdividido em quatro grandes seções: a primeira descreverá a estrutura anatômica e estrutural da fotossíntese; a segunda abordará a conversão da energia da luz em energia química (etapa fotoquímica); a terceira tratará do metabolismo fotossintético do carbono (ciclos C_3, C_4 e MAC); e a última abordará os principais aspectos ecofisiológicos associados ao processo fotossintético.

Estrutura da máquina fotossintética

Os componentes estruturais da fotossíntese formam uma hierarquia com diferentes níveis de organização, de dimensões e complexidade diferentes, que funcionam de modo cooperativo e integrado ao meio ambiente (Figura 5.5). Nessa discussão, este capítulo se limitará a examinar alguns aspectos estruturais relevantes para a compreensão da dinâmica da fotossíntese nas plantas, bem como a sua interação com fatores ambientais importantes. Um breve comentário será feito sobre a estrutura foliar, sob o ponto de vista funcional, e sobre alguns aspectos ultraestruturais dos cloroplastos.

Folhas

As células das algas e bactérias fotossintetizantes realizam todas as funções fisiológicas indispensáveis para a manutenção e o crescimento do organismo. Vivendo em ambiente aquoso ou úmido, além da fotossíntese, essas células absorvem nutrientes, realizam trocas gasosas e controlam o próprio equilíbrio hídrico. Ao invadirem e colonizarem o ambiente terrestre, os organismos fotossintetizantes pluricelulares foram pressionados a desenvolver estruturas e órgãos diferentes que possibilitassem enfrentar os novos desafios impostos para a sua sobrevivência, como:

1. A absorção de água e nutrientes do reservatório do solo.
2. A interceptação de luz e trocas gasosas eficientes com a atmosfera, principalmente para a aquisição do CO_2.
3. Um sistema de transporte que permitisse a circulação da água e dos nutrientes absorvidos do solo, bem como a exportação e a circulação das moléculas orgânicas geradas na fotossíntese no organismo como um todo.
4. A conservação da água no interior dos tecidos por meio da impermeabilização de suas superfícies externas.

O processo evolutivo das folhas, como órgãos fotossintéticos, além de incorporar as funções descritas nos itens 2 e 3,

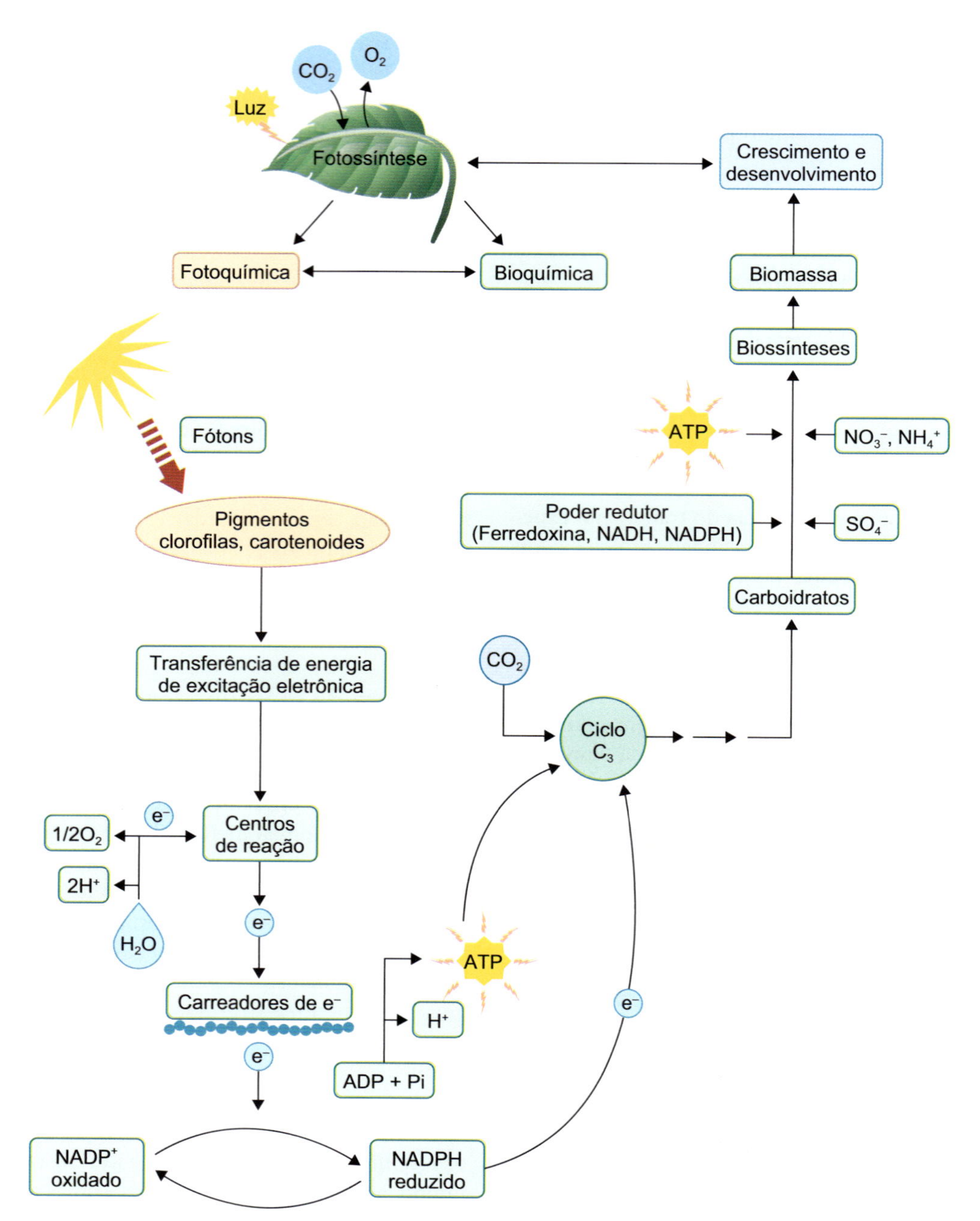

Figura 5.4 Principais etapas da fotossíntese e sua relação com a promoção de biomassa vegetal. O esquema caracteriza, de modo simplificado e genérico, a conversão de energia luminosa em energia eletroquímica, a interação entre as etapas fotoquímica e bioquímica, bem como a relação entre a fotossíntese, o metabolismo e o crescimento das plantas. Adaptada de Lawlor (1987).

teve de contemplar, necessária e simultaneamente, mecanismos eficientes de conservação da água nos tecidos foliares (item 4). A água é o principal componente de todas as células, preenchendo os espaços intercelulares e capilares das paredes celulares. A evolução e o funcionamento foliar sempre estiveram, portanto, pressionados por duas demandas essenciais e contraditórias: a maximização da capacidade de absorver luz e o CO_2 a partir da atmosfera, e a capacidade de conservar água nos tecidos em uma atmosfera extremamente dessecante.

Uma folha típica de uma dicotiledônea é recoberta com uma *epiderme superior* e outra *inferior*, impermeabilizadas em suas faces externas pela *cutícula*, o que minimiza a perda de água (Figura 5.6). Os tecidos fotossintéticos localizam-se entre as duas camadas epidérmicas, podendo organizar-se em camadas colunares, geralmente formadas por uma a três camadas de células, denominadas *parênquima paliçádico*, e em camadas de células, com formato irregular, que se dispõem deixando enormes espaços aéreos entre si, denominadas *parênquima lacunoso*. O parênquima paliçádico, localizado junto à superfície superior das folhas, geralmente apresenta células com maior número de cloroplastos que as células do parênquima lacunoso.

Grande parte do dilema entre a maximização da aquisição de CO_2 e a minimização da perda de água pelos tecidos foliares convergiu para a evolução de minúsculas estruturas

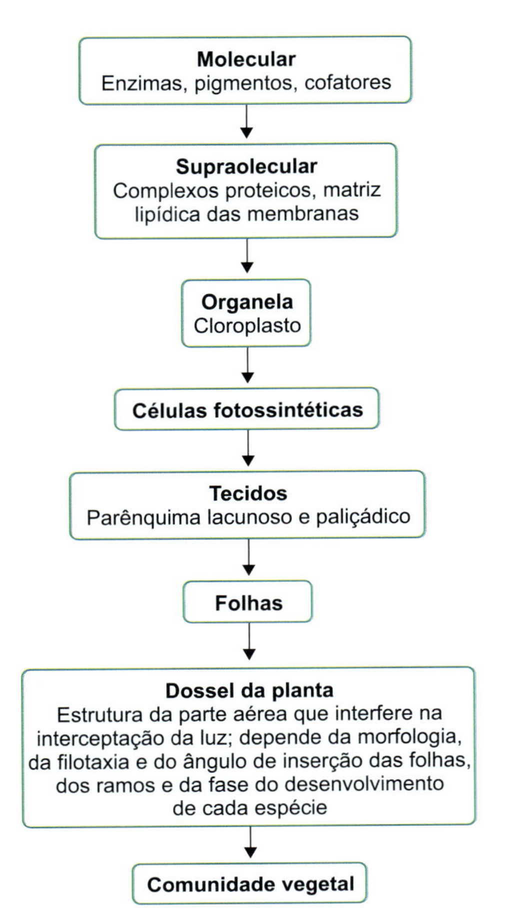

Figura 5.5 Os componentes estruturais da fotossíntese organizam-se em diferentes níveis. A fotossíntese envolve desde estruturas e processos de dimensão molecular (enzimas, complexos proteicos) até a planta individual integrada a determinada comunidade vegetal (interceptação da radiação fotossinteticamente ativa).

porosas denominadas *estômatos* (Figura 5.7). Estes últimos contêm poros que permitem a comunicação entre os espaços aéreos intrafoliares e a atmosfera externa. As superfícies foliares, especialmente a epiderme inferior, são dotadas de milhares de estômatos cujas distribuição e quantidade dependem da espécie e das condições ambientais.

Os estômatos têm uma alta capacidade difusiva, o que possibilita uma intensa troca de gases entre os espaços aéreos intrafoliares e o meio ambiente. O grau de abertura dos estômatos, entretanto, caracteriza-se por uma extraordinária versatilidade e por um fino controle em virtude das condições hídricas da planta, de fatores internos e ambientais. O poro estomático é margeado por um par de células especiais denominadas *células-guarda* (Figura 5.7). Na maior parte dos casos, as células-guarda são circundadas por células epidérmicas especializadas e diferenciadas chamadas *células subsidiárias.* O poro estomático, com as células-guarda e as células subsidiárias, é conhecido como *complexo estomático.* As células-guarda funcionam como válvulas hidráulicas. As variações no seu volume são responsáveis pelo controle do grau de abertura dos ostíolos. O grau de abertura, por sua vez, influencia decisivamente a difusão do CO_2 para o interior dos espaços aéreos foliares e a perda de água, na forma de vapor, para a atmosfera (fenômeno da transpiração). Uma perda de água por transpiração maior que a capacidade de absorção pelas raízes dá origem a um processo de desidratação (estresse hídrico), normalmente controlado pela imediata redução do grau de abertura dos estômatos.

A arquitetura e o ângulo de inserção das folhas nas plantas vasculares são especialmente adequados para otimizar a interceptação de luz. A elevada área superficial por unidade de volume, inerente à sua fina estrutura laminar, também contribui

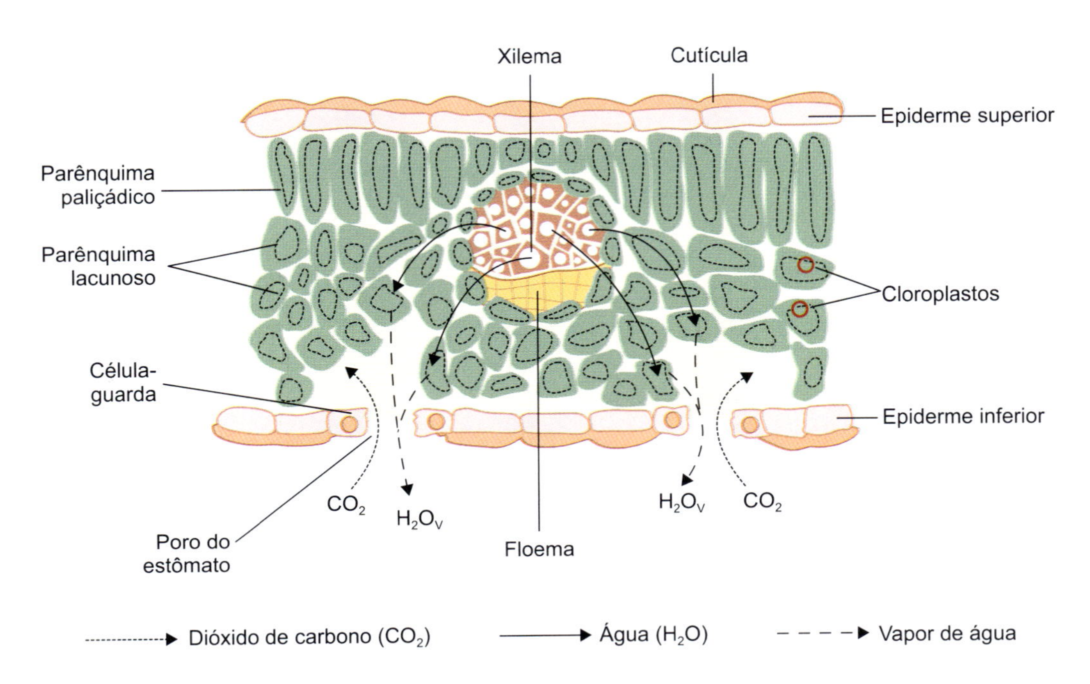

Figura 5.6 Esquema de corte transversal de uma folha típica de espécie C_4 mostrando a sua estrutura anatômica e as trocas gasosas que influenciam a fotossíntese e o balanço hídrico das plantas. O gás dióxido de carbono (CO_2) e o vapor de água (H_2O_v) difundem-se, por meio da abertura dos estômatos, em sentidos opostos.

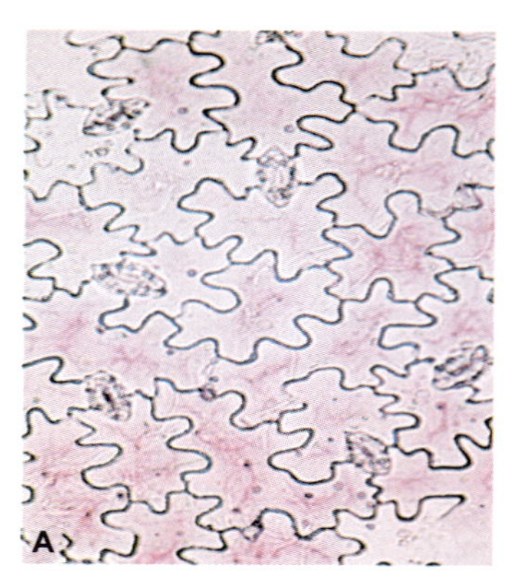

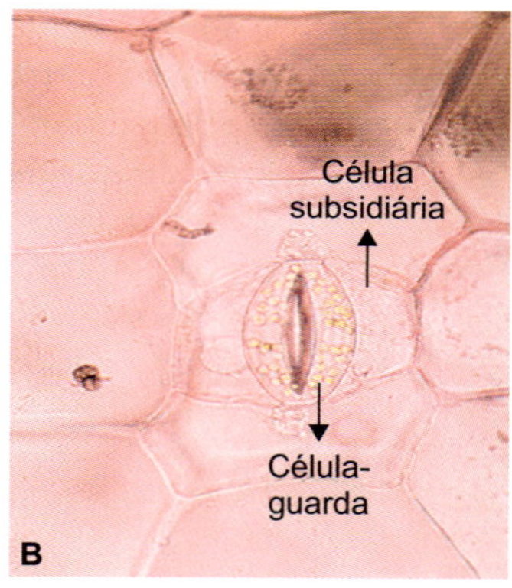

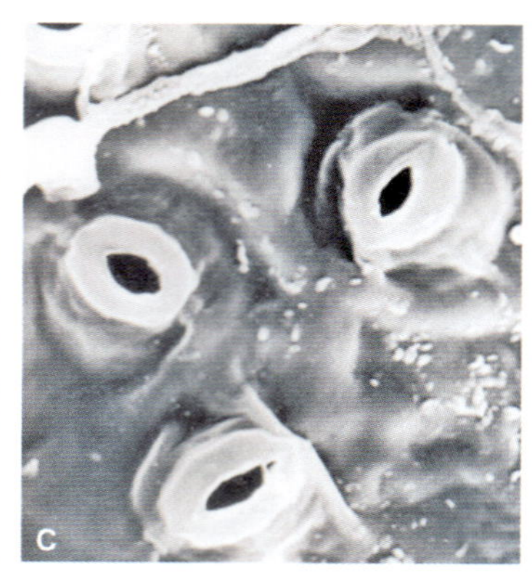

Figura 5.7 A. Epiderme de *Catharathus roseus* mostrando vários estômatos (10×). **B.** Detalhe de um estômato evidenciando a presença de cloroplastos nas células-guarda (20×). Imagens cedidas pelo Departamento de Botânica da UFRRJ. **C.** Epiderme abaxial de *Gomidesia spectabilis*, vista em microscopia eletrônica de varredura, com estômatos em destaque (2.000×). Imagem cedida pela Profa. Doria M. S. Gomes.

para o aumento da absorção de CO_2. As propriedades ópticas das folhas são extraordinárias: normalmente, as células epidérmicas focalizam a luz; as células paliçádicas canalizam a luz; e os espaços intercelulares do parênquima lacunoso dispersam intensamente a luz, o que aumenta a probabilidade de absorção da luz interceptada. Novas e sofisticadas técnicas experimentais possibilitam, agora, examinar como as variações na anatomia foliar podem aumentar a *performance* fotossintética de uma grande variedade de espécies e em diferentes condições ambientais (Vogelman *et al.*, 1996).

A estrutura, o formato e a distribuição das células nas folhas são características geneticamente determinadas, mas, dentro de limites, podem ocorrer variações que representam ajustes ao meio ambiente. O grau de plasticidade desses ajustes varia de espécie para espécie, compreendendo adaptações de longo e curto prazos. Para exemplificar, pode-se destacar que existem diferenças anatômicas, ultraestruturais e bioquímicas entre as folhas de uma mesma espécie crescidas sob sol pleno e sob intenso sombreamento. Anatomicamente, as folhas crescidas sob iluminação intensa são mais grossas, geralmente têm uma área superficial menor, apresentam células paliçádicas mais longas e camadas adicionais de células de parênquima paliçádico.

Cloroplastos

Os cloroplastos são organelas que se autoduplicam, contendo genoma próprio que codifica parte de suas proteínas específicas. São organelas que se diferenciam a partir de pequenos *proplastídios* presentes nas células meristemáticas. Nas plantas vasculares, a diferenciação de cloroplastos, a partir dos proplastídios, somente acontece quando há luz. Os genes que controlam o desenvolvimento e o funcionamento dos cloroplastos localizam-se não só no interior do cloroplasto, mas também no núcleo. Assim, a expressão dos genes dos cloroplastos precisa ser coordenada com a expressão dos genes nucleares em todas as fases do crescimento e desenvolvimento, fazendo parte do processo global de desenvolvimento da planta regulado pela luz.

A microscopia eletrônica revelou a estrutura fina dos cloroplastos com um nível máximo de resolução de 0,2 nm (Figura 5.8 A). O *envelope* que define os limites do cloroplasto constitui-se por uma dupla membrana, que circunda um complexo sistema interno de membranas, e por uma matriz fluida, que preenche os espaços internos dos cloroplastos, denominada *estroma*. A membrana mais externa do envelope, em contato com o citoplasma, permite a passagem livre de muitos substratos, enquanto a membrana mais interna, em contato com o estroma, é extremamente seletiva, permitindo o transporte de alguns solutos por meio de um sistema especial de proteínas denominadas *transportadoras*. De modo geral, o sistema interno de membranas divide-se em duas áreas: a de membranas duplas com formato de vesículas achatadas e empilhadas, denominadas *tilacoides dos grana*, e outra constituída de membranas duplas simples que fazem múltiplas conexões entre os *grana*, chamadas *tilacoides do estroma* (Figura 5.8 B). Um conjunto de tilacoides empilhados recebe o nome de *granum* (plural: *grana*). As vesículas dos tilacoides dos *grana* são sacos empilhados que se comunicam por meio de conexões com outras membranas. Em seu conjunto, o complexo de membranas dos tilacoides parece constituir um sistema único interconectado por um lúmen contínuo, uma característica importante para o transporte de elétrons e para a síntese de ATP. O estroma abriga as enzimas, os cofatores e os substratos da etapa bioquímica da fotossíntese e de inúmeras outras vias metabólicas que operam no interior dos cloroplastos.

A intensidade luminosa do ambiente afeta a ultraestrutura dos cloroplastos. O grau de empilhamento aumenta a quantidade de membranas de tilacoides em um dado volume do cloroplasto. As folhas de plantas mantidas sob sombreamento intenso têm mais tilacoides empilhados, ou seja, um conjunto de *grana* maior e mais desenvolvido que as folhas crescidas sob sol pleno.

Conversão da luz em energia química

Luz | Energia que impulsiona a fotossíntese

A energia solar contempla duas necessidades importantes dos seres vivos: energia e informação. A necessidade energética é suprida pela fotossíntese. As plantas, sendo organismos sésseis, desenvolveram a capacidade de monitorar as mudanças ambientais e de ajustar o seu metabolismo e o

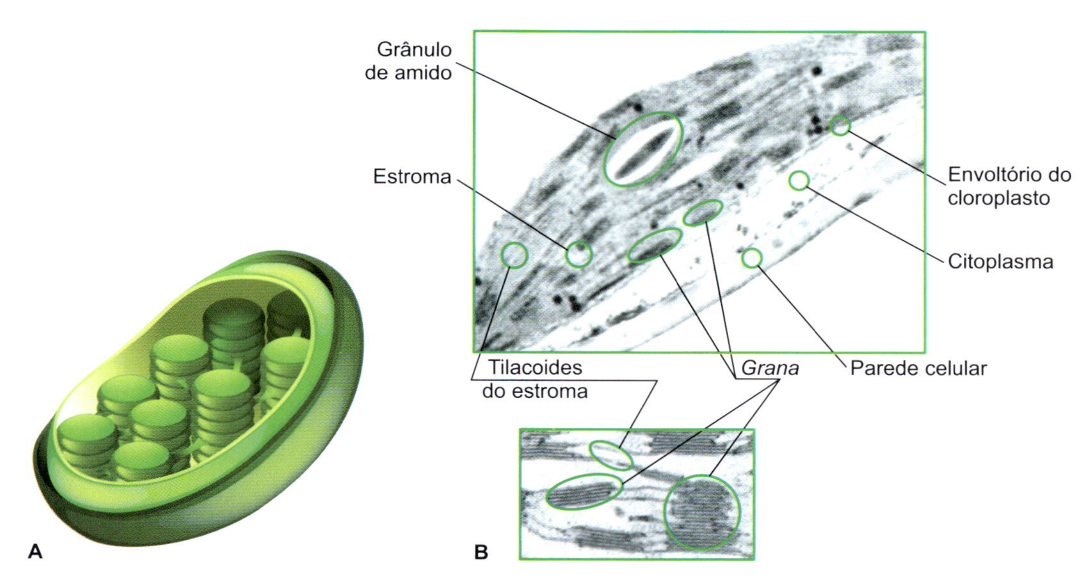

Figura 5.8 A. Esquema da ultraestrutura de um cloroplasto mostrando a organização do seu sistema de membranas. As membranas internas são denominadas tilacoides, apresentando regiões empilhadas (tilacoides dos *grana*) e não empilhadas (tilacoides do estroma). **B.** Eletromicrografia de transmissão de cloroplastos evidenciando a sua ultraestrutura (37.500×). Imagem cedida pela Profa. Maria Emília M. Estellita.

seu desenvolvimento ao ambiente em contínua modificação. A radiação, principalmente a luz, fornece informações críticas sobre o meio ambiente. Por meio de diferentes sensores (moléculas especiais denominadas pigmentos), as plantas são capazes de perceber a qualidade e a quantidade da radiação.

Natureza física da luz

O sol emite continuamente para o espaço radiação eletromagnética. A *luz* corresponde a uma pequena faixa de energia do *espectro eletromagnético* contínuo da radiação solar, responsável pelo fenômeno fisiológico da *visão* (Figura 5.9). A luz compreende, portanto, os comprimentos de onda do espectro eletromagnético capazes de sensibilizar os pigmentos visuais humanos. Como toda onda eletromagnética, a luz tem um comportamento duplo, assumindo propriedades ondulatórias, ao se propagar no espaço, e um comportamento de partículas discretas, ao ser emitida ou absorvida por um corpo.

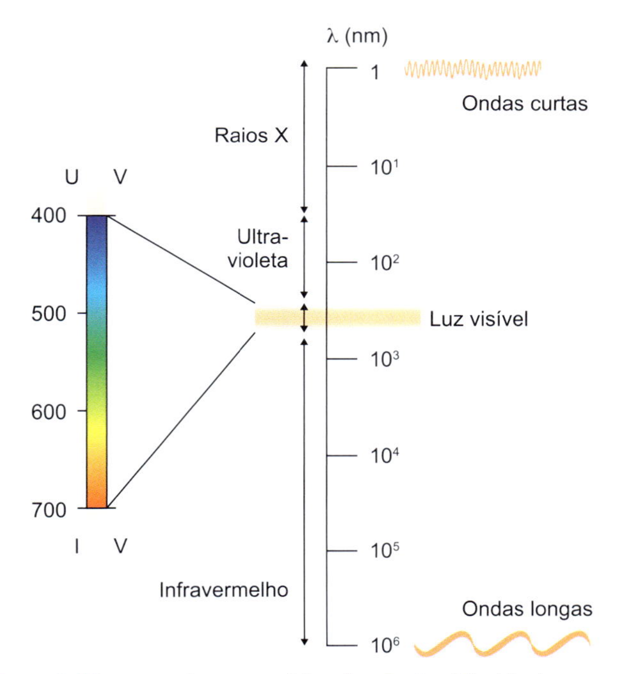

Figura 5.9 Espectro eletromagnético. A radiação visível (luz) representa uma fração muito pequena do espectro eletromagnético emitido pelo sol.

Luz como um fenômeno ondulatório

Quando se propaga no espaço, a energia radiante tem características ondulatórias, apresentando mudanças repetidas e regulares em suas propriedades elétricas e magnéticas. Cada tipo de radiação pode se caracterizar pelo *comprimento de onda* – distância entre dois picos sucessivos de uma mesma onda – ou pela *frequência* – número de vezes que a mesma fase ou ciclo passa por um ponto no espaço por segundo (ver Figura 5.9). O comprimento de onda é representado pela letra grega lambda (λ). Normalmente, a faixa de comprimentos de onda de interesse biológico é expressa em unidades de nanômetro (1 nm = 10^{-9} m). A frequência é representada pela letra grega ni (ν), tendo uma relação inversa com o comprimento de onda, que pode ser representada da seguinte forma:

$$\nu = c/\lambda \qquad [6]$$

Em que: c é a velocidade da luz (3×10^8 m s^{-1}), constante para todas as ondas eletromagnéticas que se propagam no *vácuo*.

Em um extremo do espectro eletromagnético, encontram-se os raios gama e os raios X, que têm comprimentos de onda muito curtos (inferiores a 10^{-11} m), e, no outro, as ondas longas, como as de rádio, que são da ordem de 1 a 10^4 cm (ver Figura 5.9). Os comprimentos de onda de maior importância para os processos fotobiológicos situam-se em três bandas distintas, intermediárias, denominadas *ultravioleta* (UV), *visível* (luz) e *infravermelho* (Tabela 5.1).

O físico inglês Isaac Newton (1642-1727) demonstrou que a luz pode ser decomposta em um espectro de cores, semelhante ao do arco-íris, ao atravessar um prisma. A porção visível do

Tabela 5.1 Principais radiações de interesse biológico e conteúdo de energia de seus fótons. A definição de determinada cor associada a uma banda de comprimento de onda é relativamente arbitrária e depende do indivíduo.

Cor	Comprimento de onda (nm)	Comprimento de onda representativo (nm)	Energia (kJ mol^{-1})
Ultravioleta	$100 > \lambda > 400$	254	471
Violeta	400 a 425	410	292
Azul	425 a 490	460	260
Verde	490 a 560	520	230
Amarelo	560 a 585	570	210
Laranja	585 a 640	620	193
Vermelho	640 a 740	680	176
Infravermelho	> 740	1.400	85

Fonte: Nobel (1991).

espectro varia do violeta (380 nm) ao vermelho-extremo (740 nm). Além desses limites, a radiação é invisível para os seres humanos, podendo, entretanto, afetar vários processos fisiológicos das plantas, principalmente como sinais ambientais. Isso significa que as plantas são capazes de detectar e transformar em informação bioquímica radiações não visíveis. Contudo, algumas bactérias fotossintetizantes primitivas, anaeróbias, conseguem captar radiações não visíveis na banda do infravermelho (740 a 870 nm) e realizar a fotossíntese em uma condição que, para os humanos, é de escuridão.

Luz como uma corrente de partículas

Ao interagir com a matéria (por emissão ou por absorção), a luz se comporta como se a sua energia fosse constituída por pacotes discretos, apresentando propriedades que só puderam ser explicadas a partir da Teoria Quântica enunciada por Max Planck (1900), posteriormente ampliada por Einstein, em 1905. Unidades ou pacotes de energia da luz são denominados *fótons*. A energia carregada por um fóton é chamada de *quantum* (plural = *quanta*).

Planck demonstrou que a energia contida em um fóton, ou seja, a energia quântica (Eq), está relacionada com o comprimento de onda e a frequência de acordo com a seguinte equação:

$$Eq = \bar{h}c/\lambda = h\nu \qquad [7]$$

Em que h é uma constante de proporcionalidade, chamada constante de Planck. O valor de $\bar{h}$ é $6{,}62 \times 10^{-34}$ J s. Tal relação implica que a energia quântica de uma dada radiação é inversamente proporcional ao seu comprimento de onda e diretamente proporcional à sua frequência. A equação [7] possibilita o cálculo da energia do fóton de qualquer comprimento de onda (ver Tabela 5.1). O *símbolo* $\bar{h}\nu$ tem sido utilizado para representar o fóton em figuras e esquemas.

Esses conceitos físicos permitem compreender o efeito das radiações sobre os organismos vivos. Comprimentos de onda muito curtos, como os contidos nas bandas UV-C e UV-B, são extremamente prejudiciais aos seres vivos. A energia dos seus fótons é tão elevada que, ao atingirem as moléculas orgânicas das células, arrancam elétrons de sua estrutura, ionizando-as e, consequentemente, comprometendo, de modo irreversível, a sua estrutura e função. Os fótons de comprimentos de onda mais longos, na faixa do infravermelho, têm um baixo nível energético. Ao serem absorvidos, alteram tão somente a energia cinética das moléculas como um todo, o que promove uma elevação de temperatura. Já os fótons na faixa do visível apresentam um nível energético suficiente para excitar elétrons *entre* os orbitais eletrônicos das moléculas que os absorvem, podendo, assim, promover reações químicas (reações fotoquímicas). Ao ser absorvida por moléculas especiais (*fotorreceptores* ou pigmentos), a *energia dos fótons* de luz é transformada em *energia de excitação eletrônica*, que pode, então, ser canalizada para reações bioquímicas.

Em síntese, a radiação UV promove a ionização de moléculas. Dependendo do comprimento de onda, da quantidade de fótons e do tempo de exposição, a radiação UV pode matar, lesar ou promover mutações nos organismos vivos. Radiações na banda do visível são responsáveis pela maior parte dos fenômenos fotobiológicos em plantas e animais. Já os comprimentos de onda na faixa do infravermelho são importantes por aquecerem a superfície da terra. A temperatura influencia profundamente a velocidade dos processos bioquímicos e, consequentemente, a velocidade do crescimento e desenvolvimento dos seres vivos.

Luz e pigmentos | Absorção e destino da energia de excitação eletrônica

A ação fotoquímica e fotobiológica da luz obedece a dois princípios fundamentais. O primeiro, conhecido como princípio de *Gotthaus-Draper*, afirma que a luz só tem atividade fotoquímica se for absorvida. Assim, todo processo fotobiológico envolve, necessariamente, moléculas especiais denominadas fotorreceptores ou pigmentos, responsáveis pela absorção de determinados comprimentos de onda da luz. Os pigmentos podem, portanto, funcionar como sensores ou como moléculas transdutoras de energia, como ocorre na fotossíntese, servindo de ponte entre a energia do fóton e a energia química.

O segundo princípio, denominado *lei da equivalência fotoquímica de Einstein-Stark*, estabelece que um fóton pode excitar apenas um elétron. A interação fóton–elétron depende da energia do fóton incidente e do nível de energia do orbital ocupado pelo elétron, constituindo um evento do tipo "tudo ou nada", ou seja, se o nível de energia do fóton de determinado comprimento de onda é compatível com o do elétron, há a excitação e, possivelmente, uma reação fotoquímica; se não o for, nada ocorre, significando que aquele comprimento de onda não pode ser absorvido e, consequentemente, não exerce uma ação biológica por meio daquele pigmento.

Uma característica generalizada das moléculas de pigmentos consiste na existência de muitas *ligações conjugadas* (ligações simples e duplas alternadas). Isso acarreta a existência de muitos elétrons deslocados nos orbitais mais externos, em ressonância, denominados *elétrons* π, os quais participam da absorção de luz. As *clorofilas,* principais pigmentos fotossintéticos, apresentam muitos elétrons em ressonância no anel de porfirina (elétrons π). Estes últimos podem absorver fótons com diferentes conteúdos de energia, ou seja, diferentes comprimentos de onda (Figura 5.10 A). No caso da clorofila, os fótons de luz absorvidos mais eficientemente são os de comprimento de onda nas bandas do azul e do vermelho, não absorvendo quase nada na banda do verde (Nobel, 1991).

O que acontece quando os pigmentos absorvem luz?

Imagina-se que moléculas de clorofila mantidas no escuro sejam iluminadas com feixes de luz monocromática de comprimentos de onda na faixa do azul ou do vermelho. Esses fótons de luz impulsionam os elétrons π para orbitais com níveis de energia mais elevados no interior da molécula de clorofila ($\pi \longrightarrow \pi^*$). Diz-se que os elétrons π da clorofila foram *excitados* pelos *quanta* da luz azul ou vermelha. A absorção de fótons de luz vermelha remete os elétrons do estado basal (S_0) ao estado excitado S_1, chamado *primeiro singleto* (Figura 5.11). Já os fótons de luz azul, dotados de maior energia quântica, impulsionam os elétrons para um orbital eletrônico cujo nível de energia é ainda mais elevado, denominado *segundo singleto* (S_2). Se fosse necessário definir, em poucas palavras, o que significa absorção de luz, poder-se-ia dizer que se trata de um processo ultrarrápido de excitação eletrônica ocasionado pelos fótons de luz. Esse fenômeno ocorre em uma escala de fentossegundo (10^{-15} s).

Os estados excitados da clorofila têm um tempo de existência ultrabreve, da ordem de 10^{-12} (picossegundos) a 10^{-6} segundos (milissegundos). Nessa breve fração de tempo, os elétrons retornam ao estado basal dissipando a energia absorvida. A energia de excitação eletrônica pode ser dissipada de vários modos, processo este denominado *de-excitação* eletrônica. A transição $S_2 \longrightarrow S_1$ é extremamente rápida ($\approx 10^{-12}$ s), sendo a energia de excitação dissipada na forma de calor. Já a dissipação de energia entre os orbitais eletrônicos $S_1 \longrightarrow S_0$ ($\approx 10^{-9}$ s) tem duração suficiente para permitir outros tipos de conversão de energia (Nobel, 1991). Além da liberação de energia na forma de calor, essa dissipação de energia pode se dar das seguintes formas:

1. Dissipação de energia por emissão de luz, fenômeno conhecido como *fluorescência.* Em se tratando das clorofilas, o pico de emissão de luz fluorescente situa-se na banda do vermelho, independentemente do comprimento de onda que tenha excitado as moléculas de clorofila. Os processos de absorção de luz e emissão de fluorescência ocorrem em nanossegundos (10^{-9} s). Quando os pigmentos fotossintéticos são extraídos das folhas e solubilizados em solventes apolares (acetona, éter), a emissão de fluorescência é extremamente elevada, podendo ser visualizada a olho nu. Entretanto, nos cloroplastos intactos, a emissão de fluorescência é mínima, uma vez que os processos 2 e 3 (a seguir) competem de modo eficiente pela energia de excitação

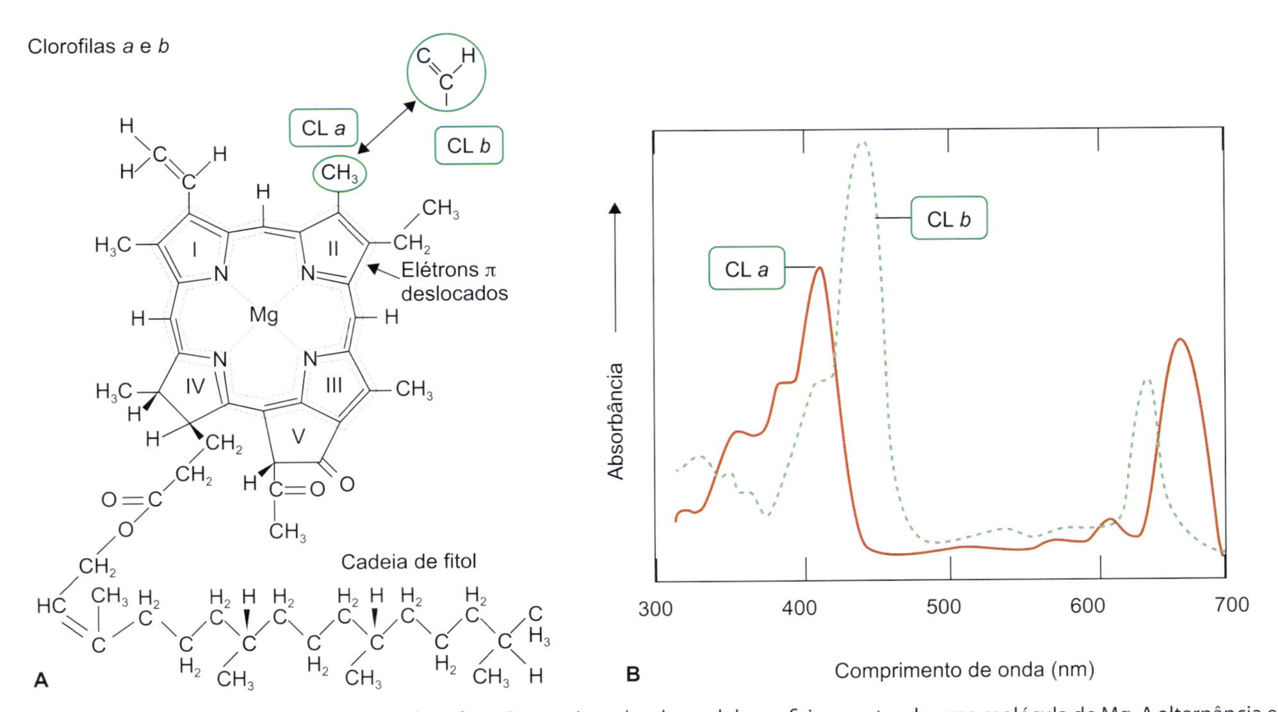

Figura 5.10 A. Estrutura das clorofilas destacando as ligações conjugadas do anel de porfirina contendo uma molécula de Mg. A alternância entre as ligações simples e duplas no anel de porfirina gera muitos elétrons π deslocados, os quais participam da absorção da luz. O anel de porfirina liga-se a uma cadeia de fitol, apolar, responsável pelo ancoramento da molécula de clorofila aos complexos proteicos embebidos na matriz lipídica das membranas dos tilacoides dos cloroplastos. **B.** Espectro de absorção das clorofilas *a* e *b*. CL: cloroplasto.

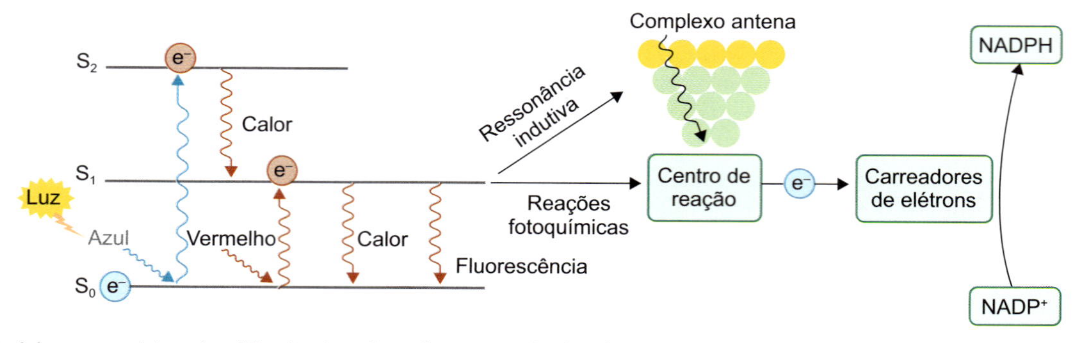

Figura 5.11 Modelo esquemático, simplificado, dos níveis de energia da clorofila excitada pela absorção de luz monocromática e o destino da energia de excitação eletrônica. A energia de excitação eletrônica pode ser dissipada de quatro formas: calor, emissão de luz (fluorescência), transferência de energia de excitação elétron-elétron (ressonância indutiva) nos complexos antena e reações *redox* nas membranas dos tilacoides, gerando ATP e poder redutor (NADPH e ferredoxina reduzida).

eletrônica. No entanto, quando as plantas sofrem diferentes tipos de estresse que afetam a fotossíntese, a emissão de fluorescência nas folhas tende a aumentar, o que pode ser detectado no laboratório ou no campo por meio da utilização de um equipamento sensível denominado espectrômetro de fluorescência.

2. Transferência da energia de excitação para outras moléculas de carotenoides e clorofila permitindo uma rápida migração da energia entre os pigmentos densamente empacotados nas membranas dos tilacoides (complexos de captação de luz ou complexos antena). A energia é transferida por ressonância indutiva, sendo extremamente importante para uma captação de luz eficiente. Nesse processo, a energia de excitação do elétron de uma molécula é transferida para o elétron da molécula vizinha, e assim sucessivamente. Os complexos antena (CA) ou complexos de captação de luz (CCL; do inglês *light harvesting complex* – LHC) são estruturas supramoleculares, associadas às membranas dos tilacoides, constituídas por proteínas e pigmentos, tendo a função de captar a luz utilizada no processo fotossintético. Por meio dos CCL, a energia luminosa é eficientemente absorvida e transformada em energia de excitação eletrônica, a qual é canalizada para os centros de reação. Os CCL contêm moléculas de clorofila *a*, de clorofila *b* e de carotenoides (ver Figura 5.11).
3. Dissipação da energia em reações nas quais o elétron excitado é doado a uma molécula receptora, desencadeando reações de oxirredução. Esse processo ocorre a partir das moléculas de clorofila especiais dos centros de reação (dímeros de clorofila *a*). Diz-se que a clorofila foi *fotoxidada* e que a molécula receptora foi reduzida. Esse processo de separação de cargas, induzido pela luz, constitui o evento fotoquímico primário da fotossíntese (ver Figura 5.2). A partir desse ponto, tem início o fluxo fotossintético de elétrons até a redução do $NADP^+$ a NADPH (ver Figura 5.11).

Apesar de a luz azul ter uma energia quântica maior que a luz na banda do vermelho, os efeitos de ambos os comprimentos de onda sobre a fotossíntese são *equivalentes*. Parte da energia da luz azul é dissipada na forma de calor ($S_2 \rightarrow S_1$). A energia de excitação eletrônica é canalizada para a fotossíntese a partir do estado excitado correspondente ao primeiro singleto (S_1).

Pigmentos fotossintéticos

As clorofilas e os *carotenoides* encontram-se densa e rigorosamente organizados nas membranas dos cloroplastos. As moléculas dos pigmentos, nas membranas dos tilacoides, estão estruturadas de modo a otimizar a absorção de luz e a transferência da energia de excitação eletrônica para os centros de reação da fotossíntese (CR).

As moléculas de clorofila são constituídas por um anel de *porfirina* ao qual se liga um hidrocarboneto de 20 carbonos denominado *fitol* (ver Figura 5.10 A). A clorofila *a* é encontrada em todos os eucariontes fotossintetizantes, fazendo parte dos complexos antena e, principalmente, dos centros de reação. A distribuição de uma segunda clorofila (*b*, *c* ou *d*) pode ter um significado evolutivo e taxonômico, principalmente entre os diferentes tipos de algas. A clorofila *b* é encontrada nas plantas, algas verdes e euglenófitas. A clorofila *b* difere da clorofila *a* apenas pela substituição do grupo metila ($-CH_3$), ligado ao anel II da porfirina desta última, pelo grupo formila (–CHO; ver Figura 5.10 A).

Depois das clorofilas, os carotenoides são o segundo grupo de pigmentos mais abundantes do planeta. Os carotenoides têm como estrutura básica esqueletos de carbono com 40 átomos de carbono, unidos simetricamente por ligações duplas alternadas (Figura 5.12 A). Na fotossíntese, os carotenoides podem desempenhar duas funções distintas. Participam da *absorção de luz* nos complexos de captação de luz atuando como pigmentos acessórios (ver Figura 5.11) e desempenham um papel essencial na *fotoproteção* do aparato fotoquímico. As membranas fotossintéticas podem ser facilmente danificadas quando parte da energia absorvida pelas clorofilas não pode ser armazenada no processo fotoquímico. Isso pode acontecer com grande frequência em ambientes intensamente iluminados. As clorofilas excitadas podem reagir com o oxigênio molecular formando espécies ativas de oxigênio (radicais livres) com grande ação destruidora sobre muitos componentes celulares, especialmente os lipídios das membranas.

A fotoproteção envolve a canalização da energia de excitação eletrônica em excesso para fora das clorofilas, bem como a desativação de radicais livres. Carotenoides excitados não têm energia suficiente para formar radicais livres de oxigênio, dissipando a energia de excitação eletrônica como calor. Tal importância é evidenciada pela natureza letal das mutações que afetam a síntese de carotenoides. Mutantes deficientes em

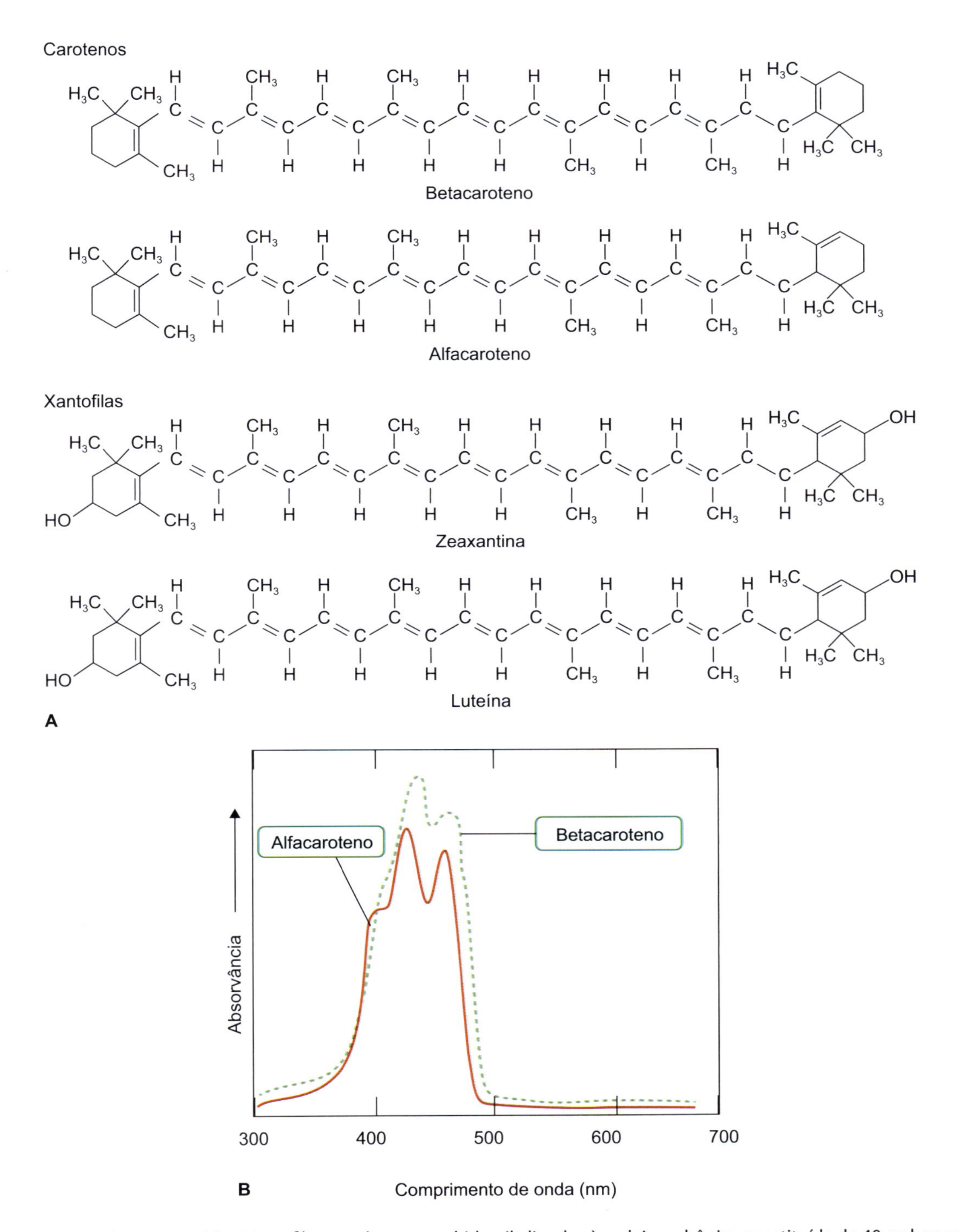

Figura 5.12 A. Estrutura de carotenoides. Xantofilas contêm grupos hidroxila ligados à cadeia carbônica constituída de 40 carbonos. **B.** Espectro de absorção de dois carotenos (alfa e beta).

carotenoides não sobrevivem em ambientes bem iluminados. O número de moléculas de carotenoides por molécula de clorofila é mais elevado em folhas expostas ao sol que em folhas mantidas à sombra, especialmente na fração correspondente às xantofilas (Demming-Adams *et al.*, 1996).

Fluxo fotossintético de elétrons e fotoxidação da água

Em todos os organismos fotossintetizantes clorofilados, o princípio geral do mecanismo de armazenamento da energia luminosa parece ser o mesmo. Moléculas de clorofila *a*, em um ambiente proteico específico de um centro de reação (CR), são excitadas a um estado singlete, principalmente por transferência de energia de excitação eletrônica dos complexos antena. Podem também ser diretamente excitadas por fótons com comprimentos de onda específicos. No estado singlete de excitação, a clorofila do CR é um redutor muito forte e transfere o elétron para uma molécula receptora, o que resulta, propriamente, em um processo de separação de cargas. A partir da molécula receptora reduzida, tem início um fluxo de elétrons, envolvendo diversos carreadores. Em última instância, esses elétrons participam da redução do $NADP^+$ a NADPH. O estado oxidado da clorofila *a* do CR promove a fotoxidação da água e a liberação de O_2. Acoplado ao fluxo de elétrons dos cloroplastos, o ATP é formado por meio do processo conhecido como *fotofosforilação.*

Nas plantas, algas e cianobactérias, o processo de armazenamento fotossintético de energia se dá com a participação de quatro complexos proteicos diferentes, que atuam de modo integrado. Esses complexos proteicos encontram-se embebidos nas membranas dos tilacoides. Os complexos supramoleculares que participam da fotossíntese são o fotossistema I (FST), o fotossistema II (FSII), o complexo citocromo b_6f (Cit *bf*) e o complexo ATP sintase. A interligação entre os complexos fotossintéticos envolvidos no fluxo de elétrons é mediada por carreadores móveis que circulam no interior da matriz lipídica, como a plastoquinona (PQ); no interior dos tilacoides, como a plastocianina (PC); ou no estroma, como a ferredoxina (Fd). O fluxo fotossintético de elétrons entre os fotossistemas gera um gradiente de prótons (H^+) por meio das membranas dos tilacoides. Esse gradiente de H^+ impulsiona a síntese de ATP. Em outras palavras, o gradiente de prótons acopla a ATP sintase ao processo de armazenamento de energia durante o fluxo fotossintético de elétrons (Figura 5.13).

Considerando o fluxo fotossintético de elétrons de um modo global e simplificado, pode-se dizer que a luz faz com que os elétrons fluam da água até o NADPH, gerando simultaneamente uma força próton-motriz que promove a síntese de ATP.

Os fotossistemas I e II são grandes complexos supramoleculares constituídos por múltiplas subunidades de proteínas/pigmentos. Cada um dos fotossistemas tem um centro de reação e se liga a um complexo de captação de luz (complexo antena). O CR do FSII é denominado *P680* (pigmento com absorção máxima em 680 nm), e o do FSI é chamado de *P700* (pigmento com pico de absorção em 700 nm). Os CR são estruturas complexas que apresentam uma configuração dupla e simétrica.

Os fotossistemas operam de modo *simultâneo* e em *série* durante o processo fotossintético (Figura 5.14). A conexão entre os dois fotossistemas é feita pelo complexo citocromo *bf* e por dois carreadores móveis: a plastoquinona (FSII ⟶ PQ ⟶ Cit *bf)* e uma proteína que contém cobre, denominada plastocianina (Cit *bf* ⟶ PC ⟶ FSI).

Quando o fluxo fotossintético de elétrons é representado em função do potencial *redox* de cada uma das moléculas que o integra, surge um diagrama denominado *esquema Z* (Figura 5.15). Por muito tempo, a compreensão sobre as reações de transferência de elétrons na fotossíntese esteve baseada no esquema Z, modelo originalmente proposto por Hill e Bendall em 1960.

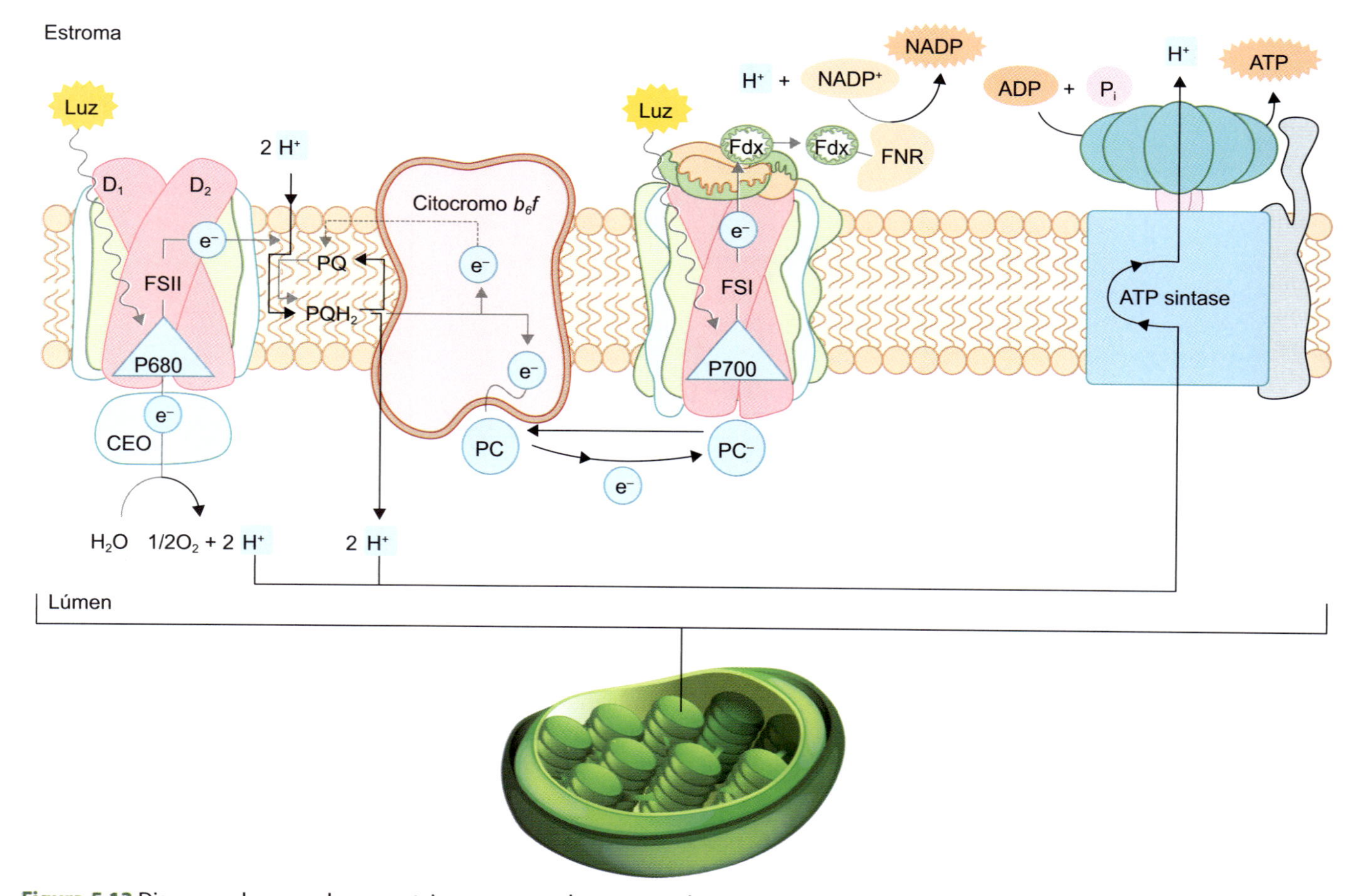

Figura 5.13 Diagrama dos complexos proteicos, estruturados nas membranas dos tilacoides, responsáveis pelo transporte de elétrons e pela conservação da energia dos fótons em ATP e NADPH. A energia dos fótons é transformada em fluxo de elétrons nesses complexos proteicos e em gradiente de prótons entre o estroma e o lúmen dos tilacoides. Adaptada de Buchanan *et al.* (2000).

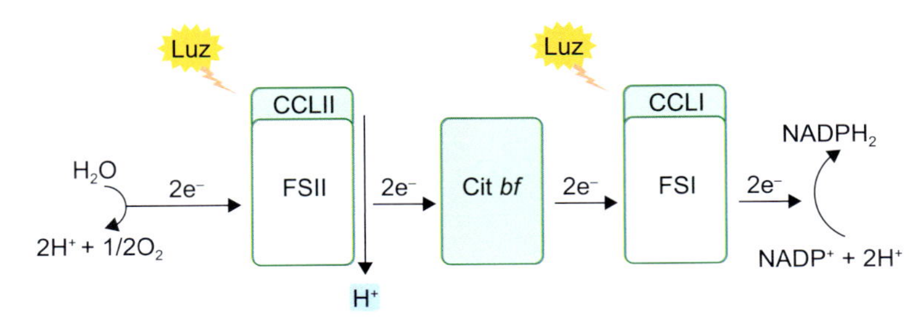

Figura 5.14 Representação linear do transporte de elétrons pelos complexos fotossintéticos supramoleculares nas membranas dos tilacoides. Adaptada de Hopkins (1998).

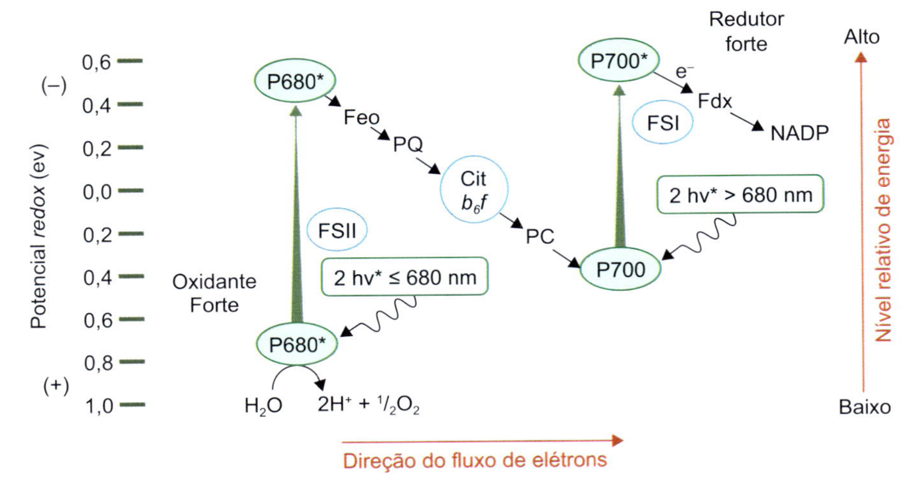

Figura 5.15 O tradicional esquema Z representando o fluxo fotossintético de elétrons. Esse diagrama associa os carreadores de elétrons do sistema fotoquímico aos seus respectivos potenciais *redox* e níveis de energia.

Fotossistema II

O FSII é constituído por um complexo transmembrana formado por cerca de 22 proteínas. Funcionalmente, o complexo proteico do CR do FSII é muito semelhante ao das bactérias fotossintéticas púrpuras anaeróbias não sulfurosas, cuja estrutura cristalina foi determinada, em nível atômico de resolução, por cristalografia de raios X. O núcleo do FSII é formado pelas subunidades proteicas D_1 e D_2 que atravessam as membranas dos tilacoides. Os polipeptídios D_1 e D_2 contêm o CR P680 (*dímero de clorofila* a), a molécula receptora primária de elétrons (*feofitina*) e sítios de ligação para a ancoragem de moléculas carregadoras de elétrons móveis denominadas plastoquinonas (Q_A e Q_B; Figura 5.16). O FSII interage diretamente com o complexo proteico que catalisa a fotoxidação da água, o complexo de evolução de O_2 (Pakrasi, 1995).

O FSII promove a transferência de elétrons, induzida pela luz, da água para a *plastoquinona*. Havendo excitação eletrônica, os elétrons do CR do FSII são ejetados a partir de dímeros de clorofila *a* (P680) e recebidos pela *feofitina* (molécula receptora primária), que, imediatamente, os transfere para a plastoquinona. Esse receptor de elétrons secundário assemelha-se à ubiquinona, um componente da cadeia de transporte de elétrons das mitocôndrias. A plastoquinona varia intercaladamente de uma forma oxidada (PQ) a uma forma reduzida (PQH_2, plastoquinol).

PQ liga-se aos *sítios* Q_A e Q_B do FSII e, ao receber elétrons, forma PQH_2 (Figura 5.17). A forma reduzida da plastoquinona é então liberada dentro do *pool* da membrana (conjunto numeroso de moléculas de plastoquinona). Na sequência, PQH_2 transfere elétrons ao complexo citocromo b_6f, enquanto os prótons (H^+) são lançados para o interior do lúmen dos tilacoides, contribuindo para a geração do gradiente transmembrana entre o lúmen e o estroma dos cloroplastos. PQ volta a ocupar os sítios Q_A e Q_B, dando continuidade ao fluxo local de elétrons entre a feofitina reduzida e o complexo citocromo oxidado pelo CR do FSI ($P700^+$; ver Figura 5.13).

Fotoxidação da água

A excitação do CR do FSII (P680*) gera um oxidante forte ($P680^+$), que retorna ao seu estado de equilíbrio (neutralidade) em picossegundos (10^{-12} s), tornando-se apto a ser novamente excitado. Esse evento se dá por meio da extração de elétrons da água, com a consequente formação de O_2. O processo de fotoxidação da água é catalisado e intermediado pelo complexo de evolução de oxigênio (CEO). O CEO localiza-se no lado das membranas dos tilacoides voltado para o lúmen (ver Figuras 5.13 e 5.16). Apenas um CR do FSII e um CEO estão envolvidos na liberação de uma molécula de oxigênio (O_2). Isso envolve a oxidação de duas moléculas de água com a liberação de quatro prótons e quatro elétrons. Assim, para cada O_2 liberado, o CR P680 precisa ser excitado quatro vezes, ou seja, absorver a energia de quatro fótons. Cada CEO abriga um grupo de quatro íons manganês que atuam como acumuladores de cargas positivas. Cada fóton absorvido remove um elétron do CR P680, o qual é imediatamente reposto por um

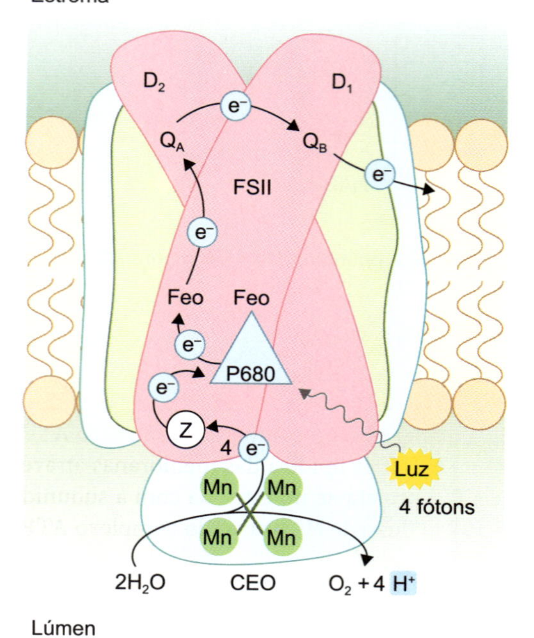

Figura 5.16 Diagrama esquemático do complexo FSII na membrana dos tilacoides. São mostradas as proteínas integrais das membranas essenciais ao funcionamento do FSII (D_1 e D_2). As setas indicam a direção do fluxo fotossintético dos elétrons impulsionados pela luz. As proteínas CP47 e CP43 são proteínas do complexo antena do FSII associadas à transferência de elétrons para o centro de reação P680. Os elétrons são transferidos de P680 para a feofitina (Feo) e, a seguir, para duas moléculas de plastoquinona (Q_A e Q_B). O complexo proteico denominado complexo de evolução de O_2 (CEO) catalisa a fotoxidação da água, responsável pela redução do P680 oxidado pela luz ($P680^+$). O CEO abriga um grupo coordenado de moléculas de manganês em sua estrutura. Adaptada de Buchanan *et al.* (2000).

elétron extraído do aglomerado de íons manganês do CEO. A perda sucessiva de quatro elétrons faz o centro mangânico sair do estado S^0 para S^{4+}, que é o componente oxidante que reage com a água, restaurando, assim, o estado de oxidação do centro mangânico para a condição S^0:

$$2\,H_2O + S^{4+} \longrightarrow S_0 + 4H_+ + O_2 \qquad [8]$$

Considerando-se que os fotossistemas I e II operam de modo simultâneo e em série, são necessários, no mínimo, oito fótons para cada O_2 liberado durante o processo fotossintético.

Finalmente, cabe destacar que os prótons gerados pela fotoxidação da água se acumulam no interior do lúmen dos tilacoides, o que contribui para o aumento do *gradiente de prótons* entre o estroma e o lúmen dos tilacoides. Durante o fluxo fotossintético de elétrons, o pH do estroma atinge valores de aproximadamente 8,0, enquanto o pH do lúmen atinge valores em torno de 5,0. Em resumo, tanto a fotoxidação da água quanto o fluxo de elétrons via plastoquinona contribuem para a geração do gradiente de prótons entre o estroma e o lúmen dos tilacoides durante o fluxo fotossintético de elétrons.

Fotossistema I

Até o momento, foram identificadas 13 proteínas no complexo transmembrana do FSI. O CR (P700) apresenta, tipicamente, receptores terminais de elétrons contendo *centros de ferro–enxofre*. Essa característica é importante do ponto de vista evolutivo, porque guarda semelhança com os complexos do CR de bactérias verdes sulfurosas. Cabe aqui destacar que as bactérias fotossintetizantes anaeróbias têm um único fotossistema, que pode ser similar ao FSII ou ao FSI. Os estudos desses organismos primitivos têm fornecido informações fundamentais para a compreensão da evolução, da estrutura e do funcionamento do processo fotoquímico nos demais organismos fotossintetizantes (Pakrasi, 1995).

O coração do FSI é um dímero de proteínas semelhantes, provavelmente oriundas da duplicação de um gene ancestral, denominadas psaA e psaB (do inglês *photo**s**ystem*, clorofila ***a***). Da mesma forma que no FSII, ao receber energia de excitação eletrônica das antenas (CCLI ou LHCI) ou absorver fótons diretamente, o CR do FSI (P700*) doa elétrons para uma molécula receptora A_0 (provavelmente, uma molécula de clorofila modificada), formando o par $P700^+/A_0^-$. A molécula reduzida A_0^- é o mais poderoso agente redutor já encontrado em sistemas biológicos (potencial *redox* $E_0' = -1{,}1$ V). Quase instantaneamente (10^{-12} s), $P700^+$ captura um elétron da plastocianina retornando a P700, podendo assim participar de um novo ciclo de excitação. O elétron de A_0^- é transferido para A_1, uma quinona (vitamina K_1) e daí para Fx, um aglomerado de ferro–enxofre (4Fe-4S). Depois de passarem por uma proteína de ferro–enxofre (PsaC), os elétrons são finalmente transferidos para a *ferredoxina*, uma proteína hidrossolúvel que também contém um aglomerado de ferro–enxofre. Essa reação ocorre no lado da membrana do tilacoide voltada para o estroma (Figura 5.18).

A ferredoxina é uma molécula redutora estável que pode participar de inúmeras reações no interior do estroma dos cloroplastos (redução do NO_3^- e de SO_4^-, assimilação de NH_4^+ etc.). No entanto, do ponto de vista quantitativo, o principal destino dos seus elétrons é a redução do $NADP^+$ a NADPH. Essa reação ocorre no estroma e é catalisada pela enzima *ferredoxina:NADP⁺ oxidorredutase* (*FNR*), uma flavoproteína que tem um FAD como grupo prostético. A captação de um próton durante a redução do $NADP^+$ também contribui para o

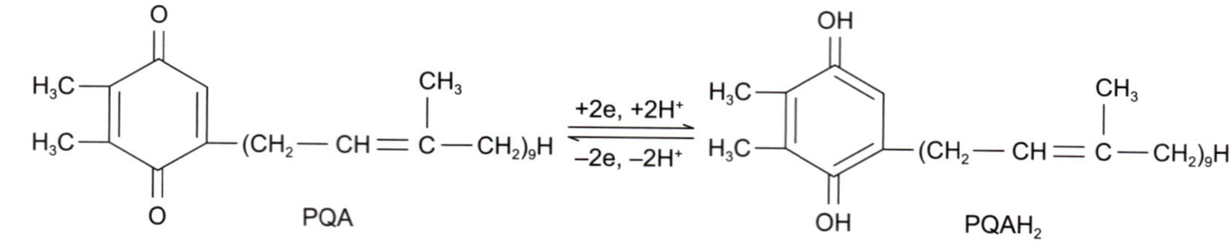

$$PQA \;\underset{-2e,\ -2H^+}{\overset{+2e,\ +2H^+}{\rightleftharpoons}}\; PQAH_2$$

PQA: $(H_3C)_2$-benzoquinona (O, O) $-(CH_2-CH=C(CH_3)-CH_2)_9H$

$PQAH_2$: $(H_3C)_2$-hidroquinona (OH, OH) $-(CH_2-CH=C(CH_3)-CH_2)_9H$

Figura 5.17 Estrutura da plastoquinona – forma oxidada e forma reduzida.

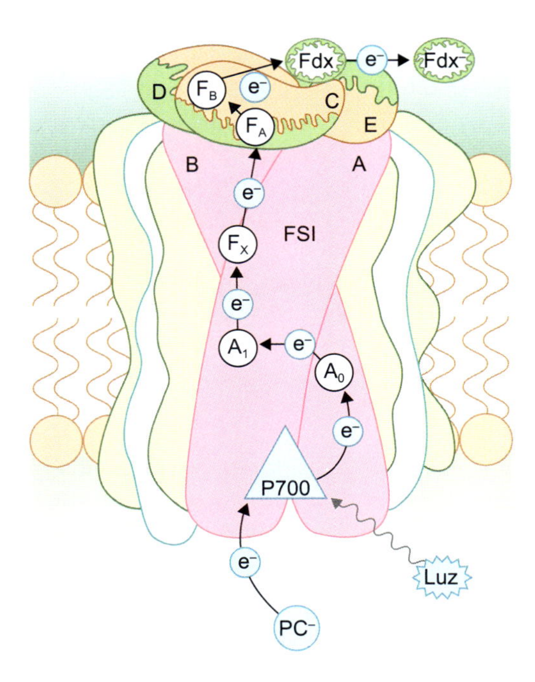

Figura 5.18 Modelo esquemático do complexo do FSI na membrana dos tilacoides. As principais proteínas integrais são designadas pelas letras maiúsculas (A e B) e abrigam P700 e os carreadores de elétrons A_0, A_x e Fx. A proteína C está associada aos aceptores finais de elétrons F_A e F_B e a dois grupos 4Fe-4S. As setas indicam a direção do fluxo fotoquímico de elétrons impulsionado por fótons de luz. Fdx: ferredoxina; PC: plastocianina. A proteína denominada E está envolvida no fluxo cíclico de elétrons. Adaptada de Buchanan *et al.* (2000).

gradiente de prótons pelas membranas dos tilacoides. O NADPH formado é utilizado em larga escala na redução do CO_2 durante a etapa bioquímica da fotossíntese.

Fotofosforilação

A síntese de ATP nos cloroplastos, promovida pela luz, é chamada de *fotofosforilação.* O mecanismo básico da síntese de ATP nos cloroplastos se assemelha muito ao das mitocôndrias, sendo impulsionado pela força próton-motriz gerada durante o fluxo fotossintético de elétrons. Isso significa que a *hipótese quimiosmótica de Mitchell* para a síntese de ATP também se aplica aos cloroplastos.

As membranas celulares são muito pouco permeáveis aos íons H^+. Os prótons, entretanto, podem fluir de modo controlado por intermédio do complexo enzimático ATP sintase, que atravessa a matriz lipídica das membranas através da subunidade CF_0 e projeta-se no estroma com a subunidade CF_1 (Figura 5.19). O fluxo de H^+ através do complexo ATP sintase, a favor do gradiente de H^+, é responsável pelas mudanças na configuração da subunidade CF_1 necessárias para a síntese de ATP (Buchanan *et al.*, 2000). Substâncias aplicadas aos cloroplastos que aumentam a permeabilidade das membranas ao H^+ (p. ex., detergentes, ionóforos-H^+, amônia), ao desfazerem o gradiente de pH, podem desacoplar o fluxo de elétrons da síntese de ATP. Isso quer dizer que, nessas circunstâncias, pode haver fluxo fotossintético de elétrons sem a formação de ATP. Contudo, em condições experimentais, pode haver síntese de ATP em tilacoides intactos mantidos no escuro desde que se estabeleça artificialmente um gradiente de pH (Δ pH $\approx$ 3)

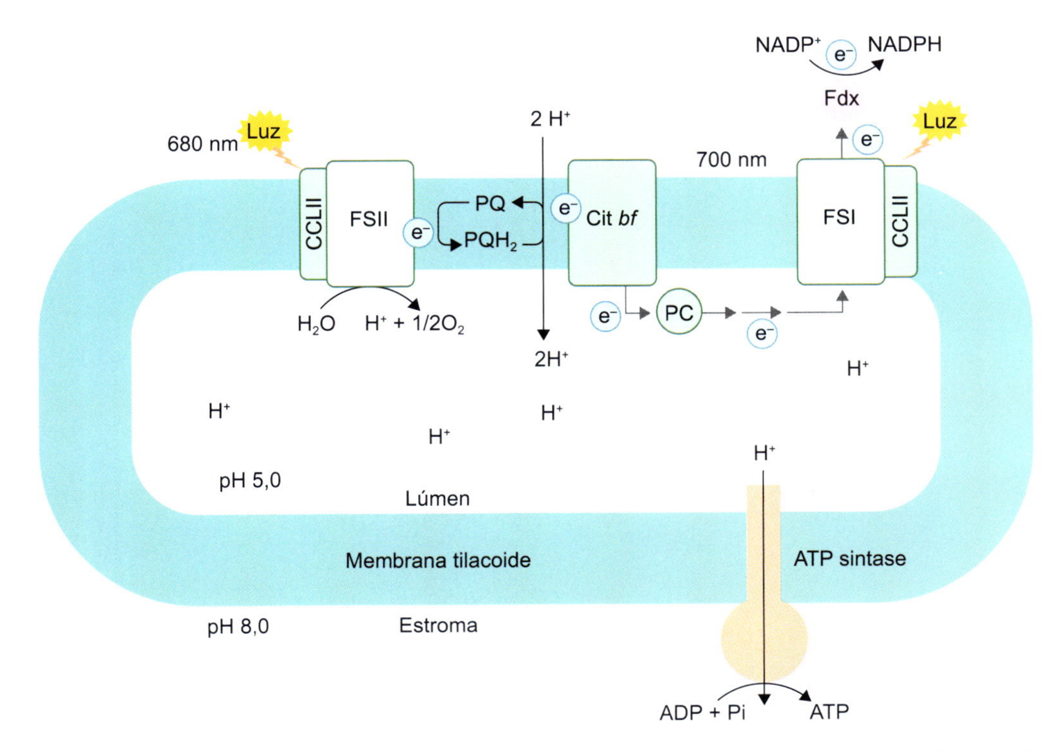

Figura 5.19 Modelo esquemático das membranas dos tilacoides mostrando o acoplamento entre o transporte fotossintético de elétrons e a fotofosforilação. A energia armazenada no gradiente de prótons, gerado pelo fluxo fotossintético de elétrons, é utilizada pela ATP sintase para a formação de ATP a partir de ADP e Pi (fosfato inorgânico).

pelas membranas dos tilacoides, ou seja, em condições de laboratório, pode haver fosforilação nos tilacoides, sem fluxo de elétrons, desde que existam ADP, fosfato inorgânico, cofatores e um gradiente de H^+ suficiente.

O ATP sintetizado durante o processo fotoquímico, além de sustentar a fixação do CO_2, é utilizado em inúmeras vias metabólicas no interior dos cloroplastos. A título de exemplo, cabe destacar que grande parte da assimilação de NO_3^-, NH_4^+ e da biossíntese de aminoácidos se dá no interior dos cloroplastos, utilizando o poder redutor e o ATP gerados durante a etapa fotoquímica.

Fotofosforilação não cíclica, cíclica e pseudocíclica

Quando a síntese de ATP se encontra acoplada ao fluxo de elétrons por meio dos dois fotossistemas, ou seja, da água até o NADPH (ver Figura 5.13), a fotofosforilação é denominada não cíclica ou acíclica. Isso porque a síntese de ATP está associada a um transporte de elétrons não cíclico. Nesse ponto, é importante lembrar que os dois fotossistemas não são fisicamente ligados no interior das membranas, mas sim segregados em diferentes regiões dos tilacoides (Figura 5.13). Conforme visto anteriormente, o FSI e o FSII são interligados por carreadores de elétrons móveis. Uma consequência importante da distribuição heterogênea dos fotossistemas nas membranas é que o FSI pode transportar elétrons de modo independente do FSII, em um processo conhecido como *transporte cíclico de elétrons* (Figura 5.20). A síntese de ATP acoplada a esse fluxo cíclico de elétrons é conhecida como *fotofosforilação cíclica*. Elétrons do FSI, pela ferredoxina, retornam para a plastoquinona via citocromo b_6 (cit b_6), proteína integrante do complexo Cit b_6f. O citocromo b_6 tem um potencial *redox* de −0,18 V e doa elétrons para a plastoquinona, a qual tem potencial em torno de zero. O acoplamento desse fluxo cíclico de elétrons com a síntese de ATP está vinculado à transferência de H^+, através da plastoquinona, do estroma para o interior do lúmen dos tilacoides.

Em condições de laboratório, iluminando-se cloroplastos com feixes de luz de comprimentos de onda superiores a 680 nm, obtém-se o funcionamento apenas do FSI, por meio do fluxo cíclico de elétrons. Nessas condições, ocorre tão somente a fotofosforilação cíclica, sem que haja a fotoxidação da água e a liberação de O_2. Os fótons com comprimentos de onda maiores que 680 nm não são capazes de excitar nem as antenas nem os CR do FSII (P680).

Em condições normais, *in vivo*, a fotofosforilação cíclica e a acíclica coexistem. Evidências experimentais indicam que as duas formas de fotofosforilação podem atuar de modo cooperativo no sentido de manter o equilíbrio do sistema fotoquímico. Quando há excesso de energia radiante, o fluxo cíclico de elétrons se intensifica. Acredita-se que a fotofosforilação cíclica contribua para a dissipação do excesso de energia de excitação eletrônica do sistema fotoquímico em ambientes intensamente iluminados. O fluxo cíclico de elétrons também pode ser intensificado quando há falta de CO_2 no mesofilo foliar e muita radiação solar, situação comumente vivida pelas plantas nos dias quentes e ensolarados.

Nessas condições ambientais, normalmente as plantas experimentam um estresse hídrico, ou seja, perdem mais água do que podem absorver. Para manterem o necessário equilíbrio hídrico, as plantas tendem a diminuir progressivamente a perda de água por meio da diminuição do grau de abertura dos estômatos. Isso afeta substancialmente a entrada de CO_2 no interior das folhas. Como grande parte do NADPH gerado no processo fotoquímico é consumido na fixação do CO_2, começam a acumular NADPH e ferredoxina reduzida no estroma e a faltar o receptor final de elétrons, que é o $NADP^+$. Nessas circunstâncias, o fluxo cíclico de elétrons é o caminho mais provável dos elétrons excitados do P700. Esse aumento do fluxo cíclico de elétrons promove a síntese de ATP e a dissipação de uma parte da energia de excitação eletrônica do sistema fotoquímico.

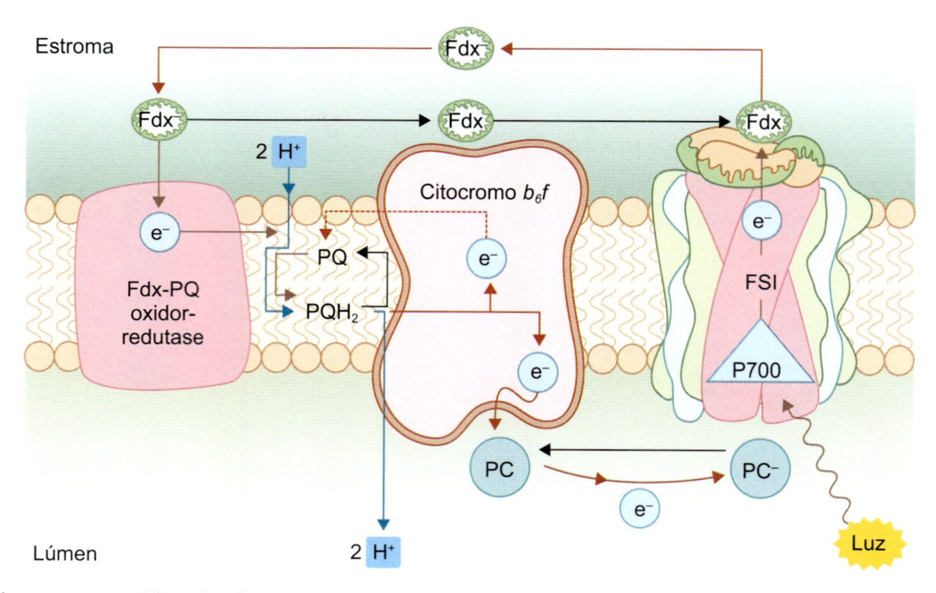

Figura 5.20 Modelo de transporte cíclico de elétrons nas membranas dos tilacoides. O transporte cíclico de elétrons envolve o FSI, a enzima ferredoxina-plastoquinona oxidorredutase e o complexo citocromo b_6f. O único produto dessa via é o ATP sintetizado utilizando o gradiente de prótons gerado pela oxidação da plastoquinona reduzida PQH_2. Adaptada de Buchanan *et al.* (2000).

Ao mesmo tempo, quando há um fluxo de elétrons muito intenso (elevada taxa de fluência de fótons) ou a disponibilidade de CO_2 é muito baixa, parte dos elétrons da ferredoxina pode ser doada para o oxigênio molecular, que atua, então, como receptor terminal de elétrons. Esse fluxo de elétrons envolve os dois fotossistemas e leva à formação de radicais livres superóxido (O_2^-). A síntese de ATP que resulta do fluxo de elétrons da água para o O_2 é chamada de *fotofosforilação pseudocíclica*. Esse fenômeno é importante porque, além do radical livre superóxido, há a formação de peróxido de hidrogênio (H_2O_2), em uma reação denominada reação de Mehler:

$$Fd_{red} + O_2 \rightarrow Fd_{ox} + O_2^- \quad [9]$$

$$Fd_{red} + O_2^- + 2H+ \rightarrow Fd_{ox} + H_2O_2 \quad [10]$$

Peróxido de hidrogênio e O_2^- reagem formando outro radical livre muito reativo, o íon hidroxila (^-OH). A destruição do radical livre superóxido é realizada pela enzima *superóxido dismutase* (SOD). Já a eliminação do peróxido de hidrogênio é efetuada pela enzima *catalase*:

$$2H_2O_2 \xrightarrow{\text{catalase}} 2H_2O + O_2 \quad [11]$$

Essas duas enzimas, SOD e catalase, com os carotenoides, são extremamente importantes como defesas orgânicas contra os radicais livres altamente reativos derivados do oxigênio. Estes últimos, uma vez acumulados, destroem as membranas e as próprias moléculas de clorofila. Diversos estudos têm demonstrado que plantas, algas e microrganismos mutantes, deficientes em SOD ou catalase ou carotenoides, são destruídos quando expostos à radiação solar. Isso confirma a importância dessas moléculas para a defesa das plantas contra a fotoxidação.

Transporte de elétrons e herbicidas

O transporte fotossintético de elétrons pode ser artificialmente bloqueado por compostos que removem elétrons de diferentes pontos do sistema ou por compostos análogos não funcionais de moléculas constitutivas da cadeia transportadora de elétrons. Muitos herbicidas de amplo espectro, comercialmente disponíveis, atuam de modo letal sobre as plantas por interferirem no fluxo fotossintético de elétrons. Duas categorias químicas de herbicidas bloqueiam a passagem de elétrons do sítio Q_B do FSII para a plastoquinona, interrompendo o fluxo fotossintético de elétrons: são derivados da ureia, como o *monouron* e o *diuron*, e derivados da triazina (Figura 5.21). Essas substâncias têm sido utilizadas em experimentos de laboratório para o estudo do funcionamento dos fotossistemas isoladamente. Isso se torna possível desde que cada fotossistema seja suprido com doadores e receptores artificiais de elétrons dotados de potenciais *redox* adequados. Outra categoria de herbicidas corresponde aos *corantes viologênio bipiridilium* – *diquat* e *paraquat* (Figura 5.21), que atuam interceptando elétrons do lado redutor do FSI. Além de interferirem no fluxo fotossintético de elétrons, os derivados do bipiridilium transferem elétrons diretamente para o oxigênio, catalisando a formação de radicais superóxido. Uma vez absorvidos, os herbicidas bipiridilium matam rapidamente as plantas em presença de luz.

Complexos supramoleculares nas membranas dos tilacoides | Estrutura e regulação

De acordo com modelos recentes, as membranas dos tilacoides podem ser divididas em três domínios: as lamelas do estroma, as margens dos *grana* e a parte interna dos *grana*

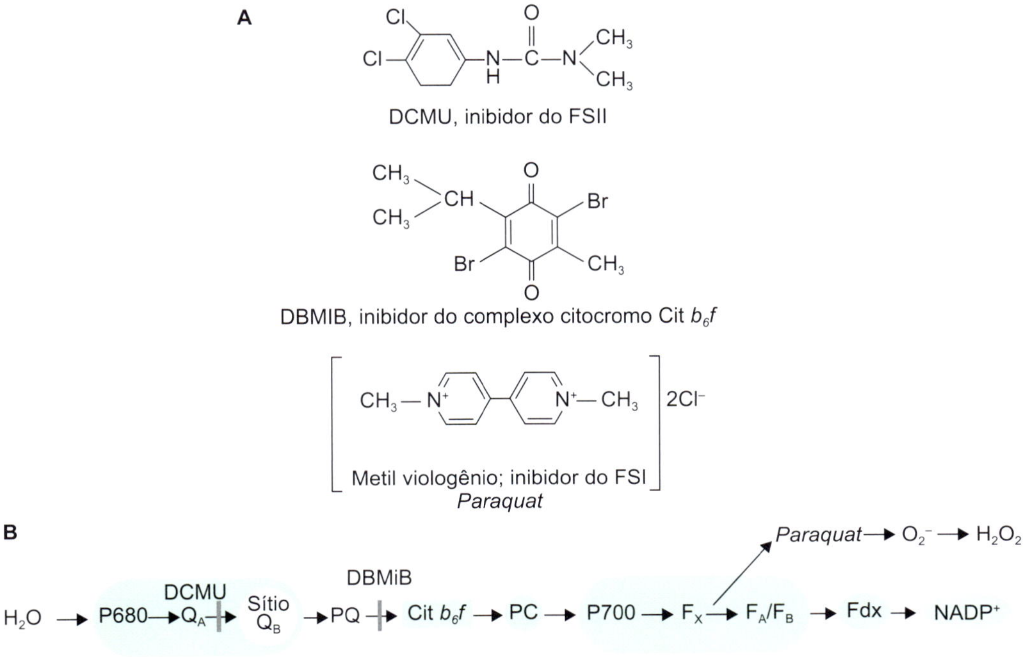

A

DCMU, inibidor do FSII

DBMIB, inibidor do complexo citocromo Cit b_6f

Metil viologênio; inibidor do FSI *Paraquat*

B

Paraquat → O_2^- → H_2O_2

H_2O → P680 → Q_A ┼ (DCMU) → Sítio Q_B → PQ ┼ (DBMiB) → Cit b_6f → PC → P700 → F_X → F_A/F_B → Fdx → $NADP^+$

Figura 5.21 A. Estrutura química de três herbicidas que atuam inibindo o fluxo fotossintético de elétrons. O DCMU 3-(3,4-diclorofenil)-1,1-dimetilurea; DBMIB 2,5-dibromo-3-metil-6-isopropil-*p*-benzoquinona e o *paraquat* (metil viologênio). **B.** Sítio da ação dos herbicidas inibidores do transporte fotossintético de elétrons. A redução do *paraquat* resulta na formação de radicais superóxido e outras espécies reativas de oxigênio que destroem membranas, clorofilas e proteínas. Adaptada de Buchanan *et al.* (2000).

(membranas empilhadas). Esses domínios apresentam composição química e funções diferenciadas (Figura 5.22). O transporte linear de elétrons (não cíclico) ocorre no interior dos *grana*, enquanto o transporte cíclico se encontra restrito às lamelas do estroma (Albertsson, 1995).

De fato, os complexos supramoleculares fotossintéticos apresentam uma distribuição diferenciada e heterogênea nas membranas dos tilacoides (Figura 5.22). As regiões empilhada e não empilhada das membranas dos tilacoides diferem quanto à composição dos complexos supramoleculares integrantes do processo fotoquímico. O complexo FSI, o CCLI e a ATP sintase localizam-se, quase exclusivamente, nas regiões *não empilhadas*, em contato com o estroma, enquanto o FSII e o CCLII estão presentes nas regiões empilhadas. O complexo Cit *bf* tem distribuição uniforme pelas membranas dos tilacoides. Durante o fluxo fotoquímico de elétrons, a conexão funcional entre os complexos, espacialmente separados no interior das membranas dos tilacoides, é efetuada pelos carreadores de elétrons móveis.

O grau de empilhamento das membranas dos tilacoides no interior dos cloroplastos, bem como a proporção relativa dos complexos FSI e FSII, pode variar entre espécies e de acordo com as condições de luz do ambiente. Conforme já mencionado (ver tópico Cloroplastos), o grau de empilhamento das membranas tilacoides aumenta à medida que a intensidade luminosa diminui, e reduz-se à medida que a intensidade luminosa aumenta. Isso promove mudanças não só na proporção relativa dos fotossistemas I e II, como também na proporção relativa dos seus respectivos complexos de captação de luz (CCLI e CCLII). O aumento do empilhamento é acompanhado de um aumento quantitativo no número de complexos do FSII e de CCLII.

O CCLII é uma antena maior e, provavelmente, mais importante que a antena associada ao FSI (CCLI). Hoje se sabe que a maior parte da clorofila total das plantas está associada ao CCLII – cerca de metade da clorofila *a* e quase toda a clorofila *b*. Isso explica um fenômeno já há muito conhecido pelos fisiologistas: o de que as folhas de plantas sombreadas têm um conteúdo relativamente mais elevado de clorofila *b* que as plantas crescidas ao sol. Um complexo antena ampliado em razão da adição de um maior número de CCLII aumenta a capacidade de interceptação de luz e a atividade do FSII sob baixa irradiância. As folhas ao sol, por sua vez, tendo a maior disponibilidade de luz, investem menos recursos na formação de complexos antena (têm menor quantidade de CCLII) e aumentam os níveis de transportadores de elétrons (Cit *bf*, plastoquinona, plastocianina, ferredoxina) e de complexos ATPase por unidade de clorofila.

As adaptações às condições de iluminação do ambiente que envolvem mudanças ultraestruturais e bioquímicas, como as já descritas aqui, e também na anatomia foliar, podem ser consideradas adaptações a longo prazo. Entretanto, cotidianamente, as plantas estão sujeitas a flutuações extremamente rápidas nas taxas de fluência de fótons e na qualidade da luz. Nebulosidade variável durante um curto espaço de tempo e rápida oscilação da posição de feixes de luz no interior do dossel da comunidade vegetal são exemplos de variações instantâneas na taxa de fluência de fótons. Isso exige mecanismos de adaptação rápidos a essas enormes oscilações na disponibilidade quantitativa e qualitativa de fótons. A eficiência do processo fotossintético, por sua vez, exige uma distribuição equilibrada da energia de excitação entre os fotossistemas I e II, além de um suprimento suficiente e estável de ATP e NADPH para uma ótima redução de CO_2. Mudanças rápidas no fluxo de fótons poderiam causar desequilíbrios no fluxo fotossintético de elétrons entre os fotossistemas, caso não existissem mecanismos de ajuste no aporte de energia de excitação entre os fotossistemas. Assim, quando a energia luminosa é absorvida de modo diferenciado pelos fotossistemas, há uma redistribuição da energia de excitação entre eles. Tal redistribuição parece envolver o movimento físico, ou seja, o deslocamento do CCLII entre os fotossistemas I e II.

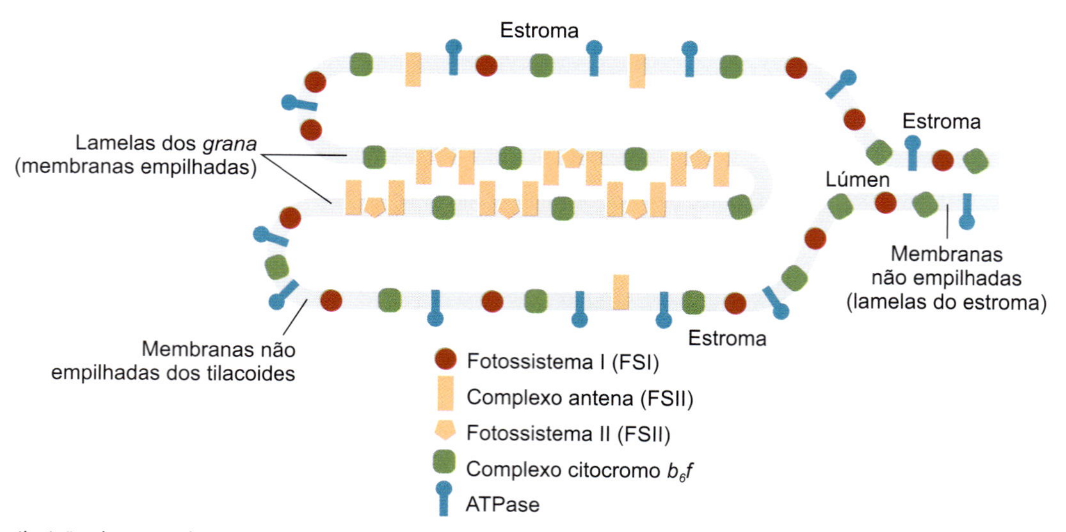

Figura 5.22 Distribuição dos complexos supramoleculares do processo fotoquímico nas membranas dos tilacoides. As unidades do FSII estão localizadas nas regiões empilhadas das membranas dos tilacoides, enquanto as unidades do FSI e da ATP sintase situam-se nas regiões dos tilacoides em contato com o estroma (regiões não empilhadas dos tilacoides e tilacoides do estroma). O complexo citocromo e os carreadores móveis de elétrons, plastoquinona e plastocianina encontram-se uniformemente distribuídos ao longo de todo o sistema de membranas. Adaptada de Buchanan *et al.* (2000).

O mecanismo de controle do deslocamento do CCLII, por sua vez, parece depender do estado de fosforilação do conjunto de CCLII. Cabe aqui destacar que a fosforilação e a desfosforilação *reversíveis* de proteínas representam um mecanismo de modulação da atividade de enzimas amplamente disseminado no metabolismo vegetal. Dependendo do tipo de enzima, o grau de fosforilação das proteínas pode aumentar ou diminuir a atividade da enzima. No caso específico, o excesso de energia de excitação no FSII em relação ao FSI resulta no acúmulo de plastoquinona reduzida. Acredita-se que o acúmulo de poder redutor junto aos carreadores promova um aumento no estado de fosforilação do CCLII (Figura 5.23). Essa fosforilação promoveria o deslocamento do CCLII para as regiões do tilacoide enriquecidas com o FSI (regiões não empilhadas dos *grana* e tilacoides do estroma). A fosforilação atuaria, assim, como um mecanismo reversível do tipo liga-desliga: não fosforilado, o CCLII estaria ligado ao FSII; a fosforilação promoveria o desligamento do CCLII do FSII e sua ligação ao FSI. O deslocamento modulado do CCLII entre os fotossistemas promoveria uma distribuição equilibrada de energia de excitação entre os fotossistemas, garantindo o equilíbrio do fluxo linear de elétrons. Esse processo de desligamento de uma parte das antenas do FSII (CCLII) dos sítios do FSII também parece ser importante para a redução do aporte de energia de excitação nas membranas dos tilacoides durante períodos de elevada irradiância (Grossman *et al.*, 1995).

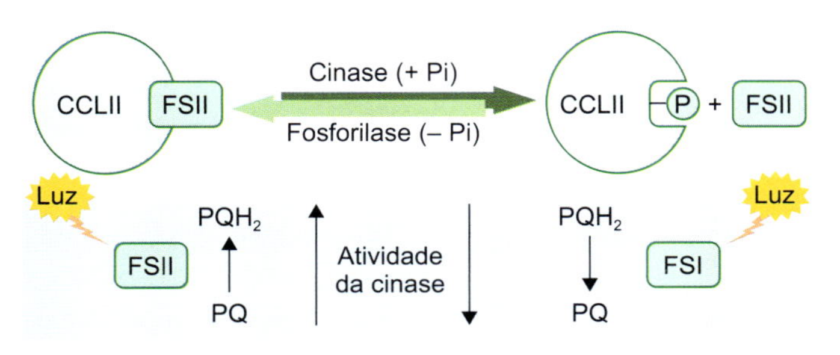

Figura 5.23 A fosforilação reversível do complexo de captação de luz do FSII (CCLII) regula o fluxo de elétrons entre os fotossistemas II e I. Excesso de energia de excitação no FSII resulta no acúmulo de plastoquinona reduzida (PQH_2). A elevada concentração de PQH_2 ativa uma proteína-cinase que fosforila o CCLII. A redução da concentração de PQH_2, por sua vez, desativa as proteínas-cinase. O CCLII é então desfosforilado pela ação de fosforilases. Ao ser desfosforilado, o CCLII se liga novamente ao FSII, aumentando de novo o fluxo de elétrons para esse fotossistema. Adaptada de Hopkins (1998).

Metabolismo do carbono na fotossíntese

A fotossíntese ocorre em escala gigantesca no planeta. Para ter uma ideia da ordem de grandeza do processo fotossintético, estima-se que 2×10^{11} toneladas de matéria orgânica sejam produzidas anualmente (Lawlor, 1987). A produção dessa enorme quantidade de compostos orgânicos resulta do *metabolismo fotossintético do carbono*, sustentado pelo ATP e o NADPH gerados durante a etapa fotoquímica da fotossíntese (Figura 5.24).

A formação de moléculas orgânicas tem início com a reação de fixação do CO_2, catalisada por uma enzima denominada *ribulose bisfosfato carboxilase/oxigenase* (*rubisco*). A rubisco é a enzima central para a aquisição de carbono pelos organismos vivos. Ao catalisar a fixação do CO_2 atmosférico, a rubisco desencadeia uma rede de reações bioquímicas que geram os carboidratos, as proteínas e os lipídios que sustentam as plantas

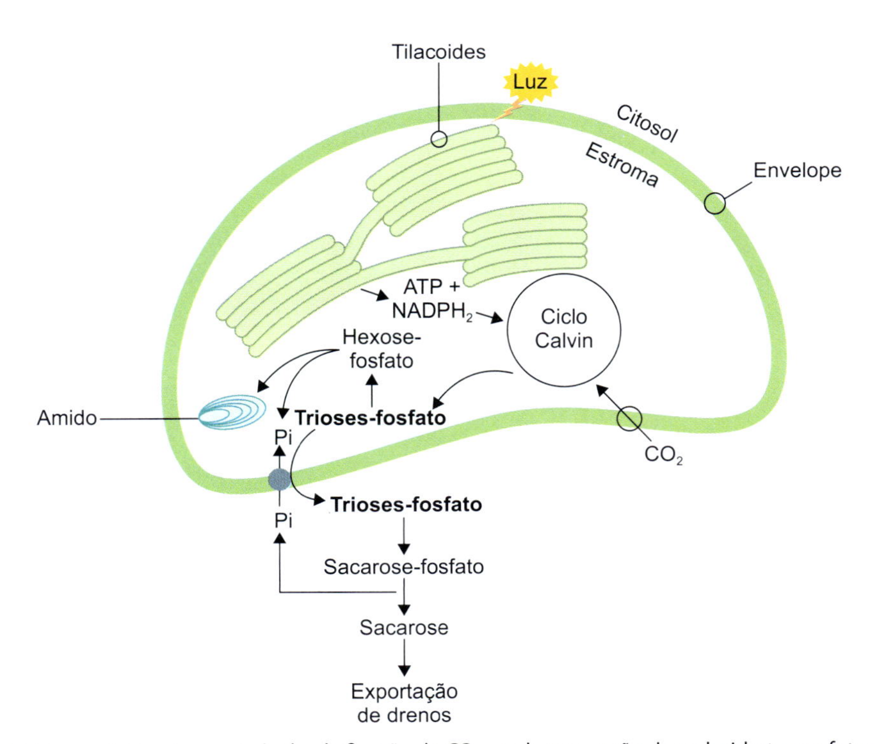

Figura 5.24 O ciclo fotossintético redutivo é responsável pela fixação do CO_2 e pela promoção de carboidratos na fotossíntese (ciclo de Calvin ou ciclo C_3). Seu funcionamento depende do ATP e do NADPH gerados na etapa fotoquímica da fotossíntese. As trioses-fosfato formadas no ciclo C_3 podem ser alocadas para produção de amido no interior dos cloroplastos ou ser transportadas para o citoplasma. Neste último compartimento, ocorre a síntese de sacarose, principal carboidrato exportado pelas células fotossintéticas.

e os demais seres vivos, inclusive aos próprios seres humanos (Mann, 1999). Necessariamente, quase todo o carbono orgânico existente na biosfera, em algum momento, transitou pelo sítio ativo de uma enzima rubisco.

A rubisco, no entanto, tem a peculiaridade de ser uma enzima bifuncional, ou seja, de apresentar *simultaneamente* duas funções: catalisa tanto a *carboxilação* quanto a *oxigenação* do seu substrato, a pentose *ribulose-l,5-bisfosfato* (RuBP; Figura 5.25). Os gases CO_2 e O_2 *competem entre si pelo mesmo sítio ativo da rubisco*, reagindo com o mesmo substrato (RuBP). Enquanto a carboxilação resulta somente na formação de duas moléculas de um ácido orgânico de três carbonos – o *3-fosfoglicerato* –, a oxigenação da RuBP conduz à produção de uma molécula de 3-fosfoglicerato e outra de *2-fosfoglicolato* (Figura 5.25).

Partindo do composto resultante da carboxilação, o 3-fosfoglicerato, tem início um ciclo de reações bioquímicas que origina vários carboidratos e que, simultaneamente, regenera a pentose bisfosfato que reage com o CO_2, a RuBP. Conhecida como *ciclo de Calvin-Benson* ou *ciclo fotossintético redutivo* C_3, ou simplesmente *ciclo* C_3 (Figura 5.26), essa via metabólica é responsável pela geração dos carboidratos precursores de todas as moléculas orgânicas existentes nos organismos fotossintetizantes e heterotróficos. O ciclo C_3 tem sido a base da autotrofia de carbono por meio de todo o processo evolutivo, sustentando, assim, a vida na Terra.

O fosfoglicolato, por sua vez, gerado exclusivamente pela função oxigenase da rubisco, não pode ser utilizado no ciclo de Calvin-Benson. O seu processamento é efetuado por uma via metabólica conhecida como via C_2 ou via fotorrespiratória. O metabolismo do 2-fosfoglicolato pela via C_2 se dá com o consumo de O_2 e com a perda de CO_2 já fixado. Dependendo das condições ambientais, cerca de 20 a 50% do carbono já fixado pela fotossíntese pode ser perdido na fotorrespiração (Mann, 1999). O ciclo C_3 promove ganho de carbono reduzido (carboidratos) a partir da fixação do CO_2, e o ciclo C_2 a perda de carbono reduzido a partir da fixação do O_2. Os dois ciclos operam, portanto, em sentidos opostos. A velocidade relativa desses dois ciclos determina o ganho líquido de carboidratos a cada momento em plantas com a fotossíntese C_3. Os dois ciclos são sustentados pelo ATP e pelo poder redutor (NADPH e ferredoxina reduzida) produzidos no fluxo fotossintético de elétrons (Figura 5.26).

A eficiência da assimilação de CO_2 (fotossíntese líquida) depende, portanto, das taxas relativas dos ciclos C_3 e C_2, em grande parte espécies vegetais. Resumidamente, pode-se dizer que o metabolismo do carbono nos organismos fotossintetizantes depende do balanço integrado de dois ciclos que se opõem mutuamente. As taxas relativas entre a via C_3 e a via C_2, por sua vez, dependem dos fatores que influenciam a concentração relativa entre CO_2 e O_2 no interior do mesofilo foliar e, mais precisamente, no interior do estroma dos cloroplastos, local onde atua a rubisco.

Ao longo do processo evolutivo, os organismos fotossintetizantes desenvolveram várias estratégias para minimizar ou mesmo suprimir o funcionamento da via fotorrespiratória (C_2). As estratégias hoje conhecidas fundamentam-se na evolução de mecanismos concentradores de CO_2 junto ao sítio de carboxilação da rubisco. Isso significa que alguns organismos fotossintetizantes conseguem manipular a concentração relativa de CO_2 e O_2 no interior de suas células e, assim, modular as taxas relativas de carboxilação e oxigenação da rubisco. Em algas adaptadas a condições limitantes de CO_2, têm sido encontrados mecanismos de concentração do carbono inorgânico no interior das células (Moroney e Somanchi, 1999). Já entre as plantas vasculares, são conhecidos dois mecanismos de concentração de CO_2: o *metabolismo* C_4 e o *metabolismo ácido das crassuláceas* (MAC). Ambos os mecanismos concentram CO_2 no sítio ativo da rubisco por meio de um *"bombeamento" bioquímico de* CO_2 (Leegood, 1993).

Nesta seção, serão estudadas as bases bioquímicas e estruturais dos principais mecanismos fotossintéticos de assimilação do CO_2. Suas implicações ecofisiológicas mais amplas e o impacto sobre a produtividade das plantas serão tratados na seção seguinte.

Rubisco

A enzima rubisco existe em elevada quantidade nos tecidos fotossintéticos das plantas vasculares, sendo provavelmente a proteína mais abundante na superfície da Terra. Nas *plantas* C_3, cerca de metade da proteína solúvel das folhas pode

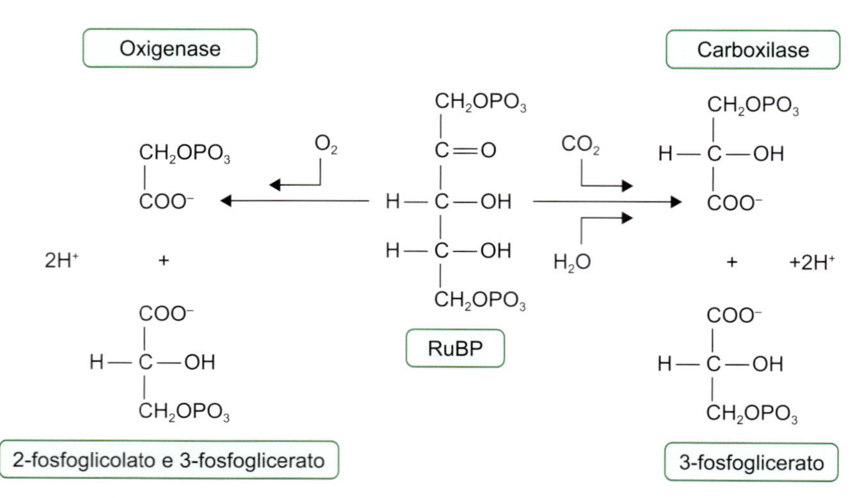

Figura 5.25 Carboxilação e oxigenação da ribulose-1,5-bisfosfato (RuBP): reações catalisadas pela rubisco.

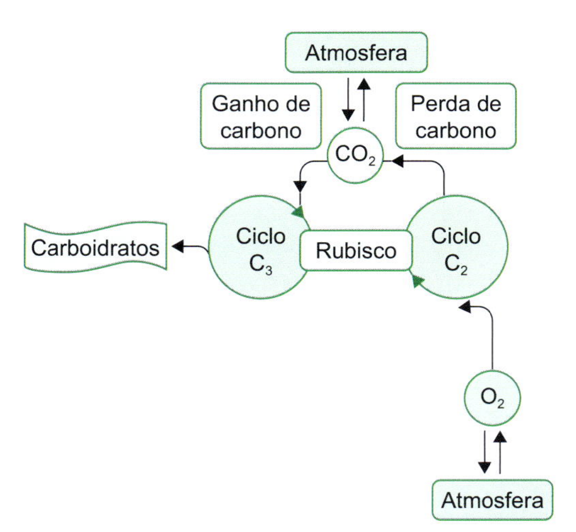

Figura 5.26 Esquema relacionando os ciclos fotossintéticos redutivo (C_3) e fotossintético oxidativo (C_2). A rubisco inicia o ciclo C_3 e o ciclo C_2 (fotorrespiração), dependendo do gás atmosférico que reage com a RuBP. Adaptada de Buchanan *et al.* (2000).

corresponder à enzima rubisco. Acredita-se que o maciço investimento que as plantas fazem para produzir essa enorme quantidade de rubisco e, assim, garantir uma fixação de carbono suficiente compreende uma resposta compensatória à baixa eficiência da reação de carboxilação por ela catalisada. Nas plantas vasculares, enquanto as taxas das reações enzimáticas são normalmente da ordem de 25 mil reações por segundo, a velocidade de reação da rubisco é de cerca de três reações por segundo (Mann, 1999). Essa ineficiência da rubisco tem implicações nutricionais importantes para os herbívoros e para os próprios vegetais. Em se tratando dos herbívoros, grande parte da proteína consumida na forma de biomassa verde é representada pela rubisco. Para as plantas, produzir tamanha quantidade de rubisco impõe a necessidade de adquirir uma enorme quantidade de nitrogênio a partir do solo.

A rubisco é uma proteína de elevado peso molecular e constituída por dois tipos de subunidades: uma subunidade grande (L) e outra pequena (S). Cada uma dessas subunidades é codificada por genes localizados em compartimentos celulares diferentes. A subunidade maior (L) é sintetizada nos cloroplastos. Já a subunidade menor (S) é sintetizada no citoplasma, a partir de um RNAm transcrito no núcleo celular. A proteína precursora da subunidade S, após ser transportada para o interior dos cloroplastos e sofrer modificações, liga-se à subunidade L, gerando a enzima em sua forma funcional. A rubisco é, portanto, resultado de um processo coordenado de expressão de genes nucleares (rbcS) e de genes dos cloroplastos (rbcL).

Até o momento, foram identificadas duas formas de rubisco na natureza. A forma mais simples, encontrada em algumas bactérias fotossintetizantes, constitui-se apenas por subunidades grandes (L), sendo denominada forma II. Por sua vez, a enzima ativa, presente na maior parte dos organismos fotossintetizantes, é formada por oito subunidades L e oito subunidades S (L_8S_8), sendo denominada forma I. O sítio ativo da enzima situa-se na subunidade L. Ao estudar as propriedades cinéticas da rubisco (Km(CO_2), Km(O_2), $V_{máx}$) proveniente de diferentes espécies de plantas C_3, verifica-se a existência de diferenças pequenas, porém significativas (Woodrow e Berry, 1988).

Ciclo C_3 (ciclo de Calvin-Benson)

A elucidação da via metabólica por meio da qual os vegetais fixam o CO_2 e produzem os carboidratos é um marco histórico no desenvolvimento das ciências biológicas. Foi a primeira via metabólica inteiramente descoberta com o uso do isótopo radioativo do carbono, o ^{14}C. A partir de meados da década de 1940, Calvin, Benson, Bassham e uma equipe de colaboradores utilizaram o $^{14}CO_2$ em experimentos com algas verdes dos gêneros *Chlorella* e *Scenedesmus*. Associaram ao traçador radioativo uma ferramenta analítica eficaz, a cromatografia bidimensional em papel, uma técnica bioquímica então recentemente desenvolvida. A técnica de cromatografia permite separar e identificar pequenas moléculas orgânicas presentes em uma mistura complexa, como aquela derivada de um extrato de células vegetais.

Suspensões uniformes de algas verdes eram expostas a condições constantes de luz e CO_2, de modo que a fotossíntese atingisse um estado estacionário. Por um breve período, o $^{14}CO_2$ era fornecido às algas com o objetivo de marcar radioativamente os diversos intermediários do ciclo. As análises bioquímicas eram efetuadas em amostras de algas coletadas em álcool fervente, em diferentes momentos, a partir do suprimento do $^{14}CO_2$. Procedia-se, então, à separação cromatográfica e identificação dos compostos orgânicos presentes nos extratos das algas. As regiões do papel de cromatografia marcadas com radioatividade podiam ser detectadas colocando-se o papel do cromatograma em contato com uma folha de filme de raios X, técnica esta conhecida como autorradiografia. Expondo as algas ao $^{14}CO_2$ por intervalos de tempo cada vez mais breves (até 2 s), a equipe de Calvin conseguiu identificar o primeiro produto estável da fotossíntese, *um ácido orgânico de três carbonos*, o ácido 3-fosfoglicérico. Verificaram também a sequência dos demais intermediários por meio do deslocamento da radioatividade entre os diferentes compostos existentes nos autorradiogramas dos extratos obtidos em vários períodos após o suprimento do $^{14}CO_2$. Depois de mais de uma década de trabalho intenso, quando foram identificados os diferentes compostos orgânicos intermediários e caracterizadas as enzimas envolvidas, Calvin, Benson e sua equipe estabeleceram a rota que conduz à síntese de carboidratos a partir do CO_2. A via metabólica então desvendada envolve 13 reações organizadas de um modo cíclico.

O ciclo redutivo do carbono (ciclo C_3) é o responsável pela assimilação de carbono em todos os organismos, à exceção de algumas espécies de bactérias fotossintetizantes primitivas. As plantas C_3 compreendem 85% das angiospermas, a maioria das gimnospermas e pteridófitas, todas as briófitas e algas.

Etapas do ciclo C_3

O ciclo C_3 pode ser dividido em três fases: a carboxilativa, a redutiva e a regenerativa (Figura 5.27). Ocorre no estroma dos cloroplastos, onde estão localizadas as enzimas que o movimentam. As três fases do ciclo podem ser brevemente caracterizadas da seguinte forma:

1. A *fase carboxilativa* compreende a reação catalisada pela rubisco. Cada molécula de CO_2 fixada pela rubisco dá origem a duas moléculas de 3-fosfoglicerato (3 PGA),

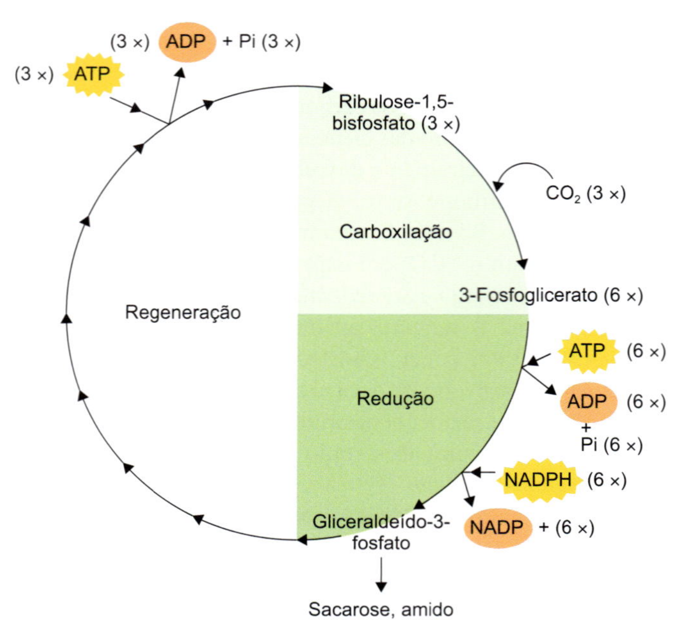

Figura 5.27 O ciclo de Calvin pode ser dividido em três etapas: carboxilativa, redutiva e regenerativa.

primeiro composto estável do ciclo C_3. O intermediário de seis carbonos que se forma no começo é instável. Inicialmente, o CO_2 reage com o átomo de carbono na posição 2 (C-2) da ribulose bisfosfato, formando uma molécula instável, de seis carbonos, que permanece ligada à enzima. A seguir, essa molécula é hidrolisada, formando duas moléculas estáveis de ácido 3-fosfoglicérico (3 PGA; Figura 5.28).

2. Na *fase redutiva,* o 3 PGA é convertido a gliceraldeído-3-fosfato (3 PGald) por meio de duas reações que utilizam o ATP e o NADPH produzidos na etapa fotoquímica da fotossíntese. O 3 PGald é o *primeiro carboidrato* gerado no ciclo C_3. As duas reações sequenciais, apresentadas a seguir, são catalisadas pelas enzimas *fosfato glicerato cinase* e *NADP:gliceraldeído-3-fosfato desidrogenase,* respectivamente:

$$3\ \text{PGA} + \text{ATP} \leftrightarrow \text{Glicerato-1,3-bisfosfato} + \text{ADP} \qquad [12]$$

$$\text{Glicerato-1,3-bisfosfato} + \text{NADPH} \leftrightarrow 3\ \text{PGald} + \text{NADP}^+ = \text{Pi} \qquad [13]$$

3. A *fase regenerativa* se processa a partir da formação do 3 PGald, um monossacarídio reversivelmente convertido em di-hidroxiacetona-fosfato (DHAP) por meio da enzima *triose-fosfato isomerase* (Figura 5.29). Os dois açúcares fosfato, constituídos de três carbonos, são denominados *trioses-fosfato (triose-P).* Uma série de reações enzimáticas interconverte açúcares–fosfato de três, quatro, cinco, seis e sete átomos de carbono, e *regenera* a molécula receptora primária do CO_2, a ribulose-1,5-bisfosfato (RuBP). Oito enzimas diferentes catalisam as 10 reações que integram a etapa regenerativa do ciclo de Calvin-Benson (Figura 5.30).

Ciclo autocatalítico

A fixação ininterrupta de CO_2 durante a fotossíntese requer que a RuBP seja continuamente regenerada. Isso é garantido pela operação *autocatalítica* do ciclo C_3 ou seja, o ciclo C_3 se autossustenta e, quanto maior a velocidade de formação da RuBP, maior a sua capacidade de fixação de CO_2. A velocidade de assimilação de CO_2 depende, assim, da taxa de geração dos carboidratos intermediários que conduzem à formação de moléculas de RuBP. Por exemplo, a fixação de três moléculas de CO_2 produz seis moléculas de triose-P. Cinco moléculas de triose-P (5 × 3C) devem, necessariamente, regenerar três moléculas de RuBP (3 × 5C), enquanto a sexta molécula de triose-P representa o produto líquido do processo. Isso significa que a formação de uma triose exige três voltas no ciclo C_3. A formação de uma hexose exige seis voltas no ciclo, tendo como saldo duas moléculas de triose-P, retornando ao ciclo o equivalente a 10 moléculas de triose-P (10 × 3C) regeneradas na forma de seis moléculas de RuBP (6 × 5C), e assim sucessivamente. A partir das moléculas de triose-P, os principais produtos da fotossíntese, o *amido* e a *sacarose*, podem ser então sintetizados, conforme se verá adiante.

Balanço energético do ciclo C_3

Do ponto de vista energético, a fixação de uma molécula de CO_2 exige três moléculas de ATP e duas de NADPH. Duas moléculas de ATP e duas de NADPH são necessárias para

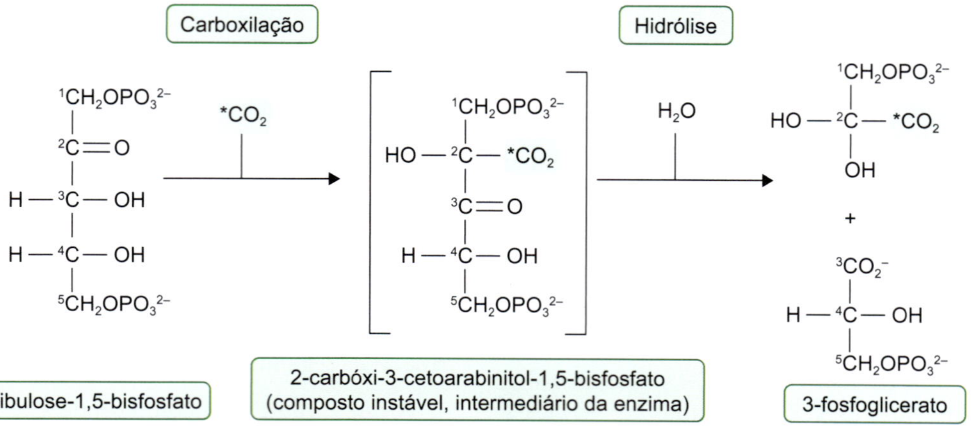

Carboxilação | Hidrólise

Ribulose-1,5-bisfosfato | 2-carbóxi-3-cetoarabinitol-1,5-bisfosfato (composto instável, intermediário da enzima) | 3-fosfoglicerato

Figura 5.28 Reação de carboxilação da ribulose-1,5-bisfosfato, catalisada pela rubisco. A molécula de 3 PGA superior, no esquema, contém o novo átomo de carbono recém-incorporado, indicado com asterisco. Adaptada de Taiz e Zaiger (1991).

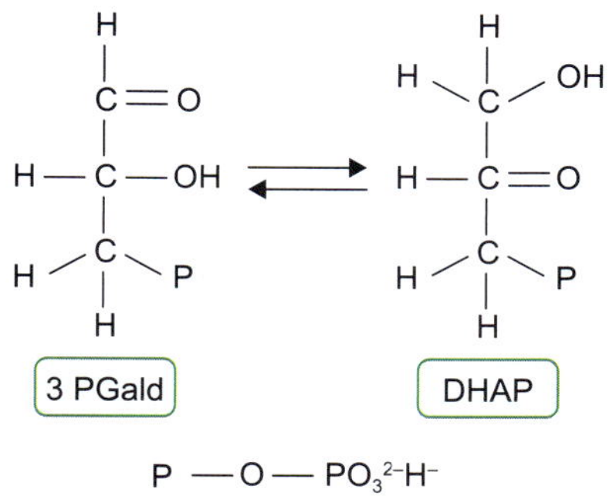

3 PGald ⇄ DHAP

P — O — $PO_3^{2-}H^-$

Figura 5.29 Reação de conversão e estrutura das trioses-fosfato – gliceraldeído-3-fosfato (3 PGald) e di-hidroxiacetona-fosfato (DHAP). A interconversão entre 3 PGald e DHAP é catalisada pela enzima triose-fosfato isomerase.

movimentar a fase redutiva do ciclo (equações [12] e [13]). Uma terceira molécula de ATP é exigida na fase final da etapa regenerativa do ciclo C_3, quando a ribulose fosfato (RuP) é transformada em RuBP. Assim, a produção de uma molécula de triose-P exige nove moléculas de ATP e seis moléculas de NADPH (Figura 5.30).

Regulação do ciclo C_3

O ciclo de Calvin opera na interface entre o transporte de elétrons e o conjunto de carboidratos que se origina, sendo, portanto, regulado por fatores que afetam o processo fotoquímico e por fatores que interferem na demanda do organismo por compostos orgânicos (Lawlor, 1987). Além disso, são fundamentais concentrações adequadas de açúcares-P intermediários para garantir a alta eficiência energética apresentada pelo ciclo C_3. Essa condição é garantida pela fina regulação desse ciclo. Como nas demais vias metabólicas, os pontos críticos de tal regulação são essencialmente as *reações irreversíveis*. No ciclo C_3, as etapas reguladoras críticas compreendem a *reação de carboxilação* catalisada pela rubisco e as quatro reações da *etapa regenerativa* catalisadas pelas enzimas: gliceraldeído-3-fosfato desidrogenase, frutose-1,6-bisfosfatase (FBPase), a sedo-heptu-lose-1,7-bisfosfatase (SBPase) e a ribulose-5-fosfato cinase (Figura 5.30).

Sabe-se que a atividade enzimática pode ser afetada pela quantidade de cada enzima e por mecanismos que modulam a atividade das enzimas já existentes no estroma do cloroplasto. A regulação da expressão de genes do núcleo e dos cloroplastos afeta a quantidade das enzimas. Entretanto, diferentes mecanismos que atuam a curto prazo (segundos ou minutos) podem aumentar ou diminuir a atividade das enzimas já formadas. O ciclo C_3 é regulado pela luz, sendo plenamente ativo quando há luz e inativo no escuro.

Regulação da rubisco

A ativação da rubisco pela luz se dá por meio de um mecanismo complexo, que envolve simultaneamente o fluxo de Mg^{2+} dos tilacoides para o estroma e ativação da enzima pelo CO_2 e Mg^{2+}, o aumento do pH do estroma e a ação de uma proteína ativadora denominada *rubisco ativase* (Buchanan *et al.*, 2000). Quando há luz, um mutante de *Arabidopsis thaliana*, deficiente na proteína rubisco ativase, caracteriza-se por um baixo nível de atividade da rubisco e exige uma elevada concentração de CO_2 para crescer (Woodrow e Berry, 1988).

O processo de ativação é *reversível* e compreende, inicialmente, a formação de um complexo ternário enzima-CO_2-Mg^{2+} ao qual se liga, em seguida, a RuBP. As moléculas de CO_2 que participam do processo de ativação são distintas daquelas que atuam como substrato (Figura 5.31 A). A reação de ativação pelo CO_2, denominada carbamilação, produz mudanças na conformação estrutural, aumentando a atividade catalítica da enzima. A enzima *rubisco ativase* remove ribulose bisfosfato ligada à rubisco inativa, em uma reação dependente de ATP. A rubisco livre pode então reagir com o CO_2 e o Mg^{2+} (Figura 5.31 B). Em estudos recentes, tem-se verificado que a própria rubisco ativase é uma enzima fortemente regulada que responde a sinais organo-específicos, à luz e ao relógio circadiano das plantas.

O extrato de algumas espécies (*Phaseolus vulgaris*, *Solanum tuberosum*) pode conter um potente inibidor da rubisco denominado 2-carboxiarabinitol-1-fosfato (CA-1-P). Geralmente, esse composto encontra-se presente naquelas espécies com variações diurnas na atividade da rubisco. O CA-1-P acumula-se no escuro ou sob baixa intensidade luminosa, ligando-se à forma ativa da rubisco (Gutteridge e Gatenby, 1995).

Regulação das enzimas da fase regenerativa do ciclo C_3

O mecanismo de ativação das quatro enzimas da fase regenerativa do ciclo C_3 (ver tópico Regulação do ciclo C_3) pela luz é diferente daquele da rubisco. A sua ativação envolve a participação da ferredoxina dos cloroplastos e de uma proteína denominada *tiorredoxina* (Buchanan, 1992). As tiorredoxinas são proteínas de ferro–enxofre de baixo peso molecular, amplamente distribuídas nos reinos animal e vegetal e entre as bactérias, que desempenham várias funções celulares, inclusive a de regulação. As tiorredoxinas sofrem processos reversíveis de redução e oxidação em dois resíduos de cisteína próximos, formando grupamentos sulfidrila, quando reduzidas (-SH HS-), e pontes dissulfeto, quando oxidadas (-S-S-).

O *sistema ferredoxina/tiorredoxina*, formado pela ferredoxina, pela *ferredoxina-tiorredoxina redutase* (FTR) e pela tiorredoxina, faz parte de um mecanismo geral de regulação enzimática mediado pela luz (Figura 5.32). Nos cloroplastos iluminados, a ferredoxina recebe elétrons diretamente do fotossistema I e, em seguida, reduz as tiorredoxinas. Esta última reação é mediada pela enzima ferredoxina-tiorredoxina redutase. Na sequência, as tiorredoxinas reduzem grupamentos dissulfeto das *enzimas-alvo*, que passam, então, para um estado ativado. No escuro, por meio de um mecanismo ainda desconhecido, essas enzimas voltam ao estado oxidado, tornando-se novamente inativas (Buchanan, 1992).

Fotorrespiração e ciclo C_2

Até o início da década de 1970, alguns fenômenos fotossintéticos representavam verdadeiros enigmas:

1. Desde 1920, a partir dos experimentos de Otto Warburg, sabia-se que a assimilação fotossintética de CO_2 é inibida pelo O_2 (*efeito Warburg*). Como se pode observar na Figura 5.33,

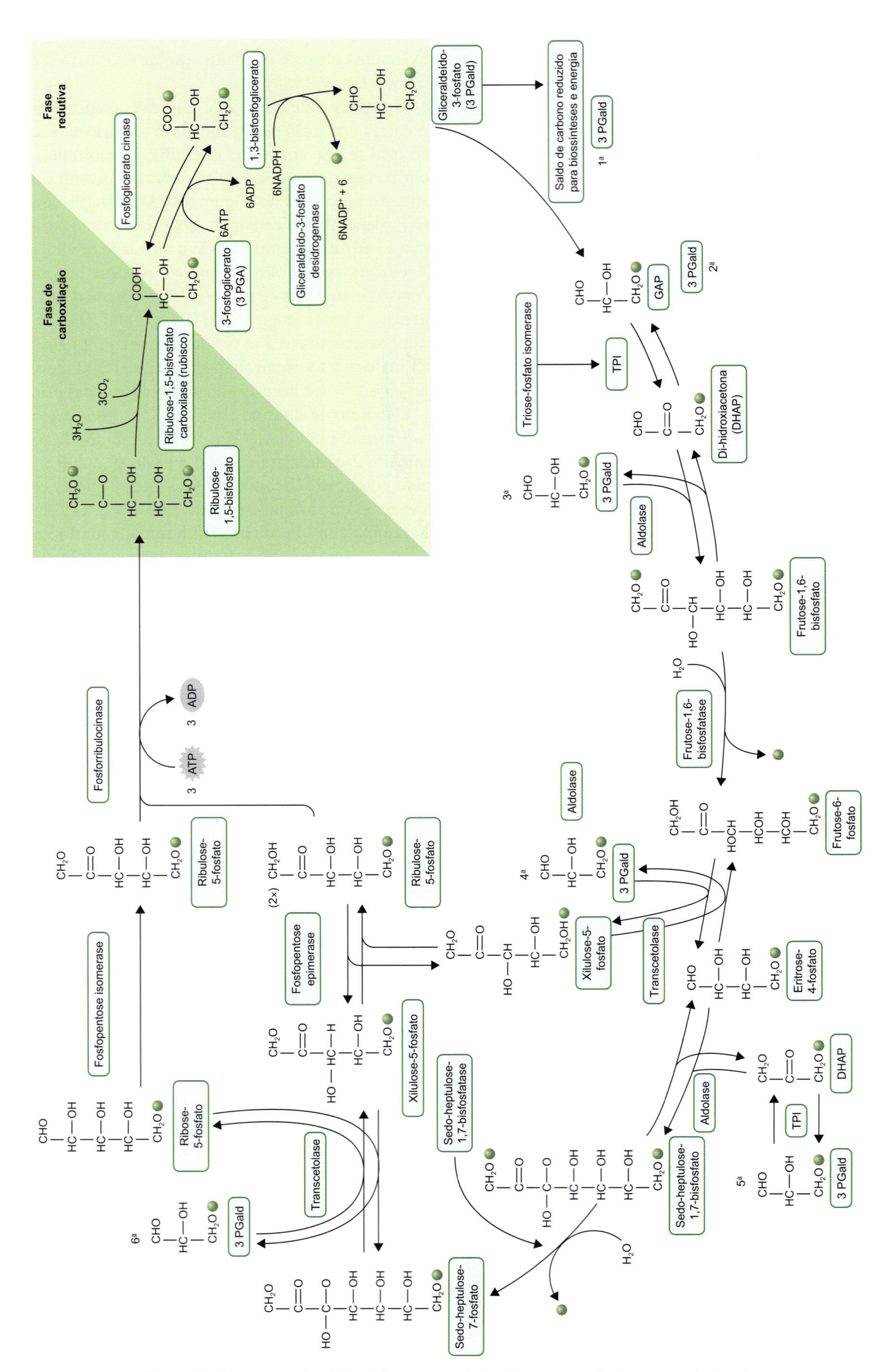

Figura 5.30 Esquema do ciclo de Calvin completo. Adaptada de Buchanan *et al.* (2000).

quanto maior a quantidade de O_2 no meio ambiente, menor a taxa de fotossíntese de plantas com metabolismo C_3. As taxas fotossintéticas são medidas pelo consumo de CO_2. Verificou-se, ainda, que o efeito inibitório do O_2 podia ser atenuado, ou mesmo eliminado, elevando-se a concentração de CO_2 da atmosfera.

2. J. P. Decker (1955), ao estudar a fotossíntese de folhas de tabaco (planta C_3), mantidas em uma câmara selada, observou um aumento na taxa de liberação de CO_2 imediatamente após desligar a iluminação incidente sobre as folhas. Nesse experimento, as folhas eram mantidas iluminadas até que a concentração de CO_2 no interior da câmara se estabilizasse em um valor conhecido como *ponto de compensação de CO_2*. Essa concentração de CO_2 se estabelece no momento em que a taxa de fixação de CO_2 pela fotossíntese se iguala à taxa de liberação de CO_2 pela respiração e fotorrespiração. Decker acompanhou a liberação de CO_2, na transição luz-escuro, verificando que, nos primeiros 2 min de escuro, havia um aumento brusco na liberação de CO_2 seguido de um declínio até valores constantes e que seriam normalmente esperados em condições de escuro em razão da respiração celular. Essa liberação transitória e intensa de CO_2, pós-iluminação, foi interpretada como dependente da luz. Daí a origem do termo *fotorrespiração*, que, dos pontos de vista bioquímico e fisiológico, nada tem a ver com a respiração celular propriamente dita. Os únicos pontos comuns entre os dois processos é que ambos consomem O_2 e dão origem à liberação de CO_2.
3. A origem bioquímica do glicolato gerado durante a fotossíntese.

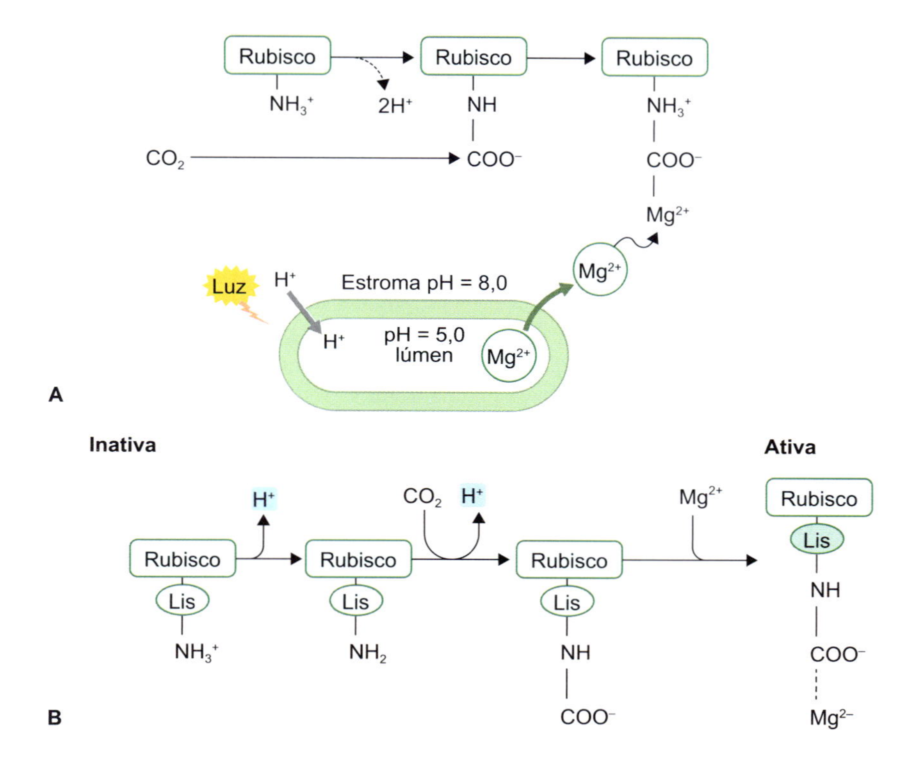

Figura 5.31 Modelo de regulação da rubisco. **A.** A ativação da rubisco é catalisada pela rubisco ativase e favorecida pelo aumento do pH do estroma e da concentração de Mg^{2+} decorrentes do fluxo fotossintético de elétrons nos cloroplastos iluminados. **B.** A rubisco ativase remove a ribulose-1,5-bisfosfato ligada à rubisco inativa e descarbamilada, em uma reação dependente de ATP. A rubisco livre pode então ser ativada por carbamilação ao se ligar ao CO_2 e, a seguir, ao Mg^{2+}. Adaptada de Hopkins (1998).

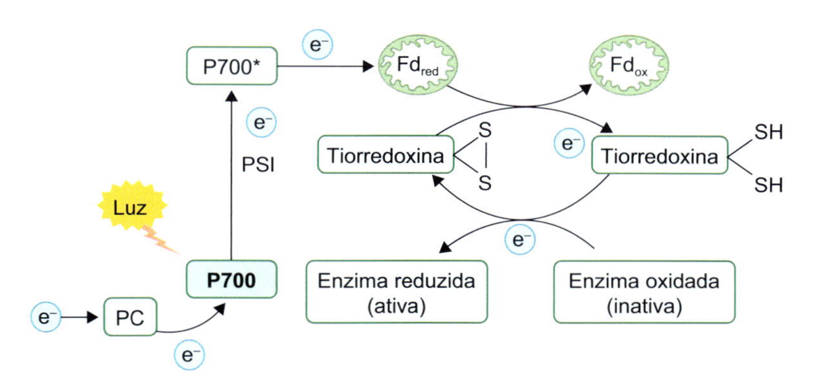

Figura 5.32 Regulação da atividade de enzimas pelo sistema ferredoxina/tiorredoxina. Algumas enzimas do ciclo C_3 são ativadas pela luz por meio desse sistema. Adaptada de Hopkins (1998).

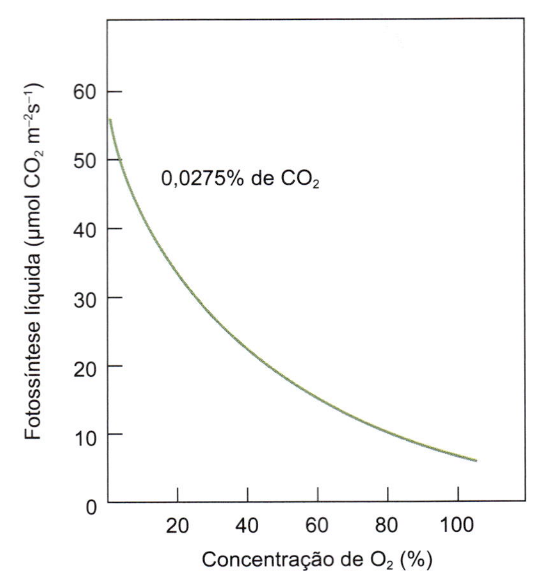

Figura 5.33 Inibição da fotossíntese líquida em plantas de soja (C_3) pelo O_2. Esse efeito inibitório do O_2 sobre a fotossíntese foi observado pela primeira vez em 1920, conhecido como efeito Warburg. A atmosfera atual contém 20,9% de O_2 e 0,036% de CO_2. Adaptada de Salisbury e Ross (1992).

Todos esses fenômenos experimentais, aparentemente independentes, passaram a ser compreendidos e integrados a partir do momento em que W.L. Ogren e G. Bowes, em 1971, demonstraram que a rubisco também tem função *oxigenase* e que o glicolato é formado a partir dessa reação (ver Figura 5.25). Até aquele ano, só se conhecia a função carboxilase da rubisco. Demonstrou-se, então, que o CO_2 e o O_2 moleculares competem pelo sítio ativo da rubisco e pelo mesmo substrato (RuBP). Em condições atmosféricas normais (0,036% de CO_2 e 21% de O_2) e sob temperaturas moderadas (20 a 25°C), a proporção entre as funções carboxilase/oxigenase é de cerca de 3:1, ou seja, de cada quatro reações da rubisco, três são de carboxilação e uma de oxigenase. A diminuição da concentração do O_2 ou aumento da concentração de CO_2 junto ao sítio ativo da rubisco podem reduzir a fotorrespiração em virtude do aumento da função carboxilase em detrimento da função oxigenase. Essa competição entre O_2 e CO_2 explica a inibição da fotossíntese das plantas C_3 sob baixas concentrações de CO_2 ou sob altas concentrações de O_2 (efeito Warburg).

Ciclo C_2

O 2-fosfoglicolato (2 P-glicolato), gerado pela função oxigenase da rubisco, constitui um ponto de partida da *via bioquímica C_2*, que envolve enzimas localizadas em três organelas: cloroplastos, *peroxissomos* e mitocôndrias (Figura 5.34). Uma vez formado, o 2 P-glicolato é rapidamente hidrolisado no estroma dos cloroplastos por uma fosfatase específica denominada *fosfoglicolato fosfatase.* O glicolato é transportado para fora do cloroplasto por meio de um carreador específico, localizado na membrana interna, em troca com o glicerato. Já no interior dos peroxissomos, o glicolato é oxidado a glioxilato e, em seguida, submetido a uma reação de transaminação que o converte no aminoácido *glicina*, conforme representado a seguir:

$$\underset{\text{glicolato}}{CH_2OH-COOH} \longrightarrow \underset{\text{glioxilato}}{CHO-COOH} \qquad [14]$$

$$\underset{\text{glioxilato}}{COH-COOH} \longrightarrow \underset{\text{glicina}}{CH_2NH_2-COOH} \qquad [15]$$

O peróxido de hidrogênio (H_2O_2) gerado na reação de formação do glioxilato é decomposto nos próprios peroxissomos pela enzima catalase. A glicina é transferida para as mitocôndrias, onde duas moléculas de glicina (quatro carbonos) são convertidas em uma molécula do aminoácido *serina* (três carbonos) e em uma molécula de CO_2. Portanto, a fonte imediata do CO_2 liberado na fotorrespiração é a molécula de glicina. Normalmente, as taxas de liberação de CO_2 pela fotorrespiração são aproximadamente cinco vezes maiores do que as taxas do ciclo de Krebs (Leegood *et al.*, 1995).

A formação de serina, a partir de duas moléculas de glicina, se dá por meio de uma série complexa de reações que se processam em duas etapas. Inicialmente, uma molécula de glicina é descarboxilada pela enzima *glicina descarboxilase*, gerando CO_2 e *amônia* (NH_3), com a simultânea transferência de um grupo metílico para uma molécula intermediária denominada *tetraidrofolato.* Na segunda etapa, o grupamento C_x do metilenotetraidrofolato é transferido para uma segunda molécula de glicina, formando uma molécula de serina, em uma reação catalisada pela enzima *serina transidroximetilase.* A serina produzida nas mitocôndrias é então exportada para os peroxissomos, onde é submetida a uma reação de transaminação formando o *hidroxipiruvato.* Este último, pela ação da enzima *hidroxipiruvato redutase*, é reduzido a glicerato.

A última reação do ciclo C_2 dá-se com a entrada do glicerato no interior dos cloroplastos, por meio de um cotransportador da membrana interna dos cloroplastos que faz a troca do glicerato pelo glicolato. O glicerato é fosforilado a 3 PGA pela *glicerato cinase*, sendo então incorporado ao ciclo C_3. Assim, a cada duas moléculas de glicolato geradas pela rubisco, três carbonos retornam ao ciclo C_3 na forma de 3 PGA, enquanto um carbono já reduzido é efetivamente perdido na forma de CO_2. Isso significa que 75% do carbono originalmente incorporado ao 2 P-glicolato é recuperado pela via C_2 por meio da reintegração do 3 PGA ao ciclo C_3.

Algumas algas e bactérias fotossintetizantes excretam quantidades maciças de glicolato para o meio externo quando a disponibilidade de CO_2 é fortemente limitada ou a concentração de oxigênio repentinamente elevada. Tal fenômeno indica que esses organismos têm uma baixa capacidade de metabolizar o glicolato. Experimentalmente, por meio do estudo de mutantes e do uso de inibidores da via fotorrespiratória, já se comprovou que o acúmulo de 2 P-glicolato ou de glicolato é inibitório para a assimilação fotossintética do CO_2. O acúmulo de glicolato, glioxilato ou glicina em plantas mutantes, deficientes em enzimas do ciclo C_2, acarreta a diminuição do estado de ativação da rubisco, provocando o decréscimo da fotossíntese e da própria fotorrespiração. De modo geral, mutações na via fotorrespiratória são letais (Lorimer e Andrews, 1981).

Cabe ainda destacar que a liberação de CO_2, durante a conversão de glicina em serina, é acompanhada da liberação de

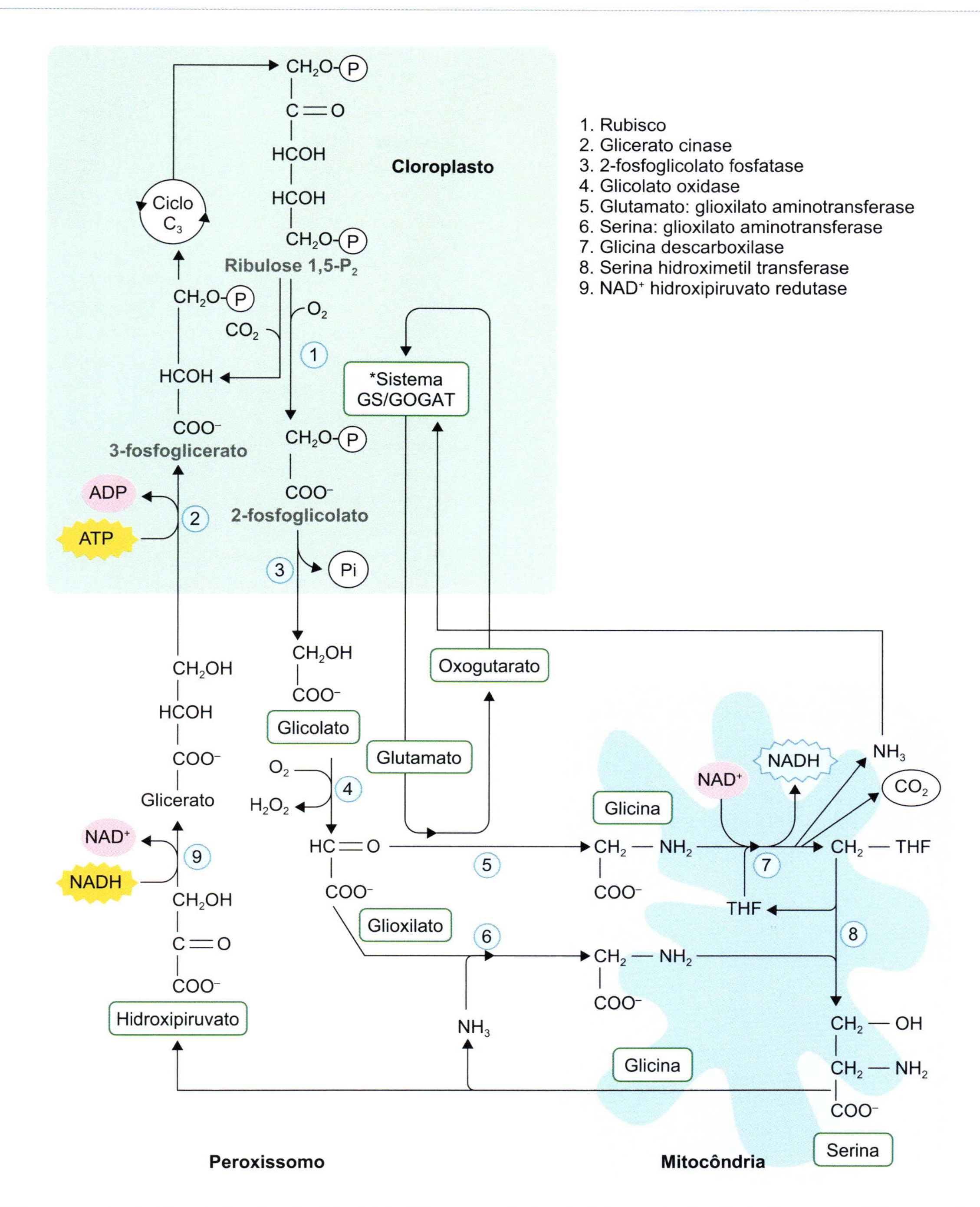

Figura 5.34 Esquema da via bioquímica do glicolato (ciclo C_2), responsável pela fotorrespiração. A via C_2 envolve três organelas: cloroplasto, peroxissomos e mitocôndrias. Adaptada de Buchanan *et al.* (2000). *GS: glutamina sintetase; GOGAT: glutamina oxoglutarato aminotransferase.

quantidades equivalentes de nitrogênio na forma de amônia. Como a NH_3 é tóxica para os tecidos vegetais, as folhas dispõem de um eficiente mecanismo que permite a sua imediata recuperação. Nos cloroplastos, o NH_3 é rapidamente reincorporado em moléculas orgânicas por meio de um sistema enzimático constituído por duas enzimas: a *glutamina sintetase* e a *glutamato sintase*.

Fatores que afetam as taxas de fotorrespiração

As taxas de fotorrespiração são tão dinâmicas quanto as taxas de fotossíntese, sofrendo alterações com a luz, concentração de CO_2 e temperatura. Os principais fatores que influenciam as taxas de fotorrespiração são razão CO_2/O_2 e a temperatura foliar. Conforme já mencionado, a eficiência fotossintética das plantas C_3 é significativamente afetada pela fotorrespiração. Nas condições atmosféricas normais – 0,036% de CO_2 e 21% de O_2 –, a fotorrespiração pode ocasionar uma diminuição na assimilação líquida de carbono de 20 a 50%, dependendo da temperatura.

As taxas de fotorrespiração aumentam à medida que a intensidade luminosa e a temperatura se elevam. A fotorrespiração é favorecida pelo aumento da temperatura foliar porque a solubilidade do CO_2 no meio aquoso tende a diminuir mais rapidamente que a do O_2, à medida que a temperatura foliar aumenta (Tabela 5.2). As mudanças na razão O_2:CO_2 alteram as taxas de fixação de CO_2 e as taxas de fotorrespiração em decorrência do caráter competitivo desses dois substratos pelo sítio ativo da rubisco. Em virtude de seus efeitos sobre as taxas dos ciclos C_2 e C_3, as alterações nas concentrações relativas dos gases O_2:CO_2 podem repercutir significativamente sobre as taxas de crescimento de uma planta, conforme ilustra a Tabela 5.3.

Papel da fotorrespiração

Se a fotorrespiração pode ter repercussões tão negativas para grande parte das espécies vegetais, por que persiste nas espécies vegetais contemporâneas? Por que não foi eliminada por meio de pressões de seleção no curso da evolução? A fotorrespiração é um processo essencial, inevitável ou ambos? As respostas a tais questões ainda são polêmicas e indefinidas, mas um fato incontestável é que a fotorrespiração decorre de um "defeito" da rubisco: a presença da função oxigenase, origem do glicolato. Muitos pesquisadores defendem a hipótese de que a atividade oxigenase é uma consequência inevitável do mecanismo de reação da própria carboxilação.

Não se pode esquecer que, no período inicial da história da Terra, a atmosfera era rica em CO_2 e muito pobre em O_2 (0,02%). À medida que a concentração do O_2 atmosférico foi aumentando, pela própria atividade dos organismos fotossintetizantes, a competição do O_2 pelo sítio ativo da rubisco foi se tornando cada vez mais importante. Como a ameaça representada pela elevação crescente do O_2 atmosférico não foi acompanhada por modificações no funcionamento da rubisco, como oxigenase, mecanismos adequados de eliminação do glicolato tornaram-se necessários. Muitos organismos aquáticos desfosforilam o 2-fosfoglicolato e excretam o glicolato. Nas plantas vasculares, por sua vez, a via C_2 permite a recuperação da maior parte do carbono desviado do ciclo C_3 pela função oxigenase da rubisco. Conforme já se viu, 75% do carbono desviado do ciclo C_3, na forma de glicolato, é reintegrado à via C_3 por intermédio do glicerato gerado pela via C_2 (ver Figura 5.34).

Alguns especialistas atribuem à fotorrespiração um papel importante na proteção das plantas contra a fotoinibição da fotossíntese. A fotorrespiração representaria um dreno consumidor do excesso de ATP e NADPH (ou ferredoxina reduzida) produzidos quando os níveis de radiação são excessivamente elevados. Funcionaria, portanto, como uma "válvula de escape" para a dissipação da energia metabólica excedente. Esse excesso normalmente ocorre em dias ensolarados, durante períodos de seca. Nessas condições, o CO_2 não pode entrar no mesofilo foliar em decorrência do fechamento dos estômatos, limitando o ciclo redutivo C_3, principal processo consumidor da energia fotoquímica. Na ausência da fotorrespiração, o acúmulo exagerado de energia fotoquímica pode resultar em reações de dissipação de energia danosas à estrutura fotoquímica, ou seja, pode ocorrer a fotoxidação de fotossistemas e antenas. Essa hipótese é embasada pela perda de capacidade fotossintética (denominada fotoinibição) que pode ser observada quando plantas são iluminadas na ausência simultânea de O_2 e de CO_2. Além disso, cálculos estequiométricos sobre o consumo de ATP e NADPH durante a operação combinada dos ciclos C_3/C_2 indicam que o consumo de energia aumenta na medida em que a concentração de CO_2 da atmosfera circundante diminui e se aproxima do ponto de compensação de CO_2. Nesse momento, para cada CO_2 fixado, o consumo de energia fotoquímica pelos ciclos C_2/C_3 é aproximadamente três vezes maior que o consumo do ciclo C_3 isoladamente (Lorimer e Andrews, 1981). O aumento das taxas do ciclo de C_2 eleva o consumo de energia para a fixação de CO_2. Durante períodos de deficiência hídrica, o ponto de compensação de CO_2 pode ser rapidamente atingido no interior dos espaços aéreos do mesofilo foliar, enquanto a concentração de O_2 tende a permanecer estabilizada em torno do valor atmosférico de 21%.

Tabela 5.2 Solubilidade do oxigênio e do dióxido de carbono na água em equilíbrio com diferentes temperaturas do ar.

Solubilidade (μM)			
Temperatura (°C)	21% O_2	0,035% CO_2	Razão [O_2/CO_2]
10	348	17	20,5
20	299	13	23
30	230	9	25,5
40	224	8	28

Fonte: Leegood (1993).

Tabela 5.3 Efeito de diferentes concentrações relativas de oxigênio e dióxido de carbono sobre o crescimento de *Mimulus cardinales*, uma planta C_3.

Concentração de CO_2 (ppm)	Aumento da massa seca (mg por planta por 10 dias)	
	21% O_2	2% O_2
110	10	150
320	565	1.076
640	804	1.144

Fonte: Leegood (1993).

Mecanismos fotossintéticos de concentração de CO_2

Em algumas espécies de plantas, a fotorrespiração é tão baixa que não pode ser detectada. Isso não se deve a propriedades diferenciadas da rubisco, mas sim a mecanismos especiais de acumulação de CO_2 nas vizinhanças da enzima. Na presença de concentrações suficientemente elevadas de CO_2, a reação de oxigenase é suprimida. Em plantas vasculares, são conhecidos dois mecanismos concentradores de CO_2 no sítio de carboxilação da rubisco, os quais serão analisados a seguir.

Mecanismo C_4

O mecanismo concentrador de CO_2 das plantas C_4 baseia-se em um ciclo de carboxilação e descarboxilação que se distribui entre dois tipos diferenciados de células fotossintéticas: as células do mesofilo e as células da bainha perivascular (Figura 5.35). As células do mesofilo e da bainha perivascular apresentam notáveis diferenças em suas propriedades bioquímicas, fisiológicas e ultraestruturais. A bioquímica da via C_4 é, portanto, fortemente integrada a adaptações anatômicas especiais, conhecidas em seu conjunto como anatomia do tipo *Kranz* (termo alemão que significa coroa; Figura 5.36). Essa

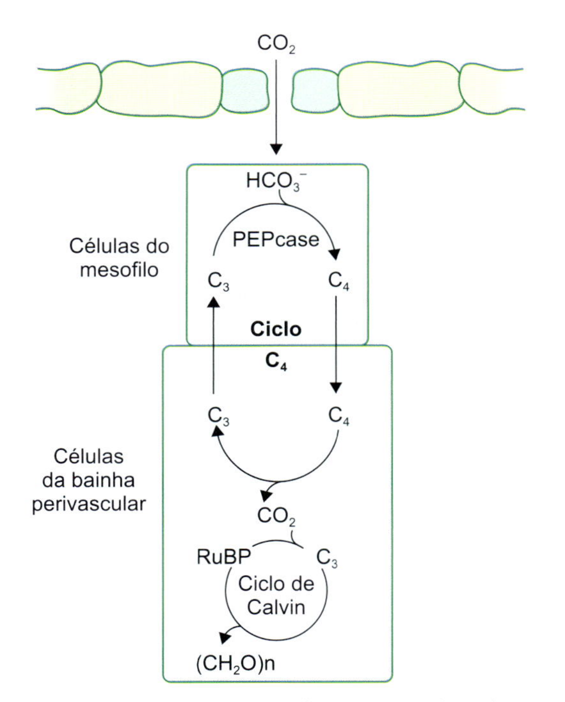

Figura 5.35 O ciclo C_4 de assimilação fotossintética do carbono envolve divisão de tarefas entre dois tipos de células (células do mesofilo e células da bainha perivascular) e quatro etapas: (1) carboxilação do ácido fosfoenolpirúvico (PEP) catalisada pela PEP carboxilase, formando um ácido orgânico de quatro carbonos nas células do mesofilo; (2) transporte do composto de quatro carbonos para as células da bainha perivascular; (3) descarboxilação do composto de quatro carbonos gerando CO_2 e uma molécula orgânica de três carbonos; (4) transporte do ácido orgânico de três carbonos de volta às células do mesofilo e regeneração do PEP. Fonte: Leegood (1993).

anatomia foliar diferenciada tem duas consequências fisiológicas particularmente importantes. A primeira é que o CO_2 pode ser concentrado nas células da bainha perivascular com reduzidas perdas por difusão. As paredes dessas células são espessas e apresentam uma baixa permeabilidade aos gases. A segunda é que a maioria das células do mesofilo se situa imediatamente adjacente a células da bainha perivascular, sendo conectadas por numerosos plasmodesmas. Isso possibilita uma cooperação dinâmica e eficiente entre os dois tipos celulares ao desempenharem as suas tarefas fotossintéticas específicas. Medidas experimentais demonstram que a concentração

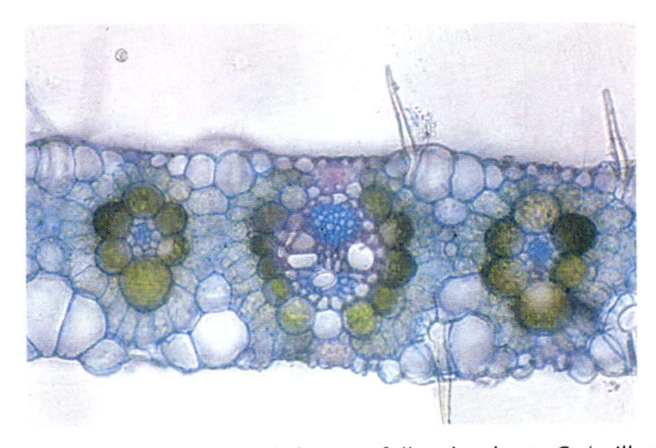

Figura 5.36 Corte transversal de uma folha de planta C_4 (milho), caracterizando a anatomia *Kranz*. Em destaque, as células da bainha perivascular, envolvendo os feixes vasculares, contendo cloroplastos (10×). Imagem cedida pelo Departamento de Botânica da UFRRJ.

de CO_2 nas células da bainha perivascular pode atingir valores 10 vezes superiores aos valores normalmente encontrados na atmosfera (Furbank e Taylor, 1995).

As espécies C_4 são predominantemente tropicais e subtropicais, encontradas em 18 famílias de plantas vasculares (Smith, 1998). Estas incluem culturas importantes, como o milho, o sorgo e a cana-de-açúcar, assim como 8 das 10 piores ervas daninhas do mundo. A tiririca (*Cyperus rotundus*), o capim-colchão (*Digitaria horizontalis*) e o capim-arroz (*Echinochloa colonum*) são exemplos de plantas daninhas com metabolismo C_4. Menos de 1% das angiospermas são plantas C_4, e a maioria das espécies é monocotiledônea, principalmente gramíneas e ciperáceas. Entretanto, mais de 300 espécies C_4 são dicotiledôneas. Pelo menos 11 gêneros incluem espécies C_3 e espécies C_4 (Leegood, 1993).

Supõe-se que as principais forças evolutivas que conduziram ao surgimento das plantas C_4 tenham sido a progressiva redução da concentração do CO_2 atmosférico em combinação com o estresse hídrico e altas temperaturas. Essas condições limitam extremamente a aquisição de CO_2 em plantas com fotossíntese C_3, favorecendo ao máximo a fotorrespiração. As plantas C_4 são especialmente bem adaptadas a condições ambientais nas quais a irradiância e a temperatura são elevadas, apresentando ainda uma boa tolerância ao estresse hídrico (Lawlor, 1987).

O surgimento da via C_4 é um evento relativamente recente na evolução do reino vegetal. Se o tempo de evolução da fotossíntese geradora de O_2 fosse projetado em um intervalo de 24 h, a fotossíntese C_4 teria surgido durante os últimos 30 min. A descoberta de espécies intermediárias C_3–C_4 confirma a hipótese de uma evolução gradual a partir de ancestrais C_3. Outro aspecto importante refere-se ao fato de que a fotossíntese do tipo C_4 se distribui entre diferentes grupos de plantas não relacionados filogeneticamente. Por esse motivo, aceita-se a hipótese de que esse mecanismo tenha evoluído de modo independente diversas vezes. Isso talvez permita explicar as variações bioquímicas que resultaram em diferentes tipos de mecanismo C_4. Essas diferenças são observadas no processo de *descarboxilação*, conforme se verá mais adiante.

Ciclo bioquímico C_4

Na década de 1960, Kortschach, no Havaí, e Hatch e Slack, na Austrália, estudavam a fixação de CO_2 em milho, gramíneas tropicais e em cana-de-açúcar utilizando folhas tratadas com $^{14}CO_2$, em experimentos similares aos realizados pelo grupo do Dr. Calvin. Tais investigações revelaram que, nessas espécies, o primeiro produto estável da fotossíntese era uma molécula de quatro carbonos (oxaloacetato e malato). A reação de carboxilação inicial das plantas C_4 foi descoberta logo em seguida. A enzima *PEP carboxilase* (*PEPcase*) catalisa a carboxilação irreversível do *ácido fosfoenol pirúvico* (*PEP*), tendo como produto o imediato *ácido oxaloacético (AOA)*, conforme indicado a seguir:

$$HCO_3^- + PEP \longrightarrow AOA + Pi \qquad [16]$$

Convém destacar que a PEPcase utiliza carbono na forma de bicarbonato (HCO_3^-), enquanto a rubisco usa o carbono na forma de CO_2. No pH dos fluidos celulares, o CO_2 dissolvido sob a forma de ácido carbônico dissocia-se, formando predominantemente o íon bicarbonato (HCO_3^-). No entanto, a disponibilidade de CO_2 para a rubisco é garantida pela atividade da enzima *anidrase carbônica*, que atua deslocando a reação no sentido da formação de CO_2.

O ciclo C_4 pode ser convenientemente dividido em três fases: uma carboxilativa, uma descarboxilativa e, finalmente, uma regenerativa (Figura 5.37). O CO_2 atmosférico é fixado no citoplasma das células do mesofilo por meio da reação catalisada pela PEPcase (*fase carboxilativa*). Dentro das células do mesofilo, o ácido oxaloacético produzido pela ação PEPcase pode ser metabolizado de duas maneiras (Figura 5.38). Uma envolve a redução do cetoácido a hidroxidoácido, que ocorre nos cloroplastos e é catalisada pela enzima *NADP-malato desidrogenase* (*NADP-MDHase*). A outra via se dá por meio de uma reação citoplasmática mediada por uma *aspartato aminotransferase*. Após a sua formação, malato ou aspartato (quatro carbonos) são exportados para as células da bainha perivascular, onde se submetem a reações de descarboxilação.

Embora a reação de carboxilação seja comum a todas as plantas C_4, variações bioquímicas são encontradas na fase de *descarboxilação*. Trata-se da base da divisão das plantas C_4 em três subgrupos, de acordo com a enzima que catalisa a reação de descarboxilação (Figura 5.39). Plantas como o milho, o sorgo, a cana-de-açúcar e a planta daninha *Digitaria sanguinalis* descarboxilam o malato no interior dos cloroplastos das células da bainha perivascular por meio da *enzima málica dependente de NADP* (equação [17]). Já em *Amaranthus* sp. e em *Panicum miliacium* (milheto), a enzima descarboxiladora dominante é a *enzima málica dependente de NAD* (equação [18]), localizada nas mitocôndrias. No terceiro grupo, no qual se encontram plantas do gênero *Spartina* sp. e o *Panicum maximum*, a descarboxilação é catalisada por uma enzima citoplasmática denominada *PEP carboxicinase* (equação [19]) (Leegood, 1993). Todas as descarboxilases catalisam reações reversíveis, conforme as seguintes equações:

$$\text{MALATO} + \text{NADP}^+ \leftrightarrow \text{PIRUVATO} + CO_2 + \text{NADPH} \quad [17]$$

$$\text{MALATO} + \text{NAD}^+ \leftrightarrow \text{PIRUVATO} + CO_2 + \text{NADH} \quad [18]$$

$$\text{AOA} + \text{ATP} \leftrightarrow \text{PEP} + CO_2 + \text{ADP} \quad [19]$$

Nos cloroplastos das células da bainha vascular, as moléculas de CO_2 geradas pelas reações de descarboxilação são incorporadas ao ciclo de Calvin-Benson (ciclo C_3). O produto de três carbonos resultante retorna às células do mesofilo, onde será utilizado para *regenerar* a molécula primária que reage com o CO_2 atmosférico, o PEP.

Em todos os três subgrupos de plantas C_4, a *regeneração* do PEP, a partir do piruvato, acontece nos cloroplastos das células do mesofilo, por meio de uma reação catalisada pela enzima *piruvato fosfato dicinase:*

$$\text{PIRUVATO} + \text{Pi} + \text{ATP} \longrightarrow \text{PEP} + \text{AMP} + \text{PPi} + \text{H}^+ \quad [20]$$

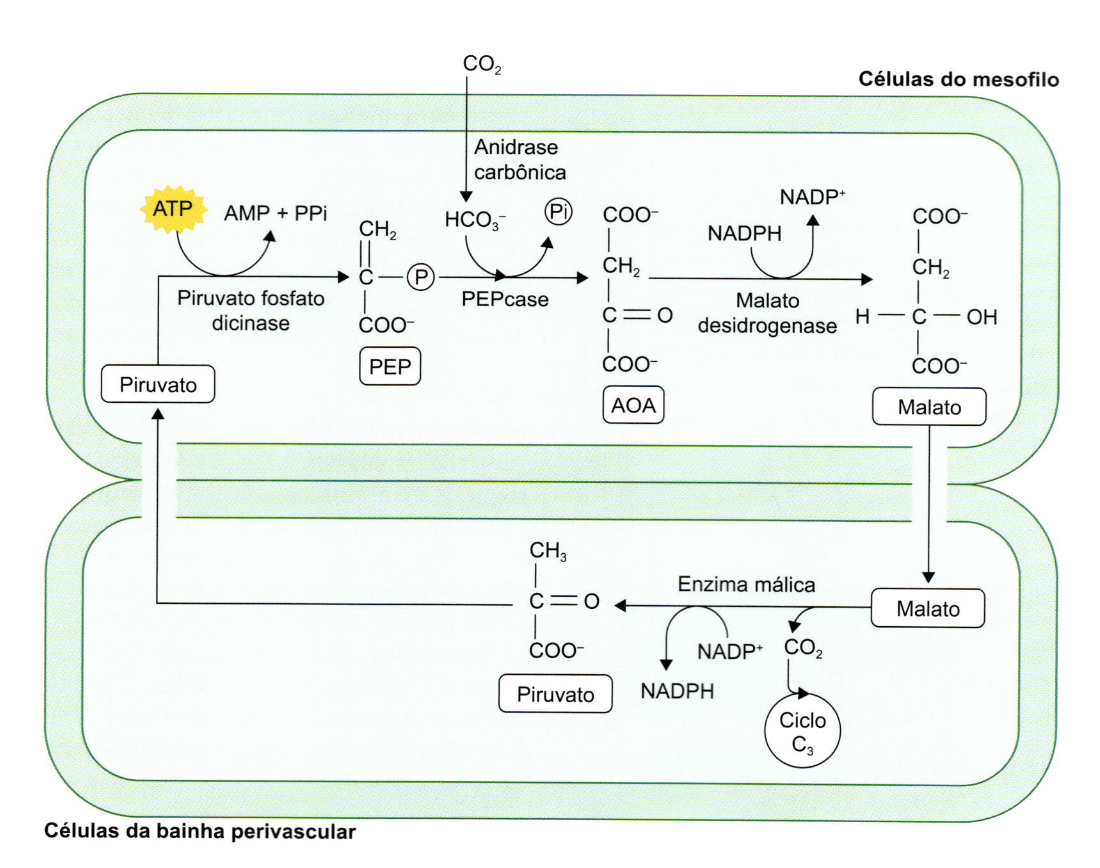

Figura 5.37 A via fotossintética C_4 é responsável pelo "bombeamento" bioquímico do CO_2 da atmosfera para o ciclo de Calvin, que opera nos cloroplastos das células da bainha perivascular. A regeneração de cada molécula de PEP, a partir do piruvato, é catalisada pela piruvato fosfato dicinase e exige o gasto de duas moléculas de ATP.

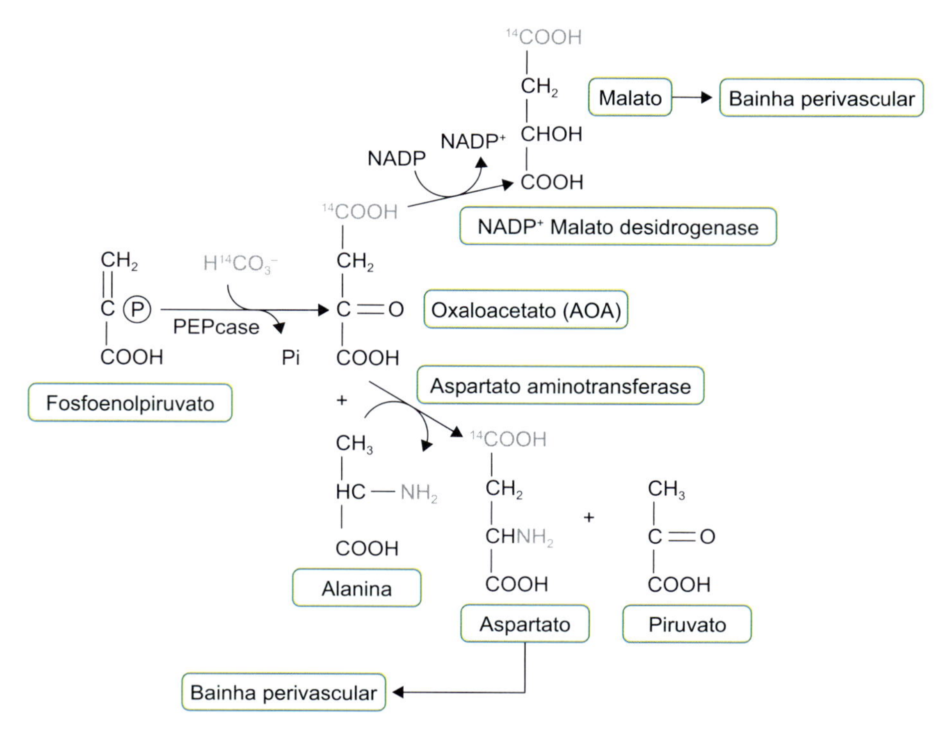

Figura 5.38 O ácido oxaloacético, formado na reação de carboxilação catalisada pela PEPcase, pode ser reduzido a malato ou sofrer uma transaminação, dando origem ao aspartato.

Essa reação é forçada a ocorrer na direção da síntese de PEP em virtude da hidrólise do PPi (pirofosfato) por uma *pirofosfatase* dos cloroplastos:

$$PPi + H_2O + 2\ Pi \qquad [21]$$

Conforme se pode observar na equação [20], a regeneração do PEP, a partir do piruvato, consome duas ligações fosfato do ATP. A manutenção do ciclo C_4 exige, portanto, um gasto adicional de duas moléculas de ATP por molécula de CO_2 fixada. Portanto, nas plantas C_4, o custo energético total de cada molécula de CO_2 fixada, pela ação conjunta dos ciclos C_3 e C_4, é de 5 ATP e 2 NADPH. Consequentemente, a fixação de CO_2 em plantas C_4 apresenta uma exigência quântica (número de fótons) maior que a de uma planta C_3, em condição atmosférica normal.

Regulação do ciclo C_4

A operação do ciclo C_4 exige uma complexa regulação. Além de envolver vários compostos intermediários que transitam entre os dois tipos de células fotossintéticas, o funcionamento do ciclo C_4 precisa ser coordenado com o ciclo C_3.

Da mesma forma que o ciclo C_3, certas enzimas-chave do ciclo C_4 são reguladas pela luz. Além de induzir a expressão de genes envolvidos no ciclo C_4, a luz promove alterações na estrutura das proteínas já sintetizadas, modificando a sua atividade catalítica. A enzima málica dependente de NADP (equação [17]) está sujeita ao controle *redox* pelo sistema tiorredoxina, sendo inativa no escuro. A piruvato fosfato dicinase (equação [20]) é regulada por um mecanismo de fosforilação/desfosforilação catalisado por uma única proteína reguladora. A fosforilação reduz a atividade da enzima, sendo o mecanismo controlado pelos níveis de ATP e Pi (fosforilação) e de AMP e PPi (desfosforilação). A PEP carboxilase é uma enzima *regulada alostericamente* que responde à transição claro/escuro (Leegood, 1993). As propriedades reguladoras da PEPcase serão abordadas mais adiante.

Mecanismo MAC (metabolismo ácido das crassuláceas)

A via MAC (CAM, do inglês *Crassulacean acid metabolism*) é um mecanismo fotossintético concentrador de CO_2 selecionado em resposta à aridez de ambientes terrestres e à limitação na disponibilidade de CO_2 em ambientes aquáticos (Keely, 1998). Períodos de seca podem ocorrer em razão de uma condição climática (desertos, semiáridos), da inconstância no suprimento de água ou, mesmo, da salinidade excessiva em determinado *habitat*. Já a limitação de CO_2, em ambientes aquáticos, deve-se à elevada resistência difusiva da água ao CO_2 (10^4 vezes maior que a da atmosfera) e à competição diurna pelo CO_2 disponível entre os organismos fotossintetizantes aquáticos.

Até o momento, a via MAC foi encontrada em 26 famílias de angiospermas, em 38 espécies de pteridófitas aquáticas pertencentes ao gênero *Isoetes* (Lycophyta), em duas espécies de pteridófitas terrestres (epífitas) e em uma família de gimnosperma. Pesquisas em curso indicam que todas as espécies aquáticas do gênero *Isoetes* seriam MAC. Assim, estima-se que 6% da flora aquática e 8% das espécies terrestres apresentem metabolismo MAC (Keeley, 1998).

Provavelmente, todas as espécies de cactáceas e de crassuláceas apresentam metabolismo MAC, exclusivamente. Nas outras famílias, são encontradas espécies C_3, MAC obrigatórias e facultativas. As plantas MAC facultativas são aquelas

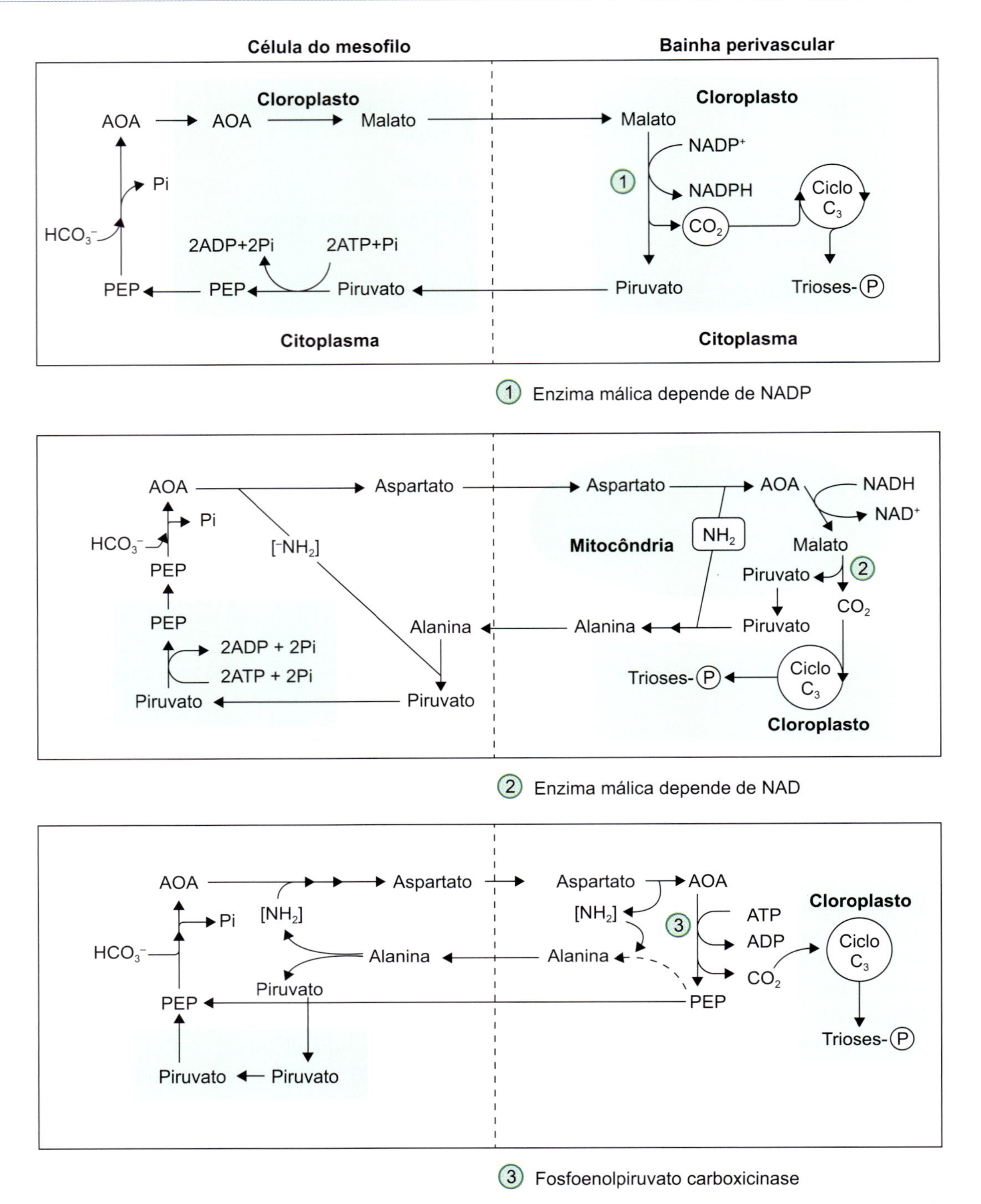

Figura 5.39 Esquema das três vias de descarboxilação de moléculas C_4 nas células da bainha perivascular. O CO_2 liberado é imediatamente fixado pela rubisco.

que apresentam o metabolismo MAC em determinadas condições ambientais. Em condições favoráveis, as MAC facultativas apresentam metabolismo do tipo C_3. Bromeliáceas e orquidáceas epífitas de ecossistemas áridos ou de florestas tropicais apresentam numerosos representantes com metabolismo MAC. Cerca de 50% das plantas MAC conhecidas são epífitas. O abacaxi (bromeliácea) e o agave são exemplos de plantas cultivadas com metabolismo MAC. A ampla distribuição taxonômica e ecológica das plantas MAC sugere que esse mecanismo também teria surgido muitas vezes no curso da evolução (Leegood, 1993).

Via bioquímica MAC

As plantas MAC se caracterizam pela fixação maciça de CO_2 no período noturno. O mecanismo MAC fundamenta-se em um processo de *carboxilação* (noturna) seguido de uma *etapa de descarboxilação* (diurna), esta última responsável pelo suprimento de CO_2 para o ciclo C_3. As espécies MAC terrestres abrem os estômatos durante a noite e os mantêm fechados durante o dia, contrariamente ao que ocorre com a maioria das plantas terrestres.

A fixação noturna do CO_2 também é catalisada por uma isoforma da PEPcase. O CO_2 fixado é acumulado nos vacúolos na forma de malato (Figura 5.40). Por esse motivo, durante a noite, a acidez celular aumenta progressivamente. Durante o dia, os estômatos se fecham, mas o CO_2 para o ciclo C_3 passa a ser fornecido pela descarboxilação do malato. Ao longo do dia, por causa do consumo do malato, o pH dos vacúolos das células fotossintéticas aumenta progressivamente. À noite, o amido é hidrolisado para a geração de PEP, acumulando-se durante o dia como produto da fotossíntese e da descarboxilação do malato.

Deve-se ressaltar que o mecanismo bioquímico de carboxilação das plantas MAC e C_4 é o mesmo, diferenciando-se quanto à sua regulação. Nas plantas C_4, há uma separação espacial (anatômica) entre a carboxilação pela PEPcase e o ciclo C_3, processos que transcorrem simultaneamente. Já nas plantas MAC, a separação desses eventos é apenas temporal, ocorrendo na mesma célula fotossintética. A fixação do CO_2 atmosférico pela PEPcase se processa à noite, enquanto a fixação de CO_2 pelo ciclo de C_3 se dá durante o dia.

Mecanismo MAC e sobrevivência das plantas

O mecanismo MAC aumenta extraordinariamente a *eficiência de uso da água* (EUA), sendo encontrado em plantas adaptadas a ambientes áridos ou sujeitos ao suprimento de água apenas periódico. A fixação noturna de CO_2 tem como resultado a diminuição da perda de água porque a diferença de pressão de vapor de água entre as folhas e a atmosfera atinge valores mínimos durante a noite. Em regiões desérticas, as diferenças entre as temperaturas diurnas e noturnas são enormes, podendo atingir 20°C. Ao mesmo tempo, elevadas concentrações de CO_2 no mesofilo foliar de plantas MAC, durante uma parte do período diurno (1%), minimizam a fotorrespiração.

Outra característica impressionante das plantas MAC consiste em sua extrema flexibilidade metabólica. Em várias espécies, a fotossíntese C_3 ou MAC pode ser induzida por mudanças nas condições ambientais. Um cenário de seca ou o aumento da salinidade induzem o metabolismo MAC em muitas espécies facultativas.

A continuidade da seca por um tempo prolongado pode levar a um fechamento completo dos estômatos. Nessa situação extrema, embora as plantas não apresentem nenhuma troca gasosa com a atmosfera, o seu conteúdo de ácidos orgânicos continua a flutuar ao longo do dia. Isso reflete a reciclagem interna do CO_2 gerado pela respiração e a fotorrespiração. Tal reciclagem de CO_2, além de garantir a sobrevivência em condições extremamente secas, evita a fotoinibição e permite que a planta responda imediatamente ao retorno da disponibilidade de água (Leegood, 1993).

Já entre as plantas aquáticas, o mecanismo MAC possibilita a sobrevivência em ambientes densamente ocupados por fitoplâncton, algas ou outras plantas aquáticas. Nesses ambientes aquáticos, a disponibilidade de CO_2 é extremamente limitante durante o período diurno. A grande vantagem das plantas dotadas de mecanismo MAC é sua capacidade de utilizar o CO_2 liberado pela respiração noturna de outras plantas e animais que ocupam o seu *habitat.*

Algumas espécies anfíbias conseguem exibir metabolismo MAC enquanto o desenvolvimento se dá sob a água. No entanto, diante da exposição ao ambiente aéreo, os tecidos fotossintéticos, em contato com a atmosfera, passam a apresentar, exclusivamente, a via C_3. A mesma planta pode, portanto, apresentar simultaneamente as vias MAC e C_3. Em outras espécies, os metabolismos C_3 e MAC se sucedem ao longo do ciclo de vida da planta (Keeley, 1998).

PEP carboxilase

A PEP carboxilase é uma enzima citosólica que se distribui universalmente em todas as células vegetais. Porém, nas plantas C_4 e MAC, a PEPcase assume um papel destacado e especial na fotossíntese. Nas folhas das plantas C_4, a *atividade*

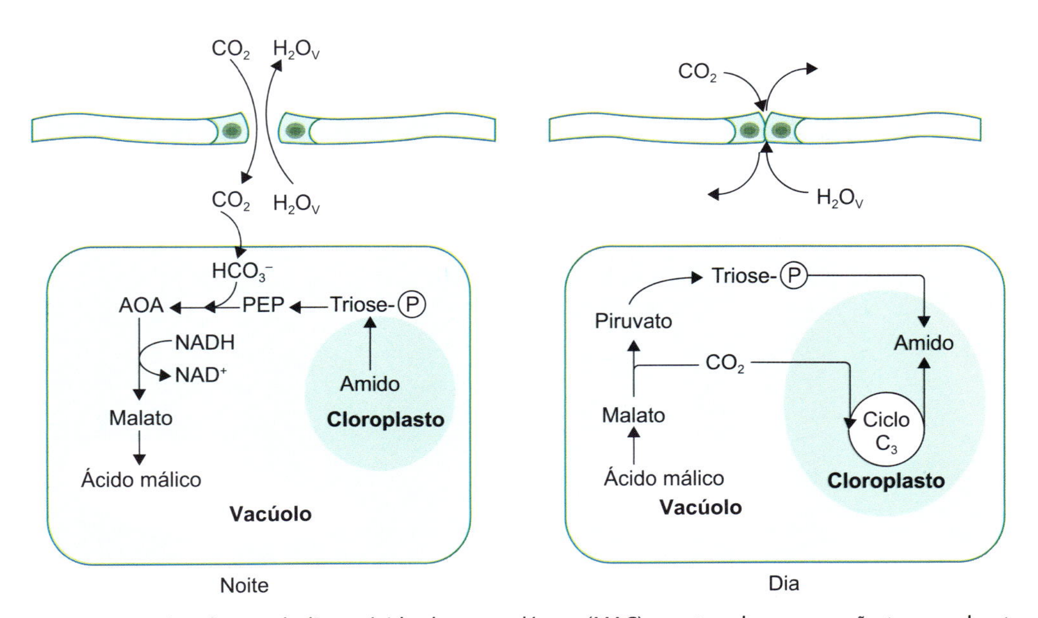

Figura 5.40 Esquema representativo do metabolismo ácido das crassuláceas (MAC), mostrando a separação temporal entre a fixação do CO_2 atmosférico pela PEP carboxilase (noturna) e a fixação de CO_2 pelo ciclo de Calvin (diurna). A fixação noturna de CO_2 leva ao acúmulo de malato no vacúolo. Durante o dia, o malato é descarboxilado, fornecendo CO_2 para o ciclo de Calvin. Adaptada de Leegood (1983).

da PEPcase pode atingir valores *centenas de vezes maiores* que aqueles encontrados nas folhas das plantas C_3 ou nos demais tecidos da própria planta C_4. Como várias outras enzimas, a PEPcase se dá sob a forma de várias isoenzimas, cada uma delas codificada por um gene diferente e sujeita a uma regulação diferenciada (Leegood, 1993).

Uma característica crucial da PEPcase, quando comparada à rubisco, refere-se ao fato de que essa enzima atua apenas como carboxilase. Além disso, a afinidade da PEPcase pelo HCO_3^- é mais elevada que a afinidade da rubisco pelo CO_2. Enquanto o Km(CO_2) da rubisco das plantas C_3 se situa na faixa de 15 a 25 μM, o Km(HCO_3^-) da PEPcase situa-se em torno de 8 μM (Moroney e Somanchi, 1999), ou seja, a PEPcase é uma enzima carboxilativa mais eficiente que a rubisco, podendo carboxilar ainda que a disponibilidade de CO_2 seja muito baixa, o que não acontece com a rubisco.

Regulação da PEPcase

A PEPcase é uma enzima alostérica sujeita a *ativação* pela glicose-6-fosfato, pelas trioses-P, e a *inibição* pelo L-malato. Essas características indicam que flutuações na concentração desses compostos no citoplasma regulam a atividade da PEPcase. Nas plantas C_4, a PEPcase também é regulada pela transição luz-escuro. O mecanismo de modulação da PEPcase pela luz envolve modificações das enzimas que afetam, principalmente, as suas propriedades alostéricas. Quando há luz, a PEPcase das plantas C_4 é *fosforilada* pela ação catalítica de uma enzima *cinase* solúvel. A fosforilação torna a PEPcase menos sensível ao efeito inibitório do malato e, portanto, mais ativa durante o período diurno (Cholet *et al.*, 1996). No caso das plantas MAC, o grau de fosforilação da PEPcase é, portanto, a sensibilidade ao malato; é controlado pelo ritmo circadiano endógeno das plantas, e não pela luz. Estudos sobre a variação da atividade diária da PEPcase, extraída da planta MAC *Bryophyllum*, mostraram que a PEPcase é 10 vezes mais sensível ao malato durante o período luminoso que quando extraída das plantas durante o período escuro. Verificou-se, ainda, que, ao contrário das plantas C_4, a forma noturna era fosforilada e que a diurna era desfosforilada (Figura 5.41; Nimmo *et al.*, 1995).

De modo generalizado, enquanto a fosforilação reversível de proteínas é catalisada por vários tipos de proteína-cinase, a desfosforilação o é por *fosfatases*. O estado de fosforilação de uma proteína *in vivo* depende, assim, do balanço entre as atividades de cinases e fosfatases, podendo ser regulado por mudanças na atividade de ambas as enzimas ou na atividade apenas de uma delas (cinase ou fosfatase). Em *Bryophyllum*, o principal fator determinante do estado de fosforilação da PEPcase é a variação da atividade de uma cinase específica. Nessa planta MAC, tanto a luz quanto temperaturas elevadas promovem o desaparecimento da PEP cinase, resultando na redução da atividade da PEPcase no período diurno (Nimmo *et al.*, 1995).

Destino dos produtos da fotossíntese

Em todas as plantas, a maior parte do carbono fixado na fotossíntese é utilizada para a formação de carboidratos, principalmente *sacarose* e *amido*, os produtos mais estáveis do processo fotossintético (ver Figura 5.24).

Os carboidratos são moléculas extremamente importantes para as plantas. Além de fornecerem energia para o processo respiratório e esqueletos de carbono para a síntese das demais

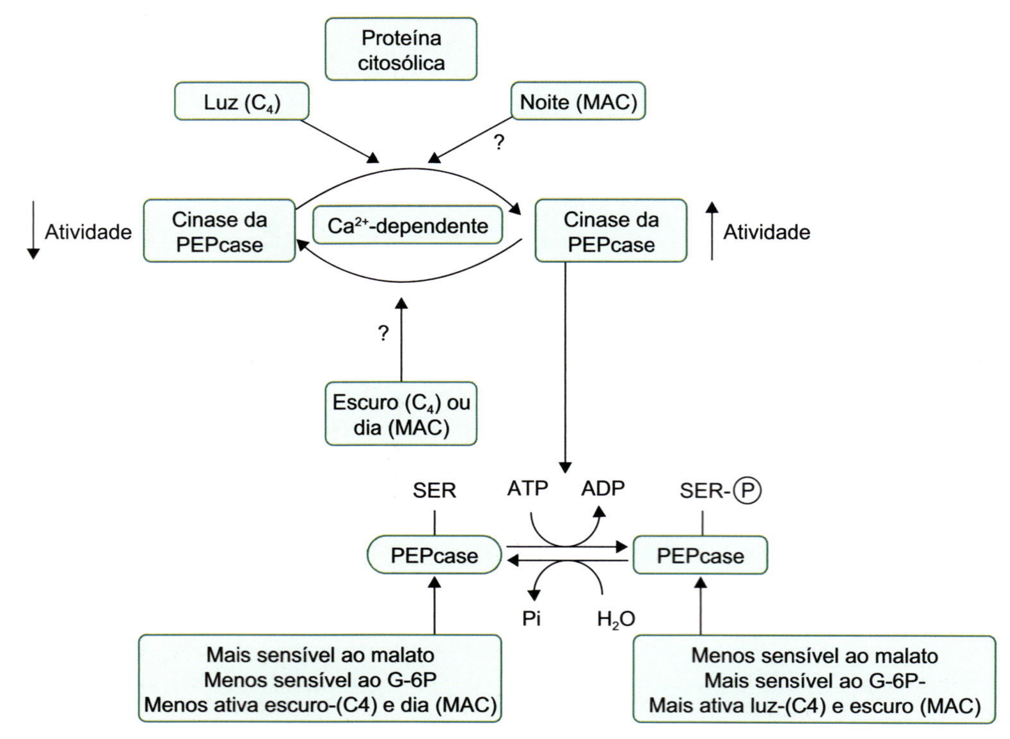

Figura 5.41 Modelo de mecanismo molecular proposto para a regulação da atividade da PEP carboxilase em plantas C_4 (diurna) e MAC (noturna). A luz em plantas C_4 e um sinal noturno ainda desconhecido em plantas MAC ativam uma cinase da PEP carboxilase. Essa cinase, ao fosforilar a PEP carboxilase, aumenta a sua atividade. Adaptada de Cholet *et al.* (1996).

biomoléculas, os carboidratos constituem um importante componente estrutural do organismo das plantas. A maior parte da matéria seca das plantas é formada por constituintes da parede celular, majoritariamente formada, por sua vez, por celulose, um polímero de glicose. Entretanto, é importante destacar que uma parte da energia luminosa absorvida pelos cloroplastos é diretamente utilizada em outros processos bioquímicos, como a assimilação de NO_3^- e SO_4^- e a biossíntese de aminoácidos (ver Figura 5.4).

Parte dos carboidratos gerados na fotossíntese (*fotoassimilados*) é utilizada para satisfazer às necessidades biossintéticas das células foliares, fluindo para o metabolismo respiratório, para o metabolismo do nitrogênio e outras biossínteses. A parcela excedente de carboidratos pode ser exportada das células fotossintéticas na forma de sacarose ou armazenada no próprio cloroplasto na forma de amido (Figura 5.42). O destino do carbono nos tecidos fotossintéticos depende, portanto, do estágio de desenvolvimento foliar. Folhas imaturas retêm grande parte dos fotoassimilados para a síntese de seus constituintes celulares (lipídios, ácidos nucleicos, aminoácidos, proteínas, celulose etc.), podendo inclusive importar fotoassimilados de outras partes da planta. Em folhas maduras, ao contrário, grande parte dos fotoassimilados é exportada pelo floema para outras regiões da planta (fontes).

Durante o período luminoso, o amido acumula-se no estroma dos cloroplastos na forma de grânulos, ao passo que, durante a noite, o amido é remobilizado e consumido na respiração. Na maioria das plantas, a sacarose é a principal forma de transporte e distribuição dos fotoassimilados para as regiões consumidoras (drenos), representadas pelas raízes, pelos ápices caulinares, pelas folhas imaturas e pelos órgãos de reserva em formação (frutos, sementes, tubérculos). A sacarose é sintetizada no citosol das células fotossintéticas. Algumas plantas, como a soja, o espinafre e o tabaco, armazenam o excesso de fotoassimilados como amido nos cloroplastos. Contudo, plantas como o milho, a aveia e a cevada armazenam, temporariamente, grande parte dos carboidratos excedentes no interior dos vacúolos na forma de sacarose, acumulando pouco amido. Na cana-de-açúcar e na beterraba, a sacarose constitui uma reserva a longo prazo.

Síntese de amido nos cloroplastos

O amido é o principal carboidrato de reserva das plantas vasculares, existindo em duas formas – amilose e amilopectina (Figura 5.42 A). A *amilose* é um polímero linear da glicose gerado pela ligação entre o primeiro e o quarto carbonos de duas moléculas de glicose (ligação a-1,4). A *amilopectina* é semelhante à amilose, mas apresenta ligações do tipo a-1,6 a cada 24 a 30 resíduos de glicose, o que origina uma molécula ramificada.

A acumulação de amido nas folhas é um processo dinâmico. Quando a velocidade de síntese de açúcares-fosfato, nos cloroplastos, excede a sua capacidade de exportação para o citoplasma, a síntese do amido se intensifica. A frutose-6-fosfato (Fru-6-F) é o composto intermediário do ciclo C_3 que dá início à síntese de amido nas células fotossintéticas. Atuando sucessivamente, as enzimas glicose-6-fosfato isomerase (equação [22]) e fosfoglicomutase (equação [23]) interconvertem a Fru-6-F em glicose-6-fosfato (Gli-6-F), e esta última, em glicose-1-fosfato (Gli-1-F), molécula precursora da síntese do amido (Figura 5.43).

$$\text{Fru-6-F} \leftrightarrow \text{Gli-6-F} \qquad [22]$$

$$\text{Gli-6-F} \leftrightarrow \text{Gli-1-F} \qquad [23]$$

Nas células fotossintéticas, a rota predominante na síntese de amido é a constituída pela via que utiliza a *ADP-glicose (ADPGli)*, proveniente da Gli-1-F. A via de síntese de amido envolve três reações enzimáticas, catalisadas pela *ADP-glicose pirofosforilase* (equação [24]) (também chamada de *ADP-glicose sintase*), pela *amido sintase* (equação [25]) e uma *pirofosforilase* (equação [26]), conforme indicado a seguir, respectivamente:

$$\text{Gli-1-F} + \text{ATP} \leftrightarrow \text{ADPGli} + \text{PPi} \qquad [24]$$

$$\text{ADPGli} + (\text{alfaglucano})_n \rightarrow \text{ADP} + (\text{alfaglucano})_{n+1} \qquad [25]$$

$$\text{PPi} + H_2O \rightarrow 2\ \text{Pi} \qquad [26]$$

A ADP-glicose pirofosforilase (equação [24]) catalisa a síntese de ADPGli e PPi a partir da Gli-1-F e ATP. Estudos conduzidos em diferentes espécies revelam que a ADP-glicose pirofosforilase é uma enzima reguladora chave da síntese de amido, sendo alostericamente *ativada* pelo ácido 3-fosfoglicérico (3 PGA) e *inibida* pelo fosfato inorgânico (Pi). Dependendo da espécie e do pH, o 3 PGA pode aumentar a atividade da ADP-glicose pirofosforilase entre 5 e 100 vezes. Uma taxa de fotossíntese intensa eleva os níveis de 3 PGA e diminui as concentrações de Pi nos cloroplastos em virtude da fotofosforilação. Assim, a elevação da razão 3 PGA/Pi, nos momentos de intensa fotossíntese, ativa a ADP-glicose pirofosforilase, canalizando os crescentes níveis de açúcares-fosfato em direção à síntese de amido. A pirofosforilase (equação [26]) favorece a síntese de amido porque desloca o equilíbrio da reação catalisada pela ADP-glicose pirofosforilase no sentido da síntese de ADPGli. Em resumo, o metabolismo do amido é governado pelas concentrações de metabólitos no interior dos cloroplastos (níveis de 3 PGA e Pi), sendo, assim, diretamente dependente das taxas de fotossíntese.

Síntese de sacarose no citoplasma

A sacarose é um dissacarídio constituído por um resíduo de glicose e um resíduo de frutose (ligação alfa-1,2; Figura 5.42 B). Nos tecidos fotossintéticos, a sacarose deriva das trioses-fosfato sintetizadas no ciclo C_3 e exportadas do cloroplasto para o citoplasma por um *transportador de Pi/triose-P* (ver Figuras 5.24 e 5.43). No citoplasma, as trioses-P (di-hidroxiacetona – DHAP e gliceraldeído-3-fosfato – 3 PGald) são convertidas em frutose-1,6-bisfosfato (Fru-1,6P_2) pela ação da Fru-1,6F_2 aldolase (equação [27]). Na sequência, a Fru-1,6P_2 é hidrolisada pela enzima *frutose-1,6-bisfosfatase* (equação [28]) (*FBPase*), originando a *frutose-6-P* (*Fru-6P*). Esta última molécula pode ser convertida em glicose-6-fosfato (Gli-6P) por uma *fosfoglicoisomerase* (equação [29]) e, a seguir, em glicose-1-fosfato (Gli-1P) por uma *fosfoglicomutase* (equação [30]). A glicose-1P é utilizada para formar *UDP-glicose* (equação [31]). A síntese de sacarose-fosfato, por sua vez, é catalisada

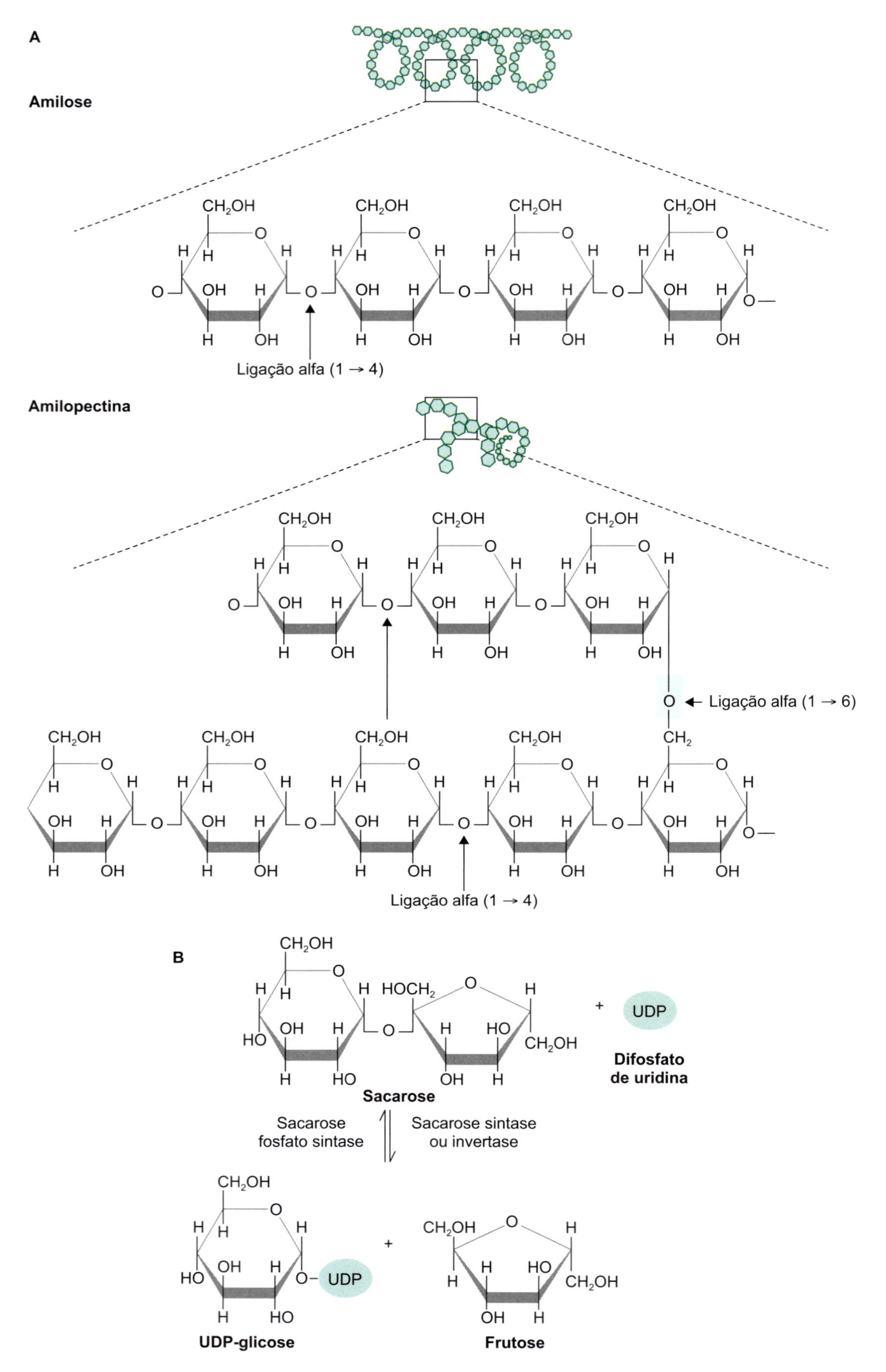

Figura 5.42 Estrutura da molécula do amido (**A**) e da sacarose (**B**).

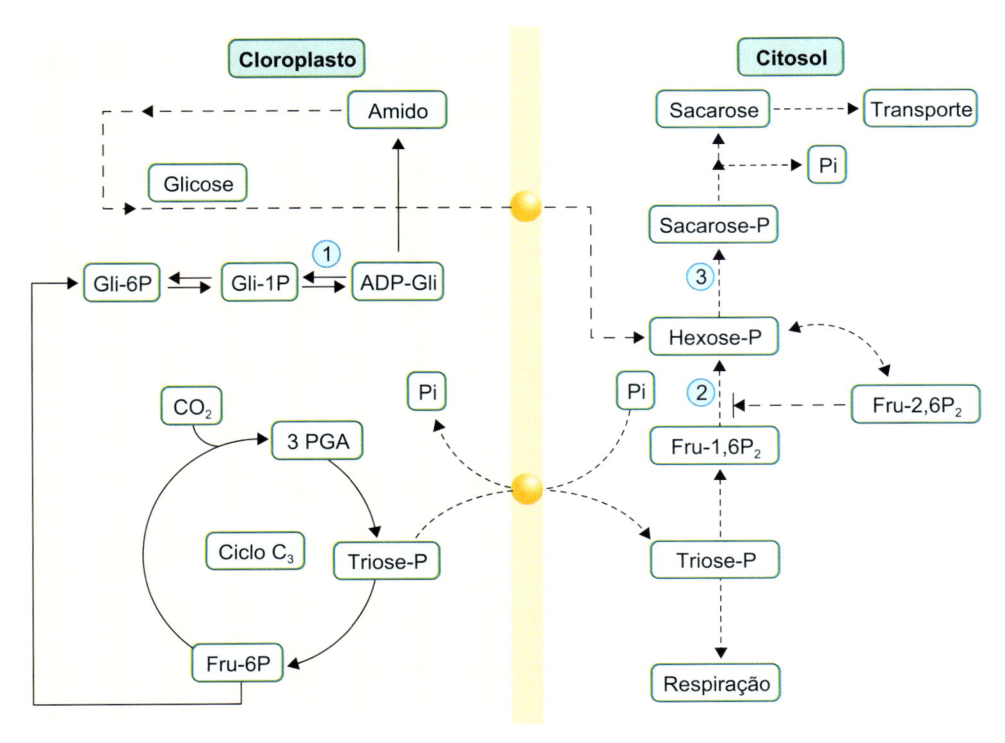

Figura 5.43 Diagrama do fluxo de carbono nas células fotossintéticas. As linhas sólidas indicam as reações que ocorrem no período luminoso, e as linhas pontilhadas, aaquelas que acontecem predominantemente no escuro. As linhas tracejadas indicam os processos que ocorrem ao longo de 24 h. **1.** ADP-glicose pirofosforilase. **2.** Frutose-1,6-bisfosfatase. **3.** Sacarose fosfato sintase (SPS).

pela enzima *sacarose-fosfato sintase* (*SPS*), tendo como substratos a UDP-glicose e a Fru-6P (equação [32]). Ao ser formada, a sacarose-fosfato é hidrolisada pela *sacarose-fosfato fosfatase*, gerando sacarose e Pi (equação [33]). A sacarose é então transferida para o floema e transportada das folhas para os órgãos-dreno (Maffei, 1999).

$$\text{DHAP} + 3\ \text{PGald} \leftrightarrow \text{Fru-1,6P}_2 \quad [27]$$

$$\text{Fru-1,6P}_2 + \text{H}_2\text{O} \rightarrow \text{Fru-6P} + \text{Pi} \quad [28]$$

$$\text{Fru-6P} \leftrightarrow \text{Gli-6P} \quad [29]$$

$$\text{Gli-6P} \leftrightarrow \text{Gli-1P} \quad [30]$$

$$\text{Gli-1P} + \text{UTP} \leftrightarrow \text{UDP-glicose} + \text{PPi} \quad [31]$$

$$\text{UDP-glicose} + \text{Fru-6P} \leftrightarrow \text{SACAROSE-P} + \text{UTP} \quad [32]$$

$$\text{SACAROSE-P} + \text{H}_2\text{O} \rightarrow \text{SACAROSE} + \text{Pi} \quad [33]$$

A síntese de sacarose é controlada de modo mais independente das taxas fotossintéticas que a síntese do amido. Diferentes estudos têm mostrado que a síntese de amido pode ser afetada por alterações na síntese de sacarose, enquanto o inverso não é necessariamente verdadeiro. A regulação da síntese de sacarose nos tecidos fotossintéticos deve ser sincronizada com a permanente, mas variável, exportação de assimilados. Entretanto, o controle da síntese de sacarose também é essencial para a manutenção da própria eficiência fotossintética. Se, em razão das demandas do crescimento, a síntese de sacarose excedesse a taxa de assimilação de CO_2, o consumo de trioses-P reduziria a disponibilidade de compostos intermediários no ciclo C_3. Tal situação poderia comprometer a capacidade de regeneração da RuBP, inibindo seriamente a fotossíntese. Diversos mecanismos reguladores da síntese de sacarose são conhecidos, atuando principalmente sobre a FBPase (equação [28]) e sobre a SPS (equação [32]).

A FBPase citosólica catalisa a primeira reação irreversível da via de síntese da sacarose, sendo intensamente inibida por uma molécula sinalizadora específica denominada *frutose-2,6-bisfosfato*, um análogo do seu substrato natural, a frutose-1,6-bisfosfato. A FBPase exerce um papel fundamental no controle da alocação de carbono entre a sacarose e o amido, conforme se verá adiante.

A SPS determina a capacidade máxima de síntese de sacarose nas células fotossintéticas. A atividade dessa enzima está sujeita a um mecanismo de controle "fino" e a um mecanismo de controle "grosseiro". O controle fino é constituído pela modulação alostérica executada por efetores metabólicos que modificam as propriedades cinéticas da enzima. Enquanto a glicose-6P ativa a SPS, o fosfato inorgânico (Pi) atua como inibidor. O controle grosseiro da SPS decorre de um mecanismo de fosforilação/desfosforilação da SPS conduzido por cinases e fosfatases. A fosforilação da SPS reduz a atividade da enzima por torná-la mais sensível ao efeito inibitório do Pi.

Vários fatores ambientais e metabólicos influenciam a atividade da SPS, destacando-se a luz, a disponibilidade de CO_2, a nutrição nitrogenada e o acúmulo de carboidratos. O processo de fosforilação/desfosforilação da SPS é responsável pela modulação da enzima na transição claro/escuro e durante o processo de coordenação entre o metabolismo do carbono e do nitrogênio. A SPS é um ponto de controle importante na alocação de carbono entre a síntese de sacarose (metabolismo do carbono) e a síntese de aminoácidos (metabolismo do nitrogênio; Foyer *et al.*, 1995).

Controle da alocação de carbono entre sacarose e amido

A regulação da FBPase representa um fator crítico na alocação de carbono entre sacarose e amido, apresentando aspectos bastante peculiares. Enquanto a Fru-1,6P, substrato da FBPase, ocorre em concentrações celulares que variam entre 1 e 10 mM, a Fru-2,6P, molécula reguladora, não supera 10 μM. A Fru-2,6P é um potente inibidor da FBPase. Isso significa que pequenas oscilações na concentração da Fru-2,6P têm repercussões significativas sobre a atividade da FBPase e, consequentemente, sobre o fluxo de carbono em direção à síntese de sacarose (Maffei, 1999).

A concentração da Fru-2,6P é dependente da ação de uma cinase e de uma fosfatase específicas. A cinase fosforila a Fru-6P na posição 2, enquanto a fosfatase catalisa a remoção do grupo fosfato da posição 2, gerando novamente Fru-6P (ver Figura 5.42). A cinase é intensamente ativada pelo Pi e pela Fru-6P e fortemente inibida pela di-hidroxiacetona e pelo 3 PGA. Os mesmos ativadores da cinase são potentes inibidores da fosfatase. A intensa atividade do transportador Pi/triose-P, decorrente de uma elevada taxa de assimilação de CO_2, eleva a concentração de trioses-P e diminui a concentração de Pi no citoplasma. Tal condição inibe a cinase e favorece a ação da fosfatase que atua sobre a Fru-2,6P, diminuindo a sua concentração e, assim, aumentando a atividade da FBPase. De modo inverso, quando a taxa de fotossíntese diminui, os níveis citoplasmáticos de trioses-P se reduzem, enquanto os níveis de Pi se elevam, promovendo a síntese de Fru-2,6P e a inibição da FBPase, tendo como resultado a diminuição da síntese de sacarose. Nas células fotossintéticas, o controle do fluxo de trioses-P e Pi entre os cloroplastos e o citoplasma desempenha um papel fundamental sobre a regulação do fluxo de carbono em direção à sacarose ou amido.

Sabe-se que a remoção de drenos (frutos, flores, tubérculos) reduz a demanda por fotoassimilados e resulta na acumulação de amido nas folhas. Por sua vez, a diminuição da intensidade luminosa reduz a taxa de exportação de sacarose das células fotossintéticas, levando à acumulação de compostos intermediários nos cloroplastos, como a Fru-6P e trioses-P. A acumulação de açúcares-fosfato é acompanhada de uma redução da concentração de Pi no interior dos cloroplastos. A elevação da concentração de intermediários do ciclo C_3 e a redução dos níveis de Pi no interior dos cloroplastos contribuem para a ativação da ADP-glicose pirofosforilase (equação [24]). Todos esses dados indicam que a síntese de amido nos cloroplastos, a exportação de trioses-P dos cloroplastos e a síntese de sacarose no citoplasma se encontram em delicado equilíbrio. Tal equilíbrio é modulado por mudanças sutis nos níveis de trioses-P e Pi e pela precisa regulação de enzimas-chave, dependendo da estreita comunicação entre os cloroplastos e o citoplasma.

Informações complementares sobre o transporte de fotoassimilados no floema, a partir das células fotossintéticas, para as diferentes partes da planta são encontradas no Capítulo 6. A utilização dos carboidratos para extração de energia metabólica e geração de novos compostos orgânicos para biossínteses é encontrada no Capítulo 7.

Aspectos ecofisiológicos associados à fotossíntese

Vivendo em comunidades, frequentemente as plantas são levadas a competir entre si por recursos essenciais, como luz, água e nutrientes minerais. Ao mesmo tempo, precisam otimizar o uso dos recursos disponíveis, muitas vezes limitados e variáveis quanto à sua disponibilidade.

Os mecanismos fotossintéticos C_3, C_4 e MAC estão associados a características fisiológicas que repercutem não somente sobre a eficiência fotossintética, mas também sobre o desempenho das plantas em diferentes condições ambientais. Cada um desses mecanismos fotossintéticos tem implicações ecológicas significativas e foi selecionado, ao longo do processo evolutivo, por conferir vantagens adaptativas especiais em condições ambientais diversas.

A maioria das espécies C_4 tem o seu centro de origem na zona tropical, sendo mais abundantes em ambientes quentes, secos e bem iluminados. Grande parte das plantas invasoras mais agressivas apresenta metabolismo C_4. Já as espécies C_3 tendem a predominar nas zonas temperadas, em regiões mais frias, bem como em comunidades vegetais onde existe autossombreamento (p. ex., florestas tropicais). Isso significa que, em uma sucessão ecológica, as espécies C_4 tendem a ocorrer com grande frequência durante as etapas iniciais (espécies pioneiras), sendo paulatinamente substituídas por espécies C_3 à medida que os níveis de sombreamento da comunidade vegetal aumentam.

As respostas diferenciadas das plantas C_3, C_4 e MAC à variação da intensidade luminosa, à variação da concentração intrafoliar de CO_2, à temperatura e à disponibilidade de água e nitrogênio permitem compreender, parcialmente, o sucesso de cada tipo fotossintético em situações ambientais diversas (Lawlor, 1987). Contudo, ao estudar o efeito de fatores ambientais sobre a fotossíntese, é preciso ter em mente que a fotossíntese foliar depende das taxas de:

1. Suprimento de CO_2 ao sítio ativo da rubisco.
2. Síntese de NADPH e de ATP (função das reações fotoquímicas e da disponibilidade de luz).
3. Carboxilação da RuBP, dependente das taxas relativas entre a atividade carboxilase e a atividade oxigenase da rubisco.
4. Síntese de RuBP, controlada pelo ciclo C_3.

Nesta seção, será analisada a variação quantitativa da fotossíntese em plantas C_3, C_4 e MAC em razão de algumas variáveis ambientais e fisiológicas importantes, bem como o seu significado ecofisiológico. Serão comentadas, brevemente, as interações da fotossíntese e de outros processos com a produtividade de comunidades vegetais.

Fotossíntese líquida (F_L)

Medidas da absorção de CO_2 em folhas, plantas ou comunidades vegetais fornecem informações diretas e precisas sobre as taxas fotossintéticas de assimilação de CO_2. Essas medidas também são frequentemente denominadas fotossíntese líquida (F_L). A maior parte das medidas de trocas de CO_2 é desenvolvida em ambientes fechados, ou seja, folhas, plantas ou grupo de plantas são estudados em câmaras transparentes, fechadas e com atmosfera controlada e monitorada. As taxas de fotossíntese líquida do material em estudo são determinadas pela medida das mudanças na concentração de CO_2 do ar que circula, em fluxo forçado, pela câmara transparente (Figura 5.44). O aparelho que detecta continuamente as variações da concentração do CO_2 do ar que flui pela câmara é conhecido como IRGA (do inglês, *infrarred gas analyser*, ou analisador de infravermelho em fase gasosa). A determinação quantitativa de CO_2 pela análise da absorção do infravermelho é o método contemporâneo mais utilizado para determinar as taxas fotossintéticas e respiratórias de plantas (Long e Hálgren, 1993).

Se, por exemplo, a folha ou planta em estudo estiver fazendo fotossíntese, a concentração de CO_2 do sistema diminuirá. Caso não haja reposição de CO_2 absorvido, sua concentração continuará declinando até atingir o *ponto de compensação de CO_2* da fotossíntese (T). Quando essa concentração de CO_2 é alcançada, a *taxa de fotossíntese bruta* (F_{BR}) se iguala à taxa de respiração (R) somada à taxa de fotorrespiração (FR). Portanto, o ponto de compensação de CO_2 (T) é atingido no momento em que a fotossíntese líquida (F_L) é igual a zero:

$$F_L = F_{BR} - (R + F_R) \quad [34]$$

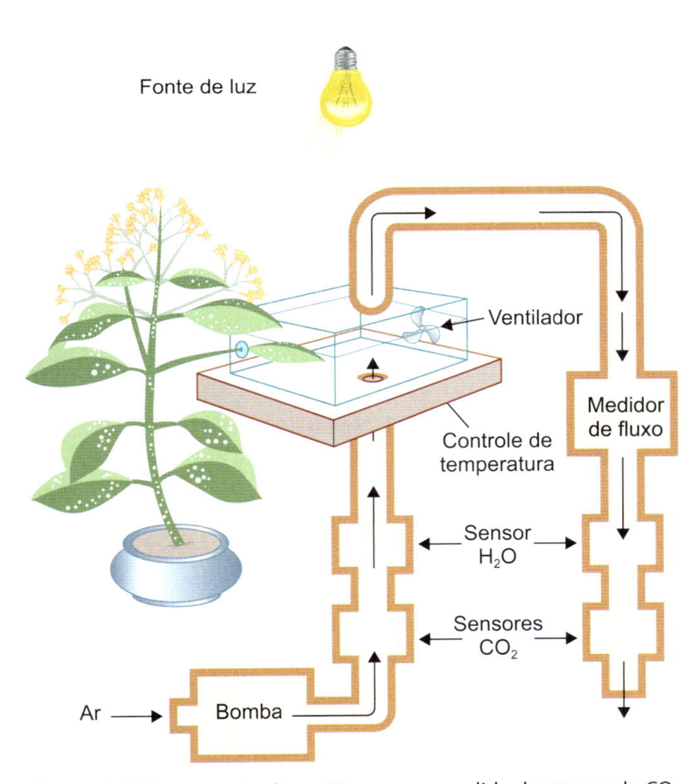

Figura 5.44 Esquema de dispositivo para a medida das trocas de CO_2 realizadas por folhas iluminadas. O fluxo de ar pela câmara transparente é controlado e monitorado. O IRGA compreende um equipamento que permite quantificar a concentração de CO_2. A variação da concentração do CO_2 do ar que entra e deixa a câmara onde a folha realiza suas atividades metabólicas possibilita estimar a taxa de fotossíntese líquida. Adaptada de Nobel (1991).

A fotossíntese bruta (F_{BR}) corresponde à capacidade carboxilativa total das folhas em determinada condição, sendo responsável pela retirada de CO_2 do ar e pela formação dos carboidratos (ciclo C_3). Em condições fotossintéticas estabilizadas e em atmosfera normal (presença de $^{12}CO_2$), a F_{BR} pode ser estimada por meio da determinação da assimilação de $^{14}CO_2$ durante os primeiros segundos de uma exposição das folhas ao radiotraçador (Lawlor, 1987). Os processos de respiração e a fotorrespiração das células fotossintéticas, por sua vez, liberam CO_2 para o ambiente. Portanto, a F_L corresponde à taxa de assimilação de CO_2 que pode ser diretamente medida a partir de um ambiente controlado e é o resultado das taxas relativas de F_{BR} (carboxilação), respiração e fotorrespiração (liberação de CO_2).

Em resumo, concentrações de CO_2 que sustentam uma velocidade de carboxilação apenas igual às perdas de CO_2 por respiração e fotorrespiração produzem uma F_L igual a zero (equação [34]). Essas concentrações de CO_2 que geram F_L igual a zero, denominadas ponto de compensação de CO_2, variam conforme o tipo fotossintético, a espécie e as condições ambientais a que as plantas se encontram submetidas.

Fotossíntese líquida e disponibilidade de CO_2

A disponibilidade de CO_2 para a fotossíntese depende da sua difusão da atmosfera para o interior dos espaços aéreos do mesofilo foliar. A partir da atmosfera intrafoliar, ocorrem a dissolução e a difusão do CO_2 na fase líquida das células, até que o CO_2 encontre as enzimas de carboxilação. Nesse intercâmbio, os estômatos constituem o principal ponto de controle da entrada do CO_2 e, simultaneamente, o principal ponto de controle da perda de água pelas plantas (ver Figura 5.6). À medida que a fotossíntese se desenvolve, o CO_2 consumido da atmosfera intrafoliar é reposto pelo CO_2 atmosférico por difusão. No entanto, quando as plantas começam a perder mais água do que podem absorver, tendem a diminuir o grau de abertura dos estômatos, para reduzir a perda de água e manter o seu equilíbrio hídrico. Quanto maior a deficiência hídrica, menor será o grau de abertura dos ostíolos e, consequentemente, maior será a resistência à entrada do CO_2 atmosférico. Portanto, durante os momentos diurnos de deficiência hídrica, as concentrações intrafoliares de CO_2 tendem a diminuir drasticamente.

A variação da concentração de CO_2 produz respostas fotossintéticas substancialmente diferentes em plantas C_3 e C_4. A fotossíntese das plantas C_4 já se encontra saturada com cerca de 100 $\mu\ell^{-1}$ de CO_2 nos *espaços intercelulares* do mesofilo foliar, enquanto, nas plantas C_3, a saturação é alcançada com 250 $\mu\ell^{-1}$ de CO_2 (Figura 5.45). Isso resulta da elevada eficiência de carboxilação da PEPcase, combinada com a inibição da fotorrespiração promovida pelo mecanismo C_4 de concentração de CO_2 junto ao sítio ativo da rubisco. Esses dados quantitativos explicam por que a assimilação de CO_2 em folhas de plantas C_4 já está saturada na atmosfera normal (0,036% CO_2 ou 360 $\mu\ell^{-1}$ e 21% de O_2) e não é afetada quando se impõe uma variação na concentração externa do O_2. Em simulações experimentais, entretanto, as taxas de assimilação de CO_2 de plantas C_3 aumentam à medida que a concentração de CO_2 externa supera a concentração atmosférica (Figura 5.45).

Em plantas C_3, o Y é fortemente influenciado pelos fatores que alteram a fotorrespiração. Nas plantas C_3, o Y normalmente é atingido quando as concentrações intrafoliares de CO_2 se situam entre 40 e 100 $\mu\ell^{-1}$. Já nas plantas C_4, o ponto de compensação de CO_2 é inferior a 5 ℓ^{-1} (Figura 5.45). A redução da concentração de O_2 do ar para 2% faz com que o valor do Γ de plantas C_3 caia a ponto de se aproximar dos valores do ponto de compensação de CO_2 das plantas C_4. Na atmosfera normal, o ponto de compensação de CO_2 das plantas C_3 varia em razão da temperatura foliar. A elevação da temperatura foliar em locais intensamente iluminados, ao favorecer a fotorrespiração, promove o aumento do valor do T nas plantas C_3 (Leegood, 1993).

Nas plantas MAC, o valor do T oscila entre valores extremamente baixos (próximos a zero), durante a fixação noturna de CO_2, a valores elevados, em torno de 50 $\mu\ell^{-1}$, durante a fase final do período diurno. Tal elevação do T se dá quando as taxas de fixação de CO_2 superam as taxas de descarboxilação do malato, diminuindo assim a concentração interna de CO_2 e, consequentemente, favorecendo a fotorrespiração.

Fotossíntese e eficiência no uso da água

Tendo em vista a discussão precedente, pode-se concluir que a fotossíntese é frequentemente limitada pela disponibilidade de água e de CO_2 e que esses dois fatores são interligados. Em comparação com as plantas C_3, os mecanismos concentradores de CO_2 aumentam significativamente a *eficiência de uso da água* das plantas C_4 e MAC. A eficiência de uso da água corresponde à razão entre a quantidade de CO_2 assimilada e a quantidade de água transpirada pela planta:

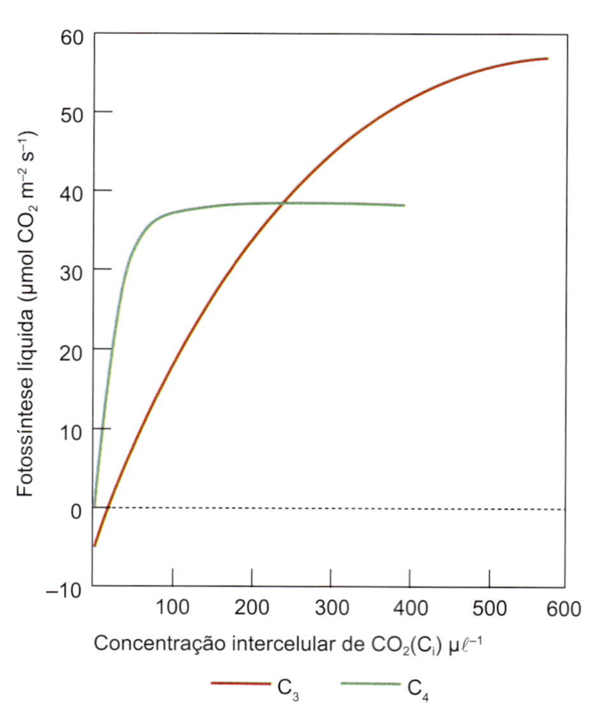

Figura 5.45 Variação da fotossíntese líquida, em função da concentração de CO_2 intrafoliar, em plantas C_3 e C_4. Adaptada de Leegood (1993).

$$EUA = \mu mol\ CO_2\ fixado\ m^{-2}\ s^{-1}/\mu mol\ H_2O\ transpirada\ m^{-2}\ s^{-1}$$

ou

$$EUA = massa\ seca\ produzida\ (g)/kg\ de\ água\ transpirada$$

Nas plantas C_3, a eficiência de uso da água varia entre 1 e 3 g CO_2/kg H_2O, enquanto, nas plantas C_4, assume valores entre 2 e 5 g CO_2/kg H_2O e, nas plantas MAC, entre 6 e 30 g CO_2/kg H_2O (Larcher, 2000). Tais diferenças na eficiência de uso da água estão relacionadas diretamente com o funcionamento diferenciado dos estômatos nos três tipos fotossintéticos.

O baixo ponto de compensação de CO_2 das plantas C_4 (< 5 ℓ^{-1}) demonstra que elas são capazes de realizar a fotossíntese positiva com uma baixa concentração intercelular de CO_2. Assim, ainda que a condutância estomática de uma planta C_4 seja muito reduzida, a assimilação de CO_2 pode prosseguir satisfatoriamente, permitindo que as plantas C_4 realizem a fotossíntese com um mínimo de perda de água. As plantas C_3, diferentemente, têm a sua fotossíntese prontamente limitada à medida que a resistência estomática aumenta (fotossíntese positiva acima de 40 e 100 $\mu\ell\ CO_2^{-1}$ de ar). Visto que a fotossíntese C_3 exige uma condutância estomática mais elevada (maior grau de abertura dos ostíolos) para manter taxas fotossintéticas positivas, a perda de água pela transpiração tende a ser bem maior que nas plantas com a via C_4.

Entre as plantas com fotossíntese MAC, os elevados valores da eficiência de uso da água também estão associados à regulação da abertura estomática e ao mecanismo concentrador de CO_2. A abertura estomática noturna minimiza as perdas de água por transpiração em virtude do baixo gradiente de pressão de vapor entre o mesofilo foliar e a atmosfera. Ao mesmo tempo, a elevada atividade da PEP carboxilase noturna garante a fixação do CO_2 atmosférico, armazenado sob a forma de ácidos orgânicos. Assim, o ciclo C_3 pode funcionar nas plantas MAC, no período luminoso, tendo como substrato o CO_2 liberado internamente pela descarboxilação de ácidos orgânicos, apesar de os estômatos estarem fechados.

Plantas com fotossíntese MAC e C_4 são, portanto, mais adaptadas a ambientes com limitações em relação à disponibilidade de água. Isso é possível porque plantas desses grupos fotossintéticos podem assimilar CO_2, em condições hídricas adversas, controlando de modo específico a abertura estomática.

Respostas fotossintéticas à luz

As medidas da assimilação de CO_2 em razão da taxa de fluência de fótons (medida da intensidade luminosa) permitem a elaboração de curvas de dose-resposta típicas para plantas C_3 e C_4 (Figura 5.46 A). No escuro, as trocas líquidas de CO_2 assumem valores negativos, visto que as trocas gasosas entre a folha e o ambiente são determinadas, exclusivamente, pela respiração celular. Na transição gradual entre escuro e claro, na medida em que aumenta a intensidade luminosa, a taxa de liberação de CO_2 foliar diminui por causa da crescente fotossíntese bruta (F_{BR}). As taxas de F_{BR} aumentam proporcionalmente ao aumento da disponibilidade de fótons. No momento em que a taxa de fluência de fótons proporciona um valor de fotossíntese líquida (F_L) igual a zero, diz-se que foi atingido

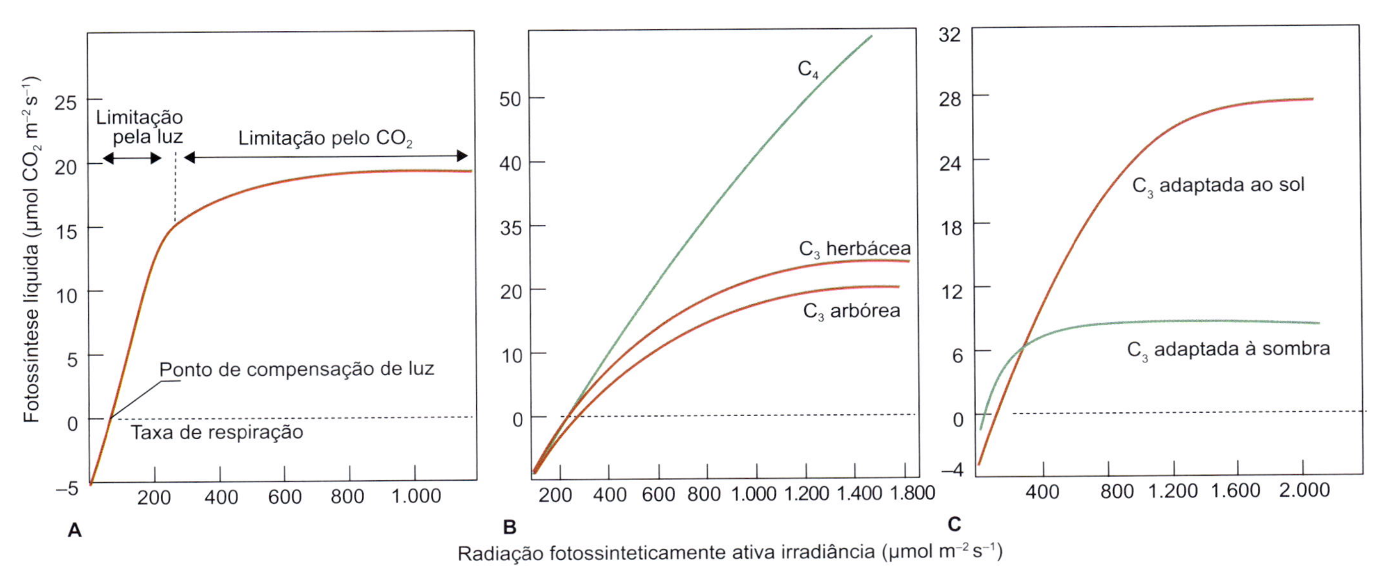

Figura 5.46 Resposta da fotossíntese líquida à variação da intensidade de radiação fotossinteticamente ativa (número de fótons de RFA em μmol m^{-2} s^{-1}). **A.** Fotossíntese líquida em planta C_3 em diferentes intensidades luminosas. **B.** Fotossíntese líquida em plantas C_3 e C_4 em virtude da intensidade luminosa. **C.** Comparação da fotossíntese líquida de plantas C_3 adaptadas ao sol e à sombra em intensidades luminosas crescentes. Adaptada de Larcher (2000).

o *ponto de compensação de luz* (PCL; ver equação [34]). Esse parâmetro representa, portanto, um valor de intensidade luminosa no qual a taxa de consumo de CO_2 pela F_{BR} se iguala à taxa de liberação de CO_2 por meio da respiração somada à fotorrespiração.

Na faixa de baixa intensidade luminosa, a fotorrespiração ainda é muito baixa. Com a continuidade do aumento da taxa de fluência de fótons, a F_{BR} passa a se elevar muito mais rapidamente que a respiração e a fotorrespiração, aumentando progressivamente a F_L. As taxas de assimilação de CO_2 apresentam, assim, um aumento linear em virtude da intensidade luminosa. Essa fase linear da curva corresponde à etapa em que a fotossíntese é limitada pela luz. A quantidade de fótons determina os níveis ATP e NADPH disponíveis para a assimilação de CO_2.

Embora a fotossíntese das plantas C_3 e C_4 tenha um comportamento semelhante na fase linear da curva de resposta à luz, as plantas C_3 destacam-se por sua maior *eficiência quântica* quando de temperaturas inferiores a 30°C. A eficiência quântica relaciona a quantidade de CO_2 assimilada com a quantidade de fótons absorvida (número de mols de CO_2 fixado/número de mols de fótons absorvido), fornecendo uma medida direta da energia exigida para a fixação de CO_2. Assim, sob baixas intensidades luminosas e abaixo de 30°C, a fotossíntese das plantas C_3 é mais eficiente que a fotossíntese das plantas C_4. Isso ocorre porque a fixação de CO_2 pela via C_4 tem um custo energético superior ao da via C_3 (ver tópico Balanço energético do ciclo C_3).

Sob elevadas intensidades luminosas, entretanto, as curvas de assimilação de CO_2 das plantas C_3 e C_4 se diferenciam destacadamente (ver Figura 5.46 B). Quando a intensidade luminosa supera 200 μmol fótons m^{-2} s^{-1} (10% da radiação solar plena), o aumento da intensidade luminosa não acarreta mais um incremento proporcional nas taxas de fotossíntese em plantas C_3 até cerca de 500 a 1.000 μmol fótons m^{-2} s^{-1} (cerca de 1/4 a 1/2 da radiação solar máxima). A partir desse ponto, a fotossíntese das plantas C_3 permanece constante. Diz-se que a fotossíntese alcançou a *saturação luminosa.* O valor da intensidade luminosa a partir do qual a fotossíntese permanece estável é conhecido como ponto de saturação de luz (PSL). A fotossíntese das plantas C_4, ao contrário, não satura com o aumento da intensidade luminosa, podendo assumir valores crescentes até as taxas máximas de fluência de fótons existentes sobre a superfície da terra (2.000 μmol fótons mT^2 s^{-1} ou mais).

Entretanto, sob elevada intensidade luminosa, as plantas C_3 podem vir a apresentar um desempenho fotossintético semelhante ao das plantas C_4 se a atmosfera contiver uma reduzida concentração de O_2 (2%) ou com elevada concentração de CO_2 (0,07%). Tal observação experimental indica que a limitação da fotossíntese C_3, sob elevada intensidade luminosa, está relacionada com as limitações do metabolismo do carbono (ciclos C_2 e C_3). Resumidamente, pode-se concluir que, sob elevadas intensidades luminosas, a fotossíntese das plantas C_3 é limitada de modo substancial pela fotorrespiração.

Plantas de sol e de sombra

As plantas C_3 apresentam grande diversidade de respostas fotossintéticas a variações ambientais, principalmente em relação à luz. Plantas adaptadas ao sol apresentam elevadas taxas fotossintéticas e de crescimento sob iluminação intensa. Contudo, apresentam fotossíntese ineficiente e dificuldades de sobreviver quando crescem sob baixa intensidade luminosa (sombra ou interiores de construções). As plantas de sol e de sombra *obrigatórias* não conseguem se ajustar a condições extremas de iluminação. Entretanto, muitas espécies apresentam grande flexibilidade de resposta à intensidade luminosa. São plantas de sol e sombra *facultativas*, capazes de crescer em ambientes com diferentes intensidades luminosas.

Plantas de sol e de sombra caracterizam-se por diferenças marcantes em seus valores de PCL, PSL e nas velocidades máximas de fotossíntese quando em condições ambientais ótimas (ver Figura 5.46 C). O PCL, para a maioria das plantas de sol, situa-se na faixa de 10 a 40 μmol m^{-2} s^{-1}, o que equivale à intensidade luminosa de um ambiente interno bem iluminado (Hopkins, 1995). Entretanto, em plantas C_3 adaptadas à sombra, o PCL é mais baixo, variando entre 1 e 5 μmol m^{-2} s^{-1} (Taiz e Zeiger, 1991). As reduzidas taxas respiratórias, observadas nas plantas de sombra, contribuem significativamente para a diminuição do seu PCL (equação [34]). Em plantas de sombra, as taxas fotossintéticas máximas, bem como o ponto de saturação de luz da fotossíntese, assumem valores bem inferiores aos observados em plantas de sol. Tais características fotossintéticas refletem a estratégia de sobrevivência desenvolvida pelas plantas adaptadas à limitação de luz: elevada eficiência de captação e uso da luz disponível e baixas taxas de crescimento.

Resposta fotossintética à temperatura foliar

Em condições atmosféricas normais, a fotossíntese de plantas C_3 e C_4 apresenta diferenças marcantes em virtude da temperatura (Figura 5.47). Normalmente, temperaturas foliares altas têm uma correlação direta com elevados níveis de irradiância. As plantas C_4 tendem a apresentar temperaturas ótimas para a fotossíntese mais elevadas que as plantas C_3. Em folhas de plantas C_3, a assimilação de CO_2 atinge valores máximos na faixa de 20 a 30°C. Já as plantas C_4 apresentam temperaturas ótimas na faixa de 30 a 40°C. Entretanto, em temperaturas inferiores a 30°C, o desempenho fotossintético das plantas C_3 supera o desempenho das plantas C_4. Abaixo de 20°C, as taxas fotossintéticas das plantas C_4 são muito inferiores às das plantas C_3. Por sua vez, em temperaturas superiores a 30 a 35°C, a assimilação de CO_2 de plantas C_3 decresce rapidamente, em contraste com as plantas C_4, que podem suportar temperaturas de até 45 a 50°C sem apresentar danos à fotossíntese.

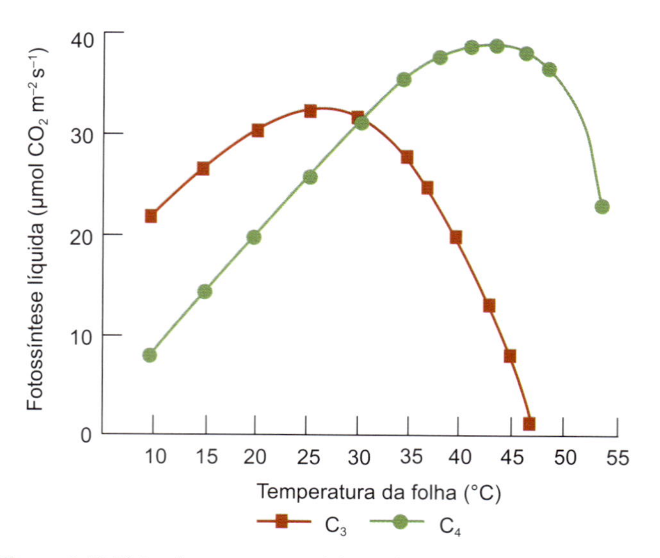

Figura 5.47 Efeito da temperatura foliar sobre as taxas de fotossíntese líquida de plantas com metabolismo fotossintético C_3 e C_4. Adaptada de Leegood (1993).

A sensibilidade das plantas C_4 a baixas temperaturas é um fato bem conhecido. A espécie *Zea mays* (milho), por exemplo, não cresce em temperaturas inferiores a 12 a 15°C. Um dos fatores limitantes ao crescimento parece ser a enzima *piruvato fosfato dicinase* (PFdC), a qual perde substancialmente a sua atividade abaixo de 12°C. Adicionalmente, a temperatura ótima da PEPcase é de 30 a 35°C.

A maior eficiência fotossintética das plantas C_3 sob temperaturas mais baixas também é demonstrada ao se estudar a eficiência quântica da fotossíntese em função da temperatura (Figura 5.48). A eficiência quântica das plantas C_3 diminui continuamente à medida que a temperatura aumenta, mas permanece constante nas plantas C_4, em uma ampla faixa de temperatura. Em torno de 30°C, a eficiência quântica das plantas C_3 e C_4 é semelhante, indicando que os custos energéticos dos ciclos C_3/C_2 e do ciclo C_4 se equiparam nesse ponto. Em ambos os casos, esse comportamento da fotossíntese, em função da temperatura, está relacionado com os níveis de fotorrespiração em cada um dos tipos fotossintéticos. A fotorrespiração é praticamente inexistente nas plantas C_4. Porém, nas plantas C_3, as taxas de fotorrespiração aumentam com a temperatura em virtude do aumento da atividade oxigenase da rubisco. Convém destacar, ainda, que os custos energéticos da fixação de CO_2 pelas plantas C_3 se elevam à medida que aumentam as taxas do ciclo C_2 (ver tópico Papel da fotorrespiração). Em uma atmosfera com 2% de O_2 ou enriquecida com CO_2, a fotorrespiração é suprimida nas plantas C_3. Nessas condições, a eficiência quântica das plantas C_3 atinge níveis superiores aos das plantas C_4. Isso se deve ao custo adicional permanente da fixação de CO_2 pela via C_4 (5 ATP e 2 NADPH) em comparação com o ciclo C_3 (3 ATP e 2 NADPH).

Em resumo, a fotossíntese das plantas C_4 é substancialmente mais eficiente que a das plantas C_3 em ambientes quentes e

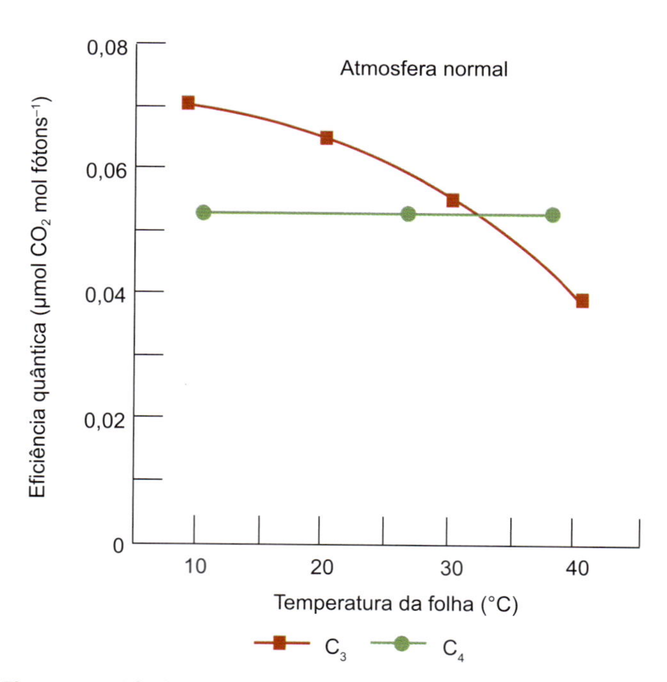

Figura 5.48 Eficiência quântica de plantas C_3 e C_4 em função da temperatura foliar. A eficiência quântica é um índice que relaciona número de mols de CO_2 fixado pelo número de fótons absorvidos. Adaptada de Leegood (1993).

intensamente iluminados. As bases fisiológicas centrais dessa adaptação são o mecanismo concentrador de CO_2 presente na fotossíntese C_4, inibidor da fotorrespiração, as temperaturas ótimas mais elevadas de suas principais enzimas.

Eficiência de uso do nitrogênio

A capacidade fotossintética das plantas, de modo geral, é depende muito da disponibilidade de nitrogênio. O nitrogênio é necessário para garantir a integridade estrutural e funcional da fotossíntese por fazer parte das proteínas e clorofilas. A quantidade de matéria seca produzida por unidade de nitrogênio presente nos tecidos da planta constitui um parâmetro denominado *eficiência de uso do nitrogênio* (EUN).

EUN = mg N nos tecidos/g massa seca da planta

As plantas C_4 e MAC precisam destinar menos nitrogênio para a fotossíntese que as plantas C_3. A rubisco corresponde a 50% da proteína foliar solúvel em folhas C_3, enquanto, nas plantas C_4 e MAC, a sua quantidade é reduzida a 25% da proteína foliar solúvel. Ao mesmo tempo, a PEPcase corresponde a 10% da proteína foliar solúvel nas plantas C_4 e MAC. Desse modo, o aporte total em nitrogênio para as enzimas de carboxilação é sensivelmente menor nas plantas C_4 e MAC (Legood, 1993). Nas plantas C_4 e nas plantas MAC, a EUN é, portanto, maior que nas plantas C_3. Isso significa que as plantas C_4 são capazes de produzir maior quantidade de moléculas orgânicas com menor quantidade de nitrogênio, competindo vantajosamente com as plantas C_3 em solos pobres em nitrogênio (Oaks, 1994).

Fotossíntese e produtividade em comunidades vegetais

O crescimento e a produtividade das plantas são promovidos pela fotossíntese. Entretanto, não existe uma correlação direta entre as taxas de fotossíntese por unidade de área foliar (F_L) e a produção de biomassa em determinado intervalo de tempo (Lawlor, 1987). As taxas de acúmulo de biomassa observadas em uma planta, ao longo de um período definido (dias, meses), dependem de uma interação complexa entre fatores ambientais e genéticos que influenciam:

1. As taxas de fotossíntese por unidade de área foliar (F_L).
2. As taxas de respiração celular.
3. O tamanho e a orientação espacial da área verde de interceptação de luz, ou seja, arquitetura do dossel.
4. A duração da área foliar fotossinteticamente ativa.

A produtividade e o crescimento vegetal são normalmente quantificados, tendo como base o acúmulo de *massa seca* (ou *matéria seca*) por um órgão, um organismo ou uma população em um intervalo de tempo. A massa seca é determinada mediante a dessecação de órgãos ou plantas em estufa (60 a 70°C) até a remoção de toda a água livre presente nos tecidos. Os elementos inorgânicos, indispensáveis ao metabolismo vegetal, representam menos de 10% da matéria seca total, sendo, no entanto, assimilados com o uso da energia fotossintética. Mais de 90% da massa seca corresponde a moléculas orgânicas derivadas da fixação de CO_2 pela via C_3, podendo ter funções estruturais, metabólicas ou de reserva.

Nos ecossistemas naturais, a produtividade líquida (matéria seca acumulada) difere grandemente em razão de fatores climáticos e edáficos. Em tundras e desertos, onde os fatores limitantes principais são, respectivamente, a temperatura e a água, a produtividade é baixa, atingindo valores em torno de 100 a 200 g de matéria seca por m^{-2} por ano. Já nas florestas tropicais, a produtividade líquida é de cerca de 5.000 g m^{-2} ano (Chrispeels e Sadava, 1996). Contudo, tendo como base a unidade de área, a produtividade terrestre é cinco vezes maior que a dos oceanos. Tal diferença resulta parcialmente de diferenças no suprimento de nutrientes minerais. Na maior parte dos oceanos, organismos mortos e detritos orgânicos afundam carregando os nutrientes para fora da área superficial na qual a fotossíntese pode se desenvolver.

Fotossíntese por unidade de área foliar (F_L) e produtividade

Conforme se viu ao longo da seção "Metabolismo do carbono na fotossíntese", as taxas de fotossíntese líquida (F_L) dependem da via de fixação de CO_2 de cada espécie (C_3, C_4, MAC). A via de fixação de CO_2 de uma planta é um fator genético que determina o seu potencial de assimilação de CO_2, bem como a interação da sua fotossíntese com fatores ambientais críticos (luz, disponibilidade de CO_2, temperatura e disponibilidade de água e nutrientes). A F_L é, portanto, uma propriedade foliar que determina o potencial de geração de carboidratos de uma planta, sendo expressa em termos de μmols de CO_2 assimilado por unidade de área foliar por unidade de tempo.

Taxas de respiração celular e produtividade

Depois da assimilação do CO_2, a respiração celular é o principal processo que determina o acúmulo de matéria seca. Consequentemente, a produtividade das plantas também é dependente das perdas respiratórias ao longo do período de crescimento. Estima-se que 20 a 40% de tudo o que é produzido pela planta seja consumido na respiração celular do organismo. A temperatura é um fator que afeta decisivamente as taxas respiratórias. As velocidades da fotossíntese e da respiração variam de modo diferenciado em virtude da temperatura (Figura 5.49). Acima de 30°C, a fotossíntese líquida das plantas C_3 começa a diminuir, enquanto as taxas de respiração aumentam (Chrispeels e Sadava, 1996).

A respiração fornece energia e substratos para todos os processos bioquímicos de manutenção das estruturas já existentes (respiração de manutenção) e de formação de novas estruturas e componentes celulares (respiração de crescimento). Tal concepção facilita compreender por que as taxas de respiração podem variar de acordo com a fase de desenvolvimento de uma planta ou um órgão e com as taxas de crescimento de cada espécie vegetal. Durante a fase de crescimento vegetativo intenso, plantas ou órgãos vegetais tendem a apresentar taxas de respiração mais elevadas que no período de maturidade, em virtude das exigências biossintéticas. Ao mesmo tempo, as taxas de respiração celular tendem a ser mais baixas em espécies de crescimento lento como aquelas adaptadas à sombra.

Contudo, existem evidências concretas de que é possível obter plantas mais produtivas combinando-se baixas taxas de respiração com elevadas taxas de fotossíntese, em uma enorme gama de condições ambientais (Lawlor, 1987). Em um estudo com cultivares de uma espécie de gramínea perene (*Lolium perenne*), foi possível identificar genótipos com uma significativa variabilidade nas taxas respiratórias (2 mg CO_2 g^{-1} h^{-1} a 3,5 mg CO_2 g^{-1} h^{-1}). Essa seleção foi baseada nas taxas de respiração de folhas maduras a 25°C (respiração de manutenção). Os resultados obtidos permitiram estabelecer uma correlação *negativa* entre a respiração e as taxas de crescimento (Figura 5.50), ou seja, as maiores taxas de crescimento foram encontradas nos genótipos que apresentavam as menores taxas de respiração. Isso significa que a manipulação genética das taxas de respiração basal pode contribuir para o aumento da produtividade de plantas cultivadas (Wilson, 1982).

Produtividade e arquitetura do dossel

A produtividade de uma comunidade vegetal é intensamente dependente da interceptação de luz e, por consequência, da área foliar. A interceptação de luz em uma comunidade vegetal aumenta quase linearmente com o aumento da *área foliar por unidade de superfície do solo* (*índice de área foliar* ou IAF) até o ponto em que o sombreamento foliar mútuo passe a ser limitante. O IAF representa um índice que quantifica a razão entre a área foliar total (m^{-2}) e a área de solo (m^{-2}). O IAF é uma medida adimensional da cobertura vegetal. Com um índice de área foliar igual a 4, a superfície do solo estaria coberta quatro vezes pela mesma área com folhas ordenadas em camadas de acordo com a espécie (Larcher, 2000).

IAF = soma de toda a superfície foliar (m^{-2})/área do solo (m^{-2})

A atenuação da radiação na cobertura vegetal depende da densidade da folhagem, do arranjo das folhas no interior da vegetação e do ângulo existente entre a folha e a radiação incidente (Larcher, 2000). O autossombreamento intenso reduz a eficiência global de interceptação de luz, reduzindo o ganho de carbono a longo prazo. Folhas que não podem contribuir para a fotossíntese por limitação de luz representam um dreno de carbono em razão de suas perdas respiratórias. Os valores do IAF em ecossistemas agrícolas produtivos situam-se na faixa entre 3 e 5 (Lawlor, 1987).

O *dossel* de uma planta ou comunidade vegetal constitui-se por todas as estruturas da parte aérea que interferem na interceptação da luz incidente. Folhas, pecíolos e ramos existentes no dossel interferem na penetração da luz no interior de uma comunidade vegetal. A arquitetura do dossel influencia a eficiência de utilização da luz, porque a penetração de luz pelo dossel de uma planta depende de sua organização e estrutura. A estrutura do dossel, por sua vez, é determinada por elementos como composição etária das folhas e morfologia, tamanho, ângulo de inserção, orientação, distribuição e espaçamento de folhas individuais e ramos. A arquitetura do dossel varia substancialmente com a espécie vegetal e durante o curso do desenvolvimento de cada planta.

O IAF ótimo para determinada população de plantas depende do ângulo de inserção das folhas em relação ao caule, sendo também influenciado pelo tamanho e pela forma das folhas. Estudos a campo e simulações com modelos computadorizados indicam que dosséis com folhas tipicamente horizontais apresentam IAF ótimo em torno de 2, enquanto dosséis constituídos de folhas com inserção vertical suportam valores de IAF ótimos entre 3 e 7. Plantas com folhas mais eretas permitem um plantio mais adensado (menor espaçamento entre plantas). A distribuição de luz mais uniforme pelo dossel tende a aumentar a eficiência da interceptação da luz e, consequentemente, a eficiência de assimilação de carbono pela comunidade.

De modo geral, os maiores sucessos obtidos na tentativa de aumentar a eficiência fotossintética das plantas cultivadas têm envolvido mudanças na área de interceptação de luz, na estrutura do dossel e na duração da fase fotossinteticamente ativa das folhas. Espécies cultivadas, principalmente cereais,

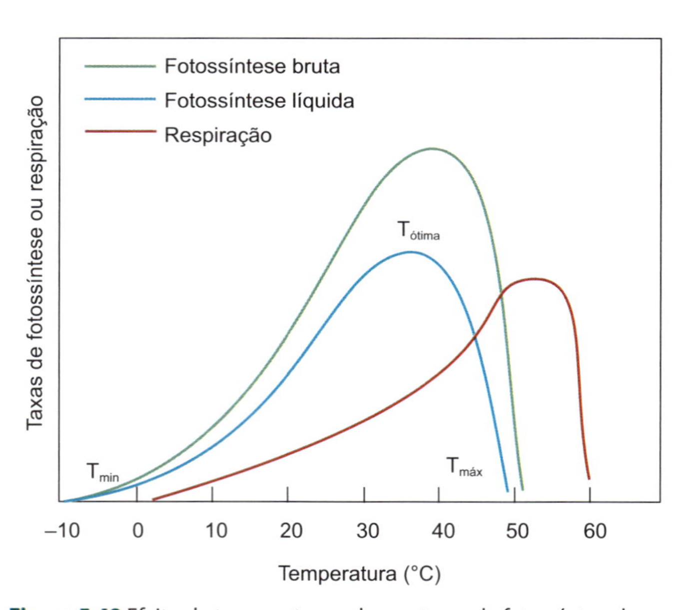

Figura 5.49 Efeito da temperatura sobre as taxas de fotossíntese bruta, respiração e fotossíntese líquida. A fotossíntese líquida é determinada pela diferença entre a fotossíntese bruta e a respiração somada à fotorrespiração. A fotossíntese bruta aumenta até que a temperatura comece a ser inibitória em decorrência de fatores como desnaturação enzimática e fechamento estomático. A respiração aumenta lentamente com a temperatura, tendo temperatura ótima mais elevada que a fotossíntese bruta, mas declina rapidamente acima de 50°C em virtude da inativação de enzimas.

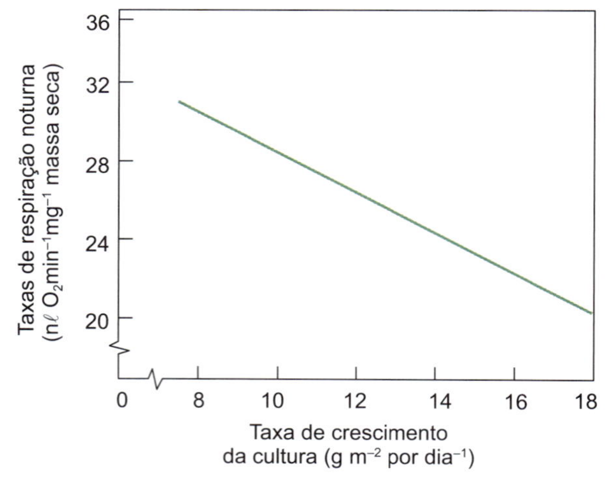

Figura 5.50 Correlação entre taxas respiratórias e taxas de crescimento de plantas de diferentes genótipos de *Lolium perenne*. As taxas de crescimento são inversamente correlacionadas com as taxas de respiração basal dos tecidos foliares. Adaptada de Wilson (1982).

com folhas mais eretas exibem maiores taxas de fotossíntese e tendem a apresentar maior produtividade econômica.

Fotossíntese e produtividade econômica das culturas

A fotossíntese e o rendimento econômico de uma cultura também são processos indiretamente relacionados. O rendimento corresponde à fração da matéria seca que se acumula nas partes da planta utilizadas no consumo humano (p. ex., frutos, sementes, tubérculos). O rendimento pode ser avaliado por meio da razão entre a massa seca da parte colhida e a matéria seca total produzida pela planta. Essa razão é denominada índice de coleta (IC). Isso significa que os processos metabólicos envolvidos no controle da partição da massa seca entre as fontes e os drenos da planta têm um papel importante no estabelecimento do índice de coleta.

IC = massa seca do órgão consumido/massa seca total da planta

Muitos programas de seleção e melhoramento de espécies cultivadas não têm tido como resultado a elevação da produção de matéria seca total (produtividade). Na realidade, o melhoramento genético vem conseguindo elevar significativamente o índice de coleta das plantas cultivadas. Os cultivares modernos de cereais apresentam maior área foliar, mas menor F_L que os cultivares mais antigos (Gifford *et al.*, 1984). Consequentemente, a produtividade total não difere em condições nutricionais semelhantes. Entretanto, o IC das variedades modernas é superior ao das variedades mais antigas (Figura 5.51).

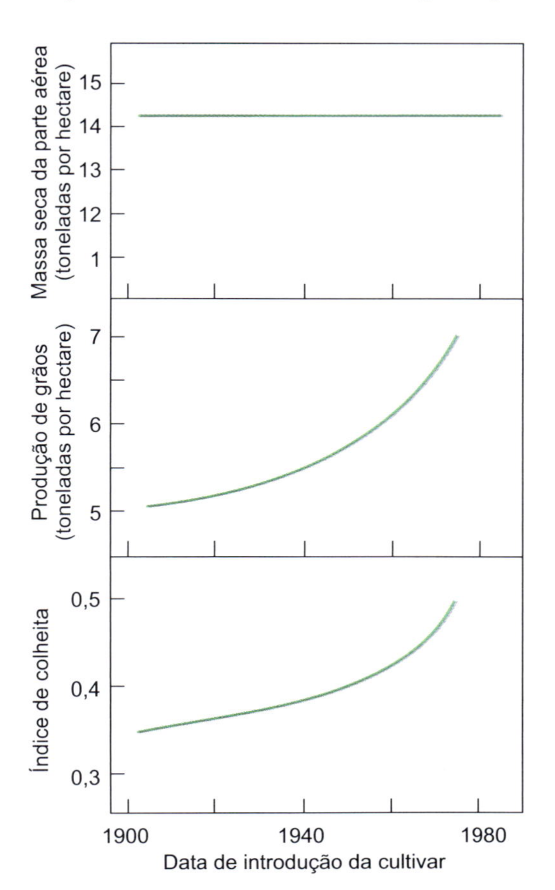

Figura 5.51 Massa seca da parte aérea e índice de coleta em oito cultivares britânicos de trigo plotados, de acordo com o ano de introdução de cada cultivar. O cultivo foi conduzido em solo fértil e com manejo intensivo. Adaptada de Gifford *et al.* (1982).

Em grande parte das áreas cultivadas do planeta, o rendimento das culturas tende a ser menor que o potencial genético das espécies e cultivares em decorrência de deficiências nutricionais, seca, salinidade, pragas e doenças. Melhorar a eficiência das plantas cultivadas em relação a tais limitações consiste em outro enorme desafio para o aumento do rendimento e da produção de alimentos.

Agradecimentos

Agradeço a colaboração, na execução das figuras, de Rodrigo dos Reis Salles.

Referências bibliográficas

Albertsson P-Ao. The structure and function of the chloroplast photosynthetic membrane. A model for the domain organization. Photosynthesis Research. 1995;46:141-9.

Buchanan BB, Gruissem W, Jones RL. Biochemistry and molecular biology of plants. Maryland: Courrier; 2000.

Buchanan BB. Carbon dioxide assimilation in oxygenic and anoxygenic photosynthesis. Photosynthesis Research. 1992;33:147-62.

Chollet R, Vidal J, O'Leary MH. Phosphoenolpyruvate carboxylase: a ubiquitous, highly regulated enzyme in plants. Annual Review of Plant Physiology and Plant Molecular Biology. 1996;47:273-98.

Chrispeels MJ, Sadava DE. Il ruolo dell'energia nell'accrescimento vegetale e nella produzione delle coltivazioni. In: Biologia Vegetale Applicata. Padova: Piccin Nuova Libraria; 1996. p. 184-211.

Demming-Adams B, Gilmore AM, Adams III WW. In vivo functions of carotenoids in higher plants. The FASEB Journal. 1996;J0:403-12.

Foyer CH, Valadier MH, Ferrario S. Co-regulation of nitrogen and carbon assimilation in leaves. In: Smirnof N, editor. Environment and plant metabolism: flexibility and acclimation. Oxford: Bios Scientific; 1995. p. 17-33.

Furbank RT, Taylor WC. Regulation of photosynthesis in C3 and C4 plants: a molecular approach. The Plant Cell. 1995;7:797-807.

Gifford RM, Thorne JH, Hitz WD, Giaquinta RT. Crop productivity and photoassimilate partitioning. Science. 1984;225:801-8.

Grossman AR, Bhaya D, Apt KE, Kehoe DM. Light-harvesting complexes in oxigenic photosynthesis: diversity, control, and evolution. Annual Reviews of Genetics. 1995;29:231-88.

Gutteridge S, Gatenby AA. Rubisco synthesis, assembly, mechanism, and regulation. The Plant Cell. 1995;7:809-19.

Hopkins WG. Introduction to plant physiology. 2. ed. New York: John Wiley & Sons Inc; 1998. 512 p.

Joyard J, Teyssier E, Miège C, Berny-Seigneurin D, Maréchal E, Block MA, et al. The biochemical machinery of plastid envelope membranes. Plant Physiology. 1998;118:715723.

Keely JE. CAM photosynthesis in submerged aquatic plants. The Botanical Review. 1998;64:121-75.

Larcher W. Ecofisiologia vegetal. São Carlos: RiMA Artes e Textos; 2000.

Lawlor DW. Photosynthesis: metabolism, control and physiology. London: Longman Scientific & Technical; 1987.

Leegood RC, Lea PL, Adcock MD, Häusler RE. The regulation and control of photorespiration. Journal of Experimental Botany. 1995;46:13971414.

Leegood RC. Carbon dioxide-concentrating mechanisms. In: Lea PJ, Leegood RC, editors. Plant biochemistry and molecular biology. New York: John Wiley & Sons; 1993. p. 47-72.

Long SP, Hälgren J-E. Measurement of CO_2 assimilation by plants in the field and the laboratory. In: Hall DO, Scurlock JMO, Bolhàr-Nordenkampf HR, Leegood RC, Long SP, editors. Photosynthesis and production in a changing environment. A field and laboratory manual. London: Chapman & Hall; 1993. p. 129-67.

Lorimer GH, Andrews TJ. The C2 chemo- and photorespiratory carbon oxidation cycle. In: Stumpf PK, Conm EE, editors. The Biochemistry of Plants. 1981;8:329-74.
Maffei M. Biochimica vegetale. Padova: Piccin Nuova Libraria; 1999. 612 p.
Mann CC. Genetic engineers aim to soup up crop photosynthesis. Science. 1999;283:314-6.
Moroney JV, Somanchi A. How do algae concentrate CO2 to increase the efficiency of photosynthetic carbon fixation? Plant Physiology. 1999;119:9-16.
Nimmo HG, Carter PJ, Fewson CA, Nelson JPS, Nimmo GA, Wilkins MB. Regulation of malate synthesis in CAM plants and guard cells; effects of light and temperature on the phosphorylation of phospho-enolpyruvate carboxylase In: Smirnoff N, editor. Environment and plant metabolism. Flexibility and acclimation. Oxford: Bios Scientific Publishers; 1995. p. 35-45.
Nobel PS. Physicochemical and environmental plant physiology. 4. ed. London: Academic Press; 1991. 635 p.
Oaks A. Efficiency of nitrogen utilization in C3 and C4 cereals. Plant Physiology. 1994;106:407-14.
Pakrasi HB. Genetic analysis of the form and function of photosystem I and Photosystem II. Annual Review of Genetics. 1995;29:755-76.
Salisbury FB, Cleon WR. Photosynthesis: environmental and agricultural aspects. In Plant physiology. 4. ed. Belmont: Wadsworth; 1992. p. 249-65.
Taiz L, Zeiger E. Photosynthesis: physiological and ecological considerations. In: Plant physiology. 2. ed. Sunderland: Sinauer Associates; 1991. p. 227-49.
Vogelman TC, Nishio JN, Smith WK. Leaves and light capture: light propagation and gradients of carbon fixation within leaves. Trends in Plant Science. 1996;1:65-70.
Wilson D. Response to selection for dark respiration rate of mature leaves in Lolium perenne and effects on growth of young plants and simulated swards. Annals Botany. 1982;49:303-12.
Woodrow IE, Berry JA. Enzymatic regulation of photosynthetic CO_2 fixation in C_3 plants. Annual Review of Plant Physiology and Plant Molecular Biology. 1988;39:533-94.

Bibliografia

Apel P. Evolution of the C4 photosynthetic pathway: a physiologists' point of view. Photosynthetica. 1994;30:495-502.
Blankenship RE. Origin and early evolution of photosynthesis. Photosynthesis Research. 1992;33:91-111.
Deisenhofer J, Harmut M. Structures of bacterial photosynthetic reaction centers. Annual Review of Cell Biology. 1991;7:1-23.
Golbeck JH. Structure and function of photosystem I. Annual Review of Plant Physiology and Plant Molecular Biology. 1992; 43:293-324.
Lawlor DW. Photosynthesis, productivity and environment. Journal of Experimental Botany. 1995;46:1449-61.
Rao KK, Hall DO, Cammack R. The photosynthetic apparatus. In: Gutfreund H, editor. Biochemical evolution. Oxford: Cambridge University Press; 1981. p. 150-202.
Raven PH, Evert RF, Eichhorn SE. Fotossíntese. In: Biologia vegetal. Rio de Janeiro: Guanabara Koogan; 1996. 728 p.
Roy H, Nierzwicki-Bauer SA. RuBisCO: Genes, structure, assembly, and evolution. In: Bogorad L, Vasil IK, editors. The photosynthetic apparatus: molecular biology and operation. Cell culture and somatic cell genetics of plants. Oxford: Academic Press; 1991. p. 347-62.
Stryer L. Fotossíntese. In: Bioquímica. 4. ed. Rio de Janeiro: Guanabara Koogan; 1995. p. 621-48.
Taiz L, Zeiger E. Plant physiology. 3. ed. Sunderland: Sinauer Associates; 2002. 690 p.
Vermaas W. Molecular-biological approaches to analysis photosystem II structure and function. Annual Review Plant Physiology and Plant Molecular Biology. 1993;44:457-81.
Walker D. Energy, plants and man. East Sussex: Oxygraphics; 1992.

6 Transporte no Floema

Manlio Silvestre Fernandes • Sonia Regina de Souza •
Cassia Pereira Coelho Bucher • Leandro Azevedo Santos

Visão geral do sistema de transporte no floema

O transporte e a distribuição de elementos nutritivos, principalmente açúcares, desde as áreas de síntese, que são as folhas fotossinteticamente ativas, ou a partir de órgãos de reserva, até as áreas de consumo, como folhas, flores e frutos novos, são feitos pelo *floema*. Tal como o xilema das regiões caulinares e radiculares novas em crescimento longitudinal (estrutura primária), o floema primário também se origina do procâmbio, formando o protofloema e o metafloema, bem como do *câmbio vascular* quando em crescimento secundário (lateral); nesse caso, originando o floema secundário (Figura 6.1). Trata-se, portanto, também de um tecido complexo de condução constituído por diferentes tipos de células, tais quais os *elementos crivados* (EC), as *células companheiras* (CC), as células do parênquima vascular (PV) e as células de sustentação, como fibras e esclereídeos. Porém, diferentemente dos elementos de condução do xilema, os vasos condutores do floema – os elementos crivados – são *vivos*, embora destituídos de núcleos e membranas do vacúolo (tonoplasto). Os EC podem ser de dois tipos: *células crivadas* e *elementos de tubo crivado*. Essencialmente, as primeiras são encontradas nas gimnospermas e em plantas vasculares sem sementes (samambaias e outras), e não apresentam placas crivadas (ver adiante), apenas *áreas crivadas* localizadas nas paredes laterais. Os elementos de tubo crivado são células muito mais especializadas, que, unidos longitudinalmente, formam os *tubos crivados*. Esses elementos se ligam lateralmente, entre si, por meio das áreas crivadas, e longitudinalmente, pelas placas crivadas terminais, cujos poros têm maior calibre que aqueles das áreas crivadas laterais, por isso sendo chamadas de *placas crivadas*. Assim, ambos os tipos diferem entre si pelo grau de especialização das áreas crivadas e pela distribuição destas nas paredes das células. O termo "crivado" refere-se, portanto, aos poros por meio dos quais os protoplastos de elementos crivados adjacentes (longitudinal e lateralmente) estão interconectados. Cerca de 80% do carbono assimilado na fotossíntese é translocado das folhas para atender ao metabolismo de células não fotossintéticas. Tal movimento depende, notadamente, da interação fisiológica entre os EC e certas células parenquimáticas altamente especializadas próximas a eles, as CC.

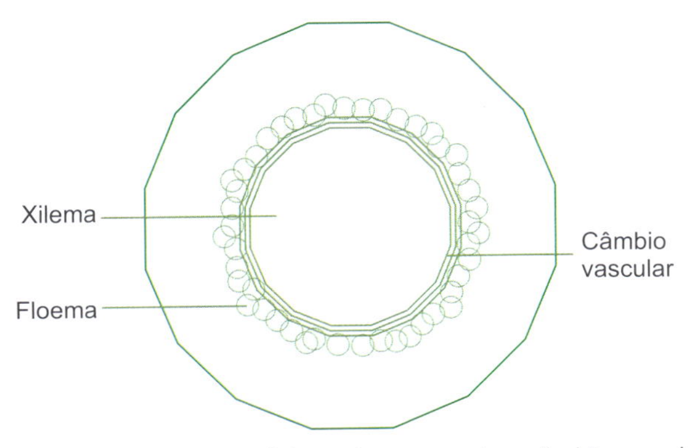

Figura 6.1 Corte transversal de caule mostrando o câmbio vascular e a diferenciação entre floema (para o exterior) e xilema (para o interior).

Uma visão de conjunto do sistema de transporte nas plantas é descrita na Figura 6.2. Água e nutrientes, principalmente íons inorgânicos, deslocam-se desde as raízes até a parte aérea, pelo xilema, graças às pressões que se desenvolvem no interior desses vasos. Por sua vez, açúcares, íons inorgânicos e outros solutos deslocam-se por toda a planta pelo floema. As células componentes dos EC por onde esse transporte é feito estão intimamente ligadas às outras células (não crivadas) pelos múltiplos poros: são as CC. Por essa conexão tão íntima, os EC e as CC formam de fato um conjunto que pode ser chamado de complexo *EC/CC* (elementos crivados/células companheiras). As CC, por sua vez, podem manter ligações com outras células do PV, podendo formar um contínuo que as liga às células do mesofilo, onde ocorrem a fotossíntese e a formação de esqueletos de carbono.

É interessante ainda observar, na Figura 6.2, que a água que se desloca para a parte superior do feixe vascular pode deslocar-se desde o xilema até o floema. Inversamente, a água pode também se deslocar do floema para o xilema e do apoplasto para as CC, e vice-versa. Embora os dois sistemas de vasos condutores difiram quanto a sua função e estrutura, em ambos podem desenvolver-se grandes pressões internas, tanto positivas quanto negativas, que afetam o deslocamento da água e dos solutos.

Apesar de não estar indicado na Figura 6.2, o deslocamento da água desde o apoplasto para dentro das células do complexo EC/CC é feito com a intermediação de proteínas de transporte (aquaporinas) localizadas na membrana plasmática (plasmalema) das células do sistema. O desenvolvimento do sistema EC/CC é bem característico das angiospermas, mas não se dá do mesmo modo nas gimnospermas.

A utilização de corantes fluorescentes mostra que o sistema EC/CC está isolado das outras células. Entretanto, ocorre

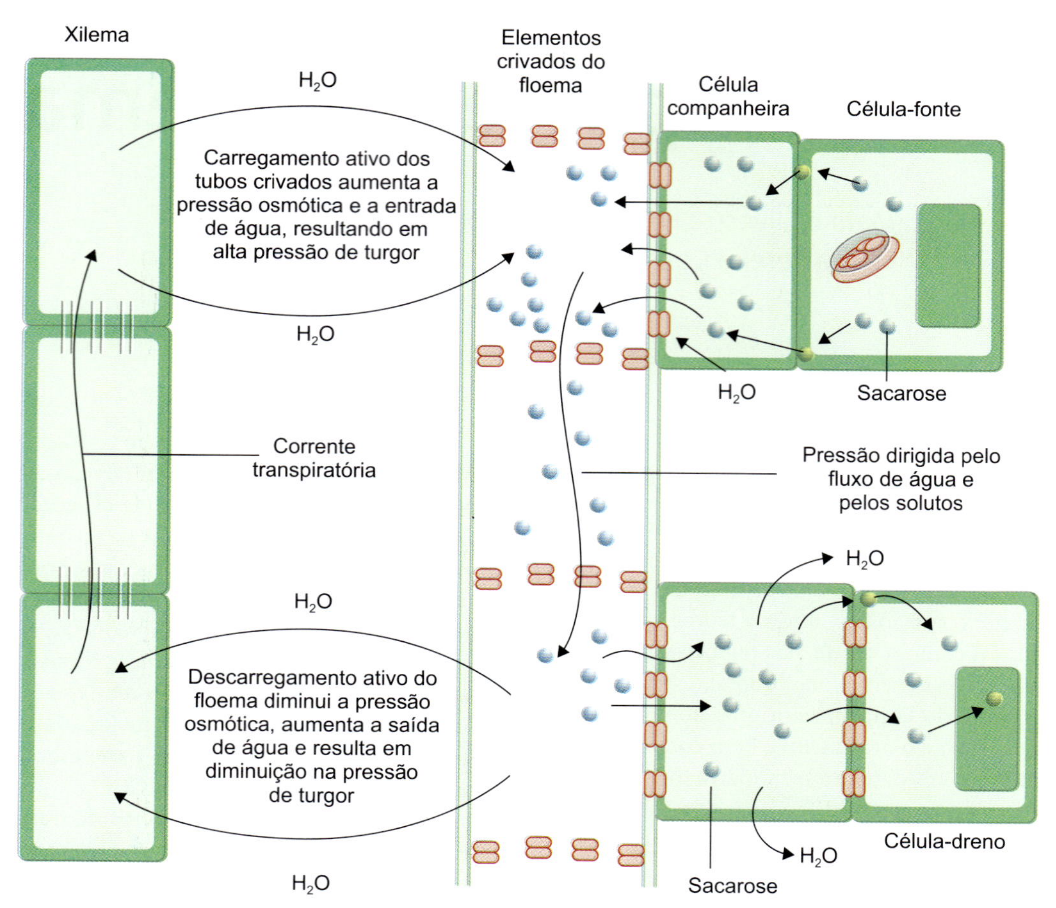

Figura 6.2 Diagrama esquemático do modelo de fluxo de pressão entre células-fonte e células-dreno por meio do xilema e do floema. Adaptada de Taiz e Zeiger (2003).

também o transporte lateral de fotoassimilados, o qual também se dá por meio da membrana plasmática das CC, por um sistema de bombeamento.

O floema não é uniforme, estruturalmente, em todas as partes da planta. Nas nervuras foliares, por exemplo, as células crivadas são bem menores que as do parênquima vascular.

Constituição dos elementos crivados e células companheiras

Elementos crivados (EC)

A estrutura dos EC foi descrita inicialmente por Hartig, em 1860. Eles são formados por células extensamente modificadas; quando o sistema está completamente desenvolvido (as células do floema estão maduras), elas passam por grandes alterações.

Durante o processo de diferenciação, as células dos EC sofrem um processo de autólise incompleta. Células do floema geralmente perdem o núcleo e o tonoplasto seguidos pela perda dos ribossomos e do complexo de Golgi. Nesse evento incomum de autólise, as células dos EC perdem a capacidade de transcrição e tradução gênica, de modo que a síntese de proteínas de que necessitam passa a ser feita pelas CC. Assim, elas não podem executar algumas das funções essenciais das células vegetais. Entretanto, mantêm suas mitocôndrias, que podem apresentar características diferentes daquelas de outras células vegetais. As células dos EC mantêm também alguns plastídios, o retículo endoplasmático liso e, claro, o que é fundamental para as funções que desempenham, a membrana plasmática, que formará um *continuum* com outras células adjacentes ao sistema crivado. Entretanto, as proteínas filamentosas (proteínas-P) persistem. O retículo endoplasmático é modificado, formando uma rede de microtúbulos e cisternas conhecida como *retículo do vaso crivado* (RVC).

Esse RVC, com as mitocôndrias, as proteínas-P e os plastídios, forma um sistema chamado camada parietal ou lâmina parietal. Essa lâmina parietal forma uma camada que reveste a parede interior das células dos EC, restando um grande espaço central que dá origem ao lúmen do sistema de EC. Há extensões macromoleculares de aproximadamente 7 ηm que prendem o retículo endoplasmático, as mitocôndrias e os plastídios entre si e os ancoram na membrana plasmática (van Bel *et al.*, 2002).

Os citoplasmas das CC são enriquecidos das organelas que faltam às células dos EC. Outra característica das células dos EC reside no fato de que a membrana plasmática de uma célula forma um *continuum* com a membrana plasmática das células adjacentes. Esse processo de diferenciação independe da presença das CC, visto que ocorre no protofloema da raiz, onde as CC não se desenvolvem.

A característica principal das células dos EC consiste na existência de poros nas suas paredes transversais constituindo a placa crivada (Figura 6.3). Esses poros na parede celular, com diâmetros que variam entre 1 e 15 μm, permitem formar conexões entre as células do sistema. Esses poros têm origem nas passagens dos plasmodesmos entre as células. Ocorre um alargamento gradual dessas passagens, até que os poros se formam. A celulose e outros elementos típicos da parede celular são substituídos por calose. A calose aos poucos vai sendo eliminada, dando lugar aos poros das placas crivadas.

Os EC apresentam, em geral, curta vida útil. Ao longo do tempo, são bloqueados pelo acúmulo de calose. À medida que as células dos EC vão sendo assim destruídas, outras células são diferenciadas, de modo que o transporte não sofre descontinuidade. Deve-se ressaltar, entretanto, que, embora a vida curta seja uma regra geral, já se observaram, em dicotiledôneas, EC que permaneceram funcionais por períodos de até 10 anos.

A diferenciação dos EC ocorre desde o início da diferenciação dos tecidos abaixo do meristema apical. Esses elementos, no início da diferenciação, são conhecidos como protofloemas, os quais, embora ainda em fase inicial de diferenciação, já podem ser usados intensivamente pelas plantas no transporte de nutrientes para os tecidos vegetais em desenvolvimento.

Células companheiras (CC)

Cada uma das células dos elementos crivados está conectada a uma ou mais *células companheiras* (ver Figura 6.3). As CC, ao contrário das células crivadas, são ricas em organelas, principalmente das organelas ausentes naquelas. São também características das CC a ausência de amido e uma elevada atividade das fosfatases. É interessante notar que, embora com características tão diversas, ambos (EC e CC) são originários da divisão de uma mesma célula-mãe. Apesar disso, as CC não

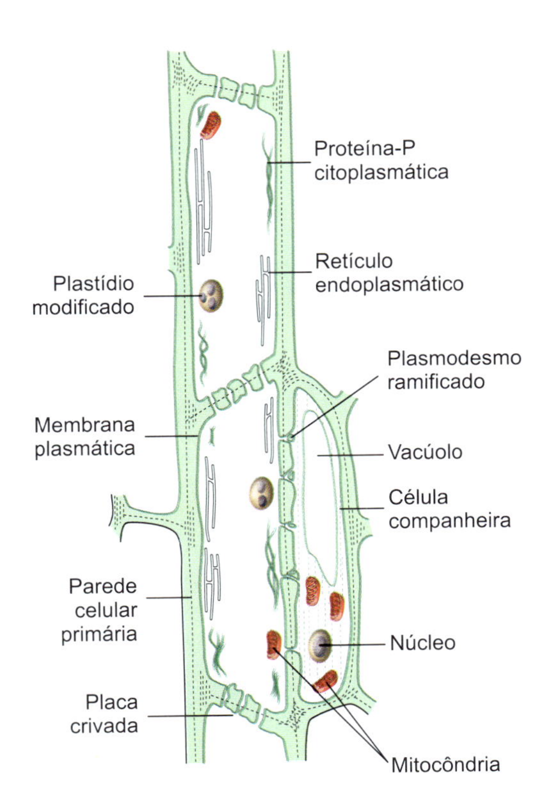

Figura 6.3 Constituição dos elementos crivados e das células companheiras. Adaptada de Taiz e Zeiger (2003).

são sempre necessárias, tanto que não existem no protofloema das raízes e no sistema EC de folhas de gramíneas com paredes celulares espessas.

As CC e os EC têm, por meio das paredes celulares, um sistema ramificado de comunicações, denominado *plasmodemata*, que permite uma intensa comunicação e a troca de substâncias entre elas (ver Figura 6.3). O arranjo é bem funcional, pois, enquanto as CC ricas em organelas podem sintetizar uma série de substâncias e compostos de alta energia como o ATP, passíveis de transferência rápida pelo plasmodesmo para as células dos EC, estas, por sua vez, concentram o seu metabolismo nas atividades essenciais ao transporte de fotossintatos ou fotoassimilados. A maior parte da atividade metabólica do elemento crivado é feita pelas CC. Entretanto, é preciso ressaltar que, ao contrário do que ocorre com as células do xilema, as células dos elementos crivados são vivas e suas paredes celulares não são lignificadas.

As CC têm sido classificadas, historicamente, de acordo com seus mecanismos de captura de nutrientes em três tipos: células companheiras ordinárias, células de transferência e células intermediárias (Slewinski *et al.*, 2013; Heo *et al.*, 2014; Otero e Helariutta, 2017). Além dessa classificação, existem CC envolvidas no carregamento passivo de açúcares por difusão, que não recebem nomes específicos, mas apresentam diversos plasmodesmos simetricamente ramificados (Otero e Helariutta, 2017).

Células companheiras ordinárias apresentam uma parede celular com superfícies internas lisas e número de plasmodesmos variável (Taiz *et al.*, 2017). Estão associadas ao carregamento do floema via apoplasma por meio da atuação de bombas de prótons, que geram um gradiente eletroquímico que possibilita a atuação de proteínas de membrana transportadoras de sacarose SUT1 (*sucrose transporters 1*).

As paredes das células companheiras de transferência têm invaginações ou reentrâncias que aumentam a superfície da membrana e, portanto, a superfície de absorção. Em *Vicia faba*, essas invaginações aumentam em 209% a superfície total da membrana (Giaquinta, 1983). Esse aumento de superfície das células de transferência também aponta para as CC como o sítio primário de carregamento do floema, quando o deslocamento de açúcares, desde as áreas de produção, é feito pelo apoplasto.

As CC intermediárias são maiores que as células ordinárias, têm um grande número de plasmodesmos conectados a células da bainha do feixe vascular e estão associadas ao carregamento via simplasma do floema, explicado pelo modelo de aprisionamento de polímeros (Otero e Helariutta, 2017).

As CC apresentam proteínas exclusivas ou predominantemente presentes. Os genes específicos de CC, em sua maioria, codificam para proteínas relacionadas com o transporte, incluindo H^+-ATPases, como a isoforma 3 (AHA3) de *Arabidopsis*, que atua na formação do gradiente eletroquímico necessário para a absorção de açúcares pelos transportadores específicos e na manutenção do balanço osmótico e químico da célula (DeWitt *et al.*, 1991; DeWitt e Sussman,1995; Otero e Helariutta, 2017). Além dessa H^+-ATPase, estão incluídas outras proteínas específicas de CC, como a pirofosfatase vacuolar de *Arabidopsis* tipo 1 (AVP1) (Paez-Valencia *et al.*, 2011), um carreador de sacarose denominado SUC2 (*sucrose transporter 2*) (Truernit e Sauer, 1995), transportadores de sulfato SULTR1,3 (Yoshimoto *et al.*, 2003) e SULTR2-1 (Zhang *et al.*, 2008).

Vias apoplástica e simplástica

Para entender melhor o processo de deslocamento de nutrientes nas plantas, é necessário conhecer, antes, o caminho que estes percorrem antes de chegarem à área vascular, ou seja, antes de entrarem na corrente do xilema e no sistema crivado de transporte do floema.

Tanto nas raízes quanto na parte aérea, nutrientes e água podem deslocar-se desde a parte mais externa (epiderme) até o parênquima vascular, tanto via apoplástica quanto via simplástica (Figura 6.4).

Apoplasma

O apoplasma compreende a soma dos espaços intercelulares e espaços formados por macro e microporos da parede celular. Esse espaço pode receber nomes diferentes conforme a área de estudo: *apoplasma* na fisiologia vegetal e *espaço livre aparente* (Figura 6.5) na nutrição mineral.

Em parte desse espaço, como nas áreas intercelulares, o deslocamento de solutos com carga de qualquer sinal ou de solutos eletricamente neutros, como a sacarose, é livre. Esse espaço é chamado de espaço livre de água. Nos poros da parede celular, entretanto, o depósito de ácidos orgânicos (poligalacturônicos) sobre os feixes de microfibrilas (basicamente formados de celulose e hemicelulose) gera uma superfície de cargas fixas que formam o *espaço livre de Donnan*.

Enquanto água e íons circulam livremente no espaço livre de água, no espaço livre de Donnan apenas água e sacarose circulam livremente, enquanto ânions e cátions têm seus movimentos restritos, dependendo do sinal do poro e dos íons (±) e da intensidade da carga.

Açúcares como a sacarose, produzidos nas células do mesofilo, deslocam-se para fora desta atravessando a membrana plasmática e circulando no espaço livre (apoplasma). Esse movimento no apoplasma pode ocorrer desde as células do mesofilo até as células companheiras ou as células do elemento crivado. Esse seria um movimento totalmente apoplástico.

Simplasma e plasmodesmo

Outra forma de deslocamento de nutrientes é a que ocorre célula a célula, por meio de conexões entre os protoplastos, chamadas de plasmodesmos (Figura 6.6). Nesse caso, tanto os açúcares quanto os nutrientes minerais como o K^+ podem deslocar-se livremente sem que haja interações do tipo das que ocorrem no espaço livre de Donnan.

Plasmodesmos são pequenos poros, com diâmetros em torno de 20 a 60 ηm, revestidos por uma membrana plasmática e que contêm um tubo central, denominado desmotúbulo, uma continuação do retículo endoplasmático.

A comunicação via plasmodesmos entre os EC e as CC é diferente daquela realizada por outros plasmodesmos, pois eles

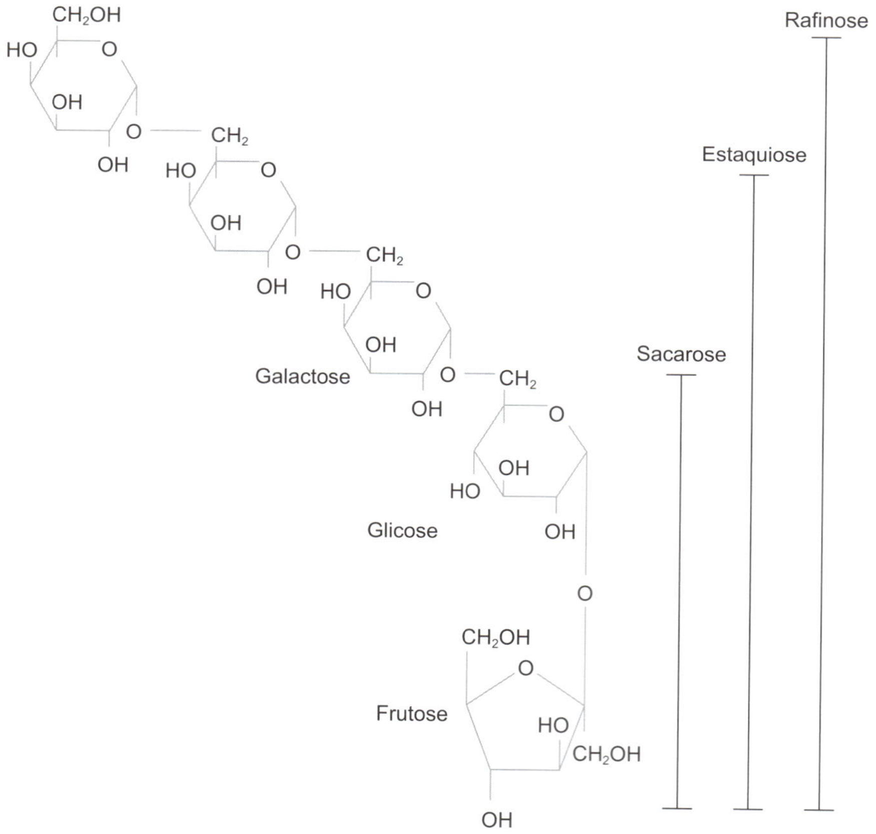

Figura 6.4 Variedade de açúcares encontrados na seiva do floema: monossacarídios (galactose, glicose e frutose), dissacarídio (sacarose), oligossacarídios (rafinose e estaquiose).

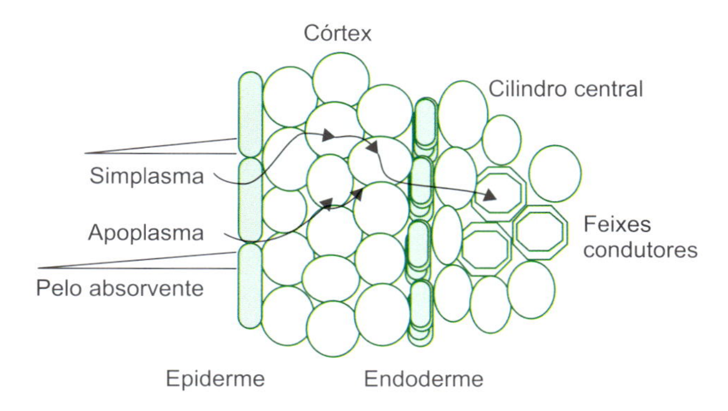

Figura 6.5 Corte radicular transversal mostrando o apoplasma e o simplasma pelas células do córtex e da endoderme.

formam um canal tipo poro do lado do EC e múltiplos canais de menor diâmetro do lado da CC (Ayre *et al.*, 2003).

A conexão célula a célula via plasmodesmos possibilita o transporte por meio dos protoplastos, denominado via simplástica (Figura 6.6). É necessário, portanto, que as CC tenham ligações em quantidade suficiente com as outras células ao longo da via de transporte, ou seja, a viabilidade do transporte via simplástica depende da intensidade das conexões via plasmodesmos entre as superfícies de células adjacentes ao longo do *continuum* mesofilo ⟶ sistema crivado. Presume-se que, quanto maior o número de conexões plasmodésmicas entre as células, maior será o potencial de transporte na interface.

Sobre o plasmodesmo, Gunning (1976) observou: "o plasmodesmo eleva a planta da condição de simples coleção de células individuais para uma comunidade de protoplastos vivos e interconectados".

A frequência dos plasmodesmos nas células que executam transporte simplástico está em torno de 15 por micrômetro quadrado (μm^2) de superfície celular.

Em células do mesofilo em *Oenotherma*, calculou-se que o plasmodesmo ocupa 0,38% das paredes celulares adjacentes. A magnitude do fluxo de açúcares pelo plasmodesmo, em poros com comprimento de 0,5 e 20 ηm de diâmetro, seria então de $3{,}8 \times 10^{-21}$ mol/s^{-1}. Na planta com fotossíntese C_4 *Salsola ali*, 0,1% da superfície da parede celular é ocupada com os canais dos plasmodesmos.

Plantas como *Vicia*, beterraba e milho apresentam pouca ligação direta entre as células do mesofilo e as células do complexo EC/CC via plasmodesmo, enquanto em outras plantas, como *Curcubita pepo*, há maior número de conexões entre essas células.

Entretanto, essa divisão das plantas entre as que têm muita e as que têm poucas conexões entre as células do mesofilo e o complexo EC/CC não é um parâmetro absoluto porque pode haver continuidade de ligações entre esses dois extremos (mesofilo e EC/CC) e as células do parênquima vascular e do parênquima do floema e mesofilo.

O que se verifica é que a frequência de conexões entre o complexo crivado e as células adjacentes pode variar muito. Em algumas espécies, existe uma frequência muito grande de plasmodesmos fazendo a ligação célula–célula, enquanto, em outras, essa frequência pode ser muito pequena ou mesmo nula.

Gamalei *et al.* (1991) propõem, para plantas dicotiledôneas, uma divisão em quatro categorias, de acordo com a frequência das ligações via plasmodesmos entre as células do *complexo crivado* e as células adjacentes:

- Células do tipo 1: exibem uma grande quantidade de conexões
- Células do tipo 2: exibem uma quantidade moderada de conexões
- Células do tipo 2a: exibem ligações esporádicas entre células
- Células do tipo 2b: não exibem, praticamente, contato entre células do EC/CC e células adjacentes.

A frequência de contatos via plasmodesmos entre cada categoria pode variar em torno de 10 vezes, o que pode resultar em variações de até 1.000 vezes na frequência de ligações plasmodésmicas entre famílias de dicotiledôneas.

As características das CC também mudam de acordo com o tipo de transporte – simplástico ou apoplástico – que as plantas fazem.

A estrutura e o funcionamento metabólico das células companheiras são determinantes do tipo de carregamento do floema (simplástico ou apoplástico).

Pelo menos dois tipos de estruturas estão bem caracterizados:

- Estrutura 1: as células companheiras não têm cloroplastos e apresentam uma extensa rede de retículo endoplasmático
- Estrutura 2: as células companheiras são menores e contêm vacúolos e cloroplastos. Esse grupo pode apresentar uma variante que se caracteriza por uma abundância de invaginações na parede celular.

Em geral, as CC com a estrutura 1 estão envolvidas em transporte via simplástica. Já as CC de estrutura 2 estão envolvidas em transporte via apoplástica.

Famílias que apresentam estrutura 1 transportam açúcares via simplástica na forma de oligossacarídios, principalmente rafinose, enquanto as de estrutura 2 o fazem via apoplástica sob a forma de sacarose.

Transporte intermediário

Pode também ocorrer um tipo intermediário de deslocamento em que os nutrientes percorrem parte do trajeto entre o mesofilo e as células crivadas via simplástica e parte do trajeto via apoplástica, saindo do sistema de transporte célula a célula em algum ponto, antes de chegarem às células companheiras ou crivadas. Tanto nesse caso quanto no de transporte totalmente via apoplástica, os nutrientes precisam voltar ao interior das células (companheiras ou elementos crivados) para seguirem então se deslocando via simplástica até chegarem ao floema.

Carregamento e descarregamento do floema

Entende-se por *carregamento do floema* todo o trajeto que os solutos fazem desde as *células do mesofilo* até o sistema de *elementos crivados*. Quando se fala em *carregamento dos elementos crivados*, faz-se referência, exclusivamente, ao

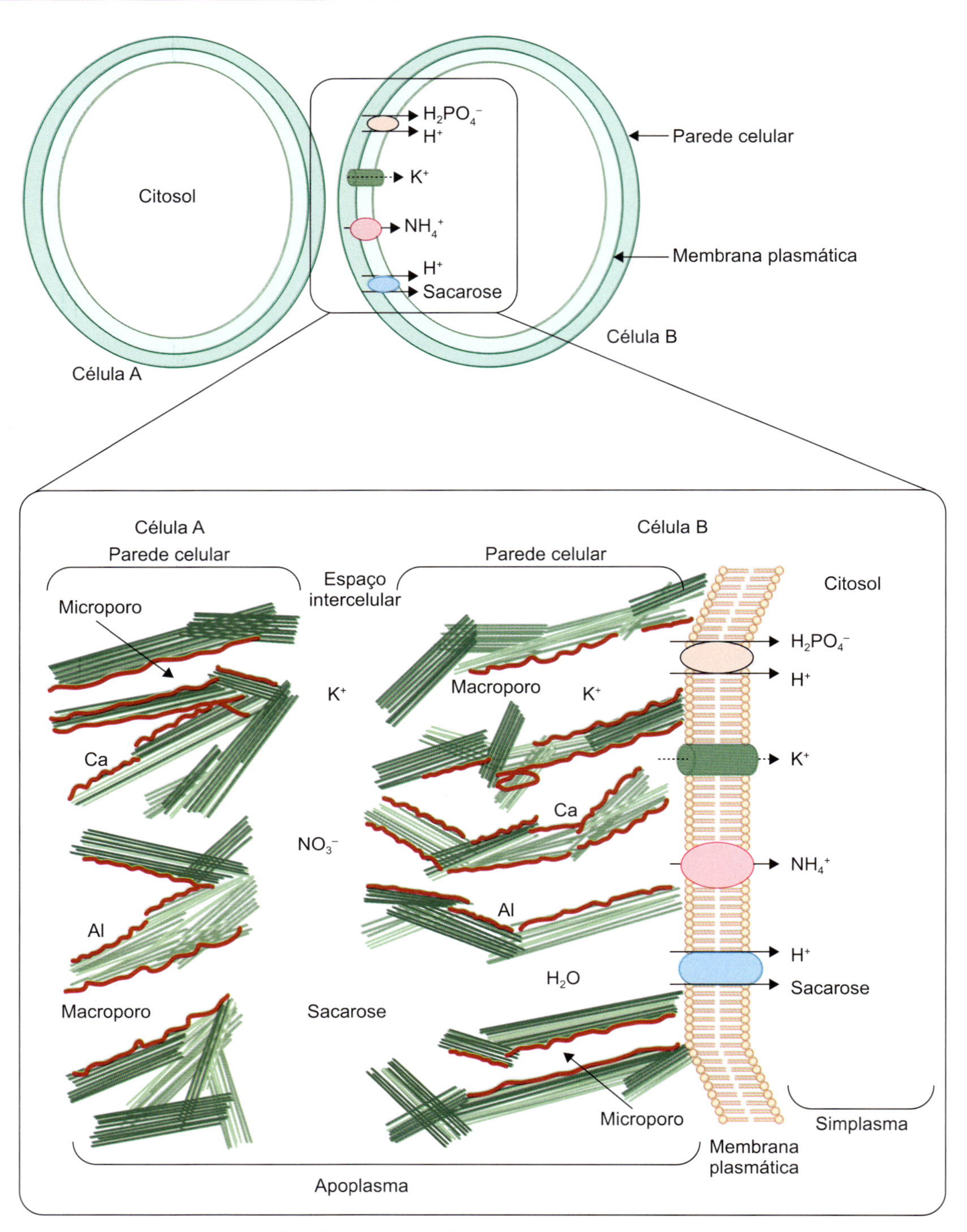

Figura 6.6 Representação do simplasma (limitado pela membrana plasmática) e do apoplasma das células vegetais formado pelos espaços intercelulares e pelo conjunto de macro e microporos da parede celular. Adaptada de Fernandes e Souza (2006).

carregamento de fotoassimilados no sistema de EC, que compreende o conjunto EC/CC.

Não existe um único tipo de carregamento do floema, o qual varia de acordo com as diversas famílias vegetais, podendo ser apoplástico, simplástico ou intermediário, combinando essas duas estratégias. A variação do carregamento do floema tem certamente um significado expressivo do ponto de vista ecofisiológico, sendo importante para a produção vegetal. O uso de uma ou outra estratégia de carregamento, ou da combinação de ambas, reflete as condições ambientais em que os diversos grupos de plantas se desenvolveram.

O carregamento do sistema de EC pode ser feito de duas maneiras. Uma delas é por meio do deslocamento de solutos desde as células que circundam o sistema vascular até as células companheiras, e das células companheiras até as células crivadas pelos plasmodesmos. Nesse caso, existe uma continuidade entre essas células, constituindo a via simplástica de carregamento do floema.

A difusão de açúcares de células do mesofilo para EC por plasmodesmos consiste em um transporte seletivo para certos açúcares, o que é comprovado pelo fato de espécies que utilizam a rota simplástica transportarem estaquiose e rafinose além de sacarose, o que ocorre contra um gradiente de concentração, pois o conteúdo osmótico em CC e EC é mais elevado que em células do mesofilo (Taiz *et al.*, 2017). Esse transporte seletivo, e contra um gradiente de concentração, sem o envolvimento de carregadores ativos no complexo EC/CC é explicado pelo modelo de *aprisionamento de polímeros* (Figura 6.7), no qual a sacarose difunde-se das células do parênquima vascular para as células intermediárias via simplasto e a favor de um gradiente de concentração, que é mantido pela polimerização da sacarose, formando oligossacarídios como rafinose e estaquiose nas células intermediárias. A rafinose e a estaquiose apresentam volume maior que o da sacarose e não conseguem se difundir de volta para as células do mesofilo, pois os plasmodesmos entre as células da bainha do feixe vascular são mais estreitos que os existentes entre as CC e os EC. Assim, os oligossacarídios ficam retidos nas células intermediárias, podendo somente ser direcionados para os EC, e o gradiente de sacarose é mantido, possibilitando o transporte contra um gradiente de concentração de açúcares, mas a favor de um gradiente de concentração de sacarose.

Outra estratégia de carregamento do sistema de elementos crivados é a apoplástica (Figura 6.8), em que os solutos são liberados das células do mesofilo ou das células do parênquima do floema e se deslocam no apoplasma (espaço livre) para posterior entrada em uma CC ou diretamente em EC. Portanto, para que ocorra o carregamento via apoplástica, é necessária a atuação de proteínas de transporte localizadas nas membranas para que o efluxo de açúcares a partir de células do mesofilo ou parênquima do floema e o posterior influxo dessas moléculas em CC e EC.

Transportadores de açúcares do tipo uniporte denominados SWEET (*sugars will eventually be exported transporters*) parecem facilitar a difusão de açúcares pelas membranas plasmáticas e funcionar como transportadores de efluxo em células do parênquima do floema durante o carregamento via apoplástica (Chen *et al.*, 2012; Chen, 2014). Após o efluxo e direcionamento via aploplasto, os açúcares são absorvidos no complexo EC/CC por meio da ação de transportadores localizados nas membranas, tipo simporte H^+/sacarose denominados SUT (*sucrose transporter*) (Lalonde *et al.*, 2004).

A Figura 6.9 mostra, esquematicamente, os dois sistemas de transporte de solutos e carregamento do floema. As setas com traço forte no interior das células mostram o caminho que os solutos podem percorrer desde a área de síntese, onde ocorre a redução fotossintética do CO_2 (células à esquerda, em azul), até a área vascular (células à direita, em laranja).

Açúcares e outros nutrientes deslocam-se das células do mesofilo, onde ocorre a redução de CO_2, para as outras células via plasmodesmo. Em um dos casos (setas mais largas), o deslocamento é todo feito via simplástica. Outra possibilidade, entretanto, é de que, em algum ponto do percurso (a célula do parênquima do floema indicada na Figura 6.9), açúcares possam sair do interior das células para o apoplasma. Posteriormente, esses solutos, que agora se deslocam via apoplástica, podem retornar ao interior de outras células para o carregamento do floema. Essa entrada de solutos a partir do apoplasma pode, em algumas espécies vegetais, ser feita pela plasmalema de uma CC, enquanto, em outras espécies, essa passagem para o interior ocorre diretamente nas células crivadas.

Quando, entretanto, se faz referência ao transporte de fotoassimilados em todo o sistema (desde o mesofilo), o carregamento do floema só pode ser considerado simplástico se houver ligação (continuidade) de todo o simplasma, desde as células do mesofilo até as CC. No caso de não existir essa continuidade, o sistema de carregamento é considerado apoplástico. É possível que, em determinado sistema, parte do percurso dos fotoassimilados seja feita via simplástica, mas em algum ponto as conexões via plasmodesmos sejam interrompidas e os fotoassimilados descarregados no espaço livre aparente e, depois, recarregados em outra célula de onde passam via simplástica para as CC. Nesse caso, o carregamento do floema é também considerado apoplástico. O carregamento só

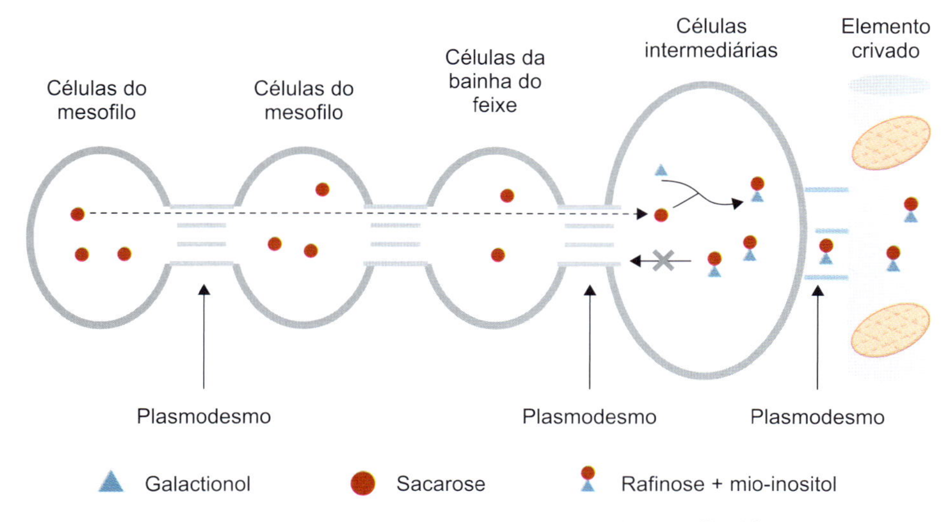

Figura 6.7 Modelo de aprisionamento de polímeros. A sacarose sintetizada nas células do mesofilo difunde-se para as células intermediárias por meio dos plasmodesmos. Nas células intermediárias, há a síntese de rafinose a partir de sacarose e galactinol. A rafinose formada não pode retornar para as células da bainha do feixe em virtude de seu maior volume em relação ao tamanho dos plasmodesmos. Plasmodesmos maiores existentes entre células companheiras e elementos crivados permitem a difusão da rafinose para os elementos crivados. Adaptada de Taiz *et al.* (2017).

é considerado realmente via simplástica quando todo o percurso está conectado pelo plasmodesmo. Essa diferenciação deve ser feita porque, em algumas plantas, o transporte de solutos pelas células EC/CC é feito via simplástica, enquanto o carregamento do floema se dá via apoplástica.

O carregamento de açúcares no floema tem lugar basicamente nas pequenas nervuras das folhas, que, às vezes, anastomosam, formando uma rede capilar. Essas nervuras podem ser classificadas em:

- Nervuras do tipo 1: onde as células companheiras têm uma grande superfície de retículo endoplasmático, não apresentam cloroplastos e os plastídios estão ausentes ou em pequena quantidade
- Nervuras do tipo 2a: onde as células companheiras são menores, contêm vários pequenos vacúolos e têm cloroplastos
- Nervuras do tipo 2b: onde as células companheiras especializadas em transporte (células de transferência) geralmente desenvolvem invaginações da parede celular.

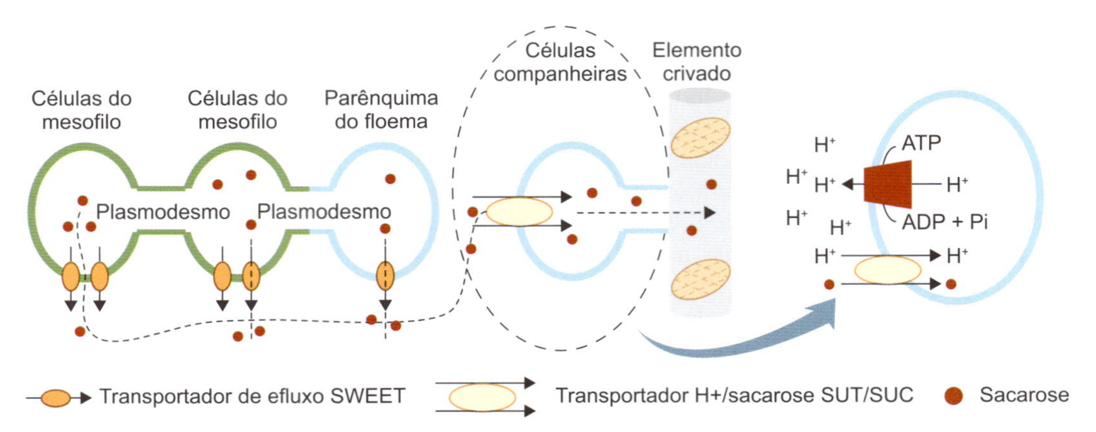

Figura 6.8 Carregamento apoplástico do floema. Adaptada de Chen (2014).

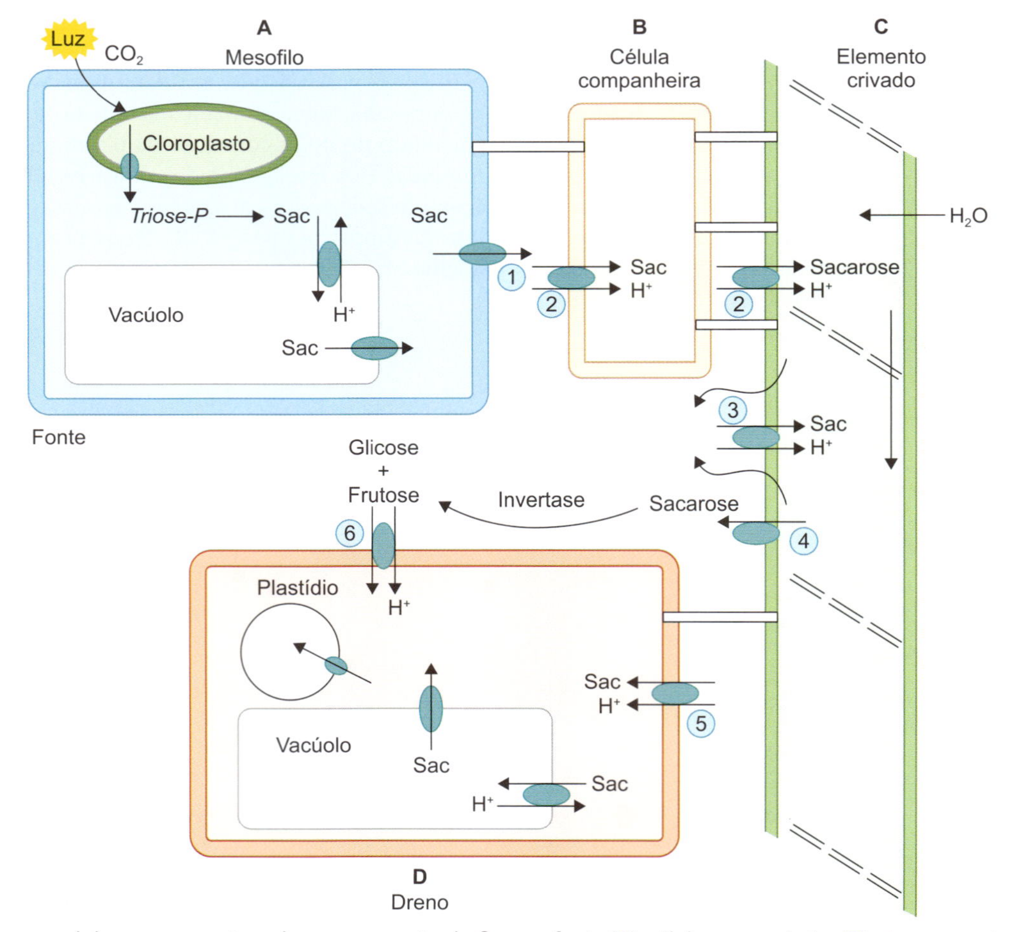

Figura 6.9 Esquema geral do carregamento e descarregamento do floema: fonte (**A**); célula companheira (**B**); elemento crivado do floema (**C**); dreno (**D**). Adaptada de Lalonde *et al.* (1999).

As nervuras dos tipos 1, 2a e 2b teriam surgido em sequência, ao longo do processo evolutivo. Pequenas áreas (aréolas) são demarcadas por essa rede de nervuras. Esse sistema é altamente eficiente na coleta de fotoassimilados produzidos no mesofilo foliar. Geiger (1980) observou que a beterraba açucareira tem 70 cm dessa rede capilar por cm^2 de lâmina foliar. Esse autor também observou que 33 μm lineares da rede capilar podem coletar os fotoassimilados produzidos por 29 células do mesofilo.

As configurações das pequenas nervuras, que determinam o modo de carregamento do floema, aparecem preferencialmente em determinadas zonas climáticas. De modo geral, o carregamento do floema via apoplástica predomina nas regiões de clima temperado e em climas áridos. O carregamento do floema via simplástica predomina nas regiões tropicais úmidas.

A maioria das plantas herbáceas, que se originaram em regiões de clima temperado, pertence ao grupo que transporta solutos para o sistema EC/CC via apoplástica. Nessa relação, encontra-se a maioria das plantas cultivadas, nas quais os açúcares podem entrar no sistema crivado diretamente do apoplasma.

A análise molecular mostrou que, no caso das plantas que apresentam transporte apoplástico, a ação do gene *SUT1* (*sucrose transporter 1*), que codifica o transportador de sacarose na membrana plasmática, aparece diretamente na membrana plasmática das células do EC. Contudo, no caso de espécies com sistema de transporte via simplástica, os transportadores de sacarose (SUC2: *sucrose*) estão associados à enzima invertase (que hidrolisa a sacarose em glicose e frutose) e localizados nas CC, mas não nas células do EC.

As proteínas SUT são transportadores simporte H^+/sacarose, que utilizam a força H^+-motriz presente pela membrana plasmática dos EC/CC para carregar sacarose no floema contra o seu gradiente de concentração (Chandran *et al.*, 2003) (ver Figura 6.8). Muitos genes *SUT* já foram identificados no genoma de diversas espécies com carregamento apoplástico e simplástico do floema. Análises filogenéticas identificaram cinco grupos distintos de proteínas SUT (Braun e Slewinski, 2009). O grupo 1 consiste em sequências SUT somente de monocotiledôneas; o grupo 2, apenas de SUT de eudicotiledôneas, vários dos quais responsáveis pelo carregamento apoplástico de sacarose, como o StSUT1 de batata (*Solanum tuberosum*) e o AtSUC2 de *Arabisopsis thaliana* (Srivastava *et al.*, 2008). O grupo 3 contém SUT tanto de monocotiledôneas quanto de eudicotiledôneas e funções ainda não conhecidas. O grupo 4 também apresenta SUT tanto de monocotiledôneas quanto de eudicotiledôneas, com alguns membros localizados no tonoplasto com uma provável função de fazer o efluxo de sacarose do vacúolo para o citosol (Reinders *et al.*, 2012). O grupo 5 consiste apenas em SUT de monocotiledôneas, cujas funções são ainda desconhecidas.

O milho (*Zea mays*) tem sido, há muito tempo, a planta modelo para o estudo de transporte no floema, caracterizado como uma espécie de carregamento apoplástico. Por meio de estudos moleculares e bioquímicos, o ZmSUT1 tem sido indicado como o transportador envolvido com o carregamento de sacarose no floema em folhas. Plantas defectivas no ZmSUT1 mostram forte prejuízo de crescimento, clorose foliar, inabilidade de transportar sacarose marcada radioativamente em folhas-fonte e acúmulo de sacarose e amido nas folhas (Slewinski *et al.*, 2009). Além disso, estudos de localização celular e subcelular mostraram que o ZmSUT1 está localizado na membrana plasmática das CC (Baker *et al.*, 2016).

Existem cinco genes *SUT* no genoma de arroz (*Oryza sativa*). Entre eles, apenas a expressão do gene *OsSUT1* foi capaz de restaurar o fenótipo de plantas mutantes de *Arabidopsis thaliana* (*Atsuc2*), indicando que somente o transportador OsSUT1 funciona para o carregamento apoplástico do floema em arroz.

Outras evidências também suportam a hipótese de que o arroz usa um mecanismo de carregamento apoplástico, com a localização da H^+-PPase e sacarose sintase (SUS) nos feixes vasculares. A geração da força-próton-motriz (FPM) para o transporte de sacarose pode ser favorecida pela ação da enzima SUS que cliva a sacarose em frutose e UDP-glicose, e esses açúcares podem ser usados para produção de ATP. Esse ATP é catabolizado pela H^+-ATPase que gera a FPM necessária ao transporte de sacarose. Em *Arabidopsis*, H^+-PPases expressas na membrana plasmática das células do sistema EC/CC (Regmi *et al.*, 2016) podem funcionar como sintases para gerar pirofosfato estimulando o catabolismo de sacarose e a resultante produção de ATP para sustentar a FPM (Gaxiola *et al.*, 2012). A localização das H^+-ATPases em CC e EC segue tendência semelhante à dos transportadores de sacarose.

Nas espécies que transportam açúcares via simplástica, cujas H^+-ATPases estão localizadas na plasmalema das CC, há um transporte intenso de estaquiose e rafinose, principalmente nas chamadas células intermediárias (CI).

Sugere-se que tanto o RNAm quanto a proteína SUTI possam se mover no desmotúbulo do plasmodesmo que liga as CC ao EC.

No caso do transporte simplástico, a sacarose entra nas CC a partir das células do feixe vascular. Uma vez no interior das CC, há a formação em oligossacarídios da família da rafinose (rafinose, estaquiose). Esses polímeros são muito grandes e não passariam pelos poros do plasmodesmo, o que impediria seu retorno ao sistema transportador. Assim, o transporte de açúcares no simplasma seria unidirecional (mesofilo ⟶ complexo crivado) e contra o gradiente de concentração total de açúcares (ver Figura 6.9). Desse modo, a polimerização funciona como uma armadilha para açúcares, que retêm os polissacarídios nas CC contra um gradiente de concentração, o que torna o carregamento do floema menos eficiente nas plantas que transportam os fotoassimilados via simplástica. Em consequência, o deslocamento do carbono por unidade de massa das folhas é maior nas espécies que exibem carregamento do floema via apoplástica.

Verifica-se, entretanto, que a natureza do carregamento do floema não depende apenas da existência ou não de ligações abundantes pelos plasmodesmos. O tipo de metabolismo das CC e das células adjacentes é fundamental nesse processo. Em uma escala de evolução, o modo de carregamento via simplástica é o mais antigo, tendo os outros sistemas evoluído posteriormente.

Embora alguns estudos com marcadores fluorescentes sejam consistentes com o descarregamento apoplástico do floema nos caules, os transportadores que facilitam a liberação da sacarose no apoplasma dos EC ainda necessitam de uma caracterização mais detalhada (Julius *et al.*, 2017). Entretanto, acredita-se que os transportadores da família SWEET desempenham essa função (ver Figura 6.8). Acredita-se que os SWEET sejam transportadores uniporte que realizam o efluxo passivo de sacarose e/ou hexoses a favor de seus gradientes de concentração pela membrana (Latorraca *et al.*, 2017). Análise filogenética dessa família gênica em plantas mostrou quatro grupos distintos. Os grupos I, II e IV transportam predominantemente hexoses, e o grupo III sacarose, embora algumas exceções sejam conhecidas (Le Hir *et al.*, 2015). Os transportadores SWEET do grupo III têm sido identificados como candidatos a facilitadores da difusão de sacarose para o apoplasto em muitos tecidos (Chen *et al.*, 2012). Genes *SWEET* do grupo IV podem também estar localizados no tonoplasto (Chardon *et al.*, 2013).

Em sorgo granífero (*Sorghum bicolor*), o gene *SWEET* do grupo III, *SbSWEET13a*, é altamente expresso em folhas e caules (Makita *et al.*, 2015). De forma análoga, o gene *SvSWEET13b* de *Setaria viridis* apresentou elevada expressão em tecidos maduros, sugerindo um descarregamento apoplástico de sacarose (Martin *et al.*, 2016). Além do seu provável papel no descarregamento do floema, os transportadores SWEET podem estar localizados na membrana plasmática das células de armazenamento do parênquima e promover a saída de sacarose para o apoplasto em caules maduros.

Como grande parte da sacarose descarregada do floema entra nas células do parênquima sem ser clivada pelas invertases da parede celular (CWIN – *cell wall invertase*), os transportadores SUT localizados da membrana plasmática são candidatos promissores para absorção da sacarose nos caules. Tanto o genoma do sorgo sacarino quanto do granífero contêm seis genes *SbSUT*, todos com atividade de transporte (influxo) de sacarose, quando expressos de forma heteróloga em levedura (Bihmidine *et al.*, 2015). O conjunto de genes *SUT* expressos nos entrenós do sorgo varia de acordo com o cultivar (*background genético*) e o estágio de desenvolvimento do caule (Julius *et al.*, 2017).

Transporte de sacarose

O transporte de sacarose desde o apoplasma para o interior das células companheiras ou dos elementos crivados é feito contra um gradiente de concentração. Para que ele ocorra, é necessário um gasto de energia, ou seja, é um sistema de transporte ativo.

No caso de moléculas que não têm carga elétrica, como é o caso da sacarose ou da glicose, o cálculo da energia necessária para executar esse tipo de trabalho é obtido pela equação de Nernst.

$$\Delta G = RT \times \ln \frac{[C_i]}{[C_e]}$$

Em que:

- ΔG: variação de energia livre do sistema
- R: constante dos gases
- T: temperatura absoluta
- C_i: concentração interna
- C_e: concentração externa.

Para o transporte de glicose contra um gradiente de 1:10, a variação de energia livre seria:

$$\Delta G = 1,98 \times 293 \times \ln \frac{[0,1]}{[0,01]}$$

$$\Delta G = 1,34 \text{ kcal/mol}$$

Para uma relação de concentração de

1:100 $\Delta G = 2,68$ kcal/mol

1:1.000 $\Delta G = 4,02$ kcal/mol

Vale lembrar que a hidrólise de 1 mol de ATP (ATP + HOH ⟶ ADP + Pi) produz 7,3 kcal.

A absorção de sacarose pelas células do complexo EC/CC segue o modelo de Michaelis-Menten, isto é, apresenta cinética de saturação. Mostra também um sistema dual de absorção, e o componente de alta afinidade mostra cinética de saturação, enquanto o componente de baixa afinidade aparentemente não é saturável. O primeiro componente opera em concentrações baixas de sacarose, provavelmente iguais às que ocorrem normalmente no apoplasma. O segundo componente opera nas concentrações mais elevadas. Em ambos os casos, os dados indicam uma absorção via simporte (sacarose–próton). No caso do sistema de alta afinidade, a estequiometria (sacarose:próton) do sistema seria de 2:1 (em concentrações menores que 5 mols m^{-3}). No segundo caso (concentrações entre 5 e 15 mols m^{-3}), a relação muda para 6:1.

É interessante ressaltar que todos os transportadores de sacarose identificados até aqui são cotransportadores (sacarose/H^+). O K_m aparente para sacarose nesses transportadores está na faixa de 1 mM, e a estequiometria do cotransporte é de 1:1.

Não está esclarecido ainda se as células crivadas têm ou não bombas iônicas de extrusão de H^+ na membrana plasmática. No caso das CC, entretanto, já foi localizado um gene que codifica para H^+-ATPases (bombas de prótons). Entretanto, é bom ressaltar que a concentração de ATP (substrato para as H^+-ATPases) no sistema crivado é bem elevada, geralmente em torno de 1 mM.

Bombas de prótons

As bombas de prótons são transportadores de íons específicos para prótons, funcionando com energia metabólica da hidrólise de ATP. Elas podem ser descritas como próton-ATPases (H^+-ATPases). O transportador, estimulado pela presença de H^+ no meio interno, usa a energia gerada pela hidrólise do ATP para mudar de estado energético, liga-se ao H^+ e o bombeia para o meio externo, independentemente da troca por outro cátion (do meio externo). Trata-se, portanto, de um sistema de transporte unidirecional chamado *uniporte* (Fernandes e Souza, 2006).

Uma transferência unidirecional de cargas promove eletronegatividade (pois não ocorre transporte simultâneo de outro cátion de fora para dentro, de modo que a diferença de carga positiva pudesse ser compensada no interior negativo). Desse modo, quando um microeletrodo for inserido na célula, fazendo conexão com o meio externo, aparece uma corrente. Ao potencial que é gerado entre o interior e o exterior da célula, pela plasmalema, chama-se *potencial da membrana* (ψ). O bombeamento de prótons por esse sistema gera, do interior para o exterior da célula, uma força próton-iônica.

A força próton-iônica pode ser calculada a partir da equação:

$$\Delta p = \Psi - 2{,}303 \times \frac{[RT]}{[F]} \times \Delta pH$$

O potencial eletroquímico para prótons ($\Delta\mu H^+$) é função da diferença de pH (ΔpH) e do potencial pela membrana (ψ). Assim, ambos, ΔpH e ψ, são capazes de energizar o transporte. Entretanto, o transporte é otimizado em ambiente ácido. Como o pH do apoplasma é geralmente ácido (5,0 a 6,0), e o K_m para H^+ baixo, a protonação do carregador dificilmente seria um fator limitante do transporte.

Cátions podem ser absorvidos, via transportadores de íons, a favor de um gradiente de potencial eletroquímico. Entretanto, ânions, aminoácidos e açúcares são absorvidos contra um gradiente de potencial eletroquímico ou contra um gradiente de concentração.

São os gradientes próton-iônicos que permitem o transporte (simporte) de sacarose e de monossacarídios contra elevados gradientes de concentração.

O transportador de sacarose (SUT1, *sucrose transporter 1*) já foi localizado ao longo de todo o floema, desde as regiões-fonte até as regiões-dreno. Do mesmo modo, já foi localizada no floema uma isoforma da H^+-ATPase específica da membrana plasmática.

A sacarose é transportada para dentro das CC por cotransporte com prótons (simporte). O transporte de sacarose nessas circunstâncias mostra cinética de saturação com o aumento da concentração de sacarose. Foi observado um K_m aparente para sacarose de 1 mM, enquanto o K_m aparente para H^+ é apenas de 0,7 μM.

Existe especificidade de transporte para a sacarose. O transporte de sacarose é um cotransporte, mesmo sendo a sacarose uma molécula neutra. A evidência mais notável do cotransporte de H^+ e sacarose é a indução por esta da entrada de H^+ no floema. O transporte (influxo) de H^+ via cotransporte (H^+/sacarose) causa uma despolarização nas membranas das células do floema e, como consequência, ocorre um efluxo de íons K^+, cujos teores são normalmente elevados no floema.

Há uma substancial redução no carregamento de sacarose no floema quando o apoplasto sofre uma variação (aumento) de pH. Em beterraba-açucareira, foi observada uma redução de cerca de 40% no carregamento do floema quando o pH externo variou de 5,0 para 8,0.

Vários pesquisadores observaram que a adição de sacarose aos cotilédones de *Ricinus* provocou um aumento de pH do meio externo de 0,1 a 0,2 unidade de pH. O pH volta aos valores originais cerca de 30 min após a retirada da sacarose do meio.

A estequiometria do processo de cotransporte, observada em *Ricinus*, foi de 3 H^+/sacarose.

Quando é feita a perfusão do sistema vascular com sacarose (25 mM), ocorre um aumento do pH da solução (perfusato). Essa alcalinização (0,6 a 0,9 unidade de pH) é temporária, retornando-se ao pH original em torno de 30 a 60 min após o início do processo. De várias soluções de açúcares testadas nesses experimentos de perfusão (sacarose, manitol, glicose, frutose e galactose), apenas a sacarose mostrou esse efeito sobre a variação do pH.

Os custos energéticos do transporte de sacarose podem ser estimados a partir da relação 1 ATP/sacarose. Estima-se que 0,3% do ATP derivado dos fotoassimilados pode ser usado nesse processo. Entretanto, cálculos feitos a partir do consumo de O_2 no processo de absorção indicam uma estequiometria de 1,1 a 1,4 ATP/sacarose.

Visão geral do carregamento e descarregamento do floema

No conceito inicial sobre transporte no floema proposto por Münch em 1930, os tubos crivados são vistos como estruturas longitudinais impermeáveis, formadas por sequências unidas de células dos EC, onde ocorre um processo de *fluxo de massa de solutos*. Esse fluxo é dirigido por um gradiente de pressão que vai das regiões de maior concentração de solutos (fontes) para as de menor concentração de solutos (drenos); entretanto, os tubos crivados não são hermeticamente fechados, mas sim canais porosos, com entrada e saída contínua de solutos (Thompson, 2006).

A absorção de sacarose pelos elementos crivados gera um gradiente de pressão hidrostática entre as áreas de carregamento e as áreas de descarregamento do floema, ou seja, entre a fonte e o dreno.

O aumento da pressão hidrostática nas áreas-fonte é também resultado da atividade de outro tipo de proteína de transporte, as *aquaporinas* (ver Capítulo 1). Estas permitem que a água que circula na planta via xilema seja absorvida pelo floema. Outras substâncias, como aminoácidos e principalmente K^+, também contribuem para a formação desse gradiente de pressão.

O enunciado de Münch tem levado à suposição, equivocada, de que o floema funcionaria como uma "mangueira de jardim", com a pressão distribuindo solutos igualmente ao longo do sistema. Entretanto, como observado por Thompson (2006), o floema é mais parecido com um "capilar", e a pressão de turgor a longa distância não pode ser usada para o controle do fluxo no floema.

O transporte de longa distância no floema está ligado a uma família de proteínas conhecida como transportadora de açúcares. Análises da atividade do gene *SUT1* (*sucrose transporter 1*), que codifica para transportador de sacarose em plantas de fumo e batata-inglesa, mostraram que o carregamento do floema ocorre via transporte de reservas do apoplasma para os EC por meio da plasmalema, com mediação desses transportadores.

O complexo EC/CC, com as CC ricas em citoplasma e organelas, é o local de carregamento do floema. Pesquisas com carbono marcado (^{14}C) mostraram que a cinética de aparecimento de sacarose marcada nas CC é idêntica à cinética de exportação da sacarose nos EC. Contudo, a concentração elevada de sacarose do complexo EC/CC, em torno de 0,3 a 0,8 M, aponta ser esse sistema o ponto de entrada de açúcares na célula.

O sistema EC/CC apresenta uma grande superfície de membrana, que possibilita o carregamento do floema. Em folhas de beterraba-açucareira, o fluxo de açúcares para dentro do sistema foi calculado em 16 ρmol cm^{-2} s^{-1}, o que permite os fluxos pelo sistema de 3,2 ηmol de sacarose por cm^2 por min (3,2 ηmol cm^{-2} s^{-1})

Na Figura 6.9, é mostrado um esquema geral do carregamento e descarregamento do floema. Todo o processo tem início naturalmente com a fixação de CO_2 no cloroplasto das células do mesofilo. De lá, trioses-fosfato deslocam-se para o citosol, onde ocorre a síntese de sacarose. A sacarose presente no citosol pode ser deslocada para o vacúolo, onde é acumulada.

A energia para esse processo origina-se do gradiente de H^+ que é criado entre o vacúolo e o citosol, que aciona o sistema de transporte tipo antiporte (Figura 6.10 A).

A sacarose livre no citosol das células do mesofilo desloca-se para o apoplasto, de onde pode ser absorvida pelas CC por um sistema transportador via simporte. Novamente, são os gradientes de H^+ entre o apoplasto e as CC que geram a energia para esse transporte. Observa-se ainda que, na Figura 6.10, está indicada a possibilidade de absorção da sacarose do apoplasto diretamente para as células crivadas. A sacarose assim absorvida desloca-se ao longo do sistema crivado, podendo eventualmente passar de novo para o apoplasto nas áreas próximas aos tecidos-dreno, graças aos consideráveis gradientes de sacarose formados entre o floema e o apoplasto nessa área, como já descrito. As células da região-dreno podem então absorver diretamente a sacarose que foi deslocada para o apoplasto, via simporte, ou é possível haver a hidrólise do dissacarídio com a formação de glicose e frutose, que podem igualmente ser absorvidas pelas células-dreno por cotransporte com um próton.

As trocas entre citosol e vacúolo nas células dos tecidos-dreno seguem o mesmo esquema, inclusive energético, descrito para as células do mesofilo.

A sacarose é sintetizada exclusivamente no citoplasma das células do mesofilo pela sintetase de sacarose-fosfato.

A transferência dessa sacarose é feita da seguinte maneira:

- Entre células do mesofilo
- Das células do mesofilo para a proximidade das nervuras
- Das proximidades da nervura para as células do floema.

A Figura 6.10 dá ênfase à ideia de que as pressões que se desenvolvem entre a fonte e o dreno, embora extremamente importantes para o transporte de solutos no floema, não são, necessariamente, suficientes para explicar o fenômeno do transporte na sua totalidade.

O fluxo no floema é muito influenciado pelos mecanismos de carga e descarga de solutos e pelo influxo de água nas células do sistema crivado. Isso põe em evidência os mecanismos geradores de gradientes protoniônicos, em consequência da força próton-motriz ao longo de todo o sistema de transporte no floema. A síntese e a atividade das proteínas de transporte e a disponibilidade de energia são fundamentais nesse processo.

O fluxo de sacarose a partir do complexo EC/CC até o apoplasma pode se dar por simples difusão, a favor de um gradiente de concentração, isto é, alta concentração no sistema EC/CC e menor concentração no apoplasto.

Ao longo do floema, é possível haver deslocamento lateral de solutos em direção aos drenos axiais. A distribuição de solutos entre o sistema EC/CC e o parênquima vascular depende do potencial de membrana por meio da membrana plasmática de cada um desses sistemas (Figura 6.11).

Os fotoassimilados que se movimentam no floema podem sair do complexo EC/CC e circular pelo apoplasma, de onde podem ser transportados de volta ao sistema EC/CC ou para o interior das células do PV. Em um experimento com plantas nas quais os solutos se deslocam principalmente via apoplástica como em *Vicia* e *Solanum*, ou com plantas em que os solutos se deslocam predominantemente via simplástica, como em *Curcubita* e *Ocium*, Hafke *et al.* (2005) observaram

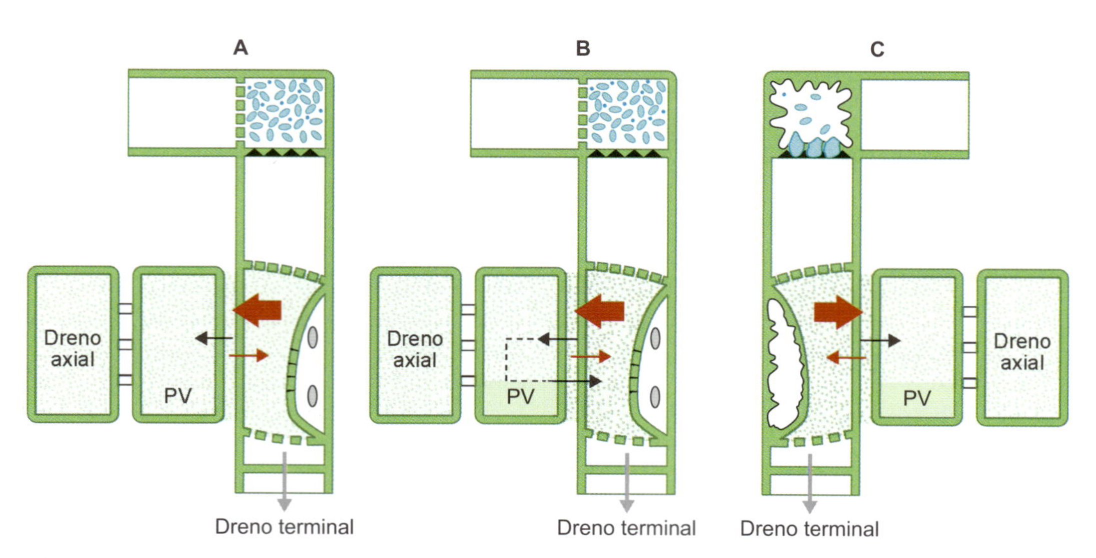

Figura 6.10 Modelo hipotético do impacto que a diferença da força próton-motriz ($\Delta C = \Delta\psi_{EC/CC} - \Delta\psi_{PV}$) entre as células do complexo EC/CC (elementos crivados/células companheiras) e as células do parênquima vascular (PV) exerce na partição dos fotoassimilados em plantas que fazem o transporte via simplástica (**A** e **B**) ou apoplástica (**C**). Nas espécies em que as células do complexo EC/CC são carregadas via apoplástica, o deslocamento de fotoassimilados para os drenos terminais é mais eficiente (**C**), enquanto nas outras espécies nas quais há o carregamento simplástico do floema ocorrem perdas maiores para os drenos axiais (**A** e **B**). Adaptada de Hafke *et al.* (2005).

que a partição dos solutos do apoplasma entre EC/CC e PV se correlacionou fortemente com a força próton-motriz de cada um desses grupos de células. O componente principal da força próton-motriz nesse caso é o potencial da membrana (Ψ). Assim, quando a diferença do potencial da membrana entre os dois grupos de células é maior que 1 (dEC–CC/dPV > 1), deve ocorrer uma intensa reassimilação dos solutos do apoplasma. Todavia, quando a relação é menor que 1 (dEC–CC/dPV < 1), o acúmulo de solutos pelas células do parênquima vascular é predominante.

Esses resultados indicam que o deslocamento de fotoassimilados em direção aos drenos terminais (frutos, flores, raízes etc.) é favorecido em plantas nas quais o transporte via apoplástica é dominante. A Figura 6.11 exemplifica essa situação.

O que é transportado

Açúcares

Embora no estudo do transporte de açúcares pela membrana plasmática de células vegetais seja dada ênfase aos dissacarídios, ocorre também o transporte de monossacarídios (glicose, frutose, manose e ribose). O primeiro gene clonado que codifica para transportador de hexose foi o *HUP1* (*hexose transporter*). Como já comentado, para que um sistema de transporte de hexoses tenha significado biológico, é necessário que se formem, simultaneamente, invertases que transformam sacarose em glicose e frutose.

Quando se coletam exsudados do floema, encontram-se vários açúcares, tanto monossacarídios (glicose, galactose, frutose) quanto dissacarídios (sacarose) e oligossacarídios (rafinose, estaquiose). Também são encontrados açúcares modificados, como o sorbitol e o manitol, que são derivados alcoólicos (Figura 6.12).

As substâncias transportadas em maior quantidade no floema são os açúcares não redutores do grupo da rafinose (sacarose, rafinose, estaquiose e verbascose). Desse grupo, a sacarose é o açúcar transportado em maior quantidade, embora outros açúcares também estejam presentes. Rafinose e estaquiose, por exemplo, são comumente transportados no floema. O manitol também é encontrado com frequência no floema. Os açúcares redutores, como a glicose, a frutose e a manose, quase nunca são encontrados no floema.

A sacarose é o açúcar transportado em maior volume no floema, podendo atingir concentrações que variam de 0,3 a 0,9 M. Em termos gerais, a concentração de sacarose no floema da maioria das plantas fica em torno de 12 e 120 mg de açúcar por mℓ de seiva.

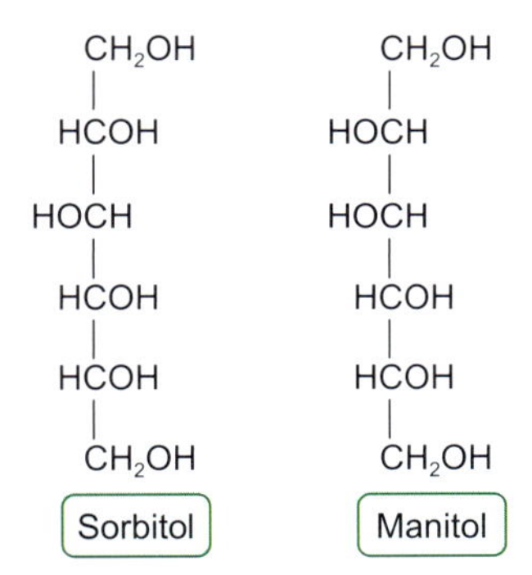

Figura 6.11 Açúcares-alcoóis: sorbitol e manitol.

Outros elementos transportados

O nitrogênio (N) é transportado no floema, predominantemente sob a forma de aminoácidos e amidas. Os aminoácidos usados nesse transporte são principalmente o ácido aspártico, o ácido glutâmico e as suas amidas asparagina e glutamina, respectivamente. A concentração de aminoácidos na seiva do floema pode variar de acordo com a época do ciclo de desenvolvimento da planta e a disponibilidade de nutrientes. Criado *et al.* (2017) verificaram alterações no perfil de aminoácidos transportados via floema em plantas de cevada, em resposta a condições de cultivo com baixa suplementação de fósforo.

Além das formas orgânicas, foi verificado em pesquisas recentes o transporte do N-NO_3^- via floema, sendo os seguintes transportadores de nitrato das famílias NPF/NRT envolvidos nesse fluxo: NPF1.1 (NRT1.12), NPF1.2 (NRT1.11), NPF2.9 (NRT1.9), NPF2.13 (NRT1.7), NRT2.4 e NRT2.5 (Figura 6.13; O'Brien *et al.*, 2016). Em plantas fixadoras de nitrogênio, em particular nas variedades tropicais, o nitrogênio pode também ser transportado sob as formas de ácido alontoico ou alantoína.

O potássio, que é transportado no xilema com o nitrato (K^+/NO_3^-), pode também ser transportado no floema, geralmente junto a ácidos orgânicos (R–COO^-), principalmente ao malato. Outros nutrientes, como o cálcio, o enxofre e o ferro, que são transportados para a parte aérea das plantas, via xilema, também o são no floema. O cálcio e o ferro são nutrientes de baixa mobilidade na planta. Isso significa que, uma vez localizados em alguma parte do tecido vegetal, não são remobilizados para outras partes ou tecidos. Sintomas de deficiência de ferro, como a *clorose de topo*, ou seja, a clorose que ocorre

Figura 6.12 Modelo esquemático fonte–dreno: folhas mais velhas e outras folhas são fontes para o desenvolvimento de flores e frutos (drenos).

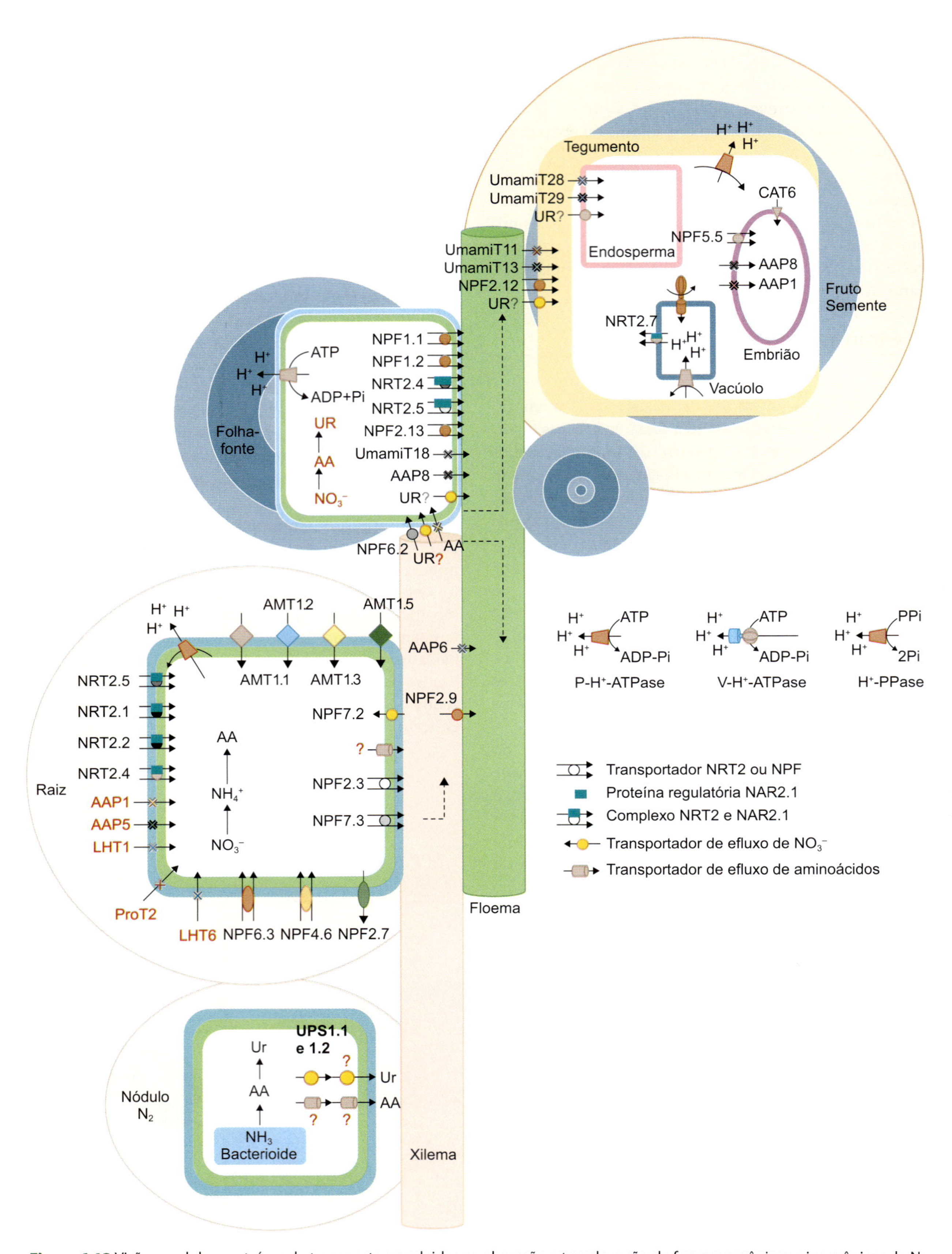

Figura 6.13 Visão geral das proteínas de transporte envolvidas na absorção e translocação de formas orgânicas e inorgânicas de N.

nas folhas mais jovens ou folhas em desenvolvimento, resultam dessa imobilidade. Como há uma movimentação de nutrientes no sentido fonte–dreno, e como esses elementos ficam retidos nos locais-fonte, a sua deficiência se faz sentir nos locais–dreno, onde existe uma demanda maior desses nutrientes para o metabolismo dos tecidos jovens.

O nitrogênio e o fósforo, por sua vez, compreendem nutrientes de grande mobilidade na planta. Quando de uma deficiência de P ou N no solo, a planta remobiliza o nitrogênio e o fósforo que estavam nos tecidos-fonte e os desloca, via floema, para os tecidos-dreno. Esses elementos deslocam-se no floema como compostos orgânicos (p. ex., aminoácidos). Por isso, em caso de deficiência de N, observa-se uma clorose nas folhas mais velhas (folhas-fonte), ao contrário da deficiência de Fe, que provoca uma clorose nas folhas jovens (folhas–dreno).

Sob condições de estresse, há um aumento da concentração de diversas moléculas na seiva do floema, o que está relacionado com a necessidade de transporte de longa distância de moléculas sinalizadoras, muitas das quais incluindo fotossintatos, fitormônios, microRNA (miRNA) e Pi (Lin *et al.*, 2013). Estudos de transcriptômica mostram que milhares de moléculas de RNAm se movem, a longa distância, de órgãos-fonte para tecidos-dreno meristemáticos.

Análises quantitativas da população de RNAm no floema mostraram que muitos transcritos são altamente enriquecidos, em comparação ao tecido vascular adjacente. Em virtude de os EC maduros não terem núcleo e, portanto, não produzirem RNAm, o modelo proposto é que os RNAm presentes nessas células se originem das CC adjacentes. Um mecanismo seletivo precisa operar para permitir o tráfico desses RNAm para o interior dos EC, possivelmente por meio de nanocanais citoplasmáticos dentro dos plasmodesmos (Ham e Lucas, 2016). Complexos de ribonucleoproteínas desempenham papel central como sistema estável de liberação de RNA para essa translocação. Análise da ontogenia dos RNAm (genes) presentes no floema de muitas espécies de plantas indica que esses transcritos são abundantes para processos associados a funções celulares, metabolismo, desenvolvimento, sinalização e estresse biótico e abiótico (Zhang *et al.*, 2016).

Os pequenos RNA (sRNA – *small RNA*) também são encontrados nos vasos do floema, e experimentos têm estabelecido que o sinal para o silenciamento gênico se move pelo sistema vascular das plantas. Análises do RNA extraído de vasos do floema já mostraram que os RNA pertencentes às classes de pequenos RNA interferentes (siRNA) e miRNA, ambos envolvidos em rotas de silenciamento gênico em nível transcricional e pós-transcricional, estão presentes no floema.

Diversos miRNA são transportados pelo floema no sentido parte aérea-raiz, em resposta a condições de cultivo sob "fome" de fosfato, incluindo miR827, miR2111a e miR399d (Huen *et al.*, 2017). O miRNA 399 é um sinal de longa distância associado à regulação da homeostase de fosfato inorgânico em plantas, uma vez que regula pós-transcricionalmente o gene *PHO2*, que, por sua vez, regula negativamente os transportadores PHOSPHATE1 (PHO1), em associação ao carregamento de Pi para o xilema, e o PHT1, responsável por absorção de Pi. Os níveis do miRNA 399 na seiva do floema são fortemente elevados em plantas sob deficiência de Pi (Pant *et al.*, 2008).

As proteínas podem ser transportadas também no floema. O movimento das proteínas-P na direção fonte–dreno indica que, ao contrário do que se supunha, elas não ficam imobilizadas na camada parietal das células dos elementos crivados, onde formariam agregados, e existem evidências de que possam ser translocadas para outras partes da planta. Essas proteínas têm peso molecular entre 20 e 60 kDa e são transferidas das CC para os EC via plasmodesmos. A velocidade de deslocamento dessas proteínas nos EC chega a 40 cm h^{-1}.

O transporte de proteínas ocorre também pelo plasmodesmo. Pelo menos, esse movimento já foi observado nas células próximas do complexo EC/CC. Para que isso aconteça, entretanto, é preciso que haja uma modificação nos plasmodesmos a fim de superar o limite de exclusão desse sistema condutor, que, na maioria das vezes, situa-se em torno de 1 kDa. Experiências feitas com *Curcubita maxima* mostram a existência de transporte nos plasmodesmos de células do mesofilo de proteínas na faixa de 10 a 200 kDa. Estima-se que existam em torno de 200 proteínas solúveis no floema, embora nem todas tenham sido identificadas.

Todo esse material se desloca no floema em solução, o que significa que, embora a sacarose seja referida como a substância encontrada em maior quantidade no floema, fala-se de solutos. Em termos absolutos, a substância deslocada em maior volume no floema é realmente a água.

Além dessas substâncias referidas, deslocadas no floema em maior volume, circulam por esses vasos os hormônios vegetais, como as auxinas, as giberelinas, a citocinina e o ácido abscísico (ABA).

O RNA também circula via simplástica e entra na corrente de transporte do floema. Ruiz-Medrano *et al.* (1999) apresentaram evidências de que plantas vasculares têm um mecanismo que permite a translocação seletiva de moléculas de RNAm para transporte de longa distância via floema e sugeriram um papel dessas moléculas na sinalização, por meio de estudos com o RNAm denominado CmNACP, que é transportado para tecidos apicais via floema e pertence à família NAC. RNA de vírus também circulam pelas plantas via floema. Já foi observado o transporte de RNA viral patogênico com capacidade de codificar proteínas, e com genoma da ordem de 250 a 350 nucleotídios.

Saída da sacarose

O escoamento da sacarose das células do mesofilo para o espaço livre foi estimado em 120 ρmol de sacarose por cm^2 min^{-1}. Esse valor é muito maior que o esperado em um sistema de escoamento passivo. A conclusão é de que deve haver a intermediação de um sistema de transporte por difusão facilitada. A saída de açúcares para o espaço livre é aumentada pela presença de K^+, o que pode indicar um mecanismo de cotransporte K^+/açúcares.

O descarregamento do floema é extremamente importante para a agricultura. Patrick (1997) o considera um dos elementos-chave na determinação da produtividade.

Fotoassimilados chegam às regiões subapicais das extremidades das raízes, via descarregamento, pelo protofloema. Isso significa que também na região meristemática do ápice radicular existem conexões pelos plasmodesmos que ligam as células dessa região às células do sistema crivado.

Nas sementes, a conexão entre os tecidos mais velhos e os mais novos pode ser interrompida. Nesses sistemas, é necessário haver um descarregamento de solutos no apoplasma para posterior recarregamento nas células mais jovens.

Embora o sistema de descarregamento do floema e deslocamento de solutos para os drenos ainda não esteja completamente esclarecido, uma regra geral já pode ser estabelecida: o descarregamento de solutos no floema para o apoplasma é quase sempre uma etapa necessária, isso em virtude, principalmente, dos elevados gradientes de concentração que se desenvolvem pela plasmalema entre o sistema crivado e o apoplasma.

Transporte fonte-dreno

Os experimentos clássicos sobre o transporte de açúcares começaram a ser feitos ainda no século 17, por Malpighi, utilizando o descascamento do caule em forma de anel (anelamento). Quando um anel é feito em um galho de árvore, os nutrientes acumulam-se na parte superior ao anelamento, enquanto, na parte inferior, ocorre uma depleção de açúcares e outros nutrientes. Esses experimentos foram complementados mais recentemente com o uso de radioisótopos. Quando se aplica às plantas CO_2 marcado (com um isótopo radioativo de carbono; ^{14}C ou ^{11}C), estas fixam o CO_2 na fotossíntese e formam vários compostos, principalmente açúcares fosfatados (P-açúcares), mas também sacarose. Esses elementos incorporam o C-marcado em sua estrutura e permitem, por autorradiografia, que se determinem quais compostos estão acumulando na parte superior ao anelamento. Trabalhos como esses mostraram, inequivocamente, que o anelamento resulta em acúmulo, na parte superior do anel, de elementos normalmente transportados no floema (açúcares redutores, açúcares não redutores, aminoácidos e amidas).

Referências bibliográficas

Ayre BG, Keller F, Turgeon R. Symplastic continuity between companion cells and the translocation stream: long-distance transport is controlled by retention and retrieval mechanisms in the phloem. Plant Physiology. 2003;131:1518-28.

Baker RF, Leach KA, Boyer NR, Swyers MJ, Benitez-Alfonso Y, Skopelitis T, et al. Sucrose transporter ZmSut1 expression and localization uncover new insights into sucrose phloem loading. Plant Physiology. 2016;172:1876-98.

Bellow FE, Christensen LE, Reed AJ, Hageman RH. Availability of reduced N and carbohydrates for ear development of maize. Plant Physiology. 1981;68:1186-90.

Bihmidine S, Baker RF, Hoffner C, Braun DM. Sucrose accumulation in sweet sorghum stems occurs by apoplasmic phloem unloading and does not involve differential Sucrose transporter expression. BMC Plant Biology. 2015;15:186.

Braun DM, Slewinski TL. Genetic control of carbon partitioning in grasses: roles of Sucrose Transporters and Tie-dyed loci in phloem loading. Plant Physiololy. 2009;149:71-81.

Chandran D, Reinders A, Ward JM. Substrate specificity of the Arabidopsis thaliana sucrose transporter AtSUC2. J. Journal of Biological Chemistry. 2003;278:44320-5.

Chardon F, Bedu M, Calenge F, Klemens PAW, Spinner L, Gilles C, et al. Leaf fructose content is controlled by the vacuolar transporter SWEET17 in Arabidopsis. Current Biology. 2013;23:697-702.

Chen L-Q, Qu X-Q, Hou B-H, Sosso D, Osorio S, Fernie AR, et al. Sucrose efflux mediated by SWEET proteins as a key step for phloem transport. Science. 2012;335:207-11.

Chen L-Q. SWEET sugar transporters for phloem transport and pathogen nutrition. New Phytologist. 2014;201:1150-5.

Criado MV, Veliz CG, Roberts IN, Caputo C. Phloem transport of amino acids is differentially altered by phosphorus deficiency according to the nitrogen availability in young barley plants. Plant Growth Regulation. 2017;82:151.

DeWitt ND, Harper JF, Sussman MR. Evidence for a plasma membrane proton pump in phloem cells of higher plants. The Plant Journal. 1991;1:121-8.

DeWitt ND, Sussman MR. Immunocytological localization of an epitope-tagged plasma membrane proton pump (H(+)-ATPase) in phloem companion cells. The Plant Cell. 1995;7:2053-67.

Fernandes MS, Souza SR. Absorção de nutrientes. In: Fernandes MS, editor. Nutrição mineral de plantas. Viçosa: SBCS; 2006. p. 115-52.

Gamalei YV. Phloem loading and its development related to plant evolution from trees to herbs. Trees. 1991;5:50-64.

Gaxiola RA, Sanchez CA, Paez-Valencia J, Ayre BG, Elser JJ. Genetic manipulation of a 'vacuolar' H+-PPase: from salt tolerance to yield enhancement under phosphorus-deficient soils. Plant Physiology. 2012;159:3-11.

Geiger DR, Fondy BR. Phloem loading and unloading: pathways and mechanisms. What's New in Plant Physiology. 1980;11:25-8.

Giaquinta RT. Phloem loading of sucrose. Ann Rev Plant Physiol. 1983;34:347-87.

Gunning BES, Robards AW, editors. Intercellular communication in plants: studies on plasmodesmata. Berlin: Springer; 1976.

Ham B-K, Lucas WJ. Phloem-mobile RNAs as systemic signaling agents. Annual Review of Plant Biology. 2016;68:4.1-23.

Hayashi H, Chino M. Chemical composition of phloem sap from the uppermost internode of the rice plant. Plant Cell Physiology. 1990;31:247-51.

Heo J, Roszak P, Furuta KM, Helariutta Y. Phloem development: current knowledge and future perspectives. American Journal of Botany. 2014;101(9):1393-402.

Huen AK, Rodriguez-Medina C, Ho AYY, Atkins CA, Smith PMC. Long-distance movement of phosphate starvation-responsive microRNAs in Arabidopsis. Plant Biology. 2017;19(4):643-9.

Julius BT, Leach KA, Tran TM, Mertz RA, Braun DM. Sugar transporters in plants: new insights and discoveries. Plant and Cell Physiology. 2017;58(9):1442-60.

Kamachi K, Yamaya T, Mae T, Ojima K. A role for glutamine synthetase in the remobilization of leaf nitrogen during natural senescence in rice leaves. Plant Physiology. 1991;96:411-7.

Lalonde S, Wipf D, Frommer WB. Transport mechanisms for organic forms of carbon and nitrogen between source and sink. Annual Review of Plant Biology. 2004;55:341-72.

Latorraca NR, Fastman NM, Venkatakrishnan A, Frommer WB, Dror RO, Feng L. Mechanism of substrate translocation in an alternating access transporter. Cell. 2017;169:96-107.

Le Hir R, Spinner L, Klemens PA, Chakraborti D, de Marco F, Vilaine F, et al. Disruption of the sugar transporters AtSWEET11 and AtSWEET12 affects vascular development and freezing tolerance in Arabidopsis. Molecular Plant. 2015;8:1687-90.

Lin WY, Huang TK, Chiou TJ. Nitrogen limitation adaptation, a target of microRNA827, mediates degradation of plasma membrane-localized phosphate transporters to maintain phosphate homeostasis in Arabidopsis. The Plant Cell. 2013;25:4061-74.

Mae T, Ohira K. The relationship between proteolytic activity and loss of soluble protein in rice leaves from anthesis through senescence. Soil Sci Plant Nutr. 1984;30(3):427-34.

Mae T, Ohira K. The remobilization of nitrogen related to leaf growth and senescence in rice plants (Oryza sativa L.). Plant Cell Physiol. 1981;22:1067-74.

Makita Y, Shimada S, Kawashima M, Kondou-Kuriyama T, Toyoda T, Matsui M. Morokoshi: transcriptome database in Sorghum bicolor. Plant and Cell Physiology. 2015;56:e67.

Martin AP, Palmer WM, Brown C, Abel C, Lunn JE, Furbank RT, et al. A developing Setaria viridis internode: an experimental system for the study of biomass generation in a C4 model species. Biotechnology for Biofuels. 2016;9:45.

Millard P. The accumulation and storage of nitrogen by herbaceous plants. Plant Cell. 1988;11:1-8.

Munch E. Die Stoffbewegungen in der Pflanze. Jena: Gustav Fischer; 1930.

O'Brien JA, Vega A, Bouguyon E, Krouk G, Gojon A, Coruzzi G, et al. Nitrate transport, sensing, and responses in plants. Molecular Plant. 2016;9:837-56.

Otero S, Helariutta Y. Companion cells: a diamond in the rough. Journal of Experimental Botany. 2017;68(1):71-8.

Paez-Valencia J, Patron-Soberano A, Rodriguez-Leviz A, Sanchez-Lares J, Sanchez-Gomez C, Valencia-Mayoral P, et al. Plasma membrane localization of the type I H(+)-PPase AVP1 in sieve element-companion cell complexes from Arabidopsis thaliana. Plant Science. 2011; 181:23-30.

Pant BD, Buhtz A, Kehr J, Scheible W-R. MicroRNA399 is a long-distance signal for the regulation of plant phosphate homeostasis. The Plant Journal. 2008;53:731-8.

Pate JS. Transport and partitioning of nitrogen solutes. Annual Review of Plant Physiology 1980;31:313-40.

Patrick JW. Phloem unloading: sieve element unloading and post-sieve element transport. Annual Review Plant Physiology and Plant Molecular Biology. 1997;48:191-222.

Pimentel C. Metabolismo de carbono na agricultura tropical. Seropédica: EDUR; 1998. 159 p.

Simpson RJ, Dalling MJ. Nitrogen redistribution during grain growth in wheat (Triticum aestivum). Planta. 1981;151:447-56.

Souza SR, Stark EMLM, Fernandes MS. Nitrogen remobilization during the reproductive period in two Brazilian rice varieties. Journal of Plant Nutrition. 1998;21(10):2049-63.

Regmi KC, Zhang S, Gaxiola RA. Apoplasmic loading in the rice phloem supported by the presence of sucrose synthase and plasma membrane-localized proton pyrophosphatase. Annals of Botany. 2016;117:257-68.

Reinders A, Sivitz AB, Ward JM. Evolution of plant sucrose uptake transporters. Frontiers in Plant Science. 2012;3:22.

Ruiz-Medrano R, Xoconostle-Cázares B, Lucas WJ. Phloem long-distance transport of CmNACP mRNA: implications for supracellular regulation in plants. Development. 1999;126:4405-19.

Slewinski TL, Zhang C, Turgeon R. Structural and functional heterogeneity in phloem loading and transport. Frontiers in Plant Science. 2013;4:244.

Souza SR, Stark EMLM, Fernandes MS. Foliar spraying of rice with nitrogen: Effect on protein levels, protein fractions, and grain weight. Journal of Plant Nutrition. 1999;22(3):579-88.

Srivastava AC, Ganesan S, Ismail IO, Ayre BG. Functional characterization of the Arabidopsis thaliana AtSUC2 Suc/H+ symporte by tissue-specific complementation reveals an essential role in phloem loading but not in long-distance transport. Plant Physiology. 2008;147:200-11.

Staswick PE. Preferencial loss of an abundant storage protein from Soybean pods during seed development. Plant Physiology. 1989;90:1252-5.

Taiz L, Zeiger E, Møller IM, Murphy A. Fisiologia e desenvolvimento vegetal. 6. ed. Porto Alegre: Artmed; 2017.

Taiz L, Zeiger E. Phloem translocation. In: Plant physiology. San Francisco: Benjamin Cumming; 2003. p. 145-75.

Thompson MV. Phloem: the long and the short of it. Trends in Plants Science. 2006;11(1):26-31.

Thompson MV, Schulz A. Macromolecular trafficking in phloem. Trends in Plants Science. 1999;4(9):354-360.

Truernit E, Sauer N. The promoter of the Arabidopsis thaliana SUC2 sucrose–H^+ symporter gene directs expression of betaglucuronidase to the phloem: evidence for phloem loading and unloading by SUC2. Planta. 1995;196:564-70.

Turgeon R. Phloem loading: how leaves gain their independence. Bioscience. 2006;56(1):15-24.

Turgeon R. Symplastic phloem loading and the sink-source transition in leaves: a model. Plant Physiology. 1991;96:18-22.

van Bel AJE, Ehlers K, Knoblauch M. Sieve elements caught in the act. Trends in Plant Science. 2002;7(3):126-32.

Yoshimoto N, Inoue E, Saito K, Yamaya T, Takahashi H. Phloem-localizing sulfate transporter, Sultr1;3, mediates re-distribution of sulfur from source to sink organs in Arabidopsis. Plant Physiology. 2003;131:1511-7.

Zhang C, Barthelson RA, Lambert GM, Galbraith DW. Global characterization of cell-specifc gene expression through fluorescence activated sorting of nuclei. Plant Physiology. 2008;147:30-40.

Zhang Z, Zheng Y, Ham BK, Chen J, Yoshida A, Kochian LV, et al. Vascular-mediated signaling involved in early phosphate stress response in plants. Nature Plants. 2016;2:16033.

Zhu Y, Liu L, Shen L, Yu H. NaKR1 regulates long-distance movement of flowering locus T in Arabidopsis. Nature Plants. 2016;2:1-10.

Bibliografia

Chen L-Q. SWEET sugar transporters for phloem transport and pathogen nutrition New Phytologis. 2014;201:1150-5.

Fisher DB, Cash-Clark CE. Sieve tube unloading and post-phloem transport of fluorescent tracers and proteins injected into sieve tubes via severed aphid stylets. Plant Physiology. 2000; 123:125-38.

Hafke JB, van Amerongen JK, Kelling F, Furch ACU, Gaupels F, van Bel AJE. Thermodynamic battle for photosynthate acquisition between sieve tubes and adjoining parenchyma in transport phloem. Plant Physiology. 2005;138:1527-37.

Lalonde S, Boles E, Helimann H, Barker L, Patrick JW, Frommer WB, et al. The dual function of sugar carriers: transport and sensing. The Plant Cell. 1999;11:707-26.

Oparka KJ, Santa Cruz S. The great escape: phloem transport and unloading of macromolecules. Annual Review Plant Physiology and Plant Molecular Biology. 2000;51:323-47.

Patrick JW. Phloem unloading: sieve element unloading and post-sieve element transport. Annual Review Plant Physiology and Plant Molecular Biology. 1997;48:191-222.

Sjolund RD. The phloem sieve element: a river runs through it. Plant Cell. 1997;9:1137-46.

Taiz L, Zeiger E. Plant physiology. San Francisco: Benjamin Cumming; 2003.

Weise A, Barker L, Kuhn C, Lalonde S, Buschman H, Frommer WB et al. A new subfamily of sacarose transporter, SUT, with low affinity/high capacity localized in enucleate sieve elements of plants. Plant Cell. 2000;12:1345-56.

7 Respiração

Marcos S. Buckeridge • Marco Aurélio Silva Tiné •
Miguel José Minhoto • Adriana Grandis

Introdução

A respiração e a fotossíntese são dois processos fundamentais para a vida no planeta Terra. A maioria dos organismos vivos precisa absorver oxigênio molecular (O_2) e ser capaz, de algum modo, de fragmentar compostos de carbono (carboidratos, lipídios e proteínas) e utilizar a energia contida nesses compostos para o desenvolvimento e a manutenção de seus corpos. Em geral, os carboidratos são os compostos nos quais a energia é armazenada. De forma simples, o processo respiratório pode ser descrito da seguinte maneira:

$$C_6H_{12}O_6 + 6O_2 \rightarrow 6CO_2 + 6H_2O + \text{energia}$$

Basicamente, a fotossíntese consiste em captar CO_2 e luz solar e sintetizar os açúcares, sendo às vezes definida como o inverso da respiração (ver Capítulo 5).

O processo como um todo pode ser visto como:

$$\underbrace{\text{energia solar} + 6CO_2 + 12H_2O \rightarrow C_6H_{12}O_6 + O_2}_{\text{Fotossíntese}} \rightarrow \underbrace{6CO_2 + 12H_2O + \text{energia química}}_{\text{Respiração}}$$

Pode-se ver pelo esquema anterior que os dois processos, fotossíntese e respiração, são complementares: o primeiro provê energia a partir da síntese de carboidratos e o outro utiliza esses açúcares para gerar energia química (na forma de ATP) para o funcionamento dos demais tecidos vegetais. O metabolismo das plantas requer que esses dois processos ocorram conjuntamente e em harmonia, pois, para fazer fotossíntese, as plantas precisam respirar, e, para respirar, necessitam de energia a partir dos açúcares armazenados oriundos da fotossíntese.

Um dos principais problemas a serem resolvidos pelas plantas refere-se ao fato de que nem todas as partes vivas destas podem fazer fotossíntese (p. ex., raízes), porém todas as partes vivas necessitam respirar. Com isso, os açúcares têm que ser transportados de seus pontos principais de produção (as folhas) para toda a planta, onde há células vivas, para que estas consigam se desenvolver e efetuar sua própria manutenção.

Há ainda outro complicador: a fotossíntese depende da luz e o período de luz é limitado ao dia para a maioria das plantas, enquanto todas as células vivas de um vegetal necessitam respirar o tempo todo, inclusive à noite, ainda que com variações de intensidade. Desse modo, os produtos da fotossíntese precisam ser armazenados por determinado tempo e distribuídos de forma eficiente para todas as demais células vivas, o tempo todo e na medida certa (ver Capítulo 6).

Como dito anteriormente, o processo respiratório aeróbico (que necessita de oxigênio) se dá em quase todos os organismos eucarióticos, em todas as células vivas, tanto em animais quanto nos vegetais, porém com algumas distinções para as plantas. Esse processo acontece em organelas especiais, chamadas de mitocôndrias, que funcionam como usinas de processamento e produção de compostos energéticos (Figura 7.1). Além de representar uma importante etapa na geração de energia, vários compostos intermediários da respiração podem ser desviados para outras rotas metabólicas, como em vias de biossíntese, servindo de esqueletos carbônicos para polissacarídios, ácidos nucleicos, aminoácidos e proteínas e compostos do metabolismo secundário (Figura 7.2).

Basicamente, compostos de carbono (p. ex., sacarose e amido) são os substratos reduzidos que serão inicialmente "desmontados" no citoplasma celular e seus produtos de degradação (glicoses) direcionados às mitocôndrias que, pela oxidação desses fragmentos, produzirão um único tipo de composto energético, o ATP (adenosina trifosfato). Esse composto é utilizado pelas células em todos os processos de construção de moléculas, desde compostos fenólicos até as proteínas e o

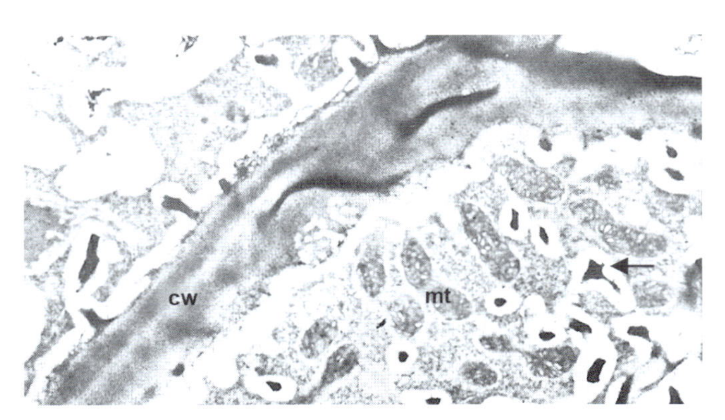

Figura 7.1 Fotomicrografia mostrando células de transferência em cotilédones de *Lupinus angustifolius*. Nesse momento, os cotilédones estão mobilizando reservas e há uma grande produção de sacarose e aminoácidos. Esses compostos precisam ser transportados para a plântula em crescimento, pois o cotilédone cairá após a mobilização de toda a reserva. As células de transferência apresentam atividade metabólica extremamente alta e um grande número de mitocôndrias. cw: parede celular; mt: mitocôndria. A seta indica material de transferência. Imagem de Marcos S. Buckeridge e John S.Grant Reid.

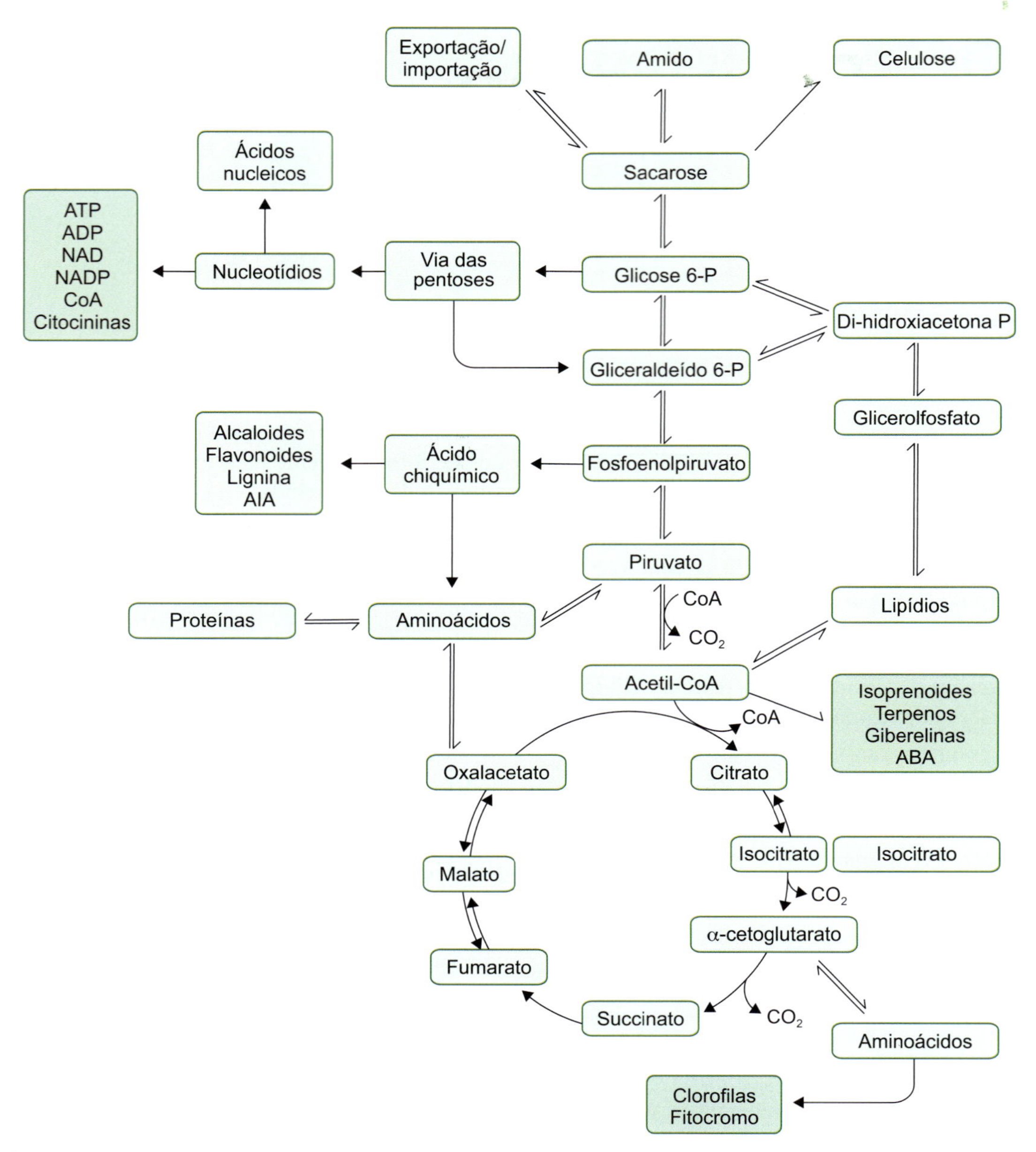

Figura 7.2 Relações entre o processo respiratório e outras vias do metabolismo de carbono nos vegetais. As principais substâncias do metabolismo estão ligadas direta ou indiretamente ao metabolismo respiratório. Todos esses compostos precisam ser produzidos em maior ou menor intensidade durante o dia a dia da planta. Assim, em cada célula da planta, o fluxo pode ser aumentado ou diminuído conforme a necessidade. Esse equilíbrio, que é dinâmico, faz parte da homeostase da planta como um todo.

DNA. No entanto, para o desenvolvimento de um organismo vivo, não basta somente construir novas moléculas, mas também que haja uma manutenção de toda essa maquinaria celular que gera essa energia, para que se construam estruturas mais complexas, como as próprias mitocôndrias. Para isso, as células também precisam gastar energia, ou seja, consumir ATP. Como se sabe, o processo não para por aí, pois as organelas precisam ter certa organização dentro das células, que, por sua vez, devem manter uma comunicação com os tecidos e órgãos, a fim de preservar o equilíbrio, a manutenção e, ao mesmo tempo, manter o desenvolvimento do organismo como um todo.

Todos os níveis mencionados fazem parte de um processo extremamente complexo de desenvolvimento das plantas que resulta em um organismo que precisa estar apto a responder adequadamente às mudanças no ambiente, não só físicas, mas também de caráter biótico. É essencial, portanto, que todos esses níveis de organização, que vão da célula ao ambiente, passando pelo indivíduo, se mantenham em constante "comunicação". Isso tudo exige gasto constante de energia por todas as células, de todos os tecidos em todos os organismos vegetais vivos na biosfera.

Este capítulo trata do processo de respiração e a abordagem será a de mostrar os eventos mais relevantes relacionados com esse processo nos diferentes níveis de organização, começando no nível celular e terminando na relação das plantas com o ambiente biótico e abiótico. Aspectos bioquímicos das diversas partes do processo respiratório podem ser obtidos em livros-texto de bioquímica. Assim, neste capítulo, os aspectos bioquímicos e celulares serão expostos em conjunto com os aspectos fisiológicos, para permitir o uso das informações bioquímicas e celulares na apreciação da respiração integrada nos órgãos, da planta inteira e em nível de ecossistema.

Fluxo de carbono na célula

A usina que processa os açúcares nas células vegetais é a mitocôndria, uma organela encontrada em diferentes quantidades no interior das células, dependendo da taxa respiratória do tecido (ver Figura 7.1). O processo respiratório completo é normalmente dividido com base na localização intracelular. A primeira etapa é a *glicólise*, que ocorre no citosol, a segunda é o *ciclo dos ácidos tricarboxílicos (ou ciclo de Krebs)*, na matriz mitocondrial, e a terceira e última etapa corresponde à *cadeia de transporte de elétrons ou cadeia respiratória*, nas cristas mitocondriais (Figura 7.3).

Além da função básica de geração de energia, a respiração dá origem a esqueletos carbônicos para diversos outros processos bioquímicos (Figuras 7.2 e 7.4). Essa interação com outros processos metabólicos faz a respiração ser considerada um dos processos centrais do metabolismo.

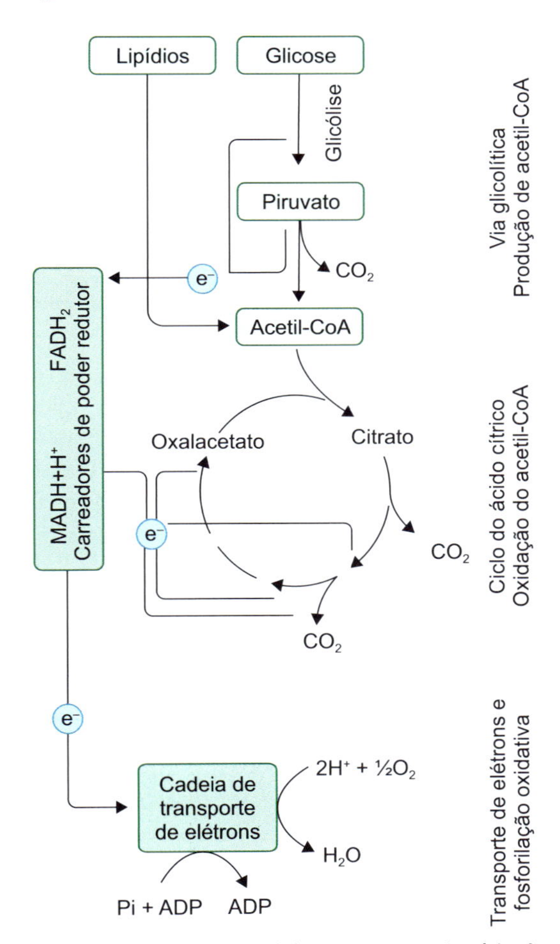

Figura 7.3 Visão bioquímica geral do processo respiratório. A respiração divide-se em três fases: via glicolítica, ciclo do ácido tricarboxílico (ou ciclo de Krebs) e cadeia de transporte de elétrons e fosforilação oxidativa. O esquema salienta o fato de que os carreadores de elétrons são produzidos nas duas primeiras fases e utilizados na cadeia de transporte de elétrons na qual ocorrem a maior produção de ATP e a redução do oxigênio.

Glicólise

Geralmente, toma-se como início do processo respiratório a fosforilação da hexose (com frequência glicose) no citosol. A origem dessa hexose pode variar de tecido para tecido, mas isso está diretamente relacionado com a alocação de recursos e balanço de carbono, aspecto abordado adiante. Na fase citosólica da respiração, denominada glicólise, a glicose é parcialmente degradada a piruvato (Quadro 7.1). Essa degradação parcial pode ocorrer tanto pela via glicolítica quanto pela via das pentoses (ver Figura 7.2), sendo o balanço final, em ambos os casos, de duas moléculas de piruvato para cada glicose. Embora os dois processos possam ocorrer em paralelo, a via glicolítica está diretamente ligada à produção de energia, sendo os seus pontos de controle altamente regulados por indicadores do estado energético da célula, como a razão ADP/ATP (Quadro 7.1). A via das pentoses (ver Figura 7.2), por sua vez, está mais associada à produção de compostos intermediários como a ribose para os nucleotídios e a redução de NADP, que será utilizado em processos de biossíntese, ao contrário do NAD reduzido nas demais etapas da respiração, cuja finalidade é essencialmente produzir energia.

Na Figura 7.5, é mostrada a sequência de reações da glicólise com as respectivas estruturas químicas dos compostos participantes. Observa-se que a glicólise (*glico* – açúcar; *lise* – quebra) é, essencialmente, um processo gradativo de degradação da glicose. O processo tem início com uma molécula de seis carbonos e atinge um estágio intermediário em que são formadas duas moléculas de três carbonos (o gliceraldeído-3-fosfato). Nessa fase, são gastas duas moléculas de ATP que têm a função de fornecer os fosfatos, os quais, no fim do processo, acabam sendo distribuídos simetricamente na molécula de frutose 1,6-bisfosfato. Essa molécula simétrica, ao ser fragmentada, produz duas moléculas iguais de gliceraldeído 3-fosfato.

A partir desse ponto, o processo consiste em transferir os fosfatos de volta para o ADP, formando novamente ATP. Mas o processo dá lucro, pois, além dos 2 ATP produzidos, a primeira reação (formação do 1,3-bisfosfoglicerato) permite a incorporação de mais um fosfato e a redução de um NAD (formação de $NADH+H^+$).

Independentemente do caminho percorrido pela hexose, duas moléculas de ATP são consumidas e quatro produzidas, de modo que, apesar de apresentar um baixo rendimento energético (um saldo líquido de apenas 2 ATP), a glicólise (etapa citosólica) pode representar uma importante fonte de energia em algumas situações.

O último composto formado no citoplasma é o piruvato, que será exportado para a mitocôndria.

Ciclo dos ácidos tricarboxílicos (CAT) ou ciclo de Krebs

O piruvato importado para a mitocôndria é metabolizado no CAT, havendo, subsequentemente a fosforilação oxidativa, isto é, transporte de elétrons acoplado à síntese de ATP, respectivamente.

As mitocôndrias das plantas são organelas muito semelhantes às de outros organismos vivos. Elas apresentam uma membrana dupla, em que a parte externa é composta por

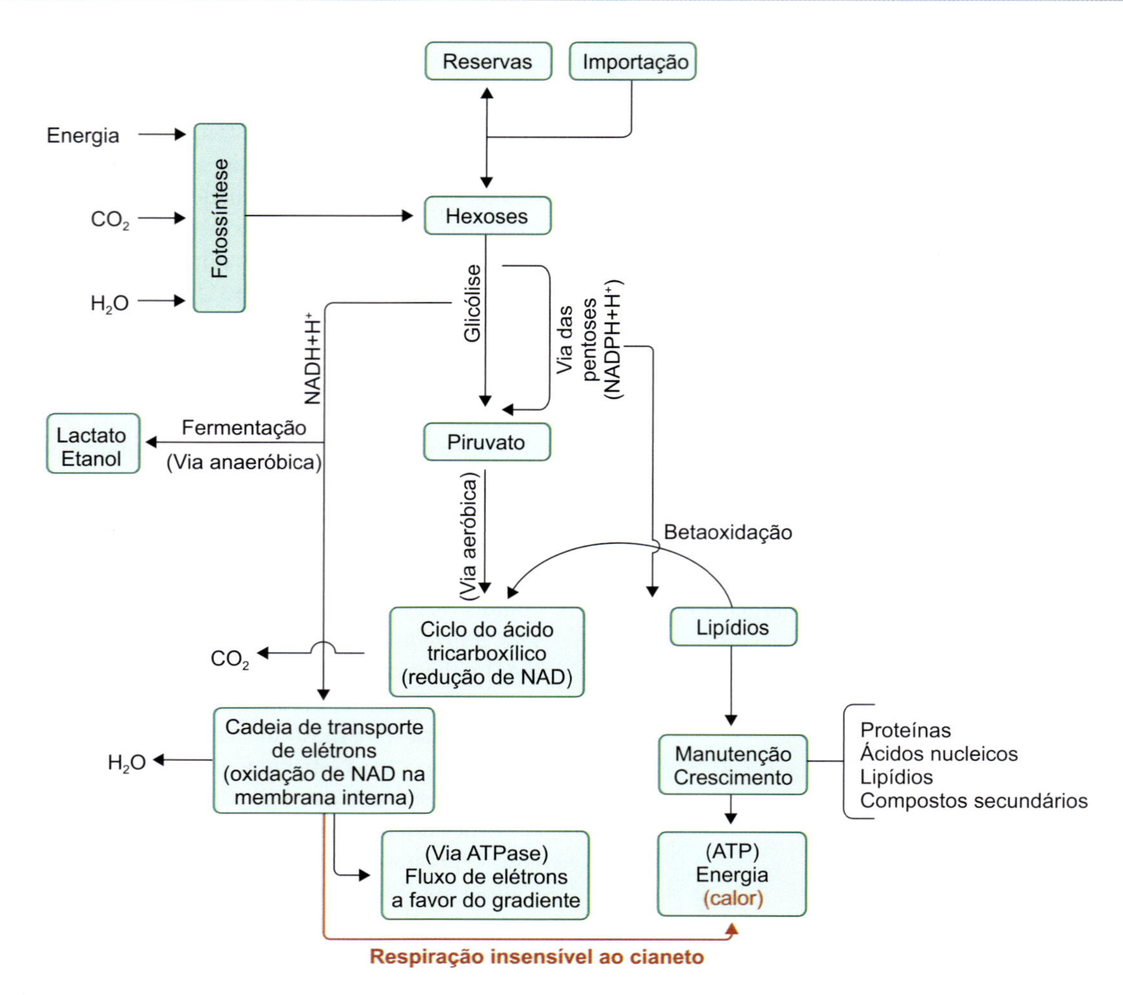

Figura 7.4 Relações entre a respiração, a fotossíntese e os eventos ligados à manutenção e ao crescimento. Embora o carbono entre na planta exclusivamente pela fotossíntese, nem todos os tecidos são fotossintéticos. Por isso, há a necessidade de acúmulo de reserva e de mecanismos de transporte (importação–exportação) que possibilitem a respiração em tecidos não fotossintéticos, fazendo com que haja um fluxo contínuo de hexoses no sistema respiratório em toda a planta. Tal continuidade é vital para a manutenção e funcionamento celular.

Quadro 7.1 Informações importantes para compreender a bioquímica da respiração.

1. Uma hexose contém seis carbonos e, portanto, sua degradação na glicólise gera dois compostos de três carbonos (piruvato):

$$\text{H-C(=O)-HCOH-HOCH-HCOH-HCOH-CH}_2\text{OH} \longrightarrow 2 \times \text{O}^-\text{-C(=O)-C(=O)-CH}_3$$

2. O ATP (adenosina trifosfato), quando utilizado como fonte de energia gera ADP (adenosina difosfato) e fosfato inorgânico (Pi). Contudo, o ATP pode ser produzido pela reação inversa, por meio da fosforilação do ADP, desde que haja uma fonte de energia:

$$ATP \rightleftharpoons ADP + Pi + energia$$

3. A razão ADP/ATP é importante porque funciona como um índice de disponibilidade de energia na célula. Caso haja uma grande disponibilidade de ATP na célula, a taxa respiratória diminui e os intermediários da via glicolítica são desviados para vias de armazenamento, como a síntese de amido ou de lipídios

uma membrana contínua e outra localizada na região interna da organela que é altamente invaginada, formando o que se denominam cristas. As cristas resultam em um aumento da superfície, possibilitando que mais da metade de todas as proteínas mitocondriais estejam localizadas nessa membrana (Figura 7.6).

No CAT, encontrado na matriz mitocondrial, o piruvato é oxidado completamente a CO_2 (Figura 7.7). Após a sua importação, o piruvato sofre descarboxilação (perda de CO_2), gerando um radical acetil ligado à coenzima A (acetil-CoA). Esse composto, que apresenta dois carbonos, une-se a uma molécula de oxaloacetato (de quatro carbonos), formando citrato (seis carbonos). Ao passar pelo CAT, dois carbonos são perdidos na forma de CO_2, regenerando novamente o oxaloacetato e assim fechando o CAT. Dessa forma, grande parte da energia química que estava armazenada no carboidrato é transferida para moléculas de ATP, NAD e FAD (flavina adenina dinucleotídio), sendo as duas últimas reduzidas no processo a $NADH+H^+$ e $FADH_2$, respectivamente (ver Figura 7.5).

O CAT tem pelo menos duas funções importantes na célula. A primeira é produzir energia e/ou compostos redutores para a cadeia de transporte de elétrons, e a segunda consiste

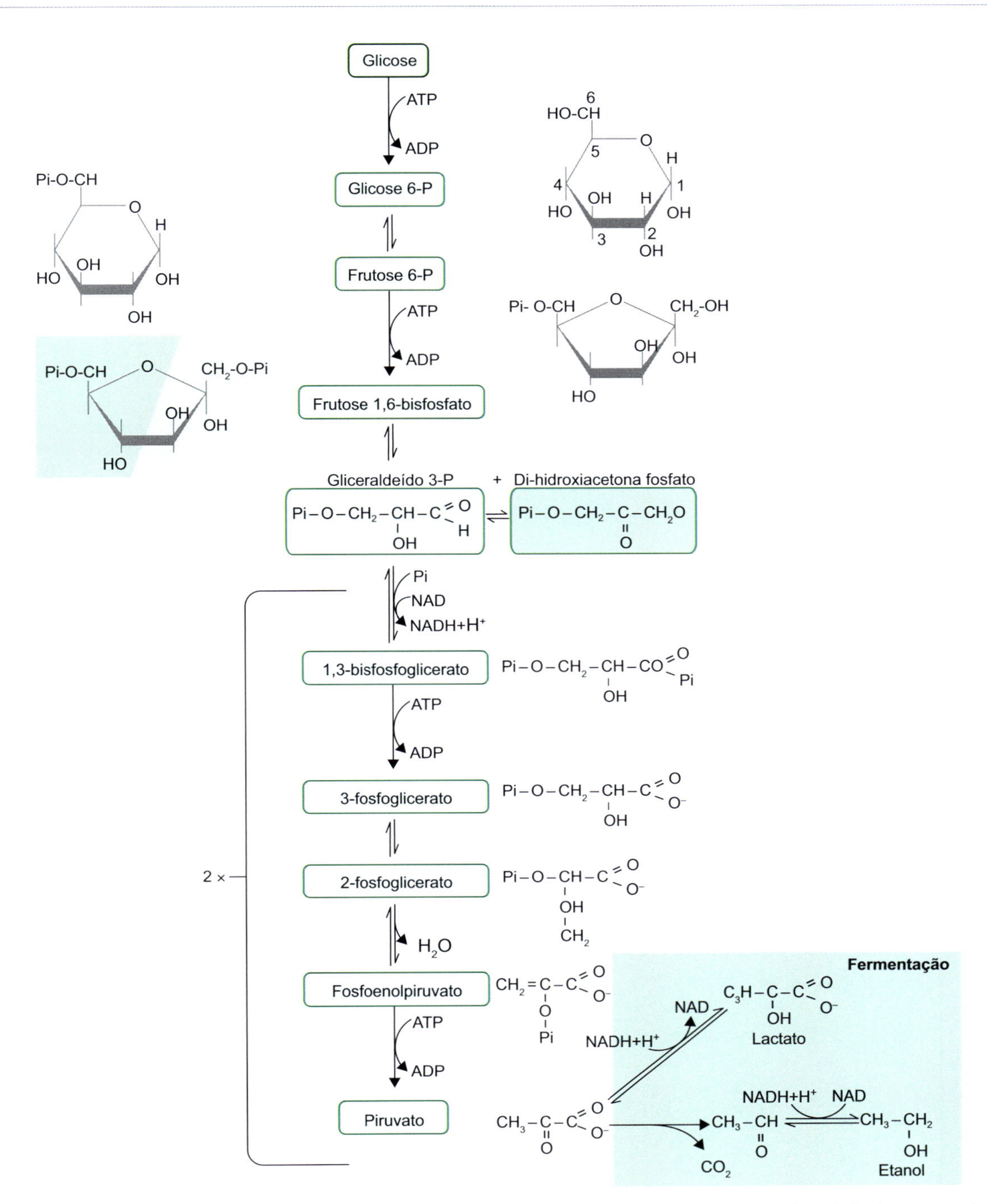

Figura 7.5 Via glicolítica da respiração em plantas. Trata-se de um conjunto de reações que ocorre no citosol. Ao lado dos nomes dos compostos, são apresentadas suas respectivas fórmulas. Note que essa via consiste em fragmentar a glicose de modo a produzir compostos de 3 carbonos. No final, o piruvato entra na mitocôndria, onde será utilizado como substrato para o ciclo do ácido tricarboxílico. Na falta de oxigênio, o piruvato pode ser reduzido a lactato ou então descarboxilado, produzindo etanol. Esse processo é chamado de fermentação.

em produzir esqueletos de carbono para o metabolismo celular em geral.

A Figura 7.2 descreve algumas das ligações do CAT com o metabolismo de compostos essenciais para as células, como os ácidos nucleicos, os lipídios, as proteínas e os compostos secundários.

Pela via das pentoses, são produzidas moléculas de açúcares de cinco carbonos, como ribose e xilose. A primeira é fundamental para a síntese de DNA e RNA, e a segunda para polissacarídios de grande importância nos tecidos vasculares das plantas, os xilanos. É dessa via que surgem também as citocininas, que exercem papel crucial no desenvolvimento vegetal (ver Capítulo 10).

A acetil-CoA serve de base para a síntese de lipídios e para as vias de biossíntese de isoprenoides e terpenos, que, por sua vez, servirão respectivamente de esqueletos básicos para a síntese dos hormônios vegetais giberelinas e ácido abscísico (ver Capítulos 11 e 12).

Mais à frente, no CAT, o alfacetoglutarato serve como base para a síntese de diversos aminoácidos, bem como de esqueletos básicos para a síntese de compostos vitais para as plantas, como as clorofilas e o fitocromo.

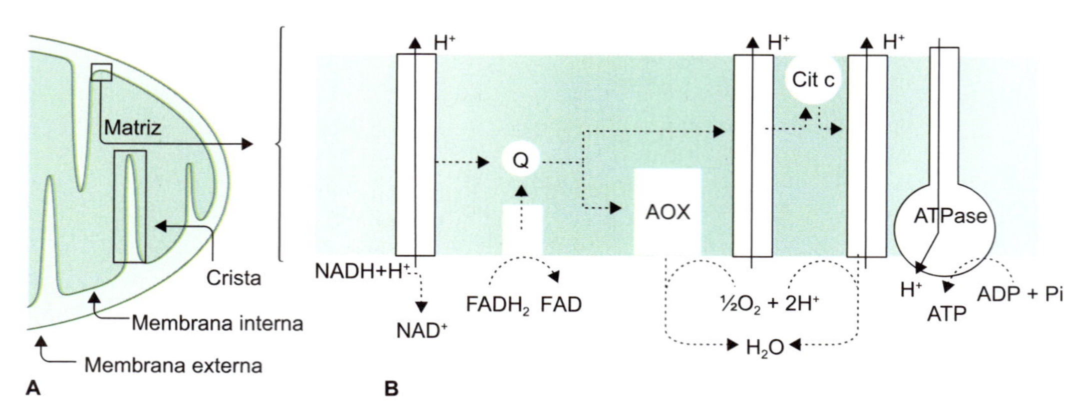

Figura 7.6 Cadeia de transporte e elétrons (**B**). Os compostos redutores produzidos nos outros passos da respiração (glicólise e ciclo dos ácidos tricarboxílicos) são utilizados por complexos proteicos que transferem os elétrons até a redução do oxigênio e a formação de água. Esse processo ocorre na membrana interna da mitocôndria (**A**). Em plantas, há uma via alternativa (AOX) na qual a transferência de elétrons e a redução do oxigênio podem ser feitas diretamente, sem a passagem por dois dos complexos e com consequente produção de calor (**B**). Q: coenzima Q; Cit c: citocromo *c*.

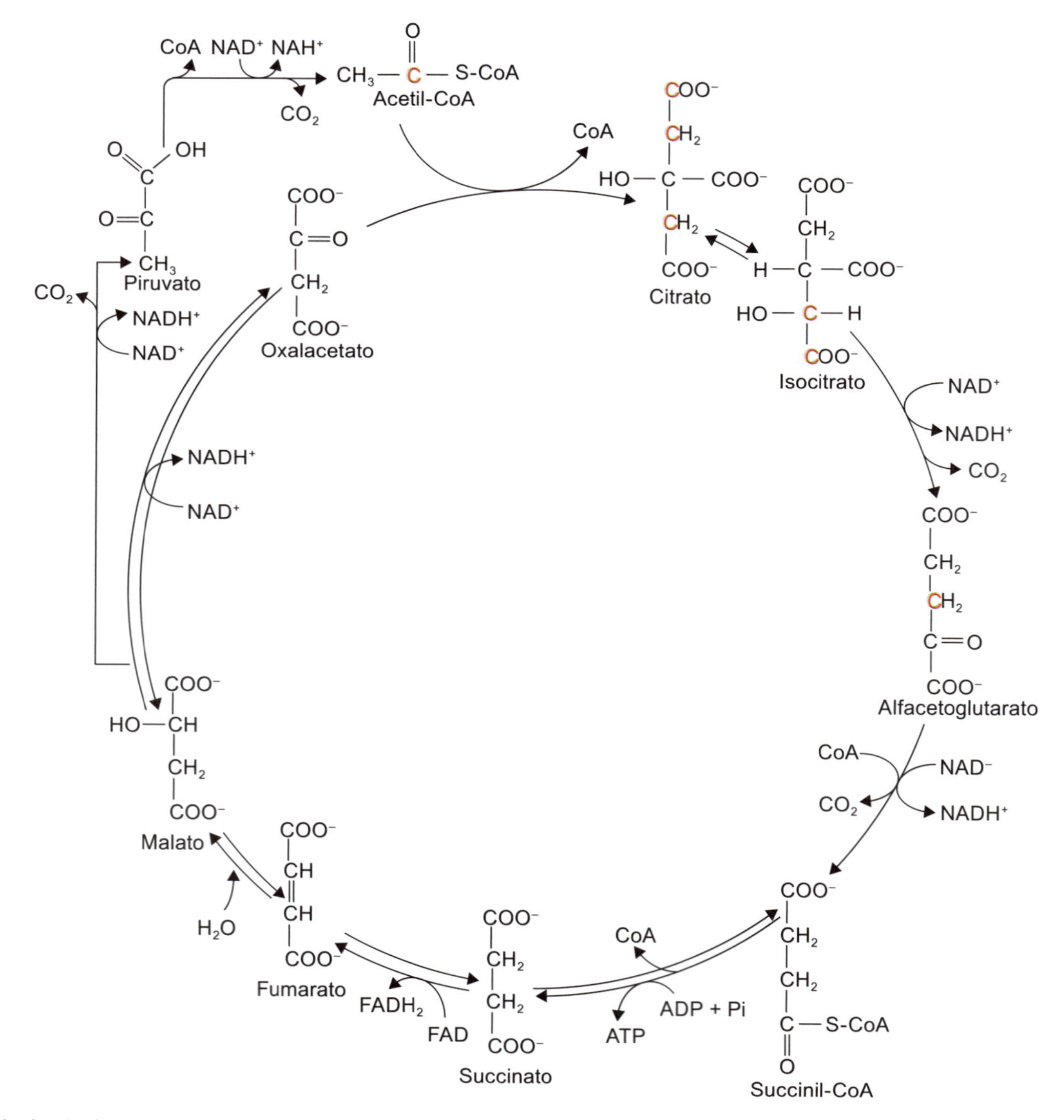

Figura 7.7 Ciclo dos ácidos tricarboxílicos (ou ciclo de Krebs). Essas reações ocorrem na matriz da mitocôndria e são importantes para a produção de compostos redutores que atuarão na cadeia de transporte de elétrons e na produção de esqueletos de carbono para a síntese de diversos compostos celulares. Os carbonos em vermelho são provenientes do acetil-CoA.

Outra parte dos aminoácidos deriva do oxaloacetato, o qual, com o fosfoenolpiruvato, serve de base para a chamada *via do ácido chiquímico*, da qual se originam os alcaloides, flavonoides e ligninas. Também nessa via é produzido o ácido indolil 3-acético (AIA), fitormônio com papel proeminente no desenvolvimento das plantas (ver Capítulo 9).

No que concerne à função energética do CAT, é importante salientar que alguns aspectos morfológicos das mitocôndrias são essenciais para entender sua participação e seu acoplamento com o processo de transporte de elétrons, o passo final que produzirá, proporcionalmente, a maior quantidade de energia para a célula.

Pelo fato de a mitocôndria ter duas membranas (ver Figura 7.6), isso possibilita a existência de um compartimento entre elas (espaço intermembranas). Nesses espaços, os prótons são bombeados e isso, como será visto adiante, é essencial para a produção de ATP. O $NADH+H^+$ e o $FADH_2$, produzidos pela oxidação do piruvato (ou seja, do CAT), doam seus elétrons para um conjunto de complexos proteicos presentes na membrana interna da mitocôndria, levando ao terceiro e último passo da respiração, conhecido como cadeia de transporte de elétrons.

Cadeia de transporte de elétrons

A energia potencial armazenada em moléculas de NAD e FAD reduzidos (ou seja $NADH+H^+$ e $FADH_2$) produzidas nas etapas anteriores (glicólise e ciclo de Krebs) será utilizada para a produção de ATP no passo final da respiração, chamada *cadeia de transporte de elétrons* ou *cadeia respiratória*. Esse processo ocorre nas cristas das mitocôndrias (ver Figura 7.6 A).

Nesse processo, os elétrons são transferidos para complexos proteicos com potencial de oxidorredução cada vez mais baixos. Associado a essa transferência de elétrons, há um fluxo de prótons (H^+) da matriz para o espaço entre as membranas da mitocôndria (ver Figura 7.6 B). Ao final dessa cadeia de transporte de elétrons, cada par de elétrons é doado para um oxigênio ($½O_2$) junto a dois prótons (H^+), formando moléculas de água. O gradiente de pH assim gerado no espaço entre as membranas e na matriz da mitocôndria constitui uma reserva de energia potencial eletroquímica. Além dessas proteínas envolvidas no transporte de elétrons, a membrana interna da mitocôndria apresenta um complexo enzimático por meio dos quais os prótons podem voltar à matriz a favor do gradiente de concentração. Ao deixar passar os prótons, esse complexo usa a energia liberada para fosforilar o ADP, produzindo ATP. Estudos recentes com algumas espécies hemiparasitas do gênero *Viscum* evidenciaram, curiosamente, que parte deste sistema de fosforilação oxidativa que transfere elétrons para a ubiquinona foi suprimido; não se sabe ainda ao certo qual seria o motivo dessa deleção em alguns dos transportadores de elétrons e modificações verificadas na enzima ATP sintase dessas espécies.

A cadeia respiratória representa a principal fonte de ATP das células. Embora seja difícil precisar o rendimento do processo, cerca de dois ou três prótons são bombeados ao espaço entre as membranas para cada elétron que flui pelo sistema (cada $NADH+H^+$ oxidado se torna NAD^+). Isso corresponde à formação de 3 ATP para cada NAD reduzido no ciclo do ácido tricarboxílico e 2 ATP por cada $FADH_2$, pois a oxidação deste último é ligeiramente diferente. No final, o rendimento geral de produção de ATP pela mitocôndria é de 12 a 17 ATP por molécula de piruvato (ou 24 a 34 ATP por molécula de glicose).

Na Tabela 7.1, mostra-se o balanço geral com valores aproximados de produção de ATP nas diferentes etapas do processo respiratório. Vale a pena ressaltar que a cadeia respiratória produz cerca de 90% do ATP do processo respiratório como um todo. Por sua vez, a parte do processo que não necessita de oxigênio (a glicólise) produz somente 2 ATP, ou seja, apenas 5% da energia do processo.

Via da ubiquinona ou via alternativa de transporte de elétrons

As mitocôndrias das plantas têm peculiaridades que não são comuns em outros organismos. Uma propriedade importante delas é a presença de uma rota alternativa de transporte de elétrons (ver Figura 7.6 B).

A cadeia de transporte de elétrons pode ser interrompida por certos compostos químicos, como o cianeto, o monóxido de carbono e a rotenona. O cianeto, por exemplo, é bem conhecido como um potente e perigoso agente que pode levar animais à morte rapidamente. No entanto, essa inibição não é tão evidente em plantas. As mitocôndrias das células vegetais apresentam uma proteína a mais na cadeia de transporte de elétrons (chamada de desidrogenase alternativa, AOX na Figura 7.6 B), que permite que o transporte de elétrons ocorra sem a necessidade de uso de todos os complexos proteicos presentes na cadeia respiratória. Além disso, esse sistema é capaz de efetuar a redução do oxigênio. Um dos resultados dessa via alternativa é a produção de calor. Quando os elétrons passam através da via alternativa, dois dos complexos proteicos de transporte são evitados e não há a formação de ATP. Com isso, a energia, que nesses dois passos seria armazenada no ATP, é liberada na forma de calor.

Alguns estudos têm mostrado que, em certos casos, as plantas podem utilizar esse "artifício" de produção de calor para obter vantagens ecofisiológicas. Por exemplo, a geração de calor por certas flores consegue estimular a volatilização de compostos

Tabela 7.1 Balanço com valores aproximados de produção de ATP na respiração.

Citosol	Rendimento	Etapa
2 ATP	2	Glicólise
2 $NADH + H^+$	6	Glicólise
Total do citosol	8	
Mitocôndria		
8 $NADH + H^+$	24	CTE
2 $FADH_2$	4	CTE
2 ATP	2	CAT
Total da organela	30	
Total da respiração	38	

CTE: cadeia de transporte de elétrons; CAT: ciclo dos ácidos tricarboxílicos.

que servirão para sinalizar sua presença e posição para polinizadores. Desse modo, a respiração está sendo usada como meio de comunicação entre certas plantas e animais.

Fermentação

Em situações nas quais a disponibilidade de oxigênio é baixa, a célula não pode completar as três fases da respiração, pois a falta de oxigênio impede a oxidação do citocromo (ver Figura 7.6 B), bloqueando todas as etapas anteriores da cadeia de transporte de elétrons. Tal impedimento é crucial para a produção de energia, pois, conforme descrito anteriormente, a cadeia de transporte de elétrons é a parte responsável pela produção da maior quantidade de ATP (ver Tabela 7.1).

Essa situação pode se dar em raízes, em regiões onde o solo é alagado, como na várzea Amazônica. As plantas dispõem de mecanismos adaptativos para sobreviver a esse estresse. Nesses tecidos, o fluxo de carbono é desviado no final da via glicolítica e o piruvato é reduzido pela enzima lactato desidrogenase, produzindo lactato (Figura 7.5). Esse estado metabólico, no entanto, não pode ser mantido de modo prolongado, pois o acúmulo de lactato leva à acidificação do citosol e, eventualmente, à morte da célula. Para evitar essa situação, o piruvato pode ser descarboxilado a acetaldeído e este reduzido a etanol (Figura 7.5). Os problemas causados pelo acúmulo de etanol são inferiores àqueles originados do acúmulo do lactato, desde que não haja acúmulo de acetaldeído.

Foi verificado na ervilha, por exemplo, que a concentração de etanol na seiva do xilema em solos inundados pode chegar a 90 mM. Caso a planta seja cultivada em laboratório em um substrato com etanol, a concentração de etanol da seiva pode chegar a 970 mM. Os problemas provocados pela fermentação, portanto, estão mais relacionados com baixa produção de ATP e suas consequências metabólicas, uma vez que, sem a cadeia de transporte de elétrons, apenas as duas moléculas de ATP produzidas na via glicolítica são geradas para cada glicose, contra cerca de 38 produzidas quando há oxigênio.

Em plantas que se desenvolvem em solos permanentemente alagados, no entanto, adaptações morfológicas específicas como pneumatóforos, por exemplo, são necessárias para evitar a condição permanente de hipoxia (baixa concentração de oxigênio) e permitir o desenvolvimento. Em outras plantas, a adaptação pode resultar na formação de aerênquima nas raízes, durante o alagamento, contribuindo para maior eficiência no transporte de gases, tanto para aerar os tecidos das raízes (oxigênio) quanto para facilitar a eliminação do etanol produzido durante esse processo.

Variação do fluxo respiratório de acordo com o estado fisiológico da célula

Pelo que foi visto até agora, as diferentes fases da respiração podem dar uma ideia de que o fluxo do carbono e a energia no processo sejam constantes em todas as células e, portanto, também a distribuição dos produtos da glicólise, o CAT e o transporte de elétrons (produtos intermediários, energia em forma de ATP e calor). No entanto, o processo como um todo é extremamente dinâmico e interligado por diversas vias de modo que, dependendo da função da célula em determinado órgão, alguns produtos podem se apresentar em maior quantidade em um dado momento. A Figura 7.4 mostra todo o processo e suas principais interligações, destacando principalmente o papel fundamental das hexoses.

As hexoses entram no sistema por meio da fotossíntese ou pela mobilização de reservas, e, a partir do uso de sua energia, é possível preservar a manutenção e o crescimento dos tecidos vegetais. Assim, dependendo do tipo de estímulo ambiental, a planta pode responder de forma diferente. Um exemplo são plantas em situação de hipoxia ou anoxia (falta de oxigênio). Para respirar e manter o metabolismo em determinado órgão, elas precisam fazer fermentação. Outros exemplos são o uso da via alternativa insensível ao cianeto para a produção de calor ou, ainda, a produção de grandes quantidades de carboidratos e proteínas, caso esteja ocorrendo armazenamento de reservas em sementes.

O sistema metabólico da planta pode, em um dado momento, estar voltado para a produção de compostos do metabolismo secundário, por exemplo, no caso de ataque de um patógeno, como para o armazenamento de grandes quantidades de carboidratos (amido e sacarose), caso o ambiente seja favorável para isso.

Essa flexibilidade de resposta ao ambiente interno e externo é fundamental para a sobrevivência da planta, sendo o controle homeostático do metabolismo extremamente complexo, com mecanismos de controle de diversos tipos. O controle de determinada via pode ser feito diretamente por inibição ou ativação de uma enzima por um cofator, pelo próprio substrato da enzima ou complexo enzimático ou, ainda, pela ação de fitormônios que podem levar a alterações na transcrição de genes que alteram as demandas de compostos por determinada via.

É importante salientar que o processo respiratório como um todo não apresenta um único ponto de controle. A integração das outras vias metabólicas com a respiração compreende um grande número de pontos de controle metabólicos que trabalham de maneira integrada e equilibrada. Por exemplo, um dos controles da via glicolítica é a reação de fosforilação do substrato frutose-6-fosfato para formar frutose-1,6-bisfosfato (ver Figura 7.5). O substrato é fosforilado pela enzima fosfofrutocinase e transformado em frutose-1,6-bifosfato. O ponto de controle dessa parte do metabolismo reside no fato de que a enzima fosfofrutocinase é controlada pela concentração de ATP, que regula a enzima alostericamente. Quanto mais ATP, menor será a velocidade da reação, regulando, assim, esse ponto específico do metabolismo. Esse é apenas um exemplo do quanto é organizado e bem controlado todo o processo respiratório. Embora se tenha um conhecimento razoável sobre o funcionamento das vias metabólicas que formam o processo respiratório das plantas, as formas de integração com outros processos ainda são pouco conhecidas e deverão, em parte, ser elucidadas por meio de estudos mais aprofundados com abordagens atuais de perfis metabólicos, modelagem de processos e simulações computacionais com algoritmos matemáticos.

Pode-se concluir, a partir do esquema da Figura 7.2, que o processo respiratório é central para toda a célula, estando relacionado direta ou indiretamente com todo o metabolismo celular.

Há, porém, outro nível de integração que ainda não foi contemplado: a integração entre células e órgãos. A seguir, serão descritas as características do processo de respiração nos diferentes órgãos das plantas, procurando mostrar que o processo respiratório é dinâmico também no nível dos órgãos vegetais.

Respiração nos tecidos e órgãos

Quando se considera a respiração na planta, geralmente se refere às trocas gasosas (absorção de O_2 ou emissão de CO_2) realizadas pelos órgãos, e não ao processo molecular de oxidação da glicose. A taxa respiratória varia de acordo com o tipo de órgão, a idade, o ambiente, a estação etc. Cada órgão vegetal respira de modo independente e recebe, em geral, carboidratos (geralmente sacarose) para "queimar", no processo de respiração celular. A seguir, serão apresentadas as características do processo respiratório em cada órgão da planta.

Raízes

As raízes são órgãos que respiram muito e intensamente, visto que, para assimilar nutrientes, é necessário um grande esforço energético, levando a planta muitas vezes a realocar o nutriente já assimilado para reduzir os custos de assimilação e importação para outras partes da planta. Um exemplo disso é a mobilização de nitrogênio de folhas senescentes para outras em desenvolvimento. O substrato utilizado na respiração das raízes é constituído por carboidratos vindos da parte aérea via floema, a partir das folhas, ou de reservas armazenadas em células vizinhas que um dia também se originaram da fotossíntese (ver Capítulos 6 e 21).

A energia liberada pela respiração radicular é utilizada para a síntese dos componentes celulares, para a formação das estruturas secundárias (quando houver) e nos processos de absorção e acúmulo de nutrientes minerais e, também, de reserva. Raízes primárias e raízes jovens respiram muito mais intensamente que aquelas com crescimento secundário. A explicação para tal fenômeno é simples: raízes primárias e jovens têm meristemas em contínuo processo de alongamento e diferenciação, o que é dispendioso do ponto de vista energético. Raízes em crescimento secundário também têm as células meristemáticas do câmbio e as anexas que respiram intensamente.

Nas raízes, o oxigênio necessário para o processo respiratório advém principalmente do próprio solo, mas também da parte aérea. No primeiro caso, o solo precisa apresentar boa aeração, o que facilita as trocas gasosas com a raiz. Quando a atividade respiratória é intensa, o oxigênio pode vir também da parte aérea. A proporção entre uma fonte ou outra depende exclusivamente de cada espécie vegetal. Plantas de manguezais ou de pântanos retiram oxigênio do ar, por causa da baixa quantidade de oxigênio dissolvido na água ou presente no solo. Para tanto, desenvolveram uma estrutura especial para as trocas gasosas denominada *pneumatóforo* (p. ex., *Avicenia nitida* e *Rhizophora mangle*). Outras plantas podem apresentar respiração anaeróbica (p. ex., *Nuphar*).

Raízes aquáticas apresentam um tipo de parênquima adaptado à função de reserva de ar – o *aerênquima* –, que, além de ajudar na flutuação da planta, retém oxigênio para o processo respiratório (p. ex., *Ludwigia sp.*). A formação de aerênquima nas raízes pode ser induzida em algumas plantas em resposta a condições de anoxia ocasionada pelo alagamento. Nessas situações, enzimas hidrolíticas modificam e/ou degradam a parede celular em regiões específicas do tecido radicular, de modo que aumentem os espaços internos do tecido que provê o oxigênio.

Caule

Os caules verdes, suculentos, que apresentam estrutura primária, fazem trocas gasosas com o meio pela epiderme, enquanto, naqueles com crescimento secundário, geralmente o O_2 é proveniente das folhas. Nesses caules, a respiração é mais intensa na região do câmbio vascular e felogênio, onde novas células estão se formando, crescendo e se diferenciando. As trocas gasosas nos caules com crescimento secundário são muito baixas e, por isso, o O_2 se difunde pelas células caulinares. Alguns tipos de caule podem apresentar estruturas conhecidas como *lenticelas* (Figura 7.8), que facilitam as trocas gasosas com o meio. Em cactáceas, porém, as trocas gasosas só ocorrem à noite, com a abertura dos estômatos (ver Capítulo 5).

Em caules subterrâneos, o O_2 se difunde de célula a célula, como no caso de *Allium cepa* (alho) e *Solanum tuberosus* (batata). Os caules aquáticos apresentam grande quantidade de aerênquima, que, além da flutuação, acumula O_2 para facilitar a respiração (p. ex., *Nymphaea*, *Victoria amazonica*).

Folhas

De todos os órgãos vegetais, as folhas são as que mais realizam trocas com o ambiente. Os estômatos (Figura 7.9) são as estruturas responsáveis pela maior parte das trocas gasosas realizadas pelo órgão. A liberação de CO_2 pelas folhas é determinada pela razão CO_2/cm^2 da área foliar. Em folhas de feijão, a taxa respiratória chega a ser dez vezes mais alta no período inicial de desenvolvimento, diminuindo drasticamente conforme as folhas expandem. Ao mesmo tempo, a taxa respiratória relacionada com o crescimento tem um pico durante o intervalo de taxas máximas de expansão foliar, voltando gradativamente aos patamares iniciais. Em alguns vegetais, quando a folha está próxima da abscisão, há um aumento expressivo na taxa respiratória, que diminui algum tempo antes de a folha cair. Esse fenômeno está possivelmente relacionado com a reabsorção de compostos (íons, aminoácidos, nutrientes e açúcares), sendo armazenados como reserva para períodos em que há variações sazonais, como ocorre em biomas de regiões temperadas. Nesses ambientes, onde há períodos em que a planta está sujeita a mudanças extremas no clima, mecanismos como senescência da folha fazem com que essas reservas sejam mobilizadas para outras partes da planta e estocadas.

Esses mecanismos de senescência e abscisão foliar estão associados à atividade de uma série de hormônios vegetais, como as citocininas, as auxinas e o ácido abscísico, que, direta ou indiretamente, promovem um aumento da taxa respiratória relacionada com o crescimento até a queda foliar.

Figura 7.8 Lenticelas (*seta*) nos caules de matapasto (*Senna reticulata*) (**A** e **B** com e sem alagamento, respectivamente) e sabugueiro (*Sambucus sp.*) (**C**). As lenticelas facilitam a entrada e a consequente chegada do oxigênio às células do câmbio vascular (CV), que se dividem intensamente durante o crescimento secundário. Na parte em vermelho à direita, a abertura central (*seta*) é tida como um local de entrada de oxigênio. Fotos: Solange Mazzoni-Viveiros (sabugueiro); Adriana Grandis e Bruna C. Arenque-Musa (mata-pasto).

Quando a expansão foliar atinge o máximo, taxas elevadas de assimilação de CO_2 (fotossíntese) são também atingidas. A liberação de CO_2 é mantida constante em virtude da taxa respiratória de manutenção da fotossíntese, de modo que, em geral, só há decréscimo da respiração quando a folha já está praticamente morta.

A manutenção da taxa respiratória nessas condições pode ser explicada pela degradação de outras substâncias, como as proteínas. Além disso, há a via das pentoses (ver Figura 7.2), muito importante quando a folha atinge expansão máxima, pois se trata de uma via essencial para a síntese de ácidos nucleicos e carboidratos. Essa via, além de produzir CO_2, regenera alguns carboidratos que podem voltar à glicólise e posteriormente ser degradados no ciclo de Krebs. A pentose-fosfato (ribose-5-fosfato) ainda pode dar origem a outro açúcar, a eritrose-4-fosfato, que não produz CO_2, mas origina pigmentos presentes em pétalas e frutos, colorindo-os.

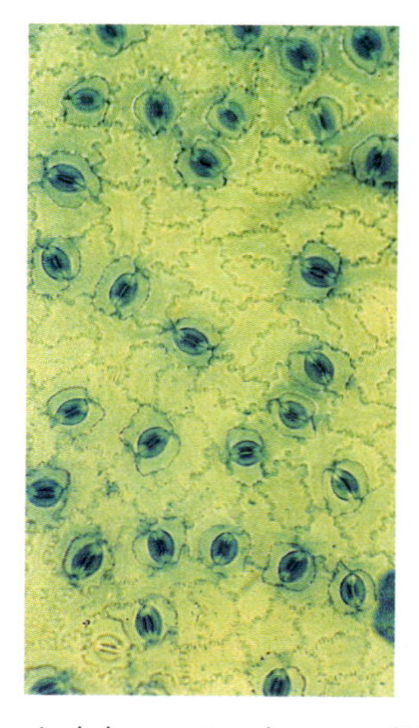

Figura 7.9 Microscopia de luz mostrando a superfície abaxial (inferior) de uma folha de jatobá (*Hymenaea courbaril*). Em amarelo, são as células da epiderme e, em azul-escuro, as células-guarda dos estômatos, tendo ao lado de cada uma células levemente esverdeadas chamadas células companheiras. Nas folhas, as trocas gasosas ocorrem predominantemente pelos estômatos. Foto: Paula F. Costa, Solange Mazzoni-Viveiros e Marcos S. Buckeridge.

Flores e frutos

Normalmente, o processo de floração envolve uma grande demanda respiratória em plantas. Além da necessidade de construir os tecidos florais, após o desenvolvimento da flor, há diversos processos relacionados com a polinização que envolvem, em muitos casos, a "comunicação" com animais polinizadores.

Em muitas espécies, em virtude da estratégia ecológica de produção de um grande número de flores, a demanda energética é elevada. Nesse caso, parece haver, durante o período reprodutivo, uma priorização da energia para esse processo em detrimento de outros processos de desenvolvimento.

Em geral, a fecundação bem-sucedida resulta na formação de frutos. Estes apresentam uma alta taxa respiratória logo no início da sua formação, ou mesmo antes de serem formados. Ainda durante a formação do tubo polínico, há um aumento nos teores de AIA no ovário da flor. Concomitantemente, a taxa respiratória se eleva, o que está possivelmente relacionado com a intensificação da atividade metabólica no ovário. Após a fecundação, torna-se necessária a translocação de nutrientes das folhas vizinhas para o ovário, o que envolve um gasto energético considerável. Uma vez que o fruto está formado, este apresentará uma taxa respiratória mais baixa.

No processo de amadurecimento de certos frutos, há um aumento rápido e intenso da taxa respiratória, fazendo com que o fruto amadureça rapidamente. Esse processo é característico de frutos *climatérios*. Nesse tipo de fruto suculento (abacate, mamão, banana etc.), há a produção de etileno, um hormônio vegetal que acelera o amadurecimento (hidrólise de amido, síntese de pigmentos, amaciamento de paredes, liberação de substâncias voláteis etc.) (ver Capítulo 19). Tratamentos com etileno elevam a respiração e aceleram o amadurecimento de frutos climatéricos, sendo este procedimento comumente utilizado para fins comerciais. Nos frutos não climatéricos, a taxa metabólica é menos elevada e o amadurecimento é mais demorado. Nesses frutos, mesmo adicionando-se etileno, a velocidade de maturação não se altera. Isso pode ser observado em laranja, abacaxi, uva etc.

O efeito da temperatura sobre a taxa respiratória dos frutos também pode ser facilmente observado, isto é, baixas temperaturas retardam o amadurecimento dos frutos, fazendo com que a taxa respiratória se mantenha baixa. Contudo, temperaturas elevadas, principalmente à noite, aumentam a taxa respiratória e aceleram o amadurecimento de frutos. Baixas concentrações de O_2, sob redução da temperatura ambiente, podem estimular a respiração anaeróbica, mais precisamente a fermentação, enquanto altas concentrações de CO_2 inibem a produção de etileno pelo fruto, retardando o amadurecimento. Na estocagem de frutos (pós-coleta), combinam-se a redução da temperatura e de O_2 e um aumento na concentração de CO_2. Os três fatores atuando juntos mantêm as taxas respiratórias do fruto em níveis suficientemente baixos, retardando, assim, o amadurecimento. Sob condições favoráveis de armazenamento, frutos de maçã colhidos em março e abril (no Brasil) podem manter suas propriedades inalteradas por até 1 ano.

A classificação dos frutos em climatéricos e não climatéricos não é rígida, pois muitos frutos apresentam liberação irregular de CO_2, como a jaca (*Artocarpus integrifolia*) e o jambo (*Eugenia malecensis*).

Sementes

Durante o processo de germinação, com o aumento da entrada de água por embebição, o metabolismo celular é reativado. Essa reativação metabólica provoca uma série de mudanças fisiológicas (ver Capítulo 20). Uma das consequências consiste no aumento da taxa respiratória, associado à necessidade da utilização das reservas energéticas existentes no endosperma ou nos cotilédones. Nesse período, ocorrem a hidrólise de óleos por betaoxidação e a produção de açúcares, fitormônios e diversas enzimas hidrolíticas (proteases, betagalactosidases, alfa-amilases, betaglucanases, nucleases etc.). Como consequência, o amido ou outros polissacarídios de reserva, proteínas e aminoácidos são utilizados em parte na respiração, cuja taxa elevada se deve ao crescimento do eixo embrionário e à divisão celular.

Para que o processo respiratório ocorra, há a necessidade de O_2 disponível no solo, já que a maioria das sementes germina em boas condições aeróbicas. Durante a germinação, as sementes utilizam como fonte inicial de carbono na respiração a sacarose e os oligossacarídios da série rafinósica (feijão, lentilha e ervilha). Estes já são estocados durante a maturação da semente, sendo degradados, durante a germinação, rapidamente, à medida que a taxa respiratória aumenta. A vantagem para as sementes em armazenarem esses compostos é o acesso rápido, uma vez que são solúveis e estão presentes no citoplasma e disponíveis para uso imediato. Com isso, logo após a embebição, a semente perde massa, libera CO_2, produzindo a energia necessária para o desenvolvimento inicial da nova planta. Essa reserva inicial é crucial para a germinação e, dependendo da estratégia de estabelecimento da plântula, os cotilédones podem ainda apresentar grandes quantidades de reservas de carbono que serão utilizadas também na produção de energia pela via respiratória.

Alguns tipos de sementes germinam com pouco ou mesmo na ausência de oxigênio disponível, como é o caso do chamado arroz de várzea, cujas condições de germinação são praticamente anaeróbicas e a obtenção de energia se dá por meio do processo de fermentação. Sementes de plantas de manguezais utilizam a fermentação para a germinação, processo anaeróbico que representa a única alternativa que essas sementes têm para liberar H^+ dos $NADH+H^+$ acumulados.

Controle da respiração nas plantas por fatores internos

Disponibilidade de substrato

Os principais substratos do processo respiratório são carboidratos e lipídios, originando-se, direta ou indiretamente, do processo fotossintético (ver Capítulo 5). Apesar de as taxas respiratórias em diferentes órgãos e em fases distintas de desenvolvimento poderem variar dentro de determinados limites, todas as células precisam manter a taxa respiratória de manutenção constante. Qualquer fator que influencie na diminuição das quantidades desses substratos e em sua produção ocasionará uma diminuição da taxa respiratória do órgão ou mesmo da planta inteira. Portanto, a taxa respiratória não pode estar diretamente ligada à fotossíntese, pois esse processo é extremamente variável e dependente de condições ambientais cíclicas (luz e temperatura). Nesse sentido, a solução parcial para o problema da disponibilidade contínua de substrato é o armazenamento de açúcares de reserva para que seja possível sua utilização durante o período em que a fotossíntese não está ativa. Nas folhas, as plantas armazenam amido durante o período fotossintético e o mobilizam para processos respiratórios, de modo que variações muito intensas nas taxas respiratórias possam ser minimizadas. Esse amido é chamado de amido transitório. Nesse caso, a reserva pode ser considerada a curto prazo, pois o processo inteiro leva um único dia.

Há outras formas de armazenamento de reserva por um prazo mais longo para manter o processo respiratório para o desenvolvimento da planta. São exemplos as sementes que armazenam grandes quantidades de amido, polissacarídios de reserva de parede celular ou lipídios. Tais compostos ficam armazenados desde o final da frutificação até que a semente se encontre em uma situação favorável para germinar. Os compostos de reserva a longo prazo são degradados após a germinação, fornecendo energia e matéria para o crescimento da plântula e seu estabelecimento no ambiente.

Em virtude de seus produtos de degradação promoverem compostos distintos (sacarose no caso de carboidratos, aminoácidos no caso das proteínas e acetil-CoA no caso dos lipídios), a existência de respiração ligada à mobilização de diferentes compostos de reserva pode ser observada por meio do quociente respiratório (Quadro 7.2).

Em sementes, a degradação das reservas é rápida, o que aumenta, de maneira transitória, a disponibilidade de substrato para a respiração. Isso permite um maior consumo de energia durante o desenvolvimento inicial da plântula. Um processo similar pode ocorrer em plantas herbáceas do cerrado, que apresentam órgãos subterrâneos de reserva. Em plantas da família das asteráceas, por exemplo, os órgãos subterrâneos podem armazenar quantidades substanciais de frutanos (polissacarídios compostos principalmente de frutose). Plantas que adotam essa estratégia de estabelecimento e adaptação podem perder a parte aérea durante o inverno, quando há baixa disponibilidade de água no cerrado. Na primavera, ocorre a degradação do polissacarídio produzindo frutose livre, que acaba sendo metabolizada a sacarose, a qual é transportada para os órgãos em crescimento que utilizam os açúcares no processo respiratório, com taxas mais elevadas em decorrência do processo de desenvolvimento em curso.

Quantidade de oxigênio

A concentração de O_2 no ar (21%) é de aproximadamente 265 μM. Por sua vez, a K_m* da enzima que usa o oxigênio, a oxidase do citocromo *c*, é de aproximadamente 1 μM. Portanto, como a afinidade da enzima é muito maior que a concentração atmosférica de O_2, seria possível supor que a respiração não apresentasse dependência da concentração de oxigênio atmosférico.

Quadro 7.2 Quociente respiratório.

Quociente respiratório (QR) é a relação entre a quantidade de moléculas de gás carbônico liberado pela oxidação de um substrato no processo respiratório e a quantidade de moléculas de oxigênio consumidas para oxidar esse substrato. Por exemplo, a completa degradação de uma molécula de glicose no processo respiratório consome seis moléculas de O_2 e libera seis moléculas de CO_2. A razão entre o CO_2 liberado e o O_2 consumido é o QR (no caso, QR = 1 para a glicose). Isso acontece porque na molécula de glicose o número de átomos de oxigênio é igual ao de átomos de carbono

$$C_6H_{12}O_6 + 6O_2 \rightarrow 6CO_2 + 6H_2O + \text{energia}$$

$$QR = \frac{6CO_2}{6O_2} = 1$$

Quando o substrato degradado apresenta um número de átomos de oxigênio inferior ao número de átomos de carbono, o resultado do QR será um valor menor que 1, como ocorre no caso do uso de lipídios ou proteínas na respiração. Como exemplo, tem-se o ácido esteárico:

$$C_{18}H_{36}O_2 + 26O_2 \rightarrow 18CO_2 + 18H_2O + \text{energia}$$

$$QR = \frac{18CO_2}{26O_2} = 0{,}69$$

Quando o QR é maior que 1, ou o substrato é rico em oxigênio (ácido oxálico – $2C_2H_2O_4$ – QR = 4) ou está ocorrendo respiração anaeróbica, já que em anaerobiose o consumo de oxigênio é nulo

No entanto, há outro problema. Ao entrar no tecido vegetal, o oxigênio passa de uma fase gasosa para uma fase líquida, em que a sua taxa de difusão é cerca de dez mil vezes menor que no ar. Nesse caso, a taxa de difusão pode ser um problema, pois se sabe que tensões de oxigênio menores que 5% podem ser limitantes para a respiração.

Aparentemente, as plantas solucionaram esse problema desenvolvendo rotas gasosas de difusão por espaços intercelulares. Nesse caso, a limitação de difusão deixa de ser importante e permite que o oxigênio se difunda pelos espaços intercelulares dos tecidos vegetais, garantindo que ele chegue em abundância ao seu local de consumo.

De modo geral, as plantas não são tão ativas quanto os animais, satisfazendo-se com baixas concentrações de oxigênio, entre 1 e 2%, suficientes para a manutenção das taxas respiratórias do vegetal. A concentração de O_2 na atmosfera é estável e, portanto, não compreende a causa responsável pelas variações na taxa respiratória. No entanto, essas variações ocorrem em virtude da disponibilidade de oxigênio para as células. Durante as horas de exposição à luz, tecidos fotossintéticos produzem O_2 e, ao mesmo tempo, consomem parte dele na respiração. À noite, não há produção de O_2, mas este é difundido no interior da planta pelos espaços intercelulares. Mesmo com os estômatos fechados, o O_2 se difunde para o interior do vegetal pela cutícula, que não é totalmente impermeável ao gás e cuja resistência à sua entrada é compensada pela concentração na atmosfera de O_2, que é muito maior que dentro do vegetal.

A disponibilidade de oxigênio é mais crítica para as raízes, pois o O_2 disponível no solo é utilizado também por fungos, bactérias, protozoários e animais que ali vivem. Durante e após as chuvas, o ar do solo é substituído pela água, momento no qual a quantidade de oxigênio se torna baixa, podendo causar hipoxia ou atingir a anoxia da raiz. Muitas raízes e sementes conseguem sobreviver por algum tempo à custa apenas da respiração anaeróbica. Porém, esta não é suficiente para manter o crescimento e, se o período de anoxia for muito longo, certamente muitos indivíduos morrerão.

Um exemplo de planta que pode crescer por um longo período com baixa disponibilidade de oxigênio é o arroz. Tubérculos, como os de batata, ou raízes tuberosas, como a da cenoura, não apresentam desenvolvimento satisfatório na ausência de respiração ou mesmo sob baixas taxas de respiração anaeróbica. Câmbios vasculares de troncos, em geral, podem apresentar hipoxia, entretanto muitas árvores contêm lenticelas (ver Figura 7.9), que permitem trocas gasosas e difusão de O_2 por uma quantidade maior de espaços intercelulares.

Temperatura

A temperatura representa outro fator de notada influência na respiração, principalmente durante os estágios iniciais de desenvolvimento da planta. A parte aérea, em qualquer estágio de desenvolvimento, em um período de 24 h, está sujeita a

* Constante de Michaelis, que mede a afinidade de uma enzima por seu substrato – quanto menor a K_m, maior a afinidade.

grandes e bruscas mudanças de temperatura, o que não acontece na mesma proporção com as raízes.

Na maioria dos tecidos, um aumento de 10°C, na faixa entre 5 e 25°C, aumenta em dobro a taxa respiratória em virtude da elevação da atividade enzimática. Abaixo de 5°C, a taxa respiratória é muito baixa, sendo apenas para a manutenção do indivíduo, enquanto ao redor de 30°C ocorre um aumento considerável. Tal resultado é interpretado como decorrência do fato de o O_2 não se difundir com eficiência nessa temperatura. Temperaturas iguais ou superiores a 40°C diminuem a eficiência da respiração por causa do comprometimento ou de danos à maquinaria enzimática ou em consequência do rompimento das membranas de organelas, degradando também proteínas e enzimas.

Baixas temperaturas são utilizadas no armazenamento de frutos e tubérculos a fim de diminuir a taxa respiratória e conservar o alimento. Reduzindo a temperatura, consequentemente se reduz o consumo de carboidratos, conservando a estrutura e a composição do material coletado. Quando batatas são mantidas abaixo de 5°C, as taxas de brotação e respiração são reduzidas; porém, nessa temperatura o amido é degradado a sacarose, conferindo um paladar desagradável. Contudo, descobriu-se que a temperatura entre 7 e 9°C impede a degradação de amido e a brotação, aumentando a durabilidade das batatas. Assim, a relação entre temperatura e respiração interfere na estrutura e no paladar dos alimentos. É por isso que a conservação dos alimentos em geladeira reduz a taxa respiratória e consequentemente aumenta a durabilidade dos vegetais.

Ferimentos e lesões

Qualquer dano mecânico ou ataque de microrganismos em uma planta promove um aumento da sua taxa respiratória, principalmente no tecido atacado. Esse aumento pode resultar da atividade para a cicatrização do local ou da produção de substâncias de defesa da planta para atacar o patógeno. Nesse sentido, o tecido exposto precisará produzir substâncias do metabolismo secundário relacionadas com a defesa e também sintetizar macromoléculas associadas à construção dos novos tecidos durante a cicatrização. Os mecanismos de comunicação interna que levam à resposta dos tecidos à lesão envolvem uma reação inicial de hipersensibilidade, seguida pela produção de substâncias que alterarão o metabolismo dos tecidos adjacentes.

Respiração na planta inteira

As alterações no metabolismo respiratório de uma planta podem ocorrer diariamente (sob condições de estresse de temperatura, umidade, luminosidade, ataque de patógenos, entre outros), ao longo de sua ontogenia (germinação, florescimento, frutificação) ou sazonalmente (mudanças de estações). Tais mudanças na taxa respiratória podem ser observadas na planta como um todo, mas principalmente naqueles órgãos mais expostos às variações, como no sistema radicular em condições de solo alagado, folhas atacadas por fungos ou frutos durante o climatério.

Pesquisas têm mostrado que as oscilações na taxa respiratória de determinado órgão podem estar relacionadas com a quantidade, bem como com o tipo de substrato disponível para a respiração. O quociente respiratório (razão entre CO_2 liberado e O_2 consumido – ver Quadro 7.2) pode ser usado como um bom indicador do tipo de substrato predominantemente empregado. A variação da disponibilidade de substrato permite entender a maneira pela qual a respiração responde à demanda de energia metabólica (utilização de ATP). No entanto, ainda não se sabe ao certo se a oscilação da respiração de um dado órgão é causa ou consequência da oscilação paralela da disponibilidade de substratos presentes. Obviamente, existem muitas situações nas quais certos compostos produzidos como agentes de proteção contra organismos externos são também inibidores ou desacopladores da cadeia de transporte de elétrons e, portanto, afetam indiretamente a respiração do tecido.

Quando se pensa em controle da respiração, as ideias de demanda de energia, disponibilidade de substrato e taxa respiratória se sobrepõem. Sob baixos níveis de substrato (carboidratos e ácidos orgânicos), a atividade respiratória pode estar limitada por esse déficit. Quando os níveis de substrato aumentam, a respiração pode exceder a demanda por energia metabólica. Nessas condições, a atividade da rota alternativa do metabolismo respiratório (cianeto-resistente) é aumentada. Como visto anteriormente, essa via alternativa permite a oxidação dos substratos e a redução dos agentes redutores (NAD[P]H, $FADH_2$) sem, no entanto, produzir grandes quantidades de ATP.

Considerando a planta como um todo, a taxa de respiração depende de três processos principais que requerem energia: manutenção da biomassa, crescimento e transporte de íons (ver Figura 7.4). Estima-se que o custo para a *respiração de manutenção* seja de 20 a 60% dos fotoassimilados produzidos por dia, sendo a maior parte dessa energia direcionada para a renovação de proteínas e para a manutenção do gradiente de íons pela membrana. A *respiração de crescimento* está relacionada com os processos biossintéticos (produção de biomassa-crescimento). Esse tipo de respiração requer grande consumo de carboidratos para gerar energia (ATP e NAD[P]H) e esqueletos de carbono para compor a biomassa acumulada. Em tecidos heterotróficos, a produção de energia depende exclusivamente da respiração, enquanto, em tecidos fotossintetizantes, tais compostos podem ser obtidos diretamente da fotossíntese. Alguns trabalhos demonstraram que a respiração de crescimento sofre um decréscimo significativo ao longo do ciclo de vida das plantas, enquanto a respiração de manutenção se mantém constante. Finalmente, o *transporte de íons e moléculas* pela membrana pode se dar por canais ou carreadores, e esses processos também requerem energia metabólica oriunda da respiração. Assim, a planta precisa lançar mão do sistema respiratório para absorver os macro e micronutrientes fundamentais para a construção de seus corpos. Dados sugerem que 30% dos custos respiratórios estão envolvidos com a assimilação de íons, enquanto apenas 20% dos custos são para a produção de raízes jovens. Além disso, após a construção das moléculas fundamentais que compõem esses corpos (açúcares, lipídios, proteínas e ácidos nucleicos), as células precisam se manter em constante "comunicação" pelo transporte de açúcares (principalmente a sacarose) e hormônios vegetais. Tudo isso faz parte do sistema dos gastos energéticos referidos na introdução, como do sistema de comunicação interno das plantas. Para compreender melhor o funcionamento desses sistemas de comunicação, é importante conhecer os mecanismos de sinalização disparados pela luz, pela temperatura e por hormônios.

Além dos fatores limitantes para respiração já comentados anteriormente, existem outras situações de estresse (bióticas e abióticas) capazes de causar alterações nas taxas respiratórias e, consequentemente, afetar o crescimento da planta. Em geral, as condições de estresse levam a uma elevação inicial na respiração em virtude de um aumento na demanda por energia (ou maior disponibilidade de substrato temporariamente) ou pela ativação da rota alternativa (cianeto-resistente). A longo prazo, pode haver queda no processo respiratório em razão de menores taxas de assimilação de carbono e no metabolismo em geral. Todos esses fatores, associados, promovem um crescimento mais lento dos organismos. Isso pode ocorrer em casos nos quais as plantas são expostas ao estresse salino, ao déficit hídrico e ao ataque de patógenos.

Ecofisiologia e respiração

A ecofisiologia pode ser definida como uma ciência experimental que visa a estudar e descrever os mecanismos fisiológicos que determinam o que se observa na ecologia. Por isso, compreender as consequências das alterações, o controle e os aspectos fisiológicos da respiração em plantas tem grande relevância para a ecofisiologia vegetal. Para compreender melhor as consequências ecológicas do que foi exposto até aqui, é necessário refletir sobre como o processo respiratório ocorre na planta inteira, considerando ainda sua inserção no ecossistema.

Como mencionado anteriormente, um dos fatores que influenciam a respiração na planta inteira é a idade. Plantas jovens e partes novas de plantas adultas apresentam taxas respiratórias elevadas em relação, respectivamente, às plantas mais velhas e partes mais velhas. Em plantas jovens, a respiração relacionada com os tecidos em desenvolvimento é de 3 a 10 vezes maior que a taxa respiratória associada à manutenção. Com isso, é possível inferir que as taxas respiratórias do conjunto de plantas em um dado bioma (floresta, cerrado etc.) em regeneração apresentem uma taxa respiratória mais alta como um todo. Para que o saldo seja positivo e o balanço de massas do sistema se torne favorável durante o processo de sucessão ecológica, as taxas respiratórias mais altas devem ser compensadas por taxas fotossintéticas ainda mais altas. Meteorologistas calcularam que no Cerrado, por exemplo, o conjunto de plantas apresentou, durante 1 ano, um saldo de apenas 0,1 tonelada de carbono fixado por hectare em relação às estimativas de respiração. Isso explica o lento crescimento observado, em conjunto, das plantas nesse bioma.

No contexto ecofisiológico, é importante contrastar a importância da respiração com a da fotossíntese em relação ao tipo de planta. Um fator-chave para qualquer planta é a manutenção de sua taxa de crescimento. A ideia de que essa taxa esteja diretamente relacionada com a taxa de fotossíntese é tentadora, mas há evidências de que isso não ocorra sempre e em todos os casos. É certo que parte do carbono assimilado é transformado em carboidratos e servirá como substrato para a respiração, mas isso varia, por exemplo, conforme a capacidade máxima de crescimento de cada espécie. Plantas de crescimento rápido (pioneiras) assimilam mais do que respiram, enquanto nas de crescimento lento (secundárias ou clímax) essa diferença é bem menor. Em áreas degradadas onde há regeneração natural, predomina o crescimento de espécies pioneiras que colonizam o ambiente rapidamente, pois suportam muita luz e têm um balanço de carbono positivo e rápido, ou seja, maior acúmulo de biomassa inversamente proporcional à taxa de respiração. Apesar de a respiração poder ser maior nas espécies pioneiras comparadas às espécies secundárias, a relação entre acúmulo de carbono e a respiração (taxa de fotossíntese líquida) faz com que as pioneiras sejam mais eficientes no investimento a curto prazo.

É interessante observar ainda que a situação é diferente em cada tipo de ambiente, e os fatores limitantes ou estimulatórios do processo respiratório em diferentes partes de cada planta são distintos. Apesar de toda essa complexidade, é possível observar padrões na maioria das espécies. Tal constatação sugere que o processo respiratório em plantas é evolutivamente conservado e confirma que a função principal do processo respiratório é mesmo a de capacitar as plantas a obter energia, seja para a produção de ATP, seja para a produção de calor.

Bibliografia

Buchanan BB, Gruissem W, Jones RL. Biochemistry and molecular biology of plants. Maryland: American Society of Plant Physiology and Molecular Biology; 2000. 1367 p.

Lambers H. Chapin III FS, Pons TL. Plant physiologycal ecology. New York: Springer; 1998.

Nelson DL, Cox MM. 2000. Lehningher principals of biochemistry. New York: Worth; 2000.

Rocha HP, Freitas H, Rosolem R. Juárez RIN, Tannus RN, Ligo MA, et al. Measurements of CO_2 exchange over a woodland savanna (Cerrado Sensu strictu) in Southeast Brazil. Biota Neotropica. 2002;2(1).

Salisbury FB, Ross CW. Plant physiology. Belmont: Wadsworth; 1992.

Senkler J, Rugen N, Eubel H, Hegermann J, Braun HP. Absence of complex I implicates rearrangement of the respiratory chain in European mistletoe. Curr Biol. 2018;28:1606-13.

Taiz L, Zeiger E. Plant physiology. Sunderland: Sinauer; 1998.

8 Parede Celular

Marcos S. Buckeridge • Aline Andréia Cavalari •
Giovanna Bezerra da Silva • Adriana Grandis

Introdução

Quando Pedro Álvares Cabral chegou ao Brasil em 1500, uma das primeiras providências tomadas pelos portugueses foi mandar escrever uma carta para o Reino de Portugal, avisando o rei sobre o que tinha encontrado. Na carta, escrita em papel, Pero Vaz de Caminha descreve a nova terra, salientando, entre outras coisas, o valor de suas plantas. Algo que nem Cabral nem Caminha podiam saber na época é que tudo isso só foi possível graças à parede celular das plantas. As famosas caravelas que os trouxeram haviam sido construídas em madeira e suas velas eram feitas de pano, compostas principalmente pelas paredes celulares das fibras e dos tecidos vasculares de plantas. As roupas dos tripulantes eram todas feitas de celulose, a comida de origem vegetal trazida a bordo foi a fonte de fibras que fez os intestinos das tripulações funcionarem durante a viagem e, finalmente, a carta de Caminha foi escrita sobre a celulose.

O exemplo da descoberta do Brasil denota o fato de que é muito difícil escapar do envolvimento da parede celular dos vegetais em qualquer evento, passado ou moderno. Isso porque todas as células vegetais são envolvidas por uma matriz de polímeros chamada parede celular, e, ao usar qualquer produto de origem vegetal, direta ou indiretamente, empregam-se as propriedades físicas e químicas da parede celular.

Da mesma forma que na história e no dia a dia, na fisiologia vegetal também se pode afirmar que a parede celular está relacionada com a maioria dos eventos biológicos. Há alguns poucos processos fisiológicos em que a parede é determinante direto, como o transporte de água a longas distâncias nas plantas pelo xilema e pela abertura dos estômatos. Porém, em qualquer fenômeno fisiológico nos vegetais, a parede terá uma participação, seja na germinação, passando pelo crescimento até o desenvolvimento de folhas, flores e frutos.

Como a parede está envolvida em todos os processos fisiológicos, com maior ou menor intensidade, não é possível mencionar e discutir neste capítulo todos os papéis biológicos que ela desempenha nas plantas, bem como permear todos os capítulos deste livro colocando a parede nos diferentes contextos. Nesse sentido, os leitores são convidados a usar os conhecimentos adquiridos neste capítulo e, ao lerem os outros, perguntar a si mesmos como a parede pode estar envolvida nos diferentes processos fisiológicos abordados.

Neste capítulo, serão primeiro mostradas as características químicas e físicas da parede, que a definem estruturalmente (composição). Depois, serão discutidos os modelos que tentam explicar como os polímeros se arranjam, gerando as propriedades emergentes que formam o que hoje se chama de arquitetura da parede celular vegetal (estrutura). A compreensão da composição e estrutura dos componentes e de como estes são arranjados no complexo de polímeros que forma a parede permite inferir suas funções principais na planta, ajudando a explicar os processos de crescimento e desenvolvimento, que constituem a essência da fisiologia vegetal.

Por último, há uma breve exposição sobre algumas das principais aplicações da parede celular em biotecnologia vegetal, bem como o seu papel na questão ambiental em relação ao sequestro de carbono diante das mudanças climáticas globais em curso no planeta.

Estrutura e localização da parede celular

Você já pensou em por que uma planta para em pé? Árvores atingiram tamanhos e alturas (há sequoias no hemisfério norte com quase 100 metros de altura) que, mesmo depois de milhões de anos de evolução, animais jamais conseguiram atingir.

As plantas têm estruturas que podem ser consideradas análogas aos ossos, isso porque, em tecidos vegetais, cada célula é envolvida por uma estrutura chamada de parede celular (Figura 8.1). Ela é um complexo de polímeros que fica do lado de fora das membranas celulares, o chamado *apoplasto*.

Os fisiologistas chamam de apoplasto o espaço existente entre as células vegetais. Essa é uma característica marcante das plantas, pois o apoplasto forma um espaço contínuo que liga o exterior da planta a qualquer célula no tecido vegetal. O apoplasto permeia toda a planta e só é interrompido pelas "estrias de Caspari" localizadas na endoderme radicular. Isso quer dizer que, se uma molécula de água ganhar o espaço apoplástico, ao chegar à endoderme da raiz, ela terá obrigatoriamente que passar pelo simplasto, ou seja, por dentro da célula. O transporte de água descreve esse processo e a eficiência desse transporte. Nos vasos do xilema, fica claro o papel da parede celular, no qual as células precisam suportar enormes forças de tensão (forçando a separação entre as células) e coesão (mantendo as células justapostas) para que o processo de transporte de água seja completo, desde a entrada de água via pelos radiculares (por capilaridade) até a sua saída pelos estômatos.

O apoplasto pode ser definido como um espaço cheio de água e solutos, em que estão diversos compostos que a planta sintetiza e transporta, como açúcares, aminoácidos e compostos do metabolismo secundário. Esses compostos são denominados coletivamente *matriz extracelular vegetal* (MEV). A parede celular faz parte da MEV e, justaposta à parede, está a lamela média (Figura 8.1), que "cimenta" as células entre si. A lamela média é formada por pectinas e é permeável a vários compostos de baixo peso molecular.

Química e bioquímica da parede celular

Para compreender a arquitetura da parede celular vegetal e sua composição nos diferentes tecidos, é importante entender as propriedades químicas e físicas dos polímeros. Em média, 90% da parede celular é composta por açúcares. Se forem consideradas todas as possibilidades de ligações entre os açúcares em paredes celulares de plantas, o número de combinações possíveis passa de 1,5 bilhão. No entanto, destes, apenas algumas dezenas ocorrem.

Considerando que a maior parte da parede celular é composta por carboidratos, torna-se fundamental entender um pouco mais sobre quem são eles. Na Tabela 8.1, são dadas algumas informações importantes sobre a estrutura química desses açúcares.

A parede celular vegetal divide-se em três domínios, sendo um domínio microfibrilar envolto por outro domínio denominado matriz. Pode-se fazer uma analogia com o concreto: o domínio microfibrilar seria como o ferro e o da matriz seriam a areia e as pedras. O domínio microfibrilar é altamente cristalino e homogêneo, constituído basicamente por celulose e hemiceluloses e confere resistência e rigidez à parede celular. A matriz, na qual o domínio celulose-hemicelulose se insere, é formada por substâncias pécticas. A parede é um compartimento dinâmico das células vegetais em que alterações ocorrem a todo momento. Assim, fazem parte da parede várias proteínas (entre elas, proteínas estruturais e enzimas) que operam sobre os polímeros de açúcares – este é chamado de domínio proteico.

Celulose

A celulose é considerada um glucano, ou seja, um polissacarídio formado por unidades de glicose. A celulose apresenta longas cadeias lineares (ou seja, sem ramificações) de glicose unidas

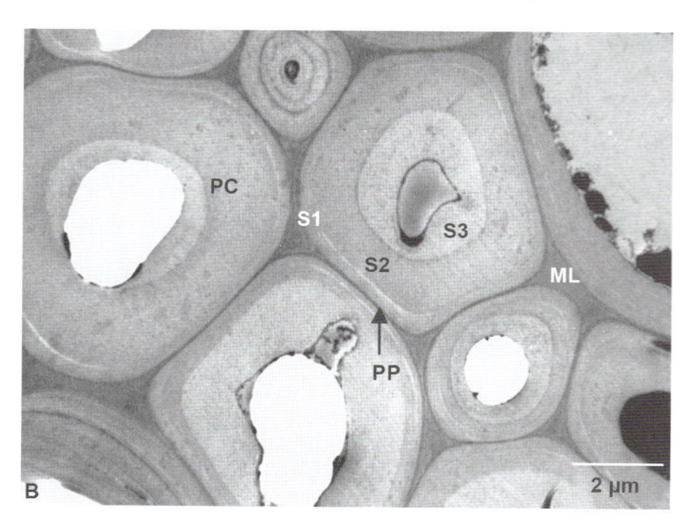

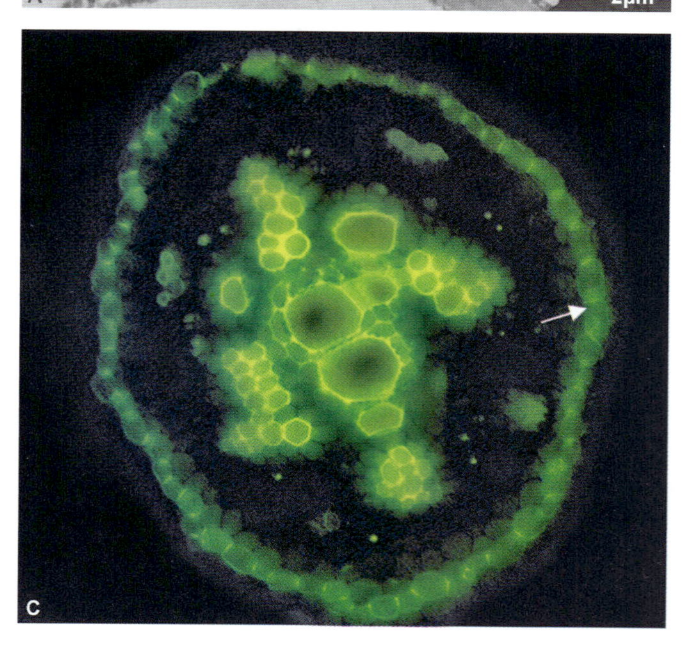

Figura 8.1 Fotomicrografia de células de folhas de *Hymenaea courbaril* L. (jatobá) mostrando detalhes da parede celular primária (uma célula paliçádica) (**A**) e da parede celular secundária (fibras do sistema vascular) (**B**). PC: parede celular; ML: lamela média; V: vacúolo; A: grânulo de amido; S1, S2, S3: camadas da parede secundária das fibras com deposição de celulose em diferentes sentidos. Essas células têm parede primária (PP), que constituem uma fina camada de tom cinza mais escuro (ponta da seta). Imagens de Marcelo Machado e Marcos Buckeridge (2007). **C.** Secção transversal de uma raiz de feijão vista em microscopia de fluorescência. Os vasos do xilema são vistos ao centro e o brilho está relacionado com a presença de lignina. O anel ao redor do feixe vascular é a endoderme, e os pontos claros (seta) as estrias de Caspary. Imagem cedida pelo Departamento de Botânica do Instituto de Biociências da Universidade de São Paulo (IB-USP).

Tabela 8.1 Química dos carboidratos.

Poli-hidroxialdeído: note que no carbono 1 (último à esquerda, em vermelho) há um aldeído	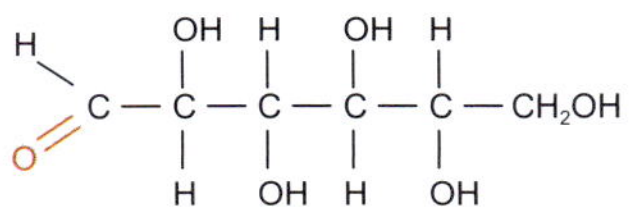	Açúcares ou carboidratos são definidos como poli-hidroxialdeídos e seus derivados. Eles apresentam vários grupamentos hidroxila e um grupamento aldeído ou cetona em suas moléculas. Aqueles com grupamentos aldeído são chamados aldoses, e os do tipo cetona são as cetoses. Os poli-hidroxialdeídos e as poli-hidroxicetonas são as unidades básicas dos carboidratos. Substâncias com as características citadas são denominadas genericamente monossacarídios
Poli-hidroxicetona: note que nesse caso há uma cetona (no carbono 2, segundo da esquerda para a direita)	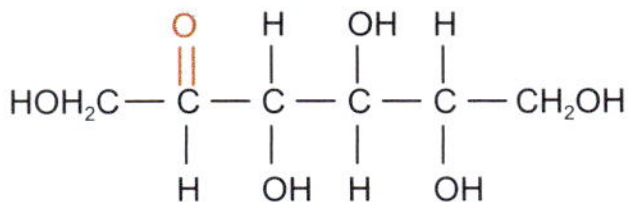	
Hexoses: são monossacarídios que contêm seis carbonos no total e formam um anel piranosídico (hexâmero). Exemplos são a glucose, manose e galactose. Esta última também pode formar anéis furanosídicos, como a frutose	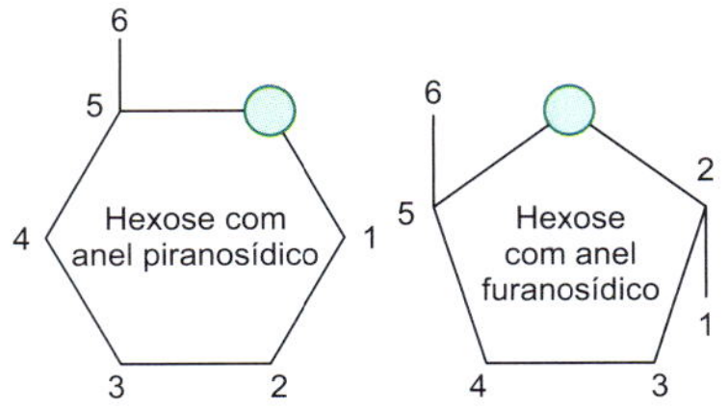 Hexose com anel piranosídico; Hexose com anel furanosídico	Os monossacarídios são classificados conforme o número de átomos de carbono da molécula, sendo o gliceraldeído e a di-hidroxicetona os menores monossacarídios conhecidos, uma vez que apresentam apenas três átomos de carbono. O número de átomos de carbono varia entre três e oito e os nomes dados a esses monossacarídios são designados por prefixos conforme este número, ou seja, tri, tetra, penta (ver estrutura ao lado), hexa (ver estrutura ao lado), hepta e octa, acrescidos sempre do sufixo ose. Assim, pode-se classificar a glicose e a frutose como hexoses, pois ambas têm seis átomos de carbono em suas moléculas. Além de se distinguirem pela presença de grupamentos aldeído ou cetona e pelo número de átomos de carbono, os açúcares diferem quanto à posição das hidroxilas nas moléculas. Mesmo a glicose e a manose (aldoses e hexoses) diferem entre si quanto à posição de hidroxila do carbono 2. Essa diferença dá a cada molécula propriedades físicas e químicas diversas, que possibilitam a sua denominação por nomes específicos. Nas plantas, os monossacarídios mais comuns entre as pentoses são a desoxirribose e a ribose (componentes do DNA e do RNA, respectivamente), a arabinose e a xilose (componentes da parede celular). Entre as hexoses, destacam-se a glicose, a manose, a galactose (todas aldoses) e a frutose (uma cetose)
Pentoses: são monossacarídios com cinco carbonos. Exemplos são a ribose, a arabinose e a xilose. A frutose também forma um anel de cinco carbonos, mas contém seis carbonos no total e é, portanto, uma hexose (ver anteriormente). Tal anel é formado, pois a frutose é uma cetose	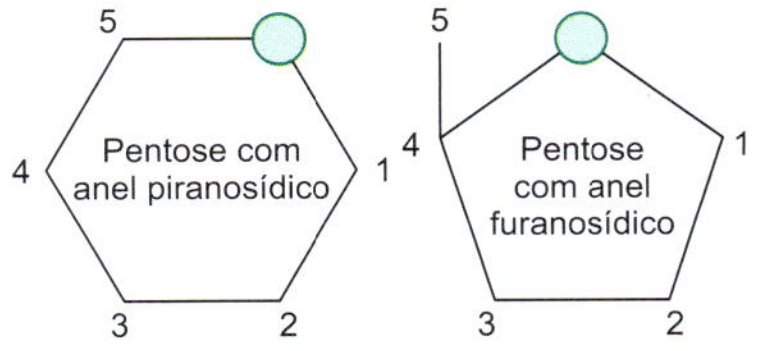 Pentose com anel piranosídico; Pentose com anel furanosídico	Normalmente, há uma reação interna nas moléculas dos monossacarídios, ou seja, o grupamento aldeído (no carbono 1) ou o grupamento cetona (no carbono 2) reage com um grupamento hidroxila de própria molécula (em geral pertencente ao carbono 5) e forma um anel característico. Em razão da proximidade do átomo de oxigênio, o carbono 1 se torna mais reativo que os demais, podendo reagir com as hidroxilas de outras moléculas de monossacarídios. Quando duas moléculas de monossacarídios se unem formando uma molécula maior, esta é denominada dissacarídio, e a ligação estabelecida entre as duas leva o nome de ligação glicosídica. Os oligossacarídios são açúcares compostos por duas a dez moléculas monossacarídicas unidas por ligações glicosídicas. Se o número de monossacarídios é maior que dez, o carboidrato é denominado polissacarídio. A ligação glicosídica é formada sempre pelo carbono 1 de uma das moléculas do monossacarídio com qualquer átomo de carbono de outra molécula, exceto o carbono 5 (nas hexoses), pois este está impedido de reagir por fazer parte da ligação que forma o anel de hexose. Assim, no caso de duas moléculas de glicose, nove tipos diferentes de ligações glicosídicas são possíveis
Ligação glicosídica: o carbono 1 (C1) de um dos monossacarídios se liga ao carbono 4 (C4) de outro monossacarídio. A ligação é feita por meio da reação entre duas hidroxilas, de modo que uma molécula de água entra para cada reação realizada e uma molécula de água sai quando a reação é quebrada. Daí vem o nome *hidrólise*, que significa *quebra pela água*	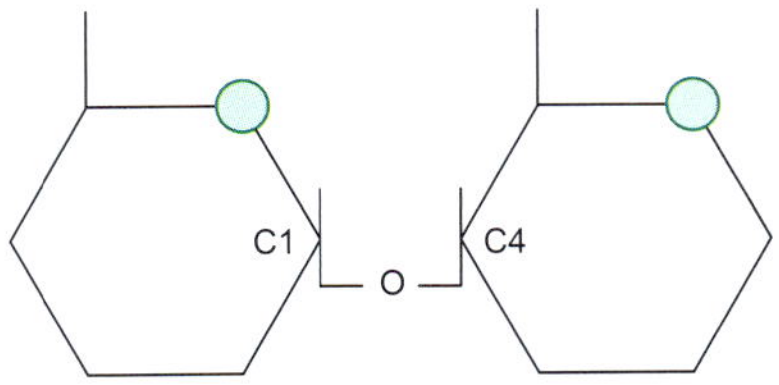 A estrutura acima é uma celobiose, para exemplificar a ligação glicosídica. Esse dissacarídio consiste em duas moléculas de glucose ligadas entre si por ligação glicosídica beta-(1,4) e constitui a base da molécula de celulose	Obviamente, o número de estruturas possíveis no caso dos oligossacarídios é muito maior. Esse número aumenta mais ainda, pois podem existir ligações entre diferentes monossacarídios. Contudo, essa diversidade não é tão grande na natureza quanto poderia, pois a maioria das estruturas possíveis simplesmente não ocorre. No caso dos polissacarídios, a maioria das moléculas conhecidas apresenta unidades monossacarídicas respectivas de um único tipo ou de dois a três tipos diferentes

Adaptada de Dietrich *et al.* (1988).

por ligações glicosídicas do tipo beta-(1,4). Não se sabe ao certo qual o tamanho máximo que uma molécula de celulose pode atingir, mas é possível que uma única molécula consiga dar toda a volta, ou mesmo algumas voltas completas, ao redor da célula.

Na cadeia central da celulose, cada molécula de glicose fica disposta em uma rotação de 180° em relação à molécula adjacente (Figura 8.2 A). Sabe-se que 36 cadeias de celulose se unem formando um complexo cristalino denominado microfibrila. Isso ocorre porque uma molécula de celulose é disposta em relação à molécula adjacente de maneira antiparalela (Figuras 8.2 A e 8.3). A disposição das hidroxilas das moléculas de glicose, quando arranjadas desse modo, forma um grande número de ligações de pontes de hidrogênio entre essas cadeias (Figura 8.2 A). Essas pontes competem com a água de hidratação das hidroxilas e, com isso, durante a formação da microfibrila, apenas um mínimo de água permanece no cristal. O resultado é uma estrutura cristalina extremamente compacta e desidratada, levando a uma consequência relevante para as plantas, pois, em virtude do enorme número de ligações de pontes de hidrogênio entre as glicoses das moléculas de celulose, as microfibrilas resistem a grandes forças de tensão. Além disso, o fato de serem desidratadas dificulta o ataque de enzimas à celulose, a não ser em casos muito especiais. Isso ocorre porque, para que se quebre uma ligação glicosídica (um processo chamado de hidrólise), é necessário haver água. Outro ponto importante refere-se ao fato de que as ligações glicosídicas do tipo beta, existentes entre as glicoses na celulose, necessitam de mais energia para serem quebradas que as

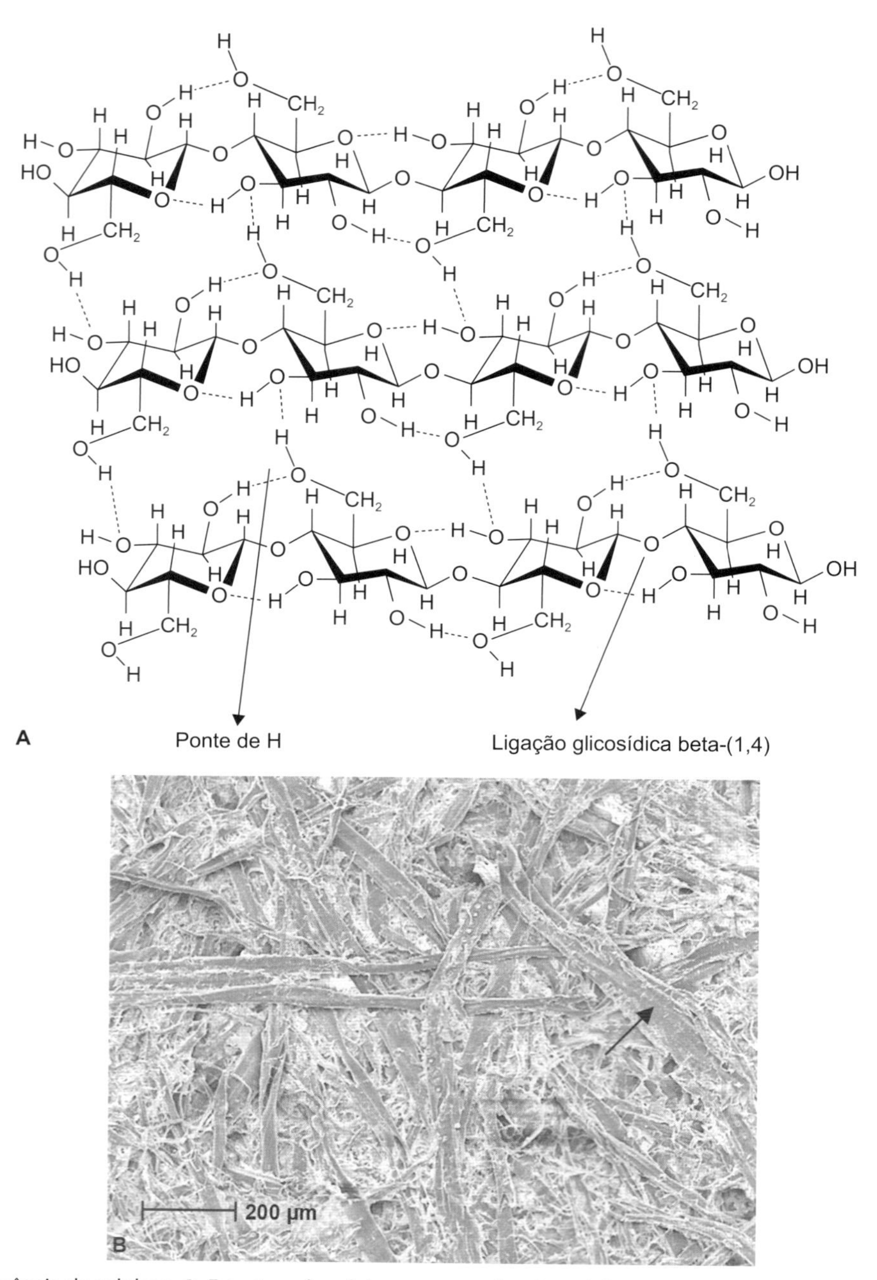

Figura 8.2 Estrutura e aparência da celulose. **A.** Estrutura da celulose mostrando três cadeias com pontes de hidrogênio que fortalecem as ligações entre as moléculas e as ligações glicosídicas beta-(1,4) entre as moléculas de glicose. **B.** Micrografia de varredura da superfície de uma folha de papel mostrando fibras (seta) compostas por 99% de celulose. Mesmo depois do processamento, ainda se encontra até 1% de xilose pertencente ao xilano, uma hemicelulose. Imagens de Cesar Gustavo Lisboa e Marcos Buckeridge (2005).

ligações alfa existentes no amido. Há, portanto, uma grave limitação de acesso à celulose, tanto por hidratação quanto por ação de enzimas. Todas essas características notáveis ilustram por que a celulose, entre todas as outras possibilidades de formação de cristais de polímeros de açúcares, foi selecionada durante a evolução e é encontrada desde algas verdes até as plantas mais derivadas do planeta.

As microfibrilas de celulose são sintetizadas em complexos proteicos, denominados rosetas, que atravessam a membrana plasmática. Enquanto as cadeias de glicose são formadas, elas são depositadas na parte exterior da membrana, preenchendo o apoplasto. A celulose é o único polissacarídio de parede sintetizado na membrana plasmática, uma vez que os demais o são no complexo de Golgi, ainda dentro do citoplasma da célula. Os polissacarídios não celulósicos são transportados pelas vesículas de rede trans-Golgi e secretados para o apoplasto. Lá, alguns deles interagirão entre si e com a celulose, formando uma estrutura altamente organizada denominada *código glicômico*.

A partir da década de 1990, foram identificados em plantas vasculares os membros da primeira família gênica que codifica para enzimas de síntese de celulose. Essa família foi chamada de CesA (*Celulose synthase A*). Quando novos genes foram descobertos, notou-se que muitos membros da família CesA faziam parte, na realidade, de outra família (denominada Csl – do inglês *Cellulose synthase like*), responsável pela síntese das hemiceluloses e das pectinas. Mais recentemente, com o sequenciamento dos genomas de várias espécies, as famílias de CesA de plantas-modelo (p. ex., *Arabidopis*, milho e outras) foram desvendadas e mapeadas. Há várias isoformas de proteínas de CesA e Csl, sendo estas responsáveis por diferentes funções nos processos de síntese da celulose e de hemiceluloses.

Durante a síntese da celulose na membrana citoplasmática, uma enzima chamada sacarose-sintase participa do complexo de síntese de celulose (as rosetas), utilizando sacarose para produzir o nucleotídio açúcar base para a síntese da celulose, a uridina-difosfato-glicose (UDPG). A transferência de glicose a partir da UDPG para uma cadeia de glucano formará as moléculas básicas que interagirão formando as microfibrilas.

A celulose sofre poucas modificações durante a vida da planta, sendo degradada somente em casos especiais, como a abscisão foliar, o amadurecimento de frutos e a formação de aerênquima. Contudo, muitos microrganismos apresentam celulases que agem diretamente na degradação de celulose para obter energia. Esse é um dos principais mecanismos por trás da decomposição de biomassa nas florestas.

Hemiceluloses

Uma das principais hemiceluloses encontradas na natureza é o *xiloglucano* (XG) (Figura 8.3 B), que consiste em uma cadeia de glicoses unidas entre si por ligações do tipo beta-(1,4), idênticas à celulose. Porém, o XG apresenta ramificações em pontos específicos com xiloses ligadas alfa-(1,6), as quais podem ter ramificações com galactoses ligadas beta-(1,2). Algumas unidades de galactose podem apresentar ramificação com moléculas de fucose por meio de ligações glicosídicas do tipo alfa-(1,2). Acredita-se que as ramificações com fucose sejam os principais indutores de mudanças conformacionais na cadeia principal do XG, afetando diretamente sua capacidade de interação com a celulose.

Sabe-se desde 1960 que as ramificações com xilose são regulares, e, na maioria dos XG, uma em cada quatro ou cinco glicoses não apresenta qualquer ramificação. Esses são os únicos pontos de acesso à cadeia principal do XG por enzimas hidrolíticas.

Essas ramificações da cadeia principal celulósica dos XG alteram o ângulo de ligação entre as glicoses de 180° para cerca de 52°. Essa alteração faz com que a força de interação entre as cadeias principais de moléculas de xiloglucano, idênticas à

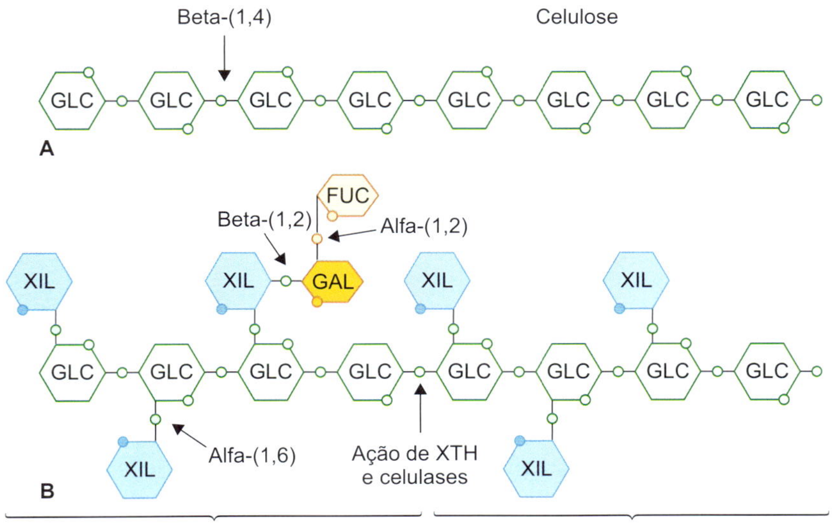

Figura 8.3 Estruturas químicas da celulose (**A**) e do xiloglucano (**B**). Note que a cadeia principal do xiloglucano é idêntica à da celulose e que há blocos repetitivos (colchetes) com quatro glicoses, três xiloses, galactose e fucose em proporções variáveis. XTH e celulases só conseguem quebrar as ligações beta-(1,4) da cadeia principal no ponto indicado com a seta. O acesso às demais ligações da cadeia principal só ocorre quando outras enzimas (hidrolases) retiram as ramificações. As ramificações com galactose e fucose também dificultam o acesso à cadeia principal. Pontos sem essas ramificações são atacados mais eficientemente pela xiloglucano transglicosilase/hidrolase (XTH) ou por celulases. GLC: glicose; XIL: xilose; GAL: galactose; FUC: fucose.

celulose, seja bem menor, de modo que os XG não formam microfibrilas. Ainda assim, a proximidade estrutural entre os XG e a celulose faz com que o primeiro seja capaz de interagir com a segunda de maneira eficiente, mas de forma reversível.

A regularidade das ramificações dos XG está relacionada com a existência de regiões moleculares com diferentes graus de interação entre si e com a celulose, o que ilustra o fato de que, como o DNA e as proteínas, os polissacarídios também podem apresentar domínios funcionais em suas moléculas (Figura 8.3 B). O XG é, portanto, considerado um polissacarídio com estrutura geneticamente codificada.

Dependendo das ramificações e do tamanho da molécula de xiloglucano (que é muito menor que a celulose), a interação será mais forte ou mais fraca. Quanto mais ramificado, principalmente com galactose e fucose, mais fraca será a interação com as microfibrilas, acontecendo o mesmo quando de uma molécula de XG grande.

Outro papel do XG na parede celular refere-se à orientação das microfibrilas de celulose na parede. Acredita-se que as microfibrilas de celulose em eudicotiledôneas sejam inteiramente cobertas por uma camada de xiloglucano. É importante notar que, nas regiões menos ramificadas, as moléculas de XG interagem entre si. Como as ramificações podem variar em uma mesma molécula, quanto mais ramificado um segmento de xiloglucano, mais solúvel ele será na água presente no apoplasto e menos interativo com a celulose. Por sua vez, um segmento da mesma molécula que tenha baixa ramificação com fucose e galactose será fortemente interativo com celuloses e outras moléculas de XG pouco ramificadas. Dessa forma, acredita-se que o XG tenha a capacidade de formar pontes moleculares entre as microfibrilas de celulose, aumentando ainda mais a resistência da parede como um todo às forças de tensão provocadas pelo aumento no turgor celular durante o crescimento. As interações entre as moléculas de XG e de celulose indicam que essas interações existam para auxiliar na expansão celular. Outro papel do XG pode estar relacionado com mudanças fenotípicas de tamanho, descoberta recente em um mutante deficiente em XG em *Arabidopsis*. Dois outros polímeros hemicelulósicos parecem exercer papéis análogos ao do xiloglucano, os *glucuronoarabinoxilanos* (GAX) e os *glucomananos* (GMN).

Os GAX são polímeros ácidos com uma cadeia de xiloses unidas por ligações do tipo beta-(1,4) (Figura 8.4). A seleção natural, portanto, levou ao aparecimento, em alguns grupos de plantas, de um polímero que tem uma cadeia principal similar à celulose, porém com algumas diferenças. Como os XG, os GAX são ramificados e codificados, mas com arabinose e com ácido galacturônico. Os GAX são característicos de alguns grupos de monocotiledôneas e ocorrem também como a principal hemicelulose na maioria das paredes secundárias (fibras dos tecidos vasculares).

Já os GMN são hemiceluloses que apresentam uma cadeia principal de manoses e glicoses unidas por ligações glicosídicas do tipo beta-(1,4). Esse tipo de ligação produz uma cadeia linear que, quando em interação em uma disposição antiparalela, forma compósitos muito resistentes. Em alguns casos, a hemicelulose pode ser formada apenas por unidades de manose, chamando-se *manano* (MN). Os MN formam uma classe de polímeros que compreendem os *mananos puros*, os GMN e os *galactomananos* (GM) (Figura 8.5). Tecidos vegetais com células contendo paredes repletas de MN apresentam grande resistência mecânica. Um dos exemplos é o da semente da palmeira *Phoenix*, usada durante muito tempo para a confecção de botões de roupas. No caso do café, grande parte da massa sólida insolúvel chamada de borra é composta por MN e celulose, que são insolúveis. A parte solúvel do café compreende principalmente pectinas (discutidas a seguir) e algum GM. Uma variação da estrutura dos MN são os GGM, que apresentam alternância de glicoses e manoses na cadeia principal. Esses polímeros podem se tornar mais solúveis se apresentarem ramificações com radicais acetila.

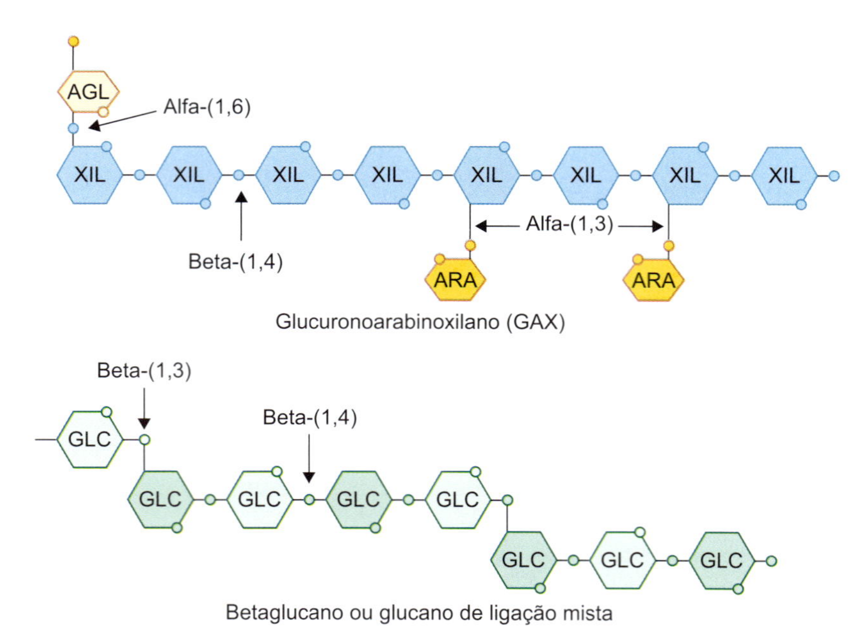

Figura 8.4 Hemiceluloses típicas de monocotiledôneas. XIL: xilose; AGL: ácido glicurônico; ARA: arabinose; GLC: glicose.

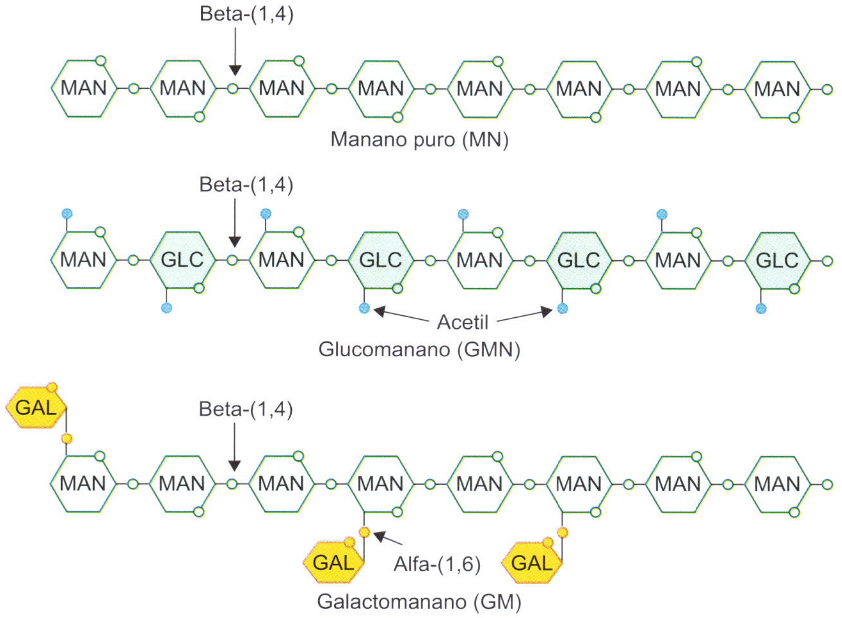

Beta-(1,4)
MAN MAN MAN MAN MAN MAN MAN MAN
Manano puro (MN)

Beta-(1,4)
MAN GLC MAN GLC MAN GLC MAN GLC
Acetil
Glucomanano (GMN)

GAL
Beta-(1,4)
MAN MAN MAN MAN MAN MAN MAN MAN
GAL Alfa-(1,6) GAL
Galactomanano (GM)

Figura 8.5 Hemiceluloses do grupo dos mananos. MAN: manose; GAL: galactose; GLC: glicose.

De maneira análoga ao XG e ao GAX, quando ocorrem ramificações com radicais acetila ou com galactose, a solubilidade em água dos GGM ou dos GM aumenta e a força de interação com celulose diminui. Os MN e suas variações em GGM e os GM também interagem com a celulose de forma eficiente e dependente das ramificações. Não há estudos acurados, mas acredita-se que GAX, GMN e os MN em geral tenham função similar à dos XG, participando da organização das microfibrilas de celulose na parede celular.

Os XG, GAX e MN podem ocorrer ao mesmo tempo em um dado tecido, mas geralmente um deles domina. De maneira geral, suas funções parecem estar relacionadas com o equilíbrio das forças de tensão das paredes celulares e o controle do crescimento celular. Outra função importante dos XG e dos GM refere-se ao fato de servirem como reserva de carbono em endospermas ou cotilédones de sementes. A vantagem em ter tais compostos como reserva de carbono é que o número de espécies capazes de produzir enzimas que ataquem esses polímeros é limitado e, com isso, há uma proteção contra herbivoria e ataque de microrganismos.

Outra hemicelulose encontrada principalmente em gramíneas (cana-de-açúcar, milho, sorgo) é o glucano de ligação mista (beta (1,3)-(1,4)), também conhecido como betaglucano, detectado sobretudo em tecidos em crescimento, quando boa parte é degradada ao longo do desenvolvimento. Ao contrário das outras hemiceluloses, o betaglucano interage pouco com os demais polissacarídios na parede celular. Há evidências de que o betaglucano de espécies como trigo, cevada e cana-de-açúcar tenha função de reserva tanto em folhas quanto em sementes.

Pectinas

As pectinas são polissacarídios ácidos que se acredita não estarem covalentemente ligadas à celulose ou às hemiceluloses (ver adiante o item sobre os modelos de parede). A cadeia central das pectinas é formada por ácido galacturônico (uma versão ácida da galactose) unido por ligações do tipo alfa-(1,4). Essa cadeia pode ser interrompida por unidades de ramnose, a qual apresenta ramificações longas com polímeros de galactanos e arabinanos.

Quando não ramificados, os polímeros com cadeias contendo somente ácido galacturônico são denominados homogalacturonanos (HG), e, quando ramificados, levam o nome de ramnogalacturonanos (RG) (Figuras 8.6 e 8.7). Os HG conseguem formar complexos com cálcio e magnésio. Na Figura 8.6 B, é mostrado como a conformação molecular leva à formação de complexos com esses cátions. Esse estado conformacional dos HG em interação com o cálcio é chamado de *caixas de ovos*. Cálcio e magnésio são cátions que têm baixa mobilidade nas plantas em decorrência da baixa solubilidade. A interação com as pectinas faz com que estoques desses íons envolvam cada uma das células vegetais, os quais podem ser acessados de modo rápido e eficiente, bastando uma alteração do pH do apoplasto. É possível, portanto, que a evolução das pectinas esteja diretamente relacionada com a conquista do ambiente terrestre pelas plantas e a possibilidade de crescimento, atingindo grande porte.

Na ausência do cálcio, os HG são bastante solúveis em água por causa das ligações alfa entre as unidades de ácido galacturônico. Na presença de íons cálcio e magnésio, os HG formam um gel. O grau de hidratação desse gel depende de outra característica estrutural. As pectinas podem apresentar diferentes graus de esterificação, ou seja, a formação de radical O-R, em que R pode ser um radical metila (CH_3) ou acetila ($COCH_3$), o qual se liga a uma hidroxila do anel do açúcar pelo oxigênio de uma dessas hidroxilas. Quanto mais metilado o HG, menos solúveis em água, pois a metilação confere um caráter mais hidrofóbico ao polissacarídio. O grau de esterificação com metila e o pH determinam as propriedades de formação de gel das pectinas. Em pH ácido, pectinas com

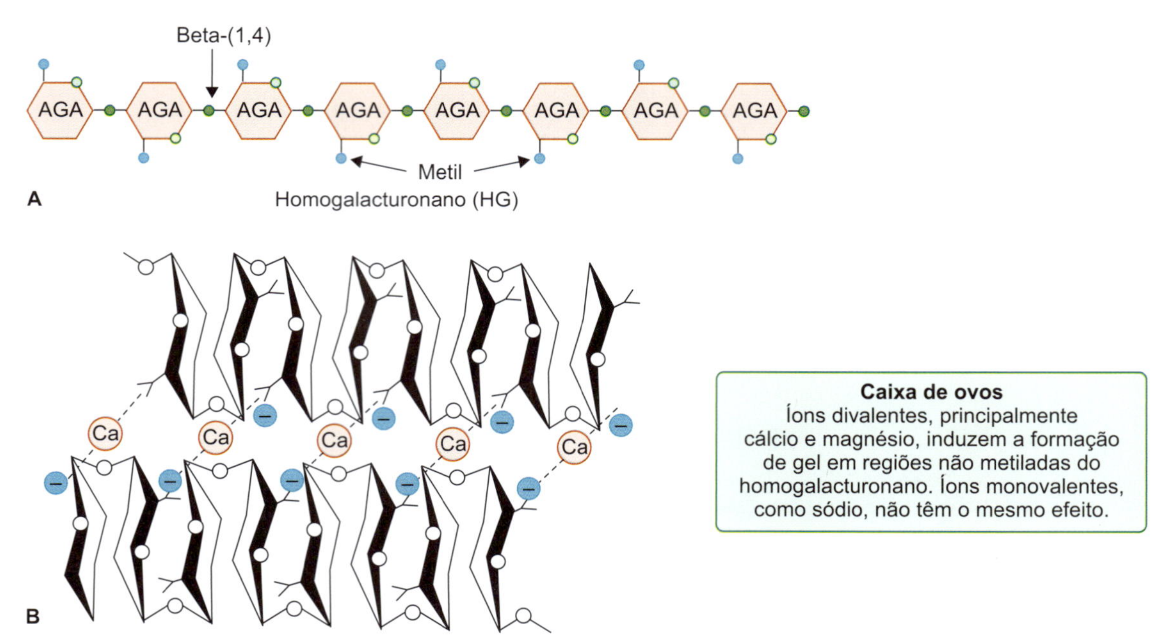

Figura 8.6 Pectinas. **A.** Estrutura do homogalacturonano. Forma-se uma cadeia linear de ácidos galacturônicos (AGA) que, quando metilados, tornam o polissacarídio solúvel em água. Na ausência de metil-esterificações, a conformação molecular do homogalacturonano interage com íons divalentes (Mg > Ca > Sr > Ba), formando um complexo conhecido como caixa de ovos (**B**). Nesse caso, forma-se um gel.

baixa esterificação com metila gelificam na presença de íons divalentes, formando as caixas de ovos. No entanto, se o grau de esterificação for maior que 50%, há alguma interação com cálcio, mas não se forma gel. Portanto, o grau de esterificação com metila das pectinas determina quanto de cálcio e magnésio ficam armazenados no apoplasto e, também, a força de coesão entre as células na lamela média. Na parede celular, a pectina consiste na região mais hidratada, quando comparada à celulose e às hemiceluloses. Além disso, o nível de hidratação da parede pode ser controlado por enzimas, as *metilesterases*, que retiram os radicais metila das pectinas, tornando-as mais solúveis e capturando o cálcio por meio da formação de caixas de ovos.

Na lamela média, os chamados pectatos de cálcio e magnésio, ou seja, as caixas de ovos formadas pelos HG e os íons, estão entre as principais forças que mantêm as células vegetais justapostas e dão sustentação aos tecidos vegetais. Em frutos durante o amadurecimento, a solubilização da pectina da lamela média faz o tecido perder consistência, tornando mais difícil estourar as células e obter o líquido intracelular durante a mastigação. Em pêssegos armazenados a baixa temperatura, esse fenômeno pode acontecer, dando uma consistência desagradável durante o consumo. O mesmo ocorre com as chamadas "maçãs farinhentas".

Na pectina da parede celular, as ramificações com galactanos e arabinanos, que se ligam às unidades de ramnose que interrompem a cadeia de HG, compreendem galactanos de dois tipos: os beta-(1,4) ligados e os beta-(1,3)-(1,6) ligados, este último um dos principais compostos do café. Os arabinanos, que podem estar isolados ou ligados aos galactanos, são geralmente do tipo alfa-(1,5) (Figura 8.7). Trata-se de polímeros neutros que parecem dar estabilidade aos grandes complexos pécticos da parede celular. Uma das suas funções parece estar relacionada com o grau de porosidade da parede celular.

Há ainda outro tipo de pectina, que consiste nos *ramnogalactoronanos II* (RGII). Esses polímeros são encontrados em pequena proporção na parede e têm algumas características das pectinas. Eles são considerados provavelmente os polissacarídios mais complexos da natureza. Sua estrutura química não será discutida aqui, mas é importante saber que se acredita que o RGII tenha a função de complexar o boro e mantê-lo no apoplasto, fator muito importante, pois, como o cálcio, o boro é pouco móvel nas plantas e essencial para diversas reações nas células vegetais. Mutantes de *Arabidopsis* que não contêm, ou contêm muito pouco RGII, apresentam sérios problemas de crescimento, os quais são característicos de deficiência de boro.

Proteínas

Apesar de serem encontradas em menor proporção (cerca de 10%), várias *proteínas* fazem parte da parede celular vegetal. Há duas classes principais: as proteínas estruturais e as enzimas. As primeiras são geralmente proteínas ricas em glicina ou hidroxiprolina e apresentam sequências repetitivas que lembram as proteínas estruturais de animais, como o colágeno. Em decorrência de as proteínas estruturais da parede celular serem muito pouco solúveis, houve um grande atraso nos estudos de suas estruturas. Quando essas proteínas foram descobertas, acreditava-se que estavam relacionadas com o processo de extensão celular, motivo pelo qual foram chamadas de extensinas. Posteriormente se verificou que elas não têm esse papel, mas mesmo assim o nome persiste. Desse modo, ainda não se compreende bem as funções dessas proteínas na parede celular.

Na década de 1990, o grupo de Daniel Cosgrove, nos EUA, descobriu uma proteína que tem a função de controlar a expansão e a extensão celular, a que se deu o nome de *expansina*. Trata-se de uma proteína com características únicas, pois

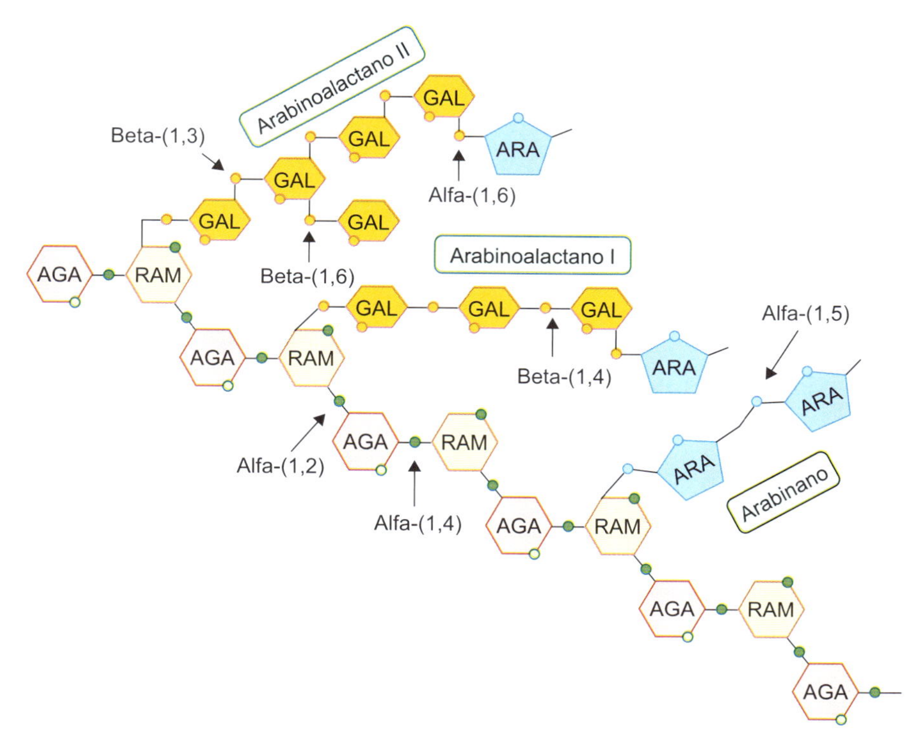

Figura 8.7 Principais componentes do ramnogalacturonano I, um dos principais elementos das pectinas na parede celular de plantas. A cadeia principal é formada por unidades de ácido galacturônico (AGA) e ramnose (RAM). As ramnoses podem apresentar ramificações com arabinogalactanos do tipo I (1,3-1,6 ligados) e/ou do tipo II (1,4 ligados) e/ou arabinanos (1,5 ligados). GAL: galactose; ARA: arabinose.

consegue quebrar as pontes de hidrogênio entre a celulose e as hemiceluloses, desfazendo a interação entre eles. A estrutura de algumas expansinas lembra a de uma celulase, com um domínio de ligação à celulose, mas sem um sítio catalítico. Isso significa que a expansina não é uma enzima, mas uma proteína capaz de causar distúrbios conformacionais nos polissacarídios e alterar suas interações.

Já no caso das enzimas, há um grande número de estudos sobre suas estruturas e funções, além de terem sido clonados diversos genes que codificam para várias hidrolases de polissacarídios da parede celular.

A parede é extremamente dinâmica, com vários componentes sendo renovados diariamente, motivo pelo qual, a todo momento, um grande número de enzimas permeia o apoplasto, promovendo modificações como desramificações de hemiceluloses e pectinas, metil-esterificação de pectinas, transglicosilação etc. Não é possível, neste capítulo, discutir todas as enzimas importantes nos processos de modificação da parede celular, mas algumas delas serão abordadas a seguir, ao tratar sobre os papéis fisiológicos da parede.

Uma enzima de parede com características não usuais é a *xiloglucano endotransglicosilase* (XET). Ela foi descoberta no Japão por Kazuhiko Nishitani e na Escócia, ao mesmo tempo, nos laboratórios de Stephen Fry e John Grant Reid. Usando sistemas biológicos diferentes, os três chegaram a resultados que mostravam que o XG, quando em presença da XET, pode sofrer um processo chamado de transglicosilação. Se duas moléculas de XG são incubadas com XET, fragmentos de ambas podem ser trocados sem que os pesos moleculares das duas moléculas se alterem (Figura 8.8). Descobriu-se posteriormente que a XET se liga covalentemente ao XG e transfere a molécula a ela ligada para outra molécula de XG solúvel. A descoberta da família das XET resolveu uma questão que estava sem resposta sobre a expansão celular: *como as células vegetais podem alongar e/ou expandir sem hidrólise significativa de celulose e de XG*? Hoje em dia, já se conhecem vários tipos de XET, atualmente chamadas de XTH (xiloglucano transglicosilase hidrolases).

Compostos fenólicos

Além de carboidratos e proteínas, há compostos fenólicos na parede celular que interagem com os polissacarídios formando uma rede de interações que confere rigidez aos tecidos vegetais (Figura 8.9), como o caso dos troncos de árvores e das hastes do bambu.

A lignina, depois da celulose, é o segundo biopolímero mais abundante na Terra, sendo responsável por 30% do carbono orgânico do planeta, além de uma adaptação evolutiva importante para que as plantas tivessem sucesso na conquista do ambiente terrestre.

A *lignina* é composta por ácidos ferúlicos, alcoóis sinapílicos, coniferílicos e cumáricos, que podem ser encontrados nas paredes de duas formas distintas. Uma delas é a formação dos chamados anéis diferúlicos, responsáveis por ligações covalentes entre dois polissacarídios, via ligação éster entre as suas ramificações, chamadas *pontes diferúlicas* (Figura 8.9). Acredita-se que esses compostos "travem" a parede e impeçam modificações posteriores. Compostos fenólicos se ligam aos polímeros de parede celular de monocotiledôneas (paredes do tipo II, veja a seguir), fazendo com que as paredes dessas plantas apresentem autofluorescência (ver Figura 8.1 C). Um possível papel biológico desses anéis diferúlicos nas paredes

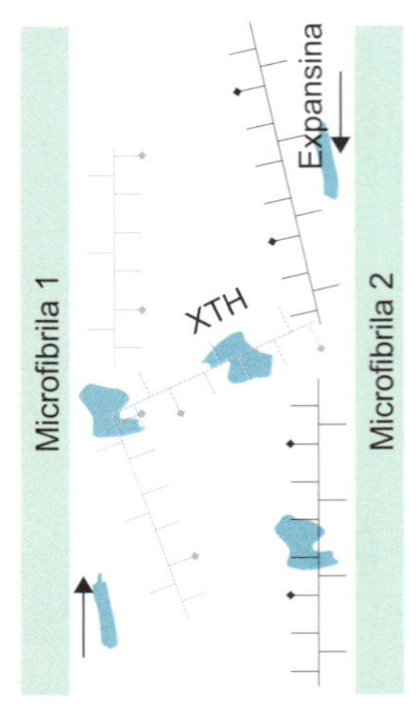

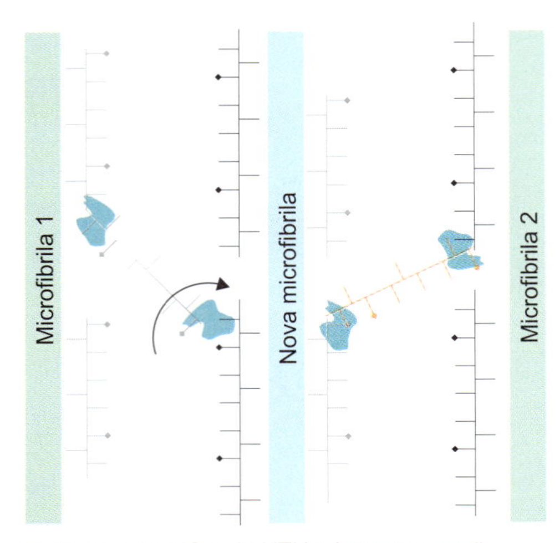

Figura 8.8 Mecanismos moleculares envolvidos nos processos de extensão da parede e intussuscepção de novos polissacarídios na parede. Com o aumento da turgescência celular, há uma pressão positiva que força a célula a expandir. A parede, apesar de ter certa elasticidade, é resistente à expansão. Muitas células vegetais apresentam mecanismos bioquímicos que permitem o afastamento das microfibrilas e a colocação de mais material, possibilitando o crescimento por plasticidade. Em **A**, as expansinas destacam os xiloglucanos da superfície das microfibrilas. Ao mesmo tempo, moléculas de XTH atacam o xiloglucano, principalmente em regiões destacadas. A XTH fica ligada covalentemente à molécula de xiloglucano até que encontre outra cadeia de xiloglucano, à qual a cadeia carregada pela XTH é religada. Em **B**, é mostrada uma situação posterior. Uma nova microfibrila e novas moléculas de xiloglucano (laranja) foram introduzidas por intussuscepção entre as duas microfibrilas anteriormente existentes. Note que a expansina não está mais presente e a XTH está religando as cadeias de xiloglucano, reconstruindo o domínio celulose-hemicelulose.

de monocotiledôneas poderia ser a filtração da luz ultravioleta, já que grande parte das espécies desse grupo, como as gramíneas, cresce em alta intensidade luminosa.

Nas paredes secundárias do sistema vascular das plantas, alcoóis sinapílicos e coniferílicos se condensam formando uma rede que "trava" e "enrijece" a parede constituída de grandes proporções de microfibrilas de celulose cobertas por uma camada fina de hemicelulose (nesse caso, o xilano, um polímero que só apresenta a cadeia principal dos GAX). É essa rede de compostos fenólicos interligados a que se dá o nome de lignina (Figura 8.9). A proporção entre lignina e celulose muda as propriedades mecânicas dos tecidos vegetais. Ramos de plantas com paredes ricas em lignina apresentam-se quebradiços, enquanto aqueles com maior proporção de celulose são mais flexíveis.

Propriedades físicas da parede celular e sua relação com funções e papéis biológicos

A parede celular é composta por uma mistura de polissacarídios complexos que interagem entre si formando um compósito (material feito de várias substâncias diferentes) com propriedades similares às de um cristal líquido. Em um cristal líquido, as moléculas podem ter diferentes graus de liberdade de movimento. Isso provoca uma situação tal que um cristal líquido pode exibir propriedades de sólidos e líquidos ao mesmo tempo. Enquanto algumas moléculas se apresentam no estado líquido, no mesmo compósito, outras se apresentarão como se fossem cristais.

Muitas substâncias apresentam uma propriedade chamada ponto de fusão e, se aquecidas, mudam de fase (p. ex., de sólido para líquido) abruptamente em uma dada temperatura. A água pura, por exemplo, desde que em uma pressão de 1 atmosfera, tem um ponto de fusão de 0°C. Outras substâncias, como o vidro, não apresentam um ponto de fusão, mas uma fase mais longa e mais lenta de mudança de fase chamada de *transição vítrea*. A parede celular das plantas, sendo composta por vários polímeros com estruturas diferentes, apresenta características compatíveis com as de um cristal líquido em que alguns polímeros podem apresentar um real ponto de fusão (p. ex., a celulose), enquanto outros transição vítrea (p. ex., o XG). Assim, enquanto a celulose forma um verdadeiro cristal,

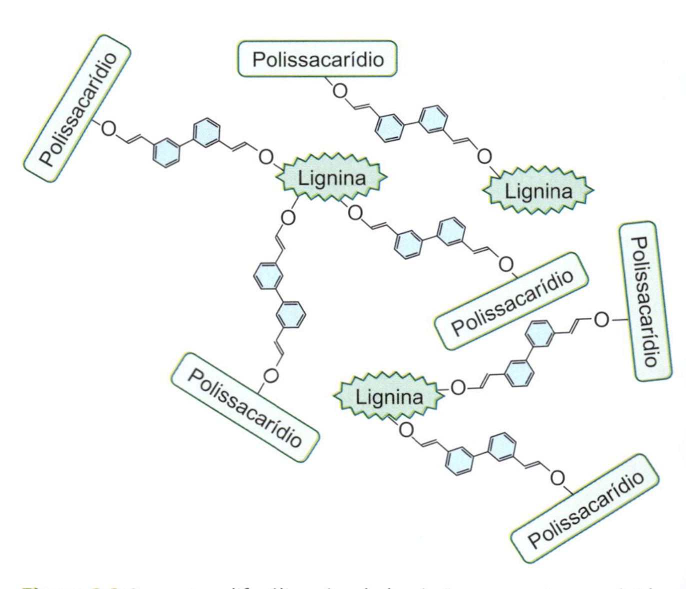

Figura 8.9 As pontes diferúlicas (azul-claro) são compostas por ácidos orgânicos que formam a ligação entre os polissacarídios e a lignina. Esta última é um complexo de compostos fenólicos ligados entre si similares aos desenhados em azul-claro. A deposição de compostos fenólicos na parede celular é característica de paredes secundárias e de paredes do tipo II. Acredita-se que a deposição desses compostos trave a parede e impeça a continuidade do crescimento.

que é sólido, as hemiceluloses têm propriedades de materiais amorfos e apresentam transição vítrea. Ao compreender essas propriedades, é possível inferir que existe um alto nível de complexidade relacionado com as propriedades emergentes da parede celular com todos os seus polímeros. Há também um alto nível de complexidade em como as forças de tensão e coesão entre os polímeros se distribuem no compósito, gerando propriedades mecânicas emergentes que permitem que células delicadas mantenham a sua forma e função sob o peso de várias toneladas.

O equilíbrio entre as forças de tensão e coesão e as propriedades de cristal líquido da parede é fundamental para a planta. Ao mesmo tempo que certos tecidos vegetais precisam ser extremamente delicados, de modo que células na polpa de um fruto estourem e deixem o conteúdo intracelular à disposição dos animais, outros suportam pressões gigantescas, como as células da base de uma grande árvore. Essas células precisam suportar o peso de toda a árvore, que pode ser de várias toneladas. Já nas raízes, as células da epiderme, que estão em contato com o solo, ao crescerem, sofrem atrito e ficam diretamente expostas aos microrganismos. Por isso, as paredes celulares da epiderme têm diferentes composições e arranjos que fazem com que, ao mesmo tempo que a planta consiga absorver nutrientes, também se defenda do ataque de patógenos. Já nos tecidos internos da raiz, as células apresentam estruturas delicadas que selecionam íons e deixam passar água.

Na maioria das sementes, as paredes celulares podem conferir grande resistência aos tecidos, para evitar ou dificultar a predação. As paredes celulares da casca das sementes também apresentam características que evitam a entrada de água e controlam o processo de embebição e germinação.

Toda a diversidade de propriedades físico-químicas e biológicas das paredes celulares de diferentes tecidos pode ser explicada pelo fato de serem encontradas diferentes combinações de compostos nas paredes celulares de uma única planta, conforme o tecido analisado. Assim, as propriedades físicas de cada parede dependem da combinação de polímeros nela existentes, que são em quantidade bastante restrita, considerando o grande número de possibilidades.

Modelos da parede celular vegetal

Por volta de 1970, já se conhecia a estrutura química de muitos dos compostos da parede celular. Em outras palavras, àquela altura sabia-se como as glicoses se ligam entre si e quais os principais tipos de ligações glicosídicas existentes nas hemiceluloses e nas pectinas. Um grupo de pesquisas liderado por Peter Albersheim, na University of Georgia, nos EUA, vinha trabalhando com células em suspensão do plátano (*Acer pseudoplatanus*). Ao separarem os polímeros da parede celular e determinarem as suas estruturas químicas, esses pesquisadores não utilizaram apenas as ferramentas químicas para sondar a estrutura da parede, como era feito até então, mas também um coquetel de enzimas, observando que apenas alguns pontos da parede eram atacados.

Em uma série de três trabalhos que se tornaram clássicos da fisiologia vegetal, o grupo de Albersheim (um dos quais citados a seguir como Keegstra *et al.*, 1973) propôs o primeiro modelo para o arranjo de polímeros na parede celular (Figura 8.10), no qual a celulose interage com as hemiceluloses (o xiloglucano, no caso do plátano). Nessa proposta, as microfibrilas de celulose são cobertas com hemicelulose e ligadas à extensina (proteína) por meio de polímeros de pectinas. Essa ideia trouxe uma nova dimensão para a interpretação do que seria a parede celular. Em vez do conceito quase estritamente focado na celulose, que advém mais das paredes do sistema vascular (Figura 8.1 B), o grupo de Albersheim abriu o caminho para novas ideias, extrapolando a importância das ligações químicas e colocando em evidência as interações entre os polímeros. Esses pesquisadores sugeriram que esses polímeros teriam papel fundamental nos processos biológicos relacionados com a parede celular. No modelo proposto, a parede se sustentaria majoritariamente por ligações covalentes entre os polímeros. Em outras palavras, deveria haver ligações covalentes entre celulose e hemicelulose, entre hemicelulose e as pectinas e entre as pectinas e as proteínas.

Por quase 20 anos, grupos de pesquisa por todo o mundo buscaram as ligações covalentes previstas pelo grupo de Albersheim. Apesar de terem encontrado evidências aqui e ali, não foi observado um padrão universal que sustentasse o modelo de 1973.

Em 1991, Maureen McCann e Keith Roberts, do John Innes Institute, na Inglaterra, empregaram o termo *arquitetura*, com um fim funcional, para definir a parede celular. A arquitetura pode ser definida como a arte e a ciência de desenhar construções. Ela envolve o posicionamento dos elementos considerando forma, luz e sombra, volume, textura, materiais e elementos de custo e tecnologia. A finalidade da arquitetura seria atingir formas estéticas, artísticas e funcionais.

O termo *arquitetura* é bastante adequado para abordar a parede celular, pois envolve a determinação de funções por materiais dispostos em posições que promovem motivos análogos ao volume e à textura, os quais ajudam a definir o termo. Para definir a parede celular, os autores sugeriram que a existência de ligações covalentes entre todos os polímeros de parede celular poderia não ser tão importante quanto se achava. Os polímeros poderiam interagir por meio de forças mais fracas (p. ex., pontes de hidrogênio) e formar complexos de polímeros independentes, promovendo, assim, diferentes motivos arquitetônicos.

De fato, o novo modelo de parede celular proposto por McCann e Roberts (Figura 8.11) era fortemente baseado na proposta de 1973, diferindo pelo fato de que abandonava a ideia das ligações covalentes entre os polímeros e propunha a coexistência do que se chamaram domínios da parede celular. Trata-se de um modelo descontínuo da parede celular (Figuras 8.11 e 8.12) em que os três domínios seriam:

1. Celulose-hemicelulose.
2. Pectinas.
3. Proteínas.

No modelo descontínuo, o domínio paracristalino celulose-hemicelulose, assim como o domínio proteico, estaria embebido em uma matriz péctica (Figura 8.12). Esse modelo se adequou muito bem às ideias em voga na década de 1990 e ajuda a explicar muitos eventos fisiológicos, além de permitir explicações razoáveis sobre as propriedades físico-químicas da parede celular.

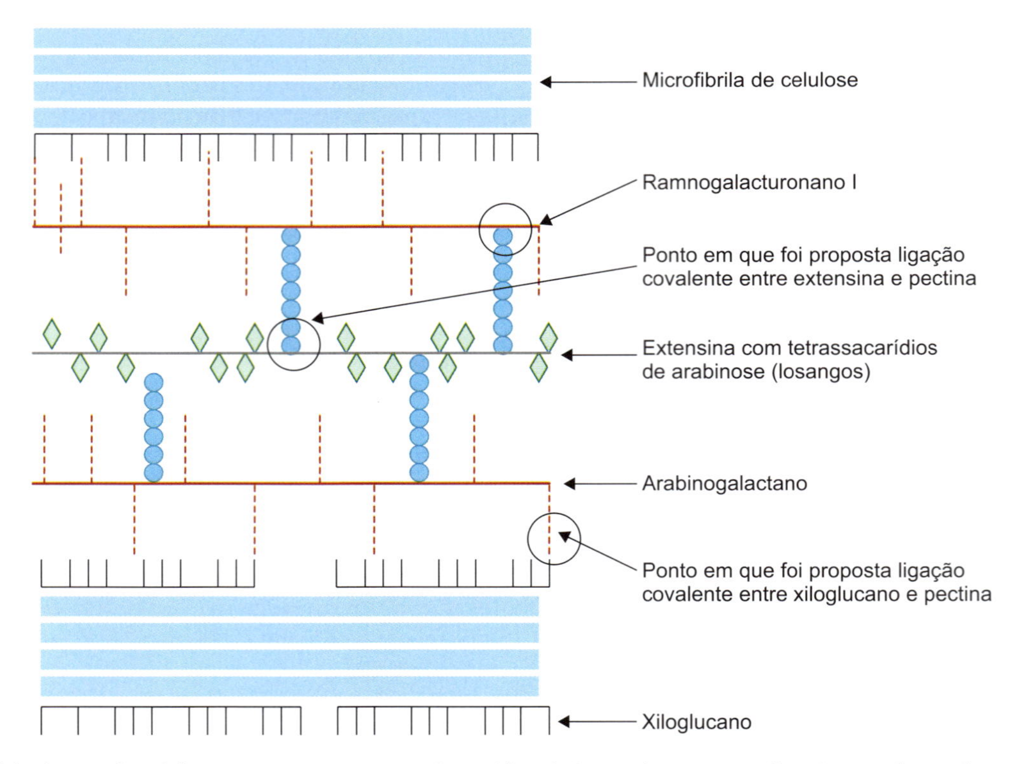

Figura 8.10 Modelo de parede celular proposto em 1973 por Peter Albersheim *et al.*, em que as ligações covalentes (exemplos circundados) seriam a principal forma de manter os diferentes polissacarídios em interação. Note, porém, que a interação não covalente entre xiloglucano e celulose já havia sido proposta nesse modelo.

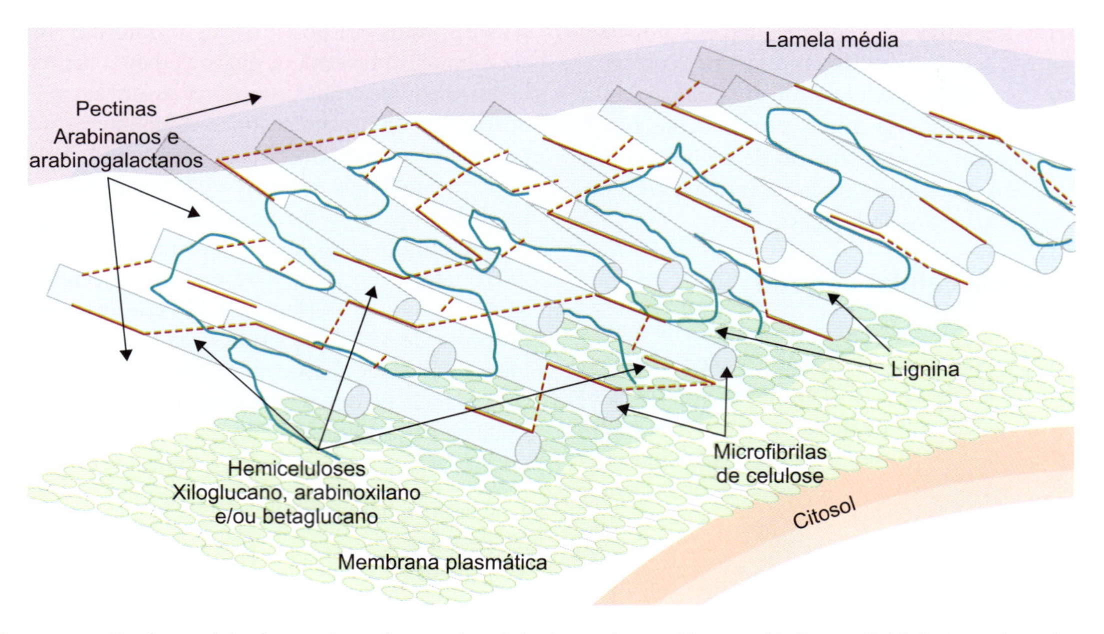

Figura 8.11 Representação do modelo descontínuo da parede celular baseado em Maureen McCann e Keith Roberts (1991). A parede celular localiza-se no lado externo da membrana plasmática (verde), contendo uma lamela média com a função de manter unidas todas as células por meio de suas paredes. A interação entre as hemiceluloses (vermelho) e celulose (cilindros azul-claro) foi conservada, formando o domínio celulose-hemicelulose, propondo-se que as pectinas (nuvem azul-claro) interajam com as hemiceluloses e celulose, formando uma matriz péctica (arabinanos e arabinogalactanos) que constitui um domínio independente. Em verde, são representadas as ligninas que amarram toda a estrutura da parede celular.

O terceiro salto na modelagem da parede celular foi realizado pelos fisiologistas vegetais Nicholas Carpita e David Gibeaut, da Purdue University, nos EUA. Em 1993, eles publicaram uma revisão em que separaram as paredes celulares em dois tipos, com base na composição dos domínios. Os dois tipos, portanto, apresentariam diferentes arquiteturas. As paredes do tipo I (Figura 8.13) seriam aquelas que têm como principal hemicelulose o xiloglucano. As pectinas, nas paredes do tipo I, se apresentam, em média, como 30% do total de polímeros da parede e são características das eudicotiledôneas e parte das monocotiledôneas. Carpita e Gibeaut caracterizaram as paredes do tipo II (Figura 8.13) como aquelas cuja principal hemicelulose é o glucuronoarabinoxilano em substituição ao xiloglucano. Estas, por sua vez, são paredes com proporções relativamente menores de pectinas em comparação às do tipo I e são características de monocotiledôneas. Outras duas distinções importantes observadas pelos autores referem-se ao fato de que as gramíneas (na realidade todo o grupo de espécies de *Poales*) apresentam, entre as hemiceluloses, os glucanos de ligação mista, e essas paredes apresentam grande quantidade de compostos fenólicos que fluorescem intensamente sob luz ultravioleta.

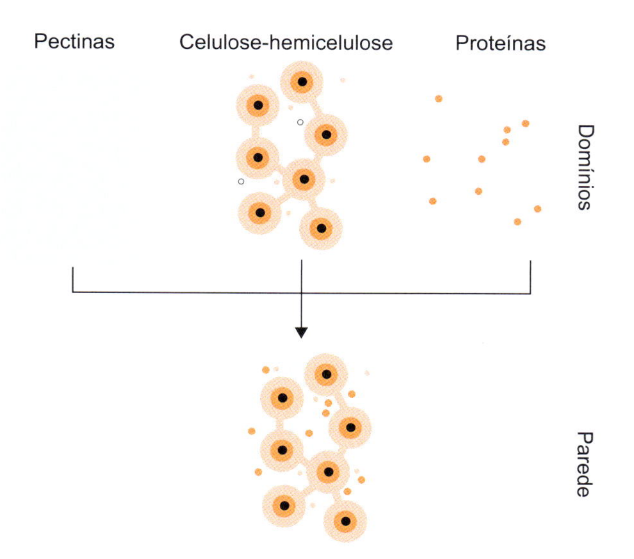

Figura 8.12 Modelo descontínuo da parede celular, no qual a parede é mostrada em "corte transversal" ao eixo das microfibrilas. Em vez de se sustentar por ligações covalentes, a parede celular primária é composta por três domínios independentes: pectinas, celulose-hemicelulose e proteínas. Os três coexistem de maneira independente, ou seja, sem ligações químicas covalentes, mas por interações fracas (pontes de hidrogênio).

O mais novo modelo de parede (tipo III) foi proposto em 2011 pelo grupo de Marcos Buckeridge para samambaias e licofitas. Nas paredes do tipo III, a maior proporção da hemicelulose é de mananos com uma pequena quantidade de RGI (Figura 8.13).

No presente estágio do conhecimento sobre a parede celular, ainda são pouco conhecidas as pressões seletivas que levaram ao aparecimento dos subgrupos atuais em eudicotiledôneas, monocotiledôneas e samambaias. Suspeita-se que características ligadas às diferentes estratégias de adaptação associadas ao ambiente, crescimento e desenvolvimento dos vegetais tenham resultado na diversidade de estruturas encontradas nas paredes celulares das plantas.

Uma das ideias mais recentes para abordar a parede celular é a de que a arquitetura da parede seja uma estrutura codificada, denominada código glicômico. Nessa teoria, cada um dos polissacarídios seria codificado para promover interações mútuas, dando origem a compósitos organizados. De acordo com as combinações dos diferentes códigos dos polímeros da parede, uma diversidade considerável de arquiteturas distintas determina diferentes relações forma-função nos tecidos vegetais.

Funções e papéis biológicos da parede celular

Utilizando o conceito de função e papel biológico proposto por Ernst Mayr, a parede celular vegetal poderia ser vista como com duas funções:

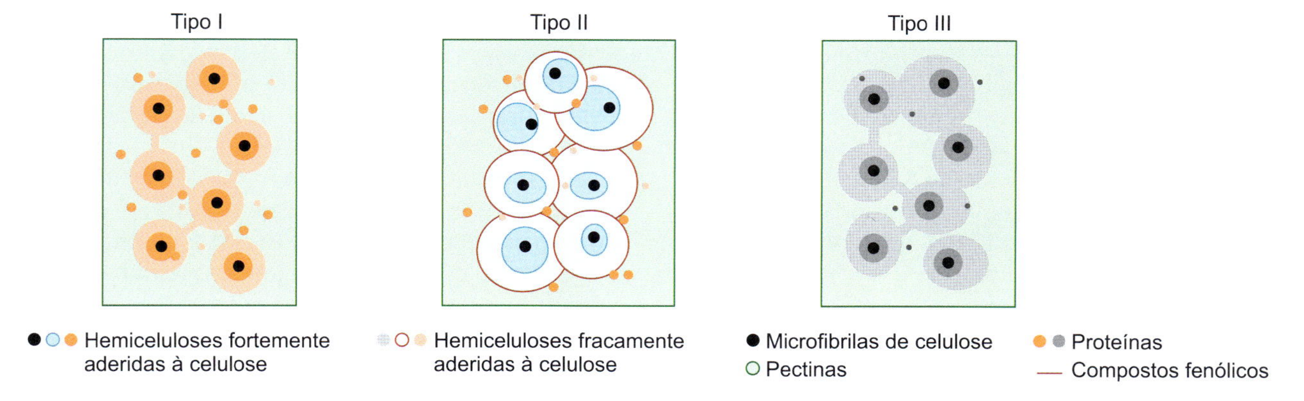

Figura 8.13 Arquitetura das paredes celulares dos tipos I e II, segundo as ideias de Nick Carpita e David Gibeaut (1993), e tipo III, de acordo com Silva, Carpita e Buckeridge (2011). Na parede do tipo I, o domínio celulose-hemicelulose é composto por xiloglucanos com diferentes tipos de ramificações que lhe conferem diferentes níveis de adesão às microfibrilas (tons de laranja). As proporções entre celulose, hemicelulose e pectinas são equilibradas. Na parede do tipo II, a principal hemicelulose é o arabinoxilano (azul). Acredita-se que, quando o arabinoxilano é sintetizado, as ramificações com arabinose são retiradas na parede. O polímero menos ramificado adere fortemente às microfibrilas (azul-claro), enquanto o mais ramificado adere fracamente (azul-escuro). Diferentemente dos xiloglucanos, os arabinoxilanos parecem se ligar entre si por compostos fenólicos, que são mais abundantes nas paredes celulares do tipo II. Nessas paredes, a proporção de pectina é menor que de celulose e hemicelulose. Na parede do tipo III, encontra-se como hemicelulose mais abundante o manano (tons de cinza). Paredes do tipo III são encontradas em samambaias.

1. Determinação da forma e distribuição de forças nas células e tecidos.
2. Manutenção de cátions ao redor das células.

A primeira função está diretamente relacionada com a capacidade que cada combinação de polímeros tem no controle da extensão e/ou da expansão celular e, também, na estabilização das forças de tensão e coesão nas células e tecidos vegetais. Durante a divisão celular, forma-se o fragmoplasto, um conjunto de microtúbulos, microfilamentos e retículo endoplasmático que serve como andaime para a iniciação de uma nova parede celular, durante o processo de divisão celular em vegetais. Antes da divisão, há um período de extensão e/ou expansão celular, caracterizado pelo afrouxamento da parede em virtude de mudanças na interação entre hemicelulose e celulose, e nos níveis de ramificação das pectinas. Em eudicotiledôneas, a expansina tem papel importante nesse processo, pois ela age sobre o xiloglucano, permitindo que as microfibrilas se afastem umas das outras, abrindo espaço para a adição de novas microfibrilas. Paralelamente, a XTH quebra e refaz ligações internas das moléculas de xiloglucano, evitando que as microfibrilas percam sua orientação geral. Parece ser durante esse período que o xiloglucano perde parcialmente sua interação com a celulose e que novas microfibrilas, hemicelulose e pectinas são colocadas nos espaços recém-formados entre as moléculas. Quando microfibrilas de celulose são colocadas em uma parede preexistente, o processo é chamado de intussuscepção (ver Figura 8.8).

A força física que conduz o processo de expansão celular e aumenta a tendência de afastamento das microfibrilas é a turgescência da célula, dada pela pressão interna exercida pela água. Essa pressão faz a célula expandir, o que provoca o afastamento das microfibrilas, já que a ação da expansina acaba por destacar o xiloglucano da superfície das microfibrilas de celulose (ver Figura 8.8). Acredita-se que a ação conjunta da expansina e da XTH possibilite um afastamento controlado das microfibrilas durante o crescimento. Se as microfibrilas estiveram em deposição ao acaso, a célula se expandirá isodiametricamente (como uma esfera), mas, se houver deposição organizada (ou orientada) das microfibrilas, surgirão sentidos específicos para a expansão, e a esse fenômeno se dá o nome de *alongamento celular* (ver Figura 8.8). Uma vez que o espaço entre as microfibrilas se forma, novas microfibrilas de celulose e moléculas de XG são secretadas para o espaço extracelular e a XTH "costura" a nova rede de moléculas (ver Figura 8.8). Com isso, durante a expansão, normalmente a espessura da parede se mantém, o que sugere que, ao mesmo tempo que ocorre intussuscepção, novas camadas de parede são depositadas sobre a parede preexistente.

Todo esse processo está associado à ação das auxinas em tecidos vegetais (ver Capítulo 9). Durante o crescimento, o ápice caulinar e as folhas da planta produzem o hormônio, que é transportado para todos os tecidos em crescimento. A auxina, além de promover uma acidificação da parede celular ao entrar nas células, facilitando a quebra de ligações de pontes de hidrogênio entre o xiloglucano e a celulose, induz a transcrição de vários genes relacionados com enzimas da parede celular, como hidrolases e metilesterases de pectinas.

Assim, com um aumento do influxo de água na planta pela abertura dos estômatos, bem como a síntese e o transporte polar de auxina, a expansão celular em tecidos em crescimento representa um processo que necessita, ao mesmo tempo, de atividades de degradação ou rearranjo de polímeros e de biossíntese de polissacarídios com deposição na parede preexistente. Na cana-de-açúcar, foi observada expressão de genes relacionados com a degradação e a biossíntese simultaneamente em toda a planta. Em *Arabidopsis*, o grupo de Steve Kay, nos EUA, mostrou que os genes relacionados com a biossíntese de polissacarídios de parede celular apresentam um pico no fim do período noturno, enquanto aqueles associados à expansina e ao ataque a pectinas tiveram um pico no fim do dia. Nesse caso, os produtos dos genes (as enzimas) e seus efeitos ocorreriam durante o dia e a noite, respectivamente. Assim, pelo menos para *Arabidopsis*, o afrouxamento da parede parece ocorrer durante o período noturno, enquanto a deposição dos produtos de síntese, ou seja, a intussuscepção, aparentemente ocorre durante o dia. Isso denota o fato de que as paredes celulares não são estruturas sintetizadas uma única vez na vida da planta, mas constantemente rearranjadas, respondendo aos padrões de fluxos de carbono e água na planta e integradas ao seu metabolismo (Figura 8.14).

É interessante ressaltar que a força motriz do processo é a entrada de água nos tecidos, o que exige a abertura dos estômatos que conectam o sistema solo-água-atmosfera. Como consequência, há a entrada de CO_2, que permite o funcionamento da fotossíntese, fornecendo o carbono e a energia para o crescimento, que se dará principalmente durante o período noturno (Figura 8.14).

Durante o desenvolvimento, um tecido vegetal precisa lançar mão de dois processos: um deles é a divisão celular e o outro é a expansão (crescimento isodiamétrico) e o alongamento celular (crescimento longitudinal). Nas plantas, um terceiro processo é crucial para a formação do xilema e dos frutos: a morte celular programada.

Geralmente, os tecidos de frutos passam por um período de divisão celular bem no início do processo de crescimento e, posteriormente, crescem somente por expansão. A capacidade de expansão celular compreende uma característica notória de vários tecidos vegetais. Em um fruto de mamão, o período de divisão se dá até o ponto em que ele atinge 5 a 10 cm de tamanho. Daí em diante, o crescimento se dá apenas por expansão, até que as paredes sejam novamente alteradas, impedindo que a expansão continue (Figura 8.15).

Pode-se deduzir, portanto, que a capacidade de expandir é crucial para o crescimento e o desenvolvimento dos vegetais, processo no qual as paredes celulares são os principais atores.

A expansão celular se dá em todos os sentidos e é fácil de deduzir como isso acontece em um tecido em que as células são isodiamétricas. No entanto, ao se observarem as formas celulares em uma folha, o arranjo não é tão simples. As células epidérmicas são achatadas e algumas delas se transformam em estômatos. A camada paliçádica apresenta células alongadas em um dos eixos e as do parênquima lacunoso podem apresentar, em alguns casos, formas estreladas que produzem um grande espaço intercelular que possibilita ao CO_2 fluir entre as células e atingir o máximo possível de superfície celular naquele tecido.

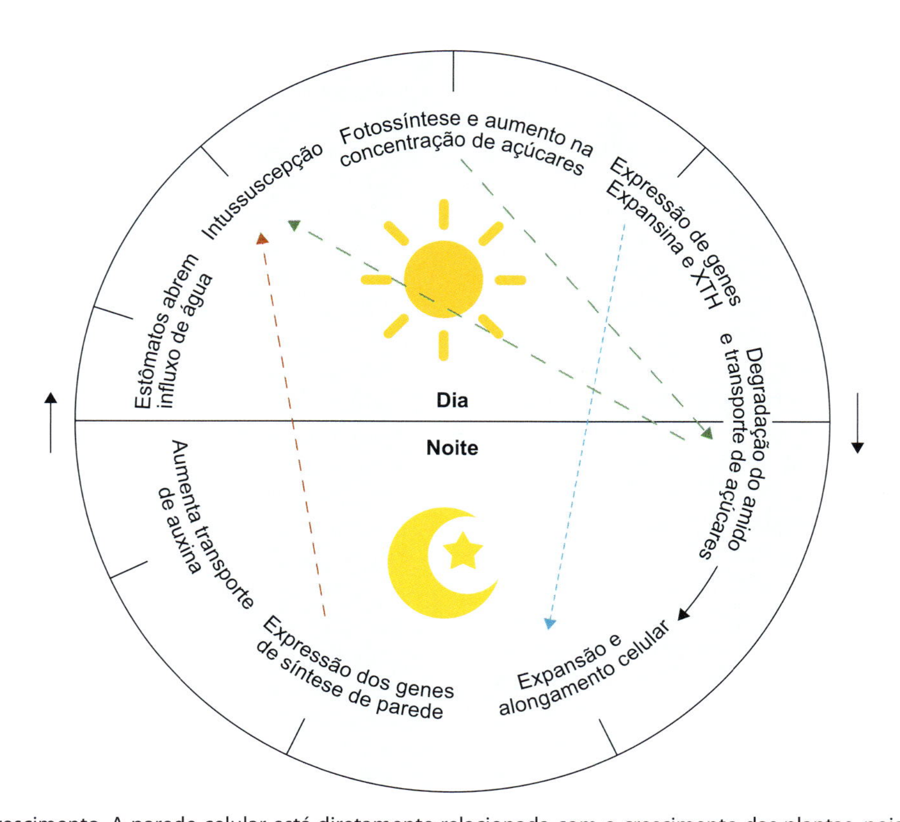

Figura 8.14 Roda do crescimento. A parede celular está diretamente relacionada com o crescimento das plantas, pois, após a divisão, dá-se o processo de expansão e/ou alongamento celular. Nas folhas e no ápice de plantas em crescimento, ocorrem a produção e o transporte de auxina pela manhã, concomitantemente com o início do influxo de água e nutrientes pela abertura estomática. A entrada de água promove uma pressão positiva (turgor) sobre as células cujas paredes já sofreram afrouxamento durante a noite anterior. Entre as microfibrilas que se afastaram em decorrência do afrouxamento (ver a Figura 8.8), mais material de parede é depositado. Nesse momento, a célula se torna mais resistente à expansão, e a força de turgor começa a aumentar. No meio do dia, com os estômatos abertos e a fotossíntese funcionando, as células foliares armazenam amido. No fim do dia, ocorre a expressão dos genes relacionados com a expansão celular e, ao mesmo tempo, começa a mobilização do amido, que, transformado em sacarose, é transferido para os tecidos com potencial de crescimento. À noite, expansina e XTH, produzidas a partir da expressão gênica, começam a operar o processo de afrouxamento da parede. Este é seguido pela expressão dos genes de síntese de compostos de parede. O ciclo é fechado com o reinício do transporte polar de auxina.

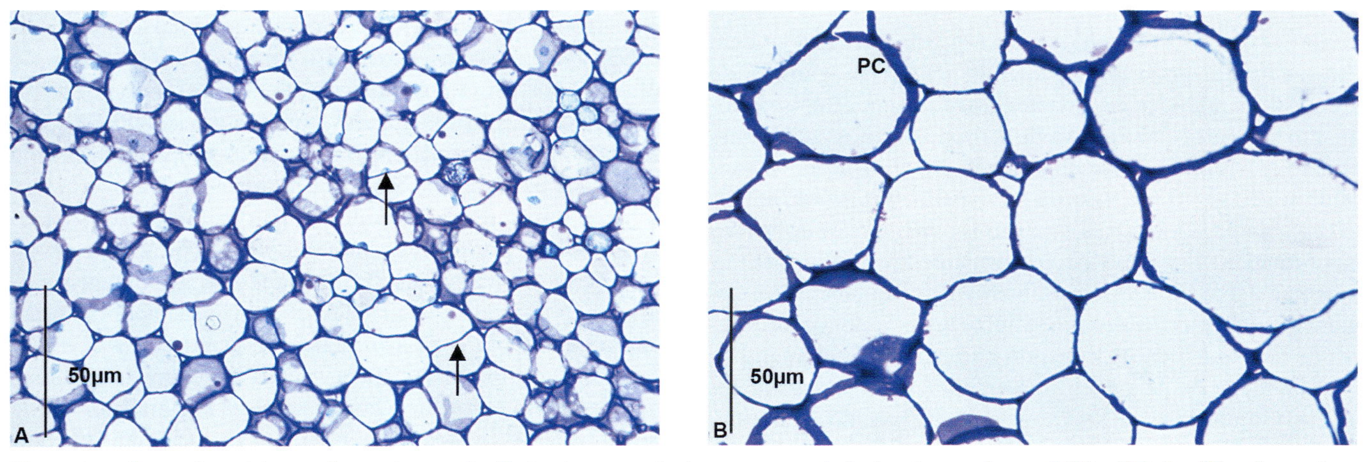

Figura 8.15 Expansão celular em frutos de mamão. Cortes transversais do mesocarpo de frutos de mamão aos 5 (**A**) e 150 dias (**B**) após a antese. Nota-se um aumento de cerca de 3× no volume celular ao longo do período. Veja também que, aos 5 dias, há várias células em divisão (setas), enquanto aos 150 só há expansão. PC: parede celular.

Já no caule, o nível de complexidade dos processos de diferenciação pode ser bem mais alto, com células que se alongam e se dividem em diferentes sentidos. Do ponto de vista funcional, a parede celular ainda carece de observações e experimentos, mas já se sabe que a deposição das microfibrilas de celulose nas fibras do caule tem papel fundamental no equilíbrio de forças que fazem a madeira ter características tão importantes, como no caso do floema e do xilema, em que algumas células apresentam perfurações que deixam passar os nutrientes e os fotoassimilados.

Todos esses processos constituem a ação orquestrada por padrões de expressão gênica que produzem as proteínas atuantes durante o desenvolvimento das paredes celulares, gerando as relações morfofuncionais que fazem com que o vegetal funcione e sobreviva no ambiente natural ou em condições de cultivo.

Em todos os casos anteriormente mencionados, os processos de divisões assimétricas e posterior expansão celular constroem tecidos com diferentes papéis biológicos, decorrentes da função de determinação da forma e distribuição das forças nas células e nos tecidos.

As raízes, por apresentarem tecidos similares aos do caule, têm muitas células com funções como transporte de água e de nutrientes e o armazenamento de compostos de reserva. A função primária da raiz consiste na absorção e no transporte de água e nutrientes para a planta. A parede celular, nesse caso, tem um papel importante na captação e distribuição de cátions divalentes. Esses íons (cálcio, magnésio e boro) ficam armazenados, os dois primeiros nas caixas de ovos e o boro no RGII, ambos pertencentes ao domínio péctico da parede.

Em outros órgãos, as pectinas exercem papel na sinalização celular relacionado com o ataque de microrganismos. Quando um fungo invade uma planta e ataca a célula vegetal com enzimas que digerem a parede, os fragmentos (oligossacarinas) de pectina produzidos pela ação enzimática (normalmente endopoligalacturonases que atacam o HG) disparam um sinal intracelular que faz a célula atacada emitir sinais para as células adjacentes. Esse processo induz à produção de fitoalexinas, compostos do metabolismo secundário que funcionam como defesa para a planta.

Muitas sementes podem armazenar compostos de parede celular como reserva, como as de *Leguminosae*. Elas podem apresentar um endosperma quando maduras, acumulando grandes quantidades de galactomanano (hemicelulose), enquanto sementes cuja reserva de carbono fica nos cotilédones podem apresentar grande quantidades de xiloglucano (hemicelulose) ou galactano (pectina). Em palmeiras (p. ex., palmito) e *Rubiaceae* (p. ex., café), mananos puros são armazenados nas sementes. Esse tipo de armazenamento pode constituir uma vantagem, pois esses polímeros não são facilmente degradados por predadores (ou o número de organismos capazes de fazê-lo é menor), evitando herbivoria e aumentando a probabilidade de deixar um maior número de descendentes jovens. Os mecanismos de síntese e degradação dos polissacarídios de reserva de sementes são essencialmente os mesmos encontrados nas paredes primárias.

Parede celular e biotecnologia

A parede celular tem grande importância como um produto natural em biotecnologia. Seus componentes são usados comercialmente para a fabricação de manufaturas têxteis, fibras como algodão, linho, aditivos de alimentos, papel, fármacos, cosméticos. Uma das aplicações mais antigas e importantes da aplicação das paredes celulares é na produção de energia. Queimar madeira compreendeu um dos primeiros processos desenvolvidos pelo homem. Acredita-se que foi graças ao uso do fogo para o cozimento de alimentos que o cérebro humano desenvolveu uma capacidade distinta dos outros animais. Isso porque o cozimento possibilita maior acesso aos conteúdos celulares (vitaminas, açúcares, aminoácidos etc.), uma vez que o cozimento modifica a parede celular, extraindo polissacarídios que funcionam como fibras alimentares e aumentam a eficiência do trânsito intestinal e absorção dos alimentos.

O interesse na importância da parede celular e de seus componentes para os alimentos vem crescendo sensivelmente nos últimos anos. Esse aumento de interesse resulta principalmente da importância que as fibras alimentares adquiriram no final do século 20.

Na alimentação humana, os polissacarídios de parede celular são genericamente chamados de fibras ou gomas, de acordo com a sua solubilidade em água e da quantidade utilizada. Entre as fibras, pode-se incluir a importante classe dos carboidratos complexos de origem vegetal não digeridos no intestino humano. As fibras desse tipo são grandes fragmentos de parede celular com vários polissacarídios insolúveis associados. As gomas são polissacarídios mais solúveis e que promovem soluções mais viscosas. Em geral, são bastante enriquecidos com um polissacarídio específico (p. ex., goma-guar, um GM). Tais soluções viscosas de polissacarídios são amplamente utilizadas como espessantes em alimentos, sem promover alteração significativa no teor calórico.

As fibras alimentares apresentam funções importantes não apenas na formação do bolo alimentar, mas também na modulação da absorção dos nutrientes e como elemento adsorvente para reter compostos nocivos. Esses compostos não são absorvidos pelo organismo e também se correlacionam com a redução na incidência de câncer de intestino e com o controle do diabetes em pacientes não dependentes de insulina.

Nas aplicações biotecnológicas em agricultura e produção de alimentos, estudos sobre frutos se concentraram principalmente no processo de amadurecimento, um estágio em que se observam claramente alterações na textura que têm sido atribuídas às modificações na parede celular. Esse processo começa com a fecundação do óvulo, quando do disparo do programa de desenvolvimento. Parte desse programa envolve o desenvolvimento do fruto, quando há a montagem dos tecidos. Nessa etapa, os principais eventos metabólicos estão relacionados com a divisão celular e biossíntese e a degradação de componentes da parede celular. A compreensão desses processos tem consequências econômicas importantes, pois a preservação dos frutos por mais tempo altera a qualidade destes como produtos e pode promover lucro para as indústrias.

Em vista desses fatos, será de grande importância no futuro a capacidade de modificar a composição de certas fibras *in planta* ou mesmo introduzir certos tipos de fibras em plantas já de uso consagrado na alimentação humana, mas que não dispõem delas em quantidade ou com estrutura conveniente.

No momento atual, em que o planeta Terra passa por uma situação inusitada em que a emissão de combustíveis fósseis está aquecendo a atmosfera de modo anormal, os processos ligados à formação da parede celular e sua manutenção têm importância vital. Isso porque, na maioria dos tecidos vegetais, o teor de carbono é da ordem de 40 a 50%, e a maior parte do carbono da biosfera está na parede celular vegetal. Se forem consideradas, ainda, que são as árvores as responsáveis pelo maior estoque de carbono em seres vivos do planeta e que apresentam a maioria desse carbono armazenada em fibras mortas do xilema, desvendar os mecanismos de biossíntese dos polímeros de parede torna-se fundamental para ajudar a resolver as principais questões ambientais do século 21.

Atualmente, tem-se intensificado o emprego da biomassa vegetal como uma das alternativas energéticas renováveis para a geração de eletricidade (queima) e de bioetanol (fermentação) em substituição ao uso do petróleo. Para isso, estudos vêm avançando no sentido de compreender mecanismos de síntese e degradação da parede celular a fim de entender diferentes estratégias de como desmontar a parede para obter a energia armazenada na forma de açúcares. O maior gargalo consiste no desenvolvimento de técnicas de pré-tratamento da biomassa para remover a lignina e outros compostos que dificultam a fermentação para gerar etanol a partir da parede celular. No Brasil, o maior alvo para a geração de bioeletricidade e etanol de segunda geração (biomassa) é a cana-de-açúcar (parede do tipo II), visto que se trata de uma planta produzida em larga escala pelo país, e muito se tem estudado sobre os seus aspectos fisiológicos, químicos e biotecnológicos. Hoje, a maior parte do etanol advém da fermentação da sacarose (etanol de primeira geração), retirada por esmagamento da cana-de-açúcar em moendas nas usinas, e boa parte do bagaço (composto por parede celular) é queimada para gerar eletricidade ou, então, descartada. O que se pretende é utilizar essa biomassa para gerar o etanol de segunda geração ou etanol celulósico. Já existem duas usinas que utilizam essa nova tecnologia, gerando etanol a partir da parede celular, mas muito ainda deve ser pesquisado para melhorar o processo produtivo. Novas variedades de plantas, que podem servir como fonte de bioenergia, têm sido desenvolvidas para aumentar a produtividade, o teor de sacarose e a porcentagem de biomassa, tanto em escala de matéria-prima quanto pesquisas na área industrial na melhora de processos.

Processos em vegetais que envolvem biotecnologia a fim de produzir compostos de interesse econômico devem andar junto à fisiologia vegetal. Levar em consideração que a parede celular é uma estrutura altamente complexa e desempenha um papel fundamental não só na vida da planta, como também na do ser humano, resulta na necessidade de maiores investimentos em estudos que contemplem a temática.

Agradecimentos

Os autores agradecem as valiosas sugestões e comentários dos colegas Leila Mortari, Miguel José Minhoto e Simone Godoi (versão da 2ª edição). Marcos Buckeridge agradece o incentivo e a confiança do Prof. Gilberto Kerbauy, que incentiva, com as oportunidades dadas e nossas discussões sobre as questões fundamentais da fisiologia vegetal, novas ideias.

Bibliografia

Buckeridge MS. Implications of emergence, degeneracy and redundancy for the modeling of the plant cell wall. In: Hayashi T, editor. The science and the lore of the plant cell wall: biosynthesis, structure and function. Boca Raton: BrownWalker; 2006. p. 41-7.

Buckeridge MS, Cavalari AA, Silva CO, Tiné MAS. Relevância dos processos de biossíntese de polissacarídios da parede celular para a biotecnologia de frutos. In: Lajolo FM, Menezes EW, editores. Carbohidratos en alimentos regionales iberoamericanos. São Paulo: Edusp; 2006. p. 149-69.

Buckeridge MS, Mortari LC, Machado MR. Respostas fisiológicas de plantas às mudanças climáticas: alterações no balanço de carbono nas plantas podem afetar o ecossistema? In: Rego GM, Negrelle RRB, Morellato LPC. Fenologia: ferramenta para conservação e manejo de recursos vegetais arbóreos (Editores Técnicos). Colombo, PR: Embrapa Florestas; 2007.

Buckeridge MS, Santos HP, Tiné MAS. Mobilisation of storage cell wall polysaccharides in seeds. Plant Physiology and Biochemistry 2000;38:141-56.

Carpita NC, Gibeaut DM. Structural models of primary cell walls in flowering plants: consistency of molecular structure with the physical properties of the walls during growth. Plant Journal 1993;3;1-30.

De Paula ACCFF, Sousa RV, Figueiredo-Ribeiro RCL, Buckeridge MS. Hypoglycemic activity of polysaccharide fractions containing ß-glucans from extracts of Rhynchelytrum repens (Willd.) C.E. Hubb. Poaceae Brazilian Journal of Medical and Biological Research 2005;38:885-93.

Dietrich SMC, Figueiredo-Ribeiro RCL, Chu EP, Buckeridge MS. Os açúcares das nossas plantas. Ciência e Cultura (SBPC). 1988;7(39):42-8.

Keegstra K, Talmadge K, Baurer WD, Albersheim P. Structure of the plant cell walls. Plant Physiology 1973;51:188-96.

Harmer SL, Hogenesch JB, Straume M, Chang HS, Han B, Zhu T, et al. Orchestrated transcription of key pathways in Arabidopsis by the circadian clock. Science 2000;290;2110-3.

Lima DU, Chaves RO, Buckeridge MS. Seed storage hemicelluloses as wet-end additives in papermaking. Carbohydrate Polymers 2003;52:367-73.

Lima DU, Santos HP, Tiné MA, Molle FD, Buckeridge MS. Patterns of expression of cell wall related genes in sugar cane. Genetics and Molecular Biology 2001;24:191-8.

Marques MR, Buckeridge MS, Braga MR, Dietrich SMC. Characterization of an extracellular endopolygalacturonase from saprobe Mucor ramosissimus Samutsevitsch and its action as trigger of defensive response in tropical plants. Mycopathologia 2006;162:337-46.

McCann MC, Roberts K. Architecture of the primary cell wall. In: Lloyd CW, editors. The cytoskeletal basis of plant growth and form. London: Academic; 1991. p. 109-29.

Mayr E. Biologia, ciência única: reflexões sobre a autonomia de uma disciplina científica. São Paulo: Companhia das Letras; 2005.

Tiné MAS, Silva CO, Lima DU, Carpita NC, Buckeridge MS. Fine structure of a mixed-oligomer storage xyloglucan from seeds of Hymenaea courbaril. Carbohydrate Polymers 2006;66:444-54.

Wranghan R. Pegando fogo: como cozinhar nos tornou humanos. Rio de Janeiro: Jorge Zahar; 2010.

Auxinas

Helenice Mercier

Introdução

A auxina foi o primeiro fitormônio descoberto, e os primeiros estudos fisiológicos acerca do mecanismo de expansão celular vegetal enfatizaram a ação desse hormônio. Todas as evidências sugerem que as auxinas exercem uma importante função na regulação do crescimento e desenvolvimento vegetal.

As auxinas e as citocininas têm sido consideradas fitormônios vitais às plantas, tanto que nenhum mutante verdadeiro, isto é, sem um dos dois hormônios, foi até hoje encontrado, sugerindo que mutações que eliminem totalmente a capacidade de produção de auxinas ou citocininas são letais. Entretanto, já foram isolados mutantes "auxina-relacionados", os quais têm possibilitado avanços consideráveis quanto ao modo de ação das auxinas em vários níveis.

Este capítulo se inicia com um breve histórico sobre a descoberta das auxinas, seguido por uma descrição de suas estruturas químicas, sendo abordados mais à frente o metabolismo e o transporte do ácido indolilacético (AIA). Serão também discutidos alguns aspectos dos efeitos fisiológicos das auxinas, mecanismos de ação e aplicações comerciais.

Histórico da descoberta

No final do século 19, as observações de Charles Darwin, famoso por seus estudos de evolução acerca dos movimentos das plantas, contribuíram decididamente para a descoberta das auxinas. Um dos fenômenos do crescimento vegetal por ele estudados foi o da curvatura de plântulas de gramíneas em resposta à iluminação unilateral, fenômeno conhecido como fototropismo (ver Capítulo 16). Darwin observou que coleóptilos de alpiste (*Phalaris canariensis*) respondiam à iluminação lateral crescendo em direção à fonte de luz. Entretanto, a resposta de curvatura de toda a extensão do coleóptilo não ocorria se o ápice desse órgão fosse removido ou, ainda, se fosse coberto por uma barreira de modo a não permitir a passagem da luz (Figura 9.1). Darwin concluiu que o ápice era o ponto sensor da luz e que deveria haver algum sinal, chamado por ele de "influência transmissível", produzido possivelmente no ápice, que seria transmitido às regiões inferiores da plântula, quando iluminada unilateralmente, causando, então, a curvatura. Após a publicação de suas ideias no livro *The power of movement in plants*, em 1881, vários outros pesquisadores viriam a confirmar os resultados por ele obtidos, além de terem aprofundado suas observações.

O termo "auxina" (do grego *auxein*, crescer ou aumentar) foi proposto por Fritz Went, que demonstrou, em 1926, a presença de uma substância ativa na promoção do crescimento, isto é, um composto causador da curvatura dos coleóptilos de gramíneas em direção à luz, desenvolvendo também uma técnica para quantificá-lo. A maior importância da pesquisa de Went residiu na demonstração de que a "influência transmissível", assim chamada por Darwin, poderia difundir-se do tecido vegetal para um bloco de ágar (gelatina). Pequenas porções desse bloco poderiam, então, ser usadas para testar sua capacidade de restaurar o crescimento dos coleóptilos decapitados. Assim, esse pequeno bloco de ágar, ao ser colocado assimetricamente sobre um coleóptilo decapitado, induzia a sua curvatura para o lado oposto ao contato com o bloco, em virtude do aumento na concentração de auxina que estimulou o alongamento celular do lado abaixo do bloco. Isso causava um crescimento diferencial entre os dois lados do coleóptilo, resultando em uma curvatura (Figura 9.2). Went trabalhou com plântulas de aveia (*Avena sativa*), demonstrando que a curvatura era proporcional à quantidade da substância promotora do crescimento presente no ágar, sendo até hoje utilizado o conhecido "teste de curvatura do coleóptilo de aveia" para estimar a quantidade de auxina em uma amostra (Figura 9.2). Essa foi a primeira vez que se empregou um bioensaio, isto é, um teste para determinar o efeito de uma substância biologicamente ativa em um material vegetal, visando à quantificação de um hormônio.

Os resultados das pesquisas de Went abriram caminhos para os estudos que se seguiriam na tentativa de isolar e identificar quimicamente as auxinas, culminando no isolamento do ácido indolil-3-acético (AIA) em 1946, extraído de grãos de milho imaturos. A partir de então, as pesquisas vêm demonstrando que o AIA é a principal auxina encontrada nas plantas vasculares.

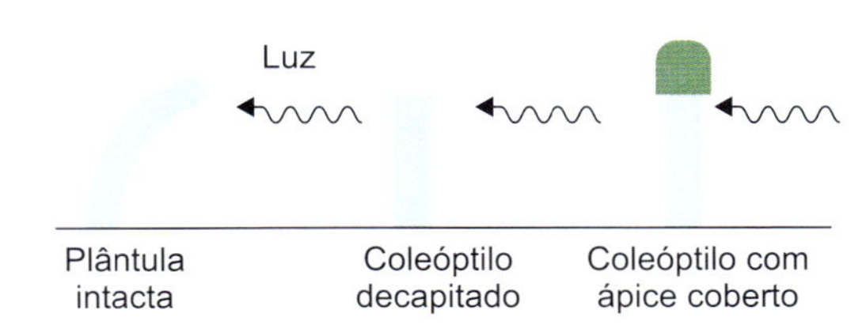

Figura 9.1 Experimentos fototrópicos realizados por Darwin no século 19 com coleóptilos de alpiste. Concluiu-se que um estímulo para o crescimento era produzido no ápice do coleóptilo, sendo transmitido para a zona de crescimento; quando o ápice era cortado ou coberto, não havia curvatura.

Atualmente, o "auxina" tem sido sendo empregado genericamente para descrever tanto as substâncias naturais quanto as sintéticas que estimulam o alongamento dos coleóptilos; como será visto mais à frente, elas regulam também o crescimento e o desenvolvimento vegetal.

Auxinas naturais e sintéticas

De modo geral, a auxina natural mais abundante é o *AIA*. Entretanto, dependendo da espécie, da idade da planta, da estação do ano e das condições sob as quais a planta se desenvolve, outras auxinas naturais podem ser encontradas, como um análogo clorado do AIA, o ácido 4-cloroindolil-3-acético (4-cloroAIA), o ácido fenilacético e o ácido indolil-3-butírico (AIB; Figura 9.3), ainda que faltem informações mais precisas a respeito da fisiologia e bioquímica dos últimos três compostos, existindo certa controvérsia se realmente atuariam como hormônios nas plantas. Normalmente em bioensaios, essas auxinas são ativas em concentrações bem mais elevadas que o AIA, e suas funções no crescimento vegetal permanecem desconhecidas. Pesquisas recentes têm demonstrado que o AIB, além de agir como auxina, pode ser ele próprio uma forma de armazenamento de AIA, já que, por um mecanismo de oxidação que ocorre nos peroxissomos, esse composto pode converter-se em AIA livre.

Entre as auxinas sintéticas (Figura 9.4), isto é, aquelas sintetizadas em laboratórios e que causam muitas das respostas fisiológicas comuns ao AIA, encontram-se o ácido alfanaftalenoacético (α-ANA), o ácido 2,4-diclorofenoxiacético (2,4-D), o ácido 2,4,5-triclorofenoxiacético (2,4,5-T), o ácido 2-metoxi-3,6-diclorobenzoico (dicamba) e o ácido 4-amino-3,5,5-tricloropicolínico (picloram). Grande parte das auxinas sintéticas é empregada na agricultura como herbicida, sendo as mais frequentemente usadas o 2,4-D, o picloram e o dicamba (ver "Ação herbicida de auxinas sintéticas").

De modo geral, as auxinas sintéticas são denominadas *substâncias reguladoras do crescimento vegetal*, enquanto o termo *hormônio* ou *fitormônio* tem ficado restrito às auxinas naturais. Quimicamente, a característica que unifica todas as moléculas que expressam atividade auxínica é a existência de uma cadeia lateral ácida, a qual deve estar ligada a um anel aromático. Uma comparação entre vários compostos com atividade auxínica mostrou que, em pH neutro, eles têm uma forte carga negativa, resultante da dissociação do próton do grupo carboxílico, separada por uma distância de cerca de 0,5 nm, de uma carga positiva fraca proveniente do anel (Figura 9.5). Essa separação de cargas é considerada uma característica essencial para que um composto tenha atividade auxínica.

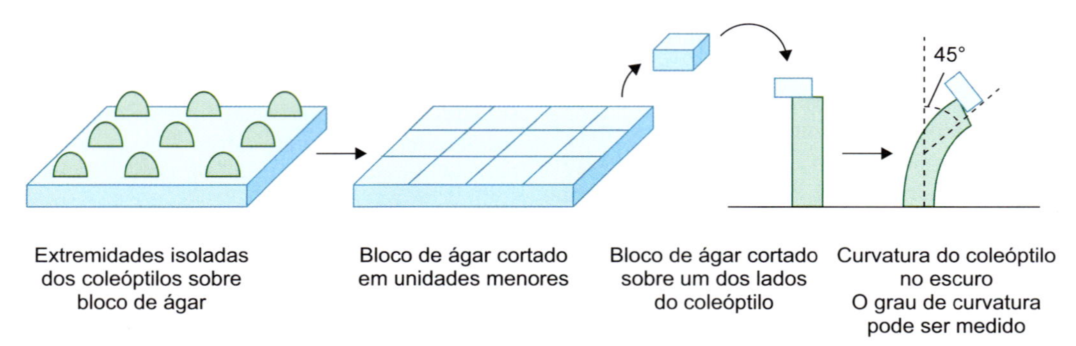

Figura 9.2 Experimentos realizados por Went, em 1926, com coleóptilos de aveia, em que se demonstrou a presença de uma substância promotora do crescimento, a qual era difusível em blocos de ágar e induzia a curvatura dos coleóptilos proporcionalmente à sua concentração. Esse bioensaio ficou conhecido como "teste de curvatura do coleóptilo de aveia".

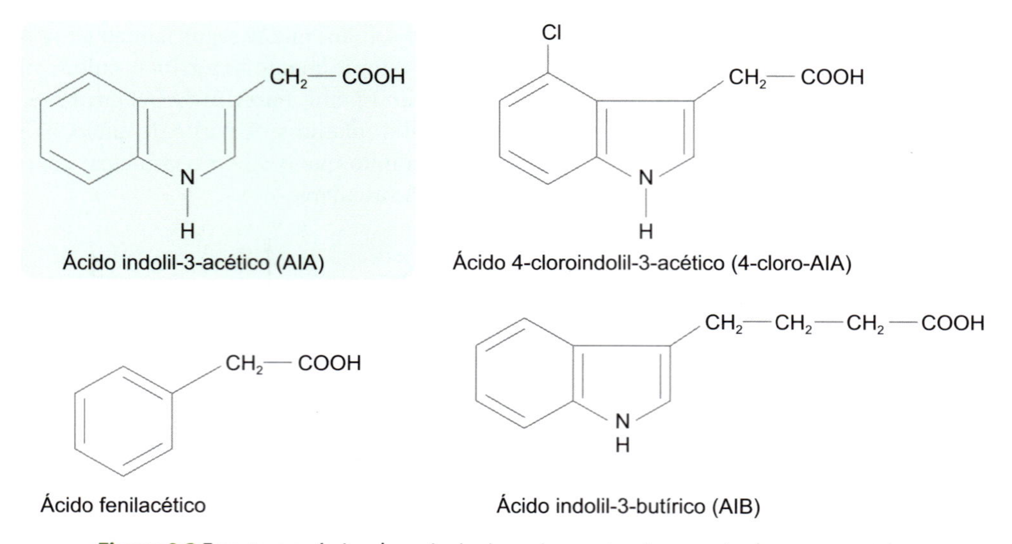

Figura 9.3 Estrutura química das principais auxinas naturais encontradas nos vegetais.

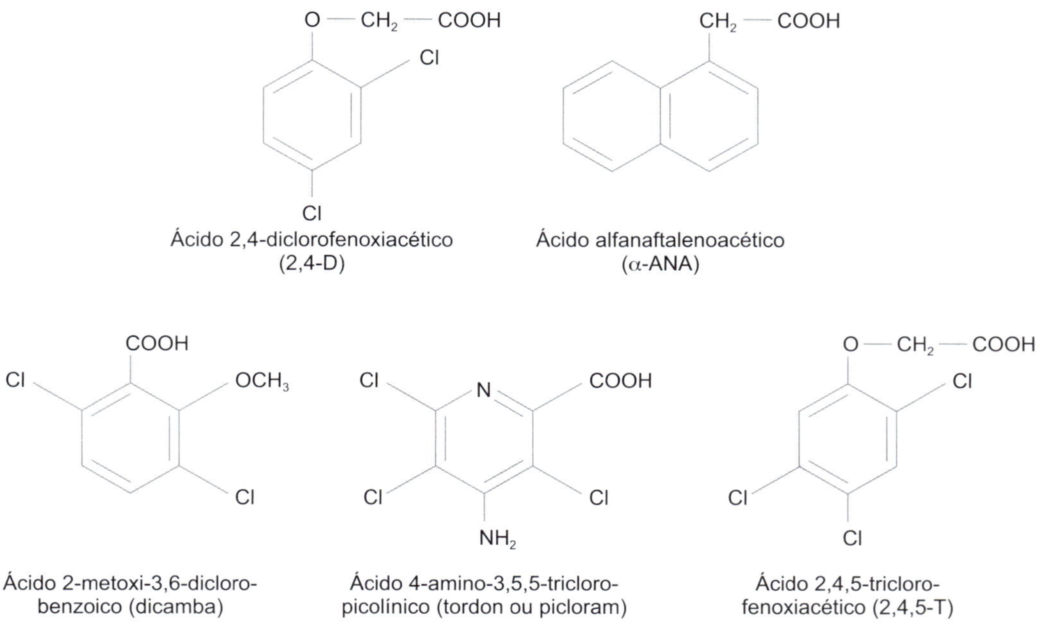

O — CH2 — COOH
Cl
Cl
Ácido 2,4-diclorofenoxiacético
(2,4-D)
CH2 — COOH
Ácido alfanaftalenoacético
(α-ANA)
COOH
Cl
OCH3
Cl
Ácido 2-metoxi-3,6-dicloro-
benzoico (dicamba)
Cl
N
COOH
Cl
Cl
NH2
Ácido 4-amino-3,5,5-tricloro-
picolínico (tordon ou picloram)
O — CH2 — COOH
Cl
Cl
Cl
Ácido 2,4,5-tricloro-
fenoxiacético (2,4,5-T)

Figura 9.4 Estrutura química de algumas auxinas sintéticas.

Metabolismo do AIA

Biossíntese do AIA

Em geral, a biossíntese do AIA está associada a locais de divisão celular rápida, especialmente no meristema apical caulinar, nas folhas jovens, nos frutos em desenvolvimento e em sementes. Esses locais são considerados os centros primários de produção do AIA, embora, em níveis inferiores, essa auxina possa ser também produzida em folhas maduras e mesmo nos ápices radiculares.

Em primórdios foliares de *Arabidopsis thaliana*, a auxina é sintetizada preferencialmente no ápice. No entanto, durante o desenvolvimento dessas folhas, há uma mudança gradual do local de síntese, passando à região marginal e, depois, à central das lâminas. Essa progressiva alteração nos locais de produção correlaciona-se com a sequência basípeta de maturação foliar e de diferenciação vascular.

Nas plantas vasculares, as rotas bioquímicas que levam à biossíntese do AIA não estão totalmente definidas, e muito menos as suas vias de regulação. Entretanto, sabe-se que existem duas rotas principais: a dependente de triptofano e a não dependente. A aplicação de isótopos radioativos, acoplada com técnicas precisas de quantificação do AIA, como as cromatografias líquida e gasosa associadas ao imunoensaio ou à espectrometria de massa, além das disponibilidades de plantas mutantes e linhagens transgênicas com alterações no metabolismo desse hormônio, tem possibilitado um avanço considerável no conhecimento das vias biossintéticas.

Existem fortes evidências de que o AIA é sintetizado a partir do aminoácido triptofano, possivelmente por algumas rotas de conversão, no entanto estudos recentes indicam que a via do ácido indolil-3-pirúvico (AIP) compreende a principal na biossíntese em plantas, sendo a única rota que cada passo enzimático já foi identificado (Figura 9.6). Para várias espécies, incluindo *Arabidopsis*, milho e arroz, o AIA é sintetizado em duas etapas, iniciando-se pela conversão do triptofano em AIP por meio da ação das aminotransferases de triptofano de arabidopsis (TAA). O segundo passo é realizado pelo grupo enzimático das flavina mono-oxigenases (conhecidas pela sigla YUCCA), produzindo o AIA. Estudos

0,5 nm
CH2
C
O
O
N
H
AIA
CH2
C
O
O
Ácido fenilacético
CH2
C
O
O
Alfa-ANA
CH2
C
O
O
Cl
O
Cl
2,4-D
0,5 nm

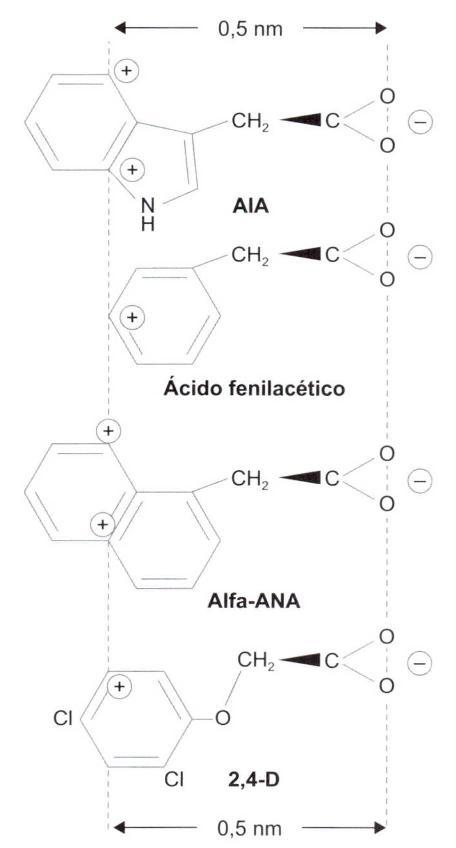

Figura 9.5 Formas dissociadas de auxinas mostrando a separação de 0,5 nm entre a carga negativa do grupo carboxílico e a carga positiva do anel. Essa separação de cargas é essencial para que um composto ter atividade auxínica.

genéticos e bioquímicos sugerem que as famílias gênicas *TAA* e *YUC* exercem função crucial na biossíntese do AIA, atuando sequencialmente na mesma rota. O AIA pode ser produzido também de modo independente desse aminoácido, no entanto não seria a rota preferencial de síntese desse hormônio nos vegetais. Experimentos com plantas mutantes de milho e *Arabidopsis* para uma enzima que catalisa a etapa final da biossíntese do triptofano mostraram que elas necessitam da adição de triptofano para sobreviver.

As plantas apresentam mecanismos de controle do nível celular de AIA livre, regulando a taxa de síntese ou controlando a transformação do AIA em formas conjugadas, as quais são consideradas formas temporariamente inativas. Além desses mecanismos, existe o processo irreversível de degradação. A compartimentalização nos cloroplastos e o transporte também devem ser considerados formas de regulação dos níveis de AIA livre em determinada célula (Figura 9.7).

Conjugação do AIA

Embora o AIA livre seja a forma biologicamente ativa, a maior parte do conteúdo de auxinas presente em um vegetal encontra-se na forma conjugada. Nesse caso, a auxina tem o grupo carboxílico da forma livre combinada covalentemente com outras moléculas. Vários conjugados do AIA são conhecidos, como AIA-glicose, AIA-inositol e AIA-aspartato (Figura 9.8). No primeiro exemplo, o AIA conjuga-se com um açúcar (ligação éster) e, no último, com um aminoácido (ligação amida).

Em geral, as plantas podem reverter as formas conjugadas em formas livres, por meio da ação de enzimas hidrolíticas. Um sistema bem investigado é o de grãos de milho (*Zea mays*) em germinação. Verificou-se que o conjugado mais abundante encontrado no endosperma de *Zea mays* é o AIA-inositol, o qual representa uma importante fonte de AIA livre para o crescimento do eixo caulinar da plântula em formação. Além da função de armazenamento de AIA no grão, o AIA-inositol compreende a forma de transporte do endosperma para a plântula. No ápice do coleóptilo, o AIA-inositol é hidrolisado, sendo a forma livre transportada para as regiões mais basais do eixo caulinar do vegetal em crescimento.

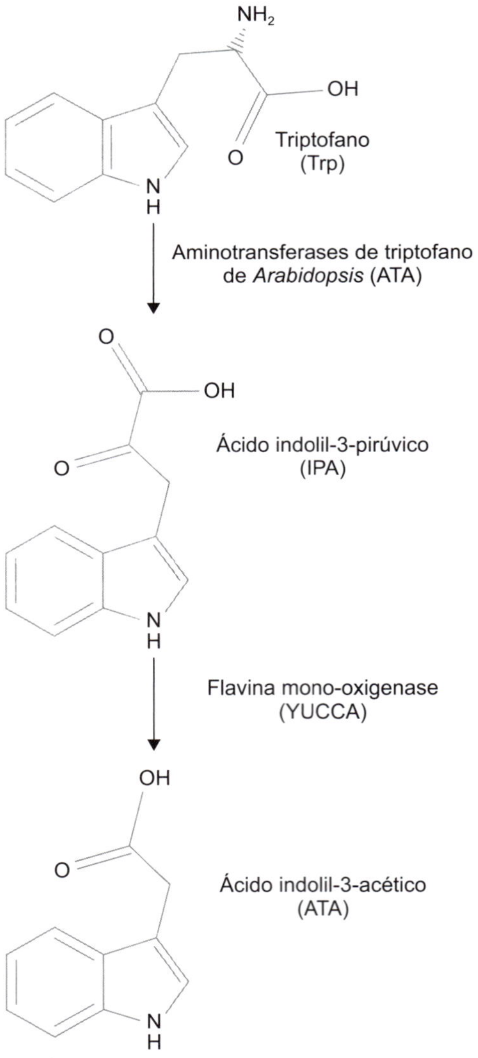

Triptofano (Trp)

Aminotransferases de triptofano de *Arabidopsis* (ATA)

Ácido indolil-3-pirúvico (IPA)

Flavina mono-oxigenase (YUCCA)

Ácido indolil-3-acético (ATA)

Figura 9.6 Principal rota biossintética de AIA dependente de triptofano em *Arabidopsis*.

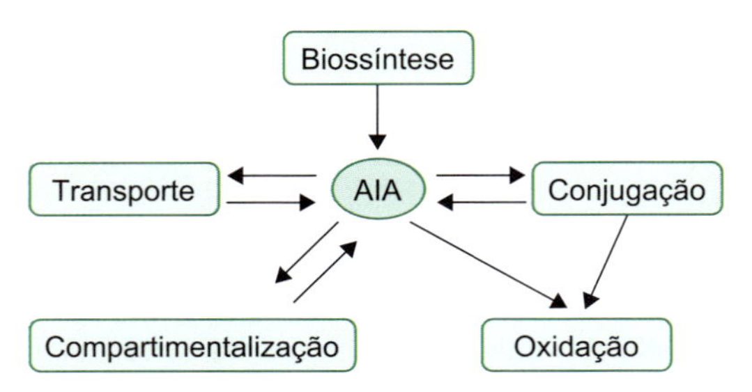

Figura 9.7 Mecanismos reguladores dos níveis de AIA livre nas células vegetais.

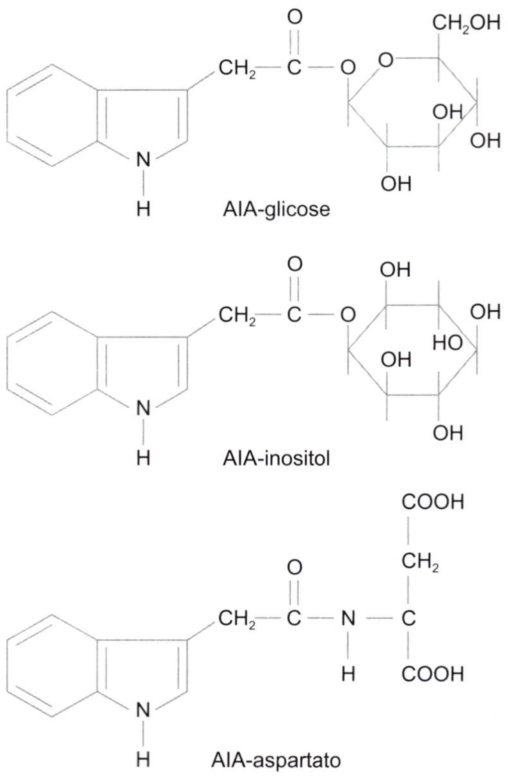

AIA-glicose

AIA-inositol

AIA-aspartato

Figura 9.8 Estrutura química de três auxinas conjugadas.

Os conjugados de AIA são biologicamente ativos quando empregados em cultura de tecidos ou em bioensaios, sugerindo que essa atividade esteja diretamente correlacionada com a quantidade de AIA livre liberada após a hidrólise da forma conjugada no tecido vegetal. Em plantas cultivadas *in vitro*, por exemplo, observou-se que certos conjugados facilitam o crescimento da parte aérea, mas não o de raízes, enquanto outros têm efeito oposto. Tal fato resulta da capacidade de formação de AIA-livre por meio de enzimas hidrolíticas, as quais têm especificidade, atividade e localização diferenciais nos tecidos vegetais. A atividade biológica em si resulta da porção correspondente à molécula de AIA, e não do tipo de molécula conjugada. Assim, a regulação tanto da formação de conjugados quanto de sua hidrólise é uma importante ferramenta no controle dos níveis de AIA livre presentes nas plantas. Somam-se a isso outras funções, como a estocagem e a proteção contra a degradação.

Investigações mais recentes sobre a conjugação do AIA com aminoácidos revelaram que há uma grande família de enzimas com atividade de conjugação do AIA (GH3 – Gretchen Hagen 3), as quais catalisam essa transformação com certa especificidade tecidual ou com funções em determinadas fases do desenvolvimento. As conjugações com leucina (AIA-Leu) ou alanina (AIA-Ala) são facilmente hidrolisáveis, sugerindo que essa forma de conjugação contribui para o *pool* de auxinas livres e ativas. No entanto, outros conjugados podem ter outras funções, como participar do catabolismo do AIA. Há evidências de que as conjugações do AIA com aspartato (AIA-Asp) ou com glutamato (AIA-Glu) estão mais relacionadas com a degradação da auxina que com o seu armazenamento.

Degradação do AIA

O AIA, quando em solução aquosa (*in vitro*), é degradado por uma variedade de agentes, que incluem a luz visível, ácidos, radiações ultravioleta e ionizante. No primeiro caso, a fotodestruição pode ser aumentada pela presença de pigmentos vegetais como a riboflavina.

Nos tecidos vegetais, o AIA é inativado imediatamente após ou concomitantemente à ação promotora do crescimento. Sua degradação se faz por meio da oxidação, que pode ocorrer tanto na cadeia lateral (com descarboxilação) quanto no anel indólico (sem descarboxilação; Figura 9.9). Somente uma pequena fração das auxinas existe na forma livre e ativa para os eventos de sinalização.

A descarboxilação oxidativa do AIA é catalisada por enzimas do tipo peroxidase (via das peroxidases; Figura 9.9 A), também chamadas de AIA-oxidases, as quais existem em numerosas formas isoenzimáticas nas plantas. Entretanto, o significado fisiológico dessa via não se encontra ainda bem estabelecido. Certas plantas transgênicas com superexpressão de genes para a síntese de peroxidases não apresentaram alterações significativas nos níveis de AIA. Nem mesmo mutantes com diminuição de até 10 vezes na atividade peroxidásica apresentaram alterações no conteúdo de AIA.

As auxinas sintéticas e as formas conjugadas de AIA não são desativadas pelas peroxidases, persistindo por mais tempo nas plantas, em comparação com o AIA. Por esse motivo, também se atribui à conjugação do AIA a função de proteção contra a degradação.

A oxidação do anel indólico é um segundo caminho de degradação do AIA, sendo considerada a rota mais importante

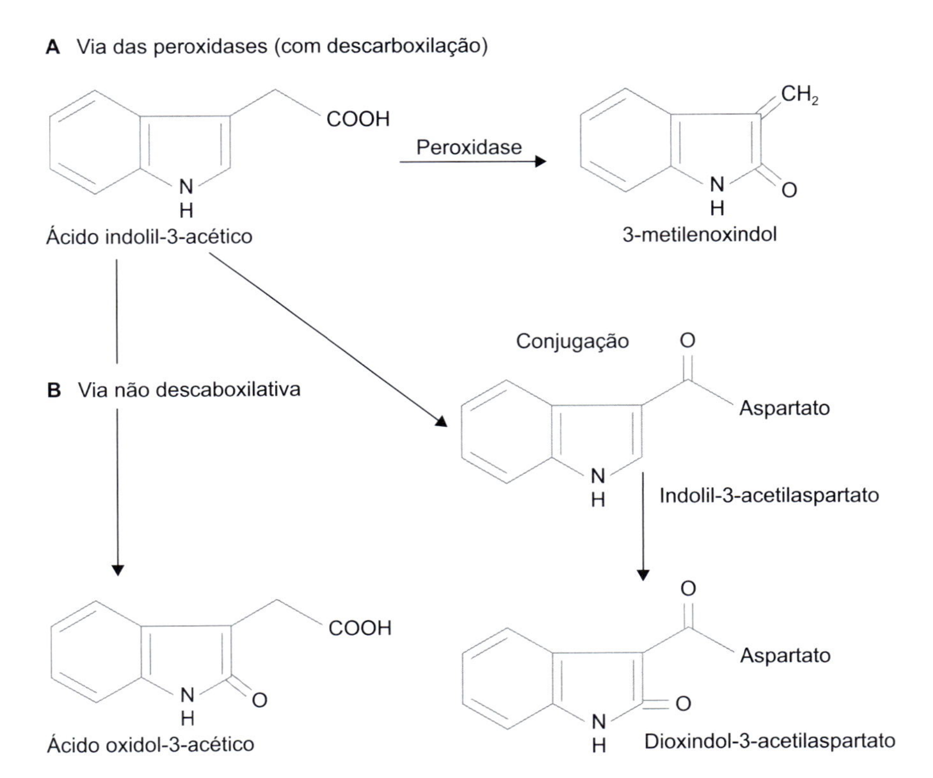

Figura 9.9 Rotas de degradação do AIA: via das peroxidases ou descarboxilativa (**A**); via não descarboxilativa (**B**). Esta última é mais frequente nas plantas.

de degradação do AIA (via não descarboxilativa; ver Figura 9.9 B). A atividade enzimática envolvida nesse processo é ainda pouco conhecida. O produto final do catabolismo do AIA é o ácido oxindol-3-acético (AIA-Ox). A inativação do AIA por essa via é irreversível. Estudos com aplicação de AIA mostraram um rápido acúmulo de ácido oxindol-3-acético (AIAOx) nos tecidos, indicando que a oxidação do AIA tem uma importante função na regulação dos níveis de auxinas ativas nas plantas. Foi demonstrado para várias plantas que, por essa via, há a necessidade de ocorrer primeiro a conversão do AIA em sua forma conjugada com o aminoácido aspartato (AIA-aspartato) para, então, desencadear o processo irreversível de catabolismo não descarboxilativo. Assim, o AIA-aspartato parece ter uma função específica de marcar o AIA disponível para a degradação.

Um esquema simplificado das possíveis rotas de síntese, conjugação e degradação do AIA é apresentado na Figura 9.10, na qual estão indicadas a síntese *de novo* pelas vias dependente e independente de triptofano (indol), a oxidação do AIB e a hidrólise de formas conjugadas, aumentando o nível de AIA livre e a degradação do AIA por oxidação. As sínteses de conjugados hidrolisáveis e de AIB podem também contribuir para a redução dos níveis de AIA, assim como a oxidação.

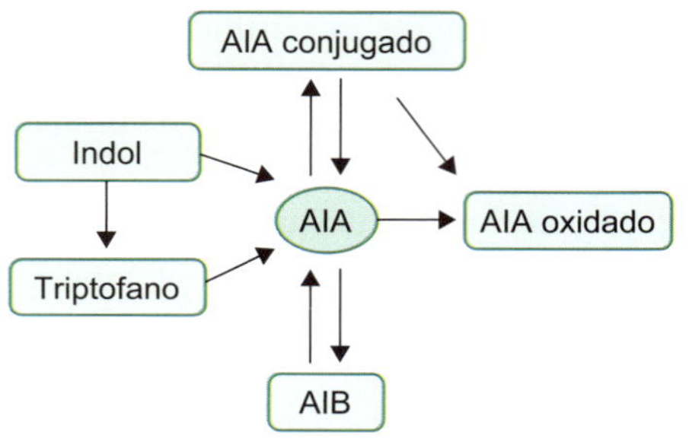

Figura 9.10 Esquema simplificado das possíveis rotas de síntese, conjugação e degradação do AIA.

Transporte polar das auxinas

O transporte de auxinas tem uma importância fundamental no crescimento e desenvolvimento dos vegetais, agindo como um fator determinante nos processos de expansão/alongamento celular, nos movimentos trópicos, na divisão das células, na diferenciação vascular, na dominância apical, na senescência e abscisão. Cada um desses tópicos será discutido mais adiante neste capítulo.

As auxinas são os únicos fitormônios transportados polarmente, isto é, o fluxo de auxinas acontece direcionalmente, sendo do ápice para a base das plantas a direção mais comum. No entanto, existe também um transporte apolar pelo floema, como acontece em folhas maduras, no qual a maior parte do AIA sintetizado pode ser transportada para as demais partes da planta.

Nos estudos para quantificar o transporte polar das auxinas, empregou-se o método dos blocos de ágar doador e receptor, conforme indicado na Figura 9.11. Um bloco de ágar contendo auxina marcada radioativamente (bloco doador) é colocado em uma das extremidades de um segmento caulinar ou de hipocótilo, e um bloco receptor na extremidade oposta. A efetividade do movimento da auxina pelo tecido vegetal em direção ao bloco receptor pode ser determinada por meio do tempo, medindo-se a radioatividade presente nesse bloco receptor. A partir de vários ensaios usando esse tipo de método, as propriedades do transporte polar das auxinas puderam ser estabelecidas. Em coleóptilos e em ramos vegetativos, o transporte basípeto predomina (Figura 9.11). O principal local por onde se dá o transporte basípeto em caules e folhas é o parênquima vascular.

Nas raízes, o transporte da base para o ápice (movimento acrópeto) pode se dar pelo parênquima xilemático, pelo periciclo e pelo tecido floemático. Uma pequena quantidade da auxina que alcança o ápice da raiz é redistribuída para as células do córtex e da epiderme, sendo assim transportada de volta

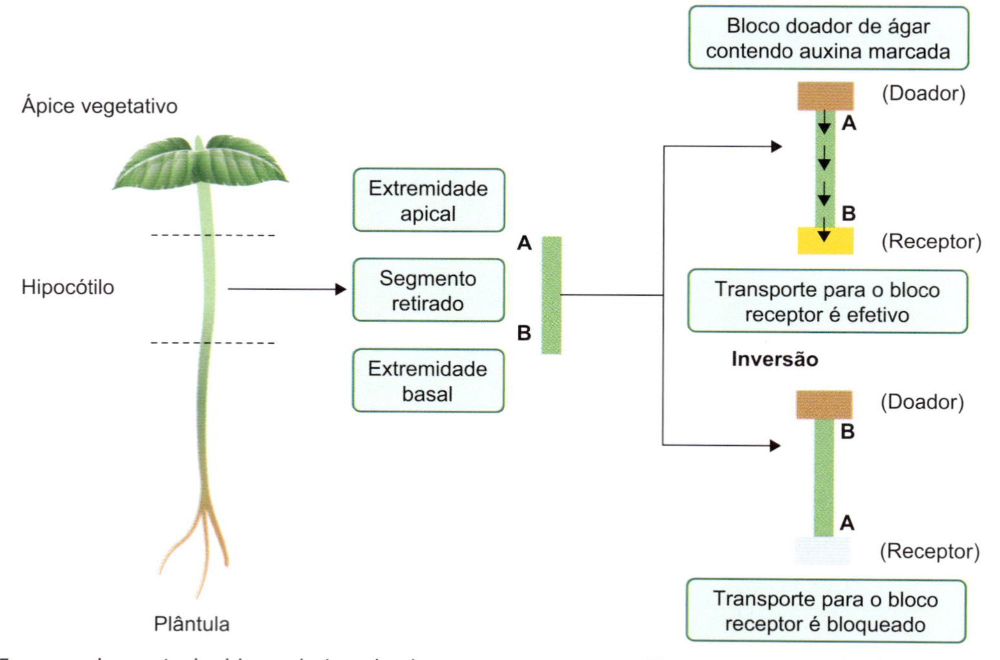

Figura 9.11 Esquema do ensaio dos blocos de ágar doador e receptor para quantificar o transporte polar da auxina em caule jovem.

à região basal (movimento basípeto radicular) até a zona de alongamento, onde o AIA, em baixas concentrações, regula o alongamento das células radiculares (Figura 9.12).

O movimento polar da auxina ocorre célula a célula, em vez de se valer dos plasmodesmas, ou seja, do simplasto celular. Assim, o AIA deixa a célula pela membrana plasmática de uma célula, difundindo-se para as paredes primárias próximas e passando destas para a célula imediatamente abaixo, pela membrana plasmática.

De acordo com a teoria mais antiga sobre o transporte de auxinas, estas se moveriam no citoplasma celular, onde seriam secretadas ativamente por meio de carregadores presentes no lado basal de cada célula. Na década de 1970, um novo modelo sobre o transporte polar das auxinas foi proposto, conhecido como transporte quimiosmótico da auxina.

Teoria quimiosmótica

De acordo com essa teoria, tanto a entrada de AIA nas células quanto a sua saída seriam processos passivos, dependentes de um gradiente eletroquímico favorável encontrado entre o apoplasma (parede celular) e o citoplasma celular (Figura 9.13). O AIA se caracteriza por ser um ácido fraco, lipofílico. Conforme o pH do meio, o AIA pode existir sob duas formas: a protonada (AIA-H) e a aniônica, esta, portanto, dissociada (AIA^-). O apoplasto é moderadamente ácido, com pH em torno de 5. Nessa condição, a forma AIA-H predomina. Essa forma é mais lipossolúvel que a forma aniônica, penetrando mais facilmente pela membrana plasmática. Assim, o AIA-H presente nos espaços da parede celular difundir-se-á a favor de seu gradiente de concentração, entrando na célula. Uma vez no citoplasma, onde o pH se encontra em torno de 7, o AIA-H se dissociará em AIA^- e H^+. A diferença de pH verificada entre o apoplasto e o citoplasma serve para manter o gradiente de concentração de AIA-H, estimulando a entrada contínua de AIA-H na célula. A forma dissociada acumula-se intracelularmente, já que não se difunde de modo fácil pela membrana.

A saída do AIA^- é favorecida pelo potencial de membrana normal (lado de fora positivo) por meio da membrana plasmática, alcançando, então, a parede celular, onde o AIA^- é novamente protonado, formando AIA-H. Essa forma difunde-se pelos espaços da parede celular, entrando na célula subjacente onde se difunde, ou é carregado pela corrente citoplasmática para a porção basal celular. A teoria quimiosmótica previa a possibilidade de haver transportadores de saída de AIA^-, os quais se localizariam especificamente na região basal. Dessa forma, haveria um movimento basípeto preferencial por uma coluna de células (Figura 9.13).

Bombas de prótons (ATPases), localizadas na membrana plasmática, operam no sentido de prevenir a acumulação de íons H^+ no citoplasma, mantendo tanto certo grau de acidez no apoplasto quanto um potencial de membrana favorável (Figura 9.13).

Foi confirmado muito tempo depois que existem três principais famílias de proteínas transmembrânicas que transportam auxina pela membrana plasmática, confirmando a previsão da existência de transportadores de AIA proposta pela teoria quimiosmótica. Tanto a entrada de AIA-H quanto a saída de AIA^- são mediadas por proteínas transportadoras. Portanto, atualmente, sabe-se que a auxina pode entrar nas células a partir de qualquer direção por meio de dois mecanismos: (1) difusão passiva da forma protonada (AIA-H); e (2) por proteínas transportadoras da forma protonada (AUX) que utilizam um mecanismo de cotransporte do tipo simporte de H^+-AIAH. Quanto à saída de AIA, a forma dissociada não consegue passar pela membrana plasmática, necessitando ser transportada ativamente por proteínas transportadoras (PIN e ABCB). As proteínas PIN (do inglês *pin-shaped inflorescences*) e ABCB (também conhecidas por glicoproteínas-P com localização não polar) interagem, podendo funcionar tanto de modo independente quanto interdependente no controle do transporte polar das auxinas (Figura 9.14). Em particular, PIN/ABCB formam complexos proteicos estáveis. A família PIN divide-se em subfamílias. As do tipo I estão localizadas principalmente na membrana plasmática (PIN1, PIN2, PIN3,

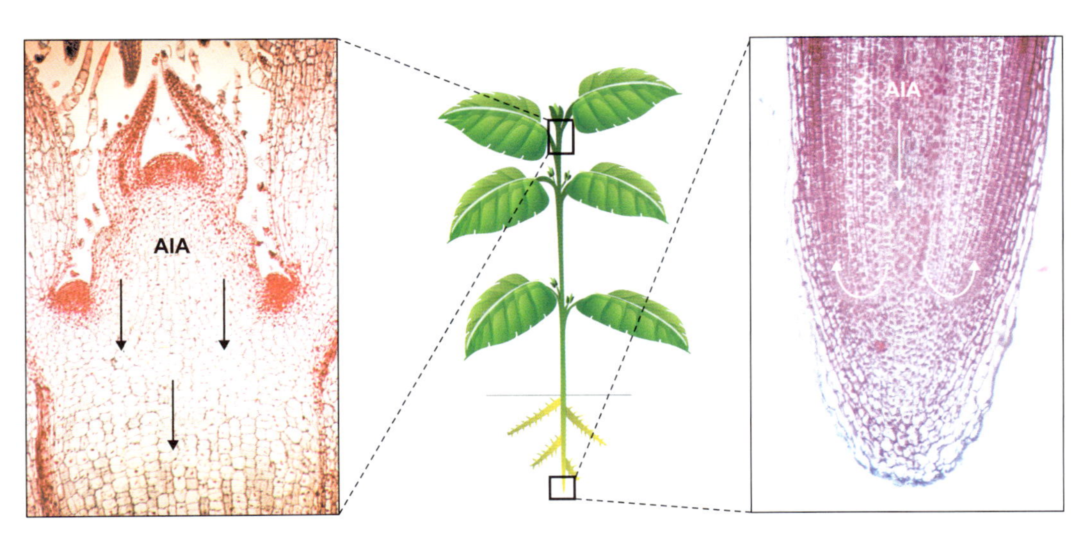

Figura 9.12 Chegada de AIA na raiz pelo cilindro vascular (transporte acrópeto) e sua redistribuição parcial pelo córtex e pela epiderme (transporte basípeto), atingindo a região de alongamento radicular.

PIN4, PIN 6 e PIN7), enquanto as do tipo II (PIN5 e PIN8) situam-se no retículo endoplasmático. Nas células, as proteínas PIN do tipo I têm uma localização polar, correlacionando-se diretamente com a direção do fluxo de auxinas. Dessa maneira, no transporte basal de auxinas, por exemplo, a direção do movimento é dada pelo posicionamento basal das PIN nas células (Figura 9.14). A repetição da absorção da auxina na porção apical de uma célula com sua liberação na região basal estabelece um *continuum* no vegetal, originando o efeito do transporte polar da auxina (TPA) como um todo.

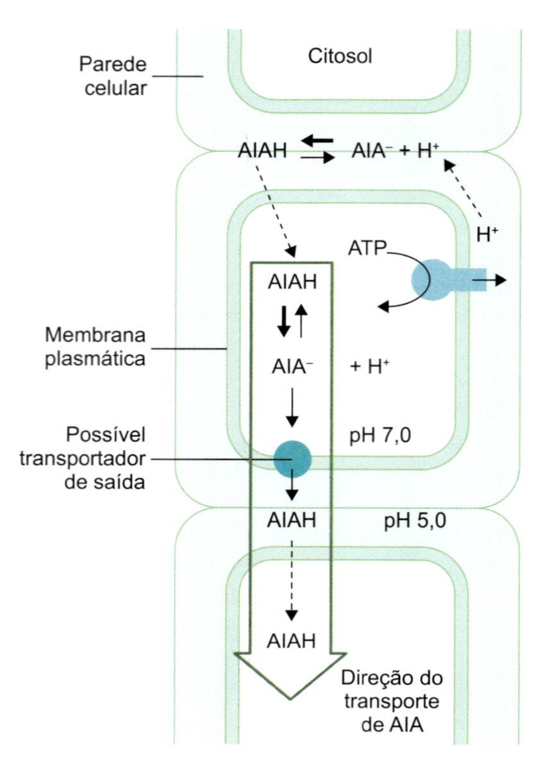

Figura 9.13 Hipótese quimiosmótica para o transporte polar da auxina (TPA).

Demonstrou-se que as proteínas PIN, embora estáveis, não permanecem fixas na membrana plasmática. Na realidade, sua localização é dinâmica, podendo remodelar o posicionamento em razão do desenvolvimento da planta ou de fatores ambientais.

As proteínas PIN podem ciclar rapidamente para um compartimento intracelular (endossomo), voltando depois para a membrana plasmática. Esse movimento cíclico é dirigido por um citoesqueleto de actina que controla o transporte das proteínas PIN, localizando a fixação transitória e assimétrica dessas proteínas na membrana (Figura 9.15). Por meio desse mecanismo, esses transportadores de saída para um novo posicionamento na membrana podem ser redistribuídos quando o transporte polar da auxina for alterado por alguns estímulos, como pela luz ou gravidade, os quais causam um crescimento diferencial: fototropismo e gravitropismo, respectivamente.

Essa alta adaptabilidade da maquinaria de transporte de auxinas em resposta a variações do desenvolvimento ou ambiental está relacionada não somente com mudanças genômicas, mas também com um controle pós-traducional dos transportadores. Entre as modificações pós-traducionais, a fosforilação está diretamente implicada na localização dos transportadores de saída das auxinas. As proteínas PIN, quando fosforiladas por meio da atividade de enzimas do tipo cinase, são posicionadas na parte apical da célula; já quando desfosforiladas pela ação de fosfatases, são direcionadas para a base (Figura 9.15).

O transporte polar da auxina pode ser interrompido pelo emprego de certas substâncias inibidoras desse transporte, como o ácido naftilftalâmico (conhecido como NPA) e o ácido tri-iodobenzoico (conhecido como TIBA). Esses compostos inibem o transporte polar, bloqueando a saída de auxinas das células, ligando-se aos transportadores de saída (complexo proteico PIN). Foi demonstrado experimentalmente que, quando segmentos caulinares ou de hipocótilos são incubados em soluções que contenham um desses inibidores, somados à

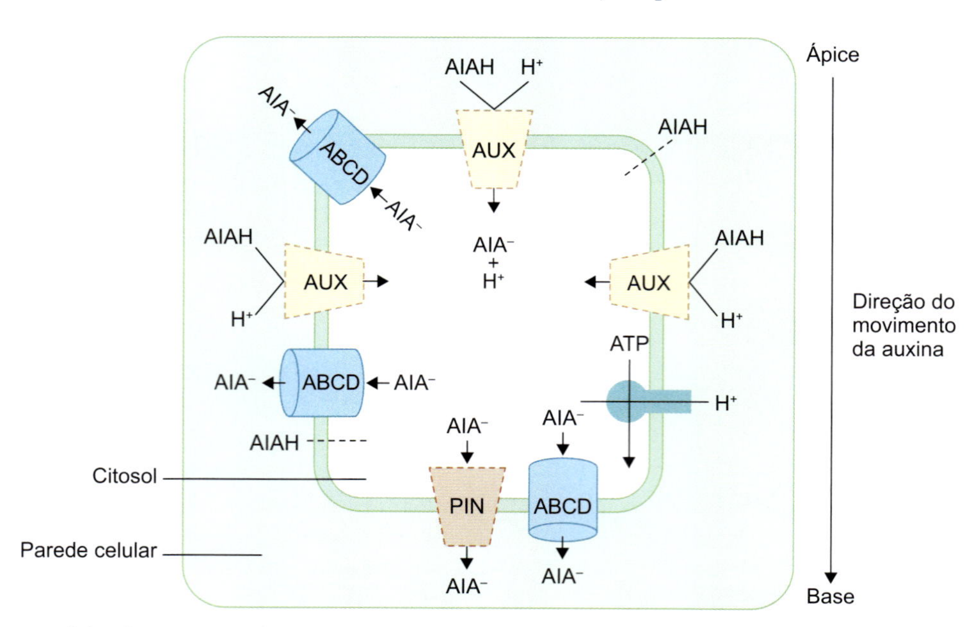

Figura 9.14 Mecanismo celular de transporte de auxina. Note que o transportador de saída de AIA⁻ (PIN) tem localização polar, conferindo a direção do movimento de auxinas.

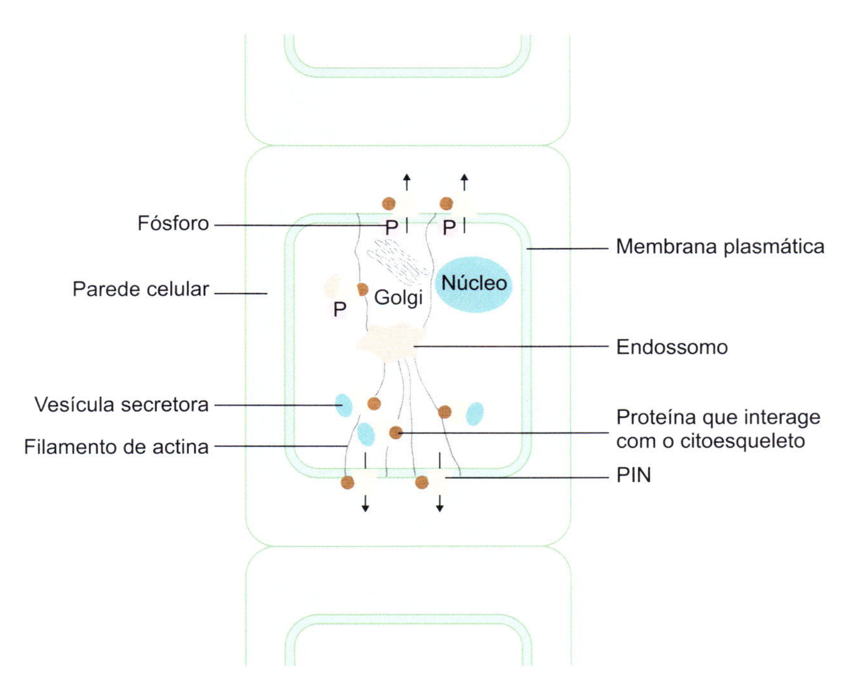

Figura 9.15 Movimento das proteínas transportadoras de saída de AIA (PIN) por meio de filamentos de actina que direcionam o transporte de vesículas secretoras até a membrana plasmática a partir de um compartimento interno e, também, no sentido inverso. A afinidade das proteínas PIN pela membrana plasmática (apical ou basal) é modificada pelo estado de fosforilação.

auxina marcada radioativamente (^{14}C-AIA), há um acúmulo desse hormônio intracelularmente, sugerindo que a entrada de AIA não é afetada, mas somente a sua saída.

Efeitos fisiológicos das auxinas

Divisão, crescimento e diferenciação celular

Divisão celular

O estabelecimento da arquitetura da planta e das diferentes funções das células vegetais depende da capacidade da célula de se dividir e diferenciar. A maior parte da atividade de divisão celular nas plantas está localizada em pequenos grupos de células, que formam os meristemas. Esses tecidos já estão presentes no embrião e são ativos, ou potencialmente ativos, durante a maior parte da vida das plantas. A "decisão" de uma célula individual de se dividir (entrar no ciclo celular), permanecer em repouso (G_0) ou, então, se diferenciar depende da presença e da capacidade de percepção a vários sinais, como níveis hormonais, nutrientes, luz, temperatura etc. (Figura 9.16 A).

O ciclo de divisão celular consiste em uma série de alternância de fases, como a replicação do DNA (fase S), a separação cromossômica (fase M ou mitose), intercaladas por intervalos entre M e S (G_1) e entre S e M (G_2). Pontos importantes de controle operam nas transições de G_1 para S e de G_2 para M, os quais são exercidos primariamente pela regulação da atividade de certas proteínas, particularmente das cinases dependentes de ciclina (CDK, do inglês *cyclin-dependent protein kinases*; Figura 9.16 B). Apenas para efeito didático, é conveniente lembrar que as cinases são enzimas responsáveis pela fosforilação (adição de fósforo) de moléculas biologicamente importantes. Nos vegetais, dois grupos de hormônios, as auxinas e as citocininas, estimulam a proliferação da grande maioria de tipos de células. Muitos tecidos, como os de folha, raiz ou caule, ao serem cultivados *in vitro*, na presença desses dois hormônios em concentrações apropriadas, podem formar massas celulares, chamadas de calos, gemas ou raízes. A necessidade de uma auxina e uma citocinina na indução e manutenção da divisão celular é conhecida há muito tempo (ver Capítulo 10). Mas em que nível da regulação do ciclo celular esses fitormônios agem? Progressos obtidos com o cultivo *in vitro* de células de medula de tabaco mostraram que a auxina, quando presente isoladamente no meio de cultura, aumentava o nível de uma proteína-cinase dependente de ciclina. A adição de citocinina era necessária, entretanto, para a ativação dessa cinase. Mais recentemente, determinou-se que, na transição de G_1 para S, a auxina aumenta o conteúdo da cinase dependente de ciclina do tipo a (CDK/a), a qual, por sua vez, precisa ser ativada por uma ciclina específica, a do tipo D_3 (CYC/D_3, do inglês *cyclin D_3*). Por sua vez, o nível da ciclina D_3 é modulado por citocinina. Somente a partir da formação do complexo ativo CDK/a-CYC/D_3, a célula adquire capacidade para progredir no ciclo, passando para a fase seguinte, isto é, a iniciação da síntese de DNA (Figura 9.16 B). As plantas também apresentam proteínas capazes de inibir o complexo CDK/a-CYC/D_3. Em resposta a uma variação ambiental que provoque um estresse nas plantas, mediado pela sinalização do ácido abscísico (ABA), essas proteínas inibidoras têm sua síntese aumentada, interrompendo o ciclo celular na passagem de G_1 para S (Figura 9.16 B).

Além das cinases do tipo *a*, as plantas têm outra classe de CDK, conhecida por CDK/b, que se acumula na transição de G_2 para M e é essencial à regulação dessa transição. Nota-se que a classe CDK/a exerce seu papel de controle do ciclo em ambas as transições G_1/S e G_2/M. A progressão da fase de S para a mitose

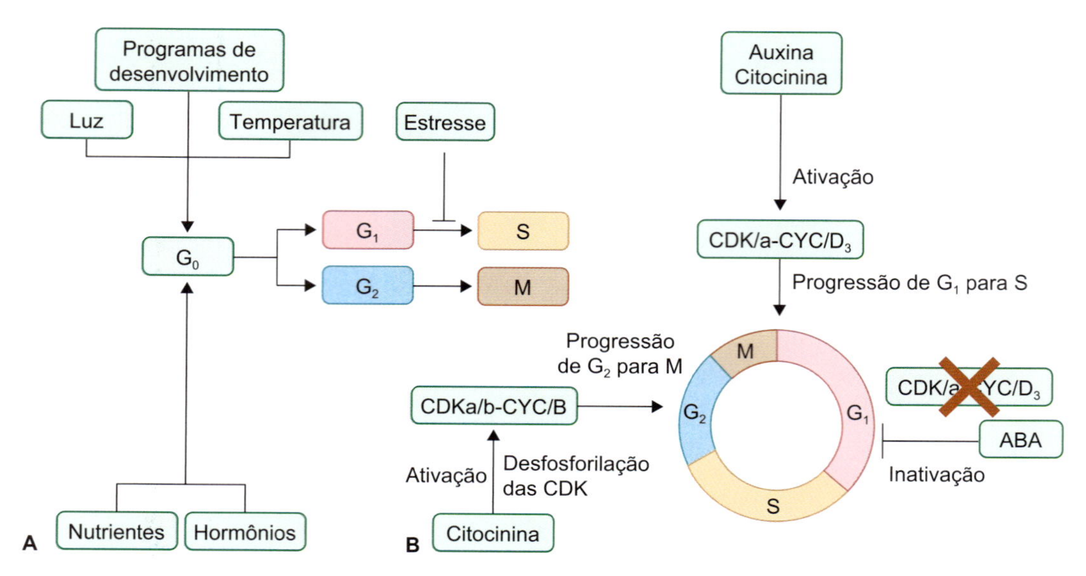

Figura 9.16 A. Vias de sinalização que acoplam a percepção do meio ambiente com o controle da divisão celular, permitindo que células em repouso (G_0) progridam no ciclo para G_1 ou para G_2. **B.** Hormônios vegetais afetam essa progressão no ciclo celular em pontos específicos. A auxina, em conjunto com a citocinina, é responsável pela formação do complexo ativo $CDK/a\text{-}CYC/D_3$ no intervalo G_1-S; a citocinina é responsável pela desfosforilação das cinases, ativando os complexos CDKa/b-CYC/B no intervalo G_2-M; e o ácido abscísico (ABA) pode interromper a progressão no ciclo na transição de G_1 para S, em decorrência do surgimento de um estresse.

propriamente dita (fase M) depende também do aparecimento de uma ciclina específica, a do tipo B (CYC/B). Ainda, para que os complexos CDKa/b-CYC/B, típicos de G_2/M, sejam ativados, uma fosfatase (enzima responsável pela retirada de fósforo de moléculas), induzível por citocininas, deve desfosforilar essas cinases (CDKa/b; Figura 9.16 B).

Expansão/alongamento celular

O crescimento em tamanho da célula vegetal não meristemática se caracteriza por um aumento irreversível de seu volume, o qual pode ocorrer por expansão, isto é, um aumento de tamanho em duas ou três dimensões, ou por alongamento, que representaria um tipo de expansão que ocorre exclusivamente em uma direção, por exemplo, expansão em comprimento. As células de caules e raízes se expandem quase inteiramente por alongamento; seus diâmetros, normalmente, aumentam menos de 5%.

As células vegetais, antes de alcançarem a maturidade, podem aumentar seus volumes de 10 a 100 vezes; em casos extremos, esse aumento do volume celular pode chegar a 10 mil vezes, como acontece no alongamento dos elementos de vaso do xilema. Essa expansão ocorre sem a perda da integridade mecânica e, geralmente, sem alteração de espessura. Esse aumento de volume é sempre acompanhado pela entrada de água, com relativamente pouco aumento na quantidade de citoplasma, já que se trata de um processo regulado pelo vacúolo (ver Capítulo 1). Em termos energéticos e de investimento de material, esse é um processo econômico de crescimento, permitindo que certas plantas, como as sequoias, alcancem dimensões realmente fantásticas.

Muitos fatores influenciam a taxa de expansão/alongamento da parede celular, alguns de natureza intrínseca, como o tipo de célula, sua idade e as presenças de auxina e giberelina, e outros de natureza extrínseca (ambiental), como a disponibilidade de água, luz, temperatura e gravidade. Esses fatores internos e externos agem, provavelmente, modificando certas propriedades da parede celular. O controle da expansão celular é essencial para os processos morfogenéticos nos vegetais, já que a morfologia de um órgão é determinada pelo tamanho, pela forma e pelo número de células. Os padrões de divisão celular, iniciados no embrião e nos meristemas, são subsequentemente amplificados e modificados pela expansão celular, produzindo como consequência órgãos com formas e dimensões características.

Para que as células se expandam, a parede celular, que é rígida, deve ser afrouxada de alguma maneira. De acordo com a *hipótese do crescimento ácido*, esse afrouxamento seria induzido pela acidificação da parede celular, resultante da extrusão de prótons pela membrana plasmática. Esse afrouxamento é essencial, pois uma célula vegetal em crescimento, sob condições hídricas satisfatórias, tem seu turgor (pressão hidrostática positiva do protoplasto contra a parede circundante) e o seu potencial hídrico reduzidos, permitindo a absorção de água e, em consequência, a expansão/alongamento celular. Sem a ocorrência do afrouxamento, a síntese de nova parede somente causaria um espessamento, e não uma expansão.

Hipótese do crescimento ácido

Em 1970, foi proposta uma teoria para explicar como a auxina causaria um aumento na extensibilidade da parede celular. Tal hipótese propõe que a auxina acidifica a região da parede celular por estimular a célula competente a excretar prótons. O abaixamento do pH ativa uma ou mais enzimas, com pH ótimo ácido, que causariam o afrouxamento da parede celular. Há evidências mostrando que a auxina aumenta a taxa de extrusão de prótons, estimulando dois possíveis processos:

1. A ativação de H^1-ATPases preexistentes na membrana plasmática.
2. A síntese de novas H^1-ATPases de membrana plasmática (Figura 9.17).

De modo previsível, o estímulo para o crescimento dado pela auxina é dependente de energia; inibidores metabólicos de síntese proteica e de RNA rapidamente bloqueiam essa resposta de crescimento.

Quando seções de caule ou do coleóptilo são isoladas e colocadas em contato com uma solução de auxina, há um aumento na taxa de crescimento após um curto período: em torno de 10 min somente. Esse é considerado o tempo mínimo necessário para que a auxina cause uma hiperpolarização da membrana celular, induzindo um aumento na taxa de crescimento.

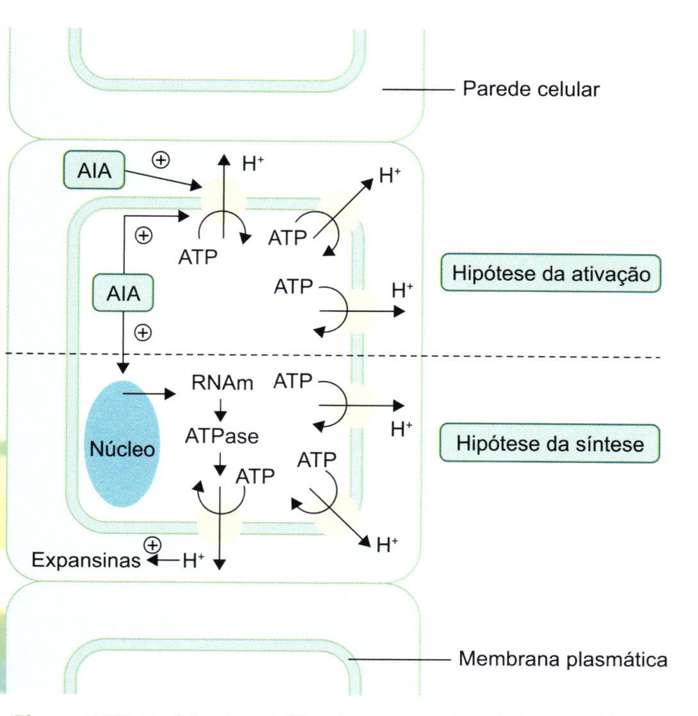

Figura 9.17 Modelo de acidificação da parede celular induzida por AIA, por meio da ativação de ATPases preexistentes na membrana plasmática (hipótese da ativação) e/ou pela síntese *de novo* de ATPases incorporadas à membrana (hipótese da síntese).

A parede é a principal resistência à expansão celular; entretanto, esse mecanismo dependente do pH de aumentar a extensibilidade, denominado *crescimento ácido*, resulta no deslizamento entre si dos seus polímeros constituintes (polissacarídios), aumentando, assim, a área superficial da parede (Figura 9.18). Quando paredes são tratadas previamente com calor, proteases ou outros agentes que desnaturam proteínas, elas perdem essa capacidade de deslizamento. Esses resultados demonstram que o crescimento ácido não resulta simplesmente de alterações físico-químicas da parede, mas é catalisado por proteínas de parede, chamadas de expansinas. Estas causam o afrouxamento da parede por atuarem sobre as ligações do tipo pontes de hidrogênio, existentes entre as microfibrilas de celulose e as hemiceluloses (polissacarídios da matriz). O aumento subsequente da extensão é obtido por meio da atividade de hidrolases específicas ativadas em pH ácido, como celulases, hemicelulases, glucanases e pectinases (Figura 9.18). Ao mesmo tempo que ocorre o afrouxamento da parede celular, há absorção de água pelo protoplasma, a qual é induzida pelas reduções do turgor celular e, consequentemente, do potencial hídrico, que, assim, se torna mais negativo, permitindo a entrada de água e a expansão.

Continuidade do crescimento

A auxina, além de induzir a acidificação da parede celular e o consequente afrouxamento, promove outros processos importantes que proporcionam a continuidade do crescimento da célula, como os aumentos na absorção de solutos osmóticos (p. ex., potássio) e na atividade de certas enzimas relacionadas com a biossíntese de polissacarídios de parede.

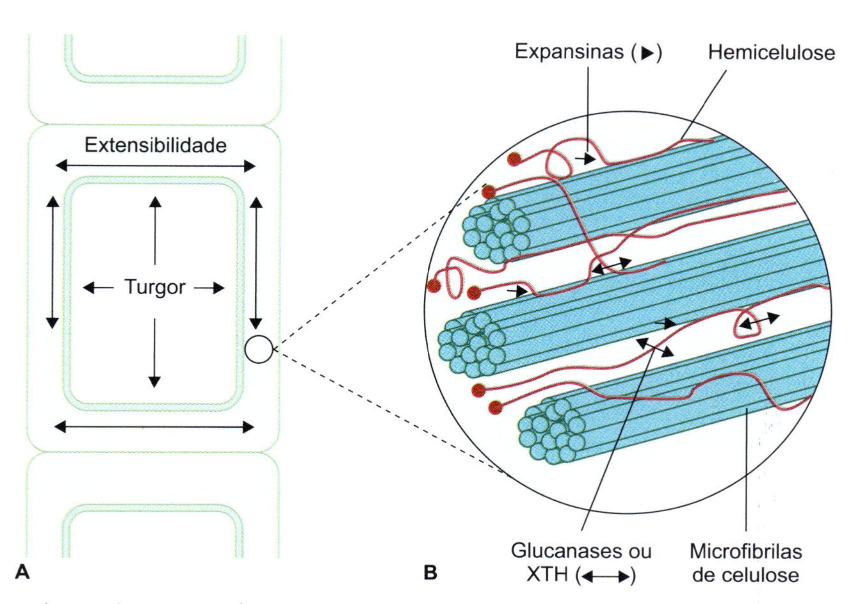

Figura 9.18 Esquema da parede primária mostrando a pressão de turgor dentro da célula dirigida sobre a parede celular (**A**) e os pontos de atuação de algumas enzimas que agem no processo de afrouxamento da parede durante o crescimento (**B**). A auxina está envolvida com o rompimento das ligações da hemicelulose, permitindo que as microfibrilas de celulose deslizem umas sobre as outras e, também, se distanciem umas das outras.

Alguns processos bioquímicos devem ocorrer nas células em expansão para compensar a diluição do conteúdo vacuolar causado pela entrada de água, levando a um ajustamento osmótico ou à osmorregulação para manutenção do turgor celular. Um mecanismo de osmorregulação induzido pela ação da auxina foi observado em células do coleóptilo de milho em processo de alongamento, nas quais a aplicação de auxina (ANA) aumentava o número de canais de entrada de potássio na membrana plasmática. Isso resultou da regulação da expressão gênica causada pela auxina, isto é, o nível de transcrição do gene *zmk1*, que codifica a proteína de canal de K^+ em *Zea mays*, foi aumentado de 5 a 7 vezes, triplicando o número de canais ativos de K^+ por célula.

Outro aspecto interessante acerca do crescimento é que a auxina pode induzir a síntese de outros hormônios, como a do ácido giberélico (AG_1), que também tem efeito sobre o alongamento celular. A indução da biossíntese de AG_1 por AIA foi descoberta durante a investigação para saber por que a decapitação do caule de ervilha eliminava sua capacidade de sintetizar AG_1 a partir de seu precursor AG_{20} (Figura 9.19). Como o ácido giberélico é conhecido por sua ação sobre o alongamento celular, fica então caracterizada uma ação sinergística entre a auxina e a giberelina na expansão celular. Para alguns vegetais, sabe-se que a giberelina participa da promoção da síntese da enzima xiloglucano transglicosidase hidrolase, conhecida por XTH, responsável pela modificação do arranjo dos xiloglucanos na parede celular primária (Figura 9.18). Em eudicotiledôneas, o xiloglucano é o principal componente da fração hemicelulósica da parede primária e a XTH promove a quebra entre as ligações da celulose com o xiloglucano, causando o afrouxamento da parede. Assim, em uma ação coordenada entre expansinas e XTH, a expansão/alongamento celular pode ocorrer (ver Capítulo 8).

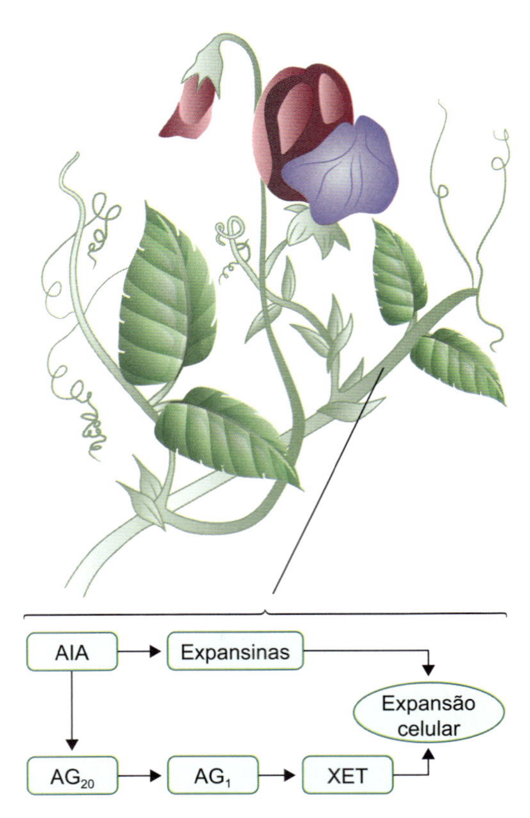

Figura 9.19 Efeito da auxina sobre a síntese de giberelina em caule de ervilha. O AIA é transportado do ápice para a região dos entrenós em alongamento, onde ativa a etapa de transformação de AG_{20} para AG_1.

A expansão e/ou o alongamento celular, durante o crescimento vegetal, são processos irreversíveis que requerem, como já mencionado, a absorção de água (cerca de 70 a 95% da massa das células em crescimento é composta por água), bem como a adição de parede ao redor de cada célula. A continuidade do crescimento é, então, dependente da síntese e da secreção de polissacarídios e proteínas necessárias ao aumento da parede, além de materiais imprescindíveis ao próprio aumento da membrana plasmática.

O crescimento termina durante a maturação da célula, processo acompanhado pelo aumento da rigidez da parede celular. Redução na capacidade de afrouxamento da parede acontece em consequência de alterações estruturais e em sua composição, tornando-a mais rígida e menos suscetível ao relaxamento – por exemplo, alterações sofridas pelas hemiceluloses, que se tornam menos ramificadas, formando complexos mais compactos com a celulose e outros polímeros de parede. Além disso, ocorre uma redução na expressão dos genes codificadores das expansinas e/ou a parede se torna menos vulnerável à ação dessas enzimas.

Diferenciação celular

Além do controle exercido pelas auxinas no crescimento celular, conforme visto antes, elas estão envolvidas no controle da diferenciação celular. Um exemplo disso é a diferenciação vascular que ocorre nos eixos caulinares em virtude dos níveis de auxina produzida nas folhas jovens em processo de desenvolvimento. Em *Coleus*, a formação de xilema (xilogênese) na base do pecíolo é diretamente proporcional ao fluxo difusível de AIA que se move no sentido limbo–pecíolo. O desfolhamento do epicótilo dessa planta reduziu intensamente a xilogênese. Entretanto, esse efeito pôde ser revertido com a aplicação de quantidade equivalente de auxina.

A continuidade do tecido xilemático ao longo do vegetal resulta do transporte polar de auxina proveniente do ápice, movendo-se para as raízes. O nível endógeno desse hormônio controla o início da diferenciação de elementos vasculares. Em tecidos lesados mecanicamente, a rediferenciação de células do parênquima em elementos condutores também é induzida por auxina. Normalmente, quando há a interrupção de um feixe vascular em consequência de um ferimento, ocorre a revascularização da região próxima, de tal modo que as células vizinhas do ferimento se desdiferenciam, formando, posteriormente, novos elementos vasculares (xilema ou floema). Esses elementos podem restabelecer a continuidade do feixe original. Uma das teorias propostas para explicar a rediferenciação é a chamada hipótese da canalização do sinal, segundo a qual a canalização do fluxo de auxina por determinadas células seria o fator determinante na formação de novos elementos de transporte. A Figura 9.20 mostra que, inicialmente, todas as células ao redor do feixe vascular lesado teriam a mesma capacidade de transportar auxina; todavia, gradualmente, certas células se tornariam

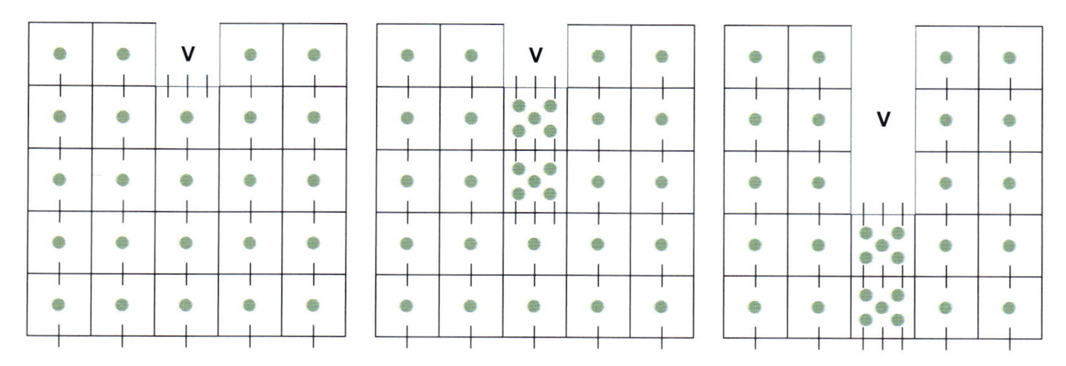

Figura 9.20 Hipótese da canalização do sinal. À esquerda, células adjacentes ao elemento de transporte rompido (V) têm capacidade similar de transporte de auxina (círculo). Ao centro, uma célula na posição terminal do elemento injuriado torna-se mais eficiente para o transporte de auxina (pequenas barras verticais). À direita, melhores células transportadoras de auxina se diferenciam em tecido vascular.

mais competentes para esse transporte, aumentando o fluxo de auxina transportada, basipetamente, as quais se diferenciariam, então, em tecido vascular.

Um modelo de estudo muito interessante de rediferenciação foi estabelecido a partir de células isoladas do mesofilo de *Zinnia elegans* cultivadas *in vitro*. Essas células, em resposta à aplicação de auxina, transformam-se em elementos traqueais. Nesse caso, a presença de citocinina também se mostrou necessária, aumentando, talvez, a sensibilidade dessas células à ação da auxina. Todo o processo de rediferenciação pode ser acompanhado em uma única célula, como mostrado na Figura 9.21. Nesse exemplo, a rediferenciação é iniciada com o processo de desdiferenciação, seguida por uma nova diferenciação celular. Assim, a célula do mesofilo perde sua capacidade fotossintética e seu conteúdo celular, ao mesmo tempo que se alonga e produz a parede secundária. Esses eventos parecem corresponder aos mesmos processos verificados *in vivo*, nos quais células meristemáticas apicais originam as células procambiais, e estas, por sua vez, transformam-se diretamente em elementos traqueais. Atualmente, esse modelo vem sendo empregado em pesquisas sobre a expressão gênica específica relacionada com a diferenciação xilemática. A diferenciação dos elementos traqueais constitui um exemplo típico de *morte celular programada* em vegetais, ainda em um estágio bastante precoce do desenvolvimento. Os elementos traqueais maturam, após a perda dos conteúdos citoplasmático e nuclear, por meio da ação de enzimas hidrolíticas, como DNases, RNases e proteases. Por meio da digestão parcial das paredes primárias, poros se abrem na extremidade de cada elemento de vaso, os quais estão longitudinalmente alinhados, formando um longo tubo de condução. O processo de morte celular acontece simultaneamente à formação das paredes secundárias.

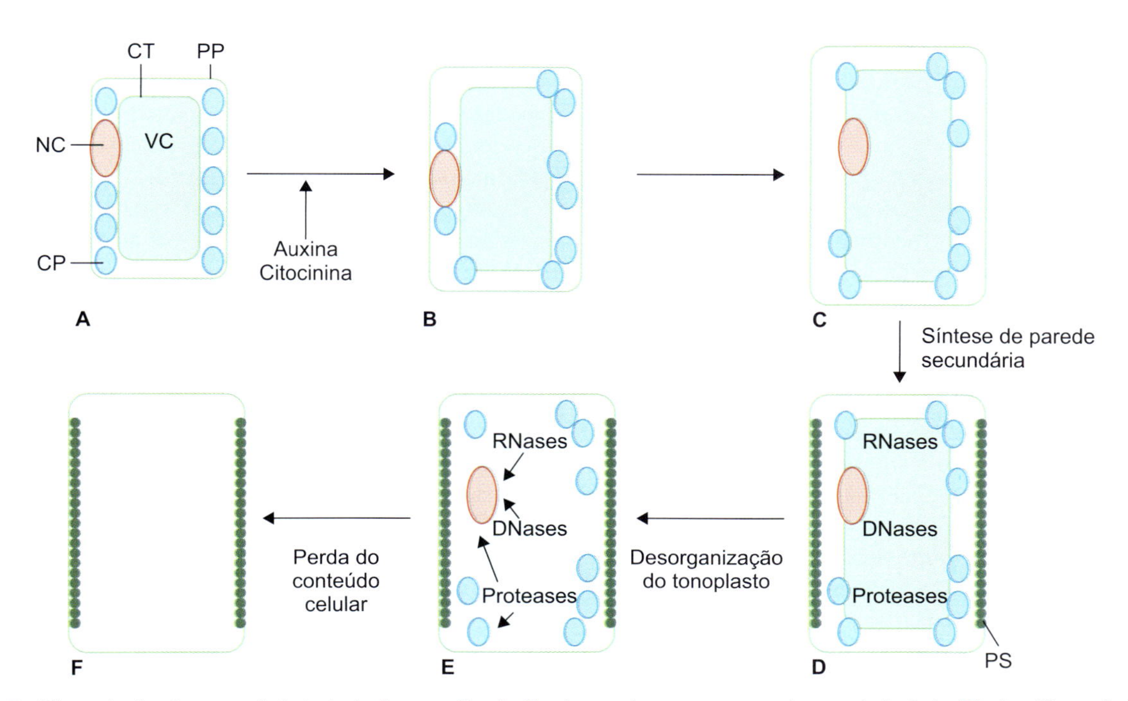

Figura 9.21 Rediferenciação de uma célula isolada do mesofilo de *Zinnia* em elemento traqueal: quando isolada (**A**); desdiferenciada pela ação da auxina (**B**); célula alongada precursora do elemento traqueal (**C**); início da deposição de parede secundária no elemento traqueal imaturo e acúmulo de enzimas hidrolíticas no vacúolo (**D**); elemento traqueal em maturação, após o rompimento do vacúolo, possibilitando a ação das enzimas hidrolíticas (**E**); elemento traqueal maduro, com perda total do conteúdo celular (**F**). CP: cloroplasto; CT: citoplasma; NC: núcleo; PP: parede primária; PS: parede secundária; VC: vacúolo.

Desenvolvimento do eixo caulinar

Quebra da dominância apical e crescimento da gema axilar

Com a continuidade do crescimento do ápice vegetativo e a formação de novos primórdios foliares, pequenos grupos de células posicionados na inserção do primórdio foliar no caule (região axilar) isolam-se do meristema apical e constituem-se em uma gema axilar ou lateral. Dependendo da espécie, a região axilar pode conter uma ou mais gemas, todas elas com potencial suficiente de se desenvolver em novos ramos; todavia, apesar disso, a maioria delas permanece dormente por todo o ciclo de vida da planta.

A remoção do ápice caulinar induz a retomada de crescimento da gema lateral, fazendo dessa prática, conhecida por despontamento ou decapitação, uma técnica comum entre os horticultores para obtenção de plantas ramificadas, em forma de touceira ou, ainda, em miniatura, como o bonsai. A inibição do crescimento da gema axilar pela apical, isto é, o controle exercido pelo ápice vegetativo sobre o desenvolvimento da gema lateral, é conhecido como *dominância apical*, *inibição correlativa* ou *paradormência*.

Nos dias e semanas subsequentes à remoção do ápice, isto é, depois da quebra da dominância, pode-se quantificar o alongamento da gema lateral, observando o desenvolvimento de um novo ramo.

O grau de imposição da inibição pode variar bastante entre as plantas herbáceas, indo da quase inexistência – situação na qual a gema lateral cresce mesmo na presença do ápice, como acontece na bromélia epífita *Tillandsia recurvata*, cuja dominância é, portanto, fraca –, passando pela imposição da inibição intermediária ou parcial – caso em que a gema lateral cresce até certo ponto, mesmo sem haver a decapitação –, até a dominância apical dita forte, isto é, a imposição da inibição é completa, como acontece em plantas de girassol, tradescância e *Ipomoea*. Nessas últimas plantas, a quebra da dominância somente ocorre após a decapitação.

A quebra da dominância apical pode ser induzida pela aplicação direta de citocinina sobre a gema lateral ou, de modo contrário, ser revertida pelo tratamento com auxina no ápice decapitado. Logo após a perda da dominância, inicia-se o crescimento da gema lateral, que começa a produzir sua própria auxina, aumentando seu alongamento.

Para as plantas arbóreas, prefere-se o uso do termo *controle apical* ao de dominância, já que seria um conceito mais amplo que inclui o controle do ápice sobre a orientação dos ramos laterais e folhas, dando origem à arquitetura da copa da árvore. Para as coníferas, como o pinheiro de Natal, um único ramo central tem um forte controle apical sobre os demais. Se o pinheiro for despontado, então um dos ramos mais próximos ao ápice toma seu lugar, curvando-se verticalmente e assumindo a dominância sobre os demais. Já para as arbóreas sem um ramo líder e com fraco controle apical (exceto quando muito jovens), os ramos laterais superam em crescimento o eixo central original, dando a forma arredondada à árvore. Ao se considerar individualmente cada ramo, este tem forte dominância apical sobre as gemas laterais contidas nele próprio, inibindo o seu crescimento até a primavera seguinte ou a próxima estação de crescimento. Assim, o termo "dominância apical", quando aplicado às árvores, refere-se ao controle do ápice de um galho individual sobre o crescimento das gemas laterais desse ramo durante a estação de crescimento em curso.

O mecanismo da dominância apical representa particularmente o processo fisiológico envolvido na imposição e quebra da dominância. Uma das hipóteses aventadas há bastante tempo pressupõe que a concentração ideal de auxina para estimular o crescimento da gema axilar seria muito mais baixa que o teor de auxina necessário ao crescimento do ápice caulinar. Assim, o fluxo de auxina proveniente do ápice e que segue para a região basal da planta poderia inibir o desenvolvimento da gema axilar por estar em uma concentração acima da ideal. A remoção da fonte de produção desse hormônio (decapitação) reduz o fornecimento de auxina na região da gema lateral, liberando-a da inibição. Outros hormônios, principalmente citocininas, estrigolactonas e ácido abscísico (ABA), podem também estar envolvidos com o mecanismo da dominância. Atualmente, acredita-se que a exportação de auxinas a partir da gema lateral se correlaciona com o início de seu crescimento; portanto, para a ativação de seu desenvolvimento, elas precisam estabelecer um fluxo de auxina (hipótese da canalização do AIA) que seguiria para a região do caule onde o transporte polar acontece basipetamente. Para estabelecer esse fluxo, proteínas PIN devem ser sintetizadas, possibilitando esse transporte de AIA da gema lateral para o caule, criando, assim, o sistema vascular que ligará o novo ramo ao caule. As estrigolactonas, entretanto, inibem a quebra da dominância apical por afetar negativamente a síntese das proteínas PIN, dificultando a canalização do sinal do AIA a partir das gemas laterais.

As citocininas, no entanto, podem antagonizar o efeito inibitório das auxinas e estrigolactonas. Em muitas espécies, a aplicação de citocininas no ápice caulinar ou diretamente sobre a gema axilar a libera da inibição. Tomateiros mutantes expressando uma forte dominância apical contêm baixas quantidades de citocininas endógenas em relação àqueles com dominância normal (ver Capítulo 10).

Tanto as citocininas quanto as estrigolactonas são sintetizadas principalmente nas raízes; a auxina proveniente do TPA estimula a produção de estrigolactonas, enquanto inibe a de citocininas. Assim, os teores de auxina, ao final, regulam negativamente o crescimento das gemas laterais, mantendo conteúdos elevados de estrigolactonas e baixos de citocininas. Ambos são sinais móveis transportados acropetamente pelo xilema e que alcançam as gemas laterais (Figura 9.22). Lá, agem de modo antagônico por meio da regulação de um fator de transcrição conhecido por BRC1 (do inglês, *branched* 1), o qual inibe a quebra da dominância. Em plantas de ervilha, por exemplo, viu-se que a expressão do gene *PsBRC1* se dá nas gemas laterais e foi estimulada pela aplicação de uma estrigolactona sintética (GR24), enquanto o tratamento com citocininas inibiu a expressão, permitindo o desenvolvimento do novo ramo.

Há ainda evidências de que as plantas controlam a quantidade de novos ramos (ramificações), regulando o conteúdo de açúcar transportado para a gema axilar. A sacarose parece estar envolvida com essa regulação, fornecendo carbono e

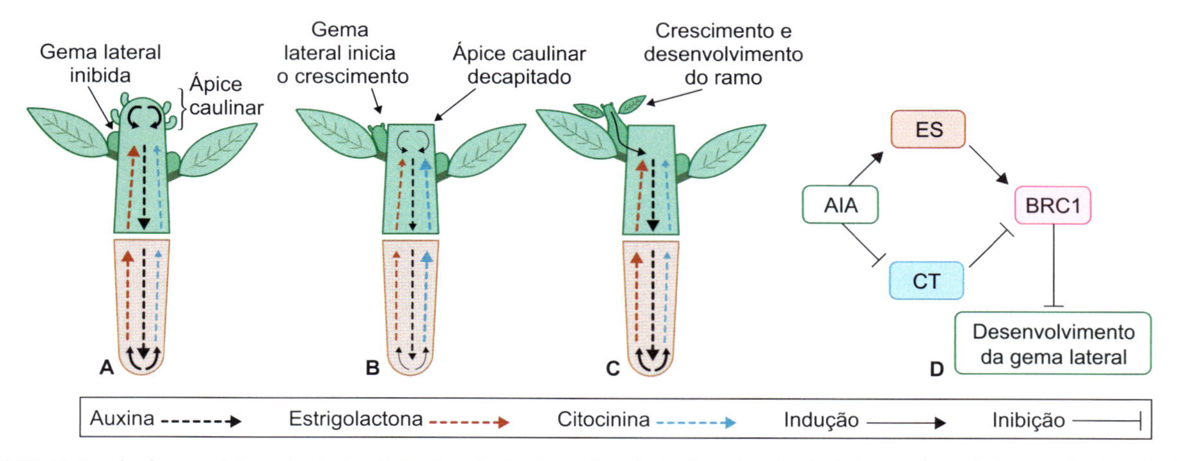

Figura 9.22 Estágios do desenvolvimento da dominância apical antes e depois da decapitação do ápice caulinar. **A.** Imposição da inibição do desenvolvimento da gema lateral (dominância apical). Após a decapitação (quebra da dominância apical), tem-se o início do crescimento da gema axilar no segmento induzido (**B**) e o subsequente desenvolvimento de um novo ramo (**C**). O AIA produzido no ápice caulinar é transportado em direção à raiz, onde regula positivamente a síntese de estrigolactonas (ES) e negativamente a de citocininas (CT). **D.** ES e CT são transportadas em direção ao ápice caulinar, agindo diretamente na gema lateral e sobre seu desenvolvimento por meio da regulação do fator de transcrição BRC1. Note que os tipos das setas indica a quantidade relativa dos hormônios nos caules e raízes.

induzindo o transporte e a canalização do sinal do AIA, formando o sistema vascular do novo ramo.

Estudos têm mostrado uma correlação entre a inibição do crescimento da gema axilar e o teor de ABA na gema. Em feijoeiro decapitado, por exemplo, a concentração de ABA na gema foi inferior à do controle intacto. Já a aplicação de auxina no ápice cortado substitui o efeito do ápice, prevenindo a diminuição do conteúdo de ABA. Assim, as abordagens hormonais sobre dominância apical devem sempre considerar o balanço endógeno entre auxinas/citocininas e de ácido abscísico/citocininas, suas concentrações relativas no tecido vegetal, visando a uma melhor compreensão da função.

A cultura de tecidos vegetais utiliza-se, frequentemente, da prática da quebra da dominância visando à obtenção de novas plantas. Essa técnica de micropropagação isola para o cultivo porções caulinares diminutas, contendo a gema lateral, que, após alguns dias ou semanas, se desenvolve em uma planta completa (eixo caulinar e raízes). Tal procedimento vem sendo empregado, amplamente, para a clonação *in vitro* de plantas comercialmente importantes, como é o caso, por exemplo, do abacaxizeiro (Figura 9.23).

Formação dos primórdios foliares e filotaxia

O posicionamento das folhas em torno do caule vegetal é conhecido como filotaxia, podendo apresentar diferentes padrões. Os mais comuns na natureza são a filotaxia em espiral (uma folha por nó formando entre elas ângulos de aproximadamente 137,5°), a alternada (com ângulos de 180° de divergência) e a decussada ou oposta cruzada (duas folhas opostas por nó, formando ângulos de 90° entre os pares; Figura 9.24). Sugere-se, atualmente, que o transporte e o acúmulo de AIA no meristema apical caulinar (MAC) definam o padrão de filotaxia vegetal.

Estratégias interessantes foram adotadas para visualizar as rotas de transporte do AIA e seus padrões de acúmulo. Por meio do monitoramento da localização subcelular das proteínas PIN no MAC, isto é, utilizando a técnica de imunolocalização que emprega anticorpos dirigidos contra essas proteínas, foi proposto um modelo que explica a regulação da formação dos primórdios foliares e a filotaxia. De acordo com essa hipótese, as auxinas são transportadas pelas células epidérmicas em direção ao MAC (sentido base-ápice), resultando em um ponto de convergência dos fluxos de auxina, o qual determinará o local da formação do primórdio foliar (Figura 9.25). Uma vez este estabelecido, o AIA passa a ser transportado no sentido basípeto (ápice–base) pelos tecidos internos imaturos do primórdio, onde gradualmente induz a formação dos tecidos vasculares, isto é, células com um aumento no fluxo de auxina

Figura 9.23 Obtenção de mudas de abacaxizeiro por meio do cultivo *in vitro* de segmentos nodais. Para facilitar a obtenção dos explantes caulinares contendo a gema lateral, a planta de abacaxizeiro, cujo caule é muito reduzido (**A**), é submetida previamente a um período escuro para que o caule se alongue (processo de estiolamento; **B**) e, como consequência, aumente a distância entre os seus nós. Segmentos nodais de aproximadamente 1 cm são cortados (**C**) e cultivados por 3 meses até o desenvolvimento de uma nova planta (**D**).

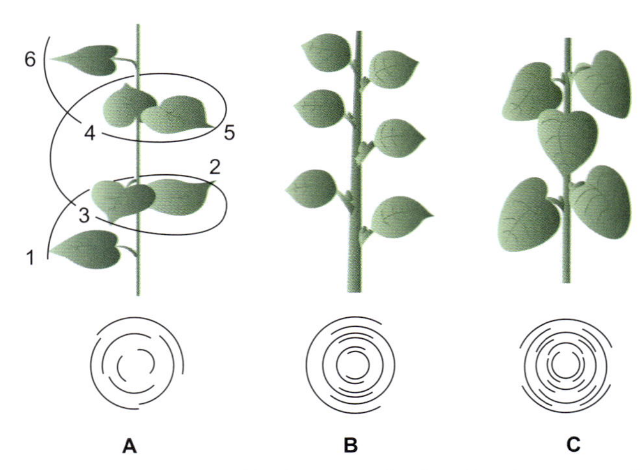

Figura 9.24 Padrões de filotaxia: espiral – ângulos de aproximadamente 137,5° (A); alternada – uma folha por nó com ângulo de divergência de 180° (B); decussada ou oposta cruzada – duas folhas opostas por nó com ângulos de 90° entre os pares (C).

se diferenciam em xilema e floema (hipótese da canalização). Observou-se que as proteínas PIN estão localizadas na face apical das células epidérmicas, isto é, em direção ao ponto de convergência; já nas subepidérmicas, estão na face basal. Postula-se que a região interna central do primórdio drenaria grande parte do AIA, resultando em uma diminuição de sua concentração nos tecidos adjacentes. Um novo local de acúmulo somente surge a certa distância do primórdio preexistente, permitindo que o padrão de filotaxia se estabeleça. Concomitantemente ao crescimento da lâmina foliar, há a formação da nervura principal, que está associada, portanto, ao ponto de convergência do transporte de auxina nas células da epiderme da margem do primórdio (Figura 9.25).

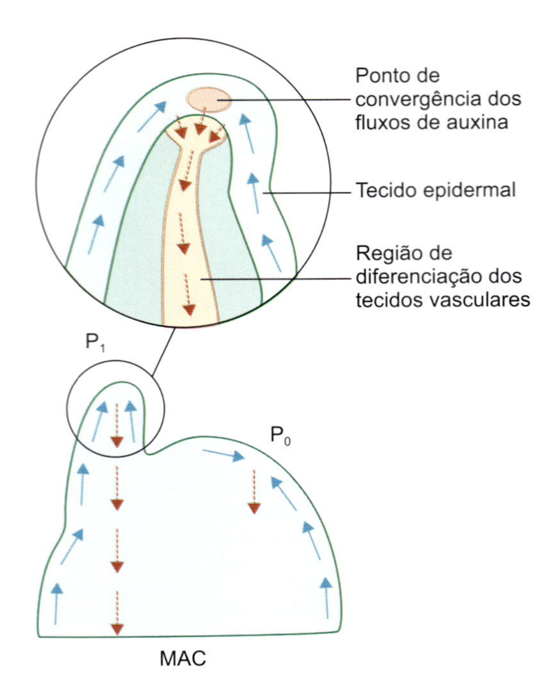

Figura 9.25 Diferentes direções que o fluxo de auxina pode assumir e a localização do aparecimento dos primórdios foliares. Nas células epidérmicas do MAC, os fluxos de auxina vão em direção acrópeta (da base para o ápice) e, então, em direção basípeta, determinando o local de formação do novo primórdio foliar (P_0). A partir do P_0, a auxina é transportada basipetalmente pelos tecidos internos, onde esse hormônio induz, gradualmente, a formação das nervuras. O primórdio P_1 drena a auxina das áreas circunvizinhas, transportando-a no sentido basípeto pelo sistema vascular em diferenciação.

Formação do gancho apical

Durante o desenvolvimento do eixo caulinar de plântulas de dicotiledôneas, forma-se uma curvatura logo abaixo do ápice caulinar, a qual é conhecida por *gancho apical* ou *gancho plumular*. Sua presença facilita a passagem da plântula pelo solo até sua emergência, protegendo o meristema apical de possíveis lesões mecânicas durante o seu crescimento.

Essa curvatura tem sua origem em um crescimento diferencial entre o lado interno do gancho (face côncava) e o lado externo (face convexa), o qual cresce mais rapidamente. Na formação do gancho em plântulas de feijoeiro, demonstrou-se que a distribuição desigual do AIA tem um papel muito importante, já que esse hormônio é transportado assimetricamente do ápice para o hipocótilo, sendo então encontrado em maior proporção no lado interno do gancho. A atividade das proteínas transportadoras PIN resulta em um transporte preferencial da auxina do lado externo do gancho para o lado interno, onde seria acumulada. Esse acúmulo de AIA induz a síntese de outro hormônio, o etileno, cuja concentração é também maior nesse mesmo lado, inibindo a taxa de alongamento das células dessa região. Além disso, o tecido do lado interno é mais responsivo ao etileno. O etileno, por sua vez, modifica o transporte polar simétrico do AIA, por meio da localização preferencial das proteínas PIN na parede lateral das células do córtex, favorecendo o fluxo da auxina para as células da região interna do gancho. Um efeito do tipo retroalimentação positiva garante a manutenção do gancho (Figura 9.26). Mais recentemente, observou-se que as giberelinas regulam também a atividade das PIN, tornando-as mais ativas no lado interno do gancho, por meio de sua fosforilação. Assim, parece muito provável que as giberelinas também ajudem a manter a assimetria da distribuição da auxina no gancho, junto ao etileno.

Entretanto, quando a plântula rompe a barreira do solo e encontra a luz, esta inibe a manutenção do gancho apical, permitindo que o caule adquira seu crescimento fototrópico normal. O gradiente de auxina estabelecido durante a fase de formação do gancho desaparece durante a sua abertura.

Desenvolvimento radicular

O conteúdo de auxina da raiz primária tem origem principalmente no transporte polar desse hormônio da parte aérea; todavia, existe também em escala relativamente menor a síntese *de novo* no próprio ápice da raiz. O nível de auxina resultante dessas duas vias é, então, adequado para proporcionar o crescimento das células radiculares em um processo de desenvolvimento normal.

As raízes laterais são normalmente formadas acima (tomando-se o ápice radicular como referência) das regiões de alongamento e de maturação (porção onde aparecem os pelos radiculares) na raiz primária. Certas células da camada do periciclo, responsivas à auxina, iniciam o processo de divisão

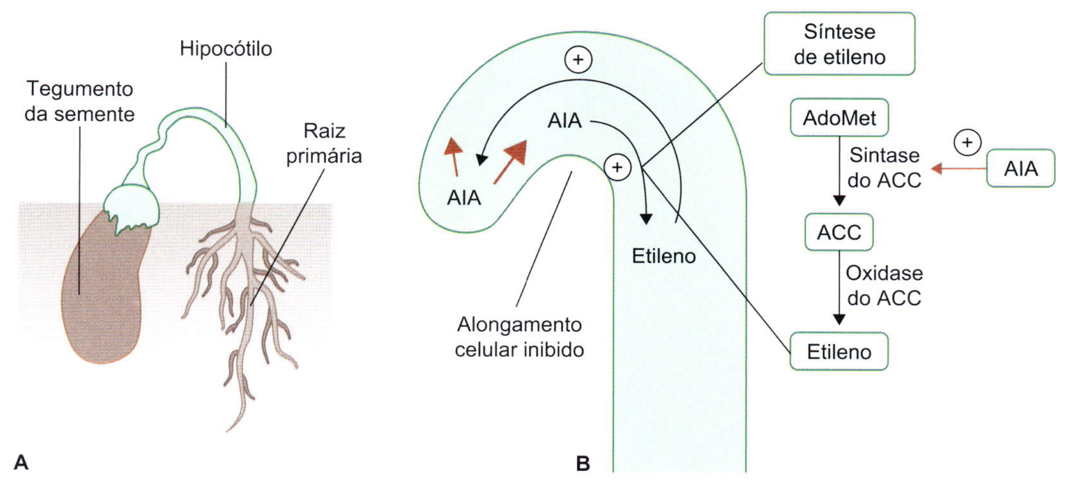

Figura 9.26 A. Plântula de feijoeiro com formação de gancho apical. **B.** Esquema indicativo dos fatores hormonais envolvidos na formação do gancho apical. Uma distribuição desigual de AIA promove níveis indutores da síntese de etileno de um dos lados do hipocótilo, causando a inibição do alongamento das células dessa região. O AIA age positivamente sobre a regulação do nível da enzima sintase do ACC, que catalisa uma etapa limitante da síntese do etileno. AdoMet: adenosilmetionina; ACC: ácido carboxílico aminociclopropano.

celular, formando o primórdio da raiz lateral. Este se desenvolve atravessando radialmente o córtex e emergindo através da epiderme (Figura 9.27). A nova raiz lateral se alonga e se desenvolve, conectando-se com os tecidos vasculares da raiz primária. Ainda não se tem explicação para o fato de apenas algumas células do periciclo conseguirem responder à auxina e iniciar a formação de raízes laterais. O que se observa é que somente as células aptas a interpretar o sinal indutor dado pela auxina iniciam a formação de novos primórdios radiculares, e, talvez, essa capacidade seja fruto de um estado de aptidão estabelecido muito cedo no desenvolvimento radicular, ou seja, em células derivadas do meristema que farão parte da camada do periciclo. Conforme a espécie, as raízes laterais derivam das células do periciclo adjacentes às células do polo xilemático, como em *Arabidopsis*, *Raphanus sativus* (rabanete) e *Heliantus annuus* (girassol). Essas células são ditas "semimeristemáticas", com base na caracterização de sua ultraestrutura

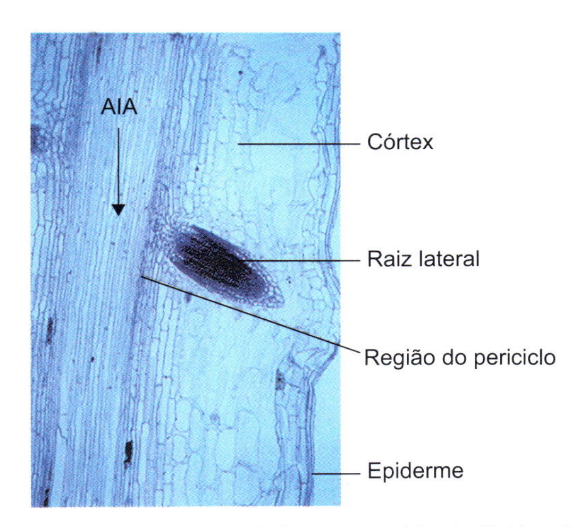

Figura 9.27 Corte longitudinal de raiz primária de *Eichhornia* mostrando o desenvolvimento de uma raiz lateral. Algumas células do periciclo, competentes a iniciar divisões celulares induzidas por AIA, formam o primórdio da raiz lateral.

(vacúolos pequenos, citoplasma denso e muitos ribossomos) e na capacidade de se dividirem. Elas são consideradas competentes à formação de raízes laterais. Nelas, forma-se um máximo de concentração de auxina, resultante da expressão aumentada de transportadores de entrada (AUX) nessas células do periciclo que captará AIA proveniente do ápice caulinar, movendo-se em direção ao ápice radicular. Além disso, essas células parecem conseguir manter esse máximo de concentração de auxina, ativando a expressão do gene de síntese de AIA (*YUCCA*). Nas células da endoderme, adjacentes às células do periciclo e iniciadoras do primórdio radicular, há aumento das proteínas PIN3 localizadas na membrana plasmática voltada ao periciclo, transportando auxina para as células desse tecido formador de raízes laterais (Figura 9.28). Esse rápido incremento no teor de AIA estimula a divisão celular em células responsivas ao AIA do periciclo e, consequentemente, a formação do primórdio radicular adjacente aos vasos de protoxilema em diferenciação. Por sua vez, as citocininas, que inibem a iniciação de raízes laterais, originam-se na coifa e movem-se em direção ao ápice caulinar pelas células do cilindro vascular radicular (Figura 9.28). A distância entre o aparecimento da raiz lateral e o ápice radicular é regulada pela concentração de citocininas. O alto teor desse hormônio na coifa antagoniza a ação do AIA, inibindo a formação da raiz lateral na proximidade do ápice radicular. Acima da zona de alongamento, onde a concentração de citocininas diminui, o primórdio radicular se forma.

As raízes adventícias, por sua vez, se desenvolvem a partir de órgãos aéreos (caules/folhas), podendo originar-se de grupos de células maduras de vários tecidos, como do periciclo, das células parenquimáticas do xilema e floema ou de células do câmbio interfascicular. Tanto em monocotiledôneas quanto em eudicotiledôneas, as raízes adventícias podem aparecer naturalmente em resposta a mudanças ambientais (p. ex., na condição de alagamento) ou artificialmente em resposta a lesões nos tecidos ou à aplicação de reguladores de crescimento. Essas células entram no ciclo celular, retomando a capacidade

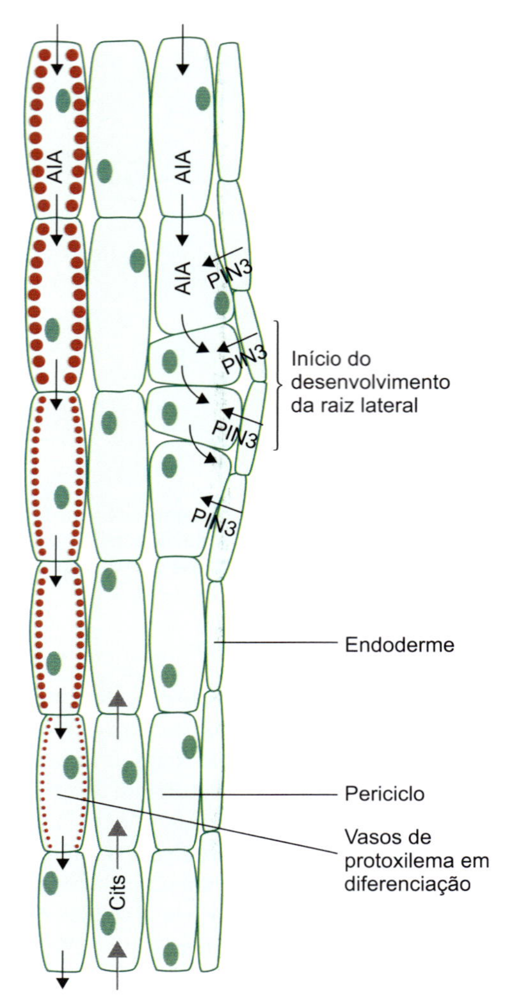

Figura 9.28 Modelo de regulação da formação de raízes laterais mediada por auxinas. O transporte polar do AIA (setas pretas) ocorre por células do sistema vascular, diferenciando os elementos de vaso (marcado em vermelho, o gradual espessamento da parede secundária) e mantendo a identidade meristemática das células do periciclo. Durante a diferenciação dos vasos xilemáticos, há acúmulo de AIA a certa distância do ápice, causado por um transporte aumentado de AIA para as células competentes à formação da futura raiz lateral. O aumento da concentração de AIA induz a divisão celular e o surgimento do primórdio radicular. As citocininas (setas cinza), transportadas da coifa em direção acrópeta, inibem a iniciação de raízes laterais em regiões próximas ao ápice radicular.

de se dividirem, formando, assim, um meristema radicular de maneira análoga à formação das raízes laterais. Em horticultura, o efeito indutor da auxina tem sido muito utilizado na propagação vegetativa de plantas por estaquia. Folhas ou estacas caulinares de várias plantas, quando colocadas em água ou em um substrato úmido, normalmente formam raízes adventícias próximas à região do corte. O enraizamento acontece em decorrência do acúmulo de AIA na porção imediatamente superior ao corte, já que o transporte polar de auxina é interrompido nessa região. Esse efeito pode ser intensificado ao se tratar a superfície do corte com uma solução de auxina. Esta pode ser aplicada por alguns dias ou semanas em concentrações baixas (na faixa de micromolar), ou por alguns segundos ou minutos em níveis mais elevados (na faixa de milimolar). A exposição rápida é feita no caso de macropropagação, quando estacas são enraizadas em solução de auxina concentrada ou em uma preparação a seco feita com talco como agente veiculador do regulador de crescimento. A auxina penetra na estaca, predominantemente, pelo corte e, uma vez absorvida pelas células, pode sofrer conversões. O AIA e, em menor grau, o AIB podem ser inativados irreversivelmente por oxidação, enquanto o ANA é menos suscetível a esse processo. Entretanto, essas três auxinas sofrem conjugação; assim, somente uma pequena parte (menos de 1%) da auxina absorvida pelo tecido permanecerá na forma livre ativa. O processo de enraizamento requer quantidades diferenciais de auxina, dependendo da fase organogenética. No início, a fase de indução requer uma concentração de auxina relativamente elevada, em comparação à fase de crescimento. Na indução, a auxina age como o sinal para a inicialização da divisão celular e a formação do novo meristema. Após a formação do primórdio radicular, a concentração de auxina, inicialmente favorável à sua indução, torna-se inibitória ao alongamento da raiz. Assim, o nível de auxina adequado à indução é supraótimo para a fase seguinte de crescimento. Para o enraizamento *in vitro* de microestacas caulinares de macieira, observou-se que a concentração de AIA no meio de cultura se reduz substancialmente, a partir do 5º dia, em razão da ação da enzima AIA-oxidase. Assim, nos primeiros dias de cultivo, o nível de AIA encontra-se relativamente elevado, induzindo a formação do primórdio radicular. Nos dias subsequentes, essa concentração diminui no meio, acarretando um nível mais baixo de AIA. Entretanto, essa redução traz o nível de AIA para a faixa de concentração necessária ao alongamento do primórdio, após sua emergência do caule. Outras auxinas estudadas, como o AIB e o ANA, por serem mais estáveis, promoveram concentrações supraótimas, inibindo o crescimento das raízes de macieiras.

Mudanças na arquitetura radicular aumentam a eficiência nutricional

O volume total de solo explorado pelas plantas, com consequente absorção de nutrientes, é altamente determinado pela disposição espacial, pelo tamanho e pelo número de raízes. Portanto, a arquitetura radicular, isto é, a configuração tridimensional do sistema radicular das plantas, tem extrema importância para o aumento da eficiência nutricional. As plantas podem aumentar a absorção de nutrientes modulando o crescimento radicular e sua arquitetura. O *status* nutricional da planta os sinais detectados pelas próprias raízes no local onde se encontram acabam por desencadear alterações morfológicas no sistema radicular como um todo. A disponibilidade de nutrientes, principalmente a do nitrogênio (N) no solo, é o principal fator determinante do crescimento e da produtividade vegetal. A eficiência na absorção desse nutriente depende da atividade de transportadores localizados nas membranas plasmáticas e da arquitetura radicular. As modificações do crescimento das raízes sob deficiência de N correlacionam-se com a intensidade dessa limitação. O comprimento da raiz primária e das laterais é, normalmente, aumentado sob escassez de N (Figura 9.29). No entanto, se a deficiência for muito grave, o desenvolvimento do sistema radicular atrasa, resultando em uma raiz primária curta e com número reduzido de raízes laterais. Levando em conta que os solos geralmente

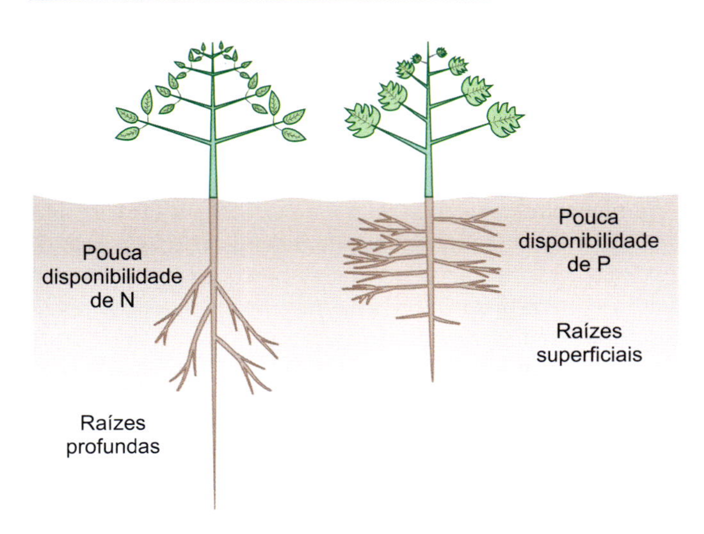

Figura 9.29 Arquitetura radicular em resposta à baixa disponibilidade de nitrogênio ou fósforo no solo.

são ambientes heterogêneos, caso a raiz encontre uma região (*patch*) com disponibilidade de N (principalmente na forma de nitrato), novas raízes laterais são produzidas, explorando aquele local de maior disponibilidade e aumentando a absorção do N. Hoje se sabe que a absorção de nitrato e o transporte de auxina apresentam mecanismos de percepção coincidentes, levando a alterações rápidas na arquitetura radicular.

Além do N, o fósforo (P) é geralmente considerado um dos macronutrientes mais limitantes do crescimento vegetal. Por sua baixa mobilidade no solo, a absorção desse nutriente depende muito da exploração do solo pelas raízes. Sob deficiência de P, modificações na arquitetura radicular são amplamente relatadas. Respostas de muitas espécies, incluindo *Arabidopsis*, arroz e milho, à escassez de fósforo são caracterizadas pela indução da formação de raízes laterais cobertas por muitos pelos radiculares e mais próximas à superfície do solo, já que esse nutriente é pouco móvel, formando um sistema radicular pouco profundo (ver Figura 9.29).

Desenvolvimento de flores e frutos

A formação de flores e frutos é um evento importante para o desenvolvimento reprodutivo das plantas. Até o momento, não se conhece ao certo o papel das auxinas na formação de flores; na maioria dos casos estudados, a aplicação de auxina inibiu a produção de flores sob condições indutivas. Entretanto, essa inibição parece ser um efeito secundário, resultante da produção de etileno induzida pela auxina. Membros da família Bromeliaceae apresentam uma resposta de floração intensa quando tratados com auxina (ANA). Esse efeito, todavia, hoje se sabe, deriva do etileno, cuja formação é estimulada pela auxina. Em outros casos, a aplicação de baixas concentrações de auxina promove a formação de flores; entretanto, o significado fisiológico desse resultado é ainda desconhecido. É possível que as auxinas tenham alguma função em certos processos associados à evocação floral, isto é, a processos que ocorrem no meristema caulinar durante a transição para o estágio reprodutivo.

Em botões florais de *Cucumis*, em estágio bissexual, a aplicação de auxina leva à formação de flores femininas, enquanto a aplicação de giberelina resulta na formação de flores masculinas. Contudo, também nesse caso, existem evidências de que a auxina age por meio da produção de etileno. Apesar disso, é de aceitação geral que a auxina promove a feminilização em flores.

Normalmente, a polinização e a fertilização das flores são eventos necessários para iniciar o desenvolvimento do fruto (ou início do desenvolvimento do ovário). A presença de óvulos fertilizados garante o desenvolvimento do ovário em fruto. Foi observado que grãos de pólen representam uma fonte rica em auxina e giberelina, e que o extrato de pólen estimula o desenvolvimento de frutos em plantas da família Solanaceae não polinizadas. O fenômeno do desenvolvimento do fruto na ausência de polinização é conhecido como *partenocarpia*, e os frutos assim formados não têm sementes. Frutos partenocárpicos são encontrados frequentemente em plantas melhoradas; nesse caso, podem ter um controle genético ou ser induzidos artificialmente pela aplicação de reguladores de crescimento. Há evidências de uma correlação positiva entre o aumento dos níveis de auxina e giberelina no ovário, antes da fertilização, e o desenvolvimento de frutos partenocárpicos. Observou-se que, em ovários de uma linhagem de tomateiro partenocárpico, os níveis endógenos de auxinas e giberelinas eram maiores que os conteúdos encontrados na linhagem normal, isto é, com produção de sementes. Além disso, a aplicação de auxinas sobre a parte externa do ovário, antes da fertilização, em plantas das famílias Solanaceae, Cucurbitaceae e em *Citrus*, geralmente resulta no desenvolvimento de frutos partenocárpicos. Levando em conta essas observações, há fortes evidências de que a partenocarpia resulte de uma regulação temporal e/ou espacial incorreta da síntese de auxina. Assim, uma ação sequencial e cooperativa entre giberelina e auxina faz parte da cadeia de transdução de sinal que leva ao estabelecimento da formação do fruto e à subsequente ativação da divisão celular (ver Capítulos 18 e 19).

No desenvolvimento normal de frutos, é geralmente aceito o fato de que o desenvolvimento da semente (ou do embrião) controla a taxa e a manutenção da divisão celular no tecido do fruto. Se alguns óvulos não se desenvolvem em determinada parte do fruto, este se torna defeituoso (Figura 9.30). Uma correlação positiva também existe entre o número de sementes e a manutenção do crescimento do fruto. O tamanho final do fruto é, em parte, resultante do número definido de divisões celulares que ocorrem no fruto em desenvolvimento depois da fertilização. Somam-se a isso o número inicial de células do ovário antes da fertilização, o número de fertilizações bem-sucedidas e o grau de expansão celular. Depois do período de divisão, o crescimento do fruto é resultante, principalmente, do aumento no volume celular. Na maioria dos frutos, o incremento de volume constitui o principal fator determinante do seu tamanho final. A expansão celular pode aumentar o tamanho inicial do ovário em cerca de 100 ou mais vezes. As auxinas são responsáveis pelo aumento na expansão celular em tecidos de frutos, embora, na maioria das vezes, a concentração de auxina seja maior na semente que nas células do fruto ao redor dela. As auxinas, provavelmente, causam um aumento na extensibilidade das paredes celulares, culminando em uma maior absorção e retenção de água e solutos. Entretanto, é possível que a semente em desenvolvimento e/ou o embrião produzam outra molécula sinalizadora, além da auxina, que regularia a expansão e a atividade de dreno das células do fruto circunvizinhas às sementes. A ação conjunta de ambas as moléculas induziria o aumento de volume.

A auxina sintética ANA é comumente usada na agricultura para rarear árvores com frutos em início de desenvolvimento e, também, para prevenir a queda precoce deles em macieiras e pereiras. Esses efeitos, aparentemente opostos, são dependentes da aplicação de auxina em fases determinadas do desenvolvimento do fruto. Procedendo-se à aspersão de auxina no início do estabelecimento do fruto, há o aumento da abscisão deste ainda bem jovem. Esse efeito resulta do aumento da síntese de etileno. Um dos motivos para essa prática, conhecida por *raleio*, consiste em reduzir o número de frutos por árvore, permitindo que os remanescentes cresçam mais (Figura 9.31). Diferentemente, fazendo a aspersão mais tardiamente, quando o fruto já está na fase de maturação, a aplicação de auxina tem efeito oposto, isto é, previne a queda prematura do fruto e o mantém na árvore até seu completo desenvolvimento, estando, assim, pronto para a coleta.

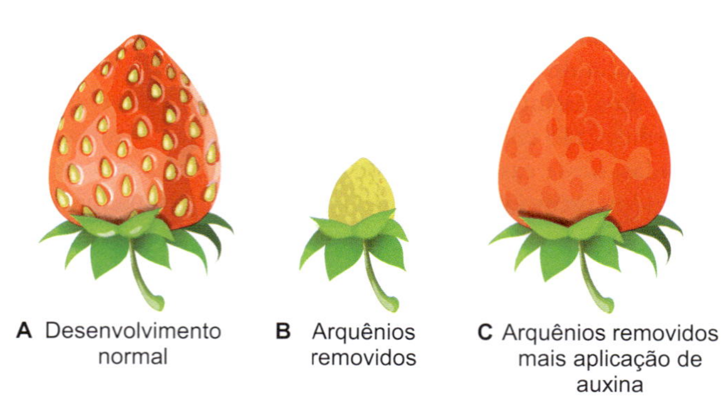

Figura 9.30 A. Receptáculo de morango (pseudofruto), cujo crescimento é regulado pela auxina produzida pelos arquênios (pequenos frutos secos). **B.** Receptáculo cujos arquênios foram removidos não se desenvolve. **C.** Contudo, se for pulverizado com uma solução de AIA, retorna a crescer.

Abscisão foliar

Durante o desenvolvimento normal, as plantas perdem folhas, órgãos florais (pétalas, sépalas e estames) e frutos por meio de um processo conhecido por abscisão. Esse mecanismo é importante para a planta remover órgãos senescentes, ou lesados, ou, ainda, como uma estratégia para liberar os frutos quando amadurecidos.

A abscisão ocorre, na maioria dos casos, em uma camada de células anatomicamente distinta denominada zona de abscisão. Por exemplo, em folhas, essa zona está localizada na base do pecíolo, isto é, entre o órgão a ser removido e o corpo da planta. Essa camada é originada, geralmente, durante o início do desenvolvimento do órgão associado. A zona de abscisão varia quanto à sua espessura, podendo ser constituída por poucas até muitas camadas de células. Essas são normalmente caracterizadas como uma banda de células pequenas, com denso conteúdo citoplasmático. Sob condições apropriadas do meio ambiente ou do desenvolvimento, células da zona da

Figura 9.31 Prática do raleio da cultura da macieira por meio da pulverização de auxina realizada na Estação Experimental de São Joaquim (EPAGRI) de Santa Catarina. **A.** Frutificação efetiva; efeito da aplicação da auxina ANA, reduzindo o número de frutos em desenvolvimento. **B** e **C.** A aplicação do ANA (10 mg/ℓ) foi feita de 5 a 10 dias após a plena floração. **D.** Macieira que sofreu o raleio, permanecendo somente um fruto por cacho floral.

abscisão começam a se expandir e, então, inicia-se a dissolução da lamela média, resultando no aparecimento de um plano de fratura e, consequentemente, na queda do órgão. Um tecido de cicatrização suberificado surge no corpo da planta, no local onde houve a abscisão do órgão (Figura 9.32).

Estudos realizados com folhas pecioladas de feijoeiro, isto é, contendo a zona de abscisão, mostraram que o etileno e a auxina controlam o processo da abscisão. Verificou-se que o etileno representava o sinal primário que dirigia esse processo, enquanto a auxina reduzia a sensibilidade das células da zona de abscisão ao etileno, prevenindo ou retardando a abscisão. Os níveis endógenos de auxina eram mais elevados em folhas jovens, decrescendo progressivamente nas maduras, até praticamente desaparecerem nas folhas senescentes.

A aplicação de AIA em estágios iniciais da abscisão foliar geralmente atrasa a queda da folha; todavia, quando é feita em estágios mais avançados do desenvolvimento, ela acelera esse processo, provavelmente pela indução da síntese de etileno. Há indícios de que as folhas jovens são menos responsivas ao etileno que as mais velhas; além disso, teores elevados de auxina nas folhas jovens reduzem a sensibilidade da zona de abscisão ao etileno (Figura 9.33).

Além da participação dos hormônios auxina (regulador negativo) e etileno (estimulador da abscisão), atualmente, prevê-se a existência de outro componente da rede de sinalização da abscisão. Por meio de estudos com órgãos florais de *Arabidopsis*, um pequeno peptídio (IDA, do inglês *inflorescence deficient in abscission*) possivelmente é secretado, ligando-se a um complexo de receptores (tipo RLK – *receptor-like kinases*) presente nas membranas plasmáticas, os quais são ativados, passando então a transmitir o sinal de ativação da abscisão por meio de uma cascata de MAP cinases. Essas, por sua vez, ativam fatores de transcrição (tipo KNOX) que, finalmente, induzem a transcrição de genes relacionados com modificações da parede celular, envolvendo enzimas de degradação responsáveis pela separação das células na zona de abscisão e queda do órgão.

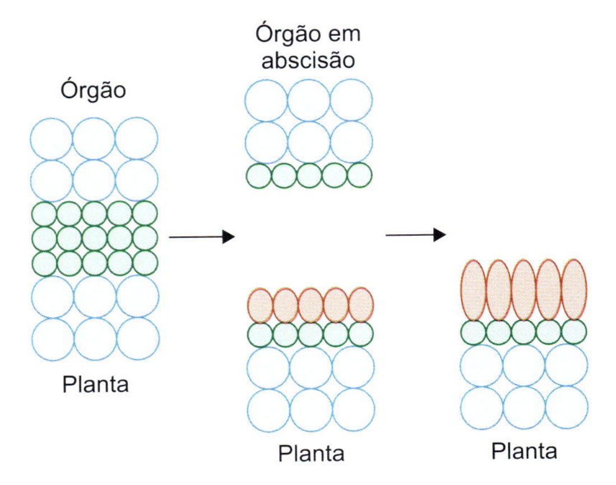

Figura 9.32 Representação esquemática dos eventos associados à abscisão de um órgão. Círculos verdes representam células da zona de abscisão; círculos azuis representam células grandes, com vacúolos, do tecido maduro; figuras ovais vermelhas representam células expandidas que se rediferenciam (transdiferenciação) em periderme suberificada (camada de cicatrização).

A agricultura moderna manipula o processo de abscisão obtendo vantagens econômicas quanto ao rendimento na produção e estocagem pós-coleta. Existe um tomateiro mutante, por exemplo, em que a mutação (*jointless*) eliminou a camada de abscisão da flor, produzindo um fruto que permanece ligado ao caule. Isso reduz a queda do fruto e faz com que o tomate seja colhido sem o pedúnculo e as sépalas, essas estruturas indesejadas na produção do molho de tomate. Diferentemente desse exemplo, algumas vezes acelerar a abscisão é interessante, como induzir o desfoliamento de plantas de algodão (por meio da aplicação de herbicida – ver próximo item deste capítulo) antes da coleta mecânica, aumentando, significativamente, a eficiência desse processo.

Ação herbicida de auxinas sintéticas

As auxinas sintéticas, como o 2,4-D, o dicamba e o picloram (ver Figura 9.4), quando em concentrações adequadas, apresentam atividade herbicida, sendo amplamente empregadas para esse fim. Em baixas concentrações, induzem respostas de crescimento comparáveis ao AIA. Esses compostos são comumente empregados no controle de ervas daninhas (eudicotiledôneas) em plantações de gramíneas. A utilização ampla desses herbicidas decorre do alto grau de fitotoxicidade, do custo relativamente baixo e de suas propriedades seletivas.

Essas auxinas causam epinastia das folhas, parada do crescimento caulinar e radicular e aumento da expansão radial. Após alguns dias, podem surgir tumores, seguidos por um amolecimento e colapso do tecido. Tanto a epinastia quanto o aumento da espessura dos caules são efeitos característicos do hormônio etileno; assim, espera-se que a síntese de etileno, induzida por essas auxinas, seja o fator responsável por esses efeitos. O etileno, por sua vez, estimula a biossíntese do ácido abscísico (ABA), que se acumula primeiro na folha e, depois, é transportado para toda a planta. O ABA inibe o crescimento

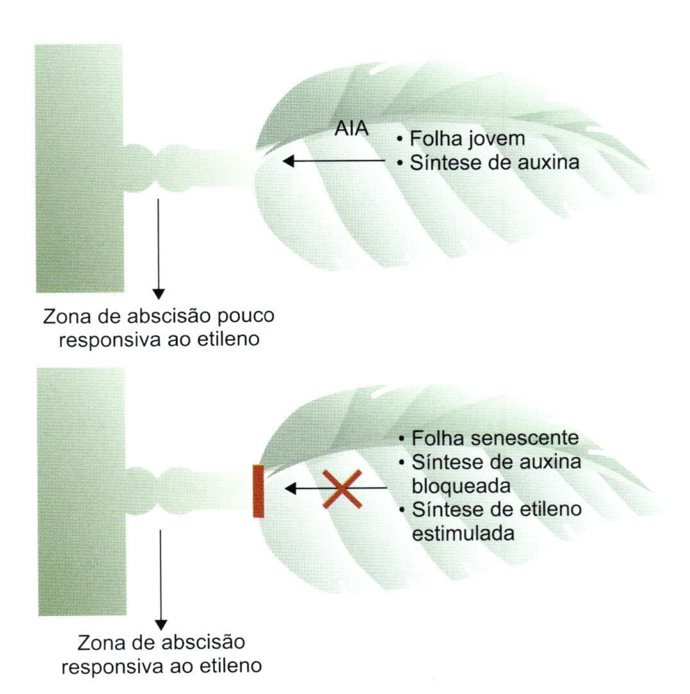

Figura 9.33 Esquema representativo dos efeitos induzidos pela auxina e pelo etileno presentes em folhas jovem (**A**) e senescente (**B**).

por meio do fechamento estomático, limitando, portanto, a assimilação do carbono e, consequentemente, a produção de biomassa. Além disso, esse hormônio tem efeito inibitório sobre a divisão e o alongamento celular. Ao final, o ABA, em conjunto com o etileno, promove a senescência e a morte da folha e, posteriormente, do vegetal como um todo. Em experimentos nos quais se empregaram inibidores da síntese de etileno em várias eudicotiledôneas ou se utilizaram mutantes insensíveis ao etileno de tomateiro e *Arabidopsis thaliana*, verificou-se que o efeito herbicida de auxinas era muito reduzido ou mesmo ausente nessas condições.

O mecanismo de ação dos herbicidas não está totalmente desvendado, mas sabe-se que, sob ação do 2,4-D, por exemplo, o citoesqueleto de actina é severamente modificado, afetando a mobilidade das organelas, principalmente dos peroxissomos, os quais têm a função de remover as espécies reativas de oxigênio (ERO) do ambiente celular. Assim, o sistema antioxidante fica limitado, causando um estresse oxidativo muito forte, o que leva à destruição das membranas plasmáticas e à consequente morte celular. Os herbicidas aumentam a atividade de genes de biossíntese de ABA e etileno, acarretando um significativo aumento da produção de ERO.

Mecanismo de ação

Conforme visto até agora, a auxina exerce um papel fundamental em uma vasta gama de processos de crescimento e desenvolvimento. No nível celular, esse fitormônio age como sinal para a divisão, o alongamento e a diferenciação durante o curso normal do ciclo vegetal. Tomando-se a planta como um todo, a auxina tem uma função importante na formação de raízes, na dominância apical, no tropismo, na senescência, entre outros processos. A questão crucial é saber como uma molécula simples, como o AIA, regula essa considerável diversidade de respostas de um conjunto de células, tecidos ou de órgãos. A resposta a essa dúvida requer conhecimentos sobre como esse hormônio é percebido, como ocorre a transdução do seu sinal e como se processa a regulação dos genes responsivos à auxina.

Percepção

Pesquisas apontam para a existência de duas proteínas candidatas a ser receptoras de auxina: a ABP1 (do inglês, *auxin binding protein 1*) e a proteína TIR1 (do inglês, *transport inhibition response*). A ABP1 foi caracterizada e clonada a partir de plantas de milho, sendo posteriormente encontrada também em vários outros vegetais. A proteína ABP1 não tem regiões hidrofóbicas típicas de proteínas de membrana; assim, a ABP1 deve provavelmente associar-se a uma outra proteína da membrana plasmática (proteína integral de membrana), propagando o sinal hormonal para o interior da célula (Figura 9.34). A auxina, quando ligada à ABP1, induz uma mudança conformacional nesta, permitindo a interação do conjunto assim formado (auxina + proteína receptora) com a proteína de membrana, a qual, então, transmite o sinal da auxina para o interior da célula, causando, por exemplo, a hiperpolarização da membrana celular. É possível também que a própria ABP1 ligada à auxina interaja diretamente com canais iônicos da membrana.

Diferentemente do que se poderia imaginar, a maior parte da ABP1 está localizada no retículo endoplasmático (RE), e não na membrana plasmática, aparecendo também no complexo de Golgi (CG). Uma consequência dessa distribuição é que um número pequeno de receptores na superfície celular necessita de uma menor quantidade de auxina para interagir com todos eles, permitindo à célula ser mais sensível a baixos níveis hormonais. As proteínas ABP1 localizadas no RE e no CG, ao receberem a auxina, interagem com proteínas integrais de membrana dessas organelas, possivelmente causando a regulação da secreção de componentes de parede (polissacarídios e glicoproteínas) necessários à célula em expansão (Figura 9.34).

Foram obtidas plantas transgênicas de tabaco com superexpressão constitutiva do gene *abp1*. Nesse material, observou-se que o tamanho das células foliares era triplicado, embora o fenótipo da planta como um todo permanecesse inalterado, indicando, assim, que a ABP1 tem sua função relacionada com o controle do alongamento celular. Investigação recente revelou que a ABP1 está também envolvida no controle do ciclo celular, provavelmente mediando a ação da auxina. A inativação funcional da ABP1 resultou na parada do ciclo em células cultivadas *in vitro* de tabaco. Há evidências de que a ABP1 tem uma função crítica, agindo tanto na passagem G_1/S quanto na G_2/M do ciclo celular. Assim, é provável que a ABP1 esteja relacionada com dois processos-chave do desenvolvimento vegetal: crescimento associado a divisão e expansão celular. Mais recentemente, foi proposta outra função para ABP1 ligada ao estabelecimento da polaridade celular. Isso envolveria a ativação de certos tipos de GTPases que afetam a organização do citoesqueleto.

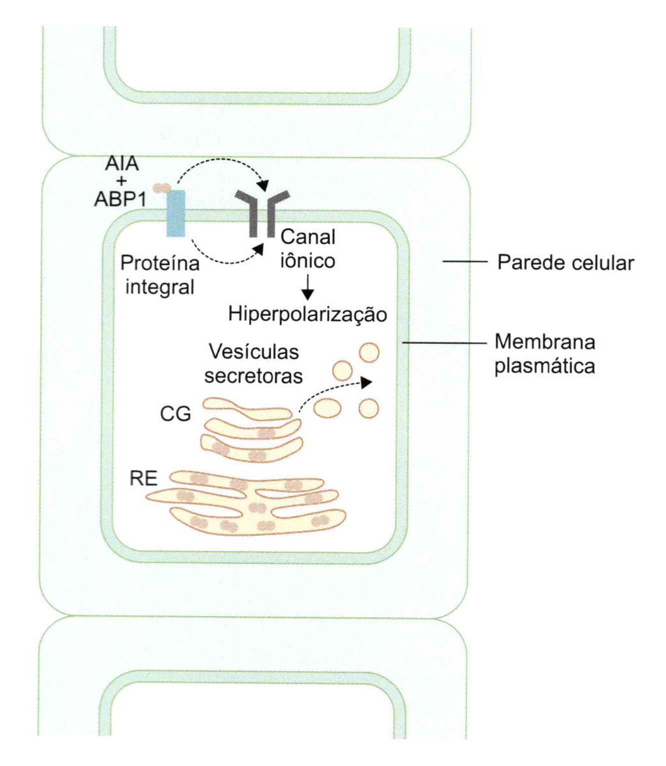

Figura 9.34 Modelo representativo das possíveis localizações do receptor de auxina ABP1 na célula vegetal e os efeitos associados à sinalização do AIA.

Dois grupos de pesquisadores identificaram outro receptor de auxina, denominado TIR1. O gene *tir1* foi clonado, inicialmente, em plantas de *Arabidopsis* tolerantes a inibidores de transporte de auxina, como o ácido naftilftalâmico (NPA), aspecto do qual vem sua denominação "resposta de inibição de transporte" (TIR). Entretanto, logo se verificou que a proteína TIR1 (pertencente à família de proteínas F-box de *Arabidopsis* que tem cerca de 700 membros) não estava envolvida com o transporte, mas sim com o mecanismo de ação de auxina. Demonstrou-se que TIR1 tem afinidade e especificidade para auxina, diferindo da ABP1 por ser uma proteína solúvel de localização nuclear, portanto iniciando respostas à auxina intracelular. A família proteica TIR1 faz a conexão direta entre auxina e controle da expressão de genes responsivos a esse hormônio.

Transdução

Após a interação com o receptor, o sinal hormonal deve ser conduzido dentro da célula, por meio de uma das numerosas vias alternativas, sendo a resposta final dependente de um caminho ou de uma combinação de várias rotas. Em vez de se ter uma via simples e linear de transdução de sinal, as moléculas sinalizadoras formam redes complexas de rotas interconectadas.

O cálcio parece ser um mensageiro secundário importante na transdução de sinal de quase todos os hormônios; contudo, a sua função na intermediação da ação da auxina ainda não foi determinada. Há fortes evidências experimentais de que a auxina afeta o nível de cálcio livre intracelular, aumentando-o. Além disso, observou-se que a interação do cálcio com a proteína citosólica calmodulina está diretamente envolvida com a transdução de sinal da auxina no processo de alongamento celular. Da mesma forma, o potássio está intimamente ligado à expansão das células mediada por auxina.

Há ainda evidências de que proteínas-G (pertencentes à superfamília de GTP-ases) da membrana plasmática participem da transdução de sinal da auxina. Foi observado, em coleóptilos de arroz, que o tratamento com auxina dobrava a quantidade dessa proteína em sua forma ativa, isto é, ligada a GTP, passando, então, a induzir positivamente outras enzimas, como a fosfolipase C.

No processo de divisão celular, a auxina também parece agir pela ativação de proteínas-G. Durante esse evento, pode ocorrer o envolvimento de cinases do tipo MAPK (do inglês, *mitogen-activated protein kinase*), ativadas na presença de auxina, iniciando uma cascata de reações de fosforilação. Além disso, sabe-se que a auxina participa da regulação do ciclo celular, primariamente estimulando a síntese de uma cinase dependente de ciclina, a CDK/a, cuja atividade é também regulada por fosforilação. Outro exemplo de transdução de sinal da auxina é o da regulação da degradação proteica.

Depois que a auxina se acopla ao receptor TIR1 (Figura 9.35), desencadeia-se a ativação de uma via de degradação proteica mediada por ubiquitina, uma via comum a todas as células eucarióticas. Esse sistema de degradação compreende um tipo de marcação da proteína a ser destruída, a qual se conjuga a pequenas proteínas chamadas de ubiquitina. Essa conjugação requer ATP e é realizada por meio de uma via multienzimática. Uma vez marcada, a proteína a ser destruída vai para o proteossomo nuclear (complexo proteico oligomérico extremamente grande, com massa molecular em torno de 1,5 megadalton). Um importante exemplo dessa via de degradação consiste na destruição de fatores de transcrição conhecidos por AUX/AIA (ver "Expressão gênica"), que são rapidamente degradados no proteossomo (Figura 9.35). A destruição de AUX/AIA leva à desrepressão de genes de resposta primária à auxina, já que esse fator de transcrição bloqueia a região promotora desses genes (ver "Expressão gênica"). A diversidade e a especificidade tecidual dos fatores de transcrição do tipo AUX/AIA podem explicar, em parte, as múltiplas respostas auxina-específicas.

Expressão gênica

Independentemente de quais forem os receptores e as rotas de transdução de sinal, a aplicação de auxina pode, rápida e especificamente, alterar a expressão de determinados genes em diferentes tecidos e órgãos. Respostas de modificação da expressão podem ser detectadas em questão de minutos ou em poucas horas após a aplicação de auxina. Os genes ativados ou inibidos nesse curto espaço de tempo são conhecidos por genes de resposta primária (do inglês, *early genes* ou *primary response genes*); vários deles já foram identificados e caracterizados. A expressão desses genes é induzida pela ativação de fatores de transcrição (proteínas que se ligam à região promotora do gene, facilitando sua transcrição) já presentes na célula no momento da exposição à auxina. Isso implica que todas as proteínas necessárias à indução da expressão dos genes de

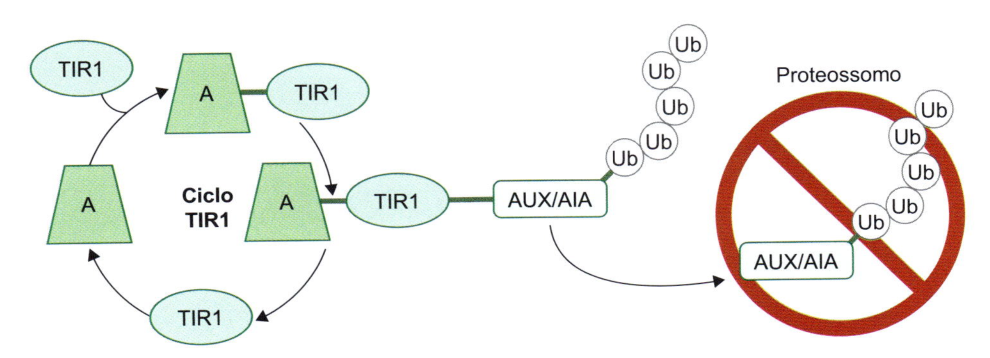

Figura 9.35 Modelo para o ciclo TIR1. A auxina (A) se liga ao receptor TIR1, ativando-o e, por consequência, iniciando a ubiquitinização dos fatores de transcrição Aux/AIA. Essas proteínas, uma vez marcadas por uma série de ligações com ubiquitina, serão degradadas no proteossomo. A diminuição de Aux/AIA acarreta a desrepressão de genes responsivos à auxina e o aumento da transcrição de genes regulados por AIA.

resposta primária estejam presentes na célula, razão pela qual a expressão acontece em um curto intervalo de tempo.

De modo geral, os genes de resposta primária têm três funções principais:

- Codificar proteínas que controlam a transcrição de genes de resposta secundária (do inglês, *late genes* ou *secondary response genes*), isto é, essas proteínas são fatores de transcrição de genes cuja expressão é modificada pela auxina em intervalo de tempo maior, comparativamente aos genes primários
- Codificar proteínas que atuam na comunicação intercelular
- Codificar proteínas que atuam na adaptação ao estresse.

Foram descritas ao menos cinco classes de genes de resposta primária: as famílias gênicas *aux/aia*, *saur*, *gh3*, os genes que codificam a sintase do ACC (enzima-chave para a biossíntese do etileno) e genes que codificam glutationa S-transferases. Os genes da família *aux/aia* codificam fatores de transcrição de curta duração, com localização nuclear, que têm a função de ativar ou reprimir genes de resposta secundária à auxina. Os genes das famílias *saur* e *gh3* estão relacionados com tropismos e com respostas da auxina reguladas por luz, respectivamente. Os genes que codificam S-transferases da glutationa e sintase do ACC estão relacionados com a adaptação ao estresse.

Com base em algumas evidências experimentais, foi proposto um modelo sobre a regulação da expressão gênica por auxina. A Figura 9.36 mostra a participação da auxina no controle da ativação da transcrição de um gene de resposta primária à auxina (p. ex., *aux/aia*) por dois tipos de fatores de transcrição: AUX/AIA (29 proteínas em *Arabidopsis*) e ARF (23 proteínas em *Arabidopsis*), isto é, por um fator de resposta à auxina (ARF, do inglês *auxin response factor*). Segundo esse modelo, os ARF ocupam permanentemente a região promotora de genes de resposta primária à auxina, independentemente

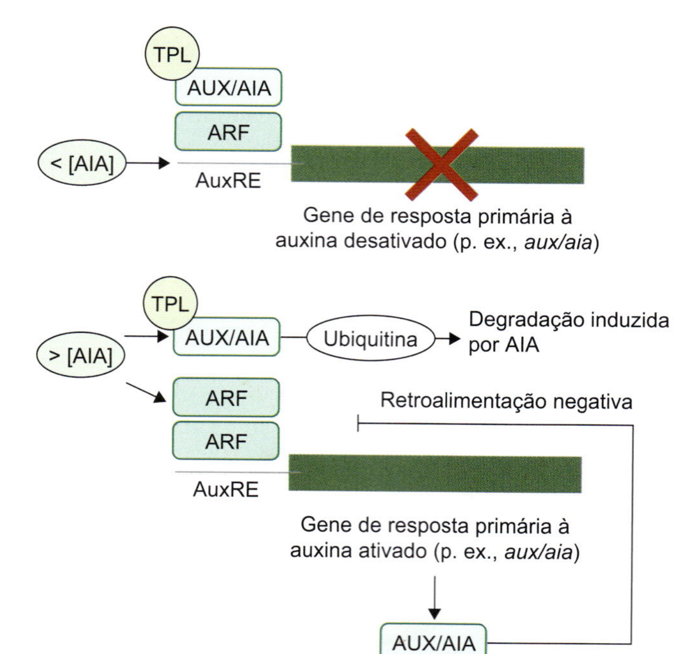

Figura 9.36 Modelo de regulação da transcrição de genes de resposta primária à auxina por dois tipos de fatores de transcrição: proteínas AUX/AIA e por fatores de resposta à auxina (ARF).

do nível de auxina. Essa região contém uma sequência específica de seis pares de bases, TGTCTC, conhecida pela denominação de elemento de resposta à auxina (AuxRE, do inglês *auxin response element*). Quando a concentração de auxina se encontra baixa nas células, as proteínas AUX/AIA estão estáveis, formando um heterodímero com o ARF na região promotora, bloqueando, em última instância, a transcrição gênica. Um correpressor denominado *topless* (TPL) atua em conjunto com AUX/AIA nessa função repressora. Quando os níveis de auxina aumentam, as proteínas AUX/AIA desestabilizam-se e são degradadas pelo processo de ubiquitinação, que culmina na ação de proteases. A redução na quantidade de proteínas AUX/AIA permite que as proteínas ARF se dimerizem, ativando a expressão dos genes regulados positivamente por auxinas. Observou-se que os genes de resposta primária podem ser rapidamente ativados em 2 a 5 min após a aplicação de auxina.

Dessa maneira, genes de resposta primária são transcritos, incluindo os genes *aux/aia*, introduzindo um controle por retroalimentação negativa ao sistema. Isso acarreta uma ativação transitória desses genes, que voltam a ser bloqueados depois de certo tempo, quando, provavelmente, os níveis de auxina também se reduzem. Entretanto, se, por meio de uma aplicação de auxina, os teores desse hormônio permanecerem elevados, a ativação da transcrição dos genes de resposta primária pode durar longos períodos (horas).

Alternativamente, os ARF poderiam também atuar como repressores de genes responsivos à auxina, os quais são regulados negativamente por altas concentrações de auxina. Nesse caso, a presença de um homodímero de ARF na região AuxRE do gene não permitiria sua transcrição.

Certamente, a elucidação das funções de cada um dos genes (e respectivas proteínas), relacionando-os com a fisiologia celular, auxiliará a compreender como as células se comunicam e cooperam ao longo do crescimento e desenvolvimento vegetal.

Agradecimentos

Agradeço a colaboração na execução das figuras à Dra. Cássia Ayumi Takahashi, à Dra. Catarina Carvalho Nievola e ao Dr. Paulo Marcelo Rayner Oliveira, assim como a permissão do uso das fotografias à Profa. Dra. Nanuza Luiza de Menezes (Figura 9.27), ao Dr. Adilson José Pereira (Figura 9.31), ao Prof. Dr. Gregório C. T. Ceccantini (Figura 9.12) e à Dra. Beatriz Maia Souza (Figura 9.23).

Bibliografia

Cheng X, Ruyter-Spira C, Bouwmeester H. The interactions between strigolactones and other plant hormones in the regulation of plant development. Frontiers in Plant Science. 2013;4 article 199.
Du Y, Scheres B. Lateral root formation and multiple roles of auxin. Journal Experimental Botany. 2018;69:155-167.
Maciek A, Friml J. Pin-dependent auxin transport: action, regulation, and evolution. The Plant Cell. 2015;27:20-32.
Steffen V, Friml J. Auxin: a trigger for change in plant development. Cell. 2009;136:1005-16.
Telchmann T, Muhr M. Shapping plant architecture. Frontiers in Plant Science. 2015;6 article 233.

10 Citocininas

Lázaro E. P. Peres • Gilberto B. Kerbauy

Introdução

Nenhuma outra classe hormonal parece estar tão de perto ligada à biotecnologia de plantas como a das citocininas (Ck). Processos biotecnológicos como a rápida obtenção de plantas homozigotas a partir da produção de haploides *in vitro*, a obtenção de híbridos entre espécies incompatíveis por meio da fusão de protoplastos e a própria produção de plantas transgênicas têm em comum a necessidade de controlar a divisão e a diferenciação celular *in vitro*, processos estes dependentes do emprego de citocininas. Certamente, para a maioria da população, o lado mais visível da biotecnologia vegetal é representado pela clonação *in vitro* e seus produtos gerados, os assim denominados "plantas de proveta".

Durante a década de 1950, a equipe do Dr. Folke Skoog, da University of Wisconsin-Madison (EUA), estava à procura de uma substância que fosse responsável pela divisão celular em vegetais, utilizando nessa abordagem, como modelo experimental, o cultivo de medula de tabaco *in vitro*. Nessa época, já se conhecia o ácido indolil-3-acético (AIA), uma auxina isolada em 1934. A equipe já sabia, por exemplo, que, quando o AIA era utilizado em meios nutritivos com constituintes complexos, como extrato de levedura e água de coco, ocorria uma intensa proliferação das células da medula, o que levou a admitir a existência, nessas substâncias, de algo também essencial à divisão celular. Essa substância foi finalmente isolada por Carlos Miller em 1955, um colaborador de Folke Skoog, e denominada cinetina (Miller *et al.*, 1955). A cinetina era formada a partir das bases nitrogenadas presentes no esperma de arenque, sendo liberada à medida que este envelhecia, processo que podia ser acelerado quando da submissão do material à autoclave. O grupo do Dr. Skoog constatou que medula de tabaco, quando submetida apenas a 2 mg/ℓ de AIA, apresentava, fundamentalmente, expansão das células e um pequeno aumento do peso. Todavia, suas células mostravam-se incapazes de entrar em divisão celular, a não ser que a cinetina fosse adicionada ao meio de cultura. Embora a adição de 100 μg/ℓ de cinetina promovesse apenas um pequeno aumento do peso em relação ao controle, era suficiente para aumentar cerca de 30 vezes o número de células. A denominação "cinetina" decorreu do fato de essa substância atuar sobre o processo de citocinese. Em seguida, Skoog *et al.* propuseram o termo "citocinina" para compostos com atividade biológica igual à da cinetina, ou seja, aqueles capazes de promover a citocinese em células vegetais (Skoog *et al.*, 1965). Uma definição equivalente para citocininas foi proposta por Hall (1973), como substâncias que promovem o crescimento e a diferenciação em cultura de calo (aglomerado de células).

Como se vê, a presença de atividade de citocininas em um extrato vegetal, ou a designação de um composto sintético como uma citocinina, refere-se ao crescimento produzido em um pedaço de tecido ou calo cultivado em um meio otimizado contendo auxina. Isso posto, a classificação de um composto como uma citocinina baseia-se no seu efeito fisiológico, e não em um critério químico.

É interessante notar que, embora a descoberta e a conceituação de citocinina tenham acontecido a partir de uma substância artificial descoberta na década de 1950, a primeira citocinina natural em plantas só foi isolada 20 anos mais tarde, por David Letham, em extrato de milho-verde (*Zea mays*), denominando-a zeatina (Letham, 1973). A zeatina é, na verdade, um composto conhecido como 6-(gama-metil-y-hidroximetilalilamino)-purina, sendo, portanto, derivado de uma base púrica (adenina), como também é o caso da cinetina (6-furfurilaminopurina). Uma das explicações para a liberação de cinetina a partir de esperma de arenque é o fato de esse material ser rico em DNA, importante fonte de bases nitrogenadas. Desse modo, o termo *citocininas* inclui a cinetina (KIN) ou 6-furfurilaminopurina; a 6-benzilaminopurina (BAP) ou 6-benzildenina; a isopenteniladenina (iP) ou 6-(gama,gama-dimetilalilamino)-purina; a zeatina (Z) ou 6-(gama-metil-y-hidroximetilalilamino)-purina e seus derivados. Contudo, o termo *citocinina* não se limita apenas aos derivados de adenina com substituição na posição do carbono 6 da molécula (6-substituídos), pois algumas fenilureias, como o thidiazuron, também apresentam atividade citocinínica (Thomas e Katterman, 1986). As estruturas das principais citocininas naturais e sintéticas são apresentadas nas Figuras 10.1 e 10.2. Na nomenclatura proposta por Letham e Palni (1983), e que será empregada neste capítulo, os substituintes do anel purínico são representados com colchetes, como [9R]Z, o qual representa uma zeatina com uma molécula de ribose na posição 9 do anel purínico. De modo semelhante, os substituintes da cadeia lateral são representados com parênteses, por exemplo, (diH)Z, que nada mais é que uma zeatina com a cadeia lateral reduzida (perda da dupla-ligação).

Como se verá adiante, as citocininas são compostos que, além de essenciais à citocinese, promovem alterações na taxa metabólica, atividade enzimática, indução de formação de órgãos, quebra de dominância apical, mobilização de nutrientes

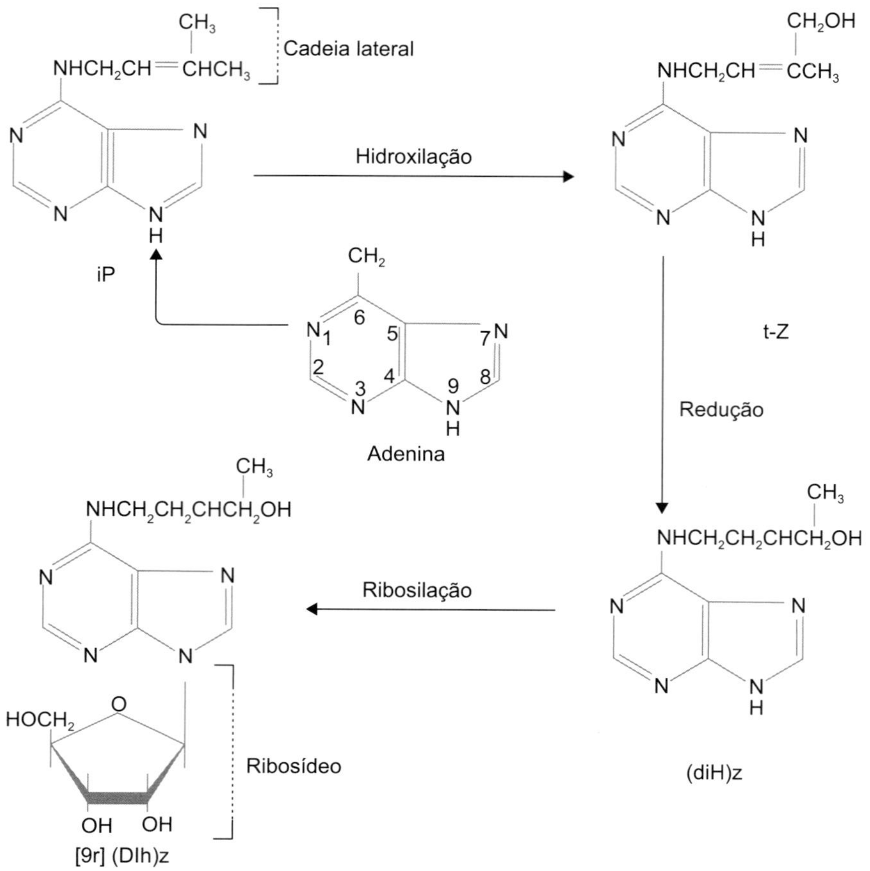

Figura 10.1 Estrutura das principais citocininas que ocorrem naturalmente nos tecidos vegetais. Todas as citocininas naturais derivam de adenina. Isopenteniladenina – iP, *trans*-zeatina – t-Z e di-hidrozeatina – (diH)Z são consideradas formas livres desses hormônios. Zeatina e di-hidrozeatina são geradas por modificações na cadeia lateral, envolvendo reações de hidroxilação e redução, respectivamente. As três formas podem se ligar a um açúcar, a ribose (ribosilação), formando, respectivamente, isopenteniladenosina – [9R]iP, *trans*-zeatina ribosídeo – t-[9R]Z e di-hidrozeatina ribosídeo – [9R](diH)Z, cuja estrutura está representada na figura.

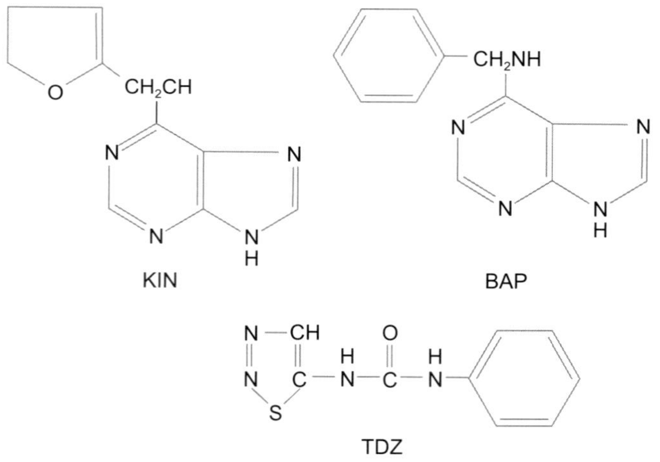

Figura 10.2 Estrutura das principais citocininas sintéticas. A cinetina (KIN) e a benzilaminopurina (BAP) têm um anel de purina (adenina) igual ao das citocininas naturais (ver Figura 10.1). O thidiazuron (TDZ) é uma citocinina do tipo fenilureia que difere bastante da estrutura das citocininas naturais pela ausência da base nitrogenada (adenina).

orgânicos e inorgânicos, retardamento da senescência de tecidos e órgãos e formação de cloroplastos. Contudo, antes de enfocar os efeitos das citocininas, faz-se necessário conhecer a dinâmica desses compostos na célula vegetal, ou seja, como são sintetizadas em determinado tecido ou órgão, onde elas podem atuar diretamente ou ser transportadas para outras partes das plantas. Nestas últimas, as citocininas podem ser inativadas por conjugação e/ou oxidação ou produzir um efeito fisiológico determinante.

Dinâmica das citocininas na célula e no vegetal como um todo

É bem conhecido o fato de que, para o desenvolvimento integrado e harmonioso das plantas, há a necessidade imperiosa de que os níveis de seus hormônios sejam controlados rigorosamente, conforme as necessidades ao longo da sua ontogênese. À luz dos conhecimentos hoje disponíveis, seria inimaginável visualizar o desenvolvimento sem se considerarem os mecanismos utilizados pelas plantas para regular os teores de seus hormônios, modificando-os de acordo com a natureza e o estágio de desenvolvimento do órgão e as condições ambientais. O nível endógeno das citocininas é regulado pela taxa de biossíntese e por reações metabólicas, como a redução da cadeia lateral, a conjugação, a hidrólise e a oxidação da cadeia lateral. As conjugações podem ser realizadas pela ligação de glicose a um nitrogênio do anel de adenina (N-glicosilação) ou ao oxigênio da cadeia lateral de certas citocininas (O-glicosilação). Entre todas as reações já descritas aqui, as modificações mais importantes parecem ser as que surgem na cadeia lateral, pois pequenas substituições provocam grandes alterações na atividade das citocininas. Contudo, a conversão das bases em nucleosídios (inserção de uma ribose) e nucleotídios (inserção de ribose mais fosfato) compreende um metabolismo comum de purinas e parece não ser específico de Ck, sendo, portanto, menos importante na dinâmica das citocininas na célula e no vegetal como um todo. A seguir, são consideradas as principais reações metabólicas que contribuem para a regulação do conteúdo endógeno de citocininas ativas nos vegetais.

Biossíntese

Conforme indicado anteriormente, a história da descoberta das citocininas está ligada intimamente ao próprio estabelecimento da técnica da cultura de células, tecidos e órgãos vegetais *in vitro*. Curiosamente, o primeiro sucesso no cultivo de um órgão vegetal isolado *in vitro* foi obtido com raiz (White, 1934), mesmo antes da descoberta da primeira citocinina, cerca de duas décadas e meia mais tarde. Sabe-se, atualmente, que uma das possíveis causas do sucesso na manutenção dessas raízes isoladas e vivas no meio de cultura teria sido o fato de elas serem os principais centros produtores de citocininas nas plantas. Outras evidências de que esses órgãos funcionariam como um importante sítio de síntese de citocininas vieram da constatação de que a senescência de folhas isoladas poderia ser retardada tanto pela aplicação de cinetina quanto pela formação de raízes nos pecíolos. Contudo, é necessário considerar que outros tecidos meristemáticos, como os ápices caulinares, também podem produzir citocininas, conforme evidenciado em plantas praticamente sem raízes, como no caso de *Tillandsia recurvata*, uma bromélia epífita (Peres *et al.*, 1997).

O estudo da biossíntese de Ck enfrenta consideráveis limitações, principalmente pelo fato de seu nível endógeno, nos tecidos vegetais, ser extremamente baixo, fazendo com que as dosagens desses compostos sejam um tanto trabalhosas. Também o papel central dos precursores de citocininas (nucleotídios e isopentenilpirofosfato) no metabolismo celular tem se mostrado um problema para o estudo da biossíntese dessa classe hormonal. Assim, em estudos utilizando precursores marcados radioativamente, a principal porção dos substratos radioativos supridos é incorporada a metabólitos comuns de purina, sendo apenas uma pequena fração incorporada propriamente em citocininas. Além disso, como as Ck apresentam numerosas atividades complexas essenciais para o crescimento e o desenvolvimento da planta, uma abordagem genética (baseada na obtenção de mutantes) é difícil de alcançar. Desse modo, mutantes defectivos para a síntese de citocininas (auxotróficos) podem ser letais; contudo, pode existir mais de uma via biossintética para citocininas, envolvendo, por isso, mais de um gene com funções semelhantes, o que, de alguma forma, acaba garantindo a produção desse hormônio mesmo quando um desses genes é inativado por mutação.

Até 2001, o modelo corrente para a biossíntese de Ck previa a adição da cadeia lateral, representada pelo isopentenilpirofosfato (Δ^2-iPP), à posição N^6 da adenosina monofosfato (AMP), reação esta catalisada pela enzima isopentenil transferase (IPT), produzindo a citocinina ribotídeo N^6 Δ2-isopenteniladenosina monofosfato [9R-5'P]iP (Figura 10.3). Os primeiros genes codificadores da enzima IPT foram isolados inicialmente em bactérias, e não em plantas. O gene *IPT* ou *TMR* no T-DNA de *Agrobacterium tumefaciens* produz [9R-5'P]iP pela reação já descrita aqui. As citocininas zeatina e zeatina ribosídeo seriam formadas subsequentemente, a partir de [9R-5'P]iP, por uma reação denominada trans-hidroxilação.

Outra alternativa para biossíntese de citocininas em plantas seria o RNA transportador (tRNA). A terminação 3' do anticódon do tRNA apresenta Ck, o que levou, inclusive, à hipótese de que essas Ck estariam envolvidas no controle da biossíntese de proteínas. No entanto, a maior parte das Ck biologicamente ativas não é encontrada no tRNA. No tRNA predomina a forma *cis*-Z, e não *trans*-Z. A liberação de *cis*-Z a partir de tRNA, e posterior conversão para *trans*-Z, pode ser uma via indireta de produção de Ck, mas não a principal, pois tecidos auxotróficos para Ck apresentam, obviamente, tRNA.

Desde o isolamento e sequenciamento do gene *IPT* de *Agrobacterium*, houve várias tentativas no sentido de encontrar eventuais sequências de DNA de plantas com homologia com esse gene. As tentativas frustradas levaram até mesmo à consideração de que as citocininas presentes nos tecidos vegetais seriam produzidas por microrganismos simbiontes das plantas, e não pelas próprias plantas. Propôs-se, até mesmo, que a autotrofia para citocininas, também conhecida como autonomia ou habituação, que às vezes ocorre em calos cultivados *in vitro*, poderia decorrer de contaminações imperceptíveis. Essas contaminações seriam causadas por certas bactérias, como as "metilotróficas facultativas de coloração rosada", não passíveis de remoção durante a desinfestação dos tecidos para cultura *in vitro*.

Contrariando, todavia, a provocativa teoria anteriormente citada, a finalização do sequenciamento do genoma de *Arabidopsis thaliana* (At) possibilitou a identificação de nove homólogos do gene *IPT* de *Agrobacterium*, designados *AtIPT1* a *AtIPT9*. Análises filogenéticas indicaram que *AtIPT2* e *AtIPT9* codificam possíveis enzimas IPT envolvidas na síntese das citocininas presentes em tRNA, enquanto os outros sete *AtIPT* são mais homólogos ao gene bacteriano *IPT/TMR*. A expressão de sete desses genes em *Escherichia coli* resultou na secreção de iP e Z, confirmando o envolvimento deles na biossíntese de Ck (Takei *et al.*, 2001a). Além disso, a superexpressão do gene *AtIPT4* em calos de tabaco, induzida por meio da fusão desse gene com um promotor bastante forte (35S) isolado a partir do vírus do mosaico da couve-flor (CaMV), resultou na regeneração de gemas caulinares, mesmo na ausência de Ck no meio de cultura, o mesmo não ocorrendo quando se utilizou o gene *AtIPT2* para as transformações genéticas (Kakimoto, 2001). Surpreendentemente, de modo diferente da enzima IPT de bactéria, a enzima *AtIPT4* utilizou ATP e ADP preferencialmente ao AMP como substrato (Kakimoto, 2001). Os produtos dessas reações parecem ser isopenteniladenosina-5'-trifosfato e isopenteniladenosina-5'-difosfato (Figura 10.3), podendo ser, subsequentemente, convertidos em zeatina.

A descoberta da participação de mais de um gene na reação de biossíntese de Ck em plantas explica a dificuldade verificada até então em isolar mutantes defectivos para essa reação. Desse modo, a inativação de um dos genes *AtIPT* seria compensada pelo funcionamento dos demais. O único mutante conhecido para a biossíntese de Ck era o *amp1* (*altered meristem program*) de *Arabidopsis thaliana*. Contudo, ao contrário

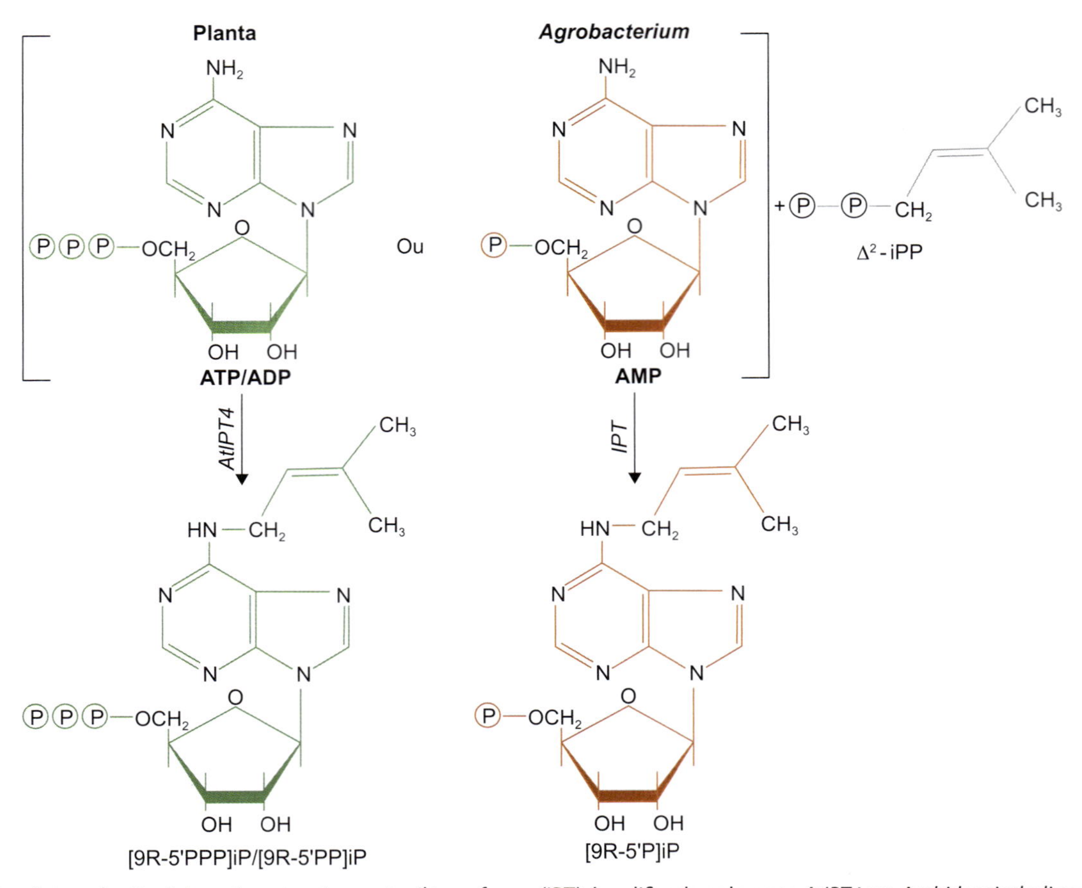

Figura 10.3 Biossíntese de citocininas. A enzima isopentenil transferase (IPT) é codificada pelo gene *AtIPT4* em *Arabidopsis thaliana* (verde) e pelo gene *IPT* em *Agrobacterium tumefaciens* (vermelho). Diferentemente de uma bactéria, a enzima IPT de plantas utiliza preferencialmente ATP ou ADP em vez de AMP.

do que se poderia esperar, plantas mutantes portadoras desse gene defectivo apresentam níveis elevados de citocininas. O isolamento do gene defectivo *amp1* mostrou que seu alelo funcional (*AMP1*) codifica uma carboxipeptidase do glutamato similar às enzimas envolvidas na clivagem e na ativação de pequenos peptídios sinalizadores, como o *ENOD40*, a sistemina e o *CLAVATA3*. Esse resultado sugere que uma das funções do peptídio ativado pela enzima codificada por *amp1* seria inibir a biossíntese de Ck, o que explicaria como a perda de função do gene mutante *amp1* leva a um acúmulo de Ck.

Conjugação e hidrólise

Desde que se isolou o primeiro gene de biossíntese de citocininas em *Agrobacterium tumefaciens*, ele tem sido utilizado, extensivamente, para produzir plantas transgênicas com elevada capacidade de sintetizar substâncias dessa classe hormonal. Contudo, quando se determina o conteúdo endógeno de citocininas dessas plantas, a maior parte encontra-se na forma conjugada com moléculas de açúcar. As moléculas conjugadas de citocininas são tidas como fisiologicamente inativas. Esses resultados sugerem que as plantas mantêm um controle estrito dos níveis endógenos de citocininas funcionais, sendo a conjugação um dos mecanismos utilizados para esse controle. Existe uma série de posições nas moléculas de Ck, nas quais podem se ligar a açúcares, como glicose e ribose (Figura 10.4 e Tabela 10.1). Em casos raros, as Ck também podem

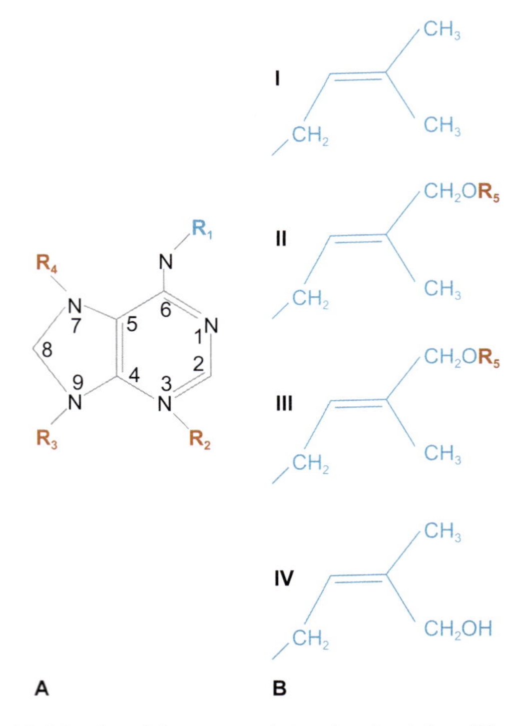

Figura 10.4 Anel purínico característico das citocininas (**A**) e cadeias laterais (R_1) possíveis (**B**). As conjugações possíveis tanto no anel purínico (radicais R_2, R_3 e R_4, que normalmente formam N-glicosídios) quanto na cadeia lateral (radical R_5, que costuma formar O-glicosídios) estão descritas na Tabela 10.1.

Tabela 10.1 Principais tipos de citocininas e seus conjugados.

	R_1	R_2	R_3	R_4	R_5	Nome	Símbolo
1		–	H	–	–	N^6-Δ^2–isopenteniladenina	iP
2		–	R	–	–	N^6-Δ^2–isopenteniladenosina	[9R]iP
3	I	–	RP	–	–	N^6-Δ^2–isopenteniladenosina-5-monofosfato	[9R-5'P]iP
4		–	–	G	–	N^6-Δ^2–isopenteniladenina-7-glicosídio	[7 G]iP
5		–	G	–	–	N^6-Δ^2–isopenteniladenina-9-glicosídio	[9 G]iP
6		–	H	–	H	*trans*-zeatina	Z ou *t*-Z
7		–	R	–	H	*trans*-zeatina ribosídeo	[9R]Z
8		–	RP	–	H	*trans*-zeatina ribosídeo-5-monofosfato	[9R-5'P]Z
9		–	–	G	H	*trans*-zeatina-7-glicosídio	[7 G]Z
10		–	G	–	H	*trans*-zeatina-9-glicosídio	[9 G]Z
11		–	A	–	–	ácido lupínico	[9Ala]Z
12	II	–	G	–	G	*trans*-zeatina-9-glicosídio-O-glicosídio	[9 G](OG)Z
13		–	H	–	G	*trans*-zeatina-O-glicosídio	(OG)Z
14		–	R	–	G	*trans*-zeatina ribosídeo-O-glicosídio	[9R](OG)Z
15		–	RP	–	G	[9R](9 G)-5'-monofosfato	[9R-5'P](OG)Z
16		–	H	–	X	*trans*-zeatina-O-xilosídio	(OX)Z
17		–	R	–	X	*trans*-zeatina ribosídeo-O-xilosídio	[9R](OX)Z
18		–	H	–	H	di-hidrozeatina	(diH)Z
19		–	R	–	H	di-hidrozeatina ribosídeo	[9R](diH)Z
20		–	RP	–	H	di-hidrozeatina ribosídeo-5-monofosfato	[9R-5'P](diH)Z
21		G	–	–	H	di-hidrozeatina-3-glicosídio	[3 G](diH)Z
22		–	–	G	H	di-hidrozeatina-7-glicosídio	[7 G](diH)Z
23	III	–	G	–	H	di-hidrozeatina-9-glicosídio	[9 G](diH)Z
24		–	H	–	G	di-hidrozeatina-O-glicosídio	(OG)(diH)Z
25		–	R	–	G	di-hidrozeatina ribosídeo-O-glicosídio	[9R](OG)(diH)Z
26		–	RP	–	G	[9R](OG)(diH)Z-5'-monofosfato	[9R-5'P](OG)(diH)Z
27		–	H	–	X	di-hidrozeatina-O-xilosídio	(OX)(diH)Z
28		–	R	–	X	di-hidrozeatina ribosídeo-O-xilosídio	[9R](OX)(diH)Z
29	IV	–	H	–	–	*cis*-zeatina	*c*-Z
30		–	G	–	–	*cis*-zeatina-9-glicosídio	[9 G]*c*-Z

H: hidrogênio; R: ribose; RP: ribose-5'-monofosfato; G: glicose; X: xilose; A: alanina.
Nota: as posições dos radicais são mostradas na Figura 10.4.

conjugar-se com aminoácidos. Um composto conhecido nesse caso é o ácido lupínico, um metabólito de zeatina formado pela adição de alanina ([9Ala]Z).

Como as citocininas são derivados de nucleotídios e nucleosídios (ver Figura 10.3), substâncias que apresentam ribose como parte integrante da molécula, não se costuma considerar as formas ribosídicas conjugados verdadeiros, mas somente as glicosídicas. Conforme mostrado na Figura 10.4 e na Tabela 10.1, a glicosilação de Ck pode ocorrer tanto no anel purínico, formando ligações N-glicosídios (radicais R_2, R_3 e R_4), quanto na cadeia lateral, originando as formas O-glicosídios (radical R_5). Os N-glicosídios são possíveis nas posições 3, 7, 9 e parecem representar uma forma irreversível de conjugação. Como os O-glicosídios são ésteres formados no grupo OH da cadeia lateral, esse tipo de conjugação só é possível em citocininas derivadas de zeatina. Os O-glicosídios são menos estáveis que os N-glicosídios e podem ser hidrolisados por betaglicosidases, possibilitando a retomada da atividade citocinínica da molécula desconjugada.

De modo geral, a função dos metabólitos de Ck ainda é obscura. Contudo, a ocorrência de enzimas capazes de quebrar as ligações glicosídicas na cadeia lateral (O-glicosídios) faz com que esses conjugados sejam considerados formas de estoque. Contudo, a estabilidade considerável dos N-glicosídios sugere que eles seriam produtos de "destoxificação" formados quando o nível de Ck começa a alcançar valores elevados, sendo acionado um mecanismo, inclusive, quando essa classe hormonal é aplicada nas plantas ou em pedaços cultivados *in vitro*.

Como as citocininas ribosídicas são frequentemente encontradas no xilema, elas têm sido consideradas formas de transporte. As bases livres representadas por iP, Z e (diH)Z seriam, por conseguinte, as formas ativas, ou seja, espécies moleculares capazes de se ligar a receptores e desencadear uma resposta fisiológica (ver adiante neste capítulo). Todas as outras formas devem ser hidrolisadas primeiro antes de se ligarem ao receptor, o que não é possível para os conjugados 7 e 9-glicosil e 9-alanil, muito pouco ativos em bioensaios. Como as formas glicosídicas são mais solúveis, elas poderiam ser acumuladas nos vacúolos de células maduras. De fato, já se propôs que a capacidade de glicosilação é maior em tecidos maduros. Por sua vez, tecidos meristemáticos teriam mais citocininas na forma livre e, portanto, ativa, o que proporcionaria a divisão celular.

Somando-se todas as possibilidades de variações decorrentes das modificações na cadeia lateral ou no anel purínico, tem-se que o número possível de citocininas é relativamente elevado. Algumas delas estão resumidas na Figura 10.4 e na Tabela 10.1. É interessante mencionar ainda que, atualmente, tanto cinetina quanto benzilaminopurina (BAP) e seus metabólitos têm sido considerados também Ck de ocorrência natural, pois ambas já foram isoladas de tecidos vegetais. Alguns metabólitos naturais de BAP são suas formas hidroxiladas denominadas meta e ortopolinas. Contudo, embora a difenilureia (DPU) já tenha sido erroneamente identificada como um constituinte da água de coco, estudos recentes indicaram que Ck do tipo fenilureias não surgem naturalmente em plantas (Mok e Mok, 2001).

Nos últimos anos, importantes descobertas foram feitas sobre a base genética envolvida na conjugação e na hidrólise de citocininas. Desse modo, um cDNA* codificando a enzima zeatina-O-glicosiltransferase (*ZOG1*), o qual conjuga zeatina com UDP-glicose, foi isolado em *Phaseolus lunatus*. O cDNA correspondente à enzima zeatina-O-xilosiltransferase (*ZOX1*) foi isolado por homologia (93% no nível de DNA) em *P. vulgaris* (Mok *et al.*, 2000). A enzima codificada por *ZOX1* conjuga zeatina com UDP-xilose. Tanto UDP-glicose quanto UDP-xilose são substratos para *ZOG1*, mas a afinidade por UDP-glicose é maior (Mok *et al.*, 2000). Quanto à enzima *ZOX1*, esta só aceita UDP-xilose como substrato. Ambas as enzimas podem glicosilar *t*-Z (Figura 10.5), mas, a princípio, não glicosilam (diH)Z, *c*-Z ou [9R]Z. Os genes *ZOG1* e *ZOX1* apresentam pronunciada expressão em sementes imaturas, mas baixa expressão em tecidos maduros.

Um gene codificando uma enzima capaz de quebrar ligações O-glicosídicas de citocininas foi isolado em milho (*Zea mays*). Tal gene, denominado *ZM-P60.1*, codifica para uma betaglicosidase, enzima capaz de hidrolisar glicosídios na posição 3 do anel purínico (N3-glicosídios) e da cadeia lateral (O-glicosídios), mas não nas posições 7 e 9 do anel purínico (N7 e N9-glicosídios). Esse tipo de reação equivale a uma reativação de citocininas anteriormente inativadas por glicosilação (Figura 10.5), atuando, assim, como um importante mecanismo utilizado pelas plantas para modular seus níveis de Ck ativas. Curiosamente, a presença no tecido vegetal da forma conjugada e inativada de auxina com glicose (AIA-glicose) inibe a atividade do gene *ZM-P60.1*. Em termos de atividade hormonal, ambas as situações indicariam uma tendência à redução das formas fisiologicamente ativas das duas classes hormonais simultaneamente, o que poderia representar um possível mecanismo de manutenção de determinado balanço auxina/citocinina nos tecidos vegetais.

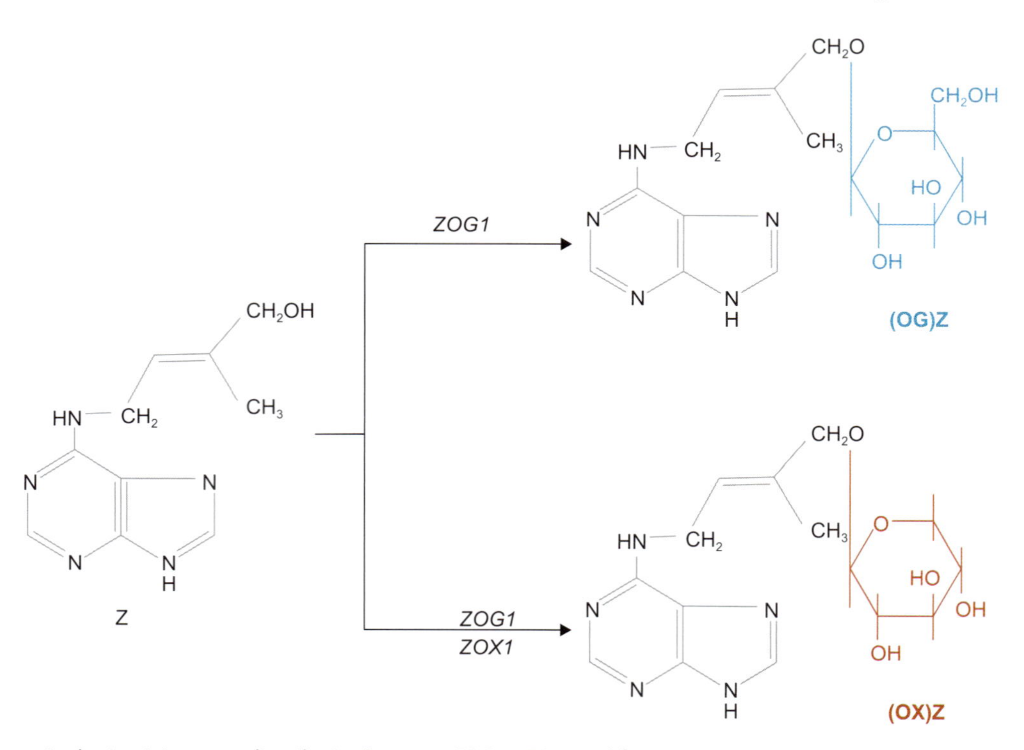

Figura 10.5 Conjugação de citocininas por glicosilação. Os genes *ZOG1* e *ZOX1* codificam, respectivamente, para síntese de O-glicosiltransferase e O-xilosiltransferase. Essas enzimas têm especificidade por *trans*-zeatina (Z) como substrato e não conseguem conjugar (diH)Z, *c*-Z ou [9R]Z. Os compostos (OG)Z e (OX)Z representam moléculas de zeatina conjugadas com glicose (azul) e xilose (vermelho), sendo, portanto, fisiologicamente inativos.

* cDNA: fita de DNA obtida artificialmente a partir do RNAm de determinado gene. O cDNA tem a mesma sequência do gene correspondente, mas não contém a região promotora nem os íntrons, já que foi produzido a partir do produto da expressão (RNAm) do gene em questão.

Por fim, especula-se que o gene *ROLC* de *Agrobacterium rhizogenes* codifique uma enzima capaz de hidrolisar glicosídios nas posições N7 e N9 do anel purínico, liberando assim citocininas ativas, como mostrado na Figura 10.6. Embora plantas superexpressando *ROLC* tenham alguns sintomas típicos de excesso de citocininas, como a baixa dominância apical e a redução do crescimento, elas também apresentam sintomas sem conexão com excesso de citocininas, ou mesmo mais associados à falta desse hormônio, como redução do conteúdo de pigmentos nas folhas, redução da fertilidade masculina e feminina, aumento do sistema radicular, e as raízes transgênicas isoladas conseguem crescer continuamente em meio sem hormônio (Faiss *et al.*, 1996).

Oxidação

Outro importante mecanismo de controle do nível endógeno de Ck ativas utilizado pelas plantas refere-se à quebra da cadeia lateral, sendo a oxidase de citocinina (CKO) a enzima responsável. A maioria das CKO, mas nem todas elas, compreende glicoproteínas com pH ótimo variando entre 6,0 e 9,0. O principal substrato para a CKO é a isopenteniladenina e, em menor grau, a zeatina, rendendo a reação 3-metil-2-butenal e adenina (Figura 10.7). Contudo, diferentes citocininas, como [9R]Z, [9R]iP, [9 G]Z, [7 G]Z e [9Ala]Z, também são quebradas pela CKO. Isso indica que modificações do anel purínico não afetam a atividade da enzima. Por sua vez, modificações da cadeia lateral, como aquelas encontradas em BAP, (diH)Z, cinetina e O-glicosilação, produzem Ck resistentes à oxidase de citocinina. Além disso, a CKO parece não atuar sobre nucleotídios (formas contendo fósforo) como substrato. Curiosamente, BAP e cinetina adicionadas aos tecidos vegetais podem ser quebradas de modo enzimático, sugerindo a existência de outras enzimas atuando além da CKO.

Em tecidos com elevada atividade de oxidase de citocinina, a (diH)Z costuma ser a principal citocinina presente, confirmando se tratar de uma forma mais resistente à ação dessa enzima. De modo bem diferente, em espécies com baixíssima atividade de CKO (p. ex., rabanete), a N-glicosilação deve ser o principal mecanismo de inativação de Ck.

Um gene correspondente à oxidase de citocinina foi isolado em milho. Como existem oxidases de citocininas que

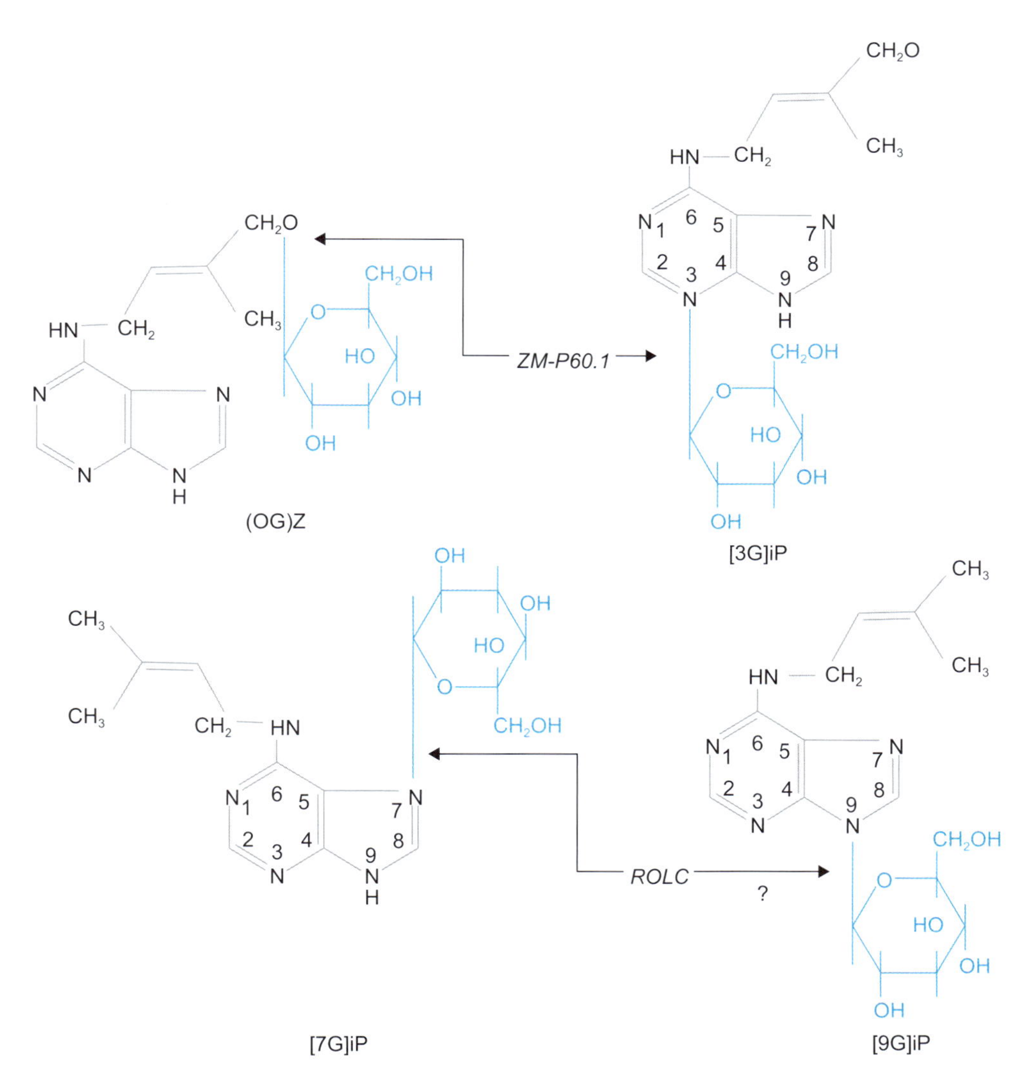

Figura 10.6 Hidrólise de citocininas. A enzima codificada pelo gene *ZM-P60.1* é capaz de hidrolisar O-glicosídios de zeatina e N-glicosídios de isopenteniladenina e zeatina na posição 3, mas não nas posições 7 e 9, estes dois últimos, portanto, funcionando como possíveis formas de inativação. Dada a reversibilidade pela ação enzimática, os O-glicosídios e N3-glicosídios podem ser formas de armazenamento. Especula-se que o gene *ROLC* de *Agrobacterium rhizogenes* codifique uma enzima capaz de hidrolisar glicosídios nas posições N7 e N9.

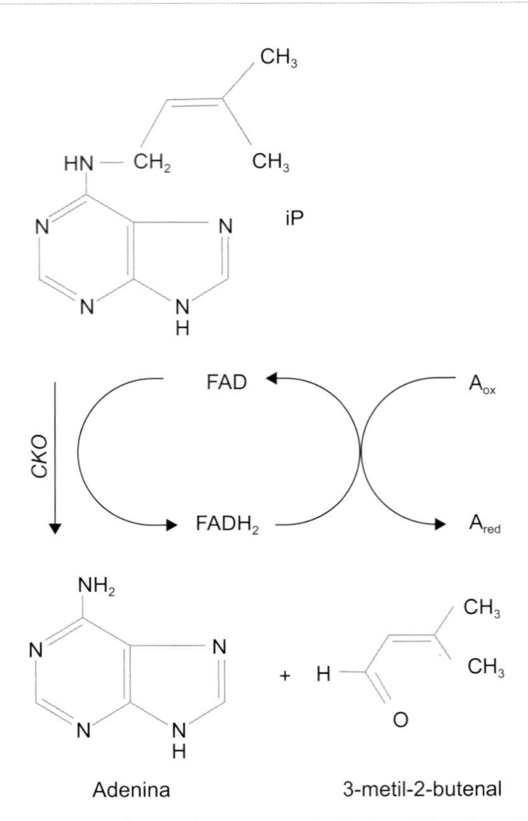

Figura 10.7 Degradação de isopenteniladenina (iP) pela oxidase de citocinina (CKO), com a participação da flavina adenina dinucleotídio (FAD) e de outra substância como aceptores de elétrons (A_{ox}), como o cobre (Cu^{2+}).

são glicoproteínas e outras que não são, podem existir outros tipos de genes codificando essas enzimas. A partir do isolamento do gene para CKO, foi possível determinar que sua maior expressão (produção de RNAm correspondente) se encontra no grão de milho, o que sugere que a enzima desempenhe um papel importante na defesa contra fungos fitopatogênicos que produzem Ck. Outra possível função para a CKO poderia ser o controle do ciclo celular por meio da degradação de Ck. Uma diminuição do nível de Ck inativaria as proteínas responsáveis pela progressão do ciclo celular, ou seja, as ciclinas.

Muitos estudos têm mostrado que Ck do tipo fenilureia, como o thidiazuron (TDZ) e a difenilureia (DPU), são fortes inibidores da atividade da CKO. Análises recentes da cinética da proteína codificada pelo gene de CKO indicaram que as fenilureias atuam como inibidores competitivos de Ck para o sítio ativo da referida enzima.

Uma consequência prática e de amplo alcance, decorrente dos estudos do metabolismo de citocininas, seria certamente uma melhor compreensão dos resultados advindos da aplicação desses compostos, tanto em estudos básicos quanto em aplicações biotecnológicas. Ainda, um manuseio mais adequado de certos fatores envolvidos nesse metabolismo permitiria aumentar ou reduzir os níveis endógenos, direcionando-os para propósitos práticos, sem precisar recorrer a tratamentos com concentrações estranhas à planta com consequências gênico-fisiológicas desastrosas, conforme verificado em alguns casos aplicados. É preciso ter em conta que a citocinina, ao ser aplicada a um tecido vegetal, poderá ser metabolizada, e a resposta se dará em razão da capacidade metabólica do tecido em questão. Além disso, algumas diferenças na *atividade* exibida pelos vários tipos de Ck podem ser atribuídas à relativa *estabilidade* desses compostos. Assim, a (diH)Z pode ser mais ativa que a Z em alguns casos, em virtude da ação da citocinina oxidase, a qual limita o nível de Z, mas não o de (diH)Z. Não obstante, a (diH)Z pode ser inativada por glicosilação (ver Tabela 10.1), e, em tecidos com tal capacidade, outras citocininas podem ser as mais ativas. De modo semelhante, a constatação de que o TDZ é um inibidor da oxidase de citocinina, aliada ao fato de, provavelmente, não haver um sistema enzimático para sua inativação, explica, pelo menos em parte, a superioridade dessa citocinina na maioria das aplicações biotecnológicas.

Transporte

Conforme mencionado anteriormente, o principal sítio de biossíntese de Ck nas plantas é representado pelas raízes. Essa localização sugere que as citocininas podem ser transportadas para a parte área pelo xilema. De fato, a análise da seiva bruta em várias plantas tem demonstrado a presença destas em boas quantidades, com destaque para a zeatina ribosídeo. Desse modo, tem-se como noção geral que as citocininas são transportadas principalmente pelo xilema sob a forma de ribosídeos.

As citocininas também são encontradas no floema, sobretudo durante a translocação de assimilados de folhas senescentes (fontes) para as partes jovens da planta (drenos). Enquanto as formas ribosídicas são transportadas pelo xilema, o transporte de citocininas pelo floema se dá principalmente sob a forma de glicosídios. Uma das funções do acúmulo desses glicosídios – inicialmente nos vacúolos de folhas senescentes, sendo depois translocados para as gemas que deverão entrar em dormência, principalmente durante o inverno – seria suprir as citocininas necessárias à retomada de crescimento na primavera. Essa observação implica reconhecer que um dos primeiros eventos desencadeadores da quebra de dormência dessas gemas seria a hidrólise das citocininas glicosídicas armazenadas, com a consequente liberação das bases livres ativas.

Modo de ação das citocininas

O modo de ação de qualquer hormônio vegetal envolve três etapas principais: a percepção do sinal; a transdução do sinal percebido; e os alvos primários da ação hormonal. A primeira delas, ou seja, a percepção, é realizada por meio da ligação do hormônio a um receptor específico. Receptores, normalmente, são proteínas localizadas na membrana celular ou no citoplasma, que se ligam com mensageiros químicos de forma específica e reversível. De modo diferente das enzimas, as proteínas que constituem os receptores não alteram os mensageiros químicos. Após a ligação, todavia, o receptor pode sofrer mudança conformacional, alcançando um estágio ativado, o qual, por sua vez, desencadeia uma cascata de eventos químicos intracelulares que leva a uma resposta característica. Desse modo, as proteínas receptoras atuam tanto na detecção quanto na transdução do sinal. Outras moléculas (mensageiros secundários) podem estar envolvidas na transdução do sinal, amplificando-o. Por fim, o sinal percebido e amplificado deve interferir em mecanismos celulares básicos, como a expansão, a divisão ou a diferenciação, os quais são os alvos primários fundamentais e cujo somatório de efeitos se traduz na modificação do vegetal como um todo. Esses mecanismos apresentam especificidade para cada classe hormonal. A seguir, será discutido o que se conhece, até o momento, em relação às citocininas.

Percepção e transdução de sinal

Postula-se, atualmente, que a sinalização de citocininas envolveria o chamado sistema regulatório de dois componentes (*two-component regulatory system*), inicialmente descrito em bactérias. Esse sistema, comum em procariotos, eucariotos simples e plantas, consiste em uma enzina cinase do tipo histidina (componente 1) que percebe a entrada do sinal, e em um regulador de resposta (componente 2), que medeia a saída do sinal. A via de sinalização se inicia quando a cinase é ativada por citocinina e fosforila seu próprio resíduo de histidina, transferindo esse fosfato, por fim, para o regulador de resposta (ARR). No caso de citocininas, existem transferidores de fosfato (AHP) que agem entre o sensor (receptor) e o regulador de resposta (Figura 10.8).

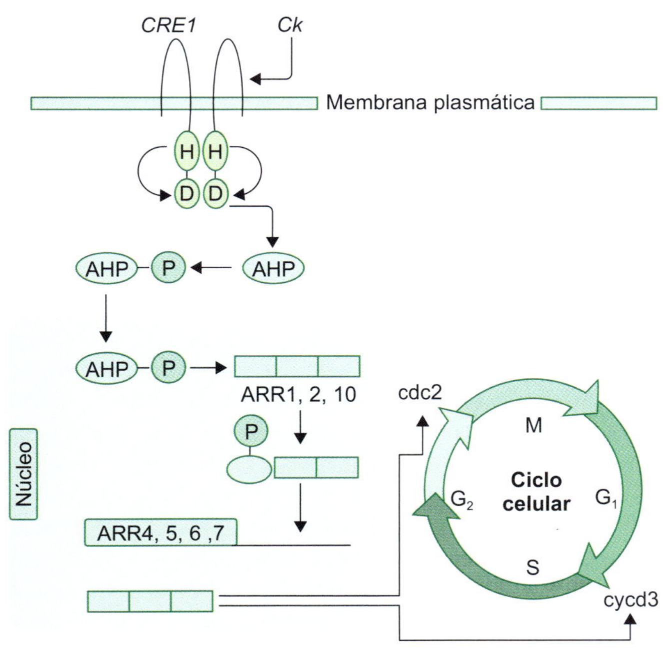

Figura 10.8 Transdução do sinal de citocininas. A ligação de citocininas ao receptor *CRE1*, localizado na membrana plasmática, faz com que este atue como uma histidina cinase, a qual inicia uma série de fosforilações que desencadearão a ativação de reguladores de respostas (ARR). A primeira dessas fosforilações consiste na transferência de um fósforo do aminoácido histidina (H) para um resíduo de glutamato (D) no próprio receptor (autofosforilação). Depois disso, o fósforo é passado para as proteínas de fosfotransferência de histidina (AHP), as quais, por sua vez, fosforilam as proteínas ARR do tipo B (ARR1, 2, 10). As proteínas ARR do tipo B são fatores de transcrição que, quando ativados por fosforilação, se ligam ao DNA e promovem a ativação de genes *ARR* do tipo A (*ARR4, 5, 6, 7*). A ativação de reguladores de resposta do tipo A pode desencadear a ação de ciclinas, como cdc2 e cycd3, o que explicaria um dos principais papéis das citocininas, ou seja, a regulação do ciclo celular.

As evidências de que as citocininas tinham uma sinalização segundo um sistema de dois componentes surgiram quando se isolou o gene *CRE1* e se constatou que ele codificava um receptor do tipo histidina cinase. Esse gene foi isolado por meio do estudo do mutante *CRE1* (*cytokinin response 1*) de *Arabidopsis*, o qual mostrava baixa sensibilidade às Ck. Outra histidina cinase (*CKI1*) envolvida na sinalização de Ck já havia sido isolada em *Arabidopsis*. Contudo, era necessário demonstrar que tais receptores conseguem se ligar à citocinina e desencadear uma resposta hormonal. Isso foi obtido de modo elegante por Inoue *et al.* (2001), trabalhando com um mutante de levedura que não apresentava um receptor do tipo histidina cinase. Essa mutação é letal nas leveduras, mas a letalidade era suprimida quando as leveduras passaram a expressar o gene responsável pela resposta às citocininas (*CRE1*) na presença de citocininas advindas do meio de cultura. Desse modo, a complementação de leveduras mutantes por meio da transformação com o gene *CRE1*, além de confirmar que sua proteína correspondente é um receptor de Ck, acabou mostrando-se um ótimo ensaio para conhecer as formas de Ck realmente ativas. Fazendo isso, Inoue *et al.* (2001) constataram que o TDZ age como citocinina verdadeira, e não somente como um inibidor da enzima oxidase de citocinina, conforme anteriormente proposto. Além disso, nesse sistema, a *trans*-zeatina mostrou-se ativa, mas o isômero *cis* não (Figura 10.9). Esses resultados confirmam predições anteriores segundo as quais a modelagem espacial do receptor de citocininas sugeria que tanto Ck do tipo adenina quanto ureia têm

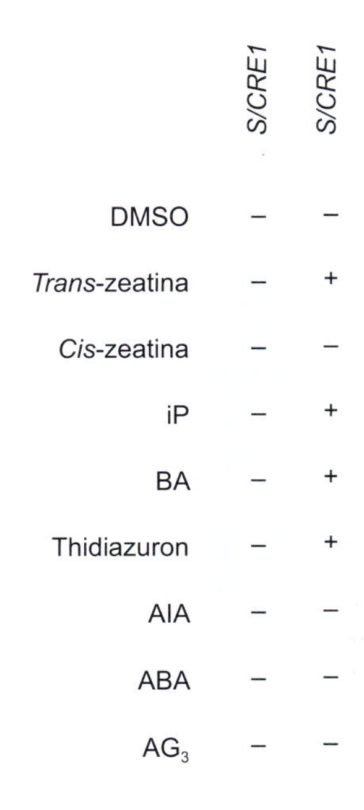

Figura 10.9 Expressão do gene que codifica um receptor de citocinina (*CRE1*) em levedura mutante deficiente em receptores do tipo histidina cinase. Esse tipo de mutação é letal, mas a introdução do gene *CRE1*, o qual codifica um receptor do tipo histidina cinase, possibilitou a sobrevivência das leveduras (representada pelo sinal "+"), desde que fossem cultivadas em meio contendo citocininas ativas. Ao se adicionarem formas inativas de citocininas (*cis*-zeatina), outras classes hormonais (AIA, ABA e AG_3) ou somente o solvente (DMSO) utilizado para solubilizar os hormônios, as leveduras morreram (indicado pelo sinal "+"). Adaptada de Inoue *et al.* (2001).

conformações capazes de se ligar à mesma proteína receptora. É interessante notar que os receptores conhecidos de etileno (*ETR1* em *Arabidopsis* e *Never ripe* em tomateiro) também são cinases do tipo histidina.

Além de *CRE1*, a proteína codificada pelo gene *CKI1* parece ser um receptor de Ck, o qual teria uma regulação diferente de *CRE1*. Como se pode observar, há uma redundância em receptores e reguladores de resposta, o que explica a dificuldade em isolar mutantes baseados em triagem de fenótipos sem resposta a citocininas.

Embora o mutante *cre1* tenha um desenvolvimento normal dos caules formados na germinação de sementes, ele falha em formar gemas em cultura de calos *in vitro*. Isso sugere que a proteína CRE1 funcional é um receptor presente em calos e que outros receptores que agem na planta, como um todo, não agem em calos. Além de se expressar em calos, a análise de expressão do gene *CRE1* indica que ele é predominantemente expresso nas raízes (Inoue *et al.*, 2001). A expressão predominante de *CRE1* em raízes parece corroborar a descoberta de que o mutante *cre1* é alélico à mutação *wooden leg* (*wol*), a qual causa defeito na divisão celular e no desenvolvimento de tecido vascular de raiz.

Alguns reguladores de resposta (ARR) envolvidos na sinalização de Ck (ver Figura 10.8) já tiveram seus genes correspondentes isolados. Os reguladores de resposta do tipo B (ARR1, 2, 10) são fatores de transcrição ativados por citocininas. Esses fatores de transcrição, por sua vez, ativam a transcrição de genes de reguladores de resposta do tipo A (*ARR4, 5, 6, 7*). Como consequência, a região promotora dos genes de reguladores de resposta do tipo A responde diretamente às Ck. Tomando vantagem dessa característica, Hwang e Sheen (2001) fundiram o promotor de *ARR6* com o gene repórter da luciferase de vaga-lume (*LUC*), responsável pela síntese da luciferase, a substância luminosa desse inseto, e fizeram a expressão transiente em protoplastos de *Arabidopsis*. Utilizando tal sistema, ficou demonstrado que apenas bases livres (BA, iP e Z) ativaram o promotor de ARR6 e, consequentemente, provocaram a atividade da enzima luciferase detectada pela luminescência. De modo contrário, a forma ribosídica, [9R]Z, mostrou-se inativa (Figura 10.10). Tal constatação sugere, fortemente, que mesmo as formas ribosídicas de citocininas não são ativas *per se*, tornando-se necessária a perda da ribose para ativá-las. Como discutido anteriormente, as formas ribosídicas são consideradas formas de transporte e, apesar de serem transportadas em células mortas (xilema), parece ser importante para a planta que elas estejam inativadas.

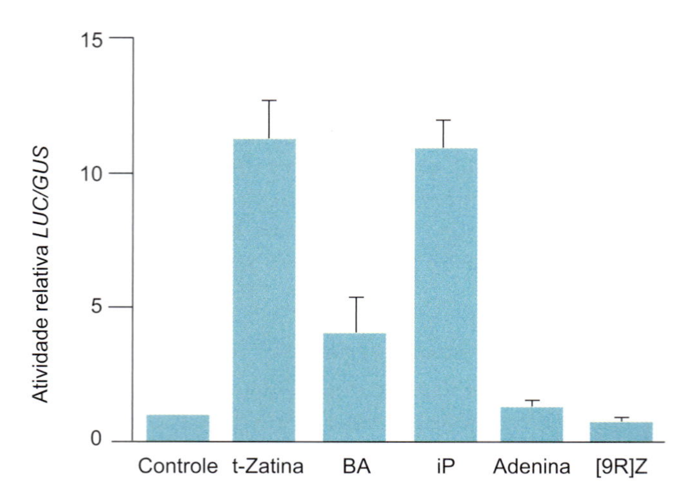

Figura 10.10 Ensaio de expressão transiente em protoplasto de *Arabidopsis* contendo o promotor de um gene induzido por citocininas (*ARR6*) ligado ao gene repórter da betaglucuronidase (*GUS*) ou luciferase (*LUC*). Notar que somente bases livres (BA, iP e Z) mostraram atividade nesse bioensaio, sugerindo que mesmo as formas ribosídicas, como [9R]Z, não são citocininas realmente ativas. Adaptada de Hwang e Sheen (2001).

Alvos primários das citocininas

Divisão celular

Como o próprio nome indica, um dos principais eventos controlados pelas citocininas é a citocinese ou divisão celular. Hoje, sabe-se que as citocininas atuam em etapas específicas do ciclo celular, regulando a atividade de ciclinas, proteínas que controlam a divisão celular. O gene *CYCD3* codifica uma ciclina envolvida na passagem da fase G1 para a fase de síntese de DNA (S) do ciclo celular. Um fato interessante é que tecidos expressando *CYCD3* constitutivamente, isto é, tecidos de plantas transgênicas com superexpressão de *CYCD3* em todas as células, não dependem de Ck exógenas para formar calos esverdeados *in vitro* (Riou-Khamlichi *et al.*, 1999). Desse modo, *CYCD3* parece ser um dos genes primários induzidos por Ck. Outro gene primariamente induzido por Ck é o *CDC2*, uma cinase envolvida na transição da fase na qual os núcleos já sofreram duplicação do DNA (fase G2) para a entrada na mitose (M) propriamente dita. No caso da cinase codificada pelo gene *CDC2*, já se evidenciou que o hormônio auxina é necessário para a síntese dessa proteína e que as citocininas são necessárias para sua ativação por meio de desfosforilação (Zhang *et al.*, 1996).

Diferenciação celular

Além da divisão celular, as citocininas estão intimamente ligadas à diferenciação das células, sobretudo no processo de formação de gemas caulinares. Para esse tipo de ação, possíveis candidatos seriam genes regulatórios, principalmente aqueles com domínio homeótico,* como *knotted 1* (*KN1*) e *shoot meristemless* (*STM*). Isso é evidenciado pelo fato de plantas transgênicas expressando os genes *IPT* e *KN1* apresentarem fenótipos semelhantes. Tanto plantas transgênicas de *Arabidopsis* superexpressando *IPT* quanto o mutante *amp1*, o qual tem níveis elevados de citocininas, mostraram um aumento na expressão dos genes *KNAT1* (um homólogo de *knotted 1*) e *STM* (Rupp *et al.*, 1999). Essas plantas também apresentaram folhas serrilhadas parecidas com aquelas de plantas superexpressando *KNAT1*. Desse modo, os autores propuseram que as Ck estão a montante (*up stream*) desses genes homeóticos, o que significa dizer que as citocininas podem induzir sua

* Domínio homeótico (*homeobox*) compreende uma característica de genes envolvidos em mutações homeóticas, ou seja, mutações que provocam a transformação de um órgão em outro. O primeiro gene homeótico descoberto foi *antennapedia*, que provoca a formação de pernas no local onde deveriam formar-se antenas na mosca *Drosophila*.

expressão. Contudo, plantas transgênicas superexpressando o gene *knotted* apresentam níveis elevados de citocininas (Hewelt *et al.*, 2000), sugerindo que as citocininas também poderiam vir a jusante (*down stream*) da expressão desses genes. Uma explicação para isso seria admitir que o efeito de *knotted* na produção de citocininas é indireto, por meio do estímulo à formação de tecidos meristemáticos, os quais são fontes de citocininas.

Estabelecimento de drenos

Para que gemas sejam formadas, torna-se necessário também um aporte de nutrientes, pois os novos brotos funcionam como drenos. Coincidentemente, as citocininas também estão envolvidas no estabelecimento de drenos (Figura 10.11), atuando de modo direto em, pelo menos, duas proteínas (invertase e transportador de hexoses), necessárias para o descarregamento apoplástico do floema. A enzima invertase diminui o potencial químico da sacarose na região do descarregamento, favorecendo uma chegada contínua desse nutriente. Ao mesmo tempo, o transportador de hexose é necessário para que os açúcares entrem nas células do dreno.

Retardamento da senescência foliar

O processo de envelhecimento de uma folha é acelerado quando esta é destacada da planta e mantida sob condições que minimizem o murchamento. Da mesma forma que ocorre nas folhas ligadas à planta, dá-se início ao aparecimento dos sinais inconfundíveis de senescência, como o surgimento e a progressão crescente do amarelecimento característico, processo resultante da degradação da clorofila (clorose). Ao mesmo tempo que isso ocorre, no nível tissular tem início uma rápida e acentuada diminuição dos teores de proteínas e RNA, a despeito das quantidades presentes de açúcares. A degradação das proteínas leva a um acúmulo de aminoácidos e amidas no interior da folha, já que estas não podiam ser transportadas conforme acontece nas folhas presas à planta. Tal constatação levou à interpretação de que a diminuição na síntese proteica não podia ser atribuída à falta de matéria-prima, ou seja, de aminoácidos. De fato, por meio de aminoácidos radioativamente marcados, já se sabia da ocorrência de uma acentuada redução na síntese proteica em folhas destacadas, em processo de envelhecimento.

Pelo menos desde 1964, sabia-se que a taxa elevada da degradação proteica, em folhas destacadas e com seus pecíolos mergulhados em água, era fortemente inibida quando raízes adventícias se formavam na base destes; além disso, a longevidade foliar aumentava de forma proeminente (Figura 10.12). Estava assim demonstrada uma relação entre o retardamento do envelhecimento da folha e a existência de raízes crescendo ativamente; postulou-se, na ocasião, que as raízes deveriam produzir algum "fator" necessário à manutenção da síntese proteica no limbo foliar e ao retardamento do envelhecimento. Descobriu-se, mais tarde, que a aplicação de cinetina sobre folhas destacadas também prevenia a senescência, mantendo a coloração verde típica desses órgãos. Todavia, em certo momento, o que mais despertou a atenção dos pesquisadores foi a constatação de que, quando a citocinina era aplicada em pequenas áreas do limbo, apenas estas se mantinham verdes, enquanto, em todo o restante da folha, o processo de senescência se mantinha (Figura 10.13). Estava, portanto, comprovado que, no caso das folhas enraizadas, o "fator" produzido pelas raízes era uma citocinina endógena transportada até o limbo. Estudos viriam também indicar que as citocininas causavam uma rápida aceleração das taxas de síntese de RNA e proteínas após cerca de 70 h da aplicação.

Além da estimulação da síntese de proteína e de RNA, o retardamento da senescência foliar pela aplicação de citocininas envolve a mobilização de metabólitos no interior desse órgão. Quando gotas de uma solução de citocinina eram depositadas em áreas definidas de folhas senescentes, verificava-se nos

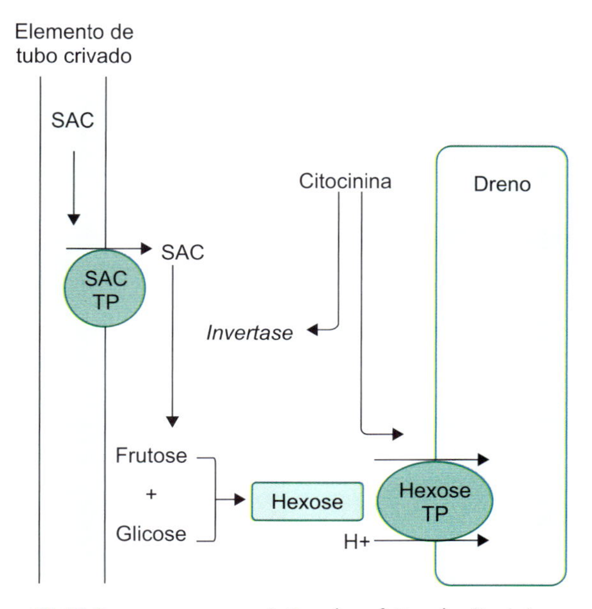

Figura 10.11 Esquema representativo dos efeitos da citocinina no estabelecimento de drenos, por meio da ação sobre a enzima invertase e um transportador de hexose. A invertase diminui o potencial químico da sacarose na região do descarregamento, favorecendo uma chegada contínua desse nutriente. Ao mesmo tempo, o transportador de hexose é necessário para que os açúcares entrem nas células do dreno. SAC: sacarose; TP: transportador. Adaptada de Roitsch e Ehneb (2000).

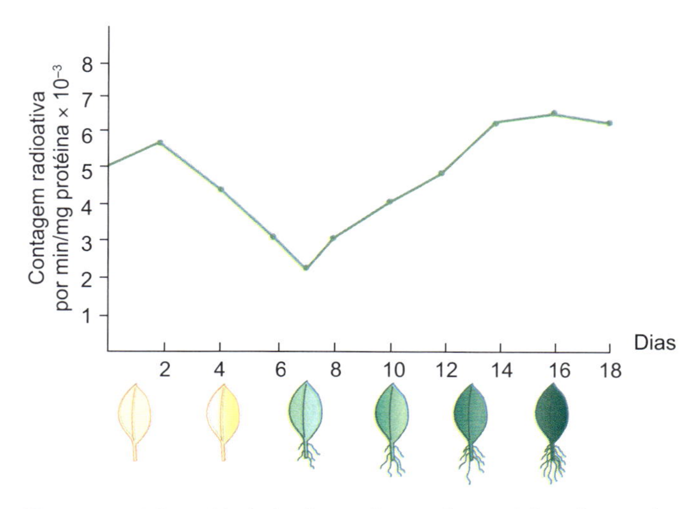

Figura 10.12 Capacidade de síntese de proteína em folhas destacadas de tabaco, medida antes e depois da formação de raízes adventícias por meio do uso de metionina marcada (S^{35}). Adaptada de Parthier (1979).

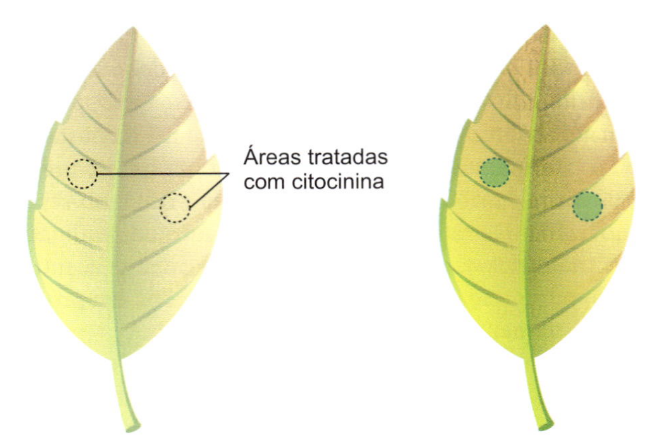

Figura 10.13 Efeito da inibição localizada da senescência de folhas de tabaco tratadas com uma solução de citocinina.

pontos tratados o acúmulo de aminoácidos radioativos aplicados em outra parte da folha e de outras substâncias, também indicando que a citocinina transformava a área tratada em um dreno para esses compostos. O efeito inibitório da citocinina endógena sobre o envelhecimento foliar promovido pelo aumento dos níveis de etileno é mostrado na Figura 10.20.

Fotomorfogênese

Outro evento marcante controlado pelas citocininas consiste na fotomorfogênese, o que sugere que o fotorreceptor envolvido nesse processo, o fitocromo, também seja um alvo primário dessa classe hormonal. Recentemente, constatou-se que um dos reguladores de resposta da via de sinalização das citocininas, ARR4, impediria a reversão da forma ativa do fitocromo B (PhyB), ou seja, a forma que absorve luz na faixa do vermelho-extremo, para a forma inativa, a qual absorve luz na faixa do vermelho. Desse modo, pode-se dizer que as citocininas mantêm PhyB na forma ativa e que alguns dos efeitos das Ck, sobretudo no desestiolamento (inibição do crescimento no escuro) e na diferenciação de cloroplastos, sejam mediados pelo fitocromo B (Fankhauser, 2002).

O somatório da ação das citocininas no nível celular, sobretudo nos processos de divisão e diferenciação celular, contribui para os chamados efeitos das citocininas na planta como um todo, os quais serão discutidos a seguir.

Efeitos das citocininas

Um aspecto importante relacionado com o efeito dos hormônios vegetais reside no fato de que uma única classe hormonal pode influenciar eventos fisiológicos de diversas naturezas. Nem poderia ser diferente, se considerada a existência apenas de cinco classes hormonais principais e o número elevado de eventos bioquímico-fisiológicos controlados pelos fitormônios. Conforme visto anteriormente, as citocininas influenciam a divisão e diferenciação celular, o estabelecimento de drenos e a diferenciação de cloroplastos, efeitos que podem ser atribuídos, respectivamente, à ação das citocininas de modo imediato sobre ciclinas, genes homeóticos, invertases e fitocromos. Além disso, outros importantíssimos efeitos das citocininas poderiam ainda ser mencionados, como a germinação de sementes, a formação de gemas caulinares, o desestiolamento, a quebra da dominância apical, a inibição da senescência e a interação planta–patógeno. Conforme será visto adiante, alguns trabalhos têm associado, ainda, as Ck à indução floral. Contudo, como a floração envolve processos dependentes de divisão celular, estabelecimento de drenos etc., são induzidos por citocininas, é muito provável que estas desempenhem um papel indireto, não sendo o hormônio indutor desse processo propriamente dito.* Em *Mercuralis annua* – uma *Euphorbiaceae dioica* –, a t-zeatina é abundante em plantas femininas, enquanto o iP é predominante nas plantas masculinas (Durand e Durand, 1991). O tratamento de plantas masculinas com t-zeatina resultou na formação de flores femininas, mostrando um efeito do tipo de citocinina na determinação sexual dessa espécie.

Embora as citocininas tenham efeitos aparentemente diversos e desconexos, alguns deles, como a formação de gemas caulinares, podem estar integrados de forma razoavelmente coerente, conforme se procura evidenciar na Figura 10.14.

Outro fato relevante da ação hormonal é que, além de uma classe hormonal poder influenciar diferentes processos fisiológicos, a recíproca também é verdadeira, ou seja, um mesmo processo fisiológico pode ser influenciado por diferentes classes hormonais. Desse modo, antes de se discutirem outros efeitos das citocininas, será considerada, brevemente, a interação desses hormônios com outras classes hormonais.

Interação com outras classes hormonais

Entre os fitormônios, a auxina é, de longe, a classe hormonal com maior interface com as citocininas. Trabalhos clássicos, realizados no laboratório do Dr. Folke Skoog, viriam a revelar, ainda nos anos 1950, que tanto a auxina quanto a citocinina são necessárias para estimular a divisão de células maduras, ou seja, a retomada desse processo em células que não mais se dividiriam (Das *et al.*, 1956). Todavia, apesar de a auxina atuar em sinergismo com a citocinina para estimular a divisão celular, essas classes hormonais atuam de modo antagonístico no controle da iniciação de ramos e raízes em cultura de tecido (Skoog e Miller, 1957), bem como no estabelecimento da dominância apical. Cultivando medula de tabaco em meios de cultura em que se adicionaram diferentes proporções de auxina e citocinina, Skoog e Miller (1957) estabeleceram que balanços hormonais com elevada proporção de citocinina favoreceram a diferenciação de gemas caulinares e que, de modo inverso, elevada proporção relativa de auxina induziu a diferenciação de raízes nos tecidos parenquimáticos da medula (Figura 10.15). No caso de balanços hormonais intermediários, houve o favorecimento da divisão e da expansão celular, formando um tecido denominado calo, sem a indução de diferenciação de ramos ou raízes (Figura 10.15). Esses resultados evidenciaram, pela primeira vez, que não há propriamente uma classe hormonal

* Muitos autores têm buscado o chamado "florígeno", ou seja, o hormônio indutor da floração. Contudo, o mais provável é que a indução de flores constitua um processo controlado por balanços entre mais de uma classe hormonal, assim como ocorre na indução de caules e raízes (Skoog e Miller, 1957), o qual será discutido adiante neste capítulo.

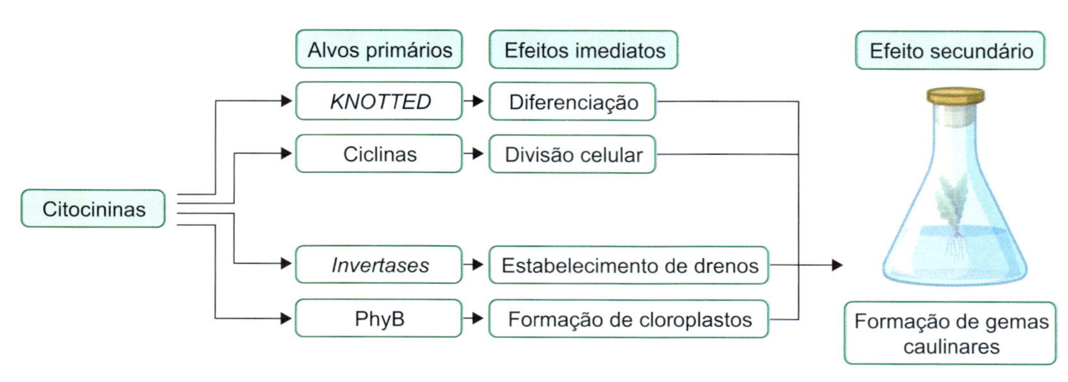

Figura 10.14 Integração presumível de alguns dos diversos efeitos das citocininas. A atuação das citocininas em alvos primários, como os genes homeóticos (*knotted*), ciclinas, invertases e fitocromo, provocaria efeitos imediatos na diferenciação, divisão celular etc., os quais, por sua vez e de modo conjunto, promoveriam efeitos secundários e macroscópicos, como a formação de gemas caulinares.

responsável pela formação de cada tipo de órgão, e sim um controle da formação destes por meio das proporções relativas entre diferentes classes hormonais.

Pouco se conhece, até o momento, sobre os mecanismos moleculares da interação auxina–citocinina. Acredita-se que um dos possíveis pontos de interação poderia ser encontrado no próprio metabolismo de ambos os hormônios, e uma dessas classes hormonais influenciaria a atividade de enzimas envolvidas na biossíntese ou na inativação da outra. Embora as evidências diretas para tal mecanismo ainda sejam incipientes, resultados interessantes foram obtidos em experimentos com plantas transgênicas. Verificou-se que plantas transgênicas de tabaco superexpressando o gene *ipt* para biossíntese de citocinina costumam ser menos sensíveis à aplicação de auxina (Li *et al.*, 1994), enquanto, de modo inverso, aquelas superexpressando o gene para inativação de citocininas (*ZOX1*) mostraram-se mais sensíveis à auxina (Werner *et al.*, 2001).

É de amplo conhecimento que tanto as auxinas quanto as citocininas, quando aplicadas em concentrações supraótimas, apresentam efeito marcante na inibição do crescimento de órgãos vegetais. Em ambos os casos, boa parte desse efeito inibitório é mediada pela indução da produção de etileno desencadeada pela enzima sintase do ACC (ver Capítulo 13). No caso específico das citocininas, estas parecem ser uma das principais causas da forte inibição provocada por essa classe hormonal sobre o alongamento radicular. Desse modo, em raízes de *Arabidopsis*, o efeito de tratamentos com benziladenina (BA) é revertido pela aplicação de aminoetoxivinil glicina (AVG) e íons de prata (Ag^+) (Cary *et al.*, 1995), inibidores da biossíntese e da ação de etileno, respectivamente. Contudo, nem todo o efeito do BA pode ser atribuído ao estímulo na produção de etileno, pois a aplicação de BA pode inibir mais o alongamento radicular que a simples aplicação de etileno, em concentrações nas quais ambos os tratamentos induzem a mesma quantidade de etileno endógeno, além de o BA não mudar a sensibilidade ao etileno. À luz desses resultados, poder-se-ia dizer que citocininas e etileno agem de modo sinergístico ou aditivo na inibição do alongamento caulinar. Contudo, essas duas classes hormonais são consideradas antagonísticas quanto ao efeito na senescência, sendo as citocininas um forte inibidor e o etileno um eficiente promotor desse importante evento fisiológico (ver Capítulo 13).

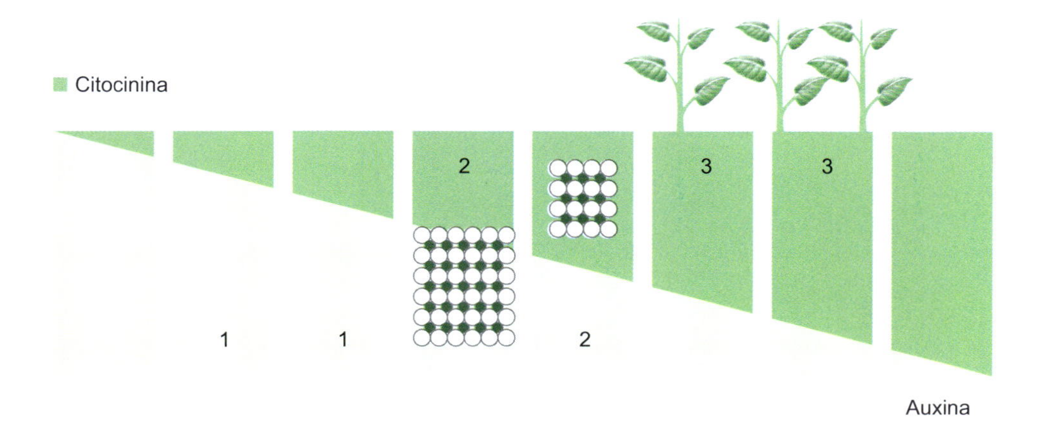

Figura 10.15 Interação entre auxina e citocinina na indução de raízes (**1**), calos (**2**) e caules (**3**), segundo o modelo proposto por Skoog e Miller (1957). Cada retângulo representa um explante com um balanço auxina/citocinina endógeno específico, o qual costuma ser o reflexo das quantidades de hormônios adicionados ao meio de cultivo.

Além da auxina e do etileno, o ácido abscísico (ABA) pode interagir com as citocininas, nesse caso de forma indireta. Deve-se considerar que, como o transporte das citocininas produzidas nas raízes para os caules depende da taxa transpiratória (via xilema), o ABA pode influenciar os níveis de citocininas na parte aérea, já que se trata de um dos principais reguladores do fechamento estomático. A ocorrência de uma interação mais direta entre essas duas classes hormonais é sugerida pelo fato de o ABA ser um inibidor de regiões de replicação de DNA durante a mitose, tendo as citocininas justamente um efeito contrário.

Balanço auxina/citocinina e desenvolvimento vegetal

Uma das principais características do desenvolvimento das plantas vasculares, e que as distingue dos animais, é o fato de esse desenvolvimento ocorrer predominantemente em um estágio pós-embrionário, ou seja, a maior parte do desenvolvimento ontogenético se dá ao longo da vida da planta, com a formação contínua e repetitiva de órgãos, como ramos, raízes, folhas, flores e frutos. A organogênese continuada das plantas é o resultado da manutenção, mesmo na fase adulta, de tecidos embrionários denominados meristemas caulinar e radicular. Pouco depois da descoberta da auxina (1934) e das citocininas (1955), postulou-se que essas duas classes hormonais, agindo conjuntamente, controlariam o desenvolvimento vegetal atuando diretamente na definição dos meristemas e, portanto, no tipo de órgão – caule ou raiz – a ser formado (Skoog e Miller, 1957). Diferentemente das auxinas, normalmente associadas à indução de raízes, um balanço auxina/citocinina favorável às citocininas induz a formação de gemas caulinares tanto *in vitro* quanto *ex vitro*. A propósito, com relação ao efeito morfogenético desse balanço, é mister enfatizar que, sob condições normais, a concentração absoluta da citocinina, imprescindível à formação das gemas, não precisa ser necessariamente superior à da auxina. Existem consideráveis evidências de que esse efeito diferencial de auxinas e citocininas na indução de caules e raízes é importante para o desenvolvimento integrado do vegetal. Desse modo, as citocininas produzidas nas raízes podem induzir a formação de ramos cujos ápices são centros produtores de auxina, a qual, por sua vez, é necessária à formação de mais raízes (Figura 10.16). Isso posto, não seria exagero dizer que a arquitetura final da planta depende, em boa parte, da interação entre os sistemas caulinares e radiculares, e que a interação entre a citocinina e a auxina ocupa uma posição destacada nesse processo. O crescimento integrado e equilibrado entre caules e raízes tem imensa importância, pois esses órgãos apresentam funções complementares para a sobrevivência do vegetal.

Embora as primeiras evidências de que o balanço auxina/citocinina controlava o desenvolvimento vegetal tenham surgido a partir de estudos com hormônios exógenos, ou seja, aplicados a tecido medular de caule de tabaco (Skoog e Miller, 1957), de modo geral a correta interpretação desse tipo de abordagem experimental ou prática sofre uma série de limitações. Algumas dessas limitações são a falta de conhecimento quanto à capacidade de absorção, ao transporte e à inativação pelo tecido no qual o hormônio foi aplicado, além das alterações que o hormônio exógeno pode provocar no nível hormonal endógeno. Atualmente, duas abordagens têm sido empregadas para sobrepor essas limitações. Uma delas consiste na dosagem do conteúdo hormonal endógeno nos tecidos (Peres *et al.*, 1997), e a outra é por meio do uso de plantas transgênicas nas quais se introduzem genes que alteram o metabolismo ou a sensibilidade hormonal. Como os hormônios vegetais são mensageiros químicos presentes em concentrações muito reduzidas nos tecidos (em geral, 10^{-9} mol/g de tecido fresco), sua quantificação torna-se dependente do domínio de técnicas analíticas muito sensíveis, como a cromatografia do tipo HPLC (*high performance liquid chromatography*) e o uso de anticorpos em ensaio do tipo ELISA (*enzyme linked immuno sorbent assay*), além de espectrometria de massas (MS) acoplada à cromatografia gasosa (GC) ou ao HPLC.

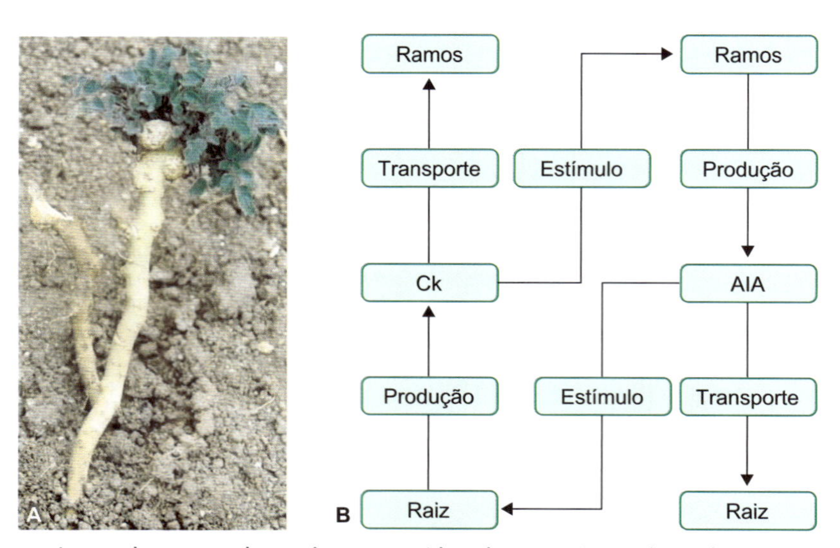

Figura 10.16 A e B. Crescimento integrado entre caules e raízes promovido pelos mecanismos de produção, transporte e efeito das citocininas (Ck) e auxina (AIA). As Ck produzidas nos ápices radiculares e transportadas pelo xilema induzem a formação de ramos. Os novos ramos são fontes de AIA que, por sua vez, estimulam a produção de novas raízes. Na imagem, é possível observar uma raiz de *Lycopersicon hirsutum*, a qual formou gemas caulinares quando a parte aérea foi removida. Note que os novos ramos se formaram após o estabelecimento de um dreno (intumescimento) na raiz.

A despeito de os estudos utilizando determinação do conteúdo hormonal endógeno terem permitido um avanço substancial, deve-se considerar que eles também estão sujeitos a limitações. Uma delas é não se saber se o hormônio quantificado se encontrava ativo ou inativo. Outra limitação refere-se à perda de informação quanto à compartimentalização interna (celular e tissular), já que, mesmo se utilizadas amostras muito pequenas de tecidos (mg), compartimentos heterogêneos são misturados durante os processos de extração. Desse modo, citocininas inativas presentes nos vacúolos dos tecidos dosados podem estar sendo contabilizadas como ativas. Por sua vez, os estudos envolvendo produção de plantas transgênicas requerem que os genes a serem introduzidos estejam previamente isolados e clonados em vetores de transformação (plasmídios multiplicados em *Escherichia coli* e/ou *Agrobacterium*). Além disso, sistemas para introdução desses genes nas plantas necessitam ser otimizados. A seguir, serão apresentados alguns exemplos de plantas transgênicas nas quais se introduziram genes que alteram a sensibilidade ou o metabolismo de citocininas e suas consequências sobre o desenvolvimento do vegetal.

As primeiras plantas transgênicas com alterações no balanço auxina/citocinina resultaram da introdução do gene *IPT* de *Agrobacterium tumefaciens*. Esse gene foi introduzido utilizando-se diferentes promotores (sequência responsável pela indução da transcrição do gene em estudo), o que causou certa variação no fenótipo de cada tipo de transgênico. As características mais comumente encontradas em tais plantas foram a inibição da formação de raízes e a perda de dominância apical, em virtude do desenvolvimento de gemas caulinares axilares. A não formação de raízes em plantas transgênicas expressando o gene *IPT*, sobretudo naquelas em que esse gene foi ligado a um promotor forte (*35S* de CaMV), obrigava a enxertia das plantas transgênicas sobre plantas normais, visando à sobrevivência das primeiras. Em outros estudos, o gene *IPT* foi fundido com promotores induzidos para que as citocininas passassem a ser produzidas somente quando de um estímulo. Nesses estudos, plantas transgênicas crescendo sem ter o estímulo para expressão de *IPT* apresentaram fenótipo normal, não necessitando mais ser enxertadas para que tivessem um sistema radicular. Um desses promotores, induzido por choque térmico, ou *heat shock* (HS), foi utilizado para produzir plantas transgênicas de *Arabidopsis*. Nessas plantas expressando o gene *HS-IPT*, a aplicação de choques térmicos (exposição a 40°C por 1 h, todos os dias) induziu alterações fenotípicas (p. ex., perda da dominância apical) não apresentadas por um único tratamento prolongado. Esses resultados sugerem que, em alguns efeitos fisiológicos, as Ck agem como um reostato, regulando a intensidade de um sinal, e não como um interruptor do tipo liga/desliga (Rupp *et al.*, 1999).* Resultados sugestivos também foram encontrados quando o gene *IPT* foi levado a se manifestar apenas em determinadas partes de plantas transgênicas de tabaco (Estruch *et al.*, 1991). Em tecidos nos quais se verificou essa ocorrência, como foi o caso das folhas, houve acumulação local e restrita de citocininas, o que culminou na formação de gemas caulinares em pontos diferentes na própria lâmina foliar. Esse fenômeno, conhecido como epifilia, acontece naturalmente em folhas de fortuna (*Bryophilum*) e *Kalanchoe*. Curiosamente, quando a acumulação de citocininas se deu na planta como um todo, não houve ocorrência de epifilia. A constatação de que o acúmulo transitório de Ck não tem o mesmo efeito que o acúmulo constante, e de que há diferenças também quanto à acumulação local ou na planta como um todo, sugere que a ação hormonal, sobretudo o efeito do balanço auxina/citocinina no desenvolvimento, depende do estabelecimento de gradientes espaciais e temporais. Os principais responsáveis pelo estabelecimento desses gradientes seriam as peculiaridades da síntese e do transporte, além das enzimas de inativação de citocininas, discutidas no início deste capítulo.

Os primeiros genes responsáveis pela inativação de citocininas foram isolados em 1999 (Houba-Hérin *et al.*, 1999; Martin *et al.*, 1999a; 1999b), possibilitando a alteração do conteúdo endógeno de citocininas de um modo inverso ao que já havia sido feito utilizando-se o gene *IPT*. Nesse sentido, tabaco transgênico superexpressando o gene para a oxidase de citocinina mostrou, pela primeira vez, o fenótipo de plantas com níveis reduzidos de Ck. Esse ineditismo resulta do fato de que, diferentemente de outros hormônios, não existem compostos químicos que possam ser utilizados como inibidores efetivos da biossíntese ou ação de Ck. As referidas plantas mostraram-se anãs como consequência de um retardamento grave do desenvolvimento dos ramos, incluindo a presença de entrenós curtos, folhas lanceoladas e epinásticas e redução da dominância apical (este último item será abordado mais adiante). Em contrapartida, o crescimento do sistema radicular e o número de raízes laterais e adventícias aumentaram, o alongamento das raízes primárias foi mais rápido e primórdios de raízes laterais foram notados próximo do ápice radicular (Werner *et al.*, 2001). Outra maneira de diminuir o conteúdo endógeno de citocininas seria por meio da superexpressão de genes para as enzimas que conjugam citocininas ativas. Isso foi demonstrado com plantas transgênicas de tabaco superexpressando o gene *ZOG1*, as quais formaram raízes aéreas nos caules durante as primeiras 2 semanas, crescendo sob alta umidade. Além disso, essas plantas apresentaram reduzida dominância apical e entrenós curtos (Mok *et al.*, 2000).

Uma característica que chama a atenção em todos os exemplos de plantas transgênicas com alterações no conteúdo de citocininas e, consequentemente, no balanço auxina/citocinina é o fato de tanto plantas transgênicas com excesso (Medford *et al.*, 1989; Rupp *et al.*, 1999) quanto com falta (Mok *et al.*, 2000; Werner *et al.*, 2001) de Ck apresentarem diminuição da dominância apical. A interpretação correta de tais resultados exige um exame mais detalhado do processo de dominância apical.

No processo de dominância apical típico, o ápice em crescimento de um caule inibe o crescimento das gemas laterais na mesma planta. A explicação mais difundida para a dominância apical refere-se à hipótese da inibição pela auxina, segundo a qual esse hormônio, produzido no ápice, se moveria

* O reostato é, basicamente, uma resistência de valor variável entre dois limites utilizada para controlar a intensidade de uma corrente elétrica. São exemplos de reostatos os botões de volume dos rádios e aparelhos de TV antigos.

basipetamente (do alto para baixo) para as gemas laterais e inibiria seu crescimento. Uma das evidências para essa hipótese consiste na demonstração de que a perda da dominância apical promovida pela decapitação do ápice (supressão da síntese de auxina) é recuperada pelo tratamento da planta decapitada com auxina. Contudo, essa explicação não contempla a constatação de que o efeito inibitório da auxina vinda do ápice, ou quando aplicada, pode ser revertido pela aplicação de citocininas diretamente sobre as gemas laterais. Isso sugere que a dominância apical é uma típica resposta ao balanço auxina/citocinina, assim como outros processos do desenvolvimento vegetal. Desse modo, houve um melhor entendimento da dominância apical quando se constatou que, em plantas intactas, as citocininas originadas das raízes tendem a se acumular nos ápices produtores de auxina, promovendo um balanço auxina/citocinina favorável ao seu desenvolvimento. Com a remoção do ápice caulinar, as citocininas passam a se acumular nas gemas laterais, promovendo seu desenvolvimento. Há suspeitas de que a própria auxina produzida no ápice caulinar controle o conteúdo de citocininas que chegam até as gemas axilares. Em plantas intactas crescendo ativamente, o acúmulo de auxina e citocininas na gema apical poderia levar ao seu desenvolvimento simplesmente promovendo divisão e expansão celular, além do estabelecimento de um dreno nessa região em detrimento das gemas laterais. Tanto a retirada do ápice quanto a aplicação de citocininas nas gemas laterais deslocariam o dreno e a dominância seria quebrada. De igual modo, a aplicação de auxina na ponta de plantas decapitadas manteria o dreno e a dominância. Por esse mecanismo, vê-se que a dominância apical depende da formação de gradientes internos de auxina e citocininas para que os drenos sejam estabelecidos. A ausência desses gradientes em plantas transgênicas, por causa da expressão continuada dos genes de biossíntese ou inativação de citocininas na planta como um todo, explicaria a reduzida dominância apical verificada tanto em plantas com níveis elevados quanto com níveis baixos desse hormônio.

Citocininas na interação entre os vegetais e o ambiente

Conforme visto no item anterior, a citocinina – ou, mais precisamente, o balanço auxina/citocinina – é essencial para o desenvolvimento pós-embrionário dos vegetais. Esse tipo de desenvolvimento envolvendo a formação de órgãos ao longo de todo o ciclo de vida, por si só, já constitui uma resposta às variações do ambiente. Dessa forma, os vegetais, embora sejam organismos sésseis, interagem intensamente com o ambiente por meio da indução ou repressão dos processos que levam à formação de novos tecidos e órgãos, de modo a garantir sua sobrevivência e reprodução. As citocininas estão envolvidas intensamente na resposta das plantas a, pelo menos, quatro estímulos externos: luz, temperatura, nutrientes e interação com outros organismos.

Luz

Com relação à luz, são conhecidos os efeitos das citocininas na diferenciação de proplastídios em cloroplastos e biossíntese de clorofila. A aplicação de citocininas em plântulas mantidas no escuro tende a mimetizar o efeito da luz na promoção da abertura e expansão dos cotilédones e na inibição da expansão celular exagerada dos caules, conhecida como estiolamento. Contudo, é interessante notar que, em plantas de *Catasetum fimbriatum* (Orchidaceae) transferidas para o escuro, a retomada da atividade dos meristemas apicais e laterais, os quais posteriormente originam ramos estiolados (Figura 10.17), coincide com uma elevação rápida de cerca de oito vezes da concentração de citocininas endógenas (Suzuki *et al.*, 2004). No referido experimento, a elevação transiente do nível endógeno de citocinina parece estar associada à quebra da dominância do pseudobulbo, um órgão de reserva em orquídeas, e ao consequente estabelecimento de novos drenos necessários ao desenvolvimento das gemas caulinares, as quais, na ausência de luz, posteriormente crescem de modo estiolado.

Nutrientes minerais

Um dos principais nutrientes com os quais as citocininas interagem é o nitrogênio. Coincidentemente, a clorose, bem como a aceleração da senescência das folhas em virtude da deficiência de N, lembra os aspectos adquiridos por tecidos com baixos níveis de citocininas. Já foi sugerido que, como as citocininas são compostos nitrogenados (adenina), a deficiência de nitrogênio poderia ter reflexo direto na biossíntese desse hormônio. Levando-se em conta que o nitrogênio normalmente equivale a 1,5% da matéria seca das plantas, e que a porcentagem de citocininas nos tecidos vegetais não chega à milionésima parte desse valor, é pouco provável que uma deficiência de nitrogênio possa vir a limitar a biossíntese desse fitormônio. Tal constatação leva à postulação de que a interação

Figura 10.17 Formação de ramos laterais estiolados (estruturas brancas) em pseudobulbo de *Catasetum fimbriatum* (Orchidaceae), após 20 dias da transferência do frasco do claro para o escuro. Dosagens das citocininas endógenas mostraram uma pronunciada elevação nos seus teores em comparação às plantas mantidas no claro. Imagem do Dr. Rogério M. Suzuki.

entre essas duas substâncias deve se dar, portanto, em outro nível, certamente mais complexo.

Uma interação possível poderia dar-se pela regulação das enzimas do metabolismo de nitrogênio. Nesse sentido, existem evidências de que as citocininas são ativadoras da enzima redutase do nitrato. Além disso, já se constatou, em plantas de milho, que a aplicação de nitrato leva temporariamente ao acúmulo de Ck primeiro nas raízes, depois na solução xilemática e, finalmente, nas folhas (Takei *et al.*, 2001b). Estudos subsequentes desse grupo de pesquisadores com plantas de *A. thaliana* (Takei *et al.*, 2004) vieram mostrar que a presença do íon NO_3^2 estimulava, significativamente, a expressão do gene *AtIPT*, o qual, conforme já mencionado anteriormente, é responsável pela codificação da enzima-chave na síntese de citocininas: a isopentenil transferase. Entre os vários genes estudados dessa família, o *AtIPT3* foi o que se mostrou mais responsivo ao NO_3^-, enquanto o *AtIPT5* era mais efetivo em tratamentos prolongados tanto com NO_3^- quanto com NH_4^+. Isso sugere que as plantas elevariam a concentração de Ck nas raízes em resposta ao nitrato e ao amônio, sendo essa classe hormonal posteriormente transportada para os caules. Assim, as Ck podem representar um sinal de longa distância indicando a disponibilidade de nitrogênio da raiz para o caule, possivelmente para coordenar o desenvolvimento dessas duas partes complementares no vegetal. Essa constatação está de acordo com o amplo efeito que a adubação nitrogenada pode apresentar sobre as plantas, sob a forma de maior vigor, esverdeamento foliar e iniciação de novas gemas caulinares e ramos (quebra da dominância apical).

Temperatura

Há boas evidências disponíveis do efeito da temperatura sobre o teor das citocininas endógenas. Estudos realizados com algumas espécies de orquídeas tropicais têm evidenciado um efeito promotor de temperaturas baixas na floração dessas plantas (vernalização), bem como, paralelamente, nos teores endógenos de suas citocininas. Assim, plantas híbridas de *Dendrobium nobile* apresentaram um incremento gradual nos níveis de zeatina nas gemas laterais encontradas ao longo do pseudobulbo, a partir de fevereiro (verão) até junho (inverno – região Sudeste do Brasil), coincidindo o último mês com o início do desenvolvimento das gemas florais. Corroborando o efeito da diminuição da temperatura na elevação dos teores de citocininas endógenas ao longo de vários meses, estudos envolvendo tratamentos termoperiódicos mais curtos, de 12 h (10°C luz/25°C escuro), aplicados nessas mesmas plantas ao longo de 30 dias, resultaram em uma elevação altamente significativa de citocininas, principalmente das formas livres e ribosídicas de zeatina e isopenteniladenina, tanto nas gemas laterais quanto nas folhas dessa orquídea, tendo, nesse caso, a concentração de zeatina alcançado valores expressivamente superiores aos seus níveis iniciais (Figura 10.18). A aplicação de benziladenina em plantas de *Dendrobium*, bem como em outros gêneros de orquídeas tropicais, tem se mostrado eficiente na floração. Mesmo pequenas porções caulinares de plantas híbridas de *D. nobile*, ainda no estado juvenil, podem ser induzidas a florescer *in vitro*, quando incubadas na presença de TDZ, uma potente citocinina sintética (Ferreira *et al.*, 2006). Reforçando ainda o efeito promotor de tratamento termoperiódico sobre os níveis endógenos de citocinina, plantas de *Phalaenopsis* (Orchidaceae) submetidas a temperaturas elevadas apresentaram uma diminuição nos teores dessas substâncias paralelamente à inibição da floração (ver Capítulo 18).

Apesar do efeito promotor das citocininas endógenas e exógenas na floração das plantas orquidáceas anteriormente mencionadas, os resultados disponíveis até o momento não são ainda consistentes o bastante para se inferir sobre a atuação efetiva desse grupo de hormônios na passagem dramática do estado vegetativo para o estado floral. Os estudos indicam somente que as citocininas participam de alguma forma do desenvolvimento de gemas, estas já no estado floral (portanto, já induzidas), provavelmente pela retomada das divisões celulares de seus meristemas. O(s) sinal(ais) responsável(eis) pela indução floral propriamente dita permanece(m) ainda desconhecido(s).

Interação com microrganismos

Quanto à interação das plantas com outros organismos, é bastante conhecido que a formação de galhas provocadas por larvas de insetos, fungos e bactérias (p. ex., *Agrobacterium*) envolve a produção de citocininas. Enquanto certos microrganismos e larvas de insetos produzem e excretam citocininas, em *Agrobacterium* há a passagem de um gene de produção de citocininas (*IPT*) para o tecido infectado, modificando-o geneticamente. Outra infecção deletéria à planta hospedeira é a formação descontrolada de ramos laterais (fasciação), nas chamadas vassouras-de-bruxa, provocadas por fungos produtores de citocininas (Figura 10.19). Além das fasciações, os fungos produtores de citocininas podem induzir a formação das conhecidas "ilhas verdes" (Figura 10.19) nos locais infectados. A inibição da senescência e o estabelecimento de drenos característicos das "ilhas verdes", assim como a promoção da organogênese nas galhas e fasciações, são conhecidos efeitos das citocininas e, obviamente, favorecem o aporte

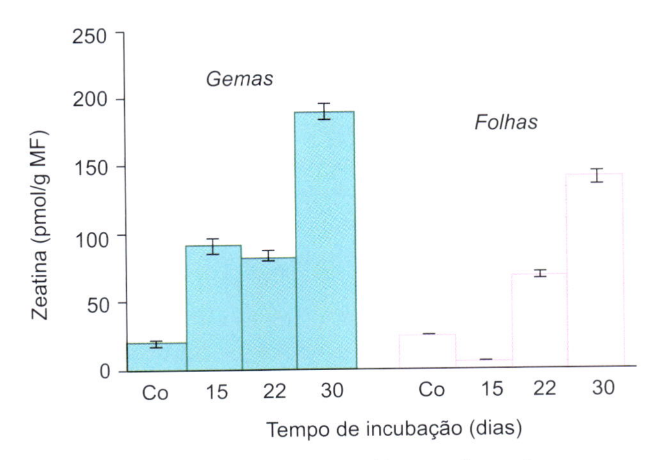

Figura 10.18 Variações dos teores endógenos de zeatina em gemas laterais e folhas de plantas de *Dendrobium* "Second Love" (Orchidaceae), incubadas a 10°C (escuro) e 25°C (claro), durante 30 dias. MF: matéria fresca; Co: controle sem incubar. As barras indicam o erro-padrão das médias. Fonte: Campos e Kerbauy (2004).

Figura 10.19 Papel das citocininas na interação planta–microrganismo. **A.** Formação de "ilhas verdes" nos locais onde há lesões provocadas por fungos em folha de mangueira (*Mangifera indica*). **B.** Observa-se a chamada vassoura-de-bruxa do cacaueiro (*Theobroma cacao*), a qual consiste em uma intensa brotação, relacionada com a produção de citocininas pelo fungo *Crinipellis perniciosa*. Imagem cedida pelo Prof. Dr. Antônio Figueira (CENA/USP).

de nutrientes para os organismos que se instalam nos tecidos vegetais. Há, todavia, interações que resultam no estabelecimento de simbioses benéficas, conforme ocorre em raízes de plantas leguminosas e *Rhizobium* sp., bactéria fixadora de nitrogênio. Nesse caso, quando já no interior do parênquima radicular, as citocininas produzidas pela bactéria levam à retomada das divisões celulares, dando início à formação do nódulo radicular (ver Capítulo 3).

Citocininas e biotecnologia

Ao longo deste capítulo, foi possível perceber que as citocininas compreendem uma classe hormonal intensamente ligada à biotecnologia de plantas, já que são pré-requisito indispensável para a divisão celular, possibilitando a multiplicação de células com a formação de tecidos e órgãos *in vitro*. Entre os processos biotecnológicos dependentes da cultura *in vitro*, pode-se destacar a clonação de plantas (micropropagação), a obtenção de plantas haploides, o cultivo e a fusão de protoplastos (células destituídas de parede celular), a produção de substâncias comercialmente importantes, a partir do cultivo de células e órgãos, e a produção de plantas transgênicas.

Por meio da micropropagação, um elevado número de mudas de espécies frutíferas, ornamentais ou hortícolas pode ser produzido *in vitro* a partir de células, tecidos e órgãos de uma planta doadora (matriz). Normalmente, a planta doadora é um exemplar portador de características valiosas, previamente selecionadas, e sua micropropagação possibilita a obtenção de um grande número de mudas geneticamente idênticas em um tempo e espaço reduzidos. Por meio ainda da micropropagação, é perfeitamente viável a eliminação de patógenos endofíticos, como vírus, bactérias e fungos, que causam sérios prejuízos ao crescimento e à produção das plantas infectadas. Nesse caso, obtêm-se plantas sadias pelo isolamento e pelo cultivo de ápices caulinares muito reduzidos, já que os meristemas geralmente são livres desses contaminantes. É quase certo que a batatinha e os morangos encontrados hoje em mercados e feiras tenham sido produzidos por plantas que, por sua vez, foram geradas a partir de matrizes clonadas em um laboratório comercial de biotecnologia. Tais laboratórios são grandes importadores de citocininas, podendo-se dizer que essas substâncias – cujos preços podem variar, em dólar americano, desde US$ 15,00 o grama (BAP) até US$ 3,00 o miligrama (zeatina) – fazem parte dos custos de produção de muitos alimentos consumidos hoje.

A aplicação de citocininas em anteras imaturas cultivadas *in vitro* pode alterar a via normal de desenvolvimento dos seus micrósporos, os quais normalmente dariam origem aos grãos de pólen, induzindo a formação de plantas haploides. Uma das vantagens das plantas haploides é que, ao se restituir o conjunto complementar de cromossomos nesses indivíduos, por meio de tratamento com uma substância denominada colchicina, as plantas resultantes serão 100% homozigotas. As sementes produzidas em plantas homozigotas gerarão outras plantas idênticas à planta-mãe, tendo as mesmas vantagens da propagação clonal convencional ou por micropropagação.

Tanto a fusão de protoplastos quanto a produção de plantas transgênicas são estratégias utilizadas para a introdução de genes de interesse em espécies cultivadas. Esses dois métodos possibilitam a passagem de genes entre espécies que não poderiam ser intercruzadas. Em ambos os processos, o evento ocorre no nível celular e, portanto, há a necessidade de obtenção de uma planta inteira a partir da referida célula. A regeneração de uma nova planta a partir de uma célula envolve divisão e diferenciação *in vitro*, sendo os dois processos dependentes do emprego de citocininas.

O efeito marcante das citocininas no estabelecimento de drenos e na inibição da senescência também sugere importantes aplicações biotecnológicas. Em ambientes naturais, a senescência dos órgãos vegetais tem uma importância ecológica clara ao se considerar que, por exemplo, quanto mais tempo viver uma folha, maior será sua exposição a fatores que limitarão sua fotossíntese, como as intempéries, os patógenos e as pragas. Já no ambiente agrícola, no qual essas limitações tendem a ser minimizadas com o uso do cultivo protegido (estufas agrícolas) e a aplicação de inseticidas e fungicidas, pode ser compensatório inibir a senescência e estender o período produtivo de órgãos fotossintéticos. Uma das maneiras de conseguir isso poderia ser a produção de plantas transgênicas com superprodução de citocininas. Contudo, como o excesso de citocininas pode afetar negativamente outros processos do desenvolvimento, seria necessário que o sistema fosse autorregulado de tal modo a não permitir o acúmulo excessivo de citocininas e a inibir somente a senescência. Tal especificidade foi obtida em um sistema no qual o gene *IPT* foi ligado ao promotor SAG (*senescence-associated genes*), o qual, conforme indicado pelo próprio nome, é induzido pela senescência (Gan e Amasino, 1995). Dessa forma, no referido sistema, o início da senescência induz o promotor *SAG*, o qual ativa o gene *IPT*, desencadeando a produção de citocininas e, por conseguinte, a inibição da senescência e a produção em excesso das próprias citocininas (Figura 10.20). As plantas transgênicas expressando esse sistema apresentam folhas que permanecem funcionais na realização da fotossíntese por um período prolongado, aumentando, assim, a produção de matéria seca da planta como um todo.

É de amplo conhecimento que o aumento da produção de matéria seca (MS) em si não significa aumento de produtividade, a menos que esse aumento seja na parte colhida da planta, o que afeta positivamente o chamado índice de coleta (relação entre a MS da parte colhida e a MS total). De modo semelhante ao sistema discutido aqui, a ligação do gene *IPT* a promotores que se expressam nas partes colhidas das plantas cultivadas poderia deslocar a produção de citocininas e, consequentemente, o estabelecimento de drenos para essas partes. Um exemplo disso foi a produção de plantas transgênicas de tomateiro expressando o gene *IPT* ligado a um promotor que só se expressa em tecido de ovário (Martineau *et al.*, 1995). Nessas plantas, o acúmulo de citocininas nos ovários aumentou a força do dreno, fazendo com que os frutos formados acumulassem mais fotoassimilados, o que se traduziu em um aumento do chamado Brix, índice que indica o teor de sólidos solúveis, principalmente açúcares. No referido experimento, não houve um aumento no tamanho do fruto, já que as plantas transgênicas tenderam a produzir um maior número de frutos por planta, em razão de um maior "pegamento" de ovários fecundados. Contudo, um dos parâmetros que mais se buscam na produção de tomate e outros frutos é justamente o aumento do Brix.

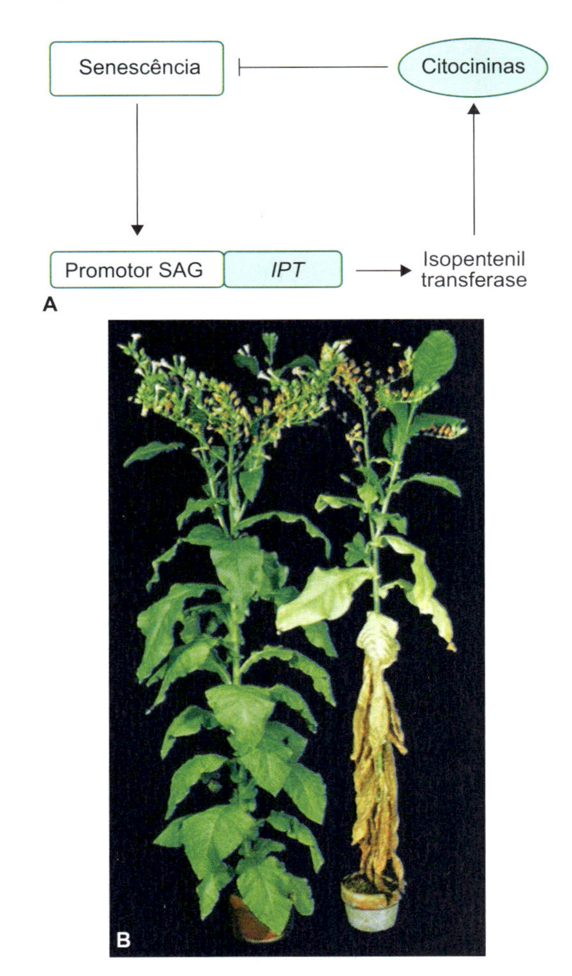

Figura 10.20 A. Sistema autorregulado, para inibição de senescência em folhas de tabaco, representado pela ligação do promotor *SAG* (*senescence associated gene*) ao gene *IPT*, responsável pela síntese da enzima isopentenil transferase. Nesse sistema, o início da senescência desencadeia a produção de citocininas, as quais são inibidoras de senescência e, por isso, previnem sua própria produção em excesso (*feedback* negativo). As setas indicam ativação; as barras, inibição. Adaptada de Gan e Amasino (1995). **B.** Fenótipo da planta de tabaco geneticamente modificada (lado esquerdo) e da planta normal (lado direito). Reproduzida, com autorização, de Gan e Amasino (1995).

Conclusões e perspectivas

Neste capítulo, procurou-se destacar, logo de início, como uma única pergunta sobre qual seria o "fator" responsável pela divisão celular acabou culminando na promoção de todo um corpo de conhecimentos que permite, hoje, não só entender melhor o desenvolvimento vegetal, como também fazer manipulações biotecnológicas que têm revolucionado a agricultura. Certamente, o responsável por todo esse processo foi o brilhante cientista Dr. Folke Skoog (1909-2001), o descobridor das citocininas, cujo indiscutível mérito foi ter elaborado uma grande pergunta e desenvolvido um bom modelo experimental para respondê-la. Isso posto, é dispensável ressaltar a importância da pesquisa básica para permitir um salto qualitativo e conceitual no desenvolvimento de novas tecnologias.

Contudo, tem sido frequente a constatação de que avanços tecnológicos também podem promover novos conhecimentos básicos. Desse modo, conforme visto neste capítulo, a obtenção de plantas transgênicas e a disponibilidade das sequências de genomas inteiros têm potencializado as pesquisas sobre o metabolismo e o modo de ação das citocininas. Nesse sentido, uma abordagem promissora deverá consistir na obtenção de novos mutantes e plantas transgênicas correspondentes aos milhares de genes de funções ainda desconhecidas no genoma de algumas plantas-modelo. Tal abordagem genética, aliada a estudos bioquímicos envolvendo principalmente a determinação do conteúdo endógeno e da dinâmica (biossíntese, transporte e inativação) hormonal, deverá aumentar consideravelmente os conhecimentos sobre as citocininas e o próprio controle do desenvolvimento vegetal nos próximos anos.

Referências bibliográficas

Campos KO, Kerbauy GB. Thermoperiodic effect on flowering and endogenous hormonal status in Dendrobium (Orchidaceae). J Plant Physiol. 2004;161:1385-87.

Cary AJ, Liu E, Howell SH. Cytokinin action is coupled to ethylene in its effects on the inhibition of root and hypocotyl elongation in Arabidopsis thaliana seedlings. Plant Physiol. 1995;107:1075-82.

Das NK, Patau K, Skoog F. Initiation of mitosis and cell division by kinetin and indoleacetic acid in excised tobacco pith tissue. Physiol Plant. 1956;9:640-51.

Durand B, Durand R. Sex determination and reproductive organ differentiation in Mercurialis. Plant Sci. 1991;80:49-65.

Estruch JJ, Prinsen E, Van Onckelen H, Schell J, Spena A. Viviparous leaves produced by somatic activation of an inactive cytokinin-synthesizing gene. Science. 1991; 254:1364-7.

Faiss M, Strnad M, Redig P, Doležal K, Hanuš J, Van Onckelen H, et al. Chemically induced expression of the rolC-encoded β-glucosidase in transgenic tobacco plants and analysis of cytokinin metabolism: rolC does not hydrolyze endogenous cytokinin glucosides in planta. Plant J. 1996;10:33-46.

Fankhauser C. Light perception in plants: cytokinins and red light join forces to keep phytochrome B active. Trends in Plant Science. 2002;7:143-5.

Ferreira WM, Kerbauy GB, Kraus JE, Pescador R, Suzuki RM. Thidiazuran influences the endogenous levels of cytokinins and IAA during the flowering of isolated shoots of Dendrobium. J Plant Physiol. 2006;1126-34.

Gan S, Amasino RM. Inhibition of leaf senescence by autoregulated production of cytokinin. Science. 1995;270(5244):1986-8.

Hall RH. Cytokinins as a probe of developmental processes. Ann Rev Plant Physiol. 1973;24:415-44.

Helliwell CA, Chin-Atkins AN, Wilson IW, Chapple R, Dennis ES, Chaudhury A. The Arabidopsis AMP1 gene encodes a putative glutamate carboxypeptidase. Plant Cell. 2001;13:2115-25.

Hewelt A, Prinsen E, Thomas M, Van Onckelen H, Meins F Jr. Ectopic expression of maize knotted1 results in the cytokinin-autotrophic growth of cultured tobacco tissues. Planta. 2000;210:884-9.

Houba-Hérin N, Pethe C, D'Alayer J, Laloue M. Cytokinin oxidase from Zea mays: purification, cDNA cloning and expression in moss protoplasts. Plant J. 1999;17:615-26.

Hwang I, Sheen J. Two-component circuitry in Arabidopsis cytokinin signal transduction. Nature. 2001;413:383-9.

Inoue T, Higuchi M, Hashimoto Y, Seki M, Kobayashi M, Kato T, et al. Identification of CRE1 as a cytokinin receptor from Arabidopsis. Nature. 2001;409:1060-3.

Kakimoto T. Identification of plant cytokinin biosynthetic enzymes as dimethylallyl diphosphate: ATP/ADP isopentenyltransferases. Plant Cell Physiol. 2001;42:677-85.

Letham DS. Cytokinins from Zea mays. Phytochemistry. 1973; 12:2445-55.

Letham DS, Palni MS. The biosynthesis and metabolism of cytokinins. Annu Rev Plant Physiol. 1983;34:163-97.

Li Y, Shi X, Strabala TJ, Hagen G, Guilfoyle TJ. Transgenic tobacco plants that overproduce cytokinins show increased tolerance to exogenous auxin and auxin transport inhibitors. Plant Sci. 1994;100:9-14.

Martin RC, Mok MC, Mok DWS. A gene encoding cytokinin enzyme zeatin o-xylosyltransferase of Phaseolus vulgaris. Plant Physiol. 1999a;120:553-7.

Martin RC, Mok MC, Mok DWS. Isolation of a cytokinin gene, ZOG1, encoding zeatin O-glucosyltransferase from Phaseolus lunatus. Proc Natl Acad Sci USA. 1999b;96:284-9.

Martineau B, Summerfelt KR, Adams DF, Deverna JW. Production of high solids tomatoes through molecular modification of levels of the plant growth regulator cytokinin. Biotechnology. 1995;13:250-4.

Medford JI, Horgan R, El-Sawi Z, Klee H. Alterations of endogenous cytokinins in transgenic plants using a chimeric isopentenyl transferase gene. Plant Cell. 1989;1:403-13.

Miller CO, Skoog F, Von Saltza MH, Strong FM. Kinetin, a cell division factor from deoxyribonucleic acid. J Am Chem Soc. 1955;7:1392.

Mok DW, Martin RC, Shan X, Mok MC. Genes encoding zeatin O-glycosyltransferases. Plant Growth Regulation. 2000;32:285-7.

Mok DWS, Mok MC. Cytokinin metabolism and action. Annu Rev Plant Physiol Plant Mol Biol. 2001;52:89-118.

Parthier B. The role of phytohormones cytokinins in chloroplas development. Bioch Physiol Pflanz. 1979;174:173-214.

Peres LEP, Mercier H, Kerbauy GB, Zaffari GR. Níveis endógenos de AIA, citocininas e ABA em uma orquídea acaule e uma bromélia sem raiz, determinado por HPLC e ELISA. Rev Brasil de Fisiol Vegetal. 1997;9:169-76.

Riou-Khamlichi C, Huntley R, Jacqmard A, Murray JAH. Cytokinin activation of Arabidopsis cell division through a D-type cyclin. Science. 1999;283:1541-4.

Roitsch T, Ehneb R. Regulation of source/sink relations by cytokinins. Plant Growth Regulation. 2000;32:359-67.

Rupp HM, Frank M, Werner T, Strnad M, Schmülling T. Increased steady state mRNA levels of the STM and KNAT1 homeobox genes in cytokinin overproducing Arabidopsis thaliana indicate a role for cytokinins in the shoot apical meristem. Plant J. 1999;18:557-63.

Skoog F, Strog FM, Miller FM. Cytokinins. Science. 1965;148:532-3.

Skoog F, Miller CO. Chemical regulation of growth and organ formation in plant tissues cultured in vitro. Symp Soc Exp Biol. 1957;11:118-231.

Suzuki RM, Kerbauy GB, Zaffari GR. Endogenous hormonal levels and growth of dark-incubated shoots of Catasetum fimbriatum. J Plant Physiol. 2004;161:929-35.

Takei K, Sakakibara H, Sygiyama T. Identification of genes encoding adenylate isopentenyltransferase, a cytokinin biosynthesis enzyme, in Arabidopsis thaliana. J Biol Chem. 2001a;276:26405-10.

Takei K, Sakakibara H, Taniguchi M, Sygiyama T. Nitrogen-dependent accumulation of cytokinins in root and the translocation to leaf: implication of cytokinin species that induces gene expression of maize response regulators. Plant Cell Physiol. 2001b;42:85-93.

Takei K, Ueda N, Aoki K, Kuromori T, Hirayama T, Shinozaki K, et al. AtIPT3 is a key determinant of nitrate-dependent cytokinin biosynthesis in Arabidopsis. Plant Cell Physiol. 2004;5:1053-62.

Thomas JC, Katterman FR. Cytokinin activity induced by thidiazuron. Plant Physiol. 1986;81:681-3.

Werner T, Motyka V, Strnard M, Schmülling T. Regulation of plant growth by cytokinin. Proc Natl Acad Sci USA. 2001;98:10487-92.

White PR. Potentially unlimited growth of excised tomato root tips in a liquid medium. Plant Physiol. 1934;9:585-600.

Zhang K, Letham DS, John PCL. Cytokinin controls the cell cycle at mitosis by stimulating the tyrosine dephosphorylation and activation of $p34^{cdc2}$-like H1 histone kinase. Planta. 1996;200:2-12.

Bibliografia

Binns AN. Cytokinin accumulation and action: biochemical, genetic and molecular approaches. Annu Rev Plant Physiol Plant Mol Biol. 1994;45:173-96.

Brzobohaty B, Moore I, Palme K. Cytokinin metabolism: implications for regulation of plant growth and development. Plant Mol Biol. 1994;26:1483-97.

Coenen C, Lomax TL. Auxin-cytokinin interactions in higher plants: old problems and new tools. Trends Plant Sci. 1997;2:351-6.

Haberer G, Kieber JJ. Cytokinins. New insights into a classic phytohormone. Plant Physiol. 2002;128:354-62.

Hare PD, Van Staden J. Cytokinin oxidase: biochemical features and physiological significance. Physiol Plant. 1994;91:128-36.

McGaw B, Burch LS. Cytokinin biosynthesis and metabolism. In: Davies PJ, editor. Plant hormones: physiology, biochemistry and molecular biology. Dordrecht: Kluwer; 1995. p. 98-117.

Torres AC, Caldas LS, Buso JA. Cultura de tecidos e transformação genética de plantas. v. 1 e 2. Brasília: CBAB/EMBRAPA; 1998, 1999. 864 p.

Giberelinas

Miguel Pedro Guerra • Maria Aurineide Rodrigues

Introdução

As giberelinas constituem uma classe de hormônios capaz de modular o desenvolvimento durante todo o ciclo de vida da planta. Apesar da sua importância indiscutível no desenvolvimento das plantas vasculares, esse grupo de substâncias foi descoberto de maneira curiosa, a partir de pesquisas com o fungo *Gibberella fujikuroi* (renomeado *Fusarium fujikuroi*), demonstrando que elas não surgem exclusivamente em plantas. A denominação generalizada "giberelina", na realidade, se refere a um grupo numeroso de mais de 120 substâncias já identificadas em plantas, fungos e/ou bactérias, que têm em comum a estrutura química básica. Entre essa diversidade de formas distintas de giberelinas, somente um pequeno número delas é bioativo.

A bioatividade das giberelinas depende de sua estrutura química e é definida com base em sua biossíntese, metabolismo e controle de inativação. Resultados de pesquisa obtidas com a indução e seleção de plantas mutantes para a biossíntese e a transdução de sinais de giberelinas resultaram em contribuições expressivas para uma melhor compreensão sobre a importância, o metabolismo e os mecanismos de ação dessa classe de hormônios no crescimento e no desenvolvimento das plantas.

O primeiro efeito detectado das giberelinas nas plantas foi o estímulo do alongamento caulinar, tanto que manipulações genéticas levando a mudanças significativas nas rotas de biossíntese e/ou sinalização de giberelinas proporcionaram a introdução da característica semianã em grãos com elevada produtividade durante a revolução verde. Posteriormente, as giberelinas se revelaram importantes em diversos processos essenciais ligados ao desenvolvimento, como germinação, diferenciação foliar, controle do meristema apical caulinar, transição da fase juvenil para madura, determinação sexual, iniciação e desenvolvimento floral, iniciação e desenvolvimento de frutos, entre outros. O modo pelo qual as giberelinas influenciam cada um desses eventos será abordado neste capítulo.

Diante da influência notável desse hormônio sobre os eventos de desenvolvimento e crescimento das plantas, não surpreende o fato de as giberelinas representarem um foco de grande interesse na pesquisa fundamental, com reflexos potenciais nada desprezíveis na área comercial e agronômica. Algumas das aplicações das giberelinas nesse campo serão também apresentadas ao final do capítulo.

Histórico e ocorrência

Assim como as auxinas e as citocininas, as giberelinas representam uma das principais classes de hormônios vegetais; no entanto, a sua descoberta não se deu em plantas, mas em fungos.

As pesquisas com giberelinas tiveram início na década de 1920, quando agricultores japoneses relataram a existência de uma doença que ocasionava o crescimento anormal em plantas de arroz (*Oryza sativa*), acarretando prejuízos à produção de sementes. Os sintomas dessa doença, chamada de *bakanae* ("doença da planta-boba", em japonês), caracterizavam-se pelo desenvolvimento de plantas alongadas, com folhas esguias e coloração amarela-pálida (por causa da inibição da produção de clorofila) e raízes atrofiadas. Nessa época, fitopatologistas japoneses detectaram que esse crescimento anormal era provocado por um fungo infectante *Fusarium fujikuroi*, o qual excretava um composto que causava a doença *bakanae*. Durante a década de 1930, os pesquisadores japoneses isolaram a substância produzida pelo fungo, denominando-a "giberelina". Em seguida, ainda no Japão, foram obtidos cristais impuros de outros dois componentes com atuação no crescimento vegetal a partir de *F. fujikuroi*, os quais foram denominados giberelina A e giberelina B. No entanto, em virtude da impureza das amostras, esses pesquisadores não tiveram sucesso na determinação da estrutura química da forma ativa da giberelina.

Somente na década de 1950, após o término da Segunda Guerra Mundial, a estrutura química da giberelina na forma ativa foi elucidada, de maneira concomitante, por dois grupos de pesquisa: um na Inglaterra (Imperial Chemical Industries – ICI) e outro nos EUA (Departamento de Agricultura – USDA). Amostras foram trocadas entre esses dois grupos e as duas substâncias foram identificadas como uma giberelina ativa com propriedades químicas e físicas idênticas, sendo aceito por ambos os grupos o nome "ácido giberélico" para designá-la. Nessa mesma época, na Universidade de Tóquio, foram isoladas, a partir da giberelina A, três novas giberelinas: A_1, A_2 e A_3, a última tendo se mostrado equivalente ao ácido giberélico.

As primeiras evidências na literatura de que as giberelinas eram substâncias de ocorrência natural em plantas vasculares só apareceram em meados da década de 1950; ao longo dos anos 1960, quando o número de giberelinas isoladas de fungos e/ou vegetais superiores aumentou rapidamente, verificou-se o quão numeroso era esse grupo de substâncias. Dessa forma, estabeleceu-se um acordo de que todas as giberelinas deveriam ser designadas por números, que seguiriam a ordem de descoberta e identificação, de maneira independente da origem (p. ex., seguindo a classificação: AG_1, AG_2, AG_3, ..., AG_x).

Ao longo dos últimos 20 anos, com a utilização de técnicas analíticas cada vez mais aprimoradas, um número substancial de giberelinas vem sendo identificado. Hoje, já são conhecidas mais de 120 formas diferentes. Mas, apesar do grande número, poucas giberelinas são tidas como ativas, destacando-se o ácido giberélico (AG_3) como o principal componente bioativo na maioria das plantas. Grande parte das formas já identificadas (cerca de 80%) se dá exclusivamente em plantas vasculares, cerca de 10% são encontradas somente em fungos e outras 10% em ambos os organismos. Algumas poucas formas foram também identificadas em bactérias.

A maioria das plantas apresenta 10 ou mais giberelinas diferentes, cujas variações ocorrem frequentemente nos tipos predominantes dessas substâncias entre as espécies vegetais. Em tecidos infectados pelo fungo, material no qual foram inicialmente identificadas, a sua produção é muito mais elevada quando comparada aos teores médios encontrados nos tecidos vegetais. No entanto, em fungos, as giberelinas são produtos do metabolismo secundário, e sua função no metabolismo desses organismos, se existente, ainda não é conhecida.

Neste capítulo, adotou-se a sigla AG como designativa de giberelinas, em referência ao *ácido giberélico* em língua portuguesa.

Biossíntese

O entendimento acerca da regulação da homeostase das giberelinas (AG) no crescimento e no desenvolvimento vegetal vem sendo aprofundado nos últimos anos graças aos resultados obtidos com pesquisas tanto das vias de biossíntese quanto da sinalização dessa classe hormonal. Um conhecimento razoável sobre a via biossintética de giberelinas foi inicialmente obtido com estudos utilizando-se o fungo *F. fujikuroi*.

A via biossintética de AG nas plantas, por sua vez, vem sendo elucidada pela combinação de abordagens bioquímicas e genéticas. Os genes que codificam algumas enzimas-chave da biossíntese de giberelinas já foram identificados em várias espécies, auxiliando, dessa forma, na ampliação do conhecimento sobre os fatores que regulam o metabolismo dessa classe hormonal. Esses avanços têm contribuído, por exemplo, para o conhecimento de que a sua biossíntese é regulada por fatores ambientais, como fotoperíodo e temperatura, os quais podem alterar os teores de giberelinas ativas por afetarem passos específicos da sua rota biossintética.

A despeito de as vias de biossíntese de AG serem consideravelmente complexas, serão abordadas a seguir algumas das características mais relevantes desse evento em plantas, incluindo os principais locais de produção, as vias biossintéticas com seus componentes e precursores, bem como algumas substâncias capazes de inibir a sua biossíntese.

Sítios de biossíntese

Nas plantas vasculares, os principais sítios de biossíntese de giberelinas são sementes, frutos em desenvolvimento e tecidos vegetativos em rápido crescimento. Em geral, os tecidos vegetativos têm teores endógenos reduzidos de AG, ao passo que podem, ocasionalmente, apresentar considerável acúmulo em alguns órgãos reprodutivos, como anteras e sementes em desenvolvimento. A localização das moléculas de RNAm dos genes de biossíntese de AG indica um padrão complexo que varia de acordo com o estágio de desenvolvimento em muitas espécies.

A sua distribuição nas raízes não é uniforme, sendo os tecidos jovens os mais efetivos na sua biossíntese. Assim, por exemplo, em ápices radiculares e raízes laterais de ervilha (*Pisum sativum*), os teores de AG são relativamente mais elevados que nas partes mais maduras. Constatou-se também que a expressão dos genes promotores da biossíntese de giberelinas se dá em maior grau nos ápices radiculares e caulinares em relação aos demais tecidos de plântulas.

As sementes em desenvolvimento são fontes ricas de enzimas biossintéticas de AG, de transcritos correspondentes a essas enzimas e de giberelinas propriamente ditas. Foram essas características, presentes nas sementes imaturas de feijão (*Phaseolus vulgaris*), que possibilitaram a utilização desse material para o isolamento da primeira giberelina em plantas vasculares. Posteriormente, as sementes de abóbora (*Cucurbita maxima*) em desenvolvimento foram introduzidas como importante modelo de estudos para desvendar muitos dos passos hoje conhecidos da biossíntese de giberelinas em plantas vasculares, já que essas sementes também oferecem uma fonte conveniente de purificação de enzimas biossintéticas, assim como de clonagem de seus respectivos genes.

Alguns sinais ambientais, como a luz e a temperatura, podem alterar os sítios de sua biossíntese em sementes, a qual, em geral, ocorre em duas fases principais. A primeira se dá imediatamente após a antese e parece estar relacionada com o crescimento do fruto. A segunda ocorre quando as sementes em maturação estão aumentando de tamanho e resulta em um grande acúmulo de giberelinas no seu interior. No entanto, as concentrações de AG não permanecem elevadas até o fim do desenvolvimento das sementes, e os teores endógenos de giberelinas tendem a declinar no final da sua maturação.

A maior parte dos estudos de biossíntese de giberelinas emprega como estratégia experimental os chamados sistemas de células livres (*cell-free system*) obtidos de partes das sementes, como do endosperma e de cotilédones. Esse tipo de sistema é muito utilizado como uma ferramenta *in vitro* para estudos de reações biológicas no interior das células, com menor interferência dos componentes celulares vizinhos. O emprego dos sistemas de células livres, portanto, reduz os problemas associados ao acesso ao substrato no tecido e, além disso, permite avançar nos estudos das propriedades bioquímicas das enzimas associadas. Esse trabalho árduo envolvido na elucidação dos intermediários biossintéticos é em geral realizado com a utilização de isótopos marcados, os quais são aplicados a organismos intactos ou aos extratos de células livres, e, finalmente, os produtos das reações são identificados pela técnica denominada cromatografia gasosa ligada a espectrometria de massa (CG-MS).

Estrutura química e precursores

Diferentemente dos outros hormônios vegetais, as giberelinas são definidas mais por sua estrutura química que por sua atividade biológica, sendo a característica comum entre as diferentes formas de AG o fato de todas derivarem do anel *ent*-caureno

(Figura 11.1). Os elementos pertencentes a esse grupo de hormônios são classificados como diterpenoides tetracíclicos, constituídos por quatro unidades de isoprenoides, com o arranjo estrutural *ent*-giberelano (Figura 11.1). As giberelinas podem ser divididas em dois grupos em relação à sua estrutura química: AG-C_{20} (giberelinas que contêm 20 átomos de carbono) e AG-C_{19} (giberelinas que perderam o C_{20}, ou seja, o carbono na posição 20, e apresentam um anel gama-lactona; Figura 11.1).

Os primeiros passos da sua biossíntese estão associados à formação da unidade biológica isopreno, o isopentenildifosfato (IPP), adicionado ao dimetilalil difosfato (DMAPP) sucessivamente para formar os intermediários geranil difosfato (C_{10}), o farnesil difosfato (C_{15}) e o geranilgeranil difosfato (C_{20}) pela via dos terpenoides no interior dos plastídios (Figura 11.2).

Até pouco tempo atrás, acreditava-se que o ácido mevalônico era o único precursor imediato do IPP na biossíntese de todos os terpenoides. Contudo, demonstrou-se recentemente a existência de duas rotas de biossíntese de terpenoides: uma dependente e outra independente do ácido mevalônico. A primeira ocorre no citosol e a segunda nos cloroplastos (Figura 11.2). A rota biossintética de terpenoides que resulta na síntese do precursor IPP nas plantas parece ocorrer, preferencialmente, pela via independente do ácido mevalônico, a qual se dá a partir da reação entre gliceraldeído-3-fosfato e piruvato. No entanto, em alguns casos, como no endosperma de sementes de abóbora, o IPP pode ser formado também no citosol a partir do ácido mevalônico, derivado de acetil-CoA.

Após a formação da molécula geranilgeranil difosfato (GGDP), a rota metabólica pode ser direcionada para biossíntese das giberelinas, sendo o GGDP utilizado como precursor comum dos diterpenoides (p. ex., giberelinas e cadeia fitol da clorofila) e dos tetraterpenos, como é o caso dos carotenoides (ver Capítulo 12).

Etapas da via biossintética

Na maioria das espécies vegetais, a via biossintética de giberelinas é dividida em três partes, separadas com base na compartimentação subcelular dos componentes envolvidos, como substratos e enzimas. Em *Arabidopsis* e arroz, as enzimas catalisadoras das primeiras etapas na biossíntese de AG são codificadas por apenas um ou dois genes, sendo que os mutantes defectivos nessas enzimas tipicamente apresentam nanismo grave.

Na primeria etapa, preferencialmente nos plastídios, há o envolvimento da ciclização de GGDP a *ent*-copalil difosfato, convertido em *ent*-caureno, e cujas reações são catalisadas pelas enzimas solúveis sintase do *ent*-copalil difosfato (CPS) e sintase do *ent*-caureno (Figura 11.3). Estudos revelaram que essas duas enzimas agem nos proplastídios dos meristemas apicais caulinares, mas não nos cloroplastos maduros das folhas.

A identificação e as análises dos mutantes *ga1-3* em *Arabidopsis thaliana* (com deficiência no gene *GA1*, codificante para CPS) e *ls* em ervilha (com deficiência na atividade de CPS) revelaram que a enzima CPS seria um importante ponto de controle no fluxo de metabólitos na via biossintética de giberelinas. Um exemplo disso é o fato de a expressão de *LS* participar do controle do tamanho caulinar de plantas de ervilha, por meio da regulação dos teores endógenos de giberelinas bioativas.

O segundo estágio da via biossintética ocorre no retículo endoplasmático, onde o *ent*-caureno é oxidado ao precursor AG_{12}-aldeído. Esse processo conta com a participação

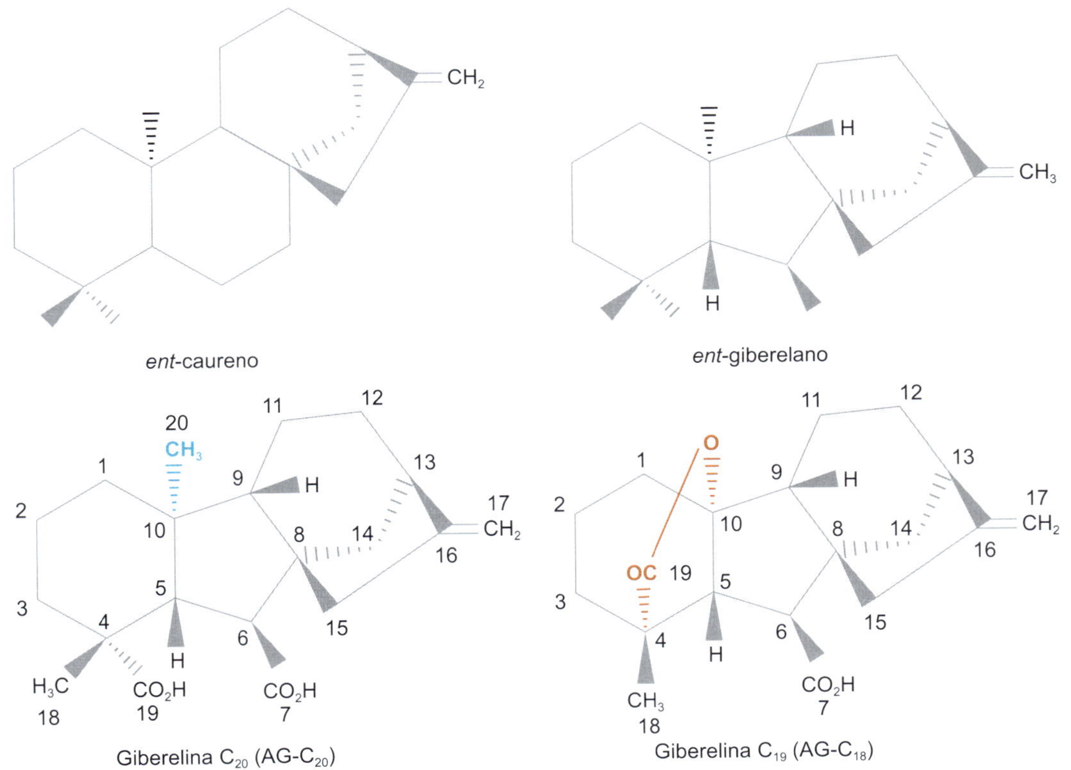

Figura 11.1 Arranjo estrutural do *ent*-caureno, do *ent*-giberelano, de uma giberelina do tipo AG-C_{20} (giberelinas que contêm 20 átomos de carbono) e de uma giberelina do tipo AG-C_{19} (giberelinas que perderam o carbono na posição 20 [C_{20} indicado em azul] e com um anel gama-lactona [apresentado em vermelho]).

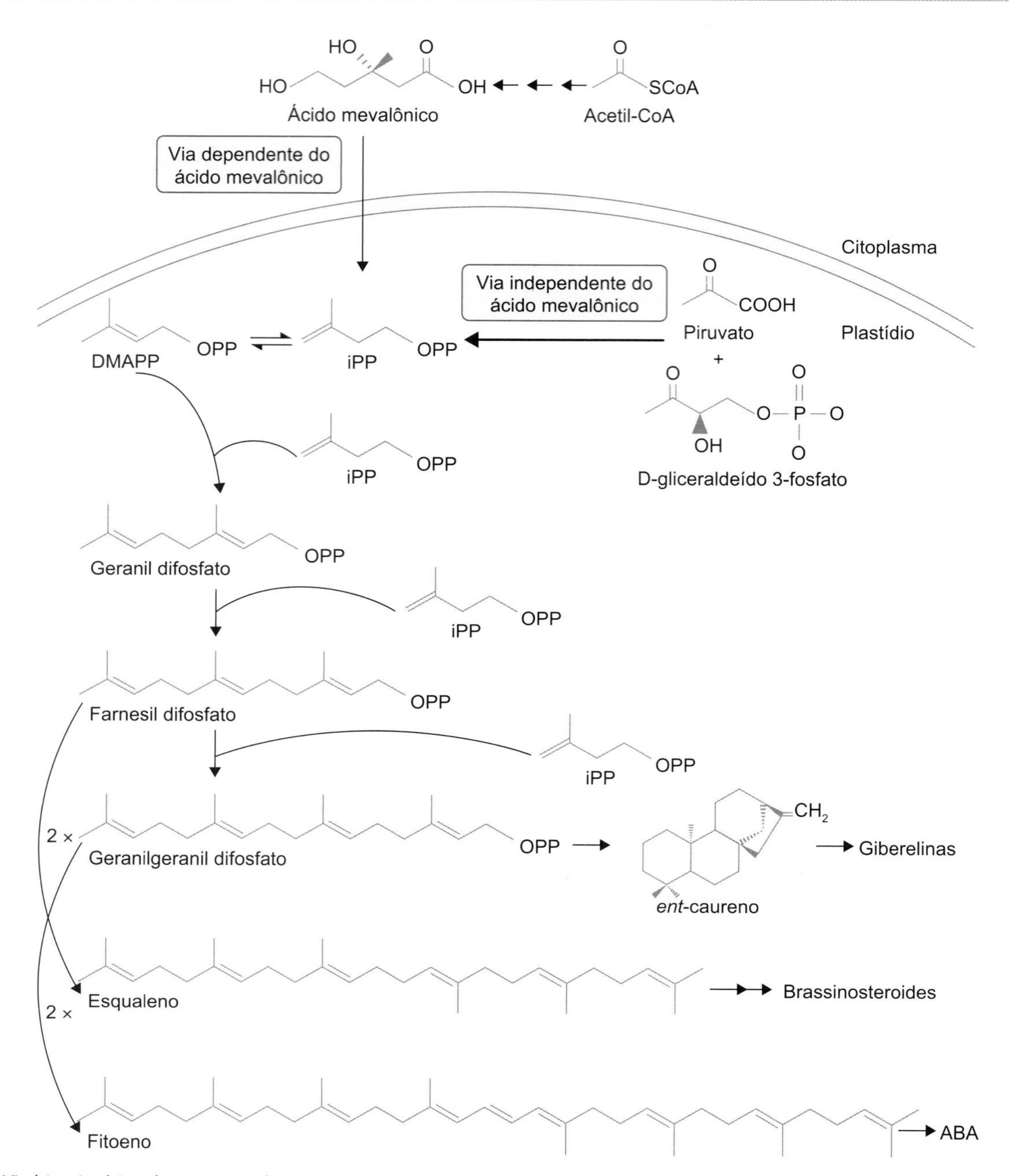

Figura 11.2 Via biossintética dos terpenoides, mostrando a origem de IPP (isopentenildifosfato) da via dependente e independente do ácido mevalônico (seta mais grossa indica via preferencial), bem como a origem em comum dos precursores das vias biossintéticas de giberelinas, ácido abscísico e brassinosteroide. DMAPP: dimetilalil difosfato.

das enzimas mono-oxigenases P-450, denominadas, na ordem de atuação na via biossintética, oxidase do *ent*-caureno, 7-beta-hidroxilase do ácido *ent*-caurenoico e sintase do AG_{12}-aldeído (Figura 11.3).

O mutante *ga3* de *Arabidopsis* apresenta deficiência na atividade da enzima oxidase do *ent*-caureno, codificada pelo gene *GA3*, resultando em fenótipos anões. Em plantas de ervilha, os mutantes homozigotos denominados *nana* (em que Na é o alelo selvagem) apresentam o fenótipo superanão em razão do bloqueio total da síntese de giberelinas nos passos catalisados pela oxidase do *ent*-caureno.

A terceira e última etapa da via de biossíntese de giberelinas se dá no citosol e é catalisada por enzimas multifuncionais do tipo dioxigenases, dependentes de 2-oxoglutarato, também conhecidas simplesmente por oxidases do AG (ou oxidases de giberelinas). Nessa fase, ocorre a conversão de AG_{12}-aldeído em diferentes tipos de giberelinas (Figura 11.3), podendo o metabolismo subsequente variar em termos de posições e sequências de eventos oxidativos entre diferentes espécies vegetais e até mesmo entre órgãos de uma mesma planta.

Dessa forma, a conversão do AG_{12}-aldeído aos vários tipos de giberelinas pode seguir por duas vias diferentes. A primeira delas envolve hidroxilação inicial do C_{13} da molécula de AG_{12}-aldeído (conhecida como "via da hidroxilação 13 inicial"), a qual origina, por exemplo, AG_{20} e AG_1. Na segunda via, o AG_{12}-aldeído é inicialmente convertido em AG_{12} sem

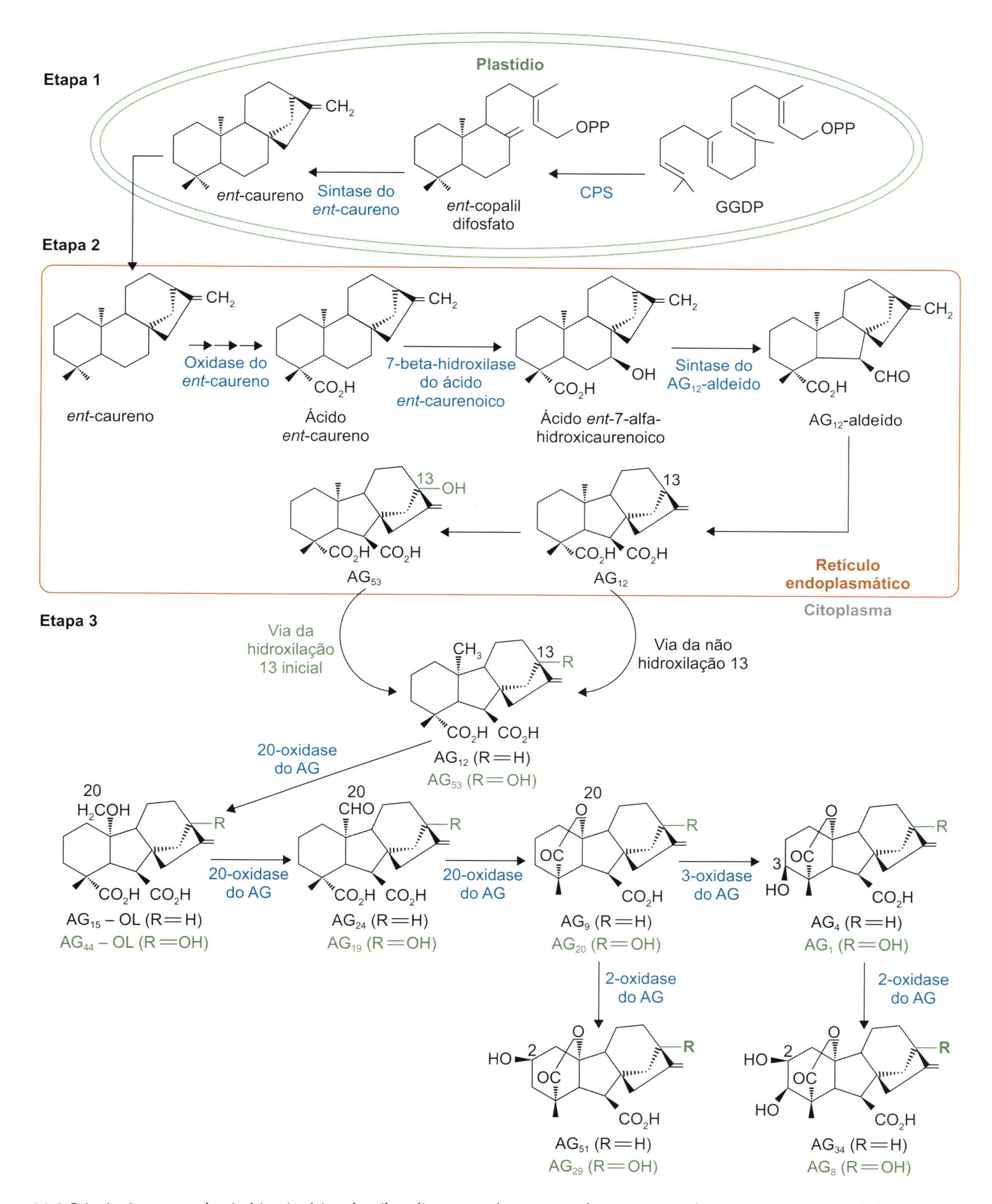

Figura 11.3 Principais passos da via biossintética de giberelinas nas plantas vasculares, mostrando a separação espacial das três etapas que ocorrem nos plastídios, no retículo endoplasmático e no citoplasma. As enzimas que catalisam as conversões ao longo da biossíntese de AG estão indicadas em azul (CPS simboliza a sintase do *ent*-copalil difosfato) e as giberelinas bioativas estão ressaltadas no interior do quadro verde. A via da hidroxilação 13 inicial está apresentada em verde, e a via da não hidroxilação 13 em preto. Também é mostrado o papel metabólico da enzima 2-oxidase do AG no controle dos teores de giberelinas bioativas e de seus precursores imediatos. Adaptada de Hedden e Phillips (2000).

ocorrer a hidroxilação da molécula no C_{13} ("via da não hidroxilação 13"), originando, subsequentemente, AG_9 e AG_4, entre outras giberelinas menos frequentes nas plantas (ver Figura 11.3). A via predominante nos tecidos vegetais pode variar; no entanto, na maioria das espécies já estudadas predomina a via da hidroxilação 13 inicial. Contudo, em *Arabidopsis*, a planta considerada modelo de estudo entre os vegetais, predomina a via da não hidroxilação 13. Em algumas espécies, como *Phaseolus coccineus*, podem ser observadas ambas as vias operando.

O controle preciso exercido sobre essa etapa biossintética é essencial para o ajuste fino dos teores e tipos de giberelinas durante todos os estágios do desenvolvimento vegetal. Uma parcela considerável desse controle é exercida por enzimas-chave denominadas 20-oxidase do AG e 3-oxidase do AG, as quais participam da última etapa da biossíntese de giberelinas tanto na via da hidroxilação 13 inicial quanto na via da não hidroxilação 13 (ver Figura 11.3). Ao contrário das enzimas catalisadoras das primeiras etapas na rota biossintética de AG, tanto 20-oxidase do AG quanto 3-oxidase do AG são codificadas por famílias multigênicas, e os mutantes defectivos em apenas uma isoforma dessas enzimas apresentam nanismo moderado. Uma das formas de controle nesse ponto da via biossintética é exercida pela regulação negativa da transcrição dos genes que codificam essas enzimas pelo aumento dos teores de giberelinas nas células.

A enzima 3-oxidase do AG (também conhecida por 3-beta-hidroxilase) catalisa, especificamente, as reações de 3b-hidroxilação de AG_{20} ou AG_9 (dependendo da via), sintetizando as giberelinas bioativas AG_1 ou AG_4, respectivamente (ver Figura 11.3). Esse passo biossintético crucial é controlado no nível de transcrição do gene para 3-oxidase do AG por fatores ligados ao desenvolvimento vegetal, à luz e aos mecanismos sensíveis à auxina. A importância do controle preciso dessa fase se dá pelo fato de que a presença de um grupo 3-beta-hidroxila na molécula de giberelina é requisito para a bioatividade de AG, como observado, por exemplo, em AG_1 e AG_4 (ver Figura 11.3).

Mutantes de ervilha e milho com deficiência na atividade da 3-oxidase do AG apresentam uma redução drástica na altura das plantas, resultando em plantas anãs. Em plantas de ervilha, o gene responsável pela expressão da 3-oxidase do AG é chamado de *Le*, e os mutantes de *le*. Os mutantes *le*, por apresentarem a atividade dessa enzima defectiva, não são capazes de converter AG_{20} em AG_1. No entanto, se plantas superanãs *nana* forem enxertadas nos mutantes anões *le*, pode-se verificar a retomada de crescimento caulinar desses últimos, mesmo se tratando de dois mutantes com teores reduzidos de giberelinas em virtude das deficiências na sua biossíntese. Isso pode ser explicado pelo fato de que enzimas 3-oxidase do AG não defectivas provenientes do mutante *nana* possibilitam a conversão do AG_{20} presente no mutante *le* em AG_1 bioativa (Figura 11.4). Informações adicionais sobre a importância do gene *Le* nos contextos histórico e fisiológico serão abordadas no item "Crescimento caulinar e alongamento celular".

Substâncias inibitórias da biossíntese

São conhecidos vários inibidores da biossíntese de giberelinas, os quais atuam em diferentes estágios da rota biossintética. Alguns inibidores, como o AMO-1618 e o cycocel, bloqueiam a síntese de *ent*-caureno logo na primeira etapa da biossíntese de AG. Em contrapartida, os inibidores ancimidol, tetraciclase, paclobutrazol e uniconazol bloqueiam a rota em um estágio posterior, associado à oxidação do *ent*-caureno, impedindo o funcionamento adequado das mono-oxigenases P-450 na segunda etapa biossintética de AG. O aspecto morfológico de plantas submetidas ao tratamento com tais substâncias frequentemente se assemelha ao observado em mutantes com deficiência em genes que codificam enzimas biossintéticas de giberelinas ou, ainda, aqueles com a própria atividade enzimática defectiva. Por exemplo, a aplicação da substância LAB150978 em plântulas de abóbora causa a inibição da enzima oxidase do *ent*-caureno e reduz drasticamente o crescimento caulinar (Figura 11.5).

Nos últimos anos, desenvolveu-se uma série de compostos baseados no acilciclo-hexadione, cuja ação se dá nos estágios finais da rota biossintética, nos quais as reações são

	Selvagem (Na Le)	Anã (Na *le*)	Superanã (*nana* Le)	Enxerto (*nana* Le + *le*)
Oxidase do ent-*caureno*	✓	✓	×	✓
3-oxidase do AG	✓	×	✓	✓
AG_{20}	✓	✓	×	✓
AG_1	✓	×	×	✓

Figura 11.4 Experimento utilizando mutantes de ervilha com deficiências em passos específicos da via biossintética de giberelinas: mutante *nana* (deficiente nos passos catalisados pela oxidase do *ent*-caureno) e mutante *le* (deficiente na atividade da 3-oxidase do AG). Verifique que os mutantes anões *le* retomaram o crescimento caulinar após a enxertia de plantas superanãs *nana*, que apresentam enzima 3-oxidase do AG com atividade normal. Essa enzima seria responsável pela conversão de AG_{20} (não ativo) em AG_1 (bioativo).

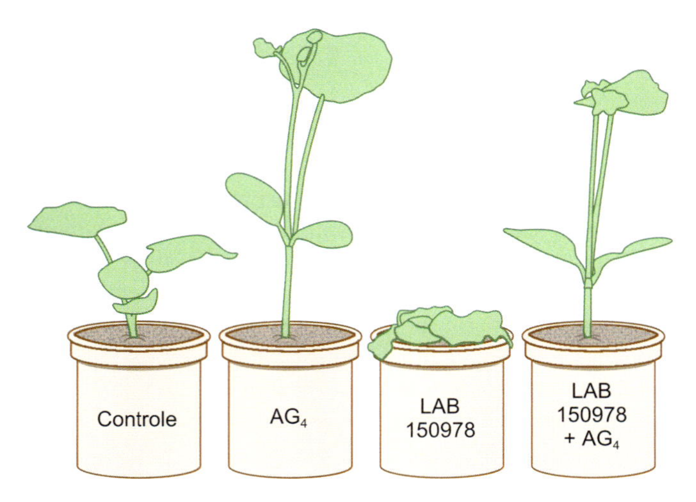

Figura 11.5 Experimento com a aplicação do inibidor de biossíntese de AG LAB150978 de maneira isolada ou combinada ao AG_4 (uma giberelina bioativa) em plântulas de abóbora. LAB150978 causa a inibição da enzima oxidase do *ent*-caureno e reduz drasticamente o crescimento caulinar, podendo seu efeito ser parcialmente revertido pela aplicação de uma giberelina bioativa. Notar que nessa fase da vida das plântulas de abóbora, a aplicação de AG_4 de maneira isolada promoveu um acentuado crescimento caulinar em relação ao controle.

catabolizadas por dioxigenases dependentes de 2-oxoglutarato. BX-112, ou seu ácido livre pró-hexadione, e LAB198999 são os compostos mais usados e, em baixas concentrações, agem como inibidores competitivos do 2-oxoglutarato.

Conjugação e degradação

Junto às formas livres de giberelinas bioativas ou inativas, as plantas apresentam muitas formas conjugadas de AG. No entanto, ainda não se conhece a identidade de genes codificadores das enzimas envolvidas na formação de AG conjugadas. Uma das principais formas de conjugação, principalmente em sementes, são as giberelinas glicosiladas, formadas por ligação covalente entre giberelina e um monossacarídio. O principal açúcar é a glicose, que se liga à giberelina por meio do grupo carboxila, formando giberelina glicosilada, ou via grupo hidroxila, formando giberelina glicosil éster. Quando as giberelinas são exogenamente aplicadas às plantas, uma parte delas se torna glicosilada, o que pode representar outra forma de inativação. Contudo, em alguns casos, quando glicosídios são aplicados, são detectadas giberelinas livres. Assim, os glicosídios também podem ser uma forma de armazenamento de giberelinas.

Ao final do ciclo, as giberelinas bioativas são desativadas por 2-beta-hidroxilação pela enzima 2-oxidase do AG, a qual catalisa o catabolismo e a inativação dos AG bioativos e seus precursores. Assim, AG_1 é convertido a AG_8, e AG_4 é convertido a AG_{34} (ver Figura 11.3). A reação catalisada por 2-oxidase do AG representa o modo de inativação de AG mais bem caracterizado até o momento, cujos respectivos genes encontram-se sob regulação transcricional tanto pela elevação da sinalização de giberelinas quanto por tratamento com AG.

Um resumo explicativo dos processos que contribuem para o estado de equilíbrio nos níveis de giberelinas bioativas é apresentado na Figura 11.6.

Transporte

Pesquisas recentes propõem que as giberelinas sejam produzidas em locais próximos, ou no próprio local de sua ação. No entanto, outro grupo de evidências sugere a possibilidade de mecanismos de transporte de giberelinas existirem dentro de diferentes tecidos vegetais.

Uma evidência forte em favor da existência do transporte de giberelinas entre tecidos resultou de estudos do perfil de expressão temporal e espacial dos genes de biossíntese de AG durante a germinação de sementes de *Arabidopsis*. Verificou-se que diferentes fases da biossíntese de giberelinas ocorriam em locais distintos dentro do embrião. A localização dos participantes iniciais da via biossintética de AG, deduzida pela presença do RNAm do gene *CPS1* (codifica a enzima CPS – ver Figura 11.3), predominava no tecido provascular. Em contrapartida, alguns participantes da via biossintética tardia, incluindo giberelinas bioativas e moléculas de RNAm da 3-oxidase do AG (catalisa a síntese de AG_1 e AG_4 – ver Figura 11.3), acumulavam-se no córtex e na endoderme da raiz. Esses dados representaram fortes indícios de que efetivamente ocorra transporte intercelular dentro do embrião de um intermediário da via biossintética de AG (provavelmente *ent*-caureno) para produzir giberelinas bioativas.

Estudos realizados com plântulas de ervilha também corroboraram a existência de transporte de giberelinas entre os tecidos vegetais. Foi verificada a sua presença preferencialmente em entrenós imaturos, gemas e folhas jovens. Com base no fato de que a primeira etapa da biossíntese de AG (ver Figura 11.3) não acontece em cloroplastos maduros, deduz-se que a produção de giberelinas não seja observada nas células do mesofilo foliar. Adicionalmente, esse tecido apresenta capacidade de permitir as reações da sua última etapa biossintética. Essas diferenças sugerem que intermediários da biossíntese de AG possam ser transportados dos tecidos meristemáticos

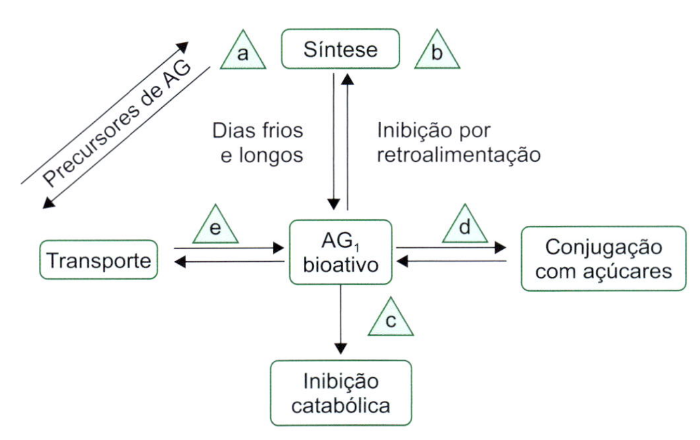

Figura 11.6 Processos associados ao estado de equilíbrio de giberelinas ativas. A síntese de giberelinas (formas livres), como o AG_1, é promovida por fatores ambientais, como o frio e os dias longos (a). De forma inversa, as giberelinas podem inibir sua própria biossíntese via inibição por retroalimentação (b). A redução nos níveis de giberelinas bioativas pode ocorrer pelo catabolismo (c) ou por conjugação com açúcares (d). Contudo, giberelinas bioativas podem ser geradas pela liberação da forma conjugada. Finalmente, o transporte de giberelinas (e) ou de seus precursores, a partir de/ou para determinado tecido, também pode afetar o estado de equilíbrio de uma giberelina bioativa. Adaptada de Taiz e Zeiger (1998).

caulinares apicais para as folhas, onde poderiam ser convertidos em giberelinas ativas. Há sugestões de que o transporte de giberelinas a partir de folhas jovens não envolva tecidos vasculares, mas sim o córtex e a medula.

Mecanismos e modo de ação

Além da importância da concentração endógena, uma questão essencial para a devida compreensão do papel de qualquer hormônio vegetal diz respeito ao *modo de ação* dessas substâncias, intimamente ligado ao local de percepção desse sinal nas células. Em uma via de sinalização hormonal convencional, a ligação do hormônio ao seu receptor desencadeia uma cascata de substâncias intermediárias e mensageiros secundários que leva a determinada resposta celular (ver adiante). Apesar de estudos recentes apresentarem um número crescente de possíveis fatores que afetam as respostas às giberelinas, neste capítulo serão apresentados e abordados apenas alguns dos principais participantes envolvidos nessa sinalização.

Percepção do sinal

A identificação do receptor de giberelinas em arroz, chamado GID1 (do inglês, *GA INSENSITIVE DWARF1*), por Ueguchi-Tanaka *et al.* (2005) propiciou um avanço substancial no entendimento da cascata de sinalização desse hormônio. Essa descoberta gerou informações robustas sobre os eventos moleculares relacionados à percepção e à transdução do sinal das giberelinas, principalmente em pesquisas realizadas com arroz e *Arabidopsis*.

O gene *GID1* codifica uma proteína homóloga às lipases sensíveis a hormônios nos animais, e os mutantes *gid1* são completamente insensíveis às giberelinas (Figura 11.7). De maneira distinta dos receptores previamente caracterizados para os fitormônios etileno (ver Capítulo 13), brassinosteroides (ver Capítulo 14) e citocininas (ver Capítulo 10), o receptor de giberelinas apresenta um mecanismo de sinalização comparável ao modo de ação das auxinas (ver Capítulo 9). Em geral, a sinalização de giberelinas opera por meio de um sistema de desrepressão da expressão de genes de respostas a AG, o qual é dependente da ligação da molécula de giberelina ao receptor GID1 e é modulado por membros da família de proteínas nucleares denominadas proteínas DELLA. Assim, as repostas apropriadas às giberelinas necessitam da inativação de proteínas DELLA, a qual ocorre majoritariamente por meio da proteólise.

Figura 11.7 Aspecto morfológico dos mutantes *gid1* em plântulas de arroz com intensa inibição do crescimento caulinar. Mutantes *gid1* apresentam deficiência quanto à percepção do sinal de AG pelo receptor GID1; dessa forma, eles se apresentam completamente insensíveis à aplicação de giberelina bioativa exógena. Adaptada de Ueguchi-Tanaka *et al.* (2007).

Proteínas DELLA e o mecanismo repressor de respostas às giberelinas

As proteínas DELLA são reguladores de transcrição nuclear, atuando como repressores da sinalização de giberelinas. O mecanismo molecular pelo qual essas proteínas reprimem as respostas de AG ocorre por meio da sua interação com uma ampla gama de classes proteicas, e a natureza regulatória de tal associação depende do tipo de proteína com a qual cada DELLA interage. No entanto, acredita-se que a inativação e a degradação de proteínas DELLA sejam eventos-chave para desencadear a maioria das respostas às giberelinas.

As proteínas DELLA, bem como seu papel na sinalização de AG, são altamente conservadas nas plantas. Um único gene para a proteína DELLA foi identificado nos genomas de arroz e cevada, denominado, respectivamente, *Slender Rice1* (*SLR1*) e *Slender1* (*SLN1*), o qual age na repressão de todas as respostas às giberelinas nessas duas espécies. De maneira surpreendente, cinco genes para proteína DELLA – *GA-insensitive* (*GAI*), *Repressor of ga1-3* (*RGA*), *RGA-like1* (*RGL1*), *RGA-like2* (*RGL2*) e *RGA-like3* (*RGL3*) – foram identificados no genoma de *Arabidopsis*, sendo os genes *RGA* e *GAI* os mais efetivos na repressão durante do crescimento vegetativo (p. ex., alongamento caulinar) e na indução floral. Em geral, o gene *RGL2* atua durante a germinação, enquanto *RGA*, *RGL1* e *RGL2* atuam, conjuntamente, no desenvolvimento floral.

De acordo com o modelo geral de sinalização de giberelinas atualmente proposto, a ligação de AG ao receptor GID1 leva à sua interação com a proteína DELLA. Essa interação, por sua vez, estimula a ligação da proteína DELLA a um complexo proteico denominado SCF^{GID2}. Após essa última ligação, a proteína DELLA é destinada à ubiquitinação (processo que marca as proteínas para degradação), com a sua consequente degradação pelo proteossomo 26S. À medida que a degradação das proteínas DELLA ocorre, as proteínas às quais elas estavam ligadas são liberadas da repressão e, portanto, podem cumprir seus papéis sinalizadores nas respostas às giberelinas (Figura 11.8).

A perda de função de proteínas DELLA leva respostas alteradas às giberelinas em muitas espécies vegetais. Assim, por exemplo, plantas mutantes *gai-1* de *Arabidopsis*, com a proteína DELLA defectiva, apresentam um fenótipo semelhante ao de mutantes deficientes na biossíntese de giberelinas (plantas

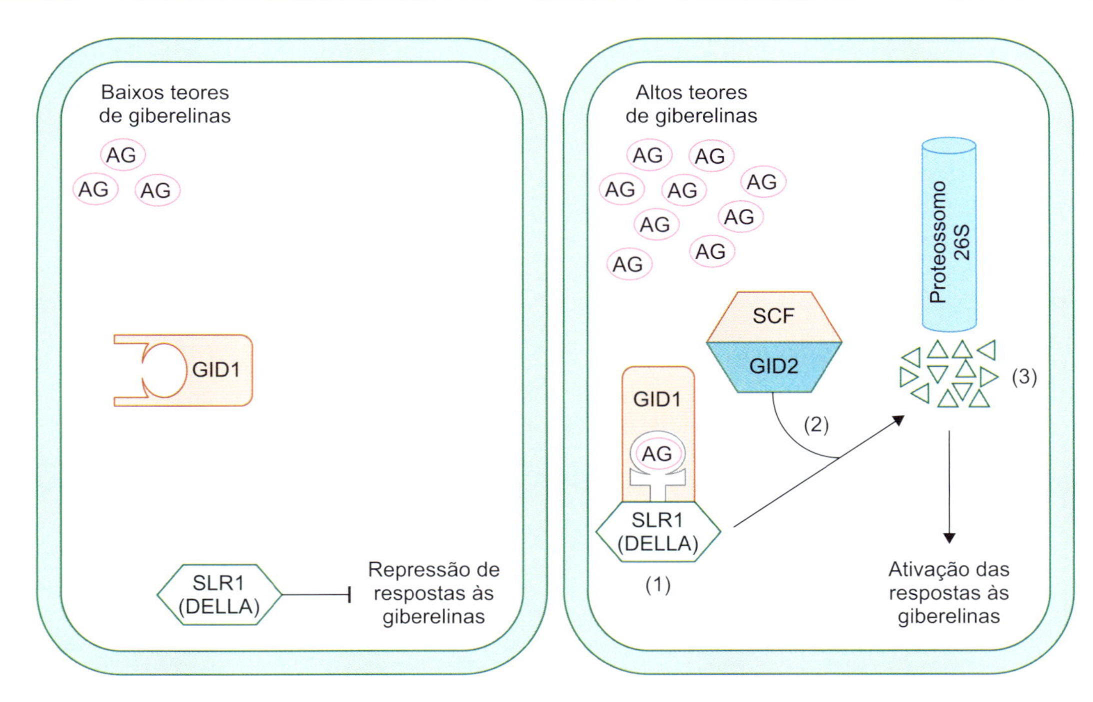

Figura 11.8 Componentes-chave na percepção do sinal de giberelinas em arroz. O esquema mostra à esquerda uma condição celular em que os teores endógenos de AG são reduzidos e os genes de respostas às giberelinas estão reprimidos por ação da proteína SLR1 (DELLA). À direita, verifica-se a condição em que os teores endógenos de giberelinas se encontram elevados, permitindo a interação de AG com o receptor GID1 (1), o que leva à ligação de SLR1 ao complexo SCF^{GID2} para a ubiquitinação (2). Em seguida, a proteína SLR1 é degradada pelo proteossomo 26S (3), liberando, portanto, as respostas às giberelinas da repressão.

anãs, folhas com coloração verde-escura e floração tardia); no entanto, esses mutantes mostraram-se insensíveis à aplicação de AG (Figura 11.9). A mutação *gai-1* está presente no domínio de regulação da proteína DELLA, ou seja, trata-se de uma modificação que anula a sensibilidade da proteína ao AG, impedindo, dessa forma, a ocorrência da desrepressão das respostas às giberelinas. De fato, as proteínas DELLA modulam respostas integradas nos programas de desenvolvimento por meio de sua interação com diversos fatores de transcrição participantes das vias sinalizadoras dada pela luz e outras classes hormonais.

Além disso, vale ressaltar a existência de alguns mecanismos alternativos para a sinalização de AG, nos quais o sinal dado pelas giberelinas é transduzido sem a destruição de DELLA. Assim, as vias de transdução do sinal de AG também contam com uma série de intermediários e mensageiros

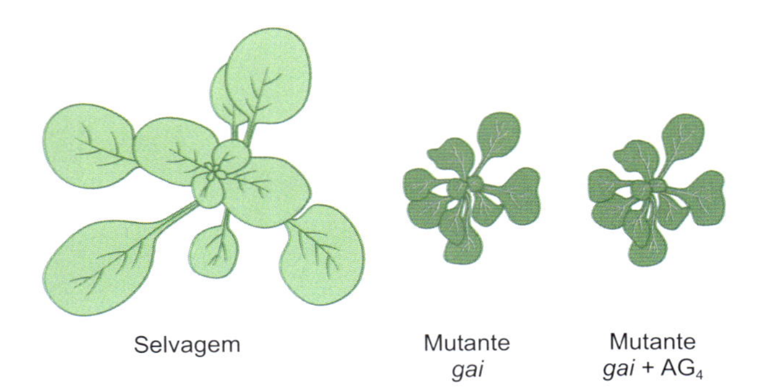

Figura 11.9 Plantas mutantes *gai-1* de *Arabidopsis*, com a proteína DELLA defectiva, apresentam um fenótipo semelhante aos mutantes deficientes na biossíntese de AG; no entanto, essas plantas não apresentam a retomada do crescimento quando tratadas com AG exógeno, indicando que são insensíveis às giberelinas.

secundários, como o Ca^{21} citosólico, fosforilases, proteínas G, cinases, fosfatases, entre outros. Essas substâncias participam de respostas temporárias e específicas, tanto de origem genômica (passando por regulação da transcrição gênica) quanto não genômica. Essas etapas da transdução do sinal de giberelinas serão apresentadas a seguir, utilizando-se como exemplo o modelo mais bem estudado até hoje sobre esse assunto: a camada de aleurona e a mobilização de reservas do endosperma de sementes de cereais induzidas à germinação.

Sementes de cereais como modelo de estudo da transdução do sinal de giberelinas

As giberelinas desempenham um papel crucial na germinação e sua função nesse processo tem sido extensivamente investigada utilizando-se sementes de cereais como modelo de estudo.

O endosperma das sementes de cereais é composto pelo endosperma amiláceo e por uma camada de células que o circunda externamente, denominada camada de aleurona. Essa camada de células contém numerosos corpos proteicos, bem como oleossomos (vesículas armazenadas de lipídios), e sua função destina-se à síntese e à secreção das enzimas hidrolíticas. Os compostos de reserva da semente são metabolizados por essas enzimas hidrolíticas durante o processo de germinação, originando açúcares, aminoácidos e outros produtos que são transportados ao embrião. Entre as enzimas produzidas, destacam-se alfa e betamilase, as quais atuam sobre a degradação do amido; a primeira produz oligossacarídios, que são, então, degradados pela segunda, resultando no dissacarídio maltose, que é, finalmente, convertido em glicose pela enzima maltase.

Na década de 1960, foi possível confirmar a observação original do ilustre botânico alemão G. Haberland, feita em 1890, segundo a qual a secreção de enzimas digestoras de amido pela camada de aleurona de cevada dependia da presença do embrião, sugerindo a existência de uma substância difusível produzida pelo embrião, a qual estimularia a produção de alfa-amilase pela camada de aleurona. Passado mais de um século, comprovou-se que as giberelinas eram sintetizadas e liberadas pelo embrião e transportadas ao endosperma durante a germinação, mostrando que o embrião de sementes embebidas dos cereais regula a mobilização de suas reservas pela secreção de giberelinas que estimulam a função digestiva na camada de aleurona (Figura 11.10; Lenton *et al.*, 1994).

As evidências de que o AG poderia aumentar a produção de alfa-amilase no nível de transcrição foram reforçadas pelos estudos com isótopos radioativos, que revelaram que a atividade da alfa-amilase, estimulada pelas giberelinas, ocorria prioritariamente pela síntese *de novo* da enzima, e que esse estímulo poderia ser bloqueado por inibidores da transcrição e da tradução.

Estudos com promotores de alfa-amilase em cevada revelaram que as sequências associadas à expressão gênica para a alfa-amilase em resposta às giberelinas estão entre 200 e 300 pares de bases antes do início da região codificadora (Figura 11.11). Uma sequência específica (TAACAAA), chamada de sequência de resposta à giberelina, consegue induzir a capacidade de resposta ao AG. Contudo, a alteração de uma sequência específica pode resultar na perda da expressão induzida pelo AG_3. Determinadas sequências, conhecidas como Box de pirimidinas (sequências-alvo de regulação gênica), parecem necessárias para a resposta ao AG e são conhecidas como complexo de resposta à giberelina (CRG), supondo-se a existência de uma interação de fatores de transcrição do CRG no Box TATA (Jacobsen *et al.*, 1995).

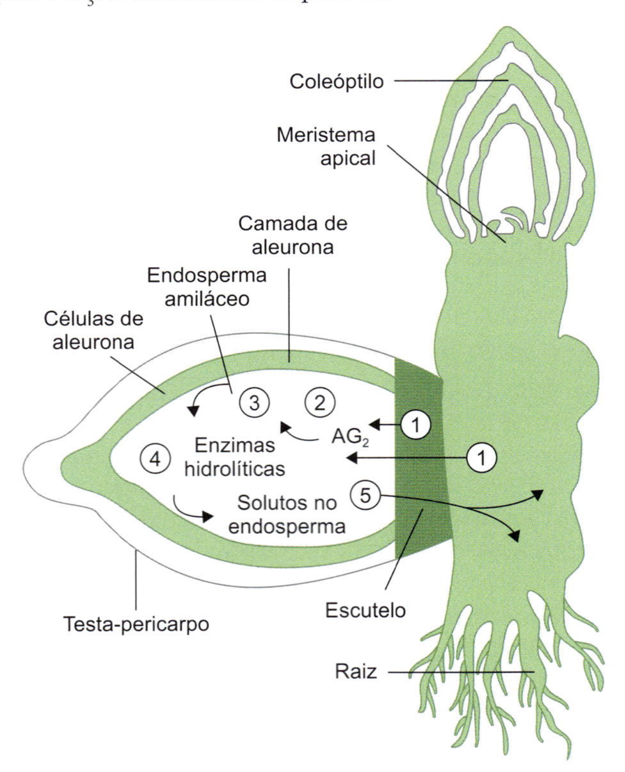

Figura 11.10 Representação esquemática da semente da cevada na germinação e na estrutura funcional de seus principais tecidos. (1) Giberelinas são sintetizadas pelo coleóptilo e pelo escutelo do embrião e difundidas ao endosperma amiláceo e à camada de aleurona (2), a qual é induzida a produzir e secretar alfa-amilase e outras hidrolases no endosperma amiláceo (3), que é então desdobrado em pequenas moléculas (4). (5) Os solutos do endosperma são absorvidos pelo escutelo e transportados ao embrião em germinação.

Verificou-se, posteriormente, que a ação das giberelinas sobre a indução da expressão da alfa-amilase é exercida por meio da eliminação dos efeitos inibitórios da germinação promovidos pelas proteínas DELLA. Segundo o modelo de sinalização proposto, a presença de giberelinas promove uma rápida degradação das proteínas SLN1 de cevada e SLR1 de arroz (ambas pertencentes à família das proteínas DELLA), assim como também da proteína DELLA de *Arabidopsis* (RGL2), a qual desempenha um importante papel na inibição da germinação (ver item anterior para detalhes da proteólise de DELLA).

Dessa forma, a degradação das proteínas DELLA nos núcleos das células de aleurona permite a ativação de um importante componente de resposta às giberelinas chamado AG-MYB. AG-MYB é um fator de transcrição induzido por giberelinas que desencadeia a expressão de alfa-amilase e outras hidrolases e proteases, possibilitando a mobilização de nutrientes armazenados no endosperma. O intervalo de 1 h entre a degradação de proteínas DELLA e a indução de AG-MYB sugere que esse fator de transcrição poderia não ser um alvo direto das proteínas DELLA; no entanto, esse passo da transdução do sinal de giberelinas ainda não é bem entendido (Figura 11.12).

A ativação da resposta primária do gene *AG-MYB* envolve passos intermediários relacionados com a ligação da molécula

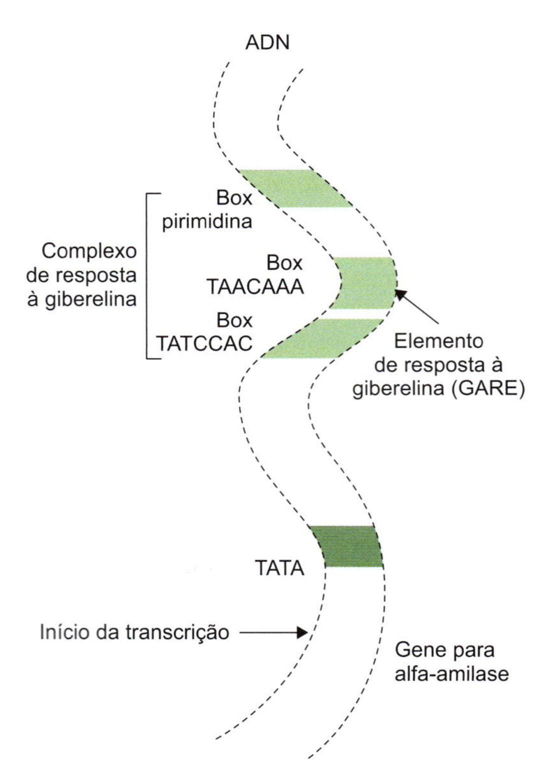

Figura 11.11 Representação da região promotora do gene para a alfa-amilase mostrando o complexo de resposta ao AG, o Box TATA (tiamina-adenina) e o sítio de início de transcrição. Adaptada de Jacobsen *et al.* (1995).

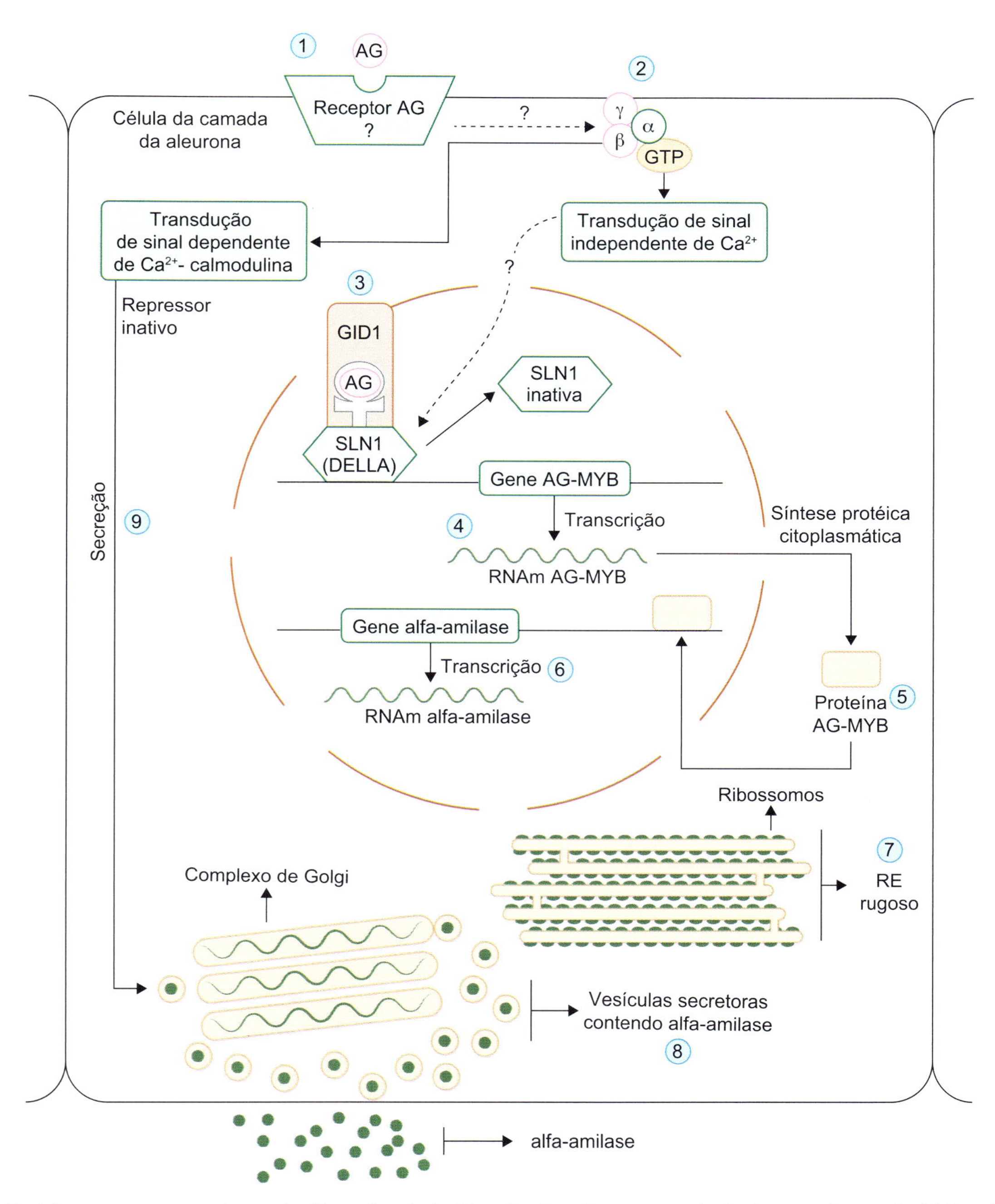

Figura 11.12 Modelo proposto para a síntese de alfa-amilase induzida pela giberelina na camada de aleurona da cevada. (1) Ligação do AG derivado do embrião a um suposto receptor de membrana, desencadeando duas cadeias de transdução de sinais. (2) O complexo AG-receptor hipoteticamente interage com uma proteína heteromérica G, dando início a duas cadeias de transdução de sinais, uma dependente e outra independente de Ca^{2+}, ambas podendo participar do controle da expressão gênica exercido pelo AG. A ligação de AG ao receptor GID1 leva à inativação da proteína repressora de transcrição gênica SLN1 dentro do núcleo (3). Essa inativação permite a expressão do gene *AG-MYB* (4), bem como de outros genes reprimidos, ocorrendo a transcrição e a tradução (5). No núcleo, a proteína AG-MYB liga-se ao promotor do gene para alfa-amilase, ativando a sua transcrição (6). As proteínas, depois de sintetizadas no retículo endoplasmático rugoso (7), são secretadas via aparato de Golgi (8). A rota de secreção pode ser também estimulada pelo AG por meio de uma rota de transdução de sinais dependente de cálcio-calmodulina (9). Adaptada de Taiz e Zeiger (1998).

de giberelina ao receptor de membrana. Íons de cálcio são considerados mensageiros secundários para vários hormônios, tendo sido observado, em protoplastos de aleurona de cevada, um aumento na concentração de Ca^{2+} no citosol em resposta às giberelinas. Esse aumento ocorreu entre 1 e 4 h após o tratamento com o AG e precedeu a síntese de alfa-amilase. Assim, sugere-se que giberelinas estimulem a secreção de alfa-amilase e outras hidrolases por uma rota dependente de cálcio, enquanto o estímulo dado pelas giberelinas para a expressão do gene da alfa-amilase surja por uma rota independente de cálcio (ver Figura 11.12).

Análises da transdução do sinal das giberelinas em células de aleurona revelaram que as proteínas heterotriméricas G podem estar associadas aos eventos iniciais de sua sinalização. Assim, um modelo de sua ação foi proposto, com base na ligação do AG a um receptor localizado na face interna da membrana, seguido pela interação do complexo AG-receptor a uma proteína heterotrimérica G. No entanto, essa proposta foi de certa forma prejudicada após a descoberta do receptor GID1, de natureza única em cereais e localização predominantemente nuclear, podendo estar presente em menor grau no citoplasma. Essas observações levantaram questões intrigantes sobre a complexidade que envolveria o cruzamento das vias de transdução de sinal de giberelinas para respostas genômicas (envolvem transcrição gênica) e não genômicas (sem transcrição gênica). Ainda que não bem estabelecido, sugere-se a existência de receptores de giberelinas com localização citosólica ou ligados à membrana plasmática que participem na ativação dos intermediários citosólicos na cadeia de transdução do sinal de giberelinas em células de aleurona.

Um modelo esquemático dos fatores bioquímicos e genéticos envolvidos com a síntese e secreção da alfa-amilase no modelo de células de aleurona está resumido na Figura 11.12.

Efeitos no crescimento e desenvolvimento vegetal

As giberelinas desempenham papéis importantes no controle de todos os estágios do desenvolvimento das plantas, e a sua ação frequentemente ocorre de maneira integrada a outros hormônios vegetais. A Figura 11.13 apresenta uma visão geral dos seus efeitos, com os das demais classes hormonais, nos principais eventos do desenvolvimento durante o ciclo de vida de plantas vasculares. A maneira pela qual as giberelinas atuam sobre cada um desses processos será detalhada a seguir.

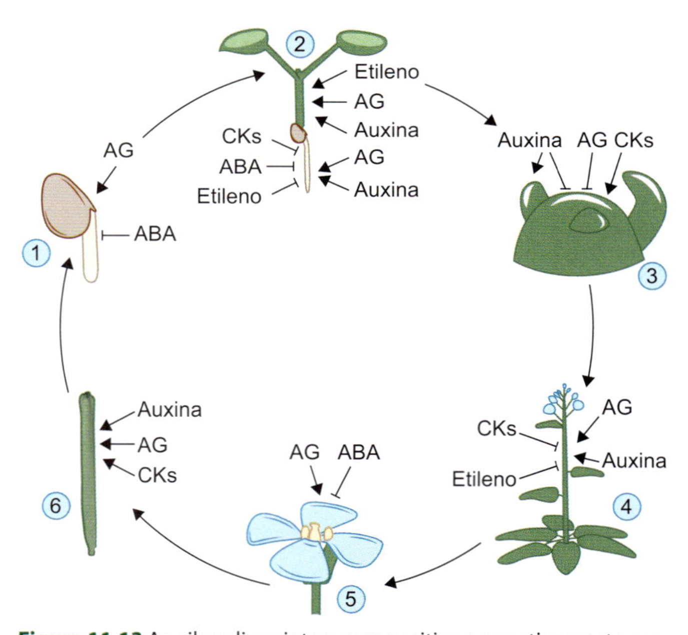

Figura 11.13 As giberelinas interagem positiva e negativamente com outros hormônios vegetais ao longo de todo o ciclo de vida da planta. Alguns dos efeitos desses hormônios estão indicados tomando como exemplo o ciclo de vida de *Arabidopsis thaliana*: (1) germinação; (2) crescimento dos órgãos vegetativos da plântula; (3) manutenção da atividade do meristema apical caulinar; (4) alongamento do eixo caulinar; (5) indução floral; e (6) desenvolvimento do fruto. Cks: citocininas; AG: giberelinas. Adaptada de Weiss e Ori (2007).

Quebra de dormência em sementes e germinação

As giberelinas são conhecidas por antagonizar os efeitos promotores do ácido abscísico sobre a dormência de sementes (ver Capítulo 12), bem como por promover a germinação em várias espécies. Tem sido proposto que as giberelinas não estariam diretamente envolvidas no controle da dormência, e sim na promoção da germinação. Assim, elas agiriam depois da superação da inibição mediada pelo ácido abscísico (Figura 11.14). As giberelinas, em combinação com as citocininas, podem substituir a necessidade de vários sinais ambientais para promover a germinação, minimizando os efeitos inibitórios do ABA. Em sementes de algumas espécies, os níveis de giberelinas aumentam em resposta a um estímulo externo, mas não há evidências de que essa elevação seja importante para a quebra da dormência.

Em *Arabidopsis*, obtiveram-se indícios da biossíntese *de novo* de giberelinas durante a germinação, por meio da aplicação de substâncias inibidoras de sua síntese, uma vez que esse tratamento bloqueou a germinação das sementes. Verificou-se que os embriões de algumas espécies têm potencial para germinar sem a necessidade de biossíntese ou sinalização de giberelinas; no entanto, AG se mostrou necessário para superar a resistência mecânica das estruturas da semente que circundam o embrião durante a germinação.

Dessa forma, propõem-se duas funções principais das giberelinas durante a germinação. A primeira é que elas são necessárias para a superação da barreira mecânica conferida pelas camadas da casca da semente, por enfraquecimento dos tecidos ao redor da radícula. Durante a germinação de sementes de *Arabidopsis*, verificou-se, por exemplo, que o papel das giberelinas na penetração da radícula através da testa da semente esteve relacionado com a indução da expressão de genes promotores do alongamento celular, como as expansinas, e de genes de modificação da parede celular, como o caso da proteína beta-glicosidase, cuja atividade seria importante para a necessária perda da estrutura da parede celular e, consequentemente, para o alongamento celular (ver Capítulo 8).

A segunda função sugerida para as giberelinas na germinação estaria ligada ao aumento do potencial de crescimento do embrião, incluindo o controle do crescimento do eixo embrionário e de tecidos em desenvolvimento (caulinares e radiculares). Esse efeito parece ser exercido por meio da diminuição da expressão de genes responsivos ao ácido abscísico, bem como pela indução de outros relacionados com o etileno e a auxina e, portanto, envolvidos no crescimento da plântula. Esses dados sugerem que AG possa promover a extrusão da radícula por meio de interações com outros hormônios. Deve-se ressaltar ainda o efeito do AG na indução das enzimas que degradam o amido no endosperma das sementes, como descrito anteriormente neste capítulo.

O modo de ação central pelo qual as giberelinas promovem a germinação, também discutido anteriormente, dá-se por meio do antagonismo exercido por essa classe hormonal sobre os efeitos inibitórios das proteínas DELLA na germinação. O mutante *gai* de *Arabidopsis* (deficiente para uma proteína DELLA) caracteriza-se por uma sensibilidade diminuída ao AG em relação à liberação da dormência e germinação. Nesses mutantes,

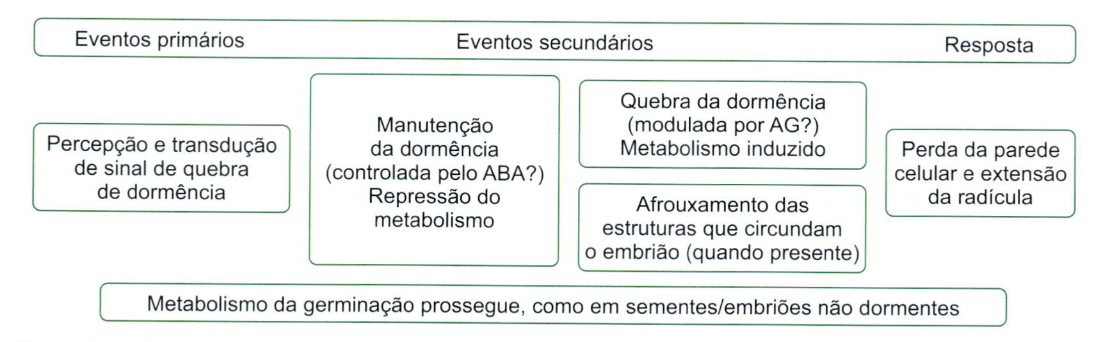

Figura 11.14 Representação esquemática dos principais eventos associados à quebra de dormência em sementes.

não foi verificada uma taxa significativa de germinação no escuro; somente a combinação de luz com frio ou dessecação causou a liberação da dormência e a germinação das sementes. A germinação das sementes de algumas espécies, principalmente não domesticadas, depende da luz ou de baixas temperaturas, cujos efeitos podem ser substituídos pelo AG exógeno.

Um exemplo prático do efeito promotor das giberelinas exógenas sobre a germinação foi obtido com o tratamento de sementes da lavanda (*Lavandula angustifolia* Miller) com AG_3. Essas sementes foram embebidas por 18 h em solução de 200 mg/ℓ de AG e apresentaram um índice de germinação de 89,9% em um tempo médio de 10,5 dias, em comparação à taxa de germinação de 22,6% para o controle com água destilada. Nesse caso, o tempo médio de germinação foi de 18,7 dias. Assim, esses resultados mostraram que o AG_3 aumentou significativamente a porcentagem de germinação nessa espécie, além de acelerar tal processo.

Controle do meristema apical caulinar e iniciação de folhas

Na região central do meristema apical caulinar (MAC), encontra-se um grupo de células que se divide lentamente, as quais são fonte de todas as células meristemáticas e, consequentemente, de todos os órgãos caulinares. A região central fornece regularmente novas células ao corpo do meristema, no qual se observam intensa atividade mitótica e baixo grau de diferenciação celular. Na região periférica do meristema, por sua vez, encontram-se células que participarão da iniciação de novos órgãos, como primórdios foliares.

As giberelinas participam no controle das populações de células dentro do MAC, auxiliando na sinalização que definirá respostas que variarão entre a permanência do caráter meristemático das células e a especificação de um destino de diferenciação. Nesses processos, elas atuam em conjunto, porém de maneira antagônica em relação às citocininas. Mostrou-se a existência de interações recíprocas entre esses dois hormônios, em que as citocininas inibem a produção de giberelinas, ao passo que AG inibem as respostas de citocininas. No interior do MAC, o balanço entre esses dois hormônios caracteriza-se por baixos teores de giberelinas associados a concentrações elevadas de citocininas, e é tido como pré-requisito para a função normal do meristema apical caulinar.

A manutenção desse balanço favorável às citocininas no MAC garante a predominância dos seus efeitos estimulatórios sobre a manutenção das divisões celulares e a inibição da diferenciação dentro do MAC (ver Capítulo 9). Análises do perfil de expressão gênica mostraram que o tratamento de plântulas de *Arabidopsis* com citocininas inibia a expressão dos genes que codificam para enzimas biossintéticas de giberelinas (20-oxidase do AG e 3-oxidase do AG), bem como promovia a expressão dos genes *RGA* e *GAI* (responsáveis pela transcrição das proteínas do tipo DELLA, repressoras de respostas ao AG; Figura 11.15). Esses resultados indicam que as citocininas também podem regular negativamente as respostas às giberelinas dentro do MAC.

O balanço entre giberelinas e citocininas no MAC também é assegurado por um mecanismo regulatório que conta com a participação do fator de transcrição *knotted1-like homeobox* (KNOX). A expressão de KNOX dentro do MAC auxilia na manutenção das características meristemáticas das células dentro do meristema caulinar, pelo fato de induzir a expressão de genes de biossíntese de citocininas, assim como promover o acúmulo desse hormônio no meristema. Estudos bioquímicos e de hibridização *in situ* em folhas de *Arabidopsis* e tabaco mostraram que as proteínas KNOX também controlam negativamente os teores de giberelinas no MAC por ligarem-se ao promotor do gene responsável pela síntese da enzima 20-oxidase do AG, reprimindo diretamente a sua transcrição. De modo complementar, tanto KNOX quanto as citocininas são induzidos pela expressão do gene que codifica para a enzima 2-oxidase do AG na base do MAC (enzima que desativa AG), talvez para bloquear os GA biologicamente ativos, permitindo, assim, que seus teores permaneçam reduzidos no interior do MAC (Figura 11.15).

Enquanto a atividade e a manutenção do MAC necessitam de teores relativamente elevados de citocininas e baixos de giberelinas, nos estágios subsequentes de alongamento e maturação celular verifica-se um sinergismo oposto, ou seja, teores relativamente baixos de citocininas e elevados de AG. Dessa forma, verifica-se um acúmulo de giberelinas na região coincidente com a iniciação do primórdio foliar, o qual promove a determinação das células aí presentes para a diferenciação foliar (Figura 11.15). O mecanismo que proporciona a elevação de giberelinas em uma porção definida da periferia do MAC ainda não é muito bem esclarecido. No entanto, sabe-se da presença da 20-oxidase do AG nos primórdios foliares, indicando se tratar de importantes sítios de biossíntese de AG.

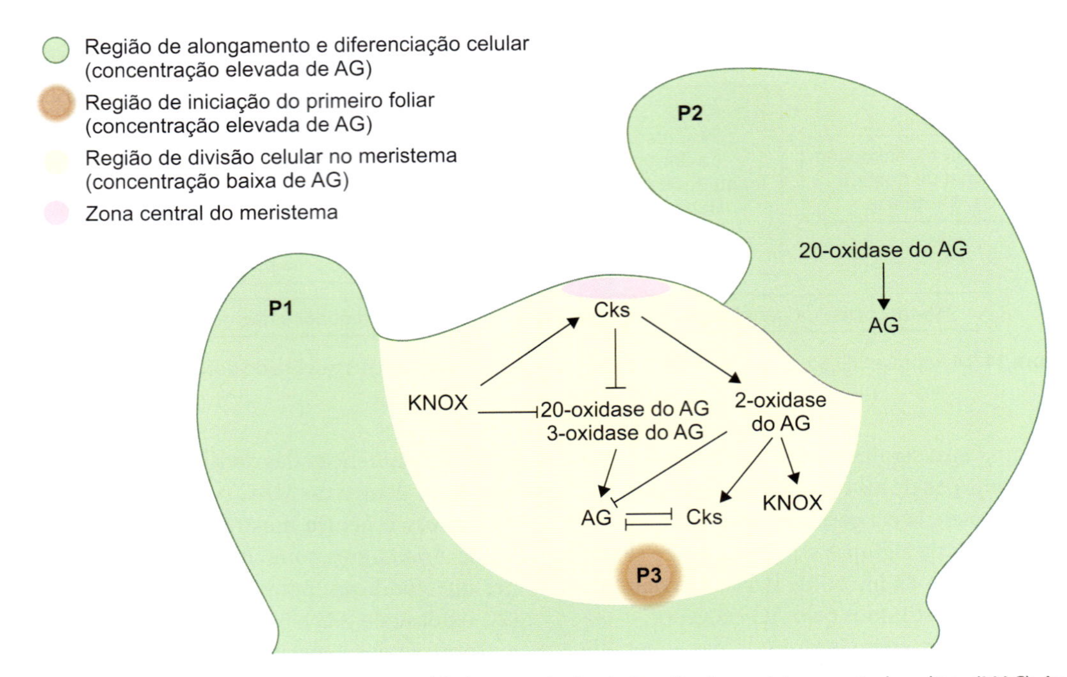

Figura 11.15 Interações entre giberelinas (AG) e citocininas (Cks) na regulação da função do meristema apical caulinar (MAC). As setas e as barras apontam regulação positiva e regulação negativa, respectivamente. P1, P2 e P3 indicam os primórdios foliares na ordem de formação. A proteína KNOX atua junto às Cks e ao AG dentro do MAC de maneira a estabelecer um balanço entre citocininas e giberelinas favorável às citocininas. Na região dos primórdios foliares, verifica-se a predominância de giberelinas. O controle dos teores endógenos dos hormônios é exercido, principalmente, pela regulação biossintética.

Crescimento caulinar e alongamento celular

Entre os muitos efeitos das giberelinas no desenvolvimento vegetal, um dos mais proeminentes é certamente sobre o crescimento caulinar (Figura 11.16). Essa classe de hormônios tem a capacidade única entre os demais hormônios vegetais em estimular o crescimento em plantas intactas, especialmente plantas de hábito nanizante ou plantas bianuais em estágio de roseta (com entrenós bastante curtos). A maioria das dicotiledôneas e algumas monocotiledôneas e coníferas crescem mais rápido quando tratadas com determinadas giberelinas. Em *Pinaceae*, por exemplo, algumas espécies respondem pouco ao AG_3, mas crescem em resposta a uma mistura de AG_4 e AG_7. Por sua vez, espécies com crescimento em roseta podem alcançar até 2 metros de altura e florescer em resposta à aplicação de AG_3, enquanto as plantas não tratadas permanecem no estágio de roseta. Espécies de cucurbitáceas alongam-se com maior rapidez em resposta à aplicação de giberelinas que não apresentam o grupo hidroxila no carbono 13 (formadas pela via biossintética da não hidroxilação 13).

Figura 11.16 Exemplo de planta de tomateiro com a mutação *gib-2/gib*, a qual ocasiona a perda de função da enzima sintase do AG_{12}-aldeído, proporcionando deficiência na via biossintética de giberelinas. Dessa forma, as plantas gib-2/gib, quando comparadas aos indivíduos sem tal mutação (simbolizada por +/+), apresentam tamanho reduzido. Imagem cedida pelo Dr. Lázaro E. P. Peres (ESALQ-USP).

A "diferença de tamanho do caule" em plantas de ervilha foi uma das sete características estudadas por Gregor Mendel em seus experimentos clássicos de hibridação vegetal, ao demonstrar que os indivíduos altos eram dominantes em relação aos anões. A simbologia adotada para os alelos dessa característica foi *Le* e *le*, baseando-se na palavra "altura" (do inglês, *length*). Verificou-se, posteriormente, que o tratamento das plantas anãs com diferentes giberelinas causava respostas de crescimento caulinar distintas. Por exemplo, quando plantas anãs foram tratadas com AG_{20} (uma forma inativa de AG), não foi observada mudança no tamanho caulinar; no entanto, quando os mutantes foram tratados com AG_1 (principal forma de AG ativa em ervilha), o crescimento em altura foi retomado (Figura 11.17). Posteriormente, descobriu-se que o par de alelos *Le* correspondia ao gene que codificava uma enzima-chave da biossíntese de giberelinas.

A enzima codificada pelo gene *Le* em ervilhas é a 3-oxidase do AG (ou 3-beta hidroxilase do AG), cuja atividade é responsável pela conversão de AG_{20} na forma bioativa AG_1. Dessa

Figura 11.17 Experimento com plantas mutantes de ervilha deficientes no alelo Le, responsável pela transcrição da 3-oxidase do AG. O tratamento das plantas anãs com AG_{20} (uma forma inativa de AG) não permitiu aumento no tamanho caulinar; no entanto, o tratamento com AG_1 (principal forma de AG ativa em ervilha) provocou a retomada do crescimento das plantas em altura. Esse experimento ilustra o passo em que a 3-oxidase do AG atua na via biossintética de giberelinas, ou seja, na conversão de AG_{20} na forma bioativa AG_1.

forma, as plantas de ervilha anãs inicialmente descritas por Mendel (homozigotas *le*) foram relacionadas com a deficiência desse passo biossintético de giberelinas, o qual acarretou teores endógenos de AG_{20} altamente elevados e concentrações de AG_1 muito inferiores nos caules das plantas mutantes em relação aos de plantas altas. A aplicação de giberelinas permite também que plantas mutantes de milho anão com deficiência na biossíntese de AG cresçam tanto quanto as variedades normais. Estudos revelaram que somente o AG_1 controla o alongamento do colmo de milho e que todos os mutantes anões não produzem a enzima 3-oxidase do AG, a qual catalisa a conversão de AG_{20} em AG_1. Assim como observado em milho e ervilha, o AG_1 é a principal giberelina associada ao alongamento caulinar de várias outras espécies, como nabo, tomate, arroz e trigo.

Há fortes evidências experimentais de que as giberelinas, com as auxinas, promovam a expansão/alongamento celular por exercerem efeitos sobre a parede celular. A relação entre esses dois hormônios quanto a esse fenômeno ainda é controversa. No entanto, a hipótese mais aceita atualmente sugere que as giberelinas sejam promotoras do alongamento celular preferencialmente em células jovens, e as auxinas, por sua vez, sejam as principais promotoras da expansão celular em regiões em maturação (ver Capítulo 9). Verificou-se, por exemplo, que em entrenós de aveia o alongamento decorre mais do crescimento das células jovens derivadas do meristema intercalar e menos como resultado da divisão celular. O alongamento em resposta ao AG_3 foi 15 vezes superior ao crescimento observado nos tratamentos sem AG_3. Esse incremento na plasticidade da parede celular mediado pelas giberelinas foi também observado em segmentos de hipocótilo de alface e em hipocótilos intactos de pepino.

Uma explicação para esses eventos refere-se ao fato de que uma das pré-condições para o alongamento celular se relaciona com as microfibrilas de celulose, as quais devem orientar-se perpendicularmente à direção do crescimento. A indução do alongamento celular pelas giberelinas pode estar limitada às células meristemáticas e jovens porque suas microfibrilas estão orientadas transversalmente. Sob a influência do AG, essa orientação transversa é mantida por uma distância considerável, ampliando assim a zona de alongamento do órgão. Por sua vez, auxinas promovem a reorientação da deposição das microfibrilas de celulose, da posição oblíqua/longitudinal para a posição transversal, levando ao alongamento das células que pararam de crescer. Isso poderia explicar por que a ação do AG ocorre preferencialmente em regiões jovens, nas quais promove o alongamento, enquanto as auxinas podem promover a expansão de células mais velhas (ver Capítulo 9).

No entanto, estudos recentes revelaram que as atividades de giberelinas e auxinas se sobrepõem na regulação da expansão celular e diferenciação tecidual. Verificou-se que auxinas afetam a sinalização de AG, assim como a sua biossíntese. Segundo esses dados, as auxinas regulam positivamente a expressão de genes biossintéticos de giberelinas, e o AIA (uma importante auxina) promove a produção de AG_1 via aumento da transcrição da 3-oxidase do AG e diminuição da transcrição de 2-oxidase do AG (ver Capítulo 9). Além disso, a auxina promove a degradação de DELLA, resultando na desrepressão das respostas às giberelinas.

Crescimento por divisão celular

Plantas de arroz submetidas a inundação frequente têm sido empregadas como modelo de estudos para o estímulo da divisão celular mediado pelas giberelinas. Em condições de inundação, essas plantas aumentam rapidamente a taxa de crescimento, a qual ocorre principalmente no meristema intercalar de entrenós mais jovens. Em tecidos encharcados, há um aumento na síntese de etileno, resultando em uma diminuição nos níveis de ABA, que, por sua vez, age como antagonista às giberelinas. Em decorrência disso, o tecido torna-se mais responsivo ao AG endógeno.

Sauter e Kende (1992) estudaram o efeito do AG sobre o ciclo celular em núcleos de células do meristema intercalar, os quais tiveram seu DNA quantificado pela técnica de citometria de fluxo. A quantidade de DNA em um núcleo haploide foi estabelecida como 1C; núcleos na fase G1 e G2 do ciclo celular apresentaram quantidades de DNA de 2C e 4C, respectivamente, e núcleos na fase S apresentaram valores intermediários de DNA. Logo após a aplicação de AG exógeno, 83% dos núcleos encontravam-se na fase G1 do ciclo celular, enquanto 10 e 7% dos núcleos estavam nas fases S e G2, respectivamente (Figura 11.18). Nas primeiras 4 h após o tratamento com AG, observaram-se uma redução na proporção de núcleos nas fases G2 e S1 e um aumento na proporção de núcleos em G1.

Com base nos resultados obtidos e considerando a cinética de crescimento e a dinâmica do ciclo celular, os autores propuseram que o efeito primário de giberelinas se relaciona com a indução do alongamento celular no meristema intercalar, processo seguido por ciclos de divisões celulares que ocorrem, inicialmente, a partir das células que tiverem seu DNA duplicado e que, em consequência, estão na fase G2 do ciclo celular. Depois de 7 h do tratamento com AG, observa-se um aumento no número de células que estão na fase G2, aspecto que indica um estímulo geral para a divisão

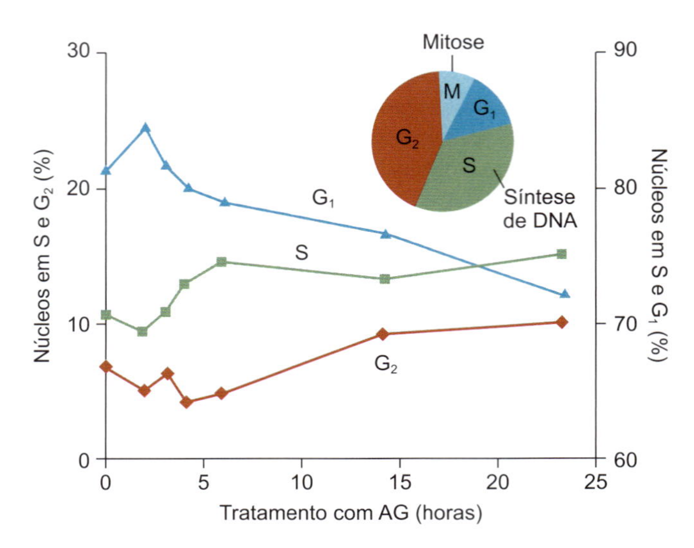

Figura 11.18 Alterações no ciclo celular de núcleos do meristema intercalar de entrenós de arroz em resposta ao tratamento com AG. Observe as fases e escalas do ciclo celular na parte superior. Adaptada de Sauter e Kende (1992).

celular. O fato de haver uma diminuição no número de células em G2 depois de 4 h do tratamento com AG sugere que esse hormônio regula o ciclo celular na transição entre a mitose e a fase G2.

A transição entre as diferentes fases do ciclo celular é regulada por proteínas cinases dependentes de ciclinas (CDK). As medidas dos níveis de transcrição de dois genes que codificam para CDK em arroz inundado revelaram um aumento nos níveis de expressão de um desses genes em resposta ao AG exógeno. Esse aumento correspondeu à expressão de dois genes associados à divisão celular, aumentando os níveis de uma proteína-cinase específica do ciclo celular (Cdc2), bem como de ciclinas M necessárias para a entrada em mitose (ver Capítulo 9).

Mudança de fase juvenil para madura, indução da floral e determinação do sexo

A incapacidade das plantas em florescer antes de atingirem determinado estágio é associada à juvenilidade. Plantas juvenis e adultas vegetativas e reprodutivas podem apresentar aspectos morfológicos diferenciados, como a forma das folhas. Dependendo da espécie, a aplicação de giberelinas pode regular a juvenilidade em ambos os sentidos. Assim, em *Hedera helix* o AG_3 pode causar a reversão de maturidade para juvenilidade, enquanto, em algumas coníferas, o inverso pode ocorrer como resultado do tratamento com $AG_4 + AG_7$. A aplicação de AG exógeno com essa finalidade vem sendo testada em programas de melhoramento genético de várias espécies de *Eucalyptus*. As giberelinas podem substituir os efeitos mediados pelo fotoperíodo e pelas baixas temperaturas na indução floral de algumas plantas, sugerindo ser esse hormônio um dos componentes para o estímulo dessa indução (ver Capítulo 18).

A participação das giberelinas é decisiva no processo de floração, tanto que plantas de *Arabidopsis* deficientes em AG apresentam atraso no tempo de floração e tendência à esterilidade da parte masculina das flores. Contudo, a aplicação de giberelinas ou a superexpressão de genes da sua biossíntese provocam o adiantamento da floração nessas plantas. As giberelinas exógenas também podem substituir a indução fotoperiódica da floração em plantas em roseta. Um exemplo comum dessa ação de AG são as plantas em roseta induzidas à floração em condições de dias longos; no entanto, a aplicação de giberelinas em plantas cultivadas sob dias curtos induz o florescimento (Figura 11.19). Nessas plantas, a floração é acompanhada pelo alongamento do caule, eventos estes considerados independentes. Também a aplicação de giberelinas pode promover a floração em algumas plantas de dia curto em condições não indutivas, bem como pode substituir parcial ou totalmente os efeitos desencadeados pelas baixas temperaturas em plantas com necessidade de frio para a floração (ver Capítulo 18).

O comprimento do dia exerce efeitos no metabolismo das giberelinas, como é o caso do espinafre (*Spinacia oleracea*), planta de dias longos. Em dias curtos, os seus teores são baixos e a planta se mantém na forma de roseta. Em condições de dias longos, observa-se um aumento nos seus teores da via da hidroxilação 13 inicial. O aumento de cinco vezes nos níveis de uma dessas giberelinas (especialmente a forma bioativa AG_1) causa o alongamento do caule que antecede a floração (ver Capítulo 18).

Em plantas monoicas (produtoras de flores masculinas e femininas ou hermafroditas), as giberelinas têm efeito sobre a determinação do sexo, evento geneticamente regulado, mas também influenciado por outros fatores, notadamente ambientais. Em milho, por exemplo, dias curtos e noites frias promovem um aumento de cerca de 100 vezes nos níveis de AG no pendão, aumentando a proporção de flores femininas. Esse efeito é também observado como resultado da aplicação de giberelinas. Em milho, foram isolados mutantes com padrões alterados de determinação de sexo. Mutações em genes que afetam a biossíntese de AG resultaram na supressão do desenvolvimento de estames nas flores da espiga. Em algumas dicotiledôneas, como *Cucumis sativus*, *Spinacia oleracea* e *Cannabis sativa*, o AG exógeno exerce efeitos contrários,

Figura 11.19 Algumas plantas em roseta são induzidas à floração em condições de dias longos; no entanto, a aplicação de giberelinas em plantas cultivadas sob dias curtos pode induzir o florescimento.

observando-se a formação de flores estaminadas. Nessas espécies, tratamentos com etileno no estágio de flores bissexuais induzem a formação de flores femininas, sugerindo uma interação das giberelinas com outros hormônios na regulação da determinação do sexo.

Demonstrou-se que o AG_3 pulverizado em plantas de abacateiro na fase de floração altera a fenologia e a morfologia da inflorescência. Aplicações feitas antes da formação dos eixos secundários da inflorescência reduziram a intensidade de floração. Aplicações feitas em estágios posteriores resultaram no desenvolvimento de brotos vegetativos com hábito indeterminado do ápice de inflorescências. Assim, o uso do AG_3 em níveis e estágios adequados pode permitir regularizar a produtividade do abacateiro afetada pela alternância de produção.

Estabelecimento e desenvolvimento de frutos

O estabelecimento do fruto, ou seja, o momento de decisão se o ovário se desenvolverá em fruto (*fruit set*) depende de sinais positivos de crescimento dados a partir da polinização, da fertilização e do desenvolvimento do embrião. Apesar de se tratar de um evento crucial para a obtenção de produtos agrícolas e a sobrevivência das espécies vegetais, ainda muito pouco é conhecido sobre os seus mecanismos regulatórios (ver Capítulo 19).

Sabe-se que as atividades das giberelinas e das auxinas representam os estímulos principais na indução do estabelecimento do fruto. Os teores endógenos de ambos os hormônios aumentam nos ovários após a fertilização, e o emprego de tratamentos exógenos ou por transformação genética que proporcionam o aumento endógeno desses hormônios leva, em muitas espécies, ao desenvolvimento de frutos parternocárpicos (frutos formados sem polinização e, portanto, sem sementes). Além disso, os teores desses hormônios são elevados nos ovários de muitos mutantes em que o fruto se estabelece mesmo na ausência da polinização.

Diferentemente das auxinas, que parecem ter um papel fundamental na organização inicial do gineceu, as giberelinas são necessárias em uma etapa posterior, durante o crescimento do fruto. Análises de mutantes de síntese ou percepção de giberelinas evidenciam a participação destas no crescimento de frutos. Plantas mutantes *ga1-3* de *Arabidopsis* não formam frutos após a polinização em virtude da deficiência grave na síntese de giberelinas causada pela mutação do gene *GA1*, codificante para a enzima CPS. Em contrapartida, o desenvolvimento do fruto ocorre em outros mutantes que apresentam teores ligeiramente mais elevados de giberelinas bioativas; no entanto, o alongamento celular é anormal.

O desenvolvimento inicial dos frutos é afetado em mutantes *gai*, insensíveis às giberelinas. GAI, como assinalado anteriormente, é uma das proteínas DELLA de *Arabidopsis* envolvida na falta de crescimento na ausência desse hormônio. Isso se deve ao fato de os mutantes *gai* terem uma sensibilidade reduzida às giberelinas, causando um desequilíbrio nas respostas, ainda que na presença de teores elevados de giberelinas. Não por outra razão, as plantas *gai* apresentam um fenótipo similar aos mutantes com deficiência para a síntese desse hormônio.

Um efeito sinergístico entre giberelinas, auxina e citocininas foi observado sobre o crescimento de frutos partenocárpicos de *Arabidopsis*, visto que o tamanho equivalente aos frutos com sementes (ovários fertilizados) era obtido apenas em tratamentos com giberelina e citocinina ou giberelina e auxina. Esses resultados sugerem um conjunto complexo de interações hormonais que ocorre durante o desenvolvimento normal do fruto (ver Capítulo 19). Vale salientar, contudo, que, ao observar o crescimento de frutos partenocárpicos tratados, isoladamente, com um desses reguladores de crescimento, apenas as giberelinas conseguiram promover um crescimento mais próximo ao de frutos polinizados (Figura 11.20).

Com respeito à queda acentuada de frutos novos após a polinização, esse evento deletério em plantas cultivadas pode ser minimizado por meio da aplicação de auxinas, que estimulam a fixação e o crescimento dos frutos novos (ver Capítulo 9). Contudo, nem todas as espécies respondem favoravelmente às auxinas, mas a aplicações de giberelina. Em macieira (*Malus comestica*), por exemplo, a aplicação conjunta de uma

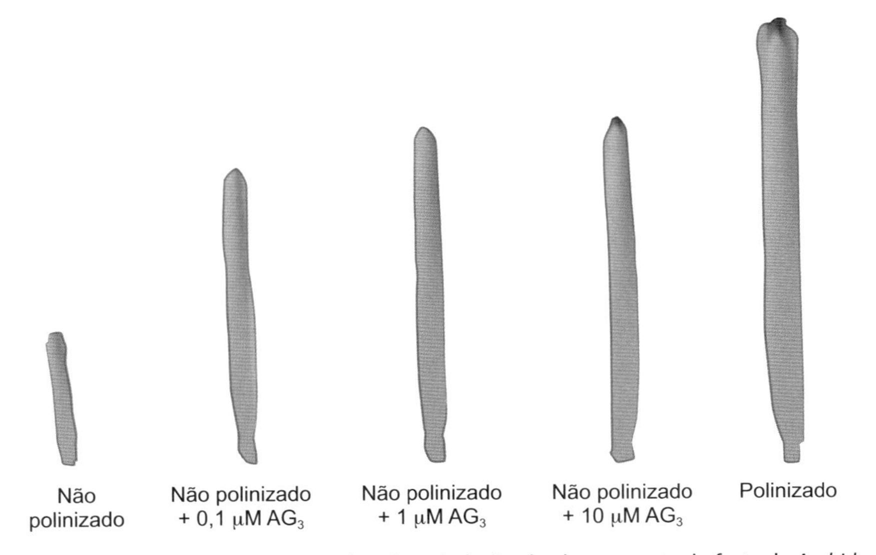

Figura 11.20 Efeito da aplicação de diferentes concentrações de AG_3 na indução do alongamento do fruto de *Arabidopsis* na ausência de fertilização. Os frutos resultantes desses tratamentos são partenocárpicos. Adaptada de Vivian-Smith e Koltunow (1999).

giberelina e uma citocinina promoveu também maior crescimento longitudinal dos frutos, melhorando a forma destes e o seu valor comercial.

Outro exemplo interessante ocorre com *Vitis vinifera*, cv. Itália, na qual a pulverização dos cachos em pós-floração com 10 ou 20 mg/ℓ de AG_3 permite o alongamento da ráquis e o raleio de frutos, possibilitando a obtenção de cachos mais sadios e com bagas mais uniformes (Guerra *et al.*, 1981). Além disso, observou-se que esse tratamento induz a apirenia parcial ou total (frutos com poucas sementes ou nenhuma), atributo este desejável em uvas de mesa.

Superação da dormência em embriões somáticos e gemas

Na cultura de tecidos vegetais, a rota embriogênica somática frequentemente gera embriões somáticos que apresentam baixa taxa de germinação, para os quais o emprego de AG_3 no meio de cultura pode promover taxas adequadas de conversão em plântulas. Esse é o caso da frutífera goiabeira-serrana (*Acca sellowiana*), mirtácea nativa dos campos de altitude do sul do Brasil e que se encontra em processo de domesticação. Embriões somáticos com baixa taxa de germinação foram inoculados em meio de cultura contendo 2 μM de AG_3 e mostraram 100% de germinação em comparação a valores de 50% de germinação observados para embriões somáticos cultivados na ausência do AG_3 (Guerra *et al.*, 1997). Os efeitos das giberelinas na superação da dormência de gemas de espécies com exigência de frio também têm sido relatados. Plantas de azaleia (*Rhododendron pulchrum* e *R. scabrum*), pulverizadas apenas com água, demoraram 60 dias para quebrar essa dormência. O incremento médio mensal do comprimento das gemas florais foi de 0,91 cm em resposta ao AG_3, em comparação com o incremento médio de 0,32 cm para o controle. Assim, essa giberelina foi efetiva em aumentar a taxa de crescimento das gemas florais e antecipar a floração, induzindo a antese 10 dias antes das plantas não tratadas.

Aplicações comerciais

A duração em pós-coleta de folhagens ornamentais constitui atributo importante para o mercado de plantas ornamentais. Em muitos casos, a aplicação de AG em plantas folhosas tem permitido aumentar, consideravelmente, o tempo em que as folhas mantêm a coloração verde após o corte. Folhas de *Zantedeschia aethiopica* cortadas e imersas em uma solução de 1 mM de AG_3 por 24 h apresentaram uma longevidade média de 39 dias em comparação à duração de 29 dias para as folhas imersas apenas em água. Nesse experimento, mostrou-se também que a aplicação de 1 mM de citocinina benziladenina resultou em uma vida média de pós-coleta de apenas 17 dias, tempo este inferior àquele observado para as folhas-controle.

O AG_3 aplicado em frutas de laranja cv. Valência retém a coloração verde da casca. O pH 3,0 da solução foi o que promoveu a maior retenção da coloração verde nas frutas, indicando assim que pH mais ácidos favorecem a absorção do AG pelas plantas. Observou-se também que o AG atrasou o fenômeno do reverdecimento, o qual ocorre quando as temperaturas se tornam mais elevadas (Casagrande Jr. *et al.*, 1999). Assim, em termos comerciais e industriais, a aplicação do AG_3 permite o processamento da fruta em um período mais longo, já que o tempo de coleta pode ser expandido. Além disso, na indústria citrícola, muitas desordens podem ser corrigidas com a aplicação de giberelinas, como manchas e ferrugem, porque estas induzem uma textura mais compacta do albedo, além de poderem corrigir parcialmente o enrugamento do exocarpo. Para a limeira ácida Tahiti, principal variedade que substitui os limões-verdadeiros no Brasil, a manutenção da cor verde é atributo importante para o mercado e consumo. Contudo, a degradação da clorofila e a síntese de carotpenoides evoluem durante a comercialização e culminam no desverdecimento da fruta. A aplicação de AG em pós-coleta nas concentrações de 10 a 160 mg/ℓ, associada à aplicação de cera, foi eficiente para manter a cor verde da casca dos frutos armazenados por 45 dias a 25°C.

Aplicações de produtos comerciais à base de giberelinas podem estender o período de produção, possibilitando aos produtores programar a coleta e obter melhores preços. Assim, estudos dos efeitos do AG_3 sobre a maturação dos frutos das tangerineiras Poncã (*Citrus reticulata*) e Montenegrina (*Citrus deliciosa*) evidenciaram que aplicações de 20 a 60 mg/ℓ de AG_3 no início da mudança de cor dos frutos permitiram mantê-los verdes por um período maior, sem alterar as características físico-químicas do suco. Na videira, a aplicação do AG, com o anelamento dos ramos, promoveu aumento no peso, no comprimento e na largura das bagas do cultivar da uva de mesa Maria.

Referências bibliográficas

Casagrande Jr. JG, Fachinello JC, Faria JLC. O pH da calda de aplicação e a absorção de ácido giberélico por frutas de laranja cv. 'Valência'. Sci Agri. 1999;56:933-8.

Guerra MP, Barcellos FM, Koller OC. Influência do ácido giberélico, aplicado em floração e pós-floração sobre as características do cacho da videira Itália (Vitis vinifera L.). In: Anais do 6. Congresso Brasileiro de Fruticultura; 1981; Recife. Recife: SBF; 1981. v. 4. p. 1279-86.

Guerra MP, Pescador R, Dal Vesco LL, Nodari RO, Ducroquet JP. In vitro morphogenesis in Feijoa sellowiana: somatic embryogenesis and plant regeneration. Acta Horticulturae. 1997;452:27-36.

Hedden P, Phillips AL. Gibberellin metabolism: new insights revealed by the genes. Trends in Plant Science. 2000;5(12):523-30.

Jacobsen JV, Gubler F, Chandler PM. Gibberellin and abscisic acid in germinating cereals. In: Davies PJ, editor. Plant hormones: physiology, biochemistry and molecular biology. Boston: Kluwer; 1995. p. 246-71.

Lenton JR, Appleford NEJ, Croker SJ. Gibberellin and α-amilase gene expression in germinating wheat grains. Plant Growth Regulation. 1994;15:261-70.

Nakajima M, Shimada A, Takashi Y, Kim YC, Park SH, Ueguchi-Tanaka M, et al. Identification and characterization of Arabidopsis gibberellin receptors. Plant Journal. 2006;46:880-9.

Sauter M, Kende H. Gibberellin-induced growth and regulation of cell cycle in deepwater rice. Plant. 1992;188:362-8.

Taiz L, Zeiger E. Plant physiology. Sunderland: Sinauer; 1998.

Ueguchi-Tanaka M, Ashikari M, Nakajima M, Itoh H, Katoh E, Kobayashi M, et al. GIBBERELLIN INSENSITIVE DWARF1 encodes a soluble receptor for gibberellin. Nature. 2005;437:693-8.

Ueguchi-Tanaka WM, Nakajima M, Katoh E, Ohmiya H, Asano K, Saji S, et al. Molecular interactions of a soluble gibberellin receptor, GID1, with a rice DELLA protein, SLR1, and gibberellin. The Plant Cell. 2007;19:2140-55.

Vivian-Smith A, Koltunow AM. Genetic analysis of growth-regulator-indu-ced parthenocarpy in Arabidopsis. Plant Physiol. 1999;121:437-51.

Weiss D, Ori N. Mechanisms of cross talk between gibberellin and other hormones. Plant Physiology. 2007;144:1240-6.

Ácido Abscísico

Eliane Stacciarini-Seraphin • Luciano Freschi

Introdução

O ácido abscísico (ABA) é um hormônio vegetal que regula vários processos no ciclo de vida das plantas. Envolvido nas respostas a estresses ambientais, como a baixa disponibilidade de água, a temperatura reduzida e a alta salinidade, esse hormônio também desempenha uma função importante no desenvolvimento e na germinação das sementes.

Sob condições ambientais desfavoráveis, o ABA regula o grau de abertura dos estômatos, reduzindo a perda de água por transpiração. Nas sementes, esse hormônio promove o acúmulo de proteínas e lipídios de reserva, a aquisição de tolerância à dessecação, além de inibir a germinação precoce do embrião em frutos ainda conectados à planta-mãe (*viviparidade*). Essas respostas em vários processos (*pleiotrópicas*) são, em geral, refletidas em padrões diferenciais de expressão gênica.

Este capítulo não pretende esgotar o assunto referente ao ácido abscísico, mas sim enfatizar os principais aspectos fisiológicos, bioquímicos e genéticos desse hormônio vegetal.

Histórico e descoberta

O hormônio vegetal ácido abscísico (Figura 12.1), descoberto na década de 1960, foi inicialmente considerado um inibidor de crescimento e promotor de dormência de gemas. Atualmente, sabe-se que o ABA, com os demais hormônios vegetais, desempenha múltiplas funções durante o ciclo de vida das plantas. Desde a sua descoberta, pesquisas revelam que o ABA desempenha papel de destaque nas respostas das plantas a estresses ambientais, transformando em respostas biológicas de proteção os efeitos exercidos pelo ambiente, especialmente a baixa disponibilidade hídrica, a alta salinidade e as temperaturas reduzidas.

Antes da década de 1940, já eram conhecidos os efeitos dos extratos vegetais na promoção da dormência em gemas e sementes. Em anos subsequentes, estudos demonstraram que extratos obtidos a partir de diversos tecidos e espécies de plantas continham uma substância capaz de inibir o crescimento vegetal. Qualquer uma dessas pesquisas poderia ter conduzido à purificação e à identificação do ácido abscísico; entretanto, somente três delas resultaram no isolamento e na identificação desse hormônio. Essas pesquisas foram publicadas no início da década de 1960 e estão descritas resumidamente a seguir.

Nos EUA, os trabalhos de Addicott *et al.* resultaram no isolamento e na cristalização de uma substância promotora da abscisão de frutos jovens de algodão. Por se tratar de uma substância até então com propriedades físicas e químicas

(+)-*cis*-ABA
(forma ativa e abundante na natureza)

(-)-*cis*-ABA
(forma ativa e abundante nas respostas rápidas)

(+)-*cis*-ABA
(inativa, mas interconversível com a forma *cis*)

(-)-*trans*-ABA
(forma inativa)

Figura 12.1 Estrutura química dos isômeros e enantiômeros do ácido abscísico e o sistema de numeração dos carbonos na molécula do (+)-*cis*-ABA.

desconhecidas, ela foi denominada abscisina II, em reconhecimento ao seu efeito promotor na abscisão. Na mesma época, Wareing *et al.*, na Inglaterra, correlacionaram a dormência de gemas na planta lenhosa *Acer pseudoplatanus* (bordo) com as alterações sazonais nos níveis de inibidores, chamando o composto responsável por esse efeito de dormina. O isolamento e a cristalização da dormina evidenciaram propriedades físicas e químicas idênticas às da abscisina II. Um terceiro grupo de pesquisadores, liderado por Van Steveninck, na Nova Zelândia e, posteriormente, na Inglaterra, verificou que frutos em desenvolvimento de *Lupinus luteus* (tremoço) produziam alguma substância responsável pela abscisão de flores e frutos jovens localizados em posição apical na inflorescência. Essa substância era capaz de inibir o crescimento de coleóptilos e, por seu isolamento e purificação, os autores novamente observaram propriedades idênticas às da abscisina II.

Abscisina II, dormina e acelerador de abscisão representavam um mesmo composto, sendo necessária uma denominação comum para tal substância. Em 1967, os grupos de pesquisadores envolvidos nas investigações estabeleceram o termo "ácido abscísico", além de ABA como sua abreviação. Atualmente, alguns fisiologistas consideram esse nome inadequado, especialmente porque o ABA não é tão ativo na promoção da abscisão como se pensava inicialmente. Entretanto, o nome "ácido abscísico" está consagrado pelo uso.

Desde sua descoberta até hoje, foram editados pelo menos três livros específicos sobre o ácido abscísico (Addicott, 1983; Davies e Jones, 1991; Zhang, 2014), e há uma crescente publicação de capítulos e artigos de revisão e/ou investigação em torno do assunto.

Ocorrência nas plantas

O ácido abscísico é encontrado em todas as plantas vasculares, mas também em alguns musgos, algas verdes e fungos. Esse hormônio foi identificado em alguns mamíferos, tendo sido, entretanto, atribuído à alimentação dos animais, e não à síntese nesses organismos.

Presente em praticamente todas as células vivas do vegetal, o ABA pode ser encontrado desde o ápice caulinar até o radicular, assim como nas seivas do xilema e do floema e exsudato de nectários. Em nível celular, o ácido abscísico também é amplamente distribuído, estando presente no citosol, no cloroplasto, no vacúolo e no apoplasto.

A exemplo do que ocorre com outros hormônios vegetais, a concentração endógena de ácido abscísico é, geralmente, bastante baixa e determinada pelo balanço dinâmico entre biossíntese, inativação, degradação, transporte e compartimentação. Esses processos, por sua vez, são regulados pela fase de desenvolvimento da planta, por fatores ambientais e pela interação com outros hormônios vegetais.

Entretanto, uma elevação considerável na concentração endógena de ABA é observada em tecidos vegetativos submetidos a alguns estresses ambientais, assim como na semente durante a maturação. Sob condições ambientais favoráveis, a concentração de ABA nas folhas e raízes é de alguns nanogramas por grama de massa fresca, sendo substancialmente elevada quando as plantas são submetidas a estresses, especialmente de déficit hídrico. O papel fisiológico do ácido abscísico na proteção a esse tipo de estresse se dá principalmente por meio da promoção do fechamento estomático, reduzindo a perda de água.

Durante o desenvolvimento de sementes, a concentração endógena de ABA nesses órgãos é geralmente superior àquela encontrada em tecidos vegetativos, atingindo valores da ordem de microgramas por grama de massa fresca. O ABA está envolvido no acúmulo de proteínas e lipídios de reserva, na aquisição de tolerância à dessecação, na inibição da germinação precoce e na imposição de dormência primária.

Vários mutantes deficientes ou insensíveis ao ABA foram identificados em plantas vasculares com anomalias no desenvolvimento ou no comportamento fisiológico, como a viviparidade e a ausência de dormência e murchamento, mesmo sob estresse hídrico moderado. Enquanto nos mutantes deficientes em ABA essas anomalias podem ser revertidas ao tipo normal (selvagem) após tratamento com ácido abscísico, a aplicação desse hormônio não tem efeito nos mutantes insensíveis a ele próprio. Esses mutantes têm contribuído significativamente para o progresso das pesquisas envolvendo transdução de sinais, biossíntese e efeitos biológicos do ABA. Revisões sobre mutantes deficientes ou insensíveis ao ABA podem ser encontradas em Taylor (1991), Thomas *et al.* (1997), Leung e Giraudat (1998), Finkelstein *et al.* (2002) e Humplík *et al.* (2017).

Estrutura, principais formas e atividade

O ácido abscísico é um composto com 15 carbonos, pertencente à classe dos terpernoides, cuja molécula apresenta alta semelhança estrutural com a porção terminal das xantofilas. O ABA pode apresentar-se na configuração *cis* ou *trans*, dependendo da orientação do grupo carboxila ligado ao carbono 2 de sua cadeia lateral. O isômero *cis*-ABA é a única forma que apresenta atividade biológica e corresponde à quase totalidade do ABA produzido pelos tecidos vegetais. O isômero *trans*-ABA, por sua vez, é inativo, mas pode ser convertido na forma *cis* (ativa) por isomerização espontânea quando há luz (ver Figura 12.1).

Além disso, o ABA apresenta um carbono assimétrico na posição 1' do anel, conferindo falta de simetria molecular e garantindo sua atividade óptica, isto é, a capacidade de desviar o plano de uma luz polarizada. A forma natural do hormônio é positiva (+), porque o desvio da luz se dá no sentido horário.

Os dois enantiômeros, (+)-ABA (natural) e (–)-ABA (sintético), apresentam diferenças marcantes em termos de atividade biológica, taxas de catabolismo e produtos de degradação. O (+)-ABA, por exemplo, é a única forma ativa em respostas de curta duração, como o fechamento estomático. Contudo, em respostas de longa duração, como na maturação de sementes, ambos os enantiômeros são ativos. De modo geral, a forma (–)-ABA apresenta menores taxas de degradação, permanecendo na planta por períodos mais prolongados. Apesar de a interconversão dos enantiômeros (–)-ABA e (+)-ABA aparentemente não ocorrer nas plantas, estudos indicam que (–)-ABA é capaz de induzir a síntese de (+)-ABA nos tecidos vegetais. Pesquisas recentes também revelaram que alguns, mas não todos os receptores de ABA, são capazes de interagir com ambos os enantiômeros.

Diferentemente das giberelinas e citocininas, que apresentam um grande número de compostos naturais com atividade biológica, a classe hormonal do ácido abscísico é composta basicamente por um único composto ativo de ocorrência natural, o *cis*-ABA. Alguns produtos da degradação do ABA, como o ácido faseico (PA) e o 7'-hidroxi ABA, também apresentam atividade biológica; contudo, ainda não é clara a relação entre a síntese desses compostos e as respostas observadas nos vegetais.

Estudos têm demonstrado que modificações estruturais na molécula de ABA normalmente resultam na redução ou perda de sua atividade. O éster metílico do ABA, por exemplo, é inativo nas respostas de curta duração, como nos bioensaios de inibição de crescimento e fechamento estomático. Porém, nas respostas de longa duração, esse composto pode apresentar atividade, possivelmente em razão da liberação do ABA livre.

Biossíntese e inativação

Locais de biossíntese

A distribuição e a abundância das moléculas de ABA são altamente variáveis, dependendo do estágio de desenvolvimento e das condições ambientais. Da mesma forma, a contribuição relativa da síntese local e da translocação de ABA a partir de outras células, tecidos e órgãos também pode variar drasticamente, de acordo com o evento fisiológico e as condições ambientais circundantes. Postula-se que o ABA pode ser sintetizado em praticamente todos os tecidos vivos da planta. Os precursores necessários à biossíntese do ABA estão presentes nos cloroplastos localizados em tecidos fotossintetizantes, assim como nos cromoplastos, leucoplastos e proplastídios distribuídos em frutos, embriões de sementes, raízes e outros órgãos da planta. Além disso, os metabólitos do ABA foram identificados em praticamente todos os órgãos das plantas, incluindo folhas, caules, raízes, sementes e frutos. Todavia, análises do padrão espacial de expressão de genes que codificam enzimas responsáveis pela biossíntese de ABA sugerem que uma parcela considerável da biossíntese desse hormônio ocorre nos tecidos vasculares, especialmente nas células companheiras do floema e nas células parenquimáticas do xilema. As células-guarda dos estômatos também desempenham papel de destaque como local de síntese de ABA, particularmente sob condições de baixa disponibilidade hídrica. Em contrapartida, nas sementes, aparentemente todos os tecidos estão ativamente envolvidos na produção de ABA.

Etapas da biossíntese

A combinação de abordagens fisiológicas, bioquímicas e genéticas tem permitido avanços consideráveis na elucidação da via biossintética do ABA nas plantas. Os compostos intermediários dessa via já estão bem caracterizados e várias enzimas encontram-se identificadas.

A síntese de ABA pode ocorrer por meio de duas rotas distintas dependendo do organismo considerado. Na primeira, classificada como via direta, o terpenoide de 15 carbonos farnesil pirofosfato (FPP) origina o ABA diretamente, ao passo que a segunda rota, classificada como via indireta, envolve a síntese do composto intermediário xantoxina. Atualmente, sabe-se que a via direta de biossíntese de ABA é observada em alguns fungos, enquanto a produção desse hormônio nas plantas ocorre preferencialmente via indireta.

Várias linhas de evidências confirmam a predominância da via indireta de biossíntese de ABA nas plantas. Entre elas, pode-se destacar os estudos com diversos mutantes vivíparos (*vp*) de milho, cujas primeiras etapas da biossíntese de carotenoides são bloqueadas, resultando na incapacidade de sintetizar o ácido abscísico. Inibidores químicos da síntese de carotenoides, como a fluridona e norflurazona, também resultam em um menor acúmulo de ABA (Figura 12.2). Além disso, experimentos de incorporação de $^{18}O_2$ na molécula do ABA confirmaram a síntese desse hormônio pela via indireta, ao mostrarem que o isótopo marcado foi inserido no grupo carboxílico da cadeia lateral (C1) em vez da posição 1' do anel, como ocorre nos fungos que produzem ABA pela via direta.

Didaticamente, pode-se dividir a via indireta de biossíntese do ABA em três etapas:

1. Síntese dos carotenoides não oxigenados nos plastídios.
2. Síntese e clivagem das xantofilas nos plastídios.
3. Síntese de ABA no citosol.

Síntese dos carotenoides não oxigenados

Os carotenoides, como os demais isoprenoides, são sintetizados nos plastídios a partir de um precursor de cinco carbonos, o isopentenilpirofosfato (IPP). Originado pela via dependente ou independente do ácido mevalônico, o IPP sofre condensações sucessivas com outras unidades de isopreno, originando o geranil pirofosfato (C_{10}), o farnesil pirofosfato (C_{15}) e, por fim, o geranilgeranil pirofosfato (GGPP, C_{20}). Por pertencerem à via dos terpernoides, essas etapas são comuns à biossíntese das giberelinas (ver Capítulo 11).

Em seguida, moléculas de GGPP produzidas pela via dos terpenoides são desviadas para a via de síntese dos carotenoides não oxigenados, a qual também ocorre nos plastídios. Como ilustrado na Figura 12.2, a primeira etapa dessa rota consiste na conversão de duas moléculas de GGPP em fitoeno (C_{40}) pela enzima sintase do fitoeno (PSY). O fitoeno sofre dessaturação (aumento da série de ligações duplas entre os carbonos), sendo convertido em zetacaroteno na reação catalisada pela enzima dessaturase do fitoeno (PDS). O zetacaroteno formará o licopeno, que, por sua vez, dará origem ao betacaroteno. Essas reações formam o cromóforo dos carotenoides e, portanto, transformam o fitoeno incolor em licopeno, que apresenta coloração rosa. Os mutantes vivíparos de milho *vp2*, *vp5*, *vp7* e *vp9* foram particularmente importantes na elucidação dessa rota, pois são deficientes na produção de diferentes enzimas envolvidas na síntese de carotenoides (Figura 12.2).

Síntese e clivagem das xantofilas

Ainda nos plastídios, o betacaroteno será precursor da zeaxantina, e, a partir desta, iniciam-se a síntese e a clivagem das demais xantofilas (Figura 12.3). A primeira etapa da

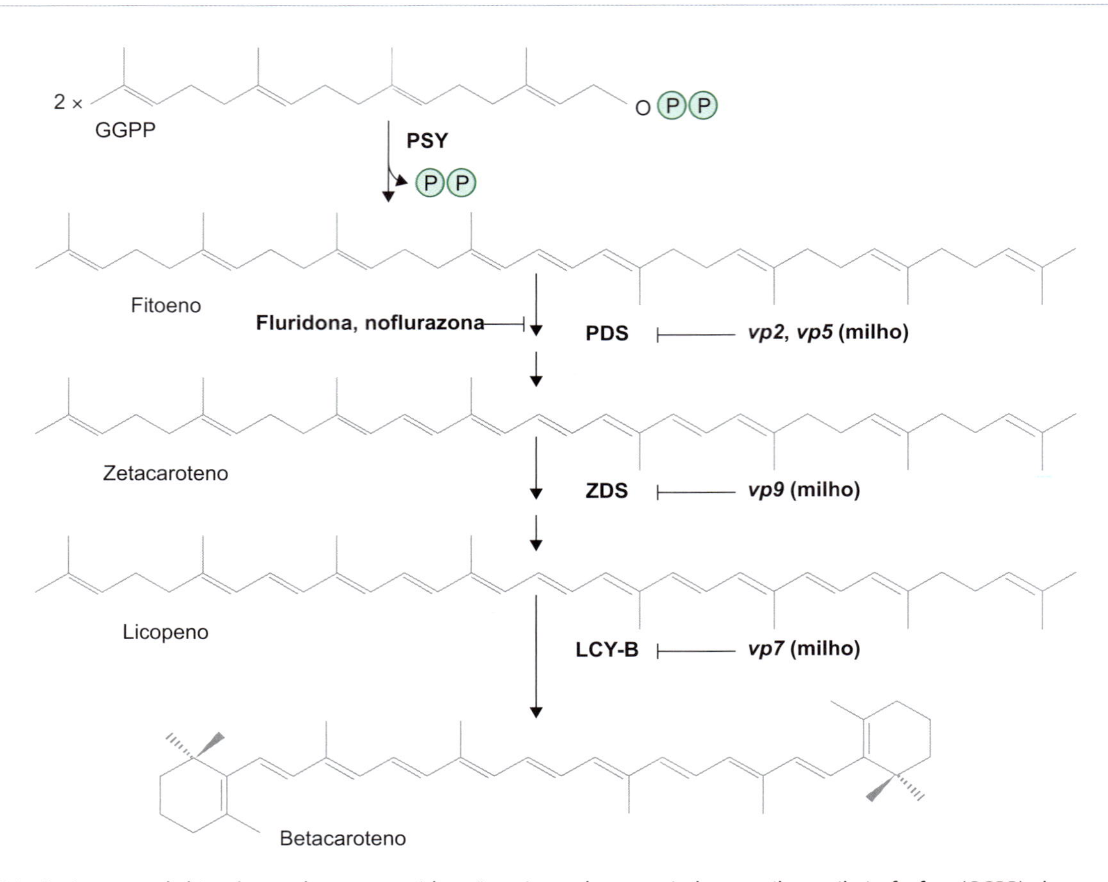

Figura 12.2 Principais etapas da biossíntese dos carotenoides não oxigenados a partir do geranilgeranil pirofosfato (GGPP), destacando a participação das enzimas sintase do fitoeno (PSY), dessaturase do fitoeno (PDS), dessaturase do zetacaroteno (ZDS) e ciclase do licopeno (LCY-B). Alguns mutantes vivíparos (*vp*) de milho, deficientes na síntese de carotenoides e ABA, estão indicados nas etapas em que são bloqueados. Os inibidores químicos fluridona e norflurazona impedem a dessaturação do fitoeno e, portanto, bloqueiam a síntese de carotenoides.

biossíntese do ABA, a partir das xantofilas, é a conversão de zeaxantina a anteraxantina e, desta, a *trans*-violaxantina, por meio de duas reações com incorporação de oxigênio aos anéis epóxidos (epoxidação) catalisadas pela enzima epoxidase da zeaxantina (ZEP).

Em seguida, a *trans*-violaxantina é convertida em *trans*-neoxantina, e esta em 9'-*cis*-neoxantina. A *trans*-violaxantina também pode formar a 9-*cis*-violaxantina, e esta originar a 9'-*cis*-neoxantina (Figura 12.3); contudo, essa via parece ser pouco importante nas plantas. A clivagem oxidativa da 9'-*cis*-neoxantina e/ou 9-*cis*-violaxantina, catalisada pela dioxigenase do 9-*cis*-epoxicarotenoide (NCED), forma a xantoxina, um epóxido de 15 carbonos semelhante ao ABA, além de um subproduto de 25 carbonos (Figura 12.3). Estudos têm demonstrado que, sob estresse hídrico, a 9'-*cis*-neoxantina é o principal substrato utilizado pela NCED para o aumento na produção de ABA.

Os mutantes *vp14* de milho e *notabilis* de tomate são deficientes em ABA, pois não realizam a clivagem oxidativa necessária para formar a xantoxina, por causa do bloqueio da NCED. Essa enzima é considerada fundamental na regulação da biossíntese do ABA nas plantas vasculares. De modo geral, os teores de transcritos e atividade da NCED aumentam rapidamente em condições de estresse hídrico, promovendo o acúmulo de ABA e, consequentemente, induzindo as respostas de proteção à seca.

Síntese do ABA no citosol

As últimas etapas da síntese do ABA, a partir da xantoxina, ocorrem no citosol, utilizando predominantemente uma via que tem o ABA-aldeído como intermediário. Nessa via principal, a enzima desidrogenase/redutase de cadeia curta (SDR) promove a conversão da xantoxina a ABA-aldeído, que, por sua vez, será oxidado a ABA. Esta última reação é catalisada pela enzima oxidase do ABA-aldeído (AO), que exige um cofator de molibdênio (Figura 12.3).

Em alguns mutantes, como *flacca* (*flc*) de tomateiro, *aba3* de *Arabidopsis*, *aba1* de tabaco, a síntese de ABA a partir do ABA-aldeído é bloqueada em razão da inatividade da AO por deficiência na síntese do cofator. Nesses mutantes, a xantoxina é convertida em ABA por uma via alternativa envolvendo a formação de ABA-álcool (Figura 12.3). Aparentemente, essa rota alternativa tem pouca importância nas plantas com níveis normais de atividade da OA.

Uma terceira via alternativa para a formação do ABA utiliza o ácido xantóxico como intermediário na conversão da xantoxina em ABA (Figura 12.3). A importância fisiológica dessa via nas plantas permanece ainda pouco estabelecida.

Conjugação

As plantas apresentam uma capacidade elevada de metabolizar o ABA, especialmente quando não expostas a estresses ambientais. Assim como observado para as auxinas, citocininas e

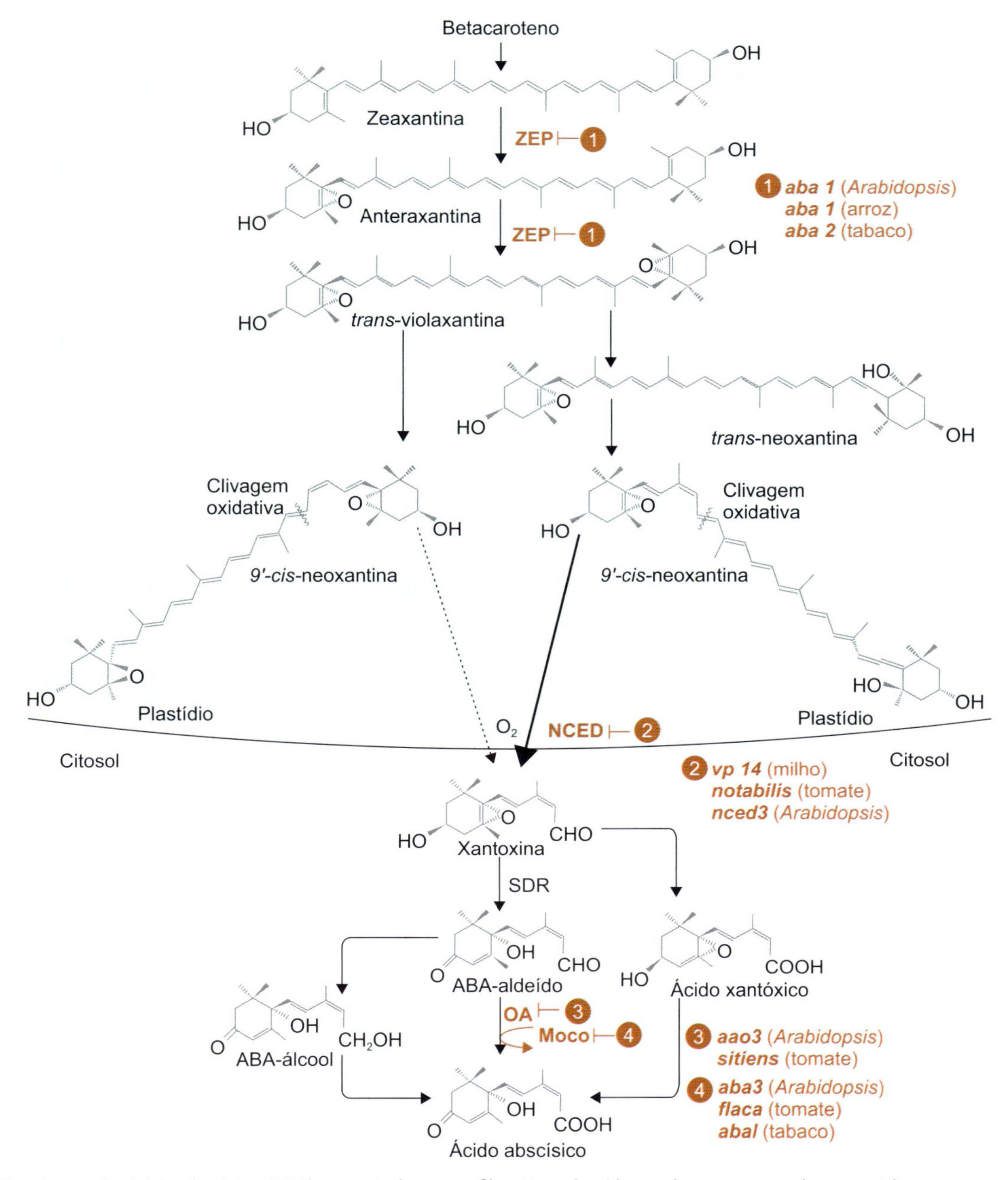

Figura 12.3 Biossíntese do ácido abscísico (ABA) a partir das xantofilas. Nos plastídios, o betacaroteno é convertido em zeaxantina e, a partir desta, iniciam-se a síntese e a clivagem das demais xantofilas. A clivagem oxidativa da 9'-*cis*-neoxantina e/ou 9-*cis*-violaxantina forma a xantoxina, a qual é liberada para o citosol, onde originará ABA-aldeído e, então, ABA. A conversão da xantoxina em ABA também pode acontecer por rotas alternativas que envolvem os intermediários ABA-álcool e ácido xantóxico, porém essas vias são menos frequentes nas plantas. Alguns mutantes, deficientes na síntese de ABA, estão indicados nas etapas nas quais são bloqueados. ZEP: zeaxantina epoxidase; NCED: dioxigenase do 9-*cis*-epoxicarotenoide; SDR: desidrogenase/redutase de cadeia curta; OA: oxidase do ABA-aldeído; Moco: cofator de molibdênio.

giberelinas, a inativação do ABA pode ocorrer tanto por conjugação quanto por degradação a outros compostos (Figura 12.4). A preferência entre essas duas vias de inativação parece depender da espécie, do tipo de tecido e do estágio de desenvolvimento do vegetal.

Em alguns tecidos, a conjugação do ABA com monossacarídios parece ser o principal caminho de inativação desse hormônio. A forma mais comum de ABA conjugado é o éster glicólico do ABA (ABA-GE), no qual o grupo carboxílico (C1) se encontra ligado covalentemente a uma molécula de glicose (Figura 12.4). Além de modificar a atividade biológica e algumas características químicas da molécula, como a polaridade, a conjugação altera a distribuição celular do ABA. Enquanto a forma livre do hormônio situa-se principalmente no citosol, o ABA-GE localiza-se nos vacúolos e no apoplasto.

Atualmente, sabe-se que os tecidos vegetais conseguem converter as formas conjugadas em ABA livre por meio da atividade de betaglicosidases localizadas no retículo endoplasmático. Assim, a conjugação do ABA representa uma forma de inativação reversível, podendo constituir um importante modo de estocagem e regulação dos níveis endógenos desse hormônio.

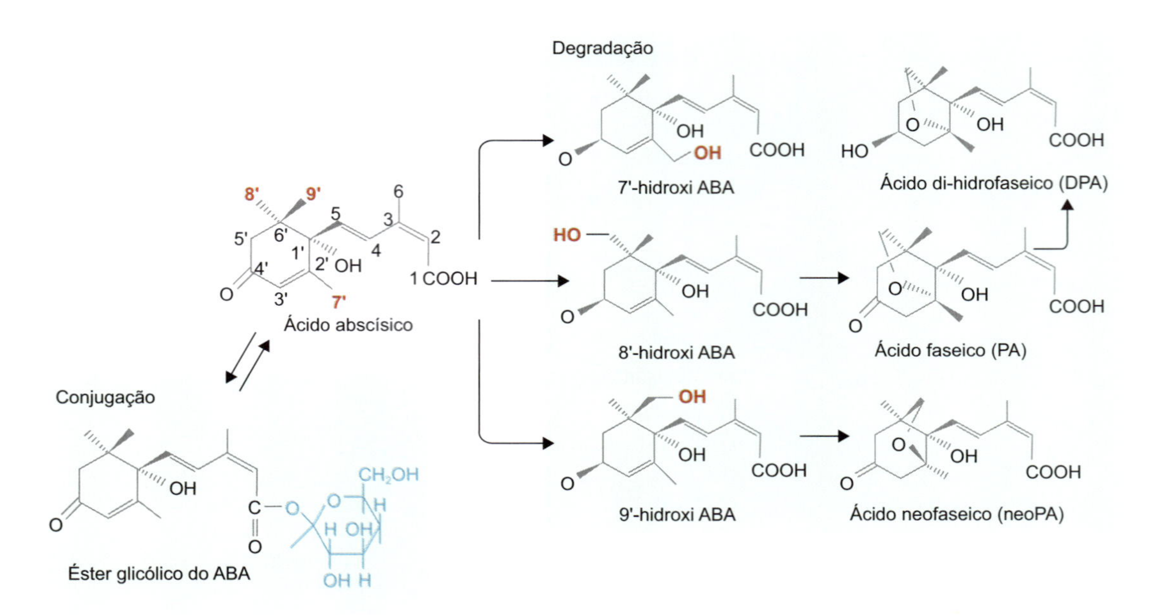

Figura 12.4 Principais rotas de inativação do ABA nos tecidos vegetais. A inativação do ABA pode ocorrer por meio de hidroxilações nas posições 7', 8' ou 9' do anel (indicadas em vermelho). A principal entre essas rotas de degradação é a hidroxilação na posição 8', que leva à formação 8'-hidroxi ABA, o qual é oxidado a ácido faseico (PA) e, posteriormente, ácido di-hidrofaseico. Contudo, o ABA também pode ser inativado de forma reversível pela conjugação com outras moléculas. A principal molécula utilizada na conjugação do ABA é a glicose (indicada em azul), dando origem ao éster glicólico do ABA (ABA-GE).

Além disso, as formas conjugadas do ABA parecem estar envolvidas no transporte desse hormônio. Em algumas plantas, como o girassol, o transporte de ABA pelo xilema ocorre principalmente na forma de glicosídios como o ABA-GE. Ao atingir seus locais de destino, o ABA-GE é transportado para o interior das células, onde pode ser estocado no vacúolo ou novamente convertido na forma livre do hormônio.

Degradação

Ao contrário da conjugação, o ABA pode ser inativado permanentemente por meio de hidroxilações em diversas posições do anel. O principal modo de inativação catabólica do ABA ocorre via hidroxilação na posição 8' do anel, formando um intermediário instável, o 8'-hidroxi ABA. Esse composto dá origem ao primeiro catabólito estável do hormônio, o ácido faseico (PA), que, quando oxidado, forma o ácido di-hidrofaseico (DPA). Esses dois ácidos foram identificados em um grande número de espécies e representam os principais produtos do catabolismo do ABA.

A enzima 8'-hidroxilase do ABA, responsável pela formação do 8'-hidroxi ABA, é considerada um elemento-chave no controle da degradação do ABA, sendo fortemente induzida pela reidratação dos tecidos após períodos de seca. Além disso, o bloqueio da atividade dessa enzima por meio de mutações resulta em um grande acúmulo de ABA nas plantas.

A hidroxilação da molécula do ABA na posição 7' do anel, formando o 7'-hidroxi ABA, é considerada uma via de degradação do ABA pouco frequente na maioria das plantas analisadas. Contudo, a importância da degradação do ABA por meio da formação do 9'-hidroxi ABA e do ácido neofaseico (neoPA) ainda não é bem estabelecida (ver Figura 12.4).

Alguns produtos intermediários da degradação do ABA, como o 8'-hidroxi ABA, o 9'-hidroxi ABA e o ácido faseico, exercem atividade semelhante à do ABA em alguns bioensaios. Outros catabólitos, como o DPA e o neoPA, geralmente não apresentam atividade mensurável. A maioria dos catabólitos de ABA também pode sofrer conjugação com monossacarídios.

Estudos indicam que as taxas absolutas de catabolismo do ABA podem ser consideravelmente altas. Em folhas de milho, por exemplo, estima-se que a meia-vida das moléculas de ABA seja de menos de 1 h. Portanto, a manutenção de níveis adequados de ABA nas células vegetais parece depender de um equilíbrio bastante delicado entre os processos de síntese, transporte, conjugação e degradação desse hormônio.

Transporte

O ácido abscísico é facilmente transportado pelo floema, pelo xilema e pelas células parenquimáticas, havendo intercâmbio entre folhas adultas, folhas jovens e raízes. Um número crescente de evidências confirma a existência de transporte do ABA de uma folha para outra, das folhas para as raízes, de órgãos vegetativos para sementes, e de tecidos maternais para os tecidos zigóticos (embrião e endosperma) na semente.

Além do transporte pelos feixes vasculares, a distribuição do ABA é afetada por sua compartimentação tecidual e intracelular. Postula-se, atualmente, que a entrada e a saída do ABA nas células vegetais podem ocorrer tanto de forma passiva quanto por meio da ação de transportadores.

A entrada passiva do ABA nas células vegetais obedece ao conceito de *aprisionamento de ânions* em meio alcalino e se baseia no deslocamento de equilíbrio entre as formas protonada (ABAH) e desprotonada (ABA^-) desse hormônio em função de mudanças no pH do apoplasto. A molécula não dissociada lipofílica do ABA (ABAH) atravessa livremente a membrana plasmática das células. Após sua difusão, o ABAH se dissocia como ânion (ABA^-), o qual atravessa a membrana plasmática menos facilmente e, portanto, se acumula no meio mais alcalino do citosol. Em plantas sob boas condições de hidratação, o fluido do apoplasto apresenta pH em torno de 6,3, favorecendo a ocorrência da forma protonada ABAH. Consequentemente, assume-se que grande parte do hormônio presente na seiva do xilema seja absorvida e metabolizada pelas células do mesofilo foliar. Como resultado, pouco ABA atingirá as células-guarda situadas na epiderme (Figura 12.5).

Em contrapartida, sob condições de déficit hídrico, a seiva do xilema e o fluido do apoplasto tornam-se mais alcalinos (pH em torno de 7,2), favorecendo a forma desprotonada ABA^- e diminuindo o gradiente de pH pela membrana plasmática. Com isso, uma menor quantidade de ABA penetra nas células do mesofilo e, consequentemente, um maior número de moléculas desse hormônio atinge as células-guarda por meio do fluxo de transpiração (Figura 12.5). Cabe ressaltar que durante esse processo a quantidade total de ABA na folha não é afetada, pois apenas há uma redistribuição do hormônio disponível.

Contudo, o transporte ativo do ABA nas células e tecidos vegetais depende de transportadores de influxo e efluxo, os quais foram recentemente identificados. Entre os transportadores transmembrana de ABA já identificados, as proteínas do tipo ABC (do inglês, *ATP-binding cassette*) merecem destaque. Evidências genéticas indicam que múltiplos membros da família multigênica ABC cooperam na entrada e na saída celular do ABA. Por exemplo, estudos demonstram que a proteína ABCG40 é responsável pela exportação desse hormônio a partir dos feixes vasculares, ao passo que o transportador ABCG25 atuaria no influxo de ABA nas células-guarda dos estômatos. Proteínas ABC distintas também foram recentemente associadas ao transporte de ABA do endosperma para o embrião, contribuindo, dessa forma, para a supressão da germinação precoce da semente.

Mecanismo de ação

O ácido abscísico, como os outros hormônios vegetais, exerce vários efeitos fisiológicos, possivelmente por meio de mecanismos de ação diferentes em cada tipo de tecido vegetal.

De acordo com o tempo necessário para que ocorram as respostas fisiológicas ao aumento endógeno de ácido abscísico, há dois tipos de classificação:

- Respostas de curta duração que envolvem principalmente alterações no fluxo de íons e no balanço hídrico, completando-se após alguns minutos do aumento no conteúdo endógeno de ABA, como é o caso do fechamento estomático
- Respostas de longa duração que envolvem alterações mais profundas na expressão gênica, demorando algumas horas ou dias para se manifestarem, como é o caso da maturação de sementes (Figura 12.6).

Percepção e transdução de sinal

Em uma via de sinalização hormonal típica, a ligação do hormônio ao seu receptor desencadeia uma cascata de mensageiros secundários que, por fim, resulta em uma resposta celular. Após terem intrigado os fisiologistas vegetais por muitos anos, os mecanismos de percepção desse hormônio pelas células vegetais finalmente começaram a ser mais bem esclarecidos.

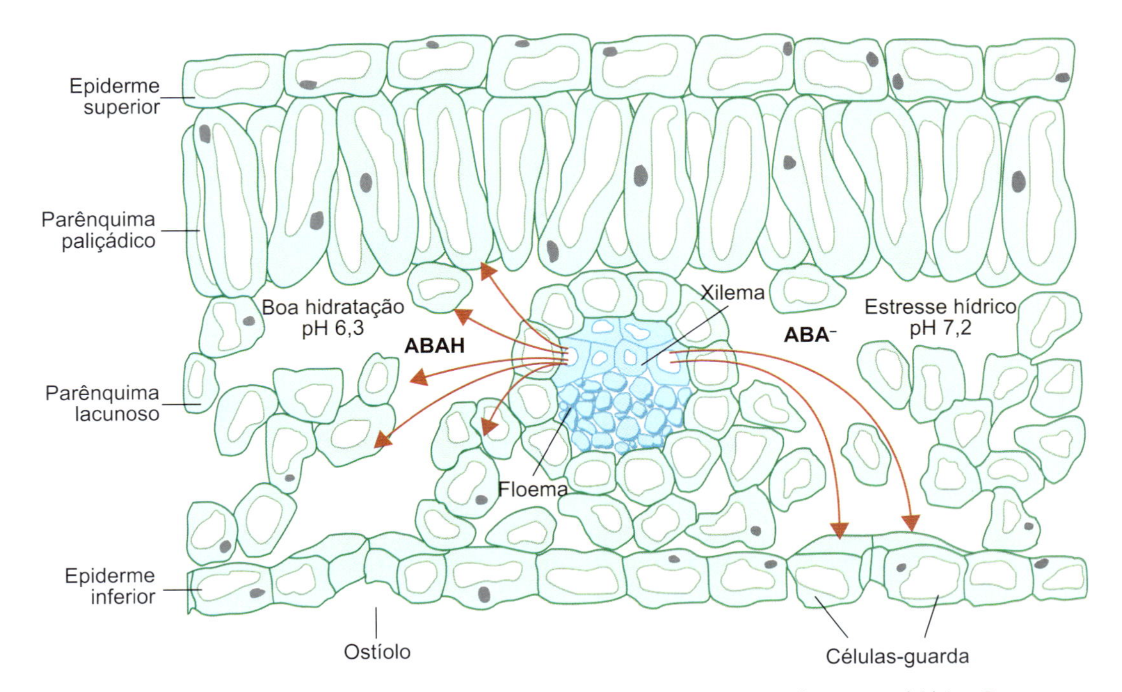

Figura 12.5 Redistribuição do ABA em tecidos foliares durante a alcalinização do apoplasto pelo estresse hídrico. Durante eventos de seca, a seiva do xilema torna-se mais alcalina, favorecendo a forma dissociada do ABA (ABA^-), a qual atravessa menos facilmente as membranas. Como resultado, sob condições de estresse hídrico, uma menor quantidade de ABA é absorvida pelas células do mesofilo e, consequentemente, mais ABA atinge as células-guarda.

O modelo atual de percepção e sinalização do ABA baseia-se na interação entre receptores, proteínas fosfatases e proteínas cinases (Figura 12.7). De acordo com esse modelo, na ausência de ABA, as proteínas-cinases do tipo SnRK (do inglês, *sucrose non-fermenting1-related subfamily*) são desfosforiladas/inativadas pelas proteínas fosfatases do tipo PP2C, perdendo a capacidade de fosforilar os fatores de transcrição e canais de transporte de íons responsivos ao ABA.

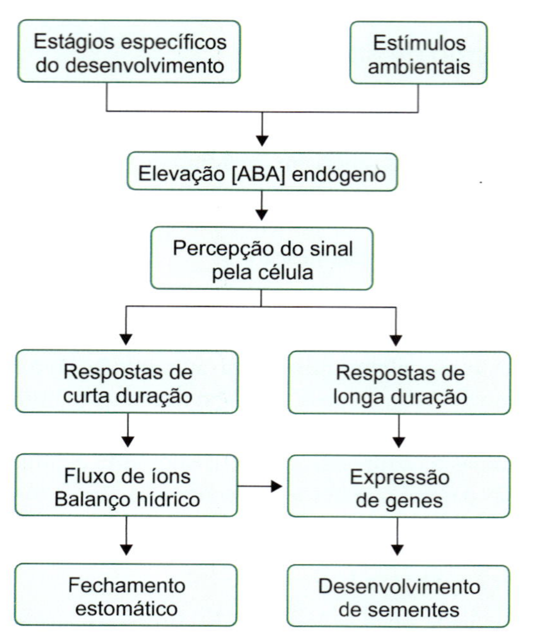

Figura 12.6 Representação esquemática do mecanismo de ação e dos efeitos fisiológicos do ácido abscísico nas plantas.

Em contrapartida, com o aumento na concentração de ABA nas células vegetais, moléculas do hormônio se ligam aos receptores PYR/RCAR (do inglês, *pyrabactin resistance/regulatory component of ABA receptors*), os quais sofrem alterações estruturais e passam a interagir com as proteínas PP2C, inativando-as. As proteínas-cinases SnRK são então liberadas da repressão pelas PP2C, sofrendo autofosforilação e, subsequentemente, regulando a atividade de seus alvos via eventos de fosforilação (Figura 12.7). Os alvos de fosforilação das SnRK incluem canais iônicos localizados nas membranas celulares, bem como fatores de transcrição tipicamente responsivos ao ABA, como as proteínas AREB e ABF.

Além das proteínas fosfatases do tipo PPC2 e cinases do tipo SnRK, a transdução de sinal do ABA durante certos processos fisiológicos pode envolver outros mensageiros secundários, incluindo radicais livres, íons, fosfoinositídios, entre outros. Tendo em vista que grande parte do conhecimento atual acerca da transdução do sinal do ABA se baseia no controle do fechamento estomático, nesta seção serão discutidas as principais etapas envolvidas na sinalização desse processo.

Como discutido no Capítulo 1, o mecanismo de abertura e fechamento estomático depende de alterações na turgescência das células-guarda, as quais são responsáveis pelo grau de abertura do poro ou ostíolo. A turgescência dessas células, por sua vez, é regulada por meio do fluxo de íons pela membrana plasmática e pelo tonoplasto, especialmente o cátion potássio (K^+) e os ânions cloro (Cl^-) e malato^{2-} (ver

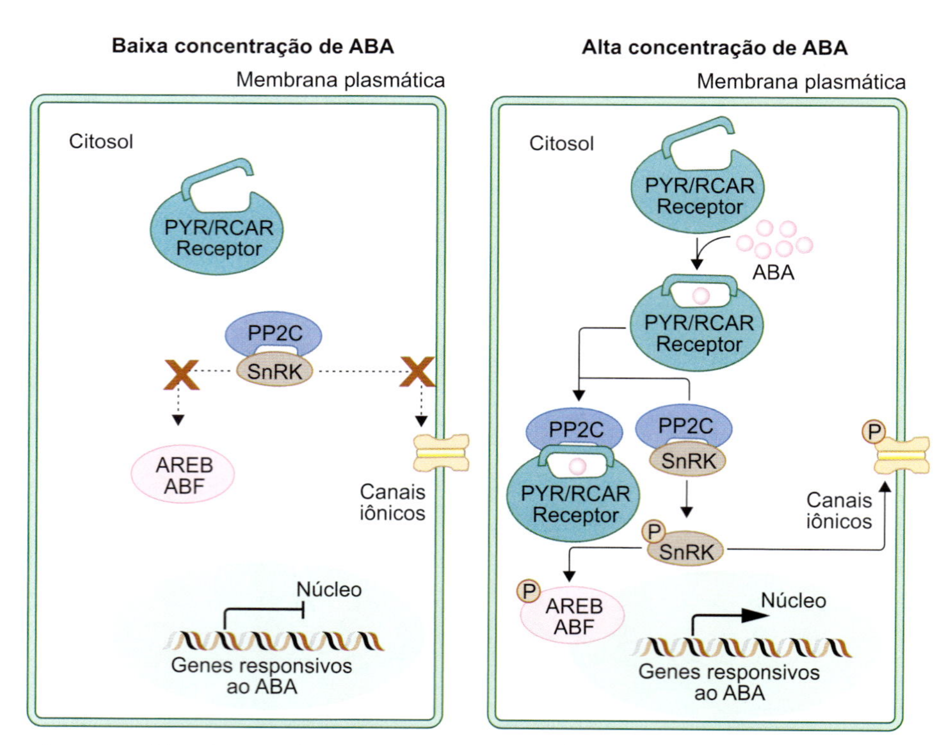

Figura 12.7 Representação esquemática do mecanismo de percepção e transdução de sinal do ABA. Na ausência de moléculas de ABA, os receptores PYR/RCAR permanecem inativos, permitindo, dessa forma, que as fosfatases PP2C inibam a atividade regulatória das cinases SnRK sobre fatores de transcrição e canais iônicos responsivos ao ABA. Contudo, ao se ligarem ao ABA, as proteínas PYR/RCAR são ativadas e passam a interagir com as fosfatases PP2C, consequentemente liberando as cinases SnRK para fosforilarem seus substratos. Entre os substratos fosforilados pelas SnRK, merecem destaque os canais iônicos presentes nas membranas celulares, bem como os fatores de transcrição AREB e ABF, os quais regulam a transcrição de diversos genes responsivos ao ABA.

Capítulo 1). Esse controle do fluxo de íons durante o fechamento estomático é regulado, entre outros fatores, pela cascata de transmissão do sinal do ABA, a qual envolve diversas etapas (Figura 12.8).

A cascata de sinalização do ABA nas células-guarda tem início com a ligação do ABA aos receptores PYR/RCAR, desencadeando a interação entre esses receptores e as proteínas fosfatases PP2C. Eventos de fosforilação subsequentes regulam transportadores de influxo e efluxo de íons ancorados tanto na membrana plasmática quanto no tonoplasto. Ao mesmo tempo, diversos outros mensageiros secundários participam da cascata de sinalização do ABA nas células-guarda, amplificando as respostas e ajustando outros processos relacionados com os movimentos estomáticos.

Estudos realizados em diversas espécies indicam que a percepção do ABA nas células-guarda leva um rápido aumento na concentração de cálcio citosólico ($[Ca^{2+}]_{cit.}$), resultante do influxo desse íon a partir do apoplasto, bem como de sua liberação a partir de estoques intracelulares, como o vacúolo e o retículo endoplasmático.

O influxo de Ca^{2+} extracelular é estimulado por espécies reativas de oxigênio (ROS, do inglês *reactive oxygen species*) produzidas logo após a ligação do ABA ao seu receptor. As principais formas de ROS que atuam como mensageiros secundários do ABA durante o fechamento estomático são o peróxido de hidrogênio (H_2O_2) e o ânion superóxido ($O_2^{\bullet-}$).

A liberação do Ca^{2+} dos estoques intracelulares, por sua vez, é disparada por meio da elevação nos teores de outros mensageiros secundários do ABA, como o inositol 1,4,5-trifosfato (IP_3), o óxido nítrico (NO), a adenosina difosfato ribose cíclica (cADPR), ou, ainda, pelo próprio aumento nos níveis de Ca^{2+} citosólico.

O resultado imediato da entrada de íons Ca^{2+} no citosol consiste em uma despolarização transitória da membrana plasmática, ou seja, uma perda temporária da diferença de cargas elétricas entre os dois lados da membrana. Essa despolarização temporária não é suficiente para ativar os canais de efluxo de K^+, os quais requerem despolarizações de longa duração. Contudo, a elevação nos teores citosólicos de Ca^{2+} aliada à despolarização transitória da membrana ativam os canais de efluxo de ânions, fazendo com que grandes quantidades de Cl^- e malato^{2-} sejam liberadas para o apoplasto, a favor de seus gradientes eletroquímicos. Esse efluxo de ânions é mantido ativo prolongadamente, ocasionando uma despolarização da membrana plasmática de longa duração, a qual, por sua vez, ativa os canais de efluxo de K^+.

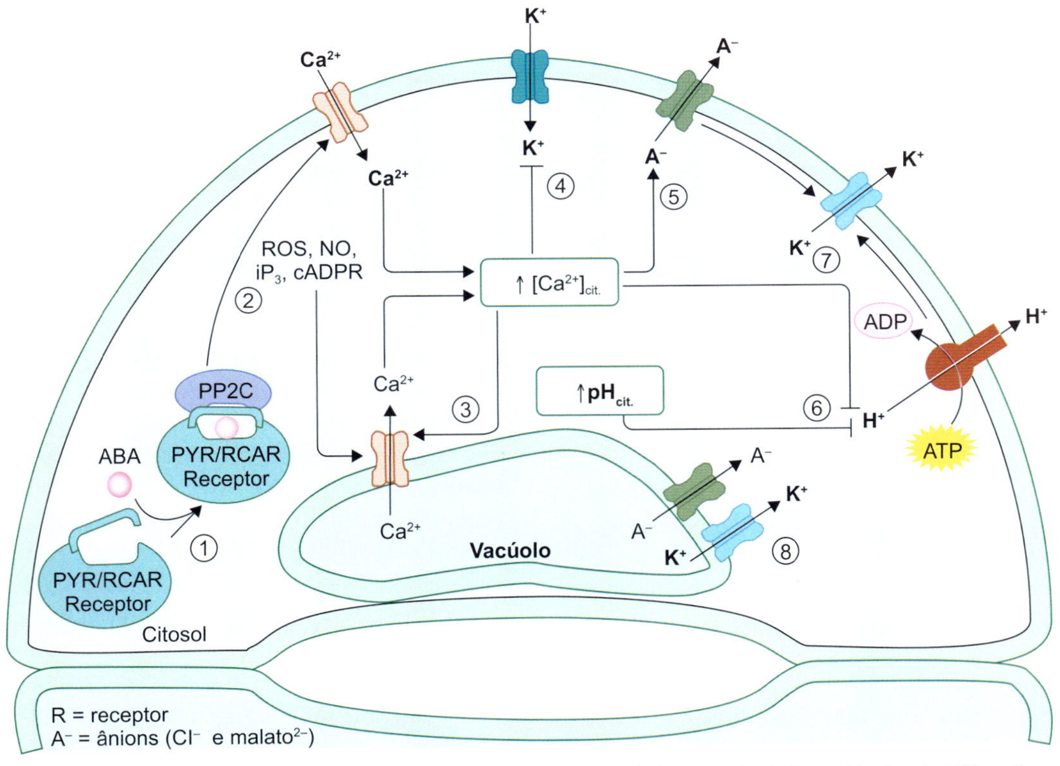

Figura 12.8 Representação esquemática do modo de ação do ácido abscísico em células-guarda. **1.** As moléculas de ABA se ligam aos receptores PYR/RCAR causando a inativação das proteínas fosfatases PP2C. **2.** A percepção do ABA pelo complexo PYR/RCAR-PP2C estimula a produção de espécies reativas de oxigênio (ROS), inositol 1,4,5-trifosfato (IP_3), adenosina difosfato ribose cíclica (cADPR) e óxido nítrico (NO), bem como o aumento na concentração de cálcio citosólico ($[Ca^{2+}]_{cit.}$) em virtude da abertura de canais de Ca^{2+} presentes na membrana plasmática e outros compartimentos celulares. **3.** A liberação do Ca^{2+} a partir de estoques intracelulares também é estimulada pelo próprio aumento na concentração citosólica desse íon. **4.** A elevação no $[Ca^{2+}]_{cit.}$ bloqueia os canais de influxo de K^+. **5.** O aumento no $[Ca^{2+}]_{cit.}$ ativa os canais de efluxo de ânions (A^-), causando a despolarização da membrana. **6.** A alcalinização do citosol e o aumento no $[Ca^{2+}]_{cit.}$ induzidos pelo ABA bloqueiam a bomba de prótons da membrana, acentuando sua despolarização. **7.** A despolarização da membrana ativa os canais de efluxo de K^+. **8.** Antes de serem transportados para o apoplasto, os cátions K^+ e ânions Cl^- e malato^{2-} são liberados do vacúolo para o citosol. A perda desses íons para o apoplasto é acompanhada da saída de água da célula-guarda, reduzindo sua turgescência e, consequentemente, desencadeando o fechado estomático. Para facilitar a compreensão, a regulação dos canais iônicos via eventos de fosforilação não se encontra representada nesse esquema. (As setas indicam ativação, e as barras inibição).

Apesar do papel central do Ca^{2+} citosólico no controle da abertura estomática, estudos têm demonstrado que o fechamento estomático também pode ser induzido pelo ABA por meio de uma rota independente desse íon. Nessa via alternativa, o ABA desencadeia uma alcalinização do citosol da célula-guarda, a qual inibe a atividade das bombas de prótons (H^+-ATPase) da membrana plasmática. A inibição do bombeamento de H^+ para fora da célula intensifica a despolarização da membrana plasmática, ativando os canais de efluxo de K^+. Semelhante inibição da H^+-ATPase também é causada pelo acúmulo de Ca^{2+} no citosol, evidenciando, portanto, um ponto de convergência entre as vias dependente e independente de Ca^{2+} (ver Figura 12.8).

O resultado final da transdução do sinal do ABA nas células-guarda é uma liberação massiva dos íons K^+, Cl^- e malato^{2-} do vacúolo para o citosol e, posteriormente, do citosol para o apoplasto. A perda desses íons para o meio extracelular é acompanhada de uma saída de água da célula-guarda, reduzindo sua turgescência e, consequentemente, desencadeando o fechamento estomático.

Expressão gênica

Além de desencadear respostas fisiológicas por meio do controle do fluxo de íons e balanço hídrico, o ABA está envolvido na regulação de uma grande diversidade de genes relacionados com o desenvolvimento de sementes e respostas de defesa a estresses ambientais. E, além de alterações nas taxas de transcrição, a sinalização do ABA interfere no processamento e na estabilidade de muitos transcritos. Estimativas indicam que quase 10% dos genes de *Arabidopsis* são regulados pelo ABA.

Muitos genes associados a respostas de defesa a estresses abióticos, como o frio e o estresse hídrico, são expressos somente quando os teores de ABA são elevados – ABA-exigentes. Contudo, vários genes induzidos por estresses ambientais são indiferentes ao tratamento com ABA exógeno – ABA-insensíveis –, indicando a existência de, pelo menos, dois caminhos de expressão gênica em resposta ao estresse: um dependente e outro independente do ABA.

A análise dos promotores para identificação dos elementos *cis* e *trans* mediadores da transcrição mostrou vários elementos *cis* envolvidos na expressão de genes induzida pelo ABA. Esses elementos, denominados ABRE (do inglês, *ABA response elements)*, foram identificados pela primeira vez em genes das proteínas abundantes da embriogênese tardia (do inglês LEA, *late-embryogenesis-abundant)*, de plantas de arroz e de trigo. Eles compartilham uma sequência de 8 a 10 pares de bases com o cerne do tipo G-box ACGT. Entre os fatores de transcrição que reconhecem tais sequências de pares de bases, destacam-se as proteínas AREB (do inglês, *ABRE-binding proteins*) e ABF (do inglês, *ABRE-binding factors*).

Principais funções

Diferentemente dos animais, as plantas são indivíduos sésseis, sendo a semente a única fase móvel capaz de conquistar novos ambientes. Sujeitas às variações ambientais, as plantas desenvolveram, durante o processo evolutivo, mecanismos de proteção contra as lesões causadas por condições adversas. Entre eles, destacam-se os hormônios vegetais, os quais atuam de forma integrada em processos bastante complexos, para acelerar, reduzir ou manter a atividade fisiológica nos diferentes órgãos, tecidos e células. O ácido abscísico, por exemplo, exerce múltiplos efeitos nas plantas, geralmente relacionados com a atividade dos outros hormônios, especialmente giberelinas, citocininas, etileno e brassinosteroides.

A combinação de diferentes procedimentos experimentais tem permitido uma melhor compreensão dos efeitos exercidos por esse hormônio. Entre as principais abordagens utilizadas no estudo da influência do ABA sobre eventos fisiológicos, destacam-se: os tratamentos com ABA exógeno; a correlação entre a indução de respostas fisiológicas e os níveis endógenos de ABA; a redução ou remoção do ABA endógeno por meio de inibidores de síntese de carotenoides ou de procedimentos genéticos utilizando mutantes com alterações em pontos específicos do metabolismo, percepção ou transdução de sinal desse hormônio.

Apesar de o ABA ter sido inicialmente identificado como um promotor da abscisão, sabe-se atualmente que seu efeito é indireto, ocorrendo pelo aumento na síntese de etileno, o qual é de fato o hormônio responsável por esse processo. Por sua vez, um número crescente de evidências confirma a participação do ácido abscísico nas respostas de proteção ao estresse hídrico, desenvolvimento de sementes, dormência de gemas e proteção contra lesões.

Proteção ao estresse hídrico

Em um estudo pioneiro, Wright e Hiron, em 1969, verificaram o aumento no nível endógeno de ácido abscísico em folhas de trigo destacadas e submetidas a déficit hídrico. Posteriormente, observações conduzidas por vários grupos de pesquisadores indicaram que diversas respostas fisiológicas ao estresse podem ser desencadeadas pelo tratamento dos tecidos vegetais com ABA exógeno, destacando-se a redução da condutância estomática e a inibição na germinação de sementes.

Estudos realizados no início da década de 1980 sugeriram que as raízes conseguiriam perceber a redução na disponibilidade de água no solo. Esses órgãos enviariam para a parte aérea algum sinal (positivo, negativo e/ou cumulativo) que atuaria sobre o mecanismo estomático, regulando as trocas gasosas e evitando alterações no balanço hídrico foliar. O sinal positivo da raiz para a parte aérea envolveria a promoção da síntese e/ou do fornecimento de substâncias fisiologicamente ativas, as quais, em condições normais, não são sintetizadas ou, quando sintetizadas, ocorrem em pequena quantidade. O sinal negativo, por sua vez, consistiria na inibição da síntese e/ou do fornecimento de substâncias normalmente sintetizadas e/ou exportadas pela raiz não estressada. O sinal cumulativo corresponde ao acúmulo de substâncias na parte aérea, em virtude do bloqueio de seu transporte e da exportação para as raízes.

Poucos anos depois, estudos liderados por W.J. Davies, na Inglaterra, evidenciaram que, em plantas submetidas a estresse hídrico, o ácido abscísico atua como um sinal positivo, sendo transportado da raiz para a parte aérea pelo xilema. As raízes localizadas nas camadas superficiais do solo seriam as responsáveis pela percepção do déficit hídrico, o qual estimula a síntese de ABA nesses órgãos. Como resultado, mais ABA é transportado para a parte aérea pela corrente transpiratória do xilema, provocando o fechamento estomático e reduzindo a perda de água por transpiração. Enquanto isso, as raízes mais profundas e em contato com regiões ainda úmidas do solo mantêm a absorção de água, preservando, dessa forma, a turgescência celular.

Entretanto, a imposição de estresse hídrico não resulta sempre em um aumento rápido no teor de ABA no sistema radicular. O estresse pode resultar em uma maior sensibilidade dos tecidos ao ABA e/ou em uma redistribuição ou síntese do hormônio nas folhas. O aumento de ABA nas folhas é geralmente independente, pelo menos no início do estresse, de sua concentração na seiva do xilema.

O ABA exerce um efeito diferencial sobre o crescimento da raiz e da parte aérea em plantas submetidas ao estresse hídrico. Enquanto o aumento na concentração desse hormônio mantém o crescimento do sistema radicular, permitindo a exploração de um maior volume de solo para absorção de água, o ABA inibe o alongamento do caule. Em consonância, observa-se que o crescimento do sistema radicular de mutantes de *Arabidopsis* deficientes (*aba1*) ou insensíveis (*abi1*) ao ABA geralmente não é estimulado por reduções na disponibilidade hídrica. Diversos processos relacionados com o desenvolvimento radicular são influenciados pela sinalização do ABA, incluindo a atividade do centro quiescente no meristema apical radicular, a formação de raízes laterais, a formação dos pelos radiculares e as respostas trópicas das raízes.

Os efeitos do ABA na proteção ao estresse hídrico são exercidos principalmente pela indução da expressão de genes que codificam a síntese de proteínas com função de evitar as perdas de água e restaurar os danos celulares. Entre essas, incluem-se as proteínas envolvidas no metabolismo da sacarose e da prolina – solutos osmoticamente ativos –; as proteínas de transporte, como os canais de íons, e as proteínas envolvidas em degradações e em processos de reparo, como as proteases.

Desenvolvimento da semente

O ABA tem sido considerado um importante regulador de vários processos que ocorrem durante os dois últimos estágios de desenvolvimento da semente: a última metade da embriogênese e o início da maturação. Na maioria das espécies, essas duas etapas do desenvolvimento da semente são acompanhadas de elevações pronunciadas na concentração endógena de ABA.

Na semente em formação, o ABA pode ser produzido tanto pelo embrião quanto pelo tecido materno. Estudos genéticos realizados com mutantes de *Arabidopsis* deficientes em ABA revelaram que essas duas fontes do hormônio atuam em momentos e processos distintos durante a formação da semente (Figura 12.9).

Durante a última metade da embriogênese, observa-se o primeiro e principal pico de produção do ácido abscísico, sendo este hormônio produzido exclusivamente pelos tecidos maternos. Justamente nessa fase do desenvolvimento da semente, cessam as divisões celulares no corpo do embrião, o qual passa a crescer apenas por expansão celular. Paralelamente, inicia-se o acúmulo de substâncias de reserva na semente, como proteínas, lipídios e carboidratos (ver Capítulo 20).

O ABA produzido pelos tecidos maternos nesse período é considerado fundamental para inibir a viviparidade, ou seja, a germinação precoce do embrião em frutos ainda conectados à planta-mãe (Figura 12.10). Um mecanismo possível para a ação do ABA no controle da viviparidade parece ser a sua capacidade de inibir as divisões celulares no corpo do embrião. Sabe-se, por exemplo, que o ABA é capaz de induzir a expressão de um inibidor das cinases dependentes de ciclina, mantendo, portanto, as células na transição de G_1 para S do ciclo celular.

Estudos realizados em plantas de *Arabidopsis* revelaram que a produção de fatores de transcrição inibitórios à viviparidade, como *fusca 3* (FUS3) e *leaf cotiledon 1* (LEC1), coincide temporalmente com o aumento na produção do ABA pelos tecidos maternos. De modo coerente, durante a última fase da embriogênese, o fator de transcrição FUS3 estimula o conteúdo de ABA e reprime os níveis de giberelinas, as quais são consideradas promotoras da germinação (ver Figura 12.9).

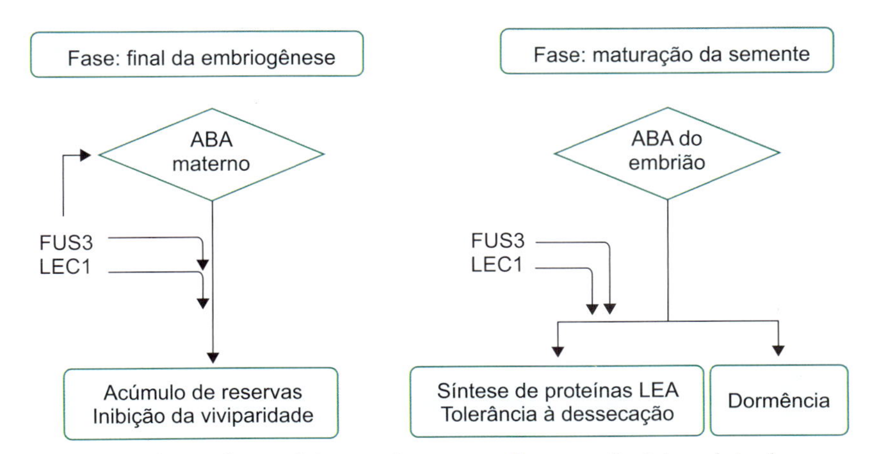

Figura 12.9 Rotas de sinalização envolvidas no desenvolvimento da semente. Durante o final da embriogênese, o aumento nos teores de ABA de origem materna é responsável pelo acúmulo de reservas na semente e inibição da viviparidade. Na fase de maturação da semente, por sua vez, o embrião é a principal fonte de acúmulo do ABA, o qual é necessário para induzir a síntese de proteínas LEA, a aquisição de resistência ao dessecamento e a dormência da semente. Fatores de transcrição como o *fusca 3* (FUS3) e o *leaf cotiledon 1* (LEC1) atuam em conjunto com o ABA. Adaptada de Finkelstein *et al.* (2002).

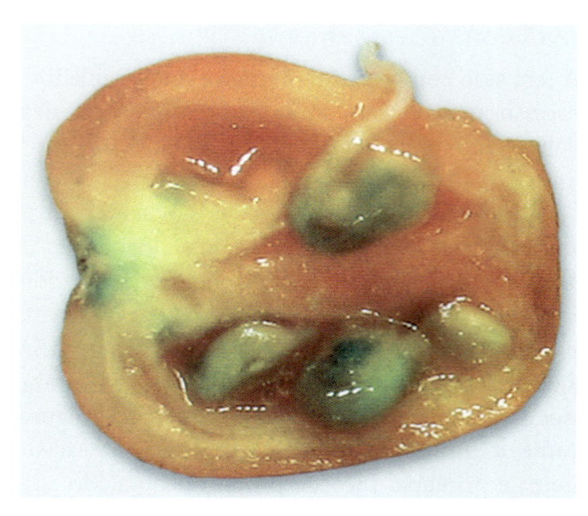

Figura 12.10 Germinação precoce do mutante *notabilis* de tomate, o qual é deficiente na síntese de ABA em virtude da incapacidade de realizar a clivagem oxidativa necessária para a formação da xantoxina. Imagem cedida pelo Dr. Lázaro E. P. Peres (ESALQ-USP).

Evidências diretas da participação do ABA endógeno na supressão da germinação precoce também foram obtidas por mutantes de milho deficientes na síntese desse hormônio (*vp2*, *vp5*, *vp7*, *vp9*, *vp14*), cujas altas taxas de viviparidade podem ser revertidas com a aplicação de ABA exógeno. Além disso, sabe-se que, enquanto embriões isolados e cultivados em meio de cultura são capazes de germinar, em presença de ABA esse processo não é observado.

Ainda durante a última metade da embriogênese, o ABA produzido pelos tecidos maternos parece influenciar também o acúmulo de reservas na semente. Mutantes deficientes ou insensíveis ao ABA normalmente apresentam uma redução na síntese e no acúmulo de proteínas nos tecidos de reserva de suas sementes. Além disso, em muitas espécies, o tratamento de embriões isolados com ABA exógeno também resulta no aumento da estocagem de proteínas de reserva.

Portanto, o ABA produzido durante a última metade da embriogênese teria duas funções principais sobre o desenvolvimento da semente: inibir a viviparidade e estimular o acúmulo de substâncias de reserva.

Após o término da embriogênese, durante a etapa de maturação da semente, observa-se um segundo pico de produção de ABA. Essa produção mais tardia do hormônio se deve ao próprio embrião e é considerada crítica para a sinalização de processos característicos dessa fase, como a indução da síntese de proteínas LEA, a aquisição de tolerância à dessecação e a inibição da germinação.

Nas sementes em formação, a aquisição de tolerância à dessecação está associada à expressão de conjuntos específicos de RNAm. Transcritos codificando as proteínas LEA, provavelmente envolvidas na proteção dos tecidos contra a desidratação, podem ser precocemente induzidos nos embriões em cultura por meio do tratamento com ABA exógeno. De forma condizente, mutantes de *Arabidopsis* insensíveis ao ABA (*abi3*, *abi4*, *abi5*) apresentam uma menor expressão de certas proteínas LEA. A síntese dessas proteínas LEA é fortemente controlada pela interação de fatores de transcrição, sendo promovida, por exemplo, pelo FUS3 e pelo LEC1.

Além da sua função na embriogênese e maturação da semente, o ABA é considerado importante para induzir a dormência. A dormência primária, induzida por ABA, é imposta à semente ainda conectada à planta-mãe. A imposição de dormência pode estar relacionada com o conteúdo endógeno de ABA e também com a sensibilidade da semente ao hormônio. A manutenção da dormência nem sempre é dependente da presença do hormônio, pois, durante a maturação, os teores de ABA reduzem-se a valores baixos ou mesmo nulos. Entretanto, em algumas plantas, o teor desse hormônio se mantém elevado, inclusive na semente madura. Em *Arabidopsis*, por exemplo, o ABA inibe a germinação, e os mutantes insensíveis ao hormônio (*abi1* a *abi5*) não apresentam dormência, sendo capazes de germinar mesmo na presença de 3 a 10 μM de ABA.

Nas sementes de cereais, enquanto as giberelinas exercem um efeito promotor na germinação, o ABA atua no sentido oposto, inibindo a síntese de enzimas hidrolíticas, especialmente de alfa-amilase na camada de aleurona. Recentemente, verificou-se que o ABA inibe a expressão do GA-MYB, o qual constitui um importante fator de transcrição que controla a expressão da alfa-amilase induzida pelas giberelinas (ver Capítulo 11).

Informações adicionais sobre as bases genéticas da formação da semente e do processo de germinação podem ser encontradas em Kermode (2005), Zhang (2014) e Nonogaki (2017).

Dormência das gemas

A inibição do crescimento vegetativo provocada pelo ácido abscísico compreende um dos efeitos mais comuns desse hormônio. Em plantas lenhosas de regiões temperadas, o nível de ABA geralmente se eleva em resposta às condições de dias curtos, quando o crescimento é reduzido e a dormência das gemas é imposta. As folhas são as responsáveis pela percepção do estímulo ambiental, sintetizando o ABA, que é transportado para as gemas, onde provoca a dormência.

A aplicação de ABA em gemas não dormentes também pode induzir a dormência. Entretanto, em algumas espécies, o transporte de ABA no início da dormência é baixo, e nem sempre condições de dias curtos causam aumento do ABA endógeno nas gemas.

Senescência

A participação do ácido abscísico na senescência ainda não está bem estabelecida, especialmente no que tange à interação desse fitormônio com outras classes hormonais, como as citocininas e o etileno. Enquanto alguns resultados indicam um efeito promotor do ABA na senescência, outros não apresentam correlação direta entre o hormônio e esse processo. Essas controvérsias podem resultar do balanço variável entre substâncias promotoras e inibitórias da senescência nos tecidos, em diferentes estágios de desenvolvimento. Por exemplo, apesar de o teor de ABA ser maior em folhas jovens, estas podem conter também concentrações mais elevadas de substâncias inibitórias da senescência.

Proteção contra lesões

Ferimentos causados por herbivoria ou lesão mecânica causam danos ao revestimento externo de proteção da planta, criando uma via de entrada para inúmeros patógenos. Em resposta aos ferimentos, o padrão de expressão gênica é substancialmente alterado, induzindo a síntese de grupos de proteínas envolvidas na cicatrização e na prevenção à invasão por patógenos. A resposta de defesa é sistêmica, pois, enquanto alguns genes são expressos localmente, outros são ativos em órgãos não danificados.

A família de genes inibidores de proteinases II (*pin2*) identificada em batata e tomate é um dos exemplos mais bem caracterizados de expressão gênica nas respostas aos ferimentos. Vários estudos indicam o envolvimento do ABA na indução da expressão dos genes *pin2*. Os mutantes *droopy* de batata e *sitiens* de tomate são deficientes em ABA e não apresentam acúmulo de RNAm dos genes *pin2*, observado apenas após tratamento com o hormônio, alcançando teores semelhantes aos verificados nas plantas selvagens submetidas a lesão.

Aplicações práticas

Muitas aplicações comerciais para os hormônios vegetais ou seus análogos sintéticos já foram encontradas, mas, no contexto da produção agrícola mundial, a contribuição desses compostos, em termos econômicos, permanece pequena. A auxina tem sido utilizada na propagação de plantas, no controle da expressão sexual e como herbicida seletivo; a giberelina, aplicada no processo de maltagem da cevada e no desenvolvimento de uvas; a citocinina, utilizada na manipulação do crescimento de plantas ornamentais e inibição da senescência, enquanto o etileno é utilizado no controle da produção de látex e modificação das características pós-coleta de frutos e flores. Entretanto, as aplicações do ácido abscísico parecem limitadas, até o momento, apesar do direcionamento de várias pesquisas.

O sucesso na utilização comercial da auxina se deve, provavelmente, à síntese de análogos com alta atividade biológica e boa estabilidade, tanto na planta quanto no ambiente. Por apresentar rápido metabolismo e fotodestruição, o ABA tem sua utilização como produto comercial ainda limitada. Como várias características da molécula do ABA são essenciais à sua atividade biológica, as possibilidades de produzir análogos ativos são reduzidas. Entretanto, foram obtidos compostos análogos com um carbono adicional ligado à posição 8' da molécula do ABA. Esses compostos, o 8'-acetileno-ABA e o 8'-metileno-ABA (Figura 12.11), têm vida média mais longa e exercem efeitos semelhantes ao do ABA na proteção ao estresse, na dormência e na germinação de sementes. O 8'-metileno-ABA é mais ativo que o próprio ABA na inibição da germinação do agrião e do embrião isolado de trigo, na supressão do crescimento de células de milho em cultura e na redução da transpiração em plântulas de trigo.

A viabilidade do uso na agricultura dos compostos análogos ao ABA está sendo testada experimentalmente, tendo sido obtidos resultados satisfatórios na proteção de plantas de abóbora e tomate à baixa temperatura e disponibilidade reduzida de água no solo, e na manutenção da dormência de gemas em tubérculos armazenados de batata.

Experimentos realizados a partir da década de 1980 têm instigado pesquisas sobre o potencial biotecnológico da manipulação dos níveis endógenos do ABA como estratégia para aumentar a eficiência no uso da água pelas plantas sem comprometer o crescimento e a produtividade vegetal. Em um desses experimentos, parte das raízes de uma mesma planta de milho cresceu em um recipiente contendo solo com baixa disponibilidade hídrica, enquanto o restante das raízes cresceu em um recipiente contendo solo normalmente irrigado. Verificou-se que as plantas crescidas sob tais condições apresentavam uma redução na abertura estomática e, consequentemente, uma redução na perda de água por transpiração, sem que isso comprometesse as taxas de crescimento. Desde então, um número crescente de pesquisas tem buscado regular os níveis endógenos ou a sinalização do ABA por meio da geração de plantas transgênicas com alterações em componentes-chave das rotas de biossíntese, percepção e transdução de sinal desse hormônio. Muitas dessas pesquisas resultaram em alterações consideráveis em atributos agronomicamente relevantes, como tolerância à seca ou ao frio, germinação das sementes, crescimento vegetativo e senescência, tanto em espécies-modelo como *Arabidopsis*, quanto em espécies cultivadas como arroz, milho, trigo, soja, entre outras. Embora esses resultados ainda não possam ser extrapolados para condições de campo, acredita-se que o futuro seja promissor.

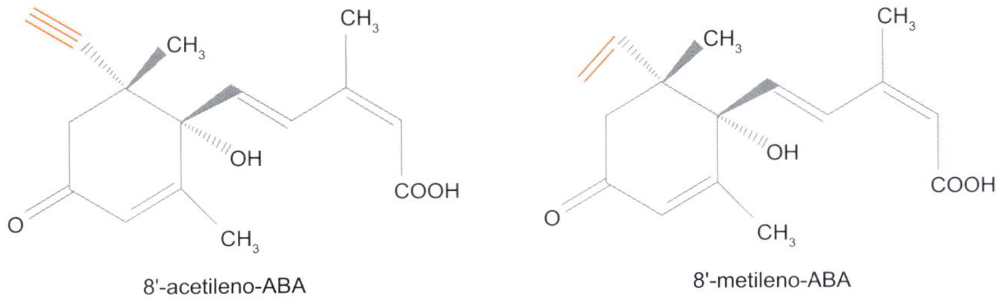

8'-acetileno-ABA

8'-metileno-ABA

Figura 12.11 Estrutura química do 8'-acetileno-ABA e do 8'-metileno-ABA, análogos sintéticos do ácido abscísico.

Referências bibliográficas

Addicott FT, editor. Abscisic acid. New York: Praeger; 1983.
Davies WJ, Jones HG. Abscisic acid physiology and biochemistry. Oxford: Bios Scientific; 1991. (Environmental Plant Biology Series.)
Finkelstein R, Gampala S, Rock C. Abscisic acid signaling in seeds and seedlings. Plant Cell. 2002;14:S15-45.
Humplík JF, Bergougnoux V, van Volkenburgh E. To stimulate or inhibit? That is the question for the function of abscisic acid. Trends Plant Sci. 2017;22:830-41.
Kermode AR. Role of abscisic acid in seed dormancy. J Plant Growth Regul. 2005;24:319-44.
Kim TH. Mechanism of ABA signal transduction: agricultural highlights for improving drought tolerance. J Plant Biol. 2014;57:1-8.
Nonogaki H. Seed biology updates – highlights and new discoveries in seed dormancy and germination research. Front Plant Sci. 2017;8:524.
Taylor IB. Genetics of ABA synthesis. In: Davies WJ, Jones HG, editors. Abscisic acid physiology and biochemistry. Oxford: Bios Scientific; 1991. p. 23-37. (Environmental Plant Biology Series.)
Thomas TL, Chung H-J, Nunberg NA. ABA signaling in plant development and growth. In: Aducci P, editor. Signal transduction in plants. Berlin: Birkhäuser; 1997. p. 23-43.
Wright STC, Hiron RWP. [1]-Abscisic acid, the growth inhibitor induced in detached wheat leaves by a period of wilting. Nature. 1969;224:719-20.
Zhang D-P. Abscisic acid: metabolism, transport and signaling. Dordrecht: Springer; 2014. p. 365-84.

Bibliografia

Boursiac Y, Léran S, Corratgé-Faillie C, Gojon A, Krouk G, Lacombe B. ABA transport and transporters. Trends Plant Sci. 2013;18:325-33.
Cunningham Jr FX, Gantt E. Genes and enzymes of carotenoid biosynthesis in plants. Ann Rev Plant Physiol Plant Mol Biol. 1998;49:557-83.
Cutler AJ, Krochko JE. Formation and breakdown of ABA. Trends in Plant Science. 1999;4:472-8.
Davies PJ. Plant hormones physiology, biochemistry and molecular biology. Dordrecht: Kluwer; 1995. 833 p.
Davies WJ, Jeffcoat B, editors. Importance of root to shoot communication in the responses to environmental stress. Bristol: British Society for Plant Growth Regulation; 1990. (Monograph nº 21.)
Davies WJ, Zhang J. Root signals and the regulation of growth and development of plants in drying soil. Ann Rev Plant Physiol Mol Biol. 1991;42:55-76.
Dong T, Park Y, Hwang I. Abscisic acid: biosynthesis, inactivation, homoeostasis and signalling. Essays Biochem. 2015;58:29-48.
Finkelstein R. Abscisic acid synthesis and response. The Arabidopsis Book. 2013;11:e0166.
Jones AM. A new look at stress: abscisic acid patterns and dynamics at high-resolution. New Phytol. 2015;21:38-44.
Lichtenthaler HK. The 1-deoxy-D-xylulose-5-phosphate pathway of isoprenoid biosynthesis in plants. Ann Rev Plant Physiol Plant Mol Biol. 1999;50:47-65.
Liotenberg S, North H, Marion-Poll A. Molecular biology and regulation of abscisic acid biosynthesis in plants. Plant Physiol Biochem. 1999;37:341-50.
Milborrow BV. The pathway of biosynthesis of abscisic acid in vascular plants: a review of the present state of knowledge of ABA biosynthesis. J Exp Bot. 2001;52:1145-64.
Sah SK, Reddy KR, Li J. Abscisic acid and abiotic stress tolerance in crop plants. Front Plant Sci. 2016;7:571.
Seo M, Koshiba T. Complex regulation of ABA biosynthesis in plants. Trends Plant Sci. 2002;7:41-8.
Taylor IB, Burbidge A, Thompson AJ. Control of Abscisic acid synthesis. J Exp Bot. 2000;52:1563-74.

13 Etileno

Sandra Colli • Eduardo Purgatto

Histórico da descoberta

O etileno (C_2H_4), um hidrocarboneto insaturado gasoso, representa uma das moléculas orgânicas mais simples com atividade biológica entre as centenas de compostos voláteis produzidos pelas plantas.

Os estímulos à biossíntese de etileno ou à exposição das plantas a concentrações biologicamente eficazes desse gás foram (e continuam sendo) empregados na manipulação de várias culturas e nas práticas de pós-coleta. Um dos exemplos mais antigos, a prática de fazer incisões em frutos de figo (*Ficus sycomurus*) para estimular o amadurecimento, data do início da civilização egípcia. Sabe-se, hoje, que esses ferimentos são indutores da síntese de etileno.

Em 1893, verificou-se nos Açores que a fumaça produzida pela queima de serragem de madeira promovia a floração em plantas de abacaxi cultivadas em casa de vegetação. Quarenta anos mais tarde, produtores dessa fruta em Porto Rico passaram a induzir a floração, expondo as plantas à fumaça durante 12 h.

No século 19, usava-se o gás como fonte de iluminação. Fahnestock (1858) observou que esse gás danificou uma coleção de plantas mantidas em casa de vegetação na Filadélfia, causando senescência e abscisão das folhas. Após alguns anos, em 1864, danos em árvores próximas a vazamentos desse gás foram relatados por Girardin, que identificou o etileno como um dos seus componentes.

A descoberta do etileno como um componente biologicamente ativo do gás de iluminação foi feita por Dimitry Nikolayevich Neljubow, um jovem estudante russo do Instituto de Botânica da Universidade de São Petersburgo. Em 1901, Neljubow verificou que a aplicação de 0,06 $\mu\ell\ l^{-1}$ de etileno em plantas de ervilha que cresceram no escuro produzia três respostas no caule: inibição do alongamento, aumento radial (intumescimento) e uma orientação horizontal desse órgão (Figura 13.1), fenômeno cunhado posteriormente de *resposta tríplice*.

A primeira indicação de que o etileno compreendia um produto natural dos tecidos vegetais foi registrada por Cousins, em 1910. Esse pesquisador sugeriu ao governo da Jamaica que o amadurecimento prematuro das bananas poderia ser evitado se essas frutas não fossem armazenadas com laranjas. As laranjas, apesar de não produzirem tanto etileno quanto outros frutos, poderiam estar infectadas por *Penicillium*, o que acarretaria o amarelecimento e a abscisão de frutos, conforme observado em limoeiro por Biale, em 1940.

Entre 1917 e 1937, foram realizados vários estudos sobre o efeito do etileno no amadurecimento de frutos. Em 1933, Botjes observou que o etileno liberado por maçãs maduras provocava epinastia foliar (curvatura para baixo) em plântulas de tomate e alterações no desenvolvimento de caules estiolados de ervilhas. Gane, um cientista inglês, apresentou, em 1935, provas químicas de que o etileno era produzido por plantas. Finalmente, os pesquisadores Crozier, Hitchock e Zimmerman (1935) sugeriram que o etileno seria um regulador endógeno de crescimento, e poderia ser considerado um hormônio do amadurecimento.

A partir da metade da década de 1930 até o final dos anos 1950, o interesse dos fisiologistas de plantas pelo etileno diminuiu, em virtude da inexistência de técnicas precisas de análise desse gás e da descoberta de novos hormônios. Em 1959, o interesse pelo etileno foi intensificado quando os norte-americanos Burg e Stolwijk e os australianos Huelin e Kennett demonstraram as potencialidades da cromatografia gasosa como uma técnica analítica para a sua quantificação, possibilitando

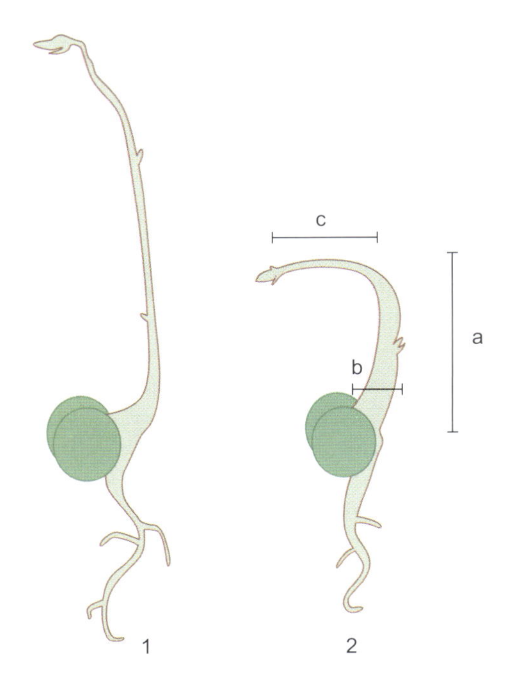

Figura 13.1 Representação esquemática de plântulas estioladas de ervilha – (1) plântula em água; (2) plântula tratada com etileno, apresentando no epicótilo: a) inibição do alongamento; b) aumento de expansão radial; c) orientação horizontal de crescimento.

inúmeros estudos com esse hormônio. Atualmente, os estudos desse gás têm sido refinados pela adição de detectores de fotoionização e fotoacústicos, favorecendo a quantificação de teores bastante baixos de etileno.

Ocorrência do etileno

O etileno em atmosfera natural não poluída é encontrado em concentrações de 0,001 a 0,005 $\mu\ell\ l^{-1}$. As plantas normalmente não produzem etileno suficiente para alterar os níveis no ambiente ao seu redor. Em locais fechados, ele pode ser acumulado em maiores concentrações, produzindo efeitos fisiológicos nas plantas e causando perdas econômicas.

Em ambiente urbano, o nível pode ser de 10 a 100 vezes maior que o detectado no campo, conforme registrado na Califórnia (0,5 $\mu\ell\ l^{-1}$), na Alemanha (0,2 $\mu\ell\ l^{-1}$), na Índia (0,1 $\mu\ell\ l^{-1}$) e em Nova York (0,03 $\mu\ell\ l^{-1}$), principalmente em dias nublados e sem vento. As principais fontes nesses locais são os automóveis, o fogo e a indústria.

O etileno pode ser produzido por vários organismos, desde bactérias, fungos, algas e musgos até as plantas vasculares, como samambaias, gimnospermas e angiospermas.

Apesar de as bactérias produzirem etileno, pouco é conhecido sobre o papel desse gás na fisiologia desses organismos. Algumas bactérias, como a *Mycobacterium paraffinicum*, convertem o etileno do solo em óxido de etileno, mantendo o nível desse gás em concentrações apropriadas, já que ele é mais facilmente acumulado no solo que no ar. As bactérias produtoras de etileno promovem a senescência das plantas, facilitando a infecção por microrganismos. *Pseudomonas solanacearum*, por exemplo, é responsável pela produção de etileno, que causa o amadurecimento prematuro de bananas.

Uma grande quantidade de fungos, como *Penicillium digitatum*, *P. cyclopium*, *P. velutinum*, *Mucor hiemalis*, *Agaricus bisporus*, *Fusarium oxysporum*, *Aspergillus clavatus* e *A. flavus*, produz etileno; todavia, sua função ainda é desconhecida. Aparentemente, a produção de etileno não aumenta a patogenia do fungo, provocando indiretamente a senescência da planta.

As algas *Chlorella* e *Acetabularia mediterranea* também podem produzir etileno; esta última, possivelmente, pela mesma via biossintética das plantas vasculares. Contudo, a produção de etileno nas plantas não vasculares ocorre por outra via metabólica, pois a aplicação de ACC (precursor do etileno, ver adiante) não aumentou a produção desse gás em *Marchantia polymorpha*, *Funaria polymorpha*, *Sphagnum cuspidatum*, *Selaginella wildenovii*, *Lycopodium phlegmaria*, *Equisetum hyemale*, *Trichomanes speciosum*, *Ophioglossum reticulatum*, *Salvinia natans* e *Azolla caroliniana*. A possibilidade da existência de uma via primitiva de síntese desse gás, independentemente de ACC, necessita ainda de mais estudos. Em *Pteridium aquilinum*, *Matteuccia struthioptheris* e *Polystichum munitum*, entretanto, a síntese de etileno seria feita pela mesma via das plantas vasculares, pois a sua produção foi promovida pelo ACC e inibida pelo íon cobalto.

O etileno é produzido por todas as partes das plantas vasculares, sendo a taxa de produção dependente do tipo de tecido e do estágio de desenvolvimento. Os tecidos meristemáticos e as regiões nodais geralmente apresentam uma produção elevada desse gás, também observada durante a abscisão de folhas, a senescência de flores e o amadurecimento de frutos (>1 $n\ell\ gmf^{-1}\ h^{-1}$). Dependendo dos teores de etileno produzido durante esse último processo, os frutos são divididos em climatéricos (com produção de teores elevados de etileno), como a maçã, a banana, o tomate, o abacate e a manga, e não climatéricos (com produção de baixos teores de etileno), como a laranja, o limão e a uva (ver Capítulo 19). Na germinação, há um aumento na taxa de produção de etileno durante a protrusão da radícula e o desenvolvimento da plântula. Plantas submetidas a estresses físicos ou biológicos, como ferimentos, alagamento, doenças, temperaturas inadequadas ou períodos de seca, geralmente elevam a produção de etileno.

Biossíntese e inativação

O etileno é um composto simétrico de dois carbonos com uma ligação dupla e quatro hidrogênios, peso molecular de 28,05, densidade relativa no ar de 0,978, inflamável, incolor, com odor adocicado similar ao éter:

$$H_2C=CH_2$$

Algumas substâncias com atividade biológica similar à do etileno, como o propileno e o acetileno, são consideradas análogas a esse gás, sendo moléculas preferencialmente pequenas e com ligações duplas (cadeias longas de carbono contendo ligações triplas têm menor atividade biológica).

A via biossintética do etileno (Figura 13.2) nas plantas vasculares é hoje bem conhecida, tendo sido elucidada por Adams e Yang (1979), que verificaram, com o uso de carbono marcado, a conversão da L-metionina em S-adenosilmetionina (AdoMet ou SAM) e desta nos produtos: ácido 1-aminociclopropano-1-carboxílico (ACC), 59-metiltioadenosina (MTA), 59-metiltiorribose e etileno. A metionina é convertida em AdoMet pela enzima AdoMet sintetase. A conversão do AdoMet em ACC e MTA, catalisada pela ACC sintase, corresponde à reação-chave da via biossintética do etileno. O AdoMet também participa da síntese de poliaminas, podendo haver competição por esse substrato entre essa via metabólica e a de etileno. O ACC é convertido em etileno pela ACC oxidase ou a N-malonil ACC (MACC) por ação da malonil transferase. O MACC é uma forma conjugada, não volátil, que se acumula nos tecidos, representando uma etapa regulatória da inativação do ACC. Um segundo conjugado de ACC, o 1-(gama-L-glutamil-amino)ciclopropano-1-carboxílico (GACC), também foi recentemente identificado.

A 5'-metiltioadenosina (MTA), pela MTA nucleosidase, é convertida em 59-metiltiorribose (MTR), e esta em 5'-metiltiorribose-1-fosfato (MTR-1-P), pela ação da MTR cinase. A MTR-1-P gera, por oxidação, o 2-ceto-4-metiltiobutirato (KMB), possivelmente por desidrogenases. O KMB é convertido em metionina por uma transaminase específica, sendo a L-glutamina o doador mais eficiente de amina. Essa sequência de reações a partir da MTA tem a finalidade de reciclar a metionina e o enxofre para o reaproveitamento do grupo metiltio (CH_3-S) e a manutenção da produção de etileno.

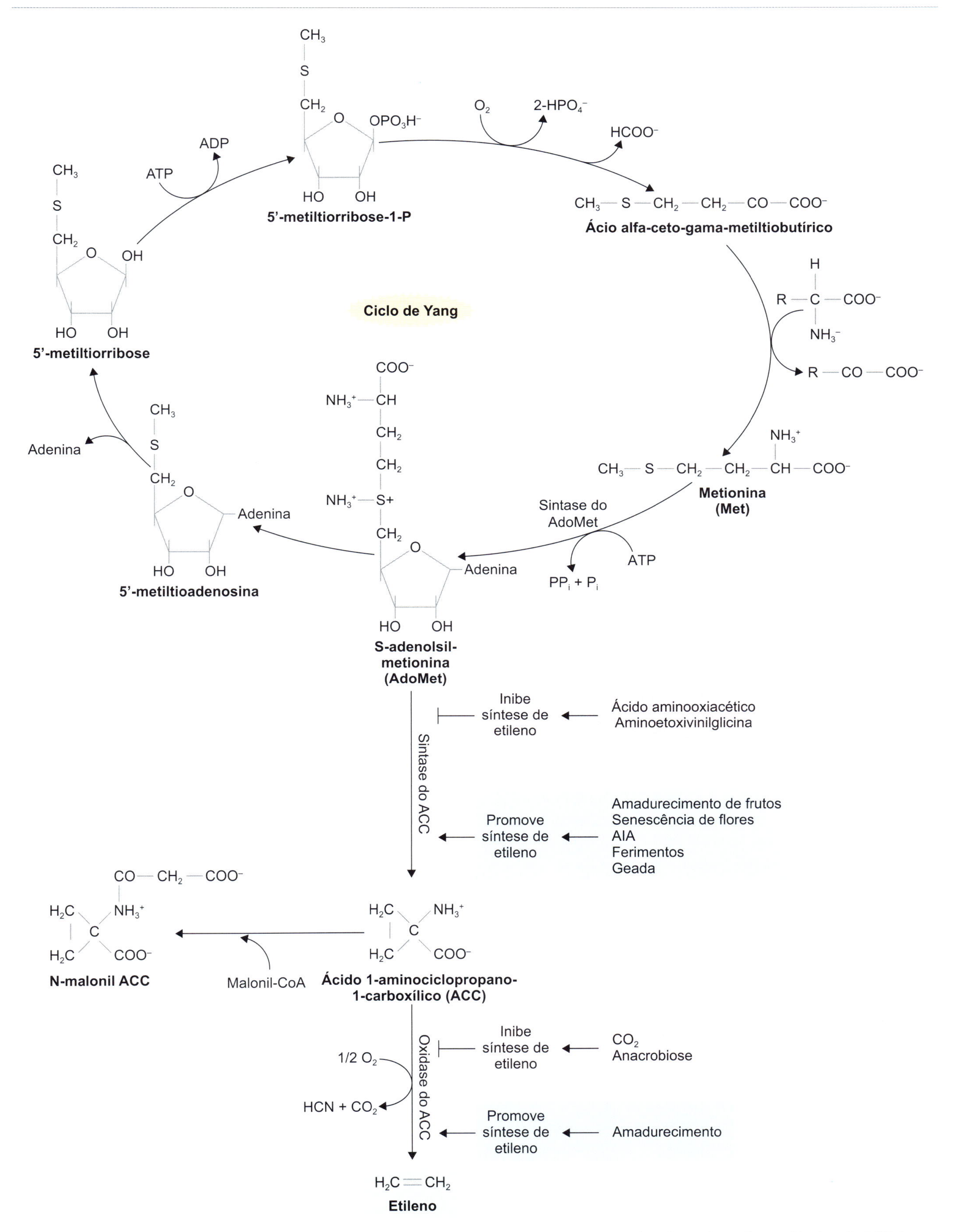

Figura 13.2 Via de biossíntese do etileno e ciclo de Yang. O aminoácido metionina é o precursor do etileno. A reação catalisada pela ACC sintase, que converte AdoMet a ACC, é uma reação limitante da via de biossíntese do etileno. O grupo CH_3-S da metionina é reciclado pelo ciclo de Yang. O ACC pode ser conjugado formando o N-malonil ACC ou convertido em etileno. As substâncias AOA (ácido aminooxiacético) e AVG (aminoetoxivinilglicina) são inibidoras da síntese do etileno. Adaptada de Yang (1981) e Yung *et al.* (1982).

Estudar a biossíntese do etileno com as principais enzimas envolvidas nesse processo é importante para compreender a regulação desse hormônio.

A ACC sintase, responsável pela conversão de AdoMet em ACC e MTA, é uma enzima citosólica presente em várias plantas. Em razão de sua baixa disponibilidade e labilidade (p. ex., em tomate, sua meia-vida é de apenas 58 min), a ACC sintase permanece parcialmente purificada. A atividade dessa enzima é dependente de piridoxal 5-fosfato, e inibidores como o AVG (aminoetoxivinilglicina) e o AOA (ácido amino-oxiacético) bloqueiam a conversão de AdoMet em ACC.

Vários laboratórios têm clonado genes da ACC sintase de várias plantas, como arroz, soja e tabaco, e de frutos de tomates e maçãs. A sequência de aminoácidos mostra elevado grau de similaridade com as aminotransferases. Os resultados indicam a existência de isoformas derivadas de uma família multigênica, cada uma codificada por um gene diferente. Em tomateiros, há pelo menos nove genes para a ACC sintase, expressos de maneira distinta nos tecidos, dependendo do desenvolvimento das plantas ou em respostas aos fatores ambientais.

Uma forma da ACC sintase em tomateiro, ACS2, tem sido implicada como uma das principais responsáveis pela síntese autocatalítica do hormônio durante o amadurecimento do fruto. Estudos recentes indicam que essa isoforma (e possivelmente outras) seja regulada por um mecanismo de fosforilação em uma região bem definida da proteína. A princípio, imaginou-se que essa modificação tornaria a enzima ativa, aumentando a síntese do etileno nos frutos do tomateiro, durante o amadurecimento. No entanto, foi observado em experimentos *in vitro*, com a proteína ACS2 isolada, que, fosforilada ou não, a enzima mantinha o mesmo nível de atividade. Nesse caso, concluiu-se que a fosforilação seria parte de um mecanismo regulatório que só exerceria alguma função *in vivo*, pois seria dependente da existência de outros componentes celulares.

O papel da fosforilação da ACS2 foi identificado graças a um mutante de *A. thaliana* denominado *superprodutor de etileno 1* (*eto1 – ethylene over-producer 1*), que, como o próprio nome indica, produz altos níveis do hormônio e apresenta um fenótipo de resposta tríplice constitutiva. A mutação *eto1* foi caracterizada como uma deficiência na produção de uma proteína capaz de se ligar na região carboxiterminal de várias formas da ACC sintase. A proteína ETO1, quando ligada à ACC sintase, marca essa enzima e permite, assim, seu reconhecimento pelo sistema de ubiquitinação da célula. Uma vez ubiquitinada, a enzima é degradada pelo complexo de proteases que compõe o proteossomo 26S.

No modelo proposto na Figura 13.3 A, a fosforilação da porção carboxiterminal da ACS2 aumenta a estabilidade da enzima, por impedir a ligação da proteína ETO1 nessa região. Desse modo, a meia-vida da enzima aumenta em relação à sua versão não fosforilada, e a produção de etileno é mantida em níveis elevados. Somente após a ação de uma fosfatase (ainda não identificada, Figura 13.3 B), a proteína ACS2 é desfosforilada na porção C-terminal, permitindo assim a ligação da proteína ETO1 e marcando a proteína ACS2 para degradação pelo sistema ubiquitina/proteossomo 26S. Dessa forma, os níveis de ACS2 são reduzidos, o mesmo ocorrendo com a produção de etileno.

A atividade da ACC sintase é o ponto regulatório mais importante na produção de etileno, sendo os teores dessa enzima afetados por mudanças ambientais, hormonais e por diversos eventos fisiológicos. O aumento na produção de etileno verificado em certas fases do desenvolvimento, como germinação, amadurecimento de frutos e senescência, ou em resposta a estresses, entre os quais ferimentos mecânicos, seca, alagamento, geadas, infecções e agentes tóxicos, é acompanhado por uma elevação na síntese ou na ativação da ACC sintase.

A conversão de ACC em etileno é produzida por uma enzima oxidativa, mais recentemente conhecida como ACC oxidase (ACO), anteriormente denominada enzima formadora de etileno (EFE). Essa enzima parece estar associada à membrana plasmática ou presente no apoplasto, como evidenciado pela técnica de imunolocalização.

A ACC oxidase também é codificada por uma família multigênica, havendo similaridade entre as enzimas em frutos de abacate, maçã, pêssego e tomate. Neste último, as enzimas induzidas pelos genes *ptom13* e *ptom5* apresentam 88% de similaridade.

A ACC oxidase purificada de maçãs é um monômero com peso molecular de 35 kDa e uma enzima instável (meia-vida de 2 h). Essa enzima necessita de ferro, ascorbato e CO_2 para a sua atividade, sendo a conversão de ACC em etileno inibida por benzoato de sódio, altas temperaturas, baixa oxigenação e íons cobalto (Co^{2+}).

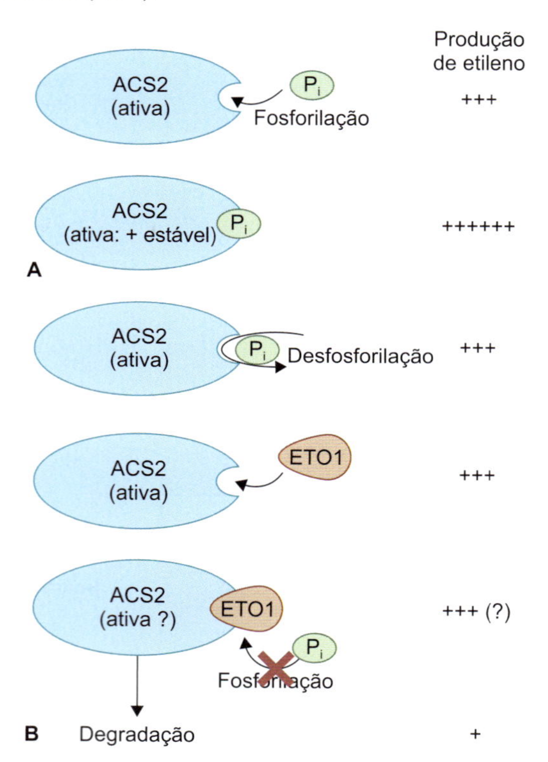

Figura 13.3 Modelo de regulação da ACC sintase 2 (*ACS2*). Uma região da porção carboxiterminal da proteína é fosforilada por uma cinase (ainda não identificada). Com isso, a enzima ganha maior estabilidade, e a produção de etileno é aumentada (**A**). Sob a ação de uma fosfatase, o grupo fosfato é removido, permitindo a ligação da proteína ETO1. Ainda não há um consenso sobre a diminuição da atividade da ACS2 mediada por essa proteína, porém, demonstrou-se que a enzima, ligada à ETO1, é reconhecida pelo sistema ubiquitina/proteossomo 26S e é degradada, provocando, assim, a diminuição dos níveis de etileno no tecido (**B**).

As aplicações de algumas substâncias têm auxiliado nos estudos do etileno em diferentes processos biológicos nas plantas. Íons de prata (Ag^+), por exemplo, mostraram-se como inibidores potentes e específicos da ação do etileno, tendo como fontes principais nitrato e tiossulfato de prata. Outras substâncias, como o 2,5-norbornadieno (NBD), o diazociclopentadieno (DACP) e o 1-metilciclopropeno (1-MCP), também apresentam esse efeito inibitório. Esses compostos exercem seu efeito por meio da ligação com os receptores, bloqueando-os e impedindo a ligação do etileno. A prata, por sua vez, altera a capacidade dos receptores em transduzir o sinal para os componentes seguintes da cadeia de sinalização (ver "Mecanismo de ação do etileno", mais adiante).

Como agente de processos fisiológicos importantes do desenvolvimento vegetal, o etileno exerce vários efeitos comercialmente interessantes na agricultura. Entretanto, como se trata de um hormônio gasoso, sua aplicação sob condições de campo é difícil de realizar, sendo utilizado no seu lugar o ácido 2-cloroetilfosfônico (CEPA), também conhecido como Ethephon ou Ethrel. Essa substância, descoberta em 1960, é inerte sob pH inferior a 4,0; todavia, quando misturada em água e absorvida pela planta, libera etileno em pH fisiológico (Figura 13.4).

A solução aquosa de Ethrel é facilmente pulverizada nas plantas, sendo absorvida e transportada para os tecidos vegetais, representando um mecanismo eficiente de aplicação de etileno. Pode ser usada para estimular o amadurecimento de frutos de tomate e maçã, bem como na sincronização da floração em Bromeliaceae, destacando-se o abacaxizeiro (*Ananas comosus*; ver Capítulo 18).

Transporte

Ao contrário dos demais hormônios vegetais, o transporte do etileno independe de tecidos vasculares e de outras células. Como um gás, difunde-se facilmente no interior dos tecidos, pelos espaços intercelulares, podendo ser perdido para o ambiente. A água e os solutos do citoplasma dificultam o movimento do etileno, cujo coeficiente de difusão nesses meios é cerca de 10 mil vezes inferior ao do ar. Por sua afinidade com lipídios (14 vezes mais solúvel do que na água), o etileno é capaz de se difundir com relativa facilidade pela casca de alguns frutos, como a maçã (presença de ceras).

Mecanismo de ação

Os hormônios apresentam, frequentemente, um efeito pleiotrópico, ou seja, diferentes tipos de células-alvo respondem ao mesmo conjunto de sinais por meio de mecanismos similares de percepção e transdução, porém seus programas moleculares são distintos.

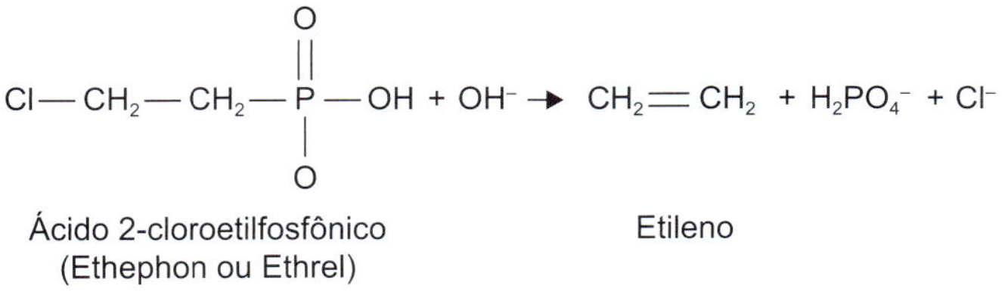

$$Cl-CH_2-CH_2-\overset{\overset{\displaystyle O}{||}}{\underset{\underset{\displaystyle O}{|}}{P}}-OH + OH^- \rightarrow CH_2{=}CH_2 + H_2PO_4^- + Cl^-$$

Ácido 2-cloroetilfosfônico (Ethephon ou Ethrel) — Etileno

Figura 13.4 Reação de liberação do etileno a partir do Ethrel.

Independentemente da diversidade de efeitos do etileno no desenvolvimento vegetal, seu mecanismo de ação envolve, em um primeiro momento, a ligação a um receptor específico, seguido da ativação de uma ou mais vias de transdução de sinais, desencadeando então a resposta celular.

Um fenótipo altamente reprodutível encontrado em plântulas estioladas expostas ao etileno, denominado *resposta tríplice*, tem sido a base de muitos dos avanços no entendimento da percepção e da transdução de sinal do etileno. Tal fenótipo compreende o intumescimento radial do hipocótilo, seu encurtamento e a exagerada curvatura do gancho apical. A resposta tríplice tem sido usada na detecção de mutantes de plantas que apresentam respostas anormais quando expostas ao etileno. Esses mutantes têm sido divididos em dois tipos: mutantes insensíveis ao etileno e mutantes que apresentam a resposta tríplice, mesmo na ausência do hormônio (resposta tríplice constitutiva). Muitos biologistas têm utilizado bibliotecas de mutantes da planta-modelo *Arabidopsis thaliana*, em grandes projetos de rastreamento para identificar alterações que possam levar à identificação dos elementos que compõem as vias de percepção e transdução de sinal do etileno.

Até o momento, pode-se dizer que, entre os hormônios vegetais, o etileno é aquele com a via de sinalização mais bem descrita, pois, além dos receptores, vários outros componentes já foram identificados.

Receptores de etileno

Em geral, um hormônio, para ser assim classificado, deve necessariamente interagir com uma molécula que funcionará como receptora do sinal que ele medeia. A localização e a estrutura dos receptores hormonais nos organismos podem ser as mais diversas. Os receptores de etileno constituem as moléculas de percepção hormonal em plantas cujo entendimento mais avançou na última década. Sua estrutura guarda similaridade com os receptores de dois componentes e atividade de histidina cinase encontrados em bactérias, tendo sido observada também no receptor de citocininas (ver Capítulo 10).

Trata-se de um homodímero, isto é, uma proteína formada por duas subunidades idênticas, cujas frações monoméricas estão interligadas por pontes dissulfeto que coordenam a associação de um íon de cobre (Figura 13.5). Esse íon parece ser essencial tanto para a ligação do etileno quanto para a transdução do seu sinal. Trata-se possivelmente do mecanismo pelo qual o íon prata (Ag^+), sabidamente conhecido por inibir as respostas ao etileno, deve exercer sua ação. O íon prata é capaz de coordenar a ligação do etileno, porém não consegue induzir as alterações na conformação do receptor do mesmo modo que o íon cobre e, desse modo, é incapaz de transmitir o sinal no momento da ligação do etileno. Plântulas tratadas com Ag^+ mimetizam o fenótipo encontrado em plântulas de mutantes insensíveis ao etileno, ou seja, não apresentam a resposta tríplice, mesmo na presença do hormônio. Uma importante indicação do papel fundamental do íon cobre na ligação do etileno foi obtida pela análise do mutante de *A. thaliana* denominado *ran1*, que tem um transportador de cobre não funcional e apresenta grave insensibilidade ao etileno.

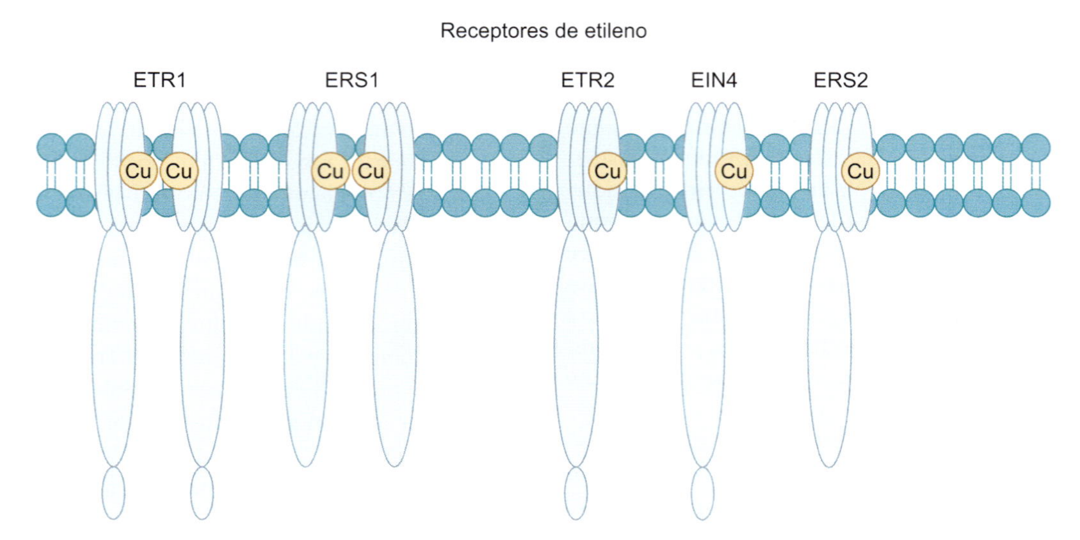

Figura 13.5 Receptores de etileno. Em *Arabidopsis thaliana*, foram identificadas cinco proteínas que atuam como receptores de etileno. Os receptores ETR1 e ERS1 (subfamília I) apresentam três domínios transmembrana, têm atividade de His cinase e formam homodímeros. Conforme estudo de fracionamento celular, observou-se que o receptor ETR1 está localizado na membrana do retículo endoplasmático. Os receptores ETR2, EIN4 e ERS2 (subfamília II) apresentam quatro domínios transmembrana e não dispõem de aminoácidos essenciais para a atividade de His cinase. Aparentemente, não formam dímeros. Todos os receptores têm ao menos um átomo de cobre ligado a um dos domínios transmembrana, um metal necessário para a ligação com o etileno. Adaptada de Wang *et al.* (2002).

Os receptores de etileno são classificados em duas grandes famílias. Os receptores da família I (ETR1 e ERS1) apresentam as características de histidinas cinases em suas estruturas, ou seja, proteínas capazes de transferir grupos fosfato do ATP para resíduos de histidina em outras proteínas e, assim, promover a ativação ou desativação destas últimas. Esse processo de ativação ou desativação por fosforilação compreende uma característica particular de cada proteína. Os receptores da família II (ETR2, ERS2, EIN4) não apresentam atividade de histidina cinase.

As sequências primárias de aminoácidos dos vários receptores de etileno apontam para a ocorrência de ao menos três domínios transmembrana nas suas estruturas, indicando que estes devem estar ancorados em membranas celulares. Ao menos um, o receptor ETR1, foi efetivamente localizado na membrana do retículo endoplasmático em células de folhas de *A. thaliana*. Embora essa localização não seja tão usual para um receptor, para o etileno não constitui nenhum obstáculo, dada a alta difusibilidade do hormônio tanto em meio aquoso quanto lipídico, o que permite seu acesso ao sítio de ligação em qualquer compartimento celular.

Até o final da década de 1990, muitos estudos indicavam que a ocorrência de diferentes receptores em uma mesma célula teria unicamente uma função compensatória, sendo redundantes em sua ação, como no caso dos mutantes de *A. thaliana* exemplificados anteriormente. A modulação da resposta ao etileno seria, desse modo, obtida pela célula vegetal em virtude da quantidade de receptores que esta expressa.

No entanto, isso parecia insuficiente para explicar por que as plantas ou os órgãos vegetais, em certas situações, aumentam a expressão de um tipo específico de receptor, diminuindo a expressão de outros e, com isso, apresentam maior sensibilidade ao etileno. Um exemplo dessa situação refere-se ao amadurecimento dos frutos da bananeira. Pouco antes da coleta, o fruto expressa vários tipos de receptores de etileno de ambas as famílias. Nessa fase, a banana é pouco sensível ao etileno, sendo incapaz de amadurecer, mesmo com a aplicação do hormônio. Após a coleta e o início do amadurecimento, o fruto se torna muito sensível ao hormônio, e a aplicação de pequenas quantidades de etileno é suficiente para acelerar o amadurecimento. Esse fato é acompanhado de um aumento na expressão do receptor ETR1 e de um decréscimo na expressão de receptores da família II, porém sem mudança aparente no nível global dos receptores.

Para buscar uma possível explicação para observações desse tipo, a capacidade em "reter" o hormônio foi correlacionada com os níveis de expressão gênica de cinco receptores identificados em tomate, a fim de verificar se haveria alguma diferença de afinidade entre cada receptor e o hormônio. Em caso positivo, a diferença de sensibilidade do órgão ou tecido poderia ser atribuída aos níveis de um ou outro tipo de receptor.

Os resultados não indicaram diferenças significativas quanto à capacidade de retenção do etileno, porém alguns tipos de receptores apresentaram variações significativas dos níveis de transcrição durante o amadurecimento do fruto. Estudando mutantes defectivos em um dos receptores, foi possível observar o aumento no nível de transcrição dos receptores remanescentes, corroborando a existência do mecanismo de compensação para a falta de um receptor. Nesse mesmo estudo, plantas mutantes de *A. thaliana* também foram analisadas e obtiveram-se resultados semelhantes. Porém, alguns desses mutantes apresentavam defeitos de desenvolvimento, como uma expressiva diminuição do tamanho das lâminas foliares. Visto que as plantas mutantes tinham a mesma capacidade de "ligar" o etileno, por que elas não respondiam da mesma forma ao hormônio? A conclusão, nesse caso, indicava que a diminuição de um tipo específico de receptor poderia induzir diferenças específicas na resposta ao hormônio.

Portanto, outra explicação residiria na capacidade de cada receptor em transmitir o sinal para o interior da célula, após a ligação com o hormônio. Assim, os estudos foram direcionados para os elementos subsequentes na cascata de transdução de sinal do etileno, principalmente a proteína CTR1. Estudos demonstraram que cada receptor apresenta diferentes graus de afinidade pela proteína CTR1 e, com isso, transmite o sinal enviado pelo etileno de modo diferenciado. Isso significa que as diferenças de sensibilidade dos diferentes órgãos e células ao etileno, em diferentes momentos do desenvolvimento vegetal, podem ser atribuídas à expressão de diferentes conjuntos de receptores de etileno.

Proteína CTR1

O gene *ctr1* codifica para uma proteína similar a membros da família das Raf serina/treonina cinases, mais especificamente uma MAPKKK (do inglês, *mitogen-activated protein kinase kinase kinase*). O nome *ctr1* deriva de um mutante de *A. thaliana* que apresentava a resposta tríplice independentemente da presença de etileno (*ctr1 – constitutive triple response 1*). Esse comportamento indicou que a proteína (CTR1), codificada pela forma dominante desse gene (*CTR1*), provavelmente seria um regulador negativo da resposta ao etileno.

De maneira geral, em um modelo de resposta positiva (Figura 13.6), a via de sinalização encontra-se desativada na ausência do hormônio. No momento em que ocorre a ligação do hormônio com o receptor, são provocadas alterações neste último, ativando-o e promovendo sua atuação sobre os elementos que se encontram em sequência na cascata de sinalização hormonal, levando à manifestação das respostas intracelulares.

Contudo, em um modelo de regulação negativa, na ausência do hormônio, a proteína ou o complexo proteico que forma o receptor está ativamente *inibindo* os elementos em sequência na cascata de sinalização. Consequentemente, nenhuma resposta associada ao hormônio é observada. A ligação do hormônio ao receptor desativa este último, liberando os elementos da cadeia de sinalização, que, por seu turno, induzem o aparecimento das respostas celulares (Figura 13.6).

Nesse modelo, o mecanismo de ação envolveria a capacidade de a CTR1 interagir com o domínio de histidina cinase dos receptores de etileno. O modelo mais aceito supõe que a proteína CTR1 deve interagir com os receptores para que sua atividade de cinase seja efetiva e, dessa forma, fosforile substratos na sequência da cadeia de transdução de sinal (Figura 13.7). Uma vez que o etileno se liga aos receptores, mudanças conformacionais promoveriam o desligamento da proteína CTR1, provocando a inibição de sua atividade e, assim, liberando a via de transdução e permitindo as respostas ao etileno.

As observações que possibilitaram a proposição desse modelo vieram principalmente de estudos que visaram a isolar o receptor ETR1 e, inesperadamente, isolaram também a proteína CTR1 ligada a este, indicando a interação entre as duas proteínas. Adicionalmente, observou-se que uma região da

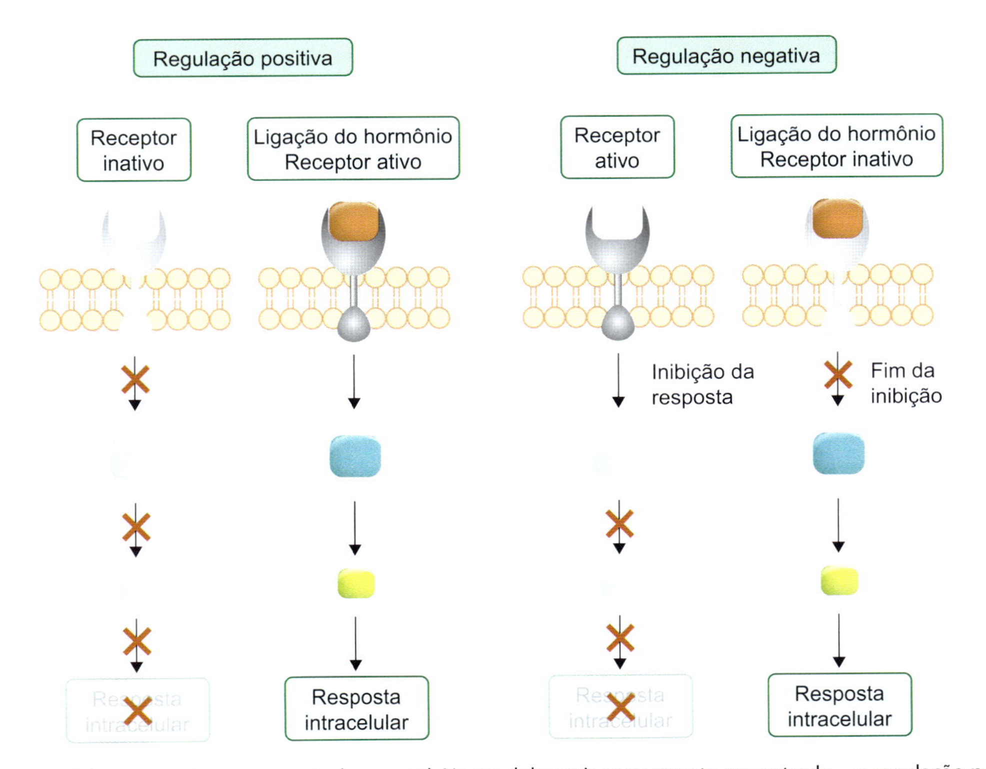

Figura 13.6 Regulação positiva e negativa na resposta hormonal. No modelo mais comumente encontrado – a regulação positiva –, o receptor hormonal está inativo, assim como os elementos da cascata de sinalização, não havendo resposta intracelular. Com a ligação do hormônio no receptor, são desencadeadas mudanças neste último, tornando-o ativo. O receptor passa a ativar os elementos da cascata e são observadas as respostas intracelulares. No modelo de regulação negativa, o receptor encontra-se ativo na ausência do hormônio e sua atividade inibe os componentes da cascata de sinalização. A ligação do hormônio inativa o receptor, liberando a cascata de sinalização e, desse modo, são promovidas as respostas celulares.

proteína CTR1, envolvida na ligação com o receptor, é capaz de interagir com o domínio de serina/treonina cinase da própria CTR1. Esse parece ser o mecanismo pelo qual a proteína CTR1 é inibida, após estar desligada do receptor, por causa da presença do etileno (Figura 13.7).

A análise mais detalhada da estrutura da proteína nos mutantes *ctr1* de *A. thaliana* indicou que esta é incapaz de interagir com o receptor e, por isso, esses mutantes apresentam um fenótipo de respostas ao etileno, mesmo na sua ausência. Por sua vez, certas mutações nos receptores mostram um fenótipo de insensibilidade ao hormônio, uma vez que o etileno não consegue se ligar ao receptor e desligar a proteína CTR1 (Figura 13.7).

Demais componentes na via de sinalização

Embora vários genes e as proteínas por eles codificadas tenham sido identificadas como componentes na cadeia de sinalização do etileno, ainda não se sabe como ocorrem as interações entre esses diversos elementos. O que se conhece é a sequência em que essas proteínas atuam para promover a sinalização e induzir as respostas ao etileno.

A similaridade entre a proteína CTR1 e as MAP cinases de mamíferos indicou o possível envolvimento de uma cascata dessas proteínas na sinalização do etileno. Em mamíferos, essas proteínas atuam realizando fosforilações sucessivas, uma MAPKKK fosforilando e ativando uma MAPKK. Esta, por sua vez, fosforila uma MAPK; esta cinase, assim ativada, fosforila uma proteína pela qual tem especificidade. A natureza desta última proteína é variável, pois depende da via de sinalização na qual as MAP cinases estão envolvidas. Existem dezenas de diferentes MAP cinases e estas estão ligadas às mais diversas formas de sinalização intracelular em mamíferos.

Em *A. thaliana* e *Medicago truncatula*, foram identificados membros das MAP cinases atuando, subsequentemente à CTR1, na via de sinalização do etileno (Figura 13.8). As proteínas *SIMKK* (*stress induced MAP kinase kinase*), *MAPK6* (ambas em *A. thaliana*) e *MAPK13* (em *M. truncatula*) foram identificadas por meio de ensaios de atividade de proteínas cinases ou por inibição de sua expressão gênica.

Outro elemento da via de sinalização de etileno é codificado pelo gene *ein2* (*ethylene insensitive 2*) e é considerado

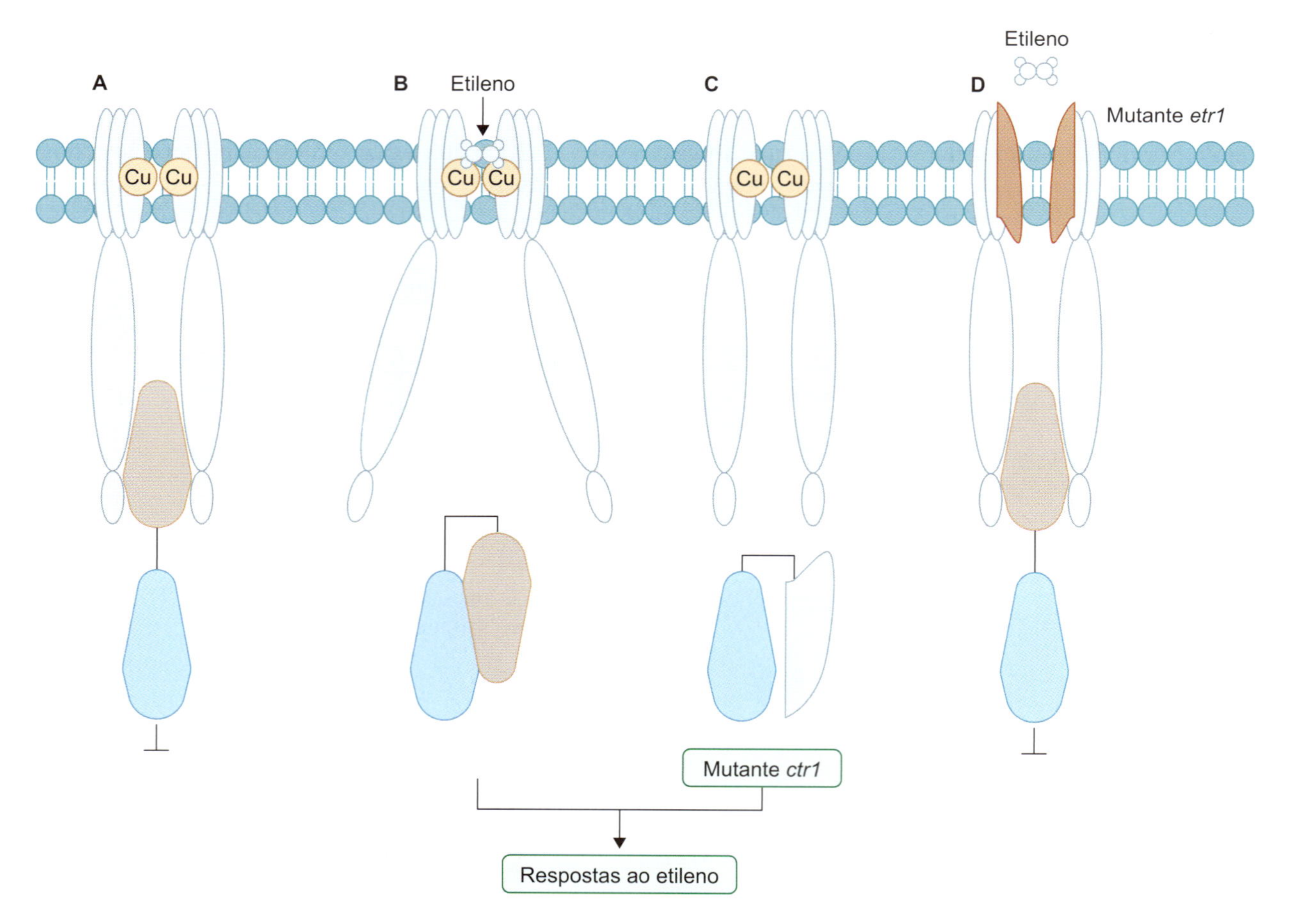

Figura 13.7 Modelo de interação entre a proteína CTR1 e o receptor ETR1. Na ausência do hormônio (**A**), o receptor encontra-se ligado à proteína CTR1. Esta, por meio de sua atividade de cinase, exerce inibição sobre outros elementos na cadeia de transdução de sinal do etileno, não havendo resposta ao hormônio. A ligação do etileno com o receptor ETR1 (**B**) provoca modificações na sua estrutura que levam ao desacoplamento da proteína CTR1. Porções do domínio N-terminal da CTR1 conseguem interagir com o seu próprio domínio cinase e podem contribuir para a redução dessa atividade na proteína. Além disso, sem interagir com o receptor, a atividade de cinase de CTR1 é muito reduzida. Com isso, a repressão aos elementos da cascata de transdução de sinal do etileno é removida e as respostas ao hormônio ocorrem. Mutações na proteína CTR1 (**C**) que impeçam sua interação com o receptor levam a um fenótipo de resposta constitutiva, mesmo na ausência de etileno. Por sua vez, mutações no receptor (**D**) que impeçam a ligação do etileno levam a um fenótipo de insensibilidade e à ausência de respostas, mesmo na presença do hormônio. Adaptada de Chen *et al.* (2005).

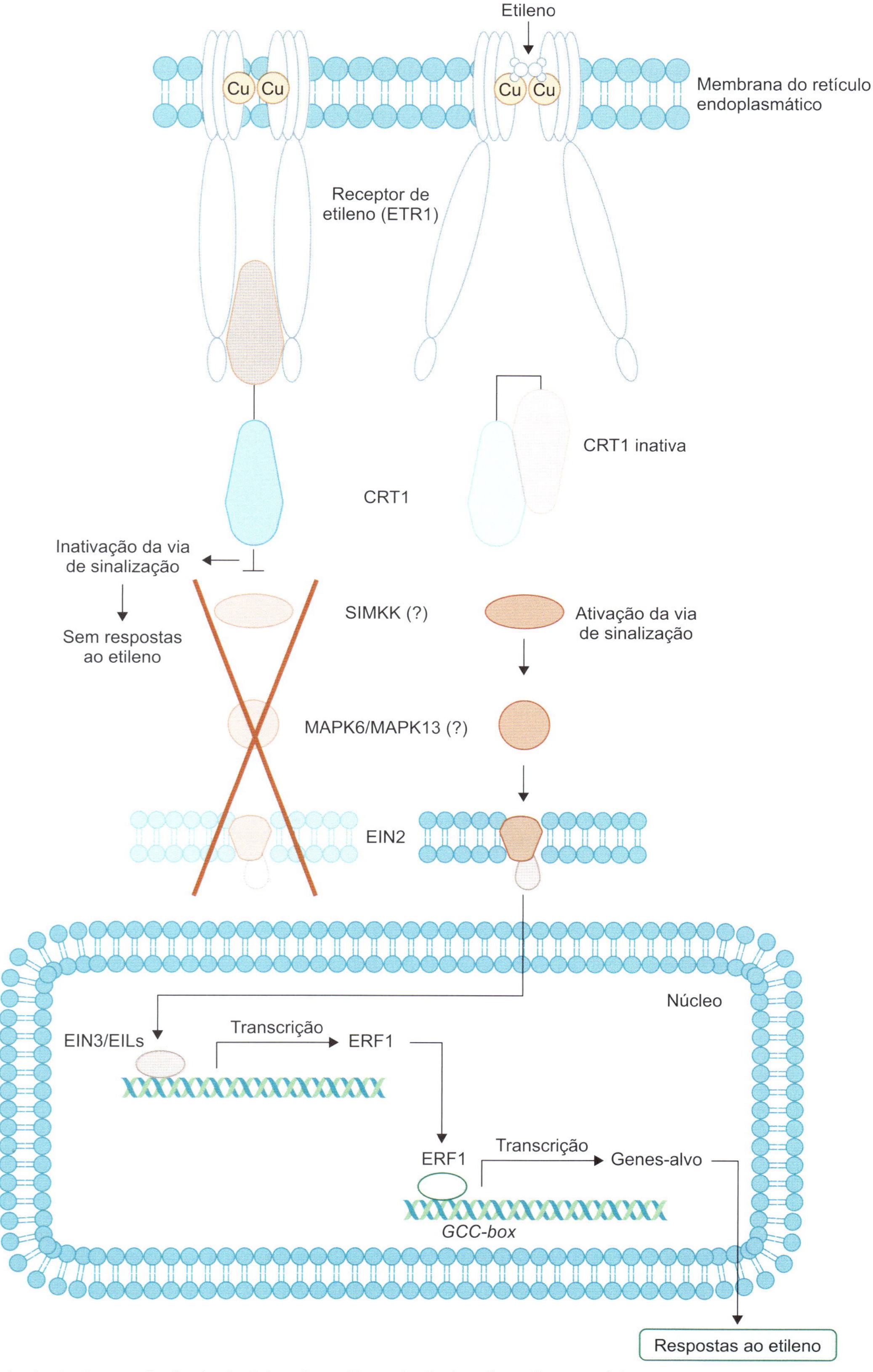

Figura 13.8 Modelo da via de transdução de sinal do etileno. Na ausência de etileno (à esquerda), os receptores interagem com uma proteína do tipo Raf-cinase denominada CTR1. Essa interação ativa a proteína CTR1, fazendo com que esta regule negativamente (por fosforilação) componentes situados abaixo, na cascata de transdução de sinal. Entre os possíveis alvos, já foram identificadas, em *Arabidopsis thaliana*, proteínas da família das MAP cinases. Desse modo, não há respostas relacionadas com o etileno. A ligação do hormônio ao receptor (à direita) induz mudanças conformacionais neste último, desativando a proteína CTR1. Dessa forma, a cascata de MAP cinases fica livre da inibição, permitindo que o elemento regulador EIN2 sinalize positivamente para os fatores de transcrição da família EIN3. Estes, por sua vez, ativam a transcrição dos fatores ERF que promovem a transcrição de genes-alvo, geralmente ativados pelo etileno (p. ex., genes das beta-1,3 glucanases) e que mediarão as respostas fisiológicas características promovidas pelo hormônio. Adaptada de Wang *et al.* (2002).

central na sinalização do hormônio, visto que mutantes para esse gene apresentam fenótipos graves de insensibilidade, com consequências que afetam a planta durante todo o seu ciclo de vida. As evidências sugerem que o gene *ein2* codifica para uma proteína que atua como um regulador positivo essencial para a sinalização do etileno.

O elemento EIN2 foi identificado como uma proteína de membrana cujo domínio N-terminal hidrofóbico se assemelha aos membros da família NRAMP de proteínas integrais de membranas, a qual inclui vários transportadores de metais.

O elemento identificado como subsequente à proteína EIN2 na cadeia de sinalização do etileno é a proteína EIN3. Vários mutantes defectivos para essa proteína apresentam expressão reduzida de genes tipicamente etileno-dependentes. Outras proteínas similares foram identificadas em várias espécies vegetais, sendo denominadas EIL (*EIN3-like*). Dois membros dessa família, EIL1 e EIL2, são capazes de resgatar o fenótipo normal de resposta ao etileno em mutantes que têm o gene *ein3* defeituoso. Já a superexpressão desses dois genes leva ao fenótipo de resposta constitutiva ao hormônio, indicando que esses elementos são reguladores positivos da resposta ao etileno.

As proteínas dessa família desempenham funções de fatores de transcrição, ligando-se a elementos reguladores da expressão presentes nos promotores de genes responsivos ao etileno e promovendo a transcrição do RNA mensageiro desses genes (ver Figura 13.8). Particularmente, genes denominados fatores de resposta ao etileno (*ERF – ethylene response factors*) são os alvos das proteínas EIN3 e EIL.

No último nível da sinalização do etileno, encontram-se os fatores de transcrição ERF e EDF (*ethylene response DNA binding factors*). Trata-se de proteínas de baixo peso molecular com especificidade quanto à ligação em promotores de genes regulados por etileno. As regiões do DNA às quais as proteínas ERF e EDF se ligam foram denominadas *GCC-box*, em razão das repetições de guanina e citosina encontradas nessas sequências. A expressão de um membro dessa família, ERF1, encontrado em *A. thaliana*, parece regular a transcrição de vários genes, visto que sua superexpressão é capaz de produzir, de modo significativo, um fenótipo de resposta constitutiva ao etileno.

Uma grande variedade de genes apresentou motivos *GCC-box* em seus promotores, porém muitos desses genes não são exclusivamente regulados por etileno, apresentando vários outros motivos regulatórios ligados, por exemplo, a respostas a estresses abióticos (frio, seca, salino), lesões mecânicas ou danos por patógenos. Como exemplos de genes regulados por etileno, foram identificados aqueles que codificam para isoformas de quitinases, fitoeno sintase, beta1,3-glucanases, algumas proteínas relacionadas com patógenos (PRP), algumas isoformas de expansinas e as enzimas de biossíntese do próprio etileno, ACC sintase e ACC oxidase, entre outros.

Interação com outros hormônios

Vários sinais contribuem para coordenar os processos necessários ao desenvolvimento e à manutenção da homeostase nos diversos tecidos vegetais. A relação entre níveis de dois ou mais hormônios durante as diversas fases do ciclo de vida das plantas é conhecida há muito tempo. Porém, somente os avanços técnicos registrados nas últimas décadas permitiram obter uma visão mais detalhada sobre os mecanismos moleculares envolvidos nessas interações.

De modo geral, um hormônio pode afetar as respostas de outro hormônio de três modos: interferindo nos níveis do outro hormônio por meio de alterações de sua biossíntese, degradação, transporte ou conjugação; modificando sua resposta aos estímulos ambientais ou do desenvolvimento; alterando os níveis e/ou atividade de elementos de sua via de transdução de sinal.

As interações entre o etileno com outras classes hormonais não indicam um modo preferencial para um dos três níveis descritos. A interação mais notadamente descrita na literatura ocorre com auxinas e jasmonatos, porém há vários relatos de interações do etileno com outras classes hormonais.

Auxinas

O efeito indutor na síntese de etileno promovido por auxinas é conhecido há muitos anos, assim como o efeito do etileno sobre o transporte de auxinas (ver Capítulo 9).

No primeiro caso, vários estudos demonstraram que as auxinas são capazes de aumentar a expressão do gene de uma ou mais isoformas da ACC sintase. Em *A. thaliana*, a isoforma ACS4 está diretamente relacionada com a indução por auxina. O papel desempenhado pelo aumento de etileno dependente de auxina ainda não é claro, porém estudos sugerem uma ligação entre o alongamento caulinar e esses dois hormônios. A chave para a hipótese provém de vários mutantes com respostas alteradas tanto para um quanto para outro hormônio.

Embora alguns estudos tenham demonstrado que o intumescimento radial do hipocótilo em plântulas de *A. thaliana* e nos entrenós de tulipas seja mediado por níveis elevados de etileno, um mutante denominado hipocótilo longo relacionado a ACC-1 (*ACC-related long hypocotyl 1 – alh1*) apresentou aumento no comprimento do hipocótilo quando crescido sob luz, em meio sem etileno. A análise mais detalhada da natureza dessa mutação identificou que essas plantas produzem altas quantidades de etileno, o que estaria ligado ao fenótipo de hipocótilo alongado. Coincidentemente, observou-se que essas plantas também apresentavam defeitos no transporte de auxina no hipocótilo e, dessa forma, o fenótipo encontrado nas plantas mutantes seria derivado tanto dos efeitos da superprodução de etileno quanto das consequências desta sobre o transporte de auxinas.

Outros mutantes de *A. thaliana* defectivos no transporte de auxina, como *aux1* e *eir1*, cujas mutações ocorrem em genes que codificam para proteínas envolvidas no influxo e no efluxo desse hormônio, também apresentam insensibilidade ao etileno. Todavia, no mutante com alta taxa de resposta ao etileno, *eer1* (*ethylene enhanced response 1*), foi observada maior taxa de transporte basipetal de auxina. Tais resultados são evidências claras da existência de uma inter-relação entre a sinalização do etileno e auxina no controle de processos celulares ligados ao desenvolvimento vegetal.

Outras evidências que vêm se tornando mais consistentes nos últimos anos dizem respeito ao amadurecimento de frutos, processo no qual o etileno sempre foi tido como o principal hormônio regulador. Embora o efeito inibidor das auxinas sobre o amadurecimento de frutos seja conhecido há décadas, não existiam evidências moleculares referentes a esse processo. Com a descoberta dos fatores de transcrição relacionados com auxinas (ARF – *auxin response factors*), observou-se que vários deles têm a expressão aumentada em tomates e outros frutos tratados com etileno.

Estudos clássicos conduzidos por Nitsch na década de 1950 demonstraram que, para o amadurecimento do receptáculo no morango, é necessário que haja a diminuição da produção de auxina pelo aquênio. Até recentemente, acreditava-se que esse evento fosse o principal coordenador do amadurecimento nesse fruto; porém, ao tratar morangos com o 1-metilciclopropeno, um potente antagonista do etileno, observou-se que eles não perdiam firmeza durante o amadurecimento e também não desenvolviam o aroma típico do fruto maduro, indicando que, além da auxina, o etileno exerce também um papel no amadurecimento do morango. Frutos como este, denominados pela fisiologia pós-coleta como não climatéricos, eram tidos, até pouco tempo, como independentes de etileno para amadurecer. Além do morango, outros frutos demonstraram ter processos dependentes de etileno para o amadurecimento normal, como uvas, frutas cítricas e cerejas.

Outro processo que sugere a inter-relação entre os níveis de etileno e auxinas, no caso o ácido indol-3-acético (AIA), implica o processo de abscisão de folhas (descrito em maiores detalhes no tópico "Abscisão").

Citocininas

Um aumento de 2 a 4 vezes na produção de etileno tem sido registrado em plantas tratadas com citocininas, conforme observado em segmentos de folhas de milho, alface, arroz e trigo, de hipocótilo de soja e em raízes isoladas de milho após 6 a 9 h da aplicação hormonal. Em alguns casos, a produção desse gás chegou a aumentar até 50 vezes, como em folhas de algodoeiro.

A aplicação de citocininas e de auxinas resulta em uma produção de etileno muito maior que quando esses hormônios são aplicados isoladamente. Esse efeito sinérgico, associado a uma maior atividade da ACC sintase e, consequentemente, à produção de ACC, foi observado em sementes de pepino, segmentos de folhas de trigo e dália e em plântulas estioladas de ervilha.

Dois mutantes de *A. thaliana*, denominados *insensível à citocinina 5* (*cytokinin insensitive 5* – *cin5*) e *superprodutor de etileno 2* (*ethylene overproducer 2* – *eto2*), foram identificados como alelos para a isoforma 5 da ACC sintase (ACS5). A mutação encontrada em *eto2* foi identificada como a perda da maior parte da porção carboxiterminal da ACS5, resultando em aumento da meia-vida dessa proteína. Essa mutação leva à produção de altos níveis de ACC e, consequentemente, de etileno. Interessante notar que o tratamento com citocininas também consegue promover maior estabilidade da proteína ACS5, o que sugere que mecanismos pós-tradução podem ser os responsáveis pelo aumento de etileno mediado por citocininas (ver modelo anteriormente descrito em "Biossíntese e inativação").

Giberelinas

As interações entre o etileno e as giberelinas têm implicado tais hormônios na regulação dos processos de alongamento celular e também na indução floral. O principal ponto de conexão entre esses dois hormônios refere-se à estabilidade das proteínas DELLA. Tais elementos são repressores nucleares das respostas às giberelinas relacionadas com o alongamento celular. O nome DELLA deriva da sigla dos cinco primeiros aminoácidos de um total de 17 da porção N-terminal da proteína, caracterizando um domínio muito conservado desse tipo de proteína repressora.

Embora não esteja totalmente claro o mecanismo pelo qual essas proteínas atuam, demonstrou-se que as giberelinas, quando em altas quantidades no tecido vegetal, influenciam a degradação das proteínas DELLA por meio do sistema ubiquitina/proteossomo 26S. As giberelinas, pela ativação de um mecanismo de fosforilação das proteínas DELLA, tornam-nas alvos suscetíveis à interação com proteínas específicas e à subsequente ubiquitinação/degradação.

Contudo, observou-se que plântulas de *A. thaliana* tratadas com etileno atenuam os efeitos das giberelinas, promovendo a maior estabilidade nas proteínas DELLA, que, por sua vez, inibem processos nos quais o alongamento celular é necessário, como a formação do gancho apical.

Em relação à indução floral, estudos demonstraram que o etileno é capaz de atrasar o tempo de floração por meio de um mecanismo que também envolve a manutenção dos níveis das proteínas DELLA. O tratamento de plantas de *A. thaliana* com etileno promoveu a diminuição dos níveis de giberelinas, diminuindo a taxa de degradação dessas proteínas. Além disso, nesse sistema foi observado o maior acúmulo de proteínas DELLA por um mecanismo dependente do fator de transcrição EIN3, sugerindo um papel mais direto do etileno na expressão dessas proteínas. As proteínas DELLA induzidas por etileno são, assim, tidas como responsáveis pela repressão de genes ligados ao desenvolvimento floral, como o *leafy* (*LFY*) e o *suppressor of overexpression of constans 1* (*SOC1*).

Outra evidência desse mecanismo foi obtida por meio do mutante *ctr1* de *A. thaliana*, que apresenta fenótipo de resposta constitutiva ao etileno. Esse mutante apresenta tempo de floração tardio, mesmo quando exposto a fotoperíodos de dias longos. O tratamento com ácido giberélico foi capaz de abolir o efeito da mutação no gene *CTR1*, promovendo a floração no mutante no mesmo tempo que plantas normais.

Ácido abscísico

Entre os efeitos relatados sobre a interação com o ácido abscísico (ABA), o mais conhecido é o efeito promotor na síntese do etileno após a aplicação de ABA, observado principalmente em frutos, incluindo manga, abacate, maçãs e peras. Também se verificou que frutos sintetizam ABA nos estágios mais avançados do amadurecimento.

A indução na síntese de etileno promovida por ABA ocorre principalmente por meio do estímulo na expressão de isoformas da ACC oxidase. Recentemente, descreveu-se que em maçãs o tratamento com ABA foi capaz de promover aumento na transcrição do gene de uma isoforma da ACC sintase.

Embora o ABA venha sendo considerado um hormônio ligado ao amadurecimento dos frutos, seu exato papel nesse processo e as respostas específicas mediadas pelo hormônio ainda não foram totalmente esclarecidos. No entanto, algumas dessas respostas começaram a ser identificadas. Em experimentos realizados com laranjeiras mutantes da cultivar Navilate, deficientes para a produção de ABA e que não desenvolvem coloração característica no fruto maduro, o fenótipo selvagem foi restaurado quando do fruto tratado com ABA. Curiosamente, o fruto selvagem, quando tratado com inibidores de ação do etileno, desenvolveu o mesmo fenótipo do fruto mutante. Os resultados sugerem uma possível correlação entre os níveis dos dois hormônios para o desenvolvimento da cor nessa variedade de laranjas.

Observações adicionais no mutante *ein2* de *A. thaliana* indicam que etileno e ABA devem compartilhar componentes em suas vias de sinalização. Nesse mutante, em ensaios de germinação, foi observada, além da insensibilidade ao etileno que o caracteriza, uma hipersensibilidade ao ABA. Por sua vez, em ensaios para alongamento de raízes, esse mutante demonstrou alta resistência ao ABA.

Etileno

Dependendo do tecido vegetal, a aplicação de etileno pode induzir a autocatálise ou a autoinibição desse hormônio. Durante o amadurecimento de frutos, a aplicação de etileno induz sua autocatálise (retroalimentação ou *feedback* positivo, processo pelo qual a presença do produto realimenta sua síntese), promovendo a conversão de ACC a etileno. Contudo, no processo de autoinibição, há um bloqueio na síntese de ACC por meio de uma diminuição na atividade da ACC sintase (ver Capítulo 19).

Jasmonatos

Tanto o etileno quanto os jasmonatos, principalmente o ácido jasmônico e o metiljasmonato (ver Capítulo 14), são hormônios que desempenham importantes papéis na modulação das respostas de defesa das plantas ao ataque de patógenos. Já foram descritas várias interações positivas e negativas entre ambos, e vários mutantes insensíveis tanto a um quanto a outro hormônio têm maior suscetibilidade ao ataque de patógenos.

Um dos exemplos mais claros dessa interação e, possivelmente, da interação do etileno com outro hormônio diz respeito à regulação do gene *PDF1-2*. O produto codificado por esse gene pertence à família das defensinas, pequenas proteínas com a capacidade de se ligar à parede celular de fungos e bactérias promovendo a abertura de poros e ocasionando a morte do microrganismo. Tais proteínas são encontradas também em mamíferos e insetos.

O gene *PDF1-2* é induzido tanto por etileno quanto por jasmonatos. Porém, mutantes insensíveis ao etileno, quando tratados com metiljasmonato, não apresentam indução da transcrição desse gene. Da mesma forma, mutantes insensíveis a jasmonatos, quando tratados com etileno, não apresentam acúmulo do RNAm de *PDF1-2*, indicando que é necessário que as vias de sinalização de ambos os hormônios estejam em funcionamento para que haja aumento na transcrição desse gene.

Estudos posteriores identificaram o fator de transcrição ERF1 como o ponto comum de regulação de ambos os hormônios sobre o gene. A superexpressão de ERF1 induziu a expressão constitutiva do gene *PDF1-2*, mesmo em plantas insensíveis a etileno ou jasmonatos. Esses resultados sugerem que o fator ERF1 pode ser o componente de sinalização necessário para a integração das respostas de defesa mediadas pelo etileno em conjunto com os jasmonatos. O apoio a essa hipótese vem da recente observação em folhas de *A. thaliana* sobre o gene de uma quitinase básica, enzima tipicamente ligada a processos de defesa nas plantas, cuja expressão também depende do fator ERF1 e é induzido conjuntamente por etileno e jasmonatos.

Fatores bióticos e abióticos

Temperatura

A temperatura ótima para a produção de etileno é de cerca de 30°C, havendo uma diminuição na sua síntese sob temperaturas mais elevadas, até um valor máximo próximo a 40°C. Assim, em maçãs, ocorre um aumento linear na produção de etileno entre 25 e 30°C, declinando linearmente entre 30 e 40°C. Sob temperaturas elevadas, a ACC oxidase é inativada, possivelmente por sua localização nas membranas ou no apoplasto. Entretanto, a atividade da ACC sintase não é prejudicada por temperaturas elevadas, acumulando-se ACC.

Temperaturas extremas, tanto baixas (geadas) quanto elevadas (40°C), podem promover estresse, levando à síntese de etileno. Plantas tropicais e subtropicais são mais sensíveis à geada, enquanto as de clima temperado se mostram mais tolerantes. Plantas menos tolerantes submetidas a baixas temperaturas, quando novamente colocadas sob temperaturas moderadas, passam a produzir etileno em resposta ao estresse, resultando, por exemplo, na abscisão prematura de frutos.

Luz

Os efeitos da luz na produção de etileno são dependentes da qualidade e quantidade luminosa e dos tecidos vegetais envolvidos, podendo haver promoção, inibição ou nenhuma resposta sobre a síntese desse hormônio. A luz inibe a produção de etileno em tecidos verdes, conforme observado em plantas intactas de soja submetidas ou não a estresses, em segmentos de tomate, soja e em girassol e folhas de trigo, arroz e tabaco. A manutenção da clorofila em folhas destacadas de arroz decorre principalmente da inibição da síntese de etileno provocada pela luz.

Em amendoim rasteiro, as gemas crescem horizontalmente quando há luz, e quase verticalmente quando no escuro, quando a produção de etileno é cerca de três vezes mais elevada. Esses resultados sugerem o envolvimento do etileno, de alguma forma, na orientação do crescimento caulinar de plantas rasteiras.

Baixas intensidades luminosas podem estimular a síntese de etileno e induzir a abscisão foliar em plantas sensíveis à sombra, como em alguns cultivares de pimenta. Sob alta intensidade luminosa natural, observou-se um aumento de 2 a 100 vezes na produção de etileno durante o desenvolvimento de inflorescência das orquídeas *Catasetum* e *Cycnoches*, coincidindo com uma maior formação de flores femininas. Semelhantemente ao que já tinha sido verificado em Cucurbitaceae, o etileno pode atuar como um hormônio de feminilização também em algumas orquídeas. Ainda, a luz pode causar um aumento na produção de etileno em bromélias, estimulando a floração em *Aechmea victoriana*.

Oxigênio

O oxigênio é necessário para a produção de etileno nas plantas, uma vez que a conversão do ACC em etileno depende da atividade de uma oxidase: a ACC oxidase. Em frutos climatéricos, como maçãs, bananas e peras, assim como em flores de cravos e orquídeas, a produção de etileno pode ser inibida por baixas concentrações de O_2, razão pela qual baixos teores de O_2 são usados em câmaras de atmosfera controlada para armazenamento de frutos por longos períodos (ver Capítulo 19).

CO_2

Os efeitos do CO_2 na síntese de etileno são dependentes do tecido vegetal. A ação antagônica do CO_2 em relação ao etileno possibilita o armazenamento de frutos climatéricos em câmaras com concentração elevada de gás carbônico. Quando frutos de pêssego e maçã são transferidos para um ambiente enriquecido de CO_2 (40%), não se observa a produção de etileno, sendo a taxa respiratória reduzida a cerca da metade (ver Capítulo 19). Entretanto, plantas de milho e folhas de aveia, tabaco e arroz expostas a concentrações elevadas de CO_2 tiveram a produção de etileno aumentada, resultante de uma maior atividade ou síntese da ACC oxidase.

Alagamento

O alagamento é um estresse provocado por água no solo acima de sua capacidade de campo. A água em excesso pode asfixiar as raízes das plantas terrícolas, em virtude de uma redução ou eliminação do oxigênio do solo, impedindo as trocas gasosas entre as raízes, a rizosfera e o ambiente aéreo.

Entre os cinco hormônios clássicos, o etileno tem sido associado às respostas das plantas sob condição de alagamento. Esse hormônio está presente em teores mais elevados nas plantas alagadas, provocando a redução do crescimento de folhas, caules e raízes, a epinastia (curvatura para baixo), a senescência e a abscisão foliar, o aumento da espessura da base caulinar, a formação de raízes adventícias e de aerênquima, bem como a hipertrofia de lenticelas de caules e raízes.

O precursor ACC é acumulado na raiz quando sob hipoxia e transportado pelo xilema para a parte aérea mais oxigenada, onde é oxidado a etileno, acarretando uma elevação na emanação desse gás. O teor de ACC no caule aumenta substancialmente em resposta ao alagamento após 24 h, e a produção do etileno ocorre a partir de 48 h (Tabela 13.1).

Em plantas de arroz (*Oryza sativa*), dois genes codificadores da ACC sintase, um deles ativado na parte aérea (*os-acs1*) e o outro nas raízes (*os-acs3*), são induzidos por anaerobiose. Em folhas de tomate, o gene *ptom13* codifica um polipeptídio componente da ACC oxidase, cuja atividade é aumentada após 6 a 12 h do início do alagamento.

Tabela 13.1 Efeitos do alagamento sobre os teores de ACC (nmol g^{-1}) na seiva do xilema e de etileno ($n\ell\ g^{-1}\ h^{-1}$) em pecíolos de plantas de tomate (*Lycopersicum esculentum*). Plantas-controle (mantidas em solo drenado) e plantas alagadas durante 24, 48 e 72 h.

ACC (nmol g^{-1})			Etileno ($n\ell\ g^{-1}\ h^{-1}$)	
Tempo (horas)	Controle	Alagadas	Controle	Alagadas
0	0,0	0,0	0,15	0,13
24	0,0	1,05	0,15	0,16
48	0,0	2,95	0,07	0,58
72	0,0	1,55	0,07	1,05

Adaptada de Bradford e Yang (1980).

Seca

Algumas espécies vegetais, tecidos de folhas ou frutos, quando destacados e submetidos à seca, apresentam teores mais elevados de etileno que aqueles de plantas intactas submetidas à seca sob condição natural. As alterações fisiológicas, bioquímicas e moleculares observadas nesses casos parecem estar associadas ao aumento e à redistribuição do ácido abscísico, principal hormônio envolvido com esse tipo de estresse (ver Capítulo 12).

Substâncias químicas

A produção de etileno pode ser estimulada por vários metais fitotóxicos, como cádmio, cobre, ferro, lítio, prata e zinco; compostos inorgânicos, como amônia, bissulfito, ozônio e salicilato; e orgânicos, como ácido ascórbico; herbicidas, como endotal, paraplat e glifosato; desfolhantes, como o thidiazuron e cianeto de potássio; e pesticidas, como metolmil.

Ferimentos mecânicos

A síntese de etileno pode ser promovida por estímulos mecânicos, como o destacamento e a fragmentação de órgãos, a incisão ou a pressão, sendo sua produção dependente da intensidade do ferimento. A elevação do teor de etileno foi registrada em batata-doce, nos frutos de maçã, abacate e tomates, em folhas de feijão, tomate, espinafre e milho e caule de *Pharbitis nil*. Enquanto em folhas machucadas de feijão a síntese de ACC ocorreu após 10 min, em frutos de moranga (*Cucurbita maxima* Duch.) esse efeito foi observado em um intervalo de 10 a 25 h, coincidentemente com uma maior produção da ACC sintase e do etileno (Tabela 13.2).

Infecção por patógenos

A infecção por vírus, bactérias e fungos causa amarelecimento, epinastia e abscisão das folhas. Esses sintomas, típicos do etileno, podem ser observados em folhas de feijão, tabaco, pepino e de tomate infectadas por vírus, assim como em *Vicia fava* infectada pela bactéria noduladora *Rhizobium leguminosarum*. Uma grande variedade de fungos, entre os quais *Diplodia natalensis*, *Penicillium expansum*, *Botrytis cinerea* e *Alternaria citri*, também pode causar o aumento na produção de etileno em frutos de banana, manga e maçã.

Tabela 13.2 Efeitos de ferimento durante 25 h na produção da ACC sintase (nmol g^{-1} h^{-1}), ACC (nmol g^{-1}) e etileno (nmol g^{-1} h^{-1}) em discos de mesocarpo de *Cucurbita máxima*.

Tempo (h)	Teores		
	(nmol g^{-1} h^{-1})	(nmol g^{-1})	(nmol g^{-1} h^{-1})
	ACC sintase	ACC	Etileno
0	0	0	0
5	125	61,95	2,82
10	260	141,59	6,12
15	110	707,96	7,53
20	20	902,65	8,94
25	10	920,35	22,59

Adaptada de Hyodo *et al.* (1989).

Principais funções nos vegetais

Divisão e expansão celular

A redução de crescimento provocada pelo etileno em plantas intactas está geralmente associada ao retardamento (ou mesmo inibição) da divisão celular, em virtude de uma maior duração das fases G1, G2 ou S.

Tratamentos com etileno promovem a reorganização dos microtúbulos e das microfibrilas de celulose da parede celular, de uma posição normalmente transversal para outra longitudinal, promovendo, em consequência, uma redução acentuada do alongamento longitudinal e um incremento na expansão lateral das células, fazendo com que o caule fique ao mesmo tempo mais curto e espesso. Esses efeitos são facilmente observados em ervilhas, assim como em plantas alagadas, como verificado em árvores de *Pelthophorum dubium* (Figura 13.9).

Dormência

A habilidade de muitas plantas de se desenvolverem em estações do ano ou regiões adversas depende da capacidade que apresentam de restringir o desenvolvimento sob condições desfavoráveis e retomá-lo em condições apropriadas. Os mecanismos de reativação do crescimento e desenvolvimento ainda não são totalmente compreendidos, podendo haver alguma participação do etileno nesses processos.

O envolvimento do etileno na promoção da germinação foi observado, inicialmente, na década de 1920 em algumas espécies de mono e dicotiledôneas. Sementes dormentes de pêssego, por exemplo, apresentam uma produção reduzida de etileno no eixo embrionário, podendo ter sua germinação promovida por meio de tratamento com Ethrel. Em carrapichos, as sementes não dormentes produzem até quatro vezes o teor de etileno verificado nas sementes dormentes, cujos tecidos acumulam ACC e apresentam baixa atividade da ACC oxidase. Em sementes de alface e de *Xanthium pennsylvanicum*, a utilização de inibidores da síntese de etileno, como AVG e íons cobalto, reduz a taxa de germinação, efeito revertido, por sua vez, com a aplicação desse gás.

O efeito do etileno na promoção do desenvolvimento de brotos laterais em plantas lenhosas é conhecido desde a década de 1920, apesar de não se saber ainda, ao certo, como atuaria nesse processo. O desenvolvimento dos ramos laterais resultaria da remoção do efeito inibitório do meristema apical sobre as gemas laterais, cuja dormência é controlada por vários hormônios, podendo o etileno modular a atividade desses hormônios (ver Capítulos 9 e 10). A brotação de bromeliáceas, cormos de gladíolos e tubérculos de batatas pode ser estimulada, experimentalmente, por etileno, estando associada, pelo menos no último caso, ao aumento da taxa respiratória e à mobilização de carboidratos.

Crescimento e diferenciação da parte aérea

Crescimento

A inibição da divisão e do alongamento celulares pelo etileno influencia, marcantemente, o crescimento das plantas vasculares, interpretado como consequência de alterações no transporte ou da ação de substâncias promotoras desses eventos celulares.

Em caules e raízes, a inibição do crescimento é rápida, porém reversível, tanto em plantas intactas quanto em segmentos isolados. Entretanto, em plantas aquáticas, o crescimento de caules, pecíolos e pedúnculos de frutos é estimulado pela elevação do teor de etileno, o qual resulta, simultaneamente, do aumento na síntese do ACC (precursor químico) e da redução na difusão deste e de outros gases, de acordo com o observado, por exemplo, em arroz. Pecíolos de várias plantas de hábito aquático, como *Ranunculus sceleratus*, *Rumex palustris*, *Rumex crispus*, *Nymphoides peltata*, *Callitriche platycarpa* e raquis de *Regnillidium diphyllum* (samambaia), podem também ter o crescimento favorecido por etileno. Esses efeitos estimulatórios podem ser resultantes da interação do etileno com outros hormônios, como um aumento na síntese de ácido giberélico (AG) ou uma diminuição no teor do ácido abscísico (ABA), alterando assim, favoravelmente, o balanço entre as substâncias promotora e inibidora do crescimento (Figura 13.10).

Perturbações mecânicas no caule causadas pelo vento podem estimular a produção de etileno e alterar o crescimento e o desenvolvimento das plantas, modificando sua estatura e

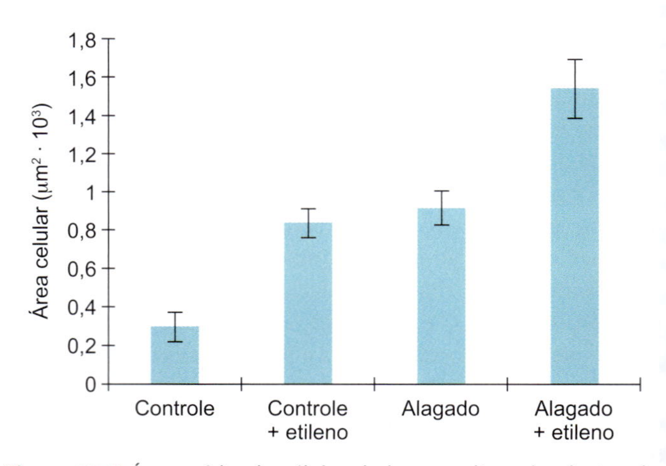

Figura 13.9 Área média de células da base caulinar de plantas de *Pelthophorum dubium*. Controle – plantas drenadas; controle + etileno – plantas drenadas e tratadas com 240 mg ℓ^{-1} de Ethrel; alagado – plantas alagadas; alagado + etileno – plantas alagadas e tratadas com 240 mg ℓ^{-1} de Ethrel. Um aumento similar das áreas das células foi verificado tanto em plantas drenadas tratadas com Ethrel quanto naquelas submetidas ao alagamento. As maiores áreas celulares são observadas em plantas alagadas tratadas com Ethrel. Adaptada de Medri *et al.* (1998).

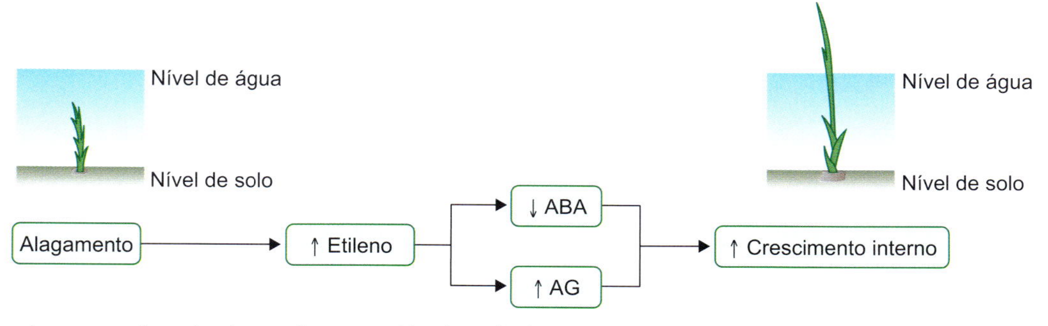

Figura 13.10 Crescimento caulinar de plantas de arroz cultivadas sob alagamento. Nessa condição, as plantas apresentam teores elevados de etileno, o que acarreta uma diminuição da concentração do ácido abscísico (ABA), um hormônio inibidor do crescimento e um aumento no teor de ácido giberélico (AG) – um hormônio promotor de crescimento –, o que promove o crescimento do caule.

formato. Em hipocótilo de pepino, a produção de etileno foi duplicada após 4 h da perturbação mecânica, causando a curvatura da plântula em direção ao estímulo, processo observado em cerca de 50 espécies de 20 famílias diferentes.

Em plantas jovens de ervilha e estolões de morango, a presença de etileno promoveu uma curvatura de 90° na orientação do crescimento da porção aérea. O mutante diageotrópico de tomate (*dgt*), caracterizado pelo crescimento horizontal tanto dos caules quanto das raízes, bem como pela pouca sensibilidade à auxina, quando tratado com etileno, mostrou-se capaz de retornar, mesmo que parcialmente, ao crescimento vertical.

Senescência e morte celular programada (MCP)

A senescência ou o envelhecimento nas plantas vasculares, diferentemente do que geralmente se supõe, não devem ser vistos como processos de deterioração, mas como parte integrante de um programa de desenvolvimento.

Nesse ponto, cabe conceituar os termos *senescência* e *morte celular programada*, frequentemente encontrados em textos que abordam a morte em vegetais e que não devem ser tratados como sinônimos. Embora haja certa controvérsia entre os pesquisadores quanto ao uso dos termos, a classificação proposta por Thomas *et al.* em 2003 vem ganhando maior aceitação. Para esses autores, a *senescência* é um conjunto de processos que leva à morte e que pode ser visualizado a olho nu. Dessa forma, o termo *senescência* só faz sentido quando aplicado a órgãos ou plantas inteiras. Já a *morte celular programada* (MCP), como o próprio nome diz, estaria restrita às células. Processos como o amarelecimento de folhas podem ser vistos como tipicamente relacionados com a senescência. Já a formação do aerênquima ou dos elementos de vaso são processos ligados à MCP.

Contudo, vários processos associados à senescência têm origem em eventos de morte celular, que, a partir de certa extensão, passam a apresentar sinais visíveis a olho nu, como o envelhecimento e a morte dos órgãos florais. Com isso, pode-se admitir que em certos casos há uma sobreposição entre a senescência e a MCP, mas, ainda assim, elas podem ser tomadas como distintas, se levada em consideração a conceituação de Thomas *et al.*

Cabe ainda diferenciar outro termo designado para um tipo de MCP encontrada em células animais: a *apoptose*. O processo apoptótico é definido com base em critérios citológicos derivados de eventos como condensação da cromatina, fragmentação do DNA, redução do volume citosólico e formação dos corpos apoptóticos (fragmentos nucleares misturados a material celular e circundados por fragmentos da membrana plasmática). Estes últimos, uma vez formados, são fagocitados pelas células vizinhas, outro evento característico da apoptose.

Entre esses processos, a condensação da cromatina, a fragmentação do DNA e a diminuição no volume citosólico já foram observadas em plantas, assim como outros associados à apoptose em células animais, como a ativação por peróxido de hidrogênio ou cálcio e o aumento na expressão de tipos específicos de cisteína proteases que atuam no processo de morte celular. Porém, dois eventos importantes como a fragmentação celular (com formação dos corpos apoptóticos) e a fagocitose nunca foram observados em vegetais. Portanto, dada a ausência desses eventos (pelo menos até o momento não detectados), classificam-se certos processos de MCP em plantas como *tipo apoptóticos*, e considera-se o termo *apoptose*, com a mesma acepção usada para células animais, inadequado para o uso em plantas.

A senescência pode ocorrer no organismo inteiro (Figura 13.11) ou somente em parte dele. No primeiro caso, encontram-se as plantas *monocárpicas*, que frutificam uma única vez para morrer logo em seguida, mesmo quando as condições ambientais se mantêm favoráveis ao desenvolvimento, como é o caso do milho, picão, alface, soja, tabaco etc. Nesse grupo, não se encontram apenas plantas herbáceas, mas muitas espécies de agaves (Figura 13.12) e touceiras de bambu, as quais podem demorar até dezenas de anos para florescer e frutificar, porém, quando o fazem, morrem rapidamente (Figura 13.11 A). Nos vegetais monocárpicos, portanto, parece existir uma forte relação entre a frutificação e o estabelecimento dos eventos da senescência. Acredita-se, há bastante tempo, que a exaustão dos nutrientes disponíveis seria uma das causas desencadeadoras da senescência e da morte dessas plantas. De fato, se os botões florais de uma planta monocárpica forem sucessivamente eliminados à medida que se formam (drenos), a senescência pode ser retardada por um bom período.

Em algumas plantas, apenas a parte aérea senesce, permanecendo intactas as raízes e uma pequena porção da base caulinar, da qual se formam novos brotos quando as condições

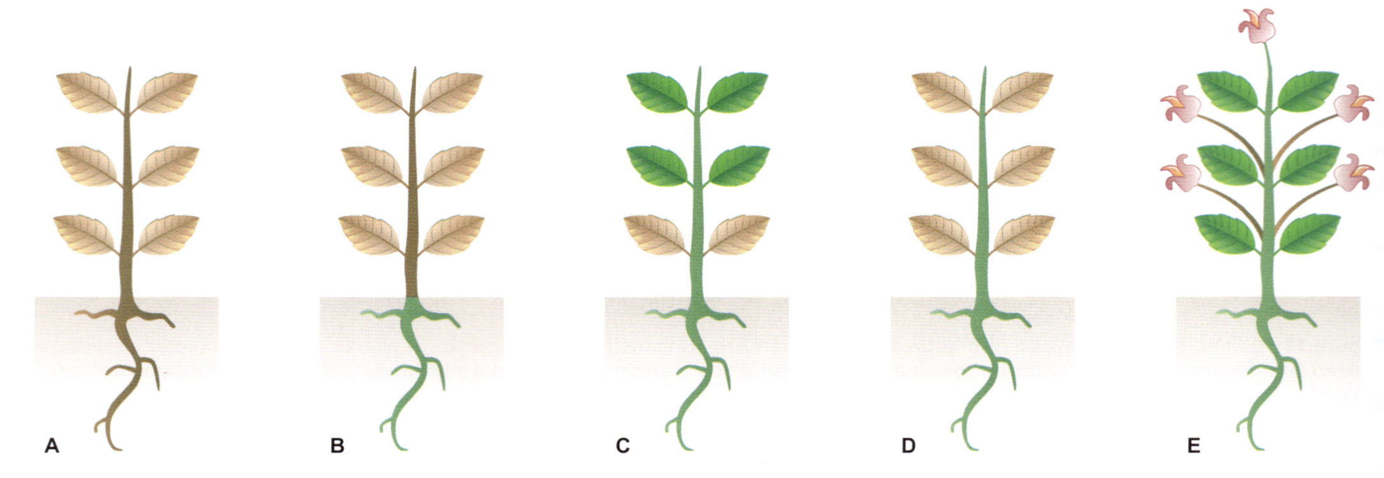

Figura 13.11 Tipos principais de senescência em plantas vasculares, com a morte da planta inteira (**A**); apenas a parte aérea (**B**); progressivamente das folhas mais velhas em direção às mais novas (**C**); simultaneamente em todas as folhas (**D**); e partes florais (**E**).

Figura 13.12 Agave. Planta monocárpica que, após uma única floração, senesce e morre. Imagem cedida por Lia Chaer.

ambientais se tornam favoráveis à retomada do crescimento (ver Figura 13.11 B). A senescência pode ocorrer apenas nas folhas mais velhas, progredindo em direção às mais novas (ver Figura 13.11 C). Nesse caso, a causa do amarelecimento inicial e da morte que se segue pode ser encontrada na translocação dos nutrientes dessas folhas para as regiões mais ativas do crescimento. A deficiência de nitrogênio é tida como uma das mais fortes causas dessa resposta (ver Capítulo 2). A senescência foliar pode ser desencadeada também por fatores ambientais, como o encurtamento dos dias e a diminuição das temperaturas outonais, conforme facilmente observado em angiospermas arbóreas de região de clima temperado, nas quais a senescência atinge todas as folhas simultaneamente, tornando-as amarelo-avermelhadas (ver Figura 13.11 D).

A senescência envolve tanto eventos citológicos quanto bioquímicos. Os cloroplastos do mesofilo são as primeiras organelas a entrar no processo de deterioração e de senescência foliar, desencadeado por hidrólise das proteínas constitutivas dos tilacoides, do estroma (enzimas), degradação da clorofila e consequente perda da cor verde. A coloração amarelo-avermelhada das folhas senescentes resulta da presença de carotenoides, antes mascarados pela clorofila. A senescência foliar progride com a redução do volume citoplasmático, o número de ribossomos etc. A despeito dessas profundas modificações, o núcleo permanece estrutural e funcionalmente intacto até os estágios finais da senescência foliar.

As flores podem também ser mencionadas como órgãos de senescência simultânea, principalmente suas pétalas, sépalas e estames (ver Figura 13.11 E), o que é facilmente visível, por exemplo, nos ipês e jacarandás-mimosos brasileiros, ambos da família Bignoneaceae. Quando não fecundadas, as flores inteiras caem.

O tempo de vida das flores é específico para cada espécie e finamente regulado em virtude de sua necessidade ecológica. Em primeiro lugar, as flores representam importantes drenos de energia e mantê-las por longos períodos, além do tempo necessário, acarreta um alto custo para as plantas. Em segundo lugar, esses órgãos podem representar vias de entrada de organismos patogênicos no sistema vascular, através do estigma. Em terceiro lugar, a remoção das flores após a polinização diminui a concorrência com as demais pela atenção dos polinizadores, aumentando as chances de fecundação na espécie.

Assim, sejam as flores polinizadas ou não, as plantas desenvolveram uma série de estratégias bioquímicas para limitar o tempo de vida delas, e os fitormônios desempenham papel-chave na regulação desses eventos.

O etileno é um dos reguladores mais notadamente envolvidos na senescência dos órgãos florais. Em muitas espécies observa-se uma elevação na sua síntese seguida pela polinização, desencadeada no estigma da flor pela auxina presente nos grãos de pólen. O ACC é sintetizado e transportado para pétalas, sépalas e estames, onde é oxidado a etileno, dando início à senescência. Tal qual nos frutos climatéricos, a sensibilidade ao etileno modifica à medida que a flor se desenvolve, sendo mais intensa nas flores plenamente desenvolvidas que nas flores imaturas. Em muitas espécies, após alcançada a maturidade, as flores passam a sintetizar etileno, acelerando mais a senescência e a abscisão, independentemente da polinização.

O tratamento de flores com inibidores da ação do etileno, como o 1-metilciclopropeno (MCP), ou inibidores de sua síntese, como a aminoetoxivinilglicina (AVG) e íons cobalto, atrasa a senescência das flores. Da mesma forma, os mutantes *ein2*, *ein3*, *etr1* e *ers2* de *A. thaliana*, insensíveis ao etileno, apresentam atraso na abscisão floral.

Embora tais observações apontem para um papel relevante do etileno na senescência e na morte das flores, em algumas espécies, como *Hemerocallis* e *Alstroemeria*, esses eventos parecem progredir na ausência desse hormônio, indicando, presumivelmente, o envolvimento de outros reguladores.

Embora a senescência envolva processos de degradação de estruturas e desativação de funções, paradoxalmente a ocorrência desses eventos catabólicos depende da síntese *de novo* de enzimas hidrolíticas, como proteases, lipases e ribonucleases (Figura 13.13). Um exemplo que ilustra de forma clara tais eventos bioquímicos é encontrado em várias espécies do gênero *Ipomoea*. As flores dessas plantas apresentam um ciclo de vida de 7 dias, e, no mesmo dia em que ocorre a completa abertura floral, começam a aparecer os sintomas de senescência, principalmente nas pétalas.

As flores das *Ipomoea* são particularmente sensíveis ao etileno; tratamentos com esse hormônio aceleram, substancialmente, a senescência. Logo após a completa abertura, as flores começam a produzir e emitir níveis crescentes do hormônio (Figura 13.13), que, por sua vez, sinaliza para a indução de diversos genes associados à senescência (SAG – *senescence associated genes*).

Alguns desses genes foram caracterizados como responsáveis pela codificação de enzimas ligadas ao metabolismo da parede celular, entre as quais uma extensina, uma cafeoil-3-*O*-metiltransferase (enzima ligada à síntese de lignina) e uma pectina-cetilesterase. Tais enzimas devem desempenhar seu papel nas alterações da parede celular associadas à abertura da corola e, posteriormente, ao enrolamento desta na fase seguinte (estágio 4, Figura 13.13). Os genes de algumas cisteína proteases também aumentam sua expressão nas fases iniciais da senescência das pétalas, correlacionadas com o aumento geral da atividade proteolítica. Proteases dessa classe são as mais tipicamente associadas à morte celular programada, tanto em plantas quanto em animais.

Abertura do gancho subapical

O *gancho subapical*, também conhecido por *gancho apical* ou *gancho plumular*, é encontrado na maioria das dicotiledôneas muito jovens, atuando na proteção do meristema apical durante o crescimento das plântulas, ainda quando sob o solo. Uma maior produção de etileno foi verificada na região interna do gancho subapical de feijão em comparação à porção externa – nesse caso, a aplicação do inibidor de etileno AVG resultou na abertura do gancho.

Plantas crescidas no escuro e, portanto, estioladas apresentam uma produção elevada de etileno, reduzida com a exposição à luz. Aparentemente, o fitocromo atua intermediando essas respostas: enquanto a luz no comprimento de onda vermelho (660 nm) inibe a produção de etileno, o vermelho-extremo (730 nm) produz o efeito contrário (ver Capítulo 15). A luz vermelha, inibindo a produção do etileno, causa um efeito promotor na abertura do gancho subapical em ervilha, trigo, arroz, soja e cevada. A diminuição da síntese desse hormônio resulta da diminuição dos teores de ACC disponíveis em função da síntese aumentada de sua forma inativa: o malonil ACC (mediada pela malonil ACC transferase).

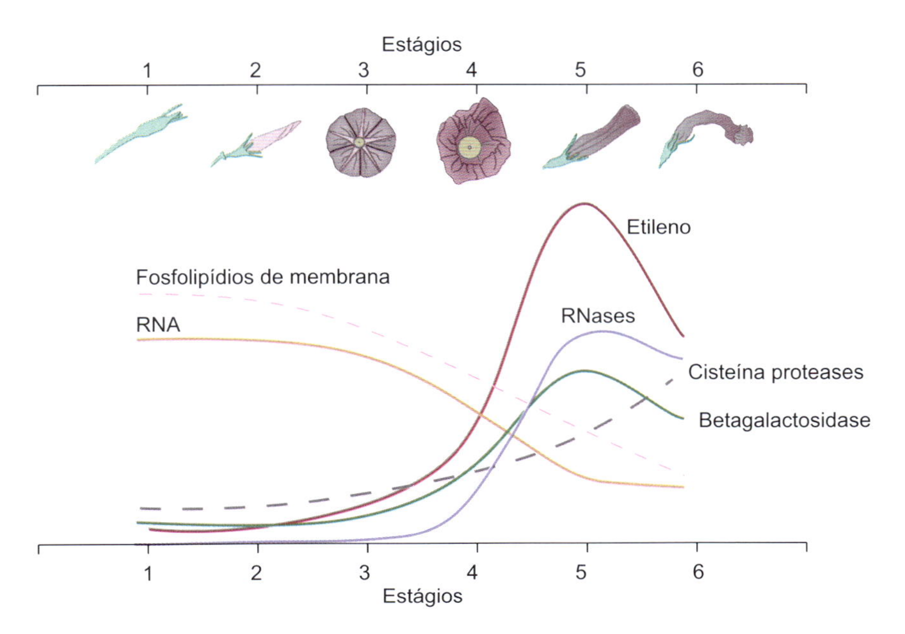

Figura 13.13 Alterações fenotípicas em flor de *Ipomoea* sp., destacando o desenvolvimento, a abertura floral e a senescência (alto). O tempo de vida do órgão floral nessa espécie compreende um curto período de 6 a 7 dias. O gráfico apresenta alterações de diversos parâmetros associados à senescência da *Ipomoea* sp. A produção do etileno, que nas fases iniciais de desenvolvimento é produzido em pequena quantidade, aumenta no início da senescência e é um dos sinais que coordenam as alterações relativas a essa fase, entre as quais: aumento na atividade de RNAses, com consequente diminuição no conteúdo de RNA total nos tecidos da corola; diminuição no teor de fosfolipídios de membrana, indicando processos degradativos em células e organelas; aumento na atividade de enzimas, como a betagalactosidase, que atuam sobre a parede celular, levam a modificações e, por fim, à degradação dessa estrutura; aumento na atividade de cisteína proteases associadas ao catabolismo proteico.

Expansão e epinastia de folhas

A expansão das folhas de plantas de batata, tabaco, girassol e gramíneas pode ser inibida pela aplicação de etileno, em virtude, aparentemente, da diminuição na taxa de divisão celular.

A epinastia, isto é, a curvatura para baixo da folha decorrente do maior alongamento das células da parte superior do pecíolo, é considerada por alguns autores um efeito direto do etileno, enquanto para outros decorreria de uma redistribuição e do acúmulo de auxina na parte superior do pecíolo, induzidas por esse hormônio.

A aplicação de Ethrel em plantas ainda pequenas de *Croton urucurana*, uma Euphorbiaceae lenhosa brasileira, promove uma maior curvatura epinástica nas folhas tratadas com concentrações mais elevadas dessa substância (Figura 13.14). Entretanto, a curvatura das folhas em resposta ao tratamento com etileno não foi verificada com a mesma intensidade em outras plantas.

Plantas submetidas ao alagamento geralmente apresentam epinastia, como observado em tomateiros. Nelas, a epinastia resulta de um aumento tanto na síntese da enzima ACC sintase quanto na produção de ACC no sistema radicular. Essa substância, quando transportada pelo xilema para a parte aérea, na presença de O_2 é convertida em etileno pela ACC oxidase, resultando em um rápido estabelecimento da epinastia foliar.

Lenticelas hipertrofiadas

O etileno está associado à hipertrofia de lenticelas caulinares, a qual resulta do aumento de tamanho de células parenquimatosas encontradas com seus poros. Em plantas de *Croton urucurana* mantidas sob condições de capacidade de campo e tratadas com Ethrel, observou-se que o número de lenticelas aumentava com o aumento da concentração dessa substância liberadora de etileno (Tabela 13.3). Essa hipertrofia tem sido observada na base de caules e em raízes de plantas sujeitas ao alagamento, representando estruturas importantes para a eliminação de compostos tóxicos, como o etanol, e também para a captação do oxigênio, que se difunde da parte aérea para as raízes submersas sob hipoxia.

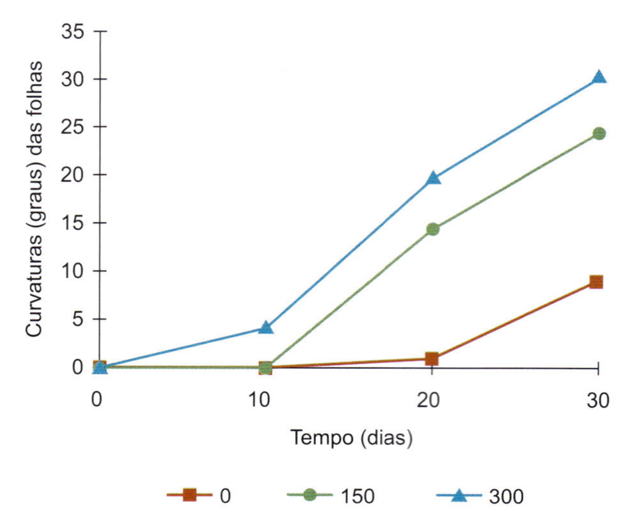

Figura 13.14 Curvaturas (graus) das folhas de plantas de *Croton urucurana* provocadas pelo tratamento com 150 e 300 mg ℓ^{-1} de Ethrel, durante 30 dias. Fonte: Colli (1998).

Indução floral e expressão sexual

A promoção do florescimento pelo etileno, observada inicialmente em abacaxizeiro e mangueira por meio da fumaça de madeira, é limitada a um pequeno número de espécies, destacando-se as de Bromeliaceae. Em plantas de abacaxi, a aplicação de Ethrel ou de auxinas que induzem a produção de etileno sincroniza a resposta de floração e, portanto, a coleta dos frutos, representando uma importante prática horticultural. A resposta ao etileno depende da presença de pelo menos uma folha com grau mínimo de maturidade. Enquanto o tratamento de 6 h com etileno se mostrou suficiente para promover após 4 dias a indução floral em abacaxi, o tratamento com AVG em algumas espécies ornamentais de Bromeliaceae atrasou a formação de flores (ver Capítulo 18).

A aplicação de etileno em bulbos de gladíolos, narciso e íris aumentou a formação de hastes florais. Em *Narciso tazetta*, a aplicação desse gás aumentou a taxa de floração em 70% e reduziu em 20 dias o período de juvenilidade.

Tratamentos com etileno podem promover a feminilização na alga marinha *Dictiostelium mucoroides* e na briófita *Selaginella*, assim como em plantas vasculares (p. ex., as Cucurbitaceae). Esse processo pode ser resultante da indução de um meristema floral feminino ou da ação letal do etileno na gametogênese masculina. Em Gramineae, especialmente em trigo, 89% das plantas tratadas com esse fitormônio apresentaram esterilidade masculina. Por sua vez, a aplicação de etileno em Cucurbitaceae, *Morus*, *Ricinus communis* (mamona) e *Spinacia* induziu a formação de flores femininas. O tratamento com giberelina exerce um efeito contrário ao etileno, favorecendo a produção de flores masculinas, o que também é verificado com a aplicação tanto de inibidores da síntese de etileno (AVG) quanto de sua ação (íons prata) (ver Capítulo 11).

Tecidos secretores

Algumas plantas apresentam tecidos secretores, como os ductos de resina em Pinaceae e os ductos gomíferos em Prunoideae, *Citrus* e *Acacia*. O etileno tem sido associado à indução dessas estruturas secretoras, relacionadas geralmente com a defesa contra insetos e organismos causadores de doenças. A aplicação de Ethrel estimulou a formação de resinas e ductos resiníferos em *Pinus*, além da formação de gomas em *Citrus vokameriana*, mangueira e cerejeira. Estresses, como o alagamento, induzem a produção de etileno e a formação desses ductos resiníferos.

Tabela 13.3 Número médio de lenticelas hipertrofiadas encontradas em uma área de 0,25 cm² na base caulinar de plantas de *Croton urucurana* tratadas com 150 e 300 mg ℓ^{-1} de Ethrel. Médias seguidas de letras iguais não diferem estatisticamente pelo teste de Tukey ($P < 0,05$).

Ethrel (mg ℓ^{-1})	Número de lenticelas
0	0 b
150	1,15 b
300	4,29 a

Adaptada de Colli (1998).

Em *Hevea brasiliensis* (seringueira), a aplicação de ACC é capaz de desencadear um aumento na produção e fluxo de látex, uma técnica utilizada na produção comercial da borracha.

Amadurecimento de frutos

Um dos processos em que o papel do etileno é mais intensamente envolvido e conhecido consiste no amadurecimento de frutos climatéricos, tanto que por muitos anos e ainda hoje este é referido como "hormônio do amadurecimento".

Abscisão

Ao longo do desenvolvimento, as plantas vasculares podem liberar folhas, flores, partes das peças florais e frutos. Esse é o processo de abscisão, geralmente relacionado com frutos maduros, órgãos senescentes ou danificados. A abscisão ocorre na *camada* ou *zona de abscisão*, um conjunto de células diferenciadas tanto morfológica quanto fisiologicamente. As zonas de abscisão localizam-se entre o órgão e o ramo da planta e se estabelecem, precocemente, durante o desenvolvimento do órgão.

Com base em evidências experimentais disponíveis, tem-se sugerido que a abscisão seria controlada principalmente pela ação de dois hormônios: etileno e auxina. O primeiro teria um papel desencadeador da abscisão, enquanto a auxina estaria envolvida em uma redução da sensibilidade das células ao etileno, prevenindo ou retardando a queda dos órgãos (ver Capítulo 9). De fato, a aplicação de etileno estimula a abscisão após as células da camada de abscisão terem alcançado o necessário grau de competência para tanto. De modo geral, órgãos ainda bastante jovens não respondem ao etileno. O efeito do etileno tem sido satisfatoriamente revertido pela aplicação de substâncias inibitórias da síntese ou da ação do etileno (anteriormente mencionadas). As evidências disponíveis indicam que o efeito da auxina, nesse caso, ocorreria sob um rígido controle de sua concentração endógena no órgão. Experimentos nos quais foram retirados os limbos das folhas mostraram que os pecíolos logo sofriam abscisão, a qual, por sua vez, podia ser retardada se fosse aplicada pasta de lanolina contendo de 0,1 a 10 mg g^{-1} de AIA. Tratamentos com doses elevadas de auxinas podem ter efeitos opostos, nesses casos contribuindo para a aceleração da abscisão, conforme tem sido verificado em folhas de várias espécies de angiospermas. Experimentos têm mostrado, em vários tipos de tecidos, que teores elevados de auxina estimulam a síntese de etileno; trata-se de um efeito bastante conhecido das auxinas. O emprego de auxinas sintéticas como agentes desfolhantes é conhecido há tempos, destacando-se entre elas o ácido 2,4,5-triclorofenoxiacético (2,4,5-T), componente ativo do "agente laranja", extensamente utilizado na guerra do Vietnã.

Do ponto de vista estritamente mecânico, a abscisão decorre do estabelecimento de uma fina camada transversal de células ao órgão, cujas ligações de paredes, inicialmente fortes, tornaram-se enfraquecidas por causa das atividades de enzimas digestoras de parede como celulases e poligalacturonases ou pectinase (ver Capítulo 8).

Conforme esquematizado na Figura 13.15, as células da zona de abscisão são relativamente pequenas. Nessa condição, a folha mantém-se ligada à planta graças a um gradiente de auxinas que flui do limbo em direção ao caule, tornando as células dessa camada pouco sensíveis ao etileno (Figura 13.15 A). A diminuição do gradiente de auxina está associada a maturidade foliar, estresse ou ácido abscísico, que eleva substancialmente a sensibilidade dessas células ao etileno (Figura 13.15 B), de modo que mesmo um pequeno aumento deste último é suficiente para estimular a formação de enzimas como as celulases, que hidrolisam a parede celular, causando sua ruptura (Figura 13.15 C). Conforme ainda mostrado na Figura 13.15, as células mais externas (do lado caulinar), mesmo após a abscisão, continuam a aumentar de tamanho; quando esse processo se encerra, elas se encontram suberificadas e mortas, contribuindo assim para a formação de uma camada de proteção externa (Figura 13.15 C).

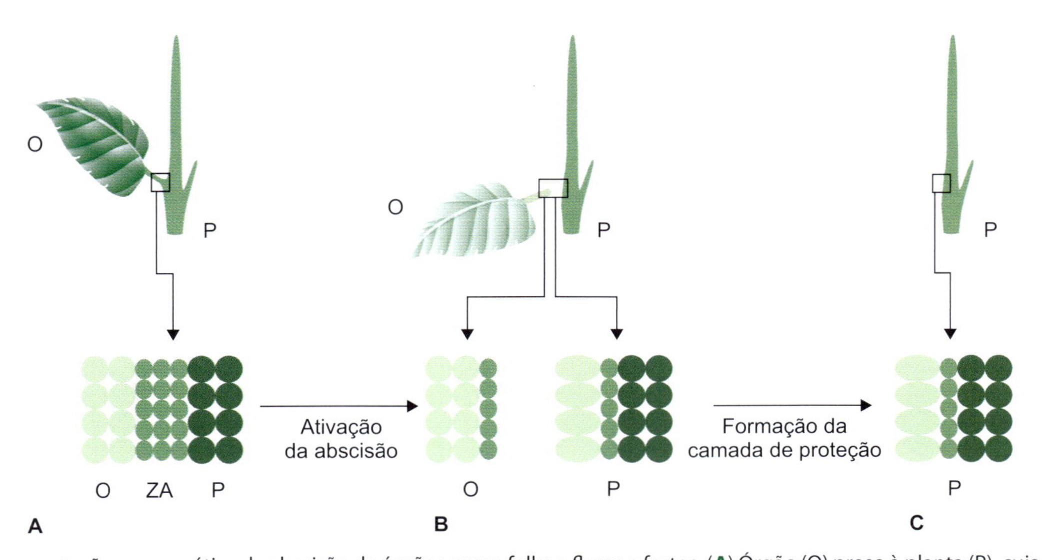

Figura 13.15 Representação esquemática da abscisão de órgãos como folhas, flores e frutos. (**A**) Órgão (O) preso à planta (P), cujas células da zona de abscisão (ZA) são hidrolisadas em virtude do decréscimo do teor de auxina e do incremento da sensibilidade e/ou do nível de etileno, levando à sua queda (**B**). As células junto ao caule expandem-se e morrem (**C**).

A abscisão depende da ativação de determinados genes que codificam enzimas hidrolíticas das paredes celulares. Tem sido observado que genes que codificam para a celulase, como a beta-1,4-glucanase, são induzidos preferencialmente nas células da zona de abscisão. Em tomate, foram detectados sete genes (*cel1* a *cel7*) codificantes para sete diferentes isoenzimas. Na separação do pedúnculo, o maior nível de expressão foi encontrado nos genes *cel1*, *cel2* e *cel5*.

A poligalacturonase, ou pectinase, está também relacionada com a separação de células tanto na abscisão de folhas quanto de flores e frutos. Conforme já mencionado, a síntese dessa enzima depende da presença de etileno, sendo três isoformas associadas à abscisão de tomate (*TAPG1*, *TAPG2* e *TAPG4*).

Crescimento e diferenciação de raízes

Crescimento

As raízes costumam responder de forma acentuada ao etileno, o qual pode se acumular na atmosfera do solo em concentrações relativamente mais elevadas que no ar externo. O crescimento das raízes é promovido por concentrações baixas de etileno e inibido sob concentrações mais elevadas desse gás.

O etileno parece estar envolvido na penetração das raízes no solo: raízes de plantas de tomate cultivadas *in vitro* não conseguiam crescer no ágar quando tratadas com tiossulfato de prata, uma substância inibidora da ação etilênica.

Raízes submetidas a barreiras mecânicas, como solos compactados, apresentam um aumento no diâmetro e uma diminuição no alongamento, tornando-se mais curtas e grossas. O crescimento radial da raiz principal sob impedimento mecânico parece resultar de uma maior produção de etileno. De fato, raízes de *Vinca* crescidas sob condições de estresse mecânico apresentaram um aumento de cerca de seis vezes no teor de etileno em relação às plantas-controle.

Formação de pelos absorventes

Os pelos absorventes, além de atuarem como uma espécie de âncora junto às raízes, têm a função de facilitar a absorção de água e nutrientes, favorecida pelo aumento da área da superfície epidérmica. A formação de pelos, tanto na zona de alongamento quanto em outras partes de raízes de ervilha, feijão, alface, milho e orquídeas, pode ser promovida pela elevação do teor de etileno.

Raízes adventícias

A formação de raízes adventícias em estacas tem sido relacionada tanto com a existência de auxina quanto de etileno. Nesse caso, postula-se que o etileno desempenhe um papel específico, aumentando a sensibilidade dos tecidos à ação das auxinas, estas sim os agentes controladores do processo de formação de raízes adventícias (ver Capítulo 9). Um aumento no teor de etileno resulta em um incremento no número de raízes adventícias formadas, porém estas apresentam menor comprimento, conforme observado em estacas de *Vigna radiata* tratadas com ACC (Figura 13.16). Verificou-se que estacas caulinares de plantas mutantes do tomate Never ripe (Nr), deficientes para receptores de etileno e, portanto, com baixa sensibilidade a esse hormônio, apresentaram, em relação às plantas selvagens, uma diminuição acentuada na capacidade de formação de raízes adventícias, mesmo quando tratadas com auxina (AIB). Essa diminuição na capacidade de formação de raízes adventícias foi observada também em estacas de *Petunia* mutante deficiente para a sensibilidade ao etileno. Contrariamente, em estacas do mutante *epi* (superprodutor de etileno), a formação de raízes laterais aumentava significativamente.

A sobrevivência de várias espécies de mono e dicotiledôneas submetidas ao alagamento está em parte associada à capacidade de formarem raízes adventícias, geralmente com aerênquima, que substituem as raízes mortas ou prejudicadas pelos teores baixos de O_2 no solo (acidose e acúmulo de etanol). A maior concentração de etileno verificada em plantas submetidas ao alagamento aumentaria a sensibilidade dos tecidos à auxina disponível, promovendo o desenvolvimento das raízes adventícias. Portanto, o transporte basípeto da auxina atua como um pré-requisito para a formação de raízes, conforme observado em *Rumex palustris*. A formação desses órgãos pode ser mais intensa em plantas encontradas em solos úmidos que em solos mais secos, como verificado em várias espécies de *Rumex* encontradas nas margens do rio Reno na Holanda (Figura 13.17).

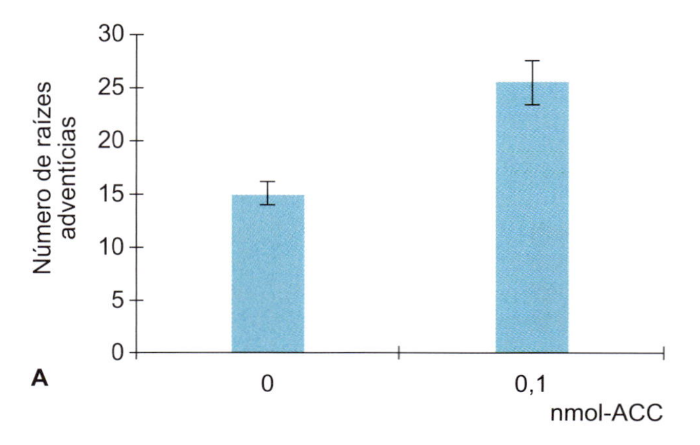

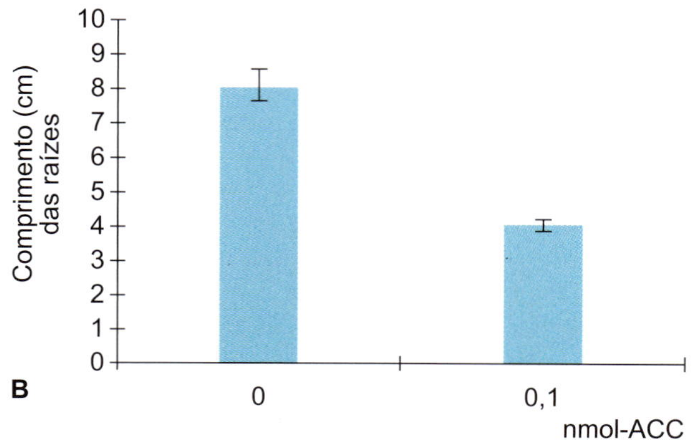

Figura 13.16 Efeitos da aplicação de ACC após 72 h em estacas de *Vigna radiata*. O etileno promove a formação de um maior número de raízes adventícias (**A**), porém inibe o crescimento longitudinal destas (**B**). Adaptada de Riov e Yang (1989).

Aerênquima

A anatomia das raízes pode ser profundamente alterada em plantas submetidas ao alagamento; nesses casos, desenvolvem-se raízes *aerenquimatosas*, cuja principal função é facilitar a aeração (Figura 13.18). O aerênquima pode ser formado tanto pelo afastamento de células (aerênquima esquizógeno) quanto por meio da lise celular (aerênquima lisígeno). O aumento na difusão do ar promovido pelo aerênquima possibilita a síntese de ATP, mesmo quando as raízes se encontram submersas em ambientes hipóxicos, como no caso de plantas de arroz.

O aerênquima resulta de células corticais específicas localizadas entre a endoderme e a epiderme; são células programadas geneticamente para morrer (morte celular programada). O acúmulo de etileno desencadeia a morte dessas células, levando à formação de um aerênquima lisígeno, resultante de um aumento do conteúdo de enzimas, como a celulase e a xiloglucano transglicosilase hidrolase (XTH), que afrouxa as paredes celulares. A celulase provoca a degradação das paredes celulares, a qual, junto à desorientação dos microtúbulos, também induzida pelo etileno, resulta na morte das células do córtex das raízes, formando esse tipo de aerênquima (Figura 13.19). Um bom exemplo da importância do etileno na formação do aerênquima lisígeno foi observado em raízes de milho; nestas, enquanto inibidores da síntese ou da ação do etileno inibiam a formação do aerênquima em plantas sob condição de hipoxia, nas plantas sob aerobiose tratamentos com etileno resultavam no desenvolvimento de aerênquima lisígeno.

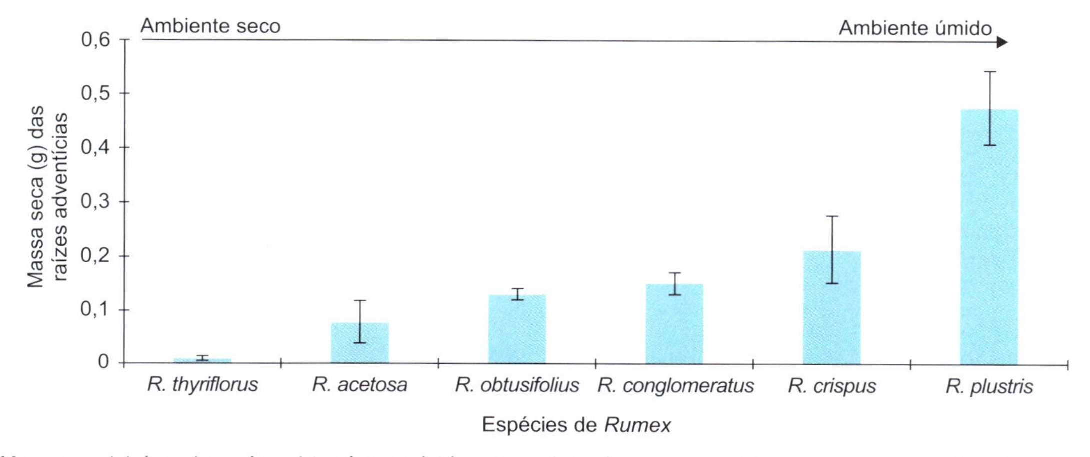

Figura 13.17 Massa seca (g) das raízes adventícias desenvolvidas em espécies de *Rumex* crescidas em um gradiente de ambientes secos a úmidos nas margens do rio Reno (Holanda). Os valores correspondem à média de três amostras. Adaptada de Voesenek e Van Der Veen (1994).

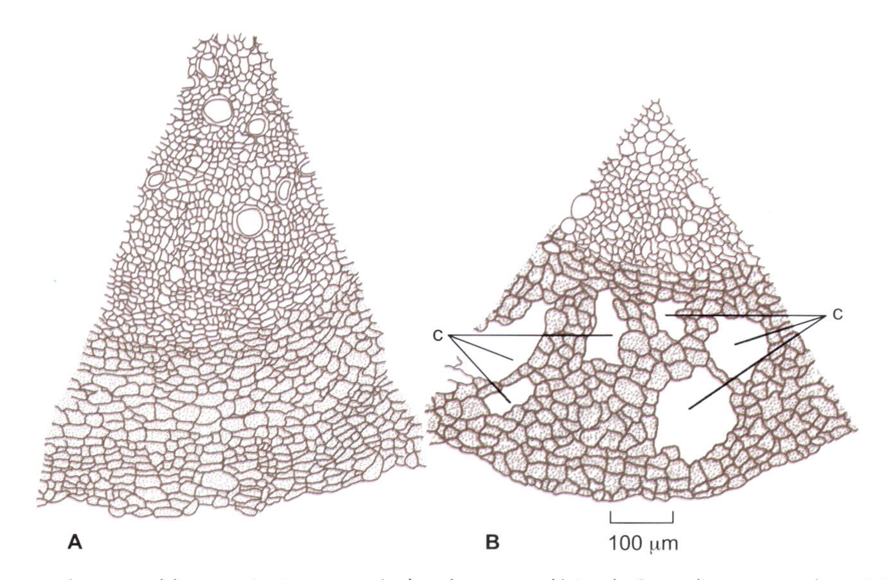

Figura 13.18 Câmaras aerenquimatosas (c) em cortes transversais de raízes secundárias de *Spatodea campanulata*. **A.** Plantas em solo drenado. **B.** Plantas em solo alagado. Adaptada de Medri e Correa (1985).

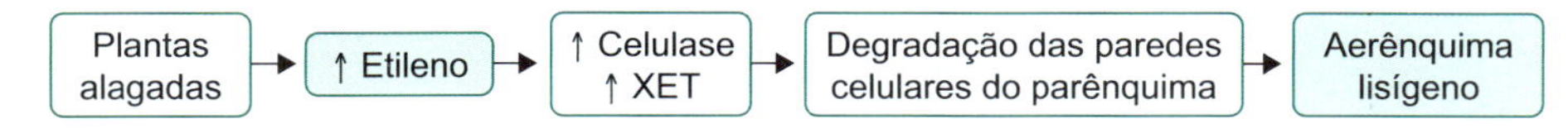

Figura 13.19 Representação esquemática das etapas envolvidas na formação de aerênquima lisígeno.

Bibliografia

Abeles FB, Morgan OW, Saltveit ME. Ethylene in plant biology. 2. ed. New York: Academic Press; 1992.

Adams DO, Yang SF. Ethylene biosynthesis: identification of 1-aminocyclopropane-1-Carboxylic acid as an intermediate in the conversion of methionine to ethylene. Proc Natl Acad Sci USA. 1979;76:170-4.

Aharoni A, O'Connell AP. Gene expression analysis of strawberry achene and receptacle maturation using DNA microarrays. J Exp Bot. 2002;53:2073-87.

Alexander L, Grierson D. Ethylene biosynthesis and action in tomato: a model for climacteric fruit ripening. J Exp Bot. 2002; 53:2039-55.

Barendse GWM, Peeters TJM. Multiple hormonal control in plants. Acta Bot Neerl. 1995;44:3-17.

Bleecker AB, Patterson SE. Last exit: senescence, abscission, and meristem arrest in Arabidopsis. The Plant Cell. 1997;9:1169-79.

Bradford KJ, Yang SF. Xylem transport of 1-aminocyclopropane-1-carboxylic acid, an ethylene precursor, in waterlogged tomato plants. Plant Physiol. 1980;65:322-6.

Buchanan BB, Gruissem W, Jones RL. Biochemistry & molecular biology of plants. Maryland: American Society of Plant Physiologists; 2000.

Chang C, Shockey JA. The ethylene-response pathway: signal perception to gene regulation. Current Opinion in Plant Biology. 1999;2:352-8.

Chen Y, Etheridge N, Schaller GE. Ethylene signal transduction. Annals of Botany. 2005;95:901-15.

Colli S. Aspectos hormonais, anatômicos e do desenvolvimento de duas espécies de Croton submetidas ao alagamento [tese de doutorado]. São Paulo: Universidade de São Paulo; 1998.

Danon A, Delorme V, Mailhac N, Gallois P. Plant programmed cell death: a common way to die. Plant Physiol Biochem. 2000;38:647-5.

Gaspar T, Kevers C, Penel C, Greppin H, Reid DM, Thorpe TA. Plant hormones and growth regulators in plant tissue culture. Vitro Cell Dev Biol-Plant. 1996;32:272-89.

Giovannoni, J. Molecular biology of fruit maturation and ripening. Annu Rev Plant Physiol Plant Mol Biol. 2001;52:725-49.

Hopkins WG. Introduction to plant physiology. New York: John Wiles & Sons; 1995. p. 285-337.

Hyodo H, Fujinami H, Okada E, Mochizuki T. Wound-induced ethylene production and 1-aminocyclopropane-1-carboxylic acid synthase in mesocarp tissue of Cucurbita maxima. In: Clijsters H, De Proft M, Marcelle R, Van PoucKe M, editors. Biochemical and physiological aspects of ethylene production in lower and higher plants. Dordrecht: Kluwer Academic Publishers; 1989. p. 229-36.

Kumar PK, Lakshmanan P, Thorpe TA. Regulation of morphogenesis in plant tissue culture by ethylene. In Vitro Cell Dev Biol Plant. 1998;34:94-103.

McKeon TA, Fernándes-Maculet JC, Yang SF. Biosynthesis and metabolism of ethylene. In: Davies PJ, editors. Plant hormones: physiology, biochemistry and molecular biology. Dordrecht: Kluwer Academic Publishers; 1995. p. 118-39.

Medri ME, Bianchini E, Pimenta JA, Delgado MF, Correa GT. Aspectos morfoanatômicos e fisiológicos de Pelthophorum dubium (Spr.) Taub. submetida ao alagamento e à aplicação de Ethrel. Revta Brasil Bot. 1998;21:261-7.

Medri ME, Correa MM. Aspectos histoquímicos e bioquímicos de Joannesia princips e Spatodea campanulata, crescentes em solos em capacidade de campo, encharcado e alagado. Semina. 1985;6:147-54.

Picton S, Gray JE, Grierson D. Ethylene genes and fruit ripening. In: Davies PJ, editor. Plant hormones: physiology, biochemistry and molecular biology. Dordrecht: Kluwer Academic Publishers; 1995. p. 372-94.

Reid MS. Ethylene in plant growth, development, and senescence. In: Davies PJ, editor. Plant hormones: physiology, biochemistry and molecular miology. Dordrecht: Kluwer Academic Publishers; 1995. p. 486-508.

Riov J, Yang SF. Ethylene and auxin-ethylene interaction in adventitious root formation in mung bean cuttings. In: Clijsters H, De Proft M, Marcelle R, Van Pouche M, editors. Biochemical and physiological aspects of ethylene production in lower and higher plants. Dordrecht: Kluwer Academic Publishers; 1989. p. 151-6.

Roberts JA, Elliott KA, Gonzalez-Carranza ZH. Abscission, dehiscence, and other cell separation processes. Annu Rev Plant Biol. 2002;53:131-58.

Rogers HJ. Programmed cell death in floral organs: How and why do flowers die? Ann Bot. 2006;97:309-5.

Taiz T, Zeiger E. Plant physiology. 3. ed. Sunderland: Sinauer; 2002. p. 651-70.

Thomas H, Ougham HJ, Wagstaff C, Stead AD. Defining penescence and death. J Exp Botany. 2003;54:1127-32.

Urao T, Yamaguchi-Shinozaki K, Shinozaki K. Two-component systems in plant signal transduction. Trends in Plant Science. 2000;5:67-74.

Voesenk LACJ, Van Der Veen R. The role of phytohormones in plant stress: too much or too little water. Acta Bot Neerl. 1994;43:91-127.

Wang KL, Li H, Ecker JR. Ethylene biosynthesis and signaling networks. Plant Cell. 2002;14:S131-51.

Watson R, Wright CJ, McBurney T, Taylor AJ, Linforth RST. Inflence of harvest date and light integral on the development of strawberry flavour compounds. J Exp Bot. 2002;53:2121-9.

White PJ. Recent advances in fruit development and ripening: an overview. J Exp Bot. 2002;53:1995-2000.

Yang SF. Biosynthesis of ethylene and its regulation. In: Friend J, Rhodes MJC, editors. Recent advances in the biochemistry of fruit and vegetables. London: Academic Press; 1981. p. 89-106.

Yung KH, Yang SF, Schlenk F. Methionine synthesis in apple tissue. Biochem Biophys Res Commun. 1982;104:771-7.

Brassinosteroides, Jasmonatos, Ácido Salicílico e Poliaminas

Adaucto B. Pereira-Netto

Introdução

Nas últimas décadas, foi identificada uma variedade de compostos orgânicos de ocorrência natural, de abundância menor que as vitaminas (cofatores enzimáticos), porém com habilidade de influenciar processos fisiológicos importantes, como os de expansão, divisão e diferenciação celular, controlados, em geral, por cinco fitormônios clássicos (auxinas, giberelinas, citocininas, etileno e ácido abscísico). No entanto, a ocorrência de alguns deles em concentrações relativamente elevadas nas plantas vai de encontro a um dos quesitos definidores de hormônios em plantas e animais. Em geral, os três primeiros mencionados no título do capítulo têm sido os que mais de perto atendem à definição hormonal *stricto sensu*.

Brassinosteroides

Os esteroides são reconhecidos como hormônios em animais há muito tempo. Todavia, em plantas, a atividade hormonal de esteroides só foi descoberta há cerca de 30 anos, quando a atividade estimuladora do crescimento do extrato de plantas de canola (*Brassica napus*) foi atribuída a um esteroide, chamado de brassinolídeo, em virtude do nome científico da canola. Desde então, dezenas de esteroides com estrutura química e atividade biológica semelhantes ao brassinolídeo foram identificados e classificados como brassinosteroides (BR).

Do ponto de vista de estrutura química (Figura 14.1), os BR são semelhantes aos esteroides de origem animal, a exemplo dos hormônios que estimulam a troca do esqueleto externo

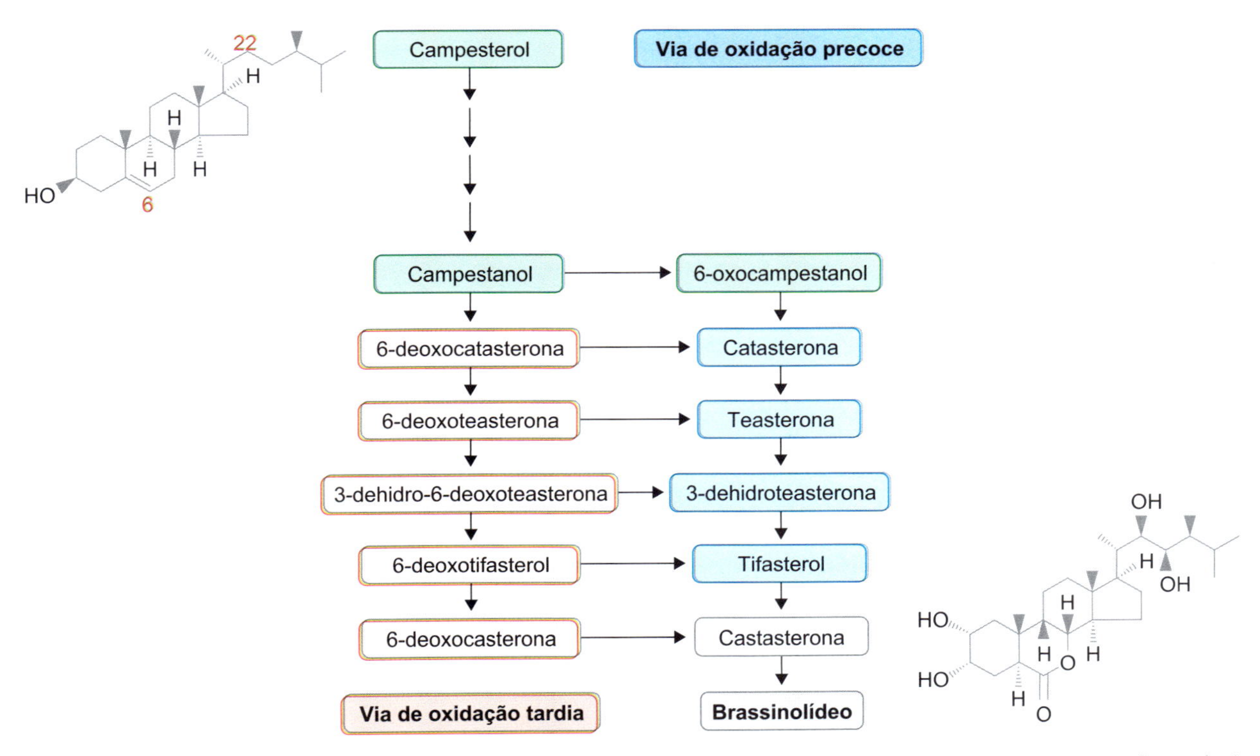

Figura 14.1 Diagrama simplificado apresentando: (1) a via de biossíntese do brassinolídeo destacando as vias precoce (em azul) e tardia (em vermelho) de oxidação de brassinosteroides; em verde, os precursores das vias biossintéticas, e, em preto, os brassinosteroides com maior atividade biológica; (2) a estrutura química do campesterol (com a posição dos carbonos 6 e 22 destacados em vermelho) e do brassinolídeo.

dos insetos. Nas últimas décadas, avanços principalmente em técnicas de cromatografia gasosa associada à espectrometria de massas têm permitido a identificação e a quantificação de um grande número de BR.

Via biossintética

A principal via de biossíntese de BR se inicia com o esteroide campesterol. Por diversas reações, o campesterol é convertido em campestanol, o qual, em seguida, por duas vias paralelas, chamadas de vias de oxidação precoce e tardia do carbono 6 (assinalado em vermelho na Figura 14.1), é convertido em castasterona. A castasterona é, então, convertida em brassinolídeo, na última reação da via biossintética dos BR. Todavia, os últimos estudos a respeito da biossíntese do brassinolídeo revelaram que as vias de oxidação precoce e tardia do carbono 6 são conectadas em diversos passos e também estão ligadas à via precoce de oxidação do carbono 22 (assinalado em vermelho na Figura 14.1), sugerindo que os BR são sintetizados por meio de uma malha metabólica, e não somente por vias ramificadas paralelas e lineares. Tal qual os fitormônios clássicos, a inativação dos BR se dá por reações de conjugação, hidroxilação e de degradação da cadeia lateral.

Mecanismo de ação

Análises bioquímicas e de genética molecular de mutantes deficientes na síntese e/ou na percepção de BR têm auxiliado, significativamente, na compreensão do metabolismo e da regulação desses hormônios, assim como no entendimento do mecanismo de sinalização desses compostos, incluindo a identificação de receptores (proteínas que se ligam aos BR e possibilitam que estes funcionem) e de genes cuja expressão é regulada por BR.

O mecanismo de ação dos BR se inicia com a ligação direta dessas moléculas a um receptor conhecido como BRI1 (*BR-insensitive 1*), localizado na superfície celular (Figura 14.2). A ligação do BR a BRI1 facilita a ligação de um correceptor, conhecido como BAK1 (*BRI1 kinase insensitive 1*). A essa ligação, segue-se a fosforilação das proteínas conhecidas como BSK1 (*brassinosteroid-signaling kinase 1*) e CDG1 (*constitutive differential growth 1*). CDG1 então fosforila uma proteína conhecida como BSU1 (*BRI1 suppressor 1*), que suprime a atividade da proteína BIN2 (*brassinosteroid insensitive 2*). Em seguida, os repressores de transcrição BZR1 (*brassinazole resistant 1*) e BZR2 (*brassinazole resistant 2*, também conhecido como BES1) são desfosforilados pela proteína PP2A e acumulados no núcleo, onde regulam a expressão de genes que respondem aos BR.

O controle da expansão celular por BR, por exemplo, depende de um grande número de mecanismos que envolvem a regulação da expressão de enzimas localizadas na parede celular e de proteínas do tipo ciclinas, associadas à divisão celular, como as ciclinas do tipo D, além da regulação da atividade de enzimas como aquaporinas, que facilitam a entrada de água nas células. Enzimas localizadas na parede celular, cujos genes têm sua expressão regulada por BR, atuam na montagem e na desmontagem da parede, a exemplo da glucanase e da xiloglucano transglicosilase hidrolase (XTH).

Embora se desconheça transporte de longa distância de BR, a aplicação desses compostos em plantas resulta em alterações

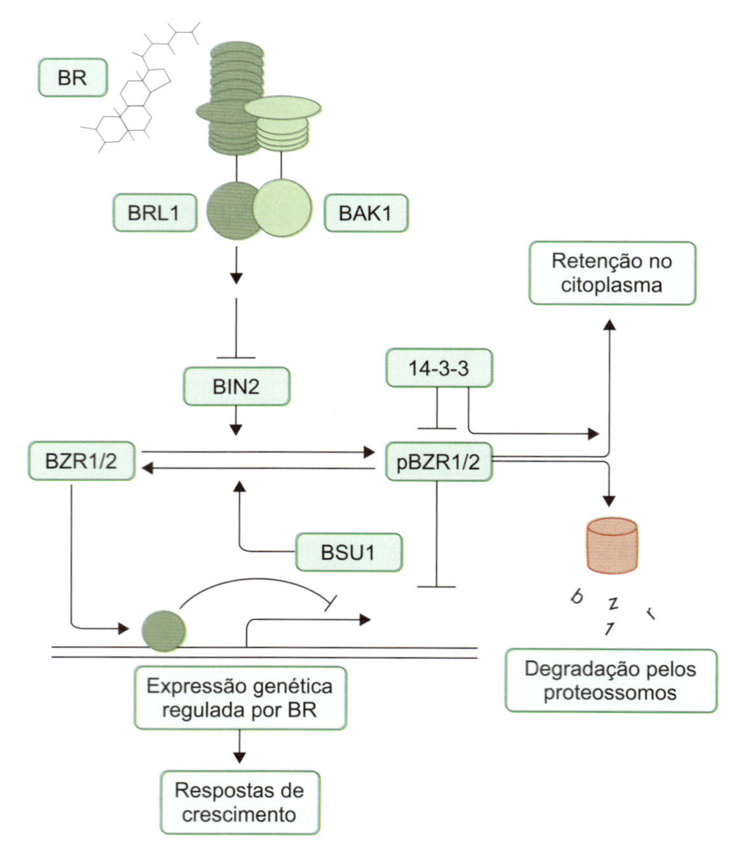

Figura 14.2 Diagrama simplificado do modelo para o mecanismo de ação do brassinosteroide.

significativas em diversos processos fisiológicos, a exemplo do aumento de tolerância contra vários tipos de estresses ambientais, como baixa disponibilidade de água, extremos de temperatura, presença de metais pesados e estresse salino. Esse aumento de tolerância se mostra associado a aumento na atividade de enzimas envolvidas com o mecanismo de proteção contra a produção de radicais livres, a exemplo de peroxidases, catalases, ascorbate peroxidases, glutationa redutases e superóxido dismutases. No caso de plantas tratadas com BR submetidas a temperaturas elevadas, observou-se também um aumento na síntese e na acumulação de proteínas produzidas durante um choque de calor (*heat shock proteins*). Relação inversa entre estimulação do crescimento induzida por BR e suscetibilidade de plantas a invasão por patógenos também tem sido observada. Em plantas de arroz e tabaco, por exemplo, a aplicação de BR resulta em aumento de resistência contra fungos e bactérias patogênicas.

Interações dos brassinosteroides com outros hormônios vegetais

Os BR apresentam interações expressivas com outros fitormônios, por meio das quais regulam o crescimento e o desenvolvimento vegetal. Em plantas jovens de *Arabidopsis*, por exemplo (a planta mais estudada do ponto de vista fisiológico, genético e bioquímico), a aplicação simultânea de BR e giberelinas, ou auxinas, resulta em aumento complementar do alongamento do hipocótilo. Com o ácido abscísico, por sua vez, há uma interação antagônica com os BR, prevenindo, nesse caso, os efeitos induzidos pelos últimos.

Efeitos no crescimento e no desenvolvimento das plantas

Entre os mais de 70 BR de ocorrência natural identificados em plantas, o brassinolídeo e a castasterona (ver Figura 14.1) são considerados os mais importantes, fisiologicamente, tanto por sua ampla distribuição quanto por sua potente atividade biológica; a castasterona geralmente apresenta somente 10% da atividade biológica do brassinolídeo. Os BR são hormônios essenciais para o crescimento e o desenvolvimento normal das plantas em razão do seu efeito regulatório sobre uma grande variedade de processos fisiológicos importantes, como a expansão e a divisão celular. A expansão celular induzida por BR está associada ao aumento da atividade de enzimas, envolvidas na diminuição da resistência mecânica da parede celular, a exemplo do que realizam as expansinas, as glucanases e a xiloglucano transglicosilase hidrolase – XTH (ver Capítulo 8). Certamente, o incremento da atividade de enzimas como as ATPases vacuolares pelos BR, resulta no aumento na absorção de íons e açúcares, tendo como consequência a redução no potencial hídrico das células, levando-as a absorver mais água e, com isso, aumentar a expansão celular (ver Capítulo 1). Além do aumento na atividade de ATPases vacuolares, a expansão celular induzida por BR está associada ao aumento de atividade de aquaporinas, proteínas intermembranais que facilitam a entrada de água nas células. BR também aceleram a diferenciação de xilema e floema, processos de desenvolvimento fundamentais para o crescimento longitudinal, principalmente de tecidos jovens. Aplicações de BR em baixas concentrações estimulam o alongamento de raízes primárias e a formação de raízes secundárias, enquanto, em concentrações elevadas, inibem o alongamento de raízes primárias e a formação de raízes secundárias. BR também estimulam a expansão foliar e o alongamento de pecíolos, efeitos dependentes da expansão celular induzida pelos BR.

Do ponto de vista do crescimento e do desenvolvimento reprodutivo, os BR estimulam o desenvolvimento de grãos de pólen e de sementes. Esse efeito estimulatório foi demonstrado recentemente em plantas de arroz como resultado de um aumento da expressão do fator de transcrição conhecido como *carbon starved anther*, que desempenha papel fundamental no controle do direcionamento de açúcares para o líquido contido nas anteras, um direcionamento necessário para o desenvolvimento dos grãos de pólen. Esse aumento no desenvolvimento de grãos de pólen e de sementes resulta no aumento do rendimento das lavouras. Ainda do ponto de vista reprodutivo, os BR também são importantes para o aumento do comprimento do tubo polínico, fator decorrente da estimulação do alongamento celular.

Os BR aceleram o amadurecimento de frutos climatéricos como os de tomate, e não climatéricos como as uvas, acelerando, por exemplo, a degradação de clorofila e o acúmulo de açúcares. BR aumentam o volume e a massa de frutos, em razão da acumulação de açúcares e água, bem como da expansão celular induzida pelos BR. Esses hormônios também aumentam o número de frutos produzidos, em função do seu efeito estimulador sobre o crescimento e o desenvolvimento reprodutivo, discutido anteriormente. Esse aumento no número, no volume e na massa de frutos induzido por BR resulta no aumento de rendimento de pomares tratados com esse hormônio. Os efeitos dos BR na maturação de frutos também incluem o aumento na concentração de compostos promotores da saúde humana, a exemplo dos antioxidantes antocianinas e vitamina C, além da indução da partenocarpia, processo de formação de frutos sem sementes (ver Capítulo 19).

Os BR aumentam a resistência tanto a estresses bióticos, como o ataque de fungos, bactérias e vírus, quanto abióticos, como deficiência hídrica, salinidade, toxicidade de metais pesados e, particularmente, extremos de temperatura. Recentemente, tem-se mostrado que os BR contribuem para a desintoxicação de plantas tratadas com pesticidas por meio da produção de peróxido de hidrogênio (H_2O_2), que estimula a expressão de genes associados aos mecanismos de defesa e capacidade antioxidante, como também pelo aumento da atividade de enzimas envolvidas com a redução de radicais livres, conhecidos como espécies reativas de oxigênio, cuja presença pode resultar em danos em estruturas celulares, como mutações.

À vista de seu efeito estimulatório sobre o crescimento e o desenvolvimento reprodutivo, é compreensível que mutantes portadores de deficiências para a síntese ou percepção de BR apresentem fenótipos bastante alterados, como o nanismo, causados por alterações sensíveis nos processos de divisão e/ou alongamento celular (Figura 14.3), não raro acompanhados também de macho-esterilidade, fenômeno provocado pelo desenvolvimento anormal do *tapetum*, pela redução na quantidade de grãos de pólen e por defeito na liberação destes após a deiscência.

Figura 14.3 Fenótipo de um mutante duplo recessivo do tomate Micro-tom (*curl3/curl3*) para *BR*, responsável pela codificação de receptor de BR –, cuja insensibilidade resulta em nanismo, folhas retorcidas (*curly*) e baixa fertilidade. Imagem cedidas pelo Dr. Lázaro E. P. Peres.

Importância econômica

Diversas têm sido as possibilidades de aplicação dos BR na agricultura. Todavia, o custo ainda elevado de sua produção vem dificultando, sobremaneira, uma maior abrangência de sua utilização comercial. Apesar disso, o aumento na disponibilidade de formulações comerciais de BR com preços acessíveis, produzidas nos últimos anos no Japão, na Rússia, na Bielorrússia, na China e na Índia, tem elevado a possibilidade do uso comercial desses esteroides. Assim, BR têm sido usados com sucesso para elevar, significativamente, o rendimento de uma ampla variedade de lavouras de grande importância econômica, como trigo, arroz, milho, algodão, tomate e cana-de-açúcar. Esse aumento no rendimento está associado à estimulação do crescimento vegetativo, ao aumento na tolerância a extremos de temperatura e a seca, além de aumento na resistência contra doenças. O uso mais amplo de BR na agricultura deverá contribuir efetivamente para o aumento na disponibilidade de alimentos e, consequentemente, para a redução da fome, o que é de interesse especialmente para os países subdesenvolvidos e em desenvolvimento.

Vale mencionar que, diferentemente dos demais fitormônios, esses esteroides vegetais também apresentam potencial de utilização na área médica, em razão de sua atividade anticancerígena, antiviral e anti-inflamatória.

Jasmonatos

Os jasmonatos (JA), que incluem o ácido jasmônico e seus derivados, são hormônios vegetais derivados de lipídios encontrados em todas as plantas terrícolas. O metiljasmonato foi inicialmente identificado a partir do óleo de plantas de jasmim (*Jasminum* sp.), o que resultou no nome pelo qual o composto é conhecido. O odor característico das flores de jasmim provém, principalmente, do metiljasmonato, que funciona como atrativo para polinizadores. Os JA são encontrados em todos os órgãos vegetais com plastídios. Esses compostos são importantes para o controle dos mecanismos de *defesa* das plantas contra o ataque de insetos e infecções por fungos e bactérias. Em plantas sofrendo herbivoria ou infecções, os JA alteram os padrões de expressão genética de maneira a retardar o crescimento e redirecionar o metabolismo para a produção de compostos de defesa e para a reparação de lesões. Os JA também conferem tolerância aos estresses abióticos, como ozônio, radiação ultravioleta, altas temperaturas, deficiência hídrica, salinidade, lesões mecânicas e congelamento, além de regularem diversos processos de desenvolvimento, incluindo o alongamento do sistema radicular, a germinação de sementes, o desenvolvimento de estames e tricomas, o florescimento, a acumulação de antocianinas e a senescência das folhas. Nos últimos 10 anos, houve um aumento considerável no conhecimento a respeito desses hormônios vegetais, especialmente no que diz respeito ao mecanismo de ação e transporte.

Via biossintética

Os JA são sintetizados a partir do ácido alfalinolênico, liberado a partir de galactolipídios das membranas dos cloroplastos. Conforme mostrado na Figura 14.4, nos plastídios o ácido linolênico é sequencialmente convertido em ácido (13S)-hidroperoxioctadecatrienoico, ácido 12,13(S)-epoxioctadecatrienoico e ácido (9S,13S)-12-oxo-fitodienoico (OPDA) por meio das ações da 13-lipo-oxigenase, da aleno óxido sintase e da aleno óxido ciclase, respectivamente (ver Figura 14.3). OPDA é transportado para os peroxissomos, onde é reduzido a ácido 3-oxo-2-(cis-2'-pentenil)-ciclopentano-1-octanoico (OPC-8:0) pela OPDA redutase. OPC-8:0 é então ativado a OPC-8:0 CoA pela OPC-8:0 CoA ligase, e subsequentemente encurtado a ácido jasmônico por meio de três reações de betaoxidação catalisadas pela acil-CoA oxidase, proteína multifuncional e 3-cetoacil-CoA tiolase. O ácido jasmônico é então exportado para o citoplasma, onde é conjugado com isoleucina para formar o (+)-7-iso-JA-Ile bioativo, que pode ser inativado, ao formar 12-hidroxi-JA-Ile, ou metabolizado a outras formas inativas via metilação, glicosilação ou sulfatação.

No momento, são conhecidas 12 vias metabólicas que convertem o ácido jasmônico em compostos ativos e inativos; algumas dessas reações envolvidas originam compostos que atuam em reações específicas de respostas a estresse e ao desenvolvimento.

Mecanismos de ação

Tendo em vista que os efeitos dos JA podem ser desencadeados por diferentes tipos de estresses (mecânicos e biológicos), seus mecanismos de ação são relativamente complexos. Não por outra razão, embora seus efeitos nas plantas sejam conhecidos há décadas, somente nos últimos 10 anos foram descobertos certos detalhes fundamentais sobre o funcionamento desse grupo de moléculas. Entre eles, por exemplo, o de que o ácido jasmônico não se liga ao receptor para dar início ao seu mecanismo de ação, mas ao aminoácido conjugado (+)-7-isojasmonoil-L-isoleucina (JA-Ile) ou derivados estruturalmente semelhantes a JA-Ile. Assim, não foi surpresa a descoberta de que a JA-Ile seja o jasmonato

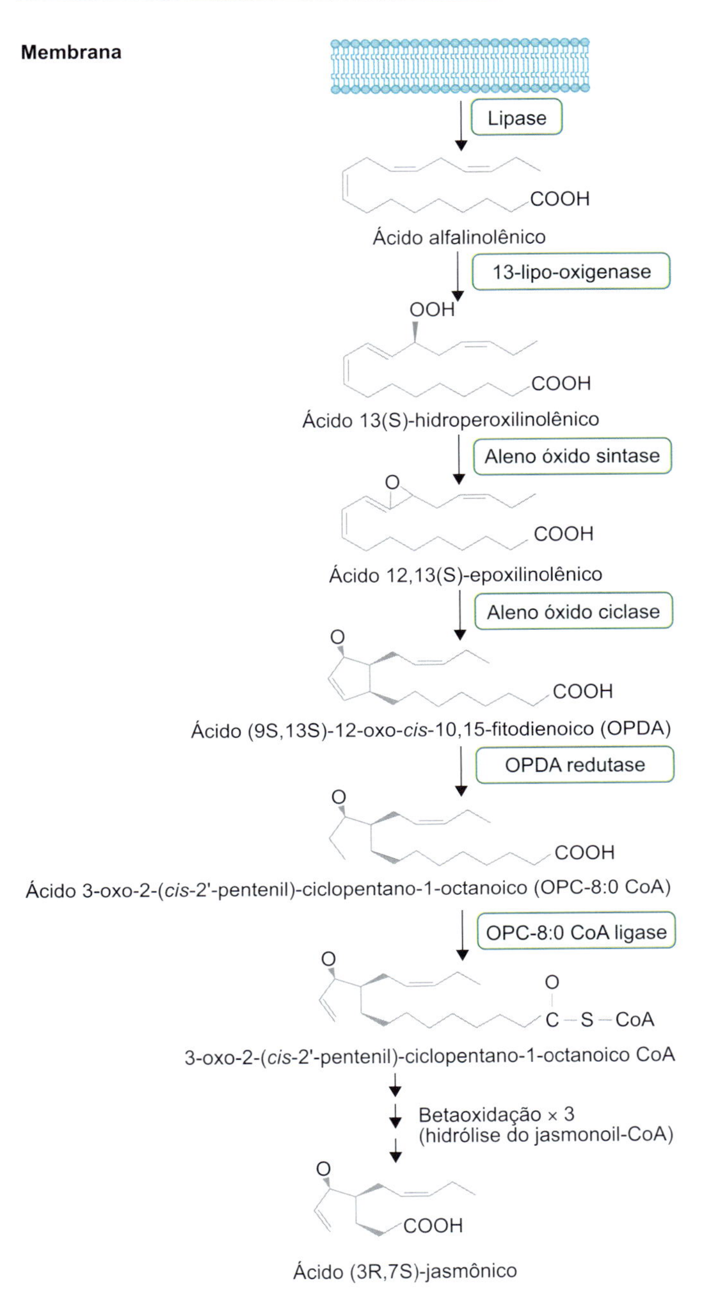

Figura 14.4 Diagrama da via de biossíntese do ácido jasmônico, incluindo estruturas químicas e enzimas envolvidas.

fisiologicamente mais ativo, e que a sua síntese, por meio da enzima JA-Ile sintetase, represente o passo crucial para a percepção dos JA.

Plantas submetidas a estresses respondem rapidamente aos JA em questão de minutos, por meio da síntese de JA-Ile, e eventualmente por derivados estruturalmente semelhantes (Figura 14.5). Esses JA estimulam diretamente a ligação entre proteínas do tipo JAZ (*jasmonate zim-domain*) e os receptores COI1 (*coronatine insensitive 1*), resultando na formação de correceptores que se localizam no núcleo. As proteínas JAZ são repressores de transcrição que, com a *topless* – um correpressor que se liga a proteínas JAZ direta ou indiretamente, por meio de uma proteína adaptadora conhecida como NINJA (*novel interactor* de JAZ) –, bloqueiam a atividade de outros fatores de transcrição como MYC (*myelocytomatosis*). A formação do complexo JAZ-COI1 leva à ubiquitinização das proteínas JAZ (modificação da proteína por meio de cadeias de ubiquitina), que é seguida pela degradação de JAZ pelos proteossomos. A degradação de JAZ leva à desrepressão de fatores de transcrição, que, por sua vez, é seguida pela reprogramação de transcrição genética. No caso de lesão mecânica e ataque de patógenos, a reprogramação de transcrição genética se dá por meio de duas ramificações de ativadores de transcrição. Em uma das ramificações, a planta responde à lesão mecânica ou ao ataque de herbívoros induzindo a produção de proteínas de defesa como as VSP (*vegetative storage protein*), via fatores de transcrição MYC. Na outra ramificação, em plantas sob ataque de patógenos necrotróficos, o jasmonato age sinergisticamente com o etileno, induzindo a produção de proteínas de defesa, como a PDF1.2 (*plant defensin 1.2*), via família de fatores de transcrição AP2/ERF (*apetala2*/ERF).

Além das duas ramificações de ativadores de transcrição mencionadas, a ligação de JA-Ile a COI1 possibilita a interação de JAZ com outros fatores de transcrição, o que permite aos JA desempenhar papéis múltiplos na regulação e na integração de diversos eventos de desenvolvimento vegetal, além das respostas das plantas a mudanças no ambiente físico. Estima-se que várias centenas ou alguns milhares de genes têm sua expressão modificada em plantas que sofreram lesão mecânica, sendo esta modificação, em mais da metade desses genes, atribuída à atuação de JA. Em plantas não submetidas a estresse, que geralmente apresentam níveis quase indetectáveis de JA-Ile, as proteínas JAZ reprimem as respostas aos JA.

Efeitos no crescimento e no desenvolvimento

O desenvolvimento de estames é essencial para a fertilidade das plantas. Mutantes de plantas como *Arabidopsis* defeituosos na biossíntese de JA, ou que superexpressam genes associados ao catabolismo de JA, ou, ainda, mutantes defeituosos no mecanismo de ação de JA são macho-estéreis em razão do bloqueio do desenvolvimento do estame durante a antese. Esses mutantes apresentam filamentos curtos, anteras indeiscentes e grãos de pólen inviáveis. Aplicações de JA em mutantes defectivos na síntese dessas substâncias foram capazes de restaurar o desenvolvimento normal dos estames, embora, compreensivelmente, não tenham tido qualquer efeito nos mutantes deficientes no mecanismo de percepção de JA.

Os tricomas presentes na epiderme de caules e folhas protegem as plantas contra herbivoria, agindo como sensores ou barreiras, liberando compostos voláteis. Em plantas de *Arabidopsis* lesadas mecanicamente, os mecanismos de biossíntese ou de ação de JA são prejudicados, levando a um bloqueio na formação de tricomas foliares e caulinares.

A formação do gancho caulinar em plântulas estioladas crescidas no escuro protege o ápice tenro do atrito direto e danoso causado por partículas do solo. A inibição da formação do gancho caulinar pelo JA pode significar a sua presença em baixos níveis nessas plantas.

JA estimulam o alongamento de fibras de algodão, o material mais importante para a indústria têxtil. O fator de transcrição GbTCP estimula a biossíntese de JA e ativa a expressão

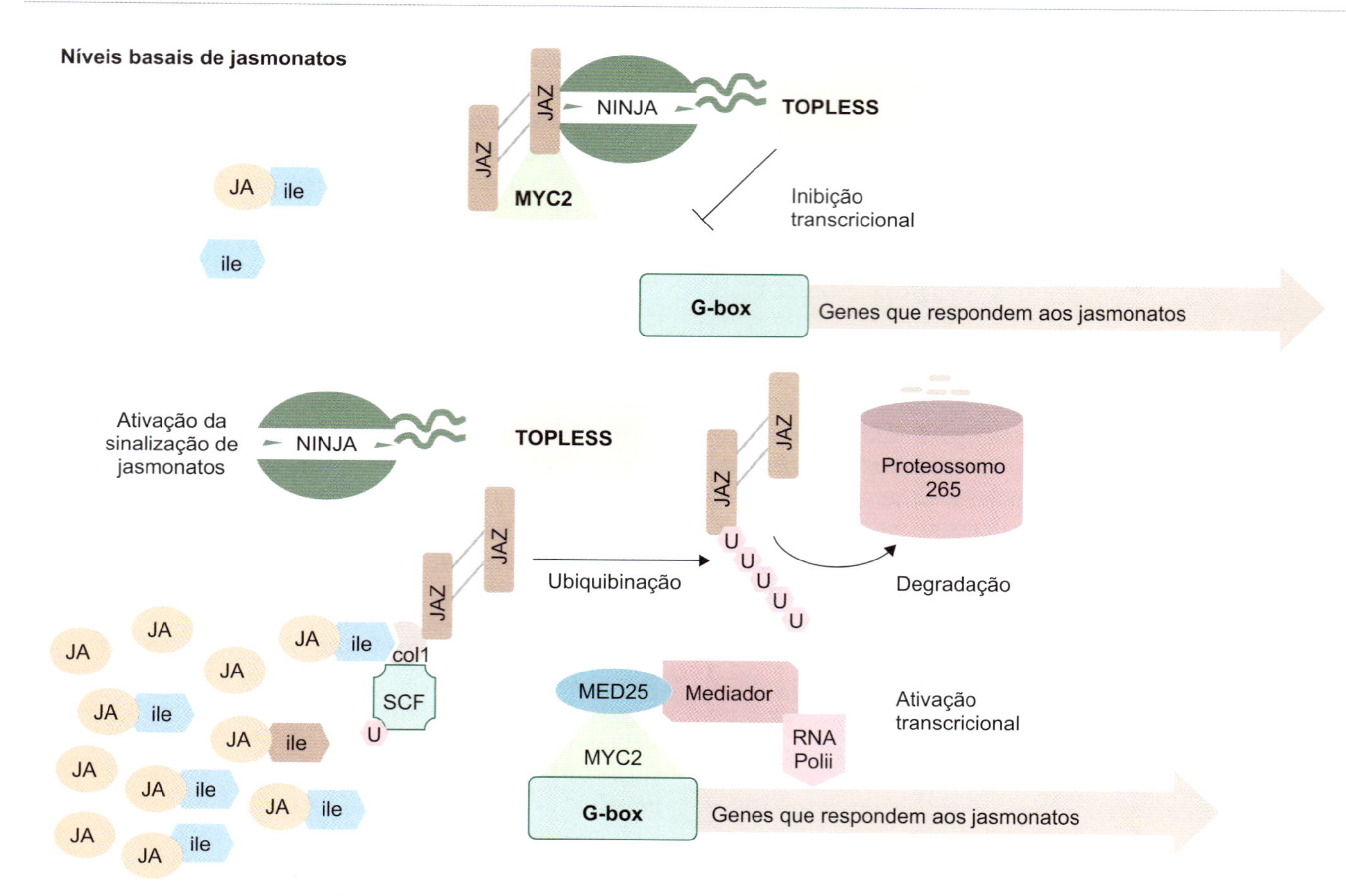

Figura 14.5 Diagrama simplificado do mecanismo de ação dos jasmonatos.

de genes requeridos para o alongamento de fibras e para o controle da qualidade destas.

JA ativam H^+-ATPases, além de induzirem o efluxo de H^+ e Cl^-, o influxo de Ca^{2+} e a ativação de canais de extrusão de K^+, resultando na perda de turgor das células-guarda, com o consequente fechamento dos estômatos.

Em interações do tipo planta-patógeno, os JA desempenham papel importante nos mecanismos de infecção. Por exemplo, a bactéria patogênica *Pseudomonas syringae* produz um mímico do jasmonato JA-Ile. Esse mímico, conhecido como coronatina, ativa, de maneira muito eficiente, o mecanismo de ação dos JA, reprimindo a acumulação de ácido salicílico e comprometendo o sistema imunológico da planta. Trabalhos científicos publicados recentemente demonstraram que a estratégia empregada pela *P. syringae* não é restrita àquela espécie de bactéria, uma vez que diversos patógenos se mostraram capazes de produzir análogos de JA como estratégia para suprimir o sistema de defesa dos hospedeiros.

A aplicação de JA inibe a expressão de genes envolvidos com a fotossíntese e com a inibição da expressão das proteínas correspondentes, resultando, ao final, na diminuição da capacidade desse processo. Já o tratamento pós-coleta de diversos frutos, como manga, abacaxi e pêssego, com jasmonato resulta em atenuação de lesão por resfriamento, o que tem sido associado ao aumento da relação entre ácidos graxos insaturados/saturados. Aplicações de JA também inibem vários processos envolvidos no crescimento de plântulas, incluindo o alongamento de raízes primárias e do hipocótilo, embora estimulem o alongamento de raízes laterais. Já com relação a raízes adventícias, os JA inibem a formação destas em *Arabidopsis*, embora estimulem a formação desse tipo de raízes em estacas de petúnia, indicando que os JA regulam de maneira diferenciada a rizogênese em diferentes espécies. JA exógenos também inibem a expansão de cotilédones por meio da inibição da atividade da ciclina CycB1;2, levando à inibição das divisões celulares, sem afetar o volume celular. Todavia, inibição da expansão celular induzida por JA contribui para a obtenção de *bonsais*, plantas arbóreas com tamanhos reduzidos, geralmente alcançados por meio de podas da parte aérea e radicular ou de toques repetitivos. Em plantas de *Arabidopsis*, a aplicação de JA inibe o alongamento do coleóptilo e reduz a altura final de plantas como de arroz, além de estimular a senescência, inibir o florescimento e retardar o efeito inibitório promovido na germinação de sementes por ácido abscísico.

Transporte

O gene *JAT1* codifica para uma proteína da superfamília transportadora ABC, já conhecida no transporte de auxinas, citocininas, ácido abscísico e estrigolactona, cujo papel foi recentemente demonstrado também para os JA. Essa proteína funciona como um exportador de dupla função, ou seja, exportando JA do citosol para o apoplasto, como também do citosol para o interior do núcleo, neste caso o (+)-7-isojasmonoil-L-isoleucina (JA-Ile), a forma que inicia o mecanismo de ação dos JA.

Importância econômica

Os jasmonatos, com os micronutrientes, são utilizados em produtos comerciais destinados a aumentar a tolerância ao calor e à seca, estimular o florescimento e a formação de frutos, além de incrementar a absorção de nutrientes em plantas cultivadas.

Ácido salicílico

Trata-se de um composto fenólico de pequeno tamanho molecular, que desempenha importantes funções no sistema de defesa das plantas ao ataque de uma grande variedade de patógenos, e nos mecanismos de respostas das plantas aos estresses ambientais. A designação *ácido salicílico* (AS) tem origem no nome científico do salgueiro branco, *Salix alba*, no qual o composto foi identificado. No caso específico das respostas das plantas contra patógenos, o AS está envolvido em múltiplos processos, incluindo mecanismos de defesa geneticamente controlados e resistência sistêmica adquirida (RSA). Além de seus papéis bem conhecidos como molécula reguladora de respostas de plantas em mecanismos de defesa, o AS desempenha papéis fundamentais em diversos processos fisiológicos, como o alongamento caulinar e a abertura dos estômatos.

Via biossintética

A produção do AS se inicia com uma molécula conhecida como corismato, por meio de duas vias metabólicas distintas, a via do isocorismato (IC) e a via da fenilalanina amônia-liase (FAL) (Figura 14.6). A via FAL utiliza fenilalanina como substrato, mas a sua contribuição para a síntese de AS é relativamente pequena, cerca de 5% do total produzido; a maior parte, cerca de 95%, oriunda da via IC, é responsável pela produção de cerca de 95% do total de AS produzido pelas plantas. Na via FAL, essa enzima converte a fenilalanina em ácido *trans*-cinâmico, o qual, por meio dos intermediários ácido *orto*-cumárico ou ácido benzoico, origina o AS. Na via IC, o corismato é convertido em isocorismato, que, por sua vez, é convertido em AS.

Modo de ação

A proteína NPR1 (*non-expressor of pathogenesis-related genes 1*) é o receptor para o AS. Em plantas não submetidas a estresse – portanto, não produzindo quantidades significativas de AS –, o domínio terminal C de transativação da NPR1 é reprimido pelo domínio terminal N BTB/POZ (*broad complex, tram track, bric-a-brac/POX virus and zinc finger*), o que mantém NPR1 em estado inativo (rosa, na Figura 14.7). Dois modelos alternativos para o mecanismo de percepção de AS surgiram recentemente. No primeiro, dois homólogos

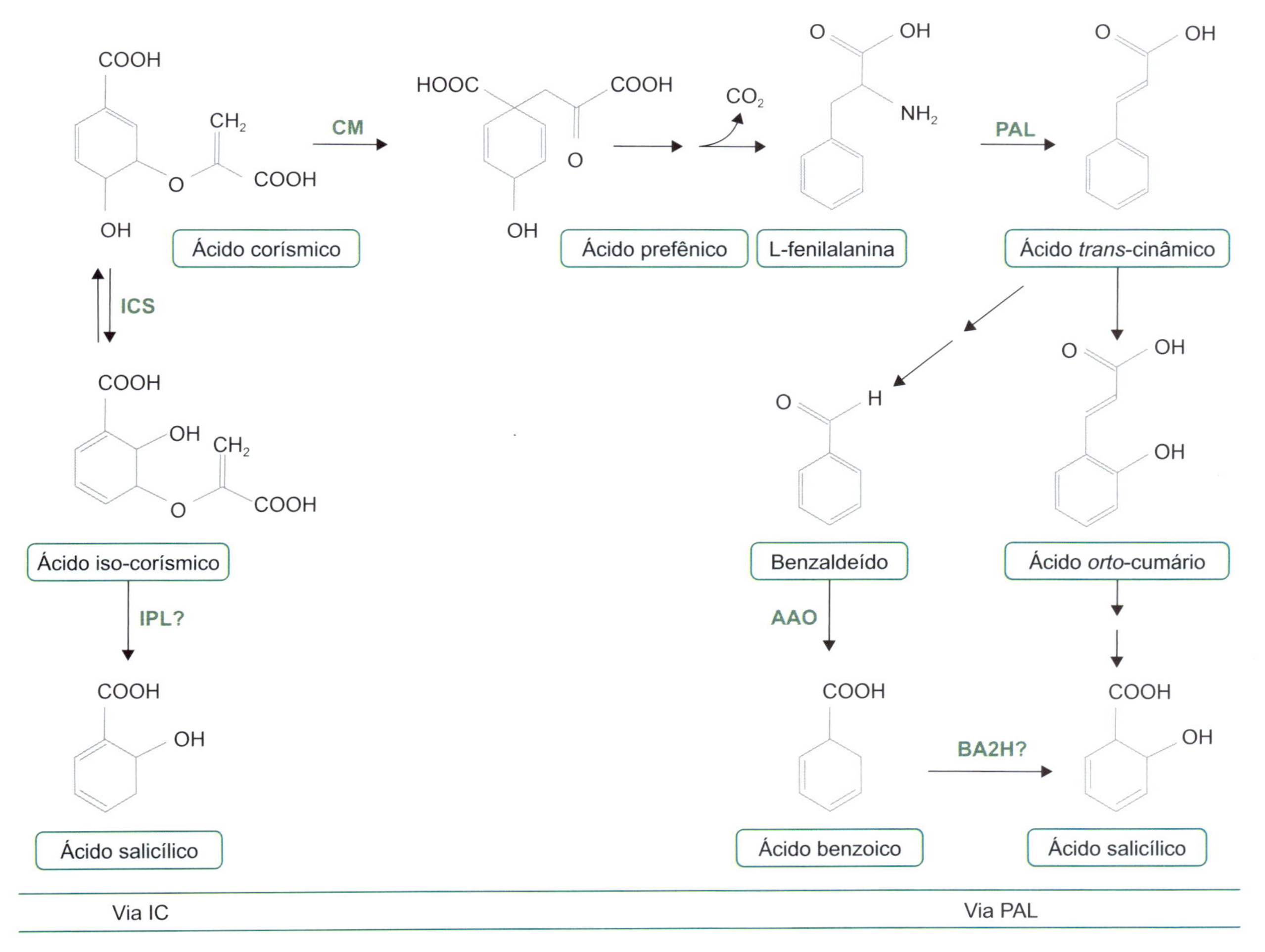

Figura 14.6 Diagrama representativo da via de biossíntese do ácido salicílico (AS). Enzimas: CM, corismato mutase; ICS, isocorismato sintase; IPL, isocorismato piruvato liase; PAL, fenilalanina amônia-liase; AAO, aldeído oxidase; BA2H, ácido benzoico hidroxilase.

de NPR1 localizados no núcleo, NPR3 e NPR4, percebem AS e regulam a acumulação da proteína NPR1. NPR3 e NPR4 marcam NPR1 para degradação via sistema ubiquitina, respectivamente, sob alta e baixa concentração de AS. Quando a concentração de AS é intermediária, há acumulação de NPR1, o que resulta na reprogramação de transcrição controlada por AS. A síntese de AS em concentrações intermediárias, que se segue à infecção por patógenos, resulta na estabilização de NPR1, o que leva à acumulação da proteína em grandes quantidades nas proximidades do local de infecção na folha. No segundo modelo, NPR1 percebe AS via cisteína 521/529, por meio do metal cobre de transição, o que induz uma alteração conformacional em NPR1. Essa alteração conformacional resulta na desrepressão do domínio de transativação e ativação de NPR1 (verde, na Figura 14.7). A ativação de NPR1 ativa a transcrição regulada pelo AS.

Importância do ácido salicílico para as plantas

O sistema de defesa das plantas pode ser neutralizado por muitos patógenos causadores de doenças, levando-as a uma maior suscetibilidade ao ataque destes. Fungos e bactérias liberam proteínas nas células hospedeiras que afetam o metabolismo, o mecanismo de ação do AS, como também as interações entre o AS e os JA. Além dessas proteínas, os patógenos podem liberar substâncias que mimetizam compostos produzidos pela planta hospedeira de maneira a interferir nos sistemas de defesa da planta. Por exemplo, como mencionado anteriormente para o ácido jasmônico, a coronatina, uma substância produzida por *Pseudomonas syringae*, é capaz de ativar a biossíntese de JA e assim suprimir a acumulação e o mecanismo de ação do AS, levando a um incremento na virulência do patógeno. Todavia, enquanto patógenos podem usar compostos químicos para anular o sistema de defesa das plantas para o seu próprio benefício, as plantas hospedeiras também podem reconhecer esses compostos e posteriormente ativar respostas de defesa mais fortes para combater os invasores. Essas respostas incluem uma acumulação mais rápida de AS, o que leva ao aumento da resistência a doenças. Aplicações de AS afetam não somente a resistência ao estresse biótico (associado a patógeno), mas também a tolerância a diversos tipos de estresses abióticos, como seca, resfriamento, calor, metais pesados, radiação ultravioleta, salinidade e estresse osmótico.

O AS atua em eventos importantes e diversificados do desenvolvimento das plantas. Tratamentos com AS mostraram-se efetivos na estimulação do alongamento caulinar e do florescimento, bem como no retardamento da senescência e do fechamento estomático. A aplicação de AS, em altas concentrações (1 a 5 mM), resulta na redução da taxa de fotossíntese, na atividade de rubisco e no conteúdo de clorofila. Já a aplicação de AS em concentrações baixas (10 μM) leva ao aumento na taxa de fotossíntese, na eficiência de carboxilação e no conteúdo de clorofila.

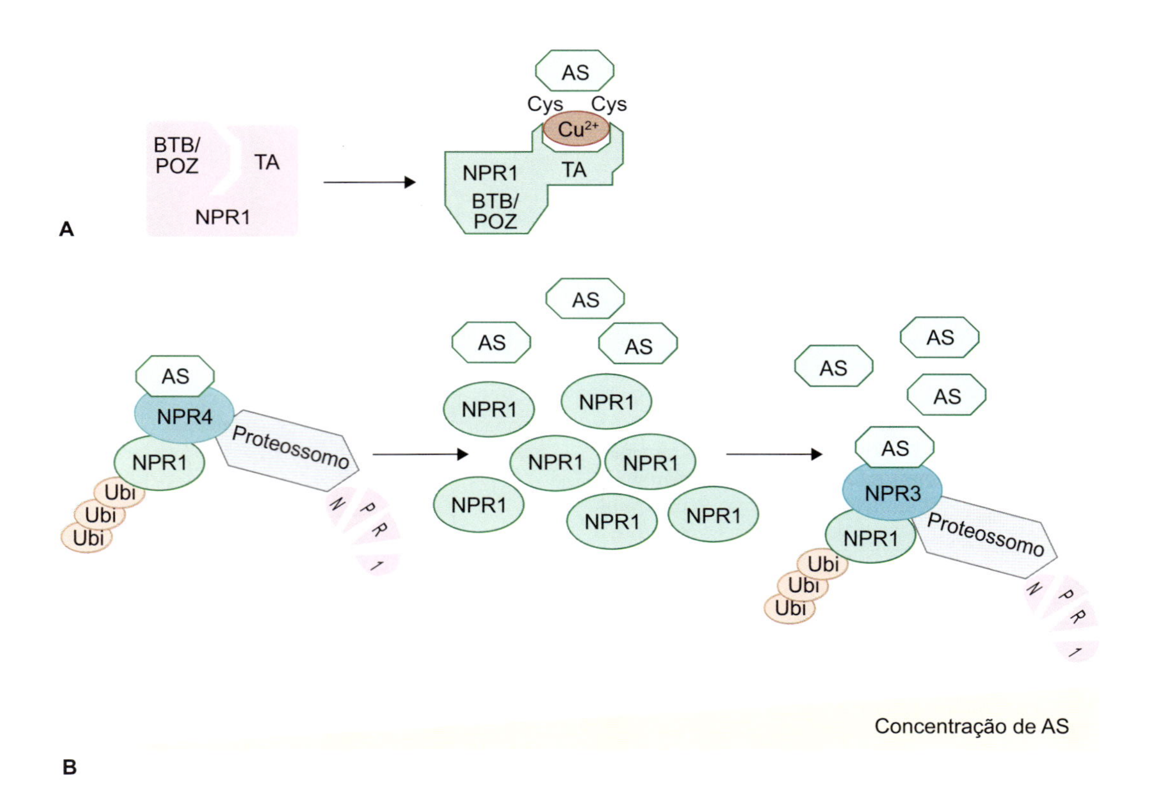

Figura 14.7 Diagrama representativo da percepção de AS. **A.** Em plantas não submetidas a estresse – portanto, não produzindo quantidades significativas de AS –, o domínio terminal C de transativação do receptor NPR1 é reprimido pelo domínio terminal N BTB/POZ, o que mantém NPR1 em estado inativo (rosa). NPR1 percebe AS via cisteína 521/529, por meio do metal cobre de transição, o que induz uma alteração conformacional em NPR1, a qual resulta na desrepressão do domínio de transativação e na ativação de NPR1 (verde). **B.** Dois homólogos de NPR1 localizados no núcleo, NPR3 e NPR4, percebem AS e regulam a acumulação da proteína NPR1. NPR3 e NPR4 marcam NPR1 para degradação via sistema ubiquitina, respectivamente, sob alta e baixa concentração de AS. Quando a concentração de AS é intermediária, há acumulação de NPR1, o que resulta na reprogramação de transcrição mediada por AS.

Diversas plantas, como canola e cevada, quando tratadas com AS e posteriormente submetidas a baixas temperaturas, apresentaram, em relação às plantas-controle, maior atividade de enzimas antioxidantes como superóxido dismutase e peroxidase. Esse aumento na atividade de enzimas antioxidantes indica que o tratamento com AS antes da exposição da planta a baixa temperatura pode ter atenuado os efeitos nocivos de espécies de oxigênio reativas (ROS), geradas durante a exposição das plantas a baixas temperaturas.

Importância econômica

O emprego de pesticidas sintéticos tem possibilitado aumentos consideráveis no rendimento e na qualidade das coletas. Todavia, esses compostos geralmente apresentam elevada toxicidade, e seu uso pode excessivo resultar no aumento da resistência do patógeno ao pesticida. Na agricultura, alternativamente, tratamentos de plantas com concentrações elevadas de compostos sintéticos funcionalmente semelhantes ao AS, como o ácido 2,6-dicloroisonicotínico, e de substâncias que estimulam o funcionamento do AS, como o probenazola, contribuem para o melhoramento do sistema de defesa das plantas, tornando-as mais eficientes contra o ataque de um patógeno. Outra aplicação de importância econômica do AS é o tratamento de flores de corte com o ácido, o que resulta em prolongamento significativo no tempo de vida dessas. Tal efeito está relacionado com:

1. Inibição da síntese do etileno, por meio da inibição da atividade das duas enzimas-chave na biossíntese deste, a sintase do ácido 1-carboxílico-1-aminociclopropano e a oxidase do mesmo ácido (ver Capítulo 13).
2. Aumento da estabilidade das membranas celulares.
3. Elevação da atividade das enzimas catalase e superóxido dismutase, que se constituem em um dos sistemas mais eficientes de proteção das células contra espécies reativas de oxigênio (ROS), como H_2O_2, geradas em grandes quantidades durante a senescência das flores.
4. Redução na peroxidação de lipídios.

Poliaminas

As poliaminas são moléculas orgânicas policatiônicas de baixa massa molecular com dois ou mais grupamentos amina. Essas moléculas estão presentes em todos os organismos vivos, desempenhando papel importante na estabilidade de ácidos nucleicos e membranas, na regulação do alongamento, no desenvolvimento e em respostas a estímulos bióticos e abióticos, de acordo com o número e a posição dos grupamentos amina. Essa classe de compostos, encontrada em todos os compartimentos das células vegetais, inclui putrescina, espermidina, espermina, outras aminas, além de vários derivados. *Putrescina*, *espermidina* e *espermina* são as poliaminas mais comuns nas plantas vasculares, podendo ser encontradas sob a forma livre, conjugada solúvel e conjugada insolúvel, principalmente em tecidos com crescimento intenso ou sob condições de estresses. Além dessas poliaminas mais comuns, termoespermina, um isômero da espermina, tem ampla distribuição no reino vegetal. Putrescina e espermidina são essenciais durante a formação dos embriões, visto que mutantes genéticos defeituosos para as suas biossínteses não produzem embriões viáveis, enquanto espermina e termoespermina estão associadas à regulação de respostas ao estresse e ao desenvolvimento, respectivamente.

Embora as poliaminas, como os hormônios vegetais, desempenhem funções regulatórias sobre o crescimento e o desenvolvimento vegetal, esses compostos são encontrados nos órgãos vegetais em concentrações muito superiores àquelas de hormônios vegetais. Esse aspecto, além do fato de as poliaminas serem fisiologicamente ativas somente em concentrações elevadas e apresentarem mecanismo de ação diferente dos hormônios vegetais, descaracteriza esses compostos como hormônios vegetais típicos, sendo as poliaminas consideradas por alguns pesquisadores mensageiros hormonais secundários.

Via biossintética

Putrescina, a poliamina mais simples, é sintetizada diretamente a partir da descarboxilação do aminoácido ornitina pela enzima ornitina descarboxilase ou indiretamente, como acontece nas plantas, por várias etapas que envolvem a descarboxilação do aminoácido arginina, pela enzima arginina descarboxilase (Figura 14.8). As poliaminas mais complexas espermidina e espermina são sintetizadas a partir da putrescina, por meio da adição sequencial de grupamentos aminopropil originados a partir de S-adenosilmetionina descarboxilada, inicialmente para espermidina e em seguida para espermina, em reações catalizadas, respectivamente, pelas enzimas espermidina sintase e espermina sintase. S-adenosilmetionina descarboxilada é produzida pela S-adenosilmetionina descarboxilase, enzima-chave na biossíntese de espermidina e espermina, a partir da S-adenosilmetionina. A S-adenosilmetionina descarboxilase também regula a produção de etileno por seu efeito sobre a disponibilidade de S-adenosilmetionina, precursor do ácido 1-aminociclopropano-1-carboxílico (ACC), que, por sua vez, é o precursor imediato do etileno (ver Capítulo 13). Essa interação mostra a inter-relação entre o metabolismo das poliaminas e do etileno.

Modo de ação

As poliaminas desempenham um papel ambíguo nas plantas, seja atuando como sequestrador de radicais livres no núcleo, seja como fonte de radicais livres no apoplasto. Todavia, além do seu papel direto como antioxidante, as poliaminas agem como moléculas de sinalização. Por sua natureza catiônica, elas podem se ligar a sítios negativamente carregados de moléculas, como ácidos nucleicos, proteínas e lipídios, causando tanto a estabilização quanto a desestabilização do DNA, do RNA, da cromatina e de proteínas. Essas interações explicam os efeitos das poliaminas na regulação de processos como divisão, expansão e diferenciação celular, na estabilização de membranas e sinalização celular, na morte celular programada, além do papel dessas moléculas na regulação da atividade de enzimas e na síntese e função de ácidos nucleicos e proteínas (Figura 14.9).

O modo de funcionamento das poliaminas é, certamente, diferente daquele dos hormônios vegetais. No caso destes, o sistema ubiquitina-proteossomo, que regula quase todos os eventos de crescimento e desenvolvimento, degrada proteínas

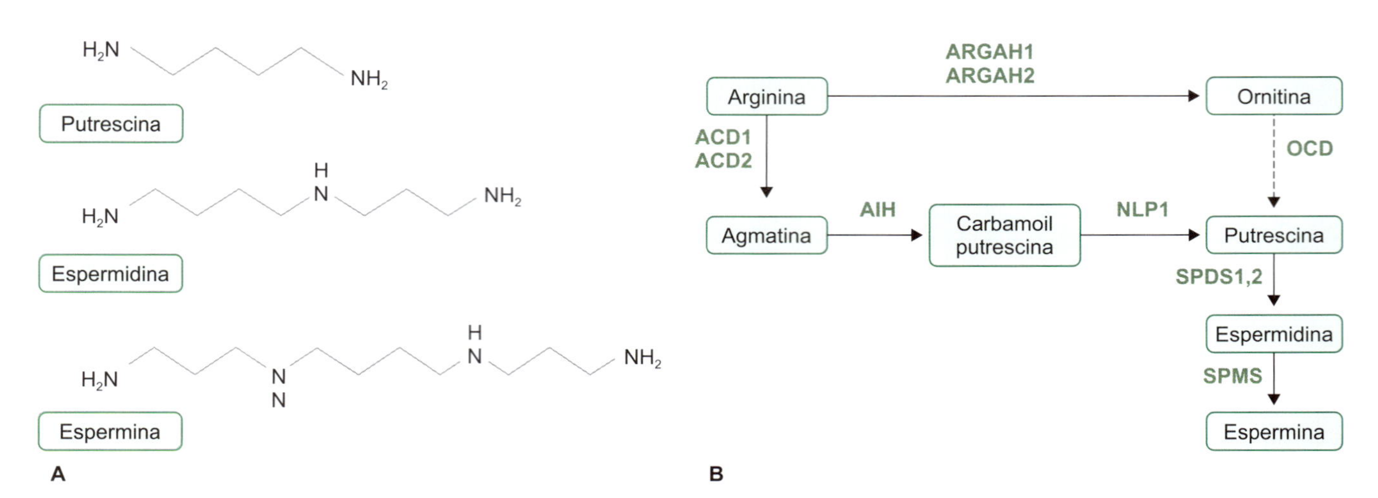

Figura 14.8 Diagrama mostrando as estruturas químicas (**A**) e a via de biossíntese de poliaminas em plantas (**B**). Enzimas: ARGAH, arginase; ACD, arginina descarboxilase; AIH, agmatina deiminase; NPL1, N-carbamoilputrescina hidrolase; OCD, ornitina descarboxilase; SPDS1, sintase de espermidina; SPMS, sintase de espermina.

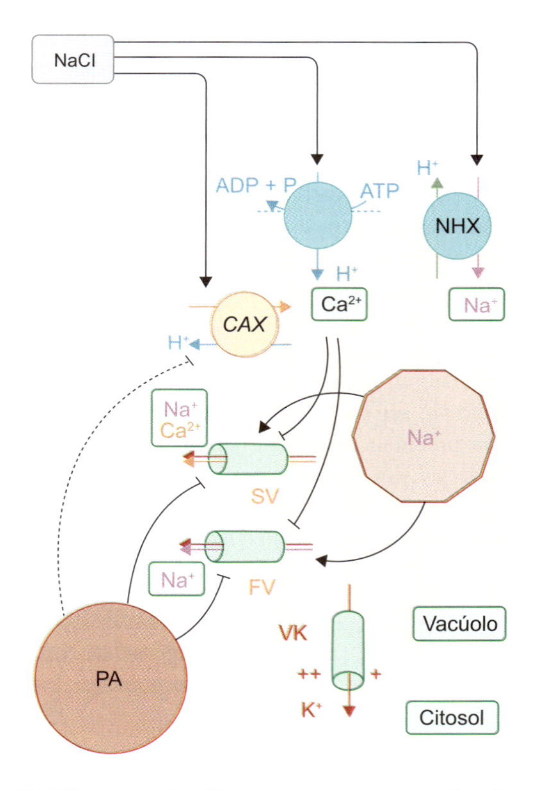

Figura 14.9 Diagrama simplificado do modelo para o funcionamento de poliaminas (PA) associado à resistência contra o estresse salino. Em situação de alta salinidade, o sequestro de Na^+ para o vacúolo é crítico para o estabelecimento da tolerância à salinidade. Esse processo requer aumento na atividade de contratransporte Na^+/H^+ de proteínas de contratransporte de cátion-H^+ (NHX) e diminuição no vazamento de Na^+ por meio dos canais de cátions lentos (SV) e rápidos (FV) não específicos. As PA bloqueiam FV e reprimem fortemente SV. A superexpressão de trocadores de cátion vacuolar-H^+ (CAX) também é causada pela inibição da síntese de espermina. Então, PA e cálcio vacuolar podem agir como reguladores alternativos dos canais de cátion vacuolar. O funcionamento contínuo de canais seletivos para K^+ (VK), pouco sensíveis a PA, aumenta a extrusão de H^+, que estimula a absorção ativa de Na^+, contribuindo para a recuperação da perda de potássio induzida pelo estresse salino. Este estimula a expressão de canais antiporte cátion-H^+, que podem reduzir a atividade de FV e SV pelo aumento do cálcio do citosol.

repressoras das vias de sinalização dos hormônios (como as proteínas DELLA, repressoras da via de sinalização das giberelinas), possibilitando a resposta fisiológica característica do hormônio. Já no caso das poliaminas, o sistema ubiquitina-proteossomo, em vez de atuar como um sistema de desrepressão, regula os níveis de poliamina na célula, por meio da degradação de proteínas como a espermidina/espermina acetiltransferase, envolvida no catabolismo de poliaminas.

No caso do sistema de defesa contra patógenos, a espermina desempenha papel de mediador na sinalização de defesa. Essa via de sinalização de espermina envolve a acumulação de espermina no apoplasto, a estimulação da expressão de subgrupos específicos de genes associados ao mecanismo de defesa, como os genes que codificam para proteínas de defesa contra patógenos e proteínas do tipo cinase controladoras de mitose, além de um tipo específico de morte celular programada, conhecido como resposta hipersensitiva. Essa resposta hipersensitiva é disparada por H_2O_2 produzido em função da atividade da poliamina oxidase, localizada no apoplasto.

A presença de poliaminas em associação ao fotossistema II, mais especificamente ao complexo coletor de luz, é importante tanto para o estabelecimento da estrutura quanto para o funcionamento adequado do aparelho fotossintético durante a fotoadaptação e a fotoproteção contra o ultravioleta-B e ozônio.

Importância fisiológica

As poliaminas desempenham funções regulatórias em vários processos de desenvolvimento, como quebra de dormência e senescência, embriogênese, formação de raízes, amadurecimento de frutos, estabilização de membranas, sinalização celular, multiplicação celular, regulação de expressão gênica, morte celular programada, estruturação das paredes celulares dos grãos de pólen, além de serem essenciais para o desenvolvimento de ovários e de frutos em plantas como tabaco e tomate. As termoespermina são fundamentais para o desenvolvimento vascular e a formação de células de xilema, eventos críticos para o alongamento, além de serem importantes para a prevenção de amadurecimento precoce e morte de elementos de vaso do xilema. Como visto anteriormente, as poliaminas também regulam respostas de plantas a estresses abióticos como seca, salinidade, toxicidade de metais pesados, estresse oxidativo, lesão por resfriamento, alta temperatura, estresse osmótico, ozônio, radiação ultravioleta e alagamento.

Importância econômica potencial

Em escala global, estimativas de perdas de cerca de 120 bilhões de dólares na agricultura são atribuídas a causas abióticas, sendo uma das mais significativas o estresse hídrico causado tanto pelo excesso quanto pela falta de água. Assim, o desenvolvimento de lavouras mais resistentes aos estresses abióticos, por meio, por exemplo, de estratégias biotecnológicas, se constituiria em uma forma eficiente de contornar o problema das perdas causadas por esse tipo de estresse. De fato, o reconhecimento da importância das poliaminas na regulação de diversos processos fisiológicos levou diversos pesquisadores a manipularem as vias metabólicas e de sinalização de poliaminas, o que resultou em aplicações práticas como a aceleração do crescimento e o aumento da tolerância de plantas a estresses ambientais. Todavia, as aplicações práticas já obtidas para poliaminas ainda estão longe de atingir o potencial previsto para o uso dessas moléculas, a exemplo da maior tolerância de plantas contra estresses associados a mudanças climáticas, da produção de plantas com maior capacidade de produção de alimentos, principalmente em áreas de produção localizadas fora das áreas tradicionalmente ocupadas pela agricultura, do aumento da longevidade, da redução no conteúdo de lignina em árvores, o que seria de grande interesse para a indústria de papel e celulose, além do aumento da produção de biomassa com características desejáveis para a produção de biocombustíveis.

Bibliografia

Dempsey DA, Klessig DF. How does the multifaceted plant hormone salicylic acid combat disease in plants and are similar mechanisms utilized in humans? BMC Biology. 2017;15:23.

Huang H, Liu B, Liu L, Song S. Jasmonate action in plant growth and development. Journal of Experimental Botany. 2017;68:1349-59.

Kim TW, Wang ZY. Brassinosteroid signal transduction from receptor kinases to transcription factors plant hormones. Annual Review of Plant Biology. 2010;61:681-704.

Koo AJ. Metabolism of the plant hormone jasmonate: a sentinel for tissue damage and master regulator of stress response. Phytochemistry Reviews. 2017;1-30.

Masson PH, Takahashi T, Riccardo A. Molecular mechanisms underlying polyamine functions in plants. Frontiers in Plant Science. 2017;8:1-3.

Rivas-San Vicente M, Plasencia J. Salicylic acid beyond defence: its role in plant growth and development. Journal of Experimental Botany. 2011;62:3321-38.

Takahashi T, Kakehi JI. Polyamines: ubiquitous polycations with unique roles in growth and stress responses. Annals of Botany. 2010;105:1-6.

Wasternack C, Song S. Jasmonates: biosynthesis, metabolism, and signaling by proteins activating and repressing transcription. Journal of Experimental Botany. 2017;68:1303-21.

Wu Y, Zhang D, Chu JY, Boyle P, Wang Y, Brindle ID, et al. The Arabidopsis NPR1 protein is a receptor for the plant defense hormone salicylic acid. Cell Reports. 2012;1:639-47.

Zhang K, Halitschkec R, Yina C, Liub CJ, Gan SS. Salicylic acid 3-hydroxylase regulates Arabidopsis leaf longevity by mediating salicylic acid catabolism. Proceedings of the National Academy of sciences of the United States of America. 2013; 110:14807-12.

Zhang L, Zhang F, Melotto M, Yao J, He SY. Jasmonate signaling and manipulation by pathogens and insects. Journal of Experimental Botany. 2017;68:1371-85.

Zhu Z, Napier R. Jasmonate: a blooming decade. Journal of Experimental Botany. 2017;68:1299-302.

Fotomorfogênese em Plantas

Nidia Majerowicz • Lázaro E. P. Peres •
Rogério Falleiros Carvalho

Introdução

A percepção de mudanças na radiação ambiental tem enorme relevância para a maioria dos organismos procariotos a eucariotos superiores. Entretanto, essa capacidade de perceber e responder à luz é especialmente importante para organismos sésseis como as plantas. Para elas, a luz é um recurso ambiental crítico que provê energia para a biossíntese de todas as moléculas orgânicas. A limitação de luz no interior de uma comunidade vegetal pode acarretar redução do crescimento e da reprodução. As pressões de seleção impostas pela necessidade das plantas de se adaptarem com sucesso à luz ambiental conduziram à evolução de mecanismos de fotopercepção notavelmente sofisticados (Smith e Whitelam, 1990; Nagy e Schäfer, 2002).

A luz, como onda eletromagnética, tem a sua energia (*E*) expressa pela fórmula $E = hc/\lambda$, inversamente proporcional ao comprimento de onda (λ) e diretamente à velocidade da luz ($c = 3 \times 10^8$ m s^{-1}), em que *h* é a constante de Planck ($6{,}63 \times 10^{-34}$ J s); geralmente, a energia é expressa em nanômetros (nm).

Dessa forma, se considerada a luz do ambiente, os seres vivos são aptos a percebê-la tanto quantitativa quanto qualitativamente, desencadeando, em consequência, uma série de processos biológicos, protagonizados pela faixa do espectro luminoso compreendido entre os comprimentos de onda correspondentes à luz azul, mais energética, e ao vermelho, menos energética. Entretanto, comprimentos de onda muito curtos, como do UV, ou muito longos, como do vermelho-distante, desencadeiam importantes respostas biológicas. Como exemplo, na Figura 15.1 são mostrados alguns dos eventos controlados pela qualidade luminosa, a qual é percebida por vários fotorreceptores das plantas.

Dessa forma, as plantas podem perceber pequenas variações na quantidade de luz (gradientes luminosos), bem como diferenças sutis na composição espectral, e assim detectar se estão sombreadas, sob luz solar intensa ou, então, o período do dia, se manhã ou tarde. A luz é, portanto, um *sinal ambiental*, cuja percepção desencadeia mudanças no metabolismo e no desenvolvimento das plantas. A Figura 15.2 traça um quadro das ações biológicas da luz em plantas, sem incluir seus efeitos sobre a fotossíntese. Praticamente todas as características físicas da radiação ambiental podem modificar o comportamento (movimento de organelas e órgãos) e o desenvolvimento das plantas, destacando-se, por exemplo:

1. Direção (ver Capítulos 9 e 16).
2. Intensidade (quantidade de fótons por unidade de área ou μmol fótons m^{-2}).
3. Qualidade (comprimentos de onda constitutivos da radiação).
4. Periodicidade (fotoperíodo).

Isso significa que os conteúdos informativos presentes na luz podem ser utilizados pelas plantas de muitas maneiras, levando a mudanças de crescimento, forma e reprodução. A informação detectada é utilizada para otimizar o crescimento em virtude da luz ambiente, permitindo que a estrutura fotossintética funcione eficientemente ao longo do desenvolvimento (Chory, 1997). A luz exerce efeitos dramáticos na morfogênese de plântulas na transição germinativa entre o desenvolvimento heterotrófico (vida sob o solo) e o desenvolvimento autotrófico (Figura 15.3), assim como na germinação de certos tipos de sementes, no florescimento e na formação de órgãos de reserva (Chory, 1997; Kendrick e Kronenberg, 1994).

A percepção do sinal luminoso requer que a luz seja absorvida e se torne fotoquimicamente ativa, o que é efetuado pelos *fotorreceptores* ou pigmentos especializados. A absorção seletiva dos diferentes comprimentos de onda faz com que o fotorreceptor "leia" o conteúdo informativo contido na luz e o transforme em uma ação primária no interior das células. Ao tornar-se fotoquimicamente ativo, o fotorreceptor desencadeia uma cascata de eventos bioquímicos, a denominada via de transdução (transmissão) de sinais que, em última instância, leva às respostas metabólicas e de desenvolvimento.

A maior parte das respostas fotomorfogênicas das plantas vasculares parece ser controlada por meio de quatro classes de fotorreceptores (Nagy e Schäfer, 2002):

1. Fitocromos: absorvem principalmente o comprimento de luz vermelho (650 a 680 nm) e de vermelho-extremo (710 a 740 nm), podendo, inclusive, absorver a luz azul (425 a 490 nm).

2. Criptocromos: têm picos máximos de absorção no azul (425 a 490 nm) e na banda do UVA – ultravioleta A (cerca de 320 a 400 nm).
3. *UV resistence locus 8* (UVR8): fotorreceptores de luz na banda do UVB (280 a 315 nm).
4. Fototropinas: absorvem principalmente luz azul (400 a 500 nm) – são associadas ao fototropismo.

Os fitocromos e os criptocromos são os principais responsáveis pela maior parte dos processos fotomorfogênicos nas plantas. Na Figura 15.3, é mostrada a multiplicidade de respostas controladas pela luz durante o estabelecimento das plântulas. O alongamento do hipocótilo e do coleóptilo é rápido no escuro e praticamente inibido pela luz. Também na luz, há abertura do gancho apical, expansão dos cotilédones e das folhas primárias, desenvolvimento radicular, atividade da gema apical e dos meristemas intercalares (p. ex., milho), diferenciação dos cloroplastos, síntese de proteínas e pigmentos fotossintéticos, biossíntese de compostos do metabolismo secundário como antocianinas e moléculas precursoras da síntese de ligninas, necessárias à formação dos vasos do xilema e das fibras, ambos indispensáveis à sustentação.

O processo pelo qual o escuro controla o crescimento e o desenvolvimento das plantas é denominado escotomorfogênese, durante o qual as plântulas se tornam estioladas, apresentando, em geral, caules muito alongados e fracos, ausência de clorofila, folhas e cotilédones não expandidos, e manutenção do gancho apical fechado nas dicotiledôneas (Figura 15.3). Também, são designadas estioladas as plantas

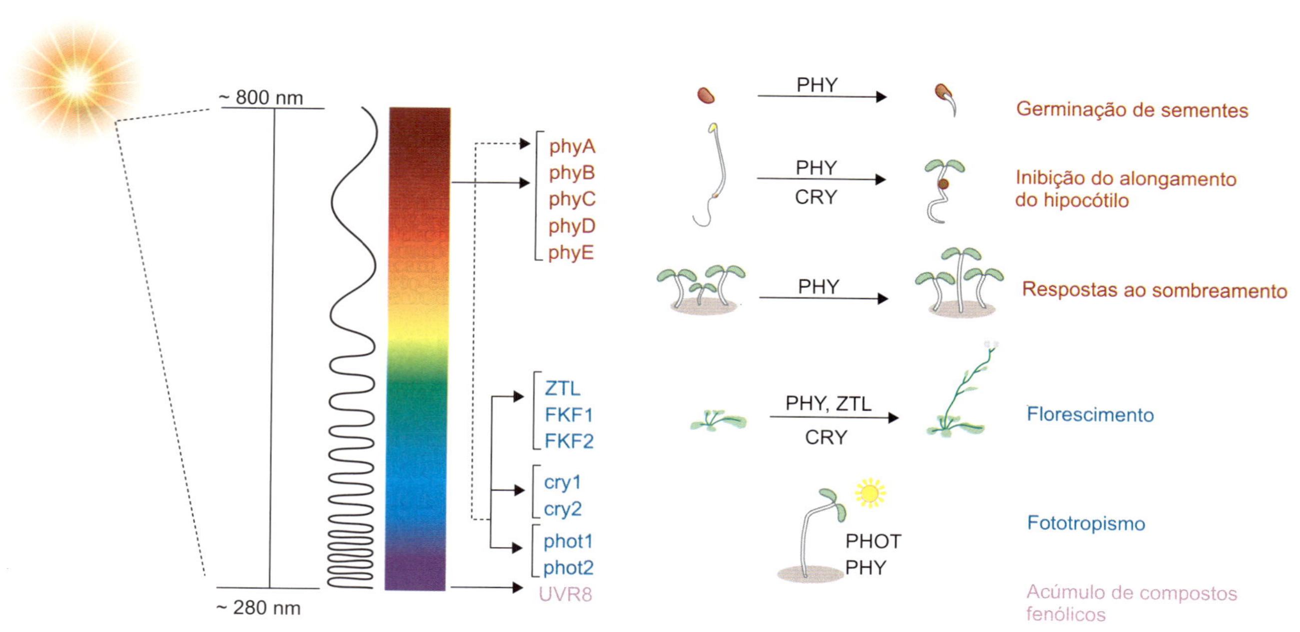

Figura 15.1 Controle da luz sobre as respostas de desenvolvimento das plantas. Os fotorreceptores permitem que as plantas percebam a qualidade da luz desde os comprimentos de onda mais curtos até os mais longos do espectro luminoso. Para tanto, dispõem de um aparato de diferentes tipos de receptores não clorofilianos, como os *fitocromos* (Phy, mais conhecidos), os *criptocromos* (cry), as *fototropinas* (phot) e os até agora chamados de *zeitlupes* (*ZLT*), ainda pouco conhecidos e representativos de uma família de moléculas que podem perceber a luz ultravioleta – UVB (UVR8). Adaptada de Fankhauser (s.d.).

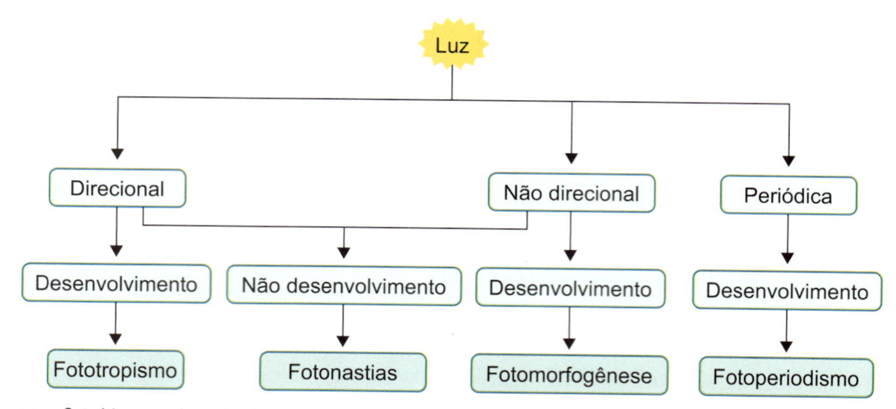

Figura 15.2 Vários fenômenos fisiológicos das plantas são controlados pela luz. Muitos deles dependem das propriedades físicas da luz incidente, como a direção, a qualidade espectral e a periodicidade.

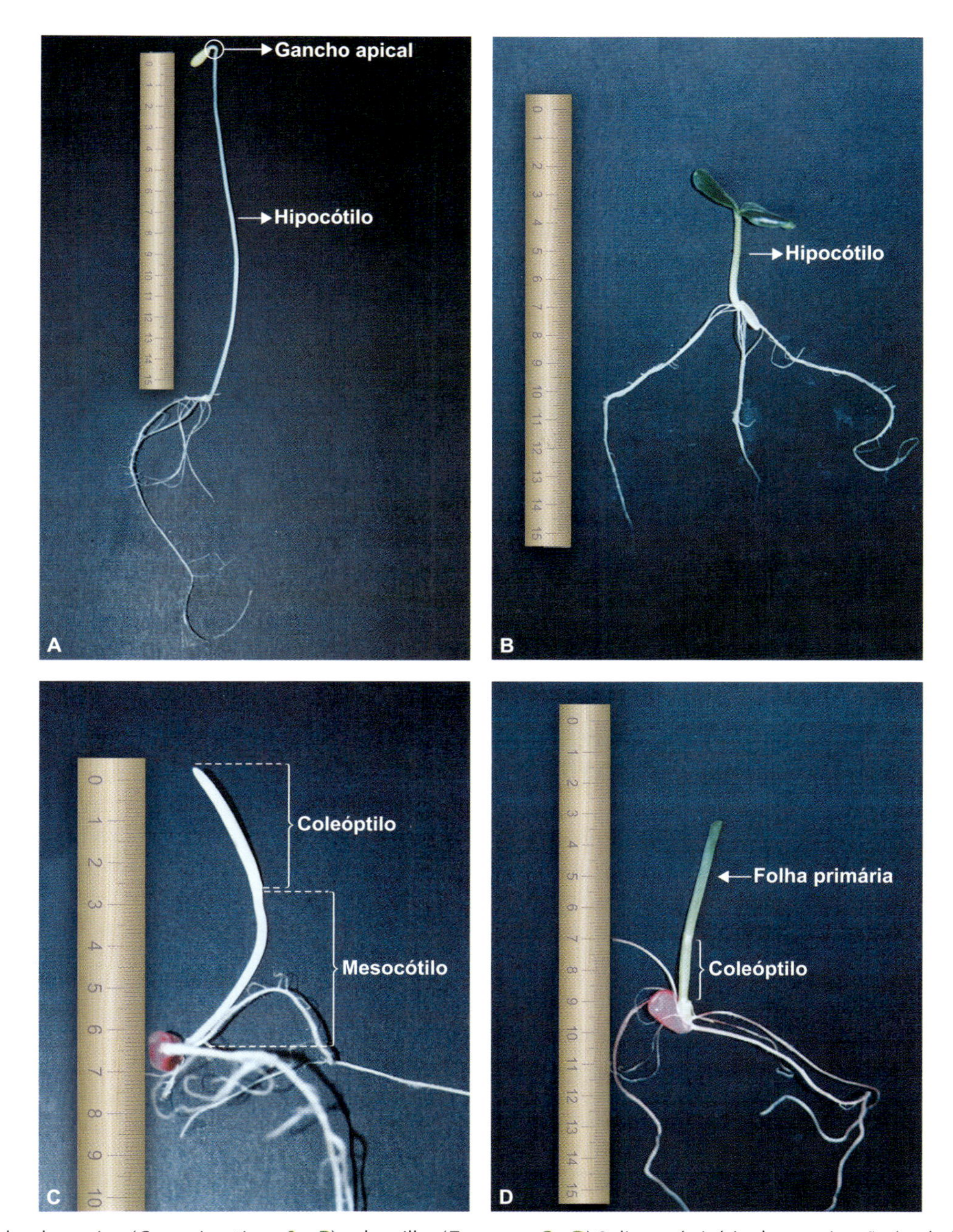

Figura 15.3 Plântulas de pepino (*Cucumis sativus*; **A** e **B**) e de milho (*Zea mays*; **C** e **D**) 8 dias após início da germinação (embebição). As plântulas à esquerda (**A** e **C**) foram mantidas no escuro, e as da direita (**B** e **D**) cresceram em presença de luz. De modo geral, plântulas crescidas no escuro, denominadas estioladas, são esbranquiçadas (sem clorofilas), alongadas (crescimento longitudinal acelerado) e frágeis (não formam fibras), apresentando sistema radicular reduzido em comparação com as plântulas mantidas sob iluminação. Diferentemente de plântulas de milho (monocotiledôneas) crescidas no claro, quando no escuro elas apresentam mesocótilo e coleóptilo alongados, mantendo as folhas primárias enroladas no interior do coleóptilo. Plântulas de pepino (dicotiledônea) mantidas no escuro apresentam hipocótilo alongado, gancho plumular fechado e folhas primárias não expandidas em contraste com as plântulas crescidas em ambiente iluminado.

crescidas em ambientes com limitação de luz, as quais originam caules mais longos e menos ramificados que quando crescidas sob luz solar direta.

Fitocromo e controle do desenvolvimento

Descoberta do fitocromo

Ainda que os efeitos benéficos da luz sobre o crescimento das plantas fossem reconhecidos desde o século 18, foi, no entanto, na década de 1930 que esse assunto passou a receber a devida atenção dos cientistas, mais notadamente de Flint e McAlister. Ambos foram os primeiros a demonstrar que sementes de alface (*Lactuca sativa* cv *Grand Rapids*) germinavam bem mais quando irradiadas com luz vermelha (V), que quando na presença de luz vermelho-extrema (VE), sob a qual a germinação era inibida.

A compreensão do papel da luz no desenvolvimento das plantas progrediu, rapidamente, a partir da década de 1950 com os estudos pioneiros conduzidos pelo botânico H.A. Borthwick, o físico-químico S.B. Hendricks *et al.*, sobre os efeitos de diferentes comprimentos de onda do espectro luminoso sobre fenômenos fisiológicos – *espectro de ação* –, como a germinação de sementes fotoblásticas positivas de alface, o alongamento caulinar de ervilha e o controle fotoperiódico do florescimento. Por meio do espectro de ação, pode-se aquilatar como cada comprimento de onda afeta, quantitativamente, esses eventos fotobiológicos. Esse estudo foi possível graças ao emprego de um espectrógrafo, um equipamento que projetava em uma grande câmara escura um espectro luminoso de 2 m, compreendendo a banda correspondente à luz violeta (comprimentos de onda curtos) até a luz vermelha-extrema (comprimentos de onda longos; Labouriau, 1983).

Graças à precisão oferecida por essa condição experimental, foi possível observar que o espectro de ação era o mesmo para os três eventos fisiológicos estudados, com picos no vermelho (V) – comprimento de onda de 660 nm – e no vermelho-extremo, também chamado de vermelho-distante (VE) – comprimento de onda de 730 nm. Ver a seguir. Os resultados inéditos então obtidos levaram Borthwick e Hendricks a propor que esses três importantes e diferentes fenômenos fisiológicos seriam controlados por um único pigmento fotorreceptor.

Não apenas isso. Esses autores constatariam ainda outro evento extraordinário controlado pela luz vermelha: a *fotorreversibilidade*, ou seja, os efeitos desencadeados pela luz vermelha podiam ser revertidos pela irradiação com vermelho-extremo e, vice-versa, prevalecendo, em qualquer uma das respostas estudadas, aquela desencadeada pelo último comprimento de onda aplicado. Tal fenômeno jamais havia sido descrito na biologia.

Os dados apresentados na Tabela 15.1 e na Figura 15.4 ilustram o mecanismo de controle da fotorreversibilidade. Na Figura 15.4, as sementes de alface foram embebidas no escuro durante 3 h antes de serem submetidas a uma exposição de 1 min à irradiação com luz vermelha e 4 min com luz vermelho-extrema, ou alternâncias sucessivas e imediatas com V e VE; depois disso, as sementes foram reconduzidas ao escuro. Após 48 h, o número de sementes germinadas de cada grupo foi contado. Conforme se observa na Figura 15.4, a germinação é promovida pela luz V e inibida pela luz VE.

O conjunto desses resultados conduziu Borthwick e Hendricks a proporem a existência de um pigmento até então desconhecido, ao qual denominaram *fitocromo*. Esse pigmento, até então hipotético, deveria existir e funcionar sob duas formas: uma com pico de absorção no vermelho (660 nm), quando o fitocromo forma V (*Fv*), e outra com pico de absorção no vermelho-extremo (730 nm), quando o fitocromo forma VE (*Fve*). Em língua inglesa, a forma Fv do fitocromo é abreviada para Pr (*red phytochrome*), e a forma Fve para Pfr (*far-red phytochrome*). A partir dos seus resultados experimentais, esses autores propuseram também que o fitocromo deveria ser sintetizado no escuro na forma Fv. A forma *fisiologicamente ativa* do fitocromo seria a forma Fve, quimicamente muito instável, a qual, no escuro, reverteria para a forma Fv por reações bioquímicas independentes de luz (Figura 15.5).

Tabela 15.1 Fotorreversibilidade V-VE da germinação de sementes de alface.

Irradiação	% Germinação (20°C)
V	70
V, VE	6
V, VE, V	74
V, VE, V, VE	6
V, VE, V, VE, V	76
V, VE, V, VE, V, VE	72

Fonte: Borthwick *et al.* (1954).

Fitocromo | Uma família gênica

Até recentemente, o fitocromo era considerado um fotorreceptor único, com propriedades relativamente parecidas em todas as plantas e sob todas as condições. Contudo, sabe-se hoje que as plantas vasculares, assim como as plantas inferiores, incluindo as algas, apresentam vários genes para esse tipo de fotorreceptor. Estudos moleculares têm demonstrado que a sua parte polipeptídica (proteica) é codificada por uma família de genes. Em *Arabidopsis thaliana*, foram identificados cinco genes, designados por *PhyA*, *PhyB*, *PhyC*, *PhyD* e *PhyE*. Pesquisas com mutantes fotomorfogênicos e plantas transgênicas têm indicado que os múltiplos tipos de fitocromos podem apresentar funções fotossensoriais e fisiológicas distintas. De acordo com esses estudos, o fitocromo A (phyA), de modo característico, acumula no escuro e desaparece, rapidamente, no claro; além disso, parece ter como papel primário a fotopercepção em plântulas novas e ainda estioladas, que crescem em comunidades vegetais sombreadas, onde predomina o vermelho-extremo. O fitocromo phyA é tipicamente instável na presença de luz, podendo sua proteína ser degradada, rapidamente, por um pulso de luz saturante (Figura 15.6). Os níveis de phy B-E, por sua vez, são extremamente reduzidos tanto no claro quanto no escuro, a ponto de dificultar os estudos espectroscópicos e imunoquímicos *in vivo*. O fitocromo B (phyB) parece exercer um papel fotossensorial na iniciação do desestiolamento em condição luminosa, bem como na indução de respostas de escape (estiolamento) ao sombreamento em plantas (Quail, 1994; Nagy e Schäfer, 2002).

Propriedades físico-químicas

A molécula do fitocromo

Os fitocromos são proteínas pigmentadas e solúveis, com aproximadamente 125 kD (kilodáltons). Em soluções concentradas desse fotorreceptor, a forma Fv tem uma coloração azulada, enquanto a forma Fve se apresenta esverdeada. As moléculas de fitocromo são dímeros proteicos (Figura 15.7). Cada subunidade contém um *cromóforo*, que se liga covalentemente à proteína Phy (*apoproteína*). O cromóforo é um tetrapirrol de cadeia aberta denominado fitocromobilina (Figura 15.8). Juntos, a apoproteína e seu cromóforo formam a *holoproteína* (Chory, 1997). Em *Arabidopsis*, tanto as apoproteínas Phy A-E quanto o respectivo cromóforo são codificados por genes nucleares, sendo este sintetizado em uma via metabólica dos cloroplastos (Figura 15.9).

As propriedades únicas das moléculas de fitocromo resultam da interação complexa entre o cromóforo e a apoproteína. A fotoconversão entre as formas Fv e Fve está associada

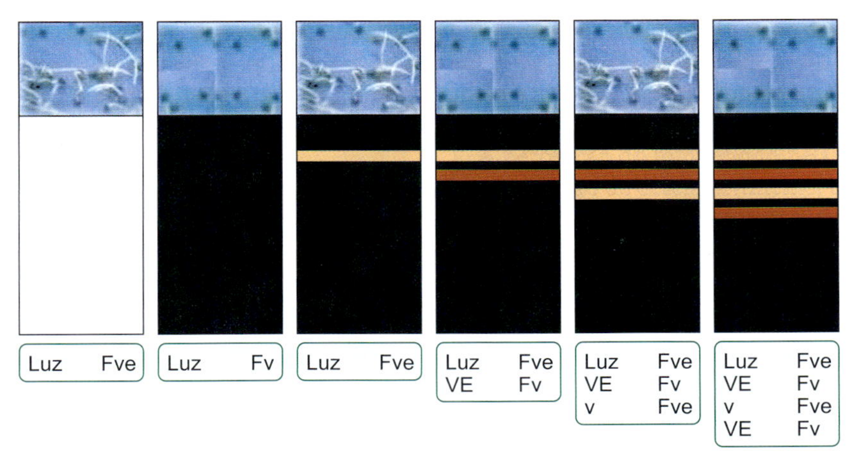

Figura 15.4 Sementes fotoblásticas positivas germinam após receberem um pulso (1 min) de luz de comprimento de onda vermelho (V). Esse efeito pode ser revertido se, em seguida, as mesmas sementes forem irradiadas alguns minutos com luz de comprimento de onda vermelho-extremo (VE). Quando tratamentos alternados de luz V e VE são aplicados sobre as sementes, a resposta observada será determinada pelo último comprimento de onda irradiado sobre as sementes. As estruturas brancas observadas nas fotografias são raízes formadas em decorrência do processo de germinação em curso após irradiação com luz V.

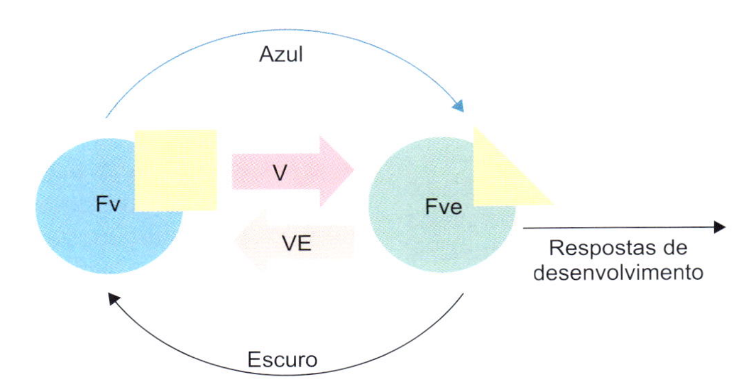

Figura 15.5 As duas formas fotorreversíveis do fitocromo, Fv e Fve, são correlacionadas com a indução de respostas metabólicas e de desenvolvimento. A fotoconversão da forma do fitocromo Fv a Fve é induzida por comprimento de onda no vermelho (V) e por luz azul, e a reversão de Fve a Fv é induzida por comprimento de onda no vermelho-extremo (VE) e também pelo escuro.

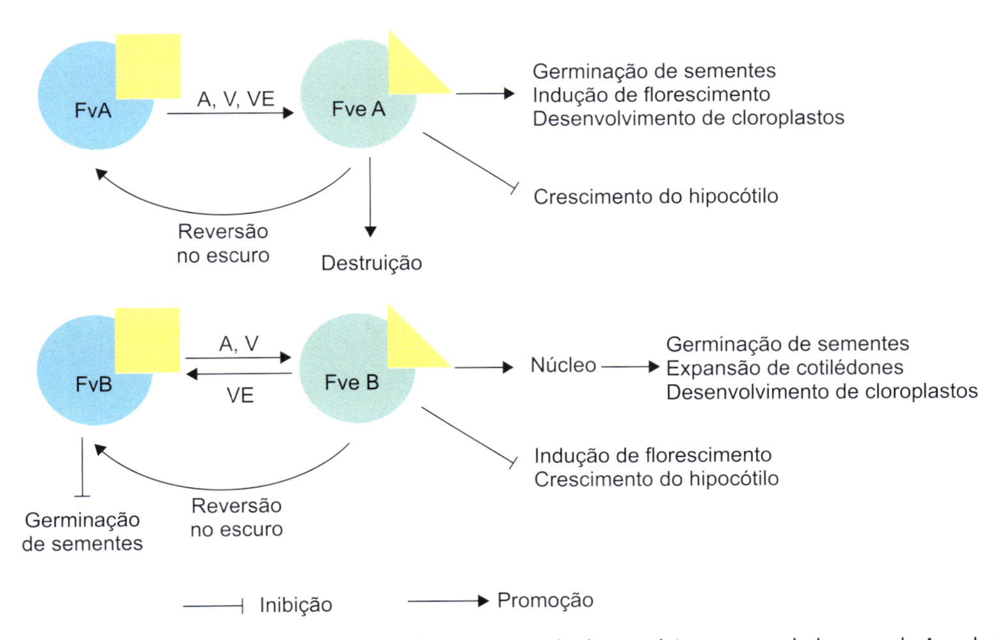

Figura 15.6 Resumo esquemático da fotoconversão Fv-Fve e dos processos de desenvolvimento regulados por phyA e phyB. As setas indicam promoção, e a terminação em T indica inibição dos eventos fisiológicos mencionados. Os comprimentos de onda do vermelho, vermelho-extremo e azul são, V, VE e A, respectivamente. Adaptada de Chory (1997).

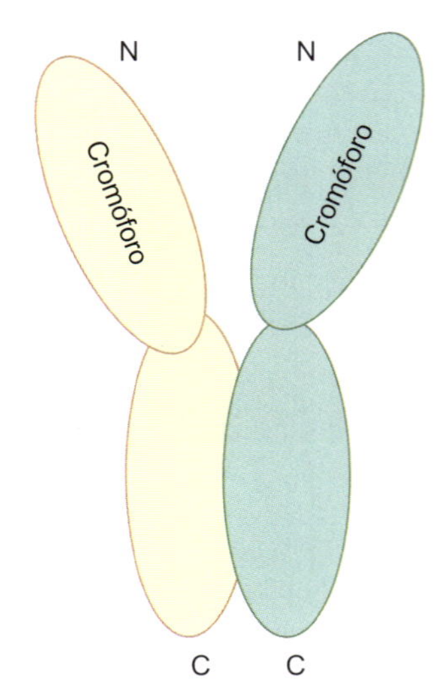

Figura 15.7 Estrutura do fitocromo formado por um dímero proteico. Cada subunidade proteica se liga a um cromóforo.

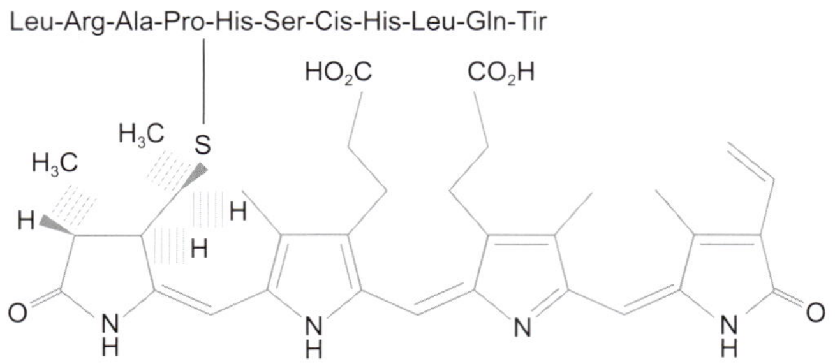

Leu-Arg-Ala-Pro-His-Ser-Cis-His-Leu-Gln-Tir

Figura 15.8 O cromóforo do fitocromo é uma cadeia tetrapirrólica aberta.

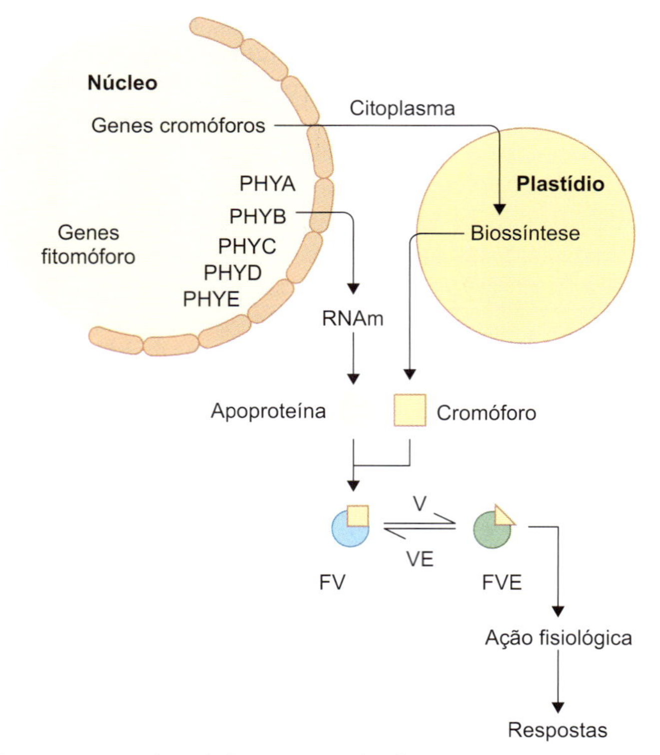

Figura 15.9 As subunidades proteicas dos fitocromos (apoproteínas) são codificadas por genes nucleares e sintetizadas no citoplasma. O cromóforo é sintetizado no interior dos cloroplastos e transportado para o citoplasma. A ligação entre as apoproteínas e o cromóforo forma moléculas ativas de fitocromos (holoproteínas).

a mudanças conformacionais na estrutura do cromóforo (Chory, 1997). Após absorção de luz, o cromóforo Fv passa por isomerização *cis-trans* na dupla-ligação entre os carbonos 15 e 16 e uma rotação da ligação simples C14-C15. As mudanças conformacionais do cromóforo, promovidas pela luz, alteram a conformação da proteína Phy e, ao mesmo tempo, modificam as propriedades espectrofotométricas da molécula do fitocromo.

Propriedades espectrorradiométricas

Quando na ausência de luz, os tecidos sintetizam fitocromos na forma Fv. Enquanto a forma Fv tem pico de absorção máxima em 660 nm, a forma Fve o faz em 730 nm (Figura 15.10). *In vivo* ou *in vitro*, ao ser irradiada com luz vermelha (660 nm), a maior parte das moléculas do fitocromo é convertida em forma Fve (ver Figuras 15.5 e 15.10). No entanto, como as moléculas de Fve são capazes também de absorver, ainda que com menor eficiência, a luz vermelha, parte delas retorna para a forma Fv (Figura 15.11). Por esse motivo, em presença de luz vermelha saturante, a forma Fve compreende, no máximo, 85% do total das moléculas de fitocromo. Contudo, após serem irradiadas com vermelho-extremo saturante (730 nm), moléculas de fitocromo na forma Fve são convertidas na forma Fv. O fotoequilíbrio estabelecido, entretanto, é de 97% de moléculas na forma Fv e 3% na Fve. Isso porque Fv também pode absorver comprimentos de onda VE e ser convertida na forma Fve (Labouriau, 1983). Nota-se que Fv absorve pouco a radiação VE (Figura 15.11). Em síntese, as reações reversíveis promovidas pelos comprimentos de onda V/VE geram dois grupos de fitocromos distintos em suas propriedades espectrofotométricas e fisiológicas: um grupo é sintetizado no escuro na forma Fv, enquanto o outro (Fve) depende das características da radiação ambiental.

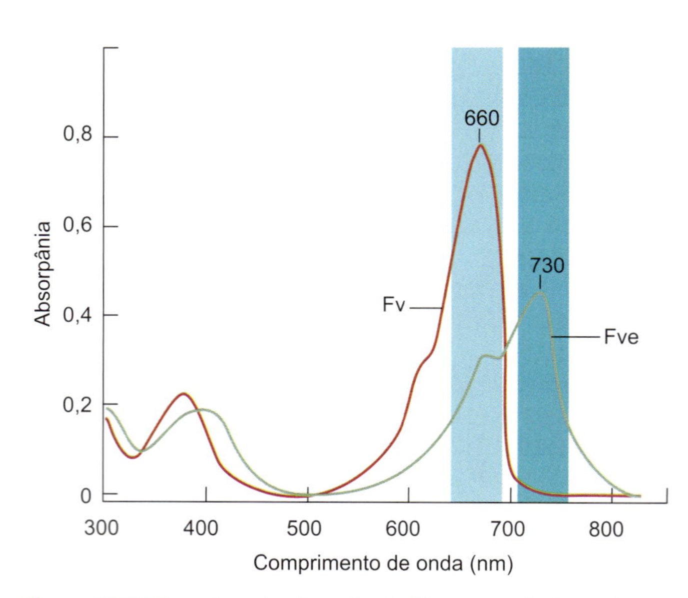

Figura 15.10 Espectros de absorção do fitocromo phyA nas formas Fv e Fve. A forma Fv tem pico em luz V (660 nm) e a Fve em luz VE (730 nm). A forma Fv também absorve um pouco na faixa do VE, e Fve absorve significativamente na faixa do V. Note que, além da faixa do vermelho, as formas de fitocromo têm picos de absorção na faixa do azul (320 a 400 nm) e ultravioleta (280 nm).

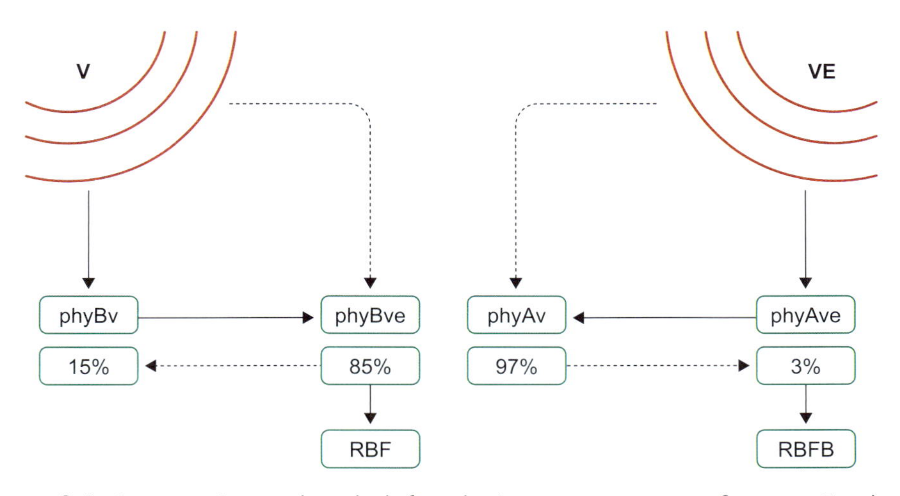

Figura 15.11 Interação entre fluência e comprimento de onda da fonte luminosa nas respostas ao fitocromo. Em plantas crescidas sob luz – a irradiação saturante com luz V –, a forma Fv do fitocromo tipo B (phyBv) absorverá luz V e se converterá na forma ativa (phyBve). Contudo, a forma phyBve (Fve) também absorve um pouco de luz V (ver Figura 15.9), convertendo-se novamente em phyBv. No equilíbrio fotoestacionário, sob luz V, 85% de phyB estarão na forma ativa, o que é suficiente para induzir respostas de baixa fluência (RBF). Do mesmo modo, em plântulas crescidas no escuro, após saturação com VE, phyA estará com 97% de suas moléculas na forma inativa Fv (phyAv) e somente 3% na forma ativa Fve (phyAve). Contudo, essa quantidade de phyA ativo é mais que suficiente para induzir resposta de fluência muito baixa (RFMB).

Localização e expressão dos fitocromos na planta

Estudos *in vivo* sobre a localização dos fitocromos em plantas transgênicas por meio de técnicas de espectrofotometria, imunocitoquímica e histoquímica registraram sua maior ocorrência nas regiões apicais de crescimento ativo, como os meristemas e as regiões subapicais (zona de alongamento) de caules e raízes.

A clonagem dos genes *Phy* tem possibilitado um maior entendimento a respeito de sua expressão individual em diferentes tecidos. Somers e Quail (1995) estudaram o padrão de expressão temporal e espacial dos genes *PhyA* e *PhyB* em plantas transgênicas de Arabidopsis, desde o estágio de semente até a planta em fase reprodutiva. As plantas foram transformadas com genes modificados que continham os promotores de *PhyA* e *PhyB* associados ao gene-repórter GUS. Esse gene artificial somente se expressa quando os promotores de *PhyA* e *PhyB* são ativados por sinais ambientais ou endógenos controladores da expressão de ambos. A proteína codificada pelo gene *GUS*, a enzima betaglucuronidase, após a adição de um substrato específico, gera um precipitado com coloração azul *in situ*. A presença, a distribuição e a intensidade da coloração azul nos diferentes tecidos permitem visualizar o padrão de expressão dos genes em estudo. Verificou-se que tanto *PhyA* quanto *PhyB* se expressavam na maioria dos tecidos ao longo de toda a vida da planta, sendo sua regulação controlada no nível transcricional, pelo estágio do desenvolvimento e pela luz. Assim, os autores concluíram que as fotorrespostas diferenciadas atribuídas a cada um dos fitocromos dependeriam da alteração da quantidade relativa de ambos os fitocromos; das propriedades bioquímicas intrínsecas diferenciadas e de vias de transdução de sinais independentes.

Respostas ao fitocromo também dependem da quantidade de luz

Os fitocromos podem atuar de três modos diferentes, conforme a qualidade, a intensidade e a duração da luz: respostas de fluência* muito baixa (RFMB), respostas de baixa fluência (RBF) e respostas de irradiância alta (RIA). Duas delas, RFMB e RIA, são mediadas por phyA. Entretanto, RBF é mediada por phyB e, em muitos casos, por outros fitocromos diferentes de phyA.

A RFMB inicia em 0,1 $nmol.m^{-2}$ e satura em 50 $nmol.m^{-2}$. Essa pequena quantidade de luz V converte menos que 0,02% do fitocromo total (phyA) em Fve. Como visto anteriormente, em virtude do fato de a forma inativa do fitocromo (Fv) também absorver um pouco de VE e se tornar ativa, mesmo sob saturação de VE, haverá 3% de Fve. Essa pequena quantidade de fitocromo ativo é bem maior que os 0,02% necessários para induzir RFMB. É justamente por isso que, ao contrário de RBF, a RFMB não apresenta a clássica reversão por VE (ver Figura 15.11).

A RBF é a resposta clássica de fitocromo induzida por V e revertida por VE, como ocorre na germinação de sementes de alface. Esse tipo de resposta requer um mínimo de fluência de 1 $\mu mol\ m^{-2}$ e satura a 1.000 $\mu mol\ m^{-2}$. Desse modo, sob exposição contínua ao V ou pulsos de V, uma grande proporção de moléculas de phyB converte-se na forma ativa (ver Figura 15.11).

Por fim, RIA requer exposição prolongada ou exposição contínua à luz de irradiância alta, ou seja, a resposta é proporcional à irradiância ou taxa de fluência de fótons. É justamente por isso que ela é denominada RIA, e não resposta de fluência alta (RFA). Nesse caso, RIA não responde à lei da reciprocidade,** ou seja, exposição contínua a luz fraca

* Entende-se por fluência a quantidade de fótons (μmol) incidindo em determinada área (m^{-2}). Ao considerar o tempo (s^{-1}) de incidência dos fótons, ter-se-á a taxa de fluência de fótons ou irradiância, cuja unidade é $\mu mol\ m^{-2}\ s^{-1}$. Quanto maior a irradiância, mais "brilhante" é uma fonte luminosa.

**Lei da reciprocidade: a resposta fotobiológica depende do produto $f \times t$ (fluência de fótons vezes tempo de exposição). Assim, se a exposição a determinada radiação é prolongada, a fluência pode ser baixa. Porém, se o tempo de exposição é curto, a fluência deve ser proporcionalmente mais elevada. RFMB e RBF respondem a essa lei.

ou exposição rápida a luz muito brilhante não induzem RIA. Além de RIA precisar de fluência muito alta para saturar, ela não é fotorreversível (V/VE). Esse tipo de resposta é mediado por phyA e só ocorre sob VE contínuo, e não sob pulsos de VE ou mesmo V. Um típico exemplo de RIA refere-se à síntese de antocianinas em algumas espécies de dicotiledôneas.

Os três tipos de resposta (RBF, RFMB e RIA) podem estar envolvidos em um mesmo evento fisiológico (Figura 15.12). Na inibição do crescimento do hipocótilo, em plantas previamente crescidas no escuro, o phyA que se acumula nessas condições pode inibir o estiolamento tanto por RFMB sob pulsos de VE quanto por RIA sob VE contínuo. Contudo, em plantas previamente crescidas no claro e mantidas sob V, a inibição do crescimento do hipocótilo é induzida por phyB atuando em RBF. No caso da germinação de sementes, a luz VE contínua em RIA ou pulsos de VE em RBF inibirão esse processo. No primeiro caso, a inibição da germinação é mediada por phyA e, no segundo, por phyB. Contudo, sementes podem ser induzidas a germinar sob VE, desde que este atue em fluência muito baixa (RFMB), sendo essa resposta mediada por phyA. Exposição com luz V normalmente induz germinação de sementes, sendo esta a clássica RBF mediada por phyB.

Mutações fotomorfogênicas

Mutantes fotomorfogênicos são muito importantes para o estudo de fotorreceptores. O efeito da mutação é a expressão defeituosa ou alterada de um gene. Mutações em genes específicos da biossíntese ou da via de transdução de sinal do fitocromo permitem analisar as diferentes funções fisiológicas desses fotorreceptores. Em tomateiro (*Lycopersicon esculentum*), mutantes com alteração na síntese ou expressão do fitocromo já foram isolados. Os mutantes *yellow green-2* (*yg-2*) e *aurea* (*au*) de tomateiro não respondem à luz branca do mesmo modo que as plantas selvagens (Figura 15.13; Kendrick e Georghiou, 1991). O hipocótilo desses mutantes apresenta-se alongado e com pouco acúmulo de antocianinas. O aspecto clorótico (amarelecido) das plantas dá a impressão de que estejam crescendo na ausência da luz. Essas características da planta, mesmo sob luz branca, indicam deficiência de fitocromo. Nesses dois mutantes em questão, todos os tipos de fitocromo estão em baixas quantidades, indicando que a deficiência é na síntese do cromóforo. Como visto anteriormente, embora existam diferentes tipos de apoproteínas, o cromóforo é o mesmo para todas elas. Desse modo, a deficiência na síntese do cromóforo acarreta limitação quantitativa em todos os tipos de fitocromos. A deficiência também pode ser observada durante a germinação.

Outras mutações envolvendo deficiência na percepção da luz podem ser ainda observadas em *Lycopersicum esculentum*. O mutante *fri* (*far red insensitive*) aparece em plantas insensíveis ao comprimento de onda do vermelho-extremo. Os mutantes *fri* apresentam alterações na apoproteína de phyA. O acúmulo do fitocromo tipo A (phyA) em plantas selvagens que crescem sob VE está associado à inibição do alongamento do hipocótilo durante o estiolamento. A deficiência no acúmulo de phyA sob VE, após o período de germinação no escuro, causa um estiolamento proeminente nesses mutantes (Figura 15.14 A). Porém, quando crescido sob luz branca, o fenótipo de *fri* é quase indistinguível do tipo selvagem (van Tuinen *et al.*, 1995a).

Plantas temporariamente deficientes na percepção do comprimento de onda do vermelho, mutantes *tri* (*temporary red insensitive*), também foram encontradas em tomateiro. O fitocromo tipo B (phyB) está envolvido na percepção da luz V, causando inibição do alongamento do hipocótilo. Mutantes de tomateiro que estiolam sob esse comprimento de onda são deficientes em phyB (Figura 15.14 B). Um atraso temporário de aproximadamente 2 dias na inibição do alongamento do hipocótilo pode ser observado após a transferência de mutantes *tri* do escuro para a radiação com V (van Tuinen *et al.*, 1995b).

Os mutantes *fri* e *tri* apresentam alterações na síntese das subunidades proteicas do fitocromo, ou seja, na codificação das apoproteínas phyA e phyB1, respectivamente. Além da

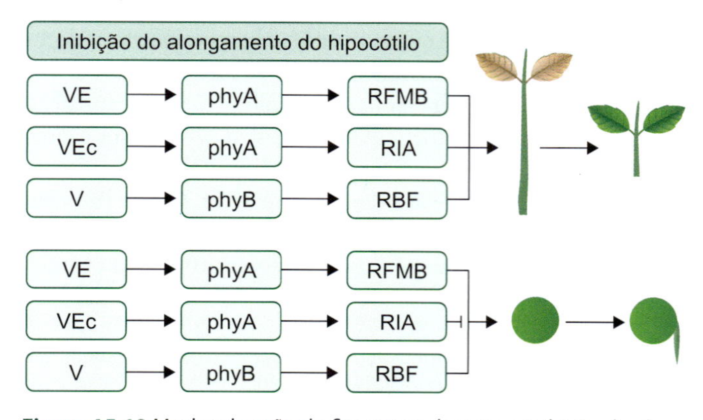

Figura 15.12 Modos de ação do fitocromo durante a inibição do alongamento do hipocótilo e a regulação da germinação de sementes. RFMB é mediada por phyA sob VE. RBF é mediada por phyB sob luz V. RIA é mediada por phyA sob exposição ao vermelho-extremo contínuo (VEc). Observe que a germinação de sementes é inibida por VEc em RIA ou por pulsos de VE em RBF (não mostrado aqui). Adaptada de Casal e Sanchez (1998).

Figura 15.13 Fenótipo do mutante *aurea* (*au*; do latim *aurum*: ouro) de tomateiro. A planta da esquerda é selvagem, e a da direita é do mutante *au*. Note o aspecto estiolado das plantas e o baixo acúmulo de clorofila, prevalecendo os carotenoides (amarelo), que conferem a coloração dourada das plantas. Adaptada de Carvalho *et al.* (2011).

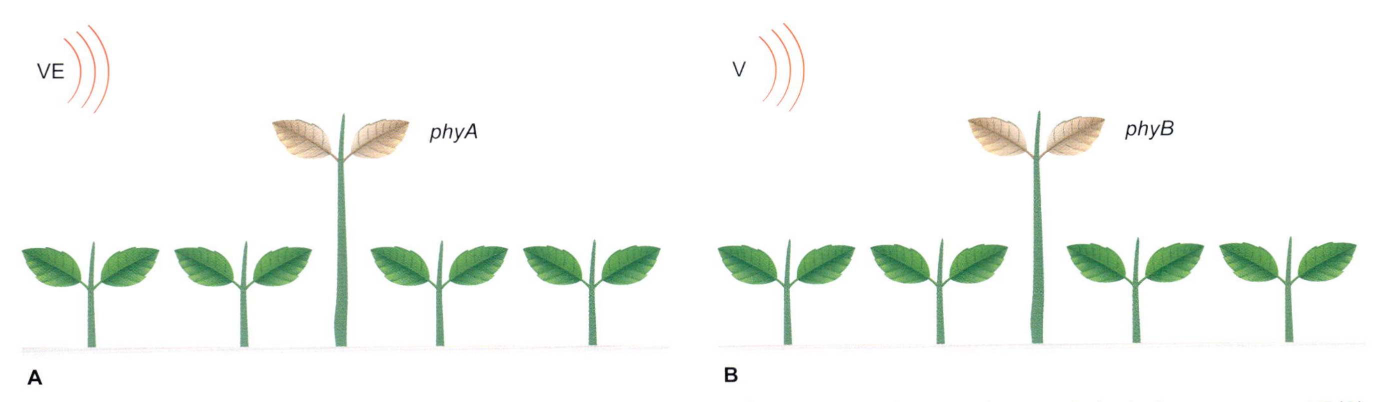

Figura 15.14 Mutantes deficientes no acúmulo de phyA apresentam um estiolamento proeminente após a transferência do escuro para o VE (**A**). Sob V, mutantes deficientes no acúmulo de phyB estiolam por um período de aproximadamente 2 dias após a transferência do escuro para o V (**B**).

participação conjunta de phyA e phyB na inibição do alongamento do hipocótilo, outras respostas fotomorfogênicas parecem envolver ambos os fitocromos durante o ciclo de vida da planta.

Mecanismos de ação dos fitocromos

A presença de Fve desencadeia vias de transdução de sinais específicas para cada tipo celular, podendo promover modificações intensas no metabolismo e nas rotas de desenvolvimento. A compreensão desses mecanismos de ação tem avançado rapidamente com a utilização de técnicas moleculares e bioquímicas, assim como com o estudo de mutantes fotomorfogênicos e plantas transgênicas. Essas ferramentas têm elucidado mecanismos finos de controle do crescimento e desenvolvimento vegetal pelos fitocromos, incluindo o conhecimento da interação negativa ou positiva desses fotorreceptores com outras moléculas, como hormônios. Entretanto, as primeiras evidências da ação dos fitocromos foram observadas nas membranas celulares.

Modificação da permeabilidade das membranas

Muitas das respostas rápidas do estímulo luminoso parecem estar relacionadas com mudanças na atividade das membranas biológicas, levando a variações nos potenciais bioelétricos ou no fluxo de íons.

Um dos primeiros indícios da influência do fitocromo nas propriedades elétricas dos tecidos foi obtido por T. Tanada, em 1968, ao estudar a carga superficial de segmentos de pontas de raízes de cevada. Ele observou que, quando estas cresciam no escuro, flutuavam livremente no interior de um recipiente de vidro com paredes carregadas negativamente. Entretanto, 30 s após uma breve exposição à luz vermelha, foi suficiente para que suas pontas passassem a aderir às paredes. Contudo, um tratamento com vermelho-extremo as liberava das paredes. Mostraram com isso que o potencial elétrico transmembrana podia ser modificado pelo fitocromo. A correlação entre o fitocromo e o movimento de íons foi demonstrada no movimento noturno de fechamento de folhas e folíolos ou *nicnastia* (ver Capítulo 16), o qual é muito comum em plantas leguminosas. Plantas que apresentam esse comportamento apresentam na base das folhas (compostas) e de cada um de seus folíolos uma estrutura bulbosa chamada pulvino, este responsável pelos movimentos de fechamento e abertura. O pulvino controla o movimento das folhas em decorrência de mudanças no volume de suas células superiores e inferiores. A entrada e a saída de água resultam da absorção e da perda de íons (ver Capítulos 1 e 2). No caso dos pulvinos, o movimento de água decorre da rápida redistribuição, via membrana plasmática, dos íons K^+, Cl^- e malato, principalmente. Estudos têm mostrado que em certos órgãos o fitocromo controla a entrada de K^+, em resposta compensatória à saída ativa de íons H^+, a qual, por sinal é promovida pelo fitocromo (Fve). Essa despolarização instantânea da membrana promoveria a abertura de canais de K^+ (Hopkins, 1995).

Estudos têm indicado que o Ca^{2+} também pode estar envolvido nos movimentos nicnásticos. Rápidas mudanças nas concentrações citoplasmáticas de Ca^{2+}, após irradiação, sugerem a participação desse íon em várias rotas de transdução de sinais.

Fatores de interação com fitocromos (PIF)

Um dos mecanismos mais expressivos pelos quais os fitocromos modulam a fotomorfogênese nas plantas dá-se por meio da interação negativa com os chamados *fatores de interação com fitocromos* ou *PIF*, pertencentes a uma família de fatores de transcrição (bHLH – *basic helix-loop-helix family*). A propósito, vale mencionar que os fatores de transcrição são proteínas que se ligam a genes específicos (DNA), regulando, positiva ou negativamente, a capacidade de estes realizarem transcrição gênica. Mostrou-se em *Arabidopsis* que os PIF, especialmente PIF1, PIF3, PIF4 e PIF5, são degradados na presença da luz, mas se acumulam no escuro, quando induzem a expressão de genes repressores da fotomorfogenêse, inibindo, assim, esse importante evento fisiológico (ver Figura 15.14).

Contudo, quando há luz, os fitocromos na forma ativa migram do citosol para o interior do núcleo, onde interagem com os PIF, fosforilando-os, além de predispô-los à degradação pelo complexo proteico proteassoma 26S. Com isso, os genes de repressão da fotomorfogênese não são induzidos, e as respostas à luz podem então se manifestar. Entretanto, além dos PIF, outras moléculas fazem parte da complexa via de sinalização da repressão de respostas à luz.

Sabe-se hoje que os mecanismos pelos quais os fitocromos interagem com os PIF podem ser também influenciados por hormônios vegetais como as giberelinas. Conforme mostrado na Figura 15.15, quando plantas jovens são mantidas durante certo tempo no escuro, comum durante a germinação, acumula-se PIF, o que faz com que adquiram um fenótipo típico da escotomorfogênese, como aquele mostrado na Figura 15.3. Entretanto, quando na presença de baixas concentrações de giberelinas endógenas, os PIF são degradados pelas proteínas DELLA, estas intimamente ligadas à repressão dos genes responsivos a esse grupo de hormônios. Por sua vez, a presença de níveis mais elevados de giberelinas conduz à degradação de DELLA, liberando as respostas às giberelinas (Figura 15.16). Pormenores da ação das giberelinas sobre as proteínas DELLA são mostrados na Figura 11.8 (ver Capítulo 11). Segundo Oh *et al.* (2007), os mecanismos pelos quais os hormônios interagem com os PIF são ainda pouco conhecidos.

Regulação da expressão gênica

A função molecular primária dos fitocromos ainda é pouco conhecida. As atividades dos fitocromos como holoproteínas reguladoras da transcrição gênica ou receptores de membrana são parcialmente aceitas. Nesse sentido, já se evidenciou que, em células iluminadas com pulsos de luz V ou exposição contínua a VE, os fitocromos phyB ou phyA, respectivamente, migram do citosol para o interior do núcleo. Conhecem-se até o momento duas proteínas nucleares que interagem com a forma Fve de phyB. Acredita-se que as proteínas nucleares que se associam com phyB ativo sejam fatores de transcrição. Tal hipótese sugere que fitocromos ativados, transportados para o núcleo, exerçam um controle sobre a transcrição de genes controlados pela luz.

Já foram identificadas algumas proteínas fosforiladas pela atividade cinase do fitocromo. Uma delas é o próprio criptocromo, o qual, como já mencionado, representa um tipo distinto de fotorreceptor. A constatação de que phyA é capaz de ativar moléculas de criptocromo por fosforilação explicaria, em parte, o efeito conjunto de phyA e criptocromo na resposta à luz azul. Por fim, existem dois genes cuja expressão é regulada pelo fitocromo: um deles codifica uma subunidade da rubisco (*RBCS*), enquanto o outro codifica a proteína que se liga à clorofila *a*/*b* do complexo antena (*LHCB* ou *CAB*). Esta última constatação reforça a ideia de que a fotomorfogênese e a fotossíntese estariam intimamente associadas.

Pesquisas com plantas mutantes que apresentam fenótipo *desestiolado* no escuro também têm trazido contribuições importantes. As plantas mutantes desse tipo, que cresceram no escuro, apresentam o fenótipo semelhante ao das plantas selvagens expostas à luz. Os mutantes de *Arabidopsis*, conhecidos como *constitutive photomorphogenic 1* (*cop1*) e *deetiolated 1* (*det1*), são deficientes em uma proteína reguladora que, provavelmente, reprime os genes responsáveis pelas respostas fotomorfogênicas quando as plantas crescem no escuro. Assim, em plantas selvagens iluminadas, o fitocromo (Fve) provavelmente ativa mecanismos que removem essa proteína repressora das regiões que regulam a expressão dos genes envolvidos nas respostas fotomorfogênicas. No escuro, esses genes ficam reprimidos (Quail, 1994).

Luz em ambientes naturais

Em condições naturais, a luz sofre variações consideráveis na intensidade (taxa de fluência de fótons) e na qualidade (composição espectral) ao longo do dia e no interior de comunidades vegetais. Ao longo do ano, a sua duração diária (fotoperíodo) pode variar de maneira expressiva dependendo da latitude (Smith, 1982; Smith e Whitelam, 1990).

Ao amanhecer, quando o sol se encontra acima de 10° no horizonte, o espectro da radiação é relativamente constante, recebendo a denominação de *luz do dia*. No crepúsculo,

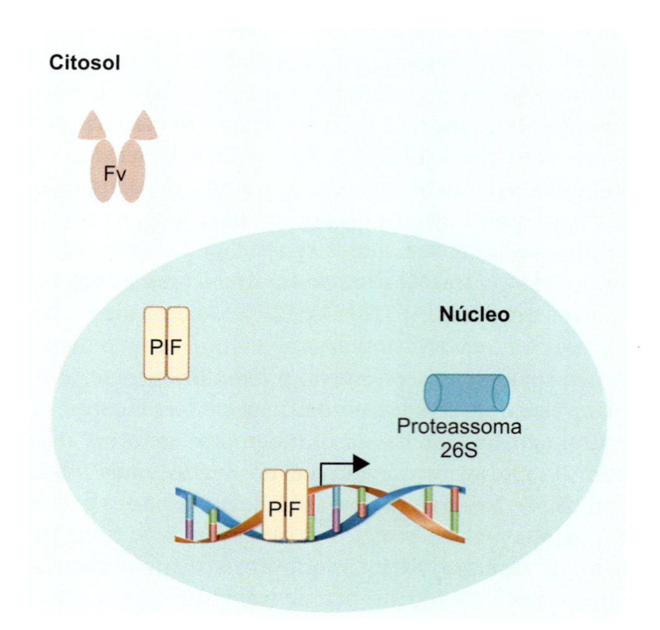

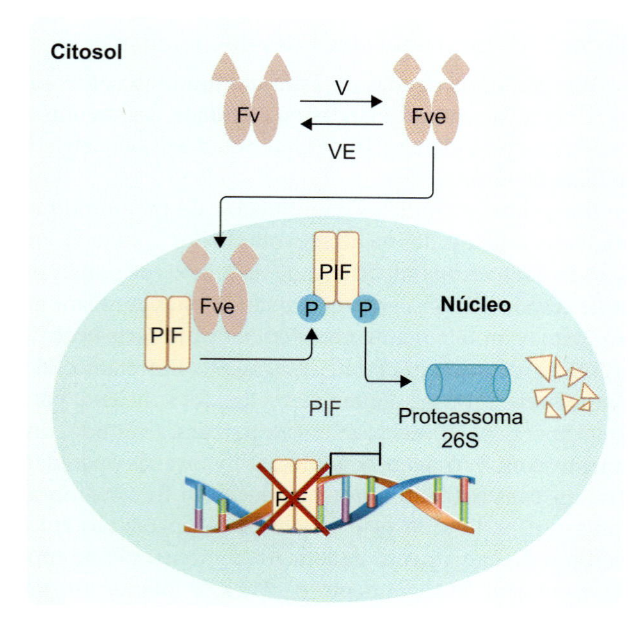

Figura 15.15 Modelo simplificado da ação da luz sobre a interação entre fitocromos e PIF. No escuro, essas proteínas fazem com que os genes repressores da fotomorfogênese se mantenham reprimidos, ao passo que no claro, em virtude da presença dos fitocromos na forma ativa, elas são degradadas pelo complexo proteico proteassoma 26S. V: vermelho; VE: vermelho-extremo; Fv: forma inativa dos fitocromos; Fve: forma ativa dos fitocromos; P: fosforilação. Adaptada de Castillon *et al.* (2007).

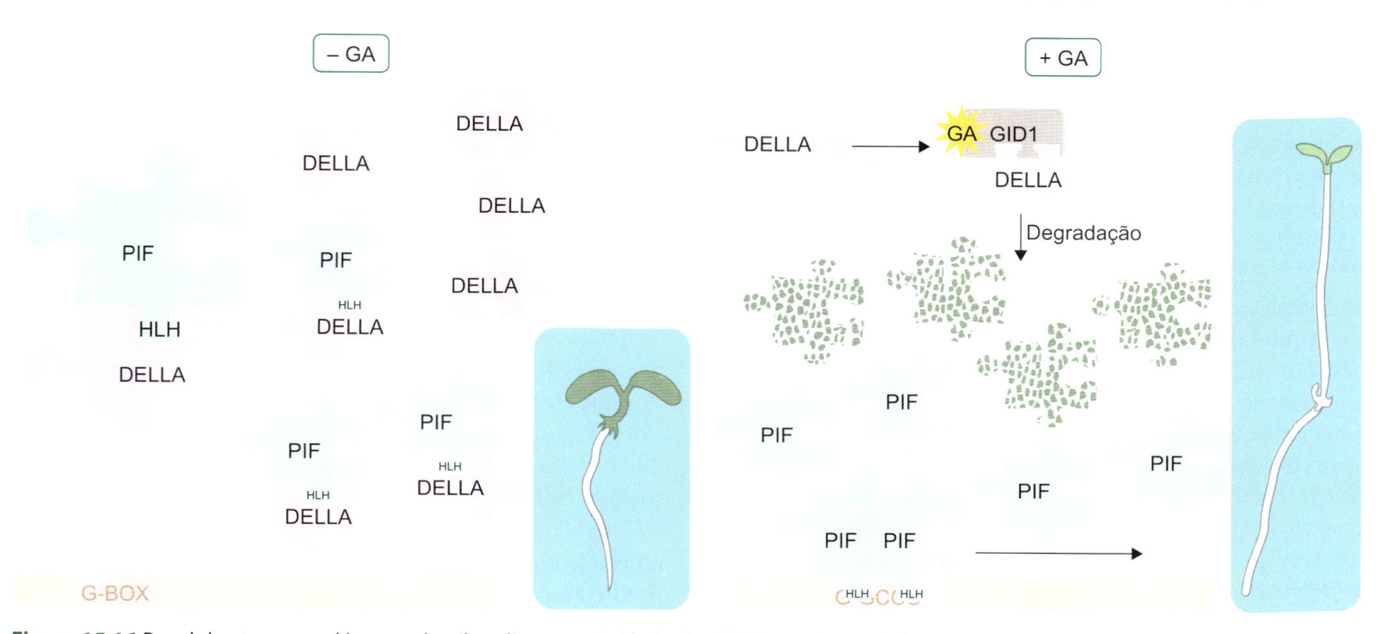

Figura 15.16 Papel dos teores endógenos de giberelinas na atividade dos PIF. Na ausência do hormônio (– GA), o acúmulo de DELLA inativa os PIF, não permitindo, por exemplo, que esses fatores de transcrição induzam o alongamento do hipocótilo. Por outro lado, na presença de GA, esse hormônio induz a degradação de DELLA e consequentemente o acúmulo de PIF, os quais agora podem interagir com elementos G-BOX nos promotores de genes ligados à indução do alongamento hipocotilar. Adaptada de Davière *et al.* (2008).

entretanto, quando o sol declina abaixo de 10°, ocorre um aumento no trajeto da luz pela atmosfera, atenuando a radiação solar direta e incrementando, simultaneamente, a absorção e o espalhamento, levando, ao final, ao enriquecimento do espectro com luz azul e vermelho-extremo (Smith, 1982).

Ao atravessar o dossel de uma comunidade vegetal, além da atenuação em si, a luz solar sofre profundas mudanças na composição espectral. As clorofilas e os carotenoides das folhas absorvem grande parte dos fótons de comprimento de onda na faixa do vermelho e do azul (ver Capítulo 5), enquanto o vermelho-extremo atravessa com facilidade esses órgãos. Ao filtrarem seletivamente a radiação solar, as folhas modificam a proporção entre fótons de luz nas bandas do vermelho e do vermelho-extremo, de modo que, à medida que o autossombreamento aumenta em uma comunidade vegetal, a radiação ambiental vai se tornando, gradativamente, mais empobrecida de fótons correspondentes ao vermelho e ao azul e, ao mesmo tempo, mais enriquecida com fótons de luz vermelho-extrema. De especial interesse é a *razão* entre a taxa fluência de fótons de luz vermelha (V; 660 nm) e a taxa de fluência de fótons de luz vermelho-extrema (VE; 730 nm) presentes no ambiente no qual crescem as plantas. A razão V/VE é representada pela letra grega zeta (ζ). A Tabela 15.2 mostra os valores que zeta adquire em diferentes situações ambientais (Smith, 1982).

A luz solar tem maior proporção de fótons V que de fótons VE, ao passo que, no interior de comunidades de plantas cultivadas e florestas, a radiação ambiental é enriquecida com fótons de luz VE.

Importância ecofisiológica dos fitocromos

Os valores de zeta da radiação ambiental são percebidos pelo fitocromo, promovendo alterações na proporção entre as formas Fve e Fv nas células das plantas. A razão entre a concentração de Fve e o conteúdo total do fitocromo (Fve/Fv) reflete, portanto, a qualidade da radiação que incide sobre as plantas. Essa razão é simbolizada pela letra grega fi – ϕ (Smith e Whitelam, 1990).

Tabela 15.2 Valores de zeta (ζ) em ambientes abertos, sob dosséis de vegetação e taxa de fluência de fótons total (400 a 800 nm).

Situação ambiental	Valores de ζ	μmol m^{-2} s^{-1}
Luz do dia	1,15 a 1,25	1.900
Aurora/crepúsculo	0,65 a 1,15	26,5
Sob 5 mm de solo	0,88	8,6
Sob dossel de cultura de trigo	0,2 a 0,5	–
Sob dossel de cultura de beterraba	0,11 a 0,45	–
Sob dossel de floresta tropical	0,22 a 0,30	–
Sob dossel de floresta de carvalho	0,5 a 0,75	–

Fonte: Hopkins (1995); Smith (1982).

$$\phi = [Fve]/[Fv+Fve] \text{ ou } \phi = [Fve]/[F_{total}]$$

Os valores de fi nas células controlam inúmeros processos moleculares e celulares que resultam em mudanças no crescimento e desenvolvimento das plantas. Plantas iluminadas com luz solar, rica em fótons de V, apresentam um elevado valor da razão fi, enquanto as sombreadas apresentam valores de fi menores. Quanto maior o número de folhas atravessadas pela luz (nível de sombramento), menor a razão zeta da radiação e, consequentemente, menores serão os valores de fi.

O fitocromo desempenha um papel importante na fotomodulação de uma grande variedade de respostas de desenvolvimento. Estas, por sua vez, têm enorme repercussão adaptativa e ecológica para as plantas. As funções ecofisiológicas que o fitocromo desempenha são:

- Controle da germinação de sementes fotoblásticas
- Desestiolamento de plântulas recém-germinadas
- Modulação do crescimento e da forma de plantas iluminadas
- Detecção da aurora e do crepúsculo
- Sincronização do relógio biológico
- Percepção fotoperiódica.

Controle da germinação de sementes fotoblásticas

Em geral, sementes pequenas e com poucas reservas, bem como aquelas de espécies arbóreas pioneiras pertencentes aos extratos superiores de uma floresta, apresentam *fotodormência*. Tais sementes tendem a ser fotoblásticas positivas. No interior de florestas, permanecem fotodormentes na superfície do solo, enquanto a comunidade vegetal estiver intacta (baixa razão zeta). Entretanto, a fotodormência é quebrada quando há a abertura de uma clareira ou quando as sementes são transportadas para fora da floresta. Sementes iluminadas com luz solar direta (elevada razão zeta) são estimuladas a germinar em virtude do aumento da forma Fve do fitocromo (elevação da razão ζ). A dormência das sementes fotoblásticas positivas sob o dossel proporciona a formação de um banco de sementes no interior da floresta, permitindo a regeneração natural da mata quando de aberturas de clareiras. Nesse caso, é bem ilustrativa a germinação de sementes da embaúba (*Cecropia*) em clareiras abertas no interior das matas brasileiras. O mecanismo da fotodormência permite, ainda, a expansão dos limites da comunidade vegetal pela dispersão e germinação das sementes em locais descampados nas bordas das matas.

Plantas invasoras (daninhas) também costumam apresentar sementes fotoblásticas positivas. Tais sementes podem permanecer enterradas no solo por longos períodos até que operações agrícolas revolvam o solo, expondo-as à luz solar por um breve período. Esse estímulo luminoso é percebido pelo fitocromo, podendo a germinação ser uma resposta de baixa fluência (RBF) ou de fluência muito baixa (RFMB). Isso explica o motivo pelo qual, em áreas recém-capinadas, é comum o aparecimento de populações de plantas daninhas cuja presença não era antes detectada. No plantio direto, o solo permanece recoberto com palha, proporcionando uma redução significativa das populações de plantas invasoras. Em parte, tal sucesso no controle quantitativo dessas espécies indesejáveis se deve à redução da frequência de germinação de suas sementes em virtude da manutenção das sementes em condição de fotodormência (ver Capítulo 28).

Desestiolamento de plântulas recém-germinadas

A luz controla o desenvolvimento durante a emergência das plântulas a partir do solo. Todo o complexo processo de transição entre condição heterotrófica (plântula estiolada) e condição autotrófica é controlado pela luz (ver Figura 15.3).

Modulação do crescimento e da forma de plantas iluminadas

Plantas crescidas sob luz solar são capazes de perceber a proximidade de plantas vizinhas, levando a respostas de evitação de sombra (aumento do crescimento longitudinal do caule). Da mesma forma, plantas adaptadas a ambientes sombreados percebem os diferentes níveis de sombreamento, apresentando respostas de desenvolvimento que possibilitam atingir, com rapidez, a radiação solar direta.

As respostas dos vegetais à quantidade de luz do ambiente variam muito entre as espécies. A maioria das plantas adaptadas à sombra (umbrófitas) não responde à diminuição da razão fi, promovida pela redução da razão zeta, ou seja, pelo enriquecimento de luz VE (Figura 15.17). Contudo, as plantas adaptadas ao sol, intolerantes à limitação de luz, têm mecanismos eficientes para evitar a sombra. Quando submetidas à sombra, essas plantas alocam suas reservas para o aumento do alongamento dos entrenós, acelerando o crescimento longitudinal do caule. O preço pago por esse gasto extra de reservas costuma ser a diminuição da área foliar e do sistema radicular, e a inibição do desenvolvimento das gemas laterais (menor ramificação lateral).

As diferentes respostas desencadeadas por phyA e phyB às luzes VE e V contínuas, respectivamente, fornecem à planta a capacidade de inibir o estiolamento. A luz V contínua é absorvida por phy B, estimulando o desestiolamento em virtude da manutenção de elevados níveis da forma Fve de phyB (FveB). A luz VE contínua, absorvida por phyB, atua de modo oposto, mantendo o estiolamento, em razão da redução dos níveis de fitocromo FveB. Entretanto, a fotomorfogênese em ambientes sombreados depende das quantidades relativas de phyA e phyB, bem como das proporções entre V e VE do ambiente (ver Figuras 15.14 e 15.18). Ao ser absorvida por phyA, a luz VE contínua estimula o desestiolamento, enquanto a luz V contínua absorvida pelo mesmo phyA atua de modo oposto, inibindo o desestiolamento. Observa-se que phyA e phyB

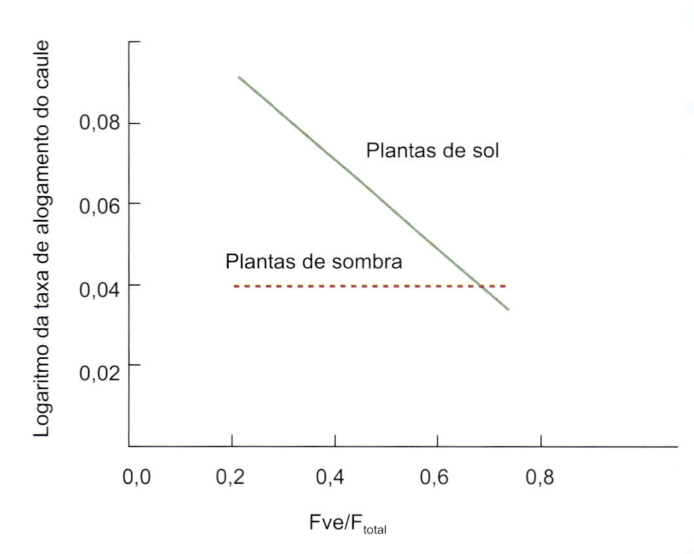

Figura 15.17 Plantas adaptadas ao sol e à sombra respondem de modo diferente às mudanças na qualidade da luz. À medida que aumenta a proporção relativa da radiação V (elevação da razão zeta), há um maior acúmulo das formas ativas dos fitocromo (Fve), aumentando a razão fi (Fve/Fv + Fve). A elevação progressiva da razão inibe proporcionalmente o nível de estiolamento em plantas adaptadas ao sol. Nas plantas de sombra, embora a razão fi dos fitocromos seja alterada do mesmo modo, estas não respondem com um correspondente estiolamento ou desestiolamento. Pode-se conjecturar que essas plantas apresentam alterações na via de transdução de sinal do fitocromo.

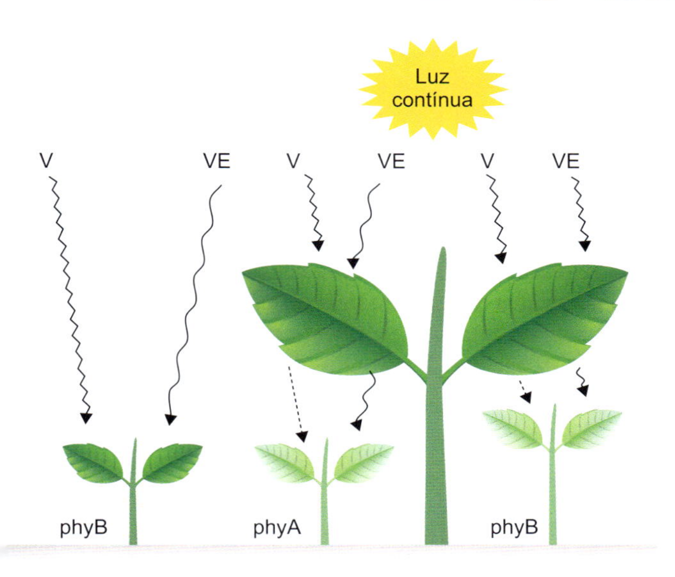

Figura 15.18 Efeitos de phyA e phyB na evitação à sombra. Plantas crescendo em clareiras (ambiente rico em luz V) acumulam preferencialmente phyB. Plantas em condições sombreadas (ambiente rico em luz VE) acumulam phyA. Como phyA é instável, ao ser degradado, é posteriormente substituído por phyB. Adaptada de Taiz e Zeiger (2002).

têm atuações antagônicas no controle do desestiolamento, ao detectarem VE e V contínuas, respectivamente. Na abertura de uma clareira em uma vegetação, o sol penetra diretamente com luz rica em V. Nesse caso, a inibição do estiolamento é mediada por phyB. O efeito de phyA na inibição do estiolamento se dá se o comprimento de onda predominante for VE contínuo, o que ocorre apenas em locais sombreados. Sendo phyA lábil e intensamente degradado pela luz, a resposta de plantas intolerantes à condição de sombreamento (maior proporção de fótons VE) passa a ser assumida por phyB, permitindo a aceleração da taxa de alongamento do caule, resposta típica de evitação de sombra (Casal, 2013).

Detecção da aurora e do crepúsculo e sincronização do relógio biológico

O enriquecimento da radiação ambiental com VE no início e ao final do dia é percebido pelo fitocromo. Com isso, promove a sincronização do oscilador endógeno (relógio biológico) aos ciclos naturais de claro e escuro durante 24 h (ver Capítulo 17). Nos ritmos circadianos, a operação do oscilador endógeno ajusta eventos fisiológicos e bioquímicos para que ocorram em certas horas do dia. Um único oscilador pode estar acoplado a múltiplos ritmos circadianos, que podem ocorrer em vários momentos diferentes do ciclo de 24 h.

Percepção fotoperiódica

Muitas espécies de plantas têm várias etapas do seu ciclo de vida controladas pelo fotoperíodo. Os fitocromos estão envolvidos na percepção do fotoperíodo. Dependendo da espécie e do momento do ciclo de vida, a percepção fotoperiódica pode desencadear o início do desenvolvimento de gemas florais (ver Capítulo 18), da dormência ou da formação de órgãos de reserva como tubérculos, raízes tuberosas, bulbos – Capítulo 21). No fotoperiodismo, o fitocromo interage com o relógio biológico das plantas, sinalizando as estações do ano. A interação entre o fitocromo e o relógio biológico é um processo complexo e ainda controverso.

A percepção do fotoperíodo pelas plantas sinaliza mudanças no padrão de desenvolvimento, definindo a época em que determinados eventos importantes, como o florescimento, ocorrerão (ver Capítulo 18), ou seja, o sinal fotoperiódico promove o ajuste (sincronização) das diferentes fases do ciclo de vida de uma espécie às variações sazonais do ambiente. Isso adquire uma importância vital nas regiões de clima temperado, onde as estações do ano são bastante diferentes e definidas. Por sua vez, em regiões tropicais ou subtropicais, o florescimento induzido por fotoperíodos, essa variação, ainda que pequena, pode garantir uma sincronia com a disponibilidade de água, polinizadores ou ausência de outras espécies competidoras durante a germinação subsequente das sementes formadas.

Controle do desenvolvimento pela luz azul

Tanto a luz azul quanto a ultravioleta banda A (UVA), não direcionadas, promovem várias respostas nas plantas, como a inibição do alongamento do caule e do hipocótilo, a expansão foliar, o florescimento fotoperiódico, a interação com o relógio biológico, a estimulação da síntese de clorofilas e carotenoides, a síntese de antocianinas, o movimento estomático e o controle da expressão gênica. A utilização da técnica molecular de "análise de microarranjos"* indicou que um terço dos genes de *Arabidopsis* apresentavam mudanças no padrão de expressão em resposta à luz azul (Lin e Shalitin, 2003).

No entanto, quando esses dois tipos de luzes são direcionados, unilateralmente, promovem a expansão assimétrica do caule, levando à curvatura fototrópica em direção à fonte luminosa (ver Capítulo 16). Análises genéticas de mutantes fotomorfogênicos indicaram que as respostas à luz azul podiam ser mediadas por vários fotorreceptores diferentes. Os mutantes *hy4* e *blu 1*, *2* e *3* de *Arabidopsis* não apresentavam inibição do alongamento do hipocótilo em presença da luz azul, embora mantivessem a curvatura fototrópica similar ao genótipo selvagem em resposta à iluminação unidirecional. Inversamente, outros dois mutantes diferentes dessa planta mostraram-se insensíveis à luz azul direcional, ou seja, não manifestaram curvatura fototrópica, mas apresentavam a inibição típica do alongamento do caule em resposta à luz azul não direcional. Essas observações permitiram concluir que existem fotorreceptores distintos para a percepção do sinal de luz azul direcional e não direcional (Quail, 1994).

Os *criptocromos* medeiam a percepção da luz azul não direcional. Plantas deficientes em criptocromo apresentam hipocótilo alongado em presença de luz azul. Desde o isolamento

* A análise de microarranjos (*microarrays*) consiste, basicamente, na detecção de quais genes estão sendo expressos em determinado tecido ou estágio do desenvolvimento vegetal. Isso é possível por meio da hibridação de seus cDNA (obtidos de RNAm desconhecidos) em placas contendo uma matriz de RNAm de sequências previamente conhecidas. Os projetos transcriptomas (EST) têm facilitado muito a análise de microarranjos, já que disponibilizam um grande número de RNAm de sequência conhecida.

do primeiro criptocromo em *Arabidopsis* (CRY1), em 1993, ele tem sido encontrado em todas as células eucarióticas estudadas. Nessas plantas, foram identificados dois genes que codificam criptocromos (CRY1 e CRY2) e, no tomateiro, três genes (CRY1a, CRY1b e CRY2). Quimicamente, os criptocromos são flavoproteínas cuja porção proteica apresenta similaridade estrutural com as *fotoliases* presentes em procariotos e eucariotos. Fotoliases são proteínas reparadoras de DNA ativadas pela radiação UV. Acredita-se que as fotoliases sejam precursoras evolutivas dos criptocromos. Esses fotorreceptores são proteínas nucleares que participam de eventos como o controle do alongamento do caule, a expansão foliar, o controle fotoperiódico e o relógio biológico circadiano. Estudos recentes indicam que os criptocromos podem ser fosforilados pela luz azul, levando a mudanças na sua conformação estrutural, nas interações intermoleculares e, por fim, na atividade fisiológica das plantas (Lin e Shalitin, 2003).

A luz azul direcional apresenta um pico de absorção em 370 nm (UVA) e três picos diferentes no azul (400 a 500 nm). Os fotorreceptores responsáveis pela resposta fototrópica foram denominados *fototropinas*. Até o momento foram encontrados dois genes que codificam para fototropinas em *Arabidopsis* (*Phot1* e *Phot2*). As fototropinas são proteínas cuja metade C-terminal, isto é, a terminação polipeptídica em carboxila, é uma cinase serina/treonina. A metade N-terminal da proteína (terminação polipeptídica em grupo amino) liga-se a mononucleotídios de flavina (FMN). Dados experimentais indicam que as fototropinas se autofosforilam ao absorverem luz azul.

Fotomorfogênese na agricultura

É compreensível que a fotossíntese constitua o principal evento pelo qual a luz promove o desenvolvimento dos vegetais (ver Capítulo 5). Não à toa, a manipulação desse importante evento fisiológico é de suma importância para o melhoramento vegetal. A sinalização da luz por meio de *fotorreceptores* não fotossintéticos tem sido objeto de interesse crescente na ciência vegetal, seja pelo emprego de plantas mutantes e transgênicas, seja por meio de modificações da intensidade e da qualidade luminosa pelo uso de coberturas coloridas de casas de vegetação e do solo, além do uso de fonte adicional de luz artificial (Figura 15.19). A reflexão da luz obtida pelo emprego de filmes plásticos de coloração vermelha ou azul como coberturas do solo tem apresentado resultados positivos, tanto no incremento do crescimento vegetativo em si (alface, cenoura) quanto na produção de frutos, como tomate e moranguinho (Decoteau *et al.*, 1989; Decoteau, 1990; Antonious e Kasperbauer 2002; Loughrin e Kasperbauer 2002). Além da mudança qualitativa da luz, a utilização de coberturas coloridas em cultivos protegidos pode vir acompanhada, favoravelmente, do controle da temperatura, favorecendo a produção vegetal. O crescimento de cafeeiros ainda novos foi incrementado quando cultivados sob tela vermelha, o mesmo tendo sido observado para tomateiro e pepineiro (Ilić *et al.*, 2012; Henrique *et al.*, 2011; Ilić e Fallik, 2017).

Vale mencionar que, embora venha se intensificando a utilização de técnicas de produção baseadas na modificação da luz, é importante considerar que as cores utilizadas em coberturas de solo ou de casa de vegetação devem se adequar às características fisiológicas das espécies cultivadas, bem como da região de cultivo.

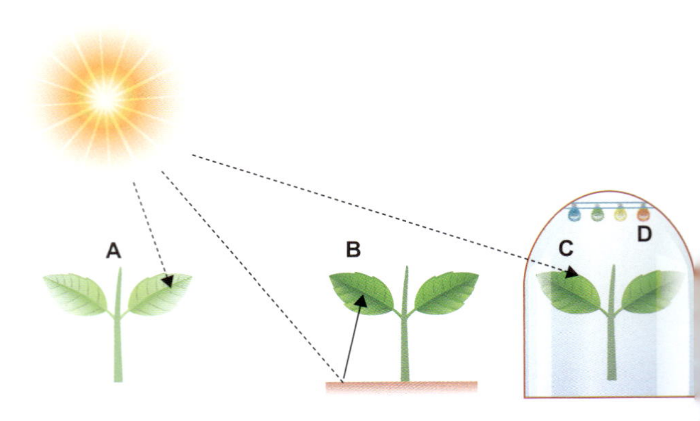

Figura 15.19 Manipulação da luz na agricultura por meio de: (**A**) modificação molecular, tal como uso de mutantes e plantas transgênicas para fotorreceptores ou alteração na quantidade e qualidade da luz; (**B**) reflexão da luz em coberturas coloridas de solo; (**C**) transmitância da luz a partir do uso de coberturas coloridas em cultivos protegidos; (**D**) uso de lâmpadas coloridas adicionais em cultivos protegidos.

No que diz respeito ao emprego de técnicas moleculares, a superexpressão do fitocromo A nas gramíneas *Agrostis stolonifera* e *Zoysia japônica* que crescem de modo adensado reduziu a síndrome da "evitação" da sombra (Ganesan *et al.*, 2012). Em tomateiro, mutações dos fitocromos tipo B (*phyB1* e *phyB2*) resultaram em plantas tolerantes aos estresses abióticos, como o déficit hídrico, a salinidade, metais pesados, temperatura e UVB, indicando que esses fotorreceptores são parte importante da sinalização de resposta ao estresse. Embora as estratégias utilizadas pelos mutantes *phyB* em tomateiro possam ser por meio do aumento na biossíntese de moléculas associadas às respostas a estresses, como acúmulo de prolina e antocianinas, os mecanismos moleculares pelos quais a tolerância ocorre ainda são pouco elucidados (Gavassi *et al.*, 2017). Entretanto, os mecanismos pelos quais os fitocromos modulam o estresse parecem depender da espécie. Em *Arabidopsis*, mutantes *phyB* mostraram-se menos tolerantes ao déficit hídrico que o controle (Boccalandro *et al.*, 2012), ao passo que o gene que codifica para a proteína *salt tolerance* (STO), parte das respostas à alta salinidade, foi induzida no mutante *phyB* quando cresceu nessa condição (Indorf *et al.*, 2007). Dessa forma, não será surpresa daqui para a frente se muitos genes de respostas ao estresses estiverem associados aos fitocromos ou, até mesmo, aos criptocromos. De fato, os receptores de luz azul também têm mostrado um papel importante nas respostas a estresses, como déficit hídrico (Sharma *et al.*, 2014).

Referências bibliográficas

Antonious GF, Kasperbauer MJ, Byers ME. Light reflected from colored mulches to growing Turnip Leaves affects glucosinates and sugar contents of edible roots. Photochem Photobiol. 1996;64:605-10.

Boccalandro HE, Rugnone ML, Moreno JE, Ploschuk EL, Serna L, et al. Phytochrome B enhances photosynthesis at the expense of water-use efficiency in Arabidopsis. Plant Physiol. 2009;150:1083-92.

Borthwick HA, Hendricks SB, Toole EH, Toole VK. Action of light on lettuce-seed germination. Botanical Gazette. 1954;115:205-25.

Carvalho RF, Campos ML, Pino LE, Crestana SL, Zsögön A, Lima JE et al. Convergence of developmental mutants into a single tomato model system: 'Micro-Tom' as an effective toolkit for plant development research. Plant Methods. 2011;7:18.

Casal JJ, Sánchez RA, Vierstra RD. Overexpression of oat phytochrome: a gene differentially affects stem growth responses to red/far red ratio signals characteristic of sparse or dense canopies. Plant, Cell and Environment. 1994;17:409-17.

Casal JJ. Photoreceptor signaling networks in plant responses to shade. Annu Rev Plant Biol. 2013;64:403-27.

Castillon A, Shen H, Huq E. Phytochrome interacting factors: central players in phytochrome-mediated light signaling networks. Trends Plant Sci. 2007;12:514-21.

Chory J. Light modulation of vegetative development. The Plant Cell. 1997;9:1225-34.

Davière JM, de Lucas, M, Prat S. Transcriptional factor interaction: a central step in DELLA function. Curr Opin Genet Dev. 2008;18:295-303.

Decoteau DR, Kasperbauer MJ, Hunt PG. Bell pepper plant development over mulches of diverse colors. HortScience. 1990;25:460-2.

Decoteau DR, Kasperbeauer MJ, Hunt PG. Mulch surface affects yield of fresh market tomatoes. J Am Soc Hortic Sci. 1989;114:216-24.

Fankhauser C. Molecular mechanisms of light-regulated growth and development in plants. s.d. [Acesso em 8 abr 2019]. Disponível em: https://swissplantscienceweb.unibas.ch/en/fankhauser/

Ganesan M, Han YJ, Bae TW, Hwang OJ, Chandrasekkhar T, Shin AY et al. Overexpression of phytochrome A and its hyperactive mutant improves shade tolerance and turf quality in creeping bentgrass and zoysiagrass. Planta. 2012;236:1135-50.

Gavassi MA, Monteiro CC, Campos ML, Melo HC, Carvalho RF. Phytochromes are key regulators of abiotic stress responses in tomato. Sci Hortic. 2017;222:126-35.

Henrique PC, Alves JD, Deuner S, Goulart PFP, Livramento DE. Aspectos fisiológicos do desenvolvimento de mudas de café cultivadas sob telas de diferentes colorações. Pesq Agropec Bras. 2011;46:458-65.

Hopkins WG. Photomorphogenesis – responding to light. In: Introduction to plant physiology. New York: John Wiley; 1995. p. 341-62.

Ilić SZ, Milenković L, Šunić L, Fallik E. Effect of coloured shade-nets on plant leaf parameters and tomato fruit quality. J Sci Food Agric 2015;95:2660-7.

Ilić ZS, Milenković L, Stanojević L, Cvetković D, Fallik E. Effects of the modification of light intensity by color shade nets on yield and quality of tomato fruits. Sci Hortic. 2012;139:90-5.

Indorf M, Cordero J, Neuhaus G, Rodriguez-Franco M. Salt tolerance (STO), a stress-related protein, has a major role in light signalling. Plant J. 2007;51:563-74.

Kendrick RE, Georghiou K. The germination characteristics of phytochrome-deficient aurea mutant tomato seeds. Physiologia Plantarum. 1991;82:127-33.

Kendrick RE, Kronenberg GHM, editors. Photomorphogenesis in plants. 2. ed. Dordrecht: Kluwer Academic Publishers; 1994. p. 580.

Labouriau LG. Fotoblastismo. In: A germinação das sementes. Washington, D.C.: Secretaria Geral da Organização dos Estados Americanos; 1983. p. 79-99. (Série de Biologia.)

Lin C, Shalitin E. Cryptochrome structure and signal transduction. Annual Review of Plant Physiology and Plant Molecular Biology. 2003;54:469-96.

Loughrin JH, Kasperbauer MJ. Light reflected from colored mulches affects aroma and phenol content of sweet basil (Ocimum basilicum L.) leaves. J Agric Food Chem. 2001;49:1331-5.

Nagy F, Schäfer E. Phytochromes control photomorphogenesis by differentially regulated, interacting signaling pathways in higher plants. Annual Review of Plant Physiology and Plant Molecular Biology. 2002;53:329-55.

Oh E, Yamaguchi S, Hu J, Yusuke J, Jung B, Paik I, et al. PIL5, a phytochrome-interacting bHLH protein, regulates gibberellin responsiveness by binding directly to the GAI and RGA promoters in Arabidopsis seeds. Plant Cell. 2007;19:1192-208.

Quail PH. Photosensory perception and signal transduction in plants. Current Opinion in Genetics and Development. 1994;4:652-61.

Schmitt J, Wulff RD. Light spectral quality, phytochrome and plant competiton. TREE. 1993;8:47-51.

Sharma P, Chatterjee M, Burman N, Khurana JP. Cryptochrome1 regulates growth and development in Brassica through alteration in the expression of genes involved in light, phytohormone and stress signaling. Plant Cell Environ. 2014;37:961-77.

Smith H, Whitelam GC. Phytochrome, a family of photoreceptors with multiple physiological roles. Plant, Cell and Environment. 1990;13:695-707.

Smith H. Light quality, photoperception, and plant strategy. Annual Review Plant Physiology. 1982;33:481-518.

Somers DE, Quail PH. Temporal and spatial expression patterns of PHYA and PHYB genes in Arabidopsis. The Plant Journal. 1995;7(3):413-27.

Taiz L, Zeiger E. Phytochrome and light control of plant development. In: Plant physiology. 3. ed. Sunderland: Sinauer; 2002. p. 375-402.

Van Tuinen A, Kerckhoffs LHJ, Nagatani A, Kendrick RE, Koornneef M. Far-red light-insensitive, phytochrome A-deficient mutants of tomato. Molecular and General Genetics. 1995a;246:133-41.

Van Tuinen A, Kerckhoffs LHJ, Nagatani A, Kendrick RE, Koornneef M. A temporary red light-insensitive mutant of tomato lacks a light-stable, B-like phytochrome. Plant Physiology. 1995b;108:939-57.

Bibliografia

Salisbury FB, Cleon WR, editors. Photomorphogenesis. In: Plant physiology. 4. ed. Belmont, California: Wadsworth; 1992. p. 438-63.

Taiz L, Zeiger E. O fitocromo e o controle do desenvolvimento. 3. ed. Porto Alegre: Artmed; 2004. p. 401-27.

Taiz L, Zeiger E. Respostas à luz azul: movimentos estomáticos e morfogênese. 3. ed. Porto Alegre: Artmed; 2004. p. 429-47.

16 Movimentos em Plantas

Arthur G. Fett-Neto • Alfredo Gui Ferreira

Introdução

A capacidade das plantas fanerogâmicas de movimentar-se é pequena e, em geral, passiva, como em muitas plantas aquáticas flutuantes não fixas. Os movimentos, quando existentes, restringem-se a órgãos como ramos, raízes, flores ou folhas.

As respostas podem ser orientadas ou não em relação ao estímulo, denominadas, respectivamente, tropismos e nastismos. Pode haver crescimento, ou seja, aumento de tamanho e/ou número de células, sendo nesse caso irreversível, ou apenas variação de turgor, quando é reversível. Em um mesmo organismo, podem ocorrer respostas trópicas e/ou násticas independentes ou associadas (Tabela 16.1).

As plantas recebem *estímulos* do ambiente e são *induzidas* a respostas por meio de *receptores ou sensores* que sofrem alterações e conduzem a mudanças metabólicas. Assim, três etapas dos movimentos podem ser estabelecidas:

- Percepção: detecção de estímulo ambiental. Por exemplo, qual pigmento absorve a luz que causa o fototropismo, ou o que, nas células ou nos tecidos, percebe a gravidade? Por vezes, esses tipos de pergunta são de difícil elucidação, porque órgãos, como folhas, raízes e caules, conseguem responder a mais de um tipo de estímulo
- Transdução: como o estímulo migra por dentro da célula? Qual *sinal* é enviado? Quais são as mudanças bioquímicas e biofísicas que ocorrem em resposta ao estímulo? Mensageiros químicos e mudanças de potencial elétrico são integrantes plausíveis nas respostas a essas perguntas
- Respostas: como a planta reage ao estímulo? O que realmente acontece durante o movimento? Muitas explicações para o movimento das plantas, que pareciam coerentes há décadas, hoje são contestadas, especialmente em nível celular e molecular.

Tropismos

Fototropismo

A luz determina a direção do movimento. Como as plantas, em sua maioria, reagem à luz, o fototropismo é largamente distribuído no reino vegetal. Esse fenômeno era denominado anteriormente heliotropismo, resposta à luz provinda do Sol.

Charles Darwin (1880), o mesmo que formulou a teoria da evolução das espécies, observou que, em alpiste (*Phalaris canariensis*), o coleóptilo (folha primordial das gramíneas) se orientava em relação a um estímulo continuado de luz difusa, porém tal não acontecia se a ponta fosse seccionada ou recoberta por um anteparo opaco. Quando o recobrimento era feito abaixo da ponta, o fototropismo ainda era observado (Figura 16.1). No entanto, uma vez aumentada a intensidade luminosa, a *percepção* também ocorria fora do ápice, ou seja, este último é mais sensível, respondendo mesmo em intensidade luminosa baixa.

Isso remete à questão de relação entre dose e resposta, aplicando-se a *lei da reciprocidade*, segundo a qual a resposta é proporcional à duração da exposição e à energia ou ao fluxo fotônico (taxa de fluência). Então, o fluxo e a duração criam uma reciprocidade entre si; um aumentando, o outro pode diminuir. Isso parece ser verdadeiro para a resposta de primeira ordem (resposta inicial, mais efêmera), dentro de certos limites. As respostas de curvatura de segunda ordem (que surgem após exposições mais prolongadas) são mais duradouras e dependem da duração e da taxa de fluência de forma cumulativa. Esse padrão gera uma curva característica de resposta (curvatura) fototrópica em relação à exposição luminosa direcional em coleóptilos de aveia (Figura 16.2).

Quase simultaneamente, Cholodny, com ápices de raízes, e Went, com ápices de coleóptilos, constataram que essas regiões meristemáticas afetavam a manifestação fototrópica que ocorria na região posterior de alongamento. Dessa forma, a hipótese de Cholodny-Went postula que a iluminação unilateral induz a redistribuição da auxina endógena nas proximidades do ápice. Essa assimetria na distribuição da auxina é mantida, nessas condições, no transporte basípeto desse fitormônio, observado na região de alongamento. As células do lado sombreado receberiam mais auxina, estimulando o crescimento na parte aérea e causando sua inibição nas raízes, presumivelmente em virtude de diferenças de sensibilidade (disponibilidade de receptores de auxina, como TIR1 – ver Capítulo 9) desses órgãos ao fitormônio. Alternativamente, propôs-se que, no lado mais iluminado, haveria maior destruição das auxinas por AIA-oxidases, que seriam fotodependentes. Uma segunda hipótese alternativa foi aquela sugerida por A.R. Blaauw, propondo que a produção ou liberação de um inibidor de crescimento no lado mais iluminado limitaria ou impediria o crescimento celular. Concebida mais ou menos na mesma época da teoria de Cholodny-Went, esta última hipótese recebeu apoio de poucos adeptos. No final da década de 1980, foi retomada por alguns autores, os quais sustentam haver um gradiente entre a parte iluminada e a menos iluminada, com maior concentração de inibidores de crescimento

Tabela 16.1 Sinopse dos movimentos em plantas.

Fenômeno	Características
Tropismos: movimento orientado à direção do estímulo na planta	
Fototropismo	Resposta de crescimento diferencial a estímulo de luz fornecido unidirecionalmente. Pode ser positivo ou negativo
Escototropismo	Orientação de crescimento em direção ao lado menos iluminado (sombreado)
Gravitropismo (geotropismo)	Orientação de crescimento em resposta à força da gravidade terrestre. Pode ser positivo ou negativo
Diagravitropismo	Orientação da resposta de crescimento em ângulo de 90° em relação ao estímulo
Plagiogravitropismo	Orientação da resposta de crescimento em ângulo $> 0^\circ$ e $< 90^\circ$ em relação ao estímulo
Tigmotropismo	Resposta de crescimento diferencial orientada pelo contato físico
Hidrotropismo	Resposta de crescimento orientada em relação ao gradiente de umidade
Quimiotropismo	Resposta de crescimento em relação ao gradiente de alguma substância química
Autotropismo	Resposta proprioceptiva de crescimento ereto dos caules
Fonotropismo	Resposta de crescimento de raízes em direção a uma fonte sonora
Nastismos: movimento de reação não orientado ao estímulo	
Epinastia	Crescimento maior na parte superior do órgão, provocando uma curvatura para baixo
Hiponastia	Crescimento maior na parte inferior do órgão, provocando curvatura para cima
Termonastia	Movimento em resposta a variações de temperatura
Hidronastia	Enrolamento de órgãos em resposta à falta de água
Nictinastia	Respostas de variação de turgor em resposta a transições de luz-escuro, que provocam encurvamento das folhas, por exemplo
Tigmonastia	Resposta a um estímulo mecânico de modo não orientado

(p. ex., ácido abscísico, *cis*-xantoxina) no lado mais iluminado em espécies como girassol e rabanete. Em cuidadosos experimentos, Briggs *et al.* mostraram, repetindo alguns estudos de Went, que, em coleóptilos de milho, aconteciam dois fenômenos na distribuição da auxina:

- Havia distribuição assimétrica do fitormônio, se o ápice não fosse totalmente isolado
- A quantidade total de fitormônio no lado mais iluminado, comparada com a da parte menos iluminada, era a mesma, se o ápice fosse totalmente fendido (Figura 16.3).

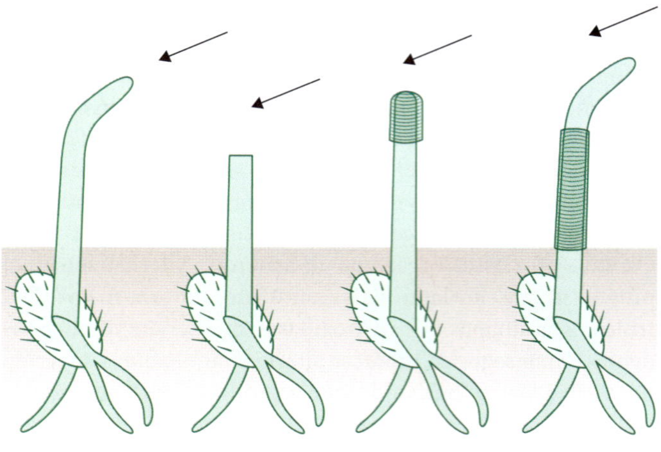

Figura 16.1 Fototropismo em coleóptilos de aveia desenvolvidos no escuro e depois iluminados lateralmente, conforme a seta. As plantas com ápice cortado ou coberto (**B** e **C**) permaneceram retas, e aquelas mantidas intactas (**A**) ou com seus ápices expostos (**D**) curvaram-se em direção à luz.

Demonstraram, ainda, que a iluminação na faixa do comprimento de onda azul, a mais eficiente para as respostas fototrópicas, poderia ser compensada pela colocação de um bloco de ágar com auxina do lado não iluminado (Figura 16.4).

Os fotorreceptores responsáveis pela percepção de luz na resposta fototrópica são as fototropinas. Essas flavoproteínas são serina/treonina cinases fotorreceptoras associadas à membrana plasmática. Têm como característica estrutural principal a presença de dois domínios proteicos denominados LOV (motivo proteico comum em proteínas reguladas por luz, oxigênio e voltagem), os quais se ligam à flavina mononucleotídio (FMN). Portanto, cada molécula de fototropina apresenta dois cromóforos iguais de FMN. A faixa principal de absorção de luz pelas fototropinas é o azul/UVA (320 a 500 nm). Cada domínio LOV desempenha funções distintas na regulação da ativação do fotorreceptor.

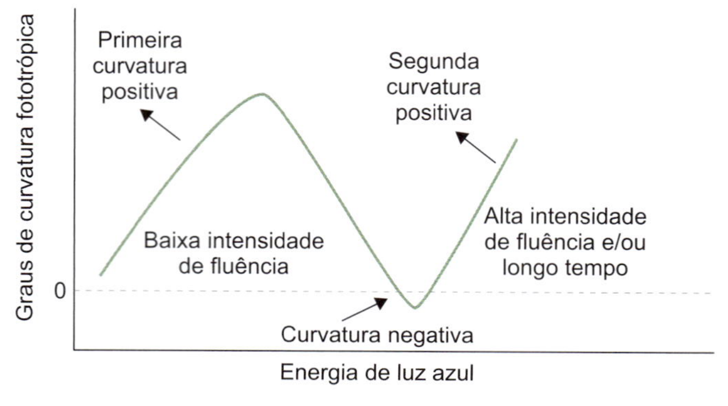

Figura 16.2 Curva típica de resposta à fluência para o fototropismo em coleóptilos de aveia iluminados unilateralmente com luz azul.

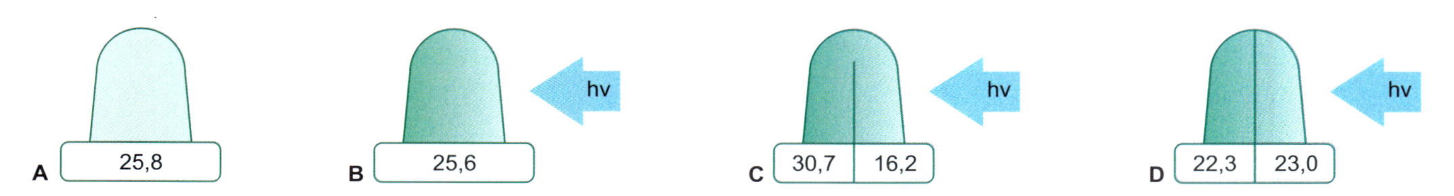

Figura 16.3 Distribuição assimétrica da auxina difusível em ápices de coleóptilos excisados de milho após a estimulação fototrópica. **A** e **B.** Ápices – controles intactos. **C.** Ápice parcialmente fendido, isolado por lâmina de vidro, no qual apenas muito próximo ao ápice havia sido mantida a continuidade do tecido. **D.** Ápice totalmente fendido e isolado pela barreira. Os números indicam a quantidade relativa de auxina coletada nos blocos de ágar depois de 3 h, com base no bioensaio de grau de curvatura do ápice de aveia.

A indução de atividade de fototropina cinase pelo domínio LOV2 se dá por meio de modificações estruturais acionadas por luz, as quais envolvem uma alfa-hélice conservada, denominada Jα. A autofosforilação de fototropinas ocorre em múltiplos resíduos aminoacídicos de serina de modo fluência-dependente. Essa fosforilação parece desempenhar papel na sinalização, na dessensitização ou na relocalização do fotorreceptor.

O mecanismo da resposta fototrópica parece envolver uma sequência que se inicia com a absorção de luz, principalmente pela FMN do domínio LOV2, seguida de um rearranjo da hélice Jα e da ativação do domínio cinase C-terminal, o que conduz à autofosforilação do fotorreceptor e, possivelmente, à fosforilação de outros substrato(s) proteico(s). Em seguida, ocorreria a ativação de canais de cálcio (Stoelzle *et al.*, 2003) e modificação do citoesqueleto, resultando na relocalização de transportadores de efluxo de auxina do tipo PIN (Blakeslee *et al.*, 2004). Essa situação conduziria a um maior acúmulo de auxina na parte sombreada do caule, resultando em um crescimento diferencial em direção à luz. Um diagrama do mecanismo hipotético da resposta fototrópica está representado na Figura 16.5.

Há duas fototropinas em *Arabidopsis thaliana* e ambas atuam na resposta fototrópica. Além desse tipo de resposta, as fototropinas participam da regulação de abertura estomática por luz azul, da expansão de cotilédones e folhas, dos movimentos de cloroplastos (espalhamento horizontal para otimizar interceptação de luz sob baixa irradiância) e, possivelmente, movimentos de orientação foliar em resposta à luz azul, porém não relacionados com controle circadiano (Christie, 2007). Fototropina 1 ainda está envolvida na inibição do crescimento do hipocótilo e na desestabilização de alguns RNAm induzidos por luz. Fototropina 2 participa da resposta de empilhamento de cloroplastos para evitar dano fotoxidativo em razão de alta irradiância. De maneira geral, as fototropinas têm o importante papel de controlar diversas funções que otimizam as respostas fotossintéticas das plantas.

Embora as respostas fototrópicas da parte aérea sejam semelhantes entre gramíneas e várias dicotiledôneas, observou-se que, em pepino, havia respostas quando irradiado com luz vermelha, sugerindo uma mediação, nesse caso, pelo fitocromo. Em *Arabidopsis*, fitocromos também parecem influenciar a curvatura fototrópica. É interessante observar que na pteridófita *Adiantum* (avenca) existe um pigmento fotorreceptor misto, denominado neocromo, que reúne um cromóforo fitocromobilina e dois FMN, além de domínio N-terminal fotossensor similar ao fitocromo e C-terminal com domínio serina/treonina cinase semelhante ao das fototropinas (Christie, 2007).

Caldas *et al.* (1997), no Brasil, estudaram a posição dos folíolos da Fabaceae *Pterodon pubescens* em relação à luz solar. Verificaram que, em ambiente de cerrado da região tropical, onde há forte estresse pela alta insolação, os folíolos assumiam uma posição parafototrópica (posição paralela à radiação), diminuindo, assim, os efeitos da alta irradiação. Esse movimento envolve a variação de turgor das células motoras na base dos pecíolos e/ou folíolos. O parafototropismo não é normalmente observado em plantas como algodão, soja, alfafa e

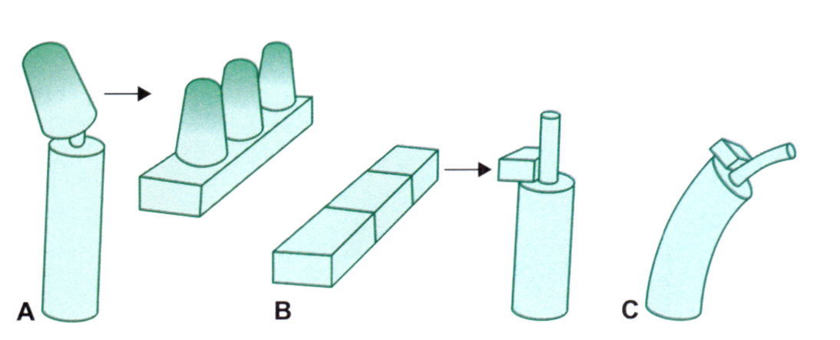

Figura 16.4 Experimentos de F. Went. **A.** As extremidades dos coleóptilos foram removidas e colocadas por 1 h sobre blocos de ágar. **B.** Após a retirada dos ápices de coleóptilos, o ágar foi cortado em pequenos pedaços e colocado assimetricamente sobre o coleóptilo não induzido. **C.** Curvatura do ápice para o lado oposto ao pedaço de ágar. Os experimentos foram conduzidos no escuro, e a curvatura do coleóptilo decapitado deu-se à semelhança daqueles intactos iluminados lateralmente. Conclusão a que Went chegou: era químico o fator que provocava o encurvamento que se acumulava no lado oposto ao iluminado.

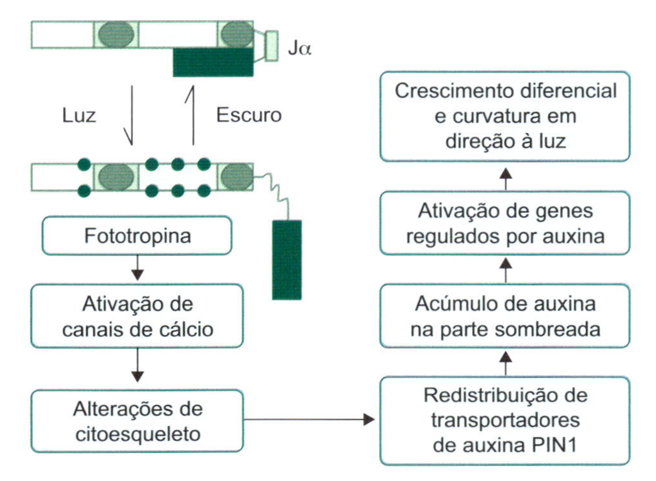

Figura 16.5 Mecanismo simplificado provável do fototropismo em caules. No diagrama de fototropina, os cromóforos de flavina estão representados por elipses nos domínios LOV, o domínio C-terminal com atividade de cinase é a porção sólida após a hélice J (Jα), e os pontos verde-escuros correspondem aos sítios de fosforilação.

malva, nas quais as folhas se orientam em relação ao sol de maneira diafototrópica, ficando ortogonais à fonte luminosa (Figura 16.6). Este último movimento é também conhecido como heliotropismo (referido frequentemente como *solar tracking* na literatura em inglês).

Outro interessante tropismo é observado em plantas jovens de *Monstera gigantea*, planta hemiepífita do interior de matas. Inicialmente, a parte aérea apresenta orientação em direção ao local menos iluminado, normalmente em virtude do sombreamento de um tronco próximo. Isso aparentemente é um fototropismo negativo, que desaparece quando a planta já cresceu o suficiente para ter início o apoio sobre o tronco. Daí em diante, há uma espécie de reversão, e a parte aérea de *M. gigantea* assume o fototropismo positivo usual na parte aérea das plantas-suporte. Esse comportamento é também denominado escototropismo (do grego *skotos*, penumbra; *trope*, direcionamento).

Gravitropismo

Trata-se da resposta de crescimento na qual a planta se orienta em relação ao vetor *gravidade* (anteriormente denominada geotropismo).

Em geral, as raízes orientam-se positivamente em relação ao estímulo *gravidade*, permitindo a ancoragem da planta ao solo e facilitando a absorção de água e sais minerais. A parte aérea responde negativamente ao estímulo, tornando possível a captura de energia radiante de forma mais eficiente, importante para a fotossíntese e o controle de outros processos de desenvolvimento.

Há órgãos como estolões, rizomas e galhos laterais que crescem em ângulo reto à força da gravidade, sendo denominados diagravitrópicos (Figura 16.7). Órgãos que crescem em ângulos diferentes de 0° ou 90°, como muitas raízes secundárias, são chamados plagiogravitrópicos (Figura 16.8).

Ao contrário da temperatura, dos ventos e da quantidade de insolação, a força da gravidade é constante em um mesmo local. Assim, trata-se de um balizador muito regular do desenvolvimento, e as plantas encontram-se bem adaptadas a perceber e reagir a esse estímulo.

Raízes

Percepção

Os estatólitos, descritos inicialmente para os crustáceos, foram identificados em plantas como grãos de amido em amiloplastos na coifa junto ao ápice meristemático das raízes. Os grãos sedimentariam com as membranas no lado inferior das células (estatócitos), e esse seria o sinal gravimétrico para o desenvolvimento. Isso explicaria as observações feitas anteriormente por Darwin de que raízes com pontas seccionadas não respondiam à força da gravidade. Essa teoria foi contestada mais tarde, pois, em plantas deixadas no escuro, nas quais o amido era consumido, ainda assim ocorriam reações gravitrópicas. Em mutantes de *Arabidopsis* deficientes na formação de grãos de amido, observaram-se reações à força da gravidade, embora em intensidade menor, graças ao movimento dos cloroplastos.

A estimulação gravitacional é o produto da intensidade do estímulo pelo tempo de aplicação:

$$D = t \times a$$

Em que:

- D: estímulo gravitacional ou dose
- t: tempo em segundos
- a: aceleração da massa pela gravidade em gramas.

A dose limiar depende da temperatura; dessa forma, para coleóptilos de aveia, a dose a 27°C é de 120 g.s., enquanto, à temperatura de 22°C, é de 240 g.s. Outros parâmetros

Figura 16.6 Orientação das folhas de malva em relação à posição do sol durante um dia. O limbo posiciona-se de modo que receba os raios solares o mais ortogonalmente possível. Nas regiões tropicais, o comportamento pode ser distinto (em virtude da alta intensidade luminosa).

Figura 16.7 *Araucaria angustifolia* no sul do Brasil, na qual se pode observar o diagravitropismo dos galhos. Imagem cedida por R. Zandavalli.

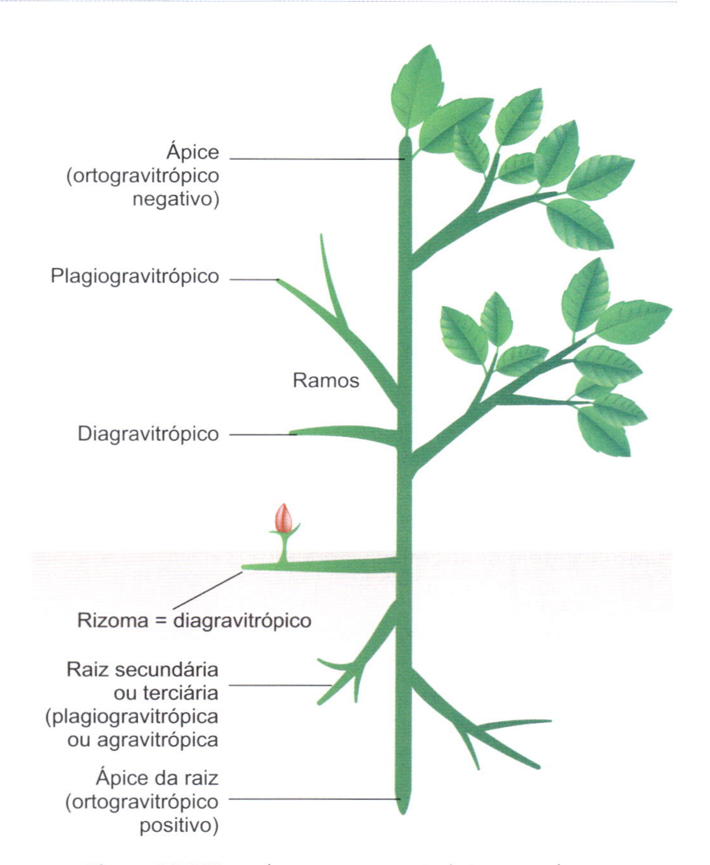

Figura 16.8 Tipos de respostas gravitrópicas em plantas.

interessantes quando se definem graviestímulos são tempo de apresentação, tempo de reação e intensidade limiar.

A duração mínima do estímulo para induzir a curvatura consiste no tempo de apresentação. O tempo de apresentação também é função da temperatura, pois a 30°C é muito mais curto que a 10°C. Em temperaturas mais baixas, a viscosidade do protoplasma é maior, dificultando a sedimentação dos estatólitos. Não deve ser confundida com o tempo de reação, pois, até haver a transdução da sequência de sinais, pode ocorrer um tempo bem maior. Para o coleóptilo de milho, o tempo mínimo de apresentação foi de 9 s, mas o início visível da curvatura só se iniciou após 210 s. A intensidade limiar varia de planta para planta e de órgão para órgão. As raízes são cerca de 10 vezes mais sensíveis que a parte aérea.

Transdução e resposta

Foi proposto que o gravitropismo positivo apresentado pela maioria das raízes está vinculado à distribuição de um inibidor, o qual se torna mais concentrado do lado inferior da raiz. Dois fitormônios ocupam papel de destaque nessa proposta: AIA e ABA. Embora ABA possa inibir o crescimento das raízes, a concentração necessária encontrada experimentalmente foi de 100 a 1.000 vezes maior que aquela nas raízes que respondem à força da gravidade. Outros pesquisadores sugerem uma interação entre AIA e ABA. Porém, as evidências mais fortes apontam para AIA, que, nas raízes, funcionaria como inibidor do crescimento do lado inferior. A remoção da ponta da raiz, com colocação de um bloco de ágar contendo AIA no lado inferior da raiz posicionada horizontalmente, provoca encurvamento semelhante ao da raiz intacta (Figura 16.9). O lado superior da raiz intacta, depois de a planta permanecer certo tempo na posição horizontal, é mais ácido que o lado inferior, e sabe-se que o crescimento de paredes depende de uma maior acidez, na qual está envolvido o efeito da auxina em concentrações estimulatórias. Há também evidências de que na porção inferior graviestimulada das raízes, concentrações mais elevadas de auxina estão associadas à alcalinização do apoplasto, contribuindo para menor crescimento (Harmer e Brooks, 2018).

Além do gradiente diferencial de auxina, Ca^{2+} parece estar envolvido nas respostas gravitrópicas. Usando Ca^{2+} radioativo, evidenciou-se que havia maior concentração desse íon no lado inferior, e, além disso, a adição de EDTA (*ethylene diamine tetraacetyc acid*; em português, ácido etileno-diamino tetra-acético), que sequestra íons Ca^{2+}, nulifica a resposta gravitrópica. Da mesma forma que os blocos com auxina colocados assimetricamente substituem a ponta da raiz seccionada, ágar com íons de Ca^{2+} pode provocar o mesmo efeito. A explicação proposta é de que os estatólitos depositados sobre as membranas, como as do retículo endoplasmático, a plasmática e mesmo as dos vacúolos, causariam um rearranjo do citoesqueleto e a abertura de canais de cálcio no tonoplasto e no retículo endoplasmático, causando a entrada de grande quantidade desse íon no citoplasma. O cálcio poderia complexar-se à calmodulina e alterar a atividade de cinases e fosfatases, além de causar redistribuição de transportadores de efluxo de auxina. Isso provocaria um maior acúmulo de auxina na porção inferior da raiz, promovendo a curvatura da ponta da raiz para baixo por crescimento inibido na parte inferior, mas não na parte superior.

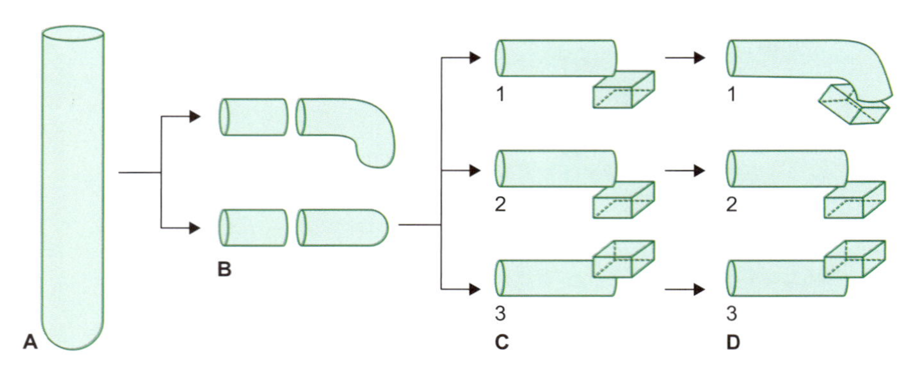

Figura 16.9 A. Ápice de raiz intacta de uma plântula em posição normal vertical. **B.** Colocada na posição horizontal, quando intacta, apresenta gravitropismo; quando seccionada, não o apresenta. **C1.** Raízes com a ponta seccionada na qual se adicionou um bloco de ágar com AIA. **C2.** Ágar sem AIA. **C3.** Bloco sem AIA colocado no lado de cima. **D1.** Com o tempo, ocorre curvatura da raiz, apesar de seccionada, pela adição assimétrica do bloco de ágar com AIA. **D2** e **D3.** Não foi observada nenhuma reação.

Caules e coleóptilos

Apresentam, em geral, gravitropismo negativo. Essa manifestação de gravitropismo negativo pode ser facilmente verificada, colocando-se na horizontal uma planta envasada. Deve-se realizar esse experimento no escuro, a fim de evitar o mascaramento dos resultados por influências fototrópicas. Após 24 a 48 h, é possível observar o caule assumindo uma posição ereta a partir de uma porção mediana (Figura 16.10).

Percepção

Nos caules, os lados de percepção e resposta são os mesmos. Isso é verdadeiro para coleóptilos, hipocótilos e caules adultos, mesmo quando da remoção do ápice. De fato, no tecido parenquimático perivascular encontram-se grãos de amido que desempenham um papel de estatólitos, sendo células desse tecido os estatócitos do sistema. No tecido perivascular dos coleóptilos e dos hipocótilos, também podem ser encontrados esses estatócitos.

Transdução e respostas

Auxinas se moveriam para a parte inferior do caule colocado na posição horizontal, promovendo o crescimento nesse lado, à similaridade do modelo de Cholodny-Went. Porém, há críticos a essa interpretação, já que as respostas são muito rápidas para haver tempo para a migração do fitormônio, e nem sempre parece que se estabeleceriam gradientes entre a parte superior e a inferior. Uma das explicações encontradas é de que o gradiente se estabeleceria nos tecidos epidérmicos, mais sensíveis às auxinas, pouco influindo os tecidos das camadas mais internas, o que dificultaria a detecção dos gradientes. Outra coincidência em favor das auxinas reside no fato de que, usando-se inibidores de transporte de auxinas, o crescimento foi inibido e não houve respostas gravitrópicas. Há evidências de que outros fitormônios, como giberelinas e etileno, poderiam estar envolvidos no processo. Assim, tecidos tratados com AVG (amino-etoxivinilglicina), inibidor de produção de etileno, não apresentaram respostas gravitrópicas negativas. No entanto, respostas ao etileno não são gerais e não puderam ser evidenciadas em hipocótilos de tomateiro.

Figura 16.10 Gravitropismo em plântulas de milho (*Zea mays*) colocadas, aos 4 dias de idade, na posição horizontal por 3 h. Na parte aérea, observa-se o gravitropismo negativo, enquanto, na raiz, é positivo.

Há evidências experimentais de que poderia haver mais sensibilidade ou maior quantidade de receptores capazes de ligar auxina na parte inferior do caule deitado que na parte superior; além disso, Ca^{2+} seria mais abundante na parte superior, onde inibiria o crescimento. Um mecanismo similar ao descrito para o gravitropismo de raízes, envolvendo deposição de estatólitos, rearranjo de citoesqueleto, abertura de canais de cálcio, atividade de cinases e fosfatases, redistribuição de transportadores de efluxo de auxina e acúmulo desta na parte inferior, operaria na resposta gravitrópica de caules. Porém, possivelmente por diferenças de sensibilidade à auxina entre caules e raízes, as respostas gravitrópicas negativas em um caule acontecem por um maior crescimento das células no lado inferior, em razão da maior acidificação local do apoplasto, enquanto as do lado superior não crescem ou até mesmo são moldadas pela distensão e mudança de direção do crescimento do caule. Em caules lenhosos, que têm restrições de crescer por alongamento, verificou-se que a redistribuição de auxina também é responsável pelas respostas gravitrópicas, as quais parecem depender de crescimento radial assimétrico para o caule se mover contra a gravidade (Harmer e Brooks, 2018). Um resumo do possível mecanismo gravitrópico é apresentado na Figura 16.11.

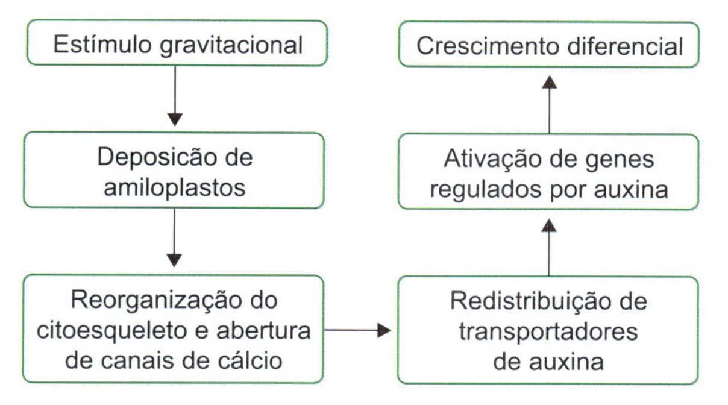

Figura 16.11 Sequência simplificada provável de eventos do gravitropismo em plantas.

Outros tropismos

Tigmotropismo

São respostas de crescimento orientadas pelo contato, especialmente evidentes em gavinhas de chuchu e outras cucurbitáceas ou de videiras (Figura 16.12). No lado tocado, o crescimento é reduzido, mas continua do lado oposto, fazendo com que a gavinha se enrole em torno do suporte. É possível que a reação também envolva auxinas e Ca^{2+}. Estudos usando plantas de ervilha e *Bryonia dioica* com aplicação de auxinas, agentes modificadores de microtúbulos e ionóforos, bem como envolvendo análises de auxinas endógenas, levaram à proposição de um mecanismo para o tigmotropismo (Engelberth, 2003). Segundo esse modelo, o estímulo mecânico do contato com o suporte causaria uma deformação da parede celular e do citoesqueleto, conduzindo a uma despolarização de membrana, mediada por microtúbulos via interface microtúbulos-membrana plasmática. Subsequentemente, a liberação de cálcio para o citoplasma, em conjunto com um aumento no teor de auxinas ativas, promoveria a expansão celular. Os microtúbulos, por interação com o complexo da celulose sintase, orientariam a deposição diferencial de microfibrilas de celulose. O estímulo mecânico também seria capaz de induzir espécies reativas de oxigênio junto à periferia da célula (por ação de NAD(P)H oxidases acionadas por proteínas G), bem como aumento no conteúdo de açúcares solúveis. Associados, esses eventos levariam ao crescimento em volta do suporte.

Figura 16.12 Gavinhas de *Cucumis anguria*. A curvatura foi causada por diferentes taxas de crescimento entre os lados interno e externo da gavinha, provocando o enrolamento do órgão.

A base celular do tigmotropismo de gavinhas depende de fitas ou cilindros de fibras especializadas, cada uma das quais contendo uma parede celular interna gelatinosa, rica em microfibrilas longitudinais de celulose, bem como arabinogalactanas e pectinas associadas (fibras G). A parede externa dessas células lignifica progressivamente com o crescimento helicoidal. Esse tipo de fibra já foi caracterizado em lenho de tensão, em que sua contração serve para reorientar verticalmente e elevar ramos em crescimento. Em gavinhas de pepino, as fibras G se organizam como uma bicamada de células, com a camada mais próxima ao limite côncavo interno da volta da hélice da gavinha sendo mais fortemente lignificada. Essa estrutura possibilita contração diferencial dessa bicamada na formação da gavinha, uma vez que a camada com as células lignificadas internas seria mais compressível e capaz de encolher mais que a camada externa, possivelmente por perda diferencial de água (Smyth, 2016). Dessa forma, a gavinha encurvaria e, na sequência, enrolaria.

Hidrotropismo

Resposta a gradiente de água observável em raízes, particularmente de plantas lenhosas arbóreas, as quais investem mais fitomassa no crescimento de raízes localizadas em regiões do solo no qual o potencial hídrico é menos negativo, ou seja, onde é mais fácil a absorção de água para funcionamento da planta, respondendo às perdas hídricas (ver Capítulo 1). Embora o transporte lateral de auxina possa fazer parte da resposta hidrotrópica em algumas plantas, em outras, incluindo *Arabidopsis thaliana*, esse envolvimento não é apoiado por evidências sólidas. Uma participação relevante de ABA no processo tem sido relatada, uma vez que componentes de sinalização desse fitormônio são necessários para hidrotropismo normal. Esse processo implicaria a promoção da divisão e expansão celular de tecidos corticais na zona de alongamento da raiz, causada por baixas concentrações de ABA (Harmer e Brooks, 2018).

Quimiotropismo

Exemplo típico é o crescimento do tubo polínico em direção ao óvulo nas flores, processo induzido por arabinogalactanos, glicoproteínas e lipoproteínas, além de um potencial eletroquímico produzido por íons K^+ e da participação de gradientes de óxido nítrico e Ca^{2+}. A real natureza desse quimiodirecionamento a partir do ovário ainda é controversa, mas certamente essencial para o fenômeno da fertilização.

Autotropismo

Plantas conseguem perceber a deformação de órgãos e alterar seu crescimento a fim de recuperar o crescimento ereto. Durante o fototropismo ou gravitropismo, a curvatura inicial ao longo de todo o órgão é seguida de um período de realinhamento vertical basípeto, de modo que o desencurvamento ocorre partindo do ápice e a curvatura acaba por permanecer somente na base do órgão. Esse movimento pode ser qualificado como proprioceptivo, ou seja, que envolve a percepção ou sensibilidade da posição, do peso e da distribuição do corpo da planta e de suas partes. Estudos envolvendo auxina radioativamente marcada indicaram que o autotropismo não depende de uma redistribuição lateral de auxina. A curvatura local parece ser percebida por um mecanismo dependente de actinomiosina, presumivelmente em fibras longas do xilema que apresentam filamentos de actina distribuídos ao longo de seus eixos, de modo a ativar canais iônicos mecanossensíveis que levariam ao crescimento diferencial (Harmer e Brooks, 2018).

Fonotropismo

Corresponde ao crescimento de raízes na direção de uma fonte sonora. Há poucos dados sobre esse tipo de tropismo, mas um estudo em *Arabidopsis thaliana* descreveu as etapas iniciais do fenômeno com algum detalhamento. Exposição das plantas a ondas sonoras (200 Hz) por 2 semanas induziu crescimento de raízes em direção à fonte sonora. Em poucos minutos, as ondas sonoras causaram um aumento de Ca^{2+} citosólico, produção de espécies reativas de oxigênio (EROS) e efluxo de K^+ (Rodrigo-Moreno *et al.*, 2017). O valor adaptativo desse processo ainda é incerto, mas propôs-se que pode estar envolvido em detecção e aproveitamento de fontes de água distantes (p. ex., riachos e cachoeiras) e talvez contribuir na dinâmica de arquitetura do sistema radical, uma vez que ápices de raízes de milho emitem estalos regulares durante o crescimento.

Nastismos

Nastismos ou nastias são movimentos vegetais desencadeados por estímulos ambientais (muitas vezes interagindo com o relógio circadiano), nos quais a direção do estímulo não determina a direção do movimento. A direção do movimento é determinada principalmente pela anatomia das partes que se movem, e não pela natureza e pela direção do estímulo. Os nastismos podem envolver mudanças elásticas ou plásticas nas paredes celulares dos tecidos em movimento. Mudanças plásticas constituem crescimento diferencial (irreversível) e serão consideradas sucintamente neste capítulo. Mudanças elásticas consistem em alterações reversíveis de turgor em células especializadas, como as células motoras que formam os pulvinos.

Além de serem subdivididos em movimentos por crescimento diferencial ou por variações de turgor, os nastismos podem se classificar quanto à natureza do estímulo desencadeador. Os principais tipos de nastismos causados por crescimento diferencial são epinastia, hiponastia e termonastia. Os principais tipos de nastismos causados por variações de turgor são nictinastia, hidronastia e tigmonastia.

Epinastia e hiponastia

Epinastia corresponde ao movimento de curvatura de um órgão para baixo, causado por uma taxa de crescimento maior em seu lado superior que no lado inferior. Geralmente, observa-se a epinastia em pecíolos e folhas cujas extremidades se curvam para o solo. Embora não se trate de uma resposta à gravidade, epinastias são provavelmente causadas por um fluxo desigual de auxina pela parte superior e inferior do pecíolo. A resposta epinástica pode ser induzida por altas concentrações de auxina ou por etileno. Estudos com mutantes epinásticos de tomateiro sugerem que a indução de epinastia por auxina pode depender da síntese de etileno (talvez via indução da sintase do ácido amino-ciclopropano carboxílico – ACC – por auxina; ver Capítulo 9). Epinastia é bastante comum em plantas submetidas ao estresse de alagamento; nessa situação, há acúmulo de ACC nas raízes (onde a tensão de oxigênio é baixa), o qual é transportado para a parte aérea (onde condições aeróbicas são normais) e convertido em etileno pela oxidase do ACC. O etileno produzido na parte aérea contribui para epinastia de folhas e pecíolos (ver Capítulo 13). A resposta reversa à epinastia, a hiponastia (i. e., curvatura de órgãos para cima em virtude de uma taxa maior de crescimento na parte inferior do órgão), ocorre com menos frequência e pode ser induzida por giberelinas.

Termonastia

Trata-se de um movimento repetitivo acionado por diferenças de temperatura. Esse tipo de nastismo, embora repetitivo, tem caráter permanente e resulta da alternância de crescimento diferencial nas duas superfícies dos órgãos envolvidos. Termonastia pode ser observada na abertura e no fechamento de flores de certas espécies, como a tulipa, e os órgãos envolvidos são os componentes do perianto. A redução de temperatura acelera o crescimento da face inferior da tépala, e o crescimento da face superior não se altera, ocasionando o fechamento da flor. Com o aumento de temperatura, a situação se inverte, causando abertura floral. Termonastia pode também ser observada em folhas de algumas espécies perenes, como é o caso do enrolamento foliar induzido por baixas temperaturas em *Rhododendron* spp., uma possível vantagem para fotoproteção sob essas condições ambientais (Die *et al.*, 2017). Os movimentos de abertura e fechamento de algumas flores parecem ser desencadeados por alterações na disponibilidade de luz, sendo também conhecidos como fotonastias. As flores da vitória-régia (*Victoria amazonica*) abrem-se à noite e voltam a se fechar ao amanhecer, possivelmente por um mecanismo de crescimento diferencial. Nastismos resultantes de crescimento diferencial, mas de caráter repetitivo, como abertura e fechamento de flores, podem ser causados não só por fatores externos, mas também por influência do relógio circadiano endógeno. Os nastismos observados na abertura e no fechamento de flores possivelmente desempenham papel adaptativo na preservação de estruturas florais e na eficácia de polinização.

Hidronastia

Corresponde ao dobramento ou enrolamento de folhas em resposta à falta de água (estresse hídrico). Esse nastismo é bastante comum em espécies de gramíneas crescendo em ambientes abertos e tem a importante função de minimizar a transpiração foliar, reduzindo a superfície de exposição ao ar seco e à insolação, complementando o papel do fechamento dos estômatos. Esse movimento é também importante na redução da fotoinibição da fotossíntese causada por alta intensidade luminosa (p. ex., fotoxidação de antenas fotossintéticas). O mecanismo do movimento hidronástico consiste na perda diferencial de água em células foliares especiais dotadas de paredes celulares mais finas, as células buliformes. Essas células geralmente se localizam na epiderme adaxial (superior), onde se apresentam uniformemente distribuídas ou predominando ao longo do eixo central das folhas (Figura 16.13).

Como as células buliformes têm paredes pouco espessas e cutículas finas, perdem água por transpiração mais rapidamente que as outras células epidérmicas. À medida que a pressão de turgor diminui nas células buliformes, a manutenção da pressão de turgor nas células da face abaxial (inferior) da folha causa o enrolamento ou dobramento foliar (Figura 16.13).

Nictinastia

A nictinastia (do grego *nyktos*, noite; *nastos*, fechamento), um dos nastismos mais bem estudados, refere-se a folhas que assumem uma posição noturna diferente daquela apresentada durante o dia (movimentos de "sono"), em resposta à luz. Em geral, durante o dia, as folhas ou folíolos estão em posição horizontal ou "aberta" e, à noite, assumem uma posição próxima da vertical ou "fechada". Esse fenômeno pode ser facilmente observado em algumas espécies com folhas compostas, como *Leucaena leucocephala* (leucena), *Senna macranthera* (manduirana), *Albizzia julibrissin* e *Samanea saman*. As duas últimas espécies têm sido modelos experimentais bastante estudados. Outro modelo experimental no estudo da nictinastia muito familiar é *Phaseolus vulgaris* (feijoeiro), cujas folhas primárias exibem marcados movimentos de "sono" (Figura 16.14 A).

O significado adaptativo dos movimentos nictinásticos não é claro, mas pode estar relacionado com a minimização da percepção de eventuais estímulos luminosos noturnos (p. ex., a luz refletida pela lua cheia), os quais podem perturbar

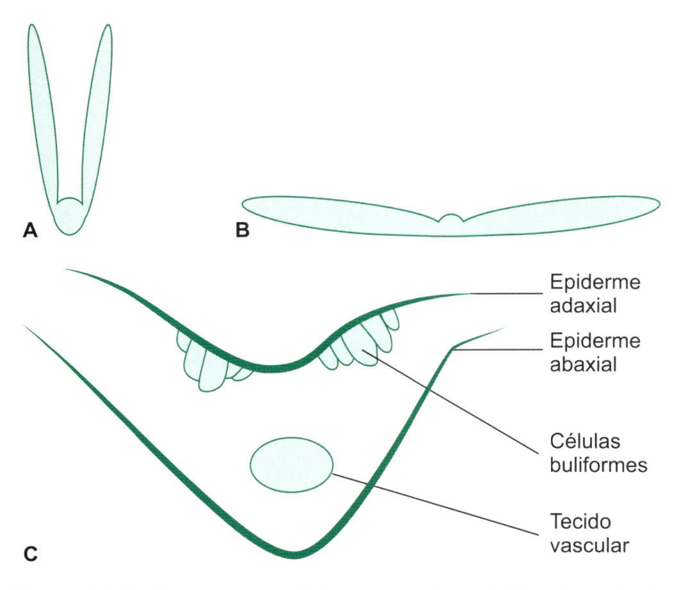

Figura 16.13 Hidronastia em folha de gramínea. **A.** Posição dobrada (células buliformes murchas). **B.** Posição expandida (células buliformes túrgidas). **C.** Esquema de corte transversal de folha mostrando a posição das células buliformes com distribuição na epiderme adaxial ao longo do eixo central do órgão.

a mensuração fotoperiódica do tempo necessário para florir. Há também a sugestão de que, enquanto a posição foliar diurna maximiza exposição à luz, a posição noturna minimizaria a perda de calor.

A observação e o estudo dos movimentos nictinásticos são bastante antigos, tendo sido registrados por Plínio na antiga Grécia, Lineu e Darwin. Em condições constantes de luz e temperatura, movimentos nictinásticos forneceram as primeiras evidências da existência de um relógio circadiano endógeno nos organismos, com os registros de De Mairan, Monceau e Candolle nos séculos 17 e 18. Os trabalhos clássicos de Bünning nas décadas de 1920 e 1930 utilizaram movimentos nictinásticos de feijoeiro para estudar o relógio circadiano (Figura 16.14 C). O mecanismo básico desses movimentos, no entanto, só foi esclarecido principalmente na década de 1980, tendo sido reexaminado mais recentemente por diversos autores.

Todos os movimentos nictinásticos ocorrem em razão de mudanças reversíveis de turgor nos *pulvinos* (Ishimaru *et al.*, 2012). Pulvinos são bases espessadas das folhas, geralmente cilíndricos na forma, com superfícies enrugadas e grande quantidade de parênquima, que, por variações de turgor em células de faces opostas (adaxial e abaxial), permitem o dobramento e o consequente movimento foliar (Figura 16.14 B). Em folhas compostas de Leguminosae, além do pulvino principal na base do pecíolo, há pulvínulos ou pulvinos secundários na base dos folíolos. Os pulvinos apresentam tecido vascular central, com xilema e floema circundados por esclerênquima. O tecido vascular no pulvino assume arranjo compacto e linear, possivelmente aumentando a flexibilidade da região. Em volta do tecido vascular central, está o parênquima, cujas células mais externas têm paredes elásticas finas, sendo capazes de sofrer grandes alterações quanto a forma e tamanho, possibilitando o movimento foliar. Essas células são chamadas *células motoras*.

As células motoras dividem-se em *flexoras* e *extensoras*. As células extensoras são aquelas que ganham turgor durante a abertura (posição diurna) e o perdem durante o fechamento das folhas (posição de "sono" ou noturna). Já as células flexoras perdem turgor durante a abertura e o ganham durante o fechamento das folhas. A posição adaxial ou abaxial de células flexoras e extensoras varia conforme as folhas; na posição noturna fechada (vertical), movem-se para cima (p. ex., pulvinos secundários de *Cassia*) ou para baixo (p. ex., pulvinos de feijoeiro). Neste último caso (folhas fecham movendo-se para baixo), as células flexoras são adaxiais (parte superior do pulvino), e as células extensoras, abaxiais (parte inferior do pulvino).

O modelo do mecanismo de ganho e perda de água pelas células motoras é semelhante ao das células-guarda nos estômatos. As células motoras aumentam de turgor quando prótons são bombeados para fora das células (apoplasto) por próton-ATPases, criando um gradiente de prótons e um desvio do potencial de membrana para valores mais negativos (hiperpolarização). Isso faz com que se abram canais de entrada de K^+, pelos quais esse íon entra nas células. Influxo de Cl^+ para compensação de carga também se dá em razão do gradiente de concentração de H^+. Com a redução do potencial hídrico das células motoras em função do aumento de solutos osmoticamente ativos dentro delas, ocorre entrada de água e

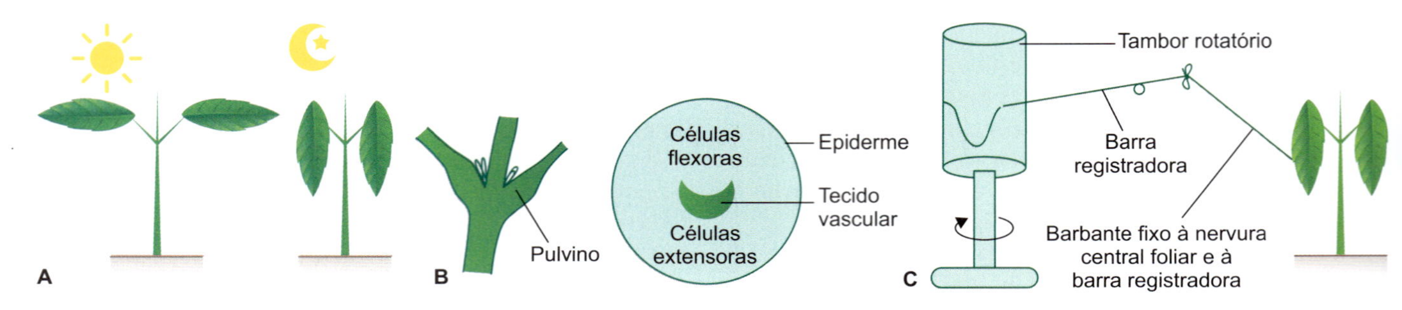

Figura 16.14 Nictinastia em folhas primárias de feijoeiro. **A.** Posição foliar horizontal diurna e vertical noturna. **B.** Pulvinos na base dos pecíolos. Os pulvinos são os órgãos responsáveis pelo movimento foliar. Corte transversal esquemático de um pulvino foliar mostrando a localização das células motoras e do cilindro vascular. **C.** Cinógrafo: aparelho com tambor rotatório acoplado a um relógio mecânico para registro de movimentos foliares sob controle do relógio circadiano em condições ambientais constantes (de curso livre, ver Capítulo 17). Foi usado por Erwin Bünning, na Alemanha, nas décadas de 1920 e 1930.

as células motoras tornam-se túrgidas. A perda de turgor pelas células motoras resulta da liberação para o apoplasto de K^+ e Cl^+, com simultânea captação de H^+. A abertura dos canais de extrusão de K^+ parece ser causada por captação de Ca^{2+} e/ou extrusão de Cl^+, que promovem despolarização da membrana, bem como por ação de algumas cinases.

Os movimentos nictinásticos ocorrem em resposta a variações de luz e por influência do relógio circadiano. Como se dá o acoplamento desses estímulos ao movimento de íons e à consequente mudança de turgor nas células motoras? Estudos com diferentes qualidades de luz indicam que os comprimentos de onda relevantes para o movimento nictinástico são aqueles na faixa do vermelho, vermelho-extremo e azul. Isso sugere o envolvimento dos fotorreceptores fitocromo e/ou criptocromo no processo. É importante notar que o efeito da luz parece se diferenciar em células flexoras e extensoras; por exemplo, a transição luz–escuro ativa a bomba de prótons e a consequente captação de potássio em células flexoras (que devem ficar túrgidas para fechamento foliar noturno), enquanto a mesma transição inativa a bomba de prótons em células extensoras (que devem ficar flácidas para fechamento foliar noturno). Por sua vez, em pulvinos inteiros de *Samanea*, demonstrou-se que um breve pulso de luz branca causa um aumento na concentração de inositol fosfato, acompanhado por um decréscimo em fosfatidil inositol. Esses dados, em conjunto com outras observações sobre cascatas de sinalização e de investigações sobre mecanismo estomático, levaram à proposição do modelo descrito a seguir e esquematizado na Figura 16.15.

A luz seria percebida por fitocromo e criptocromo. A absorção de luz pelo cromóforo causaria uma mudança conformacional na apoproteína do fotorreceptor, a qual interagiria possivelmente com proteínas G (proteínas ligadoras de GTP). As proteínas G ativadas estimulariam a ação de fosfolipase C, enzima que degrada fosfatidil inositol bifosfato (PIP2), gerando inositol trifosfato (IP3) e diacilglicerol (DAG). DAG poderia aumentar a atividade de proteínas-cinases,, as quais, por fosforilação (que geralmente promove mudanças conformacionais), modulariam a atividade de canais iônicos ou da próton-ATPase. IP3 poderia também atuar como agente modulador dos canais iônicos ou da bomba de prótons, promovendo a liberação de cálcio do vacúolo para o citosol. O efeito do relógio circadiano no movimento nictinástico dá-se provavelmente como regulador da capacidade de percepção da luz pelos fotorreceptores, controlando quando é ou não permitido perceber a luz com eficiência máxima (ver Capítulo 17). Outra forma de controle do relógio circadiano no movimento nictinástico parece ser a expressão circadiana e regulada por luz dos genes codificadores de canais de potássio em células dos pulvinos (Moshelion *et al.*, 2002).

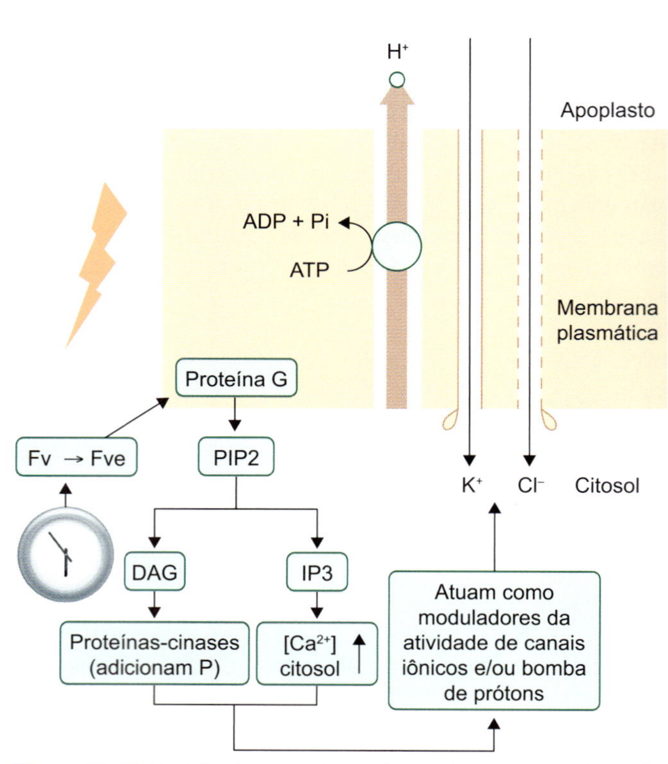

Figura 16.15 Modelo do mecanismo de movimento nictinástico foliar: ganho de água pelas células motoras dos pulvinos. Sinais luminosos seriam percebidos pelos sistemas de pigmentos fitocromo e/ou criptocromo. O relógio circadiano controlaria a eficiência máxima de percepção de luz pelos sistemas fotorreceptores. Além disso, luz e relógio circadiano controlariam a expressão de genes codificadores de canais de potássio. Uma cascata de transdução luminosa, envolvendo proteínas G e metabolismo de fosfatidil inositol, resultaria em ativação de proteínas-cinases, e aumento na concentração citosólica de cálcio. Esses dois fatores, por sua vez, modulariam a atividade de bombas e canais iônicos, causando movimento de água e alteração de turgor.

A anatomia de pulvinos de nove espécies de leguminosas de cerrado, as quais apresentam movimentos násticos classificados como rápidos ou lentos, foi examinada (Rodrigues e Machado, 2007). A presença de uma endoderme delimitada nessas estruturas apresentou diferentes características em plantas com esses dois tipos de respostas násticas. Embora em todas as espécies tenham sido observados grãos de amido nessa região dos pulvinos, somente nas espécies de movimentos lentos os pulvinos apresentaram cristais de oxalato de cálcio.

Tigmonastia

Trata-se de um movimento nástico em resposta a estímulos mecânicos, também referido em alguns textos como *sismonastia*. É bastante evidente em algumas espécies de Leguminosae – Mimosoideae, muitas das quais também apresentam nictinastia. O exemplo mais conhecido é o da espécie tropical *Mimosa pudica*, a planta sensitiva ou dormideira. Mediante estímulo de toque, agitação, estímulos elétricos ou extremos de temperatura, folhas e folíolos rapidamente se fecham. Uma peculiaridade importante desse caso refere-se à rapidez de resposta e à capacidade de transmissão do estímulo por meio da planta. Mesmo quando apenas um folíolo é estimulado, ocorre o fechamento de folíolos não estimulados diretamente. Outra peculiaridade interessante é que o fechamento das folhas parece ser uma resposta de "tudo ou nada", ou seja, não há uma relação óbvia entre a intensidade do estímulo e a eficácia da resposta. O significado adaptativo desse tipo de resposta não é bem conhecido, mas sugere-se que o movimento das folhas espante insetos herbívoros. Outra proposição é de que o fechamento das folhas, em resposta a ventos de regiões áridas onde muitas dessas plantas habitam, evite perda excessiva de água.

O mecanismo de dobramento das folhas envolve perda de água de células motoras nos pulvinos em decorrência da saída de potássio, à semelhança do que foi descrito para a nictinastia. A capacidade de transmissão do estímulo tigmonástico em *M. pudica* tem sido bastante investigada. Dois mecanismos complementares têm sido propostos para explicar o fenômeno: um elétrico e outro químico. Nesse caso, as células extensoras são as efetoras primárias do dobramento dos pulvinos. Nessas células, quando as folhas são mecanicamente estimuladas, bombas de prótons permitem rápida ativação de canais de efluxo de K^+ e Cl^-, os quais, por sua vez, causam movimento osmótico de água para fora da célula, de modo que há perda de turgor. Vacúolos ricos em taninos presentes nas células extensoras armazenam Ca^{2+} para regular o fluxo de K^+ (Guo *et al.*, 2015).

O mecanismo elétrico evoca a constatação da existência de um *potencial de ação* (i. e., uma modificação na voltagem ou diferença de potencial elétrico em função do tempo) na planta de *M. pudica* estimulada. De fato, está bem estabelecido que praticamente qualquer parte da planta em questão pode perceber estímulos e transmiti-los na forma de pulsos elétricos aos pulvinos. Os potenciais de ação de *M. pudica* são semelhantes aos encontrados em células nervosas de animais, porém muito mais lentos (velocidades de cerca de 2 cm por s, enquanto, em células nervosas, os potenciais de ação propagam-se a dezenas de metros por segundo). Em plantas, os tubos de elemento crivado e parênquima vascular (células de parênquima conectadas por plasmodesmas) parecem funcionar como condutos de transmissão do sinal. O aparecimento do potencial de ação está correlacionado com rápida captação de prótons pelas células, sugerindo sua responsabilidade pela despolarização das membranas. Acredita-se que, quando o potencial de ação atinge os pulvinos, há rápida liberação de potássio e açúcares no apoplasto, causando perda de água pelas células motoras e o consequente encurvamento das folhas. Há também fragmentação de filamentos de actina além das mudanças hidroelásticas nos pulvinos durante o dobramento do pecíolo (Volkov *et al.*, 2010).

O mecanismo químico da resposta tigmonástica de *Mimosa pudica* e de outras poucas espécies desse gênero é importante para a transmissão do potencial de ação de um folíolo a outro. As primeiras evidências para a existência de um componente químico na resposta tigmonástica foram obtidas por Ubaldo Ricca, no início do século 20. Ricca demonstrou que um caule cortado e reconectado por um tubo fino de vidro com água permitia a transmissão da resposta tigmonástica a folíolos localizados no lado oposto do tubo. As substâncias responsáveis pela transmissão são hoje conhecidas como turgorinas e podem causar respostas elétricas que viajam na sua frente, de um folíolo a outro, em células de parênquima. Turgorinas foram isoladas de diversas plantas que exibem movimentos nictinásticos e tigmonásticos, e sua atividade é testada em bioensaios com folhas de *M. pudica* mantidas em solução. As turgorinas extraídas de diversas plantas e purificadas revelaram ser glicosídios de compostos fenólicos, principalmente de ácido gálico. As turgorinas mais ativas são o beta-D-glicosídio-6-sulfato de ácido gálico e o beta-D-glicosídio-3,6-dissulfato de ácido gálico. Sugeriu-se que as turgorinas apresentam algumas características de fitormônios que atuariam como controladores do turgor de células motoras dos pulvinos. As turgorinas são ativas em concentrações bastante baixas (10^{-5} a 10^{-7} M), podem ser translocadas (pelo menos em alguns casos) e existem possíveis proteínas receptoras desses compostos (p. ex., na face externa da plasmalema de *M. pudica*). Alguns autores sugerem uma analogia das turgorinas com o neurotransmissor acetilcolina, pois ambos geram potenciais de ação. A atividade de turgorinas poderia ser controlada por hidrólise da metade glicosídica, pois os produtos resultantes são inativos no bioteste.

As plantas carnívoras dos gêneros *Drosera* e *Dionaea* (família Droseraceae) representam exemplos de movimentos em resposta a estímulos mecânicos usados na captura de insetos e outros pequenos artrópodes para suplementação de nutrientes como nitrogênio e fósforo. No caso de *Drosera*, as folhas têm numerosos pelos glandulares multicelulares, nas extremidades dos quais é secretado um líquido viscoso com enzimas digestivas. O toque e a movimentação de um inseto na extremidade dos pelos, por exemplo, causam uma série de potenciais de ação que se propagam ao longo destes e, ao atingirem as células da base, causam o dobramento dos pelos. Os pelos da parte periférica da folha tendem a dobrar-se para o centro desta, carreando o inseto para o meio da folha. Uma vez preso, o inseto é digerido e absorvido ao longo de vários dias.

Em *Dionaea*, a folha é modificada em uma estrutura bilobada, com lobos unidos pela veia central e munida de excrescências semelhantes a espinhos ao longo das bordas. Quando pelos epidérmicos sensoriais são estimulados, os lobos foliares se fecham rapidamente (em cerca de meio segundo), prendendo o inseto. Se há movimento adicional, os lobos foliares se aproximam ainda mais, e o inseto passa a ser digerido por enzimas secretadas pela folha. Nesse processo de percepção de estímulos subsequentes, fatores químicos chamados de TCF (*trap-closing factors*, fatores de fechamento de armadilha) seriam importantes, os quais parecem incluir jasmonatos e polissacarídios bioativos (Ueda *et al.*, 2010). Jasmonatos também têm papel na secreção de enzimas digestivas, conseguindo produzir esse efeito mesmo na ausência de estímulo mecânico. ABA e déficit hídrico, por sua vez, diminuem a sensibilidade da armadilha foliar a estímulos mecânicos (Guo *et al.*, 2015). Completada a digestão da presa, a folha reabre (geralmente após vários dias). A estimulação mecânica dos pelos sensoriais é seguida pelo aparecimento de potenciais de ação que se propagam entre as células dos lobos foliares.

Essa tigmonastia pode ser interpretada e descrita por um modelo de curvatura hidroelástica. O modelo pressupõe que as armadilhas de *Dionaea* apresentam elasticidade de curvatura, consistindo de camadas hidráulicas (conjuntos de células) internas e externas nas quais diferentes pressões hidrostáticas podem se desenvolver. As curvaturas principais naturais seriam determinadas pelo estado hidráulico de duas camadas da planta, que, por sua vez, são definidas por suas diferentes pressões hidrostáticas. Essas duas camadas hidráulicas (interna e externa) podem mudar rapidamente em resposta à estimulação dos pelos sensoriais. O estímulo mecânico aciona certos canais iônicos, gerando potenciais de recepção e ação, promovendo o fluxo de água entre as camadas hidráulicas. Essa mudança rápida associada ao transporte de água entre as camadas parece também ser mediada por aquaporinas (canais de água nas membranas) (Guo *et al.*, 2015). Outra hipótese, um pouco mais antiga, mas não descartada, sugere que os potenciais de ação gerados pelo estímulo mecânico levariam à extrusão de prótons e à acidificação das paredes das células do lado externo (inferior) das folhas, causando sua flacidez, captação de água apoplástica, expansão do lado externo e, por conseguinte, fechamento da armadilha.

Referências bibliográficas

Blakeslee JJ, Bandyopadhyay A, Peer WA, Makam SN, Murphy A. Relocalization of the PIN1 auxin efflux facilitator plays a role in phototropic responses. Plant Physiology. 2004;134:28-31.

Caldas LS, Luttge U, Franco AC, Haridasan M. Leaf heliotropism in Pterodon pubescens, a woody legume from the Brazilian cerrado. Revista Brasileira de Fisiologia Vegetal. 1997;9(1):1-7.

Christie JM. Phototropin blue-light receptors. Annual Review of Plant Biology. 2007;58:21-45.

Die JV, Arora R, Rowland LJ Proteome dynamics of cold-acclimating Rhododendron species contrasting in their freezing tolerance and thermonasty behavior. PLoS One. 2017;12:e0177389.

Engelberth J. Mechanosensing and signal transduction in tendrils. Advances in Space Research. 2003;32:1611-9.

Guo Q, Dai E, Han X, Xie S, Chao E, Chen Z. Fast nastic motion of plants and bioinspired structures. Journal of Royal Society Interface. 2015;12:20150598.

Harmer SL, Brooks CJ. Growth-mediated plant movements: hidden in plain sight. Current Opinion in Plant Biology. 2018;41:89-94.

Ishimaru Y, Ueda M, Hamamoto S, Uozumi N. Ion channel-related regulatory mechanism on plant nyctinastic movement. In: Volkov AG, editor. Plant electrophysiology. Heidelberg: Springer; 2012. p. 125-42.

Moshelion M, Becker D, Czempinski K, Mueller-Roeber B, Attali B, Hedrich R, et al. Diurnal and circadian regulation of putative potassium channels in a leaf moving organ. Plant Physiology. 2002;128:634-42.

Rodrigo-Moreno A, Bazihizina N, Azzarello E, Masi E, Tran D, Bouteau, F et al. Root phonotropism: early signalling events following sound perception in Arabidopsis roots. Plant Science. 2017;264:9-15.

Rodrigues TM, Machado SR. The pulvinus endodermal cells and their relation to leaf movement in legumes of the Brazilian cerrado. Plant Biology. 2007;9:469-77.

Smyth DR. Helical growth in plant organs: mechanisms and significance. Development. 2016;143:3272-82.

Stoelzle S, Kagawa T, Wada M, Hedrich R, Dietrich P. Blue light activates calcium-permeable channels in Arabidopsis mesophyll cells via the phototropin signaling pathway. Proceedings of the National Academy of Sciences USA. 2003;100:1456-61.

Ueda M, Tokunaga T, Okada M, Nakamura Y, Takada N, Suzuki R, et al. Trap-closing chemical factors of the Venus Flytrap (Dionaea muscipulla Ellis). ChemBioChem. 2010;11:2378-83.

Volkov AG, Foster JC, Baker KD, Markin VS. Mechanical and electrical anisotropy in Mimosa pudica pulvini. Plant Signaling and Behavior. 2010;5:1211-21.

Bibliografia

Christie JM. Phototropin blue-light receptors. Annual Review of Plant Biology. 2007;58:21-45.

Guo Q, Dai E, Han X, Xie S, Chao E, Chen Z. Fast nastic motion of plants and bioinspired structures. Journal of Royal Society Interface. 2015;12(110):0598.

Hangarter RP. Plants-In-Motion [homepage]. [Acesso em 28 fev 2019] Disponível em: http://plantsinmotion.bio.indiana.edu/.

Harmer SL, Brooks CJ. Growth-mediated plant movements: hidden in plain sight. Current Opinion in Plant Biology. 2018;41:89-94.

Mancuso S; Shabala S. Rhythms in plants: dynamic responses in a dynamic environment. 2. ed. Heidelberg: Springer; 2015. 404 p.

Smyth DR. Helical growth in plant organs: mechanisms and significance. Development. 2016;143:3272-82.

Takada N, Kato E, Yamamura S, Ueda M. A novel leaf-movement inhibitor of a nyctinastic weed, Sesbania exaltata Cory, designed on a naturally occurring leaf-opening substance and its application to a potential, highly sensitive herbicide. Tetrahedron Letters. 2002;43:7655-8.

17 Ritmos Circadianos nas Plantas

Arthur G. Fett-Neto

Introdução

Desde o início da história da vida na Terra, um dos fatores ambientais mais constantes tem sido a sucessão de dias e noites em ciclos de 24 h. Praticamente todos os organismos (de cianobactérias a humanos) exibem um ou mais ritmos circadianos, ou seja, oscilações biológicas endógenas com um período de aproximadamente 24 h (*circa* = cerca, *dies* = dia). A persistência desses ritmos sob condições ambientais constantes demonstra controle por um relógio circadiano endógeno. Para a maioria dos organismos, o amanhecer significa alimento, seja por fixação de carbono, seja por disponibilidade de presas. Para os organismos predados, por sua vez, o mesmo evento indica a necessidade de preparar defesas contra agressores. O aparecimento do sol também é acompanhado de diversas alterações de variáveis geofísicas, como luz, temperatura, vento etc. Os organismos contam o tempo com o relógio endógeno sincronizado por sinais externos, como as variações ambientais, principalmente as de luz e temperatura.

Em razão da pressão evolutiva geral e antiga das sequências de dias e noites, é provável que relógios circadianos tenham evoluído cedo na história da vida na Terra, e, segundo várias evidências, elementos comuns ao mecanismo fundamental do relógio circadiano parecem ocorrer em organismos evolutivamente distantes, como fungos e mamíferos. A regulação de funções biológicas pelo relógio circadiano tem a finalidade de otimizar processos celulares e fisiológicos em antecipação a modificações periódicas no ambiente de um organismo. Essa regulação das funções biológicas no tempo e a capacidade de antecipação são especialmente importantes em plantas, pois, como organismos sésseis, as plantas precisam responder de modo eficaz às diversas pressões ambientais a que estão sujeitas; a troca de ambiente não é uma opção como no caso de animais.

De fato, as plantas são organismos essencialmente rítmicos. Entre os processos fisiológicos e metabólicos sujeitos a ritmos circadianos, pode-se citar: movimentos foliares e de pétalas (nictinastia e termonastia), fotossíntese, respiração, taxa de crescimento, movimento estomático, fixação de CO_2, exsudação radicular, floração, atividade de diversas enzimas, fluxos iônicos, concentração de cálcio citosólico, expressão de genes controlados pelo relógio ou genes circadianos (incluindo diversos genes envolvidos ou não na fotossíntese ou respiração, genes de defesa e resposta a estresses, entre outros). Um exemplo de como a antecipação metabólica e fisiológica conferida pelo relógio circadiano é vantajosa corresponde ao fenômeno da abertura de estômatos e transcrição de diversos genes fotossintéticos (cuja expressão é promovida por luz) algumas horas antes do amanhecer, ainda no escuro. Essa resposta, causada pelo relógio circadiano, tem a vantagem de propiciar pronta assimilação de carbono quando da disponibilidade de luz. Dessa forma, as primeiras horas da manhã, nas quais a demanda transpiratória é menor, são aproveitadas de forma mais eficiente para a fotossíntese.

Terminologia e características de ritmos circadianos

Ao se estudarem ritmos circadianos, é preciso familiarizar-se com os termos usados para descrever e caracterizar tais ritmos. Ritmos circadianos têm natureza endógena, ou seja, persistem por vários ciclos sob condições constantes (geralmente de luz ou escuro contínuos). A ritmicidade expressa sob essas condições é dita *de curso livre* e apresenta um período de *aproximadamente, mas não exatamente*, 24 h. O desvio do período de curso livre de exatamente 24 h é considerado uma evidência de que o ritmo biológico está sob o controle de um sistema endógeno de medição de tempo, que necessita ser ajustado por fatores ambientais para sincronizar-se com o tempo solar. *Período* é o tempo necessário para completar um ciclo e é geralmente descrito como o tempo de um pico (p. ex., de atividade enzimática) a outro, embora possa ser determinado com quaisquer dois pontos equivalentes em ciclos repetidos. O período define o tipo de ritmo que se estuda. Sua duração permite classificar o ritmo em circadiano, ultradiano (significativamente menor que 24 h ou com mais de um ciclo a cada 24 h), infradiano (significativamente maior que 24 h ou com menos de um ciclo a cada 24 h), sazonal, anual etc. *Amplitude* é a diferença entre o pico (ou a parte mais basal, também chamada de vale) e o valor médio da onda de oscilação. Em ondas simétricas, a amplitude corresponde à metade do valor da faixa de oscilação (i. e., metade da altura do pico). Em condições constantes, a amplitude do ritmo de curso livre geralmente diminui progressivamente até desaparecer. Esse fenômeno é conhecido como *damping* na literatura inglesa (*amortecimento* ou *decaimento*) e pode ser minimizado se, após alguns ciclos em condições constantes, o sinal externo que sincroniza o ritmo for dado por um ou dois ciclos, retornando-se, a seguir, às condições constantes. *Fase* corresponde a qualquer ponto no ciclo que pode ser identificado por sua relação com o resto do ciclo. Por exemplo, a posição dos picos é geralmente usada para relações de fase. Diz-se, então, que os ritmos estão *em fase* quando os picos se sobrepõem ou que tantas unidades de tempo estão *fora de fase* quando os picos não coincidem. Usam-se também os termos *fase diurna* e *fase noturna*. Avanços ou retardos de fase (desvios de fase em relação ao ritmo inicial ou controle) podem ser causados por estímulos ambientais, e a intensidade (número de horas de desvio da posição dos picos antes do estímulo) e direção (avanço ou retardo) de seu efeito dependerão do tempo circadiano de aplicação do estímulo.

Tempo circadiano refere-se ao ciclo de curso livre, ou seja, período de exposição a condições constantes. O tempo circadiano zero (TC 0) corresponde ao momento do último estímulo ambiental antes da entrada nas condições constantes, por exemplo, a última transição escuro–luz antes de entrar em luz constante. A partir de então, conta-se o tempo circadiano na unidade de tempo usual, geralmente horas, TC 12, TC 24, TC 48 etc. Os estímulos ambientais capazes de impor seu período ao ritmo endógeno (sincronizadores externos) são chamados *Zeitgebers*, do alemão "aquele que dá ou impõe o tempo". Estes são geralmente transições de luz e, em alguns casos, de temperatura.

A fase do ciclo de curso livre (condições constantes) que corresponderia ao dia em um ambiente normal de luz–escuro é chamada de *dia subjetivo*, e a fase que corresponderia à noite de *noite subjetiva*. Normalmente, os ritmos circadianos, como os movimentos nictinásticos das folhas do feijoeiro, estão sincronizados ou acoplados ao ciclo solar de dias e noites. Essa sincronização dos ritmos circadianos aos fatores ambientais é chamada de *entrainment* ou *ajuste* e é dada por sinais *Zeitgebers*, conforme já descrito. A Figura 17.1 ilustra alguns desses conceitos.

O fenômeno da *compensação de temperatura* representa outro aspecto importante no estudo de relógios circadianos. Esse termo refere-se ao fato de que o período dos ritmos circadianos geralmente não é afetado de modo significativo por reduções ou aumentos de temperatura na faixa fisiológica. A amplitude dos ritmos é mais afetada por temperatura, mas não o período.

Componentes e base molecular do relógio circadiano

O relógio circadiano generalizado compõe-se de três partes:

- Rotas de transdução de sinais ambientais (*input* ou entrada de sinais ambientais para o gerador de ritmo)
- Gerador de ritmo (oscilador ou mecanismo do relógio)
- Rotas de transdução de sinais internos (*output* ou saída de sinais do gerador de ritmo para processos circadianos da célula).

Os relógios circadianos mais bem conhecidos são os da mosca *Drosophila melanogaster* e do fungo *Neurospora crassa*, modelos mais antigos no estudo de relógios circadianos. Em plantas, a espécie mais conhecida em termos de funcionamento do relógio circadiano é *Arabidopsis thaliana* (Figura 17.2).

As rotas de transdução de sinais ambientais ajustam a atividade do gerador de ritmo endógeno e determinam a fase do ritmo de curso livre. Os sinais ambientais são geralmente transições luz–escuro/escuro–luz e mudanças de temperatura. Em plantas, dois tipos de fotorreceptores estão envolvidos na mediação de sinais ambientais luminosos que ajustam o relógio circadiano: fitocromo e criptocromo (um dos receptores de luz azul) (ver Capítulo 15).

Fitocromo é uma cromoproteína solúvel. O cromóforo (responsável pela absorção de luz) é um tetrapirrol aberto. Alterações causadas pela absorção de luz no cromóforo são transmitidas à apoproteína ligante.

A proteína do fitocromo é codificada por uma família gênica de cinco membros em *Arabidopsis* (*PHYA*, *PHYB*, *PHYC*, *PHYD* e *PHYE*). Diferentes eventos de fototransdução podem ser mediados por diferentes tipos de fitocromo, por exemplo, dependendo das características do ambiente (proporção vermelho/vermelho-extremo). As diferenças entre os fitocromos parecem residir na porção N-terminal, onde está localizado o cromóforo. O C-terminal é responsável pela ação do fitocromo. Todos os tipos de fitocromo existem em duas formas: Fv (absorve no vermelho, 660 nm) e Fve (absorve no

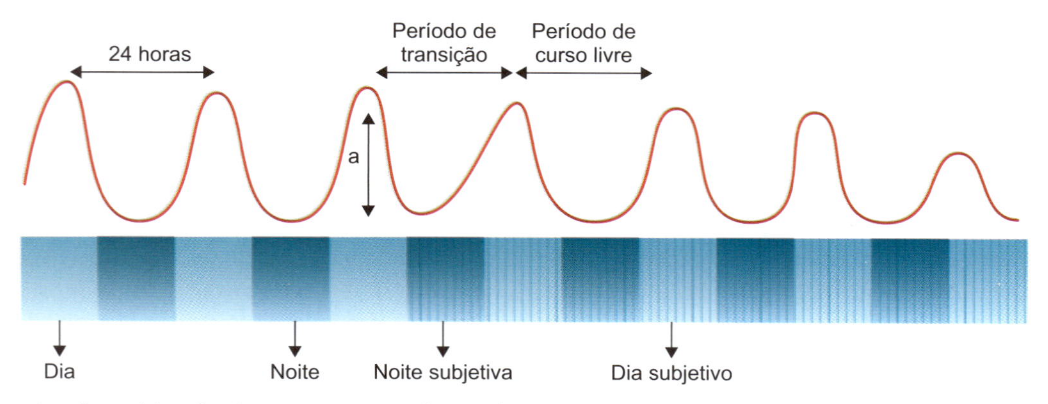

Figura 17.1 Ritmo circadiano típico. Os picos representam máximos de atividade de um fenômeno circadiano (p. ex., atividade enzimática); e os vales, mínimos de atividade. Os primeiros dois ciclos de 24 h correspondem a condições de dia e noite. Os demais ciclos ocorrem em condições contínuas (curso livre). O período do primeiro ciclo em condições constantes é chamado período de transição. O período de curso livre é próximo, mas não exatamente de 24 h. Noites e dias subjetivos indicam a posição de dias e noites, caso as condições permaneçam em alternância de períodos de luz e escuro. A letra "a" corresponde a duas amplitudes (altura do pico de oscilação). Após alguns ciclos em condições constantes, é comum a redução de amplitude (*damping ou amortecimento*).

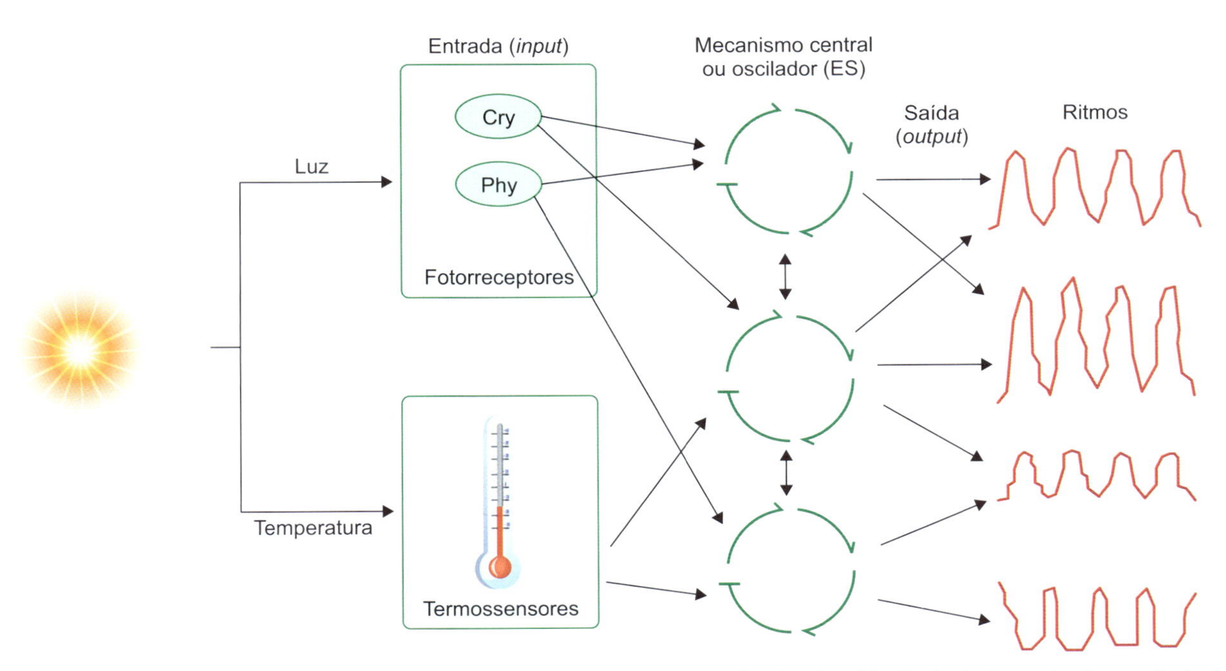

Figura 17.2 Componentes básicos do relógio circadiano: vias de entrada, mecanismo central e vias de saída. Os sinais sincronizadores principais são luz (percebida pelos fotorreceptores fitocromo e criptocromo) e temperatura. Os receptores sinalizam ao mecanismo central constituído por proteínas do tipo fatores de transcrição (capazes de se ligar ao DNA). Esse mecanismo central pode envolver uma ou mais proteínas, que podem interagir e sofrer diversas modificações. Os componentes do mecanismo central conseguem autorregular sua transcrição (barras nos círculos). O tempo bioquímico resultante do conjunto de autorregulações e interações entre componentes centrais do relógio corresponde a cerca de 24 h. Esse ritmo é transmitido a vários genes, que passam a ser expressos de forma circadiana mediante ação das proteínas centrais, que são principalmente fatores de transcrição. O período, a fase de maior atividade e a amplitude dos ritmos poderiam variar com o caminho seguido entre entrada, oscilador e saída, entre os vários possíveis esquematizados. Adaptada de McClung (2001).

vermelho-extremo, 730 nm). A forma sintetizada em plantas estioladas é Fv, mais estável. As formas são interconversíveis (Figura 17.3), e a versão considerada ativa é o Fve.

O criptocromo é também uma cromoproteína, mas apresenta dois cromóforos derivados da flavina por molécula. É evolutivamente relacionado com as fotoliases (enzimas de fotorreparo de DNA em bactérias) e absorve na faixa do azul e UVA. Ocorre em animais, incluindo humanos. Em plantas, caracteriza-se por um longo C-terminal.

Por meio de rotas de transdução, os sinais ambientais afetam a transcrição dos genes que constituem o gerador de ritmo. No caso da percepção de luz pelo sistema fitocromo, diversos mensageiros secundários envolvidos na transdução da informação ambiental do fotorreceptor já foram identificados e incluem proteínas G, GMPc (guanosina monofosfato cíclico), canais de cálcio e Ca-calmodulina. Sabe-se também que alguns membros da família dos fitocromos, como o fitocromo B (PHYB) e o fitocromo A (PHYA), são capazes de entrar no núcleo da célula e ligar-se reversivelmente (dependendo da forma em que se encontram, vermelha – P660 ou vermelho-extrema – P730) aos fatores de transcrição PIF (fatores de interação com fitocromo, do inglês *phytochrome interacting factors*). Esses fatores (proteínas) estão posicionados nos promotores (sequências nucleotídicas regulatórias) de genes que mantêm a escotomorfogênese, ou seja, o fenótipo de plantas que se desenvolvem no escuro (p. ex., *RGA* e *GAI*, os quais impedem a germinação no escuro em algumas sementes fotoblásticas). Os PIF estimulam a transcrição dos genes escotomorfogênicos, contrapondo-se às

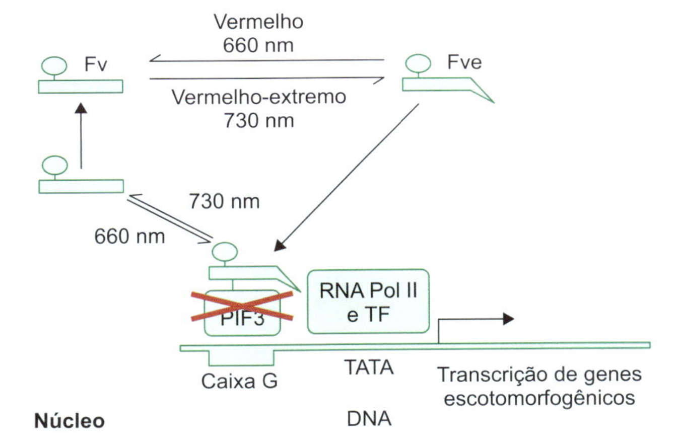

Figura 17.3 Um dos mecanismos propostos de ação do fitocromo B na ativação da expressão de genes regulados por luz, entre os quais se incluem alguns componentes do mecanismo central do relógio circadiano. Molécula extremamente versátil, o fitocromo pode, após assumir configuração ativa por irradiação com luz vermelha, entrar no núcleo da célula e interagir com fatores de transcrição do tipo PIF3 (ativadores de genes escotomorfogênicos, ou seja, que se contrapõem à fotomorfogênese), acionando sua degradação (proteólise) e, assim, permitindo a ativação de genes responsivos à luz. A interação com PIF3 é reversível por irradiação com vermelho-extremo. Desse modo, fitocromos poderiam atuar como componentes integrais de complexos reguladores de transcrição de genes regulados por luz, permitindo a percepção contínua e imediata de alterações em sinais luminosos, que seriam diretamente informadas e respondidas no núcleo. TATA box: elemento básico de promotores de genes eucarióticos; TF: fatores básicos de transcrição. Adaptada de Martínez-García *et al.* (2000); Su *et al.* (2017).

respostas fotomorfogênicas (p. ex., enverdecimento). Na presença de luz vermelha, o fitocromo vermelho-extremo formado, possivelmente por fosforilação e acionamento de proteólise seletiva de PIF (via ciclo da ubiquitina-proteassomo), causa a inibição da transcrição dos RNA mensageiros (RNAm) de genes indutores de escotomorfogênese, favorecendo a expressão de genes ativados por luz (fotomorfogênicos). Portanto, a luz regula negativamente a função de PIF via fitocromos, ao menos na promoção da fotomorfogênese (Castillon *et al.*, 2007; Su *et al.*, 2017). Embora tenha sido usada anteriormente como exemplo de uma parte da via de sinalização da fotomorfogênese, mecanismos de transdução dessa natureza também parecem ocorrer na sinalização luminosa ao relógio circadiano. Em suas etapas finais, as rotas de transdução de sinais ambientais parecem afetar a transcrição de genes do gerador de ritmo (ver Figura 17.3).

Assim como fitocromos, criptocromos (CRY1 e CRY2) podem localizar-se no núcleo celular e interagir com outras proteínas. Sabe-se que criptocromos ativados podem interagir com fator de repressão da fotomorfogênese (COP1, *constitutively photomorphogenic* ou constitutivamente fotomorfogênico, que, quando mutado, faz com que as plantas cresçam no escuro como se estivessem na luz) e sua proteína parceira (SPA, SPATULA, também um repressor de fotomorfogênese). Quando no escuro, COP1 em interação com SPA impedem a ação de fatores de transcrição (p. ex., HY5 e HFR1) que estimulam a transcrição de genes responsivos à luz, rotulando-os à degradação por ubiquitinação e proteólise. Sob luz azul, uma alteração conformacional, possivelmente envolvendo fosforilação, reduz a concentração de COP1 ativo no núcleo, em parte por desfazer sua interação com SPA, estabilizando HY5 e HFR1, que deixam de ser degradados, podendo, dessa forma, ativar genes de resposta à luz (Jiao *et al.*, 2007; Su *et al.*, 2017). Os fitocromos também participam de um mecanismo semelhante, atuando conjuntamente com os criptocromos, mas ativados pela luz vermelha.

O fitocromo B (phyB) parece ser crítico na determinação da fase circadiana (período do dia de maior atividade de um ritmo circadiano) mediada por luz branca. O mutante *oop1* (*out of phase* ou fora de fase) de *Arabidopsis*, dotado de defeito no gene *PHYB*, apresenta um pico de maior atividade para vários ritmos circadianos mais cedo que o tipo selvagem, mas sem alteração significativa de período dos ritmos (tempo entre dois picos máximos de atividade) (Salomé *et al.*, 2002).

O gerador de ritmo é o mecanismo central do relógio circadiano. O modelo mais simples para o mecanismo do relógio circadiano seria um sistema de retroalimentação (*feedback*) negativa de uma proteína capaz de autorregular sua produção. Em outras palavras, o mecanismo do relógio envolveria a transcrição no núcleo, o processamento do RNAm, a tradução no citosol, a modificação pós-tradução (p. ex., fosforilação) e o transporte para o núcleo da proteína do relógio que autorregularia negativamente sua própria produção. É necessário um tempo de execução dos eventos bioquímicos mencionados, de tal modo que seja promovida uma periodicidade autossustentada de cerca de 24 h. A proteína do relógio afetaria, por exemplo, a expressão de genes controlados pelo relógio circadiano ou proteínas envolvidas no transporte de íons, imprimindo a estes o ritmo gerado.

As rotas de transdução de sinais internos (*output*) ou saída de sinais do gerador de ritmo para processos circadianos da célula transferem o ritmo gerado pelo mecanismo central do relógio para vários processos biológicos circadianos, incluindo expressão de diversos genes, movimento de íons, movimentos nictinásticos, abertura estomática, atividade de enzimas etc. Nessas rotas de transdução da informação do gerador de ritmo para os processos circadianos, o cálcio parece desempenhar um papel central como mensageiro secundário. Diversos fenômenos circadianos em plantas são regulados por cálcio, incluindo a atividade de muitas cinases de proteínas (que podem alterar a atividade de fatores de transcrição responsáveis pela expressão de vários genes circadianos) e processos circadianos dependentes de canais de potássio ativados por cálcio, como movimentos foliares e abertura estomática. Estudos não invasivos *in vivo* com plantas transgênicas de *Arabidopsis* e tabaco, expressando a proteína luminescente sensível a cálcio, a apoaequorina, cujo grau de luminescência varia com a concentração de cálcio, revelaram oscilações circadianas na concentração de cálcio citosólico e cloroplástico (Johnson *et al.*, 1995). Tais oscilações promovidas pelo mecanismo central do relógio parecem controlar diversas enzimas e processos circadianos. A Figura 17.4 esquematiza um modelo geral muito simplificado de relógio circadiano. Na realidade, acredita-se que componentes do mecanismo central do relógio, frequentemente dotados das características de autorregulação esboçadas, poderiam interagir entre si (em nível de controle transcricional mútuo, *splicing* diferencial de RNA, fosforilação de proteínas, proteólise seletiva ou interação física proteína–proteína) para gerar o ritmo circadiano central e impô-lo a genes controlados de modo circadiano (ver esquema do mecanismo central de *Arabidopsis thaliana* descrito no final da seção).

A expressão de genes de plantas controlados pelo relógio circadiano está amplamente documentada. A regulação de genes controlados pelo relógio circadiano tem sido demonstrada em nível de transcrição, tradução e modificação pós-tradução. Para vários genes cuja expressão é circadiana, foram identificadas sequências regulatórias de DNA nos promotores responsáveis por mediar sinais do gerador de ritmo do relógio circadiano (sequências nucleotídicas específicas ou fatores *cis*). Além disso, foram identificados fatores de transcrição (proteínas ligadoras de DNA ou fatores *trans*) capazes de promover a transcrição de genes que respondem ao relógio circadiano (por ligação aos fatores *cis* nos promotores dos respectivos genes). Alguns desses fatores de transcrição fazem parte do mecanismo central do relógio circadiano em plantas (ver a seguir).

Diversos genes controlados pelo relógio circadiano (*GCR*) codificam proteínas envolvidas no processo fotossintético, como LHCB (proteínas ligadoras de clorofila *a* e *b*), subunidade pequena da rubisco, rubisco ativase e anidrase carbônica. Vários genes fotossintéticos comumente apresentam picos de expressão (em geral, medidos como acúmulo de RNAm) no início da manhã subjetiva e um mínimo de expressão no meio da noite subjetiva. Outros *GCR* não envolvidos no processo fotossintético apresentam picos de expressão em uma fase circadiana distinta da dos genes fotossintéticos. Por exemplo, o gene *CATALASE 3* (*CAT3*) de *Arabidopsis* tem um pico de expressão no início da noite subjetiva. Estudos envolvendo análise global de expressão gênica mostraram que cerca de um terço dos genes de plantas é regulado de forma circadiana, incluindo as mais diversas categorias funcionais, como genes responsivos a fitormônios, os de resposta a estresse e os de diversas vias biossintéticas. Nesses estudos, também foram encontrados quatro elementos de promotores enriquecidos em sequências regulatórias de genes com quatro fases distintas de expressão (p. ex., elementos nucleotídicos de promotores típicos de genes com pico ao amanhecer e outros típicos de genes com pico ao anoitecer), o que pode contribuir para alterações específicas na abundância de transcritos desses genes em diferentes horários do dia e da noite (Covington *et al.*, 2008).

Diferentes ritmos em um mesmo organismo podem apresentar períodos de curso livre distintos. Por exemplo, o movimento foliar do feijoeiro apresenta um período de cerca de 27 h em condições contínuas, enquanto o ritmo de abertura estomática sob as mesmas condições é de cerca de 24 h. Em mutantes da alga unicelular *Chlamydomonas reinhardtii*, o ritmo em fototaxia (migração dos indivíduos em direção à luz da superfície) parece apresentar um período distinto do apresentado pelo RNAm de *anidrase carbônica* (*CAH 1*). Esses ritmos de curso livre com períodos distintos têm sido apontados como evidências da existência de mais de um gerador de ritmo nas células de um organismo, sendo grupos de ritmos controlados por diferentes geradores de ritmo. Outra interpretação é a de que existem vários geradores de ritmo interconectados (ou seja, vários sistemas de retroalimentação negativa de proteínas autorreguladas que interagem), sendo um deles dominante (determinaria a fase, ou seja, o tempo do dia ditado pelo relógio circadiano), enquanto os demais seriam dependentes ou "escravos". Diferentes ritmos estariam acoplados ao gerador de ritmo dominante em maior ou menor grau. Mais recentemente, há evidências de que diferentes células, tecidos e órgãos podem ter diferentes relógios circadianos. Em geral, os tecidos em que mais se expressam genes do relógio são os vasculares. Nas folhas, células-guarda, células epidérmicas e de mesofilo apresentam diferentes relógios. Raízes também têm seu próprio relógio, o qual é bem mais simplificado que aqueles presentes nas partes aéreas. O relógio das raízes pode ser sincronizado pelo aporte de sacarose oriundo da parte aérea. Outros exemplos de acoplamento de relógios incluem tecido vascular e mesofilo. Já a base e a ponta de uma folha geralmente não apresentam relógios acoplados entre si. O acoplamento entre relógios circadianos de uma planta parece apresentar características de rede centralizada ou descentralizada de modo assimétrico (Endo, 2016).

Em *Arabidopsis thaliana*, foi isolado um mutante circadiano (*toc 1-1*, *timing of cab*, ou *tempo de expressão do gene*

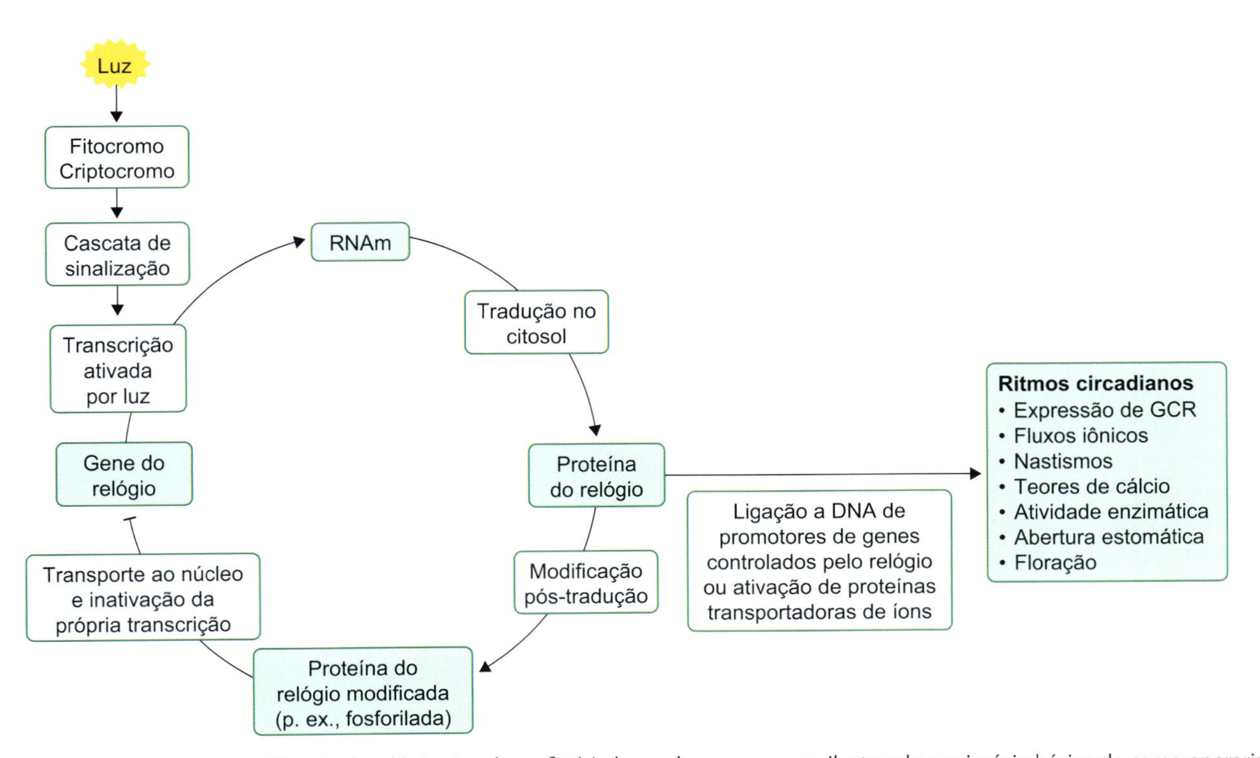

Figura 17.4 Esquema muito simplificado de relógio circadiano fictício baseado em um gene, ilustrando o princípio básico de como operaria um marcador de tempo molecular e bioquímico. A luz percebida por fotorreceptores (rotas de transdução externas) sincronizaria o mecanismo gerador de ritmo (círculo) ao ambiente, ativando a transcrição do gene do relógio. Após a transcrição, o processamento e a tradução, a proteína do relógio seria produzida e regularia a expressão de genes controlados pelo relógio (*GCR*) e/ou a atividade de proteínas transportadoras de íons (p. ex., cálcio), controlando vários processos circadianos (rotas de transdução internas). A proteína do relógio, após acumular-se até certa concentração, pode ser modificada, entrar no núcleo e inibir a transcrição do próprio gene do relógio. O tempo de execução dessas alterações moleculares e bioquímicas é de cerca de 24 h, gerando uma periodicidade autossustentada. Dessa forma, com a autorregulação da proteína do relógio, fecha-se o ciclo circadiano, o qual encontra "um fim no seu início".

da proteína ligadora de clorofila a e *b*) alterado em um gene que integra o mecanismo central gerador de ritmo. O isolamento do mutante circadiano *toc 1-1* envolveu um esquema de seleção altamente engenhoso, desenvolvido por Steve A. Kay *et al.* nos EUA. Plantas de *Arabidopsis* foram transformadas com um gene quimera composto do promotor do gene *CAB* (*chlorophyll* A/B *binding protein*, ou proteína ligadora de clorofila *a* e *b*, mais recentemente referida como *LHCB*), expresso de forma circadiana e fusionado à parte codificante do gene da luciferase, enzima capaz de quebrar luciferina gerando bioluminescência. Populações mutagenizadas de plantas carregando essa quimera foram analisadas para periodicidade de bioluminescência após aplicação de luciferina. Um luminômetro indicava a variação na produção de luz que passou a se dar de forma circadiana, pois o promotor da quimera gênica se originava de um gene controlado pelo relógio circadiano. O mutante *toc 1-1* apresentava um período mais curto na expressão de *CAB*, medido como produção de luz, em relação ao tipo selvagem em condições de curso livre. Análises do mutante *toc 1-1* mostraram que a mutação confere período curto a vários processos circadianos, incluindo expressão de diversos genes, movimento estomático e foliar, além de afetar a sensibilidade da floração ao comprimento do dia (fotoperiodismo, ver adiante). O efeito da mutação nos processos circadianos parece independer da entrada (*input*) de luz ao relógio circadiano, envolvendo uma possível alteração no gerador de ritmo propriamente dito ou em uma proteína que atua sobre ele. A clonagem e o sequenciamento do gene *TOC 1* revelaram que ele é regulado de forma circadiana, participa de um processo de retroinibição da própria expressão e codifica para uma proteína de localização nuclear que atua como fator de transcrição.

Outros dois genes considerados parte do mecanismo do relógio circadiano em *Arabidopsis* são *CCA1* (associado ao relógio circadiano, do inglês *circadian clock associated*) e *LHY* (hipocótilo de alongamento tardio, do inglês *late elongated hypocotyl*). Esses genes codificam fatores de transcrição do tipo MYB (membros de uma família de proteínas ligadoras de DNA) e, quando superexpressos, causam arritmia (abolem ritmos) em múltiplos processos circadianos, como movimentos foliares e abundância de RNA-mensageiro de todos os genes controlados pelo relógio testados até o momento, além de suprimir a própria expressão. Os genes *CCA1* e *LHY* parecem ter funções parcialmente redundantes no mecanismo do relógio. A demonstração de interações de regulação recíprocas entre *TOC 1* e os genes do tipo MYB *CCA1/LHY* indicou que essa regulação interativa faria parte do mecanismo central do relógio circadiano em *Arabidopsis* (Alabadí *et al.*, 2001).

Genes *PRR* (*pseudorresponse regulators*) codificam proteínas com homologia ao domínio receptor de proteínas de transferência de fósforo do tipo histidina-aspartato de bactérias, porém sem apresentar o aspartato aceptor de fósforo. PRR são proteínas ligadoras de DNA. *RVE* (*reveille*) faz parte de uma família gênica de fatores de transcrição semelhantes às proteínas MYB. EC (*evening complex*) corresponde a um conjunto de proteínas codificadas pelos genes *ELF3* (*early flowering 3*), *ELF4*, *LUX* (*lux arhythmo*) e *BOA* (*brother of lux arhythmo*, também conhecido como *NOX*).

Com base nessas informações moleculares e em uma vasta gama de dados da literatura, foi proposto um esquema simplificado do mecanismo central do relógio circadiano em plantas, envolvendo um conjunto de retroinibições interconectadas, constituído de um anel com quatro inibidores que atuam em duas interações diagonais, denominado *quadripressilador* (Millar, 2016). Segundo esse modelo, cada grupo de genes componentes seria regulado por duas ou três interações inibitórias entre os fatores de transcrição por eles codificados e as sequências promotoras gênicas que estes reconhecem, possibilitando controle separado das fases de aumento e diminuição de atividade. Os genes diurnos *LHY/CCA1* e os genes noturnos *PRR5* e *TOC1* são inibidores mútuos ao longo de uma diagonal. O *EC* (também noturno) inibe os *PRR* diurnos (*PRR9* e *PRR7*) ao longo da outra diagonal. A autoinibição dos genes noturnos (*PRR5*, *TOC1* e *EC*) também contribuiria para a geração de tempo circadiano. Os quatro inibidores organizados em anel no esquema ou os motivos proteicos inibidores de dois membros teriam naturalmente um equilíbrio do tipo interruptor (liga/desliga), indicando que esses tipos de interação combinados, assim como as interações assimétricas entre os inibidores, contribuem para promover as oscilações circadianas (Figura 17.5).

Interação entre relógio circadiano e fotoperiodismo

O controle fotoperiódico da floração é mediado por um ritmo circadiano de sensibilidade à luz (ver Capítulo 18). O controle fotoperiódico da floração (indução floral em resposta ao comprimento dos dias e noites) constitui um claro exemplo de valor adaptativo da antecipação a mudanças ambientais; taxas bem-sucedidas de reprodução serão máximas em condições favoráveis. A importância desses sinais

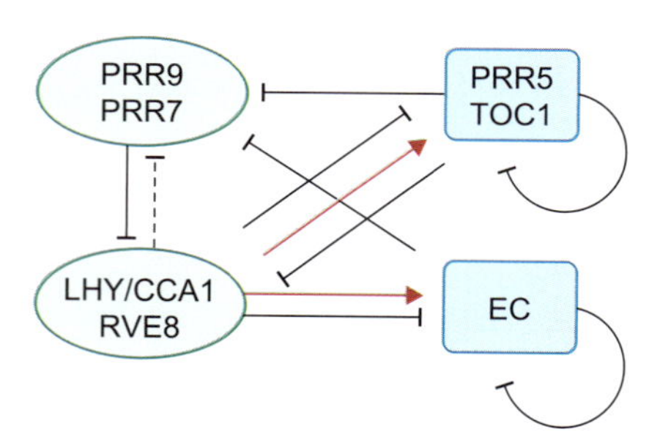

Figura 17.5 Esquema de estrutura básica simplificada do mecanismo central do relógio circadiano de *Arabidopsis* envolvendo quatro inibidores (proteínas ligadoras de DNA do tipo fatores de transcrição); e suas interações (quadripressilador). Setas representam estímulo e barras, inibição. Siglas envoltas por círculos correspondem a proteínas codificadas por genes diurnos (alça diurna); e as envolvidas por retângulos, proteínas codificadas por genes noturnos (alça noturna). A maioria das interações envolve o controle de transcrição, embora outros mecanismos, como *splicing* alternativo de RNA, proteólise via ubiquitinação e fosforilação, também podem ocorrer. Pela manhã, as proteínas da alça diurna, cujos genes são ativados por fotorreceptores, reprimem os genes da alça noturna. Durante a tarde, as proteínas da alça diurna arrefecem a repressão sobre os genes da alça noturna e promovem sua progressiva ativação. Durante a noite, as proteínas da alça noturna reprimem os genes da alça diurna. Já no final da noite, as proteínas da alça noturna reprimem a transcrição dos próprios genes (autorrepressão), aliviando a inibição dos genes da alça diurna, reiniciando, dessa forma, o ciclo circadiano autossustentável. Adaptada de Millar (2016).

fotoperiódicos não é restrita a plantas de clima temperado. Mesmo em florestas próximas do Equador, onde a variação no comprimento total dos dias e noites é mínima, a variação na hora de amanhecer e anoitecer ao longo do ano está fortemente correlacionada com os períodos de floração sincrônica e bimodal observada em várias espécies arbóreas (Borchert *et al.*, 2005). O sincronismo de floração observado dentro dessas espécies é vital ao sucesso reprodutivo, particularmente considerando-se a grande distância física entre os indivíduos frequentemente observada.

Em cevada (*Hordeum vulgare* cv. Wintex), uma planta de dia longo facultativa, demonstrou-se que, em condições de luz constante, houve uma resposta fotoperiódica à suplementação com luz vermelho-extrema que variou de forma circadiana. A sensibilidade da promoção de floração por suplementação com luz vermelho-extrema é mais e menos pronunciada se aplicada, respectivamente, aproximadamente 6 h antes e 6 h depois do amanhecer subjetivo. Resposta bastante similar foi observada em *Arabidopsis thaliana*, e, em ambos os casos, não se evidenciou efeito significativo da fotossíntese no processo. Esses e outros resultados com diversas espécies, tanto de dia longo quanto curto, sugerem que a mensuração do comprimento do dia é regulada, ao menos em parte, pelo relógio circadiano, o qual atua como um *regulador permissivo* da eficiência de elementos das rotas de fototransdução (p. ex., a forma vermelho-extrema do fitocromo). O relógio circadiano controla a eficiência de percepção de luz pelos fotorreceptores da planta, afetando, por conseguinte, a resposta fotoperiódica da floração.

A interação do relógio circadiano com o fotoperiodismo tem sido confirmada com várias evidências genéticas, pois mutantes circadianos como *toc 1 a 1* e *cca1* tendem a apresentar fenótipos fotoperiódicos (sensibilidade alterada do processo de floração em relação a comprimento de dias e noites). Análises de vários mutantes circadianos de *Arabidopsis* com fenótipos fotoperiódicos indicam que a integração da informação temporal fornecida pelo sistema circadiano, com discriminação de luz/escuro iniciada por fotorreceptores específicos, dá-se em nível da função da proteína CONSTANS (CO), um importante fator ativador de transcrição, de expressão regulada de forma circadiana, que acelera a floração sob fotoperíodos indutivos, promovendo a atividade de genes-alvo envolvidos no estímulo à floração, como *FT* – *flowering locus t* ou *locus* de floração *T* (cujo produto proteico é considerado um importante sinal bioquímico de longa distância da indução fotoperiódica nas folhas para o meristema apical; ver Corbesier *et al.*, 2007) e *SOC1* – *supressor of overexpression of CO1* ou supressor da superexpressão de CONSTANS 1 (Suárez-Lopez *et al.*, 2001).

Um mecanismo de coincidência com o ambiente exterior, baseado no controle circadiano endógeno dos níveis de RNA-mensageiro do gene *CO* acoplado ao comprimento do dia, parece constituir a base molecular da regulação do tempo de floração em *Arabidopsis*, uma planta de dia longo facultativa (prefere dias longos para florescer). Durante a maior parte do dia, a concentração de CO é mantida baixa, por causa da ação do fator de transcrição inibidor de *CO*, CDF1, que bloqueia o promotor de *CO*. Em dias longos, a proteína FKF1 (*flavin binding kelch repeat* ou proteína ligadora de flavina com motivo *kelch* repetido, um sensor de luz azul aparentado com as fototropinas – ver Capítulo 16) se acumula ao longo do dia, o mesmo ocorrendo com a proteína GIGANTEA (GI, uma proteína nuclear específica de plantas), de modo que ambas atingem um pico de acúmulo ao final da tarde. FKF1 e GI formam o complexo (FKF1-GI), que causa a degradação de CDF1, inibidor de transcrição de *CO*. O gene *CO* é expresso ao fim do dia, e a proteína CO induz a expressão de *FT*, promovendo progressivamente o processo de floração. Em dias curtos, não há horas de luz suficientes para que o complexo FKF1-GI se acumule; assim, CDF1 permanece ativo, *CO* permanece reprimido, não ocorre indução de *FT* e a floração é inibida (Sawa *et al.*, 2007; Imaizumi, 2010).

Nesse modelo, a luz não só faria o ajuste do relógio circadiano, mas também atuaria diretamente, promovendo a progressiva expressão de alguns genes de controle da floração. Para plantas de dia curto (p. ex., arroz, *Oryza sativa*), em que a fase mais crítica para floração é a noturna (número de horas de escuro), descreveu-se uma variação desse mecanismo. O controle circadiano da expressão do gene *CONSTANS* (ou de seu ortólogo *HD1* em arroz) ocorreria tanto em plantas de dia longo quanto nas de dia curto. Porém, a atividade da proteína CONSTANS (ou sua ortóloga HD1 em arroz) sobre *FT* ou seu ortólogo *HD3A* em arroz seria no sentido de inibir a transcrição, e não de promovê-la, como é o caso nas plantas de dia longo. Portanto, em plantas de dia curto, somente em fotoperíodos pouco extensos (noites longas) HD3A poderia acumular em quantidade adequada para induzir a floração (Cremer e Coupland, 2003; Song *et al.*, 2015).

Referências bibliográficas

Alabadí D, Oyama T, Yanovsky MJ, Harmon FG, Más P, Kay SA. Reciprocal regulation between TOC1 and LHY/CCA1 within the Arabidopsis circadian clock. Science. 2001;293:880-3.

Borchert R, Renner SR, Calle Z, Navarrete D, Tye A, Gautier L, et al. Photoperiodic induction of synchronous flowering near the Equator. Nature. 2005;433:627-29.

Castillon A, Shen H, Huq E. Phytochrome interacting factors: central players in phytochrome mediated light signaling networks. Trends in Plant Science. 2007;12:514-21.

Corbesier L, Vincent C, Jang S, Fornara F, Fan J, Searle I, et al. FT protein movement contributes to long-distance signaling in floral induction of Arabidopsis. Science. 2007;316:1030-3.

Covington MF, Maloof JN, Straume M, Kay SA, Harmer SL. Global transcriptome analysis reveals circadian regulation of key pathways in plant growth and development. Genome Biology 2008;9:R130.

Cremer F, Coupland G. Distinct photoperiodic responses are conferred by the same genetic pathway in Arabidopsis and rice. Trends in Plant Science. 2003;8:405-7.

Endo M. Tissue-specific circadian clocks in plants. Current Opinion in Plant Biology. 2016;29:44-9.

Imaizumi T. Arabidopsis circadian clock and photoperiodism: time to think about location. Current Opinion in Plant Biology. 2010;13:83-9.

Jiao Y, Lau OS, Deng XW. Light-regulated transcriptional networks in higher plants. Nature Reviews/Genetics. 2007;8:217-30.

Johnson CH, Knight MR, Kondo T, Masson P, Sedbrook J, Haley A, et al. Circadian oscillations of cytosolic and chloroplastic free calcium in plants. Science. 1995;269:1863-5.

Martínez-García JF, Huq E, Quail PH. Direct targeting of light signals to a promoter element-bound transcription factor. Science. 2000;288:859-63.
McClung CR. Circadian rhythms in plants. Annual Review of Plant Physiology and Plant Molecular Biology. 2001;52:139-62.
Millar AJ. The intracellular dynamics of circadian clocks reach for the light of ecology and evolution. Annual Review of Plant Biology. 2016;67:595-618.
Salomé PA, Michael TP, Kearns EV, Fett-Neto AG, Sharrock RA, McClung CR. The out of phase mutant defines a role for PHYB in circadian phase control in Arabidopsis. Plant Physiology. 2002;129:1674-85.
Sawa M, Nusinow DA, Kay SA, Imaizumi T. FKF1 and GIGANTEA complex formation is required for day-length measurement in Arabidopsis. Science. 2007;318:261-5.
Song YH, Shim JS, Kinmonth-Schultz, Imaizumi T. Photoperiodic flowering: time measurement mechanisms in leaves. Annual Review in Plant Biology. 2015;66:441-64.
Su J, Liu B, Liao J, Yang Z, Lin C, Oka Y. Coordination of cryptochrome and phytochrome signals in the regulation of plant light responses. Agronomy (MDPI). 2017;7:25.
Suárez-López P, Wheatley K, Robson F, Onouchi H, Valverde F, Coupland G. CONSTANS mediates between the circadian clock and the control of flowering in Arabidopsis. Nature. 2001;410:1116-20.

Bibliografia

Covington MF, Maloof JN, Straume M, Kay SA, Harmer SL. Global transcriptome analysis reveals circadian regulation of key pathways in plant growth and development. Genome Biology. 2008;9:R130.
Greenham K, McClung CR. Integrating circadian dynamics with physiological processes in plants. Nature Reviews Genetics. 2015;16:598-611.
Mancuso S; Shabala S. Rhythms in plants: dynamic responses in a dynamic environment. 2. ed. Heidelberg: Springer; 2015.
Marques N, Menna-Barreto LS. Cronobiologia: princípios e aplicações. São Paulo: Edusp/Fiocruz; 1997.
Millar AJ. The intracellular dynamics of circadian clocks reach for the light of ecology and evolution. Annual Review of Plant Biology. 2016;67:595-618.

Floração

Ana Paula Artimonte Vaz • Henrique Pessoa dos Santos •
Lilian Beatriz Penteado Zaidan

Introdução

Em razão de sua importância econômica, a floração tem sido bastante estudada em todo o mundo e constituindo objeto de inúmeras revisões que, de tempos em tempos, mostram os avanços do conhecimento científico sobre o tema. Certamente, a conversão do meristema caulinar vegetativo em estruturas reprodutivas representa um dos mais dramáticos e ainda enigmáticos eventos na vida das plantas vasculares. Enquanto a floração representa o término do ciclo de vida nas plantas anuais ou bianuais, nas plantas perenes marca o final de mais um ciclo de crescimento.

Apesar de se conhecer há longo tempo a estreita relação entre a floração e as estações do ano, esse processo ainda não é bem entendido pelos pesquisadores. Uma melhor compreensão de como as plantas respondem aos fatores ambientais, principalmente luz, temperatura, disponibilidade de nutrientes e água, trouxe benefícios incalculáveis para a horticultura e a agricultura em geral, permitindo a escolha das épocas e dos locais de plantio mais adequados às culturas, otimizando as coletas e disponibilizando produtos em razão das necessidades e demandas do mercado.

Estudos sobre a indução e o desenvolvimento floral, assim como abordagens científicas da qualidade e longevidade das flores, são indispensáveis para o aprimoramento das técnicas de cultivo e comercialização. Mesmo assim, grande parte do que se conhece sobre floração baseia-se em um número relativamente pequeno de espécies, geralmente herbáceas e de regiões temperadas, sendo o entendimento sobre as plantas tropicais ainda mais modesto e nem sempre conclusivo.

Fases de desenvolvimento

Durante o ciclo de vida das plantas, as células meristemáticas alteram suas vias de desenvolvimento, resultando na produção de novas estruturas. As plantas vasculares apresentam três fases de desenvolvimento relativamente bem definidas e que ocorrem em uma sequência obrigatória: a fase juvenil, a fase adulta vegetativa e a fase adulta reprodutiva.

Diferentemente dos animais, as mudanças de fase de desenvolvimento nas plantas são centralizadas nos meristemas caulinares, apical e axilares. Os meristemas caulinares podem ser vegetativos ou florais, estes últimos formados apenas quando a planta é induzida à floração.

A principal distinção entre a fase juvenil e a fase adulta vegetativa reside na possibilidade de que, nesta última, sejam formadas estruturas reprodutivas, como as flores, nas angiospermas, ou os cones, nas gimnospermas. Essas estruturas reprodutivas, na verdade, são folhas modificadas, ideia inicialmente registrada nos textos Johann Wolfgang von Goethe, em 1790, e posteriormente corroborada com estudos morfológicos, fisiológicos e genéticos.

A transição da fase juvenil para a fase adulta vegetativa compreende geralmente um processo gradual e pode ser acompanhada por alterações em algumas características vegetativas, como a morfologia e a disposição (filotaxia) das folhas ou a modificação na capacidade de enraizamento de ramos ou mesmo de folhas. Por sua vez, a transição da fase adulta vegetativa para a fase adulta reprodutiva, caracterizando a primeira etapa da reprodução sexuada, está associada a várias mudanças fisiológicas nas plantas.

A transição floral envolve uma sequência de etapas associadas a intensas mudanças nos padrões de morfogênese e diferenciação celular do ápice meristemático caulinar, apical ou axilar, resultando em meristemas reprodutivos, suficientemente aptos a produzir flores ou inflorescências.

As plantas exibem um gradiente espacial de juvenilidade no eixo caulinar. Enquanto as células e estruturas que caracterizam a fase adulta e reprodutiva se encontram na região superior e periférica do ápice meristemático, os tecidos e órgãos juvenis estão localizados nas regiões inferiores do caule.

Por conveniência, subdivide-se o processo de floração em três fases: indução, evocação e desenvolvimento floral.

Indução

Refere-se aos eventos que sinalizam à planta a alteração do seu programa de desenvolvimento. Como consequência, o meristema caulinar se reestrutura para produzir um primórdio floral, em vez de um primórdio foliar. A indução floral ocorre principalmente nas folhas, mas também pode dar-se em outros órgãos. É importante salientar que a aquisição de identidade floral por um meristema representa apenas um subprograma no desenvolvimento reprodutivo.

O estímulo indutor resulta tanto de fatores endógenos, como o estado nutricional, os teores hormonais e os ritmos circadianos, quanto de fatores ambientais, portanto externos à planta, entre eles o comprimento relativo dos dias (fotoperíodo), a irradiância, a temperatura e a disponibilidade de água.

A evolução de sistemas de controle interno (regulação autônoma, como observado em cultivares de floração precoce ou tardia da ervilha, *Pisum sativum*) e externo (regulação ambiental) permite a sincronização do desenvolvimento reprodutivo das plantas com o ambiente e, portanto, uma regulação bastante específica da época de florescimento.

Assim, para que haja sucesso reprodutivo, a floração deve ocorrer quando houver disponibilidade de polinizadores e condições favoráveis para a dispersão de frutos e sementes, além de temperatura, luminosidade e umidade adequadas para a germinação das sementes e para o crescimento e estabelecimento da nova planta (ver Capítulo 20).

Fatores ambientais

A sucessão das estações do ano – primavera, verão, outono e inverno – é o fator ambiental mais constante do planeta, uma vez que depende substancialmente da forma e inclinação da Terra e de seus movimentos de rotação e de translação ao redor do sol.

A habilidade das plantas e animais de detectar as variações do ambiente, como o comprimento relativo dos dias e das noites e as variações de temperatura, possibilita que determinado evento ocorra em uma época particular do ano, constituindo, portanto, uma resposta sazonal. Como exemplo, podem ser citadas a queda de folhas em muitas arbóreas, a formação e a brotação de gemas, a alteração na plumagem e a migração de aves, as fases de desenvolvimento dos insetos, a hibernação de mamíferos etc. Sincronizando os ciclos vegetativo e reprodutivo entre indivíduos da mesma espécie, o controle sazonal da reprodução favorece a fecundação cruzada e, portanto, a recombinação gênica, além de permitir que a progênie se desenvolva em condições ambientais favoráveis.

Já é bem conhecido que a floração de muitas espécies herbáceas e mesmo arbóreas está substancialmente associada às estações do ano, porém ainda não se compreende totalmente como ocorrem a percepção e a tradução dos sinais ambientais pelas plantas. Aparentemente, a percepção dos fatores ambientais se dá de maneira integrada entre as diferentes partes da planta, de tal sorte que o controle da floração consistiria em um conjunto de sinais de natureza química que seriam transportados pelo floema com os assimilados.

As plantas podem apresentar respostas qualitativas ou obrigatórias, isto é, quando há necessidade absoluta de um ou mais fatores ambientais para que a floração ocorra; e respostas quantitativas ou facultativas, quando a floração é promovida pelo fator ambiental, podendo ainda ocorrer na ausência deste.

Apesar de as regiões tropicais não terem como característica variações substanciais de temperatura e fotoperíodo durante o ano, são encontradas plantas suficientemente sensíveis às pequenas mudanças no comprimento relativo do dia, na irradiância (quantidade) e na composição espectral da luz (qualidade), ou na temperatura.

Luz

O efeito do comprimento dos dias como fator determinante para a sazonalidade da floração foi originalmente proposto por Wightman Garner e Harry Allard, em 1920, trabalhando com plantas de soja e com o mutante *Maryland Mammoth* de tabaco. Foram esses autores que introduziram os termos fotoperíodo – comprimento relativo do dia e da noite – e fotoperiodismo – palavra grega que associa luz e duração do dia, representando a habilidade de um organismo, planta ou animal em detectar e responder às variações do comprimento dos dias. Atualmente, é bastante aceita a hipótese do envolvimento do ritmo circadiano nas respostas fotoperiódicas, como mecanismo controlador do tempo necessário para determinar os ritmos diários de expressão gênica e comportamento (ver Capítulo 17).

Entre os processos do desenvolvimento vegetal regulados pelo comprimento do dia, encontram-se a tuberização, a dormência e brotação de gemas, a senescência, o enraizamento de estacas e a floração, sendo a última a mais estudada.

A resposta fotoperiódica de uma planta é determinada geneticamente, e a sua classificação se baseia na transição floral. Dessa maneira, distinguem-se as plantas de dias curtos (PDC) ou de noites longas, que florescem quando mantidas em fotoperíodos inferiores a determinado valor crítico (fotoperíodo crítico); e as plantas de dias longos (PDL) ou de noites curtas, as quais têm sua floração promovida quando o comprimento do dia excede certa duração (fotoperíodo crítico; Figura 18.1). Assim, o fotoperíodo crítico pode ser definido como o comprimento do dia em horas de luz, em um ciclo de 24 h, abaixo do qual na PDC ou acima do qual na PDL a floração é induzida. Existem também espécies que não têm a floração regulada pelo fotoperíodo, as quais florescem aproximadamente ao mesmo tempo sob vários comprimentos do dia. São denominadas plantas neutras, indiferentes ou autônomas (PDN). Outras espécies são chamadas plantas de dia intermediário (PDI), pois apenas florescem em determinado intervalo de horas de luz, por exemplo em fotoperíodos entre 12 e 16 h (Figura 18.2).

É necessário um estudo amplo para estabelecer a classificação correta de uma planta, pois o valor do fotoperíodo crítico é bastante variável entre as espécies e, muitas vezes, extremamente preciso, como na PDC *Xanthium strumarium*, em que a ocorrência ou não da floração pode ser definida em um intervalo de apenas 15 min. Essa sensibilidade ao fotoperíodo tende a ser mais aguçada em algumas plantas da região equatorial, nas quais as oscilações no comprimento dos dias são pequenas entre as estações do ano.

Podem ser citados como exemplos de PDC o *Kalanchoe blossfeldiana*, o crisântemo e o bico-de-papagaio, plantas induzidas à floração escurecendo-se as estufas de produção comercial, visando a atender à demanda de mercado em datas específicas.

A cana-de-açúcar é uma PDL, cuja floração deve ser evitada nos cultivos comerciais, uma vez que a sacarose é mobilizada para as inflorescências, diminuindo a concentração de carboidratos nos colmos.

Exemplos de PDN são a cebola (*Allium cepa*), o amendoim (*Arachis hypogea*), o melão (*Cucumis melo*), o pepino (*Cucumis sativus*), assim como *Pinus* spp. e a videira (*Vitis vinifera*).

Já o picão-do-cerrado (*Bidens gardneri*) se comporta como uma PDI, florescendo em períodos de luz bastante específicos, entre 12 e 16 h de luz diária. Outros exemplos de PDI são o manjericão (*Ocimum basilicum*) e a pimenta (*Capsicum annuum*).

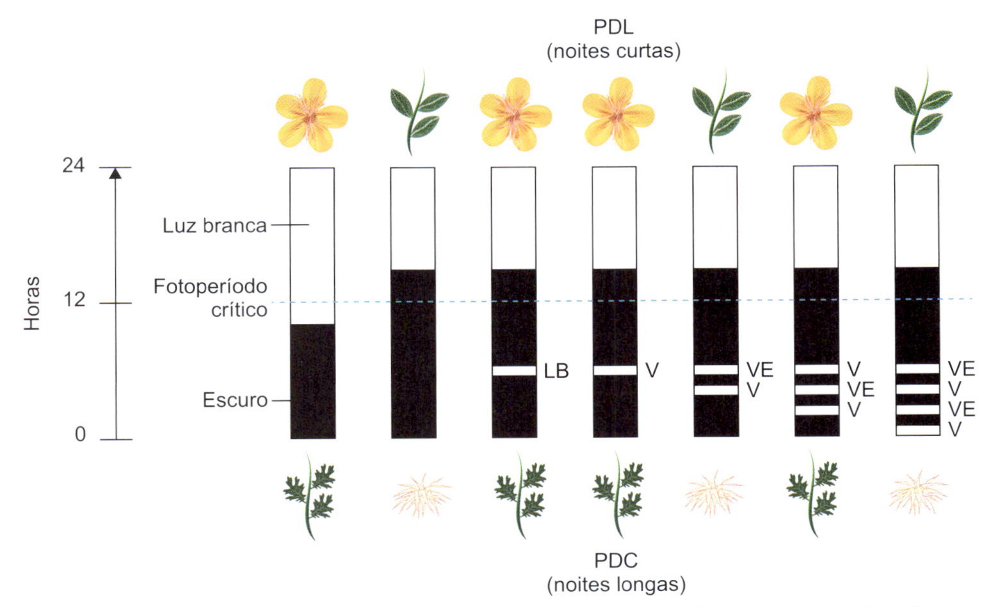

Figura 18.1 Controle fotoperiódico da floração. PDC (plantas de dias curtos e noites longas) florescem quando submetidas a períodos de luz inferiores ao fotoperíodo crítico. PDL (plantas de dias longos e noites curtas) florescem quando cultivadas sob períodos de luz superiores ao fotoperíodo crítico. Os tratamentos fotoperiódicos evidenciam a importância da duração do período de escuro na determinação da floração, assim como do tipo de luz fornecida às plantas. A interrupção do período de escuro por um pulso de luz branca (LB) promove a floração nas PDL, enquanto esse processo é inibido nas PDC. Um pulso de luz de comprimento de onda vermelho (V) durante o período de escuro induz a floração nas PDL, e seu efeito é revertido pela luz de comprimento de onda vermelho-extremo (VE), indicando o envolvimento do fitocromo. Nas PDC, um pulso de luz vermelha inibe a floração, enquanto o oposto é observado na presença de luz de comprimento de onda vermelho-extremo.

Experimentos detalhados, modificando-se a duração dos períodos relativos de luz e escuro, assim como a interrupção da noite por uma breve exposição à luz (tornando ineficiente o período de escuro), ou a interrupção do dia com um período curto de escuro, evidenciaram a importância do período escuro como fator central na indução floral. Dessa maneira, plantas de dia curto necessitam de noites longas para florescer, enquanto as de dia longo florescem quando oferecidos períodos de noites curtas (ver Figura 18.1). Para as últimas, o período mais prolongado de luz pode estar associado à necessidade de acúmulo dos produtos fotossintéticos para continuação dos processos bioquímicos iniciados no escuro. No entanto, em condições experimentais, a luz fornecida para prolongar o número de horas diárias de luz é de baixa intensidade e, portanto, ineficiente para a fotossíntese.

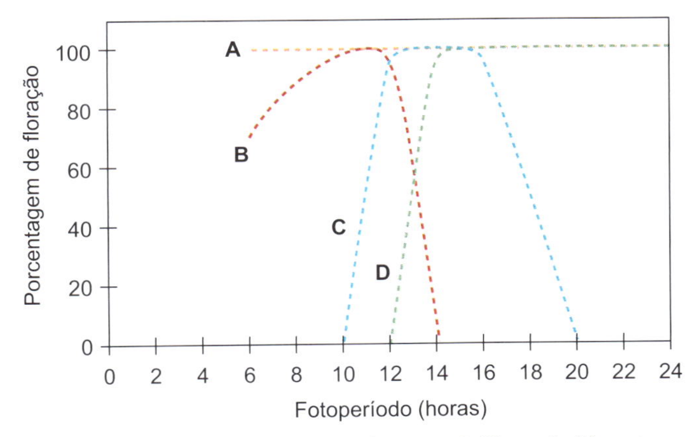

Figura 18.2 Tipos de respostas de floração. **A.** Planta indiferente ao fotoperíodo. **B.** Planta de dia curto qualitativa. **C.** Planta de dia intermediário. **D.** Planta de dia longo qualitativa.

O controle do desenvolvimento da planta pela luz é dependente da detecção e da absorção do estímulo luminoso. Entretanto, a luz, por si só, não constitui a informação morfogenética, e o mesmo pode ser dito em relação aos receptores de luz na planta. A resposta morfogenética resulta dos efeitos da luz captada pelos fotorreceptores quando em células sensíveis ou competentes para seguir uma nova via de desenvolvimento.

Essas respostas morfogenéticas nas plantas estão associadas à detecção de cinco regiões do espectro visível, por no mínimo três classes de fotorreceptores:

- Fotorreceptor UV-B, formado por uma ou mais substâncias ainda desconhecidas e que absorve a luz na faixa do ultravioleta-B (entre 280 e 320 nm)
- Criptocromo, cuja denominação advém de sua importância nas respostas morfogenéticas das criptógamas; constitui-se por um conjunto de pigmentos ainda não completamente caracterizados, os quais absorvem a luz na faixa do azul e do ultravioleta-A (entre 320 e 400 nm, ultravioleta longo)
- Fitocromo, um conjunto de pigmentos cuja absorção se dá principalmente no comprimento de onda vermelho (660 nm) e vermelho-extremo (730 nm).

Os fotorreceptores controlam vários processos morfogenéticos nas plantas, desde a germinação e o desenvolvimento da plântula até a formação de novas flores e sementes. Neste capítulo, será enfatizado o fitocromo, o fotorreceptor mais bem conhecido nas plantas vasculares.

Entre as décadas de 1930 e 1940, Lewis Flint e Edward McAlister observaram a promoção da germinação de sementes de alface sob luz com comprimento de onda vermelho, enquanto a inibição desse processo se dava na presença de vermelho-extremo. Em 1952, Harry Borthwick *et al.* verificaram a reversão dos efeitos da luz com comprimento de onda vermelho após aplicação de vermelho-extremo, e vice-versa. Essa reversão foi observada várias vezes, resultando na inibição ou na promoção da germinação, dependente do último comprimento de onda oferecido às sementes (Tabela 18.1).

A participação do fitocromo na floração foi sugerida por Borthwick *et al.*, entre os anos de 1945 e 1948. Realizando experimentos de interrupção do período de escuro com luz monocromática, em vez de luz branca, esses autores observaram que, sob luz com comprimento de onda vermelho, ocorria a inibição da floração na PDC *Xanthium strumarium*, enquanto a promoção desse processo era verificada na PDL *Hordeum vulgare*.

Semelhantemente à germinação, reproduziu-se, na indução da floração e em outros processos morfogenéticos, a reversão dos efeitos dos dois tipos de luz (vermelho, vermelho-extremo), e o último fornecido à planta determinava a ocorrência ou não da floração (ver Figura 18.1). Na década de 1950, Harry Borthwick e Sterling Hendricks elaboraram a hipótese da existência de um pigmento fotorreversível, cuja absorção se dava nos comprimentos de onda do vermelho e do vermelho-extremo, hoje conhecido como fitocromo.

São encontradas duas formas de fitocromo: fitocromo vermelho (Fv) e fitocromo vermelho-extremo (Fve; Figura 18.3). O Fv é a forma fisiologicamente inativa, representando a única produzida no escuro. Na presença de luz, principalmente sob comprimento de onda vermelho, o Fv é convertido em Fve, sendo a última a forma fisiologicamente ativa. Essa fotoconversão Fv ⟷ Fve é reversiva e tem a mesma cinética em ambas as direções. O Fve formado a partir do estímulo luminoso é o tradutor do sinal de luz para a célula sensível ou competente em responder a esse estímulo. A luz ou o Fve não têm influência sobre o desenvolvimento dessa competência.

Ambas as formas, Fv e Fve, absorvem a luz no comprimento de onda do violeta e do azul, porém os resultados são fisiologicamente menos efetivos quando comparados ao vermelho e ao vermelho-extremo. A luz verde, por sua vez, é pouco absorvida pelo fitocromo, sendo utilizada para visualização no acompanhamento dos experimentos com esses fotorreceptores.

Quimicamente, o fitocromo é uma cromoproteína formada por dois polipeptídios de 120 kDa idênticos, e dois cromóforos ligados ao resíduo de cisteína de cada polipeptídio por meio de um átomo de enxofre. O cromóforo corresponde ao sítio de absorção da luz no fitocromo, sendo um composto tetrapirrólico de cadeia aberta, semelhante ao pigmento fotossintético ficobilina das algas vermelhas e cianobactérias. Quando sob luz com comprimento de onda vermelho, a forma Fv é convertida em Fve, havendo uma isomerização *cis-trans* na estrutura do cromóforo e resultando em alterações na porção proteica do fitocromo (Figura 18.3). Essa mudança estrutural é a responsável pela atividade fisiológica do Fve e pela inatividade do Fv.

Tabela 18.1 Efeitos da luz com comprimento de onda vermelho (V) e vermelho-extremo (VE) sobre a germinação de sementes de alface.

Tratamento de luz	Germinação (%)
Escuro	8,8
V	98
V : VE	54
V : VE : V	100
V : VE : V : VE	43
V : VE : V : VE : V	99

Fonte: Borthwick *et al.* (1952).

Nas PDC, um teor elevado de Fve no início do período noturno é vantajoso para a floração e, em alguns casos, representa uma precondição para a indução floral. Contudo, na maioria das PDL, a floração se dá quando o teor de Fve é elevado na metade do período noturno (Figura 18.4). Apesar de esse comportamento rítmico também ser favorável nas PDL, as respostas dessas plantas são aparentemente mais complexas e podem estar associadas também aos criptocromos.

Em meados da década de 1980, alguns estudos evidenciaram a localização do fitocromo no núcleo e, principalmente, no citoplasma. Esses fotorreceptores foram classificados em dois grandes grupos: os fitocromos do tipo I, encontrados predominantemente nas raízes e plântulas estioladas; e os fitocromos do tipo II, presentes nas sementes e nas plantas crescidas sob luz. A maior proporção do fitocromo do tipo I em plantas estioladas está possivelmente associada à sua maior capacidade de detectar baixos estímulos de luz, além de sua degradação na presença de luz.

Os dois tipos de fitocromo apresentam propriedades espectrais distintas. Por exemplo, em aveia, a forma Fv do tipo I tem uma absorção máxima em 666 nm, enquanto, para a forma Fv do tipo II, esse valor se dá em 654 nm. As proteínas e os genes codificadores de ambos os tipos de fitocromo também se diferenciam. Contudo, as diferenças restringem-se apenas à porção proteica, não tendo sido evidenciadas diferenças no grupo cromóforo dos dois tipos de fitocromo.

Uma vez que a luz é absorvida pelos fotorreceptores, há a interpretação morfogenética do estímulo luminoso pela planta. Conforme apresentado na Figura 18.5, o fitocromo é o fator-chave na cadeia de reação e atua em cooperação com os demais fotorreceptores. Considerando suas propriedades físicas, o fitocromo seria insuficiente para avaliar e absorver com eficácia todo o espectro visível da radiação solar. A luz absorvida pelos outros fotorreceptores, o criptocromo e o fotorreceptor de UV-B, pode determinar a sensibilidade das plantas ao Fve, compreendendo uma estratégia simples na qual um único ativador (Fve) seria suficiente para controlar a expressão gênica e capaz de fornecer uma informação completa do espectro solar, determinando a amplitude da fotomorfogênese.

Atualmente, são conhecidos dois mecanismos pelos quais os fotorreceptores podem desencadear os processos morfogenéticos nas plantas. O primeiro mecanismo é o rápido efeito sobre a permeabilidade de membranas, enquanto o segundo, mais lento, modifica a fosforilação de certas proteínas e a entrada e saída de Ca^{2+}, interferindo na cascata de transdução dos sinais celulares e, consequentemente, alterando a expressão gênica.

Os fotorreceptores desencadeiam uma cascata de sinais que interagem com o ritmo circadiano, permitindo, de uma forma ainda não conhecida, a mensuração do comprimento do dia (ver

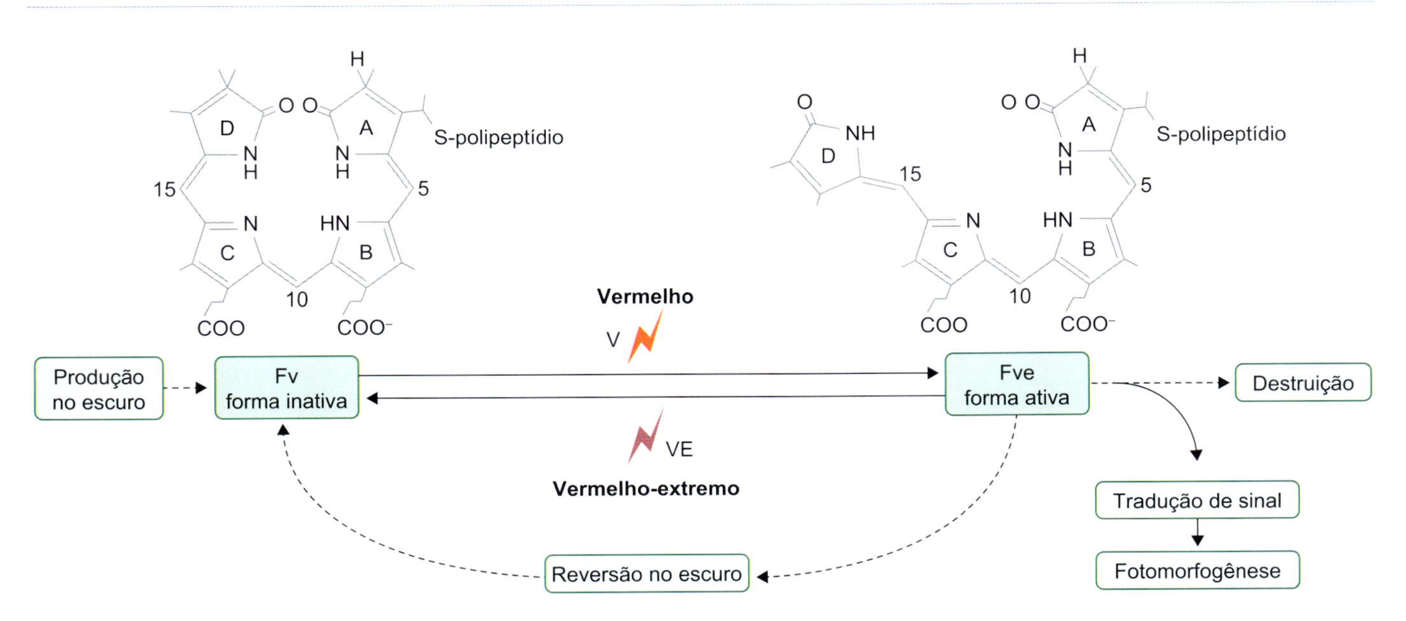

Figura 18.3 Representação esquemática da fotorreversão entre as duas formas do fitocromo, Fv e Fve, provocada pela presença de luz com comprimento de onda vermelho (V) ou vermelho-extremo (VE). As linhas pontilhadas salientam a produção, a destruição e a reversão no escuro que ocorrem, principalmente, com os fitocromos do tipo I. As estruturas químicas representam as formas estruturais do grupo cromóforo do fitocromo quando este se encontra na forma Fv (esquerda) ou na forma Fve (direita).

Capítulo 17). Possivelmente, todas as respostas fotoperiódicas nas plantas utilizam os mesmos fotorreceptores, diferenciando-se, posteriormente, por vias específicas de transdução de sinais.

Além dos fotorreceptores mencionados, nas crucíferas – um grupo de plantas no qual se inserem as diversas variedades e mutantes de *Arabidopsis* bastante utilizados em estudos moleculares, como será visto adiante neste capítulo –, foram identificados outros pigmentos que absorvem, na faixa azul do espectro, entre 455 e 500 nm. Entretanto, seus efeitos são difíceis de explicar e ainda não são totalmente conhecidos, pois o fitocromo também apresenta pequena absorção nesse comprimento de onda.

É fato bem estabelecido, na literatura, que a percepção do comprimento dos dias se dá predominantemente nas folhas, e, em alguns casos, como nas PDC *Chenopodium rubrum* e *Pharbitis nil*, já nos próprios cotilédones. Em resposta ao estímulo fotoperiódico, as folhas sofrem mudanças metabólicas, resultando na produção independente de uma ou mais substâncias químicas transmissíveis, coletivamente denominadas sinal floral. Este seria então transmitido ao meristema caulinar que, quando receptivo (competente), inicia a transição floral (Figura 18.6). Entretanto, curiosamente, em plantas neutras – portanto, não sensíveis ao fotoperíodo –, as folhas também são fundamentais para a floração, pois, quando desfolhadas, não conseguem produzir flores.

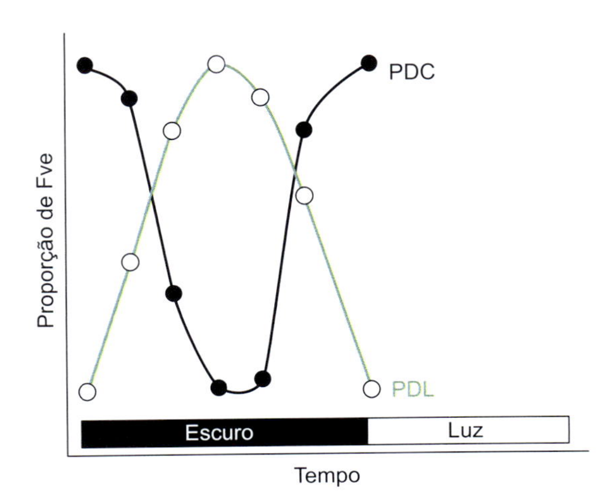

Figura 18.4 Variações na proporção de fitocromo Fve em plantas de dias longos (PDL) e plantas de dias curtos (PDC). Uma maior proporção de Fve no início do período de escuro promove a floração nas PDC.

O fato de a percepção fotoperiódica ocorrer nas folhas enquanto a floração se dá no meristema caulinar sugere a necessidade de transmissão de um sinal floral químico entre esses dois órgãos distantes na planta, possivelmente transportado pelo floema.

A idade e o desenvolvimento da planta interferem na sensibilidade ao comprimento do dia. Assim, há um número mínimo de folhas para que algumas plantas herbáceas respondam ao estímulo fotoperiódico. As respostas fotoperiódicas também podem ser profundamente modificadas por outros fatores ambientais, como a temperatura e a irradiância, a última envolvendo alterações na capacidade fotossintética.

A floração induzida fotoperiodicamente parece estar associada à modificação nos teores de citocininas, giberelinas ou nas concentrações de açúcares. Entretanto, em geral,

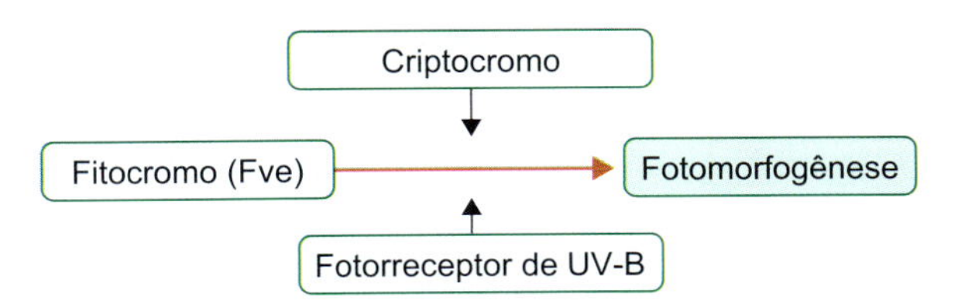

Figura 18.5 Esquema da ação cooperativa dos fotorreceptores. A luz absorvida pelo criptocromo e pelo fotorreceptor de UV-B atua na sensibilidade da célula ao efeito promovido pelo fitocromo na forma Fve.

Figura 18.6 Experimento realizado com *Chrysanthemum morifolium*, uma PDC. O tratamento fotoperiódico de dia longo (DL) ou de dia curto (DC) foi aplicado isoladamente (as duas figuras à esquerda) ou simultaneamente (as duas figuras à direita) nas folhas e no ápice caulinar vegetativo. Os resultados evidenciam a importância das folhas, mais que dos ápices vegetativos, na percepção do sinal fotoperiódico. As folhas seriam responsáveis pela produção do sinal floral, e seu transporte ao meristema caulinar ocorreria pelo floema.

aplicações hormonais ou de carboidratos não substituem totalmente o tratamento fotoperiódico na indução floral. Em algumas espécies, como a PDC *Kalanchoe blossfeldiana*, a floração ocorre sob períodos bem curtos de luz, da ordem de alguns segundos, não envolvendo, portanto, a fotossíntese.

Essas evidências indicam a existência de uma ou mais substâncias móveis, entre as partes da planta, capazes de induzir a floração. O conhecimento da influência da luz e do controle fotoperiódico da floração tem possibilitado grandes avanços na comercialização de algumas espécies ornamentais, como *Chrysanthemum* (PDC) e *Euphorbia pulcherrima* (bico-de-papagaio, PDC).

Temperatura

Nas plantas, a temperatura do ambiente também é um fator determinante de algumas respostas sazonais. No início do século 20, J. Gustav Gassner observou a necessidade de temperatura abaixo de determinado valor para a formação de flores em certas espécies de regiões temperadas. Nestas, a floração ocorre na primavera ou no início do verão, após exposição da planta, durante certo número de dias, às baixas temperaturas do inverno (1 a 7°C, acima, portanto, do ponto de congelamento). Esse processo é denominado vernalização e, muitas vezes, está associado à necessidade posterior de dias longos, como verificado em algumas bulbosas como a tulipa, no centeio (*Secale cereale*) e em diversas cultivares de plantas bianuais, como beterraba, repolho, couve e aipo. As bianuais são plantas em roseta que necessitam completar dois períodos de crescimento antes da floração. Nessas plantas, a germinação ocorre na primavera, seguindo-se o período de crescimento da parte aérea durante o verão; no outono, as folhas senescem e caem, mas a gema apical é protegida pela bainha; na primavera seguinte, novas folhas são formadas e, desde que tenha ocorrido exposição apropriada ao frio no inverno anterior, há um rápido alongamento do pedúnculo floral.

Em algumas espécies, a desvernalização, ou seja, um tratamento de calor (em geral entre 30 e 40°C por alguns dias), pode eliminar, parcial ou totalmente, o efeito promotor de temperaturas baixas sobre a floração. Para ser eficaz, esse tratamento deve ser dado logo após o período de frio.

Experimentos com resfriamento localizado e enxertia demonstraram que os receptores do tratamento de frio são os tecidos com atividade mitótica, entre os quais os meristemas caulinares que se tornam competentes para florescer. Entretanto, variações de temperatura também podem afetar a indução das folhas ou modificar outras etapas da resposta floral, como a iniciação e o desenvolvimento das gemas florais.

As temperaturas ótimas para a floração podem variar com a idade e o estado fisiológico da planta. Enquanto algumas espécies respondem à vernalização em fases precoces do desenvolvimento, ainda na fase de embrião ou no início da germinação, como em alguns cereais, outras se tornam sensíveis após um crescimento mínimo. Entretanto, temperaturas favoráveis à indução de floração podem causar características menos atrativas, como uma redução no número e no tamanho das flores.

Postula-se que as respostas às variações de temperatura seriam parcialmente reguladas por hormônios endógenos, tendo inclusive sido sugerida pelo alemão Georg Melchers, em 1937, a existência de uma substância específica, a vernalina; esta, todavia, até hoje não foi identificada. Na cenoura, a aplicação de giberelina mimetiza o efeito da vernalização, enquanto em plantas orquidáceas como *Phalaenopsis* e *Dendrobium*, aumentos nos teores endógenos de citocininas (ver Capítulo 10) e açúcares foram associados à diminuição da temperatura. Aumentos substanciais de citocininas em plantas de outras famílias, quando mantidas em temperaturas baixas, têm sido observados.

Do ponto de vista comercial, é bastante conhecida a indução floral por meio de choques térmicos de baixas temperaturas em orquídeas como *Phalaenopsis*, *Cymbidium* e *Dendrobium* (Figura 18.7) e também em algumas variedades de *Chrysanthemum*, quando satisfeitas suas necessidades de dia curto.

Em milho, por exemplo, observa-se de maneira incisiva o efeito da temperatura do ar no ciclo e nas fases fenológicas das plantas. A temperatura do ar é percebida e acumulada na planta como uma soma térmica, expressando a quantidade de energia necessária para atingir certo estágio de maturidade. O conhecimento das exigências térmicas em algumas culturas contribui para a previsão da duração do ciclo da planta em função dos fatores ambientais, tornando-se um parâmetro relevante nos processos de otimização e redução de riscos climáticos em plantios comerciais.

Umidade

Nas regiões tropicais e em regiões áridas ou semiáridas, o período de seca e o de disponibilidade de água são fatores decisivos para o crescimento e a floração de algumas espécies. Nos trópicos do hemisfério sul, a chegada da estação das chuvas coincide com o início da primavera, representado por dias ligeiramente mais longos e temperaturas mais elevadas, configurando sinais ambientais para a retomada do crescimento das plantas.

Entre as plantas de interesse comercial que têm sua floração afetada pela umidade, pode-se destacar como exemplo o citro e o cafeeiro. No caso das plantas cítricas cultivadas em regiões tropicais, o déficit hídrico pode substituir o efeito de temperaturas baixas na promoção da floração. Já as plantas de café

Figura 18.7 Floração de *Dendrobium* Stardust (**A**) e *Dendrobium* Second Love (**B**), após tratamento de frio (10°C no período de escuro e 25°C no período luminoso). A quantificação dos hormônios endógenos evidenciou níveis elevados de citocininas durante a indução floral. Imagens cedidas por Kátia O. Campos (IB-USP, 2000).

devem ser submetidas a certo estresse hídrico para quebrar a dormência das gemas florais já formadas, as quais se desenvolverão apenas após o fornecimento de água, por irrigação ou chuva. Esses déficits hídricos internos podem variar de –0,8 MPa a –2,65 MPa em cafeeiros no Havaí, mas, para o Brasil, foi registrado um limiar de potencial de água nas folhas de –1,2 MPa para a ocorrência da floração em resposta à irrigação. A sincronização da floração em cafeeiros pela imposição de um déficit hídrico, seguido de irrigação, além de sincronizar a produção, reflete-se na qualidade da bebida.

Em algumas espécies, o fato de a remoção das raízes promover a floração sugere que, além dos estresses hídrico e nutricional, esses órgãos poderiam ser responsáveis pela produção de um ou mais inibidores florais. Porém, as raízes também podem produzir promotores florais, como citocininas e giberelinas.

Fogo

No cerrado brasileiro, é comumente observado o estímulo ou indução da floração de muitas espécies herbáceas e subarbustivas após a passagem do fogo. O efeito do fogo nem sempre resulta do estímulo térmico, mas refere-se à eliminação total da parte aérea das plantas que as faz florescer.

A resposta floral ao fogo tem um papel importante na sincronização da floração, viabilizando a polinização cruzada. É o chamado piroperiodismo, ou a sincronização do processo pelo efeito do fogo. Na ausência da queima, pode não ocorrer o florescimento ou este se dá de maneira esporádica e em baixa intensidade.

Lantana montevidensis e *Calea cuneifolia* são exemplos de espécies de cerrado que florescem após a queimada (Figura 18.8). Plantas de *sapé (Imperata brasiliensis)* florescem apenas após sofrerem queima de seus órgãos aéreos, em um processo ainda não completamente elucidado.

Fatores endógenos

Acredita-se que a passagem para a fase reprodutiva viria acompanhada por modificações profundas nas relações fonte–dreno das plantas, representadas pela canalização de assimilados para os meristemas. Esses eventos ocorreriam anteriormente à morfogênese e dependeriam ainda da habilidade dos tecidos meristemáticos de importar assimilados essenciais às divisões celulares e à manutenção da atividade metabólica.

Sacarose, citocininas e nutrientes têm sido considerados componentes importantes do estímulo floral ou sinalizadores da floração, e sua presença em concentrações ótimas seria necessária à atividade gênica específica junto ao meristema vegetativo.

Nutrição

Os mecanismos de controle da floração por meio da nutrição mineral são bastante variáveis entre as espécies ou gêneros e ainda pouco compreendidos, podendo intermediar alterações nos teores endógenos dos hormônios vegetais ou dos fotoassimilados. A partição de carboidratos e nitrogênio nos órgãos de uma planta é intensamente controlada e integrada durante o seu crescimento e desenvolvimento, podendo ser modificada em determinados momentos, como o da floração, associada a um estado metabólico e energético capaz de manter a formação e o desenvolvimento de flores, frutos e sementes.

Para algumas espécies, a duração do período juvenil é mais longa sob condições promotoras de crescimento vigoroso. A floração na mangueira, por exemplo, está associada à diminuição do crescimento vegetativo, induzida pelo frio em condições

Figura 18.8 Efeito do fogo na floração. **A.** Aspecto de uma queimada no cerrado. **B.** Planta de *Calea cuneifolia* florescendo após a passagem do fogo. **C.** Floração pós-fogo em *Lantana montevidensis*. Imagens cedidas por Leopoldo Coutinho.

de clima subtropical, pelo estresse hídrico em clima tropical e pela aplicação de paclobutrazol, um inibidor da síntese de giberelinas, nos cultivos comerciais no semiárido brasileiro.

A hipótese de que os processos de desenvolvimento vegetativo e reprodutivo poderiam ser antagônicos em virtude da competição pela partição de assimilados é bastante antiga, com base nas observações de redução na taxa de crescimento em algumas plantas induzidas à floração.

Tanto a deficiência quanto o excesso de nutrientes minerais fornecidos em certos períodos críticos do desenvolvimento podem refletir em limitações na capacidade dos drenos. Para algumas espécies, a transição floral, assim como as demais etapas do desenvolvimento reprodutivo, é favorecida por um balanço carbono/nitrogênio (C/N) quantitativamente favorável ao primeiro, implicando, portanto, uma diminuição da adubação nitrogenada. Em algumas plantas, a utilização de nitrato foi associada à inibição da floração, porém, para outras espécies, observou-se o favorecimento desse processo. Na produção de sementes híbridas de sorgo, a sincronização da floração entre os parentais macho e fêmea pode ser controlada por meio da aplicação de adubação nitrogenada, uma vez que esta resulta em uma aceleração do crescimento vegetativo e da emissão da panícula, com a antecipação do florescimento.

De modo geral, a adubação rica em fósforo favorece a floração. A limitação desse nutriente pode interferir na formação dos órgãos reprodutivos, ocasionando um atraso na iniciação floral, um decréscimo no número de flores e, particularmente, uma restrição na formação de sementes.

Plantas de mostarda (*Sinapis alba*) induzidas à floração apresentaram teores elevados de cálcio no xilema e nas gemas florais. Atribui-se ao Ca^{2+} uma função de segundo mensageiro na regulação de numerosos processos celulares importantes, como a mitose, e na transdução de sinais entre o ambiente e as plantas, muitos deles intermediados pelo fitocromo. Na floração de *Sinapis alba*, esse cátion estaria associado à divisão celular induzida por citocinina, ou atuaria como substância sinalizadora do transporte da sacarose entre o caule e a raiz.

Açúcares

A participação dos carboidratos no controle da floração tem sido sugerida há várias décadas, porém sua exata contribuição nesse processo ainda não está bem estabelecida. Enquanto, para muitos pesquisadores, os açúcares atuam apenas como fonte energética durante a iniciação floral, outros sugerem um papel regulador no metabolismo celular, possivelmente em nível de expressão gênica ou como molécula mensageira. Essas substâncias estariam envolvidas em mecanismos específicos de sinalização entre células, porém ainda são pouco conhecidos os processos de percepção e de transdução desses sinais.

Teores elevados de açúcares estariam envolvidos na transição do meristema vegetativo para o reprodutivo, desempenhando, portanto, um papel estratégico nesse processo. Resultados consistentes na literatura sugerem que concentrações ótimas de açúcares devem ser fornecidas ao meristema em intervalos de tempo bastante definidos, anteriores aos eventos bioquímicos e celulares que ocorrem durante a diferenciação do meristema floral.

Alguns trabalhos têm apontado a sacarose como um dos componentes essenciais do sinal floral. Aumentos pronunciados nos teores desse açúcar foram observados nos meristemas apicais de plantas de *Sinapis alba*, *Lolium temulentum*, *Xanthium* e *Arabidopsis thaliana* induzidas à floração, previamente à atividade mitótica, sugerindo um papel sinalizador da sacarose. Durante a indução floral em plantas de *Sinapis*, esse açúcar também seria ativo no sistema radicular, desempenhando um papel tão crítico quanto sua ação no caule, promovendo o fluxo de citocininas ou de outras substâncias da raiz para o caule. Além do floema, nesse caso, o xilema seria essencial para a indução floral, estimulando a exportação e o acúmulo desses hormônios no meristema.

A sacarose transportada ao meristema durante a transição floral poderia resultar da mobilização de carboidratos de reserva. Entretanto, poucos estudos têm sido realizados sobre a interação entre a floração e o metabolismo do amido.

Contudo, a elevação nos teores de açúcares no meristema caulinar por si só não é suficiente para a indução floral, indicando a participação de outros compostos, de maneira integrada e aditiva durante esse processo.

Hormônios vegetais

Tem-se sugerido o envolvimento dos hormônios vegetais, tanto quantitativa quanto qualitativamente, na indução floral, atuando possivelmente via regulação da expressão gênica.

Citocininas

A promoção da floração após tratamentos com citocininas foi observada em várias plantas. A benziladenina (6-BA), uma citocinina, tem sido aplicada no cultivo de plantas orquidáceas, como *Aranda*, *Dendrobium*, *Aranthera* e *Oncidium*, visando ao controle e à sincronização da floração em produções comerciais. Entretanto, as citocininas devem ser empregadas em concentrações ótimas, pois teores elevados exercem efeitos inibitórios sobre a floração em algumas espécies. A concentração ótima varia conforme a fase de desenvolvimento, a sensibilidade dos tecidos vegetais e a presença de outros hormônios endógenos e exógenos, sugerindo uma interação com outras vias de sinalização.

Diversos estudos apontam para o envolvimento das citocininas livres e conjugadas como sinalizadoras da floração junto às células meristemáticas (ver Capítulo 10). Modificações nos teores desses hormônios na planta, pelo aumento na biossíntese ou na taxa de exportação, alterariam seus conteúdos no meristema caulinar. Portanto, o fluxo entre raiz e caule, com a transferência de sinais entre esses órgãos, e a síntese *de novo* desses hormônios na planta desempenham papéis importantes na floração.

Uma elevação nos teores endógenos de citocininas foi observada nos meristemas induzidos de *Chenopodium rubrum* e *Chenopodium murale*, assim como nas concentrações de zeatina (Z) nas raízes e de isopenteniladenina (iP) nas folhas e no ápice caulinar de plantas de *Sinapis alba* durante a indução fotoperiódica. Entretanto, o oposto foi verificado em plantas de tabaco, ou seja, uma diminuição nos teores de citocininas nos meristemas caulinares durante a transição floral, enquanto um aumento progressivo desses hormônios foi detectado durante a formação dos órgãos reprodutivos, caracterizados por uma intensa atividade mitótica e meiótica.

Apesar de serem necessárias as alterações no conteúdo endógeno de citocininas para a estimulação de divisões celulares e controle do ciclo celular durante a organogênese, esses hormônios não seriam suficientes para causar a indução floral, havendo ainda dúvidas sobre sua ação como reguladores positivos da transição do meristema vegetativo para o floral, ou seja, da evocação floral *sensu stricto*.

Auxinas

Estágios particulares da floração também poderiam ser mediados pelos teores endógenos de auxinas. Porém, tanto seus efeitos promotores quanto inibitórios sobre a indução floral têm sido amplamente relatados na literatura. Enquanto a iniciação das gemas florais em várias espécies vem sendo associada a uma diminuição nos teores de ácido indolacético (AIA) livre e a um aumento na concentração das formas conjugadas, durante a diferenciação floral observou-se o oposto, ou seja, a hidrólise do hormônio conjugado, liberando AIA livre.

Contudo, o balanço entre auxinas e citocininas, e não somente seus teores absolutos, tem se mostrado de importância fundamental em diversos processos fisiológicos, atuando sobre o crescimento e a diferenciação celular. Nesse sentido, a relação entre esses dois hormônios poderia também estar associada à floração.

Giberelinas

As giberelinas representam a classe hormonal cujos efeitos promotores sobre a floração foram mais bem estudados, principalmente nas plantas em roseta (entrenós curtos) e nas plantas induzidas à floração por baixas temperaturas ou fotoperíodos longos. Para as últimas, o comprimento dos dias induziria um aumento nos teores endógenos de giberelinas ou uma maior sensibilidade a esses hormônios, atuando em sinergia com outros sinais florais na promoção da floração. Entretanto, a ação das giberelinas poderia estar mais diretamente associada à promoção do alongamento do caule, importante para a floração de algumas plantas em roseta, e não necessariamente à indução desse evento.

Apesar de as giberelinas não promoverem a floração na maioria das plantas de dia curto, teores mais elevados de ácido giberélico (AG) também foram observados durante a transição floral de plantas de *Pharbitis nil* cultivadas sob dias curtos, indutores da floração nessa espécie, sugerindo a participação adicional desses hormônios nos processos controlados pelo fitocromo.

No entanto, a importância das giberelinas no sistema de sinalização e controle da iniciação floral ainda é difícil de ser estabelecida, já que sua eficiência dependente da espécie, da época de aplicação e do tipo de giberelina (ver Capítulo 11).

As giberelinas têm sido extensivamente aplicadas na viticultura, uma vez que promovem o abortamento de algumas flores no início do desenvolvimento da inflorescência, dispensando a operação de desbaste, necessária para a obtenção de cachos mais soltos, demandados pelo mercado.

Ácido abscísico

A floração de algumas plantas também foi verificada sob condições estressantes ou inibitórias do crescimento induzidas, por exemplo, pela aplicação de ácido abscísico (ABA). Um aumento na concentração desse hormônio foi observado em gemas de macieiras induzidas à floração, tendo sido relacionado com teores mais elevados de açúcares no vacúolo e, portanto, com uma maior força-dreno. Todavia, os resultados relatados na literatura não são suficientemente claros para associar esse hormônio à floração.

Etileno

Não obstante o etileno seja bem conhecido e aplicado comercialmente, o fato de induzir uma rápida formação de flores em bromélias, como no abacaxizeiro (*Ananas comosus*) e em outras espécies ornamentais, o etileno exerce um efeito inibitório sobre a floração da maioria das outras plantas.

O efeito negativo do etileno na expansão das pétalas (e, portanto, na antese) tem sido observado em várias espécies. Grande parte dos estudos referentes aos efeitos desse hormônio sobre a floração está associada à senescência das flores e direcionada para a utilização de substâncias bloqueadoras da biossíntese ou ação desse gás, como o nitrato e o tiossulfato de prata e o permanganato de potássio.

Hipóteses sobre a natureza do sinal floral

A identificação dos sinais florais representa uma das grandes questões da botânica, tendo as pesquisas se pautado, em geral, na comparação de componentes endógenos de plantas induzidas e não induzidas à floração. Amostras do conteúdo do xilema das raízes e dos solutos do floema extraídos de folhas maduras e do ápice caulinar têm sido frequentemente utilizadas nesses estudos.

O estímulo floral seria aparentemente transportado via floema, sendo as taxas de transporte de solutos em relação às respostas florais consistentes com a existência de uma mensagem transmissível de natureza química, e não simplesmente um fenômeno físico, baseado em alterações no potencial elétrico de membranas.

Em termos fisiológicos, foram propostos alguns modelos objetivando explicar a transição floral, dos quais se destacam três: o do florígeno e as hipóteses nutricional e multifatorial.

A ideia de que a floração estaria sob o controle de substâncias produzidas nas folhas foi inicialmente proposta por Julius von Sachs em 1865, como resultado de seus trabalhos com *Tropaeolum majus* e *Ipomoea purpurea*.

Porém, o termo *florígeno* representando uma substância específica com função regulatória indutora da floração, tal como um hormônio vegetal universal "formador de flores", foi elaborado por Mikhail Chailakhyan em 1936, com experimentos de enxertia entre espécies de Crassulaceae. Segundo o autor, a floração de plantas fotoperiodicamente distintas (PDC, PDL, PDN etc.), não induzidas e enxertadas com ramos reprodutivos de espécies ou gêneros próximos, sugeria a transmissão de substâncias ou sinais florais por meio do floema, após a conexão dos tecidos vegetais. Portanto, esse produto final da indução fotoperiódica seria fisiologicamente equivalente nessas plantas.

Os estudos de enxertia demonstraram que, quando a folha de uma planta que está florescendo é enxertada em uma planta não induzida, é capaz de induzi-la a florescer. Esse processo é denominado indução secundária. Se a folha de uma planta em flor de *Xanthium strumarium* (induzida por DC) for enxertada em uma planta que está em DL, portanto em estado vegetativo, esta última também florescerá. Uma nova folha dessa planta, agora em flor, enxertada em outra planta em DL promoverá também a floração desta última, e assim sucessivamente, conforme ilustrado na Figura 18.9.

Alguns trabalhos evidenciaram que, dependendo do tratamento fotoperiódico e do tipo de resposta da planta, as folhas podem produzir tanto promotores quanto inibidores de floração. Assim, *Hyoscyamus niger* e *Nicotiana sylvestris*, ambas PDL, podem florescer sob DC quando da retirada de suas folhas. Quando partes dessas plantas foram enxertadas em PDN e mantidas em dias curtos, as plantas neutras não conseguiram florescer. Portanto, essas PDL podem ter produzido alguma substância inibidora de floração que também foi transmitida para as PDN. Chailakhyan chamou

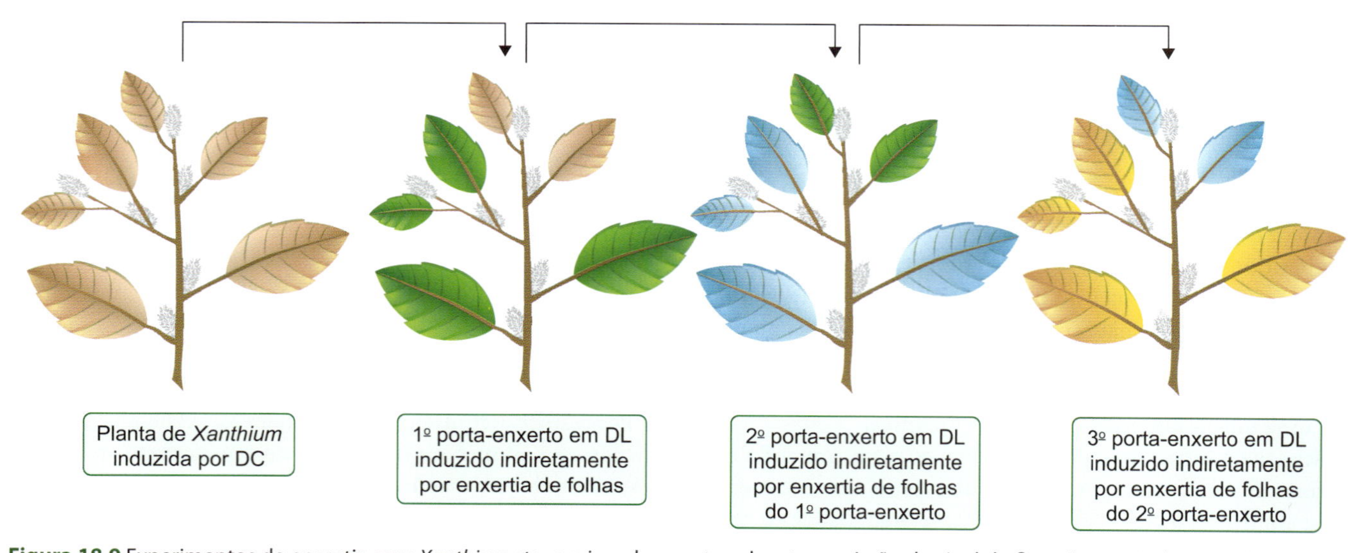

Figura 18.9 Experimentos de enxertia com *Xanthium strumarium* demonstrando a transmissão do sinal de floração, por indução indireta. Nessa espécie, as folhas de plantas induzidas em DC conseguem promover a floração em plantas mantidas em DL. Adaptada de Lang (1965).

de antiflorígeno esta substância transmissível, inibitória da floração, que interferiria sobre a síntese, transporte e ação do sinal floral.

Apesar do direcionamento de muitas pesquisas ao isolamento e à identificação do florígeno e do antiflorígeno, até os primeiros anos do século 21 nenhuma molécula química havia sido identificada com a característica de um hormônio floral.

A não identificação do florígeno resultou na elaboração do segundo modelo, centralizado no *status* nutricional da planta, sugerido por Roy Sachs e Hackett, em 1969, e revisada posteriormente, em 1983. Os tratamentos indutores promoveriam alterações na partição de nutrientes entre órgãos-fonte e drenos, responsáveis por uma disponibilidade maior de assimilados no ápice caulinar durante a indução floral. De fato, foi verificado experimentalmente que, após a indução floral, havia um fluxo maior de carboidratos para o meristema apical. No entanto, apenas um balanço favorável de carboidratos é insuficiente para desencadear os processos morfogenéticos de transição de um ápice vegetativo para o reprodutivo. A participação de açúcares e compostos nitrogenados na floração, ou seja, a relação C/N, já havia sido sugerida por Georg Klebs, em 1918, e por Anton Lang, em 1965.

A ideia de que os assimilados não seriam os únicos componentes importantes na transição floral foi proposta por Georges Bernier *et al.*, em 1981, que sugeriram que a floração estaria sob um controle multifatorial. Fatores químicos promotores e inibitórios, entre os quais metabólitos e hormônios conhecidos, e até mesmo o transporte de RNA mensageiros (RNAm) específicos, seriam induzidos por uma ampla gama de estímulos ambientais e atuariam em conjunto nos vários órgãos da planta (Figura 18.10). Independentemente da diversidade dos processos indutores, a floração seria resultante de um balanço entre essas substâncias promotoras e inibitórias, necessárias ao ápice caulinar no tempo e na concentração apropriados, e reguladas por diferentes mecanismos: condições ambientais particulares, alterações na produção e no transporte dos sinais florais e modificações na sensibilidade do meristema. Sendo o sinal floral composto por várias substâncias, o componente limitante da floração poderia variar entre as espécies, assim como ser substituído por outra substância disponível em maior concentração.

Apesar dos intensos estudos sobre a indução floral nos últimos 100 anos, pouco se conhece sobre a cascata de eventos que conecta a percepção do estímulo indutor à transmissão do sinal floral produzido nas diferentes partes da planta até o meristema caulinar. Entretanto, ao mesmo tempo que se limitaram as abordagens fisiológico-bioquímicas, houve um avanço importante nos estudos moleculares da floração, tal como descrito mais adiante neste capítulo. Porém, definir as bases bioquímicas da floração continua a ser um dos grandes desafios da fisiologia vegetal.

Evocação floral

Após a indução floral, os eventos localizados especificamente no meristema caulinar vegetativo que resultam na formação das flores são coletivamente denominados evocação floral.

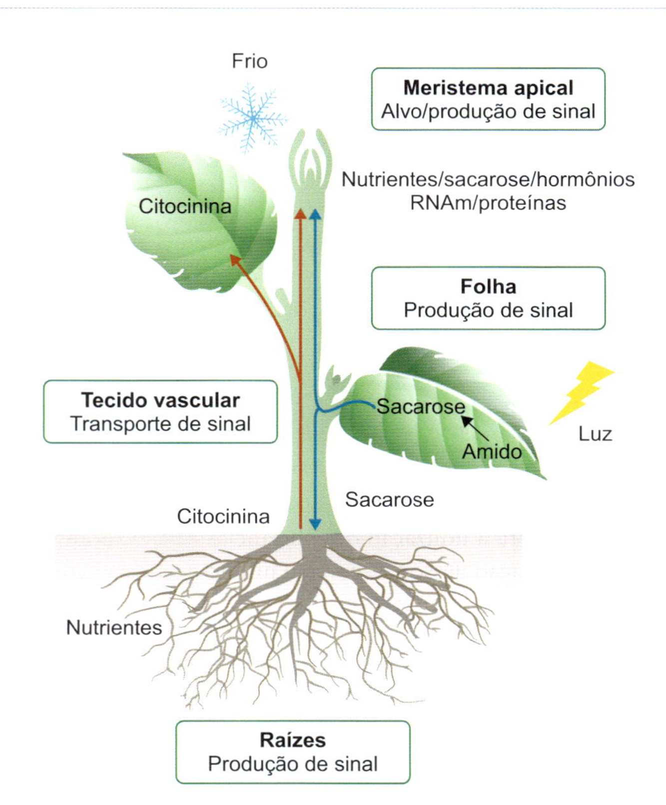

Figura 18.10 Modelo simplificado de alguns possíveis componentes da indução floral, segundo a hipótese multifatorial da floração. Além de estímulos internos intrínsecos à planta, as folhas e os meristemas caulinares são responsáveis pela percepção do estímulo externo (luz e temperatura), promovendo a formação e a exportação via floema dos sinais florais (p. ex., sacarose). Os sinais florais produzidos nas folhas podem ser transportados diretamente para o meristema caulinar ou induzir, nas raízes, a produção e o transporte de outras substâncias (p. ex., citocininas e nutrientes). Quando o conjunto de sinais florais, tanto de folhas quanto de raízes, atinge o meristema caulinar de uma planta em um estágio competente à floração, inicia-se a transição floral.

Portanto, a evocação floral representa o momento em que o meristema se reorganiza para a produção das flores, em vez das folhas. Apesar dos intensos esforços já efetuados, ainda não se conseguiu delinear um modelo no qual fosse possível ser considerada uma descrição completa de todos os eventos moleculares, fisiológicos, anatômicos e morfológicos associados à conversão do meristema vegetativo em reprodutivo. Tal situação torna a compreensão da evocação floral ainda mais complexa que a da indução floral.

Os estágios vegetativo, pré-floral e floral do meristema são reconhecidos como fases de um processo único, contínuo e integrado. A principal distinção entre as fases juvenil e adulta vegetativa consiste na competência do meristema caulinar para florescer, quando fornecido um estímulo indutor apropriado. A capacidade ou competência reprodutiva do meristema caulinar pode estar relacionada com a sua idade ou com o tamanho da planta, representando um ponto importante no controle da taxa de crescimento vegetativo (Tabela 18.2).

Enquanto diversas espécies de bambu e plantas arbóreas como a jabuticabeira necessitam de vários anos para florescer, plantas de *Pharbitis nil* e *Chenopodium rubrum* podem ser induzidas à floração ainda no estágio de cotilédone e com apenas um ciclo fotoindutor. Em outras espécies, a duração

Tabela 18.2 Duração média da fase juvenil em algumas plantas.

Planta	Duração média da fase juvenil
Glycine max (soja)	11 a 33 dias
Zea mays (milho)	50 a 70 dias
Phaseolus vulgaris (feijão)	30 a 60 dias
Oryza sativa (arroz)	120 a 150 dias
Rosa spp. (roseira)	20 a 30 dias
Phalaenopsis (orquídea)	1 a 3 anos
Vitis spp. (videira)	2 a 4 anos
Malus spp. (macieira)	4 a 8 anos
Citrus spp. (laranjeira, limoeiro)	5 a 8 anos
Pyrus pyrus (pereira)	7 a 12 anos
Caesalpinia echinata (pau-brasil)	4 anos
Cedrela odorata (cedro-rosa)	10 anos

da fase juvenil aparentemente está associada à formação de um número mínimo de folhas, como no picão *Bidens pilosa* e em *Stevia rebaudiana*, que florescem apenas com 3 e 4 folhas, respectivamente. Mesmo plantas herbáceas, como certas orquídeas epífitas (*Cattleya*, *Laelia*, *Vanda*), podem demandar vários anos de crescimento vegetativo antes de se tornarem competentes à floração.

A produção de mudas enxertadas, especialmente no caso de frutíferas em que o material propagativo das cultivares-copa de interesse comercial – oriundo de plantas adultas e competentes à floração – é unido aos porta-enxertos, representou um avanço importante na redução do tempo necessário para o florescimento e, portanto, para a coleta dos frutos. No caso de espécies cítricas, por exemplo, enquanto plantas enxertadas florescem após 2 ou 3 anos, as plantas de pé-franco não enxertadas florescem apenas aos 7 ou 8 anos de idade.

A evocação floral se dá com a diferenciação morfológica e funcional de todas as células do meristema. O ápice vegetativo como um todo entra em uma nova fase de desenvolvimento, resultando em alterações fisiológicas e histológicas graduais, interdependentes dos eventos que ocorrem nas raízes, nas folhas e no caule. Vários estudos associam a transição floral a um aumento na taxa respiratória, assim como a modificações na síntese de RNA e proteínas, sugerindo uma alteração na expressão gênica previamente ao estímulo das divisões celulares.

Entretanto, a detecção de processos de reversão floral ainda nos estágios iniciais da evocação floral, com a formação de folhas consecutivamente às flores, indica que os meristemas caulinares não são irreversivelmente determinados para o desenvolvimento reprodutivo. Portanto, a ativação de genes e processos envolvidos na transição floral é necessária tanto para a iniciação quanto para a manutenção do desenvolvimento reprodutivo. A reversão floral está geralmente associada a condições ambientais opostas àquelas indutoras da floração e, apesar de compreender um evento incomum, em algumas plantas como em roseiras, alguns mutantes de *Arabidopsis* e *Impatiens balsamina*, esse processo é bastante observado. Nessas últimas plantas, a produção contínua de um sinal floral nas folhas é crítica para a manutenção do estado floral, sugerindo um controle externo ao meristema caulinar e um comprometimento da planta como um todo com a via floral. Em espécies de plantas menos suscetíveis à reversão floral, postula-se que esses sinais sejam constantes e que, quando ausentes, não impedem a autonomia do meristema.

Impedir a reversão floral é particularmente importante nas plantas anuais, tornando-se fundamental a distinção entre os sinais indutores apropriados daqueles chamados "ruídos ambientais", como alterações repentinas de temperatura que não refletem em mudanças sazonais reais.

Uma vez que as células do meristema caulinar atingem um ponto sem retorno no programa de desenvolvimento, comprometendo-se em definitivo com a formação das flores, diz-se que estas se encontram determinadas para a floração, seguindo nesse novo processo, mesmo na ausência do estímulo indutor inicial (Figura 18.11).

Assim, a transição do estágio vegetativo para o floral está associada inicialmente à aquisição de competência das células meristemáticas caulinares. Pela ativação de vários genes associados à percepção do estímulo indutor, há a produção e o transporte de sinais originados fora do meristema. A sensibilidade desse meristema aos sinais florais culmina na sua

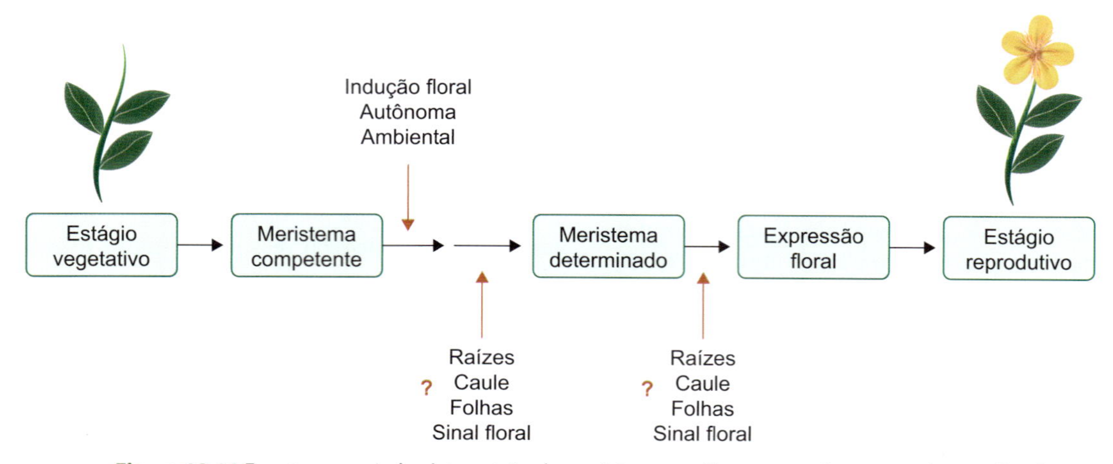

Figura 18.11 Eventos associados à transição do meristema caulinar vegetativo em meristema floral.

determinação para uma nova via de desenvolvimento, com a iniciação e a formação dos órgãos florais.

Desenvolvimento floral

O meristema inicialmente vegetativo, uma vez determinado para a floração, segue esse novo programa de desenvolvimento, mesmo na ausência do estímulo indutor, culminando na expressão floral (início da diferenciação do primórdio floral).

A formação das flores é um processo que compreende a definição da época adequada e do local correto para a iniciação do primórdio floral, além da determinação do meristema e o desenvolvimento dos órgãos florais, segundo um padrão específico.

Em termos morfológicos, o meristema reprodutivo é facilmente distinguível do meristema vegetativo pelo seu tamanho maior. Também se evidenciam duas etapas fisiologicamente distintas: a iniciação e o desenvolvimento floral (Figura 18.12).

A iniciação floral está associada ao aumento da atividade mitótica nos limites da região meristemática das gemas apicais e/ou axilares, atingindo posteriormente a zona central da célula-mãe, que se torna menor, apresentando protoplasma denso. Após esse evento, a atividade mitótica e o crescimento praticamente cessam, desenvolvendo-se um tecido parenquimatoso envolto por células meristemáticas, no qual, em um segundo pico de atividade mitótica, serão formados os órgãos florais – sépalas, pétalas, estames e carpelos –, representando uma complexa interação entre estruturas funcionalmente especializadas e completamente distintas da planta vegetativa.

Em geral, a produção dos órgãos florais se dá em posição e número precisos, formando os verticilos, que são anéis concêntricos ao redor do meristema (Figura 18.13), porém algumas plantas, como as em roseta não seguem esse padrão. Apesar do número quase infinito de variações, a estrutura básica das flores é relativamente simples, constituída, fundamentalmente, por um ramo com nós e entrenós curtos e uma série de apêndices que são folhas modificadas.

De maneira distinta dos meristemas vegetativos, os meristemas florais são determinados, cessando sua atividade meristemática depois da produção do último órgão floral.

Aspectos moleculares

O isolamento e a caracterização de mutantes com respostas florais distintas têm se tornado a principal fonte de resultados e avanços nos estudos da floração, especialmente em trabalhos com a PDL facultativa *Arabidopsis thaliana*. Nesta planta, foram identificadas até o momento quatro vias promotoras da transição floral: por meio do fotoperíodo, da vernalização, das giberelinas e pela regulação autônoma (Figura 18.14).

Os mecanismos de promoção direta da floração, induzidos pelo fotoperíodo e por giberelina, são antagônicos à atividade de genes induzidos pelo frio ou regulados pela via autônoma, os quais promovem a floração pela inibição do gene *FLC* (*flowering locus* C), um repressor floral central. Os componentes da via autônoma apresentam um padrão de expressão bastante amplo, sendo seus RNAm detectados em praticamente todos os órgãos da planta. Não há evidências de que sejam regulados por fotoperíodo, temperatura ou mesmo pelos próprios genes autônomos. A identificação dos sinais internos que regulam a via autônoma permanece desconhecida.

Também foram identificados outros genes repressores que podem representar um mecanismo de inibição da floração em plantas com tamanho ou idade não adequados, controlando, portanto, a duração da fase juvenil. Modificações na metilação do DNA parecem estar associadas à expressão dos genes repressores, alterando a competência e/ou a determinação do meristema. Os genes *FLC*, *TFL1* (*terminal flower 1*) e *EMF* (*embryonic flower*) – este último identificado em fenótipos mutantes que florescem imediatamente após a germinação – representam mecanismos de controle negativo da floração.

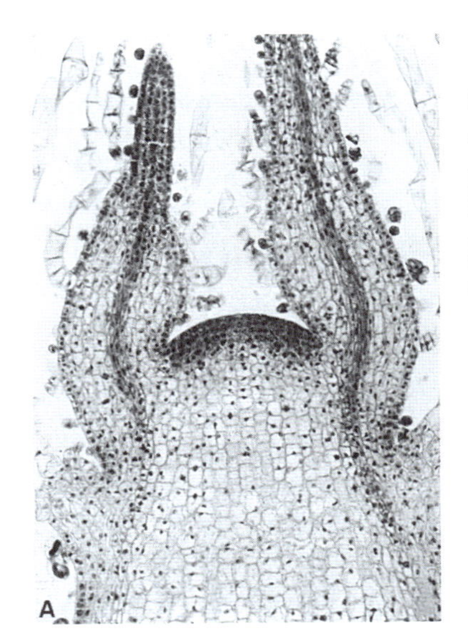

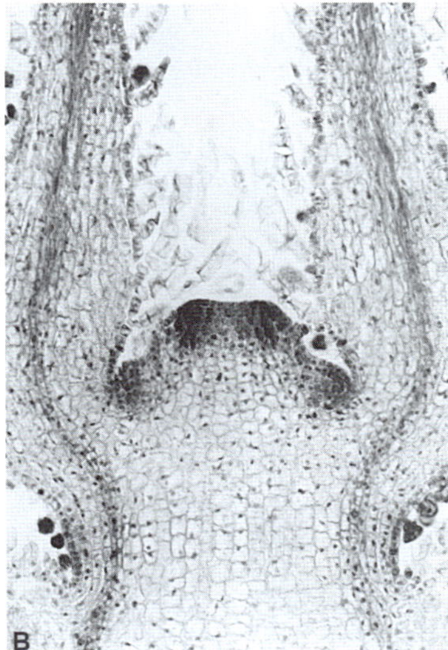

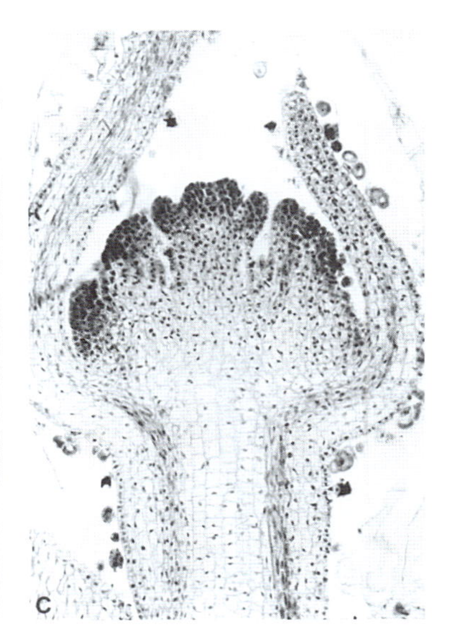

Figura 18.12 Cortes longitudinais da região apical caulinar de *Hyptis brevipes*. **A.** Meristema vegetativo, responsável pela formação dos primórdios foliares. **B.** Meristema reprodutivo em início de desenvolvimento. **C.** Meristema floral em estágio avançado de desenvolvimento, com a diferenciação dos primórdios de flores distribuídos na periferia do ápice. Imagem cedida por Lílian Beatriz Penteado Zaidan (Unicamp, 1987).

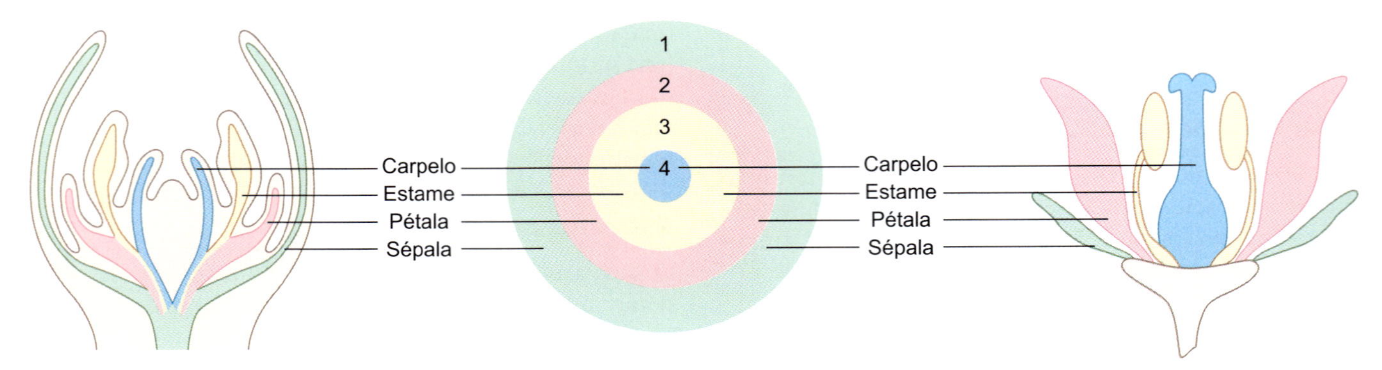

Figura 18.13 Representação esquemática de uma flor de angiosperma. Os órgãos florais são sequencialmente produzidos pelo meristema floral, em verticilos sucessivos, iniciando pelas sépalas e progredindo, respectivamente, para pétalas, estames e carpelos, onde é formado o ovário, com a placenta contendo os óvulos.

De certa forma, os estudos gênicos realizados sustentavam a hipótese multifatorial da floração, uma vez que esta estaria sob controle de vários genes, envolvidos nos diferentes estágios desse processo, aparentemente organizados de maneira hierárquica, coordenada e sequencial. Até recentemente, a possibilidade de envolvimento dos genes florais na produção ou resposta a uma substância específica, tal como um florígeno, havia sido constantemente ignorada.

Entretanto, estudos recentes têm apontado para a importância da transcrição do gene *FT* (*flowering locus T*) nas folhas para a indução da floração. Esse gene é ativado pelo gene *CO* (*constans*), sob dias longos, e também pela repressão do gene *FLC*, sob baixas temperaturas.

O gene *FT* produz uma pequena proteína que atua junto ao fator de transcrição do gene *FD* (*flowering locus D*), este último expresso apenas no meristema caulinar, ativando o gene *AP1* (*apetala 1*), que atua tanto como um gene de identidade floral do meristema quanto como um gene de identidade dos órgãos florais. A atividade do gene *AP1* é considerada um bom marcador da ocorrência da floração.

O fato de o gene *FT* ser expresso nos tecidos vasculares das folhas, em resposta ao fotoperíodo, e sua proteína promover a expressão gênica no meristema sugere a necessidade do transporte, via floema, de um sinal floral. O movimento de diversas proteínas no floema pode indicar um papel importante dessas moléculas na sinalização de diferentes processos nas plantas (ver Capítulo 6).

Com esses resultados, o conceito do florígeno tem sido retomado após 70 anos, sendo o gene *FT* um forte candidato a essa substância. Uma vez produzido o RNAm do gene *FT*, há um *feedback* autorregulado que induz sua síntese contínua, mesmo sob condições não indutoras de fotoperíodo, sugerindo características automantenedoras do florígeno.

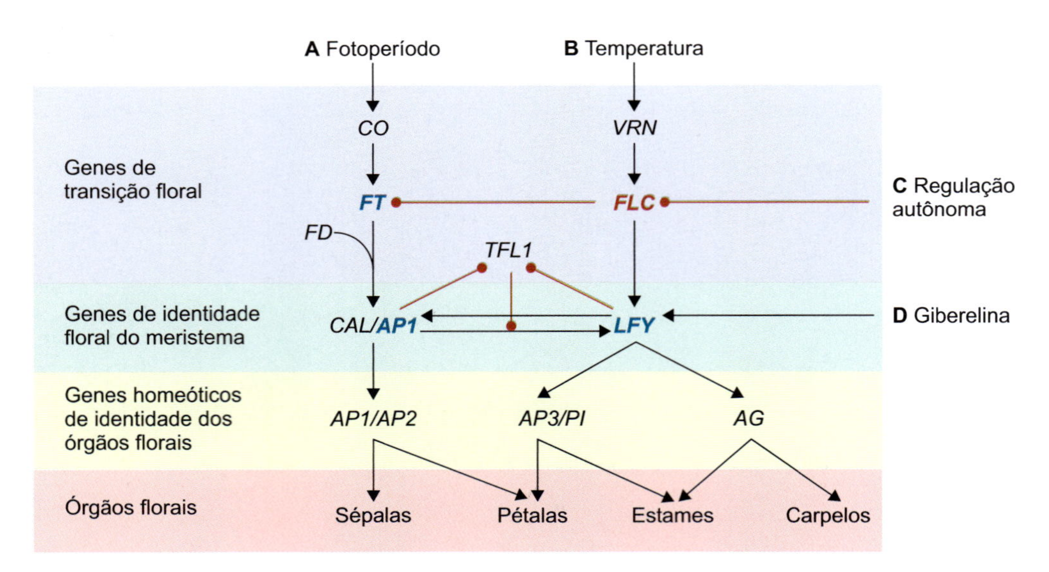

Figura 18.14 Possíveis interações moleculares envolvidas na floração de *Arabidopsis*, cuja transição floral é controlada por quatro vias gênicas até então identificadas. **A.** A indução floral realizada por dias longos é mediada pelo gene *CO*, que induz a expressão do gene *FT*, atualmente considerado um possível produtor do florígeno. A ação conjunta das proteínas dos genes *FT* e *FD* ativa o gene *AP1*. **B.** O tratamento de frio ativa o gene de vernalização *VRN*, inibindo a expressão do gene repressor *FLC*. **C.** Vários genes da via autônoma (*FCA*, *FPA*, *FVE*, *LD FY*, *FLD* e *FLK*) também promovem a floração diminuindo a expressão do gene repressor *FLC*. **D.** A giberelina é promotora da floração sob condições de dias curtos, porém não substituindo completamente o tratamento fotoperiódico, atuando possivelmente na promoção do gene *LFY*. A expressão dos genes *AP1* e *LFY* confere a identidade floral do meristema e regula a atividade de outros genes homeóticos (*AP3*, *PI* e *AG*), resultando na formação dos órgãos florais. Promoção →, repressão •—.

A hipótese original do florígeno pressupunha que esse sinal floral seria transmissível e universal entre as plantas, independentemente de suas respostas fotoperiódicas (PDL, PDC, PDN etc.). A identificação dos genes *HD3A* e *HD1* no arroz, uma PDC, ortólogos aos genes *FT* e *CO* em *Arabidopsis*, uma PDL, sugere um mecanismo de ação *COFT* na resposta floral bastante conservado em algumas espécies. Esse sistema de controle também está ativo em plantas arbóreas, além de herbáceas, como tomate e *Brassica napus*. O insucesso na indução floral observado em alguns experimentos de enxertia poderia ser atribuído não à identidade química do florígeno, no caso a proteína produzida pelo gene *FT* e seus ortólogos, mas sim à sua produção insuficiente, a deficiências em seu transporte pelo floema ou a uma rápida degradação nos sítios de recepção dessa molécula.

De maneira geral, a floração envolve a atividade de três grupos de genes: o primeiro deles seria representado pelos genes de transição floral, responsáveis pela mudança de fase do meristema vegetativo em meristema reprodutivo, os quais também ativariam os genes do segundo grupo, responsáveis pela identidade floral do meristema. Esses genes, por sua vez, determinam como floral a via de desenvolvimento a ser seguida, levando à formação do meristema floral. No terceiro grupo, encontram-se os genes homeóticos de identidade dos órgãos florais, associados à formação dessas estruturas.

As alterações observadas apenas na composição dos verticilos florais e, portanto, não envolvidas na iniciação floral estão associadas a mutações nos genes homeóticos. A maioria desses genes nas plantas pertence à família MADS *box* de fatores transcricionais. Esses fatores transcricionais são proteínas que controlam a expressão de genes de identidade dos órgãos florais, sendo responsáveis pela ativação completa do programa gênico da estrutura da flor e determinando, em última análise, a formação dos órgãos florais propriamente ditos.

Com base nos estudos com *Arabidopsis thaliana*, esses genes homeóticos foram distribuídos inicialmente em três classes – A, B e C – com atividades distintas, porém interligadas, associadas à produção de fatores transcricionais. O modelo ABC de genes homeóticos, proposto em 1991 por Elliot Meyerowitz e Enrico Coen, foi revisado e atualizado no início da década de 2000, com a inclusão de duas novas classes de genes: D e E.

O modelo ABCDE procura interpretar o padrão de formação dos órgãos florais. As sépalas seriam determinadas pela atividade do gene *A* no verticilo 1, enquanto as pétalas necessitariam dos genes *A* e *B* ativos no verticilo 2. Os estames resultariam da atividade conjunta dos genes *B* e *C* no verticilo 3, enquanto os genes *C* seriam os responsáveis pela formação dos carpelos no verticilo 4. As atividades dos genes *A* e *C* seriam mutuamente repressoras. A função D determina o desenvolvimento dos óvulos, enquanto os genes *E* são necessários para a definição dos verticilos e o desenvolvimento de todos os órgãos florais (Figura 18.15). O desafio agora reside em compreender como a expressão dos genes homeóticos altera a

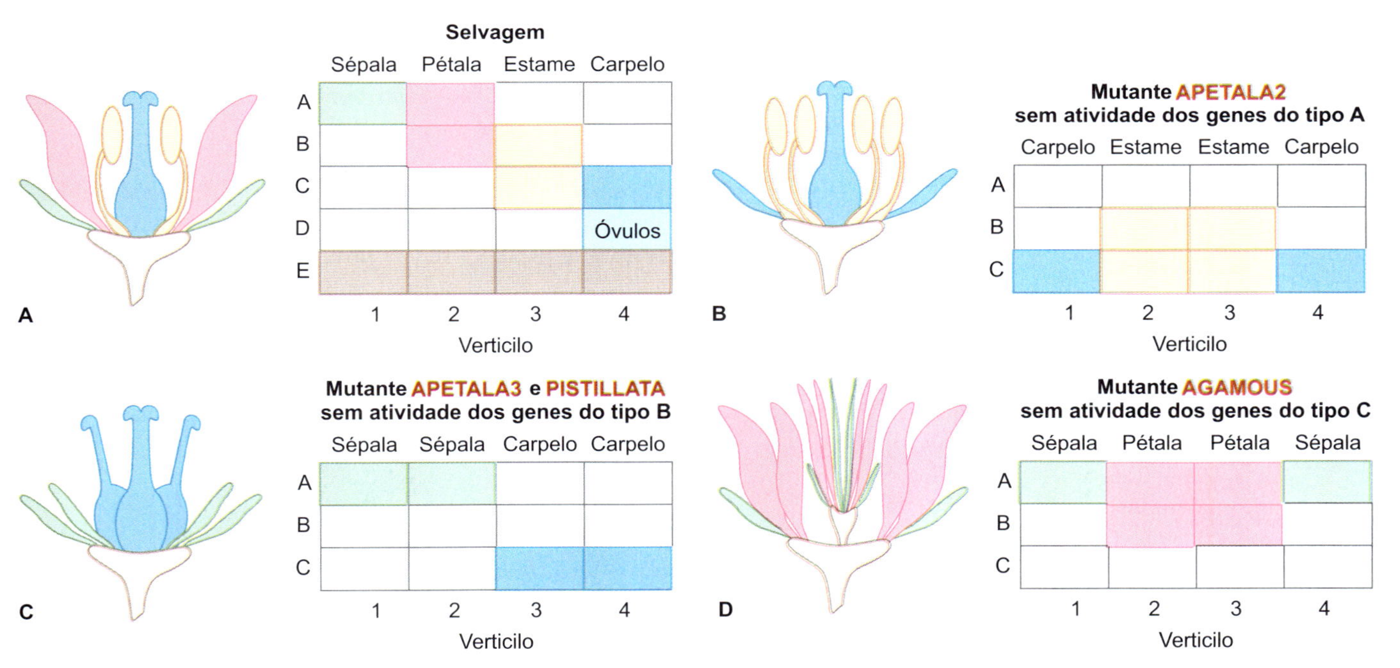

Figura 18.15 Modelo de atividade dos genes homeóticos *ABCDE*, proposto para explicar a formação dos órgãos florais. A identidade dos órgãos florais é determinada pela atividade de cinco tipos de genes. A estrutura da flor madura de *Arabidopsis* está esquematizada à esquerda, evidenciando a disposição concêntrica dos órgãos florais em quatro verticilos. **A.** Nas plantas selvagens, apenas os genes do tipo A estão ativos no primeiro verticilo, resultando na formação das sépalas, em verde. As pétalas, em rosa, são diferenciadas no segundo verticilo, pela expressão conjunta dos genes do tipo A e B, enquanto a combinação das atividades dos genes *B* e *C* no terceiro verticilo forma os estames, em amarelo. No quarto verticilo, a formação dos carpelos resulta da expressão única dos genes do tipo C. As classes de genes *D* e *E* foram incorporadas recentemente ao sistema; a função D determina o desenvolvimento dos óvulos, em azul-claro, e os genes *E* são necessários para o desenvolvimento de todos os órgãos florais, estando, portanto, ativos em todos os verticilos. A atividade dos genes do tipo A nos verticilos 1 e 2 reprime a expressão dos genes *C*, e os genes *C* inibem a atividade de A nos verticilos 3 e 4. **B.** A deleção da atividade dos genes do tipo A resulta na expansão da expressão de C no meristema floral, alterando a identidade dos órgãos, com a formação de carpelos no verticilo 1 e de estames no verticilo 2. **C.** A perda da função dos genes do tipo B causa a formação de sépalas no segundo verticilo e carpelos no terceiro verticilo. **D.** A deleção da atividade dos genes do tipo C resulta na expansão da expressão de A no meristema floral, alterando novamente a identidade dos órgãos, com a formação de pétalas no verticilo 3 e sépalas no verticilo 4.

atividade dos outros genes nos verticilos em desenvolvimento, resultando na formação de um órgão floral específico.

Os genes homeóticos *AG* (*agamous*), *PI* (*pistillata*), *API* (*apetala 1*), *AP2* (*apetala 2*) e *AP3* (*apetala 3*) têm padrões de expressão distintos, tanto espacial quanto temporalmente, desempenhando funções diferentes no desenvolvimento dos órgãos florais. A expressão do gene *API* restringe-se à formação de sépalas e pétalas; a expressão conjunta dos genes *AP3* e *PI* é necessária para o desenvolvimento de pétalas e estames; enquanto o gene *AG* está associado aos carpelos e estames (ver Figura 18.14).

A expressão do gene de identidade floral *LFY* (*leafy*), em meristemas florais jovens, tem sido observada em várias espécies de angiospermas. Apesar de esse gene também ser detectado em tecidos vegetativos, sua atividade é acentuada durante a transição floral. Aparentemente, os sinais oriundos de diferentes vias de indução (fotoperíodo, giberelina e regulação autônoma) apresentam efeitos interativos sobre o promotor desse gene, sendo necessários para a sua máxima expressão. O gene *LFY* atuaria, então, como um integrador central na floração.

O gene *LFY* produz um fator transcricional, apenas identificado no reino vegetal, o qual tem como sítios receptores as regiões regulatórias dos genes homeóticos *AP1*, *AP3* e *AG*. Por sua vez, o gene *TFL1* é um regulador negativo dos genes *LFY*, *AP1* e *CAL* (*cauliflower*), atuando como um inibidor floral. O gene *CAL* tem sequência relacionada com a do gene *AP1*, dividindo também um padrão similar de expressão.

É interessante notar que o gene *TFL1* tem homologia com o gene *FT*, podendo haver conversão entre eles com a modificação de apenas um aminoácido; porém, até o momento não há evidência de uma molécula que atue como um inibidor floral transmissível.

Muitas das observações clássicas obtidas nos estudos fisiológico-bioquímicos da floração podem agora ser avaliadas sob a perspectiva molecular. Talvez, os resultados futuros levem a um conceito geral de um sinal floral transmissível e comum entre as plantas, cuja síntese seria dependente do contexto fisiológico e de diferentes sistemas reguladores, estabelecidos durante o processo evolutivo. Essa diversidade de controles observada na iniciação floral das angiospermas poderia resultar do acionamento de pontos de controle distintos em processos comuns do desenvolvimento.

Floração *in vitro*

O desenvolvimento de estratégias visando à precocidade da floração é considerado bastante interessante, mediante a perspectiva de redução do tempo investido nos processos de melhoramento e dos custos de produções comerciais.

Os eventos fisiológicos, bioquímicos e morfológicos, assim como os aspectos específicos da floração – indução e formação da gema adventícia, iniciação do botão floral e seu completo desenvolvimento até a antese – ou o processo reprodutivo como um todo, podem ser abordados sob condições *in vitro*. Tanto plantas inteiras quanto pequenos segmentos de regiões meristemáticas caulinares podem ser utilizados nesses estudos, permitindo abordagens do nível celular ao organismo completo.

A floração *in vitro* de várias espécies, entre as quais plantas de tomate, melão, orquídeas e *Arabidopsis*, foi obtida com sucesso em meios adicionados de açúcares, indicando um papel essencial desses compostos na transição floral. Porém, em alguns casos, a sacarose estaria associada apenas à promoção do desenvolvimento das gemas florais, não apresentando efeitos sobre a iniciação floral.

A adição de citocininas ao meio de cultura tem também promovido a floração *in vitro* de tabaco e de algumas orquídeas, como *Dendrobium* e *Psygmorchis* (Figura 18.16). Entretanto, a presença desses hormônios no meio pode afetar

Figura 18.16 Floração *in vitro* de plantas orquidáceas. **A.** Ápices caulinares com cerca de 1,5 cm de comprimento isolados de plantas ainda jovens de *Dendrobium* Second Love cultivadas em meio de cultura adicionado de thidiazuron (TDZ), uma citocinina sintética. Imagem cedida por Wagner de Melo Ferreira (IB-USP, 2004). **B.** Planta adulta de *Psygmorchis pusilla*. Imagem cedida por Ana Paula Artimonte Vaz (IB-USP, 2002).

negativamente o desenvolvimento das hastes florais, assim como a qualidade das flores, causando o aborto das gemas florais ou a retomada do desenvolvimento vegetativo. Várias anomalias no desenvolvimento floral foram observadas em plantas de melão e em explantes de tabaco e de soja cultivados em meios adicionados de citocininas. Essas alterações poderiam estar associadas à influência desse hormônio sobre a expressão de genes responsáveis pela identidade do meristema ou dos órgãos florais (genes homeóticos).

Os resultados obtidos até o momento indicam uma grande semelhança entre a floração *in vitro* e aquela observada em condições naturais, viabilizando o emprego de culturas em laboratório como modelos experimentais para esses estudos. Apesar de a floração *in vitro* ter sido observada em várias espécies e sob condições nutricionais, hormonais e ambientais bastante controladas, o processo de floração continua ainda pouco compreendido.

Perspectivas no estudo da floração

O momento preciso em que o meristema vegetativo altera sua via de desenvolvimento para um programa floral é regulado por vários fatores ambientais e endógenos, selecionados ao longo do processo evolutivo nos diferentes grupos de plantas, de formas potencialmente independentes. Além disso, a formação final das flores é resultado de uma série de processos de desenvolvimento sequenciais, paralelos e inter-relacionados. Os mecanismos moleculares que integram essas informações e conduzem ao programa reprodutivo como um todo estão sendo aos poucos desvendados.

Os avanços nos últimos 20 anos com a aplicação das técnicas de biologia molecular têm permitido uma melhor compreensão da floração, por meio da comparação das respostas florais de variedades naturais e mutantes, principalmente de *Arabidopsis thaliana*. Mutações que afetam a transição da fase juvenil para a fase adulta, assim como aquelas que alteram a formação dos órgãos florais, representam oportunidades para o isolamento e a identificação de genes específicos reguladores da juvenilidade, de genes envolvidos na produção, no transporte e na sensibilidade ao sinal floral, e de genes mantenedores da via floral nos meristemas.

As informações geradas pelos estudos fisiológico-bioquímicos e moleculares da floração têm resultado em avanços significativos na compreensão desse complexo processo.

Bibliografia

Bernier G, Havelange A, Houssa C, Petitjean A, Lejeune P. Physiological signs that induce flowering. The Plant Cell. 1993;5:11471155.

Levy YY, Dean C. The transition to flowering. The Plant Cell. 1998;10:1973-89.

McDaniel CN, Singer SR, Smith SME. Developmental states associated with the floral transition. Developmental Biology. 1992;153:59-69.

Scorza R. In vitro flowering. Horticulturae Review. 1982;4:106-27.

Thomas B, Vince-Prue D. The physiology of photoperiodic floral induction. In: Thomas B, Vince-Prue D, editors. Photoperiodism in plants. San Diego: Academic Press; 1997. p. 143-79.

Frutificação e Amadurecimento

Gilberto B. Kerbauy

Origem dos frutos

Os frutos apareceram há bastante tempo, a partir do surgimento do "hábito seminífero", exibido, pela primeira vez, pelas pteridospermas, cujas sementes, muito simples, eram envoltas por estruturas protetoras e se desenvolviam sobre a planta-mãe (esporófito), da qual se desprendiam quando totalmente formadas. Eram, portanto, estruturas nuas formadas sobre folhas modificadas (megasporofilos) e, nessa condição, diretamente expostas ao meio ambiente. Sementes como essas podem ser encontradas ainda hoje nas gimnospermas viventes (do grego *gymnos*, nu; *sperma*, semente), como o popular pinhão-do-paraná (*Araucaria angustifolia*).

As primeiras plantas produtoras de flores e frutos surgiram no Cretáceo, período correspondente a 135 a 65 milhões de anos atrás, coincidindo com a extinção dos dinossauros da face da Terra. O nome dessas plantas – *angiosperma* – advém justamente do fato de suas sementes serem envoltas por uma estrutura protetora (do grego, *angion*, urna), o fruto. Com o surgimento dos frutos, as sementes antes expostas tornaram-se estruturas *protegidas* e, portanto, com maiores chances de sucesso. Paralelamente à proteção dos óvulos, diferenciaram-se também a parte masculina e os elementos de atração, constituindo a *flor* (Figura 19.1). Uma vez a semente formada, tem início o amadurecimento do fruto, que pode ser carnoso e comestível, ou seco e esclerificado.

Registros fósseis de angiospermas primitivas mostram que os primeiros frutos eram do tipo seco, constituídos por um único carpelo – frutos *apocárpicos* e destituídos, ainda, de estruturas relacionadas com a *dispersão*. Os frutos com carpelos fundidos – *sincárpicos* – apareceram mais tardiamente na evolução, permitindo que adquirissem maiores

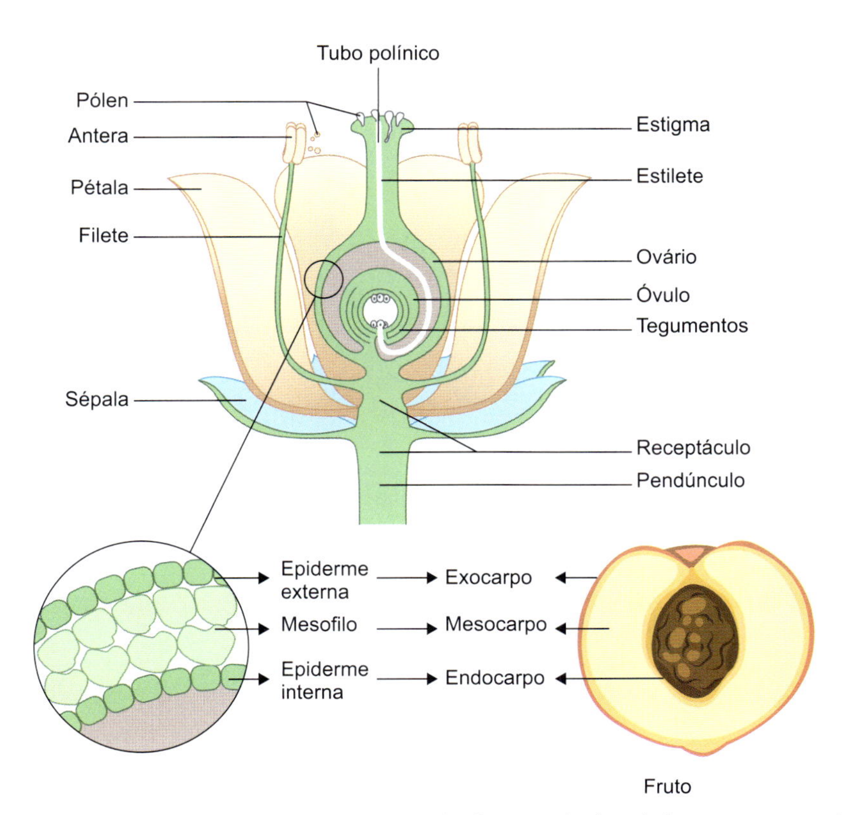

Figura 19.1 Diagrama floral de angiosperma mostrando os quatro verticilos florais – sépala, pétala, estame e carpelo –, os tecidos do carpelo – igual ao de uma folha –, e o que cada um origina em um fruto do tipo drupa (pêssego, azeitona etc.).

tamanhos. Os frutos suculentos – *drupas e bagas* – surgiram ao final do período Cretáceo, ou início do Terciário, há cerca de 70 milhões de anos. O rápido e intenso incremento na variedade de frutos carnosos e de sementes teria correspondência com a diversificação de mamíferos e aves, os principais dispersores das angiospermas atuais.

Origem evolutiva do ovário

O ovário é formado pelo *carpelo*, uma estrutura foliar, tal como as demais partes da flor, profundamente modificada. Dito isso, uma questão que se coloca de imediato é: de onde e como teriam surgidos os primeiros carpelos? Evidências sugerem que essa parte da flor teria se originado de folhas (megasporofilos) produtoras de óvulos de *pteridospermas*, pteridófitas antigas e extintas produtoras de sementes cujas folhas jovens eram enroladas como nas atuais samambaias e *Cycas*, por exemplo. De fato, registros fósseis de folhas com óvulos da pteridosperma arbórea *Glossopteris* sp. mostram óvulos parcialmente envoltos pelo megasporofilo (Figura 19.2). Segundo se postula, a união das margens livres dos carpelos primitivos teria originado o *ovário*, levando a modificações acentuadas em seu sistema vascular (Figura 19.3). Como consequência, os óvulos, até então expostos, tornaram-se estruturas internas ao ovário, passando a estabelecer com este interações funcionais inéditas até então.

Ainda que a natureza foliar das flores tenha sido proposta em 1790 pelo eminente poeta alemão Johann Wolfgang von Goethe, também um refinado naturalista, quase dois séculos se passaram até que fossem oferecidas as primeiras evidências gênicas da evolução dos carpelos. Estas surgiram com a descoberta de Coen e Meyerowitz (1991) de três genes homeóticos (genes-mestres responsáveis pela formação de órgãos) envolvidos na *identificação* de carpelos, pétalas, sépalas e estames, constituindo o chamado modelo ABC, sendo a identificação carpelar dada pelo gene *C* (*Agamous*; ver Capítulo 18), de modo que, ainda nos estágios iniciais da formação das flores, um minúsculo grupo de células do receptáculo é devidamente identificado pelo gene *Agamous*, e as divisões celulares que se seguem determinarão a formação do ovário. Nos vegetais, conforme visto nos Capítulos 9 e 10, enquanto as divisões celulares são moduladas por balanços endógenos adequados de auxinas (AIA) e citocininas, a expansão (crescimento) das pequenas células recém-formadas é mediada por concentrações apropriadas de AIA e/ou giberelinas.

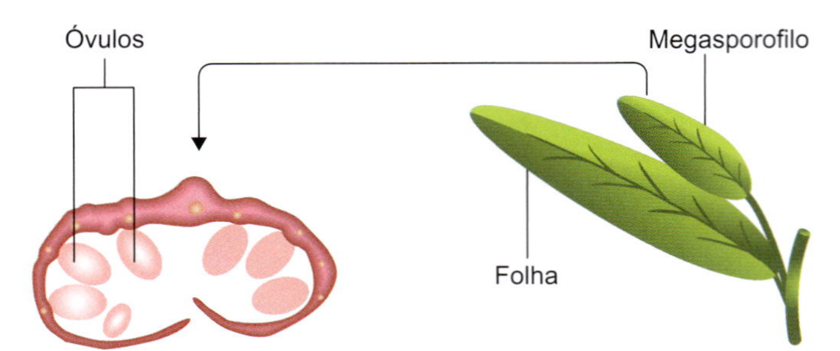

Figura 19.2 Esquema do megasporofilo dobrado recobrindo os óvulos de *Glossopteri* sp., uma pteridosperma arbórea fóssil. Adaptada de Gifford e Foster (1989).

Desenvolvimento do fruto ou frutificação

Sob uma perspectiva ontogenética a frutificação teria início com a retomada das divisões e expansões celulares do ovário, seguindo-se a polinização e a fertilização dos óvulos.

Desenvolvimento do fruto

A *frutificação* envolve não apenas o desenvolvimento do fruto *per se*, mas também o das *sementes*. A rede de interações estrutural, fisiológica, bioquímica e genética que esses órgãos estabeleceram entre si durante a evolução representa ainda desafios consideráveis à devida compreensão do desenvolvimento de ambos.

Entre os frutos suculentos, o tomate (*Solanum lycopersicum* syn. *Lycopersicon esculentum*) tem sido o mais estudado, constituindo-se, atualmente, como um modelo referencial nas pesquisas de desenvolvimento e maturação para esse tipo de fruto. Com base nele, Gillaspy *et al.* (1993) dividiram a formação do fruto em três fases distintas e consecutivas:

- Fase I (tecnicamente, denominada *fruit set*): polinização, fertilização e início do desenvolvimento do fruto propriamente dito
- Fase II: retomada das divisões celulares do ovário e início destas no embrião
- Fase III: expansão das células e maturação do embrião.

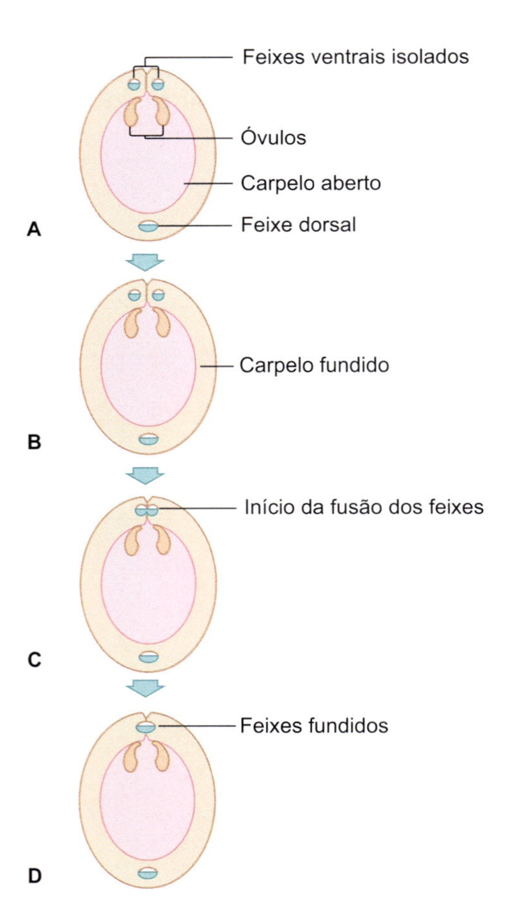

Figura 19.3 A a **D.** Efeitos da união das margens do carpelo sobre a fusão dos feixes condutores durante a origem do ovário. Adaptada de Gifford e Foster (1989).

Essa divisão diz respeito, essencialmente, à frutificação, de modo a não contemplar o amadurecimento. Na Figura 19.4 são mostrados os principais eventos representativos da frutificação e da maturação de frutos de tomate durante 2 meses após a antese.

Fase I | Polinização, fertilização e início do desenvolvimento

Polinização

Trata-se de um evento-chave no desenvolvimento dos frutos, tantos os carnosos quanto os secos. As primeiras evidências experimentais dos efeitos da polinização no desenvolvimento de frutos foram obtidas há cerca de um século por H. Fitting na Alemanha, usando políneas vivas e mortas de orquídea e extratos de ambas. Os efeitos observados eram exatamente os mesmos, ou seja, um rápido e intenso intumescimento do ovário, acompanhado pelo murchamento de pétalas, sépalas e labelo (perianto persistente). Segundo Fitting, essas massas de grãos de pólen conteriam algum tipo de substância estimulatória do crescimento do ovário. Apenas em 1933 foi demonstrada a presença da *auxina* em políneas, o hormônio promotor dessas modificações.

Certamente, a retomada do desenvolvimento do ovário depende do sucesso da polinização e da fertilização; na ausência dessas, ocorrem o *abortamento* e a queda da flor. A fertilização no seu primeiro momento depende da compatibilidade genética entre o pólen e a planta polinizada. Com a liberação dos núcleos gaméticos no saco embrionário, ocorre a *formação* do embrião e do endosperma (tecido de reserva da semente). A partir de então, o embrião e o ovário passam a se desenvolver harmoniosa e sincronicamente, por meio de uma rede complexa de sinais gênicos, bioquímicos, hormonais e ambientais. Estudos indicam que, além da auxina, as giberelinas e as citocininas participam do desenvolvimento inicial do ovário ou *fruit set*.

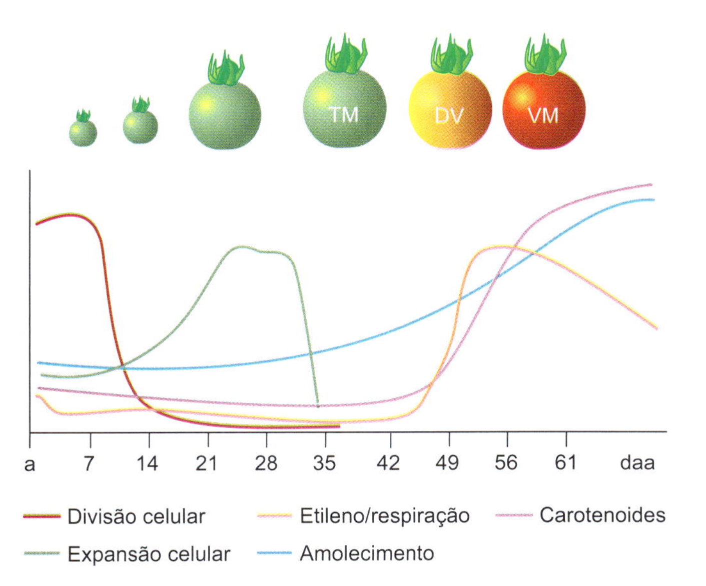

Figura 19.4 Alguns eventos relacionados com as fases de frutificação e maturação de frutos de tomate durante 2 meses após a antese. TM: tamanho máximo; DV: de vez; VM: vermelho-maduro; a: antese; daa: dias após a antese. Adaptada de Giovannoni (2004).

Embora seja costume atrelar a polinização apenas ao desenvolvimento do ovário e à fertilização dos óvulos, em muitas plantas, entretanto, outros eventos marcantes também acontecem, como a mudança de pigmentação da flor, senescência e morte de periantos persistente (orquídeas, cravos etc.) e dos estames. Fala-se nesse caso em *síndrome do desenvolvimento pós-polinização* (Figura 19.5). Tais modificações são bastante rápidas e causadas pelo etileno. Em orquídeas, concentrações de etileno tão baixas como uma parte por bilhão (1,0 ppb) são suficientes para provocar o murchamento das flores. Esse efeito do etileno envolve consequências prejudiciais no mercado de flores cortadas.

Flores polinizadas de mirtilo (*Vaccinum angustifolium*) e morango (*Fragaria* sp. cv. Cavalier) podem liberar quatro a cinco vezes mais etileno que as flores não polinizadas. A auxina dos grãos de pólen está intimamente ligada ao aumento dos teores de etileno nas flores polinizadas. Teores aumentados de auxina estimulam, consideravelmente, a síntese de etileno nas flores por meio da ativação das enzimas *sintase do ACC* (ACS) e a *oxidase do ACC* (ACO), conforme mostrado em flores de *Phalaenopsis* (Orchidaceae) polinizadas ou tratadas com auxina (ver Capítulo 13). Durante a morte celular de periantos persistentes e dos estames, os nutrientes neles contidos são retransportados para o ovário em desenvolvimento. A indução da queda de frutos de maçã recém-formados por meio da aplicação controlada de auxina – *raleio* – decorre do incremento na síntese de etileno (ver Capítulo 9). Por sua vez, aplicações tardias dessa auxina, próximas à fase de maturação, previnem a queda desses frutos.

Partenocarpia

Entende-se por partenocarpia a formação de frutos na ausência de polinização e fertilização, originando, portanto, frutos sem sementes. Essa intrigante desconexão entre o desenvolvimento do fruto e a polinização/fertilização faz dos frutos partenocárpicos um excelente material para o estudo da frutificação *per se*, bem como a possibilidade real de se produzir frutos comerciais sem sementes. A conveniência de frutos partenocárpicos é facilmente compreensível, seja do ponto de vista do consumo *in natura*, seja para fins industriais – banana, uva, laranja e melancia são bons exemplos disso. Sob condições de campo, eles dispensam *in totum* a necessidade de agentes polinizadores, independentemente de quais sejam, assim como de condições climáticas apropriadas na época da floração, entre outras vantagens.

A partenocarpia pode ser geneticamente controlada ou artificialmente induzida pela aplicação de certos hormônios. Ela pode ocorrer:

1. Na falta absoluta de polinização.
2. Após polinização desacompanhada de fertilização, por conta da morte do pólen ou por grãos de pólen de espécies incompatíveis.
3. Após fertilização seguida de abortamento do embrião (comum em hibridações interespecíficas).

Sob uma perspectiva hormonal, ovários não polinizados, porém tratados com auxinas, giberelinas ou mesmo citocininas, podem originar frutos partenocárpicos (ver Capítulo 9).

Figura 19.5 Síndrome do desenvolvimento pós-polinização de uma flor de *Cattleya* (Orchidaceae). **A.** Flor não polinizada. **B.** 48 h após a polinização. **C.** 2 semanas após a polinização. Imagens cedidas por Lia Chaer.

Entretanto, a aplicação combinada destes é mais efetiva do que quando feita isoladamente, sugerindo com isso a necessidade de uma integração hormonal no estabelecimento e crescimento do fruto. Conhece-se ainda relativamente pouco sobre os mecanismos hormonais envolvidos na frutificação.

A base genética da partenocarpia foi demonstrada tanto para frutos carnosos quanto para os secos, como os de *Arabidopsis thaliana*. Yao *et al.* (2001) observaram, em uma variedade de maçã (*Malus domestica*), que a partenocarpia era conferida por um único gene mutante recessivo, homólogo ao gene *pistillata* (*PI*) de *Arabidopsis thaliana*, pertencente ao grupo B do modelo ABC (ver Capítulo 18). Esses resultados indicam que, nas plantas de maçã normais (selvagens), o gene *MdPI* (dominante) atua como um regulador negativo da iniciação do fruto na ausência da polinização e fertilização. Esse efeito inibitório no desenvolvimento do fruto parece ser suprimido pela auxina liberada pelos grãos de pólen. De maneira similar, Goetz *et al.* (2006) observaram em plantas partenocárpicas de *Arabidopsis thaliana* que a formação de frutos partenocárpicos resultava da mutação de um gene responsável pela codificação de um dos fatores de transcrição da auxina (*auxin response factor* [ARF8] – ver Capítulo 9). Esses estudos mostram que os genes mutantes mencionados acarretam o desacoplamento entre o desenvolvimento do ovário e os eventos de polinização e fecundação.

Além de mutações relacionadas com as proteínas ARF (Goetz *et al.*, 2006), a formação de frutos sem sementes pode ser promovida pelo aumento da síntese de AIA e/ou giberelina, tanto que plantas de tabaco, berinjela e tomate (solanáceas) geneticamente modificadas pela introdução do gene *iaaM* (de bactéria), responsável pela síntese desse hormônio, passaram a produzir frutos partenocárpicos. Como se vê, trata-se de uma situação perfeitamente em linha com os tratamentos com auxina. Mutantes de tomate para o gene *SUN*, responsável por alterações no formato dos frutos, podem levar ao estabelecimento da partenocarpia, em virtude de uma possível alteração nos níveis de auxina.

Afinal, é a auxina, a giberelina ou ambas as responsáveis pela partenocarpia? Parece que ambas são importantes em espécies diferentes. Em algumas espécies, as auxinas são mais efetivas que as giberelinas, e vice-versa. Além disso, um desses fitormônios pode interferir na síntese do outro, conforme observado no tomate e na ervilha (Sastry e Muir,1963; Ozga *et al.*, 2003).

Fase II | Divisão celular, formação da semente e do embrião

O crescimento das plantas em geral é promovido, mais intensamente, pelo aumento de tamanho das células que pelo número destas. Excetuando-se as espécies partenocárpicas, as divisões celulares são bloqueadas durante ou após a abertura dos botões florais (antese), e retomadas após a polinização e a fertilização. Em ovário fecundado de tomate, as divisões celulares podem ocorrer durante cerca de 8 dias, um período relativamente breve se levado em conta que o tamanho máximo do fruto será alcançado cerca de 7 semanas depois.

Em análises histológicas de frutos de tomate em estágios bem iniciais da fase II (0,2 cm de tamanho), a atividade mitótica era mais intensa na parte externa do mesocarpo (Figuras 19.6 A e 19.6 D), diminuindo gradativamente (Figuras 19.6 C e 19.6 F), enquanto nas sementes em desenvolvimento a proliferação celular se concentrava mais no tegumento que nos embriões. Uma elevada frequência de células em divisão foi detectada ainda na columela e na placenta, das quais provavelmente se originam os respectivos tecidos vasculares (Figura 19.6 A).

Além da polinização *em si*, tem sido reiteradamente demonstrada a importância das sementes em desenvolvimento no controle da taxa de divisão e expansão celular nos frutos. O número de óvulos fertilizados exerce um papel importante na modulação da taxa de crescimento do fruto. Tanto assim que, se por alguma razão os óvulos de determinada região do fruto não se desenvolverem, esta apresentará deformação considerável. A disponibilização adequada de agentes polinizadores que garantam a fecundação de um maior número de óvulos resulta na produção de frutos com maior valor de mercado.

Como órgãos com crescimento determinado, o tamanho final dos frutos é influenciado pelos seguintes fatores:

1. Número de células do ovário com potencial para se dividir.
2. Número de divisões celulares após a fertilização dos óvulos.
3. Número de fertilizações bem-sucedidas (número de óvulos).
4. Magnitude da expansão celular.

Fase III | Expansão celular, crescimento do fruto e maturação do embrião

Por certo, o tamanho dos frutos afigura-se em um dos atributos mais valorizados pelo ser humano. Entre os órgãos com crescimento definido nas angiospermas, os frutos são os que apresentam os valores mais notórios de expansão celular. Em frutos de tomate, por exemplo, cerca de dois terços do crescimento é dado pelo aumento de tamanho de suas células, as quais, no mesocarpo e na placenta, elas podem experimentar incrementos da ordem de 20 vezes do tamanho inicial. No entanto, é nos frutos das cucurbitáceas (abóbora, melancia, melão etc.) que se encontram os valores mais formidáveis de expansão celular. Em melancia (*Citrullus vulgaris*), por exemplo, as células podem aumentar cerca de 350 mil vezes de tamanho, tornando-se, às vezes, visíveis a olho nu. Frutos maduros de abóbora com até 1.190 kg já foram produzidos.

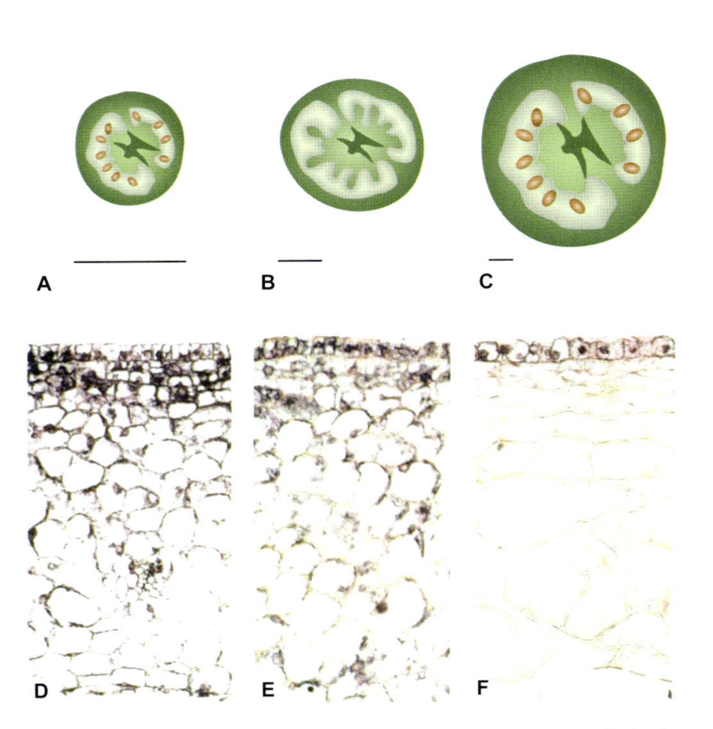

Figura 19.6 Esquema ilustrativo da atividade mitótica (densidade de pontos) em frutos bem jovens de tomate (**A** e **D**) e em estágios mais avançados da fase II (**B** e **E**). As figuras **C** e **F** representam a passagem da fase II para a fase III. Fonte: Gillaspy *et al.* (1993).

A expansão celular dos frutos é modulada, notadamente, por fatores genéticos e hormonais. Entre os primeiros, destaca-se a duplicação repetitiva (endorreduplicação) das cromátides (filamentos cromossômicos), com a consequente elevação do teor de DNA nuclear e o aumento do tamanho das células. Medidas dos teores de DNA em frutos de tomate mostraram que os núcleos podem alcançar valores tão elevados como 256 C (C representa o nível de DNA das células haploides). Vale destacar que a endorreduplicação acontece também nos embriões, especialmente nas células do suspensor, no endosperma e nos cotilédones. Simultaneamente ao aumento de tamanho, esse processo genético tem sido frequentemente relacionado com a elevação da atividade celular e a tolerância às variações ambientais, por exemplo.

As espécies domesticadas de plantas modernas compartilham entre si a produção de frutos maiores que os das respectivas espécies selvagens progenitoras. Isso resulta da atividade humana voltada ao melhoramento e à seleção. Os frutos de tomate são bons exemplos disso. Enquanto os selvagens são arredondados e pequenos (cerca de 1 cm), pesando alguns poucos gramas e constituídos por *dois carpelos* (bicarpelares) e *dois lóculos* ou *compartimentos* (biloculares), as variedades domesticadas são em geral achatadas, *multicarpelares* e *multiloculares*, podendo alcançar 15 cm de diâmetro e pesar até 1 kg (Figura 19.8 A). A questão que se coloca, pois, é saber quais tipos de genes contribuíram para mudanças tão eloquentes.

Segundo Tanksley (2004), o tamanho dos frutos de tomate selvagem é controlado pela ação cooperativa de pelo menos seis genes dominantes (herança quantitativa), de modo que mutações recessivas destes resultam em mudanças formidáveis de formato e tamanho, este último decorrente, particularmente, do aumento do número de lóculos. Portanto, nas espécies selvagens, o crescimento reduzido dos frutos é conferido por um controle negativo exercido pelos genes dominantes (bilocular e bicarpelar). Na Figura 19.7, são indicados os principais genes envolvidos no desenvolvimento desses frutos, como o gene *fw2.2*, um dos primeiros reconhecidos no controle do tamanho dos frutos e que atua no controle da divisão celular, ainda que não se saiba ao certo se de forma direta ou indireta. Nesses frutos, as divisões celulares alcançam o seu máximo no 40º dia após a polinização, decrescendo, gradativamente, até o 180º dia, quando então cessam.

A expansão celular, por sua vez, tem início por volta do 9º dia, interrompendo ao redor do 42º dia, ocasião em que o fruto adquire o tamanho máximo (Figura 19.7). Os genes *sun* e *ovate* são responsáveis pelo controle do alongamento do fruto, sendo o último o principal responsável pela transição do formato arredondado para o alongado (Figura 19.8 E), enquanto

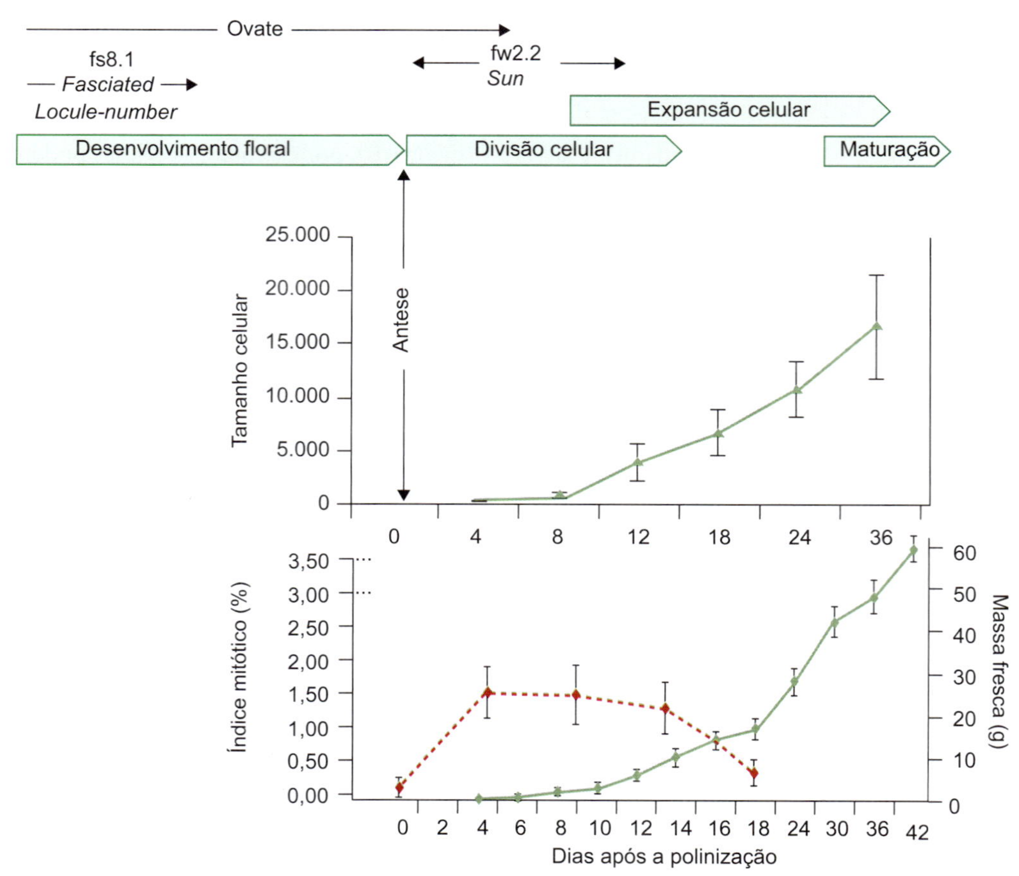

Figura 19.7 Relações entre as atividades de alguns genes envolvidos na determinação do tamanho e da forma de frutos de tomate, bem como no índice mitótico (- - - -), na expansão celular e no incremento de massa fresca durante 42 dias após a polinização. Fonte: Tanksley (2004).

os genes *fasciate* e *locule number* controlam o número de lóculos (aumento de tamanho) e o formato achatado (Figura 19.8 C). Na Figura 19.8, é mostrada a ampla variação de tamanho e forma dos frutos de tomate.

No que tange aos hormônios, pode-se dizer que não são ainda suficientemente claros os mecanismos de interação e controle que exercem na frutificação, de modo geral. Os níveis endógenos de auxina, giberelina e citocinina experimentam aumentos substanciais após a polinização (Figura 19.9), uma situação, aliás, já anteriormente assinalada também para os frutos partenocárpicos. Nos frutos com sementes, os maiores níveis de auxina são coincidentes com o período de desenvolvimento dos óvulos fertilizados, enquanto o de giberelina se dá no ovário polinizado e durante a fase de expansão. Conforme apontado anteriormente, as sínteses de ambos nos frutos suculentos e secos influenciam-se mutuamente. Em *Arabidopsis thaliana*, as evidências indicam que a auxina sintetizada nos óvulos fertilizados é transportada para o pericarpo, onde ativa a biossíntese de giberelina, a qual, por sua vez, dá início ao desenvolvimento do fruto propriamente dito (Zhao, 2010).

Como mostra a Figura 19.9, os valores desses três hormônios, assim como dos demais, variam conforme a fase de desenvolvimento, indicando a ocorrência de interações entre eles, imprescindíveis à sincronização das trocas de sinais entre a(s) semente(s) em desenvolvimento e os tecidos dos frutos que as envolvem. Como mostrado ainda na Figura 19.9, em um primeiro momento, os maiores níveis desses três hormônios coincidem com a fase de divisão celular. É bem conhecido o papel conjunto das citocininas e das auxinas (sinergismo) nesse importante evento celular. Cessadas as divisões, as células recém-formadas encontram-se aptas a sofrer expansão causada pelo afrouxamento das paredes celulares, um processo modulado pela auxina e pela giberelina (ver Capítulo 9). Durante a fase de expansão celular, ou mais propriamente dita, do crescimento do fruto, uma quantidade expressiva de substâncias orgânicas é acumulada, muitas das quais desdobradas, enzimaticamente, durante o estágio de amadurecimento, conforme acontece, por exemplo, com o amido e os ácidos orgânicos.

É interessante assinalar que, enquanto os níveis de auxina, giberelina e citocinina aumentam no estágio de *fruit set*, os de ácido abscísico (ABA) são praticamente ausentes, já que inibitórios da divisão celular (Figura 19.9). Consistentemente com isso, verificou-se que tal fenômeno coincidia, por um lado, com a redução da atividade de genes envolvidos na síntese desse hormônio e, por outro, com a elevação da atividade de genes relacionados com a sua degradação. No entanto, a síntese de ABA aumenta à medida que o embrião se desenvolve, inibindo com isso a germinação precoce das sementes. Como se sabe, o ABA pode retardar ou inibir eventos celulares e bioquímicos, como divisão celular, síntese proteica, taxa respiratória, metabolismo de açúcares etc. Tanto assim que sementes de plantas mutantes defectivas para a produção de ABA podem germinar ainda no

Figura 19.8 Imagens ilustrativas da ampla variação de tamanho e forma em frutos de tomate causada por mutações. **A.** Fruto pequeno de *Lycopersicon pimpenellifolium*, uma espécie selvagem (à esquerda), e fruto gigante obtido por melhoramento genético (à direita). **B.** Diferentes formas, tamanho e cor. **C.** Corte transversal de um fruto multilocular mutante para o gene *fasciated*. **D.** Conjunto de minifrutos isolados (apocárpicos) originados de carpelos não fundidos. **E.** Fenótipo alongado causado pelos genes mutantes *sun* e *ovate*. **F.** Fruto de forma quadrangular com aparência de pimentão. **G.** Fenótipos causados por mutação do gene *ovate*. A forma quadrangular do fruto da direita seria decorrente da presença do gene *fs8.1*. Fonte: Tanksley (2004).

interior do fruto – *viviparidade* –, conforme mostrado em frutos de tomate (ver Capítulo 12).

Maturação

Uma vez cessados o crescimento do fruto e o amadurecimento das sementes (frutificação), tem início a *maturação*. Trata-se de um processo de desenvolvimento complexo e altamente coordenado, tangido por mudanças fisiológicas, genéticas, bioquímicas e estruturais dramáticas, as quais, nos frutos suculentos, são manifestadas pelas seguintes mudanças:

1. Coloração, promovida pela síntese de carotenoides (amarela e vermelha) e/ou flavonoides (avermelhada), simultaneamente com a degradação da clorofila.
2. Textura (amolecimento), provocada por alterações nos componentes da parede celular.
3. Sabor, decorrente de mudanças profundas nos tipos de açúcares, ácidos orgânicos e substâncias tânicas.
4. Aroma, em virtude da produção de substâncias voláteis.

Nos frutos secos, por sua vez, o processo de maturação é bem distinto daquele dos suculentos, consistindo, basicamente, na lignificação das paredes celulares e na desidratação das células. Dependendo da forma com que os frutos carnosos amadurecem, classificam-se em duas categorias: *climatéricos* e *não climatéricos* (do grego *klimakterikós*, que significa período de transformações profundas da vida). Na Tabela 19.1, são apresentados alguns exemplos desses tipos de fruto, podendo-se notar que ambos ocorrem em diferentes gêneros e espécies de dicotiledôneas e monocotiledôneas, sugerindo, com isso, uma origem evolutiva independente em diferentes momentos da evolução.

Nos frutos climatéricos, o amadurecimento é protagonizado, essencialmente, por incrementos substanciais e passageiros (picos) na *síntese de etileno* e na taxa respiratória (Figura 19.10). Daí se chamar esse fitormônio, genericamente, de "hormônio do amadurecimento" ou da "senescência". Na Figura 19.11, é mostrado o efeito do etileno na maturação parcial de um fruto de tomate; a metade não amadurecida foi causada por tratamento com íons de prata, uma substância antietilênica.

Os frutos não climatéricos, diferentemente, caracterizam-se por baixas concentrações, tanto de etileno (Figuras 19.12 A a C) quanto das taxas respiratórias. A despeito de ambos os tipos de frutos compartilharem os mesmos eventos de maturação (mudanças de cor, textura, sabor e aroma), os mecanismos

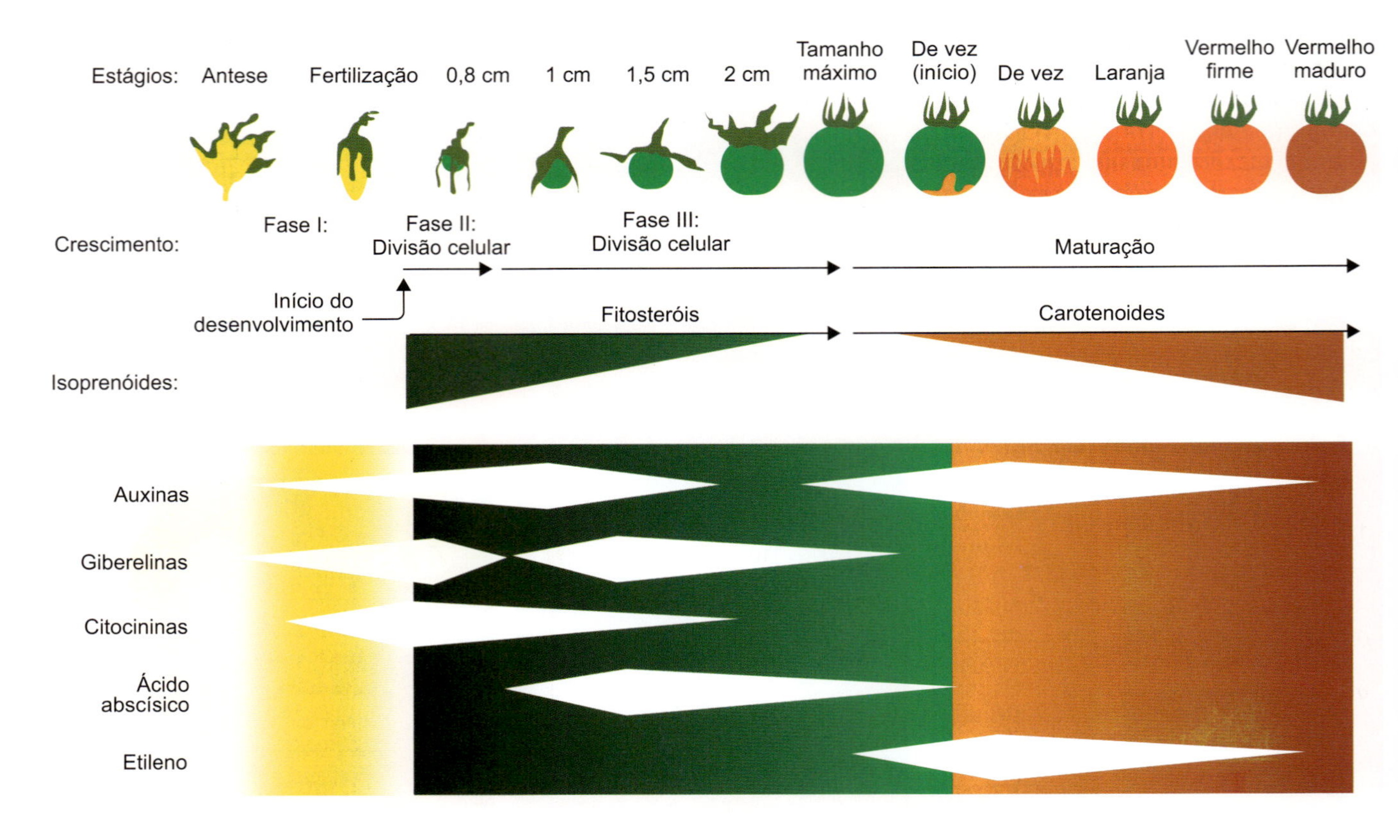

Figura 19.9 Variações nos níveis endógenos de auxinas, giberelinas, citocininas, ácido abscísico e etileno (losangos brancos) durante o desenvolvimento de frutos de tomate. As cores amarela, verde e vermelha indicam os estágios de pré-fertilização, crescimento e amadurecimento, respectivamente. Adaptada de Gillaspy *et al.* (1993).

Tabela 19.1 Exemplos de frutos climatéricos e não climatéricos comumente utilizados na alimentação humana.

Nome científico	Nome(s) comum(ns)	Família	Tipo
Actinia deliciosa	Quiuí, quivi (*kiwi, kiwi fruit*)	Actiniácea	CL
Anacardium occidentale	Caju (*cashew*)	Anacardiácea	NC
Ananas comosus	Abacaxi (*pineapple*)	Bromeliácea	NC
Annona squamosa	Fruta-do-conde, pinha, ata (*sugar-apple*)	Anonácea	CL
Artocarpus heterophyllus	Jaca (*jack fruit*)	Morácea	CL
Averrhoa carambola	Carambola (*carambola*)	Oxalidácea	NC
Carica papaya	Mamão (*papaya*)	Caricácea	CL
Citrus aurantifolia	Lima, lima-da-ásia, limão-galego (*lime*)	Rutácea	NC
Citrus sinensis	Laranja (*orange*)	Rutácea	NC
Diospyros kaki	Caqui (*oriental persimmon*)	Ebenácea	CL
Eugenia uniflora	Pitanga (*surinam cherry*)	Mirtácea	NC
Ficus carica	Figo (*fig*)	Morácea	CL
Fragaria (híbrido)	Moranguinho (*strawberry*)	Rosácea	NC
Litchi chinensis	Lichia (*lychee*)	Sapindácea	NC
Malus domestica	Maçã (*apple*)	Rosácea	CL
Mangifera indica	Manga (*mango*)	Anacardiácea	CL
Musa sp.	Banana (*banana*)	Musácea	CL
Passiflora edulis f. flavicarpa	Maracujá-amarelo (*yellow passion fruit*)	Passiflorácea	CL
Persea americana	Abacate (*avocado*)	Laurácea	CL
Prunus persica	Pêssego (*peach*)	Rosácea	CL
Prunus domestica	Ameixa (*plum*)	Rosácea	CL
Prunus sp.	Cereja (*cherry*)	Rosácea	NC
Psidium guajava	Goiaba (*guava*)	Mirtácea	CL
Pyrus communis	Pera (*pear*)	Rosácea	CL
Solanum lycopersicum	Tomate (*tomato*)	Solanácea	CL
Vitis vinifera	Uva (*grape*)	Vitácea	NC

CL: climatérico; NC: não climatérico.

controladores do amadurecimento dos frutos não climatéricos são bem menos conhecidos. À vista da diminuição das concentrações de ABA durante a maturação desses frutos, esse fitormônio tem sido considerado responsável pelo amadurecimento deles (Figura 19.13). No entanto, um estudo comparativo entre frutos climatérico (tomate) e não climatérico (pepino) mostrou que os teores de ABA em ambos eram elevados e que, igualmente, decresciam à medida que amadureciam, não obstante o nível de etileno aumentar nos de tomate (Lang *et al.*, 2014). Apesar da presença e do envolvimento presumível do ABA na maturação dos frutos climatéricos (tomate) e não climatéricos, vale destacar que frutos de tomate mutantes defectivos para a síntese de ABA amadurecem normalmente. Contudo, para embaçar um pouco mais a compreensão da maturação dos frutos não climatéricos, tem sido observado que muitos deles parecem apresentar certa dependência do etileno para amadurecerem. Diante desse cenário hormonal, as evidências disponíveis são ainda insuficientes para um entendimento mais consistente da maturação de frutos não climatéricos.

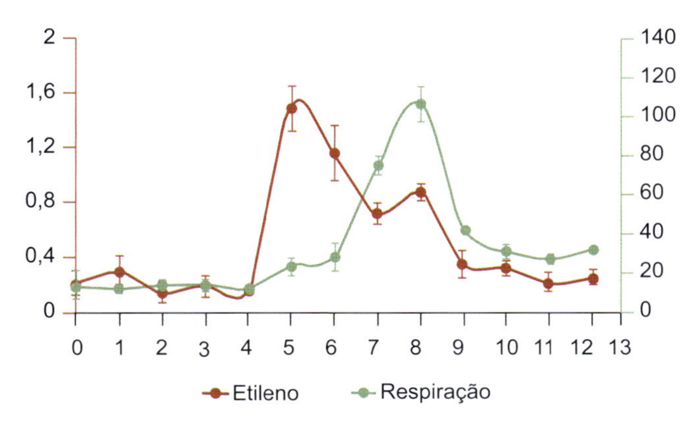

Figura 19.10 Pulsos da síntese de etileno e da taxa respiratória em frutos de banana durante 12 dias após a coleta. Imagem gentilmente cedida pelo Dr. Eduardo Purgatto (Faculdade de Ciências Farmacêuticas da USP).

Figura 19.11 Ação localizada do etileno no amadurecimento de um fruto de tomate. A metade ainda verde foi tratada com tiossulfato de prata – $Ag(S_2O_3)_2$ –, que impede as células de responderem ao hormônio.

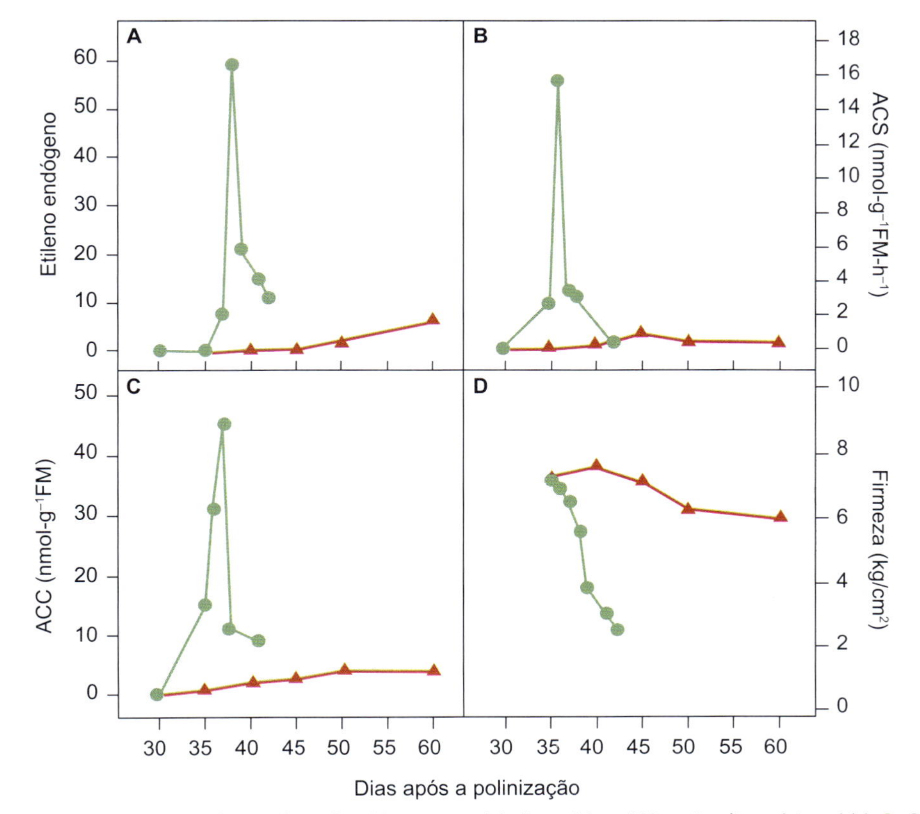

Figura 19.12 Parâmetros comparativos entre frutos de melão (*Cucumis melo*) climatéricos (●) e não climatéricos (▲): **A.** Concentração endógena de etileno ($\mu\ell^{-1}$). **B.** Atividade da enzima sintase do ACC (ACS). **C.** Concentração de ACC. **D.** Grau de firmeza. Fonte: Périn *et al.* (2002).

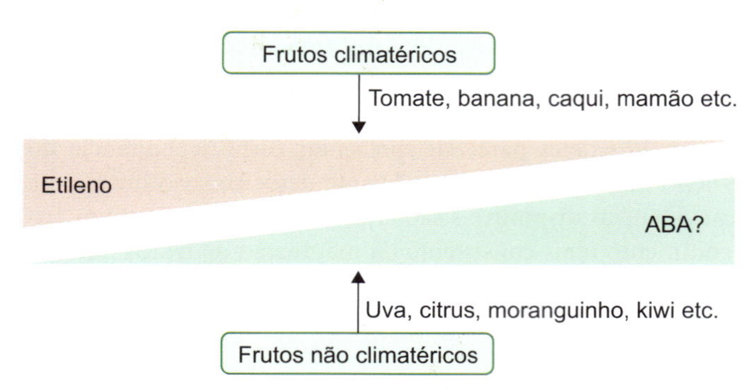

Figura 19.13 Esquema representativo dos teores de etileno e ABA no amadurecimento de frutos climatéricos e não climatéricos, respectivamente.

Nos frutos climatéricos, a percepção do etileno por receptores específicos (ver Capítulo 13) representa uma condição essencial para a maturação. Certamente, a natureza gasosa desse hormônio permite que a maturação dos frutos climatéricos se dê de forma rápida e integrada. Quanto ao pico respiratório (ver Figura 19.10), ele exerce um papel importante na liberação da energia, imprescindível à realização dos muitos e variados eventos que ocorrem, como a quebra de substâncias acumuladas no fruto verde (amido, ácidos orgânicos, clorofila, compostos fenólicos etc.) e a biossíntese de novas substâncias (pigmentos, aroma, açúcares, lipídios etc.). A despeito da importância eloquente do etileno na maturação dos frutos climatéricos, há indícios do envolvimento de outros hormônios, como o ácido abscísico, o ácido indolil acético, as giberelinas e as citocininas.

A ação modulatória do etileno na coordenação do amadurecimento envolve a participação de dois sistemas distintos, mas integrados, denominados *sistema 1* e *sistema 2*. Enquanto o primeiro é protagonizado por *baixos* teores de etileno e atua nos frutos ainda verdes, o segundo, contrariamente, é marcado por níveis elevados desse hormônio e atua nos frutos em maturação (Figura 19.14).

Regulação gênica da síntese de etileno e transição para a maturação

Conforme mostrado na Figura 13.3 (ver Capítulo 13), a síntese de etileno tem como precursor bioquímico o aminoácido metionina, do qual é formada a S-adenosilmetionina (SAM), que sob a ação da enzima sintase do ACC (ACS), é transformada no ácido 1-aminociclopropano carboxílico (ACC), o qual é transformado em etileno pela ação da enzima oxidase do ACC (ACO). Nos frutos de tomate, esse processo é controlado por quatro genes, pelo menos três dos quais relacionados com a síntese de ACC (*LeACS*) e um com a oxidação deste (*LeACO*; Figura 19.14).

Nos frutos climatéricos, o efeito do etileno varia substancialmente com o estágio de desenvolvimento. A efetiva responsividade a ele ocorre após os frutos terem alcançado o tamanho máximo (*mature green*). Antes desse estágio, atua o sistema 1, cujo nível *reduzido* de etileno é mantido por retroalimentação negativa, em que a presença desse hormônio inibe a própria síntese, processo liderado pelos genes *LeACS1A* e *LeACS6*. É interessante assinalar que, embora a aplicação de etileno em frutos imaturos (sistema 1) de tomate e banana não estimule o amadurecimento, a maturidade fisiológica destes, no entanto, é acelerada, reduzindo assim o tempo para a maturação. Isso leva a entender, por exemplo, por que cachos dessas duas frutas, quando expostos aos gases etileno, acetileno ou propileno, apesar das diferenças de desenvolvimento entre os frutos, amadurecem simultaneamente. Essa técnica é muito utilizada na pós-coleta de frutos climatéricos; possivelmente, a banana ou o caqui comprados no mercado tenham sido assim tratados.

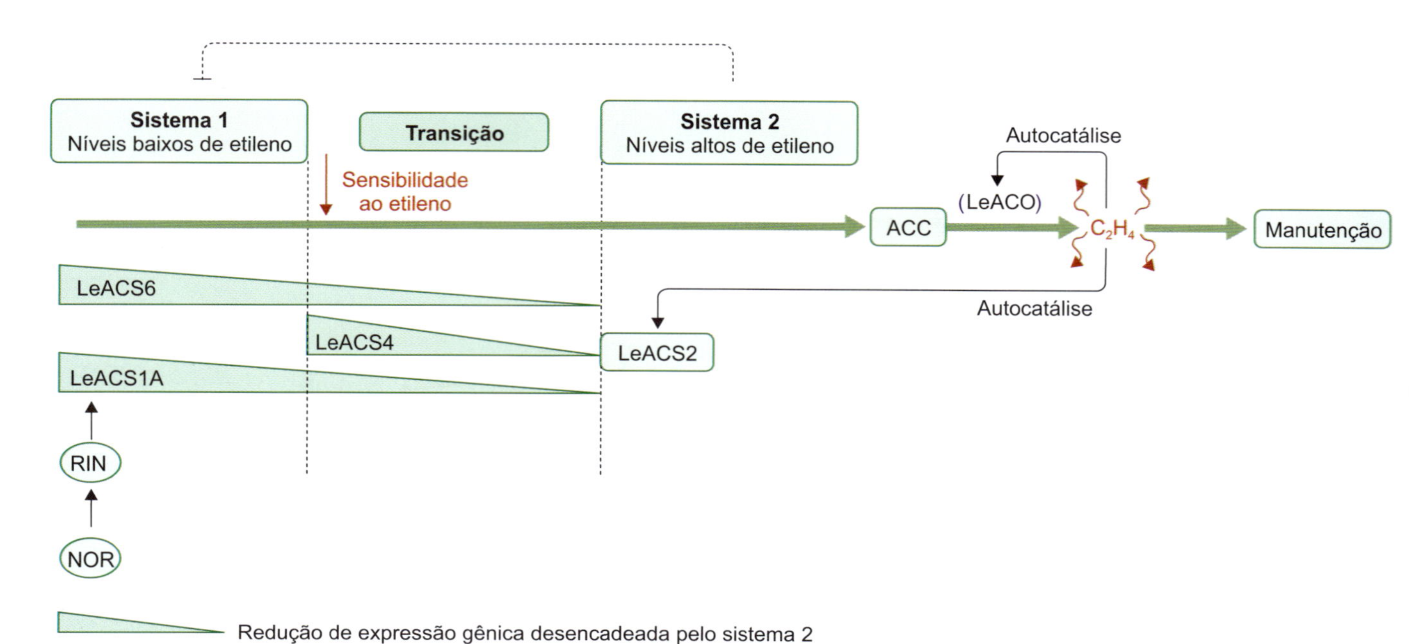

Figura 19.14 Modelo de síntese de etileno por retroalimentação negativa e positiva na transição de frutos de tomate verdes (sistema 1) para maduros (sistema 2), levando-se em conta a participação de genes *LeACS* envolvidos na codificação da enzima sintase do ACC (ACS) e genes *LeACO* responsáveis pela codificação da enzima oxidase do ACC (ACO).

O início da transição para o amadurecimento tem a participação do gene *LeACS4* (ver Figura 19.14). Há, atualmente, indícios de que o gene *NOR* (*NON-RIPENING*) se configure no principal responsável pelo início da síntese de etileno, tanto assim que frutos de tomate portadores da mutação *nor* ou *rin* (*ripening inhibitor*) simplesmente não amadurecem (Figura 19.15). De maneira oposta, os níveis elevados de etileno do *sistema 2* envolvem os genes *LeACS2* e *LeACO*, cujas atividades codificantes são mantidas por intermédio da *retroalimentação positiva* (ver Figura 19.13). Na Figura 19.13, observa-se que os teores elevados de etileno do sistema 2 exercem um efeito inibitório sobre o sistema 1, reduzindo as atividades de *LeACS1A* e *LeACS6* (*retroalimentação negativa*). Esses resultados mostram que a produção de etileno que acompanha a maturação de tomate coincide com uma mudança substancial na regulação de sua própria síntese, passando de um processo autoinibitório (sistema 1) para outro autoestimulatório (sistema 2).

Uma vez iniciada a produção de etileno nos frutos climatéricos, é desencadeada uma colossal cascata gênica e de eventos fisiológicos indispensáveis às mudanças drásticas de coloração, amaciamento, sabor e aroma.

Além da necessidade de teores mais elevados de etileno para a maturação de frutos climatéricos, esse evento fisiológico depende de mudanças importantes na capacidade de *percepção* (sensibilidade) desse hormônio, facultada pela presença de *receptores*. Na ausência do etileno, os receptores suprimem a resposta, fazendo com que os frutos se tornem insensíveis (não responsivos), enquanto na sua presença a supressão é removida pela ligação entre ambos. *Never ripe* (*Nr*) foi um dos primeiros mutantes conhecidos para receptor de etileno (ETR) na maturação de frutos de tomate, conferindo, nesse caso, insensibilidade à maturação. O mutante *Nr* não amadurece, mesmo que exposto ao etileno, apresentando um fenótipo semelhante ao dos frutos *rin*, mostrados na Figura 19.15. São conhecidos sete genes para receptores de etileno em tomate, sendo a expressão de três deles (*LeETR3*, *LeETR4*, *LeETR6*) aumentada, significantemente, tão logo tem início a maturação.

Figura 19.15 Frutos verdes e maduros do tomate MicroTom – uma variedade anã – produzidos por uma planta normal (abaixo) e pelo mutante *rin* (acima). Note que o fruto mutante não apresenta nenhum dos atributos de maturação esperados para essa espécie. Imagens cedidas pelo Dr. Lázaro Eustáquio P. Peres (Escola Superior de Agricultura "Luiz de Queiroz" – USP).

Mudança de cor

A mudança na coloração da casca (epicarpo ou pele) e da polpa dos frutos carnosos configura-se no sintoma visual mais notório da maturação. Para os animais frugívoros, ela sinaliza que o fruto se tornou comestível, passando a atuar na dispersão das sementes. Do ponto de vista comercial, a mudança de cor indica a época mais propícia à coleta, a qual se refletirá na qualidade e na duração do fruto na prateleira.

A coloração avermelhada ou amarelada dos frutos carnosos maduros resulta de dois eventos distintos e geralmente opostos, conduzidos por cadeias gênicas específicas: quebra da clorofila acompanhada da síntese e da acumulação de pigmentos como *antocianinas* e *carotenoides*.

Degradação da clorofila

Na Figura 19.16, é apresentado, de forma simplificada, um esquema da degradação da clorofila. Ela vale para quaisquer órgãos clorofilados. O processo inicia-se pela remoção da longa cauda fitol ($C_{20}H_{39}$) pela enzima *clorofilase*, originando a *clorofilida*. Esta, com a remoção do átomo de magnésio, origina a *feoforbida* (ainda verde). No terceiro passo, a enzima *feoforbida-oxigenase* rompe o anel porfirínico, gerando catabólitos incolores. Alguns desses catabólitos são fluorescentes (FCC), outros não (NCC).

Antocianinas

São *flavonoides* coloridos, ou seja, uma classe de metabólitos secundários bastante comum nos vegetais. As antocianinas são pigmentos *hidrossolúveis* que se acumulam nos *vacúolos* das células de frutos maduros, como açaí, acerola, amora, berinjela, jabuticaba, morango, maçã, mirtilo, pêssego, pitanga, uva etc., conferindo-lhes coloração vermelha, alaranjada, púrpura, roxa e azul. O grau de metilação (CH_3) e hidroxilação (OH) desses pigmentos influencia a sua coloração. Incrementos no número de grupos hidroxila tornam a coloração azulada, enquanto o de grupos metila aumenta a intensidade do vermelho. Além da atração de animais frugívoros, as antocianinas desempenham uma importante função antioxidante, contribuindo para a redução de radicais livres. Quanto mais escuros forem esses frutos, maior será a atividade antioxidante.

São conhecidos doze tipos de antocianinas, cujas denominações costumam derivar do nome da planta de onde foram isoladas, como cianidina, pelargonidina, petunidina, delfinidina e malvinidina (Figura 19.17). A maior concentração de antocianina nos frutos é encontrada no pericarpo ("pele"), seguido pela polpa. A cianidina é a forma mais comumente encontrada nos frutos, estando presente em mais de 82% destes, embora no morango 92% dos pigmentos totais sejam representados pela pelargonidina. A coloração "preta" da casca de certos frutos resulta, em geral, da existência de teores elevados de antocianina ou de sua ocorrência simultânea com clorofila.

A biossíntese das antocianinas é bem conhecida. Na Figura 19.18, é mostrada, resumidamente, a sua via biossintética, incluindo os genes e as respectivas enzimas por eles codificadas. Vários fatores externos – como luz (notadamente a ultravioleta), baixas temperaturas, deficiência de nitrogênio e

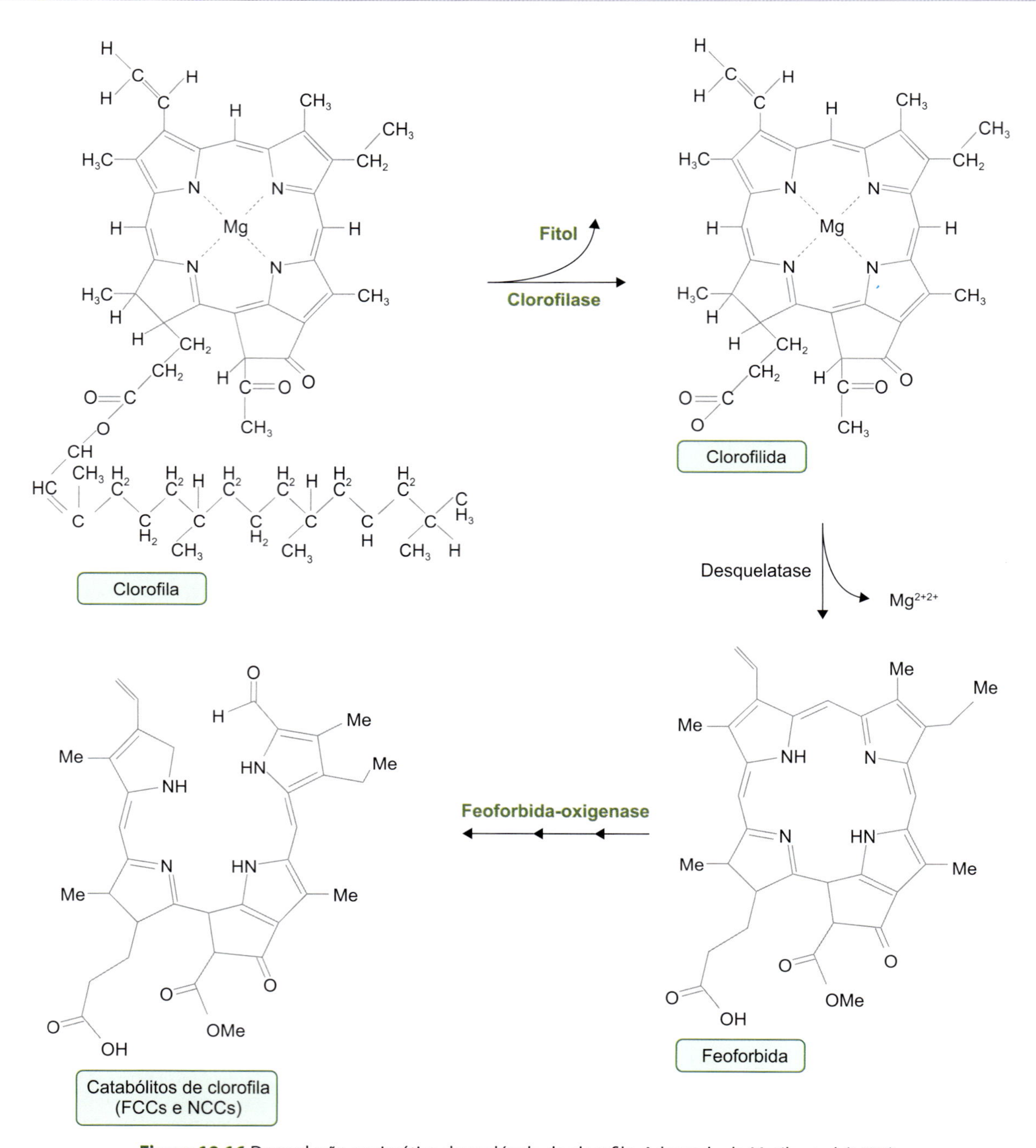

Figura 19.16 Degradação enzimática da molécula de clorofila. Adaptada de Matile *et al.* (1996).

déficit hídrico – e internos – como etileno, teor de sacarose etc. – interferem na síntese das antocianinas, sugerindo que a expressão dos genes responsáveis seja coordenada por várias proteínas reguladoras da transcrição do DNA em RNA, os chamados *fatores de transcrição*, estes codificados por genes específicos. Estudos têm demonstrado que os genes *Myb* podem ser ativados por fatores tão distintos como luz, etileno e sacarose. Não à toa, a diminuição da expressão de *Myb* leva, em geral, a uma redução na presença de antocianinas. As centenas de genes *Myb* codificantes para fatores de transcrição seriam, em princípio, fortes candidatos a reguladores dos genes envolvidos diretamente na síntese de antocianinas, apontados na Figura 19.18.

Carotenoides

Contrariamente às antocianinas, os carotenoides são pigmentos *lipossolúveis* com coloração que varia do amarelo ao vermelho, comumente contidos em *cromoplastos* de frutos maduros como tomate, goiaba, melancia, mamão e pimentão. Nesses frutos, os cromoplastos se originam da conversão controlada de cloroplastos – degradação da clorofila (ver Figura 19.16), membranas tilacoides, perda da capacidade fotossintética etc. – e da síntese e acumulação de *licopeno*. Com exceção do licopeno, os frutos verdes e maduros de tomate têm os mesmos carotenoides presentes nas folhas, ou seja, betacaroteno, luteína e violaxantina. Tal qual nas folhas (ver Capítulo 5), nos frutos ainda verdes, esses carotenoides podem atuar tanto na

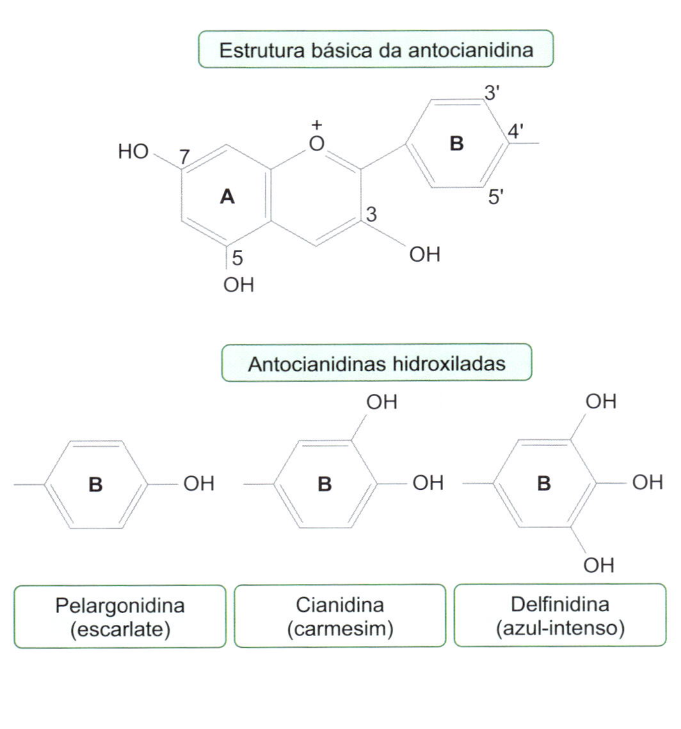

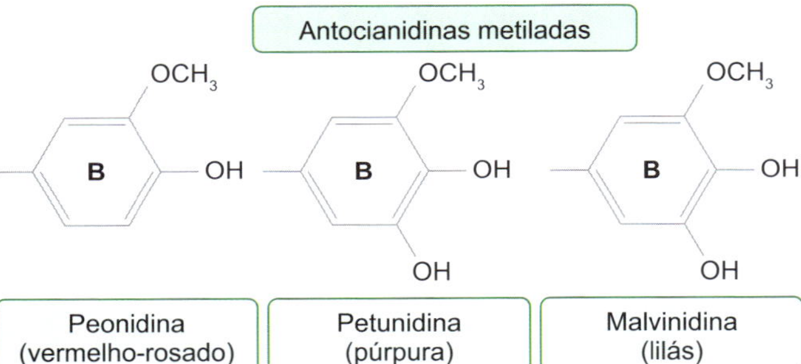

Figura 19.17 Estrutura básica de uma antocianina (A) e do anel B da molécula com diferentes graus de metilação (CH_3) e hidroxilação (OH). A maior presença de hidroxilas confere uma coloração de tons azulados (pH alcalino), enquanto a de grupos metila, de tons avermelhados (pH ácido).

absorção da luz azul (pigmentos acessórios) quanto na fotoproteção do aparato fotossintético, dissipando o excesso de energia gerado pela clorofila na forma de calor. Além disso, os carotenoides atuam como moléculas precursoras da síntese de giberelinas e ácido abscísico (ver Capítulos 5, 11 e 12). Nas dietas animal e humana, o betacaroteno atua como precursor da vitamina A, cuja deficiência pode levar a xeroftalmia, cegueira e até mesmo morte prematura. A síntese de *licopeno* durante a maturação de tomate pode resultar em aumentos da ordem de 500 vezes, contra apenas 5 a 10% de betacaroteno.

A biossíntese de licopeno em frutos de tomate inicia-se pelo aumento da expressão de genes nucleares como o *Psy1*, codificante da enzima fitoeno sintase (PSYS1), que catalisa a produção de fitoeno, o precursor da biossíntese de licopeno (Figura 19.19). A atividade desse gene é fortemente controlada pelo etileno, indicando com isso uma relação estreita entre esse hormônio e a diferenciação dos cromoplastos durante a maturação. Contudo, convém registrar que o etileno reprime o gene *Lcy* codificante da enzima licopeno betaciclase, que atua na conversão do licopeno em betacaroteno (Figura

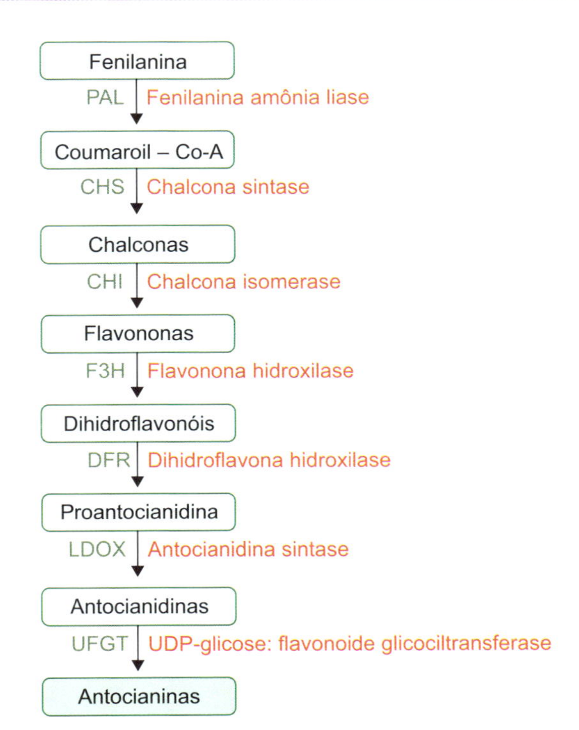

Figura 19.18 Via biossintética de antocianina em frutos, flores e folhas, indicando os genes envolvidos diretamente (em verde) e as respectivas enzimas (em vermelho).

19.19), exercendo, dessa forma, um efeito oposto ao da síntese de licopeno. No mutante *rin*, a cor amarelada do fruto resulta da presença de carotenoides, com exceção do licopeno (ver Figura 19.15), o que também pode ser observado na Figura 19.11, em uma faixa entre a parte verde e a madura do fruto.

Amolecimento dos frutos

Quando os frutos carnosos alcançam o estágio "de vez", é desencadeado junto aos demais eventos de maturação o processo de amolecimento. De um ponto de vista prático, o amaciamento representa não apenas o estágio favorável ao consumo por animais frugívoros, mas também um importante parâmetro de valor na cadeia comercial, podendo influenciar, por exemplo, a frequência de coletas, a duração dos frutos nos pontos de vendas, a deterioração por microrganismos, a logística de transporte e armazenamento etc.

O amolecimento dos frutos resulta, em última análise, da digestão enzimática dos principais componentes das paredes celulares como pectina, celulose e hemicelulose, fazendo com que estas se tornem menos rígidas, mais hidratadas e intumescidas. Estruturalmente, as microfibrilas de celulose e as hemiceluloses encontram-se mergulhadas em uma matriz de pectina (ver Capítulo 8), que faz parte também da *lamela média* (30 nanômetros de espessura) na forma de pectato de cálcio, a qual atua como uma espécie de cimento entre as células vegetais, mantendo-as juntas.

São várias as enzimas que participam da hidrólise da parede celular, cada uma delas codificada por genes específicos. Assim, por exemplo, a hidrólise das pectinas (do grego *pektos* = gelificar) é conduzida por *pectinases* (betapoligalacturonases – PG) e *esterases* da metilpectina (PME); a da celulose pelas

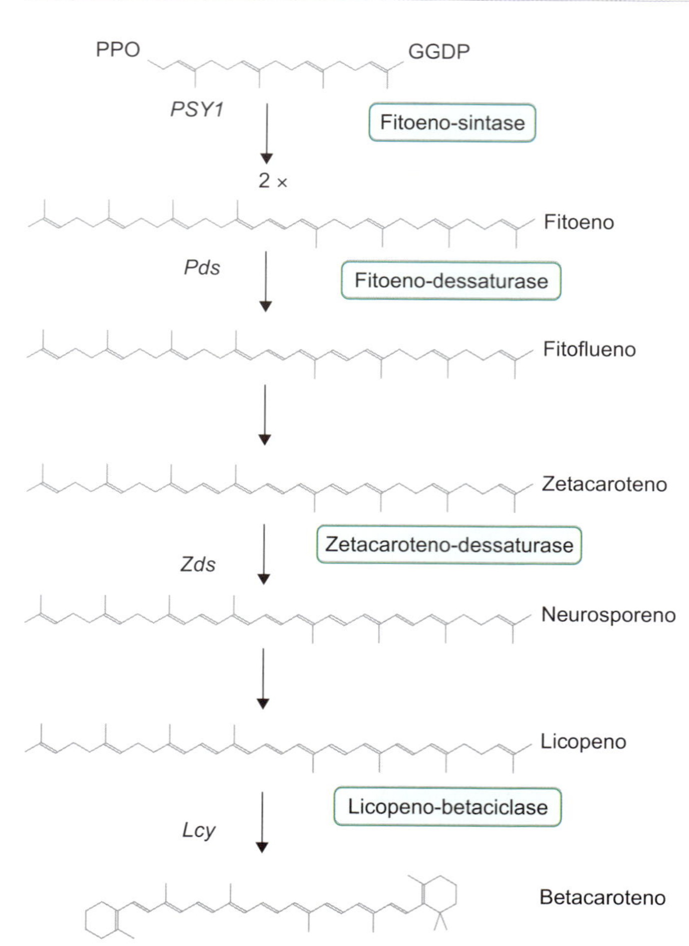

Figura 19.19 Principais passos da biossíntese de carotenoides, incluindo enzimas e os respectivos genes codificantes, a partir da condensação de duas moléculas de geranilgeranil difosfato (GGDP), com 20 carbonos cada uma, pela enzima fitoeno sintase codificada pelo gene *Psy1*, e as reações de dessaturação relacionadas com a formação de licopeno e demais carotenoides cíclicos. Adaptada de Bramley (2002).

celulases (beta-1 a 4 glucanases); e a das hemiceluloses, como os xiloglucanos, por enzimas como as xiloglucano transglicosilase hidrolases (XTH), betagalactosidase e betaglicosidade. As expansinas atuam na quebra das ligações entre as microfibrilas de hemiceluloses e de celulose. Estudos têm mostrado em frutos de tomate que a ausência de expressão de genes codificantes para as enzimas poligalacturonase, betagalactosidase e expansinas leva a uma redução no amolecimento; não à toa, frutos climatéricos de tomate deficientes para síntese de etileno, como os mutantes *rin*, não perdem a consistência física (ver Figura 19.15). De modo oposto, é comum frutas climatéricas muito maduras perderem o sabor (popularmente chamadas de "frutas passadas"), cuja causa consiste na perda da ligação física entre as células causada pela digestão das pectinas da lamela média, fazendo com que, quando mastigadas, elas deslizem entre si, dificultando o rompimento e a liberação dos conteúdos adocicados.

Por certo, o amolecimento dos frutos depende do grau de atividade dessas enzimas, conforme se observa, por exemplo, em frutos de abacate, em que a atividade da celulase se mostrou 160 e 770 vezes superior às de pêssego e tomate, respectivamente. Em termos fisiológicos, a perda de firmeza pelos frutos representa um notável parâmetro de distinção entre frutos climatéricos e não climatéricos. Enquanto nos primeiros a produção de etileno leva a uma rápida e intensa diminuição da firmeza, nos últimos a baixa concentração ou mesmo a ausência desse hormônio resulta em um processo de amolecimento mais sutil e lento (ver Figura 19.12 D). Estudos comparativos com frutos de ameixa (*Prunus salicina*) climatéricos e não climatéricos (mutante natural) mostraram que, apesar de esses últimos não produzirem etileno, apresentavam uma diminuição da firmeza quando tratados com tal hormônio, ainda que esta fosse mais lenta que nos primeiros (Minas *et al.*, 2015). Segundo esses autores, a baixa efetividade do etileno no amaciamento/maturação dos frutos não climatéricos poderia ser consequência da baixa sensibilidade (disponibilidade de receptores) a esse hormônio.

Sabor-aroma

Sabor e aroma são atributos importantes dos frutos. À medida que a maturação progride, aumentam os teores de açúcares solúveis e substâncias aromáticas, e diminuem os daqueles causadores da acidez (ácidos orgânicos), sabores amargos (alfatomatina), substâncias adstringentes (taninos) etc., contribuindo, ao final, para o incremento da palatibilidade. As substâncias responsáveis por sabores e sensações desagradáveis ao paladar presentes nos frutos imaturos tanto desestimulam o interesse de animais frugívoros quanto os protegem do ataque de microrganismos. A quase ausência destas últimas substâncias nos frutos maduros está relacionada com o aumento da suscetibilidade às bactérias e fungos.

Embora os açúcares e os ácidos orgânicos (cítrico, málico etc.) sejam absolutamente essenciais à sensação de sabor, são as substâncias voláteis, no entanto, que determinam o sabor único de cada fruta. Apesar disso, paradoxalmente, são também as menos estudadas no processo de maturação.

Em tomate, foram identificadas mais de quatro centenas de substâncias voláteis diferentes, entre as quais 20 a 30 destacavam-se pela maior presença e capacidade de influenciar positivamente o sistema olfatório. Em frutos de maçã, foram encontradas mais de 300 substâncias voláteis. Essas substâncias constituem um grupo diverso de compostos derivado de moléculas tão distintas como aminoácidos, lipídios e carotenoides. Na Figura 19.20, é apresentado um esquema da biossíntese a partir de lipídios, envolvendo a produção de hexenal e hexanol (voláteis). Em frutos de tomate, conhecem-se cinco genes envolvidos nessa via (*Tomlox A* a *Tomlox E*), codificantes para a enzima lipo-oxigenase. Plantas de tomate transgênicas com baixa expressão do gene *Tomlox C* apresentam baixos teores de hexanal, hexenal e hexenol (Chen *et al.*, 2004).

Sabe-se que a síntese da maioria dos compostos voláteis produzidos pelo tomate aumenta até o final da maturação, sendo mediada por sinais de desenvolvimento e por etileno (Griffths *et al.* 1999), sugerindo com isso tratar-se de um processo altamente regulado e dependente da participação temporal de genes codificadores para as diferentes enzimas responsáveis.

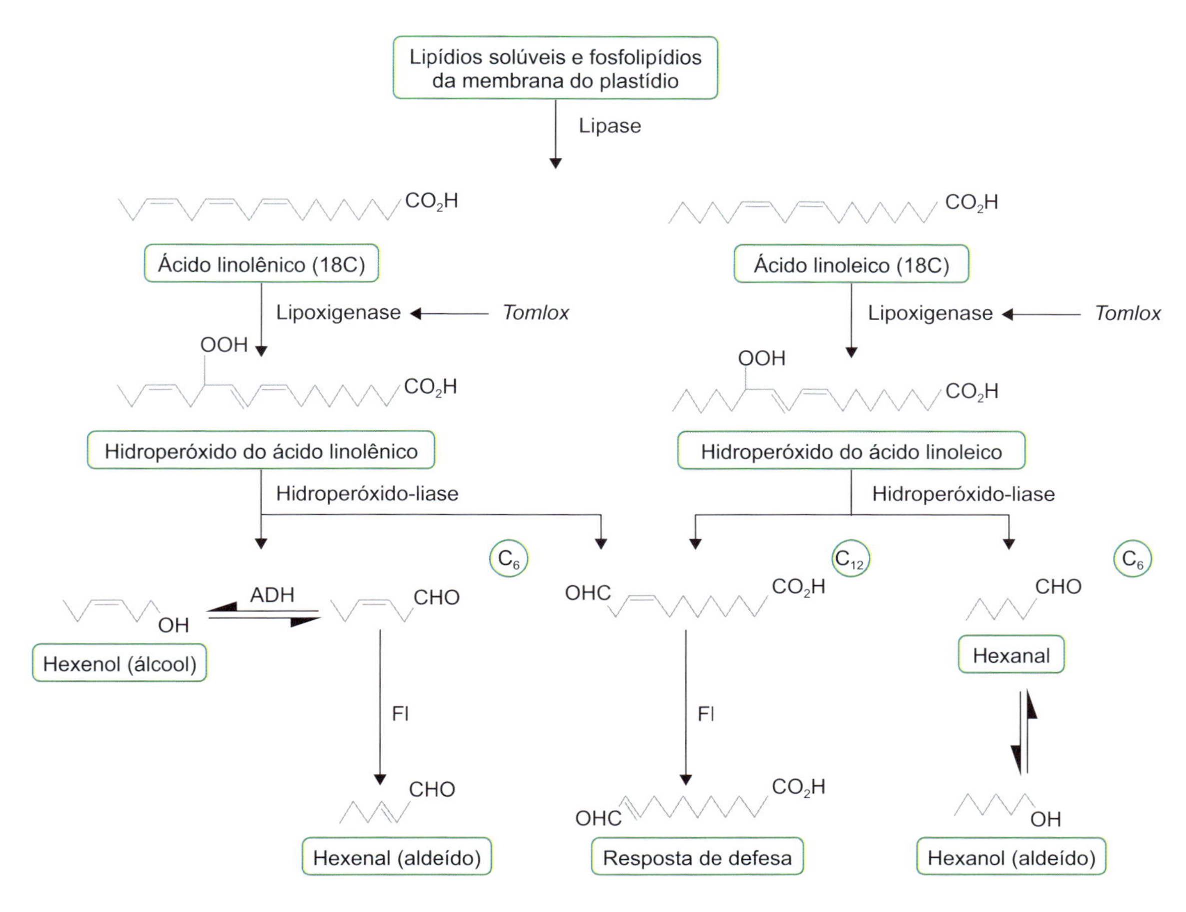

Figura 19.20 Via biossintética simplificada de substâncias voláteis que conferem aroma. FI: fator de isomerização; *Tomlox*: genes codificantes para lipo-oxigenases. Adaptada de Hatanaka (1993).

Açúcares

Os frutos acumulam amido (um polímero de glicose insolúvel) até a fase final de crescimento, em quantidades que variam de espécie para espécie. Cerca de 20 a 25% do peso fresco da polpa da banana-verde é dado pelo amido, e apenas 1 a 2% por açúcares solúveis, dos quais apenas 0,2% é representado pela sacarose. Na maturação, tem início a conversão enzimática do amido em açúcares solúveis, como glicose, frutose e sacarose. Além do adoçamento em si, os açúcares solúveis liberados são utilizados na respiração, contribuindo também para o amolecimento e a composição nutricional dos frutos.

Estudos com a maturação de banana (*Musa acuminata* cv Nanicão) evidenciaram uma coincidência temporal entre os picos de etileno e respiratório (ver Figura 19.10) e o início da degradação do amido e síntese dos açúcares solúveis (Figura 19.21). Diferentes enzimas participam do processo de adoçamento dos frutos. Na banana, ele tem início com a expressão dos genes codificantes para as enzimas alfa-amilase e betamilase. Evidências experimentais indicam que a hidrólise dos grãos de amido de frutos ainda verdes se inicia pela atividade das alfa-amilases, que, ao romperem as ligações 1,4 (ver Capítulo 8), geram substratos para a ação subsequente das betamilases e outras amilases, como glicosidases e fosforilases. Sendo a banana um fruto climatérico, quando tratado com etileno, ocorrem incrementos na síntese dessas amilases e na hidrólise do amido, enquanto tratamentos com 1-MCP (1-metil ciclo propano), um inibidor da ação etilênica, reduzem, drasticamente, a presença dessa enzima e a digestão do amido.

Duas enzimas tomam parte na síntese de sacarose (glicose + frutose): a sacarose-fosfato-sintase (SPS) e a sacarose-sintase. Em frutos de banana, a primeira tem se mostrado mais importante. Quando o gene da enzima SPS é ativado, o da SS é desligado. As invertases e a sacarose-sintase são as duas enzimas mais atuantes na clivagem da sacarose. Esta última, como já mencionado, atua também na síntese de sacarose. Portanto, as invertases figuram como os principais agentes responsáveis pela manutenção das concentrações de glicose e frutose em frutos de tomate maduro, os quais são pobres de sacarose.

Em frutos não climatéricos, diferentemente dos climatéricos, os teores de amido são muito baixos, ou mesmo inexistentes. Na laranja, por exemplo, a maior parte dos açúcares adoçantes é transportada de outras partes da planta, sendo irrelevante a síntese local destes durante a maturação. Uma situação parecida pode ocorrer também em frutos climatéricos como o mamão, cujo teor de sacarose na polpa permanece elevado e constante desde a antese até a maturação completa. O início da hidrólise da sacarose acumulada coincide com o pico respiratório. Nesse fruto, portanto, a palatibilidade é alcançada, essencialmente, graças à degradação das paredes celulares e a consequente liberação dos açúcares acumulados.*

* Comunicação pessoal da Dra. Aline A. Cavalari Corete, em 2018.

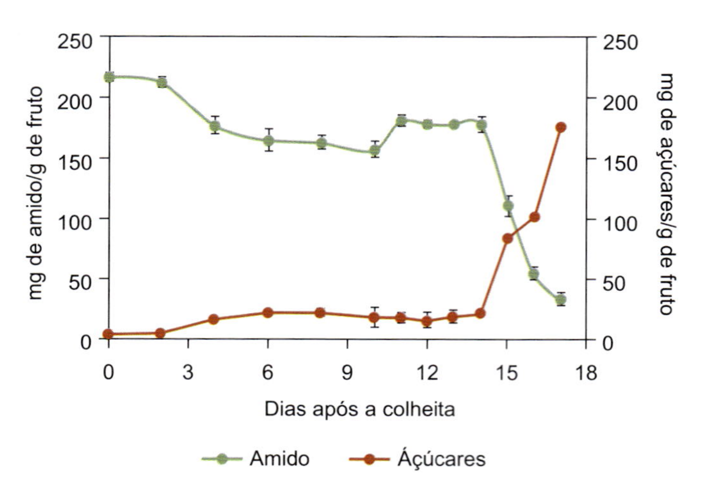

Figura 19.21 Degradação de amido e síntese de açúcares (sacarose + frutose + glicose) em frutos de banana, variedade Nanicão, durante 16 dias após a coleta. Fonte: Dra. Beatriz R. Cordenunsi (Faculdade de Ciências Farmacêuticas da USP).

Ácidos orgânicos

A maior ou menor presença de ácidos orgânicos nos vacúolos exerce profunda influência sobre a acidez dos frutos. Em bananas da variedade nanica no estágio "de vez", foram encontrados aproximadamente 35 tipos diferentes de ácidos orgânicos, dos quais dois tinham papel relevante na variação de pH: os ácidos málico e cítrico. No abacaxi e nos frutos cítricos, a presença de ambos é altamente determinante dos elevados valores de acidez.

Em frutos de abacaxi da variedade Smooth Cayenne, o ácido cítrico é o mais abundante, e o maior grau de acidez coincide com a maior atividade da enzima sintase do ácido cítrico. Entre a 6ª e a 15ª semana após o florescimento, a acidez aumentava de 1,4 mEq/100 mℓ para 9 mEq/100 mℓ, decaindo para 6 mEq/100 mℓ nas 2 semanas anteriores à coleta. Esse declínio coincidia com a elevação da atividade da enzima aconitase, que atua sobre o ácido cítrico (Saradhuldhat e Paull, 2007). Nos frutos cítricos, o ácido que leva esse nome representa, isoladamente, 90% do total dos ácidos orgânicos. Estudos comparativos de frutas cítricas ácidas e não ácidas mostraram que, nestas últimas, o teor de ácido cítrico era inferior ao de ácido málico, como na lima-da-pérsia.

Na maturação de *Citrus clementina* (uma tangerina), observou-se que a diminuição dos teores de ácido cítrico pela ação da aconitase se encerrava com a transformação de ácido glutâmico em ácido gama-aminobutírico (GABA), em que prótons eram consumidos (H^+), o que, segundo Cercós *et al.* (2006), explicaria a conspícua redução nos níveis de ácido cítrico e da acidez do citoplasma.

$$\text{Ácido glutâmico} + H^+ \rightarrow \text{GABA} + CO_2$$

Deiscência de frutos secos

A deiscência (abertura) dos frutos secos ou esclerificados – que equivale à maturação dos frutos carnosos – é uma estratégia de dispersão de sementes adotada por muitas espécies de plantas. Em síntese, seria possível dizer que a deiscência resulta de tensões físicas que se formam entre camadas de células com paredes espessadas e finas, ambas altamente especializadas e topograficamente posicionadas.

Dada a importância dos frutos secos na produção de grãos pelo homem (p. ex., cereais), sua compreensão tem despertado interesse crescente na área de melhoramento vegetal. Paradoxalmente, todavia, os avanços no entendimento da deiscência têm sido alcançados com uma planta sem nenhuma importância comercial, a *Arabidopsis thaliana*, pertencente à família Brassicácea (Crucífera). Nessa família de plantas (repolho, couve, brócolis, agrião, rúcula etc.), o ovário é constituído por dois carpelos fusionados (valvas). Na Figura 19.22, são mostradas as características externas e histológicas desse tipo de fruto (Ferrándiz, 2002). Após a maturação, à medida que as células desidratam, ocorre a separação longitudinal das valvas em uma área bem definida e restrita, a chamada *zona de deiscência* (ZD), que se localiza entre as bordas das valvas e o *replum*. Dela tomam parte a *camada de separação* (CS), compreendida entre o feixe vascular do *replum* e a camada de *células lignificadas* (CL) das bordas das valvas, a qual percorre toda a margem interna. Durante a dessecação do fruto, a camada epidérmica (*ena*) se desintegra (valva esquerda; Figura 19.22 C), as valvas se desconectam do *replum* e o fruto se abre. A camada de separação (CS) atua, assim, como uma superfície de fratura.

Os tecidos envolvidos na abertura são estabelecidos em estágios bem precoces da formação do ovário. Dos vários genes a eles associados, serão relatados apenas três. As especificações da ZD e das margens das valvas são intensamente influenciadas pelos genes: *SHATTERPROOF* (*SHP*) – *shatter*, do inglês: romper –, afetando especialmente a camada de separação; *FRUITIFULL* (*FUL*), que participa ativamente da formação das valvas, atuando de maneira completar à dos genes *SHP*; e *INDEHISCENT* (*IND*), que estão envolvidos na lignificação das células da ZD e das valvas. É interessante salientar que frutos mutantes para qualquer um desses genes não abrem as valvas, mesmo quando desidratados.

Armazenagem de frutos

Uma vez completada a maturação dos frutos carnosos, tem início, naturalmente, um processo de degradação, com rápida perda de suas propriedades físico-químicas específicas. A despeito da inexorabilidade da perda de atributos importantes, como firmeza, cor, sabor, valor nutricional etc., esses processos podem ser minimizados por meio do uso de técnicas adequadas de pós-coleta, prolongando-se a vida útil dos frutos. Adicionalmente, tem-se a minimização de outros parâmetros importantes, como a perda de peso decorrente da diminuição da taxa transpiratória, de distúrbios fisiológicos, como escaldaduras e degenerescências, e de podridões provocadas por microrganismos, estas decorrentes de perdas das propriedades fungistáticas do fruto saudável. O controle da taxa respiratória por meio do abaixamento da temperatura e da produção de etileno tem sido o procedimento pelo qual se procura retardar os efeitos deletérios anteriormente apontados. Em frutos de maçã, observou-se que a diminuição da temperatura de 25°C para 5% resultava em uma redução da taxa respiratória em mais de quatro vezes, e com ela o consumo de açúcares. Além do resfriamento, a taxa respiratória pode ser diminuída

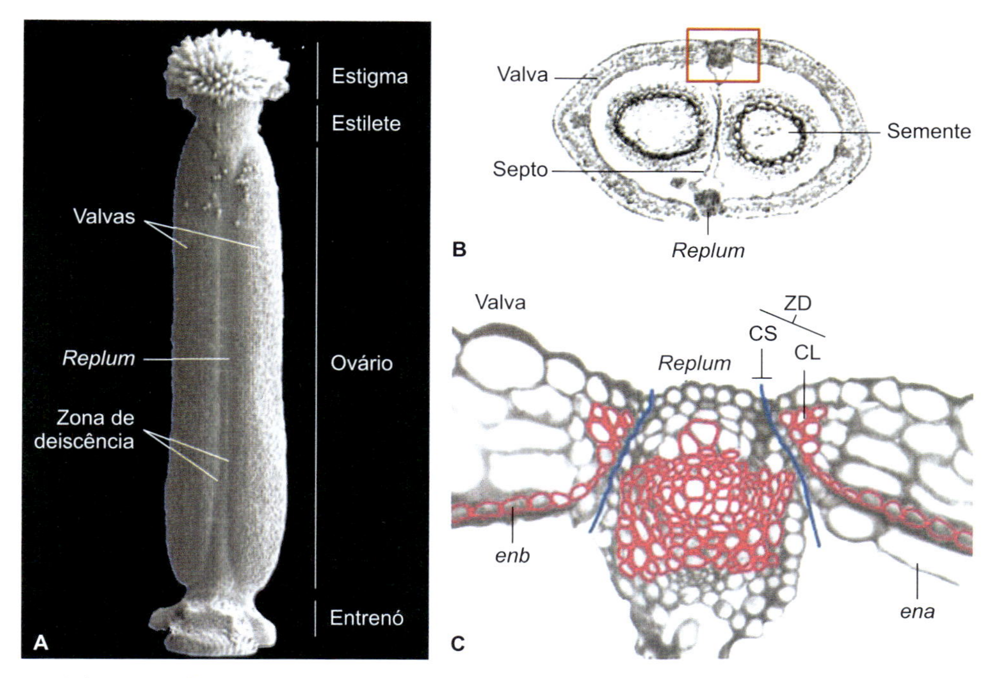

Figura 19.22 Deiscência de fruto seco. **A.** Micrografia eletrônica de varredura de ovário recém-polinizado de *Arabidopsis thaliana*. **B.** Secção transversal de fruto imaturo. **C.** Detalhes histológicos da porção assinalada na figura B (retângulo). As paredes celulares lignificadas foram destacadas em cor rosa, e a superfície de fratura, por meio de uma linha azul. ZD: zona de deiscência; CS: camada de separação; CL: células lignificadas; *ena*: células mais externas da camada subepidérmica com paredes finas e alongadas; *enb*: células lignificadas da camada mais interna da subepiderme. Fonte: Ferrándiz (2002).

também por meio da redução dos teores de oxigênio e aumento nos de gás carbônico. Frutos tropicais podem apresentar sérios distúrbios, mesmo quando armazenados a temperaturas superiores ao ponto de congelamento. Degenerescências em frutos de banana e manga ocorrem sob temperaturas de 10 a 13°C, enquanto, em mamão e abacaxi, em temperaturas levemente inferiores a 8°C.

O controle simultâneo de baixas temperaturas e das concentrações adequadas de CO_2 e O_2 mostrou que maçãs armazenadas sob condições de baixa temperatura em uma atmosfera artificial constituída de 10% de CO_2, 10% de O_2 e 80% de N apresentavam um tempo de conservação maior que aquelas acondicionadas sob ar atmosférico normal (0,036% de CO_2, 20,95% de O_2 e 78,08% de N; Tabela 19.2). Essa técnica passou a ser denominada *atmosfera controlada* (AC), podendo envolver o controle da concentração de etileno e da umidade relativa do ar, a qual causa desidratação dos frutos armazenados.

Tabela 19.2 Faixas de temperatura, teores de gás carbônico e de oxigênio, tidos como os mais eficientes no tempo de conservação de quatro variedades de maçãs produzidas no Brasil.

Cultivar	Temperatura (°C)		Concentrações (%)		Período (meses)	
	AC	Frio	CO_2	O_2	AC	Frio
Gala	0 a 1	0 a 1	1 a 2	1,5 a 2	5	3
Golden Delicious	0 a 0,5	0	3 a 4	1 a 2	7 a 8	5 a 6
Fuji	1 a 1,5	0 a 1	0 a 1	1,5 a 2	7 a 9	6 a 7
Granny Smith	0 a 0,5	0	1 a 3	1 a 2	7 a 9	5 a 7

AC: atmosfera controlada.
Fonte: Argenta (2002).

Agradecimentos

Ao Dr. J. R. Pirani, pela ajuda na área taxonômica, e à bióloga Lia Chaer, por algumas das ilustrações.

Referências bibliográficas

Argenta LC. Fisiologia pós-colheita: maturação, colheita e armazenagem dos frutos. In: A cultura da macieira. Florianópolis: Epagri; 2002. p. 691-732.

Bramley PM. Regulation of carotenoid formation during tomato fruit ripening and development. J Exp Botany. 2002;53(n. especial):2107-13.

Coen ES, Meyorowitz EM. The war of the whorls: genetic interactions controlling flower development. Nature. 1991;353:31-7.

Cercós M, Soler G, Iglesias DJ, Gadea J, Forment J, Talón M. Global analysis of gene expression during development and ripening of citrus fruit flesh. A proposed mechanism for citric acid utilization. Pl Molec Biol. 2006;62:513-27.

Chen G, Hackett R, Walker D, Taylor A, Lin Z, Grierson D. Identification of a specific isoform of tomato lipoxygenase (Tomlox C) involved in the generation of fatty acid-derived flavor compounds. Plant Physiol. 2004;136:2641-51.

Ferrándiz C. Regulation of fruit dehiscence in Arabidopsis. J Exp Botany. 2002;53(n. especial):2031-8.

Frary A, Nesbitt TC, Frary A, Grandillo S, Knaap E, Cong B, et al. Fw 2.2: A quantitative trait locus key to the evolution of tomato fruit size. Science. 2000;289:85-8.

Gifford EM, Foster AS. Morphology and evolution of vascular plants. 3. ed. New York: W.H. Freeman and Company; 1989.

Gillaspy G, Ben-David H, Gruissem W. Fruits: a developmental perspective. Plant Cell. 1993;5:1439-51.

Giovannoni JJ. Genetic regulation of fruit development and ripening. Plant Cell. 2004;16:S170-80.

Goetz M, Vivian-Smith A, Johnson SD, Koltunov AM. Auxin response factor 8 is a negative regulator of fruit initiation in Arabidopsis. Plant Cell. 2006;18:1873-86.

Griffiths A, Barry C, Alpuche-Solis AG, Grierson D. Ethylene and developmental signals regulate expression of lipoxygenase genes during tomato fruit ripening. J Exp Botany. 1999;50:739-98.
Hatanaka A. The biogeneration of green odour by green leaves. Phytochemistry. 1993;34:1201-18.
Klee HJ. Control of ethylene-mediated processes in tomato at the level of receptors. J Exp Botany. 2002;53(n. especial):2057-63.
Koch JL, Nevins DJ. Tomato fruit cell wall: I. Use of purified tomato polygalacturonase and pectinmethylesterase identify development changes in pectins. Plant Physiol. 1989;91:816-22.
Lang P, Yuan B, Guo Y. The role of abscisic acid in fruit ripening and response to abiotic stress. J Exp Botany. 2014;4577-88.
Matile P, Hörtensteiner S, Thomas H, Kräuter B. Chlorophyll breadown in senescent leaves. Plant Physiol. 1996;112:1403-9.
Minas IS, Forcada CF,Dangl GS, Gradizel TM, Dandekar AM, Crososto CH. Discovery of non-climateric and suppressed climacteric bud sport mutation s originating from a climacteric Japanese cultivar (Prunus salicina Lindl). Front Plant Sci. 2015;6:316.
Nishiyama K, Guis M, Rose JKC, Kubo Y, Bennett A, Wangjin L, et al. Ethylene regulation of fruit softening and cell wall disassembly in charentais melon. J Exp Botany. 2007;58:1281-90.
Ozga JA, Yu J, Reinecke DM. Pollination, development, and specific regulation of gibberellin 3b-hidroxylase gene expression in pea fruit and seeds. Pl Physiol. 2003;131:1137-46.
Périn C, Gomez-Jimenez M, Hagen L, Dogmont C, Pech J-C, Latché A, et al. Molecular and genetic characterization of a non-climacteric phenotype in mellon reveals two loci conferring altered ethylene response in fruit. Plant Physiol. 2002; 129:300-9.
Saradhuldhat P, Paull RE. Pineapple organic acid metabolism and accumulation during fruit development. Scientia Horticulturae. 2007;112:297-303.
Sastry KKS, Muir RM. Gibberellin: effect on difusible auxin in fruit development. Science. 1963;140:494-5.
Tanksley SD. The genetic, developmental, and molecular bases of fruit size and shape variation in tomato. Plant Cell. 2004;16:S181-9.
Yao J-L, Dong Y-H, Morris BAM. Parthenocarpic fruit production conferred by transposon insertion mutation in a MADS-box transcription factor. Proc Natl Acad Sci USA. 2001; 98:1306-11.
Zhao YD. Auxin biosynthesis and its role in plant development. Ann Rev Pl Biol. 2010;61:49-64.

Germinação

Victor José Mendes Cardoso

O que é germinação

Germinação é um conjunto de etapas e processos associados à fase inicial do desenvolvimento de uma estrutura reprodutiva, seja uma semente, um esporo, seja até mesmo uma gema. De maneira tradicional, o termo é aplicado ao crescimento do embrião – particularmente do eixo radicular – em sementes maduras de espermatófitas, embora possa ser estendido a outros eventos, como o crescimento do tubo polínico (grãos de pólen), do rizoide (esporos de pteridófitas) ou de gemas (cana-de-açúcar).

Semente

Do ponto de vista biológico, a semente representa o resultado de uma tendência evolutiva à redução do gametófito, que passa de organismo individualizado e autotrófico, como nas briófitas, a "parasito" do esporófito, como nas angiospermas, nas quais o gametófito feminino, também chamado de *saco embrionário* ou *megagametófito*, é resultado do crescimento de um esporo (megásporo *n*) retido dentro do megasporângio (óvulo, 2*n*). O megagametófito maduro é composto por sete células: na extremidade micropilar ficam a oosfera (gameta feminino haploide) e duas sinérgides, cada qual com um núcleo; na extremidade oposta ficam outras três células, denominadas antípodas; restando uma grande célula central contendo dois núcleos, chamados polares (Figura 20.1). Já o gametófito masculino (microgametófito) maduro, também chamado de pólen, é composto por uma célula vegetativa maior e uma generativa menor, cada qual com um núcleo. Após a polinização – transferência do pólen da antera para o estigma (extremidade superior do ovário) –, o grão de pólen "germina", formando o tubo polínico. Os fatores e mecanismos envolvidos na germinação do pólen no estigma ainda não são totalmente conhecidos, mas estudos *in vitro* mostram que o crescimento do tubo polínico é favorecido pela adição de sacarose, cálcio e boro ao meio de cultura. O crescimento do tubo envolve também a participação de proteínas, como a PSiP (proteína sinalizadora do pólen), uma enzima. Além disso, em pólen de arroz (*Oryza sativa*) mostrou-se que o gene *OsAP65*, que codifica uma protease, é essencial para a germinação e o crescimento do tubo. Durante o crescimento do gametófito masculino pelo tecido do ovário, a célula generativa sofre mitose, formando

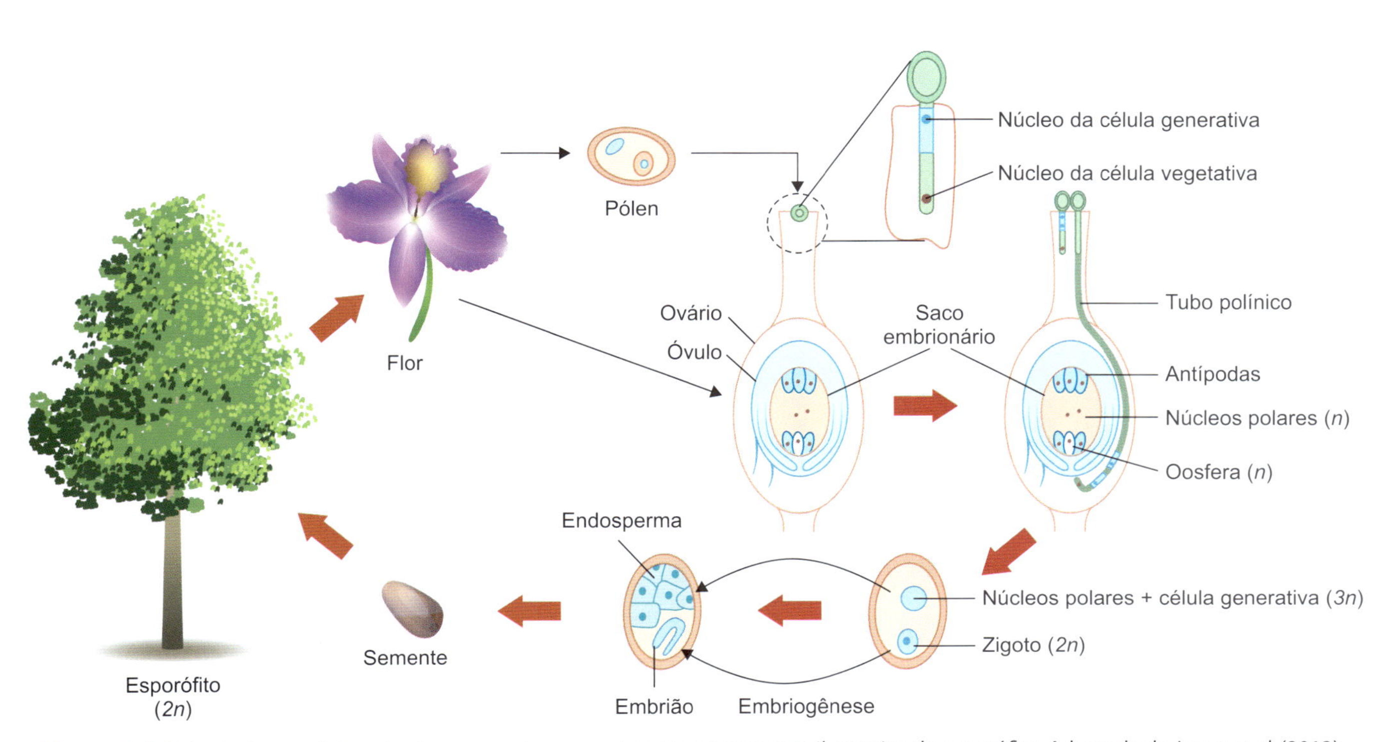

Figura 20.1 Ciclo de desenvolvimento de uma angiosperma. Imagem meramente ilustrativa do esporófito. Adaptada de Jones *et al.* (2013).

duas células espermáticas, cada qual com um núcleo haploide. No momento da fertilização, quando o tubo polínico atinge o saco embrionário na região da micrópila, uma das células espermáticas se funde com a oosfera, resultando no zigoto (*2n*), enquanto a outra se une à célula central, quando se fundem os respectivos núcleos (dois núcleos polares + um núcleo espermático), resultando em um único núcleo triploide (*3n*). Esse núcleo *3n* entrará em processo de contínua divisão, sem a formação de paredes, originando inicialmente um endosperma nuclear ou cenocítico que resultará em endosperma celular graças à formação de microtúbulos radiais, deposição de calose e alveolação (formação de pequenas cavidades limitadas por paredes). As sinérgides e as antípodas são degradadas após a fertilização. O processo da dupla fertilização descrito anteriormente é exclusivo das angiospermas. Nas gimnospermas, apenas um gameta participa da fertilização, e, na semente madura, o próprio gametófito feminino servirá como reserva nutritiva ao embrião, cumprindo um papel semelhante ao do endosperma.

O desenvolvimento do zigoto, formando o esporófito jovem de segunda geração (embrião), dá-se à custa do esporófito anterior ou *planta-mãe*. Nutrientes oriundos das fontes na planta são descarregados no apoplasto (paredes celulares) dos tecidos adjacentes ao óvulo (p. ex., integumentos e calaza), ocorrendo então o influxo de nutrientes no embrião via apoplasto e/ou simplasto (protoplasto). O conjunto formado pelo embrião, pelo tecido de reserva e pelas estruturas que os envolvem é chamado de *semente*, o qual, dependendo da complexidade das estruturas envolventes, constitui o *diásporo* ou a *unidade de dispersão*. Nas angiospermas, a semente madura é basicamente constituída por três estruturas distintas:

- O *embrião*, que se desenvolve a partir do zigoto diploide
- O *endosperma*, geralmente triploide
- O *tegumento* ou *testa* (casca), formado a partir dos integumentos (geralmente dois) que envolvem o óvulo, sendo, portanto, de origem materna.

A semente madura de uma gimnosperma, exemplificada pelo pinheiro-do-paraná (*Araucaria angustifolia*), apresenta organização semelhante, exceto pelo fato de que o próprio gametófito feminino serve como reserva nutritiva ao embrião (Figura 20.2).

As fases de desenvolvimento do embrião (embriogênese) variam conforme os padrões de divisão e diferenciação celular característicos dos diferentes *taxa*. No caso do embrião de dicotiledôneas, seu desenvolvimento divide-se em diferentes estágios, de acordo com a forma aproximada que o embrião assume com o aumento do número de células: linear; globular; trapezoidal; cordiforme; torpedo; e embrião maduro. Em monocotiledôneas, o desenvolvimento inicial do embrião é similar ao das dicotiledôneas, havendo nas etapas finais algumas diferenças importantes: o par de cotilédones reduz-se a um único cotilédone modificado, denominado *escutelo*, que atua como tecido condutor entre o endosperma e o embrião. Além disso, os primórdios da parte aérea e da raiz são protegidos por tecidos especializados denominados, respectivamente, *coleoptile* e *coleorriza*. O embrião maduro em geral é formado pelo *eixo embrionário* (ou eixo hipocótilo-radícula), que apresenta em uma de suas extremidades o primórdio caulinar ou *plúmula*, e um ou mais cotilédones, e na outra extremidade o primórdio radicular. Este pode ser uma raiz embrionária (*radícula*), enquanto o primórdio caulinar pode ser um caule embrionário formado por uma gema apical (*plúmula*) inserida no *epicótilo* (parte do caule acima da inserção dos cotilédones). A parte do eixo caulinar abaixo dos cotilédones é chamada de *hipocótilo* (região de transição para a radícula).

O endosperma, por sua vez, completa o desenvolvimento geralmente antes do embrião, absorvendo material nutritivo depositado em outras partes do óvulo. Em dicotiledôneas (como no caso de sementes de feijão), o endosperma celular é consumido pelo embrião durante as etapas de maturação da semente, sendo os principais produtos de armazenamento (lipídios e proteínas) acumulados nos *cotilédones* (estruturas foliares primárias do embrião), que exercem a função de nutrir o embrião na germinação. Em monocotiledôneas (como grãos de milho), o endosperma persiste após a celularização, acumulando principalmente amido e proteínas de reserva, enquanto o embrião permanece delgado no interior da semente (Figura 20.2). O endosperma pode ser classificado como oleaginoso (rico em gorduras), córneo (com paredes celulares espessadas, de consistência dura), carnoso (rico em reservas celulósicas, menos compactas), mucilaginoso (com compostos altamente higroscópicos) e amiláceo (constituído basicamente de amido). Nesse último caso, o endosperma apresenta uma camada mais externa, formada por células menores, chamada *aleurona*. Na fase de germinação da semente, o endosperma é totalmente consumido.

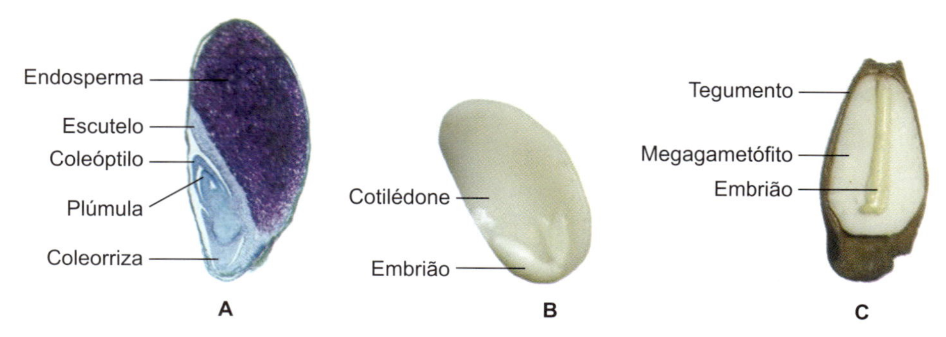

Figura 20.2 Seções transversais de sementes de: uma monocotiledônea (*Chloris* sp., Poaceae) (**A**); uma dicotiledônea (*Phaseolus vulgaris*, Fabaceae) (**B**); e uma gimnosperma (*Araucaria angustifolia*, Araucariaceae) (**C** – imagem de *Chloris* cedida pela Prof. Dra. Vera Lucia Scatena).

O revestimento ou a casca (*seed-coat*) inicia seu desenvolvimento com a fecundação do óvulo, sendo inteiramente formado a partir de tecido diploide da planta-mãe. É constituído pelos tegumentos (testa e tégmen), pelos tecidos calazal e rafeal e, frequentemente, pelo nucelo. De modo generalizado, os termos *testa* ou *tegumento* podem ser usados para designar o envoltório das sementes como um todo. A transformação da parede do ovário em envoltório se dá por intermédio de divisões celulares periclinais (responsáveis pelo crescimento em espessura) e anticlinais (responsáveis pelo crescimento em superfície), bem como por alongamento celular. As principais propriedades do revestimento da semente são determinadas durante as fases de maturação e dessecamento. O tegumento representa uma via de troca de matéria entre os meios interno e externo, mas ao longo do desenvolvimento pode lignificar-se, suberizar-se ou cutinizar-se, aumentando a resistência às trocas de gases, de água e de solutos entre a semente e o meio.

Desenvolvimento da semente

O desenvolvimento da semente refere-se ao conjunto de modificações pelo qual ela passa durante sua retenção na planta-mãe. Nessa fase, o desenvolvimento é representado por variações quantitativas (crescimento) e qualitativas (diferenciação), sendo dividido em três etapas ou fases:

- Embriogênese ou histodiferenciação
- Maturação ou armazenamento
- Dessecação (Figura 20.3).

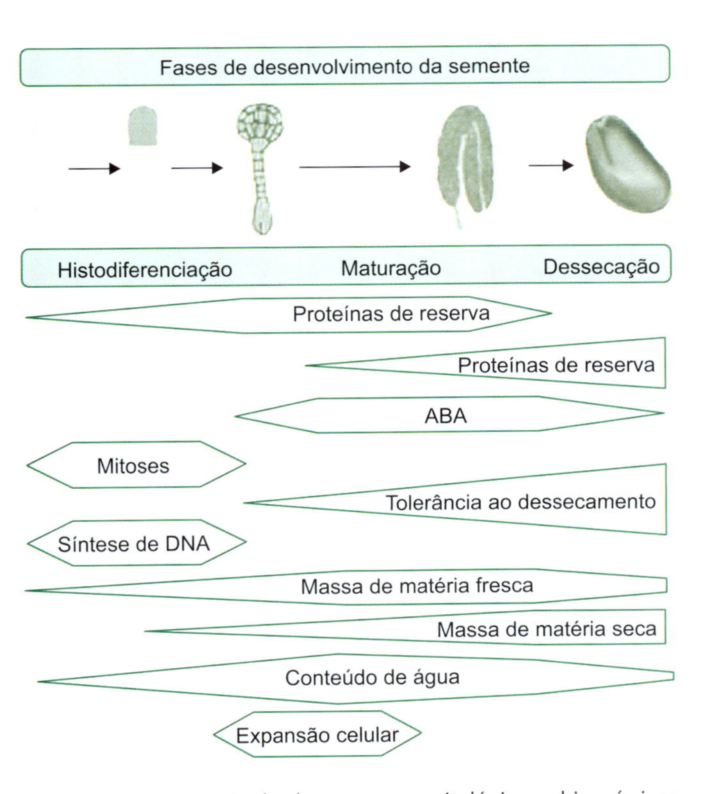

Figura 20.3 Progressão de alguns eventos citológicos e bioquímicos observados durante a formação e o desenvolvimento da semente, mostrando as fases de histodiferenciação, maturação e dessecação das sementes. Variações quantitativas são representadas pela espessura dos polígonos em verde. Adaptada de Kermode (1995) e Bradford (1994).

Histodiferenciação e maturação

A histodiferenciação ou embriogênese é marcada por intenso processo de divisão e diferenciação celular, originando os tecidos do embrião e o endosperma. Também pode ser chamada de fase de divisão celular – ou seja, na fase de histodiferenciação, constrói-se embrião. A suspensão da síntese de DNA e da atividade mitótica marca o fim dessa fase e o início da maturação, conforme observado em sementes de tomate. Cerca de 80% dos genes representados no genoma são transcritos nessa fase e na fase intermediária, coincidindo com uma maior porcentagem de eucromatina (complexo proteínas-DNA ativo). Essa proporção cai para algo em torno de 40 a 45% na fase de maturação, quando ocorrem o aumento da condensação da cromatina e a redução do núcleo. Assim, a regulação dos eventos na histodiferenciação se dá predominantemente no nível de transcrição, mediado por fatores de transcrição (como LEC1, *leafy cotyledon 1*) e por eventos epigenéticos (não envolvem diretamente transcrição gênica). As citocininas (ver Capítulo 10) desempenham importante papel nessa fase.

A fase de maturação da semente caracteriza-se pela expansão celular e alocação de substâncias, notadamente proteínas, lipídios e/ou carboidratos, para os tecidos de reserva (os cotilédones ou o endosperma), resultando no aumento da matéria seca na semente em desenvolvimento. Por esse motivo, a fase de maturação também é chamada de *fase de armazenamento, preenchimento* ou *enchimento*. O crescimento do embrião nessa fase ocorre por meio do alongamento celular, resultante da captação de água e do acúmulo de reservas. Em geral, o final da fase de maturação, quando a massa de matéria seca da semente atinge o máximo, representa o ponto de maturidade fisiológica.

Estudos realizados com sementes de leguminosas mostram que entre as fases de histodiferenciação e de maturação há uma etapa intermediária ou de *transição* (Figura 20.4). Na transição, o embrião até então marcado pela atividade mitótica torna-se diferenciado e acumulador de reservas, em decorrência de mudanças na expressão gênica que levam à operacionalização de vias de resposta a açúcares e hormônios. Uma característica da fase de transição consiste na mudança acentuada da relação entre hexoses (monossacarídios) e sacarose (dissacarídio) no embrião. No início do desenvolvimento (fase de divisão celular), há maior atividade da enzima invertase ácida, ao passo que, na fase de maturação, aumenta-se a atividade da sintase da sacarose, de modo que a relação hexoses:sacarose é alta na fase de divisão e baixa na de maturação. Além da inversão na relação hexose:sacarose, na fase de transição ocorre a indução da expressão de genes associados ao acúmulo de reservas, demonstrada pelo aumento nas taxas de acúmulo de nitrogênio e amido no embrião (Figura 20.4). Assim, enquanto na fase de divisão os fluxos são dirigidos para a formação de compostos celulares (dreno de utilização), na maturação os metabólitos são direcionados para compostos de reserva (dreno de armazenamento). Finalmente, considerando-se que a demanda energética na fase de divisão é menor que na fase de maturação, a quantidade de energia metabólica disponível sob a forma de nucleotídios de adenina (ATP, ADP e AMP) é

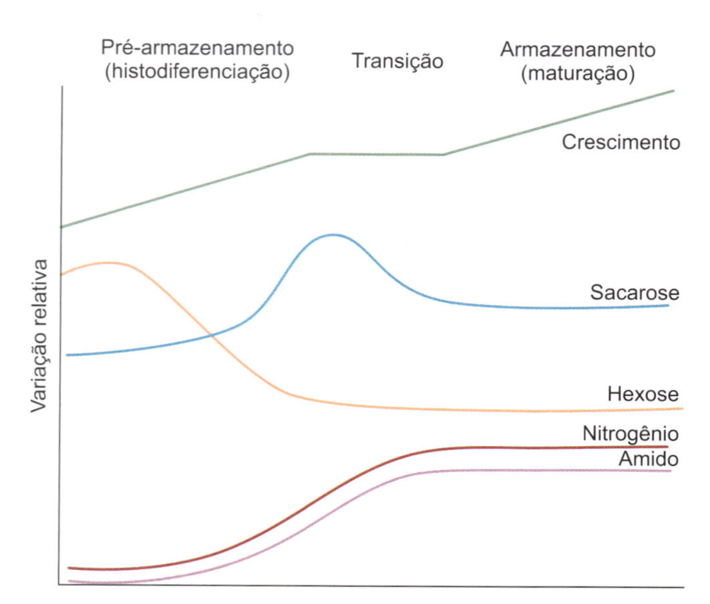

Figura 20.4 Variação relativa do crescimento e dos níveis de nitrogênio, amido, sacarose e hexoses no embrião de sementes de *Vicia fava* nas fases de histodiferenciação (pré-armazenamento) e maturação (armazenamento) Fonte: Weber *et al.* (2005).

baixa na fase de divisão e elevada na maturação. Em suma, na fase de transição, a passagem do crescimento mitótico para o crescimento por expansão celular é acompanhada de mudanças intensas no metabolismo e na distribuição de metabólitos no embrião. Além disso, em sementes de leguminosas, na fase de transição o embrião torna-se verde e fotossinteticamente ativo, o que assegura suprimento extra de oxigênio ao embrião em um ambiente hipóxico.

Dessecação

Ao final da fase de maturação, há um acentuado aumento na taxa de desidratação e a ruptura das conexões tróficas da semente com a planta, ocorrendo forte redução do metabolismo no embrião. Essa perda progressiva de água deve ser controlada com precisão, permitindo à semente sobreviver no estado desidratado após a dispersão. Ao final dessa fase, chamada de *dessecação*, as sementes em geral atingem o estágio ótimo para a *dispersão*, ou para a coleta e o beneficiamento pelo homem. Na etapa de dessecação, ocorre a ruptura entre o metabolismo direcionado ao desenvolvimento e aquele voltado à germinação. Enquanto a via para o desenvolvimento é predominantemente *anabólica* e marcada pelo acúmulo de energia potencial nos tecidos de reserva da semente, na germinação predominam os processos *catabólicos* e a mobilização da energia acumulada, retomando-se o crescimento do embrião. A fase de dessecação normalmente é mais acentuada em frutos secos, como em *Phaseolus vulgaris* (feijão), mas também pode ser observada em frutos carnosos, como *Cucumis anguria* (maxixe). Embora não haja consenso, o critério mais simples para marcar o início da fase de desidratação ou dessecação consiste na estabilização da massa de matéria seca, quando o embrião e/ou o endosperma param de acumular reservas. Com base nesse critério, observa-se que o início da fase de desidratação, em relação ao tempo total de desenvolvimento da semente, varia bastante dependendo da espécie, conforme ilustrado na Figura 20.5.

O processo de desidratação na fase final da maturação é característico das sementes classificadas como *ortodoxas*, capazes de serem armazenadas por períodos relativamente longos. Em algumas espécies, como *Hevea brasiliensis* (seringueira), as sementes não sofrem desidratação acentuada ao final da maturação, sendo dispersas com conteúdos de água elevados (da ordem de 30 a 40%) e estando, dessa forma, sujeitas a estresse hídrico e perda da viabilidade. Tais sementes são denominadas *recalcitrantes*.

Do ponto de vista fisiológico, a fase de dessecação é importante para o embrião tolerar níveis baixos de água (cerca de –150 Mpa) no período pós-dispersão e retomar o crescimento durante a germinação. Sementes removidas da planta-mãe e submetidas à secagem antes de completarem seu ciclo de desenvolvimento podem germinar se tiverem atingido a condição de tolerância à dessecação, adquirida gradualmente ao longo do desenvolvimento e perdida na fase de germinação. A tolerância à dessecação pode ser definida como a capacidade do sistema vivo de sobreviver à desidratação celular, até concentrações de água da ordem de 0,1 g por grama de tecido (base massa seca) ou menores, por período relativamente prolongado. Sementes de tâmara encontradas em escavações em Israel germinaram após cerca de 2 mil anos. No caso da semente, a desidratação pode alcançar algo em torno de 90% do conteúdo de água inicialmente presente nos tecidos.

Durante essa fase tardia da maturação, a semente vai adquirindo longevidade cada vez maior, que atinge o pico pouco antes do estado "seco", que antecede a etapa da dispersão. Quando o conteúdo de água na célula cai abaixo de 0,1 g de água por grama de massa seca, o citoplasma passa ao chamado "estado vítreo", com viscosidade extremamente elevada (da ordem de 10^{14} $Pa.s^{-1}$). Nesse estado, a mobilidade molecular é severamente reduzida, assim como as taxas de difusão,

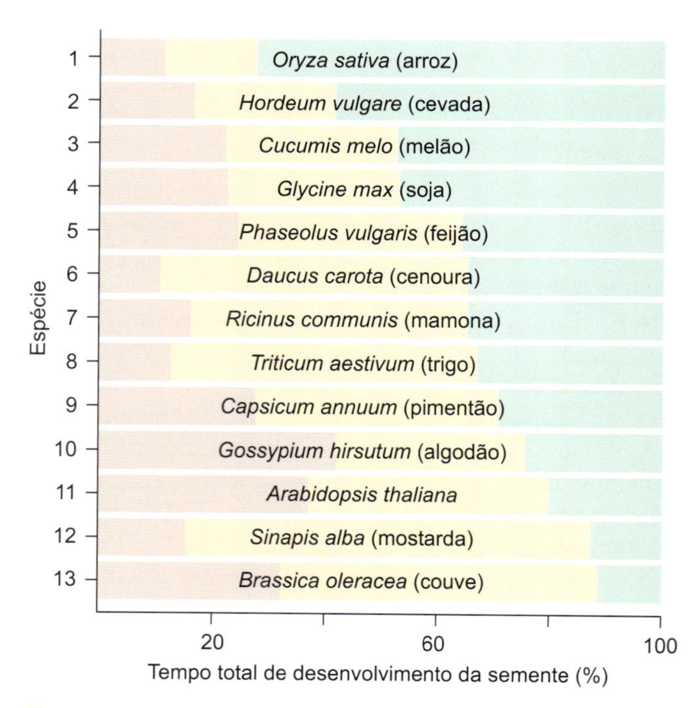

Figura 20.5 Duração relativa das fases de embriogênese (barras horizontais rosadas), maturação (barras laranjas) e dessecamento (barras verdes). Adaptada de Leprince *et al.* (2016).

desfavorecendo reações químicas deletérias e causando *hipobiose*, condição em que as trocas de matéria e energia entre a semente e o meio ocorrem em velocidades extremamente baixas. Há evidências, contudo, da existência de "ilhas" de maior concentração de água localizadas, por exemplo, no interior da mitocôndria e dos plastídios. Isso indicaria um meio intracelular vítreo não homogêneo, com densidade variável, com bolsões suficientemente fluidos para permitir reações químicas em tecidos com elevado grau de desidratação e considerados tolerantes ao dessecamento.

Entre os principais eventos fisiológicos e bioquímicos associados à fase de desidratação, destacam-se: degradação de pigmentos fotossintéticos; mudanças no conteúdo e na composição de açúcares solúveis; condensação da cromatina; indução de proteínas de choque térmico (HSP); e acúmulo de proteínas LEA (abundantes nas fases tardias da embriogênese; Figura 20.6).

Degradação de pigmentos

Uma das alterações mais visíveis associadas à fase final da maturação é a degradação de pigmentos fotossintéticos, particularmente clorofilas e carotenoides. As razões fisiológicas disso ainda não são claras, acreditando-se que, no caso das clorofilas, sua retenção possa ser prejudicial à longevidade da semente, ou, então, que produtos da quebra da clorofila possam ser usados como substratos para a síntese de tocoferóis, agente antioxidante envolvido na longevidade. Em sementes de *Arabidopsis*, a degradação de clorofila é regulada pelo ácido abscísico (ABA), por meio do fator de transcrição ABI3 (ácido abscísico 3), uma vez que sementes de mutantes abi3 permanecem verdes ao final da maturação. ABI3 ativa a expressão de genes que codificam enzimas que degradam a clorofila, como NYC1 (*non-yellow coloring 1*) e NOL (*non-yellow coloring 1-like*; Figura 20.6). Em sementes, a degradação de carotenoides é regulada por dioxigenases, como a NCED (9-cis-epoxicarotenoide dioxigenase), também envolvida na síntese de ABA.

Açúcares

Alterações no conteúdo e na composição de açúcares solúveis também são características da fase de dessecação. Um exemplo consiste no desaparecimento progressivo de hexoses (glicose e frutose) –, monossacarídios que podem reagir com aminoácidos e liberar moléculas tóxicas, comprometendo a longevidade da semente armazenada – acompanhado do aumento de açúcares não redutores (sacarose, arabinose, galactose e rafinose). Não se sabe ainda qual a função da sacarose e da rafinose na semente seca, acreditando-se que elas possam contribuir para a formação do estado vítreo (sólido amorfo) no citoplasma. A estabilidade dessas matrizes vítreas intracelulares se daria graças à interação entre esses açúcares e proteínas LEA, com os filamentos proteicos atuando como elemento de reforço da matriz amorfa de carboidratos, à semelhança da armadura de ferro no concreto armado. A regulação do conteúdo de rafinoses (RFO) ocorre no nível de transcrição durante a fase final de maturação, controlada pelos hormônios ácido abscísico (ABA) e giberelina (AG).

Cromatina

Durante a dessecação, há acentuada redução dos núcleos e condensação da cromatina, fenômeno que não deve ser provocado pela dessecação em si, mas sim controlado pelo fator de transcrição ABI3 (Figura 20.6). Embora essa "compactação" do DNA não impeça a transcrição, a cromatina condensada pode proteger o genoma contra danos oxidativos ou aqueles causados pela radiação à estrutura da dupla-hélice. Estudos mostram também que modificações na cromatina podem regular os níveis de transcrição de genes associados à dormência de sementes.

Proteínas de choque térmico

O programa genético na fase de dessecação envolve também a indução de genes da síntese de HSP (proteínas de choque térmico), as quais devem desempenhar algum papel protetor na longevidade da semente. A expressão desses genes é induzida por *fatores de choque térmico* (HSF), que atuam na via de sinalização de HSP em situações de estresse, embora, no caso das sementes, o acúmulo de HSP ocorra independentemente do estresse. Na maturação, a expressão das HSP é regulada a montante ("antes" da região codificadora do DNA, ou seja, entre essa região e a extremidade 5' da fita) por um fator específico de sementes (HSFA9 – *heat shock transcription fator 9*) expresso exclusivamente no final da maturação. HSFA9 é também controlada pelos fatores ABI3 (*abscisic insensitive 3*), ABI5 e DOG1 (*delay of germination 1*; Figura 20.6).

Proteínas LEA

Finalmente, o acúmulo de proteínas LEA (*late embriogenesis abundant*) representa um marco do final da maturação. Embora essas proteínas apareçam na fase final do desenvolvimento, seus transcritos (RNAm) podem ser detectados 10 a 20 dias antes, indicando que a regulação de sua quantidade ocorra em nível pós-transcrição (Figura 20.6). Tais proteínas podem estar associadas à tolerância do embrião à dessecação, verificando-se uma coincidência entre a aquisição de tolerância ao dessecamento durante o desenvolvimento de sementes e a síntese e o acúmulo dessas proteínas. Extremamente hidrofílicas e termoestáveis, as proteínas LEA poderiam atuar como sequestradores de íons – como o Fe^{2+}, catalisador da produção de *espécies reativas de oxigênio* (ERO) – ou como agentes de solvatação de membranas e outras proteínas, protegendo os componentes celulares dos danos decorrentes da falta de água. Embora a maioria dos genes *LEA* tenha sido identificada em sementes ortodoxas, portanto tolerantes ao dessecamento, essas proteínas, assim como o hormônio ABA, também podem ser encontradas em sementes recalcitrantes (sensíveis ao dessecamento). A presença de proteínas LEA nessas sementes poderia contribuir para aumentar, ainda que em pequeno grau, sua tolerância à desidratação e ao frio. A transcrição de inúmeros genes *LEA* durante o desenvolvimento é em parte governada por uma rede de fatores de transcrição, incluindo ABI3, ABI4, ABI5 e DOG1.

A tolerância ao dessecamento envolve, portanto, alterações na expressão gênica em função do estado de hidratação do tecido. A síntese de proteínas LEA, bem como de proteínas de choque

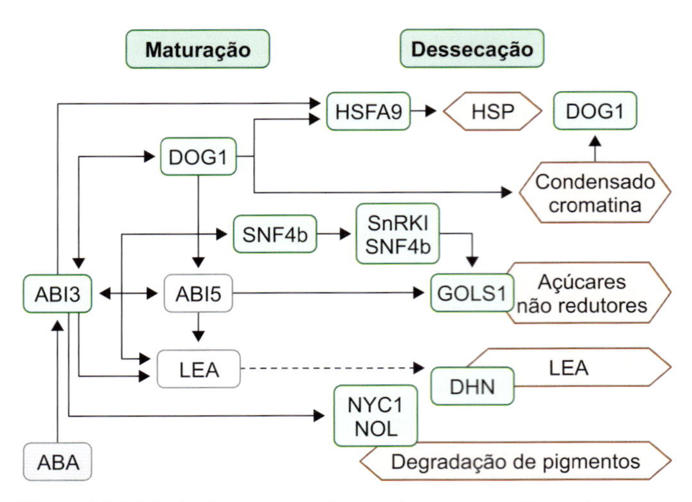

Figura 20.6 Principais eventos e alguns elementos participantes no estabelecimento da longevidade durante as fases de maturação e dessecação de uma semente dicotiledônea. Caixas verdes representam fatores de transcrição ou proteínas cujos mutantes têm longevidade reduzida; caixas cinza, fatores cuja participação na longevidade é indireta ou carecem de estudos; e caixas rosadas, compostos ou eventos cuja síntese ou ativação é estabelecida. ABI: ABA *insensitive* (insensível ao ABA); DOG1: *delay of germination1* (retardador da germinação 1); GOLS1: *galactinol syntase1* (sintase do galactino I); HSFA9: *heat shock factor A9* (fator de choque térmico A9); HSP: *heat shock proteins* (proteínas de choque térmico); LEA: *late embryogenesis abundant* (abundantes nas fases tardias da embriogênese); NOL: NYC1-*like* (semelhantes à NIC1); NYC1: *non yellow coloring1* (coloração não amarela 1); SNF4b: *sucrose non-fermenting subunit4b* (subunidade não fermentadora da sacarose4b); SNRK2: *sucrose nonfermenting-related kinase2* (cinase não relacionada à fermentação da sacarose 2). Adaptada de Leprince *et al.* (2016).

térmico, pode ser influenciada pelo ABA, conferindo proteção ao embrião contra eventuais danos decorrentes da dessecação. Esse hormônio, quando aplicado exogenamente, restabelece a tolerância à dessecação em mutantes deficientes de ABA.

Controle do desenvolvimento

O desenvolvimento da semente representa um evento complexo, com múltiplos sistemas de regulação e controle, do qual dependerá a capacidade germinativa da semente em resposta ao meio. Conforme os fatores endógenos e/ou externos, ao final do desenvolvimento tem-se uma semente *não dormente ou quiescente*, ou seja, apta a germinar na maior amplitude possível – respeitando-se os limites impostos por seu genótipo – de condições ambientais; ou uma semente *dormente*, que necessitará de estímulos ambientais específicos para adquirir plena capacidade de germinação. Este item tratará principalmente de fatores e mecanismos que atuam durante o desenvolvimento da semente e são determinantes para sua competência germinativa. Nesse contexto, serão abordados também alguns mecanismos relativos à indução da dormência, descrita com mais detalhes no item "Dormência".

Viviparidade

A existência do período de dessecação entre as fases de desenvolvimento e germinação sugere que a desidratação influencia a transição do metabolismo celular do modo predominantemente anabólico, característico das fases iniciais do desenvolvimento, para o modo catabólico ou germinativo, típico da semente madura. Existem, entretanto, situações em que a perda de água não constitui pré-requisito para o estabelecimento do metabolismo germinativo, como é o caso de embriões imaturos de várias espécies, que adquirem a capacidade de germinar, quando removidos da semente em desenvolvimento e colocados em água ou meio de cultura. Isso sugere que a competência do embrião para germinar é adquirida já nas primeiras etapas do desenvolvimento, em geral após a fase de histodiferenciação, e que fatores maternos e/ou da própria semente controlam o desenvolvimento do embrião e impedem a germinação da semente na planta-mãe. Assim, concomitantemente à aquisição da capacidade de germinação, a semente deve criar mecanismos que impeçam o crescimento do embrião antes da dispersão. Essa germinação precoce, conhecida como *viviparidade*, acontece quando tais mecanismos restritivos não estão presentes ou são atenuados, permitindo o crescimento ininterrupto do embrião com a semente ainda ligada à planta. Contudo, quando a ação desses fatores restritivos da germinação perdura após a semente ter atingido sua completa maturidade, há uma semente dormente. A compreensão da cadeia de processos permissivos e restritivos à germinação durante o desenvolvimento da semente é de suma importância, particularmente na área de tecnologia de sementes. Em muitas variedades de cereais (p. ex., trigo, sorgo e cevada), a dormência começa a diminuir na fase final da maturação, antes da coleta. Em outras variedades, entretanto, a redução da dormência inicia-se logo após a maturidade fisiológica, como na cevada, ou mesmo antes, como em certas variedades de sorgo, sujeitando a semente à anomalia conhecida como *brotamento pré-coleta* (em inglês, PHS, *pre-harvest sprouting*). Reconhece-se, desse modo, que a dormência é necessária contra o PHS, embora essa característica seja desvantajosa na pós-coleta. Já a ausência total de dormência, exemplificada pelo fenômeno da viviparidade, embora vantajosa para algumas espécies selvagens, como *Rhizophora mangle* (mangue), pode representar sério problema para espécies agrícolas por permitir a germinação precoce. Diversos genes associados à dormência e à resistência ao PHS têm sido identificados, sendo alguns associados também à coloração do tegumento. Em cevada (*Hordeum vulgare*) e trigo (*Triticum aestivum*), os genes *MKK3* (*mitogen-activated protein kinase kinase 3*) e *ARGONAUTE 9* (um regulador da metilação do DNA) causam o brotamento pré-coleta (PHS). Além desses, o gene *MFT* (*mother of FT and TFL1*), expresso no embrião, foi identificado como regulador do PHS em trigo, reprimindo a germinação precoce.

A viviparidade fornece boas evidências sobre o envolvimento de hormônios vegetais no controle da germinação da semente. Estudos com mutantes de milho deficientes e insensíveis ao ABA (ver Capítulo 12) e com inibidores da biossíntese de giberelina (AG) demonstram que este último é um regulador positivo da viviparidade. Não por acaso, a inibição da biossíntese de AG simula o efeito da aplicação de ABA, suprimindo a viviparidade. Verifica-se também que o controle desse fenômeno parece estar relacionado com a razão AG:ABA, e não com a quantidade absoluta do hormônio, sugerindo ação antagônica desses hormônios durante o desenvolvimento do grão de milho. Alguns experimentos sugerem que embriões de *Rhizophora mangle* são relativamente insensíveis ao ABA, necessitando de concentrações relativamente elevadas do hormônio para inibir seu crescimento. Outras evidências do envolvimento do ABA na viviparidade vêm do fato de que mutantes de milho vivíparos contêm menos ABA ou são menos sensíveis ao hormônio que os tipos selvagens, além de esse hormônio inibir a germinação precoce de embriões imaturos em meio de cultura. Desse modo, a manipulação da biossíntese de ABA pode funcionar como ferramenta para aumentar a dormência e suprimir o PHS. Como exemplo, o aumento da expressão de *NCED*, que codifica uma enzima envolvida na biossíntese de ABA, tem sido usada para suprimir a germinação de *Arabidopsis*. Isso acarreta, por sua vez, a necessidade de tratamentos específicos, como o uso de antagonistas do ABA, para recuperar a capacidade germinativa dessas sementes hiperdormentes.

Indução da dormência

Como mencionado anteriormente, a viviparidade é resultado da capacidade de crescimento do embrião adquirida na maturação. Entretanto, para que a semente cumpra seu papel como agente disseminador na maioria das espermatófitas, é necessário prevenir a germinação precoce e, ao mesmo tempo, preparar o embrião para sobreviver em ambientes desfavoráveis e para responder a estímulos favoráveis ao crescimento (germinação). Assim, a indução de mecanismos restritivos da germinação é parte integrante do controle do desenvolvimento e da maturação da semente. O ABA sintetizado nos tecidos da própria semente desempenha papel fundamental mantendo o metabolismo do embrião no "modo desenvolvimento" até que o embrião esteja apto para uma germinação bem-sucedida da semente após a dispersão. Esse hormônio, cujos níveis na semente são, em geral, relativamente baixos na histodiferenciação e altos na maturação, atuaria como inibidor da germinação na etapa de expansão celular, além de promover aumento da síntese de proteínas de reserva. Assim, o ABA teria função dupla durante o desenvolvimento, induzindo processos biossintéticos e, ao mesmo tempo, mantendo o embrião em estágio pré-germinativo, por meio da inibição da maquinaria responsável pela hidrólise das reservas. Durante a fase de dessecação, em muitos casos, ocorre decréscimo acentuado na concentração de ABA endógeno, que atinge teores muito baixos na semente madura. O envolvimento do ABA na indução da dormência, bem como no desenvolvimento da semente como um todo, também é demonstrado pelo uso de mutantes com a capacidade de biossíntese ou sensibilidade ao hormônio afetadas (como abi3, nced3 e aba2). Tais mutantes apresentam embriões imaturos ao final do desenvolvimento, baixa expressão do gene *LEA*, baixa tolerância ao dessecamento e baixos níveis de proteínas de armazenamento em sementes. Entretanto, em geral não há correlação entre os níveis de ABA e o grau de dormência na semente madura, mas sim entre a capacidade de resposta de embriões isolados ao ABA exógeno e o grau de dormência da semente, lembrando que, no caso de *Arabidopsis*, a remoção dos envoltórios (testa e endosperma) favorece o crescimento do embrião. Mutantes de *Arabidopsis thaliana* e *Nicotiana plumbaginifolia* (fuminho) deficientes em ABA são incapazes de entrar em dormência. AG, por sua vez, apresenta efeito antagônico ao do ABA, e mutantes deficientes em AG (como ga1) são incapazes de germinar na ausência de giberelina exógena. Além disso, sementes de mutantes deficientes em GA2 oxidases (GA2ox), que inativam AG, exibem reduzido nível de dormência. Com base em estudos realizados em sementes de *Arabidopsis*, observou-se que a giberelina degrada RGL2 (RGA-*like 2*), fator de transcrição que inibe a via de sinalização desse hormônio (ver Capítulo 11). Em baixos níveis de giberelina, RGL2 promove a biossíntese de ABA. O OPDA (ácido 12-oxo-fitodienoico) – precursor do ácido jasmônico – age como repressor da germinação em *Arabidopsis*, aumentando a biossíntese e a sensibilidade ao ABA por meio da proteína MFT (*mother of FT and TFL1*).

Entre os genes que, até o momento, têm sido associados exclusivamente à regulação da dormência e germinação em sementes de *Arabidopsis*, destacam-se *DOG1* (*delay of germination 1*) e *RDO5* (*reduced dormancy 5*), estando o primeiro envolvido na indução de dormência por temperaturas baixas durante a fase de maturação. *DOG1* codifica uma proteína cuja função é ainda desconhecida, acreditando-se que deva atuar inibindo o enfraquecimento do endosperma durante a embebição e favorecendo a dormência imposta pelos tecidos que envolvem o embrião. Há forte correlação entre os níveis das proteínas RDO5 e DOG1 e a dormência em sementes recém-colhidas de *Arabidopsis*, sendo sua atuação aparentemente independente do ABA. Além disso, a função de *DOG1* parece restringir-se à maturação, já que sua expressão é bastante reduzida durante a embebição, primeira etapa do processo de germinação. Curiosamente, demonstrou- se que a região 3' do gene *DOG1* contém promotor autônomo para a transcrição de RNAm não codificante antissenso (*asDOG1*), que reprime a expressão de *DOG1* durante a maturação, atuando, assim, como regulador negativo da dormência.

Além da temperatura, que influencia a expressão de DOG1, o nitrato é um eficiente regulador da expressão gênica durante o desenvolvimento da semente. Nesse caso, o nitrato atuaria reduzindo a expressão de *NCED* – diminuindo, assim, a biossíntese de ABA – e aumentando a expressão de *CYP707A2*, gene envolvido no catabolismo desse hormônio. Desse modo, o nitrato consegue reduzir os níveis de ABA na semente e promover a germinação, podendo ser usado durante a embebição para reverter o estado de hiperdormência. O metabolismo do nitrato, por sua vez, também pode estar envolvido na resposta à temperatura, considerando-se que, em *Arabidopsis*, temperaturas elevadas durante o desenvolvimento estão associadas ao aumento da expressão dos genes NIA1 (redutase do nitrato) e NIR1 (redutase do nitrito) em sementes maduras, sugerindo que a temperatura possa afetar a dormência por meio do metabolismo do nitrato durante o desenvolvimento da semente (Figura 20.7).

Os envoltórios parecem desempenhar importante papel no controle do desenvolvimento de algumas sementes na fase de divisão celular. Envoltórios jovens de *Vicia faba* (fava) e ervilha acumulam amido e proteínas, antes de o embrião passar a funcionar como órgão de armazenamento. Qualquer mutação que afete essa atividade armazenadora dos envoltórios impedirá o crescimento do embrião. Essa propriedade dos envoltórios parece estar relacionada com a atividade de enzimas, como invertases e sintase da sacarose, e hormônios, especialmente o ABA. Em *Arabidopsis* e tabaco, ABA sintetizado nos tegumentos – tecido de origem materna – é translocado para o embrião, evitando o abortamento e promovendo seu crescimento por intermédio da regulação da importação de metabólitos. O aumento da atividade de invertases associadas às paredes do envoltório elevaria a disponibilidade de hexoses para o embrião, estimulando seu crescimento por divisão celular. O ABA controlaria a maturação pela indução de inibidores da invertase, que reduzem os níveis de hexose, cessando as divisões celulares e iniciando a etapa de diferenciação. Além disso, invertases solúveis (INVvc) parecem desempenhar importante papel no decréscimo na atividade de dreno da semente em desenvolvimento. Em situações de estresse, com redução de atividade na fonte, uma maior produção de inibidores de INVvc reduz o consumo de sacarose e, consequentemente, a demanda do dreno por esse metabólito, tendo como resultado a redução no tamanho e/ou no número de sementes. A própria sacarose, cuja concentração aumenta sensivelmente na fase de transição, parece induzir a expressão de genes associados ao armazenamento e à expansão celular, características da fase de maturação. Nessa fase, o controle do metabolismo deixa de ser exercido pela invertase – que consome ATP e eleva a concentração de hexose – e passa para a síntase da sacarose, que eleva o teor do açúcar e economiza ATP.

Em *Fabacea*, a natureza do tegumento pode influenciar a capacidade de germinação da semente, limitando a absorção de água. A permeabilidade do tegumento nessas sementes está relacionada com a concentração de pigmentos, como taninos, e sementes mais claras em geral são menos dormentes que as mais escuras (com maior pigmentação). Fatores ambientais, principalmente a temperatura, podem influenciar o tegumento. Em *Chenopodium*, por exemplo, a dormência depende da espessura do tegumento, que, por sua vez, é afetada pelas condições ambientais durante o desenvolvimento. Estudos em *Arabidopsis* mostram a participação do gene *FT* (*flowering locus*) na resposta à temperatura. Nesse caso, sementes mutantes *ft* exibem elevada dormência quando maturadas a 16°C ou 22°C. Quando a maturação se dá em temperaturas mais elevadas (22°C), a proteína FT do fruto reprime a produção de taninos, tornando o tegumento da semente mais fino e permeável, permitindo germinação mais rápida. Temperaturas mais baixas antes da floração, ao contrário, acarretarão menor produção de FT, mais taninos, tegumentos mais espessos e menos permeáveis e, portanto, germinação mais lenta. Quanto ao efeito da luz, baixas irradiâncias durante a fase de maturação resultam em sementes com maior grau de dormência, enquanto o comprimento do dia não tem efeito, no caso de *Arabidopsis*. Razões elevadas vermelho-extremo:vermelho (VE:V) também produzem sementes mais dormentes em comparação a sementes maturadas em baixas razões VE:V. A Figura 20.7 ilustra a participação de alguns fatores na indução da dormência durante o desenvolvimento da semente na planta-mãe.

Como mencionado anteriormente, a capacidade de germinação é adquirida antes de a semente completar todo o seu ciclo de desenvolvimento na planta. Além do ABA, o potencial osmótico relativamente baixo (causado por concentrações elevadas de solutos) dos tecidos adjacentes ao embrião, impedindo o suprimento adequado de água a este, é fator inibitório da germinação durante o desenvolvimento, conforme observado em frutos carnosos como o tomate. O estresse hídrico causado pelo potencial osmótico mais baixo pode aumentar a concentração de ABA no embrião, embora isso nem sempre

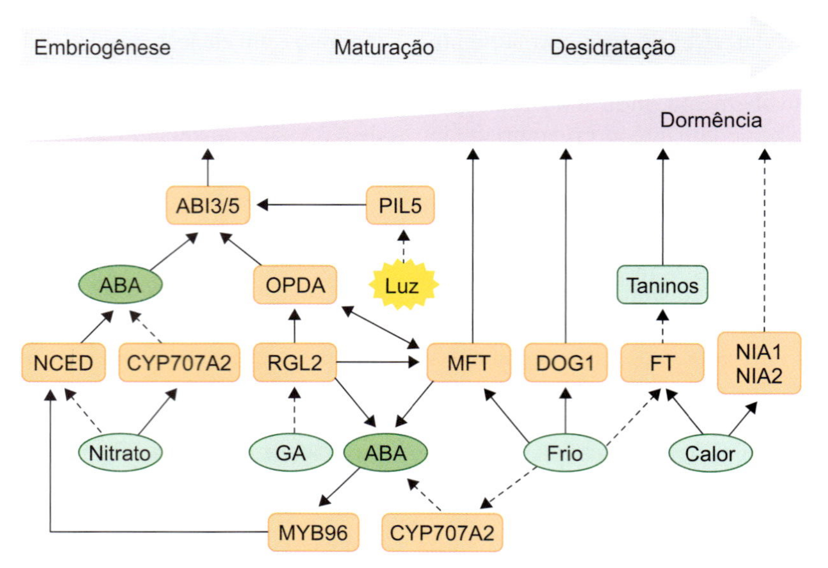

Figura 20.7 Modelo simplificado mostrando as ações de alguns fatores endógenos (AG, ABA e taninos) e ambientais (nitrato, luz, frio e calor) sobre a indução de dormência em sementes de *Arabidopsis*. Setas contínuas indicam regulação positiva (promoção) e setas tracejadas, regulação negativa (inibição) pela luz e temperatura baixa. Elementos mediadores das ações são mostrados dentro das molduras laranja. OPDA: *12-oxo phytodienoic acid* (ácido 12-oxofitodienoico); MFT: *mother of FT and TFL1* (mãe do FT e TFL1); NCED: *nine-cis-epoxycarotenoid dioxygenase* (dioxigenase do nove-cis-epoxicarotenoide); CYP707A2: *cytochrome P701 ABA8' hidroxilase* (hidroxilase do citocromo P701 ABA8'); RGL2: *repressor-of-GA-like2* (semelhante ao repressor do GA 2); DOG1: *delay of germination1* (retardador da germinação 1); FT: *flowering locus T* (locus T da floração); NIA1: *nitrate reductase1* (redutase do nitrito 1); NIA2: *nitrate reductase2* (redutase do nitrato 2); PIL5: *phytochrome-interacting factor3-like5* (semelhante ao fator de interação3 com fitocromo 5); ABI3/5: *abscisic acid insensitive 3/5* (insensível ao ácido abscísico 3/5).

ocorra. Outras substâncias inibidoras – provavelmente alcaloides – no fruto, como as detectadas em algumas espécies de *Psychotria* (Rubiaceae), também podem restringir a germinação. Em muitas outras espécies – particularmente arbóreas tropicais –, é possível que outras substâncias (especialmente compostos do metabolismo secundário) atuem durante a fase de desenvolvimento da semente. Em *Myroxylon peruiferum* (cabreúva), por exemplo, detectou-se a presença de cumarina no fruto e na semente, podendo essa substância estar envolvida na supressão da germinação precoce.

Germinação

Terminologia e tipos

A germinação inicia-se com a entrada de água na semente (embebição) que ativará o metabolismo, culminando no crescimento do eixo embrionário. De acordo com o critério fisiológico, a germinação se completa quando uma parte do embrião, em geral a raiz primária (chamada, nesse estágio, *radícula*), penetra e trespassa os tecidos que o envolvem. Além desse, existem outros critérios de germinação, como a curvatura gravitrópica da radícula ou a emergência da plântula através da superfície do solo (critério agronômico ou tecnológico).

Se, do ponto de vista fisiológico, a germinação se encerra com a protrusão radicular, em estudos de ecofisiologia, os atributos da plântula também devem ser levados em consideração. A plântula é o resultado da germinação, mas até quando um indivíduo jovem pode ser considerado uma plântula ainda não está bem definido. Um critério morfológico estabelece o uso do termo "plântula" até o surgimento do primeiro eófilo (primeira folha após os cotilédones), quando então a planta entraria na fase juvenil. Outro critério, este de natureza fisiológica, considera plântula enquanto essa depender, predominantemente, das próprias reservas seminais.

No caso das dicotiledôneas, a classificação das plântulas em geral leva em consideração o comprimento do hipocótilo (*epígeas* ou *hipógeas*), a exposição dos cotilédones (*criptocotiledonar* e *fanerocotiledonar*) e a natureza dos cotilédones (*carnosos* ou *foliáceos*). Na germinação *epígea*, o crescimento do hipocótilo faz com que os cotilédones se elevem acima do solo (p. ex., feijão), enquanto na *hipógea* o hipocótilo é curto, de modo que os cotilédones permanecem no solo (p. ex., ervilha). Uma plântula é *criptocotiledonar* quando seus cotilédones permanecem envolvidos pelos tegumentos, como em *Virola bicuhyba*, e *fanerocotiledonar* quando estão livres, como em *Trema micrantha* (candiúva). Finalmente, cotilédones carnosos, exemplificados em *Hymenaea courbaril* (jatobá), apresentam função principalmente armazenadora de energia, enquanto cotilédones foliáceos, como em *Stryphnodendron adstringens* (barbatimão), são predominantemente fotossintéticos, fazendo o papel de verdadeiras folhas.

Etapas

Embebição

A embebição (hidratação dos tecidos) é um processo físico, relacionado basicamente com as propriedades coloidais e as diferenças de potencial hídrico (Ψ_ω) entre a semente e o meio externo. No início da embebição, o componente matricial (Ψ_m) da semente é o principal responsável pela difusão da água para o seu interior, mas, com o aumento da disponibilidade de água livre e do metabolismo na semente, o componente osmótico ($\Psi\pi$) aumenta sua participação no processo.

Os valores de Ψ em sementes secas são muito variáveis, situando-se entre –50 MPa e –400 MPa, produzindo gradiente de potencial hídrico relativamente elevado entre a semente e um solo com, por exemplo, –2 MPa (próximo ao ponto de murcha permanente de diversas culturas, como a cana-de-açúcar). Entretanto, para que ocorra a embebição, os tecidos que envolvem o embrião precisam ser permeáveis à água. Considerando as estruturas da semente e do fruto, existem sementes com envoltórios impermeáveis (impedem a entrada de água no interior da semente), parcialmente permeáveis (reduzem a velocidade de embebição) ou totalmente permeáveis (não afetam a velocidade de embebição).

Com base na cinética de absorção de água, as etapas da germinação de uma semente não dormente ou com baixa dormência formam uma curva trifásica: na fase I, que constitui a embebição propriamente dita, o teor de água na semente aumenta rapidamente, seguido de estabilização na fase II, mantida até o início da germinação visível (protrusão radicular), quando se inicia a fase III, caracterizada por um segundo aumento na captação de água em decorrência do crescimento da plântula (ver Figura 20.10 mais adiante).

A rápida entrada de água na fase I causa alterações na permeabilidade das membranas resultadas da mudança do estado gel (na semente seca) para o estado líquido-cristalino, característico das membranas normalmente hidratadas (Figura 20.8). Essas alterações promovem o vazamento de metabólitos de baixo peso molecular e outros solutos para o meio, sendo essa perda reduzida com o retorno à configuração líquido-cristalina. A pré-umidificação e o aquecimento da semente não hidratada podem reduzir eventuais danos decorrentes da embebição. Alguns carboidratos (especialmente a sacarose) e fosfolipídios (como o N-acetilfosfatidiletanolamina), cuja concentração aumenta durante a embebição de sementes de algodão, podem estar envolvidos na estabilização e no reparo das membranas.

A fase II, ou fase estacionária, caracteriza-se pela estabilização no conteúdo de água e pela ativação de processos metabólicos necessários para o início do crescimento do embrião. A fase II termina com a protrusão da raiz primária através da

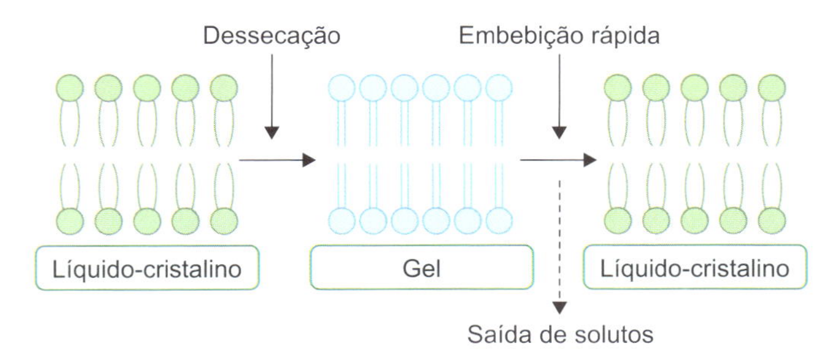

Figura 20.8 Mudanças de fase das membranas durante a dessecação e a embebição da semente. Adaptada de Oliver *et al.* (1998).

testa. A duração dessa fase e a quantidade de água absorvida dependem do potencial hídrico do meio, da temperatura e da presença ou não de dormência. Sementes dormentes podem conservar-se na fase II durante meses ou anos, até a quebra da dormência. Nessa fase, o embrião ainda é capaz de suportar a desidratação, característica perdida na fase III, que marca o início do crescimento do eixo embrionário e a retomada da absorção de água. Nas duas primeiras fases, o desenvolvimento se dá sem divisão celular, enquanto a fase III está associada ao crescimento da radícula e ao início da divisão celular no embrião.

Crescimento radicular

Em sementes de *Arabidopsis*, a protrusão radicular (após cerca de 32 h do início da embebição) decorrente do alongamento do eixo embrionário e traspassamento do endosperma pela radícula é precedida de uma primeira etapa representada pela ruptura da testa, que ocorre aproximadamente após 25 a 28 h da embebição. Nessa primeira etapa, o crescimento das células corticais da radícula é baixo, e a expansão ocorre inicialmente nas células epidérmicas, movendo-se progressivamente para as camadas mais internas. A direção de crescimento do eixo do embrião é radial, principalmente na epiderme, e se dá nas células subjacentes à região na qual a testa se romperá. Inicialmente, esse crescimento radial limita-se à radícula e à região inferior do hipocótilo; mas, na transição para a etapa de protrusão radicular, o crescimento se expande como uma onda, ao longo do comprimento do eixo, para as regiões superiores do hipocótilo. Nessa fase, o crescimento da célula é predominantemente longitudinal, em particular nas células corticais da região mediana do hipocótilo. Esse crescimento longitudinal é que dará origem à segunda etapa do processo germinativo de *Arabidopsis*, ou seja, a ruptura do endosperma e a protrusão radicular. O topo da radícula, no qual ocorre a indução da primeira etapa da germinação e o crescimento começa, é o sítio de onde se irradia a expressão gênica relacionada com a promoção do crescimento. A segunda etapa da germinação, por sua vez, é precedida pela expressão gênica na região mediana do hipocótilo, destacando-se *EXPAA3* (*EXPA3*), codificante para expansina (ver Capítulo 8), e *SUBTILISIN4.11* (*SBT4.11*), que codifica uma protease da parede celular. A partir desse sítio de indução, a atividade promotora desses dois genes se espalha para regiões superiores do eixo embrionário antes da conclusão do processo germinativo e da expansão da região superior do hipocótilo (Figura 20.9).

O crescimento da radícula pode resultar de:

- Redução no potencial osmótico (Ψ_π) das células, em decorrência do acúmulo de solutos, possivelmente por hidrólise de polímeros
- Aumento na extensibilidade das paredes celulares, por intermédio do rompimento e da reconstituição das ligações entre moléculas de xiloglucano e microfibrilas de celulose
- Enfraquecimento, por ação enzimática, dos tecidos que recobrem o ápice radicular.

No caso de *Arabidopsis*, a resistência exercida pelos envoltórios (testa e endosperma) é o principal fator limitante do início do crescimento do eixo embrionário. A capacidade de o embrião superar ou não essa resistência depende da comunicação química entre ele e o endosperma, mediada por hormônios (GA e ABA), e de alterações na expressão gênica, que, por sua vez, respondem a estímulos ambientais (Figura 20.9). O início da degradação de reservas requer provavelmente o movimento de GA do embrião para o endosperma, não ocorrendo de maneira autônoma.

Além do enfraquecimento dos envoltórios, a germinação depende do potencial de crescimento do embrião. Durante a embebição, as células do embrião se expandem em um processo que envolve ao mesmo tempo a entrada de água do apoplasto e o enfraquecimento das paredes celulares, o qual, por sua vez, está ligado à quebra de polissacarídios pela ação de proteínas CWRP (em inglês, *cell wall remodeling proteins*, ou proteínas remodeladoras da parede, como expansinas e glucanases), sintetizadas no ápice do primórdio radicular (Figura 20.9).

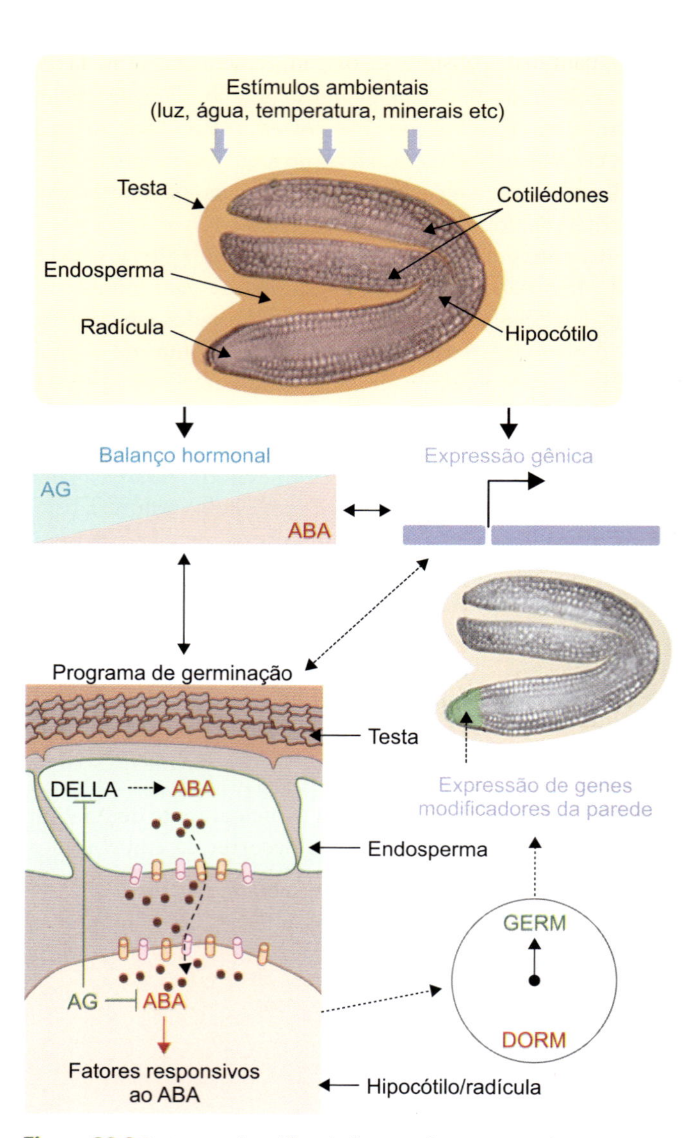

Figura 20.9 Esquema simplificado ilustrando as etapas da comutação do metabolismo germinativo em sementes de *Arabidopsis*. Sinais ambientais são percebidos em tecidos do embrião e endosperma, causando alterações no balanço hormonal e na expressão gênica, as quais colocarão o programa de germinação no modo "ligado" ou "desligado". No modo "ligado", ocorrerá a indução de genes relacionados com o afrouxamento da parede celular, na região apical da radícula. Adaptada de Bassel (2016) e Chahtane *et al.* (2016).

Em sementes de tomate, a maior atividade de enzimas como endo-beta-mananase, expansinas, beta-1,3-glucanase, poligalacturonase ou pectinase, quitinase e arabinosidase pode estar envolvida na hidrólise parcial das paredes celulares do endosperma durante a germinação. Nessa espécie, endo-beta-mananase e expansinas são expressas especificamente na região do endosperma que cobre o ápice radicular. No caso das enzimas poligalacturonase e quitinase, a transcrição ocorre tanto no endosperma quanto na extremidade da radícula. Por sua vez, sementes dormentes de tomate não são capazes de produzir enzimas que degradam a parede celular.

Metabolismo da semente germinante

Durante a embebição, ocorre a reativação do metabolismo por intermédio de substâncias e estruturas preservadas após a fase de dessecação. O aumento na atividade respiratória pode ser detectado poucos minutos após o início da embebição e, muitas vezes, o padrão de consumo de oxigênio assemelha-se ao da entrada de água, exibindo três fases. Esse padrão de consumo de oxigênio apresenta uma fase de aumento rápido, com duração variável dependendo da semente; uma fase estacionária, com aumento lento ou consumo de oxigênio estabilizado (algumas sementes, como a cevada, a mamona e o arroz, não apresentam essa fase); e uma terceira fase caracterizada por novo aumento na taxa respiratória, associado à protrusão radicular. Pode ainda ser observada uma quarta fase em plântulas mantidas no escuro, na qual a respiração diminui em consequência da exaustão das reservas cotiledonares. O aumento da resistência à difusão de oxigênio através dos envoltórios, como observado em *Brachiaria decumbens* (capim-braquiária) e *B. brizantha* (braquiarão), também determina a estabilização no consumo desse gás, além de acelerar a produção de etanol, afetando negativamente a qualidade fisiológica da semente. Essa hipótese é corroborada por experimentos nos quais a remoção do tegumento causa uma redução da fase estacionária.

A curva de ATP durante a germinação também exibe aspecto trifásico: um rápido aumento durante as primeiras horas de embebição, provavelmente por síntese *de novo* via fosforilação oxidativa; uma fase estacionária, com taxas equivalentes de produção e consumo; e um novo aumento no conteúdo de ATP, associado ao crescimento do embrião. Apesar de a fosforilação oxidativa ser considerada a principal fonte de ATP no início do processo germinativo, no decorrer da embebição o embrião é exposto à anaerobiose parcial. Principalmente em sementes grandes, a maior resistência à difusão de oxigênio no meio líquido dificulta a penetração do gás nos tecidos mais internos, ocorrendo a ativação da fermentação alcoólica e o estabelecimento de quocientes respiratórios (CO_2/O_2) maiores que 1. À medida que o embrião cresce e as mitocôndrias se tornam mais ativas, há maior disponibilidade de oxigênio e quocientes respiratórios menores são observados, ocorrendo um aumento no suprimento de ATP graças à ativação do ciclo de Krebs e da via oxidase do citocromo.

Durante a fase I da embebição, a respiração é mantida graças à disponibilidade de açúcares, principalmente sacarose, rafinose e estaquiose, já que a mobilização das principais substâncias de reserva – amido, proteínas e lipídios – ocorre após o início do crescimento do embrião, na fase III da germinação. Entre os processos ligados à reativação do metabolismo disparado pela embebição, destacam-se a síntese de mitocôndria, o reparo de DNA, a tradução e/ou a degradação de RNAm armazenados, a transcrição e a tradução de RNAm novo e a mobilização de reservas, os quais são acompanhados pelo aumento da produção de espécies reativas de oxigênio (ERO), principalmente peróxido de hidrogênio. A produção de ERO durante a embebição contribui para a mobilização de reservas por intermédio de oxidação seletiva de proteínas e RNAm, e pela ativação de proteínas remodeladoras da parede. Por sua vez, a regulação da concentração de ERO pela maquinaria antioxidante da célula é fundamental para assegurar o balanço adequado entre processos oxidativos sinalizadores que favorecem a germinação e processos oxidativos danosos que impedem ou retardam a germinação.

Em *Arabidopsis*, na fase I não se observa a transcrição de genes que codificam proteínas ribossômicas (proteínas-r), sendo as reações catalizadas por enzimas preservadas na semente e ativadas pela hidratação. Esgotamento de substrato e substituição do sistema mitocondrial originalmente presente na semente seca por outro, estrutural e funcionalmente mais eficiente, poderiam ser fatores responsáveis pela fase estacionária. A síntese proteica *de novo* inicia-se logo após a hidratação, a partir de substratos (enzimas, RNAt, ribossomos, RNAm etc.) presentes na semente madura e reativados com a embebição. Nessa fase, existe grande quantidade de RNAm conservado, porém apenas parte dela será transcrita e traduzida em proteínas. De fato, entre as proteínas sintetizadas *de novo*, aquelas envolvidas na tradução de RNAm (10% do total) são sintetizadas somente a partir de 8 h de embebição, indicando que a maquinaria traducional armazenada já está em atividade nas primeiras horas de embebição, ainda que a quantidade de proteínas sintetizadas nesse período (0 a 8 h) seja relativamente baixa (Figura 20.10).

A baixa atividade traducional nas primeiras horas de embebição poderia representar um mecanismo de proteção ao embrião nas primeiras etapas da germinação, ou seja, se o ambiente for eventualmente desfavorável à germinação e ao estabelecimento da plântula, o programa metabólico da fase final da maturação poderia ser estendido, suspendendo-se assim a retomada plena do metabolismo germinativo e mantendo a dormência da semente.

Entre as proteínas sintetizadas nas primeiras 8 h após o início da embebição, destacam-se as proteínas LEA e RAB18 (deidrina), ambas envolvidas na tolerância ao dessecamento, que permitem que o embrião suporte desidratação até a protrusão radicular. Outras proteínas observadas nessa fase foram: CRA (cruciferina), uma proteína de armazenamento; ROC1, uma isomerase da família das ciclofilinas, importante em mecanismos de reparo e remodelagem; e SBT1.7, uma protease envolvida na produção de mucilagem durante a embebição, produto que auxilia na manutenção da integridade do DNA. Curiosamente, muitas das proteínas observadas na fase I estão associadas à fase de maturação da semente (Figura 20.10).

A fase II, intermediária, período durante o qual a porcentagem de hidratação da semente permanece mais ou menos constante, caracteriza-se pela ativação de uma série de processos metabólicos relacionados com a produção de energia e mobilização de reservas. Nessa fase, há um acentuado aumento na expressão de proteínas-r e na atividade ribossômica, facilitando a síntese *de novo* de proteínas necessárias à germinação. Na fase II, que em *Arabidopsis* corresponde ao período de 8 a 32 h após o início da embebição, destacam-se as proteínas:

- KAT2 (3-cetoacil-CoA tiolase) ligada à oxidação de ácidos graxos
- MDAR6 (monodeidroascorbato redutase), antioxidante
- CAT2 (catalase), ligada à quebra do peróxido de hidrogênio
- HSP (proteínas de choque térmico), ligadas à proteção da conformação proteica
- GLN1.3 (glutamina sintetase), ligada à assimilação e à remobilização de nitrogênio inorgânico
- MST1 (mercaptopiruvato sulfurtransferase 1), envolvida em mecanismos de detoxificação
- TPP2 (tripeptidil peptidase), uma protease
- PAB1, uma subunidade do proteossomo 20S, ligada à degradação de proteínas de reserva
- ATMS1 (cobalamina-independente Met sintase), envolvida na síntese de metionina
- PYK10, proteína do catabolismo de glicosinolatos, cuja degradação deve representar importante fonte de enxofre e nitrogênio.

Na fase III, o estabelecimento da plântula é preparado graças à tradução de componentes do citoesqueleto, como as proteínas ACT2 (actina 2) e TUB3 (tubulina 3). Entretanto, proteínas envolvidas na reorganização do citoesqueleto podem ser detectadas já na fase II, indicando que esse evento é necessário para manter as altas taxas de alongamento celular que precedem a protrusão radicular (Figura 20.10). A síntese de DNA ocorre apenas na fase de crescimento do eixo embrionário, quando se iniciam as divisões mitóticas. O aumento no conteúdo de DNA, após o início da embebição, resulta, provavelmente, do reparo e da reidratação de moléculas preexistentes, bem como da síntese de DNA mitocondrial.

Controle

Em algumas sementes, como *Nicotiana* e *Arabidopsis*, a ruptura da testa e a do endosperma são eventos distintos e temporalmente separados. Enquanto o primeiro é consequência do intumescimento da semente decorrente da embebição (mais especificamente, de entrada extra de água ao final da fase 2), o segundo decorre da degradação enzimática do endosperma micropilar (parte do endosperma que cobre o topo da radícula), provocando um "buraco" no tecido, através do qual a radícula emerge (Figura 20.11).

Pesquisas realizadas em plantas-modelo, como *Arabidopsis*, tomate e tabaco, mostram que o controle da germinação ocorre por meio de interações entre o embrião e o tecido que o envolve (endosperma e tegumento). Essa interação entre o eixo embrionário e os tecidos de reserva envolve hormônios vegetais, sendo a indução da síntese de alfa-amilase pelo ácido giberélico (GA_3) no endosperma de cevada um exemplo desse mecanismo. Estudos baseados na distribuição de transportadores de ABA mostram que esse hormônio é produzido

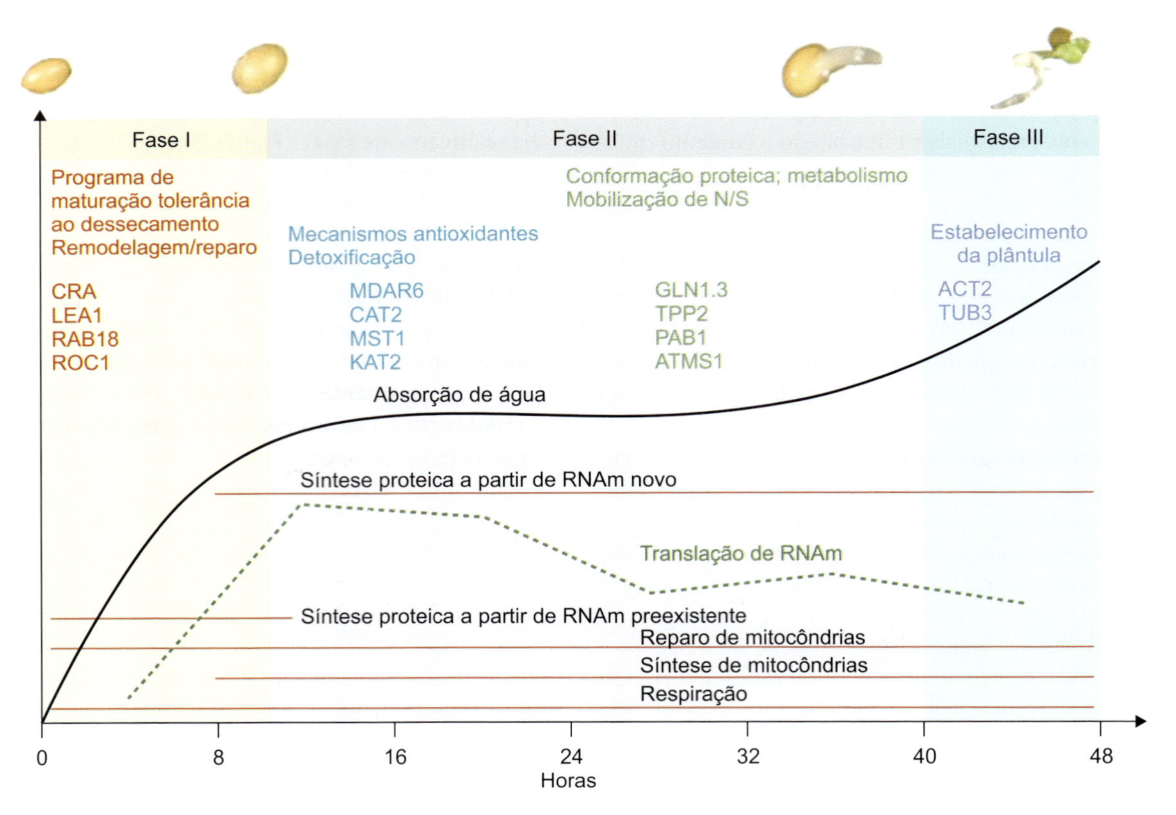

Figura 20.10 Padrão de variação do conteúdo de água (linha preta), tradução de RNAm (linha tracejada verde) e alguns eventos fisiológicos e metabólicos (linhas vermelhas) associados às três fases da captação de água pela semente durante a germinação. As siglas em colunas coloridas representam grupos de proteínas sintetizadas *de novo* nas diferentes fases de embebição, com a descrição das respectivas funções. Fonte: Bewley (1997) e Galland *et al*. (2013).

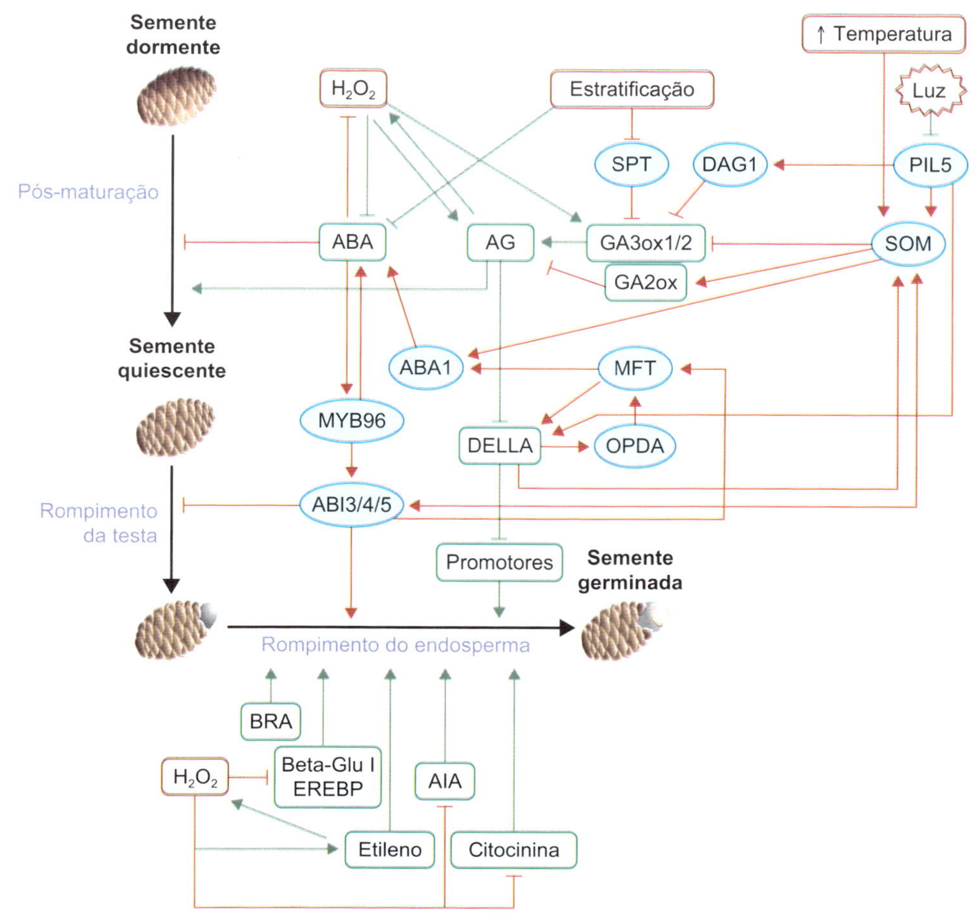

Figura 20.11 Ação de fatores ambientais, hormônios e fatores de transcrição durante a transição do estado de dormência de sementes de tabaco, para a germinação. Ações regulatórias positivas (favoráveis à germinação: ⟶) são indicadas por linhas verdes, e ações negativas (repressão à germinação: ⊣) por linhas vermelhas. ABA: ácido abscísico; AG: giberelina ativa; BRA: brassinosteroides; Beta-Glu I: beta-1,3-glucanase classe I; EREBP: *ethylene responsive element binding proteins* (proteínas de ligação a elemento sensível ao etileno); H_2O_2: peróxido de hidrogênio; SPT: spatula; DAG1: *dof affecting germination 1* (dof influenciadores da germinação 1); SOM: somnus; GA3ox: *gibberellin A3 oxidase* (oxidase da giberelina A3); GA2ox: *gibberellin A2 oxidase* (oxidase da giberelina A2); PIL5: PIF3-*like* 5 (semelhante a PIF5: PIF3); MFT: *mother of FT and TFL1* (mãe de FT e TFL1); OPDA: ácido 12-oxofitodienoico; MYB96: *MYB domain protein 96* (proteína de domínio MYB96: MYB); ABA1: regulador da via de resposta do ABA; ABI4-5: *abscisic acid insensitive 4/5* (insensível ao ácido abscísico 4/5). Adaptada de Kucera *et al.* (2005).

no endosperma e transportado para o embrião, embora este também o produza, enquanto a giberelina é sintetizada no embrião de sementes germinantes de *Arabidopsis* e transportada para o endosperma.

Giberelina e ABA

Por meio do uso de linhagens mutantes, assim como da aplicação de hormônios ou seus inibidores, a maioria dos estudos sobre o papel dos hormônios no controle da germinação concentra-se na AG, no ABA e o no etileno. A giberelina estimula a germinação de sementes não dormentes, agindo também na liberação da dormência. A presença de inibidores da biossíntese de giberelina impede a germinação de várias espécies, processo que ocorre em mutantes deficientes nesse hormônio apenas quando há aplicação de AG, ou quando o embrião é isolado do restante da semente. Giberelinas promovem a germinação atuando como mediadores entre fatores ambientais, como luz e temperatura, e fatores internos restritivos da germinação, como o endosperma. São propostos dois mecanismos para explicar o papel da AG no controle da germinação:

- Indução de genes que codificam enzimas que reduzem a resistência mecânica dos envoltórios ao crescimento do embrião e mobilizam nutrientes para o embrião
- Efeito direto sobre o potencial de crescimento do embrião, mais propriamente a capacidade da célula de gerar potencial de pressão intracelular suficiente para vencer a resistência da parede e se expandir.

Em sementes de *Arabidopsis*, a indução precoce de genes ligados à biossíntese de AG na radícula e a presença de genes capazes de responder à giberelina em tecidos não produtores desse hormônio sugerem que a AG embriônica se difunde, já nas primeiras etapas da embebição, para o endosperma micropilar, tornando-o competente para o rompimento durante a etapa final da germinação (protrusão radicular). O aumento de giberelinas ativas durante a fase de ruptura da testa se dá graças ao aumento da expressão de *GA3ox* (ver Capítulo 11) tanto no embrião (radícula e cotilédone) quanto no endosperma (micropilar e periférico), causando aumento no teor de AG necessário ao enfraquecimento do endosperma micropilar. A degradação do endosperma, portanto, depende de um sinal do embrião, como em *Lepidium sativum*, no qual o enfraquecimento do endosperma requer que este esteja em contato com o embrião por pelo menos 2 h, para que o sinal químico se mova para o endosperma e desencadeie a germinação. Por sua vez, sementes cuja germinação não sofre interferência por parte das estruturas que envolvem o embrião, como é o caso da soja, não dependem da síntese de GA para germinar.

Sabe-se que GA atua na degradação de proteínas DELLA (RGL2 e RGL3, em *Arabidopsis*) (ver Capítulo 11), as quais inibem a germinação por meio de três vias: estímulo da biossíntese de ABA, via ABA1; estímulo de elementos da via sinalizadora do ABA (ABI5); e inibição da expressão gênica de proteínas de remodelação da parede celular. DELLA também pode regular positivamente a expressão de oxilipinas, como o ácido 12 oxo-fitodienoico (OPDA), precursor do ácido jasmônico. O OPDA, por sua vez, também estimula a produção de ABA por meio dos fatores MFT (*mother of FT and TFL1*) e ABA1 (ver Figura 20.11).

Se, no final da etapa de maturação da semente, o programa metabólico é voltado para a inativação do ABA, na germinação o programa volta-se para a síntese *de novo* de AG, por intermédio da ativação de *GA3ox1/2*, que, como mencionado anteriormente, desempenha papel-chave no controle do processo germinativo, e cujos transcritos são encontrados apenas no embrião de sementes em germinação. A indução de *GA3ox* é sensível a vários fatores ambientais, principalmente luz e temperatura. A estratificação (exposição de sementes embebidas a temperaturas da ordem de 5 a 7°C) tem efeito positivo sobre a expressão de *GA3ox*, provavelmente por intermédio do fator *spatula* (SPT), que codifica uma proteína repressora de *GA3ox*. Temperaturas elevadas (na faixa de 22 a 32°C), por sua vez, inibem a germinação de *Arabidopsis*, regulando negativamente a expressão de *GA3ox*, reduzindo assim a biossíntese de giberelina. A complexa cadeia regulatória da síntese de AG conta ainda com a ação dos fatores ABI3 (*ABA-insensitive 3*), ABI5 (*ABA-insensitive 5*) – pertencentes à via sinalizadora do ABA – e DELLA, que também regulam negativamente GA3ox por meio da ativação de *somnus* (SOM) (ver Figura 20.11).

Os estudos em *Arabidopsis* sugerem que a resposta da semente à giberelina seja determinada pela quantidade de ácido abscísico (ABA) produzido na semente durante o desenvolvimento e/ou pelo grau de dormência imposto pelo ABA, bem como pela quantidade de ABA produzida durante a embebição, particularmente em sementes dormentes. ABA e GA atuam, portanto, de modo *inverso* no controle da síntese das enzimas envolvidas na degradação de paredes celulares do endosperma: enquanto o primeiro hormônio inibe – ou não causa efeito – sobre a expressão dos genes, o segundo promove a expressão. Experimentos realizados com sementes de tomate e café, cuja germinação é inibida pelo ABA, mostram que o efeito do ABA se dá por intermédio da inibição de endo-beta-mananases, enzimas envolvidas na hidrólise de galactomananos (carboidratos de reserva presentes nas paredes celulares do endosperma). No café (Silva *et al.*, 2004), o controle que o ABA exerce sobre a germinação parece envolver indiretamente a inibição do potencial de crescimento do embrião. Em espécies do gênero *Vellozia*, o ABA também parece desempenhar importante papel no controle da germinação, intermediando a ação da luz e da temperatura (Vieira *et al.*, 2016). O ABA também atua restringindo a disponibilidade de metabólitos. O fator de transcrição MYB96 (*myeloblastosis domain protein96*) – que participa da via da sinalização do ABA – regula positivamente tanto a expressão de genes da biossíntese de ABA quanto de ABI4, que inibe o catabolismo de lipídios no embrião, reduzindo assim a disponibilidade de energia para o crescimento da plântula e produzindo acúmulo de triacilgliceróis nos tecidos embrionários.

Etileno

A aplicação de etileno estimula a germinação de algumas sementes, como em *Cucumis anguria* (Cucurbitaceae), muitas vezes em interação com a luz e outros hormônios, como o ABA, a cinetina e o ácido giberélico. O etileno parece contrapor-se ao efeito inibitório do ABA na germinação por interferência na cadeia de transdução de sinais do ABA. Isoladamente, o etileno não é capaz de quebrar a dormência de sementes de algumas espécies, embora estimule a germinação de sementes não dormentes. É o caso de algumas sementes que requerem luz para germinar e cuja germinação é inibida após tratamento com inibidores da biossíntese ou ação do etileno, embora o tratamento com etileno não promova a germinação no escuro. Sementes germinantes com bons índices de vigor podem liberar quantidades relativamente elevadas desse gás, e a quantidade emanada de sementes dormentes tende a ser menor que de sementes quiescentes, como ocorre em amendoim. Em sementes embebidas de *Amaranthus caudatus* (amaranto) e *Cucumis anguria*, o etileno é detectado antes da protrusão da radícula, havendo um pico de produção associado à germinação visível. Na semente, o sítio de produção de etileno localiza-se quase exclusivamente no eixo embrionário, particularmente nas zonas de elongação e diferenciação celular na radícula. Primariamente, o etileno parece agir na promoção do crescimento radial do hipocótilo e no aumento da taxa de respiração. Assim como as giberelinas, acredita-se que o etileno possa também estimular a síntese de enzimas na região do ápice da radícula relacionadas com a degradação do endosperma, entre elas a endo-beta-mananase e a beta-1,3-glucanase. O etileno está associado ainda ao aumento da respiração e à redução do potencial hídrico na semente.

Citocininas e auxinas

A germinação também pode ser promovida pela aplicação de citocininas, como em *Rumex obtusifolius* (língua-de-vaca), porém os efeitos do hormônio endógeno nesse processo ainda são pouco conhecidos, acreditando-se que ele possa estar envolvido em processos antioxidativos. Assim como em diversos outros fenômenos, a ação das citocininas no controle da germinação e dormência parece envolver a interação com outros hormônios, como a inibição do ABA e o estímulo do etileno.

O papel das auxinas na indução da germinação é controverso, sendo sua ação mais diretamente relacionada com o alongamento do hipocótilo e o crescimento da plântula. O uso de inibidores de transporte de auxinas (TIBA, ácido 2,3,5-triiodobenzoico) afeta negativamente a velocidade de germinação, sugerindo a necessidade do transporte de auxinas para a germinação. A expressão da proteína transportadora de auxina

AUX1 (*auxin resistan t1*) no ápice da radícula não é essencial para a protrusão radicular, mas desempenha papel importante na velocidade de germinação por intermédio da ativação de genes *CYCD* (ciclinas tipo D), conhecidos por participar da germinação regulando a divisão celular.

Brassinosteroides e ácido jasmônico

A ação dos brassinosteroides (BR) na germinação ainda não está bem esclarecida, mas pesquisas recentes com *Arabidopsis* sugerem que essa classe de hormônios estimule a germinação e antagonize o efeito do ABA na manutenção da dormência, possivelmente promovendo a síntese de giberelina. Estudos realizados em sementes de tabaco sugerem que AG e BR agem em paralelo na promoção do alongamento celular e na germinação, ambos se contrapondo ao efeito inibitório do ABA (ver Figura 20.11). O papel de BR na indução de etileno em *Arabidopsis* deve estar relacionado com a estabilização da enzima ACS (ACC sintase), envolvida na biossíntese do ácido 1-aminociclopropano-1-carboxílico, precursor do etileno. Estudos em *Arabidopsis* indicam que BR regulam a dormência, não só se opondo ao ABA, mas também aumentando a produção de etileno, o que deve ocorrer em sementes de monocotiledôneas.

Ácido jasmônico, uma substância isolada de várias partes da planta (incluindo sementes imaturas), inibe a germinação de sementes, mas também pode contribuir para a quebra de dormência, como observado em *Acer* spp. e trigo (ver Capítulo 14). Nesse caso, sementes livres do pericarpo e tratadas com o hormônio requerem tempo menor de estratificação (tratamento de frio) para adquirir a capacidade de germinar. O papel do metiljasmonato na redução da dormência de sementes de trigo parece estar relacionado com mudanças no conteúdo de ABA no embrião e na expressão de genes (*NCED1* e *ABA8OH1*) envolvidos na biossíntese de ABA.

Interações entre hormônios e ERO

A rede de interações entre os hormônios ABA-AGs-C_2H_4 no controle da germinação é complexa, destacando-se as interações antagônicas entre o ABA e as giberelinas, o etileno e os brassinosteroides, e os jasmonatos e as auxinas. Associado a esse fato, vem merecendo cada vez mais atenção o papel das espécies reativados do oxigênio (ERO) como agentes sinalizadores e reguladores da germinação, por meio das redes hormonais, especialmente ABA e AG, mas também o etileno. Hormônios com papel mais ativo no processo de germinação (AG e etileno) agem positivamente sobre a produção de ERO, particularmente H_2O_2, e também são influenciados positivamente por essa molécula. Já em relação ao ABA, sua biossíntese e ação são afetadas negativamente pelo H_2O_2, que, por sua vez, também é inibido pelo ABA. O H_2O_2 contribui para o enfraquecimento do endosperma estimulando – por meio da oxidação proteica, da ativação de cinases e das mudanças no potencial *redox* – a expressão de hidrolases (Tabela 20.1).

Esta seção tratou de alguns aspectos do controle da germinação, principalmente por intermédio da ação de hormônios vegetais. Além disso, trabalhos com mutantes (particularmente *Arabidopsis*) mostram que a germinação e a dormência devem estar submetidas a um complexo controle genético, conforme mostra o grande número de *loci* identificados até o presente momento. Esses genes, por sua vez, determinam toda uma gama de caracteres da semente, desde morfológicos até fisiológicos, que afetarão sua resposta aos diversos fatores do meio.

Fatores que influenciam a germinação

Condições ambientais que propiciam uma germinação bem-sucedida, em geral, refletem as condições que a plântula normalmente encontra em seu ambiente natural. Se tais condições permitirem que a planta jovem cresça e se reproduza, isso assegurará o sucesso do genótipo; portanto, a sobrevivência em determinado ambiente passa pela capacidade de resposta da semente aos diferentes sinais do meio. Nesta seção, será discutido como as sementes respondem a alguns fatores ambientais (luz, temperatura, potencial da água, fatores químicos, gases e fatores bióticos) e a fatores endógenos (morfologia e viabilidade). A dormência será tratada em um item à parte.

Luz

A luz é percebida pela semente por meio do pigmento *fitocromo*, uma cromoproteína vegetal que absorve luz vermelha (V), vermelho-extremo (VE) e azul. Esse pigmento é encontrado na forma *Fv*, com absorção máxima em V (660 nm), e na forma *Fve*, considerada ativa, com pico de absorção no VE (730 nm). Em *Arabidopsis,* foram identificados cinco genes codificadores da apoproteína, destacando-se *PHYA*, responsável pelo fitocromo A – mais sensível à degradação pela luz –, e *PHYB*, que codifica o fitocromo B, um tipo fotoestável. Comprimentos de onda ricos em VE tendem a inibir a germinação, em virtude da fotoconversão do Fve para a forma Fv. Do mesmo modo, a ação da cobertura vegetal e/ou dos tecidos que envolvem a semente durante sua maturação na planta-mãe pode fazer com que o *fotoequilíbrio* ou *estado fotoestacionário* do fitocromo (relação Fve:fitocromo total) no embrião seja baixo ao final de seu desenvolvimento. Portanto, uma semente amadurecida em um ambiente rico em VE (como sob dossel, cuja razão V:VE tende a ser baixa) pode ter sua germinação inibida e apresentar maior dormência.

De modo geral, as sementes podem ser divididas em três grupos, dependendo da resposta germinativa à luz branca:

- Sementes *afotoblásticas*, cuja germinação é indiferente à luz (como o feijão e a maioria das hortaliças)
- Sementes *fotoblásticas*, que apresentam maior germinabilidade e/ou velocidade de germinação em luz que em escuro, como *Cecropia glaziovii* (embaúba), *Plantago tomentosa* (tanchagem) e *Hyptis suaveolens*
- Sementes *fotoblásticas negativas* que germinam melhor em escuro que em luz, como *Sida rhombifolia* (guanxuma), *Catharanthus roseus* (vinca) e *Ricinus comunis* (mamona).

O fotoblastismo não é um caractere absoluto, mas depende de inúmeros fatores, como: condições de maturação; tempo de armazenamento; integridade dos tegumentos; nitrato; potencial hídrico do meio; e temperatura de germinação. Sementes maiores ou de espécies em estágios sucessionais mais avançados tendem a ser indiferentes ou ter a germinação inibida pela luz branca, enquanto as sementes pequenas ou de plantas pioneiras necessitam de luz para germinar. A luz filtrada pelo dossel, rica em vermelho-extremo, atua inibindo a germinação especialmente de espécies consideradas pioneiras (Tabela 20.2). Nesses casos, a luz pode atuar como sinal que permite à semente detectar clareiras ou aberturas no dossel, como no caso das embaúbas.

Os efeitos da luz na germinação podem ser agrupados em três categorias principais:

- Efeitos de exposição curta: a germinação é estimulada ou inibida em uma densidade mínima de fluxo de fótons (fluência) em torno de 1 μmol.m^{-2}, ocorrendo a saturação da resposta em fluências relativamente baixas (ao redor de 100 μmol.m^{-2}). Portanto, respostas desse tipo são classificadas como de *baixa fluência* (RBF)
- Efeitos de exposição curtíssima: a resposta das sementes satura (ou seja, atinge seu máximo) em fluências da ordem de 0,1 μmol.m^{-2}, motivo pelo qual esse tipo de resposta é conhecido como de *fluência muito baixa* (RFMB)
- Efeitos de exposição longa: nesse caso, a resposta da semente requer exposições prolongadas e altas irradiâncias (energia ou fótons por unidade de área por unidade de tempo), sendo, portanto, classificada como *resposta de alta irradiância* (RAI). Além da irradiância, a RAI depende da composição espectral da luz.

A resposta à irradiância depende, entre outros fatores, do lote de sementes, de pré-tratamentos (p. ex., tratamento térmico), das condições de maturação e pós-dispersão, bem como das condições do ensaio de germinação. Assim, uma mesma espécie pode apresentar os três tipos de resposta à luz (RFB, RFMB e RAI), como observado em certas variedades de *Lactuca sativa* (alface): quando a semente é previamente tratada com temperatura alta, a resposta muda de RFB para RFMB; ao passo que exposições prolongadas a irradiâncias acima de 100 μmol.m^{-2}.seg^{-1} inibem a germinação.

A constatação de que o efeito promotor de período curto de luz vermelha (V) sobre a germinação no escuro de sementes fotoblásticas de alface podia ser revertido por breve exposição ao vermelho-extremo (VE) levou à descoberta da fotorreversibilidade do fitocromo. Essa resposta, caracterizada como RBF, é regulada pelo fitocromo B. O fitocromo A, por sua vez, induz a germinação sob VE contínuo (reação de alta irradiância, RAI) ou sob irradiâncias muito baixas (RFMB). Sementes de *Arabidopsis* embebidas no escuro, e cujo fitocromo foi ativado por V, podem ter a germinação inibida por VE aplicado no início da embebição, graças à reversão do fitocromo B da forma ativa Fve para a inativa Fv. Entretanto, um segundo pulso de VE aplicado 48 h após o primeiro induzirá a germinação por intermédio da ativação do fitocromo A. Assim, no início da embebição, a resposta da semente à luz é controlada principalmente pelo fitocromo B, localizado no endosperma. A luz vermelha ativa o fitocromo B, que causará a inativação do fator PIL5 (*phytochrome-interacting fator 3-like 5*) e, consequentemente, reduzirá os níveis de ABA no

Tabela 20.1 Ação de giberelinas (AG) e ácido abscísico (ABA) na expressão de genes detectados antes da protrusão da radícula, em sementes de tomate embebidas. Também se apresenta o tecido no qual o gene é expresso, sendo o endosperma apical a região do endosperma que recobre o ápice radicular.

Enzima codificada	Tecido da semente no qual ocorre a expressão	ABA	AG
Endo-beta-mananase	Endosperma apical, endosperma lateral, embrião	Sem efeito	Promove
Celulase	Endosperma, ápice radicular	Sem efeito	Promove
Poligalacturonase	Endosperma apical, ápice radicular	Sem efeito	–
Arabinosidade	Endosperma apical, endosperma lateral	Sem efeito	Promove
Beta-1,3-glucanase	Endosperma apical	Inibe	Promove
Expansina	Endosperma apical	Sem efeito	Promove
Quitinase	Endosperma apical, ápice radicular	Sem efeito	Promove
H^+-ATPase vacuolar	Endosperma apical, ápice radicular	Inibe	Promove

Adaptada de Bradford *et al.* (2000).

Tabela 20.2 Capacidade relativa de germinação de algumas espécies pioneiras em diferentes condições de luz.

Espécie	Germinação			
	Escuro	Luz branca	Vermelho-extremo	Sob dossel
Carica papaya	Não germinou	Alta	Não germinou	Muito baixa
Cecropia obtusifolia	Não germinou	Alta	Não germinou	Muito baixa
Ficus insipide	Não germinou	Alta	Média	Baixa
Piper auritum	Não germinou	Alta	Não germinou	Muito baixa
Croton floribundus	Alta*	Alta*	–	Muito baixa
Miconia chamiriois	Não germinou	Alta	Alta**	Alta
Solanum gracilliamun	Não germinou	Muito baixa	Não germinou**	Não germinou

*Regime de temperatura alternante de 20 a 30°C.
**Iluminação rica em VE (baixa razão V:VE).
Adaptada de Vazquez-Yanes *et al.* (2000) e Valio e Scarpa (2001).

endosperma. Ao mesmo tempo, o vermelho ativa o fitocromo A (localizado no embrião) e inibe PIL5, causando desrepressão da GA3ox no embrião e o aumento de AG, a qual induz a germinação (Figura 20.12). A aplicação de VE logo após a luz vermelha converterá o fitocromo B na forma Fv (considerada inativa para esse tipo de fitocromo), de modo que PIL5 poderá agir livremente, estimulando a síntese de ABA no endosperma (ver Figuras 20.11 e 20.12). Já o fitocromo A, mesmo na forma Fv, seguirá inibindo PIL5 e, portanto, liberando a síntese de AG no embrião. Nesse caso, entretanto, o ABA do endosperma penetra no embrião e sobrepuja o efeito promotor do fitocromo A sobre a giberelina, inibindo a germinação (Figura 20.12).

Contudo, quando o VE é aplicado tardiamente durante a embebição no escuro (48 h após a primeira aplicação), há um enfraquecimento da resposta ao ABA endospérmico, o qual é incapaz de inibir a ação da giberelina no embrião, ocorrendo, portanto, a germinação (Figura 20.12). Essa germinação dependente unicamente do fitocromo A é do tipo "explosiva", ou seja, o embrião traspassa a testa sem que ela sofra ruptura prévia, já que no endosperma ainda predomina a inativação dependente do VE. O mecanismo que leva ao enfraquecimento – dependente do tempo de embebição – da resposta do embrião ao ABA do endosperma é ainda desconhecido, mas observa-se que a expressão dos fatores NCED6/9 e ABI3/5, relacionados com a biossíntese de ABA, diminui com o tempo de embebição após o primeiro pulso de VE.

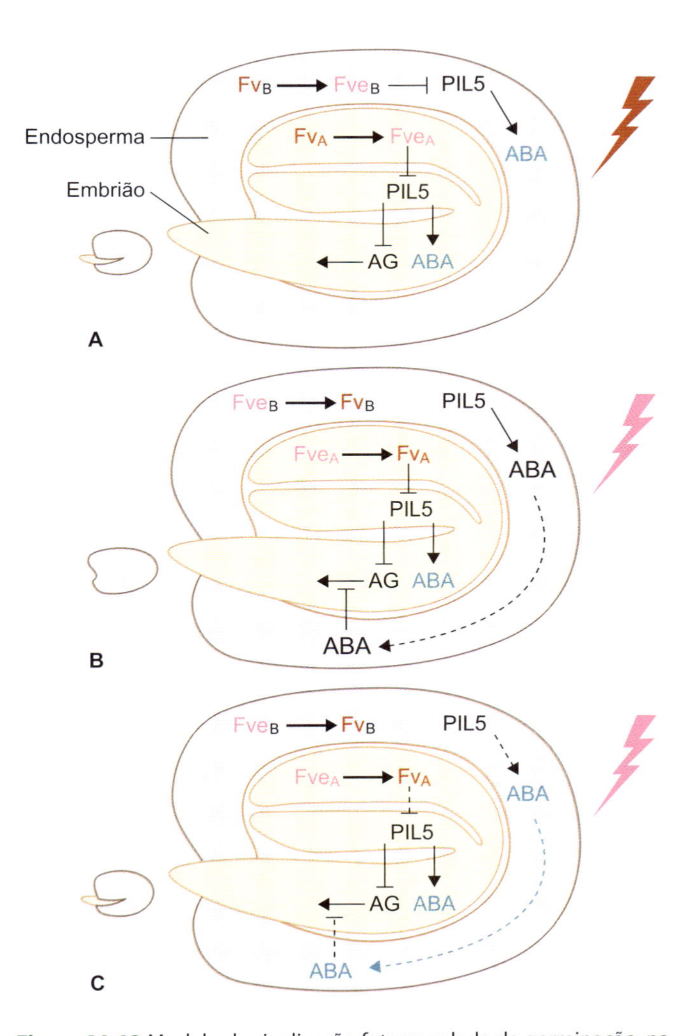

Figura 20.12 Modelo da sinalização fotorregulada da germinação, na planta modelo *Arabidopsis*. A espessura do endosperma está desproporcional, para efeito de apresentação gráfica. **A.** Sementes embebidas em escuro e submetidas a um pulso de luz vermelha, induzindo-se a germinação. **B.** Sementes submetidas a um pulso de luz vermelho-extrema nas primeiras horas de embebição, inibindo-se a germinação. **C.** Sementes submetidas a um pulso de vermelho-extremo após 48 h de embebição, com promoção da germinação. Adaptada de DeWitt *et al.* (2016).

A percepção da luz pela semente é, portanto, determinada pela dinâmica do fitocromo que, por sua vez, é influenciada pela intensidade e qualidade da luz. Diversos componentes do meio e da própria semente "filtram" a luz que atinge o embrião, alterando a irradiância e a proporção dos comprimentos de onda percebidos pelo fitocromo, conforme ilustrado na Figura 20.13. Como exemplo, na faixa de 400 a 800 nm, a luz que alcança a profundidade de 3 mm em um substrato de areia úmida é mais rica em comprimentos de onda longos que curtos, ou seja, contém mais vermelho-extremo que vermelho. A mesma tendência é observada em tegumentos de algumas sementes, como maxixe (*Cucumis anguria*). Mesmo a serapilheira (camada superficial de material orgânico em decomposição, especialmente vegetal, em solos de florestas) pode modificar a proporção de vermelho e vermelho-extremo, além, é claro, de reduzir a irradiância sobre o solo.

Em resumo, quando a resposta é mediada pelo fitocromo B, a luz branca ou vermelha inibe a síntese de ABA no endosperma, enquanto vermelho-extremo e escuro a promovem. Contudo, quando a ação é mediada pelo fitocromo A, tanto o vermelho quanto o vermelho-extremo inibem a síntese de

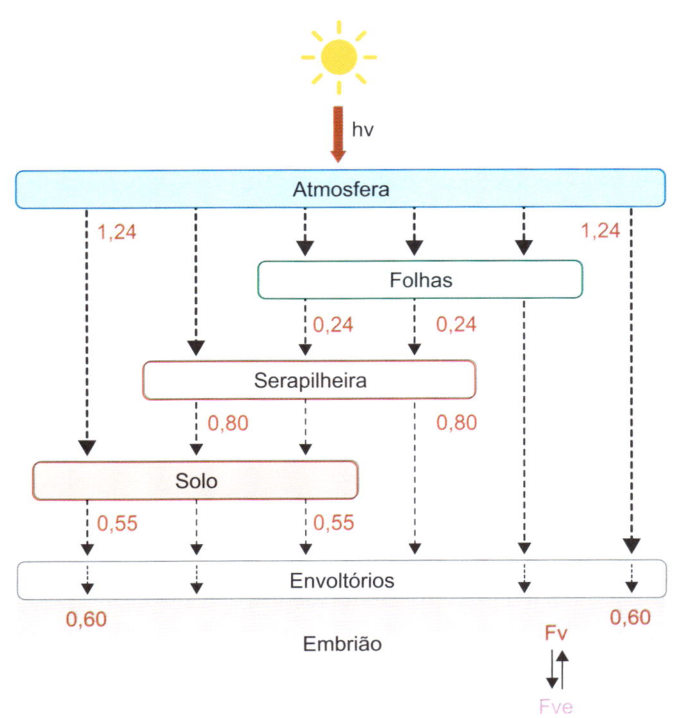

Figura 20.13 Esquema simplificado dos principais "filtros" naturais da luz que atinge o embrião. Os números representam valores da razão V:VE antes e após alguns filtros, e a espessura das setas indica a irradiância relativa.

ABA e estimulam a de AG no embrião, promovendo a germinação. De acordo com o modelo proposto – com base em estudos realizados com *Arabidopsis* –, o fitocromo ativado pela luz vermelha (Fve) penetra no núcleo e inibe o fator PIL5, que regula negativamente a germinação por meio de uma via que envolve também a participação dos fatores SOM (*somnus*) e ABI3/4/5 (*abscisic acid insensitive* 3/4/5), além de proteínas participantes da cadeia sinalizadora do ABA expressas no embrião e no endosperma micropilar. No escuro, PIL5 estimula a expressão do repressor DELLA e, indiretamente, aumenta a expressão de *GA2ox* (que inativa AG) e de genes da biossíntese de ABA. Assim, a participação da luz por meio de PIL5 e SOM assegura que a síntese de AG seja suficientemente alta para reverter o bloqueio à germinação imposto pelas proteínas DELLA (p. ex., GAI, RGL2 e RGA). O vermelho-extremo inibe a germinação por meio do estímulo, via DELLA e NCED1, da biossíntese de ABA e do fator de resposta ao ABA, ABI3. No escuro, o fitocromo B permanece na forma inativa (Fv) no citosol, de modo que o ABA endospérmico (estimulado por PIL5) se opõe à sinalização pelo phyA por intermédio do fator de transcrição ABI5 que, com o PIL5, atua sobre vários genes do embrião que regulam negativamente a germinação (ver Figuras 20.11 e 20.12).

A luz azul é absorvida principalmente por *criptocromo* (CRY1) e fototropinas (PHOT). CRY1 reprime o fator ABA8'OH-1, que regula negativamente a síntese de ABA, e estimula NCED1, participante da via biossintética desse hormônio, causando assim o bloqueio da germinação dependente do ABA.

Temperatura

As flutuações térmicas às quais as sementes são continuamente expostas constituem sinal importante do ambiente no controle das diferentes etapas do desenvolvimento das plantas. Na semente, a temperatura atua tanto na indução e quebra da dormência quanto no crescimento embrionário. A ação da temperatura pode ocorrer já na fase de desenvolvimento, como em *Amaranthus retroflexus* (caruru), quando temperaturas mais elevadas na maturação da semente na planta-mãe podem promover aumento na capacidade de germinação. Em algumas espécies de climas temperados, temperaturas elevadas na maturação também podem induzir dormência na semente.

A germinação da semente não dormente é balizada pelas chamadas *temperaturas cardeais*, ou seja, as temperaturas máxima ($T_{máx}$), mínima ($T_{mín}$) e ótima (T_{opt}) para que a germinação ocorra. As temperaturas cardeais são parâmetros fisiológicos característicos de cada semente ou população. A temperatura (ou faixa térmica) ótima é aquela que resulta no maior número de sementes germinadas em menor tempo, ou seja, a que produz maior germinabilidade (capacidade de germinação, expressa em porcentagem) e velocidade de germinação (Figura 20.14).

Em geral, a velocidade de germinação é mais sensível às variações de temperatura que a germinabilidade, sendo assim usada para a definição do intervalo infraótimo entre $T_{mín}$ e T_{opt}, no qual a velocidade aumenta com a temperatura, e do intervalo supraótimo entre T_{opt} e $T_{máx}$, no qual a velocidade diminui (Figura 20.14). Em estudos sobre a dependência térmica da germinação, também são consideradas as temperaturas mínima (T_b) e máxima (T_c) teóricas de germinação, cujos valores são estimados a partir de técnicas estatísticas. Em geral, usa-se o ajuste linear que melhor descreve a relação entre velocidade de germinação (1/t, sendo t o tempo necessário para a germinação) e temperatura, tanto nos intervalos infra quanto supraótimo. A partir das equações geradas por tais ajustes, pode-se estimar T_b e T_c, de modo que, para fins práticos, T_b (temperatura mínima teórica) pode ser considerada equivalente a $T_{mín}$ (temperatura mínima experimental de germinação), assim como T_c pode ser equivalente a $T_{máx}$ (Figura 20.14). Os parâmetros T_b e T_c são utilizados em modelos que descrevem a resposta da semente em relação à temperatura, os quais buscam prever o comportamento germinativo de espécies e/ou lotes de sementes em diferentes cenários de temperatura ambiental. Por exemplo, a diferença entre T_b e a temperatura real de germinação (T) permite a determinação do chamado "tempo térmico" de germinação (θ_G, medido em graus.dia ou graus.hora). A partir dos parâmetros Tb e θ_G, pode-se então estimar o tempo real de germinação (t_G) em uma temperatura infraótima qualquer (T), de acordo com a expressão:

$$\theta_G = (T\text{-}Tb)t_G \Rightarrow t_G = \theta_G/(T\text{-}Tb)$$

Mais que simples ferramentas estatísticas, T_G e θ_G também podem refletir características fisiológicas individuais da semente, já que esses parâmetros variam dentro das sementes de uma população. Assim, Tb e Tc podem variar conforme a capacidade de germinação e/ou grau de dormência da semente, ou seja, o estado fisiológico da semente determinará o tamanho (amplitude) da "janela térmica" (diferença entre Tb e Tc de germinação de determinada população. Os histogramas pequenos no alto da Figura 20.14 mostram como as temperaturas mínima, ótima e máxima de germinação podem variar entre as espécies, exemplificadas por culturas agrícolas e árvores. Em geral, sob condições naturais, a semente está exposta a um ambiente no qual a temperatura exibe variação cíclica. Essa flutuação tem sido considerada, assim como a luz, importante fator ecológico para a percepção do microambiente pela semente. A amplitude térmica (diferença entre as temperaturas máxima e mínima), por exemplo, pode sinalizar à semente enterrada a distância dela em relação à superfície do solo, já que a amplitude térmica tende a diminuir com o aumento da profundidade.

Na germinação de sementes, os efeitos da temperatura estão relacionados principalmente com dois processos:

- Transconformação de macromoléculas, especialmente proteínas
- Regulação da expressão gênica.

A transconformação – mudança na configuração espacial da estrutura molecular – pode significar, em se tratando de uma enzima, uma alteração em sua capacidade de catálise e, portanto, na velocidade das reações químicas na célula. O modo como as enzimas respondem à temperatura pode ser quantitativamente descrito pela equação:

$$E_{ativo} \leftrightarrow E_{inativo} \rightarrow X$$

Em que:

- E_{ativo} = forma ativa da enzima
- $E_{inativa}$ = forma inativa da enzima
- X = estado totalmente desnaturado da enzima.

A transição entre E_{ativo} e $E_{inativo}$ apresenta energia de ativação (Ea = barreira energética a ser transposta para que a reação ocorra) menor que a transição $E_{inativo} \longrightarrow X$, é termodependente e apresenta uma constante de equilíbrio (K_{eq}) determinada por mudanças no sítio ativo da enzima. Isso significa que a relação entre velocidade de germinação e temperatura pode ser explicada em termos da distribuição das formas ativa e inativa, bem como das taxas de desnaturação (transição $E_{inativo} \longrightarrow X$), das enzimas envolvidas no processo global de germinação. Na faixa térmica infraótima – na qual a velocidade (V) aumenta com a temperatura (T) –, a elevação de T favorece o estado ativo de enzimas envolvidas em processos parciais promotores da germinação. No intervalo supraótimo, o aumento de T favorece a desnaturação enzimática e, ao mesmo tempo, promove processos parciais antagônicos à germinação, diminuindo V.

Mais que a natureza física dos efeitos da temperatura, busca-se atualmente compreender os mecanismos moleculares e fisiológicos associados à tolerância das sementes ao estresse térmico, visando-se a entender não só a distribuição das espécies no ambiente natural, mas também a criar variedades mais resistentes em um cenário de grandes mudanças climáticas. Flutuações térmicas acentuadas (temperaturas baixas ou altas) podem ativar ou reprimir genes específicos, alterando o programa morfogenético da semente. Assim, por exemplo, temperaturas altas ou baixas podem levar à expressão de proteínas específicas (HSP) provavelmente relacionadas com mecanismos de proteção da célula em condições térmicas desfavoráveis que envolvem, por exemplo, a estabilização da estrutura tridimensional de proteínas. No caso de arroz (*Oryza sativa*), além das HSP, genes relacionados com a produção de antioxidantes e proteínas LEA são expressos diferencialmente em plântulas mantidas em temperaturas elevadas. Em alface,

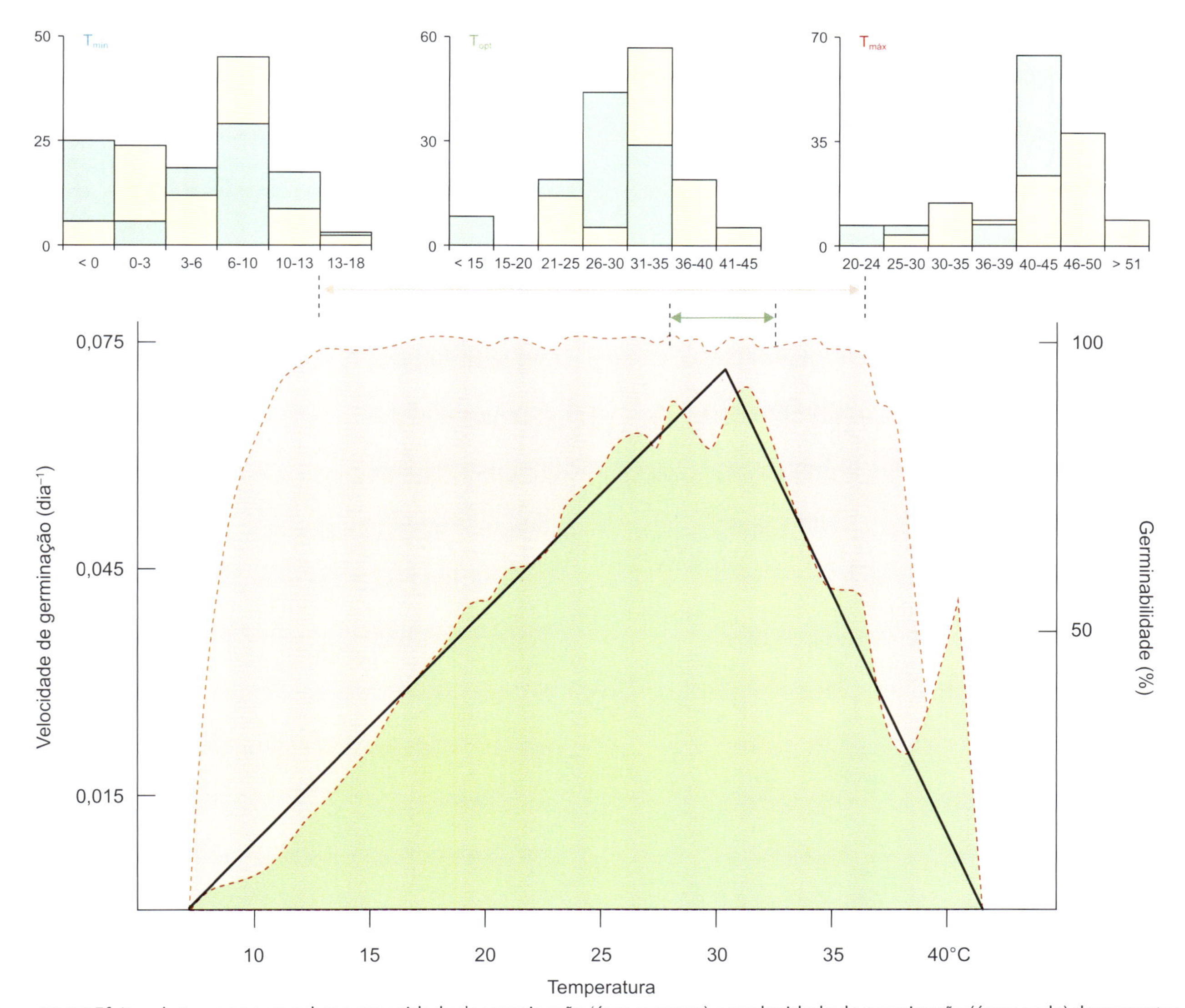

Figura 20.14 Efeitos da temperatura sobre a capacidade de germinação (área marrom) e a velocidade de germinação (área verde) de sementes de *Dolichos biflorus*. A relação entre velocidade e temperatura é descrita por retas, com as respectivas equações (Labouriau, 1983). Os histogramas no alto da figura mostram as frequências de distribuição das temperaturas cardeais ($T_{mín}$, T_{opt} e $T_{máx}$) em levantamento feito com sementes de espécies arbóreas (barras verdes) e culturas agrícolas (barras laranja). Fonte: Durr *et al.* (2015).

o efeito inibitório de altas temperaturas (aprox. 35°C) sobre a germinação é mediado por complexas alterações no metabolismo e na sinalização hormonal. Observou-se, por exemplo, o aumento na expressão do gene *LsNCED4* (que codifica uma 9-cis-epoxicarotenoide dioxigenase envolvida na biossíntese de ABA) em genótipos mais sensíveis à temperatura alta, sugerindo que a expressão desse gene determine o limite térmico superior ($T_{máx}$) da germinação de alface. Além disso, a expressão de *LsGA30x* (gene envolvido na produção de giberelinas ativas) é inibida em sementes termossensíveis e promovida em genótipos termotolerantes embebidos a 35°C, indicando a participação da giberelina. A expressão diferencial do gene *ERF1* (*ethylene response factor 1*) em linhagens termotolerantes de *Arabidopsis* tratadas em temperaturas elevadas (30°C) sugere que esse fator da via de transdução de sinais do etileno também aumente o limite térmico superior ($T_{máx}$), estimulando a biossíntese de giberelinas, as quais antagonizam o efeito inibitório do ABA sobre a germinação. Quanto ao estresse provocado por temperaturas baixas, a presença de ácidos graxos insaturados e o aumento de atividade antioxidante, além da expressão diferencial de determinados genes, parecem constituir importantes mecanismos de resistência ao frio, em plantas. Pesquisas recentes também mostram que o gene *DOG1* (*delay of germination 1*), expresso principalmente durante a fase de maturação, regula o enfraquecimento termodependente do endosperma de sementes de *Arabidopsis*, interferindo no metabolismo de giberelinas.

Potencial da água

A água é o principal fator para o início da germinação, considerando-se que o embrião não cresce a menos que haja entrada suficiente de água nos tecidos para promover pressão de turgescência à expansão celular (ver Capítulo 1). Além disso, como mencionado anteriormente, a retomada do metabolismo na semente depende do aumento da hidratação dos tecidos. O aumento do volume da célula – condição necessária para que a germinação ocorra – é governado basicamente pela parede celular e pela capacidade de hidratação dos tecidos. Assim, para o crescimento do embrião, não basta o afrouxamento da parede, mas também que a célula consiga absorver água suficiente para que a turgescência gerada pela embebição supere a resistência da parede e aconteça o alongamento celular.

A dependência da germinação em relação ao potencial da água (Ψ_ω) é similar ao efeito da redução da temperatura na faixa infraótima. A embebição depende da diferença entre o Ψ_ω do meio e o Ψ_ω da semente, ou seja, quanto mais negativo o Ψ_ω da semente em relação ao Ψ_ω do meio, maior será a embebição. Portanto, assim como a temperatura, a diminuição do Ψ_ω no meio provoca redução na velocidade de germinação ou mesmo na germinabilidade. A Figura 20.15 ilustra a relação entre velocidade de germinação (V) de sementes de *Eucalyptus grandis* (eucalipto) e o potencial de água. A velocidade é definida como o inverso do tempo (t) necessário para a germinação de determinado número de sementes, expresso em porcentagem. No exemplo, são mostrados os valores de V correspondentes às porcentagens de 5, 10, 20, 40, 60 e 80%. Observa-se que V diminui conforme o Ψ_ω se torna mais negativo (círculos, na Figura 20.15 A), sendo as taxas de redução – determinadas a partir da inclinação das linhas de tendência – praticamente idênticas para as diferentes frações percentuais, ou seja, as retas que descrevem a relação entre V e Ψ_ω são quase paralelas. A projeção de cada uma das linhas de tendência no eixo X (Ψ_ω do meio) permite estimar os potenciais hídricos limítrofes para a germinação, denominados Ψ_ω base (Ψb). Nota-se que Ψb varia conforme a fração percentual considerada para o cálculo da velocidade; as sementes que germinam mais rapidamente (no caso, aquelas pertencentes à fração 5%, ou seja, as primeiras 5% que germinaram) apresentam Ψb mais negativo que as de germinação mais tardia (p. ex., as sementes de fração 60%, cuja germinação ocorre somente após quase 60% das sementes da amostra experimental terem germinado). Portanto, Ψb é indicador da sensibilidade da semente ao potencial hídrico do meio, e as sementes de uma população apresentam diferentes graus de sensibilidade ao Ψ_ω. Esse aspecto é ilustrado na Figura 20.15 B, mostrando que, quanto maior a diferença entre Ψ_ω do meio (o nível de água no tambor) e Ψb, maior a "pressão" ou velocidade de germinação, podendo-se observar ainda que, se o Ψ_ω do meio for menor que Ψb, a semente simplesmente não germinará, pois os tecidos do embrião não desenvolverão pressão de turgescência intracelular suficiente para vencer a resistência da parede, ou seja, não haverá

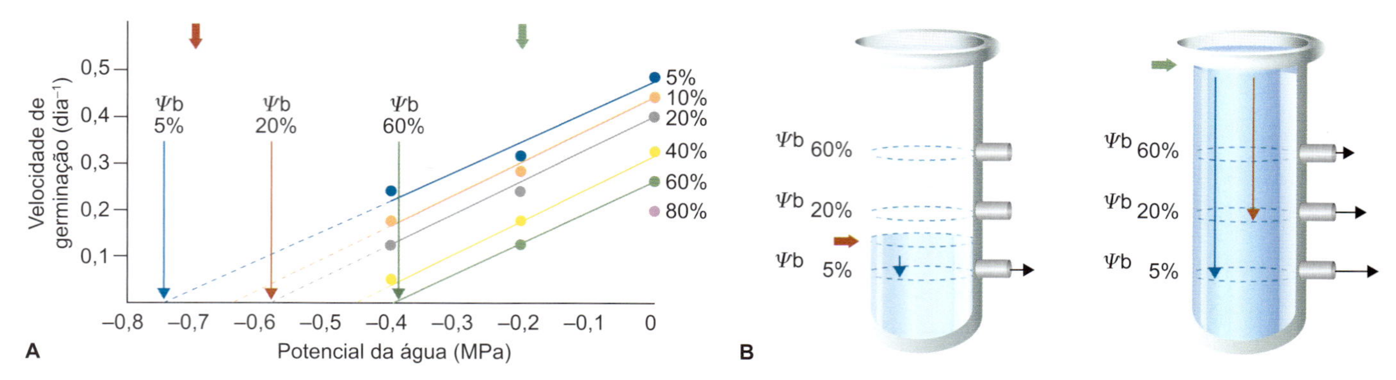

Figura 20.15 A. Dependência da velocidade de germinação (V) de sementes de *Eucalyptus grandis* em relação ao potencial de água. V calculada como o inverso do tempo necessário para a germinação de 5%, 10%, 20%, 40%, 60% e 80% das sementes. A título de ilustração, são apresentados os potenciais hídricos mínimos teóricos (Ψb) de germinação para as porcentagens 5, 20 e 60. **B.** Analogia hidráulica simulando o efeito dos potenciais de –0,2 (seta larga verde) e –0,7 MPa (seta larga vermelha) sobre a germinação. Quanto maior a diferença entre os níveis de água no tanque (Ψ_ω do meio) e os canos de saída (os Ψb 5%, 20% e 60%), maior a intensidade ou pressão do fluxo de água (o que corresponderia à velocidade de germinação). Quando o nível de água é menor que Ψb, não há germinação. Adaptada de Bradford (2002).

crescimento. Por sua vez, quanto mais o Ψ_ω do meio exceder o Ψb, mais rápida tenderá a ser a germinação.

Mais que indicar a sensibilidade da semente ao estresse hídrico, o parâmetro Ψb reflete a heterogeneidade fisiológica na população, bem como a capacidade de resposta de cada semente a fatores do ambiente físico. Assim, por exemplo, Ψb pode variar conforme a temperatura (tanto na maturação quanto na pós-dispersão e/ou germinação) e o grau de dormência. Nesse último caso, a redução da dormência está associada à diminuição de Ψb, ou seja, quanto menor o grau de dormência, menores (mais negativos) os valores de Ψb. Além disso, demonstrou-se também que Ψb se correlaciona com a variação das temperaturas limítrofes superiores ($T_{máx}$) de germinação, sugerindo que a resposta da semente aos estresses hídrico e térmico envolve vias comuns de sinalização. Portanto, são múltiplos os determinantes fisiológicos do Ψb na semente, podendo-se destacar aqueles que influenciam a resistência dos envoltórios ao crescimento do embrião e o potencial de crescimento deste, como a atividade de hidrolases da parede celular.

O fato de o Ψ_ω do meio estar abaixo do Ψb, ainda que impeça a conclusão do processo germinativo (protrusão da radícula através da testa), não significa que, nessas condições, não haja algum progresso metabólico em direção à germinação. Osmocondicionamento (*priming*) consiste em embeber previamente as sementes em uma solução (como de polietilenoglicol ou manitol) cujo potencial osmótico impeça a germinação. Após esse tratamento, as sementes são desidratadas e embebidas novamente em um potencial de água que permita a germinação ($\Psi_\omega > \Psi$b), a qual ocorrerá mais rápida e uniformemente em comparação a sementes colocadas diretamente para germinar, sem qualquer tratamento prévio. Além disso, sementes tratadas podem ser menos sensíveis à temperatura e hipoxia. Por sua vez, sementes osmocondicionadas apresentam menor longevidade no armazenamento, o que representa o principal desafio desse tratamento. Portanto, mesmo quando $\Psi_\omega < \Psi$b, as sementes são capazes de iniciar o metabolismo germinativo e reter esse avanço durante a secagem e reidratação. O efeito do osmocondicionamento é associado a alterações na expressão gênica e a diversos outros processos celulares, entre eles a síntese de RNA e proteínas, o aumento da produção de etileno e o aumento da atividade das enzimas catalase e superóxido dismutase, reduzindo, assim, processos oxidativos.

Fatores químicos

Substâncias orgânicas (aleloquímicos) e inorgânicas (íons) podem influenciar a germinação de sementes no solo. Quando em excesso, os íons alteram ou inibem a germinação. Por exemplo, em soluções salinas, algumas sementes (como o rabanete) podem adquirir sensibilidade à luz, que passa a inibir a germinação. Normalmente, pelo fato de as sementes se apresentarem relativamente bem supridas de íons, sua dependência de minerais para a germinação não chega a ser muito grande, de acordo, é claro, com o conteúdo de reservas na semente madura. Uma exceção é o nitrato, que, além de largamente usado como promotor da germinação em inúmeras espécies, parece atuar, em conjunto com a luz e a temperatura, como sinal do ambiente. Além disso, com a temperatura, a sinalização pelo nitrato na planta-mãe durante a fase desenvolvimento pode influenciar o desempenho germinativo da semente madura. Assim, a adição de nutrientes minerais (particularmente o nitrogênio) à planta-mãe pode resultar em uma progênie com menor grau de dormência. O nitrato indica a presença de clareiras em uma floresta, já que, nesses microambientes, a disponibilidade do íon tende a ser maior em virtude da menor absorção por sistemas radiculares. O nitrato não só promove a germinação propriamente dita, como também pode interromper a dormência, como observado em sementes de *Brachiaria brizantha* – gramínea de origem africana extensivamente usada como forrageira no Brasil – e de *Panicum maximum* (capim-colonião). Em geral, a resposta da semente ao nitrato depende da luz e/ou da temperatura, sendo comum em sementes fotossensíveis de *Plantago lanceolata* e *Sinapis arvensis* (mostarda) a substituição da necessidade de luz pelo íon, enquanto em *Sisymbrium officinale* os efeitos da luz e do nitrato são sinérgicos. O aumento da sensibilidade das sementes ao fitocromo Fve pelo nitrato se dá por meio de um receptor proteico na membrana que aumenta a afinidade dessa proteína pelo fitocromo. A ligação receptor-fitocromo, por sua vez, desencadeará uma série de reações em cascata, levando ao crescimento do embrião. Em sementes de *Arabidopsis*, o nitrato promove a germinação e reduz a dormência, acelerando o decréscimo de ABA via indução do gene *CYP707A2*, relacionado com o catabolismo desse hormônio, e inibição de *NCED* (envolvido na biossíntese de ABA).

Substâncias orgânicas (como fenilpropanoides e derivados do ácido benzoico) liberadas por material vegetal vivo ou morto também podem influenciar a germinação no ambiente natural. A maior parte dessas substâncias (coletivamente denominadas alelopáticas) atua inibindo a germinação, embora outras possam promovê-la, como o *estrigol*, substância encontrada no exsudato de raízes de *Sorghum bicolor* e que induz a germinação de uma angiosperma parasita, *Striga asiatica*. São inúmeras as espécies que produzem substâncias potencialmente alelopáticas, como *Sorghum halepense* (capim-massambará), *Cyperus rotundus* (tiririca), *Brachiaria decumbens* e *Ocotea odorifera* (canela-sassafrás), entretanto ainda são poucas as evidências que demonstrem seu efeito sobre a germinação em condições naturais.

Em 2004, purificou-se, a partir da fumaça proveniente da combustão de material vegetal, o 3-metil-2 *H*-furo [2,3-*c*] pirano-2-um. Posteriormente, vários análogos dessa substância foram encontrados e coletivamente denominados carricinas (*karrikins*), os quais desempenham importante papel no controle da germinação, afetando diretamente a expressão de genes da biossíntese de hormônios vegetais, particularmente AG, ABA e auxinas.

Herbicidas e pesticidas aplicados ao solo podem estimular ou mesmo inibir a germinação. O 2,4-D (ácido 2,4-diclorofenoxiacético), por exemplo, aumenta a dormência de *Chenopodium album*, enquanto o glifosato estimula a germinação de *Amaranthus retroflexus*. O pH também pode influenciar a germinação de sementes, principalmente em ensaios de laboratório, nos quais se recomenda o uso de pH na faixa de 6,0 a 7,5 – o que pode ser obtido por uso de tampões.

Relativamente poucos estudos tratam do efeito de atmosferas enriquecidas com CO_2 durante o desenvolvimento da semente na planta-mãe, sobre o comportamento da progênie. Os dados disponíveis mostram que o aumento das concentrações de CO_2 afetam a germinação, embora esse efeito seja altamente espécie-específico. De modo geral, a germinação e a massa da semente respondem positivamente a atmosferas enriquecidas com CO_2 durante o desenvolvimento, indicando que um eventual efeito do CO_2 sobre a capacidade germinativa está associado ao aumento da massa da semente.

Fatores bióticos

No ambiente natural, as sementes sofrem a influência de outras plantas e animais, que interagem continuamente com os fatores físicos, modificando o microambiente em torno da semente. Como exemplos dessas ações, podem ser destacadas:

- Depleção de água e íons da rizosfera, pela ação do sistema radicial
- Liberação de substâncias voláteis (como o octiltiocianato) por fungos presentes no solo, que estimulam a germinação
- Ação de larvas de insetos que penetram na semente, podendo causar danos ao tegumento e/ou ao embrião, neste último caso inviabilizando a semente
- Deslocamento de frutos e sementes – como a mamona e a copaíba (*Copaifera langsdorffii*) – por formigas, que, ao transportarem o material vegetal para seus ninhos, podem levar a semente a microambientes mais propícios à sua germinação e/ou conservação
- Remoção do arilo (excrescência que se forma sobre a superfície do tegumento de algumas sementes) por formigas, por exemplo, promove a germinação de sementes, como em *Calathea* sp. (Marantaceae)
- Microrganismos do solo, como *Azotobacter chroococcum*, que inibem ou reduzem a germinação.

Interações entre sementes e fatores bióticos podem ser bastante complexas, como no caso de orquídeas e micorrizas. Nesse caso, a semente não apresenta praticamente nenhuma substância de reserva, e sua germinação depende da associação da semente com o fungo micorrízico. Tendo penetrado na semente ou no protocormo, o fungo absorve matéria orgânica (como a celulose) do meio externo, transformando-a em açúcares simples, os quais são transportados para o interior das células do embrião por meio das hifas da micorriza. Ao digerir enzimaticamente as hifas, o embrião da orquídea obtém os produtos que serão utilizados na sua germinação e crescimento, ao passo que o fungo vai invadindo novas células de seu hospedeiro.

Pode-se também considerar uma influência biótica o efeito, sobre a germinação, do posicionamento da semente no órgão ou em diferentes partes da planta-mãe, particularmente em relação à maior ou menor distância da fonte de nutrientes, o que afetaria a disponibilidade de energia para o embrião. Em *Bidens pilosa* (picão-preto), por exemplo, a disposição do aquênio no capítulo produz dimorfismo morfológico (os aquênios centrais são maiores que os periféricos) e fisiológico no fruto, enquanto em *Commelina virginica* (trapoeraba) o comportamento germinativo de sementes de flores casmogâmicas aéreas difere daquele de sementes de flores cleistogâmicas subterrâneas. O heteromorfismo (literalmente, variação da forma) das sementes resulta do fato de que seu desenvolvimento é afetado por fatores genéticos, fisiológicos e ambientais, não se processando de maneira uniforme dentro de uma população, ainda que as plantas cresçam no mesmo ambiente.

Quanto ao tamanho, em muitos casos são descritas correlações positivas entre a massa da semente e a capacidade de germinação, vigor e/ou sobrevivência das plântulas, mas isso está longe de constituir regra geral. Há espécies, como *Hyptis suaveolens*, nas quais sementes grandes apresentam germinabilidade mais elevada que sementes pequenas; espécies cuja germinação de sementes pequenas tende a ser maior (p. ex., *Rumex crispus*); e espécies cuja capacidade de germinação é independente do tamanho da semente (como o milho). Em sementes grandes de algumas espécies, um alto investimento metabólico na produção de envoltórios faz com que o desenvolvimento posterior da plântula ocorra em taxas menores, produzindo correlação negativa entre massa da semente e taxa de crescimento relativo.

Viabilidade

A capacidade de a semente reter seu potencial germinativo é denominada *viabilidade*, enquanto *longevidade refere-se ao* tempo durante o qual a viabilidade é mantida. Em termos ecológicos, a viabilidade tem papel extremamente importante em espécies colonizadoras ou pioneiras, dispersas em ambientes sujeitos a amplas oscilações em termos de umidade e temperatura. Associada a outros mecanismos, como a dormência, a viabilidade pode garantir o potencial germinativo (e, portanto, a sobrevivência da progênie) ao longo do tempo.

Condições ambientais durante o desenvolvimento da planta-mãe podem influenciar a longevidade da semente, mostrando que essa característica exibe alta plasticidade. Em um experimento (LePrince *et al.*, 2016), plantas parentais de *Plantago cunninghamii* cresceram em condições subótimas (frio-seco ou quente-úmido) e foram, então, transferidas para ambiente ótimo. Quando a transferência das plantas é feita após a floração, as previamente mantidas em ambiente quente-úmido produzem sementes com longevidade duas vezes menor em comparação àquelas mantidas em ambiente frio e seco. A longevidade também pode se correlacionar negativamente com o nível de dormência, como em *Arabidopsis*, ou com a presença de endosperma; nesse caso, sementes endospérmicas (p. ex., milho) são menos longevas que as não endospérmicas (p. ex., feijão). Outra questão refere-se à maquinaria molecular que transmite estímulos recebidos pela planta-mãe à progênie, regulando a expressão gênica e vias bioquímicas relacionadas com a longevidade de sementes secas. Um forte candidato a esse papel, em *Arabidopsis*, é o gene *DOG1* (*delay of germination 1*), que converte o sinal térmico durante a maturação da semente na planta-mãe em quantidade de proteína DOG1 na semente recém-amadurecida. Mutantes *dog1-1* exibem baixa longevidade e baixa expressão dos genes para as proteínas LEA e HSP.

Enquanto sementes de algumas espécies sofrem acentuada desidratação e adquirem tolerância ao dessecamento na fase de maturação, outras não apresentam tais características (ou as apresentam em grau bem menor), sendo dispersas com conteúdos de água relativamente elevados. As primeiras são conhecidas como *ortodoxas*, por se comportarem de modo relativamente previsível durante o armazenamento, apresentando maior longevidade quando armazenadas em ambientes com umidade e temperatura baixas. Seu período de viabilidade em condições controladas pode ser previsto, com maior ou menor precisão, de acordo com modelos matemáticos baseados em alguns poucos parâmetros característicos da espécie ou no lote de sementes. Incluem-se nesse grupo as sementes das principais culturas destinadas à produção de grãos, e sementes de espécies pioneiras em geral. Por sua vez, sementes que não passam pela fase de desidratação rápida durante o desenvolvimento são classificadas como *recalcitrantes*, por apresentarem comportamento imprevisível durante o armazenamento. São sensíveis à dessecação e conservam o metabolismo ativo após a dispersão e durante o armazenamento, diferentemente das sementes ortodoxas. Assim, enquanto sementes ortodoxas têm a longevidade prolongada com níveis de Ψ_ω interno da ordem de –350 MPa, sementes recalcitrantes deixam de ser viáveis com Ψ_φ na faixa de –1,5 a –5,0 MPa. De modo geral, sementes recalcitrantes mantêm níveis elevados de hidratação e atividade metabólica durante toda a fase de maturação e, após a dispersão, parecem comutar precocemente seu metabolismo para o "modo" germinação. Essa mobilização precoce de metabólitos e a ativação da maquinaria metabólica devem provocar uma demanda crescente por água, levando eventualmente o embrião à condição de estresse hídrico.

O padrão recalcitrante é relativamente comum em espécies não pioneiras de florestas tropicais. Tem-se observado também que espécies recalcitrantes parecem investir mais no acúmulo de energia potencial (reservas) que nos envoltórios, de modo a produzir sementes de maior tamanho e tegumentos permeáveis à água. Entre os métodos pesquisados visando à conservação *ex situ* de sementes recalcitrantes, estão a cultura de embriões *in vitro* e a criopreservação (p. ex., armazenamento em nitrogênio líquido). Nem todas as espécies são tipicamente recalcitrantes ou ortodoxas, verificando-se a existência de comportamentos intermediários, com variados graus de sensibilidade ao dessecamento, resposta à armazenagem "úmida" e tolerância ao resfriamento. Existem, por exemplo, sementes que toleram desidratação (–90 a –250 nMPa), mas se tornam sensíveis ao frio nessas condições.

Entre os fatores que contribuem para a redução da longevidade de uma semente, incluem-se: aumento na peroxidação de lipídios (oxidação de ácidos graxos pela enzima peroxidase, às custas de peróxido de hidrogênio) e acúmulo de radicais livres, como O^- e OH^-; deterioração da membrana e redução na atividade de enzimas responsáveis pela detoxificação. Em sementes como girassol e arroz, por exemplo, observa-se redução na atividade da enzima transferase da glutationa, que cataliza a conjugação da glutationa com inúmeros substratos citotóxicos, como os produtos de processos oxidativos causados por radicais hidroxílicos. Um exemplo desses produtos são os peróxidos de lipídios de membranas.

Dormência

Uma semente não dormente é aquela capaz de germinar na maior amplitude possível de fatores do ambiente físico, considerando-se os limites impostos pelo seu genótipo. Algumas sementes, porém, não germinam mesmo quando colocadas em meio com disponibilidade de água, temperatura adequada e condições atmosféricas normais, sendo chamadas de sementes *dormentes*. Uma definição proposta por Baskin e Baskin (2004) considera dormente a semente incapaz de germinar em determinado intervalo de tempo, quando exposta a condições ambientais que normalmente permitiriam a germinação se essa semente não estivesse dormente. Uma definição bastante abrangente de dormência foi proposta por Labouriau (1983), segundo a qual se trata de uma alteração restritiva das condições exigidas para a germinação, induzida na semente após exposição a determinadas condições ambientais durante a maturação ou após a dispersão, alteração esta que só pode ser removida por tratamentos específicos, chamados de pós-maturação ou quebra de dormência, também de caráter indutivo. Em suma, dormência poderia ser definida como uma característica da semente que determina as condições requeridas para a germinação.

Portanto, a diferença básica entre semente dormente e não dormente é que na primeira existe algum tipo de bloqueio interno à germinação que limita a capacidade da semente em responder com plena potencialidade às condições ambientais, enquanto na segunda a germinação é limitada pela ausência ou insuficiência de um ou mais fatores externos necessários para que esse processo ocorra.

Um modelo das relações entre indução e quebra de dormência fisiológica (ver adiante), baseado em estudos realizados com *Arabidopsis*, é apresentado na Figura 20.16. A indução da dormência ocorre durante a maturação da semente, quando é influenciada pelos fatores ambientais experimentados pela planta-mãe (principalmente luz, temperatura e nitrato). A dormência é basicamente um mecanismo repressivo, impedindo não apenas a germinação precoce (antes da dispersão), mas também evitando que sementes dispersas germinem rápido demais no ambiente natural. Essa maior distribuição dos tempos de germinação tem sentido ecológico, não apenas evitando eventual competição dentro da progênie, mas também reduzindo a mortalidade das plântulas causada por flutuações ambientais (estiagens ou mudanças de temperatura), considerando-se que a plântula é muito mais sensível a estresses que a semente. Como mencionado anteriormente, a indução da dormência tem a participação do ácido abscísico (ABA) e de genes específicos, como *DOG1* e *ABI3*, este último pertencente à via de sinalização do ABA. A expressão desses genes é controlada por mecanismos *epigenéticos*, que envolvem remodelagem da cromatina por meio de mecanismos como a *metilação* de histonas (proteínas associadas ao DNA) e do próprio DNA. Os efeitos inibitórios da metilação resultam da ligação de grupos metila (CH_3) ao material genético. A Figura 20.16 ilustra o caso de uma semente colhida ou dispersa com nível relativamente alto de dormência, que diminui gradualmente durante o armazenamento a seco, em um processo conhecido como pós-maturação. Essa diminuição da dormência é acompanhada do aumento do intervalo térmico dentro do qual a germinação é permitida (ou seja, aumento do intervalo entre $T_{mín}$ e $T_{máx}$), bem como de maior capacidade de resposta da semente ao potencial hídrico do meio (Ψb se torna mais negativo).

Água e temperatura são fatores críticos que determinam a natureza das reações que ocorrem durante a pós-maturação.

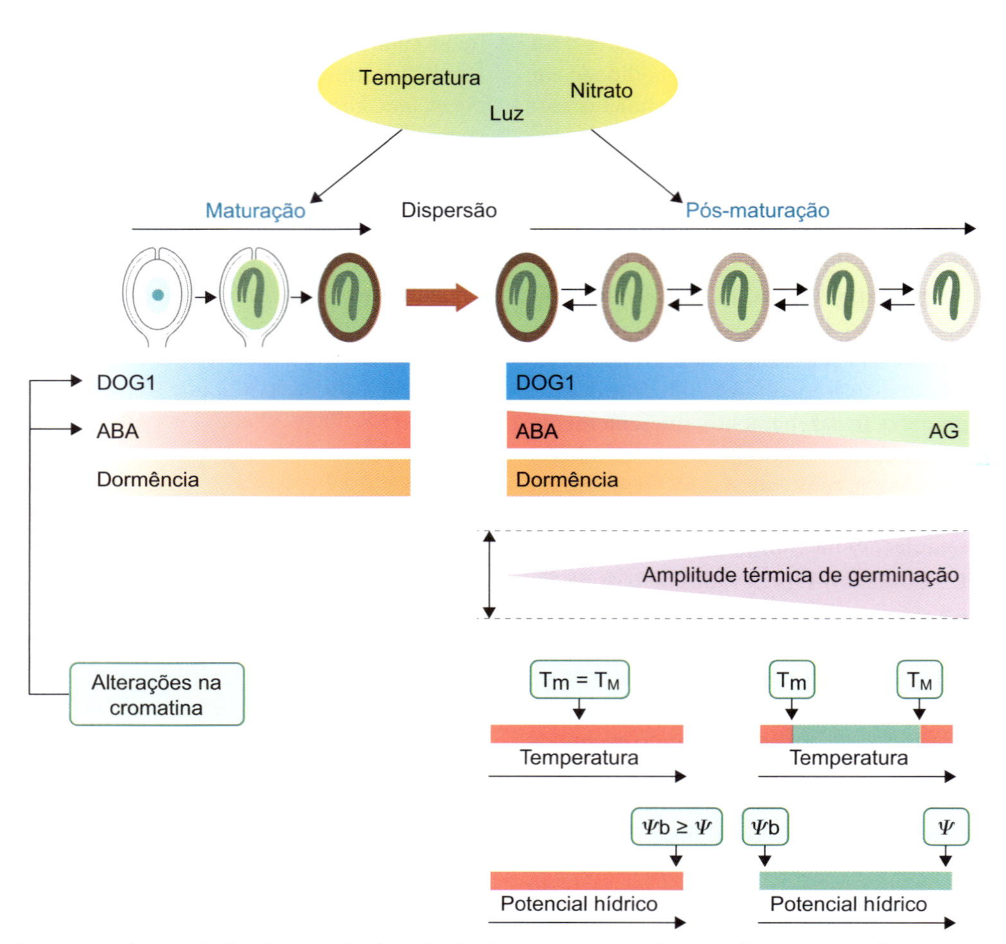

Figura 20.16 Modelo mostrando a variação do grau de dormência durante a maturação e a pós-maturação de sementes de *Arabidopsis*, em função da variação da sensibilidade à giberelina (GA) e ao ácido abscísico (ABA), da expressão da proteína DOG1. A intensidade de coloração e/ou altura das barras relaciona-se com a quantidade/intensidade do fator ou evento. Fatores ambientais, atuando por intermédio de alterações na expressão gênica e na síntese e/ou sensibilidade a hormônios, modificam parâmetros fisiológicos da semente, representados por Ψb (potencial hídrico mínimo de germinação), $T_{mín}$ (temperatura mínima de germinação) e $T_{máx}$ (temperatura máxima de germinação), alterando a capacidade de a semente responder à temperatura indicada pela amplitude (triângulo roxo) ou ao intervalo térmico (barras verdes) de germinação. Adaptada de Née *et al.* (2017).

Em sementes de *Arabidopsis*, por exemplo, as reações catalíticas só ocorrem a partir de 0,06 g H_2O por grama de matéria seca. Abaixo desse limiar (p. ex., armazenamento em laboratório), as reações são de natureza não enzimática (como processos oxidativos). Espécies reativas de oxigênio são produzidas durante o armazenamento a seco de sementes ortodoxas, causando reações oxidativas envolvendo moléculas de lipídios, proteínas e RNAm. Embora "passivas", tais reações oxidativas parecem direcionadas a grupos específicos de macromoléculas relacionadas com o controle da dormência; essa oxidação seletiva de proteínas e RNA que ocorre durante o armazenamento surtirá efeito a partir do início da embebição, ativando ou mantendo reprimido o programa metabólico de germinação. Nas primeiras horas de embebição, observa-se, por exemplo, que a identidade das moléculas de RNAm que formam polissomos apresenta diferenças entre sementes dormentes e não dormentes. Além disso, proteínas sintetizadas nesse período estão relacionadas com a fase de maturação, sendo o programa germinativo propriamente dito ativado posteriormente, entre 8 e 24 h de embebição, sugerindo que, mesmo com o início da entrada de água na semente, ainda há tempo de a semente "se arrepender" e manter-se no modo dormência. Decorridas as primeiras horas de embebição, a "opção" da semente por um ou outro programa de desenvolvimento (germinação ou dormência) desencadeará a tradução seletiva de RNAm, dando continuidade ao processo.

Condições ambientais específicas – como temperatura, luz e nitrato – podem induzir tanto o estabelecimento quanto a quebra (interrupção) da dormência, interferindo na expressão gênica e nas reações mediadas por hormônios vegetais. Enquanto o ABA é necessário para a indução da dormência durante a fase de maturação da semente, a giberelina é imprescindível para a inicialização do programa metabólico de germinação, sendo o balanço entre esses dois hormônios determinante da capacidade germinativa da semente. Assim, a pós-maturação é relacionada com a diminuição da sensibilidade ao ABA e com o aumento da sensibilidade ao AG, o que significa alterações nas vias de sinalização desses hormônios. No caso, um maior valor da relação AG:ABA favoreceria a cadeia de transdução de sinais disparada pela giberelina, causando ampliação da janela térmica e/ou redução do Ψb. Por sua vez, no caso da indução da dormência, um aumento da síntese e na sensibilidade do tecido ao ABA, associado a uma maior degradação do AG, potencializaria as reações de transdução de sinais pelo ABA que elevariam os valores de Ψb e reduziriam a amplitude térmica de germinação, permitindo, desse modo, que a germinação ocorra apenas em condições ambientais muito restritas ou simplesmente impossibilitando a germinação em qualquer condição (ver Figura 20.16). A proteína DOG1, cuja quantidade se correlaciona com os níveis de dormência em sementes de *Arabidopsis*, deve perder sua atividade durante o armazenamento. A reestruturação da cromatina associada à ação de agentes modificadores que influenciam a acetilação, a metilação ou a ubiquitinação (ligação de molécula de ubiquitina) de histonas (proteínas associadas aos ácidos nucleicos, na cromatina) pode reprimir ou ativar a transcrição de genes relacionados com a dormência de sementes, como *DOG1*, sugerindo que a transcrição desses genes seja regulada por alterações na cromatina.

Diferentemente do armazenamento em laboratório, as sementes incorporadas ao chamado banco de sementes do solo (sementes dispersas no ambiente natural e que se acumulam no solo) sujeitam-se às variações de umidade no ambiente, alternando assim estados de maior ou menor hidratação. Portanto, nessas sementes ocorrem reações metabólicas, incluindo transcrição e tradução de RNAm, que não acontecem em sementes armazenadas a seco. A dormência e a expressão de genes relacionados com a dormência são altamente sensíveis ao ambiente, e alterações na percepção e capacidade de resposta a temperatura, luz e nitrato podem redundar em mudanças moleculares e fisiológicas (como sensibilidade a hormônios), as quais determinarão a capacidade germinativa da semente. Desse modo, a semente incorporada ao solo percebe, por exemplo, a variação térmica e ajusta seu nível de dormência, tornando-se mais ou menos apta a germinar em determinado intervalo térmico e/ou condição de luz. Em muitos casos, esse ajuste está relacionado com variações sazonais, ou seja, dependendo da estação do ano, a semente apresentará maior ou menor grau de dormência, respectivamente, no inverno e no verão. Na fase de dormência mais profunda, a semente mostra baixa sensibilidade a fatores ambientais, sendo incapaz de germinar. Na fase de menor dormência, a semente torna-se mais sensível a luz, temperatura e nitrato, podendo germinar se os níveis desses fatores forem favoráveis. Contudo, se as condições ambientais não forem favoráveis na fase de baixa dormência, então o programa de desenvolvimento volta ao modo "dormência profunda", em um processo conhecido como *dormência cíclica* (Figura 20.17). Esse tipo de dormência induzido após a dispersão é denominado *dormência secundária*, em oposição à *dormência primária*, estabelecida ao final da maturação da semente.

A Figura 20.17 ilustra algumas variáveis relacionadas com a dormência cíclica em um banco de sementes de *Arabidopsis* no solo, em clima de região temperada. A dormência aumenta com o decréscimo da temperatura, coincidindo com o aumento dos níveis de ABA e a expressão de genes como *DOG1* e *ABI3* (regulador positivo da sinalização do ABA), e decresce na primavera/verão, quando as temperaturas ficam mais elevadas. Essa fase de dormência reduzida é acompanhada de decréscimo do ABA, aumento da síntese de AG (indicado pela

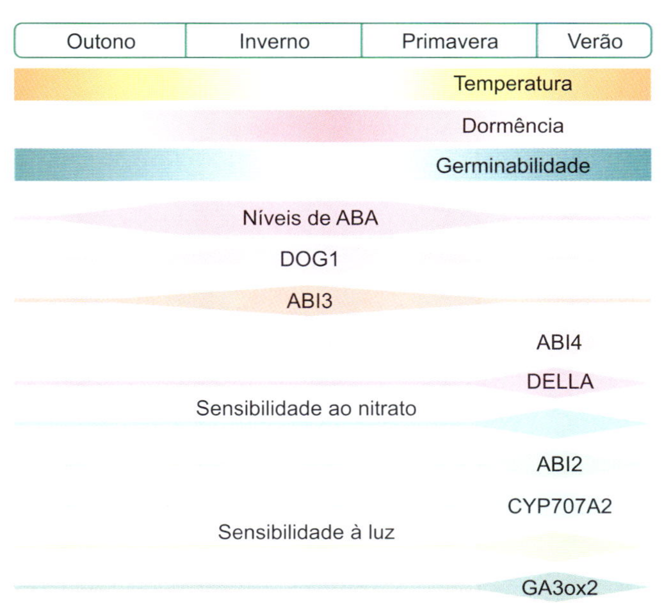

Figura 20.17 Padrões de variação sazonal da dormência, de variáveis fisiológicas e da expressão gênica em sementes de *Arabidopsis* no solo, em local de clima temperado. A espessura ou a intensidade de coloração das barras relacionam-se com a quantidade do fator. ABI3/4: reguladores positivos da via de sinalização do ABA; DELLA: regulador negativo da via de sinalização da giberelina; ABI2: regulador negativo da via de sinalização do ABA; CYP707A2: regulador positivo do catabolismo do ABA; GA3ox2: regulador positivo da síntese de giberelina ativa. Adaptada de Finch-Savage e Footitt (2017).

expressão de *GA3ox2*), maior sensibilidade ao nitrato e à luz, e expressão de genes relacionados com a repressão da via de sinalização (*ABI2*) e catabolismo (*CYP707A2*) do ABA. Por sua vez, no verão há também aumento da presença de DELLA (regulador negativo da via de sinalização de AG) e ABI4 (regulador positivo do ABA). Assim, enquanto a dormência profunda (no inverno) é promovida pelo ABA, a dormência não profunda (primavera/verão) é determinada pela repressão da via de sinalização de AG, facilmente revertida por exposição à luz, por exemplo. Se nesse período em que a semente apresenta maior capacidade de germinação (germinabilidade) as condições ambientais forem insuficientes, a dormência residual (indicada pela expressão de *ABI4*) reverterá em dormência profunda, iniciando um novo ciclo.

Classificação da dormência

Além da classificação quanto à origem (primária ou secundária), a dormência pode ser dividida nas classes a seguir, com base nos mecanismos envolvidos.

Dormência fisiológica

Trata-se da modalidade mais estudada de dormência, graças, principalmente, à sua ocorrência em sementes da planta modelo *Arabidopsis thaliana*. É causada por mecanismos inibitórios envolvendo processos metabólicos e o controle do desenvolvimento na semente. Na dormência fisiológica (DF), operam diversos mecanismos localizados não só no embrião propriamente dito, como também nos tecidos e nas estruturas adjacentes, especialmente o endosperma. Pesquisas recentes sugerem que diversas modalidades de DF resultam da interação entre o potencial de crescimento do embrião e as restrições impostas pelos tecidos que o envolvem. Alterações nesse potencial podem envolver mudanças na sensibilidade de tecidos do embrião a substâncias inibidoras e/ou a atividade de enzimas capazes de hidrolisar as paredes celulares do endosperma.

Na DF, costuma-se distinguir dois níveis principais: *não profundo* ou de curta duração e *profundo*. No primeiro, o embrião cresce e produz plântulas normais quando isolado do restante da semente, enquanto no segundo embrião não se desenvolve, mesmo quando isolado. A dormência profunda, frequentemente encontrada em espécies arbóreas de regiões temperadas, não responde a tratamento com AG e pode ser quebrada por longos períodos de estratificação (exposição a temperaturas baixas). No nível não profundo, a semente responde ao AG e a tratamentos de escarificação, armazenamento a seco e estratificação.

Muitas vezes, a dormência relacionada com a luz é tratada como um tipo particular, já que a não germinação resulta inicialmente de uma condição ambiental inadequada ao crescimento do embrião. Entretanto, como a luz, através do fitocromo, pode causar alterações no requerimento de condições ambientais específicas pela semente, esse fator pode ser responsável por um tipo de dormência fisiológica. Um exemplo do controle da dormência pela luz é verificado em sementes de algumas plantas daninhas que, uma vez enterradas, permanecem dormentes até receberem um breve estímulo luminoso, quando então perdem a dormência e germinam em condições adequadas de água e temperatura. Sementes de *Datura ferox*, uma daninha de climas temperados e subtropicais da América do Sul, são produzidas no verão e no outono e permanecem dormentes quando deixadas sobre a superfície ou enterradas, mas adquirem a capacidade de germinar quando sementes enterradas são expostas à luz, o que normalmente ocorre no cultivo do solo. Assim, o soterramento induz na semente uma maior sensibilidade a irradiâncias muito baixas, percebidas pelo fitocromo A. Em espécies tropicais pioneiras, é comum a ocorrência de dormência causada pela luz, como em *Cecropia glaziovii*, *Piper arietinum* e *Miconia cinnamomifolia*, em virtude de baixas razões V:VE no meio.

Dormência morfológica

Refere-se à semente dispersa com o embrião não diferenciado (estágio de pré-embrião) ou não completamente desenvolvido (estágio de "torpedo" ou linear). Desse modo, o embrião deverá passar por um período de maturação pós-dispersão, até a semente estar apta a germinar. Em espécies tropicais, esse crescimento do embrião é praticamente contínuo no ambiente natural, ficando muitas vezes difícil separar os processos de quebra da dormência e de germinação propriamente dita. Esse desenvolvimento pós-dispersão é afetado pelas condições ambientais, principalmente temperatura, umidade e luz.

Heracleum sphondyllum (uma espécie europeia), por exemplo, requer um período de baixas temperaturas, enquanto *Elaeis guineenses* (dendezeiro, palmeira originária da África) necessita de temperaturas na faixa de 35 a 40°C. Outros exemplos de espécies com esse tipo de dormência são *Virola surinamensis* (árvore da região tropical das Américas) e *Ilex paraguariensis* (erva-mate da região Sul do Brasil).

Dormência morfofisiológica

Nessa modalidade, a semente apresenta ambas as classes de dormência mencionadas anteriormente. O embrião deve alcançar determinado tamanho crítico, e a DF deve ser quebrada por estratificação ou outro tratamento. Em algumas espécies, a DF precisa ser quebrada antes de o embrião retomar seu desenvolvimento, enquanto em outras ambos os processos (quebra de dormência fisiológica e crescimento do embrião) ocorrem ao mesmo tempo. Sementes de *Annona crassiflora* (Rizzini, 1973) provavelmente se enquadram nessa categoria.

Dormência física

Este tipo de dormência é causado pela impermeabilidade dos envoltórios da semente e/ou do fruto, restringindo total ou parcialmente a difusão de água ao embrião. É possível que tegumentos e envoltórios da semente também possam restringir a difusão de oxigênio para o interior da semente, como deve ser o caso de sementes de *Serenoa repens* (uma palmeira) e *Brachiaria brizantha* (capim-braquiarão). Em Fabaceae, a resistência à entrada de água é conferida pela testa, que apresenta uma camada de células paliçádicas com paredes secundárias grossas e lignificadas (esclereídeos), impregnadas com substâncias de natureza hidrofóbica, como lipídios, suberina, cutina, substâncias pécticas e lignina. O tegumento pode também conter uma mucilagem que se expande na presença de água, formando uma barreira à difusão de oxigênio e diminuindo a velocidade de germinação.

Trata-se de uma das modalidades de dormência mais comumente citadas em espécies tropicais, como *Schizolobium parahyba* (guapuruvu), *Erithrina speciosa*, *Mimosa scabrella* (bracatinga) e *Senna multijuga* (canafístula).

Dormência química

Inicialmente, enquadrava-se nessa classe a dormência causada por inibidores de crescimento presentes no pericarpo. A definição foi posteriormente estendida para substâncias produzidas tanto no fruto quanto na própria semente e que, translocadas para o embrião, inibem seu crescimento. Aquênios de *Bidens pilosa* (picão-preto), por exemplo, germinam melhor quando submetidos a lavagem com água corrente, sugerindo a presença de inibidores no aquênio. No caso do picão, entretanto, é possível que tais inibidores atuem reduzindo, via oxidação, a disponibilidade de oxigênio ao embrião. Inibidores têm sido detectados – principalmente por intermédio de bioensaios – tanto no fruto quanto na semente, embora seu papel no controle endógeno da germinação raramente fique estabelecido. Em *Rosa rugosa*, a lixívia de aquênios dormentes inibe a germinação de embriões isolados de sementes dormentes (dormência fisiológica) dessa espécie, mas não é capaz de inibir a germinação de embriões não dormentes, ou seja, nesse caso a dormência química manifesta-se apenas na presença de dormência fisiológica. Portanto, a expressão "dormência química" deve ser aplicada apenas às espécies cujas sementes não apresentam dormência fisiológica.

Inibidores químicos (especialmente compostos fenólicos) no pericarpo, na testa ou no próprio embrião foram detectados, entre outras, em *Chorisia speciosa* (paineira), *Copaifera langsdorffii* (copaíba), *Myroxylum peruiferum* (cabreúva) e *Amburana cearenses* (amburana).

Quebra artificial da dormência

Diferentes procedimentos controlados podem ser utilizados para interromper a dormência das sementes em ensaios de laboratório, destacando-se que cada espécie apresenta necessidades específicas conferidas por suas características morfológicas e/ou fisiológicas.

Alguns dos procedimentos comumente usados são mencionados brevemente a seguir.

- Estratificação: consiste no tratamento da semente hidratada com temperatura baixa (entre 4 e 6°C). Em geral, a semente é mantida em um substrato úmido que permita bom arejamento. Tem sido usada para casos de dormência fisiológica (DF) ou morfológica (DM)
- Alternância de temperatura: sementes hidratadas são submetidas a regime de trocas de temperatura, em geral alternando-se uma temperatura na faixa de 30°C com outra, 10 ou 15 graus abaixo, por exemplo, 8 h a 30°C e 16 h a 20°C. O número de ciclos necessários depende da semente
- Pós-maturação a seco: armazenam-se sementes não hidratadas, por período variável (de alguns dias a vários meses) em temperaturas relativamente elevadas, na faixa de 40 a 60°C. Algumas espécies requerem tratamento curto, de poucas horas, em temperaturas elevadas (50 a 70°C)
- Tratamento químico: consiste na embebição da semente em solução de nitrato ou fitorreguladores, principalmente giberelinas
- Escarificação: usado principalmente nos casos de dormência física, consiste em submeter a semente a algum tratamento que facilite a difusão de água ou gases para o seu interior. A escarificação pode ser feita por abrasão (p. ex., lixamento do tegumento duro), perfuração, imersão em substâncias corrosivas (como o ácido sulfúrico concentrado), imersão em solventes orgânicos e imersão em água fervente, entre outros
- Lixiviação: consiste em manter as sementes imersas em recipiente com água ou, o que é mais comum, em água corrente, durante determinado tempo, variável de acordo com o material. É um método recomendado para casos de dormência química.

Na natureza, diversos fatores, tanto bióticos quanto abióticos, podem contribuir para a quebra de dormência em sementes. Alterações na cobertura vegetal, por exemplo, podem modificar a qualidade da luz, eventualmente levando à quebra de dormência causada pela luz em sementes depositadas sobre a superfície do solo. A amplitude das flutuações térmica, especialmente na superfície do solo, pode interferir tanto em casos de dormência fisiológica quanto nas propriedades físicas do tegumento de algumas sementes, diminuindo sua resistência à difusão de fluidos. Escarificação natural também pode ser realizada por insetos e microrganismos presentes no solo, bem como por aves e mamíferos por intermédio da ingestão e passagem da semente pelo trato digestivo do animal. A chuva, por sua vez, pode ajudar a remover substâncias inibidoras presentes nos envoltórios da semente, contribuindo assim para a quebra de dormência química.

Temperaturas elevadas também podem quebrar a dormência em ambientes sujeitos a queimadas periódicas. O fogo pode constituir-se em um importante fator de interrupção da dormência causada por tegumentos rígidos, mas seu efeito dependerá da intensidade e da duração do estímulo térmico, pois em geral o contato direto com a chama causa a morte da semente. Um exemplo sobre a ação do fogo sobre a germinação é encontrado em sementes de bracatinga (*Mimosa scabrella*).

Referências bibliográficas

Bassel GW. To grow or not to grow? Trends in Plant Science. 2016;21(6):498-505.

Bewley JD. Seed germination and dormancy. The Plant Cell. 1997;9:1055-66.

Bradford KJ. Applications of hydrothermal time to quantifying and modeling seed germination and dormancy. Weed Science. 2002;50:248-60.

Bradford KJ. Water stress and the water relations of seed development: a critical review. Crop Science. 1994;34:1-11.

Chahtane H, Kim W, Lopez-Molina L. Primary seed dormancy: a temporally multilayered riddle waiting to be unlocked. Journal of Experimental Botany. 2017;68(4):857-69.

da Silva EA, Toorop PE, van Aeist AC, Hilhorst HW. Abscisic acid controls embryo growth potential and endosperm cap weakening during coffee (Coffea arabica) seed germination. Planta. 2004;220:251-61.

Dewitt M, Galvão VC, Fankhauser C. Light-mediated hormonal regulation of plant growth and development. Annual Review Plant Biology. 2016;67:513-37.

Donohue K. Seeds and seasons: interpreting germination timing in the field. Seed Science and Research. 2005;15:175-87.

Durr C, Dickie JB, Yang XY, Pritchard HW. Ranges of critical temperature and water potential values for the germination of species worldwide: contribution to a seed trait database. Agricultural and Forest Meteorology. 2015;200:222-32.

Finch-Savage W, Footitt S. Seed dormancy cycling and the regulation of dormancymechanisms to time germination in variable field environments. Journal of Experimental Botany. 2017;68:843-56.

Galland M, Hughet R, Arc E, Cueff G, Job D, Raijou L. Dynamic proteomics emphasizes the importance of selective mRNA translation and protein turnover during Arabidopsis seed germination. Molecular & Cellular Proteomics. 2014;13(1):252-68.

Jones RL, Oughan H, Thomas H, Waaland S. The molecular life of plants. Hoboken: Wiley-Blackwel; 2013.

Kermode AR. Regulatory mechanisms in the transition from seed development to germination: interactions between the embryo and the seed environment. In: Kigel J, Galili G, editors. Seed development and germination. New York: Marcel Dekker; 1995.

Kucera B, Cohn MA, Leubner-Metzger G. Plant hormone interactions during seed dormancy release and germination. Seed Science Research. 2005;15:281-307.

Labouriau LG. A germinação das dementes. Secretaria Geral da OEA, Programa Regional de Desenvolvimento Científico e Tecnológico. Washington: OEA; 1983.

Leprince O, Pellizzaro A, Berriri S, Buitink J. Late seed maturation: drying without dying. Journal of Experimental Botany. 2016;6:1-15.

Née G, Xiang Y, Soppe WJJ. The release of dormancy, a wake-up call for seeds to germinate. Current Opinion in Plant Biology. 2017;35:8-14.

Oliver AE, Crowe LM, Crowe JH. Methods for dehydration-tolerance: depression of the phase transiction temperature in dry membranes and carbohydrate vitrification. Seed Science Research. 1998;8:211-21.

Rizzini CT. Dormancy in seed of Annona crassiflora. Journal of Experimental Botany. 1973;24:117-23.

Vieira AH, Martins EP, Pequeno PLL, Locatelli M, Souza MG. Técnicas de produção de sementes florestais. Boletim Embrapa/CPAFRO. 2001;205:1-4.

Vieira BC, Bicalho EM, Munné-Bosch S, Garcia S. Abscisic acid regulates seed germination of Vellozia species in response to temperature. Plant Biol J. 2017;19:211-6.

Weber H, Borisjuk L, Wobus U. Molecular physiology of legume seed development. Annual Review of Plant Biology. 2005;56:253-79.

Bibliografia

Baskin CC, Baskin JM. Seeds: ecology, biogeography and evolution of dormancy and germination. San Diego: Academic Press; 1998.

Black M, Bradford KJ, Vazquez-Ramos J, editors. Seed biology: advances and applications. Wallingford: CABI; 2000.

Ferreira AG, Borghetti F, organizadores. Germinação: do básico ao aplicado. Porto Alegre: Artmed; 2004.

Kigel J, Galili G, editors. Seed development and germination. New York: Marcel Dekker; 1995.

21 Tuberização

Edison Paulo Chu • Marília Gaspar •
Rita de Cássia Leone Figueiredo-Ribeiro

Introdução

Alguns dos órgãos de numerosas espécies vegetais desempenham mais de uma função em determinadas fases de seu ciclo de vida. É o caso de raízes, caules ou folhas que, em dado momento do ciclo de desenvolvimento das plantas, reduzem seu crescimento em extensão e passam a acumular substâncias de reserva, geralmente de natureza glicídica, havendo uma hipertrofia radial do órgão. Dependendo de sua origem, o órgão de reserva pode receber designações diversas, como tubérculo, cormo, pseudobulbo, rizóforo e rizoma, quando originado do caule, ou então bulbo e raiz tuberosa, quando formado a partir de uma estrutura de natureza foliar ou radicular, respectivamente. Há também os xilopódios, de origem caulinar, radicular e/ou mista, globosos ou sem forma definida e com numerosas gemas, geralmente na superfície do órgão espessado, envolvidas na propagação vegetativa.

O tubérculo de batata-inglesa (*Solanum tuberosum*) é um exemplo de caule modificado, com nós, entrenós e um eixo muito curto e espessado, no qual se acumula amido em plastídios especiais, os amiloplastos. Em tulipa (*Tulipa* sp.), o bulbo consiste em uma base não muito desenvolvida e maciça, denominada prato, que apresenta um botão vegetativo, e catafilos, que armazenam substâncias nutritivas e protegem a gema e as raízes desenvolvidas na parte inferior dessa estrutura. Em outras espécies, como *Begonia evasiana*, *Sinningia allagophylla* e *Solanum tuberosum*, as gemas axilares presentes em estacas com folhas também podem tuberizar se forem enterradas, reproduzindo as plantas de origem.

A indução de tuberização, a iniciação e o desenvolvimento de órgãos espessados, seguidos de dormência e brotação, constituem etapas do ciclo de vida típico das plantas com órgãos tuberosos, os quais estão diretamente relacionados com a sobrevivência e a reprodução vegetativa das espécies que os apresentam. Nesse particular, a indução da tuberização e as demais etapas da multiplicação vegetativa compartilham aspectos comuns com a reprodução sexuada, particularmente com a indução da floração (Roumeliotis *et al.*, 2012).

Plantas com órgãos de reserva são geralmente herbáceas e perenes, e sua parte aérea senesce ao final do período anual de crescimento, permanecendo apenas o órgão subterrâneo espessado. Após um período variável de dormência, esses órgãos podem rebrotar por meio do desenvolvimento de suas gemas e utilização das reservas acumuladas, assegurando um novo período de crescimento. Assim, os órgãos subterrâneos espessados são importantes na propagação vegetativa, pois protegem as gemas das condições desfavoráveis às quais a parte aérea está mais sujeita. Fatores ambientais e endógenos controlam as várias etapas desse processo.

O processo de formação de órgãos de reserva não foi totalmente elucidado até o momento; sabe-se, entretanto, que ocorrem alterações morfológicas, bioquímicas e moleculares drásticas nas plantas capazes de iniciar a formação dessas estruturas. *S. tuberosum* tem sido utilizada como modelo clássico para o estudo do processo de tuberização, em virtude de sua importância econômica, sendo a terceira cultura mais consumida no mundo, precedida apenas por trigo e arroz. Reconhecem-se três etapas no desenvolvimento desses tubérculos:

- Indução da tuberização, sem modificações morfológicas, mas com ativação de genes e alterações hormonais importantes
- Iniciação da tuberização, marcada pela parada de crescimento do estolão e intumescimento radial da região subapical deste, em decorrência do alongamento celular e das divisões celulares
- Aumento de massa do tubérculo, composto em sua grande extensão por células parenquimáticas que armazenam grande variedade de metabólitos, proteínas e principalmente amido.

No bulbo da cebola (*Allium cepa*), apesar de ser originado a partir das folhas, ocorrem as mesmas etapas na formação do órgão de reserva e no acúmulo de outros carboidratos. Neste capítulo, será utilizado indiscriminadamente o termo "tuberização" para designar a formação dos diferentes tipos de órgãos subterrâneos de reserva. Estudos fisiológicos, bioquímicos e moleculares detalhados realizados nas últimas décadas com *S. tuberosum* permitiram a identificação dos principais alvos moleculares (genes e proteínas) passíveis de utilização na engenharia genética dessa espécie. Esse conhecimento permitirá cultivar a batata, por exemplo, sob ampla gama de condições ambientais que hoje limitam sua produção, como as mudanças climáticas, especialmente o aquecimento global.

Controle da iniciação da tuberização

O processo de tuberização é influenciado por fatores endógenos e do ambiente. Entre os vários fatores ambientais que afetam a tuberização, destacam-se o fotoperíodo e a temperatura, sendo o processo favorecido por noites longas (fotoperíodos curtos), temperaturas baixas e níveis baixos de nitrogênio (Figura 21.1). Altas temperaturas são inibitórias no início da tuberização, principalmente porque afetam a partição de assimilados, favorecendo o desenvolvimento de outras partes da planta, em detrimento da quantidade alocada para o tubérculo. O *status* de carboidratos e o balanço hormonal estão entre os fatores endógenos essenciais para o processo de tuberização.

Fatores ambientais

Como em outros processos de organogênese, a formação de tubérculos e de outros órgãos de reserva pode ser controlada por fatores ambientais, como fotoperíodo, luz e temperatura. Garner e Allard (1923) foram os primeiros a observar que o fotoperíodo controla a formação de tubérculos em batata. Nessa espécie, noites longas favorecem a indução da tuberização; portanto, nesse processo, a batata é considerada uma planta de dias curtos. Quando em condições de fotoperíodo longo, ocorre um atraso na tuberização, havendo maior crescimento das porções aéreas e dos estolões dessa espécie, que ficam mais numerosos e ramificados. Experimentos com fotoperíodo e enxertia intraespecífica em *S. tuberosum* sugeriram que a indução da tuberização estaria relacionada com um estímulo produzido pelas folhas. Quando folhas de uma planta doadora exposta a fotoperíodo curto eram enxertadas em uma planta receptora, mantida em fotoperíodo longo, uma condição não indutiva, ocorria tuberização. No processo de tuberização de batata, observou-se que um grupo de folhas já expandidas pode ser a fonte de indução para um grupo de estolões; e estolões em diversas idades apresentam diferentes níveis de sensibilidade aos hormônios, concomitantes a diferentes taxas de síntese de giberelinas, os quais são traduzidos como diferentes tempos de indução e desenvolvimento do tubérculo (Gregory, 1956). Batutis e Ewing, em 1982, testaram a hipótese de que o fitocromo estaria envolvido na regulação da tuberização de batata. Posteriormente, foi demonstrado que a luz vermelha no meio do período escuro reduzia a tuberização, diminuindo a produção do fotorreceptor (fitocromo B) acumulado nas folhas (Figura 21.1) e envolvido na percepção da duração do comprimento do dia (Dutt *et al.*, 2017).

A tuberização também é estimulada em enxertias interespecíficas. Plantas de tabaco (*Nicotiana tabacum*), cuja floração é induzida por fotoperíodos curtos, foram utilizadas para comprovar o efeito da sinalização do fotoperíodo na tuberização de enxertos de batata (*Solanum tuberosum*). Quando folhas de tabaco cultivado em fotoperíodo curto eram enxertadas em batatas mantidas em condições não indutoras de tuberização, ocorria indução do processo de tuberização nos enxertos. Em outra variedade de tabaco que requeria fotoperíodos longos para florescer (*Nicotiana sylvestris*) ocorria indução da tuberização em enxertos de batata se as folhas de tabaco fossem expostas a fotoperíodos longos. Como resultado, enxertos de tabaco em condições indutoras de floração foram favoráveis à indução de tuberização em batata, claramente indicando a presença de estímulo translocável, o qual não é espécie-específico.

O controle fotoperiódico da formação de órgãos de reserva engloba todos os aspectos do fotoperiodismo. A folha é o sítio receptor, sendo um ou mais estímulos produzidos pelas folhas translocados para as regiões de resposta; o comprimento da noite determina a resposta, e o fitocromo é o pigmento fotorreceptor (ver Capítulo 17). A fotorreversibilidade vermelho–vermelho-extremo também foi comprovada em *S. tuberosum*, uma vez que a interrupção do período escuro por 5 min de luz vermelha reduz a tuberização, enquanto a luz vermelho-extrema reverte o efeito inibitório da luz vermelha.

Embora a natureza precisa do sinal ainda não seja conhecida, há fortes evidências de que o fotorreceptor fitocromo B (*PHYB*) esteja envolvido na regulação da expressão do gene *constans* (*CO*) nas folhas, o qual codifica um fator de transcrição que regula negativamente a tuberização (Figura 21.1). Plantas transgênicas antissenso de *S. tuberosum* spp. *Andigena* com níveis reduzidos de PHYB se tornaram insensíveis ao comprimento do dia, tendo sido a tuberização induzida tanto em dias longos quanto nos curtos. O fitocromo A, um fator controlador do ritmo circadiano, também inibe a formação de tubérculos em batatas transgênicas sob condições não indutoras, evidenciando que a ação conjunta dos fitocromos A e B está envolvida na repressão da tuberização. Contudo, a proteína SP6A (*self-pruning 6A*) de batata, produzida nos feixes vasculares foliares e transportada via floema para o ápice do estolão, atua como promotora de tuberização. Além de *SP6A*, foram identificados outros três genes ortólogos de *FT (flowering locus T)* em batata: *SP5 G*, *SP5 G-like* e *SP3D*. Plantas de batata transformadas com o gene *Hd3a*, um ortólogo de *FT* em arroz, apresentam a formação de tubérculos mesmo quando cultivadas em fotoperíodos longos. A enxertia de plantas selvagens com folhas ou tubérculos de plantas transformadas também promoveu a tuberização em condições não indutivas, reforçando a importância de FT no controle da tuberização. Outros elementos móveis com potencial ação na regulação da tuberização em batata são os RNA BEL5 e miR172. Demonstrou-se que BEL5 regula centenas de genes mediadores de tuberização, muitos deles envolvidos no crescimento celular, na transdução de sinal, na transcrição e no metabolismo hormonal.

Além da batata, plantas de *Begonia* sp., *Dahlia* sp., *Helianthus tuberosus*, *Phaseolus multiflorus*, *Phaseolus coccinius*, *Gladiolus* sp., *Oxalis* sp. e várias outras espécies nativas (Figuras 21.2 e 21.3) têm a formação de tubérculos estimulada por dias curtos. Entretanto, existem espécies do gênero *Allium*, como cebola, cebolinha e alho, que acumulam reservas em fotoperíodos longos. Algumas espécies são indiferentes quanto ao fotoperíodo para a formação dos órgãos de reserva, como ocorre em *yacón* (*Polymnia sonchifolia* = *Smalanthus sonchifolius*), em que há o desenvolvimento da parte aérea por 6 a 7 meses, floração e intensificação do crescimento da raiz tuberosa com acúmulo de oligossacarídios derivados da hidrólise de frutanos (FOS), seguindo-se a senescência da parte aérea após 10 a 12 meses no ciclo anual de desenvolvimento (Figura 21.4).

A temperatura também influencia todos os estágios da tuberização, ou seja, a indução do tubérculo, seu crescimento (volume, número, tamanho) e rendimento de reservas. *Solanum tuberosum* e *Helianthus tuberosus* (alcachofra-de-jerusalém)

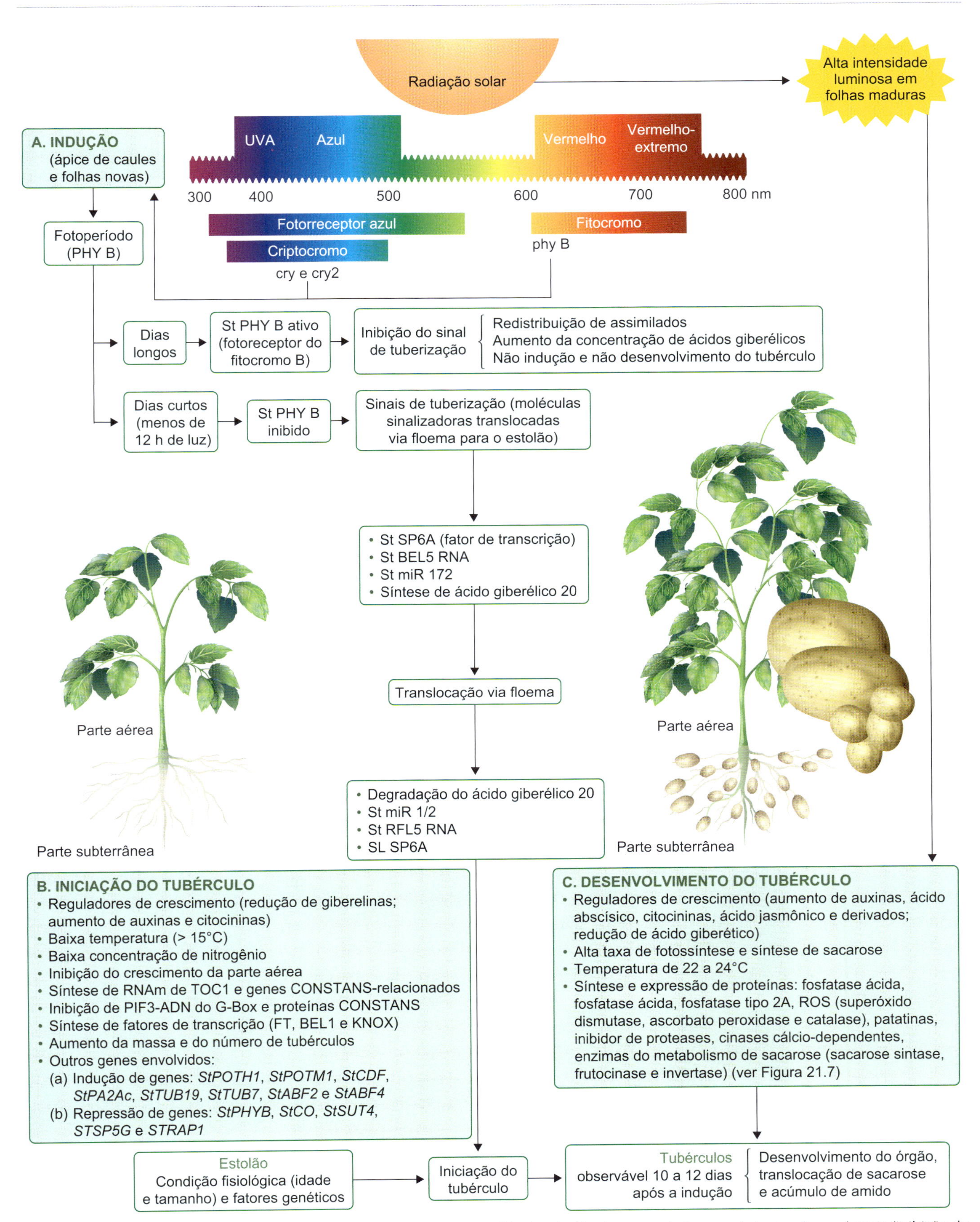

Figura 21.1 A. Fatores ambientais, nutricionais, genéticos e possíveis moléculas sinalizadoras que induzem a tuberização em batata (inibição de StPHY B em dias curtos). **B.** Iniciação do tubérculo (moléculas sinalizadoras para o estolão, balanço de reguladores vegetais, fatores ambientais, disponibilidade de nutrientes e fatores de transcrição, síntese/inibição de proteínas ou genes). **C.** Desenvolvimento do tubérculo (alta intensidade luminosa, aumento da fotossíntese e síntese de enzimas específicas para o crescimento do tubérculo). Adaptada de Suárez-Lópes (2013), Aksenova *et al.* (2014) e Dutt *et al.* (2017).

são espécies que necessitam de temperaturas baixas para tuberizar. Em batata, a temperatura ótima de tuberização é de cerca de 17°C, e temperaturas superiores a 30°C são inibitórias desse processo. Em particular, a temperatura noturna tem forte influência sobre a tuberização. Mesmo em espécies tropicais, como *Pachyrryzus tuberosus*, que tuberizam em fotoperíodos curtos, regimes alternados de altas temperaturas em fotoperíodo indutivo (30°C/25°C) inibem a formação de raízes tuberosas. Entretanto, temperaturas elevadas são favoráveis à tuberização de algumas espécies que formam seus órgãos tuberosos em dias longos, como cebola, alho e cebolinha.

Figura 21.2 Plantas tuberosas amiláceas subutilizadas e com alto potencial alimentício e farmacêutico: bulbilho aéreo de *Dioscorea bulbifera* (cará-do-ar) (**A**); tubérculo de *Dioscorea olfersiana* (cará) originária de Mata Atlântica (**B**); plantas de *Dioscorea delicata* (cará) da Mata Atlântica (**C**).

Os efeitos do fotoperíodo e da temperatura na indução da tuberização dependem da irradiância sob a qual a planta está crescendo. Respostas inibitórias de tuberização em *S. tuberosum* estimuladas por fotoperíodos longos e temperaturas altas são exacerbadas sob níveis baixos de irradiância. Estudos detalhados sobre o efeito do fotoperíodo na tuberização de batata sugerem que os resultados convergem em alguma etapa do desenvolvimento com aqueles controlados pela temperatura, provavelmente afetando um ou mais componentes comuns.

Um terceiro fator ambiental importante que afeta a indução da tuberização refere-se à quantidade de nitrogênio disponível para a planta. Se, por um lado, níveis altos de nitrogênio no solo reduzem a tuberização, por outro, temperaturas baixas podem inibir a absorção de nitrogênio, promovendo indiretamente a tuberização. Em solução hidropônica, mesmo sob fotoperíodo curto, a tuberização de *S. tuberosum* pode ser evitada pelo suprimento contínuo de amônia ou promovida se o suprimento de nitrogênio for interrompido (ver Capítulo 6). Em *Chrysolaena obovata* (*Vernonia herbacea*), uma espécie de Asteraceae do cerrado brasileiro (Figura 21.5), aplicações de nitrogênio estimularam a produção dos rizóforos no campo, aumentando, consequentemente, o rendimento de inulina, o polissacarídio de reserva acumulado nesses órgãos subterrâneos (Carvalho *et al.*, 2007).

Figura 21.3 Outras plantas tuberosas tropicais amiláceas: parte aérea de taioba, *Xanthosoma sagittifolium* (**A**); órgão subterrâneo de reserva de taioba, utilizado na alimentação (**B**); ariá (*Calatheia allouia*) e suas raízes tuberosas (**C**).

Fatores endógenos

Muitas das informações obtidas estudando-se a relação entre os fatores ambientais e a tuberização evidenciam o controle hormonal desse processo. Entre os hormônios vegetais, as giberelinas têm sido implicadas em vários aspectos da formação do tubérculo de batata, sendo indicadas como reguladores negativos da tuberização, uma vez que condições ambientais que promovem esse processo causam decréscimo de giberelinas nos estolões (ver Capítulo 11). Altas temperaturas estimulam a produção de giberelinas em gemas caulinares mais que em folhas, o que poderia estar relacionado com a inibição de tuberização causada por temperaturas elevadas. A retirada das gemas diminui o efeito inibitório da temperatura alta na tuberização.

Figura 21.4 Plantas de *Smalanthus sonchifolius* (*yacón*), com raízes tuberosas ricas em fruto-oligossacarídios (FOS) com propriedades medicinais: cultura comercial em Capão Bonito/SP (**A**), e detalhe do sistema subterrâneo (**B**).

Figura 21.5 Plantas do cerrado brasileiro ricas em polímeros de frutose (inulina): planta de *Viguiera discolor* (*Aldama discolor*) com xilopódio e raízes tuberosas (**A**) vegetando em condições naturais (**B**), com destaque para a inflorescência amarela (**C**) e para as raízes tuberosas (**D**); planta de *Chrysolaena obovata* (*Vernonia herbacea*) com destaque para os órgãos subterrâneos de reserva (rizóforos) (**E**).

Baixa irradiância tende a inibir a tuberização e aumentar a atividade giberelínica em folhas, mesmo quando estas são expostas a fotoperíodos curtos. Além de inibirem a tuberização de batata, fotoperíodos longos, temperaturas altas e irradiância baixa produzem efeitos sobre a morfologia do caule, os quais coincidem com os efeitos conhecidos das giberelinas. Quando vistas em conjunto, características relacionadas com a senescência, como folhas mais largas e finas, botões florais abortados, supressão de crescimento do caule, inibição do crescimento de ramos axilares, diminuição dos níveis de clorofila e antocianinas, sugerem que a redução dos níveis de giberelinas pode ser a causa das respostas adaptativas do crescimento de tubérculos em plantas de batata. Aplicações de ácido giberélico (AG) são efetivas na inibição da tuberização, mimetizando os efeitos de condições ambientais não indutivas. Os níveis da glicoproteína patatina, indicador bioquímico da tuberização, diminuem em estacas tratadas com AG_3, e tratamentos com cloreto de 2-cloroetila trimetilamônia (CCC), que bloqueia a síntese de AG, estimulam a formação de tubérculos. Essas informações levam à conclusão de que giberelinas sejam de fato inibidores de tuberização.

Em *S. tuberosum* spp. *andigena*, plantas de tamanho normal necessitam de dias curtos para tuberização, enquanto um mutante anão com *background* genético similar tuberiza sob dias longos. O papel das giberelinas na tuberização sob influência do fotoperíodo e nanismo foi estudado por meio do fornecimento de GA_{12} marcada radioativamente com ^{14}C à parte aérea de plantas normais e mutantes. As análises mostraram uma redução na conversão de GA_{12} a GA_{53} nas plantas anãs, passo inicial da via de síntese de giberelinas, que pode ter relação com o fenótipo dessas plantas. Observou-se que o mutante continha menos GA_1 ativa, reforçando a ideia de que a tuberização seria inibida por giberelinas (van den Berg *et al.*, 1995; Davies 2009).

Diversas enzimas que regulam a síntese de giberelinas já foram caracterizadas em batata. A atividade da enzima de biossíntese GA20 oxidase 1 (GA20OX1) é inibida durante a tuberização, sendo a enzima GA2 OX1, do catabolismo desse hormônio, induzida nos estágios iniciais da formação do tubérculo. Além disso, a síntese de giberelinas é regulada pelo fotoperíodo, já tendo sido demonstrado que a expressão do gene *GA20ox1* é controlada pelo fitocromo B (phyB). Segundo a hipótese proposta por Martinez-Garcia *et al.* (2002), a batata tem duas vias principais de regulação da tuberização, uma de giberelinas e a outra dependente do fotoperíodo, sendo as duas comunicantes entre si.

Ácido abscísico (ABA) normalmente é considerado um antagonista em processos promovidos pelas giberelinas, sugerindo-se, então, que o ABA poderia ser o hormônio promotor da tuberização em batata. O balanço ABA/AG em condições indutoras não fornece evidências de que essa hipótese seja verdadeira para a tuberização. Entre cultivares diploides de batata, encontrou-se um mutante incapaz de controlar a transpiração em decorrência da deficiência em ABA. Entre as características observadas para esse mutante, estava a tuberização em dias longos. Contudo, as funções do ABA no alongamento do estolão, na iniciação e no crescimento do tubérculo ainda não são claras e requerem mais estudos.

O cultivo *in vitro* de diferentes cultivares e linhagens transgênicas de *S. tuberosum* indicou que ácido indol-3-acético (AIA) e cinetina agem de forma diferenciada – o primeiro aumentando o tamanho dos tubérculos e o segundo modificando seu número. O grau de intensidade da resposta a esses fitormônios é dependente dos níveis de sacarose no meio de cultura e do genótipo do cultivar em estudo. Enquanto a necessidade desses hormônios vegetais de crescimento para promover a tuberização *in vitro* foi claramente demonstrada em *Ullucus tuberosus*, em *Dioscorea delicata* o processo de tuberização não ocorre *in vitro*, embora o metabolismo de carboidratos seja afetado pelos níveis de citocininas e de sacarose do meio de cultura (Chu e Figueiredo-Ribeiro, 2002).

As citocininas estariam envolvidas na indução de tubérculos através do estímulo das divisões celulares, que constituem uma das primeiras alterações morfológicas do processo de tuberização. Contudo, a parada de divisões celulares no meristema apical e posterior alongamento, divisão e deposição de amido nas células do meristema subapical do estolão não têm sido relacionados com o efeito desse hormônio. Desfavorecem essa hipótese observações de que os níveis de citocininas aumentam no ápice do estolão durante a tuberização, embora esse aumento seja pequeno e decline após 4 dias de condições indutoras (ver Capítulo 10). Sob condições favoráveis à indução de tuberização *in vitro*, a aplicação exógena de citocinina resultou na formação de tubérculos em plantas intactas de batata. No entanto, experimentos com plantas e gemas axilares de batata transformadas com o gene *Ipt* – que codifica a principal enzima de biossíntese desse regulador hormonal –, as quais apresentam níveis elevados de citocinina endógena, mostram resultados contrastantes. Enquanto, em plantas intactas transformadas com *Ipt*, o início da tuberização foi adiantado em comparação às plantas-controle, o efeito inverso, de inibição da tuberização, foi observado em gemas axilares transformadas com *Ipt* (Gális *et al.*, 1995).

Alguns compostos fenólicos podem atuar como sinalizadores da tuberização, destacando-se o glicosídio de ácido tuberônico (GAT) e o ácido jasmônico (AJ) e seus derivados. O ácido jasmônico, por exemplo, promove a tuberização de batata quando o processo é inibido por AG *in vitro* ou por condições fotoperiódicas inibitórias. Ácido octadecanoico e derivados do ácido alfalinoleico, entre eles o metiljasmonato e o ácido jasmônico, estão envolvidos no transporte dos sinais provenientes das folhas para os órgãos-alvo, atuando nos mecanismos de defesa contra herbívoros e patógenos, além de afetar a tuberização de *S. tuberosum* por meio do estímulo à expansão radial, à formação de tecido de sustentação periférico e à inibição do alongamento.

Outra classe de substâncias relacionadas com o desenvolvimento de tubérculos de batata são as poliaminas, que aumentam o número de tubérculos e reduzem seu tamanho, afetando a distribuição dos carboidratos neles armazenados.

Levando-se em conta que um grande número de genes está envolvido no controle da tuberização, é provável que as condições indutoras do processo desencadeiem, simultaneamente, mudanças nas concentrações de vários compostos por síntese e degradação destes, e o balanço entre essas substâncias controlaria a tuberização. Além dos hormônios, outros fatores fazem parte desse balanço, como os níveis de carboidratos ou a razão carbono/nitrogênio.

Como já mencionado para a batata, em mandioca (*Manihot esculenta*) fatores endógenos e ambientais podem induzir a formação da raiz tuberosa. No entanto, os mecanismos envolvidos nesse processo em mandioca e os de regulação do acúmulo de amido e do metabolismo de carboidratos durante a tuberização podem diferir substancialmente dos da batata, uma vez que os tubérculos de batata se originam de um caule subterrâneo e a raiz que armazena amido em mandioca faz parte do sistema radicular. Análises proteômicas durante o acúmulo de amido em raízes tuberosas de mandioca permitiram detectar mais de 1.500 *spots* e identificar por espectrometria de massas 154 proteínas diferencialmente expressas relacionadas com o metabolismo de carboidratos, particularmente com amido e sacarose. Entre as proteínas induzidas, foram identificadas três isoformas da proteína 14-3-3, além de diversas proteínas de ligação à 14-3-3, como AGPase, IF5A (um fator de iniciação da tradução), MADH (álcool desidrogenase mitocontrial), GST (glutationa S-transferase) etc. A superexpressão de um gene *14-3-3* de mandioca em *Arabidopsis thaliana* confirmou que as raízes e folhas dessas plantas transgênicas continham teores mais elevados de açúcar e amido que as da planta selvagem. Assim, as proteínas 14-3-3 e suas enzimas de ligação podem desempenhar importantes funções no acúmulo de amido e no metabolismo de carboidratos durante a tuberização da raiz de mandioca (Wang *et al.*, 2016).

Metabolismo dos carboidratos em órgãos tuberosos

Além das diferenças observadas no padrão de divisão celular, resultando em modificações morfológicas no estolão de *S. tuberosum*, outras alterações mensuráveis podem ser detectadas após a indução do processo de tuberização, como aumento da fotossíntese, aumento no transporte de carboidratos para os tubérculos em formação, decréscimo no teor de açúcares redutores e aumento de sacarose e biossíntese de amido. Esses processos aparentemente independentes culminam na formação do órgão de reserva.

O acúmulo e a mobilização de carboidratos durante a tuberização diferem entre as plantas. Em batata, imediatamente após a indução de tuberização, o estolão cessa o crescimento em extensão e os fotoassimilados são preferencialmente translocados para a região subapical, na qual se inicia o desenvolvimento do tubérculo. Em *Pachyrhizus erosus*, espécie da família Papilionoideae, nativa do México, o mesmo padrão é observado com o acúmulo de carboidratos no tubérculo após uma fase de desenvolvimento ativo. Em mandioca, somente após o pleno desenvolvimento da parte aérea, tem início a formação das raízes tuberosas, por meio do crescimento lateral e vertical de raízes adventícias. Com a formação do órgão de reserva, seguem-se a perda de folhas, a senescência do caule e a dormência, permitindo a sobrevivência das plantas em condições desfavoráveis, como falta de água ou temperaturas extremas. *Chrysolaena obovata*, que acumula carboidratos do tipo frutanos em seus rizóforos, apresenta um padrão de acúmulo e mobilização de reservas nos órgãos subterrâneos similar ao da mandioca. No começo do inverno, quando se inicia o período de dormência, ocorrem um aumento na síntese de frutanos e a expansão dos rizóforos, induzidos por um incremento nos níveis de auxina. No início da brotação, há queda nos teores de ácido abscísico nos rizóforos com concomitante estímulo à mobilização das reservas (Rigui *et al.*, 2015).

O transporte de fotoassimilados (principalmente sacarose) dos órgãos aéreos para o ápice do estolão é considerado uma das forças promotoras da iniciação e do crescimento do tubérculo, e a diminuição do transporte de sacarose acarreta a redução da formação e produtividade de tubérculos. Outro indício do papel da sacarose na formação dos tubérculos vem da supressão da expressão do transportador de sacarose *SUT4* em plantas de batata, resultando no aumento da produção de tubérculos, mesmo em condições não indutoras (dias longos). Observaram-se nas plantas transgênicas um maior acúmulo de sacarose nas folhas no final do período luminoso, maior translocação de sacarose e, consequentemente, maior acúmulo de sacarose e amido nos tubérculos.

A sacarose é degradada por invertases (INV) ou pela sintetase de sacarose (SUSY) (na forma reversa) no vacúolo ou no citoplasma; a glicose e a frutose liberadas são fosforiladas e exportadas para os amiloplastos, iniciando a formação dos grânulos de amido. A síntese de amido nos amiloplastos dos tubérculos é similar à que ocorre nos cloroplastos, envolvendo: uma fosfoglucomutase plastidial; um complexo proteico ADP-glicose pirofosforilase, enzima-chave na síntese do amido; a sintetase de amido, que promove o alongamento das cadeias do alfa-1,4-glucano; e enzimas ramificadoras, responsáveis pela microestrutura do grânulo de amido. A conversão de sacarose em amido é dependente de ATP. Os genes codificando as diferentes enzimas modificadoras de amido (ramificadoras, amilases, fosforilases) seguem um perfil de indução de expressão durante o desenvolvimento do tubérculo, promovendo o acúmulo de amido (Kloosterman e Bachem, 2013).

Os níveis de sacarose também atuam como sinais de dreno para mobilização das reservas armazenadas nas células parenquimáticas dos tubérculos de batata, de acordo com a demanda. Plantas de batata transgênica expressando uma invertase citosólica de levedura nas células floemáticas apresentaram uma diminuição drástica nos níveis de sacarose nos tubérculos em virtude da atividade da invertase. Em consequência, houve uma diminuição no crescimento dos brotos e um estímulo para a degradação do amido armazenado. Uma vez que a hidrólise da sacarose leva ao metabolismo acelerado de hexoses, não foi possível distinguir se os efeitos observados resultavam dos níveis de sacarose ou das hexoses dela derivadas. Para descartar o efeito das hexoses, plantas de batata foram transformadas com uma isomerase de sacarose oriunda de *Erwinia rhapontici* (Börnke *et al.*, 2002), que catalisa a conversão reversível de sacarose para palatinose, carboidrato não metabolizado pelas células vegetais. Nessas plantas, em contraste com aquelas que expressam a invertase, não houve conversão de sacarose em hexoses, tendo sido mantido o estímulo para hidrólise de amido. Esses resultados sugerem fortemente que os níveis de sacarose são responsáveis pela regulação dos processos metabólicos que ocorrem durante a transição dos tubérculos de órgão-dreno (fase de tuberização) para órgão-fonte (quebra de dormência e brotação de ramos aéreos).

Fatores ambientais e hormonais alteram a translocação de sacarose, que corresponde a 80 a 85% do conteúdo orgânico do floema. Assim, alta temperatura, limitação da luz, estresse hídrico e baixa concentração de sais minerais reduzem o crescimento dos órgãos de reserva por meio de alterações na translocação da sacarose.

O interesse acadêmico no esclarecimento completo do metabolismo da sacarose nos últimos anos é indiscutível. A Figura 21.6 esquematiza as principais vias metabólicas envolvendo a sacarose e os polissacarídios de reserva mais estudados, amido e frutanos.

A sacarose também é o carboidrato iniciador da biossíntese dos frutanos, polímeros de frutose acumulados em quantidades apreciáveis nos vacúolos de espécies pertencentes a famílias consideradas mais derivadas, como as incluídas nas ordens Poales e Asterales (Figura 21.7). Esses polímeros podem estar envolvidos na crioproteção e na regulação da pressão osmótica em plantas sob estiagem, além de atuarem como

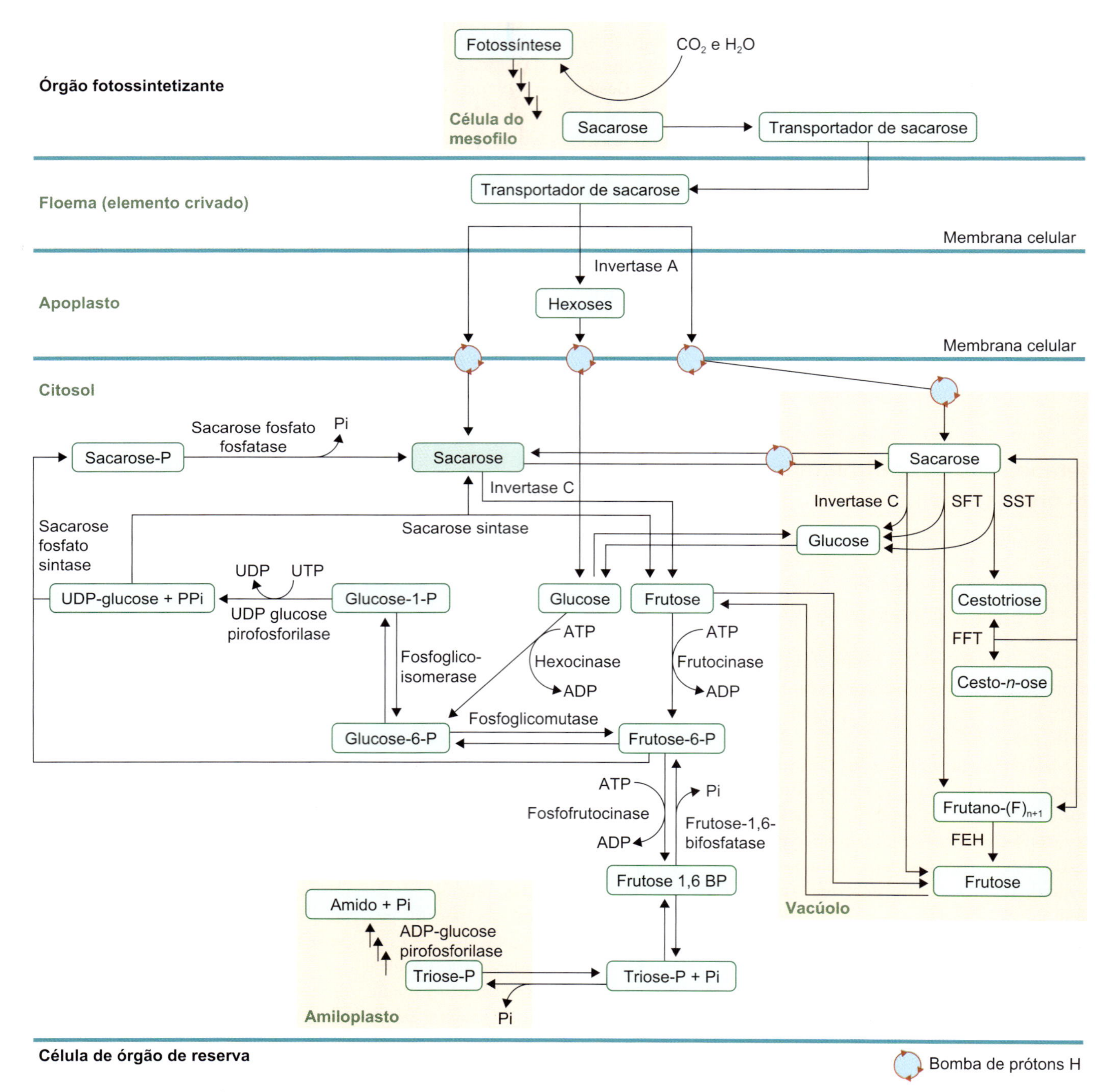

Figura 21.6 Esquema geral do armazenamento de carboidratos em plantas herbáceas perenes com órgãos de reserva. Adaptada de Avigad e Dey (1997) e Dennis e Blakeley (2000).

reserva de carboidratos (Carvalho e Figueiredo-Ribeiro, 2001; Carvalho *et al.*, 2007; Livingston *et al.*, 2009). O frutano mais simples é um trissacarídio, tendo sido isolados três isômeros que compõem as séries homólogas de frutanos:

- Inulina, que tem 1-cestose como base e ligações beta-2,1 F, com grau de polimerização (GP) máximo de 35 e peso molecular aproximado de 5 kDa, encontrada em espécies de Asteraceae do cerrado brasileiro, como *Chrysolaena obovata*; mais de 60% dos representantes dessa família acumulam esses polímeros nos órgãos subterrâneos de reserva, atingindo quantidades superiores a 70% da massa seca desses órgãos. Em *Aldama discolor* (*Viguiera discolor*), outra espécie do cerrado, a inulina tem cadeias até cinco vezes mais longas que nas demais Asteraceae

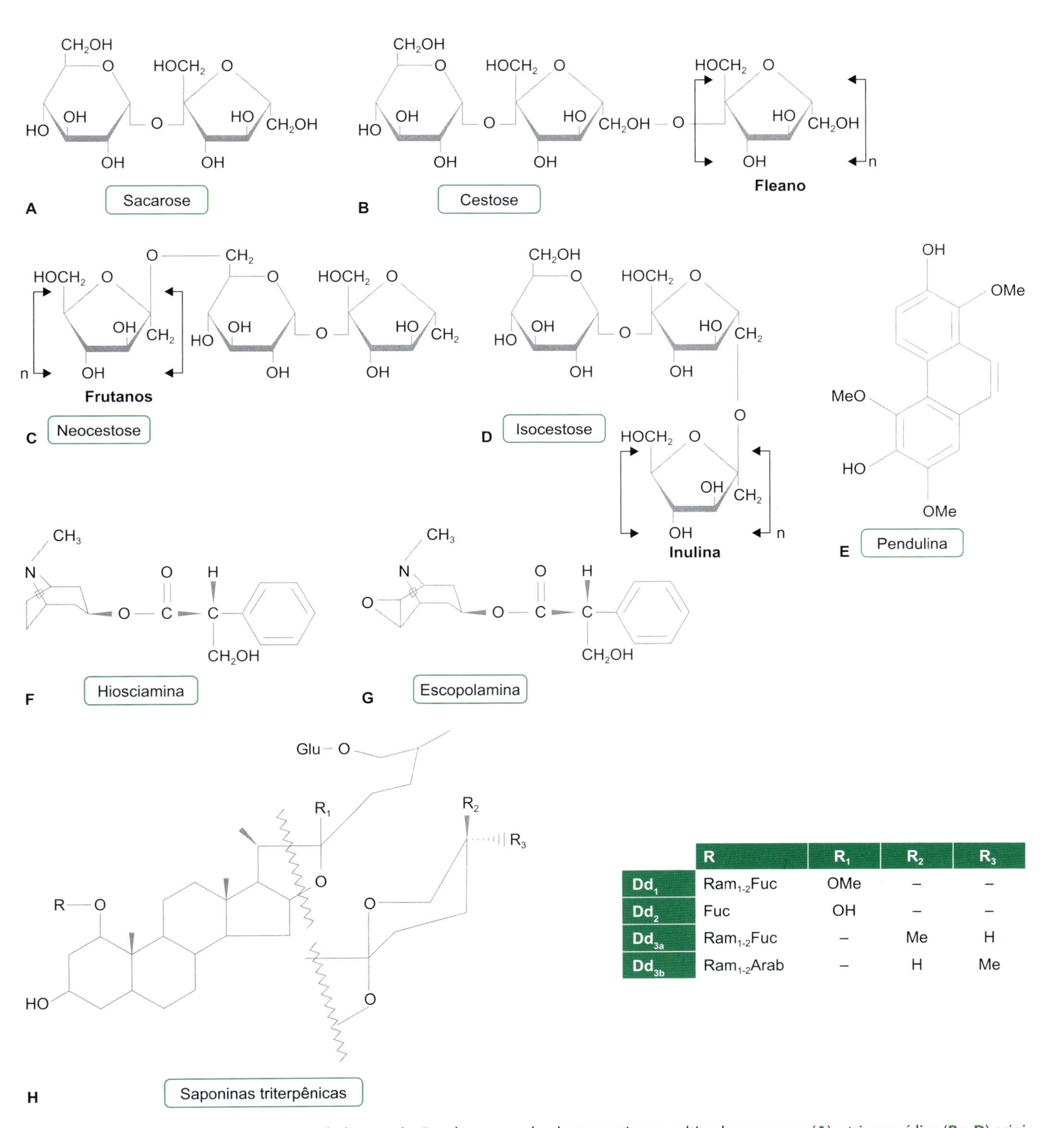

	R	R_1	R_2	R_3
Dd_1	$Ram_{1\text{-}2}Fuc$	OMe	–	–
Dd_2	Fuc	OH	–	–
Dd_{3a}	$Ram_{1\text{-}2}Fuc$	–	Me	H
Dd_{3b}	$Ram_{1\text{-}2}Arab$	–	H	Me

Figura 21.7 Estrutura de compostos acumulados nos órgãos de reserva de plantas nativas e cultivadas: sacarose (**A**) e trissacarídios (**B** a **D**) originários das séries de polímeros de frutose, pendulina – antifúngico de *Dioscorea delicata* (**E**), alcaloides tropanos (**F**, **G**) e saponinas triterpênicas de *Dioscorea delicata* (**H**).

- Levano ou fleano, com o precursor 6-cestose, ligações beta-2,6 F, GP máximo de 250 e peso molecular entre 5 e 50 kDa, encontrados principalmente em Poaceae. *Gomphrena macrocephala*, uma Amaranthaceae do cerrado, e *G. marginata*, dos campos rupestres, acumulam quantidades apreciáveis de fleano nas raízes tuberosas (Vieira e Figueiredo-Ribeiro, 1993; Joaquim *et al.*, 2017)
- Série da neocestose com ligações beta-2,6 G e GP entre 8 e 10, comum em Liliaceae. A primeira etapa da síntese dos frutanos envolve a enzima sacarose:sacarose frutosil-transferase (SST), que catalisa irreversivelmente a transferência da frutosila da sacarose doadora à sacarose aceptora, originando o trissacarídio 1-cestose, que, por sua vez, é o aceptor de outras unidades de frutosila, por meio de reação catalisada pela frutano:frutano frutosil-transferase (FFT), permitindo o aumento ou a redução da cadeia do polímero sem gastos de energia (Carvalho e Figueiredo-Ribeiro, 2001; Carvalho *et al.*, 2007).

Além dos carboidratos já mencionados e de outros polissacarídios solúveis, como os glucomananos, outros compostos são acumulados nos órgãos de reserva. Destacam-se as proteínas de reserva armazenadas em corpos proteicos (patatina e esporamina, respectivamente em batata e batata-doce), os glicosídios cianogênicos em mandioca, as saponinas esteroidais (precursores de hormônios sexuais e adrenocorticais) em espécies de *Dioscorea*, os glicosídios fenólicos e flavonoides como antocianidinas (responsáveis pelas colorações rósea e vermelha dos tubérculos) e copigmentos, as saponinas triterpênicas de ginseng (*Panax ginseng* – Araliaceae), os alcaloides tropanos (hioscianina e escopolamina) em *Mandragora officinalis* (Solanaceae), e as naftoquinonas (antibióticos e corantes) em *Lithospermum erythrorhizon* (Boraginaceae).

Importância econômica dos órgãos tuberosos

Conforme enfatizado nos itens anteriores, além de ocupar posição central no metabolismo e no controle do desenvolvimento das plantas, a sacarose tem destacada importância econômica na agricultura, pois é um dos principais alimentos da maioria dos organismos vivos. O interesse prático pelos estudos do metabolismo de sacarose e dos carboidratos de reserva dela derivados vem sendo ampliado de forma crescente nas últimas décadas, em virtude da possibilidade de criação de plantas transgênicas mais eficientes na síntese e no acúmulo de sacarose e na sua conversão em biomassa e energia, isto é, na produção do biocombustível etanol após hidrólise das reservas e fermentação.

A região andina é reconhecida como um dos mais importantes centros mundiais de origem das espécies cultivadas, e cerca de 25 culturas tuberosas foram domesticadas nessa região, incluindo a batata. Um aspecto curioso é que essa grande diversidade de culturas evoluiu em uma das regiões menos apropriadas para a agricultura, por meio de adaptações a condições ambientais extremas. Nos trópicos úmidos, essas culturas tuberosas constituíram a única fonte de alimento de extensas populações antes da introdução dos cereais. Hoje, representam o segundo mais importante conjunto de culturas alimentares nos países em desenvolvimento, antecedidos apenas pelos cereais.

As raízes e os tubérculos de espécies andinas eram predominantes na dieta durante o Império Inca, o que não surpreende, já que os órgãos subterrâneos constituem uma eficiente estratégia de sobrevivência em ambientes inóspitos. Além disso, raízes e tubérculos produzem o mais elevado rendimento em calorias por área cultivada. As espécies andinas mais importantes na alimentação, além da batata, são uluco (*Ullucus tuberosus* – Baseallaceae), produtora de vitamina C e saponinas; *Arracia xanthorrhiza* (Umbelliferae), *oca* (*Oxalis tuberosa* – Oxalidaceae), manchua (*Tropaeolum tuberosum* – Tropaeolaceae) e *yacón* (*Smallanthus sonchifolius* – Asteraceae), produtora de FOS, como já mencionado anteriormente, sendo consumida como fruta, especialmente por diabéticos.

Órgãos subterrâneos de algumas espécies tuberosas nativas ou cultivadas no Brasil e potencialmente úteis podem ser observados nas Figuras 21.2 a 21.5, e as estruturas químicas dos principais compostos nelas encontrados estão representadas na Figura 21.7.

Além da batata, outras espécies ricas em carboidratos solúveis, como a cenoura (*Daucus carota*) e a beterraba (*Beta vulgaris*), são consumidas mundialmente e exemplificam como a domesticação pode afetar as propriedades nutricionais das raízes. Curiosamente, as variedades modernas de cenoura foram selecionadas pelo alto conteúdo de betacarotenos, a partir de variedades de cor branca ou púrpura, com altos níveis de antocianinas. Igualmente, a beterraba-açucareira foi selecionada para altas concentrações de sacarose (20% da massa seca), a partir de variedades que continham menos de 2% desse açúcar em suas raízes tuberosas. A mandioca se destaca como uma das mais importantes culturas tropicais, acumulando cerca de 80% de amido, sendo tolerante à seca e fornecendo alimento para mais de 600 milhões de pessoas no mundo.

Entre as espécies que contêm frutanos, *Helianthus tuberosus* e *Cichorium intybus* (Asteraceae) são cultivadas para a produção comercial de inulina e, também, para o consumo como legumes (Carvalho *et al.*, 2007; Figueiredo-Ribeiro *et al.*, 2007). Sua produção, no entanto, é inferior à da beterraba-açucareira. A tecnologia agrícola utilizada na cultura das duas espécies produtoras de inulina é a mesma já aperfeiçoada para batata e beterraba, o que facilitou sua produção e comercialização. Entretanto, após a coleta dos tubérculos, a inulina é rapidamente metabolizada, produzindo frutose e FOS, especialmente quando armazenados sob temperaturas baixas. Assim, o processamento dos tubérculos deve ser realizado de forma rápida, caso o interesse seja a produção de inulina de alto peso molecular. Por sua vez, se o interesse comercial consiste na produção de concentrados de frutose de alta pureza ou de FOS, a labilidade dos frutanos durante o armazenamento é uma característica vantajosa.

Muitos órgãos subterrâneos consumidos como alimento pelo homem também vêm sendo utilizados para tratamento de várias doenças. É o caso de raízes tuberosas cujas propriedades são atribuídas às formas humanas que as apresentam, como as de ginseng (*Panax ginseng*), da China, de *pfafias* (*Pfaffia paniculata* e *P. jubata*) e de paratudo (*Gomphrena macrocephala*), da família Amaranthaceae, amplamente distribuídas nos cerrados brasileiros. Os efeitos fisiológicos da utilização dessas espécies têm base bioquímica definida, resultando provavelmente da presença de saponinas triterpenoidais atuando como tonificantes e estimulantes dos mecanismos de defesa contra patógenos.

Substâncias com atividades similares, constituindo a base para a semissíntese de hormônios esteroidais, vêm sendo extraídas de tubérculos de várias espécies de cará (família Dioscoreaceae), como aquelas de origem africana e asiática, *Dioscorea sylvatica* e *D. deltoidea*. Entre as espécies brasileiras, *D. delicata* contém essas substâncias e também se mostrou eficaz como antibiótico, em virtude da presença de uma substância do grupo fenantreno, denominada pendulina.

Conclusões e perspectivas

A formação e o crescimento de órgãos tuberosos são processos complexos regulados por diferentes sinais ambientais e hormonais. As etapas iniciais do processo de tuberização não estão completamente elucidadas, estando envolvidos os fitocromos A e B e a translocação de moléculas sinalizadoras aos órgãos-alvo, onde, pela ação dos hormônios vegetais, os produtos da fotossíntese são redirecionados para a formação de polissacarídios. Numerosos trabalhos na literatura descrevem a importância de giberelinas, citocininas, ácido jasmônico e compostos relacionados e de ácido abscísico na indução de tuberização. Embora os dados sejam muitas vezes contraditórios, uma observação clara reside no fato de que os níveis de giberelinas declinam durante o processo de tuberização.

Estudos sobre caracterização imunocitoquímica e molecular do florígeno (ver Capítulo 18) em arroz (Tamaki *et al.*, 2007) sugeriram que praticamente todas as respostas associadas à transição do desenvolvimento vegetativo (tuberização) para o reprodutivo (floração) e induzidas pelo fotoperíodo são produzidas pela proteína Hd3a/FT, descrita como fator morfogênico móvel e que regula as múltiplas fases do crescimento vegetal controladas pelo comprimento dos dias. Recentemente, em revisão do processo de tuberização de batata, Dutt *et al.* (2017) enfatizaram a existência de outros sinais translocáveis (StSP6A, StBEL5, miR 172 e ácido giberélico), considerados indutores da transformação do estolão em tubérculo. A produção e, possivelmente, a translocação desses quatro fatores são reguladas por uma complexa rede de genes. *StPHYB*, *StSUT4* e *StCO* reprimem a tuberização em resposta a dias longos. AG também parecem atuar como repressores, e StSP6A, StmiR172 e StBEL5 agem como promotores de tuberização em dias curtos. Contudo, sob dias longos, *StPHYB* reprime a expressão de *StSP6A* e *StGA20ox1*, que codifica uma enzima que catalisa a síntese de AG 20 (Suarez-López, 2013; Aksenova *et al.*, 2014; Dutt *et al.*, 2017).

Contudo, a compreensão clara das vias de transdução de sinal de indução do tubérculo de batata continua sendo alvo de relevantes pesquisas, especialmente na tentativa de decifrar os mecanismos moleculares que desencadeiam tal processo. Essa compreensão torna-se ainda mais relevante diante das mudanças climáticas globais, considerando a importância econômica dos órgãos tuberosos na alimentação e as exigências de uma população humana em contínuo crescimento. Esse conhecimento permitirá cultivar a batata, por exemplo, sob uma ampla gama de condições ambientais que hoje limitam sua produção, como temperaturas altas e fotoperíodos longos.

Várias ferramentas biotecnológicas e genômicas já podem ser utilizadas para manipular a produção de biomoléculas e a regulação dos mecanismos moleculares envolvidos, com o intuito de aumentar a produtividade das culturas tuberosas, particularmente da batata. Até o momento, já foram identificados 12 genes (*StSP6A*, *StTFL1*, *StPOTH1*, *StBEL5*, *miR172*, *POTM1*, *StCDF*, *StPA2Ac*, *StTUB19*, *StTUB7*, *StABF2* e *StABF4*), que regulam positivamente o processo de tuberização e cinco genes (*StPHYB*, *StCO*, *StSUT4*, *StSP5 G* e *StRAP1*) considerados reguladores negativos do processo. Portanto, a manipulação desses genes poderá ser utilizada futuramente para aumentar a produtividade de batata por meio da engenharia genética (Dutt *et al.*, 2017).

Ressalta-se também a importância das plantas do cerrado brasileiro, ricas em polímeros de frutose, como aquelas já estudadas e mencionadas anteriormente neste capítulo, como fonte alternativa para a produção de biocombustível, além de sua utilização como alimento funcional (Carvalho *et al.*, 2001). Outros compostos de interesse econômico, como os hormônios esteroidais armazenados nos órgãos tuberosos, são efetivamente conhecidos e utilizados até o momento. Essas substâncias constituem a base das defesas químicas e das reservas energéticas das plantas contra herbívoros e patógenos, por meio de mecanismos não totalmente desvendados, considerando a sobrevivência do indivíduo em ambientes competitivos e com grande predação.

O conhecimento básico sobre o processo de tuberização e metabolismo dos compostos armazenados nesses órgãos tuberosos representa, portanto, uma forma de ampliar seu potencial econômico e elevar a produção agrícola mundial.

Referências bibliográficas

Aksenova NP, Sergeeva LI, Kolachevskaya OO, Romanov GA. Hormonal regulation of tuber formation in potato. In: Ramawat JKG, Mérillon M, editors. Bulbous plants biotechnology. Boca Raton: CRC Press e Taylor Francis Group; 2014. 444 p.

Batutis EJ, Ewing EE. Far-red reversal of red light effect during long-night induction of potato (Solanum tuberosum L.) tuberization. Plant Physiology. 1982;69:672-4.

Börnke F, Hajirezaei MR, Heineke D, Melzer M, Herbers K, Sonnewald U. High-level production of the non-cariogenic sucrose isomer palatinose in transgenic tobacco plants strongly impairs development. Planta. 2002;214:356-64.

Carvalho MAM, Asega AF, Figueiredo-Ribeiro RCL. Fructans in Asteraceae from the Brazilian cerrado. In: Shiomi N, Benkeblia N, Onodera S, editors. Recent advances in fructooligosaccharides research. Kerala: Research Signpost Press; 2007. p. 69-91.

Carvalho MAM, Figueiredo-Ribeiro RCL. Frutanos: ocorrência, estrutura e composição, com ênfase em plantas do cerrado. In: Lajolo FM, Saura-Calixto F, Penna EW, Menezes EW, editores. Fibra dietética en Iberoamérica: tecnología y salud. São Paulo: Varela Editora e Livraria; 2001. p. 77-89.

Chu EP, Figueiredo-Ribeiro RCL. Carbohydrates changes in shoot cultures of Dioscorea species as influenced by photoperiod and exogenous concentrations of sucrose and citokinins. Plant, Cell, Organ and Tissue Culture. 2002;70:241-9.

Davies PJ. Why do potatoes tuberize? Potato Grower. 2009;28:215-9.

Dutt S, Manjul AS, Raigond P, Singh B, Siddappa S, Bhardwaj V, et al. Key players associated with tuberization in potato: potential candidates for genetic engineering. Critical Reviews in Biotechnology. 2017;37(7):942-57.

Figueiredo-Ribeiro RCL, Carvalho MAM, Pessoni RAB, Braga MR, Dietrich SMC. Inulin and microbial inulinases from the Brazilian cerrado: occurrence, characterization and potential uses. In: Silva JT, editor. Functional scosystems and communities. v. 1. Kenobe: Global Science Books; 2007. p. 42-8.

Garner WW, Allard A. Effect of length of day on plant growth. Journal Agriculture Research. 1923;18:553-606.

Gfilis I, Macas J, Vlasák J, Ondrej M, Van Onckelen HA. The effect of an elevated cytokinin level using the ipt gene and N6-benzyladenine on single node and intact potato plant tuberization in vitro. Journal of Plant Growth Regulation. 1995;14:143-50.

Gregory LE. Some factors for tuberization in the potato. Annals of Botany. 1956;41:281-8.

Itaya NM, Carvalho MAM, Figueiredo-Ribeiro RCL. Fructosyltransferase and hydrolase activities in rhizophores and tuberous roots upon growth of Polymnia sonchifolia (Asteraceae). Physiologia Plantarum. 2002;116:451-9.

Joaquim EO, Silva TM, Figueiredo-Ribeiro RCL, Moraes MG, Carvalho MAM. Diversity of reserve carbohydrates in herbaceous species from Brazilian campo rupestre reveals similar functional traits to endure environmental stresses. Flora. 2017.

Kloosterman B, Bachem C. Tuber development. In: Navarre R, Pavek MJ, editors. The potato: botany, production and uses. Washington: CABI; 2013. p. 45-63.

Kuroda M, Aoshima T, Haraguchi M, Young MCM, Sakagami H, Mimaki Y. Oleanane and taraxerane glycosides from the roots of Gomphrena macrocephala. Journal of Natural Products. 2006;69:1606-10.

Livingston DP, Hincha DK, Heyer AG. Fructan and its relationship to abiotic stress tolerance in plants. Cellular and Molecular Life Sciences. 2009;66:2007-23.

Martinez-Garcia JF, Virgos-Soler A, Prat S. Control of photoperiod-regulated tuberization in potato by the Arabidopsis flowering-time gene CONSTANS. Proceedings of National Academy of Science of USA. 2002;99:15211-6.

Rigui AP, Gaspar M, Oliveira VF, Purgatto E, Carvalho MAM. Endogenous hormone concentrations correlate with fructan metabolism throughout the phenological cycle in Chrysolaena obovata. Annals of Botany. 2015;115:1163-75.

Roumeliotis E, Visser RGF, Bachem CWB. A crosstalk of auxin and GA during tuber development. Plant Signaling & Behavior. 2012;7:1360-3.

Suárez-Lopes P. Long-range signalling in plant reproductive development. International Journal of Developmental Biology. 2005;49:761-71.

Suárez-López, P. A critical appraisal of phloem-mobile signals involved in tuber induction. Frontiers in Plant Science. 2013;4:1-7.

Tamaki S, Matsuo S, Wong HL, Yokoi S, Shimamoto K. Hd3a protein is a mobile flowering signal in rice. Science. 2007;316:1033-6.

van den Berg JH, Simko I, Davies PJ, Ewing EE, Halinska A. Morphology and [^{14}C] gibberellin A12 metabolism in wild-type and dwarf Solanum tuberosum ssp. andigena grown under long and short photoperiods. Journal of Plant Physiology. 1995; 146:467-73.

Vieira CCJ, Figueiredo-Ribeiro RCL. Fructose-containing carbohydrates in the tuberous root of Gomphrena macrocephala St.-Hil. (Amaranthaceae) at different phenological phase. Plant Cell Environment. 1993;16:919-28.

Wang X, Chang L, Tong Z, Wang D, Yin Q, Wang D, et al. Proteomics profiling reveals carbohydrate metabolic enzymes and 14-3-3 proteins play important roles for starch accumulation during Cassava root tuberization. Scientific Reports. 2016;6:19643.

Bibliografia

Avigad G, Dey PM. Carbohydrate metabolism: storage carbohydrates. In: Dey PM, Harbone JB, editors. Plant biochemistry. San Diego: Academic Press; 1997.

Dennis DT, Blakeley SD. Carbohydrate metabolism. In: Buchanan BB, Gruissem W, Jones RL, editors. Biochemistry & molecular biology of plants. Rockville: American Society of Plant Physiologists; 2000.

Fernie AR, Willmitzer L. Molecular and biochemical triggers of potato tuber development. Plant Physiology. 2001;127:1459-65.

Flores HE, Flores T. Biology and biochemistry of underground plant storage organs. In: Johns T, Romeo H, editors. Functionality of food phytochemicals. New York: Plenum Press; 1997. p. 113-32.

Hajirezaei MR, Börnke F, Peisker M, Takahata Y, Lerchl J, Kirakosyan A, et al. Decreased sucrose content triggers starch breakdown and respiration in stored potato tubers (Solanum tuberosum). Journal of Experimental Botany. 2003;54:477-88.

Rodríguez-Falcón M, Bou J, Prat S. Seasonal control of tuberization in potato: Conserved elements with the flowering response. Annual Review of Plant Biology. 2006;57:151-80.

Thomas, B. Light signals and flowering. Journal of Experimental Botany. 2006;57:3387-93.

Índice Alfabético

D

E

Impressão e Acabamento
Bartira
Gráfica
(011) 4393-2911

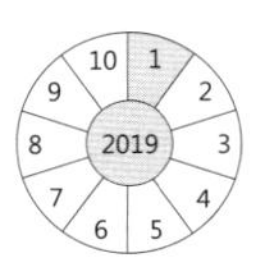